全国大学生数学竞赛丛书

全国大学生数学竞赛解析教程
(非数学专业类)
(上册)

佘志坤　主编

全国大学生数学竞赛命题组　编

科学出版社

北　京

内 容 简 介

本书是"全国大学生数学竞赛丛书"中的一本,由佘志坤主编,全国大学生数学竞赛命题组编,是全国大学生数学竞赛工作组推荐用书. 全书分上、下两册,本书为上册,共4章,内容包括极限、函数与连续,一元函数微分学,一元函数积分学,常微分方程. 每章内容由竞赛要点与难点、范例解析与精讲、真题选讲与点评、能力拓展与训练、训练全解与分析五部分组成. 全部内容均由命题组专家精心选材和编写,题型丰富,内容充实,充分体现了数学竞赛的综合性、新颖性与挑战性的特点.

本书可作为高等院校非数学专业类学生参加全国大学生数学竞赛的备考辅导教程,也可作为这些学生提升高等数学解题能力的课外进阶读物,还可作为广大考研学子的考前复习资料.

图书在版编目(CIP)数据

全国大学生数学竞赛解析教程: 非数学专业类: 全2册/佘志坤主编; 全国大学生数学竞赛命题组编. —北京: 科学出版社, 2023.5
(全国大学生数学竞赛丛书)
ISBN 978-7-03-075465-3

Ⅰ. ①全⋯ Ⅱ. ①佘⋯ ②全⋯ Ⅲ. ①高等数学–高等学校–教学参考资料 Ⅳ. ①O13

中国国家版本馆 CIP 数据核字(2023)第 071015 号

责任编辑: 胡海霞　李杳叶 / 责任校对: 杨聪敏
责任印制: 霍　兵 / 封面设计: 无极书装

科学出版社 出版
北京东黄城根北街 16 号
邮政编码: 100717
http://www.sciencep.com

保定市中画美凯印刷有限公司印刷
科学出版社发行　各地新华书店经销

*

2023 年 5 月第　一　版　　开本: 787×1092　1/16
2024 年 10 月第八次印刷　　印张: 37 1/2
字数: 890 000

定价: 98.00 元 (全 2 册)
(如有印装质量问题, 我社负责调换)

《全国大学生数学竞赛解析教程（非数学专业类）》编委会

主　　编　佘志坤

副 主 编　樊启斌

编　　者　崔玉泉　樊启斌　李继成　佘志坤

前　言

全国大学生数学竞赛是由中国数学会主办的、面向本科学生的全国性高水平学科竞赛,旨在激励大学生学习数学的兴趣,培养他们分析问题、解决问题的能力,为青年学子搭建一个展示数学思维能力和学习成果的平台.

全国大学生数学竞赛自 2009 年开展以来,得到了全国各赛区和各高校的大力支持与帮助. 在各赛区和承办单位的辛勤努力下, 该赛事已经连续成功举办了 13 届. 参赛高校由首届的 400 多所增加到第十三届的近 1000 所, 参赛人数也由首届的 2 万多人增加到第十三届的近 22 万人, 在全国高校中产生了广泛的影响. 这 13 届的承办单位分别是国防科技大学、北京航空航天大学、同济大学、电子科技大学、中国科学技术大学、华中科技大学、福建师范大学、北京科技大学、西安交通大学、哈尔滨工业大学、武汉大学、吉林大学、华东师范大学. 在此, 对全国各赛区、各高校和各承办单位的大力支持与帮助表示衷心的感谢!

全国大学生数学竞赛分初赛和决赛两个阶段, 每个阶段都分为数学专业和非数学专业两大类别. 随着全国大学生数学竞赛持续深入开展, 参赛学生越来越多, 规模越来越大, 参赛学生和竞赛指导教师对数学竞赛资料的需求也越来越大, 但是, 目前专门针对大学生数学竞赛的辅导教材不多, 满足不了参赛学生和竞赛指导教师日益增长的需求. 为了帮助大学生和热爱数学的人士更好地了解这项全国性赛事, 并对有志参加数学竞赛的大学生进行专业的数学竞赛指导, 经过与科学出版社协商, 全国大学生数学竞赛命题组决定撰写《全国大学生数学竞赛解析教程 (数学专业类)》和《全国大学生数学竞赛解析教程 (非数学专业类)》, 作为《全国大学生数学竞赛参赛指南》的拓展资料.

《全国大学生数学竞赛解析教程 (非数学专业类)》紧扣《全国大学生数学竞赛参赛指南》里的全国大学生数学竞赛非数学专业类考试内容, 全书分上、下两册, 总共 8 章, 内容包括极限、函数与连续, 一元函数微分学, 一元函数积分学, 常微分方程, 向量代数与空间解析几何, 多元函数微分学, 多元函数积分学, 无穷级数. 每章内容都由竞赛要点与难点、范例解析与精讲、真题选讲与点评、能力拓展与训练、训练全解与分析五部分组成. 全部内容均由命题组专家精心选材和编写, 题型丰富, 内容充实, 充分体现了大学生数学竞赛试题的综合性、新颖性与挑战性等特点.

本书具有如下几方面的特色:

(1) 强调基础知识. 对于竞赛中必考的高等数学的核心内容与知识点, 特别是基本概念、基本理论和基本方法, 本书在每章都首先作提纲式的简要罗列, 然后对精选自大量竞赛真题和考研试题的典型问题进行系统详细的阐述和深入浅出的讲解, 有些例题还给出了必要的附注.

（2）突出典型方法. 本书对高等数学中的典型问题或在竞赛中考试频度较高的题型，既突出常规方法的介绍，也归纳简明易懂的典型方法. 例如不等式的证明，几乎在所有不同层次的数学竞赛或选拔性考试中都可谓高频考题，不仅种类繁多，而且证明方法难易悬殊，所用技巧各异. 事实上，相当广泛的一类不等式都可利用微分法和积分法给予论证，有些不等式若采用幂级数方法证明亦行之有效，简捷明了. 本书突出介绍了积分不等式的证明方法，主要包括微分学中的单调性方法、定积分的性质与几何意义、积分中值定理、重积分及幂级数等方法.

（3）注重综合技能. 大学生数学竞赛不仅测试相对容易的试题，而且测试更多具有一定的灵活性和挑战性的问题，这些问题需要具有较强的综合技能才能正确求解. 因此，本书对几何直观法、参数转换法、逆向思维法、维数调整法等综合技能都给予了足够重视. 例如，对于第一型曲面积分，常规方法都是将曲面积分化为二次积分计算，而本书对有的典型竞赛题则采用逆向思维法，先将二次积分还原为第一型曲面积分再作后续处理. 这种解法具有思路新颖、过程简捷等特点.

（4）揭示数学思想. 在全国大学生数学竞赛中，许多试题不仅技巧性强，而且其求解方法也往往彰显出诸多奇思妙想，揭示重要的数学思想. 本书既重视经典的如形数转换、归纳推理等数学思维的培养，也强调建模、逼近等现代数学思想方法的运用. 这有利于读者学习和应用数学方法，提高数学思维能力，更是培养科学思维品质、激励科学创新的源泉.

本书可作为高等院校非数学专业类学生参加全国大学生数学竞赛的备考辅导教程，也可作为这些学生提升高等数学解题能力的进阶读物，还可作为广大考研学子的复习资料.

限于时间，不当之处在所难免，敬请读者提出宝贵意见.

全国大学生数学竞赛命题组
2022 年 10 月 9 日

目 录（上册）

前言
第1章 极限、函数与连续 1
    1.1 竞赛要点与难点 1
    1.2 范例解析与精讲 1
    1.3 真题选讲与点评 35
    1.4 能力拓展与训练 47
    1.5 训练全解与分析 53
第2章 一元函数微分学 73
    2.1 竞赛要点与难点 73
    2.2 范例解析与精讲 73
    2.3 真题选讲与点评 115
    2.4 能力拓展与训练 129
    2.5 训练全解与分析 135
第3章 一元函数积分学 147
    3.1 竞赛要点与难点 147
    3.2 范例解析与精讲 147
    3.3 真题选讲与点评 194
    3.4 能力拓展与训练 207
    3.5 训练全解与分析 213
第4章 常微分方程 224
    4.1 竞赛要点与难点 224
    4.2 范例解析与精讲 224
    4.3 真题选讲与点评 253
    4.4 能力拓展与训练 262
    4.5 训练全解与分析 266

第1章 极限、函数与连续

在大学生数学竞赛中,无论是极限理论还是极限方法都占有十分突出的地位. 一方面, 连续、导数、积分和级数收敛等概念都以极限为基础; 另一方面, 极限作为一种工具, 它的计算几乎贯穿高等数学的全部内容. 因此, 怎样求极限是一个既重要又基本的问题, 除了要能灵活运用极限四则运算法则、极限与无穷小的关系、无穷小的性质以及初等函数的连续性之外, 还必须掌握一些方法与技巧.

本章首先重点讨论计算极限的方法与技巧, 然后再阐述函数及其连续性、闭区间上连续函数性质的运用.

1.1 竞赛要点与难点

(1) 函数的概念及表示法, 简单应用问题的函数关系的建立;
(2) 函数的性质: 有界性、单调性、周期性和奇偶性;
(3) 复合函数、反函数、分段函数和隐函数、基本初等函数的性质及其图形、初等函数;
(4) 数列极限与函数极限的定义及其性质、函数的左极限和右极限;
(5) 无穷小和无穷大的概念及其关系、无穷小的性质及无穷小的比较;
(6) 极限的四则运算、极限存在的单调有界准则和夹逼准则、两个重要极限;
(7) 函数的连续性 (含左连续性与右连续性)、函数间断点的类型;
(8) 连续函数的性质和初等函数的连续性;
(9) 闭区间上连续函数的性质 (有界性定理、最大值与最小值定理、介值定理).

1.2 范例解析与精讲

题型一、函数极限

函数的极限, 根据自变量的变化趋势可以分为 6 种不同的情形:

(1) $\lim\limits_{x \to x_0} f(x)$;   (2) $\lim\limits_{x \to x_0^-} f(x)$;   (3) $\lim\limits_{x \to x_0^+} f(x)$;

(4) $\lim\limits_{x \to \infty} f(x)$;   (5) $\lim\limits_{x \to -\infty} f(x)$;   (6) $\lim\limits_{x \to +\infty} f(x)$,

其中 (1), (4) 两种形式是基本的.

如果根据函数值的变化情形来分类, 那么函数的极限又可以分为不定式与非不定式两种类型. 不定式一共有 7 种类型: $\dfrac{0}{0}, \dfrac{\infty}{\infty}, \infty - \infty, 0 \cdot \infty, 1^\infty, 0^0, \infty^0$. 由于求非不定式的极限远比确定不定式极限的值要简单得多, 因此, 我们重点讨论求不定式极限的方法与技巧.

求函数极限的典型方法:

(1) 利用基本极限;

(2) 利用无穷小替换;

(3) 利用 L' Hospital (洛必达) 法则;

(4) 利用 Taylor (泰勒) 公式;

(5) 利用导数的定义.

1. 利用基本极限

利用基本极限,特别是两个重要极限: $\lim\limits_{x\to 0}\dfrac{\sin x}{x}=1, \lim\limits_{x\to 0}(1+x)^{\frac{1}{x}}=\mathrm{e}$, 并结合代数或三角函数恒等变形, 以及变量代换等技巧, 可解决许多极限问题.

【例 1.1】 求极限 $I=\lim\limits_{x\to 0}\dfrac{\sqrt{\cos x}-\sqrt[3]{\cos x}}{x^3+\tan^2 x}$.

【分析】 利用恒等式: $a^n-b^n=(a-b)\left(a^{n-1}+a^{n-2}b+\cdots+ab^{n-2}+b^{n-1}\right)$, 极限运算法则及基本极限 $\lim\limits_{x\to 0}\dfrac{1-\cos x}{x^2}=\dfrac{1}{2}$ 与 $\lim\limits_{x\to 0}\dfrac{\tan x}{x}=1$.

【解】
$$I=\lim_{x\to 0}\dfrac{\sqrt[3]{\cos x}}{x+\left(\dfrac{\tan x}{x}\right)^2}\cdot\dfrac{\sqrt[6]{\cos x}-1}{x^2}=\lim_{x\to 0}\dfrac{\sqrt[6]{\cos x}-1}{x^2}$$

$$=\lim_{x\to 0}\dfrac{\cos x-1}{x^2}\cdot\dfrac{1}{\sqrt[6]{\cos^5 x}+\sqrt[6]{\cos^4 x}+\cdots+1}$$

$$=-\dfrac{1}{2}\cdot\dfrac{1}{6}=-\dfrac{1}{12}.$$

熟知的一些基本极限当然也能用于求数列的极限, 如下例所示.

【例 1.2】 设实数列 $\{a_n\}$ 满足 $|a_0|<1, a_n=\sqrt{\dfrac{1+a_{n-1}}{2}}, n=1,2,\cdots$. 求
$$\lim_{n\to\infty}4^n(1-a_n).$$

【解】 令 $x=\arccos a_0$, 则 $\cos x=a_0, -\pi<x<\pi$, 且 $x\neq 0$. 利用归纳法易证
$$a_n=\cos\dfrac{x}{2^n},\quad n=0,1,2,\cdots.$$

所以
$$\lim_{n\to\infty}4^n(1-a_n)=\lim_{n\to\infty}4^n\left(1-\cos\dfrac{x}{2^n}\right)=\dfrac{x^2}{2}\lim_{n\to\infty}\left(\dfrac{\sin\dfrac{x}{2^{n+1}}}{\dfrac{x}{2^{n+1}}}\right)^2=\dfrac{x^2}{2}.$$

【例 1.3】 设 $a_n=\sum\limits_{k=1}^{n-1}\dfrac{\sin\dfrac{(2k-1)\pi}{2n}}{\cos^2\dfrac{(k-1)\pi}{2n}\cos^2\dfrac{k\pi}{2n}}, n=1,2,\cdots$, 求 $\lim\limits_{n\to\infty}\dfrac{a_n}{n^3}$. (Putnam (普特南) 数学竞赛试题, 2019 B2)

解 利用三角公式, 得

$$a_n \sin \frac{\pi}{2n} = \sum_{k=1}^{n-1} \frac{4\sin\frac{(2k-1)\pi}{2n}\sin\frac{\pi}{2n}}{\left(1+\cos\frac{k-1}{n}\pi\right)\left(1+\cos\frac{k}{n}\pi\right)}$$

$$= 2\sum_{k=1}^{n-1} \frac{\cos\frac{k-1}{n}\pi - \cos\frac{k}{n}\pi}{\left(1+\cos\frac{k-1}{n}\pi\right)\left(1+\cos\frac{k}{n}\pi\right)}$$

$$= 2\sum_{k=1}^{n-1}\left(\frac{1}{1+\cos\frac{k}{n}\pi} - \frac{1}{1+\cos\frac{k-1}{n}\pi}\right)$$

$$= \frac{2}{1+\cos\frac{n-1}{n}\pi} - 1 = \cot^2\frac{\pi}{2n},$$

所以

$$\lim_{n\to\infty}\frac{a_n}{n^3} = \lim_{n\to\infty}\frac{8}{\pi^3}\left(\frac{\frac{\pi}{2n}}{\sin\frac{\pi}{2n}}\right)^3\cos^2\frac{\pi}{2n} = \frac{8}{\pi^3}.$$

2. 利用无穷小替换

法则 设 α, β 与 α', β' 都是在同一个自变量的变化过程中的无穷小, 而 $\lim\frac{\beta}{\alpha}$ 与 $\lim\frac{\beta'}{\alpha'}$ 也是在这个变化过程中的极限. 如果 $\alpha \sim \alpha', \beta \sim \beta'$, 且 $\lim\frac{\beta'}{\alpha'}$ 存在, 则

$$\lim\frac{\beta}{\alpha} = \lim\frac{\beta'}{\alpha'}.$$

这个法则告诉我们, 如果在计算 $\lim\frac{\beta}{\alpha}$ 较困难时, 可以设法寻求分别与 α, β 等价的无穷小 α', β' 来替换 α, β, 把 $\lim\frac{\beta}{\alpha}$ 的计算转化为 $\lim\frac{\beta'}{\alpha'}$ 的计算.

【例 1.4】 求极限: $I = \lim\limits_{x\to+\infty}\left[\sqrt[n]{(x+a_1)(x+a_2)\cdots(x+a_n)} - x\right]$.

解 因为当 $x \to 0$ 时, 有 $(1+x)^\alpha - 1 \sim \alpha x$, 所以

$$I = \lim_{x\to+\infty} x\left[\sqrt[n]{\left(1+\frac{a_1}{x}\right)\left(1+\frac{a_2}{x}\right)\cdots\left(1+\frac{a_n}{x}\right)} - 1\right]$$

$$= \lim_{x\to+\infty} x\left[\sqrt[n]{1+\left(\left(1+\frac{a_1}{x}\right)\left(1+\frac{a_2}{x}\right)\cdots\left(1+\frac{a_n}{x}\right)-1\right)} - 1\right]$$

$$= \lim_{x\to+\infty} x \cdot \frac{1}{n}\left[\left(1+\frac{a_1}{x}\right)\left(1+\frac{a_2}{x}\right)\cdots\left(1+\frac{a_n}{x}\right) - 1\right].$$

注意到

$$\left(1+\frac{a_1}{x}\right)\left(1+\frac{a_2}{x}\right)\cdots\left(1+\frac{a_n}{x}\right) = 1 + \frac{1}{x}\sum_{k=1}^{n} a_k + \frac{b_2}{x^2} + \cdots + \frac{b_n}{x^n},$$

其中 $b_2, \cdots, b_n$ 为常数, 于是

$$I = \lim_{x\to+\infty} \frac{x}{n}\left(\frac{1}{x}\sum_{k=1}^{n} a_k + \frac{b_2}{x^2} + \cdots + \frac{b_n}{x^n}\right) = \frac{1}{n}\sum_{k=1}^{n} a_k.$$

无穷小替换法如果运用恰当, 能大大简化不定式极限的计算. 为了能得心应手地利用无穷小替换法求极限, 掌握一些常用的等价无穷小是必要的.

常用的等价无穷小 (当 $x \to 0$ 时) 有

(1) $\sin x \sim x$;   (2) $\arcsin x \sim x$;   (3) $\tan x \sim x$;

(4) $1 - \cos x \sim \dfrac{x^2}{2}$;   (5) $\arctan x \sim x$;   (6) $\ln(1+x) \sim x$;

(7) $\mathrm{e}^x - 1 \sim x$;   (8) $a^x - 1 \sim x \ln a$ $(a > 0)$;

(9) $(1+x)^\alpha - 1 \sim \alpha x$ (α 为任意实数).

在利用无穷小替换法时, 还应考虑综合利用其他方法, 如 L'Hospital 法则、重要极限等.

【例 1.5】 求极限 $I = \lim\limits_{x\to 0} \dfrac{\ln(\cos x + x \sin 2x)}{\mathrm{e}^{x^2} - \sqrt[3]{1-x^2}}$.

解 $I = \lim\limits_{x\to 0} \dfrac{\ln[1+(\cos x - 1) + x\sin 2x]}{\mathrm{e}^{x^2} - \sqrt[3]{1-x^2}} = \lim\limits_{x\to 0} \dfrac{(\cos x - 1) + x\sin 2x}{\mathrm{e}^{x^2} - \sqrt[3]{1-x^2}}$

$$= \lim_{x\to 0} \frac{\dfrac{\cos x - 1}{x^2} + 2\dfrac{\sin 2x}{2x}}{\dfrac{\mathrm{e}^{x^2} - 1}{x^2} + \dfrac{\sqrt[3]{1-x^2} - 1}{-x^2}} = \frac{-\dfrac{1}{2} + 2}{1 + \dfrac{1}{3}} = \frac{9}{8}.$$

值得注意的是, 如果所求极限中分子 (或者分母) 是代数和的形式, 那么在做部分替换时, 应考虑替换前后分子 (或者分母) 在整体上的等价性. 这是因为: 尽管 $\alpha \sim \alpha'$ 且 $\beta \sim \beta'$, 但是 $\alpha + \beta$ 与 $\alpha' + \beta'$ 却未必等价.

例如, 当 $x \to 0$ 时, 虽然 $\tan x \sim x$ 且 $\sin x \sim x$, 但是 $\tan x - \sin x$ 与 $x - x = 0$ 并不等价. 因此, 在求极限 $\lim\limits_{x\to 0} \dfrac{\tan x - \sin x}{x^3}$ 时, 就不能把分子中的 $\tan x$ 和 $\sin x$ 都用 x 替换. 一个有效的解法为

$$\lim_{x\to 0} \frac{\tan x - \sin x}{x^3} = \lim_{x\to 0} \frac{\tan x(1-\cos x)}{x^3} = \lim_{x\to 0} \frac{x \cdot \dfrac{1}{2}x^2}{x^3} = \frac{1}{2}.$$

3. 利用 L'Hospital 法则

L'Hospital 法则 如果函数 $f(x)$ 和 $g(x)$ 满足

(1) 当 $x \to a$ 时, $f(x)$ 和 $g(x)$ 都是无穷小 (或无穷大);

(2) 在点 a 的某个去心邻域内, $f(x)$ 和 $g(x)$ 都是可导的, 且 $g'(x) \neq 0$;

(3) $\lim\limits_{x \to a} \dfrac{f'(x)}{g'(x)}$ 存在 (或为无穷大),

那么 $\lim\limits_{x \to a} \dfrac{f(x)}{g(x)} = \lim\limits_{x \to a} \dfrac{f'(x)}{g'(x)}$.

对于 $\dfrac{\infty}{\infty}$ 型的不定式, 一般情形 $\left(\text{即 } \dfrac{*}{\infty} \text{ 型的不定式}\right)$ 为:

如果函数 $f(x)$ 和 $g(x)$ 满足

(1) 在点 a 的某个去心邻域内, $f(x)$ 和 $g(x)$ 都是可导的, 且 $g'(x) \neq 0$;

(2) $\lim\limits_{x \to a} g(x) = \infty$;

(3) $\lim\limits_{x \to a} \dfrac{f'(x)}{g'(x)}$ 存在 (或为无穷大),

那么 $\lim\limits_{x \to a} \dfrac{f(x)}{g(x)} = \lim\limits_{x \to a} \dfrac{f'(x)}{g'(x)}$.

对于函数的其他 5 种类型的极限, 也有类似的法则, 此处不一一列举.

L'Hospital 法则是求不定式极限的一种比较有效的方法, 实践中应注意以下 4 个问题.

(1) 对于不定式的 7 种类型: $\dfrac{0}{0}, \dfrac{\infty}{\infty}, \infty - \infty, 0 \cdot \infty, 1^\infty, 0^0, \infty^0$, 前两种属基本型, 可以直接利用 L'Hospital 法则; 后 5 种需首先化为基本型之后, 再利用 L'Hospital 法则.

【例 1.6】 (第二届全国决赛题, 2011) 求 $I = \lim\limits_{x \to 0} \left(\dfrac{\sin x}{x}\right)^{\frac{1}{1-\cos x}}$.

解 这是 "1^∞" 型的不定式, 先取对数转化为基本型之后, 再利用 L'Hospital 法则.

因为 $\left(\dfrac{\sin x}{x}\right)^{\frac{1}{1-\cos x}} = e^{\frac{1}{1-\cos x} \ln \frac{\sin x}{x}}$, 而

$$I_1 = \lim_{x \to 0} \dfrac{\ln \dfrac{\sin x}{x}}{1 - \cos x} = \lim_{x \to 0} \dfrac{\dfrac{x}{\sin x} \cdot \dfrac{x \cos x - \sin x}{x^2}}{\sin x}$$

$$= \lim_{x \to 0} \dfrac{x \cos x - \sin x}{x^3} \cdot \lim_{x \to 0} \left(\dfrac{x}{\sin x}\right)^2 = \lim_{x \to 0} \dfrac{\cos x - x \sin x - \cos x}{3x^2} = -\dfrac{1}{3},$$

所以 $I = e^{\lim\limits_{x \to 0} \frac{1}{1-\cos x} \ln \frac{\sin x}{x}} = e^{I_1} = e^{-\frac{1}{3}}$.

【例 1.7】 求 $I = \lim\limits_{x \to \infty} \left[\left(x - \dfrac{1}{2}\right)^2 - x^4 \ln^2 \left(1 + \dfrac{1}{x}\right)\right]$.

解 这是 "$\infty - \infty$" 型的不定式. 先化为 "$\dfrac{0}{0}$" 型的不定式, 再利用 L'Hospital 法则.

$$I = \lim_{x \to \infty} x^2 \left[1 - \dfrac{1}{2x} + x \ln\left(1 + \dfrac{1}{x}\right)\right] \left[1 - \dfrac{1}{2x} - x \ln\left(1 + \dfrac{1}{x}\right)\right].$$

令 $t = \dfrac{1}{x}$, 则当 $x \to \infty$ 时, $t \to 0$. 所以

$$I = \lim_{t \to 0} \left[1 - \dfrac{t}{2} + \dfrac{\ln(1+t)}{t} \right] \cdot \lim_{t \to 0} \dfrac{t - \dfrac{t^2}{2} - \ln(1+t)}{t^3}. \qquad \text{①}$$

利用 L'Hospital 法则, 有 $\lim\limits_{t \to 0} \dfrac{\ln(1+t)}{t} = \lim\limits_{t \to 0} \dfrac{1}{1+t} = 1$, 且

$$\lim_{t \to 0} \dfrac{t - \dfrac{t^2}{2} - \ln(1+t)}{t^3} = \lim_{t \to 0} \dfrac{1 - t - \dfrac{1}{1+t}}{3t^2} = -\dfrac{1}{3}.$$

代入①式, 得

$$I = \lim_{t \to 0} \left[1 - \dfrac{t}{2} + \dfrac{\ln(1+t)}{t} \right] \times \lim_{t \to 0} \dfrac{t - \dfrac{t^2}{2} - \ln(1+t)}{t^3} = 2 \times \left(-\dfrac{1}{3} \right) = -\dfrac{2}{3}.$$

【例 1.8】 设函数 $f(x)$ 在区间 $(0, +\infty)$ 上三阶可导, 满足 $f(x) > 0, f'(x) > 0$, $f''(x) > 0$, 且 $\lim\limits_{x \to +\infty} \dfrac{f'(x) f'''(x)}{[f''(x)]^2} = a \ne 1$. 求极限: $\lim\limits_{x \to +\infty} \dfrac{f(x) f''(x)}{[f'(x)]^2}$.

【分析】 这里, 很难确定所求极限是否不定式及不定式的类型, 故考虑作如下变形:

$$\dfrac{f(x) f''(x)}{[f'(x)]^2} = \dfrac{1}{\dfrac{f'(x)}{x f''(x)} \cdot \dfrac{x f'(x)}{f(x)}},$$

转化为求极限 $\lim\limits_{x \to +\infty} \dfrac{f'(x)}{x f''(x)}$ 和 $\lim\limits_{x \to +\infty} \dfrac{x f'(x)}{f(x)}$. 二者都是 $\dfrac{*}{\infty}$ 型的不定式.

解 由于

$$\lim_{x \to +\infty} \dfrac{f'(x) f'''(x)}{[f''(x)]^2} = 1 - \lim_{x \to +\infty} \dfrac{[f''(x)]^2 - f'(x) f'''(x)}{[f''(x)]^2} = 1 - \lim_{x \to +\infty} \dfrac{\mathrm{d}}{\mathrm{d}x} \left(\dfrac{f'(x)}{f''(x)} \right),$$

故由题设条件可得 $\lim\limits_{x \to +\infty} \dfrac{\mathrm{d}}{\mathrm{d}x} \left(\dfrac{f'(x)}{f''(x)} \right) = 1 - a$.

利用 L'Hospital 法则, 得

$$\lim_{x \to +\infty} \dfrac{f'(x)}{x f''(x)} = \lim_{x \to +\infty} \dfrac{\dfrac{f'(x)}{f''(x)}}{x} = \lim_{x \to +\infty} \dfrac{\dfrac{\mathrm{d}}{\mathrm{d}x} \left(\dfrac{f'(x)}{f''(x)} \right)}{1} = 1 - a.$$

注意到 $\dfrac{f'(x)}{x f''(x)} > 0 \; (0 < x < +\infty)$, 故由极限的保号性知, $1 - a \geqslant 0$, 但 $a \ne 1$, 所以 $a < 1$.

另一方面, 对任意固定的 $x \in (0, +\infty)$ 及任意 $h > 0$, 利用 Taylor 公式, 得

$$f(x+h) = f(x) + f'(x)h + \frac{1}{2}f''(\xi)h^2 > f(x) + f'(x)h, \quad \text{其中} \quad \xi \in (x, x+h),$$

所以 $\lim\limits_{h \to +\infty} f(x+h) = +\infty$, 即 $\lim\limits_{x \to +\infty} f(x) = +\infty$. 利用 L'Hospital 法则, 得

$$\lim_{x \to +\infty} \frac{xf'(x)}{f(x)} = \lim_{x \to +\infty} \frac{f'(x) + xf''(x)}{f'(x)} = 1 + \lim_{x \to +\infty} \frac{xf''(x)}{f'(x)} = 1 + \frac{1}{1-a} = \frac{2-a}{1-a}.$$

因此

$$\lim_{x \to +\infty} \frac{f(x)f''(x)}{[f'(x)]^2} = \frac{1}{\lim\limits_{x \to +\infty} \dfrac{f'(x)}{xf''(x)} \cdot \lim\limits_{x \to +\infty} \dfrac{xf'(x)}{f(x)}} = \frac{1}{(1-a)\dfrac{2-a}{1-a}} = \frac{1}{2-a}.$$

(2) 在运用 L'Hospital 法则之前, 往往需要采用适当的方式 (如变量代换、无穷小替换、拆项等) 简化不定式.

【例 1.9】 求 $I = \lim\limits_{x \to 1^-} \dfrac{\ln(1-x) + \tan \dfrac{\pi}{2}x}{\cot \pi x}$.

【分析】 这是较为复杂的不定式. 若要辨别它属于哪一种类型的不定式, 则必须首先证明分子的极限 $\lim\limits_{x \to 1^-}\left(\ln(1-x) + \tan \dfrac{\pi}{2}x\right) = \infty$, 即先确定一个 "$\infty - \infty$" 型的不定式的值. 但这并非易事! 因此, 我们考虑将原式拆成两项, 分别对每一项求极限.

解 先拆项得 $I = \lim\limits_{x \to 1^-} \dfrac{\ln(1-x)}{\cot \pi x} + \lim\limits_{x \to 1^-} \dfrac{\tan \dfrac{\pi}{2}x}{\cot \pi x} \triangleq I_1 + I_2$. 再对每一项利用 L'Hospital 法则,

$$I_1 = \lim_{x \to 1} \frac{-\dfrac{1}{1-x}}{-\pi \csc^2 \pi x} = \frac{1}{\pi} \lim_{x \to 1} \frac{\sin^2 \pi x}{1-x} = \frac{1}{\pi} \lim_{x \to 1} \frac{2\pi \sin \pi x \cos \pi x}{-1} = 0,$$

$$I_2 = \lim_{x \to 1} \frac{\sin \dfrac{\pi}{2}x}{\cos \pi x} \cdot \lim_{x \to 1} \frac{\sin \pi x}{\cos \dfrac{\pi}{2}x} = (-1) \lim_{x \to 1} \frac{\pi \cos \pi x}{-\dfrac{\pi}{2} \sin \dfrac{\pi}{2}x} = -2.$$

因此, 所求极限为 $I = I_1 + I_2 = 0 + (-2) = -2$.

【例 1.10】 求极限: $I = \lim\limits_{x \to \infty} x^2 \left[\mathrm{e}^{\left(1+\frac{1}{x}\right)^x} - \left(1+\dfrac{1}{x}\right)^{\mathrm{e}x}\right]$.

解 作变量代换: $t = \dfrac{1}{x}$, 得 $I = \lim\limits_{t \to 0} \dfrac{\mathrm{e}^{(1+t)^{\frac{1}{t}}} - (1+t)^{\frac{\mathrm{e}}{t}}}{t^2} = \lim\limits_{t \to 0} \dfrac{\mathrm{e}^{(1+t)^{\frac{1}{t}}} - \mathrm{e}^{\frac{\mathrm{e}\ln(1+t)}{t}}}{t^2}$.

记 $f(t) = (1+t)^{\frac{1}{t}}, g(t) = \dfrac{\mathrm{e}\ln(1+t)}{t}$, 则 $\lim\limits_{t \to 0} f(t) = \lim\limits_{t \to 0} g(t) = \mathrm{e}$. 根据 Lagrange (拉格朗日) 中值定理, 得

$$e^{f(t)} - e^{g(t)} = e^{\xi}[f(t) - g(t)],$$

其中 ξ 介于 $f(t)$ 与 $g(t)$ 之间. 因为当 $t \to 0$ 时, $\xi \to e$, 所以 $e^{f(t)} - e^{g(t)} \sim e^{e}[f(t) - g(t)]$. 故

$$I = e^{e} \lim_{t \to 0} \frac{f(t) - g(t)}{t^2} = e^{e+1} \lim_{t \to 0} \frac{e^{\frac{\ln(1+t)}{t} - 1} - \frac{\ln(1+t)}{t}}{t^2}.$$

记 $\alpha(t) = \frac{\ln(1+t)}{t} - 1$, 则 $\lim_{t \to 0} \alpha(t) = 0$. 利用 Taylor 公式, 得

$$e^{\alpha(t)} = 1 + \alpha(t) + \frac{\alpha(t)^2}{2} + o\left(\alpha(t)^2\right) = \frac{\ln(1+t)}{t} + \frac{1}{2}\left(\frac{t - \ln(1+t)}{t}\right)^2 + o\left(\alpha(t)^2\right),$$

其中 $o\left(\alpha(t)^2\right)$ 为当 $t \to 0$ 时较 $\alpha(t)^2$ 高阶的无穷小. 因此

$$I = e^{e+1} \lim_{t \to 0} \left[\frac{1}{2} + \frac{o\left(\alpha(t)^2\right)}{\alpha(t)^2}\right] \left(\frac{t - \ln(1+t)}{t^2}\right)^2 = \frac{1}{8} e^{e+1}.$$

(3) 在运用 L'Hospital 法则之后, 应尽可能地分离出那些极限容易确定且极限不等于零的因子部分, 以便于再次利用 L'Hospital 法则或者使用其他方法.

【例 1.11】 求 $I = \lim\limits_{x \to 0} \dfrac{\arcsin x - \sin x}{\arctan x - \tan x}$.

解 $I = \lim\limits_{x \to 0} \dfrac{\dfrac{1}{\sqrt{1-x^2}} - \cos x}{\dfrac{1}{1+x^2} - \sec^2 x} = \lim\limits_{x \to 0} \dfrac{(1+x^2)\cos^2 x}{\sqrt{1-x^2}} \cdot \lim\limits_{x \to 0} \dfrac{1 - \sqrt{1-x^2}\cos x}{\cos^2 x - (1+x^2)}$.

显然, 第一个因子的极限已确定. 对第二个因子利用 L'Hospital 法则, 得

$$I = \lim_{x \to 0} \frac{\sqrt{1-x^2}\sin x + \dfrac{x \cos x}{\sqrt{1-x^2}}}{-2\cos x \sin x - 2x} = \lim_{x \to 0} \frac{\sqrt{1-x^2} \cdot \dfrac{\sin x}{x} + \dfrac{\cos x}{\sqrt{1-x^2}}}{-2\cos x \cdot \dfrac{\sin x}{x} - 2} = -\frac{1}{2}.$$

【例 1.12】 求 $I = \lim\limits_{x \to 0} \dfrac{2x - \displaystyle\int_{-x}^{x} \left(\dfrac{\sin t}{t}\right)^2 \mathrm{d}t}{x - \sin x}$.

解 利用 L'Hospital 法则, 得

$$I = \lim_{x \to 0} \frac{2 - 2\left(\dfrac{\sin x}{x}\right)^2}{1 - \cos x} = \lim_{x \to 0} \frac{2(x + \sin x)}{x} \cdot \frac{x^2}{1 - \cos x} \cdot \frac{x - \sin x}{x^3} = \lim_{x \to 0} 8 \frac{x - \sin x}{x^3} = \frac{4}{3}.$$

【例 1.13】 求极限 $I = \lim\limits_{\varphi \to 0} \dfrac{1 - \cos\varphi\sqrt{\cos 2\varphi}\cdots\sqrt[n]{\cos n\varphi}}{\varphi^2}$ (n 为正整数).

解 令 $f(\varphi) = \cos\varphi\sqrt{\cos 2\varphi}\cdots\sqrt[n]{\cos n\varphi}$, 则 $f(0) = 1$, 且

$$f'(\varphi) = \left[e^{\ln f(\varphi)}\right]' = e^{\ln f(\varphi)}[\ln f(\varphi)]' = f(\varphi)\left(\sum_{k=1}^{n}\frac{\ln\cos k\varphi}{k}\right)'$$

$$= -f(\varphi)\sum_{k=1}^{n}\tan k\varphi.$$

故由 L'Hospital 法则得

$$I = \lim_{\varphi\to 0}\frac{1-f(\varphi)}{\varphi^2} = \lim_{\varphi\to 0}\frac{-f'(\varphi)}{2\varphi} = \lim_{\varphi\to 0}\frac{f(\varphi)}{2}\sum_{k=1}^{n}\frac{\tan k\varphi}{\varphi}$$

$$= \frac{f(0)}{2}\sum_{k=1}^{n}\left(\lim_{\varphi\to 0}\frac{\tan k\varphi}{\varphi}\right) = \frac{1}{2}\sum_{k=1}^{n}k = \frac{1}{4}n(n+1).$$

【注】 (第十届全国初赛题, 2018) 极限 $\lim\limits_{x\to 0}\dfrac{1-\cos x\sqrt{\cos 2x}\sqrt[3]{\cos 3x}}{x^2} = $ _____.

【例 1.14】 设 $f(a)$ 表示方程 $x(1+\ln x) = a$ 的实根, 其中 $a \in [1, +\infty)$. 证明:

$$\lim_{a\to+\infty}\frac{f(a)\ln a}{a} = 1.$$

解 记 $g(x) = x(1+\ln x)$, 则 $f(a)$ 是 $a = g(x)$ 的反函数. 因为 $g(1) = 1$, 当 $x \geqslant 1$ 时 $g'(x) = 2 + \ln x > 0$, 且 $\lim\limits_{x\to+\infty}g(x) = +\infty$, 所以 $f(a)$ 在 $[1, +\infty)$ 上严格单调增, $\lim\limits_{a\to+\infty}f(a) = +\infty$, 且

$$f'(a) = \frac{1}{g'(x)} = \frac{1}{2+\ln x} = \frac{1}{2+\ln f(a)}.$$

因为所给极限是 "$\dfrac{\infty}{\infty}$" 型的不定式, 而 $\dfrac{f(a)}{a} = \dfrac{1}{1+\ln f(a)}$, 所以由 L'Hospital 法则可得

$$\lim_{a\to+\infty}\frac{f(a)\ln a}{a} = \lim_{a\to+\infty}\frac{\ln a}{1+\ln f(a)} = \lim_{a\to+\infty}\frac{\dfrac{1}{a}}{\dfrac{f'(a)}{f(a)}} = \lim_{a\to+\infty}\frac{2+\ln f(a)}{1+\ln f(a)} = 1.$$

(4) 在利用 Heine (海涅) 定理求数列极限时, 往往也需要结合 L'Hospital 法则.

Heine 定理 $\lim\limits_{x\to+\infty}f(x) = A \Leftrightarrow$ 对任意满足 $\lim\limits_{n\to\infty}x_n = +\infty$ 的数列 $\{x_n\}$, 都有 $\lim\limits_{n\to\infty}f(x_n) = A$. 或 $\lim\limits_{x\to x_0}f(x) = A \Leftrightarrow$ 对任意满足 $\lim\limits_{n\to\infty}x_n = x_0$ ($x_n \neq x_0$) 的数列 $\{x_n\}$, 都有 $\lim\limits_{n\to\infty}f(x_n) = A$.

Heine 定理又称为归结原理, 共有 20 多种不同情形, 它作为沟通函数极限和数列极限之间关系的一个渠道, 有着极为广泛的应用. 这里仅限于讨论如何利用该定理求极限.

【例 1.15】 求 $\lim\limits_{n\to\infty}(\sqrt[n]{n}-1)\sqrt{n}$.

解 由 L'Hospital 法则易知 $\lim\limits_{x\to+\infty}\dfrac{\ln x}{x}=0$, 且 $\lim\limits_{x\to+\infty}\dfrac{\ln x}{\sqrt{x}}=0$. 因为

$$\lim_{x\to+\infty}(\sqrt[x]{x}-1)\sqrt{x}=\lim_{x\to+\infty}\dfrac{x^{\frac{1}{x}}-1}{x^{-\frac{1}{2}}}=\lim_{x\to+\infty}\dfrac{\mathrm{e}^{\frac{\ln x}{x}}-1}{x^{-\frac{1}{2}}}=\lim_{x\to+\infty}\dfrac{\frac{\ln x}{x}}{x^{-\frac{1}{2}}}=\lim_{x\to+\infty}\dfrac{\ln x}{\sqrt{x}}=0,$$

故根据 Heine 定理得 $\lim\limits_{n\to\infty}(\sqrt[n]{n}-1)\sqrt{n}=0$.

【例 1.16】 (第一届全国决赛题, 2010) 求下列极限:

(1) $\lim\limits_{n\to\infty}n\left[\left(1+\dfrac{1}{n}\right)^n-\mathrm{e}\right]$;

(2) $\lim\limits_{n\to\infty}\left(\dfrac{a^{\frac{1}{n}}+b^{\frac{1}{n}}+c^{\frac{1}{n}}}{3}\right)^n$, 其中 $a>0, b>0, c>0$.

解 (1) 这里, $x_n=n\left[\left(1+\dfrac{1}{n}\right)^n-\mathrm{e}\right]$, 可令 $f(x)=\dfrac{(1+x)^{\frac{1}{x}}-\mathrm{e}}{x}, x>0$, 则

$$\lim_{n\to\infty}x_n=\lim_{x\to 0^+}f(x)=\lim_{x\to 0^+}\dfrac{(1+x)^{\frac{1}{x}}-\mathrm{e}}{x}=\mathrm{e}\lim_{x\to 0^+}\dfrac{\mathrm{e}^{\frac{\ln(1+x)}{x}-1}-1}{x}$$

$$=\mathrm{e}\lim_{x\to 0^+}\dfrac{\frac{\ln(1+x)}{x}-1}{x}=\mathrm{e}\lim_{x\to 0}\dfrac{\ln(1+x)-x}{x^2}$$

$$=\mathrm{e}\lim_{x\to 0}\dfrac{\frac{1}{1+x}-1}{2x}=-\dfrac{\mathrm{e}}{2}\lim_{x\to 0}\dfrac{1}{1+x}=-\dfrac{\mathrm{e}}{2}.$$

(2) 令 $f(x)=\left(\dfrac{a^x+b^x+c^x}{3}\right)^{\frac{1}{x}}, x>0$, 则 $\ln f(x)=\dfrac{\ln(a^x+b^x+c^x)-\ln 3}{x}$. 因为

$$\lim_{x\to 0^+}\ln f(x)=\lim_{x\to 0^+}\dfrac{a^x\ln a+b^x\ln b+c^x\ln c}{a^x+b^x+c^x}=\dfrac{1}{3}(\ln a+\ln b+\ln c)=\ln\sqrt[3]{abc},$$

所以 $\lim\limits_{x\to 0^+}f(x)=\sqrt[3]{abc}$. 于是, 根据 Heine 定理可知, 所求极限为 $\lim\limits_{n\to\infty}f\left(\dfrac{1}{n}\right)=\sqrt[3]{abc}$.

应该指出的是, L'Hospital 法则用于求极限并非万能. 一方面有些很简单的不定式 (如 $\lim\limits_{x\to\infty}\dfrac{x+\sin x}{x}$), 用该法则反而求不出来; 另一方面, 有些极限固然能用 L'Hospital 法则求出, 但很麻烦 (如求 $\lim\limits_{x\to 0}\dfrac{(\mathrm{e}^x-1-x)^2}{x\sin^3 x}$ 时, 需四次求导, 且计算过程烦琐, 书写冗长), 而用其他方法则比较简单.

4. 利用 Taylor 公式

在求不定式极限时，有时也使用 Taylor 公式，其目的在于将所求极限从一个复杂的式子中分离出一个形式简单的"主要部分"，有利于简化计算. 这就必须熟练掌握几个基本初等函数的 Taylor 公式 ($x \to 0$):

(1) $e^x = 1 + x + \dfrac{x^2}{2!} + \cdots + \dfrac{x^n}{n!} + o(x^n)$;

(2) $\sin x = x - \dfrac{x^3}{3!} + \dfrac{x^5}{5!} - \cdots + (-1)^{n-1} \dfrac{x^{2n-1}}{(2n-1)!} + o(x^{2n-1})$;

(3) $\cos x = 1 - \dfrac{x^2}{2!} + \dfrac{x^4}{4!} - \cdots + (-1)^n \dfrac{x^{2n}}{(2n)!} + o(x^{2n})$;

(4) $\ln(1+x) = x - \dfrac{x^2}{2} + \cdots + (-1)^{n-1} \dfrac{x^n}{n} + o(x^n)$;

(5) $(1+x)^\alpha = 1 + \alpha x + \dfrac{\alpha(\alpha-1)}{2!}x^2 + \cdots + \dfrac{\alpha(\alpha-1)\cdots(\alpha-n+1)}{n!}x^n + o(x^n)$,

其中 α 为任意实数.

上述展开式中的符号 $o(x^n)$ 表示当 $x \to 0$ 时，它是较 x^n 高阶的无穷小，即 $\lim\limits_{x \to 0} \dfrac{o(x^n)}{x^n} = 0$. 根据这个定义易证：当 $x \to 0$ 时，对于任意正整数 m, n 都有

(1) $o(x^m) \cdot o(x^n) = o(x^{m+n})$;

(2) $x^m \cdot o(x^n) = o(x^{m+n})$;

(3) $A \cdot o(x^n) = o(x^n)$ (A 为常数或者有界变量);

(4) $\pm o(x^m) \pm o(x^n) = o(x^m)$ ($m \leqslant n$).

这里提请读者注意：$o(x^n) - o(x^n) = 0$ 与 $\dfrac{o(x^m)}{o(x^n)} = o(x^{m-n})$ ($m > n$) 都是错误的. 例如，当 $x \to 0$ 时，有 $x^3 = o(x^2), x^4 = o(x^2)$，但 $x^3 - x^4 \neq 0$. 又如 $x^3 = o(x^2), x^5 = o(x)$，但 $\dfrac{x^3}{x^5} = \dfrac{1}{x^2}$ 却是无穷大.

【例 1.17】 求 $I = \lim\limits_{x \to 0} \dfrac{\ln(1+x)\ln(1-x) - \ln(1-x^2)}{x^4}$.

解 利用 Taylor 公式 $\ln(1+x) = x - \dfrac{x^2}{2} + \cdots + \dfrac{(-1)^{n-1}}{n}x^n + o(x^n)$，得

$$\ln(1+x)\ln(1-x) = \left(x - \dfrac{1}{2}x^2 + \dfrac{1}{3}x^3 + o(x^3)\right)\left(-x - \dfrac{1}{2}x^2 - \dfrac{1}{3}x^3 + o(x^3)\right)$$

$$= -x^2 - \dfrac{5}{12}x^4 + o(x^4),$$

$$\ln(1-x^2) = -x^2 - \dfrac{1}{2}x^4 + o(x^4).$$

因此
$$I = \lim_{x\to 0} \frac{\left(-x^2 - \frac{5}{12}x^4 + o(x^4)\right) - \left(-x^2 - \frac{1}{2}x^4 + o(x^4)\right)}{x^4}$$
$$= \lim_{x\to 0} \frac{\frac{1}{12}x^4 + o(x^4)}{x^4} = \lim_{x\to 0}\left(\frac{1}{12} + \frac{o(x^4)}{x^4}\right) = \frac{1}{12}.$$

【例 1.18】 设函数 $f(x)$ 在 $x=0$ 的某邻域内存在 n 阶导数，$f(0) = f'(0) = \cdots = f^{(n-1)}(0) = 0$，而 $f^{(n)}(0) \neq 0$. 求极限 $I = \lim\limits_{x\to 0} \dfrac{\int_0^x (x-t)f(t)\mathrm{d}t}{x\int_0^x f(x-t)\mathrm{d}t}$.

【分析】 利用 L'Hospital 法则与带 Peano (佩亚诺) 余项的 Taylor 公式 $f(x) = \dfrac{f^{(n)}(0)}{n!}x^n + o(x^n)$.

解 先对分母的定积分作变量代换：$u = x - t$，得 $\int_0^x f(x-t)\mathrm{d}t = \int_0^x f(u)\mathrm{d}u$. 所以

$$I = \lim_{x\to 0} \frac{x\int_0^x f(t)\mathrm{d}t - \int_0^x tf(t)\mathrm{d}t}{x\int_0^x f(u)\mathrm{d}u} = 1 - \lim_{x\to 0}\frac{\int_0^x tf(t)\mathrm{d}t}{x\int_0^x f(u)\mathrm{d}u}$$

$$= 1 - \lim_{x\to 0}\frac{xf(x)}{xf(x) + \int_0^x f(u)\mathrm{d}u} = 1 - \frac{1}{1 + \lim\limits_{x\to 0}\dfrac{\int_0^x f(u)\mathrm{d}u}{xf(x)}}. \qquad ①$$

注意到 $f'(x) = \dfrac{f^{(n)}(0)}{(n-1)!}x^{n-1} + o(x^{n-1})$，所以

$$\lim_{x\to 0}\frac{\int_0^x f(u)\mathrm{d}u}{xf(x)} = \lim_{x\to 0}\frac{f(x)}{f(x) + xf'(x)} = \lim_{x\to 0}\frac{\dfrac{f^{(n)}(0)}{n!}x^n + o(x^n)}{\dfrac{f^{(n)}(0)}{n!}x^n + \dfrac{f^{(n)}(0)}{(n-1)!}x^n + o(x^n)}$$

$$= \lim_{x\to 0}\frac{\dfrac{f^{(n)}(0)}{n!} + \dfrac{o(x^n)}{x^n}}{\dfrac{f^{(n)}(0)}{n!} + \dfrac{f^{(n)}(0)}{(n-1)!} + \dfrac{o(x^n)}{x^n}} = \frac{1}{n+1}.$$

由此代入①式，即得所求极限为 $I = \dfrac{1}{n+2}$.

【例 1.19】 求极限：$I = \lim\limits_{n\to\infty} n\sin(2\pi en!)$.

解 利用指数函数 e^x 的带 Lagrange 余项的 Taylor 公式，得

$$e = 1 + 1 + \frac{1}{2!} + \cdots + \frac{1}{n!} + \frac{1}{(n+1)!} + \frac{e^{\theta_n}}{(n+2)!}, \quad 0 < \theta_n < 1,$$

所以

$$I = \lim_{n\to\infty} n\sin\left[2\pi n!\left(2 + \frac{1}{2!} + \cdots + \frac{1}{n!} + \frac{1}{(n+1)!} + \frac{e^{\theta_n}}{(n+2)!}\right)\right]$$

$$= \lim_{n\to\infty} n\sin\left(2k\pi + \frac{2\pi}{n+1} + \frac{2\pi e^{\theta_n}}{n^2+3n+2}\right) \quad (\text{其中 } k \text{ 为正整数})$$

$$= \lim_{n\to\infty} \frac{\sin\left(\dfrac{2\pi}{n+1} + \dfrac{2\pi e^{\theta_n}}{n^2+3n+2}\right)}{\dfrac{2\pi}{n+1} + \dfrac{2\pi e^{\theta_n}}{n^2+3n+2}} \left(\frac{2n\pi}{n+1} + \frac{2n\pi e^{\theta_n}}{n^2+3n+2}\right)$$

$$= 2\pi.$$

5. 利用导数的定义

如果所求极限可凑成某个可导函数的增量，那么可利用导数的定义来求得该极限. 这种方法多用于求含抽象函数的不定式极限.

【例 1.20】 求极限：$I = \lim\limits_{x\to 3} \dfrac{\sqrt{x^3+9}\cdot\sqrt[3]{2x^2-17}-6}{4-\sqrt{x^3-23}\cdot\sqrt[3]{3x^2-19}}$.

【**分析**】 这是 "$\dfrac{0}{0}$" 型的不定式，若直接利用 L'Hospital 法则，将面临复杂的求导运算. 这里，我们尝试凑成导数的定义求解.

解 记 $f(x) = \sqrt{x^3+9}\sqrt[3]{2x^2-17}, g(x) = \sqrt{x^3-23}\sqrt[3]{3x^2-19}$，则 $f(3) = 6, g(3) = 4$，所以

$$I = -\lim_{x\to 3} \frac{\dfrac{f(x)-f(3)}{x-3}}{\dfrac{g(x)-g(3)}{x-3}} = -\frac{f'(3)}{g'(3)}.$$

对 $f(x)$ 取对数并求导，得

$$\ln f(x) = \frac{1}{2}\ln(x^3+9) + \frac{1}{3}\ln(2x^2-17),$$

$$\frac{f'(x)}{f(x)} = \frac{1}{2}\frac{3x^2}{x^3+9} + \frac{1}{3}\frac{4x}{2x^2-17},$$

所以 $f'(3) = \dfrac{105}{4}$. 同理可得 $g'(3) = \dfrac{33}{2}$. 因此 $I = -\dfrac{35}{22}$.

【例 1.21】(上海市竞赛题, 1991) 设函数 $f(x)$ 在点 x_0 处可导, $\{\alpha_n\}$ 与 $\{\beta_n\}$ 是两个趋于 0 的正数列, 求极限

$$I = \lim_{n \to \infty} \frac{f(x_0 + \alpha_n) - f(x_0 - \beta_n)}{\alpha_n + \beta_n}.$$

【分析】 本题是求不定式的极限. 由于只给定 $f(x)$ 在点 x_0 处可导, 没有指明 $f(x)$ 在点 x_0 的邻域内是否可导, 故不能使用 L'Hospital 法则, 而只能从导数的定义出发.

解 首先, 根据导数 $f'(x_0)$ 的定义以及极限与无穷小的关系, 可得

$$\frac{f(x_0 + \alpha_n) - f(x_0)}{\alpha_n} = f'(x_0) + r_n,$$

$$\frac{f(x_0 - \beta_n) - f(x_0)}{-\beta_n} = f'(x_0) + s_n,$$

其中 r_n 与 s_n 都是 $n \to \infty$ 时的无穷小. 因此

$$I = \lim_{n \to \infty} \left[\frac{f(x_0 + \alpha_n) - f(x_0)}{\alpha_n} \cdot \frac{\alpha_n}{\alpha_n + \beta_n} + \frac{f(x_0 - \beta_n) - f(x_0)}{-\beta_n} \cdot \frac{\beta_n}{\alpha_n + \beta_n} \right]$$

$$= \lim_{n \to \infty} \left[(f'(x_0) + r_n) \frac{\alpha_n}{\alpha_n + \beta_n} + (f'(x_0) + s_n) \frac{\beta_n}{\alpha_n + \beta_n} \right]$$

$$= \lim_{n \to \infty} \left[f'(x_0) + \frac{\alpha_n r_n + \beta_n s_n}{\alpha_n + \beta_n} \right].$$

由于 $0 \leqslant \left| \dfrac{\alpha_n r_n + \beta_n s_n}{\alpha_n + \beta_n} \right| \leqslant |r_n| + |s_n| \to 0 \ (n \to \infty)$, 所以 $I = f'(x_0)$.

题型二、数列的极限

因为数列可以看成定义在正整数集合上的函数, 所以数列的极限也属于函数极限的范畴. 然而数列有其自身的特点, 所以求数列的极限相应地也就有一些特殊的方法与技巧.

求数列极限的典型方法:
(1) 利用夹逼准则;
(2) 利用单调有界准则;
(3) 利用定积分的定义;
(4) 利用 Stolz (施托尔茨) 定理;
(5) 利用 Euler (欧拉) 常数.

1. 利用夹逼准则

定理 设有正整数 N, 当 $n > N$ 时, $y_n \leqslant x_n \leqslant z_n$, 且 $\lim\limits_{n \to \infty} y_n = \lim\limits_{n \to \infty} z_n = a$, 则

$$\lim_{n \to \infty} x_n = a.$$

这个定理称为夹逼准则. 使用夹逼准则求极限的关键在于: 根据数列 $\{x_n\}$ 的通项 x_n 的表达式的特点, 充分利用不等式的缩放技巧, 找出符合定理条件的数列 $\{y_n\}$ 和 $\{z_n\}$.

对于函数极限, 也有相应的夹逼准则. 详见例 1.24.

【例 1.22】 求 $\lim\limits_{n\to\infty}\sum\limits_{k=1}^{n}(n+1-k)\left(n\mathrm{C}_n^k\right)^{-1}$.

解 令 $x_n=\sum\limits_{k=1}^{n}(n+1-k)\left(n\mathrm{C}_n^k\right)^{-1}$, 注意到, 当 $2\leqslant k\leqslant n-1$ 时, 有

$$(n+1-k)\left(n\mathrm{C}_n^k\right)^{-1}=\frac{2}{n^2}\cdot\frac{k}{n-1}\cdot\frac{k-1}{n-2}\cdot\cdots\cdot\frac{3}{n-k+2}\leqslant\frac{2}{n^2},$$

所以

$$0\leqslant x_n=\sum_{k=2}^{n-1}(n+1-k)\left(n\mathrm{C}_n^k\right)^{-1}+\frac{2}{n}\leqslant\frac{2(n-2)}{n^2}+\frac{2}{n}\leqslant\frac{4}{n}.$$

因此, 根据夹逼准则可知 $\lim\limits_{n\to\infty}x_n=0$.

【例 1.23】 (浙江省竞赛题, 2013) 设 $f_n(x)=x^n\ln x$, 求 $\lim\limits_{n\to\infty}\frac{1}{n!}f_n^{(n-1)}\left(\frac{1}{n}\right)$.

解 因为 $f_n'(x)=nx^{n-1}\ln x+x^{n-1}=nf_{n-1}(x)+x^{n-1}$, 所以

$$f_n^{(n-1)}(x)=[f_n'(x)]^{(n-2)}=nf_{n-1}^{(n-2)}(x)+x(n-1)!.$$

经过递推可得

$$\frac{1}{n!}f_n^{(n-1)}(x)=\frac{1}{(n-1)!}f_{n-1}^{(n-2)}(x)+\frac{x}{n}=\frac{1}{(n-2)!}f_{n-2}^{(n-3)}(x)+\frac{x}{n-1}+\frac{x}{n}$$

$$=\cdots=\frac{1}{2!}f_2'(x)+x\sum_{k=3}^{n}\frac{1}{k}=x\left(\ln x+\sum_{k=2}^{n}\frac{1}{k}\right).$$

于是, 有 $\dfrac{1}{n!}f_n^{(n-1)}\left(\dfrac{1}{n}\right)=\dfrac{1}{n}\left(\sum\limits_{k=2}^{n}\dfrac{1}{k}-\ln n\right)$. 由于

$$\sum_{k=2}^{n}\frac{1}{k}<\sum_{k=2}^{n}\int_{k-1}^{k}\frac{1}{x}\mathrm{d}x=\int_{1}^{n}\frac{\mathrm{d}x}{x}=\ln n,$$

$$\sum_{k=2}^{n}\frac{1}{k}>\sum_{k=2}^{n-1}\int_{k}^{k+1}\frac{1}{x}\mathrm{d}x+\frac{1}{n}=\int_{2}^{n}\frac{\mathrm{d}x}{x}+\frac{1}{n}=\ln n-\ln 2+\frac{1}{n},$$

所以

$$\frac{1}{n}\left(\frac{1}{n}-\ln 2\right)<\frac{1}{n!}f_n^{(n-1)}\left(\frac{1}{n}\right)<0.$$

根据夹逼准则, 得 $\lim\limits_{n\to\infty} \dfrac{1}{n!} f_n^{(n-1)}\left(\dfrac{1}{n}\right) = 0$.

【注】 这里, 本质上是证明了极限 $\lim\limits_{n\to\infty}\left(\sum\limits_{k=1}^{n} \dfrac{1}{k} - \ln n\right) = C$ 存在. 若记 $H_n = \sum\limits_{k=1}^{n} \dfrac{1}{k}$, 则 $H_n = C + \ln n + \gamma_n$, 其中 $\lim\limits_{n\to\infty} \gamma_n = 0$. 极限值 $C = 0.57721566490\cdots$ 称为 Euler 常数.

【例 1.24】 (第四届全国初赛题, 2012) 求极限: $\lim\limits_{x\to+\infty} \sqrt[3]{x} \int_{x}^{x+1} \dfrac{\sin t}{\sqrt{t + \cos t}} \mathrm{d}t$.

解 当 $x > 1$ 时, 因为
$$0 \leqslant \left|\int_{x}^{x+1} \dfrac{\sin t}{\sqrt{t+\cos t}} \mathrm{d}t\right| \leqslant \int_{x}^{x+1} \dfrac{1}{\sqrt{t-1}} \mathrm{d}t = 2(\sqrt{x} - \sqrt{x-1})$$
$$= \dfrac{2}{\sqrt{x} + \sqrt{x-1}} \leqslant \dfrac{1}{\sqrt{x-1}},$$

所以
$$0 \leqslant \left|\sqrt[3]{x} \int_{x}^{x+1} \dfrac{\sin t}{\sqrt{t+\cos t}} \mathrm{d}t\right| \leqslant \dfrac{\sqrt[3]{x}}{\sqrt{x-1}}.$$

显然, $\lim\limits_{x\to+\infty} \dfrac{\sqrt[3]{x}}{\sqrt{x-1}} = 0$. 根据夹逼准则, 得
$$\lim_{x\to+\infty} \sqrt[3]{x} \int_{x}^{x+1} \dfrac{\sin t}{\sqrt{t+\cos t}} \mathrm{d}t = 0.$$

2. 利用单调有界准则

单调有界准则 单调递增 (减) 有上 (下) 界的数列必存在极限.

在数列的极限理论中, 单调有界准则是一个重要的基本定理. 同时, 该准则也可用于求数列的极限, 其一般步骤是:

(1) 由数列 $\{x_n\}$ 的通项确定递推关系式 $x_{n+1} = f(x_n)$, 其中 $f(x)$ 连续;

(2) 利用递推式证明 $\{x_n\}$ 单调有界, 从而可设 $\lim\limits_{n\to\infty} x_n = a$ (a 待定);

(3) 对递推式 $x_{n+1} = f(x_n)$ 两端取极限, 得到一关于未知数 a 的方程: $a = f(a)$, 然后解此方程, 求出符合题意的 a 值.

【例 1.25】 设 $a > 0, x_1 > 0$, 定义: $x_{n+1} = \dfrac{1}{4}\left(3x_n + \dfrac{a}{x_n^3}\right)$ ($n \geqslant 1$). 证明: 极限 $\lim\limits_{n\to\infty} x_n$ 存在, 并求其值.

证 首先, 易知 $x_n > 0$ ($n \geqslant 1$), 因此数列 $\{x_n\}$ 有下界. 此外, 利用平均值不等式, 有
$$x_{n+1} = \dfrac{1}{4}\left(x_n + x_n + x_n + \dfrac{a}{x_n^3}\right) \geqslant \sqrt[4]{x_n \cdot x_n \cdot x_n \cdot \dfrac{a}{x_n^3}} = \sqrt[4]{a},$$

所以
$$\frac{x_{n+1}}{x_n} = \frac{1}{4}\left(3 + \frac{a}{x_n^4}\right) \leqslant \frac{1}{4}\left(3 + \frac{a}{a}\right) = 1,$$

即 $x_{n+1} \leqslant x_n$, 因此 $\{x_n\}$ 单调递减. 根据单调有界准则, 极限 $\lim_{n\to\infty} x_n$ 存在. 设 $\lim_{n\to\infty} x_n = A$, 则 $A > 0$.

对递推式两端取极限, 得 $A = \frac{1}{4}\left(3A + \frac{a}{A^3}\right)$, 解得 $A = \sqrt[4]{a}$. 因此 $\lim_{n\to\infty} x_n = \sqrt[4]{a}$.

对于有些给出了递推式的数列, 若单调性难以确定, 则可考虑用夹逼准则确定其极限.

【例 1.26】 设数列 $\{x_n\}$ 满足 $x_0 = 2, x_n = 2 + \frac{1}{x_{n-1}}, n = 1, 2, \cdots$. 求 $\lim_{n\to\infty} x_n$.

解 这里, 先假设 $\lim_{n\to\infty} x_n = a$, 由于对任意 $n, x_n \geqslant 2$, 根据极限的保号性, 知 $a \geqslant 2$.

对 $x_n = 2 + \frac{1}{x_{n-1}}$ 的两边取极限, 得 $a = 2 + \frac{1}{a}$, 解得 $a = 1 + \sqrt{2}$. 下面我们证明: $a = 1 + \sqrt{2}$ 确实就是数列 $\{x_n\}$ 的极限 $\lim_{n\to\infty} x_n$. 为此, 有下面的估计式:

$$0 \leqslant |x_n - a| = \left|\left(2 + \frac{1}{x_{n-1}}\right) - \left(2 + \frac{1}{a}\right)\right| = \frac{|x_{n-1} - a|}{a x_{n-1}} \leqslant \frac{1}{4}|x_{n-1} - a|,$$

如此递推下去, 得

$$0 \leqslant |x_n - a| \leqslant \frac{1}{4}|x_{n-1} - a| \leqslant \frac{1}{4^2}|x_{n-2} - a| \leqslant \cdots \leqslant \frac{1}{4^n}|x_0 - a| = \frac{1}{4^n}(\sqrt{2} - 1).$$

注意到 $\lim_{n\to\infty} \frac{1}{4^n} = 0$, 利用夹逼准则, 得 $\lim_{n\to\infty} |x_n - a| = 0$, 因此 $\lim_{n\to\infty} x_n = a = 1 + \sqrt{2}$.

【例 1.27】 设 a_1, b_1 为任意给定的实数, 数列 $\{a_n\}$ 和 $\{b_n\}$ 的定义为

$$\begin{cases} a_{n+1} = \int_0^1 \max\{b_n, x\} \mathrm{d}x, \\ b_{n+1} = \int_0^1 \min\{a_n, x\} \mathrm{d}x, \end{cases} \quad n = 1, 2, \cdots.$$

试证明: 数列 $\{a_n\}$ 和 $\{b_n\}$ 都收敛, 且 $\lim_{n\to\infty} a_n = 2 - \sqrt{2}, \lim_{n\to\infty} b_n = \sqrt{2} - 1$.

解 首先, 用有理式表示 $\{a_n\}$ 和 $\{b_n\}$ 的递推式. 当 $n \geqslant 1$ 时, 有

$$a_{n+1} = \int_0^{b_n} \max\{b_n, x\} \mathrm{d}x + \int_{b_n}^1 \max\{b_n, x\} \mathrm{d}x$$
$$= \int_0^{b_n} b_n \mathrm{d}x + \int_{b_n}^1 x \mathrm{d}x = \frac{1}{2} + \frac{1}{2}b_n^2, \qquad ①$$
$$b_{n+1} = \int_0^{a_n} \min\{a_n, x\} \mathrm{d}x + \int_{a_n}^1 \min\{a_n, x\} \mathrm{d}x$$

$$= \int_0^{a_n} x\mathrm{d}x + \int_{a_n}^1 a_n \mathrm{d}x = a_n - \frac{1}{2}a_n^2. \qquad ②$$

因此, 数列 $\{a_n\}$ 收敛当且仅当 $\{b_n\}$ 收敛. 下面我们证明 $\{a_n\}$ 收敛.

注意到 $\min\{a_n, x\} \leqslant x$, 所以 $b_{n+1} \leqslant \int_0^1 x\mathrm{d}x = \frac{1}{2}$. 故由①式知, 当 $n \geqslant 2$ 时, $\frac{1}{2} \leqslant a_n \leqslant \frac{5}{8}$.

另一方面, 若令 $f(x) = \frac{1}{2} + \frac{1}{2}\left(x - \frac{1}{2}x^2\right)^2$, 则由①和②式可得

$$a_{n+1} = \frac{1}{2} + \frac{1}{2}\left(a_{n-1} - \frac{1}{2}a_{n-1}^2\right)^2 = f(a_{n-1}). \qquad ③$$

当 $x \in \left(\frac{1}{2}, \frac{5}{8}\right)$ 时, $f'(x) = \frac{1}{2}x(1-x)(2-x) > 0$. 根据 Lagrange 中值定理, 有

$$a_{n+3} - a_{n+1} = f(a_{n+1}) - f(a_{n-1}) = f'(\xi_n)(a_{n+1} - a_{n-1}),$$

其中 ξ_n 介于 a_{n-1} 与 a_{n+1} 之间. 故当 $n \geqslant 3$ 时, $(a_{n+3} - a_{n+1})(a_{n+1} - a_{n-1}) \geqslant 0$. 由此表明: 若 a_1 使得 $a_2 \leqslant a_4$, 则 $\{a_{2n}\}$ 单调增加; 若 a_1 使得 $a_2 \geqslant a_4$, 则 $\{a_{2n}\}$ 单调减少. 总之, $\{a_{2n}\}$ 是单调数列.

根据单调有界准则, 数列 $\{a_{2n}\}$ 收敛. 令 $\lim\limits_{n\to\infty} a_{2n} = A$, 则由极限的保号性知 $\frac{1}{2} \leqslant A \leqslant \frac{5}{8}$. 对递推式③的两边取极限, 得 $A = f(A)$, 这等价于 $A^2 - 4A + 2 = 0$. 解此方程, 得 $A = 2 - \sqrt{2}$. 方程的另一根为 $2 + \sqrt{2} > 2$, 不符合要求, 应舍去.

同理可证 $\{a_{2n+1}\}$ 收敛. 令 $\lim\limits_{n\to\infty} a_{2n+1} = B$, 则由极限的保号性知 $\frac{1}{2} \leqslant B \leqslant \frac{5}{8}$. 对③式取极限, 得 $B = f(B)$, 这等价于 $B^2 - 4B + 2 = 0$. 由于方程 $x^2 - 4x + 2 = 0$ 符合要求的根是唯一的, 所以 $B = A$. 因此 $\{a_n\}$ 收敛, 且 $\lim\limits_{n\to\infty} a_n = 2 - \sqrt{2}$.

最后, 再由①式可知, 数列 $\{b_n\}$ 收敛, 且 $\lim\limits_{n\to\infty} b_n = A - \frac{1}{2}A^2 = 1 - A = \sqrt{2} - 1$.

3. 利用定积分的定义

这种方法主要用于求和式的极限. 设 $f(x)$ 在闭区间 $[a, b]$ 上连续, 则对 $[a, b]$ 的任一分割: $a = x_0 < x_1 < \cdots < x_n = b$ 及任意点 $\xi_i \in [x_{i-1}, x_i]$, 都有

$$\int_a^b f(x)\mathrm{d}x = \lim_{\delta \to 0} \sum_{i=1}^n f(\xi_i)\Delta x_i,$$

其中 $\Delta x_i = x_i - x_{i-1}, \delta = \max\limits_{1 \leqslant i \leqslant n} \{\Delta x_i\}$. 特别地, 若所求极限可化为

$$\lim_{n \to \infty} \sum_{k=1}^{n} f\left[a + \frac{k(b-a)}{n}\right] \frac{b-a}{n}$$

的形式, 且 $f(x)$ 在闭区间 $[a, b]$ 上连续, 则根据定积分的定义, 有

$$\lim_{n \to \infty} \sum_{k=1}^{n} f\left[a + \frac{k(b-a)}{n}\right] \frac{b-a}{n} = \int_a^b f(x) \mathrm{d}x.$$

对于闭区间 $[0, 1]$, 上式即

$$\lim_{n \to \infty} \sum_{k=1}^{n} f\left(\frac{k}{n}\right) \frac{1}{n} = \int_0^1 f(x) \mathrm{d}x.$$

从而, 将求和式的极限转化为计算定积分 $\int_a^b f(x) \mathrm{d}x$ 或 $\int_0^1 f(x) \mathrm{d}x$.

【例 1.28】 设函数 $f(x)$ 在闭区间 $[0, 1]$ 上连续, 证明

$$\lim_{n \to \infty} \frac{1}{n} \left[f\left(\frac{1}{n}\right) - f\left(\frac{2}{n}\right) + f\left(\frac{3}{n}\right) - \cdots + (-1)^n f\left(\frac{n-1}{n}\right)\right] = 0.$$

证 因为 $f(x)$ 在 $[0, 1]$ 上连续, 所以 $\int_0^1 f(x) \mathrm{d}x$ 存在. 记 $\sigma_n = \frac{1}{n} \sum_{k=1}^{n} (-1)^{k+1} f\left(\frac{k}{n}\right)$, 注意到 $\lim\limits_{n \to \infty} \frac{f(1)}{n} = 0$, 所以问题等价于证明 $\lim\limits_{n \to \infty} \sigma_n = 0$, 这又等价于 $\lim\limits_{n \to \infty} \sigma_{2n} = 0$ 且 $\lim\limits_{n \to \infty} \sigma_{2n+1} = 0$.

根据定积分的定义, 取 $\Delta x_i = \frac{1}{n}, \xi_i = \frac{2i-1}{2n}, \xi_i' = \frac{i}{n}, i = 1, 2, \cdots, n$, 则有

$$\frac{1}{2} \lim_{n \to \infty} \frac{1}{n} \left[f\left(\frac{1}{2n}\right) + f\left(\frac{3}{2n}\right) + f\left(\frac{5}{2n}\right) + \cdots + f\left(\frac{2n-1}{2n}\right)\right] = \frac{1}{2} \int_0^1 f(x) \mathrm{d}x,$$

$$\frac{1}{2} \lim_{n \to \infty} \frac{1}{n} \left[f\left(\frac{1}{n}\right) + f\left(\frac{2}{n}\right) + \cdots + f\left(\frac{n-1}{n}\right) + f\left(\frac{n}{n}\right)\right] = \frac{1}{2} \int_0^1 f(x) \mathrm{d}x.$$

两式相减, 得

$$\lim_{n \to \infty} \sigma_{2n} = \lim_{n \to \infty} \frac{1}{2n} \sum_{k=1}^{2n} (-1)^{k+1} f\left(\frac{k}{2n}\right) = 0.$$

同理可证 $\lim\limits_{n \to \infty} \sigma_{2n+1} = 0$. 因此 $\lim\limits_{n \to \infty} \sigma_n = 0$.

值得注意的是, 在使用夹逼准则求数列 $\{x_n\}$ 的极限 $\lim\limits_{n \to \infty} x_n$ 时, 也可以利用定积分的定义来确定该准则中所述的极限 $\lim\limits_{n \to \infty} y_n$ 或 $\lim\limits_{n \to \infty} z_n$.

【例 1.29】 求 $I = \lim\limits_{n\to\infty} \sum\limits_{k=1}^{n} \dfrac{2^{\frac{k}{n}}}{n+\dfrac{1}{k}}$.

解 (**方法 1**) 易知 $\dfrac{1}{n+1}\sum\limits_{k=1}^{n} 2^{\frac{k}{n}} < x_n \stackrel{\Delta}{=} \sum\limits_{k=1}^{n} \dfrac{2^{\frac{k}{n}}}{n+\dfrac{1}{k}} < \dfrac{1}{n}\sum\limits_{k=1}^{n} 2^{\frac{k}{n}}$, 则 $y_n < x_n < z_n$, 其中

$$y_n = \frac{1}{n+1}\sum_{k=1}^{n} 2^{\frac{k}{n}}, \quad z_n = \frac{1}{n}\sum_{k=1}^{n} 2^{\frac{k}{n}}.$$

由于 $\lim\limits_{n\to\infty} z_n = \lim\limits_{n\to\infty} \dfrac{1}{n}\sum\limits_{k=1}^{n} 2^{\frac{k}{n}} = \int_0^1 2^x \mathrm{d}x = \left.\dfrac{2^x}{\ln 2}\right|_0^1 = \dfrac{1}{\ln 2}$, 以及

$$\lim_{n\to\infty} y_n = \lim_{n\to\infty} \frac{1}{n+1}\sum_{k=1}^{n} 2^{\frac{k}{n}} = \lim_{n\to\infty} \frac{n}{n+1} \cdot \lim_{n\to\infty} \frac{1}{n}\sum_{k=1}^{n} 2^{\frac{k}{n}} = \frac{1}{\ln 2},$$

故根据夹逼准则可知 $\lim\limits_{n\to\infty} x_n = \dfrac{1}{\ln 2}$, 即所求极限 $I = \dfrac{1}{\ln 2}$.

(**方法 2**) 注意到和式 x_n 的通项 $\dfrac{2^{\frac{k}{n}}}{n+\dfrac{1}{k}} \sim \dfrac{2^{\frac{k}{n}}}{n}$ $(n\to\infty)$, 可将 x_n 拆分成两项, 即

$$x_n = \sum_{k=1}^{n} \frac{2^{\frac{k}{n}}}{n+\dfrac{1}{k}} = \frac{1}{n}\sum_{k=1}^{n} 2^{\frac{k}{n}} - \sum_{k=1}^{n} 2^{\frac{k}{n}}\left(\frac{1}{n} - \frac{1}{n+\dfrac{1}{k}}\right) = \frac{1}{n}\sum_{k=1}^{n} 2^{\frac{k}{n}} - r_n,$$

其中

$$0 \leqslant r_n = \sum_{k=1}^{n} 2^{\frac{k}{n}}\left(\frac{1}{n} - \frac{1}{n+\dfrac{1}{k}}\right) \leqslant 2\sum_{k=1}^{n} \frac{1}{n(n+1)} = \frac{2}{n+1} \to 0 \quad (n\to\infty),$$

所以

$$\lim_{n\to\infty} x_n = \lim_{n\to\infty} \frac{1}{n}\sum_{k=1}^{n} 2^{\frac{k}{n}} - \lim_{n\to\infty} r_n = \int_0^1 2^x \mathrm{d}x - 0 = \left.\frac{2^x}{\ln 2}\right|_0^1 = \frac{1}{\ln 2}.$$

【注】 这里, 两种方法都利用了夹逼准则与定积分的定义, 比较而言, 方法 2 的核心点是给出 x_n 的通项的等价无穷小, 以及证明 $\lim\limits_{n\to\infty} r_n = 0$, 目标比较明确, 且易于实现.

4. 利用 Stolz 定理

Stolz 定理虽未列入全国大学生数学竞赛的考点内容, 但它在处理数列极限时是一个比较活跃的工具.

Stolz 定理有两种形式, 即

(1) $\dfrac{*}{\infty}$ 型的 **Stolz 定理** 设数列 $\{a_n\}$ 是严格单调增加的无穷大量, 且 $\lim\limits_{n\to\infty}\dfrac{b_{n+1}-b_n}{a_{n+1}-a_n}$ $= l$ (有限或 $\pm\infty$), 则 $\lim\limits_{n\to\infty}\dfrac{b_n}{a_n} = l$.

(2) $\dfrac{0}{0}$ 型的 **Stolz 定理** 设数列 $\{a_n\}$ 和 $\{b_n\}$ 都是无穷小量, 其中 $\{a_n\}$ 还是严格单调减少数列, 又 $\lim\limits_{n\to\infty}\dfrac{b_{n+1}-b_n}{a_{n+1}-a_n} = l$ (有限或 $\pm\infty$), 则 $\lim\limits_{n\to\infty}\dfrac{b_n}{a_n} = l$.

【例 1.30】 设数列 $\{a_n\}$ 满足 $a_1 > 0$, $a_{n+1} = a_n + \dfrac{1}{a_n}$, $n \geqslant 1$. 证明:

$$\lim_{n\to\infty}\frac{a_n}{\sqrt{4n+1}} = \frac{\sqrt{2}}{2}.$$

解 显然, $\{a_n\}$ 是严格单调增加的正数列. 因此只有两种可能: $\lim\limits_{n\to\infty} a_n = c$ 存在且有限, 或 $\lim\limits_{n\to\infty} a_n = \infty$. 对于前一种情形, 由 $a_{n+1} = a_n + \dfrac{1}{a_n}$ 两边取极限有 $c = c + \dfrac{1}{c}$, 矛盾. 所以 $\lim\limits_{n\to\infty} a_n = \infty$.

利用 Stolz 定理, 得

$$\lim_{n\to\infty}\frac{a_n^2}{4n+1} = \lim_{n\to\infty}\frac{a_{n+1}^2 - a_n^2}{4(n+1)+1-(4n+1)} = \frac{1}{4}\lim_{n\to\infty}\left(2 + \frac{1}{a_n^2}\right) = \frac{1}{2},$$

所以 $\lim\limits_{n\to\infty}\dfrac{a_n}{\sqrt{4n+1}} = \dfrac{\sqrt{2}}{2}$.

【例 1.31】 设数列 $\{x_n\}$ 定义为 $x_1 = 1$, $x_{n+1} = x_n + \dfrac{1}{2x_n}$, $n = 1, 2, \cdots$. 证明

$$\lim_{n\to\infty}\frac{x_n^2 - n}{\ln n} = \frac{1}{4}.$$

解 易知 $x_{n+1} > x_n > 1$ $(n > 1)$, 且 $\lim\limits_{n\to\infty} x_n = +\infty$. 利用 Stolz 定理与无穷小替换, 得

$$\lim_{n\to\infty}\frac{x_n^2 - n}{\ln n} = \lim_{n\to\infty}\frac{(x_{n+1}^2 - n - 1) - (x_n^2 - n)}{\ln(n+1) - \ln n} = \lim_{n\to\infty}\frac{x_{n+1}^2 - x_n^2 - 1}{\ln\left(1 + \dfrac{1}{n}\right)}$$

$$= \frac{1}{4}\lim_{n\to\infty}\frac{n}{x_n^2} = \frac{1}{4}\lim_{n\to\infty}\frac{1}{x_{n+1}^2 - x_n^2} = \frac{1}{4}\lim_{n\to\infty}\frac{1}{1 + \dfrac{1}{4x_n^2}} = \frac{1}{4}.$$

【例 1.32】 设 $0 < x_0 < \pi$, 当 $n \geqslant 1$ 时, $x_n = \dfrac{1}{n}\sum\limits_{k=0}^{n-1}\sin x_k$, 求极限: $\lim\limits_{n\to\infty} x_n\sqrt{\ln n}$.

解 易知, 当 $n \geqslant 1$ 时, $0 < x_n \leqslant 1$, 且 $x_n - x_{n+1} = \dfrac{x_n - \sin x_n}{n+1} > 0$. 所以 $\{x_n\}$ 是

单调减有下界的数列,因而收敛. 令 $\lim\limits_{n\to\infty} x_n = a$, 则 $0 \leqslant a \leqslant 1$. 利用 Stolz 定理, 得

$$a = \lim_{n\to\infty} x_n = \lim_{n\to\infty} \frac{\sum_{k=0}^{n-1} \sin x_k}{n} = \lim_{n\to\infty} \frac{\sum_{k=0}^{n} \sin x_k - \sum_{k=0}^{n-1} \sin x_k}{(n+1)-n} = \lim_{n\to\infty} \sin x_n = \sin a,$$

于是, 有 $a = 0$. 注意到 $\lim\limits_{n\to\infty} \frac{x_{n+1}}{x_n} = \lim\limits_{n\to\infty} \left(\frac{n}{n+1} + \frac{1}{n+1} \cdot \frac{\sin x_n}{x_n} \right) = 1$, 再次利用 Stolz 定理, 得

$$\lim_{n\to\infty} x_n^2 \ln n = \lim_{n\to\infty} \frac{\ln n}{\frac{1}{x_n^2}} = \lim_{n\to\infty} \frac{\ln(n+1) - \ln n}{\frac{1}{x_{n+1}^2} - \frac{1}{x_n^2}} = \lim_{n\to\infty} \frac{\ln\left(1 + \frac{1}{n}\right) x_{n+1}^2 x_n^2}{x_n^2 - x_{n+1}^2}$$

$$= \lim_{n\to\infty} \frac{n+1}{n} \cdot \frac{x_n^3}{x_n - \sin x_n} \cdot \frac{1}{\left(\frac{x_n}{x_{n+1}}\right)^2 + \frac{x_n}{x_{n+1}}} = 1 \times 6 \times \frac{1}{2} = 3,$$

因此 $\lim\limits_{n\to\infty} x_n \sqrt{\ln n} = \sqrt{3}$.

【注】 这里, 先后利用了重要极限 $\lim\limits_{x\to 0} \frac{\sin x}{x} = 1$, $\lim\limits_{x\to 0} \frac{\ln(1+x)}{x} = 1$ 及

$$\lim_{x\to 0} \frac{x - \sin x}{x^3} = \frac{1}{6}.$$

5. 利用 Euler 常数

对于调和数列 $H_n = \sum_{k=1}^{n} \frac{1}{k}$, 根据例 1.23 的注可知, $H_n = C + \ln n + \gamma_n$, 其中 $\lim\limits_{n\to\infty} \gamma_n = 0$, 而 $C = 0.57721566490\cdots$ 为 Euler 常数. 利用这一等式, 可计算一些与数列 $\{H_n\}$ 有关的极限.

【例 1.33】 设 $a_n = \sum_{k=1}^{n} \left(\frac{1}{3k-2} + \frac{1}{3k-1} - \frac{2}{3k} \right)$, 求极限 $\lim\limits_{n\to\infty} a_n$.

解 因为 $a_n = \sum_{k=1}^{n} \left(\frac{1}{3k-2} + \frac{1}{3k-1} + \frac{1}{3k} \right) - \sum_{k=1}^{n} \frac{1}{k} = H_{3n} - H_n$, 所以

$$\lim_{n\to\infty} a_n = \lim_{n\to\infty} (H_{3n} - H_n) = \lim_{n\to\infty} (\ln 3n + \gamma_{3n} - \ln n - \gamma_n)$$

$$= \lim_{n\to\infty} (\ln 3 + \gamma_{3n} - \gamma_n) = \ln 3.$$

【例 1.34】 求极限: $\lim\limits_{n\to\infty}\dfrac{1}{n}\left(\dfrac{n+1}{\dfrac{1}{2}+\dfrac{2}{3}+\cdots+\dfrac{n}{n+1}}\right)^n$.

解 令 $a_n=\dfrac{1}{n}\left(\dfrac{n+1}{\dfrac{1}{2}+\dfrac{2}{3}+\cdots+\dfrac{n}{n+1}}\right)^n$, 则

$$a_n=\dfrac{1}{n}\left(\dfrac{n+1}{n+1-H_{n+1}}\right)^n=\mathrm{e}^{-n\left[\ln\left(1-\frac{H_{n+1}}{n+1}\right)+\frac{\ln n}{n}\right]}.$$

所以问题转化为求极限: $L=-\lim\limits_{n\to\infty}n\left[\ln\left(1-\dfrac{H_{n+1}}{n+1}\right)+\dfrac{\ln n}{n}\right]$.

注意到 $\lim\limits_{n\to\infty}\dfrac{H_n}{n}=\lim\limits_{n\to\infty}\left(\dfrac{C}{n}+\dfrac{\ln n}{n}+\dfrac{\gamma_n}{n}\right)=0$, 利用 Stolz 定理, 可得

$$\lim_{n\to\infty}\dfrac{H_n^2}{n}=\lim_{n\to\infty}\left(H_{n+1}^2-H_n^2\right)=\lim_{n\to\infty}\left(\dfrac{H_{n+1}}{n+1}+\dfrac{n}{n+1}\cdot\dfrac{H_n}{n}\right)=0.$$

利用 Taylor 公式 $\ln(1-x)=-x-\dfrac{x^2}{2}+o\left(x^2\right)$, 得

$$L=-\lim_{n\to\infty}n\left[-\dfrac{H_{n+1}}{n+1}-\dfrac{1}{2}\left(\dfrac{H_{n+1}}{n+1}\right)^2+o\left(\dfrac{H_{n+1}}{n+1}\right)^2+\dfrac{\ln n}{n}\right]$$

$$=\lim_{n\to\infty}\left[\dfrac{n(C+\gamma_n)-\ln n}{n+1}+\dfrac{n}{(n+1)^2}+\dfrac{n}{2(n+1)}\dfrac{H_{n+1}^2}{n+1}+o\left(\dfrac{H_{n+1}^2}{n+1}\right)\right]$$

$$=C.$$

因此, 原式 $=\lim\limits_{n\to\infty}a_n=\mathrm{e}^{-\lim\limits_{n\to\infty}n\left[\ln\left(1-\frac{H_{n+1}}{n+1}\right)+\frac{\ln n}{n}\right]}=\mathrm{e}^C.$

【例 1.35】 设函数 $f(x)$ 在区间 $[0,1]$ 上连续, 且当 $0\leqslant x\leqslant 1$ 时, $\cos x\leqslant f(x)\leqslant 1$. 求极限:

$$\lim_{n\to\infty}\left(\int_0^{\frac{1}{n+1}}f(x)\mathrm{d}x+\int_0^{\frac{1}{n+2}}f(x)\mathrm{d}x+\cdots+\int_0^{\frac{1}{2n}}f(x)\mathrm{d}x\right).$$

解 记 $a_n=\sum\limits_{k=n+1}^{2n}\int_0^{\frac{1}{k}}f(x)\mathrm{d}x$, 因为 $\cos x\leqslant f(x)\leqslant 1$, 且 $x\in\left[0,\dfrac{\pi}{2}\right]$ 时, $\sin x\geqslant x-\dfrac{x^3}{6}$, 所以

$$\sum_{k=n+1}^{2n}\dfrac{1}{k}-\dfrac{1}{6}\sum_{k=n+1}^{2n}\dfrac{1}{k^3}\leqslant\sum_{k=n+1}^{2n}\sin\dfrac{1}{k}=\sum_{k=n+1}^{2n}\int_0^{\frac{1}{k}}\cos x\mathrm{d}x\leqslant a_n\leqslant\sum_{k=n+1}^{2n}\dfrac{1}{k}.$$

注意到 $\sum_{k=n+1}^{2n} \frac{1}{k} = H_{2n} - H_n = \ln 2 + (\gamma_{2n} - \gamma_n)$，所以 $\lim_{n\to\infty} \sum_{k=n+1}^{2n} \frac{1}{k} = \ln 2.$

因为级数 $\sum_{k=1}^{\infty} \frac{1}{k^3}$ 收敛，其部分和数列 $\{S_n\}$ 收敛，所以 $\lim_{n\to\infty} \sum_{k=n+1}^{2n} \frac{1}{k^3} = \lim_{n\to\infty}(S_{2n} - S_n) = 0.$ 根据夹逼准则，$\lim_{n\to\infty} a_n = \ln 2.$

题型三、两类典型问题

这一节讨论与极限相关联的两类典型问题，即极限的存在性、极限的局部逆问题.

1. 极限的存在性

讨论极限的存在性，是高等数学中既十分典型又经常遇到的问题，在研究非初等函数的连续性与可导性时，往往归结为这类问题.

1) 利用极限存在的充要条件

由于极限 $\lim_{x\to x_0} f(x)$ 存在的充分必要条件是：左极限 $f(x_0 - 0) \triangleq \lim_{x\to x_0^-} f(x)$ 与右极限 $f(x_0 + 0) \triangleq \lim_{x\to x_0^+} f(x)$ 同时存在并且相等. 因此，当左、右极限 $f(x_0 - 0)$ 与 $f(x_0 + 0)$ 至少有一个不存在或者虽然都存在但不相等时，极限 $\lim_{x\to x_0} f(x)$ 一定不存在.

2) 利用 Heine 定理

如果能够选取数列 $\{x_n\}$ 与 $\{y_n\}$，使得 $\lim_{n\to\infty} x_n = \infty$, $\lim_{n\to\infty} y_n = \infty$，并且 $\lim_{n\to\infty} f(x_n)$ 与 $\lim_{n\to\infty} f(y_n)$ 至少有一个不存在，或者虽然都存在但不相等，那么极限 $\lim_{x\to\infty} f(x)$ 不存在.

同理，为了证明极限 $\lim_{x\to x_0} f(x)$ 不存在，则要求存在数列 $\{x_n\}$, $\{y_n\}$ 使 $\lim_{n\to\infty} x_n = x_0$, $\lim_{n\to\infty} y_n = x_0$，并且 $\lim_{n\to\infty} f(x_n)$ 与 $\lim_{n\to\infty} f(y_n)$ 至少有一个不存在，或者虽然都存在但不相等.

3) 利用已知结论

(1) 数列 $\{x_n\}$ 的极限存在且 $\lim_{n\to\infty} x_n = a$ 的充分必要条件是 $\lim_{k\to\infty} x_{2k} = a$ 且 $\lim_{k\to\infty} x_{2k+1} = a.$

(2) 极限 $\lim_{n\to\infty} x_n = a$ 的充分必要条件是对任意 $i = 0, 1, \cdots, p-1$，都有 $\lim_{k\to\infty} x_{pk+i} = a.$

【例 1.36】 讨论极限 $\lim_{x\to 0} \dfrac{\ln\left(1+e^{\frac{2}{x}}\right)}{\ln\left(1+e^{\frac{1}{x}}\right)}$ 的存在性.

解 为方便起见，先作变量代换：$u = e^{\frac{1}{x}}$，则当 $x \to 0^-$ 时，$u \to 0$；当 $x \to 0^+$ 时，$u \to +\infty$. 从而

$$\lim_{x\to 0^-} \frac{\ln\left(1+e^{\frac{2}{x}}\right)}{\ln\left(1+e^{\frac{1}{x}}\right)} = \lim_{u\to 0} \frac{\ln(1+u^2)}{\ln(1+u)} = \lim_{u\to 0} \frac{u^2}{u} = 0 \quad (\ln(1+t) \sim t(t\to 0));$$

$$\lim_{x \to 0^+} \frac{\ln\left(1+e^{\frac{2}{x}}\right)}{\ln\left(1+e^{\frac{1}{x}}\right)} = \lim_{u \to +\infty} \frac{\ln(1+u^2)}{\ln(1+u)} = \lim_{u \to +\infty} \frac{\frac{2u}{1+u^2}}{\frac{1}{1+u}} = 2.$$

因为左、右极限虽然都存在但不相等,所以极限 $\lim\limits_{x \to 0} \dfrac{\ln\left(1+e^{\frac{2}{x}}\right)}{\ln\left(1+e^{\frac{1}{x}}\right)}$ 不存在.

【例 1.37】 设函数

$$f(x) = \begin{cases} \dfrac{\int_0^{x^2} \sqrt{1+\tan^2 t}\,\mathrm{d}t}{2x^2}, & x<0, \\ \dfrac{\sqrt{1+x^2}-1}{\ln(1+x^2)}, & x>0, \end{cases}$$

求极限 $\lim\limits_{x \to 0} f(x)$.

解 利用 L'Hospital 法则容易求得 $f(x)$ 在 $x=0$ 处的左、右极限分别为

$$f(0-0) = \lim_{x \to 0^-} f(x) = \lim_{x \to 0} \frac{\int_0^{x^2} \sqrt{1+\tan^2 t}\,\mathrm{d}t}{2x^2} = \lim_{x \to 0} \frac{2x\sqrt{1+\tan^2 x^2}}{4x} = \frac{1}{2}$$

与

$$f(0+0) = \lim_{x \to 0^+} f(x) = \lim_{x \to 0} \frac{\sqrt{1+x^2}-1}{\ln(1+x^2)} = \lim_{x \to 0} \frac{x}{\sqrt{1+x^2}} \cdot \frac{1+x^2}{2x} = \frac{1}{2}.$$

由此可知函数 $f(x)$ 在 $x=0$ 处的左、右极限存在且相等,所以

$$\lim_{x \to 0} f(x) = \frac{1}{2}.$$

【例 1.38】 设 $x_1 = \sqrt{7}$, $x_2 = \sqrt{7-\sqrt{7}}$, $x_{n+2} = \sqrt{7-\sqrt{7+x_n}}$, $n=1,2,\cdots$. 证明 $\lim\limits_{n \to \infty} x_n$ 存在并求此极限.

解 这里,先假设 $\lim\limits_{n \to \infty} x_n = a$,对 $x_{n+2} = \sqrt{7-\sqrt{7+x_n}}$ 的两边取极限,得 $a = \sqrt{7-\sqrt{7+a}}$,解得 $a=2$. 下证 $a=2$ 就是 $\{x_n\}$ 的极限,这等价于证 $\lim\limits_{k \to \infty} x_{2k} = 2$ 且 $\lim\limits_{k \to \infty} x_{2k+1} = 2$. 事实上,由于

$$|x_{2k+2} - 2| = \left|\sqrt{7-\sqrt{7+x_{2k}}} - 2\right| = \frac{|x_{2k}-2|}{\left(\sqrt{7-\sqrt{7+x_{2k}}}+2\right)\left(\sqrt{7+x_{2k}}+3\right)}$$

$$\leqslant \frac{1}{6}|x_{2k}-2|,$$

如此递推下去, 得

$$0 \leqslant |x_{2k+2} - 2| \leqslant \frac{1}{6} |x_{2k} - 2| \leqslant \frac{1}{6^2} |x_{2k-2} - 2| \leqslant \cdots \leqslant \frac{1}{6^k} |x_2 - 2|.$$

同理, 对于 x_{2k+1} 有如下估计式:

$$0 \leqslant |x_{2k+1} - 2| \leqslant \frac{1}{6} |x_{2k-1} - 2| \leqslant \frac{1}{6^2} |x_{2k-3} - 2| \leqslant \cdots \leqslant \frac{1}{6^k} |x_1 - 2|.$$

注意到 $\lim\limits_{k\to\infty} \frac{1}{6^k} = 0$, 利用夹逼准则, 得 $\lim\limits_{k\to\infty} x_{2k} = 2$ 且 $\lim\limits_{k\to\infty} x_{2k+1} = 2$. 因此 $\lim\limits_{n\to\infty} x_n = 2$.

2. 极限的局部逆问题

如果已知函数的极限存在, 但是在函数的表示式中含有一个 (或者几个) 待定的参数, 要求确定待定参数的值, 这就是所谓的函数极限的局部逆问题.

【例 1.39】 已知 $\lim\limits_{x\to 0} \dfrac{1}{ax - \sin x} \int_0^x \dfrac{t^2}{\sqrt{b+t}} \mathrm{d}t = 1$, 求 a 与 b.

解 易知 $b > 0$, 否则题设等式中的定积分当 $x \to 0^-$ 时无意义. 利用 L'Hospital 法则, 得

$$\lim_{x\to 0} \frac{x^2}{(a - \cos x)\sqrt{b+x}} = 1. \qquad ①$$

由于①式左边分子 $x^2 \to 0$, 欲使上式成立, 则分母的极限也必须为零:

$$\lim_{x\to 0} (a - \cos x)\sqrt{b+x} = 0,$$

即 $(a-1)\sqrt{b} = 0$, 从而 $a = 1$, 代入①式, 即得

$$\lim_{x\to 0} \frac{x^2}{1 - \cos x} \cdot \frac{1}{\sqrt{b+x}} = 1,$$

所以 $\dfrac{2}{\sqrt{b}} = 1$, 即 $b = 4$.

【例 1.40】 试确定常数 a 与 b, 使得 $\lim\limits_{x\to +\infty} \left(\sqrt{ax^2 - x + 3} - 2x \right) = b$.

解 所给等式左端是 "$\infty - \infty$" 型的不定式, 为了确定式中的参数 a 与 b, 有两种求解方法. 一是直接将所给无理式有理化, 进而求出 a, b; 二是先将 "$\infty - \infty$" 型化为 "$0 \cdot \infty$" 型. 现采用后一种方法, 将原式改写成

$$\lim_{x\to +\infty} x \left(\sqrt{a - \frac{1}{x} + \frac{3}{x^2}} - 2 \right) = b.$$

可见, 上式左端第 2 个因子的极限必须为零, 故有 $\sqrt{a} - 2 = 0$, 即 $a = 4$.

将 $a = 4$ 代入原式, 并有理化, 得

$$b = \lim_{x \to +\infty} \left(\sqrt{4x^2 - x + 3} - 2x \right) = \lim_{x \to +\infty} \frac{-x + 3}{\sqrt{4x^2 - x + 3} + 2x}$$

$$= \lim_{x \to +\infty} \frac{-1 + \dfrac{3}{x}}{\sqrt{4 - \dfrac{1}{x} + \dfrac{3}{x^2}} + 2} = -\frac{1}{4}.$$

【例 1.41】 试确定常数 α 和 β, 使当 $x \to 0$ 时, 函数 $f(x) = \arctan x - \dfrac{x + \alpha x^3}{1 + \beta x^2}$ 是关于 x 的尽可能高阶的无穷小.

解 利用 Taylor 公式, 得 $\arctan x = x - \dfrac{1}{3}x^3 + \dfrac{1}{5}x^5 - \dfrac{1}{7}x^7 + o\left(x^7\right)$,

$$\frac{x + \alpha x^3}{1 + \beta x^2} = (x + \alpha x^3)\left(1 - \beta x^2 + \beta^2 x^4 - \beta^3 x^6 + o\left(x^6\right)\right)$$

$$= x + (\alpha - \beta)x^3 + \beta(\beta - \alpha)x^5 + \beta^2(\alpha - \beta)x^7 + o\left(x^7\right),$$

从而

$$f(x) = \left(-\frac{1}{3} - \alpha + \beta\right)x^3 + \left(\frac{1}{5} + \alpha\beta - \beta^2\right)x^5 + \left(-\frac{1}{7} - \alpha\beta^2 + \beta^3\right)x^7 + o\left(x^7\right).$$

令 $-\dfrac{1}{3} - \alpha + \beta = 0$, $\dfrac{1}{5} + \alpha\beta - \beta^2 = 0$, 解得 $\alpha = \dfrac{4}{15}$, $\beta = \dfrac{3}{5}$. 此时 $-\dfrac{1}{7} - \alpha\beta^2 + \beta^3 = -\dfrac{4}{175} \neq 0$. 因此, 当 $\alpha = \dfrac{4}{15}$, $\beta = \dfrac{3}{5}$ 时, $f(x) = -\dfrac{4}{175}x^7 + o\left(x^7\right)$ 是关于 x 的 7 阶无穷小.

【例 1.42】 试确定常数 A, B, C, 使下式当 $x \to 0$ 时成立:

$$\frac{\mathrm{e}^{\sin x}}{\sin x} = \frac{1 + Bx + Cx^2}{x + Ax^2} + o\left(x^2\right).$$

解 将所给等式两端同时乘以 $(1 + Ax)\sin x$, 并注意到当 $x \to 0$ 时, $(1 + Ax)(\sin x) \cdot o\left(x^2\right) = o\left(x^3\right)$, 得

$$(1 + Ax)\mathrm{e}^{\sin x} = \frac{\sin x}{x}\left(1 + Bx + Cx^2\right) + o\left(x^3\right).$$

根据三阶 Taylor 公式 $f(x) = f(0) + f'(0)x + \dfrac{f''(0)}{2}x^2 + \dfrac{f'''(0)}{6}x^3 + o\left(x^3\right)$, 可得 $\mathrm{e}^{\sin x} = 1 + x + \dfrac{x^2}{2} + o\left(x^3\right)$, $\dfrac{\sin x}{x} = 1 - \dfrac{x^2}{6} + o\left(x^3\right)$, 代入上式并整理, 得

$$(A - B + 1)x + \left(A - C + \frac{2}{3}\right)x^2 + \frac{1}{6}(3A + B)x^3 = o\left(x^3\right).$$

欲使上式成立, 必须有

$$A - B + 1 = 0, \quad A - C + \frac{2}{3} = 0, \quad 3A + B = 0,$$

联立解得 $A = -\dfrac{1}{4}, B = \dfrac{3}{4}, C = \dfrac{5}{12}$.

题型四、函数及其连续性

函数是一个变量对另一个 (或多个) 变量的依赖关系的抽象数学模型. 在高等数学中, 函数是一个重要的基本概念, 也是主要研究对象; 连续是函数的一个重要性质, 而连续函数则是需要着重讨论的一类重要函数.

本节的基本问题包括

(1) 函数的基本性质;

(2) 函数的连续性;

(3) 函数的间断点及其类型;

(4) 闭区间上连续函数性质的应用.

1. 函数的基本性质

函数的基本性质包括单调性、有界性、奇偶性及周期性.

(1) **单调性** 若对于任意的 $x_1, x_2 \in (a,b)$, 当 $x_1 < x_2$ 时有 $f(x_1) < f(x_2)$, 则称函数 $f(x)$ 在区间 (a,b) 上单调增加; 若对于任意的 $x_1, x_2 \in (a,b)$, 当 $x_1 < x_2$ 时有 $f(x_1) > f(x_2)$, 则称函数 $f(x)$ 在区间 (a,b) 上单调减少.

(2) **有界性** 若存在正数 M, 使得对一切 $x \in (a,b)$ 都有 $|f(x)| \leqslant M$ 成立, 则称函数 $f(x)$ 在区间 (a,b) 上有界.

(3) **奇偶性** 设函数 $f(x)$ 在 $(-l, l)$ 上有定义. 若对一切 $x \in (-l, l)$, 恒有 $f(-x) = f(x)$, 则称 $f(x)$ 为偶函数, 其图形关于 y 轴对称. 若对一切 $x \in (-l, l)$, 恒有 $f(-x) = -f(x)$, 则称 $f(x)$ 为奇函数, 其图形关于坐标原点对称, 并有 $f(0) = 0$.

(4) **周期性** 设函数 $f(x)$ 在 $(-\infty, +\infty)$ 上有定义. 若存在 $T \neq 0$, 使得对于任意的 $x \in (-\infty, +\infty)$, 恒有 $f(x+T) = f(x)$, 则称 $f(x)$ 是以 T 为周期的周期函数. 通常我们所说的周期函数的周期是指最小正周期.

函数的前两个性质既可根据定义也可利用导数方法判别, 后两个性质往往根据定义判别. 例如, 根据定义易知 $f(x) = \ln\left(x + \sqrt{1+x^2}\right)$ 为奇函数.

【**例 1.43**】 设 $f(x)$ 满足 $af(x) + bf\left(\dfrac{1}{x}\right) = \dfrac{c}{x}$, 其中 a, b, c 均为常数, 且 $|a| \neq |b|$. 试证: $f(x)$ 为奇函数.

证 在所给方程中, 用 $\dfrac{1}{x}$ 代替 x 得 $af\left(\dfrac{1}{x}\right) + bf(x) = cx$. 联立原方程, 消去 $f\left(\dfrac{1}{x}\right)$

得
$$(a^2 - b^2) f(x) = \frac{ac}{x} - bcx.$$

因为 $|a| \neq |b|$, 所以 $f(x) = \frac{c}{a^2 - b^2} \left(\frac{a}{x} - bx \right)$. 而

$$f(-x) = \frac{c}{a^2 - b^2} \left(-\frac{a}{x} + bx \right) = -\frac{c}{a^2 - b^2} \left(\frac{a}{x} - bx \right) = -f(x),$$

故 $f(x)$ 为奇函数.

【例 1.44】 已知函数 $f(x)$ 在 $(-\infty, +\infty)$ 上有定义, 且满足
(1) $f(x + \pi) = f(x) + \sin x$;   (2) 当 $x \in [0, \pi]$ 时, $f(x) = 0$.
证明: $f(x)$ 是周期函数, 并作出 $f(x)$ 在 $[-3, 3]$ 上的图形.

证 这里只证明 $f(x)$ 是周期函数, 并给出 $f(x)$ 在一个周期上的表达式, 其图形从略. 因为

$$f(x + 2\pi) = f[(x + \pi) + \pi] = f(x + \pi) + \sin(x + \pi)$$
$$= f(x) + \sin x - \sin x = f(x),$$

所以 $f(x)$ 是周期函数.

事实上, 还可以进一步证明 $T = 2\pi$ 是 $f(x)$ 的周期.

假设 a 是函数 $f(x)$ 的周期, 且 $0 < a < 2\pi$, 则对于任意 $x \in (-\infty, +\infty)$, 都有 $f(x + a) = f(x)$. 特别地, 若取 $x = 0$, 得 $f(a) = f(0) = 0$; 取 $x = \pi$, 得 $f(\pi + a) = f(\pi) = 0$.

因为 $f(\pi + a) = f(a) + \sin a$, 故 $\sin a = 0$, 从而 $a = \pi$. 于是, 对于任意 $x \in (-\infty, +\infty)$, 都有 $f(x + \pi) = f(x)$. 而 $f(x + \pi) = f(x) + \sin x$, 得 $\sin x = 0$, 矛盾! 故假设不成立.

因此, $f(x)$ 是以 2π 为周期的周期函数.

现在我们来求 $f(x)$ 的表达式. 任取 $x \in [\pi, 2\pi]$, 则 $x - \pi \in [0, \pi]$, 从而 $f(x - \pi) = 0$, 且

$$f(x) = f((x - \pi) + \pi) = f(x - \pi) + \sin(x - \pi) = -\sin x.$$

因此, 函数 $f(x)$ 在一个周期 $[0, 2\pi]$ 上的表达式为

$$f(x) = \begin{cases} 0, & 0 \leqslant x \leqslant \pi, \\ -\sin x, & \pi < x \leqslant 2\pi. \end{cases}$$

2. 函数的连续性

函数连续性的定义 设 $f(x)$ 在点 x_0 的某个邻域内有定义, 如果 $\lim\limits_{x \to x_0} f(x) = f(x_0)$, 则称 $f(x)$ 在点 x_0 处连续. 如果 $f(x_0 - 0)$ 或 $f(x_0 + 0)) = f(x_0)$, 则称 $f(x)$ 在点 x_0 处左 (或右) 连续. 如果 $f(x)$ 在区间 $[a, b]$ 上每一点都连续, 则称 $f(x)$ 在 $[a, b]$ 上连续.

【注】 函数在左端点连续是指右连续, 在右端点连续是指左连续.

由连续性的定义与运算性质可以导出: 基本初等函数在其定义域内都是连续的; 一切初等函数在其定义区间内都是连续的. 因此, 判断函数连续性的问题多集中于分段函数问题上. 这类问题大致可分成两种形式:

(1) 如果 $f(x)$ 在点 x_0 左右 (两侧) 函数表达式相同, 而在点 x_0 处的值单独给定, 欲判定其连续性, 则只需先求出 $f(x)$ 当 $x \to x_0$ 时的极限, 再判定 $f(x_0)$ 是否等于该极限值.

(2) 如果 $f(x)$ 在点 x_0 左右函数表达式不同, 应先按左右极限的定义确定 $f(x)$ 当 $x \to x_0$ 时的极限, 而后再由连续性定义来判定 $f(x)$ 的连续性. 需要特别指出, 有个别例外情形, 如

$$f(x) = \begin{cases} e^{\frac{1}{x}}, & x \neq 0, \\ 0, & x = 0 \end{cases} \quad \text{与} \quad f(x) = \begin{cases} \arctan \dfrac{1}{1-x}, & x \neq 1, \\ \dfrac{\pi}{2}, & x = 1 \end{cases}$$

之类的分段函数, 由于在分段点两侧其变化趋势不一致, 故也应通过研究左右极限来确定极限的存在性.

【例 1.45】 问是否存在区间 $(-\infty, +\infty)$ 上的可微函数 $f(x)$, 分别满足下列条件:
(1) $f(f(x)) = x^4 - 2x^3 + 4x^2 - 3x + 4$;
(2) $f(f(x)) = x^4 - 3x^3 + 3x^2 - 2x + 2$.
若存在, 请给出一个这样的函数; 若不存在, 请阐述理由.

解 (1) 存在. 考虑多项式 $f(x) = ax^2 + bx + c$, 则 $f(x)$ 是 $(-\infty, +\infty)$ 上的可微函数, 且

$$f(f(x)) = a^3 x^4 + 2a^2 b x^3 + (ab^2 + 2a^2 c + ab) x^2 + (2abc + b^2) x + (ac^2 + bc + c).$$

欲使 $f(f(x)) = x^4 - 2x^3 + 4x^2 - 3x + 4$, 比较等式前三项的系数得 $a^3 = 1, 2a^2 b = -2, ab^2 + 2a^2 c + ab = 4$, 解得 $a = 1, b = -1, c = 2$. 经计算知, 后两项的系数也分别对应相等: $2abc + b^2 = -3, ac^2 + bc + c = 4$. 因此, $f(x) = x^2 - x + 2$ 是满足条件的函数.

(2) 不存在. 若不然, 则由 $f(f(x)) = x^4 - 3x^3 + 3x^2 - 2x + 2$, 得 $f(f(1)) = 1$, 且

$$f(f(f(x))) = f^4(x) - 3f^3(x) + 3f^2(x) - 2f(x) + 2.$$

令 $x = 1$, 代入上式并整理, 得

$$(f(1) - 1)(f(1) - 2)\left(f^2(1) + 1\right) = 0,$$

解得 $f(1) = 1$ 或 $f(1) = 2$. 另一方面, 仍由 $f(x)$ 所满足的等式两边求导, 得

$$f'(f(x))f'(x) = 4x^3 - 9x^2 + 6x - 2.$$

若 $f(1) = 1$, 则 $[f'(1)]^2 = -1 < 0$, 矛盾. 若 $f(1) = 2$, 则 $f'(2)f'(1) = -1 < 0$; 再令 $x = 2$ 代入上式, 由于 $f(2) = 1$, 所以 $f'(1)f'(2) = 6 > 0$, 也导致矛盾. 因此不存在满足条件的函数.

【例 1.46】 试研究函数

$$f(x) = \begin{cases} e^x(\sin x + \cos x), & x > 0, \\ 2x + a, & x \leqslant 0, \end{cases}$$

当 a 取何值时, $f(x)$ 处处连续?

解 当 $x > 0$ 时, $f(x) = e^x(\sin x + \cos x)$; 当 $x < 0$ 时, $f(x) = 2x + a$, 都是初等函数. 由初等函数的连续性可知, $f(x)$ 在 $(-\infty, 0)$ 与 $(0, +\infty)$ 内连续. 因此, 只需研究 $x = 0$ 点的情形. 由于在 $x = 0$ 的左右两侧, $f(x)$ 的表达式不同, 故需分左、右极限讨论. 而

$$f(0 + 0) = \lim_{x \to 0^+} f(x) = \lim_{x \to 0^+} e^x(\sin x + \cos x) = 1,$$

$$f(0 - 0) = \lim_{x \to 0^-} f(x) = \lim_{x \to 0^-} (2x + a) = a,$$

可见, 仅当 $\lim_{x \to 0^+} f(x) = \lim_{x \to 0^-} f(x)$, 即 $a = 1$ 时, $\lim_{x \to 0} f(x)$ 才存在, 且 $\lim_{x \to 0} f(x) = 1$. 又 $f(0) = a = 1$, 故当 $a = 1$ 时, $f(x)$ 在 $x = 0$ 点连续.

因此, 当且仅当 $a = 1$ 时, $f(x)$ 在其定义域 $(-\infty, +\infty)$ 内处处连续.

【例 1.47】 试研究函数 $f(x) = \begin{cases} x^\alpha \sin \dfrac{1}{x}, & x > 0, \\ 0, & x \leqslant 0 \end{cases}$ 的连续性.

解 当 $x > 0$ 时, $f(x) = x^\alpha \sin \dfrac{1}{x}$; 当 $x < 0$ 时, $f(x) = 0$, 均为初等函数. 由初等函数的连续性可知, $f(x)$ 在 $(-\infty, 0)$ 与 $(0, +\infty)$ 内连续, 故只需研究 $x = 0$ 处的情形.

当 $\alpha > 0$ 时, $\lim_{x \to 0^+} x^\alpha = 0$, $\sin \dfrac{1}{x}$ 为有界变量, 所以 $f(0 + 0) = \lim_{x \to 0^+} x^\alpha \sin \dfrac{1}{x} = 0$. 显然, $f(0 - 0) = 0$, 故 $\lim_{x \to 0} f(x) = 0 = f(0)$, 从而可知 $f(x)$ 在 $x = 0$ 点连续.

当 $\alpha = 0$ 时, 因为 $\lim_{x \to 0^+} f(x) = \lim_{x \to 0^+} \sin \dfrac{1}{x}$ 不存在, 所以 $f(x)$ 在 $x = 0$ 点不连续.

当 $\alpha < 0$ 时, 由于 $\lim_{x \to 0^+} x^\alpha$ 为无穷大, 欲使 $f(x)$ 在 $x = 0$ 点连续, 必须

$$f(0 + 0) = \lim_{x \to 0^+} x^\alpha \sin \dfrac{1}{x} = 0,$$

这又必须有 $\lim_{x \to 0} \sin \dfrac{1}{x} = 0$, 显然这与 $\lim_{x \to 0} \sin \dfrac{1}{x}$ 不存在相矛盾, 因此 $f(x)$ 在 $x = 0$ 点不连续.

综上所述可知, 当且仅当 $\alpha > 0$ 时, $f(x)$ 在其定义域 $(-\infty, +\infty)$ 内处处连续.

【例 1.48】 设函数 $f(x)$ 在区间 $(0,+\infty)$ 上有定义, 且 $e^x f(x)$ 和 $e^{-f(x)}$ 在 $(0,+\infty)$ 上都是单调增加的函数. 证明: $f(x)$ 在 $(0,+\infty)$ 上连续.

解 任取点 $x_0 \in (0,+\infty)$, 当 $x > x_0$ 时, 根据 $e^x f(x)$ 和 $e^{-f(x)}$ 的单调增加性可知, $e^x f(x) \geqslant e^{x_0} f(x_0)$, 且 $e^{-f(x)} \geqslant e^{-f(x_0)}$, 所以 $f(x_0) \geqslant f(x) \geqslant e^{x_0-x} f(x_0)$. 由夹逼准则, 有 $\lim\limits_{x \to x_0^+} f(x) = f(x_0)$.

同理, 当 $0 < x < x_0$ 时, $f(x_0) \leqslant f(x) \leqslant e^{x_0-x} f(x_0)$. 仍由夹逼准则, 有 $\lim\limits_{x \to x_0^-} f(x) = f(x_0)$.

因此, 可得 $\lim\limits_{x \to x_0} f(x) = f(x_0)$, 即 $f(x)$ 在点 x_0 处连续, 所以 $f(x)$ 在 $(0,+\infty)$ 上连续.

3. 函数的间断点及其类型

如果函数 $f(x)$ 在 x_0 处不连续, 则称 x_0 是 $f(x)$ 的间断点. 通常把间断点分成如下两类.

(1) 如果左极限 $f(x_0 - 0)$ 与右极限 $f(x_0 + 0)$ 都存在, 那么 x_0 是 $f(x)$ 的第一类间断点 (左、右极限相等者是可去间断点, 不相等者是跳跃间断点).

(2) 不是第一类间断点的任何间断点, 称为第二类间断点 (常见的有无穷间断点和振荡间断点).

【例 1.49】 试确定函数 $f(x) = \begin{cases} \dfrac{x(x+2)}{\sin \pi x}, & x < 0, \\ \dfrac{x}{x^2 - 1}, & x \geqslant 0 \end{cases}$ 的间断点及其类型.

解 可能的间断点为 $x = -n$ (n 为正整数), $x = 0$ 及 $x = 1$, 而 $f(x)$ 在其他点处均连续. 因为

$$f(0+0) = 0, \quad f(0-0) = \frac{2}{\pi}, \quad \lim_{x \to -2} f(x) = -\frac{2}{\pi},$$

且当 $x \to 1$ 及 $x \to -n$ ($n \in \mathbb{N}, n \neq 2$) 时, $f(x) \to \infty$, 所以 $x = 0$ 是 $f(x)$ 的跳跃间断点, $x = -2$ 是 $f(x)$ 的可去间断点, 而 $x = 1$ 及 $x = -n$ ($n \in \mathbb{N}, n \neq 2$) 都是 $f(x)$ 的无穷间断点.

【例 1.50】 设 $f(x) = \begin{cases} 1, & x > 0, \\ 0, & x \leqslant 0, \end{cases}$ $g(x) = \begin{cases} x - 1, & x \geqslant 1, \\ 1 - x, & x < 1. \end{cases}$

(1) 证明: $g[f(x)] = 1 - f(x)$.

(2) 指出 $f[g(x)]$ 的间断点, 并指明间断点的类型.

证 根据题设以及复合函数的定义, 有

$$g[f(x)] = \begin{cases} f(x) - 1, & f(x) \geqslant 1, \\ 1 - f(x), & f(x) < 1 \end{cases} = \begin{cases} 0, & x > 0, \\ 1, & x \leqslant 0 \end{cases} = 1 - f(x).$$

又
$$f[g(x)] = \begin{cases} 1, & g(x) > 0, \\ 0, & g(x) \leqslant 0 \end{cases} = \begin{cases} 1, & x \neq 1, \\ 0, & x = 1, \end{cases}$$

由于 $\lim\limits_{x \to 1} f[g(x)] = 1$, 故 $x = 1$ 是 $f[g(x)]$ 的第一类 (可去) 间断点.

【例 1.51】 试确定 a, b 的值, 使 $f(x) = \dfrac{\mathrm{e}^x - b}{(x-a)(x-b)}$ 有无穷间断点 $x = \mathrm{e}$、可去间断点 $x = 1$.

解 因为 $x = \mathrm{e}$ 和 $x = 1$ 分别是 f 的无穷间断点与可去间断点, 所以 $(a, b) = (\mathrm{e}, 1)$ 或 $(1, \mathrm{e})$.

(1) 若 $(a, b) = (\mathrm{e}, 1)$, 则 $f(x) = \dfrac{\mathrm{e}^x - 1}{(x - \mathrm{e})(x - 1)}$. 但是

$$\lim_{x \to 1} f(x) = \lim_{x \to 1} \frac{\mathrm{e}^x - 1}{(x - \mathrm{e})(x - 1)} = \infty,$$

即 $x = 1$ 是 $f(x)$ 的无穷间断点, 矛盾!

(2) 若 $(a, b) = (1, \mathrm{e})$, 则 $f(x) = \dfrac{\mathrm{e}^x - \mathrm{e}}{(x - 1)(x - \mathrm{e})}$. 因为

$$\lim_{x \to \mathrm{e}} f(x) = \lim_{x \to \mathrm{e}} \frac{\mathrm{e}^x - \mathrm{e}}{(x - 1)(x - \mathrm{e})} = \infty,$$

$$\lim_{x \to 1} f(x) = \lim_{x \to 1} \frac{\mathrm{e}^x - \mathrm{e}}{(x - 1)(x - \mathrm{e})} = \frac{\mathrm{e}}{1 - \mathrm{e}},$$

所以 $x = \mathrm{e}$ 和 $x = 1$ 分别是 $f(x)$ 的无穷间断点与可去间断点.

综合上述, 当且仅当 $a = 1, b = \mathrm{e}$ 时, 函数 $f(x)$ 有无穷间断点 $x = \mathrm{e}$、可去间断点 $x = 1$.

4. 闭区间上连续函数性质的应用

闭区间上的连续函数具有下述重要性质:

(1) **有界性定理** 如果 $f(x)$ 在 $[a, b]$ 上连续, 则 $f(x)$ 在该区间上有界, 即存在正数 M, 对一切 $x \in [a, b]$, 有 $|f(x)| \leqslant M$.

推论 设 $f(x)$ 在 $[a, +\infty)$ 上连续, 且 $\lim\limits_{x \to +\infty} f(x)$ 存在, 则 $f(x)$ 在 $[a, +\infty)$ 上有界.

(2) **最大最小值定理** 如果 $f(x)$ 在 $[a, b]$ 上连续, 则 $f(x)$ 在该区间上存在最大值和最小值, 即存在 $x_1, x_2 \in [a, b]$, 使对一切 $x \in [a, b]$, 有 $f(x_1) \leqslant f(x) \leqslant f(x_2)$.

(3) **介值定理** 如果 $f(x)$ 在 $[a, b]$ 上连续, 且 $f(a) = A, f(b) = B, A \neq B$, 不妨设 $A < B$, 则对于任何 $C : A < C < B$, 在 (a, b) 内至少存在一点 ξ, 使得 $f(\xi) = C$ ($a < \xi < b$).

推论 1 (零点定理) 如果 $f(x)$ 在 $[a,b]$ 上连续, 且 $f(a)f(b) < 0$, 则在 (a,b) 内至少存在一点 ξ, 使 $f(\xi) = 0$ $(a < \xi < b)$.

推论 2 闭区间上的连续函数必取得介于最大值 M 与最小值 m 之间的任何值, 即若 M, m 分别是 $f(x)$ 在 $[a,b]$ 上的最大值与最小值, 且 $m \leqslant C \leqslant M$, 则必存在 $\xi \in [a,b]$, 使 $f(\xi) = C$.

上述定理是闭区间上连续函数具有的最基本的性质, 用途极广. 需要注意的是, 若将定理中的闭区间换为开区间, 则有关结论都可能不成立, 如 $f(x) = \dfrac{1}{x}$ 在开区间 $(0,1)$ 上连续, 但它在 $(0,1)$ 上无界, 没有最大值.

【例 1.52】 设 $f(x)$ 在 (a,b) 内连续, $x_i \in (a,b), i = 1, 2, \cdots, n$. 证明: 存在 $\xi \in (a,b)$ 使得
$$f(\xi) = \frac{1}{n}\left[f(x_1) + f(x_2) + \cdots + f(x_n)\right].$$

【分析】 因为题中仅设 $f(x)$ 在开区间 (a,b) 内连续, 所以无法利用闭区间上连续函数的性质. 但应看到, 有关系的仅是开区间内有限个点, 因此总可以把这 n 个点放在较小的闭区间上讨论.

证 令 $c = \min\{x_1, x_2, \cdots, x_n\}, d = \max\{x_1, x_2, \cdots, x_n\}$. 由于 $[c,d] \subset (a,b)$, 则 $f(x)$ 在 $[c,d]$ 上连续. 因此 $f(x)$ 在 $[c,d]$ 上存在最大值 M 与最小值 m, 从而有
$$m \leqslant \frac{1}{n}\left[f(x_1) + f(x_2) + \cdots + f(x_n)\right] \leqslant M.$$

根据连续函数介值定理的推论, 存在 $\xi \in [c,d] \subset (a,b)$, 使得
$$f(\xi) = \frac{1}{n}\left[f(x_1) + f(x_2) + \cdots + f(x_n)\right].$$

【例 1.53】 证明: 若函数 $f(x)$ 在闭区间 $[a,b]$ 上连续, 且存在数列 $\{x_n\}, x_n \in (a,b)$ $(n = 1, 2, \cdots)$, 使得 $\lim\limits_{n \to \infty} f(x_n) = A$, 则存在 $x_0 \in [a,b]$, 使得 $f(x_0) = A$.

证 因为 $f(x)$ 在 $[a,b]$ 上连续, 所以 $f(x)$ 在 $[a,b]$ 上可取得最大值 M 与最小值 m, 即对于任意 $x \in [a,b]$, 都有 $m \leqslant f(x) \leqslant M$. 从而
$$m \leqslant f(x_n) \leqslant M \quad (n = 1, 2, \cdots).$$

对上述不等式取极限, 注意到 $\lim\limits_{n \to \infty} f(x_n) = A$, 并且利用极限的保号性, 得 $m \leqslant A \leqslant M$. 再由连续函数介值定理的推论可知, 必存在 $x_0 \in [a,b]$, 使得 $f(x_0) = A$.

【例 1.54】 设函数 $f(x)$ 在 $(-\infty, +\infty)$ 上连续, 且 $f(f(x)) = x$. 证明: 至少存在一点 $x_0 \in (-\infty, +\infty)$, 使得 $f(x_0) = x_0$.

【分析】 考虑辅助函数 $F(x) = f(x) - x$, 则 $F(x)$ 在 $(-\infty, +\infty)$ 上连续. 如果能证明在 $(-\infty, +\infty)$ 内既存在点 x_1 使得 $F(x_1) \geqslant 0$, 又存在点 x_2 使得 $F(x_2) \leqslant 0$, 那么根据连续函数介值定理知, 必存在点 x_0 使得 $F(x_0) = 0$, 即 $f(x_0) = x_0$.

证 用反证法. 假设对任意 $x \in (-\infty, +\infty)$ 恒有 $F(x) < 0$, 即 $f(x) < x$, 则 $f(f(x)) < f(x) < x$, 此与题设条件矛盾. 所以存在点 $x_1 \in (-\infty, +\infty)$ 使得 $F(x_1) \geqslant 0$.

同理可证, 存在点 $x_2 \in (-\infty, +\infty)$ 使得 $F(x_2) \leqslant 0$.

若 $F(x_1) = 0$ 或 $F(x_2) = 0$, 则取 $x_0 = x_1$ 或 x_2 即得所证. 下设 $F(x_1) > 0$, 且 $F(x_2) < 0$, 根据连续函数介值定理知, 必存在点 $x_0 \in (-\infty, +\infty)$ 使得 $F(x_0) = 0$, 即 $f(x_0) = x_0$.

【例 1.55】 设 $f(x)$ 在闭区间 $[0,1]$ 上连续, $f(0) = 0, f(1) = 1$. 求证: 对任意正整数 n, 存在 $\xi_n \in [0,1]$, 使得 $f\left(\xi_n - \dfrac{1}{n}\right) = f(\xi_n) - \dfrac{1}{n}$.

证 设 $g(x) = f(x) - f\left(x - \dfrac{1}{n}\right) - \dfrac{1}{n}$, 则 $g(x)$ 在 $\left[\dfrac{1}{n}, 1\right]$ 上连续. 所以 $g(x)$ 在 $\left[\dfrac{1}{n}, 1\right]$ 上可取得最大值 M 与最小值 m, 即对任意 $x \in \left[\dfrac{1}{n}, 1\right]$, 都有 $m \leqslant g(x) \leqslant M$. 从而有

$$m \leqslant \frac{1}{n} \sum_{k=1}^{n} g\left(\frac{k}{n}\right) \leqslant M.$$

根据连续函数的介值定理可知, 存在 $\xi_n \in [0,1]$, 使得 $g(\xi_n) = \dfrac{1}{n} \sum_{k=1}^{n} g\left(\dfrac{k}{n}\right)$.

另一方面, 有

$$\sum_{k=1}^{n} g\left(\frac{k}{n}\right) = \left[f\left(\frac{1}{n}\right) - f(0) - \frac{1}{n}\right] + \left[f\left(\frac{2}{n}\right) - f\left(\frac{1}{n}\right) - \frac{1}{n}\right]$$
$$+ \cdots + \left[f(1) - f\left(\frac{n-1}{n}\right) - \frac{1}{n}\right]$$
$$= f(1) - f(0) - 1 = 0,$$

所以 $g(\xi_n) = 0$, 即 $f\left(\xi_n - \dfrac{1}{n}\right) = f(\xi_n) - \dfrac{1}{n}$.

1.3 真题选讲与点评

【例 1.56】 (第一届全国初赛题, 2009) 求极限: $L = \lim\limits_{x \to 0} \left(\dfrac{e^x + e^{2x} + \cdots + e^{nx}}{n}\right)^{\frac{e}{x}}$, 其中 n 是给定的正整数.

解 (**方法 1**) 作对数恒等变形, 再利用 L'Hospital 法则.

$$L = e^{\lim\limits_{x \to 0} \frac{e}{x}\left[\ln\left(e^x + e^{2x} + \cdots + e^{nx}\right) - \ln n\right]} = e^{e \lim\limits_{x \to 0} \frac{e^x + 2e^{2x} + \cdots + ne^{nx}}{e^x + e^{2x} + \cdots + e^{nx}}} = e^{e \cdot \frac{1 + 2 + \cdots + n}{n}} = e^{\frac{(n+1)e}{2}}.$$

(**方法 2**) 利用重要极限: $\lim\limits_{u\to 0}(1+u)^{\frac{1}{u}}=\mathrm{e}$. 注意到如下恒等变形:

$$\left(\frac{\mathrm{e}^x+\mathrm{e}^{2x}+\cdots+\mathrm{e}^{nx}}{n}\right)^{\frac{\mathrm{e}}{x}}$$

$$=\left[\left(1+\frac{\mathrm{e}^x+\mathrm{e}^{2x}+\cdots+\mathrm{e}^{nx}-n}{n}\right)^{\frac{n}{\mathrm{e}^x+\mathrm{e}^{2x}+\cdots+\mathrm{e}^{nx}-n}}\right]^{\frac{(\mathrm{e}^x-1)+(\mathrm{e}^{2x}-1)+\cdots+(\mathrm{e}^{nx}-1)}{nx}\mathrm{e}},$$

因此, 所求极限为

$$L=\lim_{x\to 0}\left(\frac{\mathrm{e}^x+\mathrm{e}^{2x}+\cdots+\mathrm{e}^{nx}}{n}\right)^{\frac{\mathrm{e}}{x}}=\mathrm{e}^{\frac{1+2+\cdots+n}{n}}\mathrm{e}=\mathrm{e}^{\frac{(n+1)\mathrm{e}}{2}}.$$

【例 1.57】(第二届全国初赛题, 2010) 求极限: $L=\lim\limits_{x\to\infty}\mathrm{e}^{-x}\left(1+\frac{1}{x}\right)^{x^2}$.

解 对第 2 个因子作对数恒等变形, 得 $L=\mathrm{e}^{\lim\limits_{x\to\infty}x^2\left[\ln\left(1+\frac{1}{x}\right)-\frac{1}{x}\right]}$. 作变量代换: $t=\frac{1}{x}$, 再利用 L'Hospital 法则, 得

$$\lim_{x\to\infty}x^2\left[\ln\left(1+\frac{1}{x}\right)-\frac{1}{x}\right]=\lim_{t\to 0}\frac{\ln(1+t)-t}{t^2}=\lim_{t\to 0}\frac{\frac{1}{1+t}-1}{2t}=-\frac{1}{2}.$$

所以 $L=\frac{1}{\sqrt{\mathrm{e}}}$.

【例 1.58】(第十三届全国初赛题, 2021) 设 $x_1=2021, x_n^2-2(x_n+1)x_{n+1}+2021=0\ (n\geqslant 1)$. 证明数列 $\{x_n\}$ 收敛, 并求极限 $\lim\limits_{n\to\infty}x_n$.

解 考虑函数 $f(x)=\frac{x}{2}+\frac{a}{x}\ (x>0)$, 其中 $a=1011$, 再令 $y_n=1+x_n$, 则 $y_1=2a$, 且当 $n\geqslant 1$ 时, 有 $y_{n+1}=f(y_n)$. 易知, 当 $x>\sqrt{2a}$ 时, $x>f(x)>\sqrt{2a}$, 所以 $\{y_n\}$ 是单调减少且以 $\sqrt{2a}$ 为下界的数列, 因而收敛. 由此可推知 $\{x_n\}$ 收敛.

令 $\lim\limits_{n\to\infty}y_n=A$, 则 $A>0$. 由 $y_{n+1}=f(y_n)$ 及 $f(x)$ 的连续性, 知 $A=f(A)$, 解得 $A=\sqrt{2a}$. 因此

$$\lim_{n\to\infty}x_n=\sqrt{2a}-1=\sqrt{2022}-1.$$

【例 1.59】(第四届全国初赛题, 2012) 求极限: $\lim\limits_{n\to\infty}(n!)^{\frac{1}{n^2}}$.

解 注意到 $(n!)^{\frac{1}{n^2}}=\left(\frac{n!}{n^n}\right)^{\frac{1}{n^2}}\cdot\sqrt[n]{n}$, 因为 $\lim\limits_{n\to\infty}\sqrt[n]{n}=1$, 所以只需求极限 $\lim\limits_{n\to\infty}\left(\frac{n!}{n^n}\right)^{\frac{1}{n^2}}$.

记 $x_n=\left(\frac{n!}{n^n}\right)^{\frac{1}{n^2}}$, 利用对数恒等变形, 得

$$\lim_{n\to\infty}\ln x_n=\lim_{n\to\infty}\frac{1}{n}\cdot\lim_{n\to\infty}\frac{1}{n}\sum_{k=1}^n\ln\frac{k}{n}.$$

根据定积分的定义，有

$$\lim_{n\to\infty} \frac{1}{n}\sum_{k=1}^{n} \ln\frac{k}{n} = \int_0^1 \ln x \mathrm{d}x = x\ln x\big|_0^1 - \int_0^1 \mathrm{d}x = -1.$$

所以 $\lim\limits_{n\to\infty} \ln x_n = 0 \times (-1) = 0$，即 $\lim\limits_{n\to\infty} x_n = \mathrm{e}^0 = 1$. 因此

$$\lim_{n\to\infty}(n!)^{\frac{1}{n^2}} = \lim_{n\to\infty}\left(\frac{n!}{n^n}\right)^{\frac{1}{n^2}} \cdot \lim_{n\to\infty}\sqrt[n]{n} = \lim_{n\to\infty} x_n \cdot \lim_{n\to\infty}\sqrt[n]{n} = 1.$$

【例 1.60】(第一届全国决赛题, 2010) 设函数 $f(x)$ 在区间 $[0,+\infty)$ 上连续，且广义积分 $\int_0^{+\infty} f(x)\mathrm{d}x$ 收敛，求极限 $\lim\limits_{y\to+\infty}\frac{1}{y}\int_0^y xf(x)\mathrm{d}x$.

解 令 $F(y) = \int_0^y f(x)\mathrm{d}x$，根据题设条件，积分 $\int_0^{+\infty} f(x)\mathrm{d}x$ 收敛，即 $\lim\limits_{y\to+\infty} F(y)$ 存在且有限. 另一方面，由于 $f(x)$ 连续，所以 $F'(y) = f(y)$. 利用分部积分，得

$$\int_0^y xf(x)\mathrm{d}x = \int_0^y x\mathrm{d}[F(x)] = xF(x)\big|_0^y - \int_0^y F(x)\mathrm{d}x = yF(y) - \int_0^y F(x)\mathrm{d}x.$$

再利用 L'Hospital 法则，得

$$\begin{aligned}
\lim_{y\to+\infty}\frac{1}{y}\int_0^y xf(x)\mathrm{d}x &= \lim_{y\to+\infty}\frac{1}{y}\left[yF(y) - \int_0^y F(x)\mathrm{d}x\right] \\
&= \lim_{y\to+\infty} F(y) - \lim_{y\to+\infty}\frac{\int_0^y F(x)\mathrm{d}x}{y} \quad ① \\
&= \lim_{y\to+\infty} F(y) - \lim_{y\to+\infty} F(y) \\
&= 0.
\end{aligned}$$

【注】 上述步骤①是对 $\frac{*}{\infty}$ 型的不定式 $\lim\limits_{y\to+\infty}\dfrac{\int_0^y F(x)\mathrm{d}x}{y}$ 利用 L'Hospital 法则.

【例 1.61】(第十二届全国初赛题, 2020) 设 $f(x), g(x)$ 在 $x=0$ 的某一邻域 U 内有定义，对任意 $x\in U, f(x)\neq g(x)$，且 $\lim\limits_{x\to 0} f(x) = \lim\limits_{x\to 0} g(x) = a > 0$，则 $\lim\limits_{x\to 0}\dfrac{[f(x)]^{g(x)} - [g(x)]^{g(x)}}{f(x) - g(x)}$ = _____.

解 由极限的保号性，存在 $x=0$ 的去心邻域 U_1，当 $x\in U_1$ 时，$f(x) > 0, g(x) > 0$. 因此

$$\text{原式} = \lim_{x\to 0}[g(x)]^{g(x)}\frac{\left[\frac{f(x)}{g(x)}\right]^{g(x)} - 1}{f(x) - g(x)} = a^a \lim_{x\to 0}\frac{\mathrm{e}^{g(x)\ln\frac{f(x)}{g(x)}} - 1}{f(x) - g(x)}$$

$$= a^a \lim_{x \to 0} \frac{g(x) \ln \frac{f(x)}{g(x)}}{f(x) - g(x)} = a^a \lim_{x \to 0} \frac{g(x) \ln \left[1 + \frac{f(x)}{g(x)} - 1\right]}{f(x) - g(x)}$$

$$= a^a \lim_{x \to 0} \frac{g(x) \left[\frac{f(x)}{g(x)} - 1\right]}{f(x) - g(x)} = a^a.$$

【例 1.62】 (第二届全国决赛题, 2011) 设函数 $f(x)$ 在 $x = 0$ 的某邻域内具有二阶连续导数, 且 $f(0), f'(0), f''(0)$ 均不为零. 证明: 存在唯一的一组实数 k_1, k_2, k_3, 使得

$$\lim_{h \to 0} \frac{k_1 f(h) + k_2 f(2h) + k_3 f(3h) - f(0)}{h^2} = 0.$$

解 为方便起见, 记 $F(h) = k_1 f(h) + k_2 f(2h) + k_3 f(3h) - f(0)$, 即证: 存在唯一的一组实数 k_1, k_2, k_3, 使得 $\lim_{h \to 0} \frac{F(h)}{h^2} = 0$.

对 $f(x)$ 利用二阶 Taylor 公式, 当 $h \to 0$ 时, 有

$$f(h) = f(0) + f'(0)h + \frac{1}{2} f''(0) h^2 + o(h^2),$$

$$f(2h) = f(0) + 2f'(0)h + 2f''(0) h^2 + o(h^2),$$

$$f(3h) = f(0) + 3f'(0)h + \frac{9}{2} f''(0) h^2 + o(h^2).$$

从而有

$$F(h) = (k_1 + k_2 + k_3 - 1) f(0) + (k_1 + 2k_2 + 3k_3) f'(0) h$$

$$+ \frac{1}{2} (k_1 + 4k_2 + 9k_3) f''(0) h^2 + o(h^2).$$

欲使 $\lim_{h \to 0} \frac{F(h)}{h^2} = 0$, 只需 k_1, k_2, k_3 满足方程组

$$\begin{cases} k_1 + k_2 + k_3 = 1, \\ k_1 + 2k_2 + 3k_3 = 0, \\ k_1 + 4k_2 + 9k_3 = 0. \end{cases} \quad \text{①}$$

注意到上述方程组的系数行列式

$$\begin{vmatrix} 1 & 1 & 1 \\ 1 & 2 & 3 \\ 1 & 4 & 9 \end{vmatrix} = 2 \neq 0,$$

所以方程组①的解存在且唯一，即存在唯一的一组实数 k_1, k_2, k_3，使得 $\lim\limits_{h \to 0} \dfrac{F(h)}{h^2} = 0$.

【例 1.63】(第三届全国初赛题, 2011)　设 $\{a_n\}_{n=0}^{\infty}$ 是一个数列，a, λ 为有限数. 求证:

(1) 若 $\lim\limits_{n \to \infty} a_n = a$，则 $\lim\limits_{n \to \infty} \dfrac{a_1 + a_2 + \cdots + a_n}{n} = a$;

(2) 设 p 是一个固定的正整数，且 $\lim\limits_{n \to \infty} (a_{n+p} - a_n) = \lambda$，则 $\lim\limits_{n \to \infty} \dfrac{a_n}{n} = \dfrac{\lambda}{p}$.

解　(1) 利用 Stolz 定理，得
$$\lim_{n \to \infty} \frac{a_1 + a_2 + \cdots + a_n}{n} = \lim_{n \to \infty} \frac{a_n}{n - (n-1)} = a.$$

(2) 取 $\left\{\dfrac{a_n}{n}\right\}$ 的 p 个子列: $\left\{\dfrac{a_{pk}}{pk}\right\}, \left\{\dfrac{a_{pk+1}}{pk+1}\right\}, \cdots, \left\{\dfrac{a_{pk+p-1}}{pk+p-1}\right\}$，对其中的任意第 i 个子列 $(i = 0, 1, \cdots, p-1)$，利用 Stolz 定理，得

$$\lim_{k \to \infty} \frac{a_{pk+i}}{pk+i} = \lim_{k \to \infty} \frac{a_{p(k+1)+i} - a_{pk+i}}{p(k+1) + i - (pk+i)} = \lim_{k \to \infty} \frac{a_{pk+i+p} - a_{pk+i}}{p} = \frac{\lambda}{p}.$$

因为数列 $\left\{\dfrac{a_n}{n}\right\}$ 可分解成 p 个子列 $\left\{\dfrac{a_{pk}}{pk}\right\}, \left\{\dfrac{a_{pk+1}}{pk+1}\right\}, \cdots, \left\{\dfrac{a_{pk+p-1}}{pk+p-1}\right\}$，且所有 p 个子列都收敛到同一个极限 $\dfrac{\lambda}{p}$，所以原数列 $\left\{\dfrac{a_n}{n}\right\}$ 收敛，且 $\lim\limits_{n \to \infty} \dfrac{a_n}{n} = \dfrac{\lambda}{p}$.

【注 1】　本例第 (1) 题是数列极限中的一个重要结论，有的文献称之为 Cauchy 命题;

【注 2】　本例第 (2) 题也是第九届 (2017 年) 全国初赛题的压轴题.

【例 1.64】(第四届全国决赛题, 2013)　求极限 $I = \lim\limits_{x \to 0^+} \ln(x \ln a) \ln \left(\dfrac{\ln ax}{\ln \dfrac{x}{a}} \right) (a > 1)$.

解　注意到 $\lim\limits_{x \to 0^+} \ln x = -\infty$，利用等价无穷小 $\ln(1 + u) \sim u(u \to 0)$ 替换，所以

$$I = \lim_{x \to 0^+} \frac{\ln \dfrac{\ln x + \ln a}{\ln x - \ln a}}{\dfrac{1}{\ln x + \ln \ln a}} = \lim_{x \to 0^+} \frac{\ln \left(1 + \dfrac{2 \ln a}{\ln x - \ln a}\right)}{\dfrac{1}{\ln x + \ln \ln a}} = \lim_{x \to 0^+} \frac{\dfrac{2 \ln a}{\ln x - \ln a}}{\dfrac{1}{\ln x}}$$

$$= 2 \ln a \lim_{x \to 0^+} \frac{\ln x}{\ln x - \ln a} = 2 \ln a.$$

【例 1.65】(第六届全国初赛题, 2014)　设 $A_n = \dfrac{n}{n^2 + 1^2} + \dfrac{n}{n^2 + 2^2} + \cdots + \dfrac{n}{n^2 + n^2}$，求极限
$$\lim_{n \to \infty} n \left(\frac{\pi}{4} - A_n \right).$$

解 记 $f(x) = \dfrac{1}{1+x^2}, x_k = \dfrac{k}{n}, k = 1, 2, \cdots, n$, 则 $\displaystyle\int_0^1 f(x)\mathrm{d}x = \int_0^1 \dfrac{\mathrm{d}x}{1+x^2} = \dfrac{\pi}{4}$, 从而有

$$\frac{\pi}{4} - A_n = \int_0^1 f(x)\mathrm{d}x - \frac{1}{n}\sum_{k=1}^n \frac{1}{1+x_k^2} = \sum_{k=1}^n \int_{x_{k-1}}^{x_k} [f(x) - f(x_k)]\mathrm{d}x.$$

对 $f(x)$ 在区间 $[x, x_k]$ 上利用 Lagrange 中值定理, 存在 $\xi_k \in (x, x_k)$, 使得

$$f(x) - f(x_k) = f'(\xi_k)(x - x_k).$$

所以

$$n\left(\frac{\pi}{4} - A_n\right) = n\sum_{k=1}^n \int_{x_{k-1}}^{x_k} [f(x) - f(x_k)]\mathrm{d}x = n\sum_{k=1}^n \int_{x_{k-1}}^{x_k} f'(\xi_k)(x - x_k)\mathrm{d}x. \quad ①$$

设 $f'(x)$ 在 $[x_{k-1}, x_k]$ 上的最小值与最大值分别为 m_k, M_k, 注意到 $\displaystyle\int_{x_{k-1}}^{x_k}(x_k - x)\mathrm{d}x = \dfrac{1}{2n^2}$, 所以

$$m_k \leqslant 2n^2 \int_{x_{k-1}}^{x_k} f'(\xi_k)(x_k - x)\mathrm{d}x \leqslant M_k.$$

对 $f'(x)$ 利用连续函数的介值定理, 存在 $\eta_k \in [x_{k-1}, x_k]$, 使得

$$f'(\eta_k) = 2n^2 \int_{x_{k-1}}^{x_k} f'(\xi_k)(x_k - x)\mathrm{d}x.$$

由此代入①式, 并利用定积分 $\displaystyle\int_0^1 f'(x)\mathrm{d}x$ 的定义, 得

$$\lim_{n\to\infty} n\left(\frac{\pi}{4} - A_n\right) = -\frac{1}{2}\lim_{n\to\infty}\frac{1}{n}\sum_{k=1}^n f'(\eta_k)\mathrm{d}x = -\frac{1}{2}\int_0^1 f'(x)\mathrm{d}x$$

$$= -\frac{1}{2}[f(1) - f(0)] = \frac{1}{4}.$$

【注】 本题的一般情形及另一个有效解法详见例 1.66.

【例 1.66】 (第八届全国初赛题, 2016) 设函数 $f(x)$ 在闭区间 $[0,1]$ 上具有连续导数, $f(0) = 0, f(1) = 1$. 证明:

$$\lim_{n\to\infty} n\left(\int_0^1 f(x)\mathrm{d}x - \frac{1}{n}\sum_{k=1}^n f\left(\frac{k}{n}\right)\right) = -\frac{1}{2}.$$

解 设 $F(x) = \int_0^x f(t)dt$, 则 $F(x)$ 在区间 $[0,1]$ 上具有连续二阶导数, 且

$$\int_0^1 f(x)dx = \sum_{k=1}^n \int_{\frac{k-1}{n}}^{\frac{k}{n}} f(x)dx = \sum_{k=1}^n \left[F\left(\frac{k}{n}\right) - F\left(\frac{k-1}{n}\right) \right].$$

对每个小区间 $\left[\dfrac{k-1}{n}, \dfrac{k}{n}\right]$ 在点 $x = \dfrac{k}{n}$ 处利用 Taylor 公式, 存在 $\xi_k \in \left(\dfrac{k-1}{n}, \dfrac{k}{n}\right)$, 使得

$$F\left(\frac{k-1}{n}\right) - F\left(\frac{k}{n}\right) = -\frac{1}{n}F'\left(\frac{k}{n}\right) + \frac{1}{2n^2}F''(\xi_k) = -\frac{1}{n}f\left(\frac{k}{n}\right) + \frac{1}{2n^2}f'(\xi_k).$$

因此, 有

$$\lim_{n \to \infty} n \left(\int_0^1 f(x)dx - \frac{1}{n}\sum_{k=1}^n f\left(\frac{k}{n}\right) \right) = -\frac{1}{2}\lim_{n \to \infty} \sum_{k=1}^n f'(\xi_k)\frac{1}{n}$$

$$= -\frac{1}{2}\int_0^1 f'(x)dx = -\frac{1}{2}[f(1) - f(0)] = -\frac{1}{2}.$$

【注】 类似于例 1.65 的解法, 读者还可给出本题的另一个有效解法.

【例 1.67】 (第十三届全国初赛题, 2021) 设函数 $f(x)$ 在闭区间 $[a,b]$ 上具有连续的二阶导数. 证明

$$\lim_{n \to \infty} n^2 \left[\int_a^b f(x)dx - \frac{b-a}{n}\sum_{k=1}^n f\left(a + \frac{2k-1}{2n}(b-a)\right) \right] = \frac{(b-a)^2}{24}[f'(b) - f'(a)].$$

解 (**方法 1**) 将区间 $[a,b]$ 分成 n 等份, 记第 k 个小区间的左端点、右端点、中点分别为

$$x_k = a + \frac{k-1}{n}(b-a), \quad y_k = a + \frac{k}{n}(b-a), \quad z_k = a + \frac{2k-1}{2n}(b-a).$$

设 $F(x) = \int_0^x f(t)dt$, 则 $F(x)$ 在区间 $[a,b]$ 上具有连续三阶导数, 且

$$\int_a^b f(x)dx = \sum_{k=1}^n \int_{x_k}^{y_k} f(t)dt = \sum_{k=1}^n [F(y_k) - F(x_k)]. \qquad ①$$

对 $F(x)$ 在每个小区间 $[x_k, y_k]$ 上利用 Taylor 公式, 存在 $\xi_k \in (z_k, y_k), \eta_k \in (x_k, z_k)$, 使得

$$F(y_k) - F(z_k) = (y_k - z_k)F'(z_k) + \frac{(y_k - z_k)^2}{2}F''(z_k) + \frac{(y_k - z_k)^3}{6}F'''(\xi_k),$$

$$F(x_k) - F(z_k) = (x_k - z_k)F'(z_k) + \frac{(x_k - z_k)^2}{2}F''(z_k) + \frac{(x_k - z_k)^3}{6}F'''(\eta_k),$$

二式相减, 并注意到 $y_k - z_k = z_k - x_k = \dfrac{b-a}{2n}$, 得

$$F(y_k) - F(x_k) = \frac{b-a}{n} f(z_k) + \frac{(b-a)^3}{24n^3} \cdot \frac{f''(\xi_k) + f''(\eta_k)}{2}.$$

对 $f''(x)$ 利用连续函数的介值定理, 得 $f''(\tau_k) = \dfrac{f''(\eta_k) + f''(\xi_k)}{2}$, 其中 $\tau_k \in (\eta_k, \xi_k)$. 代入上式并求和, 再结合①式, 得

$$\int_a^b f(x)\mathrm{d}x = \sum_{k=1}^n [F(y_k) - F(x_k)] = \frac{b-a}{n}\sum_{k=1}^n f(z_k) + \frac{(b-a)^3}{24n^3}\sum_{k=1}^n f''(\tau_k).$$

因此, 有

$$\lim_{n\to\infty} n^2 \left[\int_a^b f(x)\mathrm{d}x - \frac{b-a}{n}\sum_{k=1}^n f\left(a + \frac{2k-1}{2n}(b-a)\right) \right]$$

$$= \frac{(b-a)^2}{24} \lim_{n\to\infty} \sum_{k=1}^n f''(\tau_k) \frac{b-a}{n}$$

$$= \frac{(b-a)^2}{24} \int_a^b f''(x)\mathrm{d}x = \frac{(b-a)^2}{24}[f'(b) - f'(a)].$$

(**方法 2**) 记 $x_k = a + \dfrac{b-a}{n}k, z_k = a + \dfrac{b-a}{2n}(2k-1), k = 1,2,\cdots,n$. 再记

$$B_n = \int_a^b f(x)\mathrm{d}x - \frac{b-a}{n}\sum_{k=1}^n f\left(a + \frac{2k-1}{2n}(b-a)\right).$$

对 $f(x)$ 在区间 $[x_{k-1}, x_k]$ 上利用 Taylor 中值定理, 存在 $\xi_k \in (x_{k-1}, x_k)$, 使得

$$f(x) - f(z_k) = f'(z_k)(x - z_k) + \frac{f''(\xi_k)}{2}(x - z_k)^2.$$

所以

$$B_n = \int_a^b f(x)\mathrm{d}x - \frac{b-a}{n}\sum_{k=1}^n f(z_k) = \sum_{k=1}^n \int_{x_{k-1}}^{x_k} [f(x) - f(z_k)]\mathrm{d}x$$

$$= \sum_{k=1}^n \int_{x_{k-1}}^{x_k} \left[f'(z_k)(x-z_k) + \frac{f''(\xi_k)}{2}(x-z_k)^2 \right]\mathrm{d}x$$

$$= \frac{1}{2} \sum_{k=1}^n \int_{x_{k-1}}^{x_k} f''(\xi_k)(x-z_k)^2 \mathrm{d}x. \qquad ①$$

设 $f''(x)$ 在 $[x_{k-1}, x_k]$ 上的最小值与最大值分别为 m_k, M_k, 由于 $\int_{x_{k-1}}^{x_k} (x - z_k)^2 \, dx = \dfrac{(b-a)^3}{12n^3}$, 所以

$$\frac{(b-a)^3 m_k}{12n^3} \leqslant \int_{x_{k-1}}^{x_k} f''(\xi_k)(x-z_k)^2 \, dx \leqslant \frac{(b-a)^3 M_k}{12n^3}, \qquad ②$$

$$m_k \leqslant \frac{12n^3}{(b-a)^3} \int_{x_{k-1}}^{x_k} f''(\xi_k)(x-z_k)^2 \, dx \leqslant M_k.$$

对 $f''(x)$ 利用连续函数的介值定理, 存在 $\eta_k \in [x_{k-1}, x_k]$, 使得

$$f''(\eta_k) = \frac{12n^3}{(b-a)^3} \int_{x_{k-1}}^{x_k} f''(\xi_k)(x-z_k)^2 \, dx,$$

$$\int_{x_{k-1}}^{x_k} f''(\xi_k)(x-z_k)^2 \, dx = \frac{(b-a)^3}{12n^3} f''(\eta_k).$$

由此代入①式, 并利用定积分 $\int_0^1 f''(x) dx$ 的定义, 得

$$\lim_{n \to \infty} n^2 B_n = \frac{(b-a)^2}{24} \lim_{n \to \infty} \sum_{k=1}^n f''(\eta_k) \frac{b-a}{n} = \frac{(b-a)^2}{24} \int_a^b f''(x) dx$$

$$= \frac{(b-a)^2}{24} [f'(b) - f'(a)].$$

【注】 对于上述方法 2 的后半部分, 还可修改成另一种有效解法如下:

设 $r_k, t_k \in [x_{k-1}, x_k]$, 使得 $f''(r_k) = m_k, f''(t_k) = M_k$, 则由①式和②式可得

$$\frac{(b-a)^2}{24} \sum_{k=1}^n f''(r_k) \frac{b-a}{2} \leqslant n^2 B_n \leqslant \frac{(b-a)^2}{24} \sum_{k=1}^n f''(t_k) \frac{b-a}{2}. \qquad ③$$

因为 $f''(x)$ 在 $[a, b]$ 上连续, 所以 $\int_a^b f''(x) dx$ 存在. 根据定积分的定义及 Newton-Leibniz (牛顿-莱布尼茨) 公式, 得

$$\lim_{n \to \infty} \sum_{k=1}^n f''(r_k) \frac{b-a}{2} = \lim_{n \to \infty} \sum_{k=1}^n f''(t_k) \frac{b-a}{2} = \int_a^b f''(x) dx = f'(b) - f'(a).$$

最后, 根据③式及极限的夹逼准则, 即得

$$\lim_{n \to \infty} n^2 B_n = \frac{(b-a)^2}{24} [f'(b) - f'(a)].$$

【例 1.68】（第一届全国决赛题, 2010） 求极限 $\lim\limits_{n\to\infty}\sum\limits_{k=1}^{n-1}\left(1+\dfrac{k}{n}\right)\sin\dfrac{k\pi}{n^2}$.

解 （方法 1） 记 $x_n=\sum\limits_{k=1}^{n}\left(1+\dfrac{k}{n}\right)\sin\dfrac{k\pi}{n^2}$，由于 $\lim\limits_{n\to\infty}\sin\dfrac{\pi}{n}=0$, 故可等价地求极限 $\lim\limits_{n\to\infty}x_n$.

利用不等式 $x>\sin x\geqslant x-\dfrac{x^3}{6}\left(0<x<\dfrac{\pi}{2}\right)$，可得

$$\sum_{k=1}^{n}\left(1+\dfrac{k}{n}\right)\dfrac{k\pi}{n^2}>\sum_{k=1}^{n}\left(1+\dfrac{k}{n}\right)\sin\dfrac{k\pi}{n^2}\geqslant\sum_{k=1}^{n}\left(1+\dfrac{k}{n}\right)\dfrac{k\pi}{n^2}-\dfrac{\pi^3}{n^2}.$$

令 $z_n=\sum\limits_{k=1}^{n}\left(1+\dfrac{k}{n}\right)\dfrac{k\pi}{n^2},y_n=z_n-\dfrac{\pi^3}{n^2}$，则 $y_n\leqslant x_n\leqslant z_n$.

根据定积分的定义, 得

$$\lim_{n\to\infty}y_n=\lim_{n\to\infty}z_n=\lim_{n\to\infty}\dfrac{\pi}{n}\sum_{k=1}^{n}\left(1+\dfrac{k}{n}\right)\dfrac{k}{n}=\pi\int_{0}^{1}(x+x^2)\mathrm{d}x=\dfrac{5\pi}{6}.$$

利用夹逼准则, 有 $\lim\limits_{n\to\infty}x_n=\dfrac{5\pi}{6}$. 因此所求极限为

$$\lim_{n\to\infty}\sum_{k=1}^{n-1}\left(1+\dfrac{k}{n}\right)\sin\dfrac{k\pi}{n^2}=\lim_{n\to\infty}x_n=\dfrac{5\pi}{6}.$$

（方法 2）注意到 $n\to\infty$ 时，$\left(1+\dfrac{k}{n}\right)\sin\dfrac{k\pi}{n^2}\sim\left(1+\dfrac{k}{n}\right)\dfrac{k\pi}{n^2}$，故可令 $x_n=z_n+r_n$，其中

$$r_n=\sum_{k=1}^{n}\left(1+\dfrac{k}{n}\right)\left(\sin\dfrac{k\pi}{n^2}-\dfrac{k\pi}{n^2}\right).$$

根据不等式: $x>\sin x\geqslant x-\dfrac{x^3}{6}\left(0<x<\dfrac{\pi}{2}\right)$，可得

$$0\leqslant|r_n|\leqslant 2\sum_{k=1}^{n}\left(\dfrac{k\pi}{n^2}-\sin\dfrac{k\pi}{n^2}\right)\leqslant\dfrac{1}{3}\sum_{k=1}^{n}\left(\dfrac{k\pi}{n^2}\right)^3=\dfrac{\pi^3}{3n^2}\cdot\dfrac{1}{n}\sum_{k=1}^{n}\left(\dfrac{k}{n}\right)^3.$$

根据定积分的定义, $\lim\limits_{n\to\infty}\dfrac{1}{n}\sum\limits_{k=1}^{n}\left(\dfrac{k}{n}\right)^3=\int_{0}^{1}x^3\mathrm{d}x=\dfrac{1}{4}$，所以 $\lim\limits_{n\to\infty}\dfrac{\pi^3}{3n^2}\cdot\dfrac{1}{n}\sum\limits_{k=1}^{n}\left(\dfrac{k}{n}\right)^3=0$. 利用夹逼准则, 得 $\lim\limits_{n\to\infty}r_n=0$, 因此

$$\lim_{n\to\infty}\sum_{k=1}^{n-1}\left(1+\dfrac{k}{n}\right)\sin\dfrac{k\pi}{n^2}=\lim_{n\to\infty}x_n=\lim_{n\to\infty}(z_n+r_n)=\dfrac{5\pi}{6}.$$

【例 1.69】（第九届全国决赛题, 2018）　求数列极限: $\lim\limits_{n\to\infty}[\sqrt[n+1]{(n+1)!} - \sqrt[n]{n!}]$.

解　记 $x_n = [\sqrt[n+1]{(n+1)!} - \sqrt[n]{n!}]$. 注意到

$$x_n = \frac{\sqrt[n]{n!}}{n} \cdot n\left(\frac{\sqrt[n+1]{(n+1)!}}{\sqrt[n]{n!}} - 1\right),$$

利用对数恒等变形并根据定积分的定义, 有

$$\lim_{n\to\infty} \frac{\sqrt[n]{n!}}{n} = e^{\lim\limits_{n\to\infty} \frac{1}{n}\sum\limits_{k=1}^{n} \ln\frac{k}{n}} = e^{\int_0^1 \ln x \, dx} = \frac{1}{e},$$

$$\frac{\sqrt[n+1]{(n+1)!}}{\sqrt[n]{n!}} = \sqrt[(n+1)n]{\frac{[(n+1)!]^n}{(n!)^{n+1}}} = \sqrt[(n+1)n]{\frac{(n+1)^{n+1}}{(n+1)!}} = e^{-\frac{1}{n} \cdot \frac{1}{n+1} \sum\limits_{k=1}^{n+1} \ln\frac{k}{n+1}},$$

且 $\lim\limits_{n\to\infty} \frac{1}{n+1}\sum\limits_{k=1}^{n+1} \ln\frac{k}{n+1} = \int_0^1 \ln x \, dx = -1$, 利用等价无穷小替换: $e^x - 1 \sim x \ (x \to 0)$, 得

$$\lim_{n\to\infty} x_n = \lim_{n\to\infty} \frac{\sqrt[n]{n!}}{n} \lim_{n\to\infty} n\left(\frac{\sqrt[n+1]{(n+1)!}}{\sqrt[n]{n!}} - 1\right) = -\frac{1}{e}\lim_{n\to\infty} \frac{1}{n+1}\sum_{k=1}^{n+1} \ln\frac{k}{n+1} = \frac{1}{e}.$$

【例 1.70】（第九届全国决赛题, 2018）　设 $f(x)$ 在区间 $(0,1)$ 内连续, 且存在两两互异的点 $x_1, x_2, x_3, x_4 \in (0,1)$, 使得

$$\alpha = \frac{f(x_1) - f(x_2)}{x_1 - x_2} < \frac{f(x_3) - f(x_4)}{x_3 - x_4} = \beta.$$

证明: 对任意 $\lambda \in (\alpha, \beta)$, 存在互异的点 $x_5, x_6 \in (0,1)$, 使得 $\frac{f(x_5) - f(x_6)}{x_5 - x_6} = \lambda$.

证　不妨设 $x_1 < x_2, x_3 < x_4$, 考虑辅助函数

$$F(t) = \frac{f((1-t)x_1 + tx_3) - f((1-t)x_2 + tx_4)}{(1-t)(x_1 - x_2) + t(x_3 - x_4)},$$

则 $F(t)$ 在 $[0,1]$ 上连续, 且 $F(0) = \alpha < \lambda < \beta = F(1)$. 根据连续函数介值定理, 存在 $\xi \in (0,1)$, 使得 $F(\xi) = \lambda$. 令 $x_5 = (1-\xi)x_1 + \xi x_3, x_6 = (1-\xi)x_2 + \xi x_4$, 则 $x_5, x_6 \in (0,1), x_5 < x_6$, 且

$$\frac{f(x_5) - f(x_6)}{x_5 - x_6} = \lambda.$$

【例 1.71】（第十届全国决赛题, 2019）　设函数 $f(x)$ 在区间 $(-1,1)$ 内三阶连续可导, 且满足 $f(0) = 0, f'(0) = 1, f''(0) = 0, f'''(0) = -1$. 又设数列 $\{a_n\}$ 满足 $a_1 \in (0,1), a_{n+1} = f(a_n) \ (n = 1, 2, 3, \cdots)$, 严格单调减少且 $\lim\limits_{n\to\infty} a_n = 0$. 计算 $\lim\limits_{n\to\infty} na_n^2$.

解 根据题设条件, $f(x)$ 在 $x=0$ 处带 Peano 余项的 Taylor 公式为

$$f(x) = f(0) + f'(0)x + \frac{f''(0)}{2!}x^2 + \frac{f'''(0)}{3!}x^3 + o\left(x^3\right)$$
$$= x - \frac{1}{6}x^3 + o\left(x^3\right). \qquad ①$$

因为 $a_1 \in (0,1)$ 及 $\{a_n\}$ 严格单减, 且 $\lim\limits_{n\to\infty} a_n = 0$, 所以 $a_n > 0$, 且 $\left\{\dfrac{1}{a_n^2}\right\}$ 严格单增, $\lim\limits_{n\to\infty}\dfrac{1}{a_n^2} = +\infty$. 利用 Stolz 定理, 并结合条件 $a_{n+1} = f(a_n)$ 及 ① 式, 得

$$\lim_{n\to\infty} na_n^2 = \lim_{n\to\infty}\frac{n}{\frac{1}{a_n^2}} = \lim_{n\to\infty}\frac{(n+1)-n}{\frac{1}{a_{n+1}^2} - \frac{1}{a_n^2}} = \lim_{n\to\infty}\frac{a_n^2 a_{n+1}^2}{a_n^2 - a_{n+1}^2} = \lim_{n\to\infty}\frac{a_n^2 f^2(a_n)}{a_n^2 - f^2(a_n)}$$

$$= \lim_{n\to\infty}\frac{a_n^2 \left(a_n - \frac{1}{6}a_n^3 + o(a_n^3)\right)^2}{a_n^2 - \left(a_n - \frac{1}{6}a_n^3 + o(a_n^3)\right)^2} = \lim_{n\to\infty}\frac{a_n^4 + o(a_n^6)}{\frac{1}{3}a_n^4 + o(a_n^6)} = 3.$$

【例 1.72】(第一届全国决赛题, 2010) 设 $F(x) = \displaystyle\int_0^x \mathrm{e}^{-t}\left(1 + \frac{t}{1!} + \frac{t^2}{2!} + \cdots + \frac{t^n}{n!}\right)\mathrm{d}t$, 其中 $n > 1$ 为整数. 证明: 方程 $F(x) = \dfrac{n}{2}$ 在区间 $\left(\dfrac{n}{2}, n\right)$ 内至少有一个根.

证 当 $x>0$ 时, $\mathrm{e}^x = \displaystyle\sum_{n=0}^\infty \frac{x^n}{n!} > 1 + x + \frac{x^2}{2} + \cdots + \frac{x^n}{n!}$, 故 $\mathrm{e}^{-x}\left(1 + x + \frac{x^2}{2} + \cdots + \frac{x^n}{n!}\right) < 1$, 所以

$$F\left(\frac{n}{2}\right) = \int_0^{\frac{n}{2}} \mathrm{e}^{-t}\left(1 + \frac{t}{1!} + \frac{t^2}{2!} + \cdots + \frac{t^n}{n!}\right)\mathrm{d}t < \frac{n}{2}.$$

对于 $F(n)$, 反复利用分部积分, 得

$$F(n) = \sum_{k=0}^n \frac{1}{k!}\int_0^n \mathrm{e}^{-t}t^k \mathrm{d}t = 1 - \mathrm{e}^{-n}\sum_{k=0}^n \frac{n^k}{k!} + \sum_{k=0}^{n-1}\frac{1}{k!}\int_0^n \mathrm{e}^{-t}t^k \mathrm{d}t$$

$$= 1 - \mathrm{e}^{-n}\sum_{k=0}^n \frac{n^k}{k!} + 1 - \mathrm{e}^{-n}\sum_{k=0}^{n-1}\frac{n^k}{k!} + \sum_{k=0}^{n-2}\frac{1}{k!}\int_0^n \mathrm{e}^{-t}t^k \mathrm{d}t$$

$$= \cdots$$

$$= 1 - \mathrm{e}^{-n}\sum_{k=0}^n \frac{n^k}{k!} + 1 - \mathrm{e}^{-n}\sum_{k=0}^{n-1}\frac{n^k}{k!} + 1 - \mathrm{e}^{-n}\sum_{k=0}^{n-2}\frac{n^k}{k!} + \cdots + 1 - \mathrm{e}^{-n}$$

$$= n + 1 - \mathrm{e}^{-n}\left(\sum_{k=0}^n \frac{n^k}{k!} + \sum_{k=0}^{n-1}\frac{n^k}{k!} + \sum_{k=0}^{n-2}\frac{n^k}{k!} + \cdots + \sum_{k=0}^1 \frac{n^k}{k!} + 1\right)$$

$$> n+1 - \mathrm{e}^{-n}\left(\frac{n+2}{2}\sum_{k=0}^{n}\frac{n^k}{k!}\right) = n+1 - \frac{n+2}{2}\left(\mathrm{e}^{-n}\sum_{k=0}^{n}\frac{n^k}{k!}\right)$$

$$> n+1 - \frac{n+2}{2} = \frac{n}{2}.$$

所以 $F\left(\frac{n}{2}\right) < \frac{n}{2} < F(n)$. 根据连续函数介值定理, 存在 $\xi \in \left(\frac{n}{2}, n\right)$, 使得 $F(\xi) = \frac{n}{2}$.

【注】 本题的核心点: 证明不等式 $F(n) > \frac{n}{2}$, 这是积分不等式, 其难点是证明

$$\sum_{k=0}^{n}\frac{n^k}{k!} + \sum_{k=0}^{n-1}\frac{n^k}{k!} + \sum_{k=0}^{n-2}\frac{n^k}{k!} + \cdots + \sum_{k=0}^{1}\frac{n^k}{k!} + 1 < \frac{n+2}{2}\sum_{k=0}^{n}\frac{n^k}{k!}. \qquad ①$$

这里给出一种简捷的证法: 记 $a_k = \frac{n^k}{k!}, k = 0, 1, 2, \cdots$, 则 $a_0 < a_1 < a_2 < \cdots < a_{n-1} = a_n$, 从而有

$$a_0 + (a_0 + a_1) + \cdots + \sum_{k=0}^{n-1}a_k + \sum_{k=0}^{n}a_k < a_0 + 2a_1 + 3a_2 + \cdots + na_{n-1} + (n+1)a_n.$$

另一方面, 上式左边的项经过重排后, 得

$$a_0 + (a_0 + a_1) + \cdots + \sum_{k=0}^{n-1}a_k + \sum_{k=0}^{n}a_k = (n+1)a_0 + na_1 + (n-1)a_2 + \cdots + a_n.$$

将上述两式左右两边分别相加, 即得不等式①:

$$2\left(a_0 + (a_0 + a_1) + \cdots + \sum_{k=0}^{n-1}a_k + \sum_{k=0}^{n}a_k\right) < (n+2)\sum_{k=0}^{n}a_k.$$

1.4 能力拓展与训练

1. 求下列极限:

(1) $\lim\limits_{x\to 0}\dfrac{\frac{x^2}{3}+1-\sqrt[3]{1+x^2}}{(\cos x - \mathrm{e}^{x^2})\sin x^2}$;

(2) $\lim\limits_{x\to +\infty}\dfrac{x^2}{\ln x}\left[(x+3)^{\frac{1}{x}} - x^{\frac{1}{x+3}}\right]$;

(3) $\lim\limits_{x\to 0}\dfrac{\int_0^x\left[\mathrm{e}^{(x-t)^2}-1\right]\sin t\,\mathrm{d}t}{x\tan^3 x}$;

(4) $\lim\limits_{x\to 0}\dfrac{\sqrt{1+\tan x}-\sqrt{1+\sin x}}{x\ln(1+x)-x^2}$;

(5) $\lim\limits_{x\to +\infty}\left[(2x)^{1+\frac{1}{2x}} - x^{1+\frac{1}{x}} - x\right]$;

(6) $\lim\limits_{x\to 0}\left(\dfrac{\arcsin x}{\sin x}\right)^{\cot^2 x}$.

2. 求极限: (1) $\lim_{n\to\infty} \left(\dfrac{\cos(\pi\sqrt{4n^2-1})}{\cos(\pi\sqrt{4n^2-3})} \right)^{n^2}$; (2) $\lim_{n\to\infty} \dfrac{1}{n^2 \ln n} \sum_{k=1}^{n} k \ln k$.

3. 设数列 $\{x_n\}$ 满足 $x_1 = \dfrac{1}{2}$, 且 $x_{n+1} = x_n^2 + x_n (n \geqslant 1)$, 求极限:
$$\lim_{n\to\infty} \left(\dfrac{1}{1+x_1} + \dfrac{1}{1+x_2} + \cdots + \dfrac{1}{1+x_n} \right).$$

4. 求极限: $\lim\limits_{n\to\infty} \displaystyle\int_0^1 \dfrac{\left(1 + x + \dfrac{x^2}{2} + \cdots + \dfrac{x^{n-1}}{n-1}\right)^{n+1}}{\left(1 + x + \dfrac{x^2}{2} + \cdots + \dfrac{x^n}{n}\right)^n} \mathrm{d}x$.

5. 设 $f_n(x) = x^n + nx - 2$. (1) 证明: 对任意正整数 n, $f_n(x)$ 在 $(0, +\infty)$ 有唯一的实根; (2) 设 a_n 是 $f_n(x)$ 的正实根, 求极限: $\lim\limits_{n\to\infty} (1+a_n)^n$.

6. 求极限: $\lim\limits_{n\to\infty} \sqrt[n]{1 + \sqrt[n]{2 + \sqrt[n]{3 + \cdots + \sqrt[n]{n}}}}$.

7. 设 $T = \cos n\theta, \theta = \arccos x$, 求 $\lim\limits_{x\to 1^-} \dfrac{\mathrm{d}T}{\mathrm{d}x}$.

8. 若 $f(x)$ 在 $x=1$ 处具有连续的一阶导数, 且 $f'(1) = -2$, 试求极限 $\lim\limits_{x\to 0^+} \dfrac{\mathrm{d}}{\mathrm{d}x} f(\cos\sqrt{x})$.

9. 设数列 $\{x_n\}$ 定义为 $x_1 = 1, x_{n+1} = \left(\sum\limits_{k=1}^{n} x_k\right)^{\frac{1}{2}}, n = 1, 2, \cdots$. 证明极限 $\lim\limits_{n\to\infty} \dfrac{x_n}{n}$ 存在并求其值.

10. 设数列 $\{x_n\}$ 定义为 $x_1 = 1, x_2 = 2$, 且 $x_{n+2} = \sqrt{x_n x_{n+1}}, n = 1, 2, \cdots$. 证明极限 $\lim\limits_{n\to\infty} x_n$ 存在并求其值.

11. (1) 设 $f(x) = \displaystyle\int_x^{x^2} \left(1 + \dfrac{1}{2t}\right)^t \sin\dfrac{1}{\sqrt{t}} \mathrm{d}t \ (x > 0)$, 求 $\lim\limits_{n\to\infty} f(n) \sin\dfrac{1}{n}$;

(2) 设 $I_n = n \displaystyle\int_1^a \dfrac{\mathrm{d}x}{1+x^n}$, 其中 $a > 1$, 求极限 $\lim\limits_{n\to\infty} I_n$.

12. 解下列各题:

(1) 已知 $\lim\limits_{x\to\infty} \left(\dfrac{x-a}{x+a}\right)^x = \displaystyle\int_a^{+\infty} 4x^2 \mathrm{e}^{-2x} \mathrm{d}x$, 求常数 a 的值;

(2) 当 $x \to 0$ 时, $1 - \cos x \cdot \cos 2x \cdot \cos 3x$ 与 ax^n 为等价无穷小, 求 n 与 a 的值;

(3) 已知 $\lim\limits_{x\to+\infty} \left(3x - \sqrt{ax^2 + bx + 1}\right) = 1$, 求 a, b 的值;

(4) 试确定 a, b 的值, 使 $\lim\limits_{x\to+\infty} \left[\dfrac{x^3-1}{(x+1)^2} - ax - b\right] = 0$;

(5) 试确定常数 a, b, 使 $\lim\limits_{x\to 0} \left[\dfrac{a}{x^2} + \dfrac{1}{x^4} + \dfrac{b}{x^5} \displaystyle\int_0^x \mathrm{e}^{-t^2} \mathrm{d}t\right]$ 为有限值, 并求此极限;

(6) 试确定常数 a,b,c 的值, 使 $\lim\limits_{x\to 0}\dfrac{ax-\sin x}{\int_b^x \dfrac{\ln(1+t^3)}{t}\mathrm{d}t}=c\ (c\neq 0)$.

13. 设 $f(x)$ 在 $x=0$ 处二阶可导, 且 $\lim\limits_{x\to 0}\left(1+x+\dfrac{f(x)}{x}\right)^{\frac{1}{x}}=\mathrm{e}^3$, 求 $f(0),f'(0),f''(0)$ 及 $\lim\limits_{x\to 0}\left(1+\dfrac{f(x)}{x}\right)^{\frac{1}{x}}$.

14. 设 $f_n(x)=\dfrac{n+x}{1+nx^2}+n^2\cos\dfrac{x-1}{n},n=1,2,\cdots$, 求 $\lim\limits_{n\to\infty}f_n'(x)$.

15. 设函数 $f(x)$ 可导, 且 $f(0)=0, F(x)=\int_0^x t^{n-1}f(x^n-t^n)\mathrm{d}t$, 求 $\lim\limits_{x\to 0}\dfrac{F(x)}{x^{2n}}$.

16. 设函数 $f(x)=\int_0^x \mathrm{e}^{t^2}\mathrm{d}t, -\infty<x<+\infty$.

(1) 证明: 对任意 $x>0$, 必存在 $\xi\in(0,x)$, 使得 $f(x)=x\mathrm{e}^{\xi^2}$.

(2) 求极限 $\lim\limits_{x\to 0^+}\dfrac{\xi}{x}$.

17. 设函数 $f(x)$ 在点 $x=a$ 的邻域内有连续的二阶导数, 且 $f'(a)\neq 0$, 求

$$\lim_{x\to a}\left(\dfrac{1}{f(x)-f(a)}-\dfrac{1}{(x-a)f'(a)}\right).$$

18. 已知函数 $f(x)=\dfrac{1+x}{\sin x}-\dfrac{1}{x}$, 记 $a=\lim\limits_{x\to 0}f(x)$.

(1) 求 a 的值;

(2) 设当 $x\to 0$ 时, $f(x)-a$ 与 x^k 是同阶无穷小, 求常数 k 的值.

19. 设曲线 $f(x)=\tan^n x$ 在点 $\left(\dfrac{\pi}{4},1\right)$ 处的切线与 x 轴的交点为 $(\xi_n,0)$, 试计算 $\lim\limits_{n\to\infty}f(\xi_n)$.

20. 记 $f(x)=27x^3+5x^2-2$ 的反函数为 f^{-1}, 求极限: $\lim\limits_{x\to\infty}\dfrac{f^{-1}(27x)-f^{-1}(x)}{\sqrt[3]{x}}$.

21. 试证: 当 $x\to 0$ 时, $f(x)=\ln(\mathrm{e}^{2x}-5x^2)-2x$ 与 $g(x)=\ln(\mathrm{e}^x+\sin^2 x)-x$ 为同阶无穷小.

22. 设连续函数 $f(x)$ 在 $[1,+\infty)$ 上单调递减, 且 $f(x)>0$. 令 $x_n=\sum\limits_{k=1}^n f(k)-\int_1^n f(x)\mathrm{d}x\ (n=1,2,\cdots)$, 试证明: 数列 $\{x_n\}$ 的极限存在.

23. 设 $x_1>0, x_{n+1}=\dfrac{3(1+x_n)}{3+x_n}(n=1,2,\cdots)$, 求极限: $\lim\limits_{n\to\infty}x_n$.

24. 设函数 $f(x)=x+a\ln(1+x)+bx\sin x, g(x)=kx^3$, 且当 $x\to 0$ 时 $f(x)$ 与 $g(x)$ 是等价无穷小, 求 a,b,k 的值.

25. 设 $a_1>0, a_{n+1}=\dfrac{2}{1+a_n^2}, n=1,2,3,\cdots$. 证明极限 $\lim\limits_{n\to\infty}a_n$ 存在并求其值.

26. 求极限: $\lim\limits_{n\to\infty} n^2\left[\left(1+\dfrac{1}{n+1}\right)^{n+1} - \left(1+\dfrac{1}{n}\right)^n\right]$.

27. 设数列 $\{a_n\}$ 满足 $a_1 < 1, a_n > 0, (n+1)a_{n+1}^2 = na_n^2 + a_n, n = 1, 2, \cdots$. 证明极限 $\lim\limits_{n\to\infty} a_n$ 存在.

28. 设数列 $\{x_n\}$ 满足 $x_1 > 0, x_n e^{x_{n+1}} = e^{x_n} - 1 \ (n = 1, 2, \cdots)$. 证明 $\{x_n\}$ 收敛, 并求 $\lim\limits_{n\to\infty} x_n$.

29. 设 $f(x) = e^{x^2}, f[\varphi(x)] = 1 - x$, 且 $\varphi(x) \geqslant 0$, 求 $\varphi(x)$ 并写出它的定义域.

30. 设 $f(x) = \dfrac{1-x}{1+x}$, 求 $f[f(x)], f[f(\sin x)]$.

31. 设 $f(x)$ 在 $(-\infty, +\infty)$ 内是奇函数, $f(1) = a$, 且对于任何 $x, f(x+2) - f(x) = f(2)$.

(1) 试用 a 表示 $f(3)$ 与 $f(5)$;

(2) 问 a 取何值时, $f(x)$ 是以 2 为周期的周期函数.

32. 设 $f(x)$ 为连续函数, 证明: 若 $f(x)$ 是以 2 为周期的周期函数, 则 $G(x) = 2\int_0^x f(t)\mathrm{d}t - x\int_0^2 f(t)\mathrm{d}t$ 也是以 2 为周期的周期函数.

33. 设函数 $f(x)$ 在 $(-\infty, +\infty)$ 内连续, 且 $F(x) = \int_0^x (x-2t)f(t)\mathrm{d}t$. 试证:

(1) 若 $f(x)$ 为偶函数, 则 $F(x)$ 也是偶函数;

(2) 若 $f(x)$ 单调不增, 则 $F(x)$ 单调不减.

34. 设函数 $f(x)$ 满足关系式 $f\left(\dfrac{x+1}{2x-1}\right) = af(x) + \sin x$, 其中 a 是常数 $(a^2 \neq 1)$, 求 $f(x)$.

35. 求函数 $y = \sin x |\sin x| \ \left(\text{其中 } |x| \leqslant \dfrac{\pi}{2}\right)$ 的反函数.

36. 设 $f(x) = \begin{cases} e^x, & x < 0, \\ 2 - x, & x \geqslant 0, \end{cases}$ $g(x+1) = x^2 + x + 1$, 求 $f[g(x)], g[f(x)]$.

37. 设函数

$$f(x) = \begin{cases} 1 - 2x^2, & x < -1, \\ x^3, & -1 \leqslant x \leqslant 2, \\ 12x - 16, & x > 2. \end{cases}$$

(1) 写出 $f(x)$ 的反函数 $g(x)$ 的表达式.

(2) 函数 $g(x)$ 是否有间断点、不可导点? 若有, 则指出这些点.

38. 证明: $f(x) = \sin x^2$ 不是周期函数.

39. 证明: 方程 $\dfrac{a_1}{x-\lambda_1} + \dfrac{a_2}{x-\lambda_2} + \dfrac{a_3}{x-\lambda_3} = 0$ 有且仅有两个实根, 其中 $a_i > 0$ ($i = 1, 2, 3$), 且 $\lambda_1 < \lambda_2 < \lambda_3$.

40. 已知函数 $f(x) = \int_x^1 \sqrt{1+t^2}\,\mathrm{d}t + \int_1^{x^2} \sqrt{1+t}\,\mathrm{d}t$, 求 $f(x)$ 的零点个数.

41. 设 $0 < k < 1$, 一智能机器人从广场东南角一点出发, 先向正北行走 a 米, 然后左拐向正西行走 ka 米, 如此不断地左拐一个直角后行走, 使得每一次走过的距离都是前一次的 k 倍. 证明该机器人必定到达一极限位置, 并求极限位置与出发点之间的直线距离.

42. (1) 证明: 对任意正整数 $n > 1$, 方程 $x^n + x^{n-1} + \cdots + x = 1$ 在区间 $(0, +\infty)$ 内有且仅有一个实根;

(2) 记 (1) 中的实根为 x_n, 证明 $\lim\limits_{n\to\infty} x_n$ 存在, 并求此极限.

43. 设函数 $f_n(x) = \mathrm{e}^{nx} + x - \mathrm{e}^n$ ($n = 1, 2, \cdots$).

(1) 证明: 对任意正整数 n, 方程 $f_n(x) = 0$ 在区间 $(0, 1)$ 内有且仅有一个根 r_n;

(2) 证明极限 $\lim\limits_{n\to\infty} r_n$ 存在, 并求此极限.

44. 求极限: $\lim\limits_{n\to\infty} \sum\limits_{k=1}^{n} \dfrac{1}{\sqrt{n^2+n-k^2}}$.

45. 设数列 $\{x_n\}$ 定义为 $x_1 = \dfrac{1}{2}, x_2 = \dfrac{1}{3}, x_{n+2} = 3 + \dfrac{1}{x_{n+1}^2} + \dfrac{1}{x_n^2}, n = 1, 2, \cdots$. 证明极限 $\lim\limits_{n\to\infty} x_n$ 存在.

46. 设数列 $\{x_n\}$ 与 $\{y_n\}$ 定义为 $\begin{cases} x_0 = 1-\alpha, \\ y_0 = \alpha, \end{cases}$ 当 $n \geqslant 1$ 时,

$$\begin{cases} x_{n+1} = (1-\gamma)x_n + \beta x_n y_n, \\ y_{n+1} = y_n - \beta x_n y_n. \end{cases}$$

其中 $\alpha, \beta, \gamma \in (0,1)$ 为实常数. 证明数列 $\{x_n\}$ 与 $\{y_n\}$ 收敛, 并求极限 $\lim\limits_{n\to\infty} x_n$ 的值.

47. 给定 3 个数列 $\{x_n\}, \{y_n\}, \{z_n\}$ 满足 $x_1 = -2, y_1 = 1, z_1 = -1$, 且当 $n \geqslant 1$ 时, 有

$$x_{n+1} = 3x_n - 6y_n - z_n, \quad y_{n+1} = -x_n + 2y_n + z_n, \quad z_{n+1} = x_n + 3y_n - z_n.$$

求极限: $\lim\limits_{n\to\infty} \dfrac{x_n + y_n + z_n}{3^n + 5^n}$.

48. 给定 3 个数列 $\{a_n\}, \{b_n\}, \{c_n\}$, 满足 $a_1 = 1, b_1 = c_1 = 0$, 且当 $n \geqslant 2$ 时, 有

$$a_n = a_{n-1} + \dfrac{c_{n-1}}{n}, \quad b_n = b_{n-1} + \dfrac{a_{n-1}}{n}, \quad c_n = c_{n-1} + \dfrac{b_{n-1}}{n}.$$

证明: $\lim\limits_{n\to\infty} \sqrt{n}\left[(a_n - b_n)^2 + (b_n - c_n)^2 + (c_n - a_n)^2\right] = 0$.

49. 设 $\lim\limits_{n\to\infty} x_n^n = a$, $\lim\limits_{n\to\infty} y_n^n = b$, 其中 a,b 均为正常数；又设 $\lambda,\mu > 0$, 且 $\lambda+\mu = 1$, 求极限: $\lim\limits_{n\to\infty}(\lambda x_n + \mu y_n)^n$.

50. 求极限: $\lim\limits_{n\to\infty}\sum\limits_{k=1}^{n}\dfrac{(2k-1)^4}{n^5+k^4}$.

51. 记 $a_n = \sqrt{2-\sqrt{2+\sqrt{2+\cdots+\sqrt{2}}}}$ (n 重根号), 求极限: $\lim\limits_{n\to\infty} 2^n a_n$.

52. 设 $f(x) = \lim\limits_{n\to\infty}\dfrac{x^{2n-1}+ax^2+bx}{x^{2n}+1}$ 为连续函数, 试确定常数 a,b 的值.

53. 设 $f(x) = \left[\dfrac{1}{x^2}\right]\operatorname{sgn}\left(\sin\dfrac{\pi}{x}\right)$, $x \in (-\infty,+\infty)$, 请指出 $f(x)$ 的所有间断点, 并讨论它们的类型.

54. 设 $f(x)$ 在 $(-\infty,+\infty)$ 上有定义, 在 $x=0$ 处连续且 $f(0)=2$. 证明: 恒等式 $f(2x) = e^x f(x)$ 成立的充分必要条件是 $f(x) = 2e^x$.

55. 求极限 $\lim\limits_{n\to\infty}\left(\prod\limits_{k=0}^{n} C_n^k\right)^{\frac{2}{n(n+1)}}$, 其中 C_n^k 为组合数.

56. 设 $\alpha > 1$, 数列 $\{a_k\}_{k\geqslant 1}$ 满足 $0 \leqslant a_k \leqslant 1$, 且 $a_1 \neq 0$. 又设 $x_n = a_1+a_2+\cdots+a_n$, 证明
$$\lim_{n\to\infty}\dfrac{x_1^\alpha + x_2^\alpha + \cdots + x_n^\alpha}{(x_1+x_2+\cdots+x_n)^\alpha} = 0.$$

57. 已知数列 $\{x_n\}$ 的定义为: $x_1 > 0$, 且存在正整数 $k \geqslant 3$, 使得对任意 $n \geqslant 1$, 都有
$$x_{n+1} = x_n + \dfrac{1}{x_n} + \dfrac{2}{x_n^2} + \cdots + \dfrac{k}{x_n^k}.$$
试确定常数 λ,μ 且 $\mu \neq 0$, 使得 $\lim\limits_{n\to\infty} n x_n^\lambda = \mu$.

58. 求极限: $\lim\limits_{n\to\infty}\left(\dfrac{n}{3} - \sum\limits_{k=1}^{n}\dfrac{k^2}{n^2+k}\right)$.

59. 设数列 $\{a_n\}$ 满足 $\dfrac{1}{2} < a_n < 1$ ($n = 0,1,2,\cdots$), 数列 $\{x_n\}$ 定义为
$$\begin{cases} x_0 = a_0, \\ x_n = \dfrac{a_n + x_{n-1}}{1+a_n x_{n-1}}, & n = 1,2,\cdots. \end{cases}$$
证明数列 $\{x_n\}$ 收敛, 求极限 $\lim\limits_{n\to\infty} x_n$.

60. 设 $a_n = \displaystyle\int_0^{(n^2+1)\pi}(|\sin x|+|\cos x|)dx$, $b_n = \displaystyle\int_0^{\frac{1}{n}}e^{-x^2}\sin x\, dx$, $n = 1,2,\cdots$. 求极限: $\lim\limits_{n\to\infty} a_n b_n$.

61. 设 $I_n = \int_0^{10n} \left(1 - \left|\sin\dfrac{x}{n}\right|\right)^n \mathrm{d}x, n = 1, 2, \cdots$. 求极限：$\lim\limits_{n\to\infty} I_n$.

62. 设 $x_n = \sum\limits_{k=0}^n \dfrac{1}{k!}, n = 1, 2, \cdots$. 求极限：$\lim\limits_{n\to\infty}\left(\dfrac{\ln x_n}{\sqrt[n]{\mathrm{e}} - 1} - n\right)$.

63. 设 $I_n = \int_0^\pi \dfrac{\sin x}{1 + \cos^2 nx}\mathrm{d}x, n = 1, 2, \cdots$. 证明：$\lim\limits_{n\to\infty} I_n = \sqrt{2}$.

64. 设 $S_n = \sum\limits_{k=1}^n \left(\dfrac{k}{n}\right)^n, n = 2, 3, \cdots$. 证明数列 $\{S_n\}$ 收敛并求极限 $\lim\limits_{n\to\infty} S_n$.

65. 证明方程 $\mathrm{e}^{-x} + \cos 2x + x\sin x = 0$ 在每个区间 $((2n-1)\pi, (2n+1)\pi)$ 内恰有两个根 $x_{2n-1} < x_{2n}, n = 1, 2, \cdots$，并证明极限 $\lim\limits_{n\to\infty}(-1)^n n(x_n - n\pi)$ 存在且求其值.

66. 记 $I_n = \int_0^n \dfrac{\arctan\dfrac{x}{n}}{(1+x)(1+x^2)}\mathrm{d}x, n = 1, 2, \cdots$. 证明：$\lim\limits_{n\to\infty} nI_n = \dfrac{\pi}{4}$.

1.5 训练全解与分析

1. (1) $-\dfrac{2}{27}$;　　(2) 3;　　(3) $\dfrac{1}{12}$;　　(4) $-\dfrac{1}{2}$;　　(5) $\ln 2$;　　(6) $\mathrm{e}^{\frac{1}{3}}$.

2. (1) 记 $L_1 = \lim\limits_{n\to\infty}\left[\cos\left(\pi\sqrt{4n^2-1}\right)\right]^{n^2}, L_2 = \lim\limits_{n\to\infty}\left[\cos\left(\pi\sqrt{4n^2-3}\right)\right]^{n^2}$. 因为

$$\cos\left(\pi\sqrt{4n^2-1}\right) = \cos\left(\pi\left(2n - \sqrt{4n^2-1}\right)\right) = \cos\dfrac{\pi}{2n + \sqrt{4n^2-1}},$$

所以

$$\ln L_1 = \lim_{n\to\infty} n^2 \ln\cos\left(\pi\left(2n - \sqrt{4n^2-1}\right)\right) = \lim_{n\to\infty} n^2 \ln\cos\dfrac{\pi}{2n + \sqrt{4n^2-1}}$$

$$= \lim_{n\to\infty} n^2 \ln\left[1 + \left(\cos\dfrac{\pi}{2n + \sqrt{4n^2-1}} - 1\right)\right].$$

利用无穷小替换：当 $x \to 0$ 时，$\ln(1+x) \sim x, 1 - \cos x \sim \dfrac{x^2}{2}$，得

$$\ln L_1 = \lim_{n\to\infty} n^2\left(\cos\dfrac{\pi}{2n+\sqrt{4n^2-1}} - 1\right) = -\dfrac{\pi^2}{2}\lim_{n\to\infty}\dfrac{n^2}{(2n+\sqrt{4n^2-1})^2} = -\dfrac{\pi^2}{32}.$$

同理可得 $\ln L_2 = -\dfrac{9\pi^2}{32}$. 因此

$$\lim_{n\to\infty}\left(\dfrac{\cos\left(\pi\sqrt{4n^2-1}\right)}{\cos\left(\pi\sqrt{4n^2-3}\right)}\right)^{n^2} = \dfrac{\lim\limits_{n\to\infty}\left[\cos\left(\pi\sqrt{4n^2-1}\right)\right]^{n^2}}{\lim\limits_{n\to\infty}\left[\cos\left(\pi\sqrt{4n^2-3}\right)\right]^{n^2}} = \dfrac{L_1}{L_2} = \dfrac{\mathrm{e}^{-\frac{\pi^2}{32}}}{\mathrm{e}^{-\frac{9\pi^2}{32}}} = \mathrm{e}^{\frac{\pi^2}{4}}.$$

(2) (**方法 1**) 记 $a_n = \dfrac{1}{n^2 \ln n} \sum\limits_{k=1}^{n} k \ln k$, 则

$$a_n = \dfrac{1}{n^2 \ln n} \sum_{k=1}^{n} \left(k \ln \dfrac{k}{n} + k \ln n \right) = \dfrac{1}{\ln n} \cdot \dfrac{1}{n} \sum_{k=1}^{n} \dfrac{k}{n} \ln \dfrac{k}{n} + \dfrac{n+1}{2n}.$$

根据定积分的定义, 得

$$\lim_{n \to \infty} \dfrac{1}{n} \sum_{k=1}^{n} \dfrac{k}{n} \ln \dfrac{k}{n} = \int_0^1 x \ln x \, dx = \dfrac{x^2 \ln x}{2} \bigg|_0^1 - \dfrac{1}{2} \int_0^1 x \, dx = -\dfrac{1}{4},$$

所以

$$\lim_{n \to \infty} a_n = \lim_{n \to \infty} \dfrac{1}{\ln n} \cdot \lim_{n \to \infty} \dfrac{1}{n} \sum_{k=1}^{n} \dfrac{k}{n} \ln \dfrac{k}{n} + \lim_{n \to \infty} \dfrac{n+1}{2n} = 0 \times \left(-\dfrac{1}{4}\right) + \dfrac{1}{2} = \dfrac{1}{2}.$$

(**方法 2**) 利用 Stolz 定理及归结原理, 再利用 L'Hospital 法则, 得

$$\lim_{n \to \infty} a_n = \lim_{n \to \infty} \dfrac{(n+1) \ln(n+1)}{(n+1)^2 \ln(n+1) - n^2 \ln n} = \lim_{x \to +\infty} \dfrac{(x+1) \ln(x+1)}{(x+1)^2 \ln(x+1) - x^2 \ln x}$$

$$= \lim_{x \to +\infty} \dfrac{\ln(x+1) + 1}{2(x+1) \ln(x+1) + 1 - 2x \ln x}$$

$$= \dfrac{1}{2} \lim_{x \to +\infty} \dfrac{\dfrac{1}{x+1}}{\ln(x+1) - \ln x} = \dfrac{1}{2} \lim_{x \to +\infty} \dfrac{-\dfrac{1}{(x+1)^2}}{\dfrac{1}{x+1} - \dfrac{1}{x}}$$

$$= \dfrac{1}{2} \lim_{x \to +\infty} \dfrac{x}{x+1} = \dfrac{1}{2}.$$

3. 因为 $x_{n+1} = x_n^2 + x_n$, 所以 $\dfrac{1}{x_{n+1}} = \dfrac{1}{x_n} - \dfrac{1}{1+x_n}$, 即 $\dfrac{1}{1+x_n} = \dfrac{1}{x_n} - \dfrac{1}{x_{n+1}}$. 因此

$$\sum_{k=1}^{n} \dfrac{1}{1+x_k} = \sum_{k=1}^{n} \left(\dfrac{1}{x_k} - \dfrac{1}{x_{k+1}} \right) = \dfrac{1}{x_1} - \dfrac{1}{x_{n+1}} = 2 - \dfrac{1}{x_{n+1}}.$$

利用归纳法易证, $\{x_n\}$ 严格单调增加, 所以 $\lim\limits_{n \to \infty} x_n = +\infty$ 或有限值 A 且 $A > \dfrac{1}{2}$. 若 $\lim\limits_{n \to \infty} x_n = A$, 则对 $x_{n+1} = x_n^2 + x_n$ 的两边取极限, 得 $A = A^2 + A \Rightarrow A = 0$, 矛盾. 从而有 $\lim\limits_{n \to \infty} x_n = +\infty$. 于是

$$\lim_{n \to \infty} \sum_{k=1}^{n} \dfrac{1}{1+x_k} = 2 - \lim_{n \to \infty} \dfrac{1}{x_{n+1}} = 2.$$

4. 令 $f_n(x) = 1 + x + \dfrac{x^2}{2} + \cdots + \dfrac{x^n}{n}$，利用 Bernoulli (伯努利) 不等式，当 $0 \leqslant x \leqslant 1$ 时，有

$$\left(\frac{1 + x + \dfrac{x^2}{2} + \cdots + \dfrac{x^{n-1}}{n-1}}{1 + x + \dfrac{x^2}{2} + \cdots + \dfrac{x^n}{n}} \right)^n = \left(1 - \frac{1}{f_n(x)} \cdot \frac{x^n}{n} \right)^n \geqslant 1 - \frac{x^n}{f_n(x)}.$$

所以

$$I_n = \int_0^1 \frac{\left(1 + x + \dfrac{x^2}{2} + \cdots + \dfrac{x^{n-1}}{n-1} \right)^{n+1}}{\left(1 + x + \dfrac{x^2}{2} + \cdots + \dfrac{x^n}{n} \right)^n} dx \geqslant \int_0^1 \left(f_n(x) - \frac{x^n}{n} \right) \left(1 - \frac{x^n}{f_n(x)} \right) dx$$

$$\geqslant \int_0^1 \left(f_n(x) - \frac{x^n}{n} \right) dx - \int_0^1 x^n dx = 1 + \frac{1}{1 \cdot 2} + \frac{1}{2 \cdot 3} + \cdots + \frac{1}{(n-1)n} - \frac{1}{n+1}$$

$$= 2 - \frac{1}{n} - \frac{1}{n+1}.$$

另一方面，有

$$I_n \leqslant \int_0^1 \left(f_n(x) - \frac{x^n}{n} \right) dx = 1 + \frac{1}{1 \cdot 2} + \frac{1}{2 \cdot 3} + \cdots + \frac{1}{(n-1)n} = 2 - \frac{1}{n}.$$

因此，得 $2 - \dfrac{1}{n} - \dfrac{1}{n+1} \leqslant I_n \leqslant 2 - \dfrac{1}{n}$. 根据夹逼准则，可得 $\lim\limits_{n \to \infty} I_n = 2$.

5. (1) 对于 $n = 1$，显然 $x = 1$ 是 $f_1(x)$ 的唯一正实根；当 $n \geqslant 2$ 时，$f_n(0)f_n(1) = -2(n-1) < 0$，根据连续函数的介值定理，$f_n(x)$ 有正实根. 又当 $x > 0$ 时，$f_n'(x) = n\left(x^{n-1} + 1 \right) > 0$，表明 $f_n(x)$ 在 $(0, +\infty)$ 上严格单调增加，因此 $f_n(x)$ 有唯一的正实根.

(2) 当 $n \geqslant 5$ 时，$f_n\left(\dfrac{1}{n} \right) = \dfrac{1}{n^n} - 1 < 0$，$f_n\left(\dfrac{2}{n} \right) = \left(\dfrac{2}{n} \right)^n > 0$，而 $f_n(a_n) = 0$，即 $na_n = 2 - a_n^n$，所以

$$\frac{1}{n} < a_n < \frac{2}{n}, \quad \frac{1}{n^n} < a_n^n < \left(\frac{2}{n} \right)^n < \frac{1}{2^n}.$$

根据夹逼准则，有 $\lim\limits_{n \to \infty} a_n = 0$，且 $\lim\limits_{n \to \infty} a_n^n = 0$，从而有 $\lim\limits_{n \to \infty} na_n = 2$. 于是

$$\lim_{n \to \infty} (1 + a_n)^n = \lim_{n \to \infty} \left[(1 + a_n)^{\frac{1}{a_n}} \right]^{na_n} = e^2.$$

6. 记 $a_n = \sqrt[n]{1 + \sqrt[n]{2 + \sqrt[n]{3 + \cdots + \sqrt[n]{n}}}}$，则

$$1 \leqslant a_n \leqslant \sqrt[n]{n + \sqrt[n]{n + \sqrt[n]{n + \cdots + \sqrt[n]{n}}}}.$$

利用不等式: 当 $n > 3$ 时, $\sqrt[n]{n+3} < 3$, 对上式右边的 n 重根号从最里层开始放大 $n-1$ 次, 可得 $1 \leqslant a_n \leqslant \sqrt[n]{n+3} \leqslant \sqrt[n]{2n} = \sqrt[n]{2} \cdot \sqrt[n]{n}$. 利用 $\lim\limits_{n\to\infty} \sqrt[n]{2} = \lim\limits_{n\to\infty} \sqrt[n]{n} = 1$ 及夹逼准则, 可得 $\lim\limits_{n\to\infty} a_n = 1$.

7. n^2.   8. 1.   9. $\dfrac{1}{2}$.

10. 利用归纳法可证: 当 $n \geqslant 1$ 时, 有 $x_n > 0$. 令 $y_n = \ln x_n$, 则 $y_{n+2} = \dfrac{1}{2}(y_n + y_{n+1})$. 所以

$$y_{n+2} - y_{n+1} = -\dfrac{1}{2}(y_{n+1} - y_n) = \left(-\dfrac{1}{2}\right)^2 (y_n - y_{n-1}) = \cdots$$
$$= \left(-\dfrac{1}{2}\right)^n (y_2 - y_1) = \left(-\dfrac{1}{2}\right)^n \ln 2,$$
$$y_{n+2} = \sum_{k=0}^{n}(y_{k+2} - y_{k+1}) = \ln 2 \sum_{k=0}^{n} \left(-\dfrac{1}{2}\right)^k$$
$$= \dfrac{2\ln 2}{3}\left[1 - \left(-\dfrac{1}{2}\right)^{n+1}\right] \to \dfrac{2\ln 2}{3} \quad (n \to \infty),$$

即 $\lim\limits_{n\to\infty} y_n = \dfrac{2\ln 2}{3}$, 因此 $\lim\limits_{n\to\infty} x_n = \lim\limits_{n\to\infty} e^{y_n} = \sqrt[3]{4}$.

11. (1) 对定积分作变量代换: $t = y^2$, 并利用积分中值定理, 得

$$f(n) = \int_n^{n^2} \left(1 + \dfrac{1}{2t}\right)^t \sin\dfrac{1}{\sqrt{t}} dt = 2\int_{\sqrt{n}}^{n} y\left(1 + \dfrac{1}{2y^2}\right)^{y^2} \sin\dfrac{1}{y} dy$$
$$= 2(n - \sqrt{n})\xi \left(1 + \dfrac{1}{2\xi^2}\right)^{\xi^2} \sin\dfrac{1}{\xi} \quad (\sqrt{n} \leqslant \xi \leqslant n).$$

因为当 $n \to \infty$ 时, $\xi \to +\infty$, 所以

$$\lim_{n\to\infty} f(n) \sin\dfrac{1}{n} = 2\lim_{n\to\infty}(n - \sqrt{n})\xi\left(1 + \dfrac{1}{2\xi^2}\right)^{\xi^2} \sin\dfrac{1}{\xi} \sin\dfrac{1}{n}$$
$$= 2\lim_{\xi\to+\infty}\left[\left(1 + \dfrac{1}{2\xi^2}\right)^{2\xi^2}\right]^{\frac{1}{2}} \cdot \dfrac{\sin\dfrac{1}{\xi}}{\dfrac{1}{\xi}} \cdot \lim_{n\to\infty}\dfrac{n - \sqrt{n}}{n} \cdot \dfrac{\sin\dfrac{1}{n}}{\dfrac{1}{n}} = 2\sqrt{e}.$$

(2) 记 $b = \dfrac{1}{a}$, 则 $0 < b < 1$. 对积分作变量代换: $x = \dfrac{1}{t}$, 再分部积分, 得

$$I_n = \int_b^1 \dfrac{nt^{n-1}dt}{t(1+t^n)} = \ln 2 - \dfrac{\ln(1+b^n)}{b} + \int_b^1 \dfrac{\ln(1+t^n)}{t^2} dt. \qquad ①$$

显然 $\lim\limits_{n\to\infty}\dfrac{\ln(1+b^n)}{b}=0$. 又当 $b\leqslant t\leqslant 1$ 时，$0\leqslant\dfrac{\ln(1+t^n)}{t^2}\leqslant t^{n-2}$，所以

$$0\leqslant\int_b^1\dfrac{\ln(1+t^n)}{t^2}\mathrm{d}t\leqslant\int_b^1 t^{n-2}\mathrm{d}t=\dfrac{1-b^{n-1}}{n-1}.$$

根据夹逼准则，可知 $\lim\limits_{n\to\infty}\int_b^1\dfrac{\ln(1+t^n)}{t^2}\mathrm{d}t=0$. 故由①式得 $\lim\limits_{n\to\infty}I_n=\ln 2$.

12. (1) $a=0$ 或 $a=-1$; (2) $n=2,a=7$; (3) $a=9,b=-6$;
(4) $a=1,b=-2$; (5) $a=-\dfrac{1}{3},b=-1,-\dfrac{1}{10}$; (6) $a=1,b=0,c=\dfrac{1}{2}$.

13. $0,0,4,\mathrm{e}^2$. 14. 当 $x\neq 0$ 时，$\lim\limits_{n\to\infty}f_n'(x)=-\dfrac{2}{x^3}-x+1$; 当 $x=0$ 时，$\lim\limits_{n\to\infty}f_n'(0)=2$. 15. $\dfrac{1}{2n}f'(0)$.

16. (1) 函数 $f(x)$ 在 $(-\infty,+\infty)$ 上可导，且 $f'(x)=\mathrm{e}^{x^2}$. 对任意 $x>0$，利用 Lagrange 中值定理，存在 $\xi\in(0,x)$，使得

$$f(x)-f(0)=(x-0)f'(\xi),\quad 即\quad f(x)=x\mathrm{e}^{\xi^2}.$$

(2) 当 $x\to 0^+$ 时，$\xi\to 0^+$，所以 $\lim\limits_{x\to 0^+}\dfrac{f(x)}{x}=\lim\limits_{x\to 0^+}\mathrm{e}^{\xi^2}=1$. 利用无穷小替换及 L'Hospital 法则，得

$$\lim_{x\to 0^+}\left(\dfrac{\xi}{x}\right)^2=\lim_{x\to 0^+}\dfrac{\ln\dfrac{f(x)}{x}}{x^2}=\lim_{x\to 0^+}\dfrac{\ln\left(1+\dfrac{f(x)}{x}-1\right)}{x^2}=\lim_{x\to 0^+}\dfrac{\dfrac{f(x)}{x}-1}{x^2}$$

$$=\lim_{x\to 0^+}\dfrac{\int_0^x\mathrm{e}^{t^2}\mathrm{d}t-x}{x^3}=\lim_{x\to 0^+}\dfrac{\mathrm{e}^{x^2}-1}{3x^2}=\dfrac{1}{3}.$$

因为 $\dfrac{\xi}{x}>0$ 及极限的保号性，所以 $\lim\limits_{x\to 0^+}\dfrac{\xi}{x}=\dfrac{1}{\sqrt{3}}$.

17. $-\dfrac{f''(a)}{2[f'(a)]^2}$. 18. (1) $a=1$; (2) $k=1$. 19. $\dfrac{1}{\mathrm{e}}$.

20. 首先，显然有 $\lim\limits_{x\to\infty}\dfrac{f(x)}{x^3}=\lim\limits_{x\to\infty}\left(27+\dfrac{5}{x}-\dfrac{2}{x^3}\right)=27$.

先令 $t=27x$，再令 $y=f^{-1}(t)$，则 $t=f(y)$，且当 $x\to\infty$ 时，$t\to\infty,y\to\infty$，所以

$$\lim_{x\to\infty}\dfrac{f^{-1}(27x)}{\sqrt[3]{x}}=3\lim_{t\to\infty}\dfrac{f^{-1}(t)}{\sqrt[3]{t}}=3\lim_{y\to\infty}\dfrac{y}{\sqrt[3]{f(y)}}=3\sqrt[3]{\lim_{y\to\infty}\dfrac{y^3}{f(y)}}=3\sqrt[3]{\dfrac{1}{27}}=1.$$

同理，令 $y=f^{-1}(x)$，则 $x=f(y)$，且当 $x\to\infty$ 时，$y\to\infty$，所以

$$\lim_{x\to\infty}\dfrac{f^{-1}(x)}{\sqrt[3]{x}}=\lim_{y\to\infty}\dfrac{y}{\sqrt[3]{f(y)}}=\sqrt[3]{\lim_{y\to\infty}\dfrac{y^3}{f(y)}}=\sqrt[3]{\dfrac{1}{27}}=\dfrac{1}{3}.$$

因此, 原式 $= 1 - \dfrac{1}{3} = \dfrac{2}{3}$.

21. 即证 $\lim\limits_{x\to 0}\dfrac{f(x)}{g(x)}$ 存在且等于一个非零常数. 先作适当变形, 再利用等价无穷小替换, 得

$$\lim_{x\to 0}\dfrac{f(x)}{g(x)} = \lim_{x\to 0}\dfrac{\ln\left(1-\dfrac{5x^2}{\mathrm{e}^{2x}}\right)}{\ln\left(1+\dfrac{\sin^2 x}{\mathrm{e}^x}\right)} = \lim_{x\to 0}\dfrac{-\dfrac{5x^2}{\mathrm{e}^{2x}}}{\dfrac{\sin^2 x}{\mathrm{e}^x}} = -5\lim_{x\to 0}\dfrac{1}{\mathrm{e}^x}\left(\dfrac{x}{\sin x}\right)^2 = -5.$$

因为 $\lim\limits_{x\to 0}\dfrac{f(x)}{g(x)} = -5$ 是一个非零常数, 所以当 $x\to 0$ 时, $f(x)$ 与 $g(x)$ 为同阶无穷小.

22. 利用积分中值定理, 存在 $\xi_n \in [n, n+1]$, 使得

$$x_{n+1} - x_n = f(n+1) - \int_n^{n+1} f(x)\mathrm{d}x = f(n+1) - f(\xi_n).$$

因为 $f(x)$ 在 $[1,+\infty)$ 上单调递减, 所以 $f(n+1) \leqslant f(\xi_n)$, 从而有 $x_{n+1} \leqslant x_n$, 即数列 $\{x_n\}$ 单调递减. 另一方面, 由 $f(x) > 0$ 得

$$x_n = \sum_{k=1}^n f(k) - \int_1^n f(x)\mathrm{d}x \geqslant \sum_{k=1}^n f(k) - \int_1^{n+1} f(x)\mathrm{d}x = \sum_{k=1}^n \int_k^{k+1}[f(k)-f(x)]\mathrm{d}x \geqslant 0,$$

因此 $\{x_n\}$ 有下界. 根据单调有界准则, 数列 $\{x_n\}$ 收敛, 即极限 $\lim\limits_{n\to\infty} x_n$ 存在.

23. 显然 $x_{n+1} < 3$. 利用数学归纳法易证 $x_n > 0$, 故 $0 < x_n < 3 (n=2,3,\cdots)$, 即 $\{x_n\}$ 是有界数列. 因为 $x_{n+1} - x_n = \dfrac{3-x_n^2}{3+x_n}$, 所以

$$x_{n+2} - x_{n+1} = \dfrac{3-x_{n+1}^2}{3+x_{n+1}} = \dfrac{3-\dfrac{9(1+x_n)^2}{(3+x_n)^2}}{3+\dfrac{3(1+x_n)}{3+x_n}} = \dfrac{3-x_n^2}{(3+x_n)(2+x_n)} = \dfrac{x_{n+1}-x_n}{2+x_n}.$$

而 $2+x_n > 0$, 故 $x_{n+2} - x_{n+1}$ 与 $x_{n+1} - x_n$ 符号相同, 因此 $\{x_n\}$ 为单调数列.

根据单调有界准则, 数列 $\{x_n\}$ 收敛, 设 $\lim\limits_{n\to\infty} x_n = a$, 则 $a > 0$. 对题设递推式两端取极限, 得 $a = \dfrac{3(1+a)}{3+a}$, 解得 $a = \sqrt{3}$. 因此 $\lim\limits_{n\to\infty} x_n = \sqrt{3}$.

【注】 本题说明, 若已知数列 $\{x_n\}$ 有界, 那么通过证明 $x_{n+2} - x_{n+1}$ 与 $x_{n+1} - x_n$ 符号一致, 即可说明 $\{x_n\}$ 是单调数列, 至于 $\{x_n\}$ 究竟是单调增还是单调减无关紧要. 这往往可以避免直接证明不等式 $x_{n+1} \geqslant x_n$ 或 $x_{n+1} \leqslant x_n$ 所带来的困难.

24. $a = -1, b = -\dfrac{1}{2}, k = -\dfrac{1}{3}$.   25. 1.   26. $\dfrac{\mathrm{e}}{2}$.   27. 1.

28. 首先利用归纳法可证: $x_n > 0 (n = 1, 2, \cdots)$. 由 $x_n \mathrm{e}^{x_{n+1}} = \mathrm{e}^{x_n} - 1$ 得 $\mathrm{e}^{x_{n+1}} = \dfrac{\mathrm{e}^{x_n} - 1}{x_n}$. 对函数 e^x 在区间 $[0, x_n]$ 上利用 Lagrange 中值定理, 得 $\mathrm{e}^{x_{n+1}} = \dfrac{\mathrm{e}^{x_n} - 1}{x_n - 0} = \mathrm{e}^{\xi_n} (0 < \xi_n < x_n)$, 所以 $0 < x_{n+1} = \xi_n < x_n$. 这就证明了数列 $\{x_n\}$ 单调减少且有下界, 所以 $\{x_n\}$ 收敛.

令 $\lim\limits_{n \to \infty} x_n = a$, 对 $x_n \mathrm{e}^{x_{n+1}} = \mathrm{e}^{x_n} - 1$ 的两边同时取极限, 得 $a\mathrm{e}^a = \mathrm{e}^a - 1$, 即 $(1-a)\mathrm{e}^a = 1$, 解得 $a = 0$, 所以 $\lim\limits_{n \to \infty} x_n = 0$.

29. $\sqrt{\ln(1-x)}$ $(x \leqslant 0)$. **30.** $x, \sin x$.

31. (1) $f(3) = 3a, f(5) = 5a$;

(2) $a = 0$.

32. 对任意 $x \in (-\infty, +\infty)$, 利用定积分的周期性, 得 $\displaystyle\int_x^{x+2} f(t)\mathrm{d}t = \int_0^2 f(t)\mathrm{d}t$, 所以

$$G(x+2) = 2\int_0^{x+2} f(t)\mathrm{d}t - (x+2)\int_0^2 f(t)\mathrm{d}t$$
$$= 2\left[\int_0^x f(t)\mathrm{d}t + \int_x^{x+2} f(t)\mathrm{d}t\right] - \left[x\int_0^2 f(t)\mathrm{d}t + 2\int_0^2 f(t)\mathrm{d}t\right]$$
$$= 2\int_0^x f(t)\mathrm{d}t - x\int_0^2 f(t)\mathrm{d}t = G(x),$$

因此, $G(x)$ 也是以 2 为周期的周期函数.

33. (1) 由 $F(x) = x\displaystyle\int_0^x f(t)\mathrm{d}t - 2\int_0^x tf(t)\mathrm{d}t$, 得 $F(-x) = -x\displaystyle\int_0^{-x} f(t)\mathrm{d}t - 2\int_0^{-x} tf(t)\mathrm{d}t$. 作变量代换: $t = -u$, 对任意 $x \in (-\infty, +\infty)$, 得

$$F(-x) = x\int_0^x f(-u)\mathrm{d}u - 2\int_0^x uf(-u)\mathrm{d}u.$$

若 $f(x)$ 为偶函数, 则 $f(-u) = f(u)$, 由上式得

$$F(-x) = x\int_0^x f(u)\mathrm{d}u - 2\int_0^x uf(u)\mathrm{d}u = F(x),$$

因此 $F(x)$ 也是偶函数;

(2) 易知, $F'(x) = \displaystyle\int_0^x f(t)\mathrm{d}t - xf(x)$. 对任意 $x \geqslant 0$, 则 $F'(x) = \displaystyle\int_0^x [f(t) - f(x)]\mathrm{d}t$, 由 $f(x)$ 单调不增, 得 $F'(x) \geqslant 0$; 若 $x \leqslant 0$, 则 $F'(x) = \displaystyle\int_x^0 [f(x) - f(t)]\mathrm{d}t$, 由 $f(x)$ 单调不增, 也有 $F'(x) \geqslant 0$, 所以 $F(x)$ 在 $(-\infty, +\infty)$ 上单调不减.

34. $f(x) = \dfrac{1}{1-a^2}\left(a\sin x + \sin\dfrac{x+1}{2x-1}\right)$ $\left(-\infty < x < +\infty, x \neq \dfrac{1}{2}\right)$.

35. $y = \begin{cases} \arcsin\sqrt{x}, & 0 \leqslant x \leqslant 1, \\ -\arcsin\sqrt{-x}, & -1 \leqslant x < 0. \end{cases}$

36. $f[g(x)] = -x^2 + x + 1, x \in (-\infty, +\infty)$; $g[f(x)] = \begin{cases} e^{2x} - e^x + 1, & x < 0, \\ x^2 - 3x + 3, & x \geqslant 0. \end{cases}$

37. (1) 当 $x < -1$ 时, $g(x) = -\sqrt{\dfrac{1-x}{2}}$; 当 $-1 \leqslant x \leqslant 8$ 时, $g(x) = \sqrt[3]{x}$; 当 $x > 8$ 时, $g(x) = \dfrac{x+16}{12}$.

(2) $g(x)$ 在 $(-\infty, +\infty)$ 内处处连续, 没有间断点; $g(x)$ 的不可导点是 $x = 0$ 及 $x = -1$.

38. 用反证法. 假设 $f(x)$ 是以 T 为周期的周期函数, 则对任意 $x \in (-\infty, +\infty)$, 恒有 $f(x+T) = f(x)$. 取 $x = -T$, 则 $f(-T) = f(0)$, 即 $\sin T^2 = 0$, 由此得 $T^2 = k\pi$, 其中 $k \in \mathbb{Z}$. 显然, 对任意 $k < 0$ 的整数, 都导致矛盾. 因此 $f(x) = \sin x^2$ 不是周期函数.

39. 令 $f(x) = a_1(x - \lambda_2)(x - \lambda_3) + a_2(x - \lambda_1)(x - \lambda_3) + a_3(x - \lambda_1)(x - \lambda_2)$, 由于 $\lambda_1, \lambda_2, \lambda_3$ 显然都不是原方程的根, 故可等价地证明 $f(x) = 0$ 有且仅有两个实根. 注意到

$$f(\lambda_1) = a_1(\lambda_1 - \lambda_2)(\lambda_1 - \lambda_3) > 0,$$
$$f(\lambda_2) = a_2(\lambda_2 - \lambda_1)(\lambda_2 - \lambda_3) < 0,$$
$$f(\lambda_3) = a_3(\lambda_3 - \lambda_1)(\lambda_3 - \lambda_2) > 0,$$

所以 $f(x) = 0$ 至少有两个实根, 分别位于区间 (λ_1, λ_2) 与 (λ_2, λ_3) 内. 又由于 $f(x)$ 是一个二次多项式, 所以 $f(x) = 0$ 至多有两个不同的实根. 因此 $f(x) = 0$ 有且仅有两个实根.

40. 两个零点: 一个位于 $(-1, 0)$ 内, 另一个是 $x = 1$.

41. 设机器人的出发点为坐标原点 $O(0,0)$, 行走 n 次到达点 (x_n, y_n). 由题设条件易知, 数列 $\{y_n\}$ 满足 $y_1 = y_2 = a, y_3 = y_4 = a(1 - k^2), y_5 = y_6 = a(1 - k^2 + k^4), \cdots$, 经归纳可得

$$y_{2n-1} = y_{2n} = a\sum_{i=1}^{n}(-1)^{i-1}k^{2(i-1)}.$$

所以 $\lim\limits_{n\to\infty} y_{2n-1} = y_{2n} = \dfrac{a}{1+k^2}$, 因此 $\lim\limits_{n\to\infty} y_n = \dfrac{a}{1+k^2}$. 同理, $\{x_n\}$ 满足 $x_1 = 0, x_2 = x_3 = -ak$, 且 $x_4 = x_5 = -ak(1-k^2), x_6 = x_7 = -ak(1-k^2+k^4), \cdots$, 经归纳可得

$$x_{2n} = x_{2n+1} = -ak\sum_{i=1}^{n}(-1)^{i-1}k^{2(i-1)}.$$

所以 $\lim\limits_{n\to\infty} x_{2n} = x_{2n+1} = -\dfrac{ak}{1+k^2}$, 从而有 $\lim\limits_{n\to\infty} x_n = -\dfrac{ak}{1+k^2}$.

因此, 机器人的极限位置为点 $\left(-\dfrac{ak}{1+k^2}, \dfrac{a}{1+k^2}\right)$, 且该点与出发点之间的直线距离为

$$d = \sqrt{\left(-\dfrac{ak}{1+k^2}\right)^2 + \left(\dfrac{a}{1+k^2}\right)^2} = \dfrac{a}{\sqrt{1+k^2}} \text{ (米)}.$$

42. (1) 令 $f_n(x) = x^n + x^{n-1} + \cdots + x$, 则 $f(x)$ 在 $[0,1]$ 上连续, 且 $f_n(0) = 0 < 1, f_n(1) = n > 1$. 根据连续函数介值定理, 存在 $x_n \in (0,1)$, 使得 $f_n(x_n) = 1$.

又 $f_n'(x) = nx^{n-1} + (n-1)x^{n-2} + \cdots + 2x + 1 \geqslant 1 > 0$, 所以 $f_n(x)$ 在 $[0,+\infty)$ 上严格单调增加. 因此对任意正整数 $n > 1$, 方程 $f_n(x) = 1$ 在 $(0,+\infty)$ 内有且仅有一个实根.

(2) 我们证明 $\{x_n\}$ 单调递减, 用反证法. 假设存在某个 $n > 1$, 使得 $x_n < x_{n+1}$, 则

$$1 = f_n(x_n) < f_n(x_{n+1}) < f_{n+1}(x_{n+1}) = 1,$$

矛盾. 因此 $\{x_n\}$ 单调递减. 又 $x_n > 0$, 故根据单调有界准则, $\{x_n\}$ 收敛, 即 $\lim\limits_{n\to\infty} x_n$ 存在.

令 $\lim\limits_{n\to\infty} x_n = a$, 则 $0 \leqslant a < 1$. 任取 $\lambda \in (a,1)$, 根据极限的保号性, 存在正整数 N, 使得当 $n > N$ 时, 恒有 $0 < x_n < \lambda$, 故 $0 < x_n^{n+1} < \lambda^{n+1}$. 由 $\lim\limits_{n\to\infty} \lambda^{n+1} = 0$ 及夹逼准则, 得 $\lim\limits_{n\to\infty} x_n^{n+1} = 0$. 最后, 对 $f_n(x_n) = \dfrac{x_n - x_n^{n+1}}{1 - x_n} = 1$ 的两端取极限, 得 $\dfrac{a}{1-a} = 1$, 解得 $a = \dfrac{1}{2}$, 即 $\lim\limits_{n\to\infty} x_n = \dfrac{1}{2}$.

43. (1) 显然, $f_n(x)$ 在 $[0,1]$ 上连续, $f_n(0) = 1 - \mathrm{e}^n < 0, f_n(1) = 1 > 0$. 根据连续函数介值定理, 存在 $r_n \in (0,1)$, 使得 $f_n(r_n) = 0$.

又 $f_n'(x) = n\mathrm{e}^{nx} + 1 > 0$, 所以 $f_n(x)$ 在 $[0,1]$ 上严格单调增加. 因此对任意正整数 n, 方程 $f_n(x) = 0$ 在 $(0,1)$ 内有且仅有一个根 r_n.

(2) 先证明 $\{r_n\}$ 是单调递增数列, 用反证法. 假设存在某个 $n \geqslant 1$, 使得 $r_n > r_{n+1}$, 根据函数 $f_n(x)$ 在 $[0,1]$ 上单调增加及对任意 $x \in (0,1), f_n(x) > f_{n+1}(x)$, 可得

$$0 = f_n(r_n) > f_n(r_{n+1}) > f_{n+1}(r_{n+1}) = 0,$$

矛盾. 因此 $\{r_n\}$ 单调递增. 又 $r_n < 1$, 故根据单调有界准则, $\{r_n\}$ 收敛, 即 $\lim\limits_{n\to\infty} r_n$ 存在. 进一步, 由 $f_n(r_n) = 0$, 解得 $r_n = \dfrac{1}{n}\ln(\mathrm{e}^n - r_n)$. 由 $r_n \in (0,1)$, 知 $\dfrac{1}{n}\ln(\mathrm{e}^n - 1) < r_n < 1$. 根据归结原理及 L'Hospital 法则, 得 $\lim\limits_{n\to\infty} \dfrac{1}{n}\ln(\mathrm{e}^n - 1) = \lim\limits_{x\to+\infty} \dfrac{1}{x}\ln(\mathrm{e}^x - 1) = \lim\limits_{x\to+\infty} \dfrac{\mathrm{e}^x}{\mathrm{e}^x - 1} = 1$, 故由夹逼准则, 得 $\lim\limits_{n\to\infty} r_n = 1$.

44. 记 $S_n = \sum_{k=1}^{n} \dfrac{1}{\sqrt{n^2+n-k^2}}$，则

$$S_n = \frac{1}{\sqrt{n}} + \sum_{k=1}^{n-1} \frac{1}{\sqrt{n^2+n-k^2}} \leqslant \frac{1}{\sqrt{n}} + \sum_{k=1}^{n-1} \frac{1}{\sqrt{n^2-k^2}}$$

$$= \frac{1}{\sqrt{n}} + \frac{1}{n}\sum_{k=1}^{n-1} \frac{1}{\sqrt{1-\left(\dfrac{k}{n}\right)^2}}$$

$$\leqslant \frac{1}{\sqrt{n}} + \sum_{k=1}^{n-1} \int_{\frac{k}{n}}^{\frac{k+1}{n}} \frac{\mathrm{d}x}{\sqrt{1-x^2}} = \frac{1}{\sqrt{n}} + \int_{\frac{1}{n}}^{1} \frac{\mathrm{d}x}{\sqrt{1-x^2}}.$$

另一方面，有

$$S_n \geqslant \sum_{k=1}^{n} \frac{1}{\sqrt{(n+1)^2-k^2}} = \frac{1}{n+1}\sum_{k=1}^{n} \frac{1}{\sqrt{1-\left(\dfrac{k}{n+1}\right)^2}}$$

$$\geqslant \sum_{k=1}^{n} \int_{\frac{k-1}{n+1}}^{\frac{k}{n+1}} \frac{\mathrm{d}x}{\sqrt{1-x^2}} = \int_{0}^{\frac{n}{n+1}} \frac{\mathrm{d}x}{\sqrt{1-x^2}}.$$

根据夹逼准则，得

$$\lim_{n\to\infty} S_n = \int_{0}^{1} \frac{\mathrm{d}x}{\sqrt{1-x^2}} = \arcsin x\big|_{0}^{1} = \frac{\pi}{2}.$$

45. 先考虑函数 $f(x) = x^3 - 3x^2 - 2$，则 $f'(x) = 3x(x-2), f''(x) = 6(x-1)$. 易知 $f(x)$ 有极大值 $f(0) = -2$，极小值 $f(2) = -6$，且 $f(x)$ 在区间 $(-\infty, 0]$ 与 $[2, +\infty)$ 上均为严格单调增加，$\lim_{x\to-\infty} f(x) = -\infty, \lim_{x\to+\infty} f(x) = +\infty$，因此 $f(x) = 0$ 有唯一的实根，设为 α. 显然 $f(\alpha) = 0$ 等价于 $\alpha = 3 + \dfrac{2}{\alpha^2}$，且 $\alpha \in (3, 4)$. 下面证明 $\lim_{n\to\infty} x_n = \alpha$. 这只需证：级数 $\sum_{n=1}^{\infty} |x_n - \alpha|$ 收敛.

为此，考虑级数的部分和 $S_n = \sum_{k=1}^{n} |x_k - \alpha|$，记 $r_i = |x_i - \alpha|, i = 1, 2$.

用归纳法易证：当 $n \geqslant 5$ 时，$3 < x_n < 3 + \dfrac{2}{9} < 4$. 由于

$$|x_{n+2} - \alpha| = \left|\left(\frac{1}{x_{n+1}^2} - \frac{1}{\alpha^2}\right) + \left(\frac{1}{x_n^2} - \frac{1}{\alpha^2}\right)\right| \leqslant \frac{1}{9}\left(|x_{n+1} - \alpha| + |x_n - \alpha|\right),$$

且 $\{S_n\}$ 单调递增，所以

$$S_{n+2} - r_1 - r_2 \leqslant \frac{1}{9}(S_{n+1} - r_1 + S_n) \leqslant \frac{1}{9}(2S_{n+2} - r_1),$$

即 $S_{n+2} \leqslant \frac{1}{7}(8r_1 + 9r_2)$. 故 $\{S_n\}$ 是有界数列，因此 $\sum\limits_{n=1}^{\infty}|x_n - \alpha|$ 收敛，从而有 $\lim\limits_{n\to\infty} x_n = \alpha$.

46. 令 $s_n = x_n + y_n$，则 $s_0 = 1$，当 $n \geqslant 1$ 时，$x_n, y_n, s_n \in (0,1)$，且 $s_{n+1} = s_n - \gamma x_n$. 所以 $\{s_n\}$ 与 $\{y_n\}$ 是单调递减有下界的数列. 根据单调有界准则，数列 $\{y_n\}$ 与 $\{s_n\}$ 收敛，因而 $\{x_n\}$ 收敛. 令 $\lim\limits_{n\to\infty} x_n = a$, $\lim\limits_{n\to\infty} s_n = b$, 对 $s_{n+1} = s_n - \gamma x_n$ 的两边取极限，得 $b = b - \gamma a$, 得 $a = 0$, 即 $\lim\limits_{n\to\infty} x_n = 0$.

47. 根据题设递推式及初始条件，可得 $x_n + y_n + z_n = -\frac{2}{7}[5^n + (-2)^n]$. 因此

$$\lim_{n\to\infty}\frac{x_n + y_n + z_n}{3^n + 5^n} = -\frac{2}{7}\lim_{n\to\infty}\frac{5^n + (-2)^n}{3^n + 5^n} = -\frac{2}{7}\lim_{n\to\infty}\frac{1 + \left(-\frac{2}{5}\right)^n}{1 + \left(\frac{3}{5}\right)^n} = -\frac{2}{7}.$$

48. 令 $x_n = (a_n - b_n)^2 + (b_n - c_n)^2 + (c_n - a_n)^2$, $\lambda_n = a_n^2 + b_n^2 + c_n^2$, $\mu_n = a_n + b_n + c_n$, 则 $\lambda_1 = \mu_1 = 1$, 数列 $\{x_n\}$ 满足 $x_1 = 2$, 当 $n \geqslant 2$ 时，$x_n = 3\lambda_n - \mu_n^2$. 因为 $\frac{\mu_n}{n+1} = \frac{\mu_{n-1}}{n} = \cdots = \frac{\mu_1}{2}$, 所以 $\mu_n = \frac{n+1}{2}$, $\lambda_n = \left(1 + \frac{1}{n^2}\right)\lambda_{n-1} + \frac{1}{n}(\mu_{n-1}^2 - \lambda_{n-1}) = \frac{n^2 - n + 1}{n^2}\lambda_{n-1} + \frac{n}{4}$, 于是有

$$x_n = \frac{n^2 - n + 1}{n^2}3\lambda_{n-1} + \frac{3n}{4} - \frac{(n+1)^2}{4} = \frac{n^2 - n + 1}{n^2}x_{n-1}.$$

利用 Stolz 定理及等价无穷小替换，得

$$\lim_{n\to\infty}\frac{\ln(\sqrt{n}x_n)}{\ln n} = \frac{1}{2} + \lim_{n\to\infty}\frac{\ln x_n}{\ln n} = \frac{1}{2} + \lim_{n\to\infty}\frac{\ln x_{n+1} - \ln x_n}{\ln(n+1) - \ln n}$$

$$= \frac{1}{2} + \lim_{n\to\infty}\frac{\ln\left(1 - \frac{n}{(n+1)^2}\right)}{\ln\left(1 + \frac{1}{n}\right)}$$

$$= \frac{1}{2} + \lim_{n\to\infty}\frac{-\frac{n}{(n+1)^2}}{\frac{1}{n}} = \frac{1}{2} - 1 = -\frac{1}{2}.$$

根据极限的保号性, 当 n 充分大时, 有 $\ln(\sqrt{n}x_n) < -\dfrac{1}{3}\ln n$, 即 $0 < \sqrt{n}x_n < \dfrac{1}{\sqrt[3]{n}}$. 故由夹逼准则可知 $\lim\limits_{n\to\infty}\sqrt{n}x_n = 0$.

49. 根据极限与无穷小的关系, 得 $x_n = \sqrt[n]{a+\alpha_n}$, 其中 $\alpha_n \to 0(n\to\infty)$. 易知, $n\to\infty$ 时, $x_n - 1$ 与 $\sqrt[n]{a} - 1$ 是等价无穷小. 所以 $\lim\limits_{n\to\infty}n(x_n - 1) = \ln a$. 同理, 有 $\lim\limits_{n\to\infty}n(y_n - 1) = \ln b$. 于是

$$\lim_{n\to\infty} n\ln(\lambda x_n + \mu y_n) = \lim_{n\to\infty} n\ln[1 + (\lambda x_n + \mu y_n) - 1] = \lim_{n\to\infty} n[(\lambda x_n + \mu y_n) - 1]$$

$$= \lim_{n\to\infty} n[(\lambda(x_n - 1) + \mu(y_n - 1)]$$

$$= \lambda \lim_{n\to\infty} n(x_n - 1) + \mu \lim_{n\to\infty} n(y_n - 1)$$

$$= \lambda \ln a + \mu \ln b = \ln(a^\lambda b^\mu).$$

因此 $\lim\limits_{n\to\infty}(\lambda x_n + \mu y_n)^n = e^{\lim\limits_{n\to\infty} n\ln(\lambda x_n + \mu y_n)} = e^{\ln(a^\lambda b^\mu)} = a^\lambda b^\mu$.

50. 记 $x_n = \sum\limits_{k=1}^{n}\dfrac{(2k-1)^4}{n^5+k^4}$, $y_n = \sum\limits_{k=1}^{n}\dfrac{(2k)^4}{n^5}$, $r_n = \sum\limits_{k=1}^{n}\left(\dfrac{(2k-1)^4}{n^5+k^4} - \dfrac{(2k)^4}{n^5}\right)$, 则 $x_n = y_n + r_n$. 根据定积分的定义, 得

$$\lim_{n\to\infty} y_n = 16\lim_{n\to\infty}\dfrac{1}{n}\sum_{k=1}^{n}\left(\dfrac{k}{n}\right)^4 = 16\int_0^1 x^4 \mathrm{d}x = \dfrac{16}{5}.$$

另一方面, 有

$$0 \leqslant |r_n| = \sum_{k=1}^{n}\left(\dfrac{(2k)^4}{n^5} - \dfrac{(2k-1)^4}{n^5+k^4}\right) \leqslant \sum_{k=1}^{n}\left(\dfrac{(2k)^4}{n^5} - \dfrac{(2k-1)^4}{n^5+n^4}\right)$$

$$= \sum_{k=1}^{n}\left(\dfrac{16k^4}{n(n^5+n^4)} + \dfrac{32k^3 - 8k^2 - (4k-1)^2}{n^5+n^4}\right)$$

$$\leqslant \sum_{k=1}^{n}\left(\dfrac{16k^4}{n(n^5+n^4)} + \dfrac{32k^3}{n^5+n^4}\right) \leqslant \dfrac{48}{n+1} \to 0 \quad (n\to\infty),$$

利用夹逼准则, $\lim\limits_{n\to\infty} r_n = 0$. 因此 $\lim\limits_{n\to\infty} x_n = \lim\limits_{n\to\infty} y_n + \lim\limits_{n\to\infty} r_n = \dfrac{16}{5}$.

【注】 本题的另一个有效解法仍然是利用夹逼准则及定积分的定义, 只不过是需对区间 $[0,2]$ 作 n 等分, 并取每个小区间的中点 $\xi_k = \dfrac{2k-1}{n}$, $k=1,2,\cdots,n$, 所以有如下解法:

$$\dfrac{1}{2}\cdot\dfrac{n^5}{n^5+n^4}\dfrac{2}{n}\sum_{k=1}^{n}\left(\dfrac{2k-1}{n}\right)^4 \leqslant \sum_{k=1}^{n}\dfrac{(2k-1)^4}{n^5+k^4} \leqslant \dfrac{1}{2}\cdot\dfrac{2}{n}\sum_{k=1}^{n}\left(\dfrac{2k-1}{n}\right)^4.$$

根据定积分的定义, $\lim\limits_{n\to\infty}\dfrac{2}{n}\sum\limits_{k=1}^{n}\left(\dfrac{2k-1}{n}\right)^4 = \int_0^2 x^4 \mathrm{d}x = \dfrac{32}{5}$. 又 $\lim\limits_{n\to\infty}\dfrac{n^5}{n^5+n^4}=1$, 故由夹逼准则可得 $\lim\limits_{n\to\infty}\sum\limits_{k=1}^{n}\dfrac{(2k-1)^4}{n^5+k^4} = \dfrac{1}{2}\cdot\dfrac{32}{5} = \dfrac{16}{5}$.

51. 记 $b_n = \sqrt{2+\sqrt{2+\cdots+\sqrt{2}}}$ (n 重根号), 则 $a_{n+1}^2 = 2-b_n = 2-\sqrt{4-a_n^2}$. 由此可用归纳法证明 $a_n = 2\sin\dfrac{\pi}{2^{n+1}}$. 所以 $\lim\limits_{n\to\infty} 2^n a_n = \pi$.

52. $a=0, b=1$.

53. 显然, $f(x)$ 所有可能的间断点为 $x = 0, \pm\dfrac{1}{k}, \pm\dfrac{1}{\sqrt{k}}, k=1,2,\cdots$.

对于 $x=0$, 取 $x_n' = \dfrac{2}{4n+1}, x_n'' = \dfrac{2}{4n+3}$, 则当 $n\to\infty$ 时, $x_n'\to 0, x_n''\to 0$, 但
$$\lim_{n\to\infty} f(x_n') = \lim_{n\to\infty}(4n^2+2n) = +\infty,$$
$$\lim_{n\to\infty} f(x_n'') = -\lim_{n\to\infty}(4n^2+6n+2) = -\infty,$$

所以 $x=0$ 是 $f(x)$ 的第二类间断点.

对于 $x=\dfrac{1}{k}$, 由于
$$f\left(\dfrac{1}{k}+0\right) = (k^2-1)\operatorname{sgn}\sin(k\pi) = 0, \quad f\left(\dfrac{1}{k}-0\right) = k^2\operatorname{sgn}\sin(k\pi) = 0,$$

且 $f\left(\dfrac{1}{k}\right) = k^2\operatorname{sgn}\sin(k\pi) = 0$, 所以 $x=\dfrac{1}{k}$ 是 $f(x)$ 的连续点.

类似地讨论可知, $x=-\dfrac{1}{k}$ 也是 $f(x)$ 的连续点.

对于 $x=\dfrac{1}{\sqrt{k}}$, 由于 $f\left(\dfrac{1}{\sqrt{k}}+0\right) = (k-1)\operatorname{sgn}\sin(\sqrt{k}\pi), f\left(\dfrac{1}{\sqrt{k}}-0\right) = k\operatorname{sgn}\sin(\sqrt{k}\pi)$, 且 $f\left(\dfrac{1}{\sqrt{k}}\right) = k\operatorname{sgn}\sin(\sqrt{k}\pi)$, 因此若 k 是完全平方数, 则 $x=\dfrac{1}{\sqrt{k}}$ 是 $f(x)$ 的连续点, 否则 $x=\dfrac{1}{\sqrt{k}}$ 是 $f(x)$ 的第一类间断点. 同理可讨论 $x=-\dfrac{1}{\sqrt{k}}$ 的情形.

54. 只需证必要性. 对任意 $x\in(-\infty,+\infty)$, 由 $f(2x) = \mathrm{e}^x f(x)$ 得 $f\left(\dfrac{x}{2^n}\right) = \mathrm{e}^{\frac{x}{2^{n+1}}} f\left(\dfrac{x}{2^{n+1}}\right), n=0,1,2,\cdots$, 所以
$$f(x) = \mathrm{e}^{\frac{x}{2}} f\left(\dfrac{x}{2}\right) = \mathrm{e}^{\frac{x}{2}+\frac{x}{2^2}} f\left(\dfrac{x}{2^2}\right) = \cdots = \mathrm{e}^{x\sum_{k=1}^{n}\frac{1}{2^k}} f\left(\dfrac{x}{2^n}\right).$$

两边取极限, 并利用 $f(x)$ 在 $x=0$ 处的连续性, 得 $f(x) = \lim\limits_{n\to\infty} \mathrm{e}^{x\sum_{k=1}^{n}\frac{1}{2^k}} f\left(\dfrac{x}{2^n}\right) = 2\mathrm{e}^x$.

55. 取对数, 两次利用 Stolz 定理, 极限等于 e.

56. 因为 $\{x_n\}$ 是单调增加的正数列, 所以 $\lim\limits_{n\to\infty} x_n = L$ (有限或无穷). 令 $S_n = \sum\limits_{k=1}^{n} x_k$, 则 $\{S_n\}$ 严格单调增加, 且 $\lim\limits_{n\to\infty} S_n = +\infty$. 根据 Stolz 定理, 只需证明

$$\lim_{n\to\infty} \frac{x_n^\alpha}{S_n^\alpha - S_{n-1}^\alpha} = 0.$$

对函数 x^α 在区间 $[S_{n-1}, S_n]$ 上利用 Lagrange 中值定理, 存在 $\xi_n \in (S_{n-1}, S_n)$, 使 $S_n^\alpha - S_{n-1}^\alpha = \alpha \xi_n^{\alpha-1}(S_n - S_{n-1}) = \alpha \xi_n^{\alpha-1} x_n$. 所以 $0 < \dfrac{x_n^\alpha}{S_n^\alpha - S_{n-1}^\alpha} = \dfrac{1}{\alpha}\left(\dfrac{x_n}{\xi_n}\right)^{\alpha-1} \leqslant \dfrac{1}{\alpha}\left(\dfrac{x_n}{S_{n-1}}\right)^{\alpha-1}$. 由于 $\alpha > 1$, 问题归结为证 $\lim\limits_{n\to\infty} \dfrac{x_n}{S_{n-1}} = 0$ 即可. 事实上, 若 L 有限, 则显然有 $\lim\limits_{n\to\infty} \dfrac{x_n}{S_{n-1}} = 0$; 若 $L = +\infty$, 则利用 Stolz 定理, 也有 $\lim\limits_{n\to\infty} \dfrac{x_n}{S_{n-1}} = \lim\limits_{n\to\infty} \dfrac{a_n}{x_{n-1}} = 0$.

57. 易知 $\{x_n\}$ 严格单调递增且 $\lim\limits_{n\to\infty} x_n = +\infty$, 因此 $\lambda < 0$, 且 $\lim\limits_{n\to\infty} \dfrac{x_{n+1}}{x_n} = 1$. 记 $\alpha = -\lambda$, 则问题可转化为: 求常数 $\alpha > 0, \mu > 0$, 使得 $\lim\limits_{n\to\infty} \dfrac{x_n^\alpha}{n} = \dfrac{1}{\mu}$. 先后利用 Stolz 定理及 Lagrange 中值定理, 有

$$\frac{1}{\mu} = \lim_{n\to\infty} \frac{x_{n+1}^\alpha - x_n^\alpha}{(n+1) - n} = \alpha \lim_{n\to\infty} \xi_n^{\alpha-1}(x_{n+1} - x_n), \quad \text{其中} \quad x_n < \xi_n < x_{n+1}.$$

根据夹逼准则可知 $\lim\limits_{n\to\infty} \dfrac{\xi_n}{x_n} = 1$, 所以

$$\frac{1}{\mu} = \alpha \lim_{n\to\infty} x_n^{\alpha-1}\left(\frac{1}{x_n} + \frac{2}{x_n^2} + \cdots + \frac{k}{x_n^k}\right) = \begin{cases} 0, & 0 < \alpha < 2, \\ 2, & \alpha = 2, \\ +\infty, & \alpha > 2. \end{cases}$$

因此 $\lambda = -2, \mu = \dfrac{1}{2}$.

58. $\dfrac{n}{3} - \sum\limits_{k=1}^{n} \dfrac{k^2}{n^2 + k} = \left(\dfrac{n}{3} - \sum\limits_{k=1}^{n} \dfrac{k^2}{n^2}\right) + \sum\limits_{k=1}^{n} \dfrac{k^3}{n^2(n^2+k)}$. 对其中第一项, 有

$$\lim_{n\to\infty}\left(\frac{n}{3} - \sum_{k=1}^{n} \frac{k^2}{n^2}\right) = \lim_{n\to\infty}\left(\frac{n}{3} - \frac{(n+1)(2n+1)}{6n}\right) = -\lim_{n\to\infty} \sum_{k=1}^{n} \frac{3n+1}{6n} = -\frac{1}{2}.$$

利用 $\sum\limits_{k=1}^{n} k^3 = \dfrac{n^2(n+1)^2}{4}$, 得

$$\sum_{k=1}^{n} \frac{k^3}{n^2(n^2+k)} \leqslant \frac{1}{n^4} \sum_{k=1}^{n} k^3 = \frac{(n+1)^2}{4n^2} \to \frac{1}{4}(n \to \infty),$$

$$\sum_{k=1}^{n} \frac{k^3}{n^2(n^2+k)} \geqslant \frac{1}{n^2(n^2+n)} \sum_{k=1}^{n} k^3 = \frac{n+1}{4n} \to \frac{1}{4}(n \to \infty),$$

根据夹逼准则, 得 $\lim_{n \to \infty} \sum_{k=1}^{n} \frac{k^3}{n^2(n^2+k)} = \frac{1}{4}$. 因此, 原式 $= -\frac{1}{2} + \frac{1}{4} = -\frac{1}{4}$.

59. (**方法 1**) 利用夹逼准则. 为此, 利用归纳法证明: $0 < 1 - x_n < \frac{1}{2^{n+1}}$ 对任意正整数 n 成立. 显然, $\{x_n\}$ 为正数列. 当 $n = 0$ 时, $0 < 1 - x_0 = 1 - a_0 < \frac{1}{2}$, 结论成立. 假设当 $n = k\,(k \in \mathbb{Z}^+)$ 时, 不等式成立, 即 $0 < 1 - x_k < \frac{1}{2^{k+1}}$. 因为 $1 - x_{k+1} = 1 - \frac{a_{k+1} + x_k}{1 + a_{k+1}x_k} = \frac{1 - a_{k+1}}{1 + a_{k+1}x_k}(1 - x_k)$, 而 $0 < \frac{1 - a_{k+1}}{1 + a_{k+1}x_k} < 1 - a_{k+1} < \frac{1}{2}$, 所以 $0 < 1 - x_{k+1} < \frac{1}{2}(1 - x_k) < \frac{1}{2^{k+2}}$, 故 $n = k+1$ 时结论成立. 因此 $0 < 1 - x_n < \frac{1}{2^{n+1}}\,(n \in \mathbb{Z}^+)$. 根据夹逼准则, $\lim_{n \to \infty}(1 - x_n) = 0$, 即 $\lim_{n \to \infty} x_n = 1$.

(**方法 2**) 利用单调有界准则. 由上述证明知 $0 < x_n < 1\,(n \in \mathbb{Z}^+)$, 即 $\{x_n\}$ 是有界的. 又

$$x_{n+1} - x_n = \frac{a_{n+1} + x_n}{1 + a_{n+1}x_n} - x_n = \frac{a_{n+1}(1 + x_n)(1 - x_n)}{1 + a_{n+1}x_n} > 0,$$

所以 $\{x_n\}$ 是单调递增数列. 根据单调有界准则可知 $\{x_n\}$ 收敛.

设 $\lim_{n \to \infty} x_n = a$, 由极限的保号性及 $0 < x_n < 1\,(n \in \mathbb{Z}^+)$, 可知 $0 \leqslant a \leqslant 1$. 由 $x_n = \frac{a_n + x_{n-1}}{1 + a_n x_{n-1}}$ 得 $\frac{1}{a_n}(x_n - x_{n-1}) = 1 - x_n x_{n-1}$. 等式两边取极限, 注意到 $n \to \infty$ 时 $x_n - x_{n-1}$ 为无穷小, 而 $\frac{1}{a_n}$ 是有界变量, 所以 $\lim_{n \to \infty}(1 - x_n x_{n-1}) = 0$, 即 $1 - a^2 = 0$, 解得 $a = 1$. 因此 $\lim_{n \to \infty} x_n = 1$.

60. 注意到 $|\sin x|$ 与 $|\cos x|$ 都是周期为 π 的周期函数, 所以

$$a_n = \sum_{k=0}^{n^2} \int_{k\pi}^{(k+1)\pi} (|\sin x| + |\cos x|) \mathrm{d}x = \sum_{k=0}^{n^2} \int_0^{\pi} (|\sin x| + |\cos x|) \mathrm{d}x$$
$$= 4(n^2 + 1),$$

$$\lim_{n \to \infty} a_n b_n = 4 \lim_{n \to \infty} (n^2 + 1) \int_0^{\frac{1}{n}} \mathrm{e}^{-x^2} \sin x \mathrm{d}x$$
$$= 4 \lim_{n \to \infty} \left(1 + \frac{1}{n^2}\right) n^2 \int_0^{\frac{1}{n}} \mathrm{e}^{-x^2} \sin x \mathrm{d}x.$$

根据归结原理, 并利用 L'Hospital 法则, 得

$$\lim_{n\to\infty} a_n b_n = 4\lim_{n\to\infty} n^2 \int_0^{\frac{1}{n}} e^{-x^2}\sin x dx$$

$$= 4\lim_{t\to 0^+} \frac{\int_0^t e^{-x^2}\sin x dx}{t^2} = 4\lim_{t\to 0^+} \frac{e^{-t^2}\sin t}{2t} = 2.$$

61. 作代换: $t = \dfrac{x}{n}$, 并结合定积分的周期性与对称性, 得

$$I_n = n\int_0^{10}(1-|\sin t|)^n dt = n\int_0^{\frac{7\pi}{2}}(1-|\sin t|)^n dt - n\int_{10}^{\frac{7\pi}{2}}(1-|\sin t|)^n dt$$

$$= 7n\int_0^{\frac{\pi}{2}}(1-\sin t)^n dt - n\int_{\frac{7\pi}{2}-10}^{\frac{\pi}{2}}(1-\sin t)^n dt = 7J_n - K_n,$$

其中 $J_n = n\displaystyle\int_0^{\frac{\pi}{2}}(1-\sin t)^n dt$, 而 $K_n = n\displaystyle\int_{\frac{7\pi}{2}-10}^{\frac{\pi}{2}}(1-\sin t)^n dt$.

因为 $0 \leqslant \sin t \leqslant t\left(0 \leqslant t \leqslant \dfrac{\pi}{2}\right)$, 所以

$$J_n \geqslant n\int_0^{\frac{\pi}{2}}(1-t)^n dt = -\frac{n}{n+1}(1-t)^{n+1}\Big|_0^{\frac{\pi}{2}}$$

$$= \frac{n}{n+1}\left[1-\left(1-\frac{\pi}{2}\right)^{n+1}\right] \to 1 (n\to\infty),$$

$$J_n = n\int_0^{\frac{\pi}{2}}(1-\cos t)^n dt = n2^n\int_0^{\frac{\pi}{2}}\sin^{2n}\frac{t}{2}dt = n2^{n+1}\int_0^{\frac{\pi}{4}}\sin^{2n} t dt$$

$$\leqslant n2^{n+1}\int_0^{\frac{\pi}{4}}\sin^{2n-1} t\cos t dt = 1,$$

根据夹逼准则, 得 $\displaystyle\lim_{n\to\infty} J_n = 1$. 又由于 $\dfrac{7\pi}{2} - 10 > \dfrac{\pi}{4}$, 所以

$$0 < K_n < n\int_{\frac{\pi}{4}}^{\frac{\pi}{2}}(1-\sin t)^n dt \leqslant n\int_{\frac{\pi}{4}}^{\frac{\pi}{2}}\left(1-\sin^2 t\right)^n dt$$

$$\leqslant n\int_{\frac{\pi}{4}}^{\frac{\pi}{2}}\left(1-\sin^2\frac{\pi}{4}\right)^n dt < \frac{\pi}{4}\frac{n}{2^n} \to 0 \quad (n\to\infty),$$

仍由夹逼准则, 得 $\displaystyle\lim_{n\to\infty} K_n = 0$. 因此 $\displaystyle\lim_{n\to\infty} I_n = 7\lim_{n\to\infty} J_n - \lim_{n\to\infty} K_n = 7$.

62. 在展开式 $e^x = \displaystyle\sum_{k=0}^{\infty}\dfrac{x^k}{k!}$ 中取 $x = 1$, 得 $e = \displaystyle\sum_{k=0}^{\infty}\dfrac{1}{k!} = x_n + r_n$, 其中 $r_n = \displaystyle\sum_{k=n+1}^{\infty}\dfrac{1}{k!}$, 且 $\displaystyle\lim_{n\to\infty} r_n = 0$.

另一方面, 当 $n \to \infty$ 时, 有 $\sqrt[n]{e} - 1 \sim \dfrac{1}{n}$, 且 $e^{\frac{1}{n}} - 1 = \dfrac{1}{n} + \dfrac{1}{2n^2} + o\left(\dfrac{1}{n^2}\right)$. 所以

$$\lim_{n\to\infty}\left(\frac{\ln x_n}{\sqrt[n]{e}-1}-n\right) = \lim_{n\to\infty}\left(\frac{\ln x_n - n(\sqrt[n]{e}-1)}{\sqrt[n]{e}-1}\right) = \lim_{n\to\infty}\left(\frac{\ln(e-r_n)-n(\sqrt[n]{e}-1)}{\sqrt[n]{e}-1}\right)$$

$$= \lim_{n\to\infty}\left(\frac{1+\ln\left(1-\dfrac{r_n}{e}\right)-n\left[\dfrac{1}{n}+\dfrac{1}{2n^2}+o\left(\dfrac{1}{n^2}\right)\right]}{\dfrac{1}{n}}\right)$$

$$= \lim_{n\to\infty}\left(\frac{\ln\left(1-\dfrac{r_n}{e}\right)}{\dfrac{1}{n}}-\frac{1}{2}+\frac{o\left(\dfrac{1}{n}\right)}{\dfrac{1}{n}}\right).$$

注意到 $n \to \infty$ 时 $\ln\left(1-\dfrac{r_n}{e}\right) \sim -\dfrac{r_n}{e}$, 所以 $\lim\limits_{n\to\infty}\dfrac{\ln\left(1-\dfrac{r_n}{e}\right)}{\dfrac{1}{n}} = -\dfrac{1}{e}\lim\limits_{n\to\infty}nr_n$. 因为

$$nr_n = n\sum_{k=n+1}^{\infty}\frac{1}{k!} = \frac{1}{(n-1)!}\left(\frac{1}{n+1}+o\left(\frac{1}{n+1}\right)\right)$$

$$= \frac{1}{(n+1)(n-1)!}+\frac{1}{(n-1)!}o\left(\frac{1}{n+1}\right),$$

所以 $\lim\limits_{n\to\infty} nr_n = 0$. 因此 $\lim\limits_{n\to\infty}\left(\dfrac{\ln x_n}{\sqrt[n]{e}-1}-n\right) = -\dfrac{1}{2}$.

【注】 在证明 $\lim\limits_{n\to\infty} nr_n = 0$ 时, 如能运用 $\dfrac{0}{0}$ 型的 Stolz 定理, 则计算过程更为简捷:

$$\lim_{n\to\infty}nr_n = \lim_{n\to\infty}\frac{r_n}{\dfrac{1}{n}} = \lim_{n\to\infty}\frac{r_{n+1}-r_n}{\dfrac{1}{n+1}-\dfrac{1}{n}} = \lim_{n\to\infty}\frac{-\dfrac{1}{(n+1)!}}{-\dfrac{1}{n(n+1)}} = \lim_{n\to\infty}\frac{1}{(n-1)!} = 0.$$

63. 首先, 有

$$\int_0^{\pi}\frac{dx}{1+\cos^2 x} = 2\int_0^{\frac{\pi}{2}}\frac{dx}{1+\cos^2 x} = 2\int_0^{\frac{\pi}{2}}\frac{d(\tan x)}{2+\tan^2 x} = \sqrt{2}\arctan\frac{\tan x}{\sqrt{2}}\bigg|_0^{\frac{\pi}{2}} = \frac{\pi}{\sqrt{2}}.$$

再对 I_n 中的积分作变量变换: $t = nx$, 得

$$I_n = \frac{1}{n}\int_0^{n\pi}\frac{\sin\dfrac{t}{n}}{1+\cos^2 t}dt = \frac{1}{n}\sum_{k=0}^{n-1}\int_{k\pi}^{(k+1)\pi}\frac{\sin\dfrac{t}{n}}{1+\cos^2 t}dt = \frac{1}{n}\sum_{k=0}^{n-1}\int_0^{\pi}\frac{\sin\dfrac{k\pi+\theta}{n}}{1+\cos^2\theta}d\theta.$$

利用三角公式, 得

$$2\sin\frac{\pi}{2n}\sum_{k=0}^{n-1}\sin\frac{k\pi+\theta}{n} = \sum_{k=0}^{n-1}\left[\cos\frac{(2k-1)\pi+2\theta}{2n} - \cos\frac{(2k+1)\pi+2\theta}{2n}\right]$$

$$= \cos\frac{\pi-2\theta}{2n} - \cos\frac{(2n-1)\pi+2\theta}{2n}$$

$$= 2\cos\frac{\pi-2\theta}{2n},$$

因此, 当 $n > 3$ 时, 有

$$0 \leqslant \left|I_n - \sqrt{2}\right| = \left|\int_0^\pi \frac{1}{1+\cos^2\theta}\left(\frac{1}{n}\sum_{k=0}^{n-1}\sin\frac{k\pi+\theta}{n} - \frac{2}{\pi}\right)\mathrm{d}\theta\right|$$

$$\leqslant \int_0^\pi \left|\frac{\cos\dfrac{\pi-2\theta}{2n}}{n\sin\dfrac{\pi}{2n}} - \frac{2}{\pi}\right|\mathrm{d}\theta = \frac{2}{\pi}\int_0^\pi \left|1 - \frac{\cos\dfrac{\pi-2\theta}{2n}}{\dfrac{2n}{\pi}\sin\dfrac{\pi}{2n}}\right|\mathrm{d}\theta$$

$$\leqslant 2\left|1 - \frac{\cos\dfrac{\pi}{2n}}{\dfrac{2n}{\pi}\sin\dfrac{\pi}{2n}}\right| = 2\left|1 - \frac{\dfrac{\pi}{2n}}{\tan\dfrac{\pi}{2n}}\right| \to 0 \quad (n \to \infty).$$

利用夹逼准则, 得 $\lim\limits_{n\to\infty} I_n = \sqrt{2}$.

【注】 本题十分典型, 其特点 (也是难点之一) 是把 $\sqrt{2}$ 用一个相应的定积分表示出来.

64. 令 $T_n = \sum\limits_{k=1}^{n-1}\left(\dfrac{k}{n}\right)^n$, 则 $S_n = 1 + T_n$, 故只需证明 $\{T_n\}$ 收敛并求极限 $\lim\limits_{n\to\infty} T_n$.

首先, 由定积分的定义, 知 $\dfrac{T_n}{n} = \dfrac{1}{n}\sum\limits_{k=1}^{n-1}\left(\dfrac{k}{n}\right)^n < \int_0^1 x^n\mathrm{d}x = \dfrac{1}{n+1}$, 所以 $T_n < 1$. 其次, 由平均值不等式易证: $\left(\dfrac{k}{n}\right)^n < \left(\dfrac{k+1}{n+1}\right)^{n+1}$ $(k=1,2,\cdots,n-1)$, 所以 $T_n < T_{n+1}$, 数列 $\{T_n\}$ 单调增加有上界, 因此 $\lim\limits_{n\to\infty} T_n$ 存在. 下面, 记 $\lim\limits_{n\to\infty} T_n = T$, 并确定 T 的值.

注意到 $x \neq 0$ 时, $\mathrm{e}^x > 1+x$, 故对任意正整数 $k < n$, 有 $\left(1-\dfrac{k}{n}\right)^n < \mathrm{e}^{n(-k/n)} = \mathrm{e}^{-k}$. 所以

$$T_n = \sum_{k=1}^{n-1}\left(1-\frac{k}{n}\right)^n < \sum_{k=1}^{n-1}\mathrm{e}^{-k} < \sum_{k=1}^{\infty}\mathrm{e}^{-k} = \frac{1}{\mathrm{e}-1}.$$

由此得 $T \leqslant \dfrac{1}{\mathrm{e}-1}$. 又对任意正整数 m, 只要 $n > m$, 必有 $T_n \geqslant \sum\limits_{k=1}^{m}\left(1-\dfrac{k}{n}\right)^n$. 先后令

$n \to \infty$ 及 $m \to \infty$, 则有 $T \geqslant \sum_{k=1}^{m} \mathrm{e}^{-k}$ 与 $T \geqslant \sum_{k=1}^{\infty} \mathrm{e}^{-k} = \dfrac{1}{\mathrm{e}-1}$. 于是有 $T = \dfrac{1}{\mathrm{e}-1}$, 从而 $\lim\limits_{n\to\infty} S_n = \dfrac{\mathrm{e}}{\mathrm{e}-1}$.

65. 设 $f(x) = \mathrm{e}^{-x} + \cos 2x + x \sin x$, 则 $f((2n-1)\pi) = \mathrm{e}^{-(2n-1)\pi} + 1 > 0$, $f\left((2n-1)\pi + \dfrac{\pi}{2}\right) = \mathrm{e}^{-2n\pi + \frac{\pi}{2}} - 1 - 2n\pi + \dfrac{\pi}{2} < 0$, $f(2n\pi) = \mathrm{e}^{-2n\pi} + 1 > 0$, 故存在 $x_{2n-1} \in \left((2n-1)\pi, (2n-1)\pi + \dfrac{\pi}{2}\right)$ 及 $x_{2n} \in \left((2n-1)\pi + \dfrac{\pi}{2}, 2n\pi\right)$, 使得 $f(x_{2n-1}) = f(x_{2n}) = 0$.

由于 $f'(x) = -\mathrm{e}^{-x} - 2\sin 2x + \sin x + x\cos x = -\mathrm{e}^{-x} - 2\sin 2x + (\tan x + x)\cos x$, 则当 $x \in \left((2n-1)\pi, (2n-1)\pi + \dfrac{\pi}{2}\right)$ 时, $f'(x) < 0$; 当 $x \in \left((2n-1)\pi + \dfrac{3\pi}{4}, 2n\pi\right)$ 时, 注意到 $x\cos x$ 是单调增加的, 故 $f'(x) > -2 + x\cos x > -2 + \dfrac{\sqrt{2}}{2}\left(2n\pi - \dfrac{\pi}{4}\right) > 0$. 又当 $x \in \left((2n-1)\pi + \dfrac{\pi}{2}, (2n-1)\pi + \dfrac{3\pi}{4}\right]$ 时, $f(x) < 0$; 当 $x \in (2n\pi, (2n+1)\pi)$ 时, $f(x) = \mathrm{e}^{-x} + \cos^2 x + (x - \sin x)\sin x > 0$, 所以 $f(x)$ 在每个区间 $((2n-1)\pi, (2n+1)\pi)$ 内恰有两个根 x_{2n-1}, x_{2n}, 且满足 $x_{2n-1} < x_{2n}$.

另一方面, 因为 $\lim\limits_{n\to\infty} x_n = +\infty$, 所以

$$1 = \lim_{n\to\infty} \left(\mathrm{e}^{-x_n} + 1\right) = \lim_{n\to\infty} \left(2\sin^2 x_n - x_n \sin x_n\right)$$
$$= \lim_{n\to\infty} (-1)^n \sin(x_n - n\pi)(2\sin x_n - x_n),$$

由此可知 $\lim\limits_{n\to\infty}(x_n - n\pi) = 0$. 注意到 $\lim\limits_{n\to\infty} \dfrac{x_n - n\pi}{\sin(x_n - n\pi)} = 1$, $\lim\limits_{n\to\infty} \dfrac{n}{2\sin x_n - x_n} = -\dfrac{1}{\pi}$, 因此

$$\lim_{n\to\infty}(-1)^n n(x_n - n\pi) = \lim_{n\to\infty}(-1)^n \sin(x_n - n\pi)(2\sin x_n - x_n) \dfrac{n}{2\sin x_n - x_n} = -\dfrac{1}{\pi}.$$

66. 记 $a_n = \displaystyle\int_0^n \dfrac{x}{(1+x)(1+x^2)}\mathrm{d}x, n = 1, 2, \cdots$, 则

$$\lim_{n\to\infty} a_n = \int_0^{+\infty} \dfrac{x}{(1+x)(1+x^2)}\mathrm{d}x = \dfrac{1}{2}\int_0^{+\infty}\left(\dfrac{1+x}{1+x^2} - \dfrac{1}{1+x}\right)\mathrm{d}x$$
$$= \left[\dfrac{1}{2}\arctan x + \dfrac{1}{4}\ln\dfrac{1+x^2}{(1+x)^2}\right]_0^{+\infty} = \dfrac{\pi}{4}.$$

根据不等式: 当 $t > 0$ 时, $t > \arctan t > t - \dfrac{t^3}{3}$, 得

$$a_n > n I_n > a_n - \dfrac{1}{3n^2}\int_0^n \dfrac{x^3}{(1+x)(1+x^2)}\mathrm{d}x.$$

根据归结原理, 并利用 L'Hospital 法则, 得

$$\lim_{n\to\infty}\frac{1}{n^2}\int_0^n\frac{x^3}{(1+x)(1+x^2)}\mathrm{d}x = \lim_{t\to+\infty}\frac{\int_0^t\frac{x^3}{(1+x)(1+x^2)}\mathrm{d}x}{t^2}$$

$$=\lim_{t\to+\infty}\frac{\dfrac{t^3}{(1+t)(1+t^2)}}{2t}$$

$$=\frac{1}{2}\lim_{t\to+\infty}\frac{t^2}{(1+t)(1+t^2)}=0.$$

利用夹逼准则, 得 $\lim\limits_{n\to\infty} nI_n = \dfrac{\pi}{4}$.

第2章 一元函数微分学

导数与微分是微分学的两个基本概念, 其研究对象是函数. 函数的导数反映了函数相对于自变量的变化率, 而函数的微分则指明当自变量有微小变化时, 函数大体上变化多少. 虽然两个概念不同, 但它们之间有着密切的内在联系.

本章内容包括导数与微分的计算、微分中值定理及其应用, 以及导数与微分的应用.

2.1 竞赛要点与难点

(1) 导数和微分的概念、导数的几何意义和物理意义、函数的可导性与连续性之间的关系、平面曲线的切线和法线;

(2) 基本初等函数的导数、导数和微分的四则运算、一阶微分形式的不变性;

(3) 复合函数、反函数、隐函数以及参数方程所确定的函数的微分法;

(4) 高阶导数的概念、分段函数的二阶导数、某些简单函数的 n 阶导数;

(5) 微分中值定理, 包括 Rolle(罗尔) 定理、Lagrange 中值定理、Cauchy(柯西) 中值定理和 Taylor 定理等;

(6) L'Hospital 法则与求不定式极限;

(7) 函数的单调性、函数的极值、函数图形的凹凸性、拐点及渐近线 (水平、铅直和斜渐近线)、函数图形的描绘;

(8) 函数的最大值与最小值及其简单应用;

(9) 弧微分、曲率、曲率圆与曲率半径.

2.2 范例解析与精讲

 题型一、导数与微分的计算

导数的计算方法主要有: 利用导数的定义, 利用导数的各种运算法则 (包括导数的有理四则运算法则、复合函数求导法则、参数方程求导法则、隐函数求导法则等)、对数求导法, 以及求高阶导数的方法等. 所有这些方法都适用于求函数的微分.

1. 利用导数的定义求导数

函数 $f(x)$ 在 $x=x_0$ 处的导数定义为函数与自变量的增量比 (或称差商) 的极限:

$$f'(x_0)\left(\text{ 或 } f'(x)|_{x=x_0}\right) = \lim_{x \to x_0} \frac{f(x) - f(x_0)}{x - x_0} \left(\text{ 或 } \lim_{\Delta x \to 0} \frac{f(x_0 + \Delta x) - f(x_0)}{\Delta x}\right).$$

相应地, 其差商的左、右极限分别称为 $f(x)$ 在 $x = x_0$ 处的左、右导数, 记为 $f'_-(x_0)$ 与 $f'_+(x_0)$, 即

$$f'_-(x_0) = \lim_{x \to x_0^-} \frac{f(x) - f(x_0)}{x - x_0} \quad \left(\text{或} \lim_{\Delta x \to 0^-} \frac{f(x_0 + \Delta x) - f(x_0)}{\Delta x}\right),$$

$$f'_+(x_0) = \lim_{x \to x_0^+} \frac{f(x) - f(x_0)}{x - x_0} \quad \left(\text{或} \lim_{\Delta x \to 0^+} \frac{f(x_0 + \Delta x) - f(x_0)}{\Delta x}\right).$$

因此, 函数 $f(x)$ 在点 x_0 处可导的充分必要条件是 $f(x)$ 在 x_0 处的左、右导数都存在且相等, 即 $f'_-(x_0) = f'_+(x_0)$. 利用这些结论, 可以解决的主要题型有:

(1) 对于某些具体的初等函数, 用定义求导比用求导法则求导更为简单;

(2) 确定未给出 (或未完全给出) 具体表达式的抽象函数在给定点处的导数;

(3) 讨论分段函数 (含带有绝对值的函数) 在其定义区间的分段点处的可导性.

【例 2.1】 设 $f(0) = 0$, 则 $f(x)$ 在点 $x = 0$ 处可导的充分必要条件是 (　　).

(A) $\lim\limits_{x \to 0} \dfrac{f(1 - \cos x)}{x^2}$ 存在　　　　(B) $\lim\limits_{x \to 0} \dfrac{f(1 - \mathrm{e}^x)}{x}$ 存在

(C) $\lim\limits_{x \to 0} \dfrac{f(x - \sin x)}{x^2}$ 存在　　　　(D) $\lim\limits_{x \to 0} \dfrac{f(2x) - f(x)}{x}$ 存在

解 应选 (B). 若 $f(x)$ 在点 $x = 0$ 处可导, 则

$$\lim_{x \to 0} \frac{f(1 - \cos x)}{x^2} = \lim_{x \to 0} \frac{f(1 - \cos x) - f(0)}{1 - \cos x} \cdot \frac{1 - \cos x}{x^2} = \frac{1}{2} f'(0).$$

同理, 有

$$\lim_{x \to 0} \frac{f(1 - \mathrm{e}^x)}{x} = -f'(0), \quad \lim_{x \to 0} \frac{f(x - \sin x)}{x^2} = 0, \quad \lim_{x \to 0} \frac{f(2x) - f(x)}{x} = f'(0).$$

所以选项 (A), (B), (C), (D) 均为 $f'(0)$ 存在的必要条件.

反之, 设 $\lim\limits_{x \to 0} \dfrac{f(1 - \mathrm{e}^x)}{x}$ 存在, 由于

$$f'(0) = \lim_{x \to 0} \frac{f(x) - f(0)}{x} = \lim_{h \to 0} \frac{f(1 - \mathrm{e}^h)}{1 - \mathrm{e}^h} = -\lim_{h \to 0} \frac{f(1 - \mathrm{e}^h)}{h},$$

所以 $f'(0)$ 存在, 即条件 (B) 是 $f(x)$ 在点 $x = 0$ 处可导的充分条件. 因此, 选项 (B) 正确.

若 $f(x) = |x|$, 则可知选项 (A) 和 (C) 不是充分条件. 事实上, $f(x)$ 在 $x = 0$ 不可导, 但

$$\lim_{x \to 0} \frac{f(1 - \cos x)}{x^2} = \lim_{x \to 0} \frac{|1 - \cos x|}{x^2} = \frac{1}{2},$$

$$\lim_{x \to 0} \frac{f(x - \sin x)}{x^2} = \lim_{x \to 0} \frac{|x - \sin x|}{x^2} = 0.$$

又对于 $f(x) = \begin{cases} 1, & x \neq 0, \\ 0, & x = 0, \end{cases}$ 可知选项 (D) 不是充分条件. 事实上, $f(x)$ 在 $x = 0$ 处不可导, 但

$$\lim_{x \to 0} \frac{f(2x) - f(x)}{x} = \lim_{x \to 0} \frac{1-1}{x^2} = 0.$$

【例 2.2】 设 $f(x)$ 在 $(0, +\infty)$ 内有定义, 且对于任意 $x > 0, y > 0$ 都有

$$f(xy) = f(x) + f(y),$$

又 $f'(1)$ 存在且等于 a, 试求 $f'(x)$ 及 $f(x)$.

【分析】 本题具有一定的代表性, 其特点是: 题设条件并未包含 "$f(x)$ 可导" 之类的信息. 欲求 $f'(x)$, 就只能根据导数的定义, 使之与 "$f'(1) = a$" 这一条件联系起来.

解 在恒等式 $f(xy) = f(x) + f(y)$ 中, 取 $x = y = 1$, 有 $f(1) = 2f(1)$, 即 $f(1) = 0$. 于是

$$\begin{aligned}
f'(x) &= \lim_{\Delta x \to 0} \frac{f(x + \Delta x) - f(x)}{\Delta x} = \lim_{\Delta x \to 0} \frac{f\left[x\left(1 + \frac{\Delta x}{x}\right)\right] - f(x)}{\Delta x} \\
&= \lim_{\Delta x \to 0} \frac{f\left(1 + \frac{\Delta x}{x}\right)}{\Delta x} = \lim_{\Delta x \to 0} \frac{f\left(1 + \frac{\Delta x}{x}\right) - f(1)}{\frac{\Delta x}{x}} \cdot \frac{1}{x} \\
&= f'(1) \cdot \frac{1}{x} = \frac{a}{x} \quad (x > 0).
\end{aligned}$$

$f(x) = a \ln x + C$, 由于 $f(1) = 0$, 所以 $C = 0$. 从而 $f(x) = a \ln x (x > 0)$.

【例 2.3】 设 $f(x) = \begin{cases} x^2 e^{-x^2}, & |x| \leqslant 1, \\ \dfrac{1}{e}, & |x| > 1, \end{cases}$ 求 $f'(x)$.

解 当 $|x| < 1$ 时, $f'(x) = 2xe^{-x^2} + x^2 e^{-x^2}(-2x) = 2x\left(1 - x^2\right)e^{-x^2}$; 当 $|x| > 1$ 时, $f'(x) = 0$. 下面利用导数的定义求 $f'(-1)$ 与 $f'(1)$. 因为

$$f'_-(-1) = \lim_{x \to (-1)^-} \frac{f(x) - f(-1)}{x - (-1)} = \lim_{x \to (-1)^-} \frac{\dfrac{1}{e} - \dfrac{1}{e}}{x + 1} = 0,$$

$$f'_+(-1) = \lim_{x \to (-1)^+} \frac{f(x) - f(-1)}{x - (-1)} = \lim_{x \to (-1)^+} \frac{x^2 e^{-x^2} - \dfrac{1}{e}}{x + 1}$$

$$= \lim_{x \to (-1)^+} \frac{ex^2 - e^{x^2}}{x + 1} \cdot \frac{1}{e^{1+x^2}} = 0,$$

所以 $f'(-1) = 0$. 又因为

$$f'_-(1) = \lim_{x \to 1^-} \frac{f(x) - f(1)}{x - 1} = \lim_{x \to 1^-} \frac{x^2 e^{-x^2} - \dfrac{1}{e}}{x - 1} = \lim_{x \to 1^-} \frac{ex^2 - e^{x^2}}{x - 1} \cdot \frac{1}{e^{1+x^2}} = 0,$$

$$f'_+(1) = \lim_{x \to 1^+} \frac{f(x) - f(1)}{x - 1} = \lim_{x \to 1^+} \frac{\dfrac{1}{e} - \dfrac{1}{e}}{x - 1} = 0,$$

所以 $f'(1) = 0$. 因此, 所求导数为

$$f'(x) = \begin{cases} 2x\left(1 - x^2\right) e^{-x^2}, & |x| < 1, \\ 0, & |x| \geqslant 1. \end{cases}$$

【例 2.4】 讨论函数 $f(x) = \begin{cases} \dfrac{x}{1 + e^{\frac{1}{x}}}, & x \neq 0, \\ 0, & x = 0 \end{cases}$ 在 $x = 0$ 处是否可导？

解 由于 $\lim\limits_{x \to 0^-} e^{\frac{1}{x}} = 0$, $\lim\limits_{x \to 0^+} e^{\frac{1}{x}} = +\infty$, 所以

$$f'_-(0) = \lim_{\Delta x \to 0^-} \frac{f(0 + \Delta x) - f(0)}{\Delta x} = \lim_{\Delta x \to 0^-} \frac{1}{1 + e^{\frac{1}{\Delta x}}} = 1,$$

$$f'_+(0) = \lim_{\Delta x \to 0^+} \frac{f(0 + \Delta x) - f(0)}{\Delta x} = \lim_{\Delta x \to 0^+} \frac{1}{1 + e^{\frac{1}{\Delta x}}} = 0.$$

因为 $f'_-(0) \neq f'_+(0)$, 故函数 $f(x)$ 在点 $x = 0$ 处不可导.

【例 2.5】 设函数

$$f(x) = \begin{cases} \dfrac{g(x) - \cos x}{x}, & x \neq 0, \\ a, & x = 0, \end{cases}$$

其中 $g(x)$ 具有二阶连续导函数且 $g(0) = 1$. 试确定 a 的值, 使 $f(x)$ 在点 $x = 0$ 处连续, 并求 $f'(x)$, 同时讨论 $f'(x)$ 在点 $x = 0$ 处的连续性.

解 利用 L'Hospital 法则以及 $g'(x)$ 在点 $x = 0$ 处的连续性, 有

$$\lim_{x \to 0} f(x) = \lim_{x \to 0} \frac{g(x) - \cos x}{x} = \lim_{x \to 0} \frac{g'(x) + \sin x}{1} = g'(0).$$

因为 $f(0) = a$, 所以当 $a = g'(0)$ 时, $\lim\limits_{x \to 0} f(x) = f(0)$, 即 $f(x)$ 在点 $x = 0$ 处连续.

当 $x \neq 0$ 时,有 $f'(x) = \dfrac{x[g'(x) + \sin x] - [g(x) - \cos x]}{x^2}$. 而

$$f'(0) = \lim_{x \to 0} \frac{f(x) - f(0)}{x - 0} = \lim_{x \to 0} \frac{1}{x} \left[\frac{g(x) - \cos x}{x} - g'(0) \right]$$

$$= \lim_{x \to 0} \frac{g(x) - \cos x - x g'(0)}{x^2} = \lim_{x \to 0} \frac{g'(x) + \sin x - g'(0)}{2x}$$

$$= \lim_{x \to 0} \frac{g''(x) + \cos x}{2} = \frac{g''(0) + 1}{2}.$$

于是

$$f'(x) = \begin{cases} \dfrac{x[g'(x) + \sin x] - [g(x) - \cos x]}{x^2}, & x \neq 0, \\ \dfrac{g''(0) + 1}{2}, & x = 0. \end{cases}$$

由于

$$\lim_{x \to 0} f'(x) = \lim_{x \to 0} \frac{x[g'(x) + \sin x] - [g(x) - \cos x]}{x^2}$$

$$= \lim_{x \to 0} \frac{x[g''(x) + \cos x]}{2x} = \frac{g''(0) + 1}{2} = f'(0),$$

因此 $f'(x)$ 在点 $x = 0$ 处连续.

【例 2.6】 设 $f(x) = \begin{cases} x^{\alpha} \sin x^{\beta}, & x > 0, \\ 0, & x \leqslant 0, \end{cases}$ 其中 α, β 是实常数,且 $\beta < 0$. 问

(1) 在什么情形下, $f(x)$ 不是连续函数?
(2) 在什么情形下, $f(x)$ 连续但不可微?
(3) 在什么情形下, $f(x)$ 可微, 但 $f'(x)$ 在 $[-1, 1]$ 上无界?
(4) 在什么情形下, $f(x)$ 可微, 且 $f'(x)$ 在 $[-1, 1]$ 上有界, 但 $f'(x)$ 不连续?
(5) 在什么情形下, $f(x)$ 连续可微?

解 这里, $f(x)$ 的定义域为 $(-\infty, +\infty)$. 显然, 分段点 $x = 0$ 对题中每一个问题的结论是否成立都有影响, 故只需针对 $x = 0$ 进行讨论.

(1) 欲使 $f(x)$ 在点 $x = 0$ 处不连续, 只需极限 $\lim\limits_{x \to 0} f(x)$ 不存在, 即只需

$$\lim_{x \to 0^+} f(x) \neq \lim_{x \to 0^-} f(x),$$

亦即 $\lim\limits_{x \to 0^+} x^{\alpha} \sin x^{\beta} \neq 0$. 由例 1.47 分析可知, 当且仅当 $\alpha \leqslant 0$ 时, $f(x)$ 在 $x = 0$ 处不连续.

(2) 由 (1) 知, 当 $\alpha > 0$ 时 $f(x)$ 是处处连续的函数. 欲使 $f(x)$ 在 $x = 0$ 处不可微, 只需极限

$$\lim_{x \to 0} \frac{f(x) - f(0)}{x - 0} = \lim_{x \to 0} \frac{x^{\alpha} \sin x^{\beta}}{x} = \lim_{x \to 0} x^{\alpha - 1} \sin x^{\beta}$$

不存在, 这只需 $\alpha - 1 \leqslant 0$.

因此, 当 $0 < \alpha \leqslant 1$ 时, $f(x)$ 在 $x = 0$ 处连续但不可微.

(3) 由 (2) 知, 当 $\alpha > 1$ 时, $f(x)$ 在 $x = 0$ 处可微, 且

$$f'(x) = \begin{cases} \alpha x^{\alpha-1} \sin x^{\beta} + \beta x^{\alpha+\beta-1} \cos x^{\beta}, & x > 0, \\ 0, & x \leqslant 0. \end{cases}$$

由 $f'(x)$ 的表达式知, 要使 $f'(x)$ 在 $[-1, 1]$ 上无界, 只需 $\alpha + \beta - 1 < 0$.

因此, 当 $\alpha > 1$ 且 $\alpha + \beta - 1 < 0$, 即 $1 < \alpha < 1 - \beta$ 时, $f(x)$ 可微但 $f'(x)$ 在 $[-1, 1]$ 上无界.

(4) 由 $f'(x)$ 的表达式知, 当 $\alpha \geqslant 1 - \beta$ 时, $f'(x)$ 在 $[-1, 1]$ 上有界. 要使 $f'(x)$ 在 $x = 0$ 处不连续, 只需

$$\lim_{x \to 0^+} f'(x) = \lim_{x \to 0^+} \left(\alpha x^{\alpha-1} \sin x^{\beta} + \beta x^{\alpha+\beta-1} \cos x^{\beta} \right) \neq 0,$$

即只需 $\alpha + \beta - 1 = 0$.

因此, 当 $\alpha = 1 - \beta$ 时, $f'(x)$ 在 $[-1, 1]$ 上有界, 但 $f'(x)$ 不连续.

(5) 由 (4) 知, 当 $\alpha > 1 - \beta$ 时, $f'(x)$ 连续, 即 $f(x)$ 连续可微.

2. 利用导数的运算法则求导数

求导数的最基本法则包括导数的四则运算法则、复合函数求导法则、参数方程的求导法则、隐函数的求导法则. 运用复合函数求导法则的关键是分清给定函数的复合层次, 按照其结构特点, 由外到里一步一步地求导. 在求隐函数的导数时需要注意的是: 对于二阶导数表达式中的一阶导数, 应该用已求得的一阶导数表达式代入.

【例 2.7】 求函数 $f(x) = \dfrac{\sqrt{1+x} - \sqrt{1-x}}{\sqrt{1+x} + \sqrt{1-x}}$ 的导数 $f'(x)$.

解 因为 $f(x) = \dfrac{(1+x) - (1-x)}{(\sqrt{1+x} + \sqrt{1-x})^2} = \dfrac{x}{1 + \sqrt{1-x^2}}$, 所以

$$f'(x) = \dfrac{1 + \sqrt{1-x^2} - x \cdot \dfrac{1}{2} \dfrac{-2x}{\sqrt{1-x^2}}}{\left(1 + \sqrt{1-x^2}\right)^2} = \dfrac{1}{\sqrt{1-x^2} \left(1 + \sqrt{1-x^2}\right)}$$

$$= \dfrac{1}{\sqrt{1-x^2} + 1 - x^2}.$$

【例 2.8】 已知 $y = 1 + xe^{xy}$, 求 $y'(0), y''(0)$.

解 对所给式子两端关于 x 求导, 得

$$y' = e^{xy} + xe^{xy}(y + xy'),$$ ①

则
$$y' = \frac{e^{xy}(1+xy)}{1-x^2 e^{xy}}. \quad ②$$

求 y'' 时, 可采用两种方法: 其一是对①式两端关于 x 求导, 整理后求得 y'' 的表达式; 其二是对②式两端关于 x 求导. 我们采用第一种方法:

$$y'' = 2e^{xy}(y+xy') + xe^{xy}(y+xy')^2 + xe^{xy}(2y'+xy''). \quad ③$$

因为由原方程可得 $y(0) = 1$, 故由式①有 $y'(0) = 1$, 代入式③得 $y''(0) = 2$.

3. 对数求导法

主要用于幂指函数求导 (例 2.9), 以及具有连乘连除的复杂函数的求导 (例 2.10).

【例 2.9】 设 $y = x^{\sin x}$, 求 y'.

解 对 $y = x^{\sin x}$ 两端取对数, 得 $\ln y = \sin x \ln x$. 两端再分别对 x 求导, 可得

$$\frac{1}{y} \cdot y' = \cos x \ln x + \frac{\sin x}{x},$$

故 $y' = y\left(\cos x \ln x + \frac{\sin x}{x}\right) = x^{\sin x}\left(\cos x \ln x + \frac{\sin x}{x}\right)$.

【例 2.10】 设 $y = \frac{x^3}{1-x} \cdot \sqrt[5]{\frac{2-x}{(2+x)^2}} + e^{4x}$, 求 y'.

解 令 $y_1 = \frac{x^3}{1-x} \cdot \sqrt[5]{\frac{2-x}{(2+x)^2}}$, 则 $y = y_1 + e^{4x}, y' = y_1' + 4e^{4x}$. 现利用对数求导法求 y_1'.

因为 $\ln |y_1| = 3 \ln |x| - \ln |1-x| + \frac{1}{5}[\ln |2-x| - 2\ln |2+x|]$, 所以

$$\frac{1}{y_1} \cdot y_1' = \frac{3}{x} + \frac{1}{1-x} + \frac{1}{5}\left(-\frac{1}{2-x} - \frac{2}{2+x}\right),$$

$$y_1' = y_1\left[\frac{3}{x} + \frac{1}{1-x} - \frac{1}{5}\left(\frac{1}{2-x} + \frac{2}{2+x}\right)\right].$$

故 $y' = \frac{x^3}{1-x} \cdot \sqrt[5]{\frac{2-x}{(2+x)^2}} \left[\frac{3}{x} + \frac{1}{1-x} - \frac{1}{5}\left(\frac{1}{2-x} + \frac{2}{2+x}\right)\right] + 4e^{4x}$.

4. 高阶导数的计算

函数 $f(x)$ 的高阶导数是由关系式 $f^{(n)}(x) = \left[f^{(n-1)}(x)\right]'\ (n = 1, 2, \cdots)$ 递归定义的 (假定对应的运算都有意义), 但在求高阶导数时, 若能适当利用一些技巧, 则往往会方便得多.

1) 以下结果可作为公式使用

(1) $(e^x)^{(n)} = e^x$;

(2) $(\sin x)^{(n)} = \sin\left(x + n \cdot \dfrac{\pi}{2}\right)$;

(3) $(\cos x)^{(n)} = \cos\left(x + n \cdot \dfrac{\pi}{2}\right)$;

(4) $[\ln(1+x)]^{(n)} = (-1)^{(n-1)} \dfrac{(n-1)!}{(1+x)^n}$;

(5) $(x^\mu)^{(n)} = \mu(\mu-1)\cdots(\mu-n+1)x^{\mu-n}$ (μ 是任意常数), 特别地, 有 $(x^n)^{(n+1)} = 0$.

2) Leibniz 公式

对于函数 $u = u(x)$ 与 $v = v(x)$ 的乘积的 n 阶导数, 有

$$(uv)^{(n)} = C_n^0 u^{(n)} v + C_n^1 u^{(n-1)} v' + \cdots + C_n^{n-1} u' v^{(n-1)} + C_n^n u v^{(n)}.$$

3) 利用 Taylor 公式求高阶导数

设 $f(x)$ 在 $x = 0$ 处的带 Peano 余项的 Taylor 公式为 $f(x) = \sum\limits_{k=0}^{n} a_k x^k + o(x^n)$. 另一方面有

$$f(x) = \sum_{k=0}^{n} \frac{f^{(k)}(0)}{k!} x^k + o(x^n).$$

比较同次幂的系数, 可得 $f^{(k)}(0) = k! a_k, k = 0, 1, 2, \cdots, n$.

【例 2.11】 设 $f(x) = \sin^6 x + \cos^6 x$, 求 $f^{(n)}(x)$.

解
$$f(x) = \frac{1}{8}\left[(1 - \cos 2x)^3 + (1 + \cos 2x)^3\right] = \frac{1}{4}(1 + 3\cos^2 2x)$$
$$= \frac{1}{4}\left(1 + 3 \cdot \frac{1 + \cos 4x}{2}\right) = \frac{5}{8} + \frac{3}{8}\cos 4x.$$

利用上述公式 (3), 立即可得

$$f^{(n)}(x) = \frac{3}{8} \cdot 4^n \cos\left(4x + \frac{n\pi}{2}\right) = 6 \cdot 4^{n-2} \cos\left(4x + \frac{n\pi}{2}\right).$$

【例 2.12】 设 $y = y(x)$ 是由方程 $x^3 + y^3 + xy = 1$ 确定的隐函数, 求 $y^{(3)}(0)$.

解 将函数 $y(x)$ 展开成带 Peano 余项的三阶 Taylor 公式, 得

$$y(x) = a_0 + a_1 x + a_2 x^2 + a_3 x^3 + o(x^3) \quad (x \to 0),$$

代入原方程并整理, 得

$$1 = a_0^3 + a_0(3a_0 a_1 + 1)x + (3a_0^2 a_2 + 3a_0 a_1^2 + a_1)x^2$$
$$+ (3a_0^2 a_3 + 6a_0 a_1 a_2 + a_1^3 + a_2 + 1)x^3 + o(x^3).$$

这是常数 1 的带 Peano 余项的三阶 Taylor 公式, 所以

$$\begin{cases} a_0^3 = 1, \\ a_0(3a_0a_1 + 1) = 0, \\ 3a_0^2 a_2 + 3a_0 a_1^2 + a_1 = 0, \\ 3a_0^2 a_3 + 6a_0 a_1 a_2 + a_1^3 + a_2 + 1 = 0, \end{cases}$$

解得 $a_0 = 1, a_1 = -\dfrac{1}{3}, a_2 = 0, a_3 = -\dfrac{26}{81}$. 因此

$$y^{(3)}(0) = 3!a_3 = 6 \times \left(-\dfrac{26}{81}\right) = -\dfrac{52}{27}.$$

【注】 对于常函数 $f(x) = 1$, 因为 $f(0) = 1$, 且 $f^{(k)}(0) = 0 \, (k \geqslant 1)$, 所以展开式

$$f(x) = \sum_{k=0}^{n} \dfrac{f^{(k)}(0)}{k!} + o(x^n)$$

是区间 $(-\infty, +\infty)$ 上的一个恒等式, 其中的余项 $o(x^n) = 0$.

【例 2.13】 设 $f(x) = \dfrac{1}{1-x-x^2}$, 求 $f^{(n)}(0)$.

解 对 $(1-x-x^2)f(x) = 1$ 的两边求 n 阶导数, 并利用 Leibniz 公式, 得

$$(1-x-x^2)f^{(n)}(x) + C_n^1(-1-2x)f^{(n-1)}(x) + C_n^2(-2)f^{(n-2)}(x) = 0.$$

令 $x = 0$, 并记 $F_n = \dfrac{f^{(n)}(0)}{n!}$, 则当 $n \geqslant 2$ 时, 由上式可得

$$f^{(n)}(0) - nf^{(n-1)}(0) - n(n-1)f^{(n-2)}(0) = 0,$$

$$F_n = F_{n-1} + F_{n-2}.$$

注意到 $f(0) = 1, f'(0) = 1$, 有 $F_0 = F_1 = 1$, 所以 $\{F_n\}$ 为 Fibonacci(斐波那契) 数列, 从而有

$$f^{(n)}(0) = n!F_n = \dfrac{n!}{\sqrt{5}} \left[\left(\dfrac{1+\sqrt{5}}{2}\right)^{n+1} - \left(\dfrac{1-\sqrt{5}}{2}\right)^{n+1} \right].$$

【注】 这里给出求 Fibonacci 数列通项 F_n 的代数方法: 将 $F_n = F_{n-1} + F_{n-2}$ 用矩阵表示为

$$\begin{pmatrix} F_{n+1} \\ F_n \end{pmatrix} = \begin{pmatrix} 1 & 1 \\ 1 & 0 \end{pmatrix} \begin{pmatrix} F_n \\ F_{n-1} \end{pmatrix}.$$

记 $\boldsymbol{A} = \begin{pmatrix} 1 & 1 \\ 1 & 0 \end{pmatrix}, \boldsymbol{D}_n = \begin{pmatrix} F_{n+1} \\ F_n \end{pmatrix}$,则 $\boldsymbol{D}_n = \boldsymbol{A}\boldsymbol{D}_{n-1}$. 由此反复递推,得 $\boldsymbol{D}_n = \boldsymbol{A}^n \boldsymbol{D}_0$. 下面计算 $\boldsymbol{A}^n$.

易知,$\boldsymbol{A}$ 的特征多项式为 $f(\lambda) = \lambda^2 - \lambda - 1$,特征值为 $\lambda_1 = \dfrac{1-\sqrt{5}}{2}, \lambda_2 = \dfrac{1+\sqrt{5}}{2}$,相应的特征向量分别为 $\boldsymbol{\xi}_1 = (1, -\lambda_2)^{\mathrm{T}}, \boldsymbol{\xi}_2 = (1, -\lambda_1)^{\mathrm{T}}$. 令 $\boldsymbol{T} = (\boldsymbol{\xi}_1, \boldsymbol{\xi}_2)$,则 $\boldsymbol{A} = \boldsymbol{T} \begin{pmatrix} \lambda_1 & \\ & \lambda_2 \end{pmatrix} \boldsymbol{T}^{-1}$,于是

$$\boldsymbol{A}^n = \boldsymbol{T} \begin{pmatrix} \lambda_1^n & \\ & \lambda_2^n \end{pmatrix} \boldsymbol{T}^{-1} = \begin{pmatrix} 1 & 1 \\ -\lambda_2 & -\lambda_1 \end{pmatrix} \begin{pmatrix} \lambda_1^n & \\ & \lambda_2^n \end{pmatrix} \begin{pmatrix} 1 & 1 \\ -\lambda_2 & -\lambda_1 \end{pmatrix}^{-1}$$

$$= \frac{1}{\sqrt{5}} \begin{pmatrix} \lambda_2^{n+1} - \lambda_1^{n+1} & \lambda_2^n - \lambda_1^n \\ \lambda_2^n - \lambda_1^n & \lambda_2^{n-1} - \lambda_1^{n-1} \end{pmatrix}.$$

最后,将 $\boldsymbol{A}^n$ 代入 $\boldsymbol{D}_n = \boldsymbol{A}^n \boldsymbol{D}_0$,并注意到 $\boldsymbol{D}_0 = (1,1)^{\mathrm{T}}$,且 λ_1 与 λ_2 是 $\lambda^2 = \lambda + 1$ 的根,即得

$$F_n = \frac{1}{\sqrt{5}}\left[\left(\frac{1+\sqrt{5}}{2}\right)^{n+1} - \left(\frac{1-\sqrt{5}}{2}\right)^{n+1}\right].$$

【例 2.14】 设 $f(x)$ 在 $x=0$ 处二阶可导,且 $\lim\limits_{x \to 0} \dfrac{xf(x) - \ln(1+3x)}{x^3} = \dfrac{1}{4}$. 求 $f(0)$,$f'(0)$ 及 $f''(0)$.

解 将 $f(x)$ 与 $\ln(1+x)$ 分别展开成带 Peano 余项的二阶与三阶 Taylor 公式,有

$$f(x) = f(0) + f'(0)x + \frac{f''(0)}{2}x^2 + o\left(x^2\right),$$

$$\ln(1+3x) = 3x - \frac{(3x)^2}{2} + \frac{(3x)^3}{3} + o\left(x^3\right).$$

代入所给极限式并整理,并注意到 $x \cdot o\left(x^2\right) - o\left(x^3\right) = o\left(x^3\right)$,得

$$\lim_{x \to 0} \frac{(f(0) - 3)x + \left(f'(0) + \dfrac{9}{2}\right)x^2 + \left(\dfrac{f''(0)}{2} - 9\right)x^3 + o\left(x^3\right)}{x^3} = \frac{1}{4}.$$

因此有 $f(0) = 3, f'(0) = -\dfrac{9}{2}, \dfrac{f''(0)}{2} - 9 = \dfrac{1}{4}$,即 $f''(0) = \dfrac{37}{2}$.

【例 2.15】 设 $y = (\arcsin x)^2$. 证明

$$\left(1 - x^2\right) y^{(n+2)} - (2n+1) x y^{(n+1)} - n^2 y^{(n)} = 0,$$

并求 $y'(0), y''(0), \cdots, y^{(n)}(0)$.

证 因为 $y' = 2(\arcsin x)\dfrac{1}{\sqrt{1-x^2}}$, 所以 $2\arcsin x = y' \cdot \sqrt{1-x^2}$. 两边同时求导, 得

$$\frac{2}{\sqrt{1-x^2}} = y'' \cdot \sqrt{1-x^2} - y' \cdot \frac{x}{\sqrt{1-x^2}},$$

即

$$(1-x^2) y'' = xy' + 2.$$

将上式两边对 x 求 n 阶导数, 并利用 Leibniz 公式, 得

$$(1-x^2) y^{(n+2)} + C_n^1(-2x)y^{(n+1)} + C_n^2(-2)y^{(n)} = xy^{(n+1)} + C_n^1 y^{(n)}.$$

整理即得

$$(1-x^2) y^{(n+2)} - (2n+1)xy^{(n+1)} - n^2 y^{(n)} = 0.$$

再将 $x=0$ 代入上式, 得 $y^{(n+2)}(0) - n^2 y^{(n)}(0) = 0$, 即 $y^{(n+2)}(0) = n^2 y^{(n)}(0)$. 由此递推, 并注意到 $y'(0) = 0, y''(0) = 2$, 所以

$$\begin{cases} y^{(2n-1)}(0) = 0, \\ y^{(2n)}(0) = 2^{2n-1}[(n-1)!]^2, \end{cases} n = 1, 2, \cdots.$$

5. 微分的计算方法

根据函数的微分与导数之间的关系, 以及微分的运算法则, 微分的计算主要包括

(1) 利用导数定义求微分 (例 2.16);

(2) 利用一阶微分形式不变性求微分 (例 2.17);

(3) 根据微分的几何意义求微分 (例 2.18);

(4) 利用微分求导数 (例 2.19、例 2.20).

【例 2.16】 设 $f(x) = \begin{cases} e^{ax}, & x \leqslant 0, \\ (x-b)^3, & x > 0 \end{cases}$ 在 $x=0$ 处可导.

(1) 试确定常数 a, b 的值;

(2) 求 $f(x)$ 在 $x=0$ 处的微分.

解 (1) 因为 $f(x)$ 在 $x=0$ 处可导, 所以 $f(x)$ 在 $x=0$ 处必连续. 于是由 $f(0+0) = f(0-0) = f(0) = 1$ 得 $b = -1$. 又因为

$$f'_-(0) = \lim_{x \to 0^-} \frac{f(x) - f(0)}{x - 0} = \lim_{x \to 0} \frac{e^{ax} - 1}{x} = a,$$

$$f'_+(0) = \lim_{x \to 0^+} \frac{f(x) - f(0)}{x - 0} = \lim_{x \to 0} \frac{(x-b)^3 - 1}{x} = \lim_{x \to 0} \frac{(x+1)^3 - 1}{x} = 3,$$

由于 $f(x)$ 在 $x=0$ 处可导, 故 $f'_-(0) = f'_+(0)$, 即 $a=3$.

(2) 由 (1) 可知 $f'(0) = 3$, 故所求微分为 $\mathrm{d}y = f'(0)\mathrm{d}x = 3\,\mathrm{d}x$.

【例 2.17】 试求由方程 $2y - x = (x-y)\ln(x-y)$ 所确定的函数 $y = y(x)$ 的微分 $\mathrm{d}y$.

解 将方程两边求微分, 得
$$2\,\mathrm{d}y - \mathrm{d}x = (\mathrm{d}x - \mathrm{d}y)\ln(x-y) + (\mathrm{d}x - \mathrm{d}y).$$

由此解得 $\mathrm{d}y = \dfrac{2 + \ln(x-y)}{3 + \ln(x-y)}\mathrm{d}x$ 或 $\mathrm{d}y = \dfrac{x}{2x-y}\,\mathrm{d}x$.

【例 2.18】 已知直角三角形的两直角边分别为 a 和 b, 且直角边 a 与 x 轴重合, 斜边 c 与曲线 $y = \mathrm{e}^x$ 相切 (图 2.1).

(1) 求切点 $P(x_0, y_0)$ 的坐标;

(2) 取切点到直角边 b 的距离作为自变量的增量 Δx, 试求函数 $y = \mathrm{e}^x$ 在 x_0 处相应于 Δx 的增量 Δy 与微分 $\mathrm{d}y$.

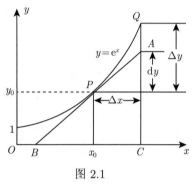

图 2.1

解 (1) 因为切点 $P(x_0, y_0)$ 位于曲线 $y = \mathrm{e}^x$ 上, 所以有 $y_0 = \mathrm{e}^{x_0}$. 而切线 AB 的斜率为 $y' = \mathrm{e}^{x_0} = \tan\angle ABC = \dfrac{b}{a}$, 故 $x_0 = \ln\dfrac{b}{a}$, 从而 $y_0 = \mathrm{e}^{x_0} = \dfrac{b}{a}$.

(2) $\Delta y = \mathrm{e}^{x_0 + \Delta x} - \mathrm{e}^{x_0} = \mathrm{e}^{x_0 + \Delta x} - \dfrac{b}{a} = \dfrac{b}{a}(\mathrm{e}^{\Delta x} - 1)$, $\mathrm{e}^{x_0 + \Delta x} = CA + AQ = b + \Delta y - \mathrm{d}y$, 即
$$\Delta y = b + \Delta y - \mathrm{d}y - \dfrac{b}{a}, \quad \mathrm{d}y = b - \dfrac{b}{a}.$$

因为 $\mathrm{d}y = y'\Delta x = \dfrac{b}{a}\Delta x$, 所以 $\Delta x = \dfrac{a}{b}\mathrm{d}y = \dfrac{a}{b}\left(b - \dfrac{b}{a}\right) = a - 1$. 于是 $\Delta y = \dfrac{b}{a}(\mathrm{e}^{a-1} - 1)$.

【例 2.19】 设 $x^y = y^x$, 其中 y 是 x 的函数, 求 $\dfrac{\mathrm{d}y}{\mathrm{d}x}$.

解 本题是隐函数的求导问题. 这里采用计算自变量与函数的微分之商的方法来求导数 $\dfrac{\mathrm{d}y}{\mathrm{d}x}$. 对等式 $x^y = y^x$ 两边取对数, 得
$$y\ln x = x\ln y.$$

再对上式两边求微分, 得 $y\,\mathrm{d}(\ln x) + \ln x\,\mathrm{d}y = x\,\mathrm{d}(\ln y) + \ln y\,\mathrm{d}x$, 即
$$\dfrac{y}{x}\,\mathrm{d}x + \ln x\,\mathrm{d}y = \dfrac{x}{y}\,\mathrm{d}y + \ln y\,\mathrm{d}x,$$
$$(x^2 - xy\ln x)\,\mathrm{d}y = (y^2 - xy\ln y)\,\mathrm{d}x.$$

于是 $\dfrac{\mathrm{d}y}{\mathrm{d}x} = \dfrac{y(y - x\ln y)}{x(x - y\ln x)}$.

【例 2.20】 设 k 表示曲线 $y = x^2$ $(0 \leqslant x < +\infty)$ 在任一点 (x,y) 处的曲率,s 表示曲线在对应于区间 $[0,x]$ 上的一段弧长. 试求导数 $\dfrac{\mathrm{d}k}{\mathrm{d}s}$.

【分析】 这里,变量 k 与 s 都是 x 的函数,可考虑先分别求微分 $\mathrm{d}k$ 与 $\mathrm{d}s$,再进一步求出两个微分之商,即得所求导数 $\dfrac{\mathrm{d}k}{\mathrm{d}s}$.

解 因为 $y = x^2, y' = 2x, y'' = 2$,故 $k = \dfrac{|y''|}{\sqrt{\left[1+(y')^2\right]^3}} = \dfrac{2}{\sqrt{(1+4x^2)^3}}$,且

$$s = \int_0^x \sqrt{1 + (y'(t))^2}\, \mathrm{d}t = \int_0^x \sqrt{1 + 4t^2}\, \mathrm{d}t.$$

由此可得 $\mathrm{d}k = -\dfrac{24x}{\sqrt{(1+4x^2)^5}}\, \mathrm{d}x$,$\mathrm{d}s = \sqrt{1+4x^2}\, \mathrm{d}x$,所以 $\dfrac{\mathrm{d}k}{\mathrm{d}s} = -\dfrac{24x}{(1+4x^2)^3}$.

题型二、微分中值定理及其应用

微分中值定理是一系列重要定理的统称,包括 Rolle 定理、Lagrange 中值定理、Cauchy 中值定理和 Taylor 定理等. 这些定理揭示了函数与其导数之间的内在联系.

Fermat(费马) 定理 如果 $f(x)$ 在点 x_0 处取极值,且 $f'(x_0)$ 存在,那么 $f'(x_0) = 0$.

Rolle 定理 如果 $f(x)$ 在 $[a,b]$ 上连续,在 (a,b) 内可导,且 $f(a) = f(b)$,那么至少存在一点 $\xi \in (a,b)$,使 $f'(\xi) = 0$.

Lagrange 中值定理 如果 $f(x)$ 在 $[a,b]$ 上连续,在 (a,b) 内可导,那么至少存在一点 $\xi \in (a,b)$,使 $f(b) - f(a) = f'(\xi)(b - a)$.

Cauchy 中值定理 如果 $f(x)$ 及 $g(x)$ 在 $[a,b]$ 上连续,在 (a,b) 内可导,且 $g'(x) \neq 0$,那么至少存在一点 $\xi \in (a,b)$,使 $\dfrac{f(b) - f(a)}{g(b) - g(a)} = \dfrac{f'(\xi)}{g'(\xi)}$.

Taylor 定理 如果 $f(x)$ 在包含点 x_0 的区间 (a,b) 内具有直到 $n+1$ 阶的导数,那么当 $x \in (a,b)$ 时,有

$$f(x) = f(x_0) + f'(x_0)(x - x_0) + \dfrac{f''(x_0)}{2!}(x - x_0)^2 + \cdots + \dfrac{f^{(n)}(x_0)}{n!}(x - x_0)^n + R_n(x),$$

这里,余项 $R_n(x) = \dfrac{f^{(n+1)}(\xi)}{(n+1)!}(x - x_0)^{n+1}$ 时,称为 **Lagrange 余项**,其中 ξ 介于 x_0 与 x 之间.

这个公式称为 n 阶 **Taylor 公式**. 当 $x_0 = 0$ 时,便称之为 **Maclaurin**(麦克劳林) **公式**.

如果 $f(x)$ 在 x_0 的某个邻域内具有 n 阶导数, 则在该邻域内 n 阶 Taylor 公式仍成立, 只是其中的余项取 **Peano 余项**: $R_n(x) = o(x-x_0)^n$, 即

$$f(x) = f(x_0) + f'(x_0)(x-x_0) + \frac{f''(x_0)}{2!}(x-x_0)^2 + \cdots$$
$$+ \frac{f^{(n)}(x_0)}{n!}(x-x_0)^n + o(x-x_0)^n.$$

这种形式的 Taylor 公式对于研究函数 $f(x)$ 在点 x_0 处的局部特性具有重要意义.

微分中值定理在微分学基础理论中占有重要地位, 利用这些定理可以求解下列问题:

(1) 求极限 (例 2.21、例 2.22);
(2) 证明恒等式 (例 2.23);
(3) 证明不等式 (例 2.24、例 2.25、例 2.26、例 2.27);
(4) 判别函数零点 (或者方程的根) 的存在性 (例 2.28);
(5) 讨论 "中介值" 的存在性与渐近性 (例 2.29);
(6) 推断函数的重要性质, 如单调性、有界性、函数逼近等 (例 2.30、例 2.31).

【例 2.21】 求极限: $I = \lim\limits_{n\to\infty} \dfrac{n(\sqrt[n]{n+1} - \sqrt[n+1]{n})}{(\sqrt[n]{2}-1)\ln n}$.

解 对函数 $f(x) = e^x$ 在区间 $\left[\dfrac{\ln n}{n+1}, \dfrac{\ln(n+1)}{n}\right]$ 上利用 Lagrange 中值定理, 得

$$\sqrt[n]{n+1} - \sqrt[n+1]{n} = e^{\frac{\ln(n+1)}{n}} - e^{\frac{\ln n}{n+1}} = e^{\xi_n}\left(\frac{\ln(n+1)}{n} - \frac{\ln n}{n+1}\right)$$
$$= \frac{e^{\xi_n}}{n(n+1)}\left[\ln\left(1+\frac{1}{n}\right)^n + \ln(n+1)\right],$$

其中 $\dfrac{\ln n}{n+1} < \xi_n < \dfrac{\ln(n+1)}{n}$.

因为 $\lim\limits_{n\to\infty} \dfrac{\ln n}{n+1} = \lim\limits_{n\to\infty} \dfrac{\ln(n+1)}{n} = 0$, 所以 $\lim\limits_{n\to\infty} \xi_n = 0$. 又当 $n \to \infty$ 时, $\sqrt[n]{2} - 1 \sim \dfrac{\ln 2}{n}$, 因此

$$I = \frac{1}{\ln 2} \lim\limits_{n\to\infty} \frac{n e^{\xi_n}}{n+1}\left[\frac{1}{\ln n}\ln\left(1+\frac{1}{n}\right)^n + \frac{\ln(n+1)}{\ln n}\right] = \frac{1}{\ln 2}.$$

【例 2.22】 求极限: $I = \lim\limits_{x\to 0^+} \dfrac{e^{(1+x)^{\frac{1}{x}}} - (1+x)^{\frac{e}{x}}}{x^2}$.

解 考虑函数 e^x, 对分子利用 Lagrange 中值定理, 得

$$e^{(1+x)^{\frac{1}{x}}} - (1+x)^{\frac{e}{x}} = e^{(1+x)^{\frac{1}{x}}} - e^{\frac{e}{x}\ln(1+x)} = e^{\xi_x}\left[(1+x)^{\frac{1}{x}} - \frac{e}{x}\ln(1+x)\right],$$

其中 ξ_x 介于 $(1+x)^{\frac{1}{x}}$ 与 $\dfrac{e}{x}\ln(1+x)$ 之间. 显然, 当 $x \to 0^+$ 时, $\xi_x \to e$. 再利用 L'Hospital 法则, 得

$$I = e^e \lim_{x\to 0^+} \frac{(1+x)^{\frac{1}{x}} - \dfrac{e}{x}\ln(1+x)}{x^2} = e^e \lim_{x\to 0^+} \frac{\left[(1+x)^{\frac{1}{x}} - e\right]\left[x - (1+x)\ln(1+x)\right]}{2x^3(1+x)}.$$

因为当 $x \to 0^+$ 时, $(1+x)^{\frac{1}{x}} - e = e\left[e^{\frac{\ln(1+x)}{x}-1} - 1\right] \sim e\left[\dfrac{\ln(1+x)}{x} - 1\right] = \dfrac{e}{x}[\ln(1+x) - x]$, 所以

$$I = \frac{e^{e+1}}{2}\lim_{x\to 0^+}\frac{x-\ln(1+x)}{x^2}\cdot\lim_{x\to 0^+}\frac{(1+x)\ln(1+x)-x}{x^2}$$
$$= \frac{e^{e+1}}{2}\cdot\frac{1}{2}\cdot\frac{1}{2} = \frac{e^{e+1}}{8}.$$

【例 2.23】 设函数 $f(x), g(x)$ 均为 $(-\infty, +\infty)$ 上的非常数可导函数, 且对任意 $x, y \in (-\infty, +\infty)$, 恒有
$$f(x+y) = f(x)f(y) - g(x)g(y),$$
$$g(x+y) = f(x)g(y) + g(x)f(y).$$

已知 $f'(0) = 0$. 证明: 对一切 $x \in (-\infty, +\infty)$, 恒有 $f^2(x) + g^2(x) = 1$.

证 将两个方程都对 y 求导, 得
$$f'(x+y) = f(x)f'(y) - g(x)g'(y),$$
$$g'(x+y) = f(x)g'(y) + g(x)f'(y).$$

令 $y = 0$, 则 $f'(x) = -g(x)g'(0), g'(x) = f(x)g'(0)$. 由此得 $f(x)f'(x) + g(x)g'(x) = 0$. 所以
$$f^2(x) + g^2(x) = C \quad (C \text{ 为常数, 且 } C \neq 0).$$

进一步, 再次利用题设等式, 得
$$f^2(x+y) + g^2(x+y) = \left[f^2(x) + g^2(x)\right]\left[f^2(y) + g^2(y)\right],$$

即 $C = C^2$, 解得 $C = 1$. 因此 $f^2(x) + g^2(x) = 1$.

【例 2.24】 证明: 当 $0 < x < \dfrac{\pi}{4}$ 时, $(\sin x)^{\cos x} < (\cos x)^{\sin x}$.

【分析】 不等式可变形为 $\dfrac{\ln \sin x}{\sin x} < \dfrac{\ln \cos x}{\cos x}$. 注意到 $0 < x < \dfrac{\pi}{4}$ 时, $0 < \sin x < \cos x < 1$, 可考虑对函数 $\dfrac{\ln t}{t}$ 在区间 $[\sin x, \cos x]$ 上利用 Lagrange 中值定理.

证 令 $f(t)=\dfrac{\ln t}{t}$, 则 $f(t)$ 在 $(0,+\infty)$ 上可导, 且当 $0<t<1$ 时, $f'(t)=\dfrac{1-\ln t}{t^2}>0$. 所以, 当 $0<x<\dfrac{\pi}{4}$ 时, 存在 $\xi\in(\sin x,\cos x)$, 使得

$$\frac{\ln\sin x}{\sin x}-\frac{\ln\cos x}{\cos x}=f(\sin x)-f(\cos x)=f'(\xi)(\sin x-\cos x)<0,$$

即 $(\sin x)^{\cos x}<(\cos x)^{\sin x}$.

【例 2.25】 设 n 为正整数, 证明: 对任意实数 $\lambda\geqslant 1$, 有 $\displaystyle\sum_{k=1}^{n}\frac{1}{(k+1)\sqrt[\lambda]{k}}<\lambda$.

证 记 $a_k=\dfrac{1}{(k+1)\sqrt[\lambda]{k}}$, 则

$$a_k=k^{1-\frac{1}{\lambda}}\frac{1}{k(k+1)}=k^{1-\frac{1}{\lambda}}\left(\frac{1}{k}-\frac{1}{k+1}\right)=k^{1-\frac{1}{\lambda}}\left[\left(\frac{1}{\sqrt[\lambda]{k}}\right)^\lambda-\left(\frac{1}{\sqrt[\lambda]{k+1}}\right)^\lambda\right].$$

对函数 x^λ 在区间 $\left[\dfrac{1}{\sqrt[\lambda]{k+1}},\dfrac{1}{\sqrt[\lambda]{k}}\right]$ 上利用 Lagrange 中值定理, 存在 $\xi\in\left(\dfrac{1}{\sqrt[\lambda]{k+1}},\dfrac{1}{\sqrt[\lambda]{k}}\right)$, 使得

$$\left(\frac{1}{\sqrt[\lambda]{k}}\right)^\lambda-\left(\frac{1}{\sqrt[\lambda]{k+1}}\right)^\lambda=\lambda\xi^{\lambda-1}\left(\frac{1}{\sqrt[\lambda]{k}}-\frac{1}{\sqrt[\lambda]{k+1}}\right).$$

由 $\dfrac{1}{\sqrt[\lambda]{k+1}}<\xi<\dfrac{1}{\sqrt[\lambda]{k}}$ 可知, $0<\dfrac{1}{\xi^\lambda}-k<1$. 令 $\theta=\dfrac{1}{\xi^\lambda}-k$, 则 $\theta\in(0,1)$, 而 $\xi=\dfrac{1}{\sqrt[\lambda]{k+\theta}}$. 于是, 有

$$a_k=\lambda\left(\frac{k}{k+\theta}\right)^{1-\frac{1}{\lambda}}\left(\frac{1}{\sqrt[\lambda]{k}}-\frac{1}{\sqrt[\lambda]{k+1}}\right)\leqslant\lambda\left(\frac{1}{\sqrt[\lambda]{k}}-\frac{1}{\sqrt[\lambda]{k+1}}\right);$$

$$\sum_{k=1}^{n}\frac{1}{(k+1)\sqrt[\lambda]{k}}\leqslant\lambda\sum_{k=1}^{n}\left(\frac{1}{\sqrt[\lambda]{k}}-\frac{1}{\sqrt[\lambda]{k+1}}\right)=\lambda\left(1-\frac{1}{\sqrt[\lambda]{n+1}}\right)<\lambda.$$

【例 2.26】 设 $p>5$ 是给定的素数, $f(x)=\displaystyle\sum_{k=0}^{p-1}\frac{x^k}{k!}$, 求证: 在 $(-\infty,+\infty)$ 上, 恒有 $f(x)>0$.

证 只需证在区间 $(-\infty,0)$ 上, 恒有 $f(x)>0$. 用反证法. 假设存在点 $x_0\in(-\infty,0)$, 使得 $f(x_0)\leqslant 0$, 对函数 e^x 利用带 Lagrange 余项的 Maclaurin 公式, 存在 $\xi\in(x_0,0)$, 使得

$$\mathrm{e}^{x_0}=1+x_0+\frac{x_0^2}{2!}+\frac{x_0^3}{3!}+\cdots+\frac{x_0^{p-1}}{(p-1)!}+\frac{\mathrm{e}^\xi}{p!}x_0^p$$

$$=f(x_0)+\frac{\mathrm{e}^\xi}{p!}x_0^p.$$

注意到 p 是奇数, 所以 $f(x_0) + \dfrac{\mathrm{e}^\xi}{p!} x_0^p < 0$, 与上式左边 $\mathrm{e}^{x_0} > 0$ 矛盾. 故假设不成立, 结论得证.

【例 2.27】 设函数 $f(x)$ 在 $[a,b]$ 上连续, 在 (a,b) 内二阶可导, 且 $|f''(x)| \geqslant 1$. 证明: 在曲线 $y = f(x)(a \leqslant x \leqslant b)$ 上必存在点 A, B, C, 使得 $\triangle ABC$ 的面积 $S_{\triangle ABC} \geqslant \dfrac{(b-a)^3}{16}$.

【分析】 若平面上不共线的三点的坐标分别为 $(x_1, y_1), (x_2, y_2), (x_3, y_3)$, 则行列式

$$D = \frac{1}{2} \begin{vmatrix} 1 & 1 & 1 \\ x_1 & x_2 & x_3 \\ y_1 & y_2 & y_3 \end{vmatrix}$$

的绝对值与这三点构成的三角形的面积 S 相等, 即 $S = |D|$.

证 先固定 $A(a, f(a))$ 和 $B(b, f(b))$, 再确定点 $C(x, f(x))$ 的坐标. 为此, 考虑函数

$$F(x) = \frac{1}{2} \begin{vmatrix} 1 & 1 & 1 \\ a & b & x \\ f(a) & f(b) & f(x) \end{vmatrix}, \quad a \leqslant x \leqslant b,$$

则 $F(x)$ 在 $[a,b]$ 上连续, 在 (a,b) 内二阶可导, $F(a) = F(b) = 0$, 且

$$|F''(x)| = \left| \frac{1}{2}(b-a) f''(x) \right| \geqslant \frac{b-a}{2}.$$

设 $|F(x)|$ 在 x_0 处取得最大值, 即 $|F(x_0)| = \max\limits_{a \leqslant x \leqslant b} |F(x)|$, 则 $x_0 \in (a,b)$, 且 $F(x)$ 在 x_0 处取得极值, 因而 $F'(x_0) = 0$. 利用 Taylor 公式, 存在 $\xi, \eta \in (a,b)$, 使得

$$F(a) = F(x_0) + \frac{F''(\xi)}{2}(a - x_0)^2, \qquad ①$$

$$F(b) = F(x_0) + \frac{F''(\eta)}{2}(b - x_0)^2. \qquad ②$$

若 $a < x_0 \leqslant \dfrac{a+b}{2}$, 则由上述②式及 $F(b) = 0$ 可得

$$|F(x_0)| = \frac{|F''(\eta)|}{2}(b - x_0)^2 \geqslant \frac{b-a}{4} \cdot \left(b - \frac{a+b}{2} \right)^2 = \frac{(b-a)^3}{16}.$$

同理, 若 $\dfrac{a+b}{2} \leqslant x_0 < b$, 则由上述①式及 $F(a) = 0$ 可得 $|F(x_0)| \geqslant \dfrac{(b-a)^3}{16}$.

因此, 若取点 $C(x_0, f(x_0))$, 则 $|F(x_0)|$ 表示以 A, B, C 为顶点的三角形面积 $S_{\triangle ABC}$. 这就证明了, 曲线 $y = f(x)(a \leqslant x \leqslant b)$ 上存在点 A, B, C, 使得 $S_{\triangle ABC} \geqslant \dfrac{(b-a)^3}{16}$.

【例 2.28】 设 $f(x)$ 在区间 $[-a,a]$ $(a>0)$ 上具有二阶连续导数, $f(0)=0$.

(1) 写出 $f(x)$ 的带 Lagrange 余项的一阶 Maclaurin 公式;

(2) 证明: 在 $[-a,a]$ 上至少存在一点 η, 使 $a^3 f''(\eta) = 3\int_{-a}^{a} f(x) \mathrm{d}x$.

解 (1) 对任意 $x \in [-a, a]$, 有

$$f(x) = f(0) + f'(0)x + \frac{f''(\xi)}{2!}x^2 = f'(0)x + \frac{f''(\xi)}{2}x^2,$$

其中 ξ 介于 0 与 x 之间.

(2) 注意到上式右边第一项是奇函数, 所以

$$\int_{-a}^{a} f(x)\mathrm{d}x = \int_{-a}^{a} f'(0)x\,\mathrm{d}x + \int_{-a}^{a} \frac{x^2}{2} f''(\xi)\mathrm{d}x = \frac{1}{2}\int_{-a}^{a} x^2 f''(\xi)\mathrm{d}x.$$

因为 $f''(x)$ 在 $[-a,a]$ 上连续, 故对任意的 $x \in [-a,a]$, 有 $m \leqslant f''(x) \leqslant M$, 其中 M,m 分别为 $f''(x)$ 在 $[-a,a]$ 上的最大值、最小值, 所以有

$$m\int_{0}^{a} x^2 \,\mathrm{d}x \leqslant \int_{-a}^{a} f(x)\mathrm{d}x = \frac{1}{2}\int_{-a}^{a} x^2 f''(\xi)\mathrm{d}x \leqslant M\int_{0}^{a} x^2 \,\mathrm{d}x,$$

即 $m \leqslant \dfrac{3}{a^3}\int_{-a}^{a} f(x)\mathrm{d}x \leqslant M$. 对 $f''(x)$ 利用连续函数介值定理, 至少存在一点 $\eta \in [-a,a]$, 使得 $f''(\eta) = \dfrac{3}{a^3}\int_{-a}^{a} f(x)\mathrm{d}x$, 即 $a^3 f''(\eta) = 3\int_{-a}^{a} f(x)\mathrm{d}x$.

【例 2.29】 设 $y = f(x)$ 在 $(-1,1)$ 内具有二阶连续导数且 $f''(x) \neq 0$. 试证明:

(1) 对于 $(-1,1)$ 内的任一 $x \neq 0$, 存在唯一的 $\theta(x) \in (0,1)$, 使下式成立:

$$f(x) = f(0) + xf'(\theta(x)x);$$

(2) $\lim\limits_{x \to 0} \theta(x) = \dfrac{1}{2}$.

证 (1) 任给非零 $x \in (-1,1)$, 由 Lagrange 中值定理得 $f(x) = f(0) + xf'(\xi)$, 其中 ξ 介于 0 与 x 之间. 令 $\theta(x) = \dfrac{\xi}{x}$, 即 $\xi = \theta(x)x$, 则 $0 < \theta(x) < 1$, 且

$$f(x) = f(0) + xf'(\theta(x)x). \qquad ①$$

若 $\theta_1(x) \in (0,1)$, 且 $\theta_1(x) \neq \theta(x)$, 也使①式成立, 即 $f(x) = f(0) + xf'(\theta_1(x)x)$, 则

$$f'(\theta_1(x)x) = f'(\theta(x)x).$$

对 $f'(x)$ 利用 Rolle 定理, 存在介于 $\theta_1(x)x$ 与 $\theta(x)x$ 之间的 δ, 使得 $f''(\delta) = 0$. 此与在 $(-1,1)$ 内 $f''(x) \neq 0$ 矛盾. 因此, $\theta_1(x) = \theta(x)$, 即 $\theta(x)$ 唯一.

(2) 由 Taylor 公式得

$$f(x) = f(0) + f'(0)x + \frac{1}{2}f''(\eta)x^2, \qquad ②$$

其中 η 介于 0 与 x 之间. 比较①式与②式, 可得

$$\theta(x)\frac{f'(\theta(x)x) - f'(0)}{\theta(x)x} = \frac{1}{2}f''(\eta).$$

因为 $\lim\limits_{x\to 0}\dfrac{f'(\theta(x)x) - f'(0)}{\theta(x)x} = f''(0)$, $\lim\limits_{x\to 0}f''(\eta) = \lim\limits_{\eta\to 0}f''(\eta) = f''(0)$, 所以 $\lim\limits_{x\to 0}\theta(x) = \dfrac{1}{2}$.

此题结果表明, 当区间长度趋于零时, Lagrange 中值定理的"中介值" θ 趋于 $\dfrac{1}{2}$, 此即"中介值"的渐近性.

【**例 2.30**】 设在 $(-\infty, +\infty)$ 上 $f''(x) > 0$, 而 $f(0) < 0$. 试证: $\dfrac{f(x)}{x}$ 分别在 $(-\infty, 0)$ 与 $(0, +\infty)$ 上单调增加.

证 对于任意 $x \in (0, +\infty)$, 连续两次利用 Lagrange 中值定理, 有

$$f(x) = f(0) + xf'(\xi) \quad (0 < \xi < x),$$

$$f'(x) - f'(\xi) = f''(\eta)(x - \xi) \quad (\xi < \eta < x),$$

则

$$\left[\frac{f(x)}{x}\right]' = \frac{xf'(x) - f(x)}{x^2} = \frac{xf'(x) - xf'(\xi) - f(0)}{x^2}$$

$$= \frac{1}{x^2}[x(x - \xi)f''(\eta) - f(0)] > 0.$$

故当 $x > 0$ 时, $\dfrac{f(x)}{x}$ 是单调增加函数.

同理可证, $\dfrac{f(x)}{x}$ 在 $(-\infty, 0)$ 上也单调增加.

【**例 2.31**】 设函数 $f(x) = (1+x)^{\frac{1}{x}}, x > 0$. 试确定常数 A, B, C, 使得当 $x \to 0^+$ 时, 有

$$f(x) = Ax^2 + Bx + C + o(x^2).$$

解 利用 Taylor 公式, 有 $\ln(1+x) = x - \dfrac{x^2}{2} + \dfrac{x^3}{3} + o(x^3)$, 所以

$$f(x) = e^{\frac{1}{x}\ln(1+x)} = e^{1 - \frac{x}{2} + \frac{x^2}{3} + o(x^2)} = e \cdot e^{\alpha(x)},$$

其中 $\alpha(x) = -\dfrac{x}{2} + \dfrac{x^2}{3} + o(x^2)$. 易知, 当 $x \to 0^+$ 时, $\alpha(x) \to 0$, 且 $o(\alpha(x)^2) = o(x^2)$.

再次利用泰勒公式，得

$$e^{\alpha(x)} = 1 + \alpha(x) + \frac{\alpha(x)^2}{2} + o\left(\alpha(x)^2\right) = 1 + \alpha(x) + \frac{\alpha(x)^2}{2} + o\left(x^2\right)$$

$$= 1 + \left(-\frac{x}{2} + \frac{x^2}{3} + o\left(x^2\right)\right) + \frac{1}{2}\left(-\frac{x}{2} + \frac{x^2}{3} + o\left(x^2\right)\right)^2 + o\left(x^2\right)$$

$$= 1 - \frac{1}{2}x + \frac{11}{24}x^2 + o\left(x^2\right),$$

$$f(x) = e - \frac{e}{2}x + \frac{11e}{24}x^2 + o\left(x^2\right).$$

因此 $A = \dfrac{11e}{24}, B = -\dfrac{e}{2}, C = e.$

题型三、导数的应用

函数的导数与函数的微分具有广泛的应用，大致可以归纳为下列 4 个方面的问题：

(1) 求不定式极限，主要是利用 L'Hospital 法则、Taylor 公式及导数的定义等；

(2) 证明某些函数关系式，尤其是不等式；

(3) 研究函数的单调性、曲线的凹凸性等，为准确作出函数图形提供科学依据；

(4) 判定函数的极值及函数在区间上的最大值与最小值.

其中第 (1) 个问题已在第 1 章研究过了，这里主要介绍后面三个问题，它们的研究方法有相同之处，都是借助于一阶或者二阶导数来研究函数的某些性态.

1. 求曲线的切线与法线方程

设函数 $f(x)$ 在 $x = x_0$ 处可导，且 $f'(x_0) \neq 0$，则曲线 $y = f(x)$ 在点 $(x_0, f(x_0))$ 处的切线与法线方程分别为

切线方程：$y - f(x_0) = f'(x_0)(x - x_0)$;

法线方程：$y - f(x_0) = -\dfrac{1}{f'(x_0)}(x - x_0)$.

若 $f'(x_0) = 0$，则相应的切线方程为 $y = f(x_0)$，法线方程为 $x = x_0$.

【例 2.32】 设曲线 $y = x^2 + ax + b$ 和 $2y = -1 + xy^3$ 在点 $(1, -1)$ 处相切，试确定 a, b 的值.

解 由假设，两曲线都必须过点 $(1, -1)$，且在该点有公切线. 由 $y' = \left(x^2 + ax + b\right)' = 2x + a$，得曲线 $y = x^2 + ax + b$ 在点 $(1, -1)$ 处的斜率为

$$k_1 = (2x + a)|_{x=1} = 2 + a.$$

由 $(2y)' = \left(-1 + xy^3\right)'$，即 $2y' = y^3 + 3xy^2 y'$，得曲线 $2y = -1 + xy^3$ 在点 $(1, -1)$ 处的斜率为

$$k_2 = \left.\frac{y^3}{2 - 3xy^2}\right|_{\substack{x=1 \\ y=-1}} = 1.$$

因此 $\begin{cases} -1 = 1 + a + b, \\ 2 + a = 1, \end{cases}$ 解得 $a = -1, b = -1$.

【例 2.33】 已知 $f(x)$ 是周期为 5 的连续函数，它在 $x = 0$ 的某个邻域内满足关系式
$$f(1 + \sin x) - 3f(1 - \sin x) = 8x + \alpha(x),$$
其中 $\alpha(x)$ 是当 $x \to 0$ 时比 x 高阶的无穷小，且 $f(x)$ 在 $x = 1$ 处可导. 试求曲线 $y = f(x)$ 在点 $(6, f(6))$ 处的切线方程.

【解】 据题设，$f(1 + \sin x) - 3f(1 - \sin x) = 8x + \alpha(x)$，两边取极限
$$\lim_{x \to 0}[f(1 + \sin x) - 3f(1 - \sin x)] = \lim_{x \to 0}[8x + \alpha(x)],$$
注意到 $f(x)$ 的连续性，可得 $f(1) - 3f(1) = 0$，所以 $f(1) = 0$. 一方面，有
$$\lim_{x \to 0} \frac{f(1 + \sin x) - 3f(1 - \sin x)}{\sin x} = \lim_{x \to 0}\left[\frac{8x}{\sin x} + \frac{\alpha(x)}{x} \cdot \frac{x}{\sin x}\right] = 8;$$
另一方面，设 $\sin x = t$，又可得
$$\lim_{x \to 0} \frac{f(1 + \sin x) - 3f(1 - \sin x)}{\sin x}$$
$$= \lim_{t \to 0} \frac{f(1 + t) - f(1)}{t} + 3\lim_{t \to 0} \frac{f(1 - t) - f(1)}{-t}$$
$$= 4f'(1),$$
所以 $f'(1) = 2$. 由于 $f(x + 5) = f(x)$，所以 $f(6) = f(1) = 0, f'(6) = f'(1) = 2$，故所求的切线方程为 $y - f(6) = 2(x - 6)$，即 $2x - y - 12 = 0$.

2. 讨论函数的单调性，求函数的极值

1) 函数单调性的判定法

设函数 $f(x)$ 在闭区间 $[a, b]$ 上连续，在开区间 (a, b) 内可导，那么

(1) 若在 (a, b) 内恒有 $f'(x) > 0$，则函数 $y = f(x)$ 在 $[a, b]$ 上单调增加；

(2) 若在 (a, b) 内恒有 $f'(x) < 0$，则函数 $y = f(x)$ 在 $[a, b]$ 上单调减少.

2) 确定函数极值的方法

(**方法 1**) 设函数 $f(x)$ 在点 x_0 的一个邻域内可导，且 $f'(x_0) = 0$ 或 $f'(x_0)$ 不存在但 $f(x)$ 在 $x = x_0$ 处连续. 若 $f(x)$ 在点 x_0 的两侧导数异号，则 $f(x_0)$ 是函数 $f(x)$ 的极值，且当导数符号由正变负时 $f(x_0)$ 是极大值，当导数符号由负变正时，$f(x_0)$ 是极小值. 若 $f(x)$ 在点 x_0 的两侧导数同号，则 $f(x_0)$ 不是函数 $f(x)$ 的极值.

(**方法 2**) 设函数 $f(x)$ 在点 x_0 处二阶可导，且 $f'(x_0) = 0$ 而 $f''(x_0) \neq 0$，则当 $f''(x_0) > 0$ 时，$f(x)$ 在 x_0 处取得极小值. 当 $f''(x_0) < 0$ 时，$f(x)$ 在 x_0 处取得极大值.

证明不等式与讨论函数的单调性是两个关系密切的"姊妹"问题,证明不等式往往需要判定函数的单调性,讨论函数的单调性也依赖于不等式的证明. 不仅需要灵活运用各种转化技能, 而且还应注重运用下列几个熟知的不等式:

(1) 当 $x \in \left(0, \dfrac{\pi}{2}\right)$ 时, $\tan x > x$;

(2) 当 $x \in \left(0, \dfrac{\pi}{2}\right)$ 时, $x - \dfrac{x^3}{6} < \sin x < x$;

(3) 当 $x > 0$ 时, $\dfrac{x}{1+x} < \ln(1+x) < x$.

【例 2.34】 证明不等式: $\cos\sqrt{2}x \leqslant -x^2 + \sqrt{1+x^4}, x \in \left(0, \dfrac{\sqrt{2}}{4}\pi\right)$.

解 即证: 当 $x \in \left(0, \dfrac{\sqrt{2}}{4}\pi\right)$ 时, $\left(x^2 + \sqrt{1+x^4}\right)\cos\sqrt{2}x \leqslant 1$.

令 $f(x) = \left(x^2 + \sqrt{1+x^4}\right)\cos\sqrt{2}x$, 则 $f(0) = 1$, 且

$$f'(x) = \left(2x + \dfrac{2x^3}{\sqrt{1+x^4}}\right)\cos\sqrt{2}x - \sqrt{2}\left(x^2 + \sqrt{1+x^4}\right)\sin\sqrt{2}x$$

$$= \sqrt{2}\left(\sqrt{2}x - \sqrt{1+x^4}\tan\sqrt{2}x\right)\left(1 + \dfrac{x^2}{\sqrt{1+x^4}}\right)\cos\sqrt{2}x,$$

根据不等式: 当 $x \in \left(0, \dfrac{\pi}{2}\right)$ 时, $x < \tan x$, 所以 $f'(x) \leqslant 0, x \in \left(0, \dfrac{\sqrt{2}}{4}\pi\right)$. 故 $f(x)$ 在 $\left[0, \dfrac{\sqrt{2}}{4}\pi\right)$ 上单调减少, 因此当 $0 < x < \dfrac{\sqrt{2}}{4}\pi$ 时, $f(x) \leqslant f(0) = 1$, 即 $\cos\sqrt{2}x \leqslant -x^2 + \sqrt{1+x^4}$.

【注】 本题在构造辅助函数之前把和 (或差) 的形式化成了乘积的形式, 有利于确定导数的符号. 在证明不等式时, 这种"和差化积"方法是一种重要的转化技能.

【例 2.35】 证明: 当 $x > 0$ 时, $\ln^2\left(1 + \dfrac{1}{x}\right) < \dfrac{1}{x(1+x)}$.

解 由于 $x > 0$ 时, 有 $\ln\left(1 + \dfrac{1}{x}\right) > 0$, 故可等价地证: 当 $x > 0$ 时, $\ln\left(1 + \dfrac{1}{x}\right) < \dfrac{1}{\sqrt{x(1+x)}}$.

令 $t = \dfrac{1}{x}$, 则上述不等式等价于 $\ln(1+t) < \dfrac{t}{\sqrt{1+t}}(t > 0)$. 故只需证明此不等式.

为此，构造辅助函数 $f(t) = \dfrac{t}{\sqrt{1+t}} - \ln(1+t), t > 0$, 则

$$f'(t) = \dfrac{\sqrt{1+t} - \dfrac{t}{2\sqrt{1+t}}}{1+t} - \dfrac{1}{1+t} = \dfrac{2 + t - 2\sqrt{1+t}}{2(1+t)\sqrt{1+t}} = \dfrac{g(t)}{2(1+t)\sqrt{1+t}},$$

其中 $g(t) = 2 + t - 2\sqrt{1+t}$. 因为 $g'(t) = 1 - \dfrac{1}{\sqrt{1+t}} > 0 (t > 0)$, 所以 $g(t)$ 在 $[0, +\infty)$ 上严格单调递增, 当 $t > 0$ 时, $g(t) > g(0) = 0$, 从而 $f'(t) > 0 (t > 0)$. 因此 $f(t)$ 在 $[0, +\infty)$ 上严格单调递增, 当 $t > 0$ 时, $f(t) > f(0) = 0$. 这就证明了 $\ln(1+t) < \dfrac{t}{\sqrt{1+t}} (t > 0)$. 因此原不等式得证.

【注】 注意到 $f'(t) = \dfrac{1}{1+t}\left(\sqrt{1+t} - 1 - \dfrac{t}{2\sqrt{1+t}}\right) = \dfrac{t}{1+t}\left(\dfrac{1}{\sqrt{1+t}+1} - \dfrac{1}{2\sqrt{1+t}}\right)$, 由此可直接得 $f'(t) > 0\ (t > 0)$. 此外, 根据 $g(t) = (\sqrt{1+t} - 1)^2 > 0\ (t > 0)$, 也可得 $f'(t) > 0\ (t > 0)$.

【例 2.36】 设 $a > 0, b > 0, a + b = 1$. 证明: $a^b + b^a \leqslant \sqrt{a} + \sqrt{b} \leqslant a^a + b^b$.

【分析】 注意到 a, b 的对称性及 $a + b = 1$, 故可设 $0 < a \leqslant \dfrac{1}{2} \leqslant b < 1$. 只需适当变换不等式中的参数, 就可与函数的单调性联系起来.

证 不妨设 $0 < a \leqslant \dfrac{1}{2} \leqslant b < 1$, 考虑函数 $f(x) = a^x + b^{1-x}$, 如能证明 $f(x)$ 在区间 $(0, b]$ 上单调递减, 则有 $f(b) \leqslant f\left(\dfrac{1}{2}\right) \leqslant f(a)$, 不等式得证. 因为 $f'(x) = \ln a \cdot a^x - \ln b \cdot b^{1-x}$, 且

$$f''(x) = (\ln a)^2 \cdot a^x + (\ln b)^2 \cdot b^{1-x} > 0,$$

所以 $f'(x)$ 在 $(0, b]$ 上严格单调递增, 由此得 $f'(x) < f'(b)$. 欲证 $f'(x) < 0$, 只需证 $f'(b) \leqslant 0$, 即证 $\ln a \cdot a^b \leqslant \ln b \cdot b^{1-b}$, 这又等价于证 $\dfrac{\ln a^a}{a^a} \leqslant \dfrac{\ln b^b}{b^b}$.

易知 $\dfrac{\ln x}{x}$ 是 $(0, e]$ 上的单调增函数, 问题归结为证 $0 < a^a \leqslant b^b \leqslant e$, 这等价于证 $\dfrac{\ln a}{1-a} \leqslant \dfrac{\ln b}{1-b}$.

为此, 令 $g(x) = \dfrac{\ln x}{1-x}\ (0 < x < 1)$, 则 $g'(x) = \dfrac{1}{(1-x)^2}\left(\dfrac{1}{x} - 1 + \ln x\right)$. 利用熟知的不等式: $\ln(1+t) < t (t > 0)$, 令 $t = \dfrac{1}{x} - 1$, 得

$$g'(x) = \dfrac{1}{(1-x)^2}\left[\dfrac{1}{x} - 1 - \ln\left(1 + \left(\dfrac{1}{x} - 1\right)\right)\right] > 0,$$

所以 $g(x)$ 在 $(0,1)$ 上单调递增, 故当 $0 < a \leqslant b < 1$ 时, 有 $\dfrac{\ln a}{1-a} \leqslant \dfrac{\ln b}{1-b}$. 综合上述即得所证.

【例 2.37】 设函数 $y = f(x)$ 由方程 $y^3 + xy^2 + x^2y + 6 = 0$ 确定, 求 $f(x)$ 的极值.

解 对方程两端关于 x 求导, 得
$$3y^2 y' + y^2 + 2xyy' + 2xy + x^2 y' = 0,$$
即
$$(2x+y)y + \left(x^2 + 2xy + 3y^2\right) y' = 0. \qquad \text{①}$$

令 $y' = 0$, 解得 $y = -2x$ 或 $y = 0$ (不适合方程, 舍去).

将 $y = -2x$ 代入原方程得 $-6x^3 + 6 = 0$, 解得 $f(x)$ 的驻点 $x = 1$ 及函数值 $f(1) = -2$.

进一步, 再对①式两端关于 x 求导, 得
$$\left(x^2 + 2xy + 3y^2\right) y'' + 2(x+3y)\left(y'\right)^2 + 4(x+y)y' + 2y = 0.$$

将 $x=1, y=-2$ 及 $y'=0$ 一并代入上式, 解得 $y''|_{(1,-2)} = f''(1) = \dfrac{4}{9} > 0$.

因此, $x = 1$ 是函数 $f(x)$ 的极小值点, 且极小值 $f(1) = -2$.

【例 2.38】 设函数 $f(x)$ 在区间 I 上有定义, 若实数 $x_0 \in I$ 满足 $f(x_0) = x_0$, 则称 x_0 为 $f(x)$ 在区间 I 上的一个不动点. 问: 函数 $f(x) = 3x^2 + \dfrac{1}{x^2} - \dfrac{18}{25}$ 在区间 $(0, +\infty)$ 上是否有不动点? 若有, 则求出所有不动点; 若没有, 则请阐述理由.

解 显然, $f(x) = 3x^2 + \dfrac{1}{x^2} - \dfrac{18}{25}$ 在 $(0, +\infty)$ 上的不动点即 $g(x) = 3x^2 + \dfrac{1}{x^2} - x - \dfrac{18}{25}$ 在 $(0, +\infty)$ 上的零点. 因为
$$g'(x) = 6x - \dfrac{2}{x^3} - 1, \quad g'\left(\dfrac{1}{2}\right) = -14 < 0, \quad g'(1) = 3 > 0, \quad g''(x) = 6 + \dfrac{6}{x^4} > 0,$$

所以 $g'(x)$ 在 $(0, +\infty)$ 上有唯一零点 $x_0 \in \left(\dfrac{1}{2}, 1\right)$ 且为 $g(x)$ 的极小值点. 于是 $g(x)$ 在 $(0, +\infty)$ 上的最小值为
$$\min_{0 < x < +\infty} g(x) = g(x_0) = 3x_0^2 + \left(\dfrac{1}{x_0^2} - x_0\right) - \dfrac{18}{25} > \dfrac{3}{4} - \dfrac{18}{25} = \dfrac{3}{100} > 0,$$

这表明 $g(x)$ 在区间 $(0, +\infty)$ 上没有零点. 因此, $f(x)$ 在 $(0, +\infty)$ 上不存在不动点.

【例 2.39】 设 $f(x)$ 对于一切实数 x 满足方程 $xf''(x) + 3x\left[f'(x)\right]^2 = 1 - \mathrm{e}^{-x}$, 且 $f''(x)$ 连续.

(1) 如果 $f(x)$ 在点 $x = c\,(c \neq 0)$ 处有极值, 证明它是极小值.

(2) 如果 $f(x)$ 在点 $x=0$ 处有极值, 它是极小值还是极大值?

证 (1) 如果 $f(x)$ 在 $x=c\,(c\neq 0)$ 处有极值, 则 $f'(c)=0$, 由所给方程得 $f''(c)=\dfrac{1-\mathrm{e}^{-c}}{c}$. 因为无论 $c>0$ 还是 $c<0$ 均有 $f''(c)>0$, 故 $f(x)$ 在 $x=c$ 处取极小值.

(2) 若 $f(x)$ 在 $x=0$ 处有极值, 则 $f'(0)=0$, 利用 $f''(x)$ 在 $x=0$ 处的连续性, 得

$$f''(0)=\lim_{x\to 0}f''(x)=\lim_{x\to 0}\left[\dfrac{1-\mathrm{e}^{-x}}{x}-3(f'(x))^2\right]=1>0.$$

因此, 如果 $f(x)$ 在点 $x=0$ 处有极值, 那么它必是极小值.

【例 2.40】 设 $f(x)=a|\cos x|+b|\sin x|$ 在 $x=-\dfrac{\pi}{3}$ 处取得极小值, 且 $\displaystyle\int_{-\frac{\pi}{2}}^{\frac{\pi}{2}}(f(x))^2\mathrm{d}x=2$. 试求常数 a,b 的值.

解 注意到 $f(x)$ 是偶函数, 所以题设条件等价于 $f(x)=a\cos x+b\sin x$ 在 $x=\dfrac{\pi}{3}$ 处取得极小值, 且 $\displaystyle\int_0^{\frac{\pi}{2}}(f(x))^2\mathrm{d}x=1$, 即

$$1=\int_0^{\frac{\pi}{2}}(a\cos x+b\sin x)^2\mathrm{d}x=(a^2+b^2)\dfrac{\pi}{4}+ab. \qquad ①$$

因为 $x=\dfrac{\pi}{3}$ 是 $f(x)$ 的极小值点, 所以 $f'\left(\dfrac{\pi}{3}\right)=0, f''\left(\dfrac{\pi}{3}\right)\geqslant 0$. 由此得

$$-a\sin\dfrac{\pi}{3}+b\cos\dfrac{\pi}{3}=0,\quad 即\quad b=\sqrt{3}a; \qquad ②$$

$$-a\cos\dfrac{\pi}{3}-b\sin\dfrac{\pi}{3}\geqslant 0,\quad 即\quad a+\sqrt{3}b\leqslant 0. \qquad ③$$

联立①, ② 两式解得 $a^2=\dfrac{1}{\sqrt{3}+\pi}$. 由②, ③ 两式可知 $a<0, b<0$, 因此

$$a=-\sqrt{\dfrac{1}{\sqrt{3}+\pi}},\quad b=-\sqrt{\dfrac{3}{\sqrt{3}+\pi}}.$$

【例 2.41】 试在区间 $[0,\pi]$ 上研究方程 $\sin^3 x\cos x=a\,(a>0)$ 的实根的个数.

解 设 $f(x)=\sin^3 x\cos x-a$, 则 $f(0)=f(\pi)=-a<0$, 且

$$f'(x)=\sin^2 x(2\cos 2x+1),\quad f''(x)=\sin 2x(4\cos 2x-1).$$

令 $f'(x)=0$, 解得 $f(x)$ 在 $(0,\pi)$ 内的驻点为 $x=\dfrac{\pi}{3}$ 与 $x=\dfrac{2\pi}{3}$. 由于 $f''\left(\dfrac{\pi}{3}\right)<0$, $f''\left(\dfrac{2\pi}{3}\right)>0$, 可见, $f\left(\dfrac{\pi}{3}\right)=\dfrac{3\sqrt{3}}{16}-a$ 是极大值, $f\left(\dfrac{2\pi}{3}\right)=-\dfrac{3\sqrt{3}}{16}-a$ 是极小值. 因此,

当 $a < \dfrac{3\sqrt{3}}{16}$ 时, 方程有两根, 分别位于区间 $\left(0, \dfrac{\pi}{3}\right)$ 与 $\left(\dfrac{\pi}{3}, \dfrac{2\pi}{3}\right)$ 内;

当 $a = \dfrac{3\sqrt{3}}{16}$ 时, 方程仅有一根 $x_0 = \dfrac{\pi}{3}$;

当 $a > \dfrac{3\sqrt{3}}{16}$ 时, 方程无根.

3. 判定曲线的凹凸性, 求曲线的拐点

1) 判定曲线的凹凸性

设函数 $f(x)$ 在 $[a,b]$ 上连续, 在 (a,b) 内具有一阶和二阶导数, 那么

(1) 若在 (a,b) 内 $f''(x) > 0$, 则曲线 $y = f(x)$ 在 $[a,b]$ 上是 (向上) 凹的;

(2) 若在 (a,b) 内 $f''(x) < 0$, 则曲线 $y = f(x)$ 在 $[a,b]$ 上是 (向上) 凸的.

2) 求曲线的拐点

设 x_0 是 $f(x)$ 的一个使得 $f''(x_0) = 0$ 或 $f''(x_0)$ 不存在的点, 若在点 x_0 的两侧 $f''(x)$ 异号, 则 $(x_0, f(x_0))$ 是曲线 $y = f(x)$ 的一个拐点.

例如, 曲线 $y = \begin{cases} e^{\frac{1}{x}}, & x < 0, \\ (3-x)\sqrt{x}, & x \geqslant 0 \end{cases}$ 在区间 $\left(-\infty, -\dfrac{1}{2}\right]$ 与 $[0, +\infty)$ 上是凸的, 在区间 $\left[-\dfrac{1}{2}, 0\right]$ 上是凹的; 有两个拐点 $\left(-\dfrac{1}{2}, e^{-2}\right)$ 和 $(0, 0)$.

【例 2.42】 设函数 $y = y(x)$ 由参数方程 $\begin{cases} x = \dfrac{1}{3}t^3 + t + \dfrac{1}{3}, \\ y = \dfrac{1}{3}t^3 - t + \dfrac{1}{3} \end{cases}$ 确定, 求 $y = y(x)$ 的极值和曲线 $y = y(x)$ 的凹凸区间及拐点.

解 易知, $y'(x) = \dfrac{t^2 - 1}{t^2 + 1}, y''(x) = \dfrac{4t}{(t^2 + 1)^3}$.

令 $y'(x) = 0$, 得 $t = \pm 1$. 当 $t = 1$ 时, $x = \dfrac{5}{3}, y = -\dfrac{1}{3}$, 且 $y'' > 0$, 所以 $y = -\dfrac{1}{3}$ 是函数 $y = y(x)$ 的极小值; 当 $t = -1$ 时, $x = -1, y = 1$, 且 $y'' < 0$, 所以 $y = 1$ 是 $y = y(x)$ 的极大值.

令 $y''(x) = 0$, 得 $t = 0$, 此时 $x = y = \dfrac{1}{3}$. 当 $t < 0$ 时, $x < \dfrac{1}{3}, y'' < 0$; 当 $t > 0$ 时, $x > \dfrac{1}{3}, y'' > 0$. 所以曲线 $y = y(x)$ 在区间 $\left(-\infty, \dfrac{1}{3}\right)$ 上是凸的, 在 $\left(\dfrac{1}{3}, +\infty\right)$ 上是凹的, $\left(\dfrac{1}{3}, \dfrac{1}{3}\right)$ 为拐点.

【例 2.43】 设 $f(x)$ 在区间 $(-\pi, \pi)$ 内二阶连续可导, 且满足

$$f''(x)\sin^2 x - [f'(x)]^2 = \dfrac{1}{3}xg(x),$$

其中 $g(x)$ 为连续函数, 满足当 $x \neq 0$ 时, $\dfrac{g(x)}{x} > 0$, 且 $\lim\limits_{x \to 0} \dfrac{g(x)}{x} = \dfrac{3}{4}$. 证明:

(1) 点 $x = 0$ 是 $f(x)$ 在区间 $(-\pi, \pi)$ 内唯一的极值点, 且是极小值点;

(2) 曲线 $y = f(x)$ 在区间 $(-\pi, \pi)$ 内是向上凹的.

解 (1) 显然 $f'(0) = 0$, 即 $x = 0$ 是 $f(x)$ 在 $(-\pi, \pi)$ 内的驻点. 根据 $f''(x)$ 的连续性, 有

$$f''(0) = \lim_{x \to 0} f''(x) = \lim_{x \to 0} \left[\left(\frac{f'(x) - f'(0)}{x - 0} \right)^2 + \frac{1}{3} \frac{g(x)}{x} \right] \left(\frac{x}{\sin x} \right)^2$$

$$= [f''(0)]^2 + \frac{1}{4},$$

解得 $f''(0) = \dfrac{1}{2} > 0$, 所以 $x = 0$ 是 $f(x)$ 的极小值点.

进一步, 当 $x \neq 0$ 时, $f''(x) = \left[\left(\dfrac{f'(x)}{x} \right)^2 + \dfrac{1}{3} \dfrac{g(x)}{x} \right] \left(\dfrac{x}{\sin x} \right)^2 > 0$, 所以 $f'(x)$ 在 $(-\pi, \pi)$ 内严格单调增加. 因此, $x = 0$ 是 $f(x)$ 在区间 $(-\pi, \pi)$ 内的唯一驻点, 因而是唯一的极值点.

(2) 根据 (1) 的证明过程可知, 当 $x \in (-\pi, \pi)$ 时, 恒有 $f''(x) > 0$, 所以曲线 $y = f(x)$ 在区间 $(-\pi, \pi)$ 内是向上凹的.

4. 曲线的渐近线

研究函数的性质离不开描绘函数的图形, 这可大致归纳为三点: 明确定义域, 抓住两点一线 (即极值点、拐点、渐近线), 补充特殊点 (例如: 曲线与 x 轴或者 y 轴的交点等).

曲线 $y = f(x)$ 的三种类型的渐近线:

(1) 若 $\lim\limits_{x \to x_0} f(x) = \infty$, 则直线 $x = x_0$ 是曲线的铅直渐近线;

(2) 若 $\lim\limits_{x \to \infty} f(x) = A$, 则直线 $y = A$ 是曲线的水平渐近线;

(3) 若 $\lim\limits_{x \to \infty} \dfrac{f(x)}{x} = a, \lim\limits_{x \to \infty} [f(x) - ax] = b$, 则直线 $y = ax + b$ 是曲线的斜渐近线.

【例 2.44】 下列曲线中有渐近线的是 (   ).

(A) $y = x + \sin x$ (B) $y = x^2 + \sin x$ (C) $y = x + \sin \dfrac{1}{x}$ (D) $y = x^2 + \sin \dfrac{1}{x}$

解 应选 (C). 根据定义, 容易判断各选项给出的曲线都没有水平渐近线与铅直渐近线. 故只需考虑斜渐近线. 但由于 $\lim\limits_{x \to \infty} \dfrac{y}{x} = \lim\limits_{x \to \infty} \dfrac{x^2 + \sin x}{x} = \infty, \lim\limits_{x \to \infty} \dfrac{y}{x} = \lim\limits_{x \to \infty} \dfrac{x^2 + \sin \dfrac{1}{x}}{x} = \infty$, 所以 (B)、(D) 都可以排除.

进一步, 对于 (A), 由于 $a = \lim\limits_{x \to \infty} \dfrac{y}{x} = \lim\limits_{x \to \infty} \dfrac{x + \sin x}{x} = 1, b = \lim\limits_{x \to \infty} (y - ax) = \lim\limits_{x \to \infty} \sin x$ 不存在, 故可排除 (A). 因此, 只有 (C) 是可能的正确选项. 事实上, 由于

$$a = \lim_{x \to \infty} \frac{y}{x} = \lim_{x \to \infty} \frac{x + \sin \frac{1}{x}}{x} = 1, \quad b = \lim_{x \to \infty} (y - ax) = \lim_{x \to \infty} \sin \frac{1}{x} = 0,$$

所以曲线 $y = x + \sin \frac{1}{x}$ 有斜渐近线 $y = x$. 故应选 (C).

【例 2.45】 求曲线 $y = \dfrac{x^3}{(x+1)^2}$ 的渐近线.

解 因为 $\lim\limits_{x \to -1} \dfrac{x^3}{(x+1)^2} = -\infty$, 所以 $x = -1$ 是曲线的铅直渐近线; 又易知 $\lim\limits_{x \to \infty} \dfrac{x^3}{(x+1)^2} = \infty$, 所以曲线无水平渐近线.

此外, 因为

$$a = \lim_{x \to \infty} \frac{y}{x} = \lim_{x \to \infty} \frac{x^2}{(x+1)^2} = 1, \quad b = \lim_{x \to \infty} (y - ax) = \lim_{x \to \infty} \frac{-2x^2 - x}{(x+1)^2} = -2.$$

所以 $y = x - 2$ 是曲线的斜渐近线.

作为练习, 请读者进一步讨论函数 $y = \dfrac{x^3}{(x+1)^2}$ 的性态, 并作出它的图形.

5. 求曲线的曲率、曲率半径、曲率中心

【例 2.46】 求心形线 $r = a(1 + \cos \varphi) \, (a > 0)$ 在点 $M\left(\dfrac{\pi}{2}, a\right)$ 处的曲率.

解 由直角坐标与极坐标的关系 $x = r \cos \varphi, y = r \sin \varphi$, 可得心形线的参数方程为

$$\begin{cases} x = a(1 + \cos \varphi) \cos \varphi, \\ y = a(1 + \cos \varphi) \sin \varphi, \end{cases}$$

其中 φ 为参数. 根据参数方程求导法则, 得

$$\frac{dy}{dx} = \frac{y_\varphi'}{x_\varphi'} = \frac{\cos \varphi + \cos 2\varphi}{-\sin \varphi - \sin 2\varphi} = -\cot \frac{3\varphi}{2},$$

$$\frac{d^2 y}{dx^2} = \frac{d}{dx}\left(\frac{dy}{dx}\right) = \frac{d}{d\varphi}\left(\frac{dy}{dx}\right) \cdot \frac{d\varphi}{dx} = \frac{d}{d\varphi}\left(-\cot \frac{3\varphi}{2}\right) \cdot \frac{1}{x_\varphi'}$$

$$= \frac{\frac{3}{2} \csc^2 \frac{3\varphi}{2}}{-2a \sin \frac{3\varphi}{2} \cos \frac{\varphi}{2}} = -\frac{3}{4a \sin^3 \frac{3\varphi}{2} \cos \frac{\varphi}{2}}.$$

故在点 $M\left(\dfrac{\pi}{2}, a\right)$ 处, $\left.\dfrac{dy}{dx}\right|_{\varphi = \frac{\pi}{2}} = \left.-\cot \dfrac{3\varphi}{2}\right|_{\varphi = \frac{\pi}{2}} = 1,$

$$\left.\frac{d^2 y}{dx^2}\right|_{\varphi = \frac{\pi}{2}} = \left.-\frac{3}{4a \sin^3 \frac{3\varphi}{2} \cos \frac{\varphi}{2}}\right|_{\varphi = \frac{\pi}{2}} = \frac{3}{a}.$$

因此, 曲线在点 M 处的曲率为

$$K = \frac{|y''|}{\sqrt{\left[1+(y')^2\right]^3}} = \frac{\frac{3}{a}}{\sqrt{(1+1^2)^3}} = \frac{3}{2\sqrt{2}a}.$$

【例 2.47】 经过正弦曲线 $y = \sin x$ 上的点 $M\left(\frac{\pi}{2}, 1\right)$ 作一抛物线 $y = ax^2 + bx + c$, 使抛物线与正弦曲线在 M 点具有相同的曲率和凹向, 并写出 M 点处两曲线的公共曲率圆的方程.

解 曲线 $y = f(x)$ 在点 (x, y) 处的曲率、曲率半径和曲率中心的坐标依次为

$$K = \frac{|y''|}{\sqrt{\left[1+(y')^2\right]^3}}, \quad \rho = \frac{1}{K}, \quad \begin{cases} \alpha = x - \dfrac{y'\left[1+(y')^2\right]}{y''}, \\ \beta = y + \dfrac{1+(y')^2}{y''}. \end{cases}$$

对于曲线 $y = \sin x$, 有 $y'|_{x=\frac{\pi}{2}} = \cos x|_{x=\frac{\pi}{2}} = 0$, $y''|_{x=\frac{\pi}{2}} = (-\sin x)|_{x=\frac{\pi}{2}} = -1$.

显然, 欲使抛物线 $y = ax^2 + bx + c$ 在点 $M\left(\frac{\pi}{2}, 1\right)$ 处与正弦曲线 $y = \sin x$ 具有相同的曲率和凹向, 只需相应的函数在该点的横坐标 $x = \frac{\pi}{2}$ 处具有相同的一阶导数和二阶导数就行了. 而 $y = ax^2 + bx + c, y' = 2ax + b, y'' = 2a$, 由此得

$$1 = \frac{\pi^2}{4}a + \frac{\pi}{2}b + c, \quad 2a \cdot \frac{\pi}{2} + b = 0, \quad 2a = -1.$$

解此方程组得 $a = -\frac{1}{2}, b = \frac{\pi}{2}, c = 1 - \frac{\pi^2}{8}$, 故所求抛物线的方程为

$$y = -\frac{1}{2}x^2 + \frac{\pi}{2}x + 1 - \frac{\pi^2}{8}.$$

易知, 两曲线在点 $M\left(\frac{\pi}{2}, 1\right)$ 处的曲率中心为 $\left(\frac{\pi}{2}, 0\right)$, 曲率半径为 $\rho = 1$, 故所求曲率圆的方程为 $\left(x - \frac{\pi}{2}\right)^2 + y^2 = 1$.

6. 确定函数的最大值与最小值

确定连续函数的最大值与最小值, 实际上是求解一种最基本的最优化问题. 在高等数学中, 这类问题有如下三种题型.

(1) 求函数 $f(x)$ 在闭区间 $[a, b]$ 上的最大值与最小值. 其方法是: 求出 $f(x)$ 在开区间 (a, b) 内的全部极值以及在区间端点处的值 $f(a), f(b)$, 则其中最大 (小) 者即是 $f(x)$ 在 $[a, b]$ 上的最大 (小) 值.

(2) 函数在所考虑的区间 (可以是开、闭、半开半闭、有限、无穷等各种形式的区间) 内仅仅只有一个驻点, 并且能确定函数在该点取得极大 (小) 值, 因而也是函数在整个区间上的最大 (小) 值.

(3) 应用问题. 若由问题本身可以断定所建立的函数一定存在最大 (小) 值, 而极值点又只有一个, 则函数在该极值点处的值就是最大 (小) 值.

需要指出的是, 第 2 种类型的题往往也是应用问题, 应注意它与第 3 种类型的题的区别. 此外, 这两类题都需要建立目标函数, 除了涉及几何、物理等方面的知识外, 还常与各种形式的积分联系在一起, 因此, 具有较强的综合性.

【例 2.48】 试求曲线 $y = x^2(x > 0)$ 的切线, 使之与该曲线、直线 $y = 0$ 及 $y = 2$ 所围成的平面图形的面积最小.

解 设切点为 (a, a^2) $(0 < a < +\infty, a$ 待定$)$, 则切线方程为

$$y = a^2 + 2a(x - a) = 2ax - a^2.$$

该切线与曲线 $y = x^2$、直线 $y = 0$ 及 $y = 2$ 所围成的平面图形的面积为

$$S(a) = \int_0^2 \left(\frac{y + a^2}{2a} - \sqrt{y} \right) dy = \frac{1}{a} + a - \frac{4\sqrt{2}}{3} \quad (0 < a < +\infty).$$

由 $S'(a) = 1 - \dfrac{1}{a^2} = 0$ 解得 $a = 1$. 而 $S''(1) = 2 > 0$, 故 $S(a)$ 在 $a = 1$ 处取得极小值.

由于 $a = 1$ 是 $S(a)$ 在 $(0, +\infty)$ 内的唯一驻点, 且为极小点, 所以函数 $S(a)$ 在 $a = 1$ 处取得最小值.

因此, 所求切线方程为 $y = 2x - 1$.

【例 2.49】 设函数 $f(x) = \ln x + \dfrac{1}{x}$.

(1) 求 $f(x)$ 的最小值;

(2) 设数列 $\{x_n\}$ 满足 $\ln x_n + \dfrac{1}{x_{n+1}} < 1$. 证明 $\lim\limits_{n \to \infty} x_n$ 存在, 并求此极限.

解 (1) 显然 $f(x)$ 在其定义区间 $(0, +\infty)$ 上连续. $f'(x) = \dfrac{1}{x} - \dfrac{1}{x^2}$. 令 $f'(x) = 0$, 解得 $f(x)$ 的唯一驻点 $x = 1$.

又 $f''(1) = \left. \dfrac{2 - x}{x^3} \right|_{x=1} = 1 > 0$, 所以 $f(1) = 1$ 是 $f(x)$ 的唯一极小值, 因而是最小值.

(2) 由题设条件及 (1) 的结果, 有

$$\ln x_n + \frac{1}{x_{n+1}} < 1 = f(1) \leqslant f(x_n) = \ln x_n + \frac{1}{x_n},$$

故 $x_{n+1} > x_n$, 即 $\{x_n\}$ 单调增加.

再由题设条件, $\ln x_n + \dfrac{1}{x_{n+1}} < 1$, 知 $\ln x_n < 1$, 有 $x_n < e$. 所以 $\{x_n\}$ 有上界. 根据单调有界准则, 可知 $\lim\limits_{n\to\infty} x_n$ 存在.

设 $\lim\limits_{n\to\infty} x_n = a$, 则 $a \geqslant x_1 > 0$. 再由 $\ln x_n + \dfrac{1}{x_{n+1}} < 1$ 及极限的保号性, 得 $\ln a + \dfrac{1}{a} \leqslant 1$. 又 $\ln a + \dfrac{1}{a} = f(a) \geqslant 1$, 所以 $\ln a + \dfrac{1}{a} = 1$. 由此解得 $a = 1$, 即 $\lim\limits_{n\to\infty} x_n = 1$.

【例 2.50】 设函数 $f(x) = \max\limits_{0 \leqslant y \leqslant 1} \dfrac{|x-y|}{x+y+1}, 0 \leqslant x \leqslant 1$. 求 $f(x)$ 在 $[0,1]$ 上的最大值与最小值.

解 任意固定 $x \in (0,1)$, 分别考虑 $\dfrac{|x-y|}{x+y+1}$ 在区间 $[0,x], [x,1]$ 上的最大值.

当 $0 \leqslant y \leqslant x$ 时, $\dfrac{|x-y|}{x+y+1} = \dfrac{x-y}{x+y+1} = \dfrac{2x+1}{x+y+1} - 1$ 关于 y 单调减少, 所以
$$\max_{0 \leqslant y \leqslant x} \dfrac{|x-y|}{x+y+1} = \dfrac{x-y}{x+y+1}\bigg|_{y=0} = \dfrac{x}{x+1};$$

当 $x \leqslant y \leqslant 1$ 时, $\dfrac{|x-y|}{x+y+1} = \dfrac{y-x}{x+y+1} = 1 - \dfrac{2x+1}{x+y+1}$ 关于 y 单调增加, 所以
$$\max_{x \leqslant y \leqslant 1} \dfrac{|x-y|}{x+y+1} = \dfrac{y-x}{x+y+1}\bigg|_{y=1} = \dfrac{1-x}{x+2}.$$

注意到
$$\dfrac{x}{x+1} \leqslant \dfrac{1-x}{x+2} \Leftrightarrow \left(x + \dfrac{1}{2}\right)^2 \leqslant \dfrac{3}{4} \Leftrightarrow 0 \leqslant x \leqslant \dfrac{\sqrt{3}-1}{2},$$

因此, $f(x)$ 可用分段函数表示为
$$f(x) = \begin{cases} \dfrac{1-x}{x+2}, & 0 \leqslant x \leqslant \dfrac{\sqrt{3}-1}{2}, \\ \dfrac{x}{x+1}, & \dfrac{\sqrt{3}-1}{2} < x \leqslant 1. \end{cases}$$

利用导数方法易知, 当 $0 \leqslant x \leqslant \dfrac{\sqrt{3}-1}{2}$ 时, $f(x) = \dfrac{1-x}{x+2}$ 单调减少; 当 $\dfrac{\sqrt{3}-1}{2} \leqslant x \leqslant 1$ 时, $f(x) = \dfrac{x}{x+1}$ 单调增加. 又 $f(0) = f(1) = \dfrac{1}{2}, f\left(\dfrac{\sqrt{3}-1}{2}\right) = \dfrac{\sqrt{3}-1}{\sqrt{3}+1}$, 因此 $f(x)$ 在 $[0,1]$ 上的最大值为 $\dfrac{1}{2}$, 最小值为 $\dfrac{\sqrt{3}-1}{\sqrt{3}+1}$.

【例 2.51】 求使得不等式 $\left(1+\dfrac{1}{n}\right)^{n+\alpha} \leqslant e \leqslant \left(1+\dfrac{1}{n}\right)^{n+\beta}$ 对所有正整数 n 都成立的最大的数 α 与最小的数 β.

【分析】 显然,当 $n \geqslant 1$ 时,所给不等式等价于: $\alpha \leqslant \dfrac{1}{\ln\left(1+\dfrac{1}{n}\right)} - n \leqslant \beta$. 令 $x = \dfrac{1}{n}$,则 $0 < x \leqslant 1$. 故所给不等式又等价于 $\alpha \leqslant \dfrac{1}{\ln(1+x)} - \dfrac{1}{x} \leqslant \beta \ (0 < x \leqslant 1)$.

解 首先,利用 L'Hospital 法则,得 $\lim\limits_{x \to 0^+}\left(\dfrac{1}{\ln(1+x)} - \dfrac{1}{x}\right) = \dfrac{1}{2}$. 令

$$f(x) = \begin{cases} \dfrac{1}{\ln(1+x)} - \dfrac{1}{x}, & 0 < x \leqslant 1, \\ \dfrac{1}{2}, & x = 0, \end{cases}$$

则问题转化为求函数 $f(x)$ 在 $[0,1]$ 上的最小值 α 与最大值 β.

易知,$f(x)$ 在 $[0,1]$ 上连续,在 $(0,1)$ 内可导,且

$$f'(x) = -\dfrac{1}{(1+x)\ln^2(1+x)} + \dfrac{1}{x^2} = \dfrac{g(x)}{x^2(1+x)\ln^2(1+x)},$$

其中 $g(x) = (1+x)\ln^2(1+x) - x^2$. 因为 $g'(x) = \ln^2(1+x) + 2\ln(1+x) - 2x$,且

$$g''(x) = \dfrac{2\ln(1+x)}{1+x} + \dfrac{2}{1+x} - 2 = \dfrac{2\ln(1+x) - 2x}{1+x} < 0 \quad (0 < x \leqslant 1),$$

所以 $g'(x)$ 在 $[0,1]$ 上单调递减,故当 $0 < x \leqslant 1$ 时,$g'(x) < g'(0) = 0$. 这又推出 $g(x)$ 在 $[0,1]$ 上单调递减,故当 $0 < x \leqslant 1$ 时,$g(x) < g(0) = 0$. 从而 $f'(x) < 0 \ (0 < x \leqslant 1)$,又可推出 $f(x)$ 在 $[0,1]$ 上单调递减. 因此,$\min\limits_{0 \leqslant x \leqslant 1} f(x) = f(1) = \dfrac{1}{\ln 2} - 1$,$\max\limits_{0 \leqslant x \leqslant 1} f(x) = f(0) = \dfrac{1}{2}$.

于是,使得所给不等式对所有正整数 n 都成立的最大的数 $\alpha = \dfrac{1}{\ln 2} - 1$,最小的数 $\beta = \dfrac{1}{2}$.

【注】 这里,本质上是证明了不等式:当 $0 < x < 1$ 时,有

$$\dfrac{1}{\ln 2} - 1 < \dfrac{1}{\ln(1+x)} - \dfrac{1}{x} < \dfrac{1}{2}.$$

题型四、介值问题的论证方法

所谓"介值问题",即如果函数 $f(x)$ 在有限或无穷区间 (a,b) 上具有连续、可微等特性,那么在 (a,b) 内,必然至少存在 (或只存在) 一点 ξ,使得在 $x = \xi$ 处具有用关于 $f(\xi)$ 或 $f^{(n)}(\xi)$ 的等式或不等式描述的某种特性. 解答这类问题,主要是利用闭区间上连续函数的性质定理、微分中值定理 (包括 Rolle 定理、Lagrange 中值定理、Cauchy 中值定理、Taylor 定理)、积分中值定理以及函数的单调性等, 有时还必须构造适当的辅助函数.

1. 确定函数的零点 (方程的根)

证明的方法有三: 一是利用闭区间上连续函数的介值定理; 二是利用 Rolle 定理; 三是利用 Fermat 定理. 对于所论证的问题, 在确定了利用其中某个定理之后, 为了检验这个定理的条件成立, 往往还需借助其他定理.

【例 2.52】 试证明: 方程 $\sin^2(\pi x) = x$ 有且仅有三个实数根.

证 构造函数 $f(x) = \sin^2(\pi x) - x$, 则 $f(x)$ 在区间 $[0,1]$ 上连续, $f(0) = 0$, 且

$$f\left(\frac{1}{4}\right) = \frac{1}{4}, \quad f\left(\frac{1}{2}\right) = \frac{1}{2}, \quad f\left(\frac{3}{4}\right) = -\frac{1}{4}, \quad f(1) = -1.$$

又根据 Jordan(若尔当) 不等式: $\sin x < x \left(0 < x < \dfrac{\pi}{2}\right)$, 有

$$f\left(\frac{1}{10}\right) = \sin^2 \frac{\pi}{10} - \frac{1}{10} < \left(\frac{\pi}{10}\right)^2 - \frac{1}{10} = \frac{\pi^2 - 10}{100} < 0.$$

所以 $f(x)$ 至少在 $\left(\dfrac{1}{10}, \dfrac{1}{4}\right)$, $\left(\dfrac{1}{2}, \dfrac{3}{4}\right)$ 内各有一零点, 因此 $f(x)$ 至少有三个实数根.

进一步, 如果 $f(x)$ 还有第四个实数根, 那么就只能位于 $(0,1)$ 内. 根据 Rolle 定理, $f'(x)$ 在 $(0,1)$ 内至少有三个零点.

另一方面, $f'(x) = \pi \sin(2\pi x) - 1$, 显然 $f'(x)$ 在 $\left(0, \dfrac{1}{2}\right)$ 内只有两个零点, 当 $\dfrac{1}{2} \leqslant x < 1$ 时, $f'(x) < 0$, 矛盾.

综上所述, 方程 $\sin^2(\pi x) = x$ 有且仅有三个实数根.

【例 2.53】 设函数 $f(x)$ 和 $g(x)$ 在区间 $[a,b]$ 上二阶可导, 并且 $g''(x) \neq 0, f(a) = f(b) = g(a) = g(b) = 0$. 试证:

(1) 在开区间 (a,b) 内, $g(x) \neq 0$;

(2) 在开区间 (a,b) 内, 至少存在一点 ξ, 使 $\dfrac{f(\xi)}{g(\xi)} = \dfrac{f''(\xi)}{g''(\xi)}$.

证 (1) 用反证法. 若存在点 $c \in (a,b)$, 使 $g(c) = 0$, 则对 $g(x)$ 在 $[a,c]$ 和 $[c,b]$ 上分别应用 Rolle 定理, 可知存在 $\xi_1 \in (a,c)$ 和 $\xi_2 \in (c,b)$, 使 $g'(\xi_1) = g'(\xi_2) = 0$.

再对 $g'(x)$ 在 $[\xi_1, \xi_2]$ 上应用 Rolle 定理, 可知存在 $\xi_3 \in (\xi_1, \xi_2)$, 使 $g''(\xi_3) = 0$. 这与题设 $g''(x) \neq 0$ 矛盾, 故在 (a,b) 内 $g(x) \neq 0$.

(2) 设 $F(x) = f(x)g'(x) - f'(x)g(x)$, 则 $F(x)$ 在 $[a,b]$ 上可导, 且 $F(a) = F(b) = 0$. 对 $F(x)$ 在 $[a,b]$ 上应用 Rolle 定理, 存在 $\xi \in (a,b)$, 使 $F'(\xi) = 0$, 即 $f(\xi)g''(\xi) - f''(\xi)g(\xi) = 0$. 因为 $g(\xi) \neq 0, g''(\xi) \neq 0$, 所以 $\dfrac{f(\xi)}{g(\xi)} = \dfrac{f''(\xi)}{g''(\xi)}$.

【例 2.54】 设函数 $f(x)$ 在 $[0,1]$ 上连续, 在 $(0,1)$ 内二阶可导, 且 $f(0) = f(1) = 0$. 已知对任意 $x \in (0,1)$, 都有 $f''(x) > 0$, 且 $f(x)$ 在 $[0,1]$ 上的最小值 $m < 0$. 求证:

(1) 对任意正整数 n, 都存在唯一的 $x_n \in (0,1)$, 使得 $f'(x_n) = \dfrac{m}{n}$;

(2) 数列 $\{x_n\}$ 收敛, 且 $f\left(\lim\limits_{n\to\infty} x_n\right) = m$.

证 (1) 设 $f(x_0) = m$, 因为 $f(0) = f(1) = 0, m < 0$, 所以 $x_0 \in (0,1)$, 且 $f'(x_0) = 0$.

根据 Lagrange 中值定理, 存在 $\xi \in (0, x_0)$, 使得 $f'(\xi) = \dfrac{f(x_0) - f(0)}{x_0 - 0} = \dfrac{m}{x_0} < \dfrac{m}{n} < f'(x_0)$. 对连续函数 $f'(x)$ 在区间 $[\xi, x_0]$ 上利用介值定理, 存在 $x_n \in (\xi, x_0)$, 使得 $f'(x_n) = \dfrac{m}{n}$.

又对任意 $x \in (0,1)$, 都有 $f''(x) > 0$, 所以 $f'(x)$ 在 $(0,1)$ 上严格单调增加, 这表明仅有一点 $x_n \in (0,1)$, 使得 $f'(x_n) = \dfrac{m}{n}$.

(2) 由于 $f'(x)$ 严格单调增加, 且 $f'(x_n) = \dfrac{m}{n} < \dfrac{m}{n+1} = f'(x_{n+1})$, 所以 $x_n < x_{n+1} < x_0$. 因此, 数列 $\{x_n\}$ 单调递增有上界, 因而收敛.

记 $\lim\limits_{n\to\infty} x_n = a$, 则 $0 < a \leqslant x_0$. 因为 $f'(x)$ 在区间 $(0,1)$ 上连续, 所以

$$f'(a) = f'\left(\lim_{n\to\infty} x_n\right) = \lim_{n\to\infty} f'(x_n) = \lim_{n\to\infty} \frac{m}{n} = 0.$$

再由 $f'(x)$ 严格单调增加, 可知 $a = x_0$, 因此 $f\left(\lim\limits_{n\to\infty} x_n\right) = f(x_0) = m$.

【例 2.55】 设 $f(x)$ 在 $[a,b]$ 上可导, 且 $f'(a) > k > f'(b)$. 试证: 至少存在一点 $\xi \in (a,b)$, 使得 $f'(\xi) = k$. 此即 **Darboux**(达布) **定理**, 又称为 "导数的介值定理".

【分析】 本题是研究 $f'(x)$ 在区间内某点的性质, 但由于 $f'(x)$ 在该区间上并非连续, 故不能对 $f'(x)$ 利用介值定理.

因为 $f'(x)$ 在 $[a,b]$ 上可导, 所以 $f(x)$ 在 $[a,b]$ 上必连续. 为了求出 $f'(x)$ 在 (a,b) 内某点的性质, 可考虑构造辅助函数, 利用连续函数在闭区间上的最大 (小) 值定理.

证 设 $F(x) = f(x) - kx$, 则 $F(x)$ 在 $[a,b]$ 上可导, 从而 $F(x)$ 在 $[a,b]$ 上必连续. 又由闭区间上连续函数的最大 (小) 值定理可知 $F(x)$ 在 $[a,b]$ 上必能取得最大值与最小值.

由于 $f'(a) > k > f'(b)$, 则 $F'(a) = f'(a) - k > 0, F'(b) = f'(b) - k < 0$. 由导数定义可知

$$F'(a) = \lim_{x\to a^+} \frac{F(x) - F(a)}{x - a} > 0.$$

再由极限的保号性质, 在 $x = a$ 的某 (右) 邻域内必有 $\dfrac{F(x) - F(a)}{x - a} > 0$, 而此时的 $x > a$, 故必有 $F(x) > F(a)$.

同理可知在 $x = b$ 的某邻域内 $(x < b)$ 必有 $F(x) > F(b)$.

因此, $F(x)$ 在 $[a,b]$ 上的最大值只能在 (a,b) 内达到, 因而这个最大值也是极大值. 不妨设 $\xi \in (a,b)$ 是 $F(x)$ 的极大值点, 则由 Fermat 定理, 有 $F'(\xi) = 0$, 即 $f'(\xi) = k$.

2. 几何问题

几何问题本质上是确定函数零点问题, 只不过是问题的条件或结论反映了几何量之间的关系. 在求解这类问题时, 有时需根据定积分的几何意义先将问题的结论"翻译"成含变上限定积分的函数方程, 然后再按照确定函数零点的方法求解.

【例 2.56】 设 $f(x)$ 在 $[a,b]$ 上连续, 在 (a,b) 内二阶可导, 连接点 $(a,f(a))$ 与 $(b,f(b))$ 的直线交曲线 $y=f(x)$ 于点 $(c,f(c)), a<c<b$. 证明: 至少存在一点 $\xi \in (a,b)$, 使得
$$f''(\xi)=0.$$

【分析】 本题欲证: 存在 $\xi \in (a,b)$, 使 $f''(\xi)=0$. 若考虑 $F(x)=f'(x)$, 则 $F'(\xi)=0$. 为了对 $F(x)$ 利用 Rolle 定理, 需构造区间 $[\xi_1,\xi_2] \subset [a,b]$, 使得 $F(x)$ 在 $[\xi_1,\xi_2]$ 上满足相应的条件.

证 由题设, 有
$$\frac{f(b)-f(a)}{b-a} = \frac{f(c)-f(a)}{c-a} = \frac{f(b)-f(c)}{b-c}.$$

根据 Lagrange 中值定理, 得
$$f(c)-f(a) = f'(\xi_1)(c-a) \quad (a<\xi_1<c),$$
$$f(b)-f(c) = f'(\xi_2)(b-c) \quad (c<\xi_2<b).$$

从而可得 $f'(\xi_1)=f'(\xi_2)$.

对函数 $f'(x)$ 在 $[\xi_1,\xi_2]$ 上应用 Rolle 定理, 则存在点 $\xi \in (\xi_1,\xi_2) \subset (a,b)$, 使 $f''(\xi)=0$.

【例 2.57】 设 $f(x)$ 在 $[a,b]$ 上连续, 在 (a,b) 内可导, 且 $f'(x)>0$. 证明: 在 (a,b) 内存在唯一的 ξ, 使曲线 $y=f(x)$ 与两直线 $y=f(\xi), x=a$ 所围成的平面图形面积 S_1 是曲线 $y=f(x)$ 与两直线 $y=f(\xi), x=b$ 所围成的平面图形面积 S_2 的 3 倍.

【分析】 本题要求证明: 存在唯一的 $\xi \in (a,b)$, 使
$$\int_a^\xi [f(\xi)-f(x)]\mathrm{d}x = 3\int_\xi^b [f(x)-f(\xi)]\mathrm{d}x.$$

证 设 $F(x)=\int_a^x [f(x)-f(t)]\mathrm{d}t - 3\int_x^b [f(t)-f(x)]\mathrm{d}t$, 则 $F(x)$ 在 $[a,b]$ 上连续. 利用积分中值定理并注意到 $f'(x)>0$, 有
$$F(a) = -3\int_a^b [f(t)-f(a)]\mathrm{d}t = -3(b-a)[f(\xi)-f(a)] < 0 \quad (a<\xi<b),$$
$$F(b) = \int_a^b [f(b)-f(t)]\mathrm{d}t = (b-a)[f(b)-f(\eta)] > 0 \quad (a<\eta<b).$$

根据连续函数的介值定理, 存在 $\xi \in (a,b)$, 使 $F(\xi) = 0$, 即 $S_1 = 3S_2$.

因为在 (a,b) 内, $F'(x) = f'(x)[(x-a) + 3(b-x)] > 0$, 所以 $F(x)$ 在 $[a,b]$ 上单调增加, 故在 (a,b) 内只有一点 ξ, 使 $S_1 = 3S_2$.

3. 多介值问题

有些命题需要证明两个或两个以上介值的存在性, 称之为多介值问题. 通常有两种方法: 一是先后利用中值定理; 二是分区间利用中值定理.

【例 2.58】 设 $0 < a < b, f(x)$ 在 $[a,b]$ 上连续, 在 (a,b) 内可导, 求证: 存在 $\xi, \eta \in (a,b)$, 使得 $f'(\xi) = \dfrac{a+b}{2\eta} f'(\eta)$.

证 由 Lagrange 中值定理, 存在 $\xi \in (a,b)$, 使得

$$f'(\xi) = \frac{f(b) - f(a)}{b - a} = (a+b)\frac{f(b) - f(a)}{b^2 - a^2}.$$

再对 $f(x)$ 和 $g(x) = x^2$ 在区间 $[a,b]$ 上利用 Cauchy 中值定理, 得

$$\frac{f(b) - f(a)}{b^2 - a^2} = \frac{f'(\eta)}{2\eta}, \quad \eta \in (a,b).$$

于是有 $f'(\xi) = \dfrac{a+b}{2\eta} f'(\eta), \xi, \eta \in (a,b)$.

【例 2.59】 设函数 $f(x)$ 在区间 $[0,1]$ 上连续, 在 $(0,1)$ 内可导, 且 $f(0) = 0, f(1) = 1$. 证明: 存在 $\xi, \eta \in (0,1)$, 且 $\xi \neq \eta$, 使得 $f'(\xi)[1 + f'(\eta)] = 2$.

【分析】 欲使 $\xi, \eta \in (0,1)$, 且 $\xi \neq \eta$, 一般应将区间 $[0,1]$ 分段. 为此, 可取 $a \in (0,1)$, 分别在区间 $[0,a]$ 与 $[a,1]$ 上对 $f(x)$ 利用 Lagrange 中值定理, 存在 $\xi \in (0,a), \eta \in (a,1)$, 使得

$$f'(\xi) = \frac{f(a) - f(0)}{a - 0} = \frac{f(a)}{a}, \quad f'(\eta) = \frac{f(1) - f(a)}{1 - a} = \frac{1 - f(a)}{1 - a}.$$

由于 $f'(\xi)[1 + f'(\eta)] = 2 \Leftrightarrow \dfrac{f(a)}{a} \cdot \dfrac{2 - a - f(a)}{1 - a} = 2$, 即 $[f(a) - a][f(a) - 2(1-a)] = 0$, 这就归结为证明: 必存在 $a \in (0,1)$, 使得 $f(a) = a$ 或者 $f(a) = 2(1-a)$. 这两种情形只需证明必有一个成立即可. 事实上, 后一种情形一定成立. 下面的证明就从这里开始.

证 设 $F(x) = f(x) - 2(1-x)$, 则 $F(x)$ 在 $[0,1]$ 上连续, 且 $F(0) = -2, F(1) = 1$, 根据连续函数的介值定理, 存在 $a \in (0,1)$, 使得 $F(a) = 0$, 即 $f(a) = 2(1-a)$.

分别在 $[0,a]$ 与 $[a,1]$ 上对 $f(x)$ 利用 Lagrange 中值定理, 存在 $\xi \in (0,a), \eta \in (a,1)$, 使

$$f'(\xi) = \frac{f(a) - f(0)}{a - 0} = \frac{f(a)}{a} = \frac{2(1-a)}{a},$$

$$f'(\eta) = \frac{f(1) - f(a)}{1 - a} = \frac{1 - f(a)}{1 - a} = \frac{2a - 1}{1 - a},$$

从而有 $f'(\xi)[1+f'(\eta)] = 2$.

【例 2.60】 设函数 $f(x)$ 在 $[a,b]$ 上连续, 且 $\int_a^b f(x)\mathrm{d}x = \int_a^b f(x)\mathrm{e}^x\,\mathrm{d}x = 0$, 求证: $f(x)$ 在 (a,b) 内至少存在两个零点.

解 (**方法 1**) 根据题设 $\int_a^b f(x)\mathrm{d}x = 0$ 知, $f(x)$ 在 (a,b) 内至少有一个零点, 记为 $\eta \in (a,b)$. 若 $f(x)$ 在 (a,b) 内仅有零点 η, 则 $f(x)$ 在区间 $(a,\eta),(\eta,b)$ 上定号. 根据积分中值定理, 存在 $\xi_1 \in (a,\eta), \xi_2 \in (\eta,b)$, 使得

$$\int_a^b f(x)\mathrm{e}^x\,\mathrm{d}x = \int_a^\eta f(x)\mathrm{e}^x\,\mathrm{d}x + \int_\eta^b f(x)\mathrm{e}^x\,\mathrm{d}x = \mathrm{e}^{\xi_1}\int_a^\eta f(x)\mathrm{d}x + \mathrm{e}^{\xi_2}\int_\eta^b f(x)\mathrm{d}x$$

$$= \mathrm{e}^{\xi_1}\int_a^b f(x)\mathrm{d}x + \left(\mathrm{e}^{\xi_2} - \mathrm{e}^{\xi_1}\right)\int_\eta^b f(x)\mathrm{d}x = \left(\mathrm{e}^{\xi_2} - \mathrm{e}^{\xi_1}\right)\int_\eta^b f(x)\mathrm{d}x$$

$$\neq 0,$$

此与条件 $\int_a^b f(x)\mathrm{e}^x\,\mathrm{d}x = 0$ 矛盾. 因此, $f(x)$ 在 (a,b) 内至少存在两个零点.

(**方法 2**) 根据题设 $\int_a^b f(x)\mathrm{d}x = 0$ 知, 存在 $\eta \in (a,b)$, 使得 $f(\eta) = 0$, 即 $f(x)$ 在 (a,b) 内至少有一个零点. 若 $f(x)$ 在 (a,b) 内仅有零点 η, 则 $f(x)$ 在区间 $(a,\eta),(\eta,b)$ 上异号. 不妨设在 (a,η) 上 $f(x) > 0$, 在 (η,b) 上 $f(x) < 0$. 所以

$$0 = \int_a^b f(x)\mathrm{e}^x\,\mathrm{d}x = \int_a^b f(x)\left(\mathrm{e}^x - \mathrm{e}^\eta\right)\mathrm{d}x$$

$$= \int_a^\eta f(x)\left(\mathrm{e}^x - \mathrm{e}^\eta\right)\mathrm{d}x + \int_\eta^b f(x)\left(\mathrm{e}^x - \mathrm{e}^\eta\right)\mathrm{d}x$$

$$< 0.$$

矛盾. 因此, $f(x)$ 在 (a,b) 内至少存在两个零点.

(**方法 3**) 令 $F(x) = \int_a^x f(t)\mathrm{d}t$, 则 $F(x)$ 在 $[a,b]$ 上可导, $F'(x) = f(x)$, 且 $F(a) = F(b) = 0$. 另一方面, 分部积分, 并利用积分中值定理, 有

$$0 = \int_a^b f(x)\mathrm{e}^x\,\mathrm{d}x = \int_a^b F'(x)\mathrm{e}^x\,\mathrm{d}x = -\int_a^b F(x)\mathrm{e}^x\,\mathrm{d}x = -F(\eta)\mathrm{e}^\eta(b-a),$$

所以 $F(\eta) = 0$, 其中 $\eta \in (a,b)$. 对 $F(x)$ 利用 Rolle 定理, 存在 $\xi_1 \in (a,\eta), \xi_2 \in (\eta,b)$, 使得 $F'(\xi_1) = 0, F'(\xi_2) = 0$, 即 $f(\xi_1) = 0, f(\xi_2) = 0$. 因此, $f(x)$ 在 (a,b) 内至少存在两个零点.

【例 2.61】 设 $f(x)$ 在区间 $[0,1]$ 上连续, 在 $(0,1)$ 内可导, $f'(x) > 0$, 且 $f(0) = 0, f(1) = 1$. 试证明: 对任意给定的正数 $\lambda_1, \lambda_2, \cdots, \lambda_n$, 在 $(0,1)$ 内存在不同的数 $x_1, x_2, \cdots, x_k$, 使得

$$\sum_{i=1}^{n} \frac{\lambda_i}{f'(x_i)} = \sum_{i=1}^{n} \lambda_i.$$

证 令 $\mu_j = \dfrac{\sum_{i=1}^{j} \lambda_i}{\sum_{i=1}^{n} \lambda_i}, j = 1, 2, \cdots, n$, 则 $0 < \mu_1 < \mu_2 < \cdots < \mu_n = 1$. 根据 $f(x)$ 在 $[0,1]$ 上连续, 利用介值定理, 存在 $\tau_j \in (0,1)$, 使得 $f(\tau_j) = \mu_j, j = 1, 2, \cdots, n-1$.

因为 $f'(x) > 0$, 所以 $f(x)$ 在 $[0,1]$ 上单调增加, 从而有 $0 = \tau_0 < \tau_1 < \tau_2 < \cdots < \tau_{n-1} < \tau_n = 1$.

现在, 在每个小区间 $[\tau_{i-1}, \tau_i]$ 上, 利用 Lagrange 中值定理, 存在 $x_i \in (\tau_{i-1}, \tau_i)$, 使得

$$f(\tau_i) - f(\tau_{i-1}) = f'(x_i)(\tau_i - \tau_{i-1}),$$

即 $\dfrac{\lambda_i}{f'(x_i)} = (\tau_i - \tau_{i-1}) \sum_{i=1}^{n} \lambda_i$. 因此, $0 < x_1 < x_2 < \cdots < x_n < 1$, 且有

$$\sum_{i=1}^{n} \frac{\lambda_i}{f'(x_i)} = \left(\sum_{i=1}^{n} \lambda_i\right) \sum_{i=1}^{n} (\tau_i - \tau_{i-1}) = \sum_{i=1}^{n} \lambda_i.$$

【例 2.62】 设函数 $f(x) = x^n + x - 1$, 其中 n 为正整数. 证明:

(1) 若 n 为奇数, 则存在唯一的正实数 x_n 使得 $f(x_n) = 0$; 若 n 为偶数, 则 $f(x)$ 仅有两个实数根 x_n, y_n, 其中 $x_n > 0$, 而 $y_n < 0$.

(2) 极限 $\lim\limits_{n \to \infty} x_n$ 与 $\lim\limits_{n \to \infty} y_{2n}$ 都存在, 并求出它们的值.

解 (1) 这里只考虑 n 为偶数的情形.

利用连续函数介值定理. 因为 $f(x)$ 在 $[0,1]$ 上连续, $f(0) = -1, f(1) = 1$, 所以存在 $x_n \in (0,1)$, 使得 $f(x_n) = 0$. 又在 $(0, +\infty)$ 上, $f'(x) = nx^{n-1} + 1 > 0$, 所以 x_n 是 $f(x)$ 在 $(0, +\infty)$ 内的唯一实根.

同理, 因为 $f(x)$ 在 $[-2, -1]$ 上连续, $f(-2) = 2^n - 3 > 0$, 且 $f(-1) = -1 < 0$, 所以存在 $y_n \in (-2, -1)$, 使得 $f(y_n) = 0$. 又在 $(-\infty, -1)$ 上, $f'(x) = nx^{n-1} + 1 < 0$, 所以 y_n 是 $f(x)$ 在区间 $(-\infty, -1)$ 内的唯一实根.

在区间 $[-1, 0]$ 上, $f(-1) = f(0) = -1$, 又 $f(x)$ 有驻点 $c = -\left(\dfrac{1}{n}\right)^{\frac{1}{n-1}}$, 且 $f(c) = c^n + c - 1 = c\left(1 - \dfrac{1}{n}\right) - 1 < -1$, 所以 $f(x)$ 在 $[-1, 0]$ 上的最大值为 -1, 因而在 $(-1, 0)$ 内没有实根.

综合上述, 当 n 为偶数时, $f(x)$ 仅有两个实数根 x_n, y_n, 其中 $x_n > 0$, 而 $y_n < 0$.

(2) 根据 (1) 的证明, 对任意 n, 有 $0 < x_n < 1, -2 < y_{2n} < -1$, 即 $\{x_n\}, \{y_{2n}\}$ 都是有界数列. 又由 $f(x_n) = 0$ 与 $f(x_{n+1}) = 0$ 得

$$x_{n+1} - x_n = x_n^n - x_{n+1}^{n+1} = -\left(x_{n+1}^{n+1} - x_n^{n+1}\right) + \left(x_n^n - x_n^{n+1}\right)$$

$$= -(x_{n+1} - x_n) \sum_{k=0}^{n} x_{n+1}^{n-k} x_n^k + (1 - x_n) x_n^n,$$

$$x_{n+1} - x_n = \frac{(1-x_n) x_n^n}{1 + \sum_{k=0}^{n} x_{n+1}^{n-k} x_n^k} > 0,$$

所以 $\{x_n\}$ 是单调增加且有上界的数列, 极限 $\lim\limits_{n \to \infty} x_n$ 存在.

令 $\lim\limits_{n \to \infty} x_n = a$, 则由 $0 < x_n < 1$ 及 $\{x_n\}$ 严格单调增加趋于 a, 得 $0 < a \leqslant 1$, 且 $1 - x_n = x_n^n < a^n$. 若 $0 < a < 1$, 则有 $1 - a = 1 - \lim\limits_{n \to \infty} x_n \leqslant \lim\limits_{n \to \infty} a^n = 0$, 矛盾. 因此 $a = 1$, 即 $\lim\limits_{n \to \infty} x_n = 1$.

对于数列 $\{y_{2n}\}$, 令 $z_n = -y_{2n}$, 则数列 $\{z_n\}$ 满足对任意 n, 有 $1 < z_n < 2$. 此外, 由 $f(y_{2n}) = y_{2n}^{2n} + y_{2n} - 1 = 0$, 得 $z_n^{2n} - z_n - 1 = 0$. 下证 $\{z_n\}$ 严格单调减少. 因为

$$z_{n+1} - z_n = z_{n+1}^{2n+2} - z_n^{2n} = \left(z_{n+1}^{2n+2} - z_n^{2n+2}\right) + \left(z_n^{2n+2} - z_n^{2n}\right)$$

$$= (z_{n+1} - z_n) \sum_{k=0}^{2n+1} z_{n+1}^{2n+1-k} z_n^k + \left(z_n^2 - 1\right) z_n^{2n},$$

$$z_{n+1} - z_n = \frac{(1 - z_n^2) z_n^{2n}}{-1 + \sum_{k=0}^{n} z_{n+1}^{2n-k} z_n^k} < 0,$$

所以 $\{z_n\}$ 是单调减少且有下界的数列, 极限 $\lim\limits_{n \to \infty} z_n$ 存在, 即 $\lim\limits_{n \to \infty} y_{2n}$ 存在.

令 $\lim\limits_{n \to \infty} z_n = b$, 则由 $1 < z_n < 2$ 及 $\{z_n\}$ 严格单调减少趋于 b, 得 $1 \leqslant b < 2$, 且 $1 + z_n = z_n^{2n} > b^{2n}$. 若 $1 < b < 2$, 则有 $1 + b = 1 + \lim\limits_{n \to \infty} z_n \geqslant \lim\limits_{n \to \infty} b^{2n} = +\infty$, 矛盾. 因此 $\lim\limits_{n \to \infty} z_n = b = 1$, 即 $\lim\limits_{n \to \infty} y_{2n} = -1$.

4. 区间变换问题

如果函数 $f(x)$ 是在无穷区间或有限开区间 (包括半开半闭区间) 具有某些特性, 那么要利用有关定理, 必须设法确定一个有限闭区间, 使得 $f(x)$ 在其上适合定理条件.

【例 2.63】 设实数 a, b 满足 $b - a > \pi$, 函数 $f(x)$ 在开区间 (a, b) 内可导. 证明: 至少存在一点 $\xi \in (a, b)$, 使得 $f^2(\xi) + 1 > f'(\xi)$.

【分析】 本题即证: 存在一点 $\xi \in (a,b)$ 使得 $\dfrac{f'(\xi)}{1+f^2(\xi)} < 1$. 注意到 $F(x) = \arctan f(x)$ 的导函数 $F'(x) = \dfrac{f'(x)}{1+f^2(x)}$, 这就归结为对 $F(x)$ 在 (a,b) 的某个子区间 $[c,d]$ 上利用中值定理, 并且仍要求 $d-c > \pi$, 下面, 我们先说明这样的子区间 $[c,d]$ 可以取得到.

事实上, 可取 $c = a + \dfrac{\delta}{3}, d = b - \dfrac{\delta}{3}$, 其中 $\delta = b - a - \pi > 0$, 则 $d - c = b - a - \dfrac{2\delta}{3} = \pi + \dfrac{\delta}{3} > \pi$, 且 $a < c, d < b$, 所以 $[c,d] \subset (a,b)$.

证 对辅助函数 $F(x)$ 在闭区间 $[c,d]$ 上利用 Lagrange 中值定理, 存在 $\xi \in (c,d)$, 使得
$$F(d) - F(c) = F'(\xi)(d-c).$$
因为
$$F(d) - F(c) \leqslant |F(d) - F(c)| \leqslant |F(d)| + |F(c)|$$
$$= |\arctan f(d)| + |\arctan f(c)| < \dfrac{\pi}{2} + \dfrac{\pi}{2} = \pi,$$
所以 $F'(\xi) < 1$, 即 $f'(\xi) < 1 + f^2(\xi)$.

【例 2.64】 设 $f(x)$ 在 $[a,b]$ 上有连续导数, 证明: 若在 (a,b) 内有一个数 c, 使得 $f'(c) = 0$, 则在 (a,b) 内必可找到一点 ξ, 使得 $f'(\xi) = \dfrac{f(\xi) - f(a)}{b - a}$.

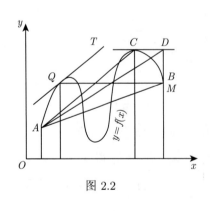

图 2.2

【分析】 考虑函数 $F(x) = f'(x) - \dfrac{f(x) - f(a)}{b - a}$. 若能寻求 $[x_1, x_2] \subseteq [a,b]$, 使 $F(x_1)F(x_2) < 0$, 则对 $F(x)$ 在 $[x_1, x_2]$ 上利用连续函数的介值定理即可使问题获证. 从几何上看 (图 2.2), $f'(x)$ 是曲线 $y = f(x)$ 在点 $Q(x, f(x))$ 处切线 QT 的斜率, 而 $\dfrac{f(x) - f(a)}{b - a}$ 是直线 AM 的斜率, 其中点 $M(b, f(x))$ 位于直线 $x = b$ 上且与点 Q 具有相同的纵坐标 $f(x)$. 因此 $F(x)$ 则表示这样两直线的斜率之差, 而 x 即相应切点的横坐标.

如果 $f(c)$ 恰为 $f(x)$ 的极大值 (极小值情形可类似讨论), 那么上述 x_1 与 x_2 立即可得. 事实上, 取 $x_2 = c$, 而将平行于割线 AC 的切线 QT 所对应的切点 Q 的横坐标取为 x_1, 则有 $F(x_1) > 0, F(x_2) < 0$. 由此可见, 从讨论 $f(x)$ 在 $[a,c]$ 上的极值着手, 无疑是解决问题的一个有效途径.

证 由于 $f(x)$ 在 $[a,c]$ 上连续, 故 $f(x)$ 在 $[a,c]$ 上必定取得最大值 M 与最小值 m. 若 $M = m$, 这时 $f(x)$ 在 $[a,c]$ 上恒等于常数 M, 则 $f'(x) = 0$, 任取 $\xi \in (a,c)$ 即可.

若 $M > m$, 此时 M 与 m 至少有一个不等于 $f(a)$, 不妨设 $M \neq f(a)$ (如 $m \neq f(a)$, 证法类似). 令 $f(x_2) = M$, 则 $a < x_2 \leqslant c$. 若 $x_2 = c$, 则 $f'(x_2) = 0$; 若 $x_2 < c$, 则 $f(x_2) = M$ 也是 $f(x)$ 的极大值, 故由 Fermat 定理知, $f'(x_2) = 0$.

构造辅助函数 $F(x) = f'(x) - \dfrac{f(x) - f(a)}{b - a}$, 则 $F(x)$ 在 $[a, b]$ 上连续, 且

$$F(x_2) = f'(x_2) - \frac{f(x_2) - f(a)}{b - a} = -\frac{M - f(a)}{b - a} < 0.$$

另一方面, 在 $[a, x_2]$ 上对 $f(x)$ 利用 Lagrange 中值定理, 有 $x_1 \in (a, x_2)$, 使得 $f(x_2) - f(a) = f'(x_1)(x_2 - a)$, 从而

$$F(x_1) = f'(x_1) - \frac{f(x_1) - f(a)}{b - a} = \frac{f(x_2) - f(a)}{x_2 - a} - \frac{f(x_1) - f(a)}{b - a}$$
$$> \frac{f(x_2) - f(a)}{b - a} - \frac{f(x_1) - f(a)}{b - a} = \frac{f(x_2) - f(x_1)}{b - a} \geqslant 0.$$

故由介值定理可知, 存在 $\xi \in (x_1, x_2)$, 使 $F(\xi) = 0$, 即 $f'(\xi) = \dfrac{f(\xi) - f(a)}{b - a}$.

5. 含有介值的不等式

有些关于"介值存在性"的命题, 以不等式的形式给出. 解这类题时, 除了利用上述的一系列方法和技巧外, 还需利用一定的不等式变换技巧.

【例 2.65】 设 $f(x), f'(x)$ 在 $[a, b]$ 上连续, $f''(x)$ 在 (a, b) 内存在, $f(a) = f(b) = 0$, 且存在 $e \in (a, b)$, 使得 $f(e) > 0$. 试证: 存在 $\xi \in (a, b)$, 使得 $f''(\xi) < 0$.

【分析】 考虑对 $f'(x)$ 在 $[c, d] \subset (a, b)$ 上利用 Lagrange 中值定理, 有

$$f'(d) - f'(c) = f''(\xi)(d - c).$$

欲使 $f''(\xi) < 0$, 则 $f'(d) < f'(c)$. 根据题设条件, 并考虑对 $f(x)$ 分别在 $[a, e]$ 与 $[e, b]$ 上利用 Lagrange 中值定理, 适合条件 $f'(d) < f'(c)$ 的 $c, d \in (a, b)$ 不难得到. 因此有如下证法.

证 由已知条件, $f(x)$ 在 $[a, e]$ 及 $[e, b]$ 上都满足 Lagrange 中值定理条件, 故存在 $\xi_1 \in (a, e), \xi_2 \in (e, b)$, 使

$$f(e) - f(a) = f'(\xi_1)(e - a), \quad f(b) - f(e) = f'(\xi_2)(b - e),$$

从而有 $f'(\xi_1) = \dfrac{f(e)}{e - a} > 0, f'(\xi_2) = -\dfrac{f(e)}{b - e} < 0$.

由于 $f(x)$ 在 (a, b) 内二阶可导, 因此 $f'(x)$ 在 (a, b) 内连续. 特别地, $f'(x)$ 在 $[\xi_1, \xi_2]$ 上连续, 在 (ξ_1, ξ_2) 内可导, 即函数 $f'(x)$ 在 $[\xi_1, \xi_2]$ 上满足 Lagrange 中值定理条件, 所以

至少存在一点 $\xi \in (\xi_1, \xi_2) \subset (a,b)$, 使 $f'(\xi_2) - f'(\xi_1) = f''(\xi)(\xi_2 - \xi_1)$, 即
$$f''(\xi) = \frac{f'(\xi_2) - f'(\xi_1)}{\xi_2 - \xi_1} < 0.$$

【例 2.66】 设 $f(x)$ 在 $[a,b]$ 上连续, 在 (a,b) 内可微, 且 $f(x)$ 为非线性函数. 证明: 存在 $\xi \in (a,b)$, 使得 $|f'(\xi)| > \left| \dfrac{f(b)-f(a)}{b-a} \right|$.

证 考虑辅助函数
$$F(x) = f(x) - f(a) - \frac{f(b)-f(a)}{b-a}(x-a),$$

则 $F(x)$ 在 $[a,b]$ 上连续, 在 (a,b) 内可导, 且 $F(a) = F(b) = 0$,
$$F'(x) = f'(x) - \frac{f(b)-f(a)}{b-a}.$$

由于 $f(x)$ 为非线性函数, 故 $F(x) \not\equiv 0$. 于是必然存在 $c \in (a,b)$, 使得 $F(c) \neq 0$. 不妨设 $F(c) > 0$, 对 $F(x)$ 在 $[a,c]$ 与 $[c,b]$ 上分别利用 Lagrange 中值定理, 有
$$F'(\xi_1) = \frac{F(c) - F(a)}{c-a} > 0, \quad \xi_1 \in (a,c),$$
$$F'(\xi_2) = \frac{F(b) - F(c)}{b-c} < 0, \quad \xi_2 \in (c,b),$$

即
$$f'(\xi_1) > \frac{f(b)-f(a)}{b-a}, \quad f'(\xi_2) < \frac{f(b)-f(a)}{b-a}.$$

令 $|f'(\xi)| = \max\{|f'(\xi_1)|, |f'(\xi_2)|\}$, 则有 $|f'(\xi)| > \left| \dfrac{f(b)-f(a)}{b-a} \right|, \xi \in (a,b)$.

【例 2.67】 设 $f(x)$ 在 $[0,1]$ 上二阶可导, 且 $f(0) = f(1) = 0$, $f(x)$ 在 $[0,1]$ 上的最小值等于 -1. 试证: 至少存在一点 $\xi \in (0,1)$, 使 $f''(\xi) \geqslant 8$.

证 由题设条件易知, $f(x)$ 在 $(0,1)$ 内取得最小值 -1, 因而这个最小值也是极小值. 若 $f(a) = -1, a \in (0,1)$, 则由 Fermat 定理可知, $f'(a) = 0$. 利用 Taylor 公式, 有
$$f(x) = f(a) + f'(a)(x-a) + \frac{f''(\xi_x)}{2}(x-a)^2$$
$$= -1 + \frac{f''(\xi_x)}{2}(x-a)^2 \quad (\xi_x \text{ 介于 } x \text{ 与 } a \text{ 之间}).$$

分别取 $x=0, x=1$ 代入上式, 并利用 $f(0) = f(1) = 0$, 得
$$0 = -1 + \frac{f''(\xi_1)}{2} a^2 \quad (0 < \xi_1 < a), \qquad ①$$

$$0 = -1 + \frac{f''(\xi_2)}{2}(1-a)^2 \quad (a < \xi_2 < 1). \qquad ②$$

若 $0 < a < \frac{1}{2}$, 则由①式有 $f''(\xi_1) > 8$. 若 $\frac{1}{2} \leqslant a < 1$, 则由②式有 $f''(\xi_2) \geqslant 8$. 总之, 必存在一点 $\xi \in (0,1)$, 使得 $f''(\xi) \geqslant 8$.

【例 2.68】 设 $f(x)$ 在 $(-\infty, +\infty)$ 内三阶导数连续, 证明: 存在 $\xi \in (-\infty, +\infty)$ 使得

$$f(\xi)f'(\xi)f''(\xi)f'''(\xi) \geqslant 0.$$

证 用反证法. 假设对任意 $x \in (-\infty, +\infty)$ 恒有 $f(x)f'(x)f''(x)f'''(x) < 0$, 则根据连续性条件, $f(x), f'(x), f''(x), f'''(x)$ 都在 $(-\infty, +\infty)$ 上不变号, 不妨设 $f(x) > 0$, 否则用 $-f(x)$ 替换.

(1) $f'(x) > 0 (-\infty < x < +\infty)$, 此时可断言 $f''(x) > 0$. 不然, 利用 Taylor 公式, 有

$$f(x) = f(0) + f'(0)x + \frac{f''(\xi_x)}{2}x^2 < f(0) + f'(0)x,$$

其中 ξ_x 介于 0 与 x 之间. 特别地, 可取 $x_0 < -\dfrac{f(0)}{f'(0)}$, 使得 $f(x_0) < 0$, 矛盾. 因此, 有 $f''(x) < 0$.

但对 $g(x) = f'(x)$, 则有 $g(x) > 0, g'(x) > 0$, 且 $g''(x) < 0$, 仍与上述已证事实矛盾.

(2) $f'(x) < 0 (-\infty < x < +\infty)$, 此时仍可断言 $f''(x) > 0$. 不然, 利用 Taylor 公式, 有

$$f(x) = f(0) + f'(0)x + \frac{f''(\eta_x)}{2}x^2 < f(0) + f'(0)x,$$

其中 η_x 介于 0 与 x 之间. 特别地, 可取 $x_1 > -\dfrac{f(0)}{f'(0)}$, 使得 $f(x_1) < 0$, 矛盾. 因此, 有 $f'''(x) > 0$.

但对 $g(x) = -f'(x)$, 则有 $g(x) > 0, g'(x) < 0$, 且 $g''(x) < 0$, 仍导致矛盾.

综合上述, 假设不成立. 因此, 在 $(-\infty, +\infty)$ 内必存在 ξ 使得

$$f(\xi)f'(\xi)f''(\xi)f'''(\xi) \geqslant 0.$$

2.3 真题选讲与点评

【例 2.69】(第一届全国初赛题, 2009) 设函数 $y = y(x)$ 由方程 $xe^{f(y)} = e^y \ln 29$ 确定, 其中 f 具有二阶导数, 且 $f' \neq 1$, 则 $\dfrac{d^2y}{dx^2} = $ _____.

解 显然 $x > 0$. 对方程两边同时取对数并求导, 得 $\dfrac{1}{x} + f'(y)\dfrac{\mathrm{d}y}{\mathrm{d}x} = \dfrac{\mathrm{d}y}{\mathrm{d}x}$, 由此解得

$$\frac{\mathrm{d}y}{\mathrm{d}x} = \frac{1}{x\left[1 - f'(y)\right]}.$$

再次求导, 可得

$$\frac{\mathrm{d}^2 y}{\mathrm{d}x^2} = -\frac{1 - f'(y) - x f''(y)\dfrac{\mathrm{d}y}{\mathrm{d}x}}{x^2\left[1 - f'(y)\right]^2} = \frac{f''(y) - \left[1 - f'(y)\right]^2}{x^2\left[1 - f'(y)\right]^3}.$$

【例 2.70】(第八届全国初赛题, 2016) 设 $f(x) = \mathrm{e}^x \sin 2x$, 则 $f^{(4)}(0) =$ _____.

解 利用函数 e^x 与 $\sin 2x$ 的带 Peano 余项的三阶 Maclaurin 公式, 得

$$f(x) = \left(1 + x + \frac{1}{2!}x^2 + \frac{1}{3!}x^3 + o\left(x^3\right)\right)\left(2x - \frac{1}{3!}(2x)^3 + o\left(x^4\right)\right).$$

在上述展开式中, 4 次方幂项为

$$x\left(-\frac{1}{3!}(2x)^3\right) + \frac{1}{3!}x^3(2x) = -x^4.$$

一般情形下, $f(x)$ 的带 Peano 余项的 n 阶 Maclaurin 公式为

$$f(x) = \sum_{k=0}^{n} \frac{f^{(k)}(0)}{k!} x^k + o\left(x^n\right).$$

比较上述两式中 4 次方幂项的系数, 可得 $\dfrac{f^{(4)}(0)}{4!} = -1$, 因此 $f^{(4)}(0) = -24$.

【例 2.71】(第十二届全国初赛题, 2020) 设函数 $f(x) = (x+1)^n \mathrm{e}^{-x^2}$, 其中 n 为正整数, 则 $f^{(n)}(-1) =$ _____.

解 (**方法 1**) 根据 Leibniz 公式, 得

$$f^{(n)}(-1) = \sum_{k=0}^{n} \mathrm{C}_n^k \left[(x+1)^n\right]^{(k)} \left(\mathrm{e}^{-x^2}\right)^{(n-k)} \bigg|_{x=-1}$$

$$= \mathrm{C}_n^n \left[(x+1)^n\right]^{(n)} \left(\mathrm{e}^{-x^2}\right)^{(n-n)} \bigg|_{x=-1}$$

$$= \frac{n!}{\mathrm{e}}.$$

(**方法 2**) 将函数 e^{-x^2} 展开成带 Peano 余项的一阶 Taylor 公式, 有

$$\mathrm{e}^{-x^2} = \frac{1}{\mathrm{e}} + \frac{2}{\mathrm{e}}(x+1) + o((x+1)),$$

所以 $f(x)$ 的带 Peano 余项的 $n+1$ 阶 Taylor 公式为

$$f(x) = \frac{1}{\mathrm{e}}(x+1)^n + \frac{2}{\mathrm{e}}(x+1)^{n+1} + o\left((x+1)^{n+1}\right).$$

另一方面，$f(x)$ 在 $x = -1$ 处的带 Peano 余项的 Taylor 公式为

$$f(x) = \sum_{k=0}^{n} \frac{f^{(k)}(-1)}{k!}(x+1)^k + o\left((x+1)^n\right).$$

比较 n 次幂 $(x+1)^n$ 的系数，可得

$$\frac{f^{(n)}(-1)}{n!} = \frac{1}{\mathrm{e}}, \quad 即 \quad f^{(n)}(-1) = \frac{n!}{\mathrm{e}}.$$

【例 2.72】 (第十一届全国决赛题, 2021) 设 $f(x) = \left(x^2 + 2x - 3\right)^n \arctan^2 \dfrac{x}{3}$，其中 n 为正整数，则 $f^{(n)}(-3) = $ _____.

解 记 $g(x) = (x-1)^n \arctan^2 \dfrac{x}{3}$，则 $f(x) = (x+3)^n g(x)$. 根据 Leibniz 公式，得

$$f^{(n)}(x) = n! g(x) + \sum_{k=0}^{n-1} \mathrm{C}_n^k \left[(x+3)^n\right]^{(k)} g^{(n-k)}(x).$$

注意到上式右端的和式每一项都含有因子 $(x+3)^{n-k}, k = 0, 1, \cdots, n-1$，所以

$$f^{(n)}(-3) = n! g(-3) = (-1)^n 4^{n-2} n! \pi^2.$$

【例 2.73】 (第十二届全国初赛题, 2020) 设 $y = f(x)$ 是由方程

$$\arctan \frac{x}{y} = \ln \sqrt{x^2 + y^2} - \frac{1}{2}\ln 2 + \frac{\pi}{4}$$

确定的隐函数，且满足 $f(1) = 1$，则曲线 $y = f(x)$ 在点 $(1,1)$ 处的切线方程为_____.

解 对方程两端关于 x 求导，得

$$\frac{1}{1 + \left(\dfrac{x}{y}\right)^2} \cdot \frac{y - xy'}{y^2} = \frac{1}{2} \cdot \frac{2x + 2yy'}{x^2 + y^2},$$

化简得 $(x+y)y' = y - x$. 将 $x = 1, y = 1$ 代入，得 $y'|_{(1,1)} = 0$，即 $f'(1) = 0$. 所以曲线 $y = f(x)$ 在点 $(1,1)$ 处的切线方程为

$$y - 1 = f'(1)(x-1), \quad 即 \quad y = 1.$$

【例 2.74】(第十届全国初赛题, 2018) 设曲线 $y = y(x)$ 是由 $\begin{cases} x = t + \cos t, \\ e^y + ty + \sin t = 1 \end{cases}$
确定, 则此曲线在 $t = 0$ 对应的点处的切线方程为_____.

解 当 $t = 0$ 时, $x = 1, y = 0$. 所以曲线 $y = y(x)$ 上的切点为 $(1, 0)$.

由 $x = t + \cos t$ 对 t 求导, 得 $\dfrac{dx}{dt} = 1 - \sin t$, 所以 $\left.\dfrac{dx}{dt}\right|_{t=0} = 1$.

再对 $e^y + ty + \sin t = 1$ 的两边关于 t 求导, 得 $e^y \dfrac{dy}{dt} + y + t\dfrac{dy}{dt} + \cos t = 0$, 所以 $\left.\dfrac{dy}{dt}\right|_{t=0} = -1$. 从而有 $\left.\dfrac{dy}{dx}\right|_{t=0} = -1$. 因此, 所求切线方程为

$$y - 0 = -(x - 1), \quad 即 \quad x + y = 1.$$

【例 2.75】(第十一届全国决赛题, 2021) 设函数 $y = f(x)$ 由方程 $3x - y = 2\arctan(y - 2x)$ 所确定, 则曲线 $y = f(x)$ 在点 $P\left(1 + \dfrac{\pi}{2}, 3 + \pi\right)$ 处的切线方程为_____.

解 对方程 $3x - y = 2\arctan(y - 2x)$ 的两端关于 x 求导, 得

$$3 - y' = 2 \cdot \dfrac{y' - 2}{1 + (y - 2x)^2}.$$

将 $x = 1 + \dfrac{\pi}{2}, y = 3 + \pi$ 代入上式, 得 $y'|_P = \dfrac{5}{2}$. 所以曲线 $y = f(x)$ 在点 P 处的切线方程为

$$y - (3 + \pi) = \dfrac{5}{2}\left(x - 1 - \dfrac{\pi}{2}\right), \quad 即 \quad y = \dfrac{5}{2}x + \dfrac{1}{2} - \dfrac{\pi}{4}.$$

【例 2.76】(第三届全国初赛题, 2011) 设函数 $f(x)$ 在闭区间 $[-1, 1]$ 上具有连续的三阶导数, $f(-1) = 0, f(1) = 1$, 且 $f'(0) = 0$. 求证: 至少存在一点 $x_0 \in (-1, 1)$, 使得 $f'''(x_0) = 3$.

证 (**方法 1**) 利用 Taylor 公式, 存在 $\xi_1 \in (-1, 0), \xi_2 \in (0, 1)$, 使得

$$f(-1) = f(0) - f'(0) + \dfrac{1}{2}f''(0) - \dfrac{1}{6}f'''(\xi_1),$$
$$f(1) = f(0) + f'(0) + \dfrac{1}{2}f''(0) + \dfrac{1}{6}f'''(\xi_2).$$

两式相减, 并利用条件 $f(-1) = 0, f(1) = 1$ 及 $f'(0) = 0$, 得 $\dfrac{f'''(\xi_1) + f'''(\xi_2)}{2} = 3$, 所以

$$f'''(\xi_1) \leqslant 3 \leqslant f'''(\xi_2) \quad 或 \quad f'''(\xi_2) \leqslant 3 \leqslant f'''(\xi_1).$$

对三阶导数 $f'''(x)$ 利用连续函数的介值定理, 存在点 $x_0 \in (-1, 1)$, 使得 $f'''(x_0) = 3$.

(**方法 2**) 构造 $F(x) = f(x) - p(x)$, 其中 $p(x) = \dfrac{1}{2}x^3 + ax^2 + bx + c$, 而系数 a, b, c 待定. 令 $F(-1) = F(1) = F(0) = 0$, 并利用 $f(-1) = 0, f(1) = 1$, 可解得 $a = \dfrac{1}{2} - c, b =$

$0, c = f(0)$, 所以 $p(x) = \frac{1}{2}x^3 + \left(\frac{1}{2} - c\right)x^2 + c$, 且 $F'''(x) = f'''(x) - 3$. 又由 $f'(0) = 0$, 易知 $F'(0) = 0$.

对 $F(x)$ 利用 Rolle 定理, 存在 $\theta_1 \in (-1, 0), \theta_2 \in (0, 1)$, 使得 $F'(\theta_1) = F'(\theta_2) = 0$.

对 $F'(x)$ 利用 Rolle 定理, 存在 $\rho_1 \in (\theta_1, 0), \rho_2 \in (0, \theta_2)$, 使得 $F''(\rho_1) = F''(\rho_2) = 0$.

对 $F''(x)$ 利用 Rolle 定理, 存在 $x_0 \in (\rho_1, \rho_2)$, 使得 $F'''(x_0) = 0$, 即 $f'''(x_0) = 3$.

【注 1】 方法 2 表明: 本题的条件"三阶导数 $f'''(x)$ 连续"可修改为"三阶导数 $f'''(x)$ 存在". 事实上, 方法 1 也是如此. 这是因为, 根据前面已得到的不等式

$$f'''(\xi_1) \leqslant 3 \leqslant f'''(\xi_2) \quad \text{或} \quad f'''(\xi_2) \leqslant 3 \leqslant f'''(\xi_1),$$

再利用 Darboux 定理 (详见本章例 2.55), 存在 $x_0 \in (-1, 1)$, 使得 $f'''(x_0) = 3$.

【注 2】 方法 2 中的辅助函数 $F(x) = f(x) - p(x)$, 其核心是构造三次多项式 $p(x)$, 目的在于"凑"导数 $F'''(x) = f'''(x) - 3$ 中的"3"及满足 Rolle 定理的条件: $F(-1) = F(1) = F(0)$. 在证明一些积分不等式时, 为了"凑"某个特别的常数, 这种利用待定系数法构造多项式的方法往往也行之有效.

【例 2.77】(第一届全国决赛题, 2010) 设函数 $f(x)$ 在区间 $[0, 1]$ 上连续, 在 $(0, 1)$ 内可微, $f(0) = f(1) = 0$, 且 $f\left(\frac{1}{2}\right) = 1$. 证明:

(1) 存在 $\xi \in \left(\frac{1}{2}, 1\right)$, 使得 $f(\xi) = \xi$;

(2) 存在 $\eta \in (0, \xi)$, 使得 $f'(\eta) = f(\eta) - \eta + 1$.

证 (1) 令 $F(x) = f(x) - x$, 则 $F(x)$ 在区间 $\left[\frac{1}{2}, 1\right]$ 上连续, 且 $F\left(\frac{1}{2}\right) = \frac{1}{2}, F(1) = -1$. 根据连续函数的介值定理, 存在 $\xi \in \left(\frac{1}{2}, 1\right)$, 使得 $F(\xi) = 0$, 即 $f(\xi) = \xi$.

(2) 令 $G(x) = e^{-x}(f(x) - x)$, 则 $G(x)$ 在区间 $[0, \xi]$ 上连续, 在 $(0, \xi)$ 内可导, $G(0) = 0$, $G(\xi) = 0$, 且 $G'(x) = e^{-x}(f'(x) - 1 - f(x) + x)$. 对函数 $G(x)$ 在 $[0, \xi]$ 上利用 Rolle 定理, 存在 $\eta \in (0, \xi)$, 使得 $G'(\eta) = 0$, 即 $f'(\eta) = f(\eta) - \eta + 1$.

【例 2.78】(第十二届全国初赛题, 2020) 设函数 $f(x)$ 在区间 $[0, 1]$ 上连续, 在 $(0, 1)$ 内可导, 且 $f(0) = 0, f(1) = 1$. 证明:

(1) 存在 $x_0 \in (0, 1)$, 使得 $f(x_0) = 2 - 3x_0$;

(2) 存在 $\xi, \eta \in (0, 1)$, 且 $\xi \neq \eta$, 使得 $[1 + f'(\xi)][1 + f'(\eta)] = 4$.

证 (1) 设 $F(x) = f(x) - (2 - 3x)$, 则 $F(x)$ 在 $[0, 1]$ 上连续, 且 $F(0) = -2, F(1) = 2$, 根据连续函数的介值定理, 存在 $x_0 \in (0, 1)$, 使得 $F(x_0) = 0$, 即 $f(x_0) = 2 - 3x_0$.

(2) 对函数 $f(x)$ 分别在 $[0, x_0]$ 与 $[x_0, 1]$ 上利用 Lagrange 中值定理, 存在 $\xi \in$

$(0, x_0), \eta \in (x_0, 1)$, 使得

$$f'(\xi) = \frac{f(x_0) - f(0)}{x_0 - 0}, \quad 即 \quad 1 + f'(\xi) = 1 + \frac{f(x_0)}{x_0} = \frac{2(1 - x_0)}{x_0},$$

$$f'(\eta) = \frac{f(1) - f(x_0)}{1 - x_0}, \quad 即 \quad 1 + f'(\eta) = 1 + \frac{1 - f(x_0)}{1 - x_0} = \frac{2x_0}{1 - x_0}.$$

将上述二式两边分别相乘即得 $[1 + f'(\xi)][1 + f'(\eta)] = 4$.

【注】 本题 (1) 给出了将 $[0, 1]$ 分成两个小区间的点 x_0 需要满足的条件, 读者可与例 2.59 进行比较, 学习并掌握获取必要的提示性信息的分析技能.

【例 2.79】(第五届全国初赛题, 2013) 设函数 $y = y(x)$ 由方程 $x^3 + 3x^2 y - 2y^3 = 2$ 所确定, 求 $y(x)$ 的极值.

解 对方程两端关于 x 求导, 得

$$x^2 + 2xy + (x^2 - 2y^2) y' = 0. \qquad ①$$

当 $2y^2 \neq x^2$ 时, 得 $y' = \dfrac{x(x + 2y)}{2y^2 - x^2}$. 令 $y' = 0$, 得 $x(x + 2y) = 0$. 再结合原方程, 解得 $y(x)$ 的驻点为 $x_1 = 0, x_2 = -2$, 相应的函数值为 $y_1 = -1, y_2 = 1$.

进一步, 再对 ① 式两端关于 x 求导, 得

$$(x^2 - 2y^2) y'' + 4(x - yy') y' + 2(x + y) = 0.$$

将 $(x_1, y_1) = (0, -1)$ 及 $y' = 0$ 代入上式, 解得 $y''|_{(x_1, y_1)} = -1 < 0$; 再将 $(x_2, y_2) = (-2, 1)$ 及 $y' = 0$ 代入上式, 解得 $y''|_{(x_2, y_2)} = 1 > 0$.

因此, 函数 $y(x)$ 在点 $x_1 = 0$ 处取得极大值 $y_1 = -1$, 在 $x_2 = -2$ 处取得极小值 $y_2 = 1$.

当 $2y^2 = x^2$ 时, 函数 $y(x)$ 在点 $x_3 = \sqrt[3]{2\sqrt{2} - 2}$ 和 $x_4 = -\sqrt[3]{2\sqrt{2} + 2}$ 处不可导, 相应的函数值为 $y_3 = \sqrt[3]{\dfrac{2 - \sqrt{2}}{2}}, y_4 = \sqrt[3]{\dfrac{2 + \sqrt{2}}{2}}$, 可以判断 y_3 和 y_4 都不是函数 $y(x)$ 的极值.

【注】 在求隐函数的极值时, 导数不存在的点往往容易被忽略. 例如本题, 如果直接由 ① 式, 令 $y' = 0$ 解得 $y(x)$ 的驻点 $x_1 = 0, x_2 = -2$, 那么就需要特别考虑 $x^2 - 2y^2 = 0$ 的情形.

【例 2.80】(第四届全国初赛题, 2012) 求方程 $x^2 \sin \dfrac{1}{x} = 2x - 501$ 的近似解, 精确到 0.001.

解 利用一阶 Taylor 公式 $\sin t = t - \dfrac{\sin(\theta t)}{2} t^2 \ (0 < \theta < 1)$, 取 $t = \dfrac{1}{x}$ 得

$$\sin \frac{1}{x} = \frac{1}{x} - \frac{1}{2x^2} \sin \frac{\theta}{x} \quad (0 < \theta < 1),$$

代入原方程, 得
$$x = 501 - \frac{1}{2}\sin\frac{\theta}{x}.$$

由此可知, $x > 500$, 且 $0 < \frac{\theta}{x} < \frac{1}{500}$. 从而有
$$|x - 501| = \frac{1}{2}\left|\sin\frac{\theta}{x}\right| \leqslant \frac{\theta}{2x} < \frac{1}{1000} = 0.001.$$

所以, $x = 501$ 即为满足题设条件的近似解.

【例 2.81】(第六届全国初赛题, 2014) 设函数 $f(x)$ 在区间 $[0,1]$ 上具有二阶导数, 且有正常数 A, B 使得 $|f(x)| \leqslant A, |f''(x)| \leqslant B$. 证明: 对任意 $x \in [0,1]$, 有 $|f'(x)| \leqslant 2A + \frac{B}{2}$.

证 对任意 $x \in [0,1]$, 利用 Taylor 公式, 得
$$f(0) = f(x) + f'(x)(0-x) + \frac{f''(\xi)}{2}(0-x)^2, \quad \xi \in (0,x),$$
$$f(1) = f(x) + f'(x)(1-x) + \frac{f''(\eta)}{2}(1-x)^2, \quad \eta \in (x,1),$$

上述两式相减, 可得
$$f'(x) = f(1) - f(0) - \frac{f''(\eta)}{2}(1-x)^2 + \frac{f''(\xi)}{2}x^2.$$

根据题设条件 $|f(x)| \leqslant A, |f''(x)| \leqslant B$, 得
$$|f'(x)| \leqslant 2A + \frac{B}{2}\left[x^2 + (1-x)^2\right].$$

易知, 函数 $x^2 + (1-x)^2$ 在 $[0,1]$ 上的最大值为 1, 所以 $|f'(x)| \leqslant 2A + \frac{B}{2}$.

【例 2.82】(第四届全国初赛题, 2012) 设函数 $f(x)$ 二阶可导, 且 $f''(x) > 0$. 又设 $f(0) = 0$, 且 $f'(0) = 0$. 求极限 $\lim\limits_{x \to 0} \frac{x^3 f(u)}{f(x)\sin^3 u}$, 其中 u 是曲线 $y = f(x)$ 上点 $(x, f(x))$ 处的切线在 x 轴上的截距.

解 曲线在点 $(x, f(x))$ 处的切线方程为 $Y - f(x) = f'(x)(X - x)$.

根据 Rolle 定理, 易知 $f'(x) \neq 0$. 令 $Y = 0$ 得 $X = x - \frac{f(x)}{f'(x)}$, 即截距 $u = x - \frac{f(x)}{f'(x)}$. 因此
$$\lim_{x \to 0} u = \lim_{x \to 0}\left(x - \frac{f(x)}{f'(x)}\right) = -\lim_{x \to 0}\frac{\dfrac{f(x) - f(0)}{x - 0}}{\dfrac{f'(x) - f'(0)}{x - 0}} = -\frac{f'(0)}{f''(0)} = 0.$$

由 $f(x)$ 在 $x=0$ 处的二阶 Taylor 公式

$$f(x) = f(0) + f'(0)x + \frac{f''(0)}{2}x^2 + o(x^2) = \frac{f''(0)}{2}x^2 + o(x^2)$$

得

$$\lim_{x\to 0}\frac{u}{x} = 1 - \lim_{x\to 0}\frac{f(x)}{xf'(x)} = 1 - \frac{1}{2}\lim_{x\to 0}\frac{f''(0) + 2\cdot\frac{o(x^2)}{x^2}}{\frac{f'(x)-f'(0)}{x-0}} = 1 - \frac{1}{2}\frac{f''(0)}{f''(0)} = \frac{1}{2}.$$

注意到当 $u \to 0$ 时，$\sin u \sim u$，所以

$$\lim_{x\to 0}\frac{x^3 f(u)}{f(x)\sin^3 u} = \lim_{x\to 0}\frac{x^3}{u^3}\cdot\frac{\frac{f''(0)}{2}u^2 + o(u^2)}{\frac{f''(0)}{2}x^2 + o(x^2)} = \lim_{x\to 0}\frac{x}{u}\cdot\frac{\frac{f''(0)}{2} + \frac{o(u^2)}{u^2}}{\frac{f''(0)}{2} + \frac{o(x^2)}{x^2}} = 2.$$

【例 2.83】（第八届全国初赛题，2016） 设函数 $f(x)$ 在区间 $[0,1]$ 上连续，且 $I = \int_0^1 f(x)\mathrm{d}x \neq 0$. 证明：在 $(0,1)$ 内存在不同的两点 x_1, x_2，使得

$$\frac{1}{f(x_1)} + \frac{1}{f(x_2)} = \frac{2}{I}.$$

【分析】 欲使 $x_1, x_2 \in (0,1)$，且 $x_1 \neq x_2$，可考虑取 $a \in (0,1)$ 将区间 $[0,1]$ 分成两个小区间 $[0,a]$ 与 $[a,1]$. 构造函数 $F(x)$ 使得 $F'(x) = \frac{f(x)}{I}$，对 $F(x)$ 分别在区间 $[0,a]$ 与 $[a,1]$ 上利用 Lagrange 中值定理，存在 $x_1 \in (0,a), x_2 \in (a,1)$，使得

$$\frac{F(a)-F(0)}{a-0} = F'(x_1) = \frac{f(x_1)}{I}, \quad \frac{F(1)-F(a)}{1-a} = F'(x_2) = \frac{f(x_2)}{I}.$$

所以 $\dfrac{I}{f(x_1)} + \dfrac{I}{f(x_2)} = 2 \Leftrightarrow \dfrac{a}{F(a)-F(0)} + \dfrac{1-a}{F(1)-F(a)} = 2$，这只需要 $F(0) = 0, F(1) = 1$，且存在 $a \in (0,1)$，使得 $F(a) = \dfrac{1}{2}$. 再注意到 $I = \int_0^1 f(x)\mathrm{d}x$，那么构造一个满足所有这些条件的辅助函数 $F(x)$ 就有了比较清晰的思路. 下面的证明就从这里开始.

证 设 $F(x) = \dfrac{1}{I}\int_0^x f(t)\mathrm{d}t$，则 $F(0) = 0, F(1) = 1$. 因为 $f(x)$ 连续，所以 $f(x)$ 在 $(0,1)$ 内可导，且 $F'(x) = \dfrac{f(x)}{I}$. 根据 $F(0) < \dfrac{1}{2} < F(1)$ 及连续函数的介值定理，存在 $a \in (0,1)$，使得 $F(a) = \dfrac{1}{2}$. 对 $F(x)$ 分别在区间 $[0,a]$ 与 $[a,1]$ 上利用 Lagrange 中值定

理, 得

$$F'(x_1) = \frac{F(a) - F(0)}{a - 0} = \frac{1}{2a}, \quad x_1 \in (0, a);$$

$$F'(x_2) = \frac{F(1) - F(a)}{1 - a} = \frac{1}{2(1-a)}, \quad x_2 \in (a, 1).$$

因为 $F'(x) = \dfrac{f(x)}{I}$, 所以上述两式即 $f(x_1) = \dfrac{I}{2a} \neq 0, f(x_2) = \dfrac{I}{2(1-a)} \neq 0$. 因此

$$\frac{1}{f(x_1)} + \frac{1}{f(x_2)} = \frac{2a}{I} + \frac{2(1-a)}{I} = \frac{2}{I}.$$

【例 2.84】(第九届全国决赛题, 2018) 设函数 $f(x)$ 在区间 $[0,1]$ 上连续, 且 $\int_0^1 f(x)\mathrm{d}x \neq 0$. 证明: 在区间 $[0,1]$ 上存在三个不同的点 x_1, x_2, x_3, 使得

$$\frac{\pi}{8}\int_0^1 f(x)\mathrm{d}x = \left(\frac{1}{1+x_1^2}\int_0^{x_1} f(t)\mathrm{d}t + f(x_1)\arctan x_1\right)x_3$$

$$= \left(\frac{1}{1+x_2^2}\int_0^{x_2} f(t)\mathrm{d}t + f(x_2)\arctan x_2\right)(1-x_3).$$

【分析】 结合例 2.83 的分析思路与本题要证明的结论, 显然这里的 $x_3 = a$, 且新的辅助函数需要在例 2.83 的 $F(x)$ 中增加一个因子 $\dfrac{4}{\pi}\arctan x$.

证 考虑函数 $F(x) = \dfrac{4}{\pi I}\arctan x \int_0^x f(t)\mathrm{d}t$, 其中 $I = \int_0^1 f(x)\mathrm{d}x$, 则 $F(0) = 0, F(1) = 1, F(x)$ 在闭区间 $[0,1]$ 上可导, 且

$$F'(x) = \frac{4}{\pi I}\left(\frac{1}{1+x^2}\int_0^x f(t)\mathrm{d}t + f(x)\arctan x\right). \qquad ①$$

由连续函数的介值定理, 存在 $x_3 \in (0,1)$, 使得 $F(x_3) = \dfrac{1}{2}$. 在区间 $[0, x_3]$ 与 $[x_3, 1]$ 上分别利用 Lagrange 中值定理, 存在 $x_1 \in (0, x_3), x_2 \in (x_3, 1)$, 使得

$$F'(x_1) = \frac{F(x_3) - F(0)}{x_3 - 0}, \quad \text{即} \quad \frac{1}{2} = F'(x_1) x_3;$$

$$F'(x_2) = \frac{F(1) - F(x_3)}{1 - x_3}, \quad \text{即} \quad \frac{1}{2} = F'(x_2)(1 - x_3).$$

将 $F'(x)$ 的表达式①代入上述两式即得所证.

【例 2.85】(第四届全国决赛题, 2013) 设函数 $f(x)$ 在 $[-2,2]$ 上二阶可导, $|f(x)| \leqslant 1$, 且 $[f(0)]^2 + [f'(0)]^2 = 4$. 试证: 在 $(-2,2)$ 内至少存在一点 ξ, 使得 $f(\xi) + f''(\xi) = 0$.

证 利用 Lagrange 中值定理, 可得

$$f(0) - f(-2) = 2f'(x_1) \quad (-2 < x_1 < 0),$$
$$f(2) - f(0) = 2f'(x_2) \quad (0 < x_2 < 2).$$

因为 $|f(x)| \leqslant 1$, 所以

$$|f'(x_1)| \leqslant \frac{|f(0)| + |f(-2)|}{2} \leqslant 1,$$
$$|f'(x_2)| \leqslant \frac{|f(2)| + |f(0)|}{2} \leqslant 1.$$

考虑函数 $g(x) = f^2(x) + [f'(x)]^2$, 则 $g(x_1) \leqslant 2, g(x_2) \leqslant 2$. 因为 $g(x)$ 在区间 $[x_1, x_2]$ 上连续, 且 $g(0) = 4$, 所以 $g(x)$ 在 $[x_1, x_2]$ 上的最大值 $g(\xi) \geqslant 4$, 且 $\xi \in (x_1, x_2)$. 故由 Fermat 定理, 有 $g'(\xi) = 0$, 即 $f'(\xi)[f(\xi) + f''(\xi)] = 0$.

若 $f'(\xi) = 0$, 则 $g(\xi) = f^2(\xi) + [f'(\xi)]^2 \leqslant 1$, 与 $g(\xi) \geqslant 4$ 矛盾, 所以 $f'(\xi) \neq 0$. 于是, 有

$$f(\xi) + f''(\xi) = 0.$$

【例 2.86】(第十一届全国初赛题, 2019) 设 $f(x)$ 在 $[0, +\infty)$ 上可微, $f(0) = 0$, 且存在常数 $A > 0$, 使得 $|f'(x)| \leqslant A|f(x)|$ 在 $[0, +\infty)$ 上成立. 试证明在 $(0, +\infty)$ 上有 $f(x) \equiv 0$.

证 (方法 1) 记 $a_k = \dfrac{k}{2A}, k = 0, 1, 2, \cdots$. 设 $x_0 \in [0, a_1]$, 使得

$$|f(x_0)| = \max\{|f(x)| \mid x \in [0, a_1]\}.$$

若 $|f(x_0)| > 0$, 则 $x_0 \in (0, a_1]$. 在 $[0, x_0]$ 上利用 Lagrange 中值定理, 存在 $\xi \in (0, x_0)$, 使得

$$|f(x_0)| = |f(x_0) - f(0)| = |f'(\xi)x_0| \leqslant A|f(\xi)|a_1 \leqslant \frac{1}{2}|f(x_0)|,$$

矛盾. 所以 $|f(x_0)| = 0$, 故在 $[0, a_1]$ 上有 $f(x) \equiv 0$.

同理可证, 在 $[a_1, a_2]$ 上有 $f(x) \equiv 0$. 由此可归纳得, 对任意 $k = 1, 2, \cdots$, 在 $[a_{k-1}, a_k]$ 上恒有 $f(x) \equiv 0$. 所以在 $(0, +\infty)$ 上 $f(x) \equiv 0$.

(方法 2) 用反证法. 假设 $x_0 \in (0, +\infty)$, 使得 $f(x_0) \neq 0$, 不妨设 $f(x_0) > 0$. 根据 $f(x)$ 的连续性, 存在 $a \in [0, x_0)$, 使得 $f(a) = 0$, 而当 $x \in (a, x_0)$ 时, $f(x) > 0$, 从而有

$$f'(x) \leqslant |f'(x)| \leqslant Af(x) \Rightarrow \left[\mathrm{e}^{-Ax} f(x)\right]' \leqslant 0.$$

这表明 $\mathrm{e}^{-Ax} f(x)$ 是 $[a, x_0]$ 上的单调递减函数, 故当 $x \in (a, x_0)$ 时, $\mathrm{e}^{-Ax} f(x) \leqslant \mathrm{e}^{-Aa} f(a) = 0$, 所以 $f(x) \leqslant 0$, 矛盾. 故假设不成立. 因此, 在 $(0, +\infty)$ 上有 $f(x) \equiv 0$.

【注】 在方法 2 中, 对于 $f(x_0) < 0$ 的情形, 类似地也可导出矛盾, 请读者完成.

【例 2.87】(第二届全国初赛题, 2010) 设函数 $f(x)$ 在 $(-\infty, +\infty)$ 上具有二阶导数, 满足
$$f''(x) > 0, \quad \lim_{x \to +\infty} f'(x) = \alpha > 0, \quad \lim_{x \to -\infty} f'(x) = \beta < 0,$$
且存在一点 x_0, 使得 $f(x_0) < 0$. 证明: 方程 $f(x) = 0$ 在 $(-\infty, +\infty)$ 内恰有两个实根.

证 由 $\lim_{x \to +\infty} f'(x) = \alpha > 0$ 与极限的保号性知, 存在充分大的 $x_1 > x_0$, 使得 $f'(x_1) > 0$.

对于 $x > x_1$, 利用 Taylor 公式, 存在 $\xi_1 \in (x_1, x)$, 使得
$$f(x) = f(x_1) + f'(x_1)(x - x_1) + \frac{f''(\xi_1)}{2}(x - x_1)^2$$
$$> f(x_1) + f'(x_1)(x - x_1).$$

取 $a > x_1$ 且 $a > x_1 - \dfrac{f(x_1)}{f'(x_1)}$, 则 $f(a) > 0$.

另一方面, 由 $\lim_{x \to -\infty} f'(x) = \beta < 0$ 与极限的保号性知, 存在 $x_2 < x_0$, 使得 $f'(x_2) < 0$.

对于 $x < x_2$, 利用 Taylor 公式, 存在 $\xi_2 \in (x, x_2)$, 使得
$$f(x) = f(x_2) + f'(x_2)(x - x_2) + \frac{f''(\xi_2)}{2}(x - x_2)^2$$
$$> f(x_2) + f'(x_2)(x - x_2).$$

取 $b < x_2$ 且 $b < x_2 - \dfrac{f(x_2)}{f'(x_2)}$, 则 $f(b) > 0$.

根据连续函数的介值定理, 存在 $\eta_1 \in (b, x_0), \eta_2 \in (x_0, a)$, 使得 $f(\eta_1) = f(\eta_2) = 0$. 假设另存在 η_3, 不妨设 $\eta_2 < \eta_3$, 使得 $f(\eta_3) = 0$, 则根据 Rolle 定理, 存在 $\rho_1 \in (\eta_1, \eta_2), \rho_2 \in (\eta_2, \eta_3)$, 使得 $f'(\rho_i) = 0, i = 1, 2$. 再对 $f'(x)$ 利用 Rolle 定理, 存在 $\delta \in (\rho_1, \rho_2)$, 使得 $f''(\delta) = 0$, 此与题设条件 $f''(x) > 0$ 矛盾. 因此 $f(x) = 0$ 有且只有两个实根.

【例 2.88】(第五届全国决赛题, 2014) 设 $f(x) \in C^4(-\infty, +\infty)$, 且满足
$$f(x+h) = f(x) + f'(x)h + \frac{1}{2}f''(x+\theta h)h^2,$$
其中 θ 是与 x, h 无关的常数, 证明: $f(x)$ 是不超过三次的多项式.

证 只需证 $f^{(4)}(x) \equiv 0$ 对任意 $x \in (-\infty, +\infty)$ 成立. 为此, 对函数 $f(x)$ 与 $f''(x)$ 分别利用 Taylor 公式, 得
$$f(x+h) = f(x) + f'(x)h + \frac{f''(x)}{2}h^2 + \frac{f'''(x)}{6}h^3 + \frac{f^{(4)}(\xi)}{24}h^4,$$
$$f''(x+\theta h) = f''(x) + f'''(x)\theta h + \frac{f^{(4)}(\eta)}{2}(\theta h)^2,$$

其中 ξ 介于 x 与 $x+h$ 之间, η 介于 x 与 $x+\theta h$ 之间. 将上述两式都代入题设等式并整理, 得

$$4(1-3\theta)f'''(x) = h\left[6\theta^2 f^{(4)}(\eta) - f^{(4)}(\xi)\right].$$

令 $h \to 0$, 对上式取极限. 注意到 $\xi \to x, \eta \to x$, 且 $f^{(4)}(x)$ 在 $(-\infty, +\infty)$ 上连续, 所以 $\lim\limits_{h\to 0} f^{(4)}(\xi) = f^{(4)}(x), \lim\limits_{h\to 0} f^{(4)}(\eta) = f^{(4)}(x)$. 若 $\theta \neq \dfrac{1}{3}$, 则 $f'''(x) \equiv 0$, 因此 $f(x)$ 为至多二次多项式; 若 $\theta = \dfrac{1}{3}$, 则 $\dfrac{2}{3}f^{(4)}(\eta) = f^{(4)}(\xi)$, 从而有 $f^{(4)}(x) \equiv 0$, 因此 $f(x)$ 为至多三次多项式.

【例 2.89】(第八届全国决赛题, 2017) 设 $0 < x < \dfrac{\pi}{2}$, 证明: $\dfrac{4}{\pi^2} < \dfrac{1}{x^2} - \dfrac{1}{\tan^2 x} < \dfrac{2}{3}$.

证 设 $f(x) = \dfrac{1}{x^2} - \dfrac{1}{\tan^2 x}$, 则 $f(x)$ 在 $\left(0, \dfrac{\pi}{2}\right)$ 内可导, 且

$$f'(x) = -\dfrac{2}{x^3} + \dfrac{2\cos x}{\sin^3 x} = \dfrac{2\left(x^3 \cos x - \sin^3 x\right)}{x^3 \sin^3 x}.$$

令 $\varphi(x) = \dfrac{\sin x}{\sqrt[3]{\cos x}} - x$, 则 $\varphi(x)$ 在 $\left(0, \dfrac{\pi}{2}\right)$ 内可导, 且

$$\varphi'(x) = \dfrac{\cos^{4/3} x + \dfrac{1}{3}\sin^2 x \cos^{-2/3} x}{\cos^{2/3} x} - 1 = \dfrac{2}{3}\cos^{2/3} x + \dfrac{1}{3}\cos^{-4/3} x - 1$$

$$= \dfrac{1}{3}\left(\cos^{2/3} x + \cos^{2/3} x + \cos^{-4/3} x\right) - 1$$

$$> \sqrt[3]{\cos^{2/3} x \cdot \cos^{2/3} x \cdot \cos^{-4/3} x} - 1 = 0.$$

所以 $\varphi(x)$ 在区间 $\left(0, \dfrac{\pi}{2}\right)$ 上严格单调递增. 又 $\varphi(0) = 0$, 所以 $\varphi(x) > 0$, 即 $x^3 \cos x < \sin^3 x$. 从而有 $f'(x) < 0$, 故 $f(x)$ 在 $\left(0, \dfrac{\pi}{2}\right)$ 上严格单调递减. 由于 $\lim\limits_{x \to \frac{\pi}{2}^-} f(x) = \lim\limits_{x \to \frac{\pi}{2}^-}\left(\dfrac{1}{x^2} - \dfrac{1}{\tan^2 x}\right) = \dfrac{4}{\pi^2}$, 而

$$\lim\limits_{x \to 0^+} f(x) = \lim\limits_{x \to 0^+}\left(\dfrac{1}{x^2} - \dfrac{1}{\tan^2 x}\right) = \lim\limits_{x \to 0^+} \dfrac{x + \tan x}{x} \cdot \dfrac{\tan x - x}{x \tan^2 x} = \dfrac{2}{3},$$

因此, 当 $0 < x < \dfrac{\pi}{2}$ 时, 有 $\dfrac{4}{\pi^2} < \dfrac{1}{x^2} - \dfrac{1}{\tan^2 x} < \dfrac{2}{3}$.

【注】 这里的不等式 $\varphi(x) > 0$, 即 $x^3 \cos x < \sin^3 x \left(0 < x < \dfrac{\pi}{2}\right)$, 还有另外的等价形式及证明方法, 参见本章练习第 73 题及其解答与注.

【例 2.90】(首届全国决赛题, 2010) 问是否存在 $(-\infty, +\infty)$ 上的可微函数 $f(x)$, 使得 $f(f(x)) = 1 + x^2 + x^4 - x^3 - x^5$? 若存在, 请给出一个例子并阐述理由; 若不存在, 请给予证明.

解 结论：不存在. 下面用反证法给予证明.

假设不然, 即存在 $(-\infty,+\infty)$ 上的可微函数 $f(x)$, 且满足

$$f(f(x))=1+x^2+x^4-x^3-x^5.$$

取 $x=1$ 代入上式, 得 $f(f(1))=1$. 记 $a=f(1)$, 则 $f(a)=1$, 所以 $f(f(a))=f(1)=a$. 因此, $x=1$ 和 $x=a$ 都是方程 $f(f(x))=x$ 的实根.

另一方面, 由于 $f(f(x))=x$ 等价于 $(x-1)\left(x^4+x^2+1\right)=0$, 可知 $x=1$ 是该方程唯一的实根, 因此 $a=1$, 且 $f(1)=1$.

分别对等式 $f(f(x))=1+x^2+x^4-x^3-x^5$ 两端的函数求其导数在 $x=1$ 处的值, 得

$$\left.\frac{\mathrm{d}}{\mathrm{d}x}f(f(x))\right|_{x=1}=f'(f(1))f'(1)=[f'(1)]^2\geqslant 0,$$

$$\left.\frac{\mathrm{d}}{\mathrm{d}x}\left(1+x^2+x^4-x^3-x^5\right)\right|_{x=1}=-2<0,$$

矛盾. 因此, 在 $(-\infty,+\infty)$ 上可微且满足 $f(f(x))=1+x^2+x^4-x^3-x^5$ 的函数 $f(x)$ 不存在.

【例 2.91】（第十二届全国决赛题, 2021） 设函数 $f(x)$ 在 $[a,b]$ 上连续, 在 (a,b) 内二阶可导, 且 $f(a)=f(b)=0$, $\int_a^b f(x)\mathrm{d}x=0$. 证明:

(1) 存在互不相同的点 $x_1, x_2\in(a,b)$, 使得 $f'(x_i)=f(x_i), i=1,2$;

(2) 存在 $\xi\in(a,b), \xi\neq x_i, i=1,2$, 使得 $f''(\xi)=f(\xi)$.

证 (1) 利用积分中值定理, 存在 $c\in(a,b)$, 使得 $\int_a^b f(x)\mathrm{d}x=f(c)(b-a)=0$, 得 $f(c)=0$.

令 $F(x)=\mathrm{e}^{-x}f(x)$, 则 $F'(x)=\mathrm{e}^{-x}[f'(x)-f(x)]$. 对 $F(x)$ 分别在 $[a,c]$ 和 $[c,b]$ 上利用 Rolle 定理, 存在 $x_1\in(a,c), x_2\in(c,b)$, 使得 $F'(x_i)=0$, 所以 $f'(x_i)=f(x_i), i=1,2$.

(2) 令 $G(x)=\mathrm{e}^x[f'(x)-f(x)]$, 则 $G(x_1)=G(x_2)=0$, 且

$$G'(x)=\mathrm{e}^x[f''(x)-f'(x)]+\mathrm{e}^x[f'(x)-f(x)]=\mathrm{e}^x[f''(x)-f(x)].$$

对 $G(x)$ 在 $[x_1,x_2]$ 上利用 Rolle 定理, 存在 $\xi\in(x_1,x_2)$, 使得 $G'(\xi)=0$, 即 $f''(\xi)=f(\xi)$.

【注】 这里, 构造辅助函数 $F(x)$ 和 $G(x)$ 时都是采用的所谓"原函数法".

对于 (1), 将 $f'(x_i)=f(x_i)$ 中的"介值" x_i 改为自变量 x 得到函数 $f'(x)-f(x)$, 并凑一个因子 e^{-x} 后作不定积分 $\int \mathrm{e}^{-x}[f'(x)-f(x)]\mathrm{d}x=\mathrm{e}^{-x}f(x)+C$, 取其中的一个原函数作为 $F(x)$, 即 $F(x)=\mathrm{e}^{-x}f(x)$, 就是所需的辅助函数.

对于 (2), 将 $f''(\xi) = f(\xi)$ 中的 "介值" ξ 改为自变量 x 得到函数 $f''(x) - f(x)$, 并凑一个因子 e^x 后作不定积分, 得

$$\int e^x [f''(x) - f(x)] \, dx = e^x [f'(x) - f(x)] + C,$$

取其中的一个原函数作为 $G(x)$, 即 $G(x) = e^x [f'(x) - f(x)]$, 就是所需的辅助函数.

【例 2.92】 (第十四届全国初赛题, 2022) 设函数 $f(x)$ 在 $(-1, 1)$ 上二阶可导, $f(0) = 1$, 且当 $x \geqslant 0$ 时, $f(x) \geqslant 0, f'(x) \leqslant 0, f''(x) \leqslant f(x)$. 证明: $f'(0) \geqslant -\sqrt{2}$.

证 任取 $x \in (0, 1)$, 对 $f(x)$ 在 $[0, x]$ 上利用 Lagrange 中值定理, 存在 $\xi \in (0, x)$, 使得 $f(x) - f(0) = f'(\xi)(x - 0)$. 因为 $f(0) = 1, f(x) \geqslant 0$, 所以 $-\dfrac{1}{x} \leqslant f'(\xi) \leqslant 0$.

令 $F(x) = [f'(x)]^2 - [f(x)]^2$, 则 $F(x)$ 在 $(0, 1)$ 内可导, 且

$$F'(x) = 2f'(x) [f''(x) - f(x)].$$

根据题设条件, $f''(x) \leqslant f(x)$ 且 $f'(x) \leqslant 0$, 所以 $F'(x) \geqslant 0$. 这表明 $F(x)$ 在 $[0, 1)$ 上是单调递增函数, 从而有 $F(\xi) \geqslant F(0)$, 可得 $[f'(\xi)]^2 - [f'(0)]^2 \geqslant [f(\xi)]^2 - [f(0)]^2 \geqslant -1$. 因此

$$[f'(0)]^2 \leqslant 1 + [f'(\xi)]^2 \leqslant 1 + \frac{1}{x^2}.$$

因为 $\lim\limits_{x \to 1^-} \left(1 + \dfrac{1}{x^2}\right) = 2$, 所以 $[f'(0)]^2 \leqslant 2$, 从而有 $f'(0) \geqslant -\sqrt{2}$.

【例 2.93】 (第十四届全国初赛补赛题, 2022) 证明: 当 $\alpha > 0$ 时, 有

$$\left(\frac{2\alpha + 2}{2\alpha + 1}\right)^{\sqrt{\alpha + 1}} > \left(\frac{2\alpha + 1}{2\alpha}\right)^{\sqrt{\alpha}}.$$

证 注意到, 当 $\alpha > 0$ 时, $\dfrac{2\alpha + 2}{2\alpha + 1} = 1 + \dfrac{1}{2\alpha + 1}, \dfrac{2\alpha + 1}{2\alpha} = 1 + \dfrac{1}{2\alpha}$, 所以当 $\alpha > 0$ 时,

原不等式 $\Leftrightarrow \sqrt{2\alpha + 1}\sqrt{2\alpha + 2} \ln\left(\dfrac{2\alpha + 2}{2\alpha + 1}\right) > \sqrt{2\alpha + 1}\sqrt{2\alpha} \ln\left(\dfrac{2\alpha + 1}{2\alpha}\right)$

$\Leftrightarrow \dfrac{\sqrt{1 + \dfrac{1}{2\alpha + 1}} \ln\left(1 + \dfrac{1}{2\alpha + 1}\right)}{\dfrac{1}{2\alpha + 1}} > \dfrac{\sqrt{1 + \dfrac{1}{2\alpha}} \ln\left(1 + \dfrac{1}{2\alpha}\right)}{\dfrac{1}{2\alpha}}.$ ①

下证不等式①. 为此, 令 $f(x) = \dfrac{\sqrt{1 + x} \ln(1 + x)}{x} (x > 0)$, 则 $f(x)$ 在 $(0, +\infty)$ 上可导, 且

$$f'(x) = \frac{1}{x^2} \left[x \left(\frac{\ln(1 + x)}{2\sqrt{1 + x}} + \frac{1}{\sqrt{1 + x}} \right) - \sqrt{1 + x} \ln(1 + x) \right] = \frac{2x - (x + 2)\ln(1 + x)}{2x^2 \sqrt{1 + x}}.$$

令 $g(x) = 2x - (x+2)\ln(1+x)$，则 $f'(x) = \dfrac{g(x)}{2x^2\sqrt{1+x}}$，$g(x)$ 在 $(0, +\infty)$ 上可导，且

$$g'(x) = 2 - \ln(1+x) - \dfrac{2+x}{1+x} = \dfrac{x}{1+x} - \ln(1+x).$$

利用不等式：当 $x > 0$ 时，$\dfrac{x}{1+x} < \ln(1+x) < x$，得 $g'(x) < 0$.

这表明 $g(x)$ 在 $[0, +\infty)$ 上严格单调递减，故当 $x > 0$ 时，$g(x) < g(0) = 0$，所以 $f'(x) < 0$，可知 $f(x)$ 在 $(0, +\infty)$ 上严格单调递减. 由于 $\alpha > 0$ 时，$\dfrac{1}{2\alpha+1} < \dfrac{1}{2\alpha}$，所以 $f\left(\dfrac{1}{2\alpha+1}\right) > f\left(\dfrac{1}{2\alpha}\right)$，此即不等式①，因此原不等式得证.

2.4 能力拓展与训练

1. 求下列函数的导数：

(1) $y = \ln\tan\left(\dfrac{\pi}{2} + \dfrac{x}{2}\right)$;

(2) $y = \arctan\left(x + \sqrt{1+x^2}\right)$;

(3) $y = \sin x + x^{\sqrt{x}}$;

(4) $y = \ln\left(\mathrm{e}^x + \sqrt{1+\mathrm{e}^{2x}}\right)$;

(5) $y = \sqrt{x\sin x\sqrt{1-\mathrm{e}^x}}$;

(6) $y = \left(\dfrac{a}{b}\right)^x \left(\dfrac{b}{x}\right)^a \left(\dfrac{x}{a}\right)^b$ $(a > 0, b > 0)$.

2. 解下列各题：

(1) 设 $f(t) = \lim\limits_{x\to\infty} t\left(1+\dfrac{1}{x}\right)^{2tx}$，求 $f'(t)$；

(2) 设 $f(x) = \log_x(\ln x)$，求 $f'(\mathrm{e})$；

(3) 设 $y = \dfrac{1}{x^2+5x+6}$，求 $y^{(n)}$；

(4) 设 $f(x) = \begin{cases} \cos\dfrac{\pi x}{2}, & |x| \leqslant 1, \\ |x-1|, & |x| > 1, \end{cases}$ 求 $f'(x)$；

(5) 设 $\mathrm{e}^{x+y} - xy = 1$，求 $\left.\dfrac{\mathrm{d}^2 y}{\mathrm{d}x^2}\right|_{x=0}$；

(6) 设 $(\cos y)^x = (\sin x)^y$，求 $\dfrac{\mathrm{d}y}{\mathrm{d}x}$；

(7) 设 $\begin{cases} x = \ln(1+t^2), \\ y = t - \arctan t, \end{cases}$ 求 $\dfrac{\mathrm{d}^2 y}{\mathrm{d}x^2}$；

(8) 设 $\begin{cases} x - \mathrm{e}^x \sin t + 1 = 0, \\ y = \displaystyle\int_0^t \sqrt{1+u^2}\,\mathrm{d}u, \end{cases}$ 求 $\left.\dfrac{\mathrm{d}y}{\mathrm{d}x}\right|_{t=0}$.

3. 设 $f(x) = \ln(1+x)$，$y = f[f(x)]$，求 $\dfrac{\mathrm{d}y}{\mathrm{d}x}$.

4. 设 $y = f\left(\dfrac{2x-1}{x+1}\right)$，$f'(x) = \sin x^2$，求 $\dfrac{\mathrm{d}y}{\mathrm{d}x}$.

5. 设函数 $f(x) = \ln\left(\sqrt{1+x^2} - x\right)$，求 $f^{(2n+1)}(0)$ $(n \in \mathbb{Z}^+)$.

6. 设 $\begin{cases} x = \cos t^2, \\ y = t\cos t^2 - \displaystyle\int_1^{t^2} \dfrac{1}{2\sqrt{u}}\cos u\,\mathrm{d}u, \end{cases}$ 求 $\dfrac{\mathrm{d}y}{\mathrm{d}x}, \dfrac{\mathrm{d}^2 y}{\mathrm{d}x^2}$ 在 $t = \sqrt{\dfrac{\pi}{2}}$ 处的值.

7. 求由方程 $\sin xy + \ln(y-x) = x$ 所确定的函数 $y = y(x)$ 的微分 dy.

8. 设函数 $f(x) = \begin{cases} \dfrac{\ln(1+x)}{x}, & x \neq 0, \\ 1, & x = 0. \end{cases}$ 试讨论 $f'(x)$ 在 $x=0$ 处的连续性.

9. 设 $f(x) = \begin{cases} ax^2 + bx + c, & x < 0, \\ \ln(1+x), & x \geqslant 0. \end{cases}$ 试问 a, b, c 等于什么值时 $f''(0)$ 存在?

10. 设 $f(x) = \lim\limits_{n\to\infty} \dfrac{n \arctan nx}{\sqrt{n^2+nx}}$, $F(x) = \int_0^x tf(x-t)dt$, 求 $F'(x)$.

11. 设 $f(x)$ 连续, $\lim\limits_{x\to 0}\dfrac{f(x)}{x} = A$ (常数), $\varphi(x) = \int_0^1 f(xt)dt$, 求 $\varphi'(x)$ 并讨论 $\varphi'(x)$ 在 $x=0$ 处的连续性.

12. 设 $y = \arcsin x \cdot \arccos x$, 求 $y^{(n)}(0)$.

13. 试将 $\dfrac{dy}{dx}$ 与 $\dfrac{d^2y}{dx^2}$ 用极坐标 r, θ 表示出来 (以 θ 为自变量).

14. 已知 $f'(\ln x) = x\ln x$, 求 $f^{(n)}(x)$.

15. 证明: $\sin 1$ 是无理数.

16. 证明: 当 $x > 1$ 时, $2\arctan x + \arcsin\dfrac{2x}{1+x^2} = \pi$.

17. 设函数 $f(x)$ 在闭区间 $[a,b]$ 上连续, 证明:

(1) $f(x)$ 为常数当且仅当对任意 $x \in (a,b)$ 恒有 $\dfrac{1}{x-a}\int_a^x f(t)dt = \dfrac{1}{b-a}\int_a^b f(x)dx$;

(2) $f(x)$ 为常数当且仅当对任意 $x \in (a,b)$ 恒有 $\dfrac{1}{x-a}\int_a^x f(t)dt = \dfrac{1}{b-x}\int_x^b f(t)dt$.

18. 比较 $(\sqrt{n})^{\sqrt{n+1}}$ 与 $(\sqrt{n+1})^{\sqrt{n}}$ 的大小, 其中 $n > 8$.

19. 求曲线 $\rho = a\sin 2\theta$ 在点 $(\theta, \rho) = \left(\dfrac{\pi}{4}, a\right)$ 处的切线与法线的直角坐标方程.

20. 证明: 曲线弧 $x^{\frac{2}{3}} + y^{\frac{2}{3}} = a^{\frac{2}{3}}$ $(x > 0, y > 0, a > 0)$ 的切线在两坐标轴上的截距平方之和为常数.

21. 证明: $f(x) = \left(1 + \dfrac{1}{x}\right)^x$ 是区间 $(0, +\infty)$ 上的单调增加函数.

22. 已知函数 $f(x) = \begin{cases} x^{2x}, & x > 0, \\ x+1, & x \leqslant 0, \end{cases}$ 问 x 为何值时, $f(x)$ 取得极值?

23. 试确定 a, b, c, d 的值, 使 $y = ax^3 + bx^2 + cx + d$ 有一拐点 $(1, -1)$, 且在 $x = 0$ 处有极大值 1, 并求它在 $(0, 1)$ 处的曲率.

24. 已知函数 $y = f(x)$ 二阶可导, 且 $f'(x) = (2-y)y^\lambda$. 如果曲线 $y = f(x)$ 以 $(x_0, 3)$ 为拐点, 试求 λ 的值.

25. 求函数 $y = (x-1)e^{\frac{\pi}{2} + \arctan x}$ 的单调区间和极值, 并求该函数图形的渐近线.

26. 设 $y = (x+2)\mathrm{e}^{\frac{1}{x}}$, k 为实常数, 试讨论方程 $(x+2)\mathrm{e}^{\frac{1}{x}} - k = 0$ 的实根的个数, 并指出其根的大致范围.

27. 试确定方程 $\mathrm{e}^x = ax^2 (a > 0)$ 的根的个数, 并指出每一个根所在的范围.

28. 设函数 $f(x)$ 满足方程 $\mathrm{e}^x f(x) + 2\mathrm{e}^{\pi-x} f(\pi-x) = 3\sin x, x \in (-\infty, +\infty)$, 求 $f(x)$ 的极值.

29. 求曲线 $y = \dfrac{x^3}{1+x^2} + \arctan(1+x^2)$ 的斜渐近线方程.

30. 在由椭圆 $\dfrac{x^2}{a^2} + \dfrac{y^2}{b^2} = 1$ 绕 y 轴旋转所得的旋转曲面内, 以 $(a, 0, 0)$ 为顶点作内接锥体, 使其底面垂直于 x 轴, 求体积最大的锥体的体积.

31. 某地计划向宽为 a 的运河修建一条宽为 b 的支渠, 使得二者呈 "T" 字形垂直相交, 问能从支渠驶入运河的船只的最大长度为多少? (长度单位为 m)

32. 设 $f(x) = \dfrac{ax^2 + bx + a + 1}{x^2 + 1}$ 在 $x = -\sqrt{3}$ 处有极小值 $f(-\sqrt{3}) = 0$.

(1) 求 a, b 的值;

(2) 求使 $f(x)$ 取极大值的 x 值.

33. 设 $f(x) = \dfrac{4x+4}{x^2} - 2$.

(1) 若 $x = x_0$ 是 $f(x)$ 的极值点, 试求曲线 $y = f(x)$ 在点 $(x_0, f(x_0))$ 处的曲率;

(2) 求曲线 $y = f(x)$ 在其拐点处的切线方程.

34. 设抛物线 $y = ax^2 + bx + c$ 满足下列两个条件:

(1) 通过 $(0, 0)$ 和 $(1, 2)$ 两点, 且 $a < -1$;

(2) 与抛物线 $y = -x^2 + 2x$ 围成的图形面积最小. 试求 a, b, c 的值.

35. 试确定常数 a, b, c, d, 使得 $\lim\limits_{x \to 0} \dfrac{(1+x)^{\frac{1}{x}} - (a + bx + cx^2)}{x^3} = d \neq 0$.

36. 设函数 $f(x)$ 在 $(-\infty, +\infty)$ 上连续, 且 $f(x) = (x+1)^2 + 2\int_0^x f(t)\mathrm{d}t$, 求当 $n \geq 2$ 时 $f^{(n)}(0)$ 的值.

37. 设奇函数 $f(x)$ 在 $[-1, 1]$ 上具有二阶导数, 且 $f(1) = 1$. 证明:

(1) 存在 $\xi \in (0, 1)$, 使得 $f'(\xi) = 1$;

(2) 存在 $\eta \in (-1, 1)$, 使得 $f''(\eta) + f'(\eta) = 1$.

38. 设函数 $f(x), g(x)$ 在 $[a, b]$ 上连续, 在 (a, b) 内具有二阶导数且存在相等的最大值, $f(a) = g(a), f(b) = g(b)$. 证明: 存在 $\xi \in (a, b)$, 使得 $f''(\xi) = g''(\xi)$.

39. 设函数 $f(x)$ 在闭区间 $[0, 1]$ 上连续, 在开区间 $(0, 1)$ 内可导, 且 $f(0) = 0, f(1) = \dfrac{1}{3}$. 证明: 存在 $\xi \in \left(0, \dfrac{1}{2}\right), \eta \in \left(\dfrac{1}{2}, 1\right)$, 使得 $f'(\xi) + f'(\eta) = \xi^2 + \eta^2$.

40. 证明: 方程 $\ln x = \dfrac{x}{\mathrm{e}} - \int_0^\pi \sqrt{1 - \cos 2x}\,\mathrm{d}x$ 在区间 $(0, +\infty)$ 内有且仅有两个不同

实根.

41. 设函数 $f(x)$ 在 $[0,+\infty)$ 上二阶可导, 满足 $f''(x) - 5f'(x) + 6f(x) \geqslant 0$, 且 $f(0) = 1, f'(0) = 0$. 证明: 对任意 $x > 0$, 都有 $f(x) \geqslant 3e^{2x} - 2e^{3x}$.

42. 设 $f(x)$ 在 $[a,b]$ 上连续, 在 (a,b) 内可导, 且 $f(a)f(b) > 0, f(a)f\left(\dfrac{a+b}{2}\right) < 0$. 试证: 存在 $\xi \in (a,b)$, 使得 $f'(\xi) = f(\xi)$.

43. 设 $f(x)$ 是 $[a,b]$ 上的连续单调增加函数. 试证: 存在且仅存在一点 $\xi \in (a,b)$, 使得
$$\int_a^b f(x)\mathrm{d}x = f(a)(\xi - a) + f(b)(b - \xi).$$

44. 设 $f(x)$ 在 $[0,1]$ 上具有三阶导数, 且 $f(0) = 1, f(1) = 2, f'\left(\dfrac{1}{2}\right) = 0$. 证明: 在 $(0,1)$ 内至少存在一点 ξ, 使得 $|f'''(\xi)| \geqslant 24$.

45. 设不恒为常数的函数 $f(x)$ 在闭区间 $[a,b]$ 上连续, 在开区间 (a,b) 内可导, 且 $f(a) = f(b)$. 证明: 在 (a,b) 内至少存在一点 ξ, 使得 $f'(\xi) > 0$.

46. 设函数 $f(x)$ 在闭区间 $[a,b]$ 上连续, 在开区间 (a,b) 内可导, $f(b) > f(a)$, 且 $f(x)$ 不是一次函数. 证明: 存在 $\xi \in (a,b)$, 使得 $f'(\xi) > \dfrac{f(b) - f(a)}{b - a}$.

47. 设 $f(x)$ 在 $[a,b]$ 上二阶可导, $f(a) = f(b) = 1, \int_a^b f(x)\mathrm{d}x = 0$. 证明: 存在 $\xi \in (a,b)$, 使得 $f''(\xi) > 0$.

48. 已知函数 $f(x)$ 在区间 $[a,+\infty)$ 上具有 2 阶导数, $f(a) = 0, f'(x) > 0, f''(x) > 0$. 设 $b > a$, 曲线 $y = f(x)$ 在点 $(b, f(b))$ 处的切线与 x 轴的交点是 $(x_0, 0)$, 证明 $a < x_0 < b$.

49. 设 $0 < a < b$, 证明: $(1+a)\ln(1+a) + (1+b)\ln(1+b) < (1+a+b)\ln(1+a+b)$.

50. 设 $x > 0$, 证明: $f(x) = \int_0^x t(1-t)\sin^{2n} t\, \mathrm{d}t$ 的最大值不超过 $\dfrac{1}{(2n+1)(2n+3)}$, 其中 n 为正整数.

51. 设函数 $f(x)$ 在闭区间 $[0,1]$ 上二阶可导, 且满足 $f(0) = 0, f(1) = 1, f\left(\dfrac{1}{2}\right) > \dfrac{1}{4}$. 试证:

(1) 存在 $\xi \in (0,1)$, 使得 $f''(\xi) < 2$;

(2) 若对任意 $x \in (0,1), f''(x) \neq 2$, 则当 $x \in (0,1)$ 时, 有 $f(x) > x^2$.

52. 设 $f(x), g(x)$ 在 $[a,b]$ 上连续, 在 (a,b) 内可微, 且 $g'(x) \neq 0$, 则在 (a,b) 内存在一点 ξ, 使
$$\dfrac{f'(\xi)}{g'(\xi)} = \dfrac{f(\xi) - f(a)}{g(b) - g(\xi)}.$$

53. 设 $f(x)$ 在 $[0,1]$ 上连续, 在 $(0,1)$ 内可导, 且满足 $\int_0^1 xf(x)\mathrm{d}x = f(1)$. 证明: 在

$(0,1)$ 内至少存在一点 ξ, 使 $\xi f'(\xi) + f(\xi) = 0$.

54. 设 $y = f(x)$ 是区间 $[0,1]$ 上的任一非负连续函数.

(1) 试证明必存在 $x_0 \in (0,1)$, 使得在区间 $[0, x_0]$ 上以 $f(x_0)$ 为高的矩形面积, 等于在区间 $[x_0, 1]$ 上以 $y = f(x)$ 为曲边的曲边梯形面积.

(2) 又设 $f(x)$ 在区间 $(0,1)$ 内可导, 且 $f'(x) > -\dfrac{2f(x)}{x}$. 证明: (1) 中的 x_0 是唯一的.

55. 设函数 $f(x)$ 在区间 $[0,1]$ 上连续, 在 $(0,1)$ 内可导, 且 $f(0) = f(1) = 0, f\left(\dfrac{1}{2}\right) = 1$. 试证:

(1) 存在 $\eta \in \left(\dfrac{1}{2}, 1\right)$, 使 $f(\eta) = \eta$;

(2) 对任意实数 λ, 必存在 $\xi \in (0, \eta)$, 使得 $f'(\xi) - \lambda[f(\xi) - \xi] = 1$.

56. 设函数 $f(x)$ 在 $[a,b]$ 上连续, 在 (a,b) 内可导, 且 $f'(x) \neq 0$. 试证: 存在 $\xi, \eta \in (a,b)$, 使得

$$\frac{f'(\xi)}{f'(\eta)} = \frac{e^b - e^a}{b - a} \cdot e^{-\eta}.$$

57. 设函数 $f(x)$ 在 $[0, \pi]$ 上连续, 且 $\int_0^\pi f(x)\mathrm{d}x = 0, \int_0^\pi f(x)\cos x\,\mathrm{d}x = 0$. 试证: 在 $(0, \pi)$ 内至少存在两个不同的点 ξ_1, ξ_2, 使 $f(\xi_1) = f(\xi_2) = 0$.

58. 设函数 $f(x)$ 在区间 $[0,1]$ 上具有 2 阶导数, 且 $f(1) > 0, \lim\limits_{x \to 0^+} \dfrac{f(x)}{x} < 0$. 证明:

(1) 方程 $f(x) = 0$ 在区间 $(0,1)$ 内至少存在一个实根;

(2) 方程 $f(x)f''(x) + [f'(x)]^2 = 0$ 在区间 $(0,1)$ 内至少存在两个不同的实根.

59. 设函数 $f(x)$ 在区间 $[-1,1]$ 上具有连续的三阶导数, 证明: 存在 $\xi \in (-1,1)$, 使得

$$\frac{f'''(\xi)}{6} = \frac{f(1) - f(-1)}{2} - f'(0).$$

60. 设函数 $f(x)$ 在区间 $[0,1]$ 上二阶可导, $f(0) = 0$, 且 $f(1) = 1$. 求证: 存在 $\xi \in (0,1)$, 使得

$$\xi f''(\xi) + (1 + \xi)f'(\xi) = 1 + \xi.$$

61. 设函数 $f(x)$ 在区间 (a,b) 内具有 4 阶导数, $\lambda \in (a,b)$, 使得 $f^{(3)}(\lambda) = 0$, 而 $f^{(4)}(\lambda) \neq 0$. 证明: 存在相异的点 $x_1, x_2 \in (a,b)$, 使得

$$\frac{f(x_1) - f(x_2)}{x_1 - x_2} = f'(\lambda).$$

62. 设函数 $f(x)$ 在 $[a,b]$ 上可导, 且 $f'(a) = f'(b)$. 证明: 存在 $\xi \in (a,b)$, 使得

$$\frac{f(\xi) - f(a)}{\xi - a} = f'(\xi).$$

63. 设函数 $f(x)$ 在 $[a,b]$ 上连续, 在 (a,b) 内二阶可导, 证明: 对任意 $x \in (a,b)$, 存在 $\xi \in (a,b)$, 使得

$$\frac{f(x)-f(a)}{x-a} - \frac{f(b)-f(a)}{b-a} = \frac{1}{2}(x-b)f''(\xi).$$

64. 设函数 $f(x)$ 在 $(-\infty,+\infty)$ 上二阶可导, 且 $f(0)=0$. 证明: 存在 $\xi \in \left(-\frac{\pi}{2}, \frac{\pi}{2}\right)$, 使得

$$f''(\xi) = 3f'(\xi)\tan\xi + 2f(\xi).$$

65. 设函数 $f(x)$ 在 $[a,b]$ 上具有连续的一阶导数, 且 $f'(x) > 0$, 证明: 存在 $\xi \in (a,b)$, 使得

$$f(f(b)) - f(f(a)) = [f'(\xi)]^2 (b-a).$$

66. 证明不等式:

(1) $\arctan x + \frac{1}{x} > \frac{\pi}{2}$ $(x>0)$; (2) $e^{-2x} > \frac{1-x}{1+x}$, $x \in (0,1)$;

(3) $x\ln\frac{1+x}{1-x} + \cos x \geqslant 1 + \frac{x^2}{2}$ $(-1<x<1)$; (4) $(1+x)^{\frac{1}{x}}\left(1+\frac{1}{x}\right)^x \leqslant 4$ $(x>0)$;

(5) $\frac{1}{x+1} - \frac{1}{bx+1} \leqslant \frac{\sqrt{b}-1}{\sqrt{b}+1}$ $(x \geqslant 0, b>1)$; (6) $\left(\frac{6}{5}\right)^{\sqrt{3}} > \left(\frac{5}{4}\right)^{\sqrt{2}}$.

67. 设 $x \in (0,1)$. 证明:

(1) $\ln(1+x) < \frac{x}{\sqrt{1+x}}$; (2) $\frac{1}{\ln 2} - 1 < \frac{1}{\ln(1+x)} - \frac{1}{x} < \frac{1}{2}$;

(3) $\sqrt{\frac{1-x}{1+x}} < \frac{\ln(1+x)}{\arcsin x}$; (4) $\arcsin(\cos x) > \cos(\arcsin x)$;

(5) $(m+n)(1+x^m) \geqslant 2n\frac{1-x^{m+n}}{1-x^n}$ (m,n 为正整数, 且 $m \geqslant n \geqslant 1$).

68. 设 $f(x)$ 在闭区间 $[0,c]$ 上连续, 其导数 $f'(x)$ 在开区间 $(0,c)$ 内存在且单调减少; $f(0)=0$. 证明: 对于 $0 \leqslant a \leqslant b \leqslant a+b \leqslant c$, 恒有 $f(a+b) \leqslant f(a) + f(b)$.

69. 设函数 $f(x)$ 在闭区间 $[a,b]$ 上有二阶连续导数, $f(a)=f(b)=0$, $\max\limits_{a \leqslant x \leqslant b}|f''(x)| = M$. 证明:

$$\max_{a \leqslant x \leqslant b}|f(x)| \leqslant \frac{M}{8}(a-b)^2.$$

70. 设 $a,b,p,q > 0$. 证明: $\left(\frac{a}{p}\right)^p \left(\frac{b}{q}\right)^q \leqslant \left(\frac{a+b}{p+q}\right)^{p+q}$.

71. 证明: 当 $x > 0$ 时, $2^{-x} + 2^{-\frac{1}{x}} \leqslant 1$.

72. 设 $f(x)$ 在 $[a,b]$ 上有连续二阶导数, 满足 $|f(x)| \leqslant A, |f''(x)| \leqslant B, \forall x \in [a,b]$, 且存在 $x_0 \in [a,b]$ 使得 $|f'(x_0)| \leqslant D$, 其中 A,B,D 均为正常数. 证明: $|f'(x)| \leqslant 2\sqrt{AB} + D, \forall x \in [a,b]$.

73. 证明: $\tan x \sin^2 x > x^3$, $\forall x \in \left(0, \dfrac{\pi}{2}\right)$.

74. 证明: 当 $n \geqslant 2$ 时, $\dfrac{1}{2ne} < \dfrac{1}{e} - \left(1 - \dfrac{1}{n}\right)^n < \dfrac{1}{ne}$.

75. 设函数 $f(x)$ 在区间 $[-1,1]$ 上三阶可导, $f(-1)=0, f(1)=1, f'(0)=0$. 证明: 存在 $\xi \in (-1,1)$, 使得 $|f'''(\xi)| \geqslant 3$.

2.5 训练全解与分析

1. (1) $-\csc x$; (2) $\dfrac{1}{2(1+x^2)}$; (3) $\cos x + x^{\sqrt{x}}\left(\dfrac{2+\ln x}{2\sqrt{x}}\right)$; (4) $\dfrac{e^x}{\sqrt{1+e^{2x}}}$;

(5) $\dfrac{1}{2}\sqrt{x \sin x \sqrt{1-e^x}}\left(\dfrac{1}{x} + \cot x - \dfrac{e^x}{2(1-e^x)}\right)$;

(6) $\left(\dfrac{a}{b}\right)^x \left(\dfrac{b}{x}\right)^a \left(\dfrac{x}{a}\right)^b \left[\ln \dfrac{a}{b} - \dfrac{a}{x} + \dfrac{b}{x}\right]$.

2. (1) $(2t+1)e^{2t}$; (2) e^{-1}; (3) $y^{(n)} = (-1)^n n! \left[\dfrac{1}{(x+2)^{n+1}} - \dfrac{1}{(x+3)^{n+1}}\right]$;

(4) $-1(x<-1), -\dfrac{\pi}{2}\sin\dfrac{\pi}{2}x(|x|<1), 1(x>1), f'(\pm 1)$ 不存在; (5) -2;

(6) $(\ln \cos y - y \cot x)/(\ln \sin x + x \tan y)$; (7) $\dfrac{1}{4t}(1+t^2)$; (8) e.

3. $\dfrac{1}{(1+x)[1+\ln(1+x)]}$. 4. $\dfrac{3}{(x+1)^2}\sin\left(\dfrac{2x-1}{x+1}\right)^2$.

5. 因为 $f'(x) = -\dfrac{1}{\sqrt{1+x^2}}$, 所以 $\sqrt{1+x^2} f'(x) = -1$. 两边求导并整理, 得

$$(1+x^2) f''(x) + x f'(x) = 0.$$

两边求 $n-1$ 阶导数, 利用 Leibniz 公式, 得

$$(1+x^2) f^{(n+1)}(x) + C_{n-1}^1 2x f^{(n)}(x) + 2C_{n-1}^2 f^{(n-1)}(x) + x f^{(n)}(x) + C_{n-1}^1 f^{(n-1)}(x) = 0.$$

令 $x=0$, 得 $f^{(n+1)}(0) = -(n-1)^2 f^{(n-1)}(0)$. 由此递推, 并注意到 $f'(0)=-1$, 最后得

$$f^{(2n+1)}(0) = (-1)^{n-1}[(2n-1)!!]^2.$$

6. $\sqrt{\dfrac{\pi}{2}}, -\dfrac{1}{\sqrt{2\pi}}$. 7. $dy = \dfrac{1 - x + y + y(x-y)\cos xy}{1 - x(x-y)\cos xy} dx$.

8. 当 $x \neq 0$ 时, $f'(x) = \dfrac{x - (1+x)\ln(1+x)}{x^2(1+x)}$; 当 $x = 0$ 时, $f'(0) = -\dfrac{1}{2}$; $f'(x)$ 在 $x = 0$ 处连续.

9. $a = -\dfrac{1}{2}, b = 1, c = 0$. 10. $\dfrac{\pi}{2}x(x \geqslant 0), -\dfrac{\pi}{2}x(x < 0)$.

11. $\varphi'(0) = \dfrac{A}{2}$，当 $x \neq 0$ 时，$\varphi'(x) = \dfrac{1}{x^2}\left[xf(x) - \int_0^x f(u)\mathrm{d}u\right]$；连续.

12. (**方法 1**) 利用恒等式：$\arcsin x + \arccos x = \dfrac{\pi}{2}(-1 \leqslant x \leqslant 1)$，得

$$y = \dfrac{\pi}{2}\arcsin x - (\arcsin x)^2 = \dfrac{\pi}{2}f(x) - g(x),$$

其中 $f(x) = \arcsin x, g(x) = (\arcsin x)^2$. 因此 $y^{(n)}(0) = \dfrac{\pi}{2}f^{(n)}(0) - g^{(n)}(0)$. 首先根据本章例 2.15 可得 $\begin{cases} g^{(2n-1)}(0) = 0, \\ g^{(2n)}(0) = 2^{2n-1}[(n-1)!]^2, \end{cases} n = 1, 2, \cdots$. 然后再计算 $f^{(n)}(0)$.

因为 $f'(x) = \dfrac{1}{\sqrt{1-x^2}}$，所以 $\sqrt{1-x^2}f'(x) = 1$. 两边对 x 求导，得

$$\sqrt{1-x^2}f''(x) - \dfrac{x}{\sqrt{1-x^2}}f'(x) = 0, \text{ 即 } (1-x^2)f''(x) = xf'(x).$$

两边对 x 求 n 阶导数，并利用 Leibniz 公式，得

$$(1-x^2)f^{(n+2)}(x) + C_n^1(-2x)f^{(n+1)}(x) + C_n^2(-2)f^{(n)}(x) = xf^{(n+1)}(x) + C_n^1 f^{(n)}(x).$$

将 $x = 0$ 代入上式，得 $f^{(n+2)}(0) = n^2 f^{(n)}(0)$. 由于 $f'(0) = 1, f''(0) = 0$，故由递推得

$$\begin{cases} f^{(2n+1)}(0) = [(2n-1)!!]^2, \\ f^{(2n)}(0) = 0, \end{cases} n = 1, 2, \cdots.$$

综合上述可得 $y'(0) = \dfrac{\pi}{2}$，且

$$\begin{cases} y^{(2n+1)}(0) = \dfrac{\pi}{2}[(2n-1)!!]^2, \\ y^{(2n)}(0) = -2^{2n-1}[(n-1)!]^2, \end{cases} n = 1, 2, \cdots.$$

(**方法 2**) 令 $h(x) = (\arccos x)^2$，则 $g'(x) = \dfrac{2\arcsin x}{\sqrt{1-x^2}}, h'(x) = -\dfrac{2\arccos x}{\sqrt{1-x^2}}$，因此

$$y' = \dfrac{\arccos x}{\sqrt{1-x^2}} - \dfrac{\arcsin x}{\sqrt{1-x^2}} = -\dfrac{1}{2}[g'(x) + h'(x)],$$

$$y^{(n)}(0) = -\dfrac{1}{2}\left[g^{(n)}(0) + h^{(n)}(0)\right].$$

下面只需计算 $h^{(n)}(0)$. 因为 $h' = -\dfrac{2\arccos x}{\sqrt{1-x^2}}$，所以 $\sqrt{1-x^2}h' = -2\arccos x$，再求导

$$\sqrt{1-x^2}h'' - \dfrac{x}{\sqrt{1-x^2}}h' = \dfrac{2}{\sqrt{1-x^2}}, \quad \text{即} \quad (1-x^2)h'' = xh' + 2.$$

两边对 x 求 n 阶导数, 并利用 Leibniz 公式, 得

$$(1-x^2)h^{(n+2)} + C_n^1(-2x)h^{(n+1)} + C_n^2(-2)h^{(n)} = xh^{(n+1)} + C_n^1 h^{(n)}.$$

将 $x=0$ 代入上式, 得 $h^{(n+2)}(0) = n^2 h^{(n)}(0)$. 由于 $h'(0) = -\pi, h''(0) = 2$, 递推得

$$\begin{cases} h^{(2n+1)}(0) = -\pi[(2n-1)!!]^2, \\ h^{(2n)}(0) = 2^{2n-1}[(n-1)!]^2 \end{cases} \quad (n=1,2,\cdots).$$

综合起来, 可得 $y'(0) = \dfrac{\pi}{2}$, 且

$$\begin{cases} y^{(2n+1)}(0) = \dfrac{\pi}{2}[(2n-1)!!]^2, \\ y^{(2n)}(0) = -2^{2n-1}[(n-1)!]^2 \end{cases} \quad (n=1,2,\cdots).$$

13. $\dfrac{dy}{dx} = \dfrac{r\cos\theta + r'\sin\theta}{r'\cos\theta - r\sin\theta}, \dfrac{d^2 y}{dx^2} = \dfrac{r^2 - rr'' + 2(r')^2}{(r'\cos\theta - r\sin\theta)^3}.$ 14. $(x+n-1)e^x.$

15. 用反证法. 假设 $\sin 1$ 是有理数, 那么 $\sin 1 = \dfrac{p}{q}$, 其中 p, q 是互素的正整数. 取 n 足够大, 使得 $2n - 1 > q$, 利用 $\sin x$ 的 Taylor 公式, 存在 $\xi_n \in (0,1)$, 使得

$$\sin 1 = 1 - \dfrac{1}{3!} + \dfrac{1}{5!} - \dfrac{1}{7!} + \cdots + \dfrac{(-1)^{n-1}}{(2n-1)!} + \dfrac{(-1)^n}{(2n+1)!}\cos\xi_n.$$

将上式两边同时乘 $(2n-1)!$ 并移项, 得

$$\dfrac{(-1)^n}{2n(2n+1)}\cos\xi_n = (2n-1)!\dfrac{p}{q} - (2n-1)!\left(1 - \dfrac{1}{3!} + \dfrac{1}{5!} - \cdots + \dfrac{(-1)^{n-1}}{(2n-1)!}\right).$$

显然, 上式左边是绝对值小于 1 的实数, 而右边是整数, 矛盾. 因此 $\sin 1$ 是无理数.

16. 令 $f(x) = 2\arctan x + \arcsin\dfrac{2x}{1+x^2}$, 则 $f(x)$ 在 $(1,+\infty)$ 上可导, 且

$$f'(x) = \dfrac{2}{1+x^2} + \dfrac{1}{\sqrt{1-\left(\dfrac{2x}{1+x^2}\right)^2}} \cdot \dfrac{2(1+x^2) - 2x(2x)}{(1+x^2)^2} = 0,$$

所以 $f(x) \equiv C(1 < x < +\infty)$. 因为 $f(\sqrt{3}) = 2\arctan\sqrt{3} + \arcsin\dfrac{\sqrt{3}}{2} = \pi$, 故所证等式成立.

17. (1) 必要性显然, 只需证充分性. 令 $F(x) = \dfrac{1}{x-a}\int_a^x f(t)dt$, 记 $C = \dfrac{1}{b-a}\int_a^b f(x)dx$, 则对任意 $x \in (a,b), F(x) = C$ 为常数, 因此 $F'(x) \equiv 0$. 由于

$$F'(x) = -\dfrac{1}{(x-a)^2}\int_a^x f(t)dt + \dfrac{f(x)}{x-a} = \dfrac{f(x) - F(x)}{x-a} = \dfrac{f(x) - C}{x-a},$$

所以 $f(x) \equiv C(a < x < b)$.

(2) 必要性显然, 只需证充分性. 由于 $\dfrac{1}{x-a}\displaystyle\int_a^x f(t)\mathrm{d}t = \dfrac{1}{b-x}\displaystyle\int_x^b f(t)\mathrm{d}t$, 这等价于

$$\dfrac{1}{x-a}\int_a^x f(t)\mathrm{d}t = \dfrac{1}{b-x}\left(\int_a^b f(t)\mathrm{d}t - \int_a^x f(t)\mathrm{d}t\right)$$

$$\Leftrightarrow \left(\dfrac{1}{x-a}+\dfrac{1}{b-x}\right)\int_a^x f(t)\mathrm{d}t = \dfrac{1}{b-x}\int_a^b f(t)\mathrm{d}t \Leftrightarrow \dfrac{1}{x-a}\int_a^x f(t)\mathrm{d}t = \dfrac{1}{b-a}\int_a^b f(x)\mathrm{d}x$$

即等价于 (1) 的充分性条件, 因此由 (1) 已证得的结论可知 $f(x) \equiv C(a < x < b)$.

18. 结论: 当 $n > 8$ 时, $(\sqrt{n})^{\sqrt{n+1}} > (\sqrt{n+1})^{\sqrt{n}}$. 这可通过取对数转化为等价的不等式:

$$\dfrac{\ln\sqrt{n}}{\sqrt{n}} > \dfrac{\ln\sqrt{n+1}}{\sqrt{n+1}} \quad (n > 8).$$

易知, $f(x) = \dfrac{\ln x}{x}$ 在 $[\mathrm{e}, +\infty)$ 上是严格单调递减函数. 当 $n > 8$ 时, $\sqrt{n+1} > \sqrt{n} > \mathrm{e}$, 因此可得 $f(\sqrt{n}) > f(\sqrt{n+1})$, 即证得不等式.

19. $x + y - \sqrt{2}a = 0, x - y = 0$.

20. 略. 21. 略. 22. $x = 0$ 是极大值点, $x = \dfrac{1}{\mathrm{e}}$ 是极小值点.

23. $a = 1, b = -3, c = 0, d = 1; 6$. 24. -3.

25. 单增区间 $(-\infty, 1), (0, +\infty)$, 单减区间 $(-1, 0)$; 极小值 $f(0) = -\mathrm{e}^{\frac{\pi}{2}}$, 极大值 $f(-1) = -2\mathrm{e}^{\frac{\pi}{4}}$; 渐近线: $y = \mathrm{e}^{\pi}(x - 2), y = x - 2$.

26. (1) 当 $\dfrac{1}{\mathrm{e}} < k < 4\sqrt{\mathrm{e}}$ 时, 方程无根.

(2) 当 $k < 0$ 或 $k = 0$ 或 $k = \dfrac{1}{\mathrm{e}}$ 或 $k = 4\sqrt{\mathrm{e}}$ 时, 方程都只有一个实根. 当 $k < 0$ 时方程的根位于区间 $(-\infty, -2)$ 内, 后三种情形的根依次为 $x = -2, x = -1$ 与 $x = 2$.

(3) 当 $0 < k < \dfrac{1}{\mathrm{e}}$ 时, 方程有 2 个实根, 分别位于区间 $(-2, -1)$ 与 $(-1, 0)$ 内; 当 $k > 4\sqrt{\mathrm{e}}$ 时, 方程也有 2 个实根, 分别位于区间 $(0, 2)$ 与 $(2, +\infty)$ 内.

27. (1) $0 < a < \dfrac{\mathrm{e}^2}{4}$ 时, 只有一个根; (2) $a = \dfrac{\mathrm{e}^2}{4}$ 时, 只有两个根; (3) $a > \dfrac{\mathrm{e}^2}{4}$ 时, 只有三个根.

28. $f(x)$ 在点 $\dfrac{\pi}{4} + 2k\pi$ 处取极大值 $\dfrac{\sqrt{2}}{2}\mathrm{e}^{-\left(\frac{\pi}{4}+2k\pi\right)}$, 在点 $\dfrac{5\pi}{4} + 2k\pi$ 处取极小值 $-\dfrac{\sqrt{2}}{2}\mathrm{e}^{-\left(\frac{5\pi}{4}+2k\pi\right)}$.

29. $y = x + \dfrac{\pi}{2}$. 30. $\dfrac{32}{81}\pi a^2 b$. 31. $\left(\sqrt[3]{a^2} + \sqrt[3]{b^2}\right)^{\frac{3}{2}}$.

32. (1) $a = \dfrac{1}{2}, b = \sqrt{3}$; (2) $x = \dfrac{1}{\sqrt{3}}$.   33. (1) $\dfrac{1}{2}$; (2) $4x + 27y + 90 = 0$.

34. $a = -3, b = 5, c = 0$.   35. $a = \mathrm{e}, b = -\dfrac{\mathrm{e}}{2}, c = \dfrac{11\mathrm{e}}{24}, d = -\dfrac{7\mathrm{e}}{16}$.   36. $2^{n-2} \cdot 10$.

37. (1) 因为 $f(x)$ 在 $[-1, 1]$ 上是连续的奇函数, 所以 $f(0) = 0$, 且 $f(-1) = -f(1) = -1$. 令 $F(x) = f(x) - x$, 则 $F(x)$ 在区间 $[-1, 1]$ 上可导, 且 $F(-1) = F(0) = F(1) = 0$. 根据 Rolle 定理, 存在 $\delta \in (-1, 0), \xi \in (0, 1)$, 使得 $F'(\delta) = F'(\xi) = 0$, 即 $f'(\delta) = f'(\xi) = 1$.

(2) 令 $G(x) = \mathrm{e}^x (f'(x) - 1)$, 则 $G(x)$ 在区间 $[\delta, \xi]$ 上可导, $G(\delta) = 0, G(\xi) = 0$, 且 $G'(x) = \mathrm{e}^x [f''(x) + f'(x) - 1]$. 对 $G(x)$ 再次利用 Rolle 定理, 存在 $\eta \in (\delta, \xi)$, 使得 $G'(\eta) = 0$, 即 $f''(\eta) + f'(\eta) = 1$.

38. 略.

39. 设 $F(x) = f(x) - \dfrac{1}{3} x^3$, 则 $F(0) = F(1) = 0$, $F(x)$ 在区间 $[0, 1]$ 上连续, 在区间 $(0, 1)$ 内可导, 且 $F'(x) = f'(x) - x^2$. 对 $F(x)$ 分别在 $\left[0, \dfrac{1}{2}\right]$ 和 $\left[\dfrac{1}{2}, 1\right]$ 上利用 Lagrange 中值定理, 存在 $\xi \in \left(0, \dfrac{1}{2}\right), \eta \in \left(\dfrac{1}{2}, 1\right)$, 使得

$$F\left(\dfrac{1}{2}\right) - F(0) = F'(\xi)\left(\dfrac{1}{2} - 0\right),$$

$$F(1) - F\left(\dfrac{1}{2}\right) = F'(\eta)\left(1 - \dfrac{1}{2}\right).$$

两式相加, 得 $F'(\xi) + F'(\eta) = 0$, 即 $f'(\xi) + f'(\eta) = \xi^2 + \eta^2$.

40. 略.

41. 注意到 $f''(x) - 5f'(x) + 6f(x) = [f'(x) - 2f(x)]' - 3[f'(x) - 2f(x)]$, 由此可令 $F(x) = f'(x) - 2f(x)$, 则由题设条件可知 $F(0) = -2$, 且 $F'(x) - 3F(x) \geqslant 0 \Leftrightarrow [F(x)\mathrm{e}^{-3x}]' \geqslant 0$. 因此, $F(x)\mathrm{e}^{-3x}$ 在 $[0, +\infty)$ 上单调增加, 当 $x > 0$ 时, $F(x)\mathrm{e}^{-3x} \geqslant F(0) = -2$, 这等价于 $F(x) \geqslant -2\mathrm{e}^{3x} \Leftrightarrow f'(x) - 2f(x) \geqslant -2\mathrm{e}^{3x} \Leftrightarrow [f(x)\mathrm{e}^{-2x} + 2\mathrm{e}^x]' \geqslant 0$. 所以函数 $f(x)\mathrm{e}^{-2x} + 2\mathrm{e}^x$ 在 $[0, +\infty)$ 上单调增加, 当 $x > 0$ 时, $f(x)\mathrm{e}^{-2x} + 2\mathrm{e}^x \geqslant f(0) + 2 = 3$, 即 $f(x) \geqslant 3\mathrm{e}^{2x} - 2\mathrm{e}^{3x}$.

42-44. 略.

45. 设 $f(x)$ 在 $[a, b]$ 上的 x_0 处取最大值, 由于 $f(a) = f(b)$, 且 $f(x)$ 不恒为常数, 则 $x_0 \in (a, b)$, 且 $f(x_0) > f(a)$. 在区间 $[a, x_0]$ 上利用 Lagrange 中值定理, 存在 $\xi \in (a, x_0)$, 使得

$$f'(\xi) = \dfrac{f(x_0) - f(a)}{x_0 - a} > 0.$$

46. 用反证法, 假设对任意 $x \in (a,b)$, 恒有 $f'(x) \leqslant \dfrac{f(b)-f(a)}{b-a}$. 考虑函数

$$F(x) = f(x) - \frac{f(b)-f(a)}{b-a}(x-a) - f(a),$$

则 $F(x)$ 在 (a,b) 内可导, 且 $F'(x) = f'(x) - \dfrac{f(b)-f(a)}{b-a} \leqslant 0$. 因此, $F(x)$ 在 $[a,b]$ 上单调递减. 又由于 $F(a) = F(b) = 0$, 可知 $F(x) \equiv 0$, 即 $f(x) = f(a) + \dfrac{f(b)-f(a)}{b-a}(x-a)$ 为一次函数, 与题设条件矛盾. 故存在 $\xi \in (a,b)$, 使得 $f'(\xi) > \dfrac{f(b)-f(a)}{b-a}$.

47-49. 略.

50. 当 $0 < x \leqslant 1$ 时, $\sin x \leqslant x$, 所以 $f(x) \leqslant \displaystyle\int_0^1 t(1-t)t^{2n}\,\mathrm{d}t = \dfrac{1}{(2n+1)(2n+3)}$; 当 $x > 1$ 时,

$$f(x) = \int_0^1 t(1-t)\sin^{2n} t\,\mathrm{d}t + \int_1^x t(1-t)\sin^{2n} t\,\mathrm{d}t$$

$$\leqslant \int_0^1 t(1-t)t^{2n}\,\mathrm{d}t = \frac{1}{(2n+1)(2n+3)}.$$

51. (1) 设 $F(x) = f(x) - x^2$, 则 $F(0) = F(1) = 0, F\left(\dfrac{1}{2}\right) = f\left(\dfrac{1}{2}\right) - \dfrac{1}{4} > 0$. 对 $F(x)$ 分别在 $\left[0, \dfrac{1}{2}\right]$ 和 $\left[\dfrac{1}{2}, 1\right]$ 上利用 Lagrange 中值定理, 存在 $a \in \left(0, \dfrac{1}{2}\right), b \in \left(\dfrac{1}{2}, 1\right)$, 使得

$$F\left(\frac{1}{2}\right) - F(0) = F'(a)\left(\frac{1}{2} - 0\right), \quad F(1) - F\left(\frac{1}{2}\right) = F'(b)\left(1 - \frac{1}{2}\right).$$

由此可知, $F'(a) > 0, F'(b) < 0$. 对函数 $F'(x)$ 在 $[a,b]$ 上利用 Lagrange 中值定理, 存在 $\xi \in (a,b)$, 使得 $F'(b) - F'(a) = F''(\xi)(b-a)$, 可得 $F''(\xi) < 0$, 即 $f''(\xi) < 2$.

(2) 用反证法. 假设存在 $c \in (0,1)$ 使得 $f(c) \leqslant c^2$, 即 $F(c) = f(c) - c^2 \leqslant 0$, 分两种情形: 若 $F(c) = 0$, 则在 $[0,c]$ 和 $[c,1]$ 上分别利用 Rolle 定理, 存在 $a_1 \in (0,c), a_2 \in (c,1)$, 使得 $F'(a_i) = 0, i = 1,2$. 再对 $F'(x)$ 在 $[a_1, a_2]$ 上利用 Rolle 定理, 存在 $\eta \in (a_1, a_2)$, 使得 $F''(\eta) = 0$, 即 $f''(\eta) = 2$, 与已知条件矛盾;

若 $F(c) < 0$, 则 $F(c)F\left(\dfrac{1}{2}\right) < 0$. 由连续函数的介值定理, 存在介于 c 和 $\dfrac{1}{2}$ 之间的 d, 使得 $F(d) = 0$. 在 $[0,d]$ 和 $[d,1]$ 上分别利用 Rolle 定理, 存在 $b_1 \in (0,d), b_2 \in (d,1)$, 使得 $F'(b_i) = 0, i = 1,2$. 再对 $F'(x)$ 在 $[b_1, b_2]$ 上利用 Rolle 定理, 存在 $\delta \in (b_1, b_2)$, 使得 $F''(\delta) = 0$, 即 $f''(\delta) = 2$, 也与已知条件矛盾.

因此, 若对任意 $x \in (0,1), f''(x) \neq 2$, 则当 $x \in (0,1)$ 时, 有 $f(x) > x^2$.

52-54. 略.

55. (1) 令 $F(x) = f(x) - x$, 则 $F(x)$ 在区间 $\left[\dfrac{1}{2}, 1\right]$ 上连续, 且 $F\left(\dfrac{1}{2}\right) = \dfrac{1}{2}, F(1) = -1$. 根据连续函数的介值定理, 存在 $\eta \in \left(\dfrac{1}{2}, 1\right)$, 使得 $F(\eta) = 0$, 即 $f(\eta) = \eta$.

(2) 令 $G(x) = \mathrm{e}^{-\lambda x}(f(x) - x)$, 则 $G(x)$ 在区间 $[0, \eta]$ 上连续, 在 $(0, \eta)$ 内可导, $G(0) = 0, G(\eta) = 0$, 且 $G'(x) = \mathrm{e}^{-\lambda x}[f'(x) - 1 - \lambda(f(x) - x)]$. 对函数 $G(x)$ 在 $[0, \eta]$ 上利用 Rolle 定理, 存在 $\xi \in (0, \eta)$, 使得 $G'(\xi) = 0$, 即 $f'(\xi) - \lambda[f(\xi) - \xi] = 1$.

56-57. 略.

58. (1) 由 $\lim\limits_{x \to 0^+} \dfrac{f(x)}{x} < 0$ 及极限的保号性知, 存在 $x_1 \in (0, 1)$ 使得 $\dfrac{f(x_1)}{x_1} < 0$, 即 $f(x_1) < 0$. 又因为 $f(1) > 0$, 根据连续函数的介值定理, 存在 $\xi \in (x_1, 1)$, 使得 $f(\xi) = 0$, 即方程 $f(x) = 0$ 在区间 $(0, 1)$ 内至少存在一个实根.

(2) 令 $F(x) = f(x)f'(x)$, 则 $F(x)$ 在 $[0, 1]$ 上可导, 且 $F'(x) = f(x)f''(x) + [f'(x)]^2$. 因为 $\lim\limits_{x \to 0^+} \dfrac{f(x)}{x}$ 存在, 且分母趋于 0, 所以分子的极限 $\lim\limits_{x \to 0^+} f(x) = 0$. 因为 $f(x)$ 在 $x = 0$ 处右连续, 所以 $f(0) = \lim\limits_{x \to 0^+} f(x) = 0$. 对 $f(x)$ 在 $[0, \xi]$ 上利用 Rolle 定理, 存在 $\eta \in (0, \xi)$ 使得 $f'(\eta) = 0$, 因此 $F(0) = F(\eta) = F(\xi) = 0$. 再对 $F(x)$ 利用 Rolle 定理, 存在 $\theta_1 \in (0, \eta), \theta_2 \in (\eta, \xi)$, 使得 $F'(\theta_1) = F'(\theta_2) = 0$, 即方程 $f(x)f''(x) + [f'(x)]^2 = 0$ 在区间 $(0, 1)$ 内至少存在两个不同的实根.

59. 利用 Taylor 公式, 存在 $x_1 \in (-1, 0), x_2 \in (0, 1)$, 使得

$$f(-1) = f(0) - f'(0) + \dfrac{f''(0)}{2} - \dfrac{f'''(x_1)}{6},$$

$$f(1) = f(0) + f'(0) + \dfrac{f''(0)}{2} + \dfrac{f'''(x_2)}{6},$$

两式相减, 得

$$f(1) - f(-1) = 2f'(0) + \dfrac{1}{3} \cdot \dfrac{f'''(x_1) + f'''(x_2)}{2}. \qquad ①$$

因为 $f'''(x)$ 在 $[-1, 1]$ 上连续, 所以存在最小值 m 和最大值 M, 故

$$m \leqslant \dfrac{f'''(x_1) + f'''(x_2)}{2} \leqslant M.$$

根据连续函数的介值定理, 存在 $\xi \in (-1, 1)$, 使得 $f'''(\xi) = \dfrac{f'''(x_1) + f'''(x_2)}{2}$. 代入①式并整理, 即得 $\dfrac{f'''(\xi)}{6} = \dfrac{f(1) - f(-1)}{2} - f'(0)$.

60-62. 略.

63. 令 $F(t) = \dfrac{f(t) - f(a)}{t - a}$, 则对任意 $x \in (a,b)$, 函数 $F(t)$ 在区间 $[x,b]$ 上连续, 在 (x,b) 内二阶可导, 且 $F'(t) = \dfrac{(t-a)f'(t) - [f(t)-f(a)]}{(t-a)^2}$. 利用 Lagrange 中值定理, 存在 $\eta \in (x,b)$, 使得 $F(x) - F(b) = (x-b)F'(\eta)$, 即

$$\frac{f(x)-f(a)}{x-a} - \frac{f(b)-f(a)}{b-a} = (x-b)\frac{(\eta-a)f'(\eta) - [f(\eta)-f(a)]}{(\eta-a)^2}. \quad \text{①}$$

记 $G(t) = (t-a)f'(t) - [f(t)-f(a)], H(t) = (t-a)^2$, 则 $G(t), H(t)$ 在区间 $[a, \eta]$ 上连续, 在 (a, η) 内可导, 且 $G'(t) = (t-a)f''(t), H'(t) = 2(t-a)$. 根据 Cauchy 中值定理, 存在 $\xi \in (a, \eta)$, 使得 $\dfrac{G(\eta) - G(a)}{H(\eta) - H(a)} = \dfrac{G'(\xi)}{H'(\xi)}$, 即 $\dfrac{G(\eta)}{H(\eta)} = \dfrac{f''(\xi)}{2}$. 代入①式, 得

$$\frac{f(x)-f(a)}{x-a} - \frac{f(b)-f(a)}{b-a} = \frac{1}{2}(x-b)f''(\xi).$$

【注】 熟悉 Lagrange 插值法的读者, 还可用如下方法构造辅助函数 $F(t)$.

对任意 $x \in (a,b)$, 过点 $(a, f(a)), (x, f(x)), (b, f(b))$ 的二次曲线方程为

$$y(t) = \frac{(t-x)(t-b)}{(a-x)(a-b)}f(a) + \frac{(t-a)(t-b)}{(x-a)(x-b)}f(x) + \frac{(t-a)(t-x)}{(b-a)(b-x)}f(a),$$

令 $F(t) = f(t) - y(t)$, 则 $F(t)$ 在区间 $[a,b]$ 上连续, 在 (a,b) 内二阶可导, 且 $F(a) = F(x) = F(b) = 0$, 连续两次利用 Rolle 定理, 存在 $\xi \in (a,b)$, 使得 $F''(\xi) = 0$, 即 $f''(\xi) = y''(\xi)$. 而

$$y''(\xi) = \frac{2}{(a-x)(a-b)}f(a) + \frac{2}{(x-a)(x-b)}f(x) + \frac{2}{(b-a)(b-x)}f(b),$$

将上式右端第一项拆成两项并重新合并整理即得所证.

64. 令 $F(x) = f(x)\cos^2 x$, 则 $F(x)$ 在 $(-\infty, +\infty)$ 上可导, 且 $F\left(-\dfrac{\pi}{2}\right) = F(0) = F\left(\dfrac{\pi}{2}\right) = 0$. 利用 Rolle 定理, 存在 $\eta_1 \in \left(-\dfrac{\pi}{2}, 0\right), \eta_2 \in \left(0, \dfrac{\pi}{2}\right)$, 使得 $F'(\eta_i) = 0, i = 1, 2$. 由于 $F'(x) = [f'(x)\cos x - 2f(x)\sin x]\cos x$, 再令 $G(x) = f'(x)\cos x - 2f(x)\sin x$, 则 $G(\eta_i) = 0, i = 1, 2$, 且 $G'(x) = [f''(x) - 3f'(x)\tan x - 2f(x)]\cos x$, 再对 $G(x)$ 在区间 $[\eta_1, \eta_2]$ 上利用 Rolle 定理, 存在 $\xi \in (\eta_1, \eta_2) \subseteq \left(-\dfrac{\pi}{2}, \dfrac{\pi}{2}\right)$, 使得 $G'(\xi) = 0$, 即

$$f''(\xi) = 3f'(\xi)\tan\xi + 2f(\xi).$$

65. 因为 $f'(x) > 0$, 所以 $f(x)$ 在 $[a,b]$ 上严格单调增加, 可知 $f(b) > f(a)$. 对 $f(x)$ 分别在区间 $[f(a), f(b)]$ 与 $[a,b]$ 上利用 Lagrange 中值定理, 存在 $\eta_1 \in (f(a), f(b)), \eta_2 \in (a,b)$, 使得 $f(f(b)) - f(f(a)) = f'(\eta_1)(f(b) - f(a))$, 与 $f(b) - f(a) = f'(\eta_2)(b-a)$, 所以

$$f(f(b)) - f(f(a)) = f'(\eta_1)f'(\eta_2)(b-a). \quad \text{①}$$

若 $f'(\eta_1) = f'(\eta_2)$, 则令 $\xi = \eta_1$, 有 $\xi \in (a,b)$, 使得 $f(f(b)) - f(f(a)) = [f'(\xi)]^2 (b-a)$. 若 $f'(\eta_1) \neq f'(\eta_2)$, 不妨设 $f'(\eta_1) < f'(\eta_2)$, 注意到 $f'(\eta_1), f'(\eta_2) > 0$, 则

$$f'(\eta_1) < \sqrt{f'(\eta_1) f'(\eta_2)} < f'(\eta_2).$$

对导数 $f'(x)$ 利用连续函数的介值定理, 存在 $\xi \in (a,b)$, 使得 $f'(\xi) = \sqrt{f'(\eta_1) f'(\eta_2)}$. 代入①式, 得 $f(f(b)) - f(f(a)) = [f'(\xi)]^2 (b-a)$.

66. (3) 令 $f(x) = x \ln \dfrac{1+x}{1-x} + \cos x - 1 - \dfrac{x^2}{2}$, 因为 $f(x)$ 在 $(-1,1)$ 内是偶函数, 且 $f(0) = 0$, 故只需证: 当 $0 < x < 1$ 时, $f(x) \geqslant 0$ 即可. 因为

$$f'(x) = \ln \frac{1+x}{1-x} + \frac{2x}{1-x^2} - \sin x - x,$$

当 $0 < x < 1$ 时, $\ln \dfrac{1+x}{1-x} > 0, \sin x < x$, 所以

$$f'(x) > \frac{2x}{1-x^2} - \sin x - x > \frac{2x}{1-x^2} - 2x = \frac{2x^3}{1-x^2} > 0,$$

因此 $f(x)$ 严格单调增加, 当 $0 < x < 1$ 时, $f(x) > f(0) = 0$. 综合上述, 这就证明了不等式:

$$x \ln \frac{1+x}{1-x} + \cos x \geqslant 1 + \frac{x^2}{2} \quad (-1 < x < 1).$$

(4) 注意到 $x = 1$ 时, $(1+x)^{\frac{1}{x}} \left(1 + \dfrac{1}{x}\right)^x = 4$, 等号成立. 另一方面, 令 $x = \dfrac{1}{t}$, 则 $1 < x < +\infty$ 化为 $0 < t < 1$, 且 $(1+x)^{\frac{1}{x}} \left(1 + \dfrac{1}{x}\right)^x < 4$ 化为 $\left(1 + \dfrac{1}{t}\right)^t (1+t)^{\frac{1}{t}} < 4$, 故只需证: 当 $0 < x < 1$ 时, $(1+x)^{\frac{1}{x}} \left(1 + \dfrac{1}{x}\right)^x < 4$. 这等价于证: 当 $0 < x < 1$ 时,

$$\frac{\ln(1+x)}{x} + x \ln \left(1 + \frac{1}{x}\right) < 2 \ln 2.$$

令 $f(x) = \dfrac{\ln(1+x)}{x} + x \ln \left(1 + \dfrac{1}{x}\right) - 2 \ln 2 \, (0 < x \leqslant 1)$, 则 $f(1) = 0$, 且

$$f'(x) = \frac{1-x}{x(1+x)} + \ln \left(1 + \frac{1}{x}\right) - \frac{\ln(1+x)}{x^2},$$

$$f''(x) = \frac{2}{x^3} \left[\ln(1+x) - \frac{x(1+2x)}{(1+x)^2}\right] = \frac{2g(x)}{x^3},$$

其中 $g(x) = \ln(1+x) - \dfrac{x(1+2x)}{(1+x)^2}$. 因为 $g'(x) = \dfrac{x(x-1)}{(1+x)^3} < 0 \, (0 < x < 1)$, 所以 $g(x)$ 在区间 $[0,1]$ 上单调递减, 故当 $0 < x < 1$ 时, $g(x) < g(0) = 0$. 因此 $f''(x) < 0 \, (0 < x < 1)$, 所

以 $f'(x)$ 在 $(0,1]$ 上单调递减,当 $0<x<1$ 时, $f'(x)>f'(1)=0$. 这就推得 $f(x)$ 在 $(0,1]$ 上单调递增,故当 $0<x<1$ 时, $f(x)<f(1)=0$, 即 $\dfrac{\ln(1+x)}{x}+x\ln\left(1+\dfrac{1}{x}\right)<2\ln 2$.

(6) 原不等式 $\Leftrightarrow \sqrt{6}\ln\left(\dfrac{6}{5}\right)>\sqrt{4}\ln\left(\dfrac{5}{4}\right)$, 这又等价于

$$\dfrac{\sqrt{1+\dfrac{1}{5}}\ln\left(1+\dfrac{1}{5}\right)}{\dfrac{1}{5}} > \dfrac{\sqrt{1+\dfrac{1}{4}}\ln\left(1+\dfrac{1}{4}\right)}{\dfrac{1}{4}}. \qquad ①$$

下证不等式①. 为此,令 $f(x)=\dfrac{\sqrt{1+x}\ln(1+x)}{x}(x>0)$, 则 $f(x)$ 在 $(0,+\infty)$ 上可导,且

$$f'(x)=\dfrac{2x-(x+2)\ln(1+x)}{2x^2\sqrt{1+x}}=\dfrac{g(x)}{2x^2\sqrt{1+x}},$$

其中 $g(x)=2x-(x+2)\ln(1+x)$. 利用不等式: $\dfrac{x}{1+x}<\ln(1+x)<x(x>0)$, 可知

$$g'(x)=2-\ln(1+x)-\dfrac{x+2}{1+x}=\dfrac{x}{1+x}-\ln(1+x)<0 \quad (x>0),$$

所以 $g(x)$ 在 $[0,+\infty)$ 上严格单调递减,当 $x>0$ 时, $g(x)<g(0)=0$, 从而有 $f'(x)<0$, 故 $f(x)$ 在 $[0,+\infty)$ 上严格单调递减. 由于 $\dfrac{1}{5}<\dfrac{1}{4}$, 所以 $f\left(\dfrac{1}{5}\right)>f\left(\dfrac{1}{4}\right)$, 此即不等式①, 因此原不等式得证.

67-68. 略.

69. 记 $|f(x_0)|=\max\limits_{a\leqslant x\leqslant b}|f(x)|$, 若 $x_0=a$ 或 b, 则结论显然成立. 下设 $a<x_0<b$, 则 $f(x_0)$ 是 $f(x)$ 的极大值或极小值,所以 $f'(x_0)=0$. 利用 Taylor 公式,存在 $\xi_1\in(a,x_0)$, $\xi_2\in(x_0,b)$ 使得

$$f(a)=f(x_0)+f'(x_0)(a-x_0)+\dfrac{f''(\xi_1)}{2}(a-x_0)^2, \qquad ①$$

$$f(b)=f(x_0)+f'(x_0)(b-x_0)+\dfrac{f''(\xi_2)}{2}(b-x_0)^2. \qquad ②$$

若 $x_0\in\left(a,\dfrac{a+b}{2}\right]$, 则 $(a-x_0)^2\leqslant\dfrac{(a-b)^2}{4}$. 故由①式及 $f(a)=0$, 可得

$$|f(x_0)|\leqslant\dfrac{M}{2}(a-x_0)^2\leqslant\dfrac{M}{8}(a-b)^2.$$

若 $x_0\in\left[\dfrac{a+b}{2},b\right)$, 则 $(b-x_0)^2\leqslant\dfrac{(a-b)^2}{4}$. 故由②式及 $f(b)=0$, 可得

$$|f(x_0)|\leqslant\dfrac{M}{2}(b-x_0)^2\leqslant\dfrac{M}{8}(a-b)^2.$$

综合上述, 可得 $\max\limits_{a\leqslant x\leqslant b}|f(x)|\leqslant\dfrac{M}{8}(a-b)^2$.

70-71. 略.

72. 设 $|f'(x)|$ 在 $[a,b]$ 上的最大值为 $|f'(x_1)|=M$, 其中 $x_1\in[a,b]$, 不妨设 $x_1\neq x_0$. 下面分为两种情形考虑.

情形一: $B|x_0-x_1|\leqslant 2\sqrt{AB}$. 根据 Lagrange 中值定理, 得
$$f'(x_1)-f'(x_0)=f''(\xi)(x_1-x_0),$$
其中 ξ 介于 x_0 与 x_1 之间. 故对任意 $x\in[a,b]$, 有
$$|f'(x)|\leqslant M\leqslant|f'(x_0)|+|f''(\xi)||x_1-x_0|\leqslant D+2\sqrt{AB}.$$

情形二: $B|x_0-x_1|>2\sqrt{AB}$, 即 $|x_0-x_1|>2\sqrt{\dfrac{A}{B}}>0$. 对函数 $g(t)=|t-x_1|$ 利用介值定理, 得 $|x_2-x_1|=2\sqrt{\dfrac{A}{B}}$, 其中 x_2 介于 x_0 与 x_1 之间. 记 $h=x_2-x_1$, 利用 Taylor 公式, 得
$$f(x_2)=f(x_1)+f'(x_1)h+\dfrac{f''(\eta)}{2}h^2,$$
得
$$|f'(x_1)|\leqslant\left|\dfrac{f(x_2)-f(x_1)}{h}\right|+\left|\dfrac{f''(\eta)}{2}h\right|,$$
其中 η 介于 x_1 与 x_2 之间. 因此, 对任意 $x\in[a,b]$, 有
$$|f'(x)|\leqslant M=|f'(x_1)|\leqslant\dfrac{2A}{|h|}+\dfrac{B}{2}|h|\leqslant 2\sqrt{AB}\leqslant 2\sqrt{AB}+D.$$

综上所述, 对任意 $x\in[a,b]$, 有 $|f'(x)|\leqslant 2\sqrt{AB}+D$.

73. 所证不等式等价于: $\sin x\cos^{-\frac{1}{3}}x>x, x\in\left(0,\dfrac{\pi}{2}\right)$. 令 $f(x)=\sin x\cos^{-\frac{1}{3}}x-x$, 则
$$f'(x)=\cos^{\frac{2}{3}}x+\dfrac{1}{3}\sin^2 x\cos^{-\frac{4}{3}}x-1=\dfrac{2}{3}\cos^{\frac{2}{3}}x+\dfrac{1}{3}\cos^{-\frac{4}{3}}x-1,$$
$$f''(x)=-\dfrac{4}{9}\sin x\cos^{-\frac{1}{3}}x+\dfrac{4}{9}\sin x\cos^{-\frac{7}{3}}x=\dfrac{4}{9}\sin^3 x\cos^{-\frac{7}{3}}x.$$

当 $x\in\left(0,\dfrac{\pi}{2}\right)$ 时, $f''(x)>0$, 所以 $f'(x)$ 严格单调递增, $f'(x)>f'(0)=0$. 由此又可推出 $f(x)$ 严格单调递增, $f(x)>f(0)=0$, 即 $\sin x\cos^{-\frac{1}{3}}x>x$. 因此 $\tan x\sin^2 x>x^3, x\in\left(0,\dfrac{\pi}{2}\right)$.

【注】 本题的一个等价形式为 $\left(\dfrac{\sin x}{x}\right)^3>\cos x, \forall x\in\left(0,\dfrac{\pi}{2}\right)$.

74. 可等价地证明：当 $n \geqslant 2$ 时，$\dfrac{1}{\mathrm{e}}\left(1-\dfrac{1}{n}\right) < \left(1-\dfrac{1}{n}\right)^n < \dfrac{1}{\mathrm{e}}\left(1-\dfrac{1}{2n}\right)$. 这又等价于：当 $n \geqslant 2$ 时，有

$$\dfrac{1}{n}\ln\left(1-\dfrac{1}{n}\right) - \dfrac{1}{n} < \ln\left(1-\dfrac{1}{n}\right) < \dfrac{1}{n}\ln\left(1-\dfrac{1}{2n}\right) - \dfrac{1}{n}. \qquad ①$$

考虑函数 $f(x) = (1-x)\ln(1-x) + x$，则 $f(x)$ 在 $\left[0, \dfrac{1}{2}\right]$ 上连续，在 $\left(0, \dfrac{1}{2}\right)$ 内可导，且 $f'(x) = -\ln(1-x) > 0$，所以 $f(x)$ 在 $\left[0, \dfrac{1}{2}\right]$ 上严格单调递增，故当 $x > 0$ 时，$f(x) > f(0) = 0$. 取 $x = \dfrac{1}{n}$，即证得①式左端的不等式 $\dfrac{1}{n}\ln\left(1-\dfrac{1}{n}\right) - \dfrac{1}{n} < \ln\left(1-\dfrac{1}{n}\right)$.

令 $g(x) = x\ln\left(1-\dfrac{x}{2}\right) - x - \ln(1-x)$，则 $g(x)$ 在区间 $\left[0, \dfrac{1}{2}\right]$ 上连续，在 $\left(0, \dfrac{1}{2}\right)$ 内可导，且

$$g'(x) = \ln\left(1-\dfrac{x}{2}\right) - \dfrac{x}{2-x} - 1 + \dfrac{1}{1-x},$$

$$g''(x) = \dfrac{(x-1)^3 - 2(x-1)^2 - 2(x-1) + 1}{(x-1)^2(x-2)^2}.$$

再令 $h(u) = u^3 - 2u^2 - 2u + 1, u \in \left[-1, -\dfrac{1}{2}\right]$，则 $h'(u) = 3u^2 - 4u - 2 > 0$，故 $h(u)$ 在 $\left[-1, -\dfrac{1}{2}\right]$ 上单调递增，当 $u > -1$ 时，$h(u) > h(-1) = 0$. 因此，当 $x \in \left(0, \dfrac{1}{2}\right)$ 时，$g''(x) > 0$，即 $g'(x)$ 在 $\left[0, \dfrac{1}{2}\right]$ 上单调递增，$g'(x) > g'(0) = 0$. 可知 $g(x)$ 单调递增，所以 $x > 0$ 时，$g(x) > g(0) = 0$. 取 $x = \dfrac{1}{n}$，即证得①式右端的不等式 $\ln\left(1-\dfrac{1}{n}\right) < \dfrac{1}{n}\ln\left(1-\dfrac{1}{2n}\right) - \dfrac{1}{n}$.

【注】 需要强调的是，在数学竞赛中，对于有些试题的解答，应注重各种转化技巧的运用，有效转化往往能将复杂问题的求解过程变得简捷明了.

75. 利用 Taylor 公式，存在 $\eta_1 \in (-1, 0), \eta_2 \in (0, 1)$，使得

$$f(-1) = f(0) - f'(0) + \dfrac{1}{2}f''(0) - \dfrac{1}{6}f'''(\eta_1),$$

$$f(1) = f(0) + f'(0) + \dfrac{1}{2}f''(0) + \dfrac{1}{6}f'''(\eta_2).$$

两式相减，并利用条件 $f(-1) = 0, f(1) = 1$ 及 $f'(0) = 0$，得 $f'''(\eta_1) + f'''(\eta_2) = 6$.

令 $|f'''(\xi)| = \max\{|f'''(\eta_1)|, |f'''(\eta_2)|\}$，则存在 $\xi \in (-1, 1)$，使得 $|f'''(\xi)| \geqslant 3$.

第3章 一元函数积分学

一元函数积分学包括不定积分和定积分. 不定积分是微分的逆运算, 概念少, 计算多, 是计算定积分、重积分、曲线积分与曲面积分以及求解微分方程的基础. Newton-Leibniz 公式是微积分学的基本公式, 既揭示了定积分与被积函数的原函数或不定积分之间的联系, 也提供了一个有效而简便的定积分计算方法.

本章着重讨论不定积分法以及定积分中的有关问题, 并简要介绍广义积分的计算.

3.1 竞赛要点与难点

(1) 原函数和不定积分的概念;
(2) 不定积分的基本性质、基本积分公式;
(3) 定积分的概念和基本性质、定积分中值定理、变上限定积分确定的函数及其导数、Newton-Leibniz 公式;
(4) 不定积分和定积分的换元积分法与分部积分法;
(5) 有理函数、三角函数的有理式和简单无理函数的积分;
(6) 广义积分 (也称反常积分);
(7) 定积分的应用：平面图形的面积、平面曲线的弧长、旋转体的体积及侧面积、平行截面面积为已知的立体体积、功、引力、压力及函数的平均值等.

3.2 范例解析与精讲

题型一、不定积分

不定积分计算的核心, 是分析被积函数的特点, 通过各种手段, 千方百计地将被积表达式转化为基本积分公式中的被积表达式形式. 不同的转化方式就构成了不同的求不定积分的技巧和方法.

1. 凑微分法

凑微分法, 实质上是第一类换元积分法, 只不过是没有把换元过程和新的变量明确写出来而已. 常用的线性代换、一次根式代换以及凑幂次法等都可以统一处理成凑微分法. 理解并熟记下述公式将有助于我们在解题实践中能够灵活运用凑微分法：

(1) $\int f(e^x) e^x dx = \int f(e^x) d(e^x)$;

(2) $\int f(ax^n + b) x^{n-1} dx = \dfrac{1}{na} \int f(ax^n + b) d(ax^n + b)$;

(3) $\int f(\ln x)\dfrac{\mathrm{d}x}{x} = \int f(\ln x)\mathrm{d}(\ln x);$

(4) $\int f(\arctan x)\dfrac{\mathrm{d}x}{1+x^2} = \int f(\arctan x)\mathrm{d}(\arctan x);$

(5) $\int f(\tan x)\dfrac{\mathrm{d}x}{\cos^2 x} = \int f(\tan x)\mathrm{d}(\tan x);$

(6) $\int f(\cos x)\sin x\mathrm{d}x = -\int f(\cos x)\mathrm{d}(\cos x);$

(7) $\int f(\sin x)\cos x\mathrm{d}x = \int f(\sin x)\mathrm{d}(\sin x);$

(8) $\int f(\arcsin x)\dfrac{\mathrm{d}x}{\sqrt{1-x^2}} = \int f(\arcsin x)\mathrm{d}(\arcsin x).$

【例 3.1】 求不定积分：(I) $I = \displaystyle\int \dfrac{1-\ln x}{(x-\ln x)^2}\mathrm{d}x$；(II) $I = \displaystyle\int \dfrac{1+\sin 2x}{1+\cos 2x}\mathrm{d}x.$

解 (I) $I = \displaystyle\int \dfrac{\frac{1-\ln x}{x^2}}{\left(1-\frac{\ln x}{x}\right)^2}\mathrm{d}x = -\int \dfrac{\mathrm{d}\left(1-\frac{\ln x}{x}\right)}{\left(1-\frac{\ln x}{x}\right)^2} = \dfrac{1}{1-\frac{\ln x}{x}} + C = \dfrac{x}{x-\ln x} + C.$

(II) $I = \displaystyle\int \dfrac{1+2\sin x\cos x}{2\cos^2 x}\mathrm{d}x = \dfrac{1}{2}\int \sec^2 x\mathrm{d}x - \int \dfrac{1}{\cos x}\mathrm{d}(\cos x)$
$= \dfrac{1}{2}\tan x - \ln|\cos x| + C.$

【例 3.2】 求不定积分：(I) $I = \displaystyle\int \dfrac{1+x}{x(1+x\mathrm{e}^x)}\mathrm{d}x$；(II) $I = \displaystyle\int \dfrac{\mathrm{d}x}{2\mathrm{e}^{-x}+\mathrm{e}^x+2}.$

解 (I) $I = \displaystyle\int \dfrac{(1+x)\mathrm{e}^x}{x\mathrm{e}^x(1+x\mathrm{e}^x)}\mathrm{d}x = \int \left(\dfrac{1}{x\mathrm{e}^x} - \dfrac{1}{1+x\mathrm{e}^x}\right)\mathrm{d}(x\mathrm{e}^x)$
$= \ln|x\mathrm{e}^x| - \ln|1+x\mathrm{e}^x| + C = \ln\left|\dfrac{x\mathrm{e}^x}{1+x\mathrm{e}^x}\right| + C.$

(II) $I = \displaystyle\int \dfrac{\mathrm{e}^x}{\mathrm{e}^{2x}+2\mathrm{e}^x+2}\mathrm{d}x = \int \dfrac{\mathrm{d}(\mathrm{e}^x+1)}{1+(\mathrm{e}^x+1)^2} = \arctan(\mathrm{e}^x+1) + C.$

【例 3.3】 求不定积分：$I = \displaystyle\int \dfrac{\mathrm{d}x}{1+x^4}.$

解 $I = \dfrac{1}{2}\int \dfrac{(1+x^2)+(1-x^2)}{1+x^4}\mathrm{d}x = \dfrac{1}{2}\int \dfrac{1+x^2}{1+x^4}\mathrm{d}x - \dfrac{1}{2}\int \dfrac{x^2-1}{1+x^4}\mathrm{d}x$

$= \dfrac{1}{2}\int \dfrac{1+\dfrac{1}{x^2}}{x^2+\dfrac{1}{x^2}}\mathrm{d}x - \dfrac{1}{2}\int \dfrac{1-\dfrac{1}{x^2}}{x^2+\dfrac{1}{x^2}}\mathrm{d}x$

$= \dfrac{1}{2}\int \dfrac{\mathrm{d}\left(x-\dfrac{1}{x}\right)}{\left(x-\dfrac{1}{x}\right)^2+2} - \dfrac{1}{2}\int \dfrac{\mathrm{d}\left(x+\dfrac{1}{x}\right)}{\left(x+\dfrac{1}{x}\right)^2-2}$

$= \dfrac{1}{2\sqrt{2}}\arctan \dfrac{x-\dfrac{1}{x}}{\sqrt{2}} - \dfrac{1}{4\sqrt{2}}\ln\left|\dfrac{x+\dfrac{1}{x}-\sqrt{2}}{x+\dfrac{1}{x}+\sqrt{2}}\right| + C$

$= \dfrac{\sqrt{2}}{4}\arctan \dfrac{x^2-1}{\sqrt{2}x} + \dfrac{1}{4\sqrt{2}}\ln \dfrac{x^2+\sqrt{2}x+1}{x^2-\sqrt{2}x+1} + C.$

【例 3.4】(第六届全国决赛题, 2015) 不定积分 $\int \dfrac{1+x^2}{1+x^4}\mathrm{d}x$ 等于_____.

解 参见例 3.3, 应填写: $\dfrac{1}{\sqrt{2}}\arctan \dfrac{x^2-1}{\sqrt{2}x} + C$.

2. 换元积分法

换元积分的一般方法: $\int f(x)\mathrm{d}x \xrightarrow{x=\varphi(t)} \int f[\varphi(t)]\varphi'(t)\mathrm{d}t = F[\varphi^{-1}(x)] + C$, 其中 $F(t)$ 是 $f[\varphi(t)]\varphi'(t)$ 的一个原函数, $\varphi^{-1}(x) = t$ 是 $x = \varphi(t)$ 的反函数.

【例 3.5】(第十一届全国初赛题, 2019) 设隐函数 $y = y(x)$ 由方程 $y^2(x-y) = x^2$ 所确定, 则 $\int \dfrac{\mathrm{d}x}{y^2} = $_____.

解 令 $y = tx$, 与方程 $y^2(x-y) = x^2$ 联立, 解得 $x = \dfrac{1}{t^2(1-t)}, y = \dfrac{1}{t(1-t)}$, 则 $\mathrm{d}x = \dfrac{-2+3t}{t^3(1-t)^2}\mathrm{d}t$. 所以

$$\int \dfrac{\mathrm{d}x}{y^2} = \int \dfrac{1}{\dfrac{1}{t^2(1-t)^2}} \dfrac{-2+3t}{t^3(1-t)^2}\mathrm{d}t = \int \dfrac{-2+3t}{t}\mathrm{d}t$$

$$= 3t - 2\ln|t| + C = \dfrac{3y}{x} - 2\ln\left|\dfrac{y}{x}\right| + C.$$

这一部分重点是几种典型代换: 三角代换、根式代换、倒置代换以及二项代换.

1) 三角代换

对于含二次根式的积分, 被积函数中含 $\sqrt{a^2-x^2}$ 时, 可设 $x = a\sin t$; 含 $\sqrt{x^2+a^2}$

时, 可设 $x = a\tan t$; 含 $\sqrt{x^2 - a^2}$ 时, 可设 $x = a\sec t$; 含 $\sqrt{ax^2 + bx + c}$ 时, 可经配方化为上述三种情形.

对于积分 $\int f(\sin x, \cos x)\mathrm{d}x$, 其中 $f(u, v)$ 是有理函数, 利用代换 $t = \tan\dfrac{x}{2}$ 可化为有理函数的积分. 常称之为万能代换.

【例 3.6】 求：(I) $I = \displaystyle\int \dfrac{\mathrm{d}x}{\sqrt{(5 + x^2)^3}}$; (II) $I = \displaystyle\int \dfrac{x}{\sqrt{3 + 2x - x^2}}\mathrm{d}x.$

解 (I) 可设 $x = \sqrt{5}\tan t, t \in \left(-\dfrac{\pi}{2}, \dfrac{\pi}{2}\right)$, 则 $\mathrm{d}x = \sqrt{5}\sec^2 t\,\mathrm{d}t,$

$$I = \int \dfrac{\sqrt{5}\sec^2 t}{\sqrt{125}\sec^3 t}\mathrm{d}t = \dfrac{1}{5}\int \cos t\,\mathrm{d}t = \dfrac{\sin t}{5} + C = \dfrac{x}{5\sqrt{5 + x^2}} + C.$$

(II) 因为 $3 + 2x - x^2 = 4 - (x - 1)^2$, 故可设 $x - 1 = 2\sin t, t \in \left(-\dfrac{\pi}{2}, \dfrac{\pi}{2}\right)$, 则 $x = 1 + 2\sin t, \mathrm{d}x = 2\cos t\,\mathrm{d}t.$ 从而

$$I = \int (1 + 2\sin t)\mathrm{d}t = t - 2\cos t + C = \arcsin\dfrac{x - 1}{2} - \sqrt{3 + 2x - x^2} + C.$$

【例 3.7】 (I) $I = \displaystyle\int \dfrac{\mathrm{d}x}{\sqrt{(x - a)(b - x)}} (a \neq b)$; (II) 求 $I = \displaystyle\int \dfrac{\sin^2 x}{(\sin x - \cos x - 1)^3}\mathrm{d}x.$

解 (I) 不妨设 $a < b$ (当 $a > b$ 时可同理求解). 因为

$$(x - a)(b - x) = (a + b)x - x^2 - ab = \left(\dfrac{a - b}{2}\right)^2 - \left(x - \dfrac{a + b}{2}\right)^2,$$

所以可设 $x - \dfrac{a + b}{2} = \dfrac{b - a}{2}\sin t, t \in \left(-\dfrac{\pi}{2}, \dfrac{\pi}{2}\right)$, 则 $\mathrm{d}x = \dfrac{b - a}{2}\cos t\,\mathrm{d}t.$ 于是

$$I = \int \dfrac{1}{\sqrt{\left(\dfrac{a - b}{2}\right)^2 - \left(\dfrac{a - b}{2}\sin t\right)^2}} \cdot \dfrac{b - a}{2}\cos t\,\mathrm{d}t = \int \mathrm{d}t = t + C$$

$$= \arcsin\dfrac{x - \dfrac{a + b}{2}}{\dfrac{b - a}{2}} + C = \arcsin\dfrac{2x - a - b}{b - a} + C.$$

(II) 令 $t = \tan\dfrac{x}{2}$, 则 $\sin x = \dfrac{2t}{1 + t^2}, \cos x = \dfrac{1 - t^2}{1 + t^2}, \mathrm{d}x = \dfrac{2\mathrm{d}t}{1 + t^2}.$ 故

$$I = \int \dfrac{t^2}{(t - 1)^3}\mathrm{d}t = \int \left[\dfrac{1}{t - 1} + \dfrac{2}{(t - 1)^2} + \dfrac{1}{(t - 1)^3}\right]\mathrm{d}t$$

$$= \ln|t - 1| - \dfrac{2}{t - 1} - \dfrac{1}{2(t - 1)^2} + C$$

$$= \ln\left|\tan\frac{x}{2} - 1\right| - \frac{2}{\tan\frac{x}{2} - 1} - \frac{1}{2\left(\tan\frac{x}{2} - 1\right)^2} + C.$$

2) 根式代换

这种代换一般用于计算某些简单无理函数的积分，其目的在于将被积表达式"有理化".

(1) 对于含两个一次平方根式 $\sqrt{x+\alpha}$ 与 $\sqrt{x+\beta}(\alpha < \beta)$ 的积分, 可设

$$\sqrt{x+\beta} = \lambda\left(t + \frac{1}{t}\right), \quad \sqrt{x+\alpha} = \lambda\left(t - \frac{1}{t}\right).$$

以上两式各自平方后相减，即可求出 λ，即 $4\lambda^2 = \beta - \alpha$.

【例 3.8】 求 $I = \int \dfrac{\mathrm{d}x}{1 + \sqrt{x} + \sqrt{1+x}}$.

解 设 $\sqrt{1+x} = \lambda\left(t + \dfrac{1}{t}\right), \sqrt{x} = \lambda\left(t - \dfrac{1}{t}\right)$, 可求出 $\lambda = \dfrac{1}{2}$, 则 $t = \sqrt{x} + \sqrt{x+1}$.

$$I = \frac{1}{2}\int \frac{t^4 - 1}{t^3(t+1)}\mathrm{d}t = \frac{1}{2}\left(t - \ln|t| - \frac{1}{t} + \frac{1}{2t^2}\right) + C$$

$$= \frac{x}{2} + \sqrt{x} - \frac{1}{2}\sqrt{x(x+1)} - \frac{1}{2}\ln(\sqrt{x} + \sqrt{x+1}) + C.$$

(2) 对于含两个一次根式 $\sqrt[n]{x+a}$ 和 $\sqrt[m]{x+a}$ 的积分，可取 $t = \sqrt[k]{x+a}$，这里 k 为 m, n 的最小公倍数，即 $\dfrac{1}{m}, \dfrac{1}{n}$ 的公分母.

【例 3.9】 求 $I = \int \dfrac{\mathrm{d}x}{\sqrt{1+x} + \sqrt[3]{1+x}}$.

解 $\dfrac{1}{2}$ 和 $\dfrac{1}{3}$ 的公分母为 6, 故可设 $t = \sqrt[6]{1+x}$, 则 $\sqrt{1+x} = t^3, \sqrt[3]{1+x} = t^2, \mathrm{d}x = 6t^5\mathrm{d}t$. 故

$$I = \int \frac{6t^5\mathrm{d}t}{t^3 + t^2} = 2t^3 - 3t^2 + 6t - 6\ln(1+t) + C$$

$$= 2\sqrt{1+x} - 3\sqrt[3]{1+x} + 6\sqrt[6]{1+x} - 6\ln(1 + \sqrt[6]{1+x}) + C.$$

(3) 对于含有根式 $\sqrt[m]{\dfrac{x+a}{x-a}}$ 的积分，可设 $t = \sqrt[m]{\dfrac{x+a}{x-a}}$.

【例 3.10】 求 $I = \int \dfrac{\mathrm{d}x}{\sqrt[3]{(x+1)^2(x-1)^4}}$.

解 设 $t = \sqrt[3]{\dfrac{x+1}{x-1}}$, 则 $x = 1 + \dfrac{2}{t^3 - 1}$, 从而

$$I = -\frac{3}{2}\int \mathrm{d}t = -\frac{3}{2}t + C = -\frac{3}{2}\sqrt[3]{\frac{x+1}{x-1}} + C.$$

3) 倒置代换 $t = \dfrac{1}{x+a}$

当被积函数为 x 的有理式或无理式时, 往往可利用倒置代换消去分母中所含的因子 $x+a$ 或 $x+a$ 的幂.

【例 3.11】 求不定积分: (I) $\displaystyle\int \dfrac{\mathrm{d}x}{x^4(x^2+1)}$; (II) $\displaystyle\int \dfrac{\mathrm{d}x}{(1+x)\sqrt{1-x^2}}$.

解 (I) 令 $t = \dfrac{1}{x}$, 则

$$I = -\int \dfrac{t^4}{t^2+1} \mathrm{d}t = -\int \left(t^2 - 1 + \dfrac{1}{t^2+1}\right) \mathrm{d}t$$

$$= -\left(\dfrac{t^3}{3} - t + \arctan t\right) + C = -\dfrac{1}{3x^3} + \dfrac{1}{x} - \arctan \dfrac{1}{x} + C.$$

(II) 令 $t = \dfrac{1}{x+1}$, 则

$$I = -\int \dfrac{\mathrm{d}t}{\sqrt{2t-1}} = -\sqrt{2t-1} + C = -\sqrt{\dfrac{1-x}{1+x}} + C.$$

4) 二项代换 $t = x \pm \dfrac{1}{x}$

【例 3.12】 求不定积分: (I) $\displaystyle\int \dfrac{x^8(x^2+1)}{(x^2-1)^{10}} \mathrm{d}x$; (II) $\displaystyle\int \dfrac{x^2-1}{x^4+3x^2+1} \mathrm{d}x$.

解 (I) 令 $t = x - \dfrac{1}{x}$, 则 $\mathrm{d}t = \left(1 + \dfrac{1}{x^2}\right) \mathrm{d}x$,

$$I = \int \dfrac{\mathrm{d}t}{t^{10}} = -\dfrac{1}{9t^9} + C = -\dfrac{x^9}{9(x^2-1)^9} + C.$$

(II) 令 $t = x + \dfrac{1}{x}$, 则 $\mathrm{d}t = \left(1 - \dfrac{1}{x^2}\right) \mathrm{d}x$,

$$I = \int \dfrac{\mathrm{d}t}{t^2+1} = \arctan t + C = \arctan \left(x + \dfrac{1}{x}\right) + C.$$

3. 分部积分法

设 $u(x), v(x)$ 具有连续导数, 则有分部积分公式

$$\int u(x)v'(x)\mathrm{d}x = u(x)v(x) - \int u'(x)v(x)\mathrm{d}x,$$

或简记为 $\displaystyle\int u \mathrm{d}v = uv - \int v \mathrm{d}u$.

利用分部积分公式, 可以把求不定积分 $\displaystyle\int u \mathrm{d}v$ 转化为求另一个不定积分 $\displaystyle\int v \mathrm{d}u$. 一般而言, 后者较前者容易积分.

【例 3.13】 求不定积分 $I = \int \dfrac{x^2 \left(x \sec^2 x + \tan x\right)}{(x \tan x + 1)^2} \mathrm{d}x$.

解 注意到 $\dfrac{\mathrm{d}}{\mathrm{d}x}(x \tan x + 1) = x \sec^2 x + \tan x$, 以及 $\dfrac{\mathrm{d}}{\mathrm{d}x}(x \sin x + \cos x) = x \cos x$, 所以

$$I = \int x^2 \mathrm{d}\left(-\frac{1}{x \tan x + 1}\right) = -\frac{x^2}{x \tan x + 1} + \int \frac{2x}{x \tan x + 1} \mathrm{d}x$$

$$= -\frac{x^2}{x \tan x + 1} + 2 \int \frac{x \cos x}{x \sin x + \cos x} \mathrm{d}x$$

$$= -\frac{x^2}{x \tan x + 1} + 2 \ln |x \sin x + \cos x| + C.$$

【例 3.14】 求不定积分 $I = \int \arcsin x \arccos x \, \mathrm{d}x$.

解

$$I = x \arcsin x \arccos x - \int \frac{x(\arccos x - \arcsin x)}{\sqrt{1 - x^2}} \mathrm{d}x$$

$$= x \arcsin x \arccos x + \int (\arccos x - \arcsin x) \mathrm{d}\left(\sqrt{1 - x^2}\right)$$

$$= x \arcsin x \arccos x + (\arccos x - \arcsin x)\sqrt{1 - x^2} + 2 \int \mathrm{d}x$$

$$= x \arcsin x \arccos x + (\arccos x - \arcsin x)\sqrt{1 - x^2} + 2x + C.$$

【例 3.15】(第四届全国决赛题, 2013) 计算不定积分 $I = \int x \arctan x \ln \left(1 + x^2\right) \mathrm{d}x$.

解 $I = \dfrac{1}{2} \int \arctan x \ln \left(1 + x^2\right) \mathrm{d}\left(1 + x^2\right)$

$$= \frac{1}{2}\left(1 + x^2\right) \arctan x \ln \left(1 + x^2\right) - \frac{1}{2} \int \left(1 + x^2\right) \mathrm{d}\left[\arctan x \ln \left(1 + x^2\right)\right]$$

$$= \frac{1}{2}\left(1 + x^2\right) \arctan x \ln \left(1 + x^2\right) - \frac{1}{2} \int \ln \left(1 + x^2\right) \mathrm{d}x - \int x \arctan x \, \mathrm{d}x. \quad ①$$

进一步, 有

$$\int \ln \left(1 + x^2\right) \mathrm{d}x = x \ln \left(1 + x^2\right) - 2 \int \frac{x^2}{1 + x^2} \mathrm{d}x = x \ln \left(1 + x^2\right) - 2x + 2 \arctan x + C_1,$$

$$\int x \arctan x \, \mathrm{d}x = \frac{1}{2} \int \arctan x \, \mathrm{d}\left(1 + x^2\right) = \frac{1}{2}\left(1 + x^2\right) \arctan x - \frac{x}{2} + C_2.$$

将上述两式代入①式并整理, 得

$$I = \frac{1}{2}\left(1 + x^2\right) \arctan x \ln \left(1 + x^2\right) - \frac{1}{2}\left(3 + x^2\right) \arctan x - \frac{1}{2} x \ln \left(1 + x^2\right) + \frac{3x}{2} + C,$$

其中 $C = -\dfrac{C_1}{2} - C_2$.

【例 3.16】 求不定积分 $I = \int \dfrac{x^2 \mathrm{d}x}{(x\sin x + \cos x)^2}$.

【分析】 被积函数是一个结构比较复杂的分式,根据其分母的特征,容易联想到微分运算公式: $\mathrm{d}\left(\dfrac{1}{f(x)}\right) = -\dfrac{f'(x)}{f^2(x)}\mathrm{d}x$. 这里 $f(x) = x\sin x + \cos x, f'(x) = x\cos x$. 由此得到启发,先将被积函数的分子与分母同时乘以 $\cos x$,并且令 $u(x) = \dfrac{x}{\cos x}, v'(x) = \dfrac{x\cos x}{(x\sin x + \cos x)^2}$,再利用分部积分公式即可使问题简化.

解 $I = \int \dfrac{x^2 \mathrm{d}x}{(x\sin x + \cos x)^2} = \int \dfrac{x}{\cos x} \cdot \dfrac{x\cos x}{(x\sin x + \cos x)^2} \mathrm{d}x$

$= -\dfrac{x}{\cos x} \cdot \dfrac{1}{x\sin x + \cos x} + \int \dfrac{1}{x\sin x + \cos x} \left(\dfrac{x}{\cos x}\right)' \mathrm{d}x$

$= -\dfrac{x}{\cos x(x\sin x + \cos x)} + \int \dfrac{1}{\cos^2 x} \mathrm{d}x$

$= -\dfrac{x}{\cos x(x\sin x + \cos x)} + \tan x + C = \dfrac{\sin x - x\cos x}{x\sin x + \cos x} + C.$

在使用分部积分法时,以下几种技巧也是需要掌握的.

1) 回归法

通过若干次分部积分后,又得到了原来的积分,经过简单的代数运算即可求得问题的解. 有的文献称这种方法为"循环法".

【例 3.17】 求 $I = \int \dfrac{x\mathrm{e}^{\arctan x}}{\sqrt{(1+x^2)^3}} \mathrm{d}x$.

解 $I = \int \dfrac{x}{\sqrt{1+x^2}} \mathrm{d}\left(\mathrm{e}^{\arctan x}\right) = \dfrac{x}{\sqrt{1+x^2}} \mathrm{e}^{\arctan x} - \int \mathrm{e}^{\arctan x} \dfrac{\mathrm{d}x}{\sqrt{(1+x^2)^3}}$

$= \dfrac{x}{\sqrt{1+x^2}} \mathrm{e}^{\arctan x} - \int \dfrac{1}{\sqrt{1+x^2}} \mathrm{d}\left(\mathrm{e}^{\arctan x}\right)$

$= \dfrac{x-1}{\sqrt{1+x^2}} \mathrm{e}^{\arctan x} - \int \dfrac{x\mathrm{e}^{\arctan x}}{\sqrt{(1+x^2)^3}} \mathrm{d}x,$

故 $I = \dfrac{1}{2} \dfrac{x-1}{\sqrt{1+x^2}} \mathrm{e}^{\arctan x} + C.$

2) 拆项法

有些积分,可以通过拆项变为几个积分. 其作用有两个方面:

(1) 虽然每一项都不是初等函数,但是通过非初等部分的相互抵消,而最后却能求出积分 (例 3.18);

(2) 可能出现 "回归" 现象 (例 3.19).

【例 3.18】(第三届全国决赛题, 2012) 求 $I = \int \left(1 + x - \dfrac{1}{x}\right)\mathrm{e}^{x+\frac{1}{x}} \mathrm{d}x.$

解 $I = \int e^{x+\frac{1}{x}} dx + \int \left(x - \frac{1}{x}\right) e^{x+\frac{1}{x}} dx \triangleq I_1 + I_2$，其中 $I_1 = \int e^{x+\frac{1}{x}} dx$，而

$$I_2 = \int x\left(1 - \frac{1}{x^2}\right) e^{x+\frac{1}{x}} dx = \int x e^{x+\frac{1}{x}} d\left(x + \frac{1}{x}\right) = \int x d\left(e^{x+\frac{1}{x}}\right)$$

$$= x e^{x+\frac{1}{x}} - \int e^{x+\frac{1}{x}} dx = x e^{x+\frac{1}{x}} - I_1,$$

故 $I = I_1 + I_2 = x e^{x+\frac{1}{x}} + C$.

【例 3.19】 求 $I = \int \sec^3 x \, dx$.

解 $I = \sec x \tan x - \int \sec x \tan^2 x \, dx = \sec x \tan x - \int \sec x (\sec^2 x - 1) \, dx$

$$= \sec x \tan x - \int \sec^3 x \, dx + \int \sec x \, dx$$

$$= \frac{1}{2} \sec x \tan x + \frac{1}{2} \ln|\sec x + \tan x| + C.$$

【例 3.20】 求 $I = \int \dfrac{x^2 + 6}{(x \cos x - 3 \sin x)^2} dx$.

解 $I = \int \dfrac{(x^2 + 6)(\cos^2 x + \sin^2 x)}{(x \cos x - 3 \sin x)^2} dx$

$$= \int \begin{vmatrix} x & 3 \\ -2 & x \end{vmatrix} \begin{vmatrix} \cos x & \sin x \\ -\sin x & \cos x \end{vmatrix} \frac{dx}{(x \cos x - 3 \sin x)^2}$$

$$= \int \begin{vmatrix} x \cos x - 3 \sin x & x \sin x + 3 \cos x \\ -2 \cos x - x \sin x & x \cos x - 2 \sin x \end{vmatrix} \frac{dx}{(x \cos x - 3 \sin x)^2}$$

$$= \int \frac{x \cos x - 2 \sin x}{x \cos x - 3 \sin x} dx + \int \frac{(x \sin x + 3 \cos x)(2 \cos x + x \sin x)}{(x \cos x - 3 \sin x)^2} dx.$$

由于 $\dfrac{d}{dx}(x \cos x - 3 \sin x) = -(2 \cos x + x \sin x)$，故可对上述第二个积分利用分部积分，得

$$I_1 = \int \frac{(x \sin x + 3 \cos x)(2 \cos x + x \sin x)}{(x \cos x - 3 \sin x)^2} dx$$

$$= \int (x \sin x + 3 \cos x) d\left(\frac{1}{x \cos x - 3 \sin x}\right)$$

$$= \frac{x \sin x + 3 \cos x}{x \cos x - 3 \sin x} - \int \frac{d(x \sin x + 3 \cos x)}{x \cos x - 3 \sin x}$$

$$= \frac{x \sin x + 3 \cos x}{x \cos x - 3 \sin x} - \int \frac{x \cos x - 2 \sin x}{x \cos x - 3 \sin x} dx.$$

所以 $I = \int \dfrac{x \cos x - 2 \sin x}{x \cos x - 3 \sin x} dx + I_1 = \dfrac{x \sin x + 3 \cos x}{x \cos x - 3 \sin x} + C.$

【注】 这里，利用行列式来表述较为复杂的计算式子，具有过程简捷，结构紧凑，规律性强等明显优点.

3) 递推法

这种方法多用于被积函数含有自然数 n 的情形.

【例 3.21】 求 $I_n = \int \sin^n x \mathrm{d}x$ 的递推公式，并利用所得结果求 $\int \sin^4 x \mathrm{d}x$.

解 $I_n = \int \sin^{n-2} x \left(1 - \cos^2 x\right) \mathrm{d}x = \int \sin^{n-2} x \mathrm{d}x - \int \sin^{n-2} x \cos^2 x \mathrm{d}x$

$$= I_{n-2} - \int \cos x \sin^{n-2} x \mathrm{d}(\sin x) = I_{n-2} - \frac{1}{n-1} \cos x \sin^{n-1} x - \frac{I_n}{n-1},$$

故 $I_n = \frac{n-1}{n} I_{n-2} - \frac{1}{n} \cos x \sin^{n-1} x \ (n \neq 0, 1).$

由于 $I_0 = \int \mathrm{d}x = x + C$，故由上述结果得

$$I_2 = \frac{1}{2} I_0 - \frac{1}{2} \cos x \sin x = \frac{x}{2} - \frac{1}{4} \sin 2x + \frac{C}{2},$$

$$I_4 = \int \sin^4 x \mathrm{d}x = \frac{3}{4} I_2 - \frac{1}{4} \cos x \sin^3 x$$

$$= \frac{3}{4} \left(\frac{x}{2} - \frac{1}{4} \sin 2x + \frac{C}{2} \right) - \frac{1}{8} \sin 2x \sin^2 x$$

$$= \frac{3}{8} x - \frac{1}{4} \sin 2x + \frac{1}{32} \sin 4x + C_1 \quad \left(\text{其中} \ C_1 = \frac{3}{8} C \right).$$

【例 3.22】 求 $I_n = \int \frac{\mathrm{d}x}{x^n \sqrt{1+x^2}}$ 的递推公式，并利用所得结果求 $\int \frac{\mathrm{d}x}{x^3 \sqrt{1+x^2}}$.

解 $I_n = \frac{1}{2} \int \frac{\mathrm{d}(x^2+1)}{x^{n+1} \sqrt{1+x^2}} = \int \frac{\mathrm{d}(\sqrt{x^2+1})}{x^{n+1}}$

$$= \frac{\sqrt{x^2+1}}{x^{n+1}} - \int \sqrt{x^2+1} \mathrm{d}\left(\frac{1}{x^{n+1}} \right)$$

$$= \frac{\sqrt{x^2+1}}{x^{n+1}} + (n+1) \int \frac{\sqrt{x^2+1}}{x^{n+2}} \mathrm{d}x$$

$$= \frac{\sqrt{x^2+1}}{x^{n+1}} + (n+1) \int \frac{x^2+1}{x^{n+2} \sqrt{x^2+1}} \mathrm{d}x$$

$$= \frac{\sqrt{x^2+1}}{x^{n+1}} + (n+1) I_n + (n+1) I_{n+2},$$

故 $I_{n+2} = -\frac{n}{n+1} I_n - \frac{\sqrt{x^2+1}}{(n+1) x^{n+1}}.$

利用三角代换 $x = \tan t, t \in \left(-\frac{\pi}{2}, \frac{\pi}{2} \right)$ 容易求得

$$I_1 = \int \frac{\mathrm{d}x}{x \sqrt{1+x^2}} = \int \frac{\sec^2 t \mathrm{d}t}{\tan t \sec t} = \int \csc t \mathrm{d}t = \ln |\csc t - \cot t| + C$$

$$= \ln \frac{\sqrt{1+x^2}-1}{|x|} + C.$$

从而可由上述递推公式得

$$I_3 = \int \frac{\mathrm{d}x}{x^3\sqrt{1+x^2}} = -\frac{1}{2}I_1 - \frac{\sqrt{1+x^2}}{2x^2} = -\frac{1}{2}\left(\ln\frac{\sqrt{1+x^2}-1}{|x|}+C\right) - \frac{\sqrt{1+x^2}}{2x^2}$$

$$= \frac{1}{2}\ln\frac{\sqrt{1+x^2}+1}{|x|} - \frac{\sqrt{1+x^2}}{2x^2} + C_1 \quad \left(\text{其中 } C_1 = -\frac{1}{2}C\right).$$

4. 部分分式法

这种方法适用于求解被积函数是有理分式函数的不定积分. 有理分式分为有理真分式和有理假分式. 对于有理假分式, 可先将其化为有理整式和有理真分式之和. 所谓部分分式法, 是首先用待定系数法或者赋特殊值的方法把有理真分式分解成最简真分式的代数和, 即分解成部分分式之和, 然后采用直接积分或者凑微分等方法求出各个部分分式的不定积分.

在将有理真分式

$$\frac{P(x)}{Q(x)} = \frac{a_0 x^n + a_1 x^{n-1} + \cdots + a_{n-1}x + a_n}{b_0 x^m + b_1 x^{m-1} + \cdots + b_{m-1}x + b_m} \quad (\text{其中 } a_0 \neq 0, b_0 \neq 0, n < m)$$

分解成部分分式之和的时候, 应注意下列两点:

(1) 如果分母 $Q(x)$ 中有因式 $(x-a)^k$, 那么分解后有下列 k 个部分分式之和:

$$\frac{A_1}{x-a} + \frac{A_2}{(x-a)^2} + \cdots + \frac{A_{k-1}}{(x-a)^{k-1}} + \frac{A_k}{(x-a)^k},$$

其中 $A_1, A_2, \cdots, A_k$ 都是常数. 特别地, 如果 $k=1$, 那么分解后有 $\dfrac{A}{x-a}$.

(2) 如果分母 $Q(x)$ 中有因式 $(x^2+px+q)^k$, 且其中 $p^2-4q<0$, 那么分解后有下列 k 个部分分式之和:

$$\frac{M_1 x + N_1}{x^2+px+q} + \frac{M_2 x + N_2}{(x^2+px+q)^2} + \cdots + \frac{M_k x + N_k}{(x^2+px+q)^k},$$

其中 $M_i, N_i \ (i=1,2,\cdots,k)$ 都是常数. 特别地, 如果 $k=1$, 那么分解后有 $\dfrac{Mx+N}{x^2+px+q}$.

【例 3.23】 求不定积分: (I) $I = \displaystyle\int \frac{x^2+1}{x(x-1)^2}\mathrm{d}x$; (II) $I = \displaystyle\int \frac{2x^2+2x+13}{(x-2)(x^2+1)^2}\mathrm{d}x.$

解 (I) 将被积函数分解成部分分式之和:

$$\frac{x^2+1}{x(x-1)^2} = \frac{a}{x} + \frac{b}{(x-1)^2} + \frac{c}{x-1},$$

即有

$$x^2+1 = a(x-1)^2 + bx + cx(x-1) = (a+c)x^2 + (-2a+b-c)x + a.$$

用待定系数法确定系数 a, b, c. 比较同次幂的系数, 得

$$a+c=1, \quad -2a+b-c=0, \quad a=1.$$

解得 $a=1, b=2, c=0$. 于是

$$I = \int \frac{x^2+1}{x(x-1)^2} \mathrm{d}x = \int \left(\frac{1}{x} + \frac{2}{(x-1)^2} \right) \mathrm{d}x = \ln|x| - \frac{2}{x-1} + C.$$

(II) 将被积函数分解成部分分式之和:

$$\frac{2x^2+2x+13}{(x-2)(x^2+1)^2} = \frac{a}{x-2} + \frac{bx+c}{x^2+1} + \frac{dx+e}{(x^2+1)^2},$$

即

$$2x^2+2x+13 = a(x^2+1)^2 + (bx+c)(x-2)(x^2+1) + (dx+e)(x-2).$$

采用赋特殊值的方法确定系数 a, b, c, d, e.

令 $x=2$, 得 $25 = 25a$, 故 $a=1$.

令 $x=\mathrm{i}$, 得 $11+2\mathrm{i} = (d\mathrm{i}+e)(\mathrm{i}-2) = -d-2e+(e-2d)\mathrm{i}$, 即

$$\begin{cases} -d-2e = 11, \\ e-2d = 2, \end{cases}$$

故 $d=-3, e=-4$.

令 $x=0$, 得 $13 = a - 2c - 2e$, 即 $13 = 9 - 2c$, 故 $c=-2$.

令 $x=1$, 得 $17 = 4a - 2(b+c) - (d+e)$, 即 $2 = -2b$, 故 $b=-1$.

于是

$$\begin{aligned}
I &= \int \left[\frac{1}{x-2} + \frac{-x-2}{x^2+1} + \frac{-3x-4}{(x^2+1)^2} \right] \mathrm{d}x = \int \frac{\mathrm{d}x}{x-2} - \int \frac{x+2}{x^2+1} \mathrm{d}x - \int \frac{3x+4}{(x^2+1)^2} \mathrm{d}x \\
&= \ln|x-2| - \int \frac{x}{x^2+1} \mathrm{d}x - 2\int \frac{\mathrm{d}x}{x^2+1} - 3\int \frac{x}{(x^2+1)^2} \mathrm{d}x - 4\int \frac{\mathrm{d}x}{(x^2+1)^2} \\
&= \ln|x-2| - \frac{1}{2}\ln(x^2+1) - 2\arctan x + \frac{3}{2(x^2+1)} - \frac{2x}{x^2+1} - 2\arctan x + C \\
&= \ln|x-2| - \frac{1}{2}\ln(x^2+1) - \frac{4x-3}{2(x^2+1)} - 4\arctan x + C.
\end{aligned}$$

对于被积函数是三角函数有理式的不定积分, 若采用万能代换 $t = \tan\dfrac{x}{2}$, 则往往导致求有理分式函数的积分.

【例 3.24】 求 $I = \displaystyle\int \frac{\sin x}{\sin x - 2\cos x + 2} \mathrm{d}x.$

解 令 $t = \tan\dfrac{x}{2}$, 则 $\sin x = \dfrac{2t}{1+t^2}, \cos x = \dfrac{1-t^2}{1+t^2}, \mathrm{d}x = \dfrac{2}{1+t^2}\mathrm{d}t$. 从而

$$I = \int \dfrac{\dfrac{2t}{1+t^2}}{\dfrac{2t}{1+t^2} - 2\cdot\dfrac{1-t^2}{1+t^2} + 2}\cdot\dfrac{2}{1+t^2}\mathrm{d}t = \int \dfrac{2}{(1+2t)(1+t^2)}\mathrm{d}t.$$

将被积函数分解成部分分式之和: $\dfrac{2}{(1+2t)(1+t^2)} = \dfrac{a}{1+2t} + \dfrac{bt+c}{1+t^2}$, 即有

$$2 = a(1+t^2) + (bt+c)(1+2t) = (a+2b)t^2 + (b+2c)t + (a+c).$$

比较系数, 得 $a+c=2, b+2c=0, a+2b=0$, 解得 $a=\dfrac{8}{5}, b=-\dfrac{4}{5}, c=\dfrac{2}{5}$. 于是

$$\begin{aligned}
I &= \dfrac{8}{5}\int\dfrac{1}{1+2t}\mathrm{d}t - \dfrac{4}{5}\int\dfrac{t}{1+t^2}\mathrm{d}t + \dfrac{2}{5}\int\dfrac{1}{1+t^2}\mathrm{d}t\\
&= \dfrac{4}{5}\ln|1+2t| - \dfrac{2}{5}\ln(1+t^2) + \dfrac{2}{5}\arctan t + C\\
&= \dfrac{4}{5}\ln\left|1+2\tan\dfrac{x}{2}\right| - \dfrac{2}{5}\ln\left(1+\tan^2\dfrac{x}{2}\right) + \dfrac{x}{5} + C\\
&= \dfrac{4}{5}\ln\left|\cos\dfrac{x}{2}+2\sin\dfrac{x}{2}\right| + \dfrac{x}{5} + C.
\end{aligned}$$

必须指出, 尽管部分分式法能够用于求解有理分式函数的不定积分, 但正如我们已经看到的, 其计算过程太烦琐. 因此, 在实际计算中, 应当优先考虑利用其他方法, 如换元积分法或直接积分法等 (例 3.25、例 3.26).

【例 3.25】 求 $I = \int \dfrac{\mathrm{d}x}{x^2(1+x^2)^2}$.

【分析】 若采用部分分式法求解本题, 则在将被积函数分解成部分分式之和的形式时, 由于

$$\dfrac{1}{x^2(1+x^2)^2} = \dfrac{a}{x} + \dfrac{b}{x^2} + \dfrac{cx+d}{1+x^2} + \dfrac{ex+f}{(1+x^2)^2},$$

需要确定 6 个待定系数, 故运算量较大. 而采用换元积分法, 就简单得多了.

解 令 $x = \tan t$, 则 $\mathrm{d}x = \sec^2 t\,\mathrm{d}t$. 于是

$$\begin{aligned}
I &= \int\dfrac{\sec^2 t\,\mathrm{d}t}{\tan^2 t\sec^4 t} = \int\dfrac{\mathrm{d}t}{\tan^2 t\sec^2 t} = \int\dfrac{\sec^2 t - \tan^2 t}{\tan^2 t\sec^2 t}\mathrm{d}t = \int\dfrac{\mathrm{d}t}{\tan^2 t} - \int\dfrac{\mathrm{d}t}{\sec^2 t}\\
&= \int(\csc^2 t - 1)\mathrm{d}t - \int\cos^2 t\,\mathrm{d}t = -\cot t - t - \dfrac{t}{2} - \dfrac{1}{4}\sin 2t + C\\
&= -\dfrac{1}{x} - \dfrac{3}{2}\arctan x - \dfrac{x}{2(1+x^2)} + C.
\end{aligned}$$

【例 3.26】 求 $I = \int \dfrac{\mathrm{d}x}{(\sin x + 2\sec x)^2}$.

【分析】 这里,被积函数是三角函数有理式,可采用万能代换 $t = \tan\dfrac{x}{2}$ 化为有理分式函数,再利用部分分式法求解. 这将是一个复杂的计算过程. 因此,应考虑综合运用换元积分、分部积分等方法与技巧.

解 $I = \int \dfrac{\sec^2 x \mathrm{d}x}{\sec^2 x(\sin x + 2\sec x)^2} = \int \dfrac{\mathrm{d}(\tan x)}{(2\tan^2 x + \tan x + 2)^2} \xlongequal{t=\tan x} \int \dfrac{\mathrm{d}t}{(2t^2 + t + 2)^2}$.

考虑不定积分 $I_1 = \int \dfrac{\mathrm{d}t}{2t^2 + t + 2}$,直接凑微分,可得

$$I_1 = \dfrac{1}{2}\int \dfrac{\mathrm{d}t}{\left(t + \dfrac{1}{4}\right)^2 + \dfrac{15}{16}} = \dfrac{1}{2}\dfrac{1}{\dfrac{\sqrt{15}}{4}}\arctan\dfrac{t+\dfrac{1}{4}}{\dfrac{\sqrt{15}}{4}} + C = \dfrac{2}{\sqrt{15}}\arctan\dfrac{4t+1}{\sqrt{15}} + C.$$

另一方面,利用分部积分,得

$$I_1 = \dfrac{t}{2t^2 + t + 2} + \int \dfrac{t(4t+1)\mathrm{d}t}{(2t^2 + t + 2)^2}$$

$$= \dfrac{t}{2t^2 + t + 2} + \int \dfrac{2(2t^2 + t + 2) - \left(t + \dfrac{1}{4}\right) - \dfrac{15}{4}}{(2t^2 + t + 2)^2}\mathrm{d}t$$

$$= \dfrac{t}{2t^2 + t + 2} + 2\int \dfrac{\mathrm{d}t}{2t^2 + t + 2} - \dfrac{1}{4}\int \dfrac{\mathrm{d}(2t^2 + t + 2)}{(2t^2 + t + 2)^2} - \dfrac{15}{4}\int \dfrac{\mathrm{d}t}{(2t^2 + t + 2)^2}$$

$$= \dfrac{t}{2t^2 + t + 2} + 2I_1 + \dfrac{1}{4(2t^2 + t + 2)} - \dfrac{15}{4}I,$$

所以

$$I = \dfrac{4t+1}{15(2t^2 + t + 2)} + \dfrac{4}{15}I_1 = \dfrac{4t+1}{15(2t^2 + t + 2)} + \dfrac{8}{15\sqrt{15}}\arctan\dfrac{4t+1}{\sqrt{15}} + C_1$$

$$= \dfrac{4\tan x + 1}{15(2\tan^2 x + \tan x + 2)} + \dfrac{8}{15\sqrt{15}}\arctan\dfrac{4\tan x + 1}{\sqrt{15}} + C_1.$$

题型二、定积分的计算

如果 $F(x)$ 是连续函数 $f(x)$ 在 $[a,b]$ 上的任一个原函数,则有 Newton-Leibniz 公式:

$$\int_a^b f(x)\mathrm{d}x = F(b) - F(a).$$

利用这一公式,可以将定积分的计算转化为求被积函数的原函数在积分区间两端点处的函数值之差. 因此可以说,求定积分即归结为求不定积分. 但是在定积分计算中,也有其特殊的性质和技巧.

1. 计算定积分的基本方法

定积分的基本计算方法包括

(1) 直接利用 Newton-Leibniz 公式.

(2) 利用定积分的换元法 (不定积分中的几种典型代换也适用于定积分);

如果 $f(x)$ 在 $[a,b]$ 上连续, $x = \varphi(t)$ 在 $[\alpha, \beta]$ 上是单值的且有连续导数, 当 $\alpha \leqslant t \leqslant \beta$ 时, $a \leqslant \varphi(t) \leqslant b, \varphi(\alpha) = a, \varphi(\beta) = b$, 则

$$\int_a^b f(x)\mathrm{d}x = \int_\alpha^\beta f[\varphi(t)]\varphi'(t)\mathrm{d}t.$$

(3) 利用定积分的分部积分法.

如果 $u(x), v(x)$ 在 $[a,b]$ 上具有连续导数 $u'(x), v'(x)$, 则

$$\int_a^b u(x)v'(x)\mathrm{d}x = u(x)v(x)\big|_a^b - \int_a^b v(x)u'(x)\mathrm{d}x.$$

在利用上述三种方法时, 应注意以下几点:

(1) 被积函数的适当变形;

(2) 换元函数的灵活选取, 且应满足有关条件; 换元之后, 积分限作相应的变换;

(3) 分部积分时, 适当选择 $u(x)$ 和 $v'(x)$ 并注意将积分限代入已求出的函数中.

【例 3.27】 计算: (I) $I = \int_0^{\frac{\pi}{4}} \dfrac{\mathrm{d}x}{1 + \sin x}$; (II) $I = \int_1^{\mathrm{e}} \sin(\pi \ln x)\mathrm{d}x$.

解 (I) $I = \int_0^{\frac{\pi}{4}} \dfrac{\mathrm{d}x}{1 + \cos\left(\dfrac{\pi}{2} - x\right)} = \int_0^{\frac{\pi}{4}} \dfrac{\mathrm{d}x}{2\cos^2\left(\dfrac{\pi}{4} - \dfrac{x}{2}\right)} = -\tan\left(\dfrac{\pi}{4} - \dfrac{x}{2}\right)\Big|_0^{\frac{\pi}{4}} = 2 - \sqrt{2}$.

(II) 利用分部积分法, 并注意所产生的 "回归" 现象.

$$\begin{aligned} I &= x\sin(\pi \ln x)\big|_1^{\mathrm{e}} - \pi \int_1^{\mathrm{e}} \cos(\pi \ln x)\mathrm{d}x \\ &= -\pi x \cos(\pi \ln x)\big|_1^{\mathrm{e}} - \pi^2 \int_1^{\mathrm{e}} \sin(\pi \ln x)\mathrm{d}x = \pi(\mathrm{e} + 1) - \pi^2 I. \end{aligned}$$

从而 $I = \dfrac{\pi(\mathrm{e} + 1)}{\pi^2 + 1}$.

【例 3.28】 设函数 $\varphi(x)$ 满足 $\varphi'(x) = \arctan(x-1)^2$, 且 $\varphi(0) = 0$, 求 $I = \int_0^1 \varphi(x)\mathrm{d}x$.

解 利用分部积分, 并注意选择合适的 $u(x)$ 和 $v'(x)$.

$$I = (x-1)\varphi(x)\Big|_0^1 - \int_0^1 (x-1)\varphi'(x)\mathrm{d}x$$

$$= -\int_0^1 (x-1)\arctan(x-1)^2 dx \xrightarrow{\diamondsuit u=1-x} \int_0^1 u\arctan u^2 du$$

$$= \frac{u^2}{2}\arctan u^2\Big|_0^1 - \int_0^1 \frac{u^3}{1+u^4}du = \frac{\pi}{8} - \frac{1}{4}\ln(1+u^4)\Big|_0^1$$

$$= \frac{\pi}{8} - \frac{1}{4}\ln 2.$$

2. 计算分段函数的定积分

在计算定积分时, 有时需要处理分段函数. 可以大致分为三种类型:

(1) 被积函数为分段函数 (例 3.29、例 3.30);

(2) 被积函数含有绝对值 (例 3.31);

(3) 在积分运算过程中 (尤其是进行变量代换之后) 需分段处理 (例 3.32).

【例 3.29】 设 $f(x) = \begin{cases} \dfrac{1}{1+x}, & x \geqslant 0, \\ \dfrac{1}{1+e^x}, & x < 0, \end{cases}$ 求 $\int_0^2 f(x-1)dx$.

解 令 $t = x - 1$, 则

$$\int_0^2 f(x-1)dx = \int_{-1}^1 f(t)dt = \int_{-1}^0 f(t)dt + \int_0^1 f(t)dt$$

$$= \int_{-1}^0 \frac{dx}{1+e^x} + \int_0^1 \frac{dx}{1+x}$$

$$= -\ln(1+e^{-x})\Big|_{-1}^0 + \ln(1+x)\Big|_0^1 = \ln(1+e).$$

【例 3.30】 设函数 $f(x)$ 在 $(-\infty, +\infty)$ 内恒满足 $f(x) = f(x-\pi) + \sin x$, 且当 $0 \leqslant x < \pi$ 时, $f(x) = x$. 试计算: $\int_\pi^{3\pi} f(x)dx$.

解 这里, 被积函数 $f(x)$ 是分段函数. 当 $\pi \leqslant x < 2\pi$ 时, $0 \leqslant x - \pi < \pi$, 因此

$$f(x) = f(x-\pi) + \sin x = x - \pi + \sin x;$$

当 $2\pi \leqslant x < 3\pi$ 时, 由于 $\pi \leqslant x - \pi < 2\pi$, 所以

$$f(x) = f(x-\pi) + \sin x = (x-\pi) - \pi + \sin(x-\pi) + \sin x = x - 2\pi.$$

故 $\int_\pi^{3\pi} f(x)dx = \int_\pi^{2\pi}(x - \pi + \sin x)dx + \int_{2\pi}^{3\pi}(x - 2\pi)dx = \pi^2 - 2.$

【例 3.31】 求 $I = \int_a^b x e^{-|x|} dx$.

【分析】 含有绝对值的函数也是分段函数. 一般而言, 可按例 3.29 的分段积分法求解这类积分. 但在本例中, 由于积分限都是一般参数, 难以分段处理. 一种可行的方法是,

先求出被积函数的原函数, 再利用 Newton-Leibniz 公式, 但较烦琐. 下面的技巧既简捷也易掌握.

解 若 $a>0, b>0$, 则 $I = \int_a^b x\mathrm{e}^{-x}\mathrm{d}x = -(x+1)\mathrm{e}^{-x}\big|_a^b = (a+1)\mathrm{e}^{-a} - (b+1)\mathrm{e}^{-b}$.

对于一般情形, 可化为上述结果. 这只需利用被积函数 $x\mathrm{e}^{-|x|}$ 的奇偶性, 即得

$$I = \int_a^b x\mathrm{e}^{-|x|}\mathrm{d}x + \int_{|a|}^a x\mathrm{e}^{-|x|}\mathrm{d}x + \int_b^{|b|} x\mathrm{e}^{-|x|}\mathrm{d}x = \int_{|a|}^{|b|} x\mathrm{e}^{-|x|}\mathrm{d}x.$$

因此, 有 $I = (|a|+1)\mathrm{e}^{-|a|} - (|b|+1)\mathrm{e}^{-|b|}$.

【例 3.32】 求 $I = \int_0^1 x \arcsin 2\sqrt{x(1-x)}\mathrm{d}x$.

解 因为 $x(1-x) = \dfrac{1}{4} - \left(\dfrac{1}{2} - x\right)^2$, 故可令 $\dfrac{1}{2} - x = \dfrac{1}{2}\cos t$, 则

$$I = \frac{1}{4}\int_0^\pi (1-\cos t)\sin t \arcsin(\sin t)\mathrm{d}t$$

$$= \frac{1}{4}\int_0^{\frac{\pi}{2}} t\sin t(1-\cos t)\mathrm{d}t + \frac{1}{4}\int_{\frac{\pi}{2}}^\pi (\pi - t)\sin t(1 - \cos t)\mathrm{d}t.$$

对上式后一积分作变量代换 $u = \pi - t$, 得

$$\int_{\frac{\pi}{2}}^\pi (\pi - t)\sin t(1-\cos t)\mathrm{d}t = \int_0^{\frac{\pi}{2}} u\sin u(1+\cos u)\mathrm{d}u,$$

因此 $I = \dfrac{1}{2}\int_0^{\frac{\pi}{2}} t\sin t\mathrm{d}t = \dfrac{1}{2}(-t\cos t)\Big|_0^{\frac{\pi}{2}} + \dfrac{1}{2}\int_0^{\frac{\pi}{2}} \cos t\mathrm{d}t = \dfrac{1}{2}$.

3. 计算定积分的若干技巧

定积分计算中, 应充分注意到被积函数的特性 (如周期性、奇偶性等) 以及积分区间的对称性, 用以简化计算. 在对三角函数积分时, 这些考虑尤为重要.

以下结论可作为公式使用 (其中 $f(x)$ 为连续函数):

(1) 若 $f(x)$ 为偶函数, 则 $\int_{-a}^a f(x)\mathrm{d}x = 2\int_0^a f(x)\mathrm{d}x \quad (a > 0)$;

(2) 若 $f(x)$ 为奇函数, 则 $\int_{-a}^a f(x)\mathrm{d}x = 0 \quad (a > 0)$;

(3) $\int_{-a}^a f(x)\mathrm{d}x = \int_0^a [f(x) + f(-x)]\mathrm{d}x \quad (a > 0)$;

(4) 若 $f(x)$ 以 T 为周期, 则 $\int_a^{a+T} f(x)\mathrm{d}x = \int_0^T f(x)\mathrm{d}x$ (其中 a 为任意实数);

(5) $\int_0^{\frac{\pi}{2}} f(\sin x)\mathrm{d}x = \int_0^{\frac{\pi}{2}} f(\cos x)\mathrm{d}x$;

(6) $\int_0^\pi xf(\sin x)dx = \dfrac{\pi}{2}\int_0^\pi f(\sin x)dx$;

(7) $\int_0^{\frac{\pi}{2}} \sin^{2n} x dx = \dfrac{(2n-1)!!}{(2n)!!}\cdot\dfrac{\pi}{2}, \int_0^{\frac{\pi}{2}} \sin^{2n+1} x dx = \dfrac{(2n)!!}{(2n+1)!!}$. 此即 Wallis (沃利斯) 公式, 对余弦函数 $\cos x$ 也有这两个公式.

此外, 变量代换、分部积分、拆项等各种方法与技巧的综合运用, 往往也能使某些定积分的计算化难为易或化繁为简.

【例 3.33】 求：(I) $I = \int_0^{n\pi} \sqrt{1-\sin 2x}\,dx$; (II) $I = \int_{-\frac{\pi}{2}}^{\frac{\pi}{2}} \dfrac{\sin^4 x}{1+e^{-x}}dx$.

解 (I) 被积函数 $\sqrt{1-\sin 2x} = |\cos x - \sin x|$ 以 π 为周期, 故由上述公式 (4) 有

$$I = \sum_{k=0}^{n-1}\int_{k\pi}^{(k+1)\pi} |\cos x - \sin x|dx = n\int_0^\pi |\cos x - \sin x|dx$$
$$= n\int_0^{\frac{\pi}{4}}(\cos x - \sin x)dx + n\int_{\frac{\pi}{4}}^\pi (\sin x - \cos x)dx = 2\sqrt{2}n.$$

(II) 注意到积分区间关于原点对称, 利用公式 (3) 以及公式 (7) 可得

$$I = \int_0^{\frac{\pi}{2}}\left[\dfrac{\sin^4 x}{1+e^{-x}} + \dfrac{\sin^4(-x)}{1+e^{-(-x)}}\right]dx = \int_0^{\frac{\pi}{2}} \sin^4 x dx = \dfrac{3}{4}\cdot\dfrac{1}{2}\cdot\dfrac{\pi}{2} = \dfrac{3\pi}{16}.$$

【例 3.34】 求：(I) $I = \int_0^{\frac{\pi}{2}} \dfrac{\sin^3 x}{\sin x + \cos x}dx$; (II) $I = \int_{-\frac{\pi}{4}}^{\frac{\pi}{4}} \dfrac{x}{1+\sin x}dx$.

解 (I) 根据积分区间与被积函数的特征, 可利用公式 (5) 求解. 故有

$$I = \int_0^{\frac{\pi}{2}} \dfrac{\cos^3 x}{\cos x + \sin x}dx = \dfrac{1}{2}\int_0^{\frac{\pi}{2}} \dfrac{\sin^3 x + \cos^3 x}{\sin x + \cos x}dx$$
$$= \dfrac{1}{2}\int_0^{\frac{\pi}{2}} (\sin^2 x - \sin x \cos x + \cos^2 x)\,dx$$
$$= \dfrac{1}{2}\int_0^{\frac{\pi}{2}} (1 - \sin x \cos x)dx = \dfrac{\pi-1}{4}.$$

(II) 本题的特征适合于利用公式 (3), 但利用公式 (1), (2) 也不难求解.

$$I = \int_{-\frac{\pi}{4}}^{\frac{\pi}{4}} \dfrac{x(1-\sin x)}{(1+\sin x)(1-\sin x)}dx = \int_{-\frac{\pi}{4}}^{\frac{\pi}{4}}\left(\dfrac{x}{\cos^2 x} - \dfrac{x\sin x}{\cos^2 x}\right)dx$$
$$= -2\int_0^{\frac{\pi}{4}} \dfrac{x\sin x}{\cos^2 x}dx = -2\dfrac{x}{\cos x}\bigg|_0^{\frac{\pi}{4}} + 2\int_0^{\frac{\pi}{4}} \sec x dx$$
$$= -\dfrac{\sqrt{2}\pi}{2} + 2\ln(\sec x + \tan x)\bigg|_0^{\frac{\pi}{4}} = -\dfrac{\sqrt{2}\pi}{2} + 2\ln(1+\sqrt{2}).$$

【例 3.35】(第五届全国初赛题, 2013) 计算定积分 $I = \int_{-\pi}^{\pi} \dfrac{x \sin x \cdot \arctan e^x}{1 + \cos^2 x} dx$.

解 对任意 x, 恒有 $\arctan e^x + \arctan e^{-x} = \dfrac{\pi}{2}$ (详见本章例 3.47). 利用公式 (3), 得

$$I = \int_0^{\pi} \dfrac{x \sin x \cdot (\arctan e^x + \arctan e^{-x})}{1 + \cos^2 x} dx$$
$$= \dfrac{\pi}{2} \int_0^{\pi} \dfrac{x \sin x}{1 + \cos^2 x} dx.$$

根据积分区间与被积函数的特征, 可利用公式 (6). 因此

$$I = \left(\dfrac{\pi}{2}\right)^2 \int_0^{\pi} \dfrac{\sin x}{1 + \cos^2 x} dx = -\dfrac{\pi^2}{4} \arctan(\cos x)\Big|_0^{\pi} = \dfrac{\pi^3}{8}.$$

【例 3.36】(第六届全国初赛题, 2014) 计算 $I = \int_{e^{-2n\pi}}^{1} \left|\dfrac{d}{dx}\left(\cos \ln \dfrac{1}{x}\right)\right| dx$, 其中 n 为正整数.

解 被积函数与周期函数有关, 可考虑利用公式 (4) 求解. 先作变量代换: $u = \ln x$.

$$I = \int_{e^{-2n\pi}}^{1} \left|\dfrac{d}{dx}(\cos \ln x)\right| dx = \int_{e^{-2n\pi}}^{1} \left|(\sin \ln x)\dfrac{1}{x}\right| dx$$
$$= \int_{-2n\pi}^{0} |\sin u| du = \int_0^{2n\pi} |\sin t| dt$$
$$= \sum_{k=1}^{2n} \int_{(k-1)\pi}^{k\pi} |\sin t| dt = \sum_{k=1}^{2n} \int_0^{\pi} |\sin t| dt$$
$$= 2n \int_0^{\pi} \sin t dt = 4n.$$

【例 3.37】 求: (I) $\int_0^1 \dfrac{\ln(1+x)}{1+x^2} dx$; (II) $\int_0^{2\pi} \dfrac{dx}{2+\cos x}$; (III) $\int_0^{\frac{\pi}{2}} \dfrac{\sin x dx}{1+\sqrt{\sin 2x}}$.

解 (I) 令 $x = \tan t$, 则

$$I = \int_0^{\frac{\pi}{4}} \ln(1 + \tan t) dt = \int_0^{\frac{\pi}{4}} \ln(\sin x + \cos x) dx - \int_0^{\frac{\pi}{4}} \ln \cos x dx$$
$$= \int_0^{\frac{\pi}{4}} \ln \left(\sqrt{2} \cos \left(\dfrac{\pi}{4} - x\right)\right) dx - \int_0^{\frac{\pi}{4}} \ln \cos x dx$$
$$= \dfrac{\pi}{8} \ln 2 + \int_0^{\frac{\pi}{4}} \ln \cos \left(\dfrac{\pi}{4} - x\right) dx - \int_0^{\frac{\pi}{4}} \ln \cos x dx$$
$$= \dfrac{\pi}{8} \ln 2 \quad \left(\text{对上式前一积分作代换 } u = \dfrac{\pi}{4} - x \text{ 即得后一积分}\right).$$

(Ⅱ) $I = \int_0^\pi \dfrac{\mathrm{d}x}{2+\cos x} + \int_\pi^{2\pi} \dfrac{\mathrm{d}x}{2+\cos x}$. 对后一个积分作变量代换: $x = \pi + t$.

$$I = \int_0^\pi \left(\dfrac{1}{2+\cos x} + \dfrac{1}{2-\cos x}\right)\mathrm{d}x = 4\int_0^\pi \dfrac{\mathrm{d}x}{3+\sin^2 x}.$$

注意到被积函数是周期为 π 的周期函数, 利用公式 (4), 得

$$I = 4\int_{-\frac{\pi}{2}}^{\frac{\pi}{2}} \dfrac{\mathrm{d}x}{3+\sin^2 x} = -\dfrac{8}{\sqrt{3}}\int_0^{\frac{\pi}{2}} \dfrac{\mathrm{d}(\sqrt{3}\cot x)}{4+3\cot^2 x} = -\dfrac{4}{\sqrt{3}}\arctan\left(\dfrac{\sqrt{3}}{2}\cot x\right)\bigg|_0^{\frac{\pi}{2}} = \dfrac{2\pi}{\sqrt{3}}.$$

(Ⅲ) 先作变量代换: $x = t + \dfrac{\pi}{4}$, 并利用对称性, 再令 $\sqrt{2}\sin t = \sin u$, 得

$$\begin{aligned}
I &= \int_{-\frac{\pi}{4}}^{\frac{\pi}{4}} \dfrac{\sin\left(t+\dfrac{\pi}{4}\right)}{1+\sqrt{\sin\left(2t+\dfrac{\pi}{2}\right)}}\mathrm{d}t = \dfrac{\sqrt{2}}{2}\int_{-\frac{\pi}{4}}^{\frac{\pi}{4}} \dfrac{\sin t + \cos t}{1+\sqrt{\cos 2t}}\mathrm{d}t \\
&= \sqrt{2}\int_0^{\frac{\pi}{4}} \dfrac{\cos t}{1+\sqrt{\cos 2t}}\mathrm{d}t = \sqrt{2}\int_0^{\frac{\pi}{4}} \dfrac{\cos t}{1+\sqrt{1-2\sin^2 t}}\mathrm{d}t \\
&= \int_0^{\frac{\pi}{2}} \dfrac{\cos u}{1+\cos u}\mathrm{d}u = \dfrac{\pi}{2} - \int_0^{\frac{\pi}{2}} \dfrac{\mathrm{d}u}{1+\cos u} \\
&= \dfrac{\pi}{2} - \dfrac{1}{2}\int_0^{\frac{\pi}{2}} \sec^2 \dfrac{u}{2}\mathrm{d}u = \dfrac{\pi}{2} - 1.
\end{aligned}$$

题型三、定积分的几类典型问题

关于定积分, 除计算方法与技巧外, 还有以下几类十分典型的问题:
(1) 关于变上限定积分的函数;
(2) 关于积分等式的证明题;
(3) 关于积分不等式的证明题;
(4) 积分中值定理的应用.

1. 关于变上限积分的函数

如果 $f(x)$ 在 $[a,b]$ 上连续, $\varphi(x)$ 在 $[a,b]$ 上可导, 那么

$$F(x) = \int_a^{\varphi(x)} f(t)\mathrm{d}t$$

在 $[a,b]$ 上可导, 且 $F'(x) = f[\varphi(x)]\varphi'(x), a \leqslant x \leqslant b$.

研究变上限积分的函数的性质时, 往往要利用 $F(x)$ 的这一特性.

【例 3.38】 (Ⅰ) 当 $x \geqslant 0$ 时, $f(x)$ 连续, 且满足 $\int_0^{x^2(1+x)} f(t)\mathrm{d}t = x$, 求 $f(2)$.

(Ⅱ) 设 $f(x)$ 连续, 且满足 $f(x) = x + x^2 \int_0^1 f(x)\mathrm{d}x + x^3 \int_0^2 f(x)\mathrm{d}x$, 求 $f(x)$.

解 (Ⅰ) 欲求 $f(2)$, 需先求出 $f(x)$. 故只要将所给方程两端对 x 求导即可.

$$f\left[x^2(1+x)\right] \cdot \left[2x(1+x) + x^2\right] = 1,$$

取 $x = 1$, 则 $x^2(1+x) = 2$, 代入上式得 $f(2) = \dfrac{1}{5}$.

(Ⅱ) 令 $a = \int_0^1 f(x)\mathrm{d}x, b = \int_0^2 f(x)\mathrm{d}x$, 则所给等式即 $f(x) = x + ax^2 + bx^3$. 所以

$$a = \int_0^1 f(x)\mathrm{d}x = \int_0^1 \left(x + ax^2 + bx^3\right)\mathrm{d}x = \frac{1}{2} + \frac{a}{3} + \frac{b}{4},$$

$$b = \int_0^2 f(x)\mathrm{d}x = \int_0^2 \left(x + ax^2 + bx^3\right)\mathrm{d}x = 2 + \frac{8a}{3} + 4b,$$

由此解得 $a = \dfrac{3}{8}, b = -1$. 故 $f(x) = x + \dfrac{3}{8}x^2 - x^3$.

【**例 3.39**】 设 $f(x)$ 是区间 $\left[0, \dfrac{\pi}{4}\right]$ 上的单调、可导函数, 且满足

$$\int_0^{f(x)} f^{-1}(t)\mathrm{d}t = \int_0^x t\frac{\cos t - \sin t}{\sin t + \cos t}\mathrm{d}t,$$

其中 f^{-1} 是 f 的反函数, 求 $f(x)$.

解 对所给等式两端求导, 得

$$f^{-1}[f(x)]f'(x) = x\frac{\cos x - \sin x}{\sin x + \cos x}.$$

因为 $f^{-1}[f(x)] = x$, 所以由上式可得 $f'(x) = \dfrac{\cos x - \sin x}{\sin x + \cos x}$, 从而有

$$f(x) = \int \frac{\cos x - \sin x}{\sin x + \cos x}\mathrm{d}x = \ln(\sin x + \cos x) + C.$$

再由所给等式得 $\int_0^{f(0)} f^{-1}(t)\mathrm{d}t = 0$. 又据题设知, $f^{-1}(t)$ 的值域为 $\left[0, \dfrac{\pi}{4}\right]$, 并且是单调非负函数, 所以必有 $f(0) = 0$. 由此可得 $C = 0$. 故 $f(x) = \ln(\sin x + \cos x)$.

【**例 3.40**】 设函数 $f(x)$ 连续, 且 $\int_0^x tf(2x-t)\mathrm{d}t = \dfrac{1}{2}\arctan x^2$. 已知 $f(1) = 1$, 求 $\int_1^2 f(x)\mathrm{d}x$ 的值.

解 被积函数含变上限 x. 令 $u = 2x - t$, 则 $t = 2x - u, \mathrm{d}t = -\mathrm{d}u$, 从而

$$\int_0^x tf(2x-t)\mathrm{d}t = -\int_{2x}^x (2x-u)f(u)\mathrm{d}u = 2x\int_x^{2x} f(u)\mathrm{d}u - \int_x^{2x} uf(u)\mathrm{d}u.$$

于是
$$2x\int_x^{2x}f(u)\mathrm{d}u - \int_x^{2x}uf(u)\mathrm{d}u = \frac{1}{2}\arctan x^2.$$
将上式两边对 x 求导, 得
$$2\int_x^{2x}f(u)\mathrm{d}u + 2x[2f(2x)-f(x)] - [2xf(2x)\cdot 2 - xf(x)] = \frac{x}{1+x^4},$$
即 $2\int_x^{2x}f(u)\mathrm{d}u = \frac{x}{1+x^4} + xf(x)$. 令 $x=1$, 得
$$2\int_1^2 f(u)\mathrm{d}u = \frac{1}{2} + 1 = \frac{3}{2}.$$
于是 $\int_1^2 f(x)\mathrm{d}x = \frac{3}{4}$.

2. 定积分中的极限问题

【例 3.41】 设可微函数 $y=f(x)$ 由方程 $\mathrm{e}^{x-2y} - x^2y = 1$ 所确定. 试求极限:
$$I = \lim_{x\to\pi^+}\frac{\sin x}{\sqrt{(x-\pi)^3}}\int_0^1 f(\sqrt{x-\pi}\,t)\mathrm{d}t.$$

解 首先, 由方程 $\mathrm{e}^{x-2y} - x^2y = 1$ 可知, 当 $x=0$ 时 $y=0$, 即 $f(0)=0$, 并根据隐函数求导法则得 $\mathrm{e}^{x-2y}(1-2y') - 2xy - x^2y' = 0$, 从而有 $f'(0) = y'(0) = \frac{1}{2}$.

然后, 对极限式中的定积分作变量代换: $\sqrt{x-\pi}\,t = u$, 则
$$\int_0^1 f(\sqrt{x-\pi}\,t)\mathrm{d}t = \frac{1}{\sqrt{x-\pi}}\int_0^{\sqrt{x-\pi}} f(u)\mathrm{d}u.$$

于是利用重要极限 $\lim_{x\to 0}\frac{\sin x}{x} = 1$ 以及 L'Hospital 法则, 得

$$I = \lim_{x\to\pi^+}\frac{\sin x}{(x-\pi)^2}\int_0^{\sqrt{x-\pi}}f(u)\mathrm{d}u = \lim_{x\to\pi^+}\frac{-\sin(x-\pi)}{x-\pi}\cdot\frac{\int_0^{\sqrt{x-\pi}}f(u)\mathrm{d}u}{x-\pi}$$
$$= -\frac{1}{2}\lim_{x\to\pi^+}\frac{f(\sqrt{x-\pi})}{\sqrt{x-\pi}} \quad (\text{以下利用导数}f'(0)\text{的定义})$$
$$= -\frac{1}{2}\lim_{x\to\pi^+}\frac{f(\sqrt{x-\pi})-f(0)}{\sqrt{x-\pi}-0} = -\frac{1}{2}f'(0) = -\frac{1}{4}.$$

【例 3.42】(第四届全国决赛题, 2013) 设函数 $f(x)$ 在区间 $[1,+\infty)$ 上连续可导, 且
$$f'(x) = \frac{1}{1+f^2(x)}\left[\sqrt{\frac{1}{x}} - \sqrt{\ln\left(1+\frac{1}{x}\right)}\right],$$

证明：$\lim\limits_{x\to+\infty} f(x)$ 存在.

证 利用不等式：$\dfrac{x}{1+x} < \ln(1+x) < x \, (x>0)$.

易知, 当 $x \geqslant 1$ 时, $f'(x) > 0$. 所以 $f(x)$ 在 $[1, +\infty)$ 上单调增加. 因为

$$f'(x) \leqslant \sqrt{\dfrac{1}{x}} - \sqrt{\ln\left(1+\dfrac{1}{x}\right)} < \sqrt{\dfrac{1}{x}} - \sqrt{\dfrac{\dfrac{1}{x}}{1+\dfrac{1}{x}}} = \dfrac{1}{\sqrt{x}} - \dfrac{1}{\sqrt{1+x}}$$

$$= \dfrac{\sqrt{1+x}-\sqrt{x}}{\sqrt{x(1+x)}} = \dfrac{1}{(\sqrt{1+x}+\sqrt{x})\sqrt{x(1+x)}} \leqslant \dfrac{1}{2\sqrt{x^3}},$$

所以, 当 $x \geqslant 1$ 时, 有

$$f(x) = f(1) + \int_1^x f'(t)\mathrm{d}t \leqslant f(1) + \dfrac{1}{2}\int_1^x \dfrac{1}{\sqrt{t^3}}\mathrm{d}t$$

$$\leqslant f(1) + \dfrac{1}{2}\int_1^{+\infty} \dfrac{1}{\sqrt{t^3}}\mathrm{d}t = f(1) + 1,$$

即 $f(x)$ 在 $[1, +\infty)$ 上有上界. 根据单调有界准则, 可知 $\lim\limits_{x\to+\infty} f(x)$ 存在.

【例 3.43】 证明：$\lim\limits_{n\to\infty} \dfrac{1}{2n+1}\left(\dfrac{(2n)!!}{(2n-1)!!}\right)^2 = \dfrac{\pi}{2}$.

证 当 $0 < x < \dfrac{\pi}{2}$ 时, $\sin^{2n+1} x < \sin^{2n} x < \sin^{2n-1} x$. 所以

$$\int_0^{\frac{\pi}{2}} \sin^{2n+1} x \mathrm{d}x < \int_0^{\frac{\pi}{2}} \sin^{2n} x \mathrm{d}x < \int_0^{\frac{\pi}{2}} \sin^{2n-1} x \mathrm{d}x.$$

利用 Wallis 公式, 有

$$\dfrac{(2n)!!}{(2n+1)!!} < \dfrac{(2n-1)!!}{(2n)!!} \cdot \dfrac{\pi}{2} < \dfrac{(2n-2)!!}{(2n-1)!!},$$

$$\dfrac{1}{2n+1}\left(\dfrac{(2n)!!}{(2n-1)!!}\right)^2 < \dfrac{\pi}{2} < \dfrac{1}{2n}\left(\dfrac{(2n)!!}{(2n-1)!!}\right)^2.$$

将上述不等式两边同时减去 $\dfrac{1}{2n+1}\left(\dfrac{(2n)!!}{(2n-1)!!}\right)^2$, 得

$$0 < \dfrac{\pi}{2} - \dfrac{1}{2n+1}\left(\dfrac{(2n)!!}{(2n-1)!!}\right)^2 < \dfrac{1}{2n(2n+1)}\left(\dfrac{(2n)!!}{(2n-1)!!}\right)^2 < \dfrac{1}{2n} \cdot \dfrac{\pi}{2}.$$

由此利用夹逼法则即得 $\lim\limits_{n\to\infty} \dfrac{1}{2n+1}\left(\dfrac{(2n)!!}{(2n-1)!!}\right)^2 = \dfrac{\pi}{2}$.

【例 3.44】 设函数 $f(x), g(x)$ 在闭区间 $[a,b]$ 上连续，且 $f(x) \geqslant 0, g(x) > 0$ ($x \in [a,b]$). 试求极限：$\lim\limits_{n\to\infty} \int_a^b f(x) \sqrt[n]{g(x)} \mathrm{d}x$.

解 因为 $g(x)$ 在 $[a,b]$ 上连续且恒正，所以 $g(x)$ 在 $[a,b]$ 上存在最小值 m 与最大值 M，且 $m > 0, M > 0$. 注意到 $f(x) \geqslant 0$, 并利用定积分的性质，得

$$\sqrt[n]{m} \int_a^b f(x) \mathrm{d}x \leqslant \int_a^b f(x) \sqrt[n]{g(x)} \mathrm{d}x \leqslant \sqrt[n]{M} \int_a^b f(x) \mathrm{d}x.$$

由于 $\lim\limits_{n\to\infty} \sqrt[n]{m} = \lim\limits_{n\to\infty} \sqrt[n]{M} = 1$, 故根据夹逼法则，得

$$\lim_{n\to\infty} \int_a^b f(x) \sqrt[n]{g(x)} \mathrm{d}x = \int_a^b f(x) \mathrm{d}x.$$

【注】 虽然直接将极限运算取到积分符号里面，也能得到正确结果，即

$$\lim_{n\to\infty} \int_a^b f(x) \sqrt[n]{g(x)} \mathrm{d}x = \int_a^b f(x) \lim_{n\to\infty} \sqrt[n]{g(x)} \mathrm{d}x = \int_a^b f(x) \mathrm{d}x,$$

但交换求积分与求极限这两种运算的顺序是不可取的，这需要相应的理论作支撑.

【例 3.45】 设 $f(x)$ 是以 T 为周期的连续函数，证明：

$$\lim_{x\to+\infty} \frac{1}{x} \int_0^x f(t) \mathrm{d}t = \frac{1}{T} \int_0^T f(t) \mathrm{d}t.$$

证 令 $F(x) = \int_0^x f(t) \mathrm{d}t - cx$, 其中 $c = \dfrac{1}{T} \int_0^T f(t) \mathrm{d}t$, 则对任意 $x \in (-\infty, +\infty)$, 有

$$F(x+T) - F(x) = \int_x^{x+T} f(t) \mathrm{d}t - cT.$$

由于 $f(x)$ 是以 T 为周期的连续函数，故由公式 (4), 有 $\int_x^{x+T} f(t) \mathrm{d}t = \int_0^T f(t) \mathrm{d}t$. 代入上式，得 $F(x+T) = F(x)$, 所以 $F(x)$ 也是以 T 为周期的连续函数，因而是有界函数. 于是

$$\lim_{x\to+\infty} \frac{1}{x} \int_0^x f(t) \mathrm{d}t = c + \lim_{x\to+\infty} \frac{F(x)}{x} = c = \frac{1}{T} \int_0^T f(t) \mathrm{d}t.$$

【注】 利用本题的结论，可知 $\lim\limits_{x\to+\infty} \dfrac{1}{x} \int_0^x |\sin t| \mathrm{d}t = \dfrac{2}{\pi}$.

3. 关于积分等式的证明题

证明积分等式主要有三种方法：变量代换、分部积分以及微分法. 前两种方法是积分学本身的方法，主要是将积分变形，以证明等式成立. 而使用微分法的好处在于，叙述简短，规律性强，且无需任何技巧. 此外，在证明含有"介值"的积分等式时，还需结合连续函数介值定理、微分中值定理等结论.

【例 3.46】 证明：$\int_1^a f\left(x^2 + \dfrac{a^2}{x^2}\right)\dfrac{\mathrm{d}x}{x} = \int_1^a f\left(x + \dfrac{a^2}{x}\right)\dfrac{\mathrm{d}x}{x}$.

证 对等式左端作变量代换 $t = x^2$，得

$$\int_1^a f\left(x^2 + \dfrac{a^2}{x^2}\right)\dfrac{\mathrm{d}x}{x} = \dfrac{1}{2}\int_1^{a^2} f\left(t + \dfrac{a^2}{t}\right)\dfrac{\mathrm{d}t}{t}$$

$$= \dfrac{1}{2}\left[\int_1^a f\left(t + \dfrac{a^2}{t}\right)\dfrac{\mathrm{d}t}{t} + \int_a^{a^2} f\left(t + \dfrac{a^2}{t}\right)\dfrac{\mathrm{d}t}{t}\right].$$

对上式右端第 2 项作倒置代换 $u = \dfrac{a^2}{t}$，得

$$\int_a^{a^2} f\left(t + \dfrac{a^2}{t}\right)\dfrac{\mathrm{d}t}{t} = \int_1^a f\left(u + \dfrac{a^2}{u}\right)\dfrac{\mathrm{d}u}{u}.$$

代入上式即得所证等式.

【例 3.47】 设函数 $f(x), g(x)$ 在区间 $[-a, a]$ 上连续 $(a > 0)$，$g(x)$ 为偶函数，且 $f(x)$ 满足 $f(x) + f(-x) = A(A$ 为常数$)$.

(1) 证明：$\int_{-a}^a f(x)g(x)\mathrm{d}x = A\int_0^a g(x)\mathrm{d}x$；

(2) 利用 (1) 的结论计算定积分：$\int_{-\frac{\pi}{2}}^{\frac{\pi}{2}} |\sin x|\arctan \mathrm{e}^x \mathrm{d}x$.

解 (1) $\int_{-a}^a f(x)g(x)\mathrm{d}x = \int_{-a}^0 f(x)g(x)\mathrm{d}x + \int_0^a f(x)g(x)\mathrm{d}x$. 对右边第 1 个积分，令 $x = -t$，并注意到 $g(x)$ 为偶函数，则有

$$\int_{-a}^0 f(x)g(x)\mathrm{d}x = -\int_a^0 f(-t)g(-t)\mathrm{d}t = \int_0^a f(-t)g(t)\mathrm{d}t.$$

因此，得

$$\int_{-a}^a f(x)g(x)\mathrm{d}x = \int_0^a [f(x) + f(-x)]g(x)\mathrm{d}x = A\int_0^a g(x)\mathrm{d}x.$$

(2) 取 $f(x) = \arctan \mathrm{e}^x, g(x) = |\sin x|$，则 $g(x)$ 为偶函数. 为了利用 (1) 的结论，只需验证：$f(x) + f(-x) = \arctan \mathrm{e}^x + \arctan \mathrm{e}^{-x}$ 为常数. 由于

$$(\arctan \mathrm{e}^x + \arctan \mathrm{e}^{-x})' = \dfrac{\mathrm{e}^x}{1 + \mathrm{e}^{2x}} - \dfrac{\mathrm{e}^{-x}}{1 + \mathrm{e}^{-2x}} = 0,$$

且 $f(0) = \dfrac{\pi}{4}$，所以 $f(x) + f(-x) = \dfrac{\pi}{2}$，因此

$$\int_{-\frac{\pi}{2}}^{\frac{\pi}{2}} |\sin x|\arctan \mathrm{e}^x \mathrm{d}x = \dfrac{\pi}{2}\int_0^{\frac{\pi}{2}} \sin x\,\mathrm{d}x = \dfrac{\pi}{2}.$$

【例 3.48】 设函数 $f(x)$ 在闭区间 $[a,b]$ 上具有连续的二阶导数. 试证: 存在 $\xi \in (a,b)$, 使

$$\int_a^b f(x)\mathrm{d}x = (b-a)f\left(\frac{a+b}{2}\right) + \frac{1}{24}(b-a)^3 f''(\xi).$$

【分析】 对于给出函数具有二阶以上导数的条件的题目, 我们往往优先考虑利用 Taylor 公式来解. 但应注意到 Taylor 公式的每一项都具有 k 阶导数 $f^{(k)}(x_0)$ 与增量的 k 次幂 $(x-x_0)^k$ 对应相乘这一特征. 而在本题中, 欲证明的等式右端第二项是二阶导数与三次幂相乘. 因此可考虑构造一个辅助函数 $F(x)$, 使 $F'''(x) = f''(x)$, 并对 $F(x)$ 利用 Taylor 公式. 自然, 最容易想到的则是 $F(x) = \int_a^x f(t)\mathrm{d}t$. 至此, 解题思路即有了端倪.

证 考虑辅助函数 $F(x) = \int_a^x f(t)\mathrm{d}t$, 则 $F(x)$ 在 $[a,b]$ 上具有连续的三阶导数.

记 $x_0 = \dfrac{a+b}{2}, h = \dfrac{b-a}{2}$, 对 $F(x)$ 利用 Taylor 公式, 有

$$F(x_0 - h) = F(x_0) - F'(x_0)h + \frac{F''(x_0)}{2!}h^2 - \frac{F'''(\xi_1)}{3!}h^3 \quad (x_0 - h < \xi_1 < x_0),$$

$$F(x_0 + h) = F(x_0) + F'(x_0)h + \frac{F''(x_0)}{2!}h^2 + \frac{F'''(\xi_2)}{3!}h^3 \quad (x_0 < \xi_2 < x_0 + h).$$

两式相减, 得 $F(x_0 + h) - F(x_0 - h) = 2hF'(x_0) + \dfrac{1}{6}h^3[F'''(\xi_1) + F'''(\xi_2)]$, 即

$$\int_a^b f(x)\mathrm{d}x = (b-a)f\left(\frac{a+b}{2}\right) + \frac{1}{48}(b-a)^3[f''(\xi_1) + f''(\xi_2)]. \quad ①$$

再对 $f''(x)$ 利用连续函数的介值定理, 存在 $\xi \in (\xi_1, \xi_2) \subset (a,b)$, 使

$$\frac{1}{2}[f''(\xi_1) + f''(\xi_2)] = f''(\xi).$$

代入①式, 即得所证等式.

【例 3.49】 设 $f(x)$ 在 $[a,b]$ 上连续, 在 (a,b) 内有二阶导数. 证明: 存在 $\xi \in (a,b)$, 使

$$\int_a^b f(x)\mathrm{d}x = \frac{1}{2}[f(a) + f(b)](b-a) - \frac{1}{12}f''(\xi)(b-a)^3.$$

【分析】 本题有明确的几何意义, 给出了定积分的近似计算中"梯形公式"的理论支持, 即对于小区间 $[a,b]$ 上的连续函数 $f(x)$, 用 $\dfrac{1}{2}[f(a)+f(b)](b-a)$ 作为定积分 $\int_a^b f(x)\mathrm{d}x$ 的近似值, 其"截断误差"为 $-\dfrac{1}{12}f''(\xi)(b-a)^3, \xi \in (a,b)$.

证 (**方法 1**) 用 "k 值法". 令

$$k = \frac{\int_a^b f(x)\mathrm{d}x - \frac{1}{2}[f(a) + f(b)](b-a)}{-\frac{1}{12}(b-a)^3}, \qquad ①$$

构造辅助函数

$$F(x) = \int_a^x f(t)\mathrm{d}t - \frac{1}{2}[f(x) + f(a)](x-a) + \frac{k}{12}(x-a)^3,$$

则 $F(x)$ 在 $[a,b]$ 上满足 Rolle 定理的条件, 故存在 $c \in (a,b)$, 使 $F'(c) = 0$, 即

$$f(c) - \frac{1}{2}f'(c)(c-a) - \frac{1}{2}[f(c) + f(a)] + \frac{k}{4}(c-a)^2 = 0,$$

亦即

$$f(a) = f(c) + f'(c)(a-c) + \frac{k}{2}(a-c)^2. \qquad ②$$

另一方面, 对 $f(x)$ 利用 Taylor 公式, 存在 $\xi \in (a,c)$ 使得

$$f(a) = f(c) + f'(c)(a-c) + \frac{1}{2}f''(\xi)(a-c)^2. \qquad ③$$

比较②、③两式, 有 $k = f''(\xi)$. 代入①式即得所证.

(**方法 2**) 先证: 若 $f(x)$ 在 $[a,b]$ 上具有三阶导数, 则存在 $\xi \in (a,b)$, 使

$$f(b) = f(a) + \frac{1}{2}[f'(a) + f'(b)](b-a) - \frac{1}{12}f'''(\xi)(b-a)^3. \qquad ④$$

事实上, 令 $F(x) = f(x) - f(a) - \frac{1}{2}(x-a)[f'(a) + f'(x)], G(x) = -\frac{1}{12}(x-a)^3$, 则 $F(a) = G(a) = 0, F'(a) = G'(a) = 0$. 两次利用 Cauchy 中值定理, 得

$$\frac{F(b)}{G(b)} = \frac{F(b) - F(a)}{G(b) - G(a)} = \frac{F'(x_0)}{G'(x_0)} = \frac{F'(x_0) - F'(a)}{G'(x_0) - G'(a)} = \frac{F''(\xi)}{G''(\xi)},$$

其中 $a < \xi < x_0 < b$. 注意到 $F''(x) = -\frac{1}{2}(x-a)f'''(x), G''(x) = -\frac{1}{2}(x-a)$, 代入上式即得所证.

再回到原题. 令 $F(x) = \int_a^x f(t)\mathrm{d}t$, 则 $F(x)$ 在 $[a,b]$ 上具有三阶导数, 且 $F(a) = 0$. 对函数 $F(x)$ 利用已证得的④式即可.

题型四、广义积分的计算

广义积分有无穷区间上的广义积分与无界函数的广义积分两种. 根据定义, 在计算广义积分时, 应将其转化为先计算定积分再取极限. 事实上, 可将这两个步骤一并进行, 被积函数的原函数在积分限的值可用极限方式获得. 值得注意的是, 应区分无界函数的广义积分与定积分. 有时, 变量代换可将广义积分转化为常义积分, 或者将常义积分转化为广义积分.

【例 3.50】 求: (1) $I = \int_1^{+\infty} \dfrac{\arctan x}{x^2} \mathrm{d}x$; (2) $I = \int_1^2 \left(\dfrac{1}{x \ln^2 x} - \dfrac{1}{(x-1)^2} \right) \mathrm{d}x$.

解 (1) $I = \int_1^{+\infty} \arctan x \, \mathrm{d}\left(-\dfrac{1}{x}\right) = -\left. \dfrac{\arctan x}{x} \right|_1^{+\infty} + \int_1^{+\infty} \dfrac{\mathrm{d}x}{x(1+x^2)}$

$= \left(-\lim\limits_{x \to +\infty} \dfrac{\arctan x}{x} + \dfrac{\pi}{4} \right) + \int_1^{+\infty} \left(\dfrac{1}{x} - \dfrac{x}{1+x^2} \right) \mathrm{d}x$

$= \dfrac{\pi}{4} + \left[\ln x - \dfrac{1}{2} \ln(1+x^2) \right]_1^{+\infty}$

$= \dfrac{\pi}{4} + \lim\limits_{x \to +\infty} \left[\ln x - \dfrac{1}{2} \ln(1+x^2) \right] + \dfrac{1}{2} \ln 2$

$= \dfrac{\pi}{4} + \lim\limits_{x \to +\infty} \ln \dfrac{x}{\sqrt{1+x^2}} + \dfrac{1}{2} \ln 2 = \dfrac{\pi}{4} + \dfrac{1}{2} \ln 2$;

(2) $I = \left(-\dfrac{1}{\ln x} + \dfrac{1}{x-1} \right)\bigg|_1^2 = 1 - \dfrac{1}{\ln 2} - \lim\limits_{x \to 1^+} \left(-\dfrac{1}{\ln x} + \dfrac{1}{x-1} \right)$

$= 1 - \dfrac{1}{\ln 2} - \left(-\dfrac{1}{2} \right) = \dfrac{3}{2} - \dfrac{1}{\ln 2}$.

【例 3.51】 试证: $\int_0^{\frac{\pi}{2}} \dfrac{x \cos x \sin x}{(a^2 \cos^2 x + b^2 \sin^2 x)^2} \mathrm{d}x = \dfrac{\pi}{4ab^2(a+b)}$ (其中 $a > 0, b > 0$, 且 $a \neq b$).

证 令 $\tan x = t$, 则当 $x = 0$ 时, $t = 0$; 当 $x = \dfrac{\pi}{2}$ 时, $t = +\infty$. 所以

$I = \int_0^{\frac{\pi}{2}} \dfrac{x \cos x \sin x}{(a^2 + b^2 \tan^2 x)^2 \cos^4 x} \mathrm{d}x = \int_0^{\frac{\pi}{2}} \dfrac{x \tan x}{(a^2 + b^2 \tan^2 x)^2} \mathrm{d}(\tan x)$

$= \int_0^{+\infty} \dfrac{t \arctan t}{(a^2 + b^2 t^2)^2} \mathrm{d}t = -\dfrac{1}{2b^2} \int_0^{+\infty} \arctan t \, \mathrm{d}\left(\dfrac{1}{a^2 + b^2 t^2} \right)$

$= -\dfrac{1}{2b^2} \left[\left. \dfrac{\arctan t}{a^2 + b^2 t^2} \right|_0^{+\infty} - \int_0^{+\infty} \dfrac{\mathrm{d}t}{(a^2 + b^2 t^2)(1 + t^2)} \right]$

$= \dfrac{1}{2b^2(a^2 - b^2)} \int_0^{+\infty} \left(\dfrac{1}{1+t^2} - \dfrac{b^2}{a^2 + b^2 t^2} \right) \mathrm{d}t$

$$= \frac{1}{2b^2(a^2-b^2)} \left(\arctan t - \frac{b}{a} \arctan \frac{bt}{a} \right) \Big|_0^{+\infty} = \frac{\pi}{4ab^2(a+b)}.$$

【例 3.52】 证明：$\int_0^{+\infty} \frac{\mathrm{d}x}{1+x^4} = \int_0^{+\infty} \frac{x^2}{1+x^4} \mathrm{d}x = \frac{\pi}{2\sqrt{2}}.$

证 令 $x = \frac{1}{t}$，则 $\mathrm{d}x = -\frac{1}{t^2}\mathrm{d}t.$

$$\int_0^{+\infty} \frac{\mathrm{d}x}{1+x^4} = \int_0^{+\infty} \frac{t^2}{1+t^4}\mathrm{d}t = \frac{1}{2}\int_0^{+\infty} \frac{1+x^2}{1+x^4}\mathrm{d}x = \frac{1}{2}\int_0^{+\infty} \frac{\mathrm{d}\left(x-\frac{1}{x}\right)}{\left(x-\frac{1}{x}\right)^2+2}$$

$$= \frac{1}{2\sqrt{2}} \arctan\left(\frac{x}{\sqrt{2}} - \frac{1}{\sqrt{2}x}\right)\Big|_0^{+\infty} = \frac{1}{2\sqrt{2}}\left[\frac{\pi}{2} - \left(-\frac{\pi}{2}\right)\right] = \frac{\pi}{2\sqrt{2}}.$$

【例 3.53】 证明：$\int_0^{\frac{\pi}{2}} \ln\sin x \mathrm{d}x = \int_0^{\frac{\pi}{2}} \ln\cos x \mathrm{d}x = -\frac{\pi}{2}\ln 2.$

证 令 $x = \frac{\pi}{2} - t$，则 $\int_0^{\frac{\pi}{2}} \ln\sin x \mathrm{d}x = \int_0^{\frac{\pi}{2}} \ln\cos t \mathrm{d}t.$ 再令 $x = 2u$，得

$$I = \int_0^{\frac{\pi}{2}} \ln\sin x \mathrm{d}x = 2\int_0^{\frac{\pi}{4}} \ln\sin 2u \mathrm{d}u$$

$$= 2\int_0^{\frac{\pi}{4}} \ln 2 \mathrm{d}u + 2\int_0^{\frac{\pi}{4}} \ln\sin u \mathrm{d}u + 2\int_0^{\frac{\pi}{4}} \ln\cos u \mathrm{d}u$$

$$= \frac{\pi}{2}\ln 2 + 2\int_0^{\frac{\pi}{4}} \ln\sin u \mathrm{d}u + 2\int_{\frac{\pi}{4}}^{\frac{\pi}{2}} \ln\sin v \mathrm{d}v \quad \left(u = \frac{\pi}{2} - v\right)$$

$$= \frac{\pi}{2}\ln 2 + 2\int_0^{\frac{\pi}{2}} \ln\sin x \mathrm{d}x = \frac{\pi}{2}\ln 2 + 2I.$$

故 $I = \int_0^{\frac{\pi}{2}} \ln\sin x \mathrm{d}x = \int_0^{\frac{\pi}{2}} \ln\cos x \mathrm{d}x = -\frac{\pi}{2}\ln 2.$

【例 3.54】(第十届全国决赛题, 2019) 设 $a > 0$，则 $\int_0^{+\infty} \frac{\ln x}{x^2+a^2} \mathrm{d}x = $ _____.

解 记 $I = \int_0^{+\infty} \frac{\ln x}{x^2+a^2} \mathrm{d}x.$ 作变量代换：$x = at$，得

$$I = \frac{1}{a}\int_0^{+\infty} \frac{\ln a + \ln t}{1+t^2}\mathrm{d}t = \frac{\ln a}{a}\int_0^{+\infty} \frac{\mathrm{d}t}{1+t^2} + \frac{1}{a}\int_0^{+\infty} \frac{\ln t}{1+t^2}\mathrm{d}t.$$

对上式右端第一项，得

$$\int_0^{+\infty} \frac{\mathrm{d}t}{1+t^2} = \arctan t \Big|_0^{+\infty} = \frac{\pi}{2};$$

对右端第二项作代换：$t = \dfrac{1}{u}$，得

$$I_1 = \int_0^{+\infty} \dfrac{\ln t}{1+t^2} \mathrm{d}t = -\int_0^{+\infty} \dfrac{\ln u}{1+u^2} \mathrm{d}u = -I_1,$$

所以 $I_1 = 0$. 因此，得

$$I = \dfrac{\ln a}{a} \cdot \dfrac{\pi}{2} + \dfrac{1}{a} \times 0 = \dfrac{\pi \ln a}{2a}.$$

【例 3.55】 计算：$\displaystyle\int_0^{+\infty} \dfrac{\mathrm{e}^{-x^2}}{\left(x^2+\dfrac{1}{2}\right)^2} \mathrm{d}x.$

解 先计算不定积分，得

$$\int \dfrac{\mathrm{e}^{-x^2}}{\left(x^2+\dfrac{1}{2}\right)^2} \mathrm{d}x = -\int \dfrac{\mathrm{e}^{-x^2}}{2x} \mathrm{d}\left(\dfrac{1}{x^2+\dfrac{1}{2}}\right) = -\dfrac{\mathrm{e}^{-x^2}}{2x\left(x^2+\dfrac{1}{2}\right)} + \int \dfrac{1}{2x^2+1} \mathrm{d}\left(\dfrac{\mathrm{e}^{-x^2}}{x}\right)$$

$$= -\dfrac{\mathrm{e}^{-x^2}}{2x^3+x} - \int \dfrac{\mathrm{e}^{-x^2}}{x^2} \mathrm{d}x = -\dfrac{\mathrm{e}^{-x^2}}{2x^3+x} + \dfrac{\mathrm{e}^{-x^2}}{x} + 2\int \mathrm{e}^{-x^2} \mathrm{d}x$$

$$= \dfrac{2x\mathrm{e}^{-x^2}}{2x^2+1} + 2\int \mathrm{e}^{-x^2} \mathrm{d}x,$$

因此，得

$$\int_0^{+\infty} \dfrac{\mathrm{e}^{-x^2}}{\left(x^2+\dfrac{1}{2}\right)^2} \mathrm{d}x = \dfrac{2x\mathrm{e}^{-x^2}}{2x^2+1}\bigg|_0^{+\infty} + 2\int_0^{+\infty} \mathrm{e}^{-x^2} \mathrm{d}x = 2\int_0^{+\infty} \mathrm{e}^{-x^2} \mathrm{d}x = \sqrt{\pi}.$$

【注】 这里，利用了已知结果，即 Gauss 积分：$\displaystyle\int_0^{+\infty} \mathrm{e}^{-x^2} \mathrm{d}x = \dfrac{\sqrt{\pi}}{2}$.

【例 3.56】 设 $f(x)$ 在 $[0, +\infty)$ 上连续，且 $\displaystyle\int_A^{+\infty} \dfrac{f(x)}{x} \mathrm{d}x$ 收敛，其中常数 $A > 0$. 试证明：

$$\int_0^{+\infty} \dfrac{f(ax) - f(bx)}{x} \mathrm{d}x = f(0) \ln \dfrac{b}{a} \quad (0 < a < b).$$

证 任取 $\delta > 0$，有

$$\int_\delta^{+\infty} \dfrac{f(ax) - f(bx)}{x} \mathrm{d}x = \int_\delta^{+\infty} \dfrac{f(ax)}{x} \mathrm{d}x - \int_\delta^{+\infty} \dfrac{f(bx)}{x} \mathrm{d}x$$

$$= \int_{a\delta}^{+\infty} \dfrac{f(u)}{u} \mathrm{d}u - \int_{b\delta}^{+\infty} \dfrac{f(u)}{u} \mathrm{d}u = \int_{a\delta}^{b\delta} \dfrac{f(u)}{u} \mathrm{d}u$$

$$= f(\xi)\int_{a\delta}^{b\delta}\frac{1}{u}\mathrm{d}u = f(\xi)\ln\frac{b}{a} \quad (a\delta < \xi < b\delta),$$

注意到 $f(x)$ 的连续性, $\lim\limits_{\delta\to 0^+} f(\xi) = \lim\limits_{\xi\to 0^+} f(\xi) = f(0)$, 因此

$$\int_0^{+\infty}\frac{f(ax)-f(bx)}{x}\mathrm{d}x = \lim_{\delta\to 0^+}\int_\delta^{+\infty}\frac{f(ax)-f(bx)}{x}\mathrm{d}x = \lim_{\delta\to 0^+}f(\xi)\ln\frac{b}{a} = f(0)\ln\frac{b}{a}.$$

【注】 我们证明的这个等式称为 **Frullani** (傅汝兰尼) **积分公式**, 在计算广义积分时, 有时可利用这个公式直接给出计算结果.

题型五、定积分在几何中的应用

这里, 着重介绍定积分在几何中的三种应用:
(1) 求平面图形的面积;
(2) 求旋转体的体积与侧面积;
(3) 求平面曲线的弧长.

1. 求平面图形的面积

设平面图形是由曲线 $y = f(x)(f(x) \geqslant 0)$ 及直线 $x = a, x = b\ (a < b)$ 与 x 轴所围成的曲边梯形, 其面积为 $A = \int_a^b f(x)\mathrm{d}x$.

一般而言, 如果平面图形由曲线 $y = f_1(x), y = f_2(x)$ 和直线 $x = a, x = b\ (a < b)$ 所围成, 那么其面积计算公式为

$$A = \int_a^b |f_1(x) - f_2(x)|\,\mathrm{d}x.$$

设平面图形是由曲线 $r = r(\theta)(\alpha \leqslant \theta \leqslant \beta)$ 围成的, 则其面积为 $A = \dfrac{1}{2}\int_\alpha^\beta [r(\theta)]^2\mathrm{d}\theta$.

【例 3.57】 设封闭曲线 L 的极坐标方程为 $r = \cos 3\theta\ \left(-\dfrac{\pi}{6} \leqslant \theta \leqslant \dfrac{\pi}{6}\right)$, 求 L 所围平面图形的面积.

解 所求平面图形的面积为

$$S = \frac{1}{2}\int_\alpha^\beta [r(\theta)]^2\mathrm{d}\theta = \frac{1}{2}\int_{-\frac{\pi}{6}}^{\frac{\pi}{6}}\cos^2 3\theta\,\mathrm{d}\theta = \int_0^{\frac{\pi}{6}}\frac{1+\cos 6\theta}{2}\mathrm{d}\theta$$

$$= \frac{1}{2}\left(\theta + \frac{\sin 6\theta}{6}\right)\bigg|_0^{\frac{\pi}{6}} = \frac{\pi}{12},$$

【例 3.58】 设函数 $f(x) = \dfrac{x}{1+x}, x \in [0,1]$. 定义函数列:

$$f_1(x) = f(x), f_2(x) = f(f_1(x)), \cdots, f_n(x) = f(f_{n-1}(x)), \cdots.$$

记 S_n 是由曲线 $y=f_n(x)$, 直线 $x=1$ 及 x 轴所围平面图形的面积, 求极限 $\lim\limits_{n\to\infty} nS_n$.

解 根据题设, 得

$$f_2(x) = f(f_1(x)) = \frac{f_1(x)}{1+f_1(x)} = \frac{\dfrac{x}{1+x}}{1+\dfrac{x}{1+x}} = \frac{x}{1+2x};$$

$$f_3(x) = f(f_2(x)) = \frac{f_2(x)}{1+f_2(x)} = \frac{\dfrac{x}{1+2x}}{1+\dfrac{x}{1+2x}} = \frac{x}{1+3x};$$

……

由数学归纳法得 $f_n(x) = \dfrac{x}{1+nx}(n=1,2,3,\cdots)$. 于是

$$S_n = \int_0^1 \frac{x}{1+nx}\mathrm{d}x = \frac{1}{n}\int_0^1 \left(1-\frac{1}{1+nx}\right)\mathrm{d}x = \frac{1}{n} - \frac{\ln(1+n)}{n^2}.$$

因此, 有 $\lim\limits_{n\to\infty} nS_n = \lim\limits_{n\to\infty}\left(1 - \dfrac{\ln(1+n)}{n}\right) = 1$.

2. 求旋转体的体积与侧面积

(1) 由 xOy 平面上的曲线 $y=f(x)$ 与直线 $x=a, x=b$ 以及 x 轴所围成的曲边梯形绕 x 轴旋转而成的旋转体体积为 $V = \pi\int_a^b [f(x)]^2\mathrm{d}x$.

(2) 由 xOy 平面上的曲线 $y=f(x)$ 与直线 $x=a, x=b$ 以及 x 轴所围成的曲边梯形绕 y 轴旋转而成的旋转体体积为 $V = 2\pi\int_a^b xf(x)\mathrm{d}x$.

(3) 由 xOy 平面上的曲线 $y=f(x)(a\leqslant x\leqslant b)$ 绕 x 轴旋转而成的旋转曲面的面积为

$$A = 2\pi\int_a^b f(x)\sqrt{1+[f'(x)]^2}\mathrm{d}x.$$

【**例 3.59**】 过点 $P(1,0)$ 作抛物线 $y=\sqrt{x-2}$ 的切线, 该切线与上述抛物线及 x 轴围成一平面图形. 求此平面图形绕 x 轴旋转一周所成旋转体的体积.

解 设所作切线与抛物线相切于点 $\left(x_0, \sqrt{x_0-2}\right)$. 因为

$$y'|_{x=x_0} = \frac{1}{2\sqrt{x-2}}\bigg|_{x=x_0} = \frac{1}{2\sqrt{x_0-2}},$$

故该切线的方程为 $y - \sqrt{x_0-2} = \dfrac{1}{2\sqrt{x_0-2}}(x-x_0)$. 又因为该切线过点 $P(1,0)$, 所以

$$-\sqrt{x_0-2} = \frac{1}{2\sqrt{x_0-2}}(1-x_0),$$

即 $x_0 = 3$. 从而, 切线的方程是 $y = \frac{1}{2}(x-1)$. 因此, 所求旋转体的体积为

$$V = \pi \int_1^3 \frac{1}{4}(x-1)^2 \mathrm{d}x - \pi \int_2^3 (x-2)\mathrm{d}x = \frac{\pi}{6}.$$

【例 3.60】 设 D 是由曲线 $y = \sqrt{1-x^2}(0 \leqslant x \leqslant 1)$ 与 $\begin{cases} x = \cos^3 t, \\ y = \sin^3 t \end{cases} \left(0 \leqslant t \leqslant \frac{\pi}{2}\right)$ 围成的平面区域, 求 D 绕 x 轴旋转一周所得旋转体的体积和表面积.

【分析】 曲线 $\begin{cases} x = \cos^3 t, \\ y = \sin^3 t \end{cases} \left(0 \leqslant t \leqslant \frac{\pi}{2}\right)$ 是用参数方程表示的星形线, 位于第一象限的部分, 其直角坐标方程为 $x^{\frac{2}{3}} + y^{\frac{2}{3}} = 1 (0 \leqslant x \leqslant 1)$. 主要注意两点: 一是两曲线的交点 $(1,0)$ 与 $(0,1)$; 二是两曲线的位置关系, 圆 $y = \sqrt{1-x^2}\ (0 \leqslant x \leqslant 1)$ 位于星形线的上方.

解 设 D 绕 x 轴旋转一周所得旋转体的体积为 V, 表面积为 A, 则

$$V = \pi \int_0^1 y^2 \mathrm{d}x - \pi \int_{\frac{\pi}{2}}^0 \sin^6 t \mathrm{d}(\cos^3 t)$$

$$= \pi \int_0^1 (1-x^2)\mathrm{d}x - 3\pi \int_0^{\frac{\pi}{2}} \sin^7 t \cos^2 t \mathrm{d}t$$

$$= \frac{2\pi}{3} - 3\pi \left(\int_0^{\frac{\pi}{2}} \sin^7 t \mathrm{d}t - \int_0^{\frac{\pi}{2}} \sin^9 t \mathrm{d}t \right)$$

$$= \frac{2\pi}{3} - 3\pi \left(\frac{6}{7} \cdot \frac{4}{5} \cdot \frac{2}{3} - \frac{8}{9} \cdot \frac{6}{7} \cdot \frac{4}{5} \cdot \frac{2}{3} \right) = \frac{18}{35}\pi,$$

$$A = 2\pi \int_0^{\frac{\pi}{2}} \sin t \sqrt{\sin^2 t + \cos^2 t}\, \mathrm{d}t + 2\pi \int_0^{\frac{\pi}{2}} \sin^3 t \sqrt{9\sin^2 t \cos^4 t + 9\cos^2 t \sin^4 t}\, \mathrm{d}t$$

$$= 2\pi \int_0^{\frac{\pi}{2}} \sin t \mathrm{d}t + 6\pi \int_0^{\frac{\pi}{2}} \sin^4 t \cos t \mathrm{d}t = 2\pi + \frac{6}{5}\pi = \frac{16}{5}\pi.$$

【注】 这里, 在计算 $\int_0^{\frac{\pi}{2}} \sin^7 t \mathrm{d}t$ 和 $\int_0^{\frac{\pi}{2}} \sin^9 t \mathrm{d}t$ 时直接利用了 Wallis 公式.

【例 3.61】 如图 3.1, 两个相互外切的圆同时内切于半径为 R 的圆 M. 连接三圆心的直线垂直于圆 M 外的直线 EF, 且圆心 M 到 EF 的距离为 $2R$. 试求两个小圆的半径, 使得这 3 个圆所围成的平面图形绕 EF 旋转时所得旋转体体积最大.

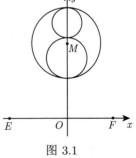

图 3.1

解 只需计算一个圆绕其外一直线旋转所得旋转体体积 V_0 即可. 建立坐标系如图 3.1 所示. 设圆的半径为 a, 圆心到转轴的距离为 ρ, 则圆的方程

为 $x^2 + (y-\rho)^2 = a^2$. 故有

$$V_0 = \pi \int_{-a}^{a} \left[\left(\rho + \sqrt{a^2-x^2}\right)^2 - \left(\rho - \sqrt{a^2-x^2}\right)^2 \right] \mathrm{d}x$$

$$= 8\pi\rho \int_0^a \sqrt{a^2-x^2} \mathrm{d}x = 8\pi\rho \cdot \frac{1}{4}\pi a^2 = 2\pi^2 \rho a^2.$$

现假设上面小圆的半径为 r, 则下面小圆的半径为 $R-r$, 且上、下两个小圆的圆心到转轴的距离分别为 $3R-r, 2R-r$. 于是, 所述旋转体的体积为

$$V = V_{\text{大}} - V_{\text{上}} - V_{\text{下}}$$

$$= 2\pi^2(2R)R^2 - 2\pi^2(3R-r)r^2 - 2\pi^2(2R-r)(R-r)^2$$

$$= 2\pi^2 \left(2r^3 - 7Rr^2 + 5R^2 r\right) \quad (0 < r < R).$$

由 $\dfrac{\mathrm{d}V}{\mathrm{d}r} = 2\pi^2 \left(6r^2 - 14Rr + 5R^2\right) = 0$, 可解得 $r = \dfrac{7-\sqrt{19}}{6}R$. 这是函数 $V(r)$ 在其定义域 $(0, R)$ 内的唯一驻点. 因为在该点处 $\dfrac{\mathrm{d}^2 V}{\mathrm{d}r^2} = 4\pi^2(6r - 7R) = -4\sqrt{19}\pi^2 R < 0$, 所以当 $r = \dfrac{7-\sqrt{19}}{6}R$ 时, 函数 $V(r)$ 取极大值, 从而取最大值.

因此, 上下两个小圆的半径分别为 $r = \dfrac{7-\sqrt{19}}{6}R$ 与 $R - r = \dfrac{\sqrt{19}-1}{6}R$.

3. 求平面曲线的弧长

(1) 如果平面曲线的方程为 $y = f(x)(a \leqslant x \leqslant b)$, 则 x 介于 a 与 b 之间的曲线弧长为

$$s = \int_a^b \sqrt{1+(y')^2} \mathrm{d}x = \int_a^b \sqrt{1+[f'(x)]^2} \mathrm{d}x.$$

(2) 如果平面曲线的方程由极坐标给出: $r = r(\theta)(\alpha \leqslant \theta \leqslant \beta)$, 则 θ 介于 α 与 β 之间的曲线弧长为

$$s = \int_\alpha^\beta \sqrt{[r(\theta)]^2 + [r'(\theta)]^2} \mathrm{d}\theta.$$

(3) 如果平面曲线的方程由参数方程给出: $x = \varphi(t), y = \psi(t)(\alpha \leqslant t \leqslant \beta)$, 则 t 介于 α 与 β 之间的曲线弧长为

$$s = \int_\alpha^\beta \sqrt{[\varphi'(t)]^2 + [\psi'(t)]^2} \mathrm{d}t.$$

需要注意的是, 由于上述弧长计算公式中的被积函数都是正的, 为使弧长得正值, 在确定积分限时应使积分上限大于积分下限.

【例 3.62】 求抛物线 $y^2 = 4ax$ 的渐屈线 (即曲率中心的轨迹曲线) $27ay^2 = 4(x-2a)^3$ 被该抛物线所截得的一段弧长.

解 首先容易求得两曲线的交点为 $(8a, \pm 4\sqrt{2}a)$, 而渐屈线交 x 轴于点 $(2a, 0)$(图 3.2). 由于渐屈线在上半平面的方程为

$$y = \frac{2}{3}\sqrt{\frac{(x-2a)^3}{3a}},$$

因此 $y' = \sqrt{\dfrac{x-2a}{3a}}$. 故根据对称性, 得

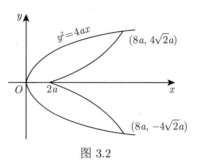

图 3.2

$$s = 2\int_{2a}^{8a} \sqrt{1+(y')^2}\,\mathrm{d}x = \frac{2}{\sqrt{3a}}\int_{2a}^{8a} \sqrt{x+a}\,\mathrm{d}x = 2(3\sqrt{3}-1)a.$$

【例 3.63】 求曲线弧 $r = a\sin^3\dfrac{\theta}{3}$ 的全长.

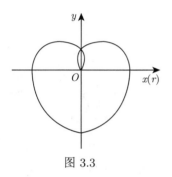

图 3.3

解 这里, 所给曲线的方程是极坐标表达式. 只要能确定 θ 的变化范围, 即可利用相应的公式计算出所求弧长.

显然, 当 $\theta = 0$ 时, $r = 0$. 当 θ 从 0 开始增大时, r 也从 0 开始增大. 当 $\theta = \dfrac{3\pi}{2}$ 时, $r = a$ 达到最大. 当 θ 继续增大时, r 开始从 a 减少. 当 θ 增大到 3π 时, r 减少到 0, 回到了极点 (图 3.3). 此时, 点 (r, θ) 的轨迹已经形成了一条封闭曲线. 可见, θ 的变化范围是 $[0, 3\pi]$. 因此所求弧长为

$$s = \int_0^{3\pi} \sqrt{[r(\theta)]^2 + [r'(\theta)]^2}\,\mathrm{d}\theta$$

$$= \int_0^{3\pi} \sqrt{a^2\sin^6\frac{\theta}{3} + a^2\sin^4\frac{\theta}{3}\cos^2\frac{\theta}{3}}\,\mathrm{d}\theta$$

$$= a\int_0^{3\pi} \sin^2\frac{\theta}{3}\,\mathrm{d}\theta = a\int_0^{3\pi} \frac{1}{2}\left(1 - \cos\frac{2\theta}{3}\right)\mathrm{d}\theta$$

$$= a\left(\frac{\theta}{2} - \frac{3}{4}\sin\frac{2\theta}{3}\right)\bigg|_0^{3\pi} = \frac{3a\pi}{2}.$$

题型六、定积分在物理中的应用

求解积分学的物理应用问题主要有两种方法: 公式法与元素法. 在积分学中, 有些物理量, 如质量、重心、变力做功等, 可以用相应的积分公式来表示. 有些物理量, 如物体对质点的引力等, 则需利用元素法求解. 元素法又称微元法.

在具体解答过程中, 要注重利用平面区域、空间区域以及曲线弧段等几何体的对称性特征与定积分 $\int_0^{\frac{\pi}{2}} \sin^n x\,\mathrm{d}x$ 或 $\int_0^{\frac{\pi}{2}} \cos^n x\,\mathrm{d}x$ 的值, 以便于简化计算, 提高计算速度.

1. 求物体的质量与重心

若 $f(x)$ 代表细棒的质量密度, 细棒所占区间为 $[a,b]$, 则细棒的质量为

$$M = \int_a^b f(x)\mathrm{d}x,$$

重心坐标为

$$\bar{x} = \frac{1}{M}\int_a^b xf(x)\mathrm{d}x.$$

【例 3.64】 一根长度为 1 的细棒位于 x 轴的区间 $[0,1]$ 上, 其线密度 $\rho(x) = -x^2 + 2x + 1$, 求该细棒的质心坐标 $\bar{x}$.

解 利用细棒的质心坐标公式, 得

$$M = \int_0^1 \rho(x)\mathrm{d}x = \int_0^1 \left(-x^2 + 2x + 1\right)\mathrm{d}x = \frac{5}{3},$$

$$\bar{x} = \frac{1}{M}\int_0^1 x\rho(x)\mathrm{d}x = \frac{3}{5}\int_0^1 x\left(-x^2 + 2x + 1\right)\mathrm{d}x = \frac{3}{5} \times \frac{11}{12} = \frac{11}{20}.$$

2. 求变力所做的功

若质点沿变力 $F(x)$ 方向从 $x=a$ 到 $x=b$ 做直线运动, 则变力所做的功为

$$W = \int_a^b F(x)\mathrm{d}x.$$

【例 3.65】 一容器的内侧是由下述曲线绕 y 轴旋转一周而成的曲面. 该曲线由 $x^2 + y^2 = 2y \left(y \geqslant \frac{1}{2}\right)$ 与 $x^2 + y^2 = 1 \left(y \leqslant \frac{1}{2}\right)$ 连接而成.

(I) 求容器的容积;

(II) 若将容器内盛满的水从容器顶部全部抽出, 问至少需要做多少功?

【注】 长度单位：m, 重力加速度为 g m/s^2, 水的密度为 1×10^3 kg/m^3.

解 (I) 由对称性知, 容器位于 $y = \frac{1}{2}$ 上、下两侧部分的容积相等, 因此, 只需考察 $-1 \leqslant y \leqslant \frac{1}{2}$ 部分, 曲线可表示为

$$x = f(y) = \sqrt{1-y^2} \quad \left(-1 \leqslant y \leqslant \frac{1}{2}\right).$$

因此, 容积为

$$V = 2\int_{-1}^{\frac{1}{2}} \pi f^2(y)\mathrm{d}y = 2\pi \int_{-1}^{\frac{1}{2}} \left(1-y^2\right)\mathrm{d}y = \frac{9}{4}\pi.$$

(II) 将容器内侧曲线表示为 $x = f(y)$, 在 y 轴上取小区间 $[y, y+\mathrm{d}y]$, 对应容器内小薄片水的重力为 $\rho g\pi f^2(y)\mathrm{d}y$, 其中 ρ 为水的密度, g 为重力加速度. 抽出这部分水需走过的路程近似为 $2-y$, 将此薄层水抽出需做的功近似等于 $\mathrm{d}W = \rho g\pi f^2(y)(2-y)\mathrm{d}y$. 所以

$$W = \rho g\pi \int_{-1}^{2} f^2(y)(2-y)\mathrm{d}y$$
$$= \rho g\pi \int_{-1}^{\frac{1}{2}} (1-y^2)(2-y)\mathrm{d}y + \rho g\pi \int_{\frac{1}{2}}^{2} (2y-y^2)(2-y)\mathrm{d}y$$
$$= \rho g\pi \left(\frac{153}{64} + \frac{63}{64}\right) = \frac{27}{8}\rho g\pi.$$

3. 利用微元法求引力与压力

有些物理应用问题并没有现成公式, 可以利用微元法解决. 基本思想都是 "以不变代变" "以均匀代不均匀". 本段以求引力和水压力为例, 说明微元法的应用.

【**例 3.66**】 一质量为 m 的质点 B 位于质量为 M、长度为 l 的均匀细杆 OA 的延长线上, 且与较近的端点 A 的距离为 a. 试求:

(I) 细杆 OA 对质点 B 的引力;

(II) 当质点 B 在 OA 的延长线上从距离 A 点 d_1 处移近至 d_2 处时, 引力所做的功.

【**分析**】 质量分别为 m_1, m_2 相距为 r 的两质点间的引力大小为

$$F = k\frac{m_1 m_2}{r^2},$$

其中 k 为引力常数; 引力的方向沿着两个质点间的连线方向.

解 (I) 以 O 为原点、$\overrightarrow{OA}$ 方向为 x 轴建立坐标系. 在 x 轴上取小区间 $[x, x+\mathrm{d}x]$, 对应细杆的一小段, 其质量为 $\frac{M}{l}\mathrm{d}x$, 与质点 B 间的引力大小为

$$\mathrm{d}F = k\frac{m\frac{M}{l}\mathrm{d}x}{(l+a-x)^2} = \frac{kMm}{l(l+a-x)^2}\mathrm{d}x,$$

其中 k 为引力常数. 所以, 细杆 OA 对质点 B 的引力大小为

$$F = \frac{kMm}{l}\int_0^l \frac{\mathrm{d}x}{(l+a-x)^2} = \frac{kMm}{a(l+a)}.$$

(II) 根据 (I) 的结果, 有 $F(x) = \frac{kMm}{x(l+x)}$, 故引力所做的功为

$$W = \int_{d_2}^{d_1} F(x)\mathrm{d}x = \int_{d_2}^{d_1} \frac{kMm}{x(l+x)}\mathrm{d}x = \frac{kMm}{l}\ln\frac{d_1(d_2+l)}{d_2(d_1+l)}.$$

【例 3.67】 某闸门的形状与大小如图 3.4 所示,其中直线 l 为对称轴,闸门的上部为矩形 $ABCD$,下部由二次抛物线与线段 AB 所围成. 当水面与闸门的上端相平时,欲使闸门矩形部分承受的水压力与闸门下部承受的水压力之比为 5:4,闸门矩形部分的高 h 应为多少米?

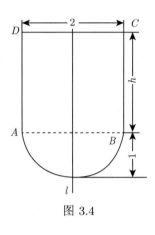

图 3.4

【分析】 在液面下深度为 h 处,液体产生的压强 P 等于深度 h 与液体比重 γ 的乘积:$P = \gamma h (\gamma = \rho g)$,且同一点的压强在各个方向均相等.

竖直薄板所受到的侧压力为 $F = $ 压强 × 面积.

解 如图 3.5 所示建立坐标系,则抛物线的方程为 $y = x^2$. 闸门的矩形部分承受的水压力

$$P_1 = 2\int_1^{1+h} \rho g(h+1-y)\mathrm{d}y = 2\rho g\left[(h+1)y - \frac{1}{2}y^2\right]\Big|_1^{1+h} = \rho g h^2,$$

其中 ρ 为水的密度,g 为重力加速度. 闸门的下部承受的水压力

$$P_2 = 2\int_0^1 \rho g(h+1-y)\sqrt{y}\mathrm{d}y = 2\rho g\left[\frac{2}{3}(h+1)y^{\frac{3}{2}} - \frac{2}{5}y^{\frac{5}{2}}\right]\Big|_0^1$$
$$= 4\rho g\left(\frac{1}{3}h + \frac{2}{15}\right).$$

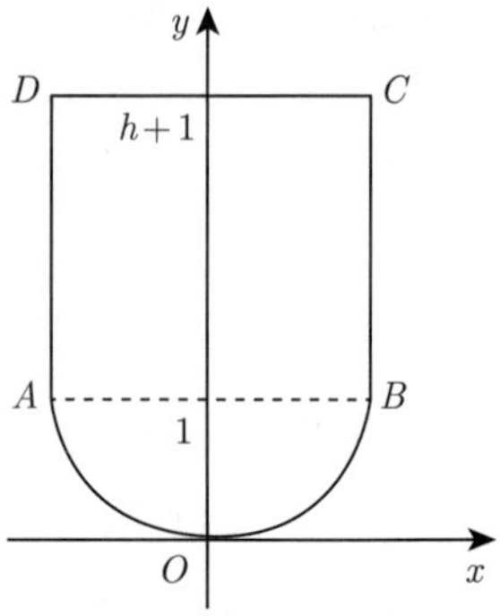

由题意知 $\dfrac{P_1}{P_2} = \dfrac{5}{4}$,即

$$\frac{h^2}{4\left(\frac{1}{3}h + \frac{2}{15}\right)} = \frac{4}{5}.$$

图 3.5

解之得 $h = 2, h = -\dfrac{1}{3}$(舍去),故 $h = 2$,即闸门矩形部分的高应为 2m.

题型七、积分不等式的证明

积分不等式的证明是应用微积分学的一个重要方面,也是数学竞赛常考题型. 不等式的种类繁多,证明方法难易悬殊,所用技巧各异,没有一个统一的处理方法. 但是,相当广泛的一类不等式都可利用微分法和积分法给予论证,有些不等式若采用幂级数方法证明亦行之有效,简捷明了. 这里,我们集中讨论与定积分有关的不等式的证明.

1. 利用微分法证明

【例 3.68】 证明:当 $0 \leqslant a \leqslant 1$ 时,$\displaystyle\int_0^a (1-x^2)^{\frac{5}{2}} \mathrm{d}x \geqslant \frac{5a\pi}{32}$.

【分析】 若设 $f(a)=\int_0^a\left(1-x^2\right)^{\frac{5}{2}}\mathrm{d}x-\dfrac{5a\pi}{32}$, 则所证不等式即 $f(a)\geqslant 0$ $(0\leqslant a\leqslant 1)$, 换言之, 即不存在 $\xi\in[0,1]$, 使得 $f(\xi)<0$. 我们采用反证法证明之.

证 构造辅助函数 $f(a)=\int_0^a\left(1-x^2\right)^{\frac{5}{2}}\mathrm{d}x-\dfrac{5a\pi}{32}$, 则 $f(0)=0$, 且 $f(a)$ 在 $[0,1]$ 上存在二阶导数:

$$f'(a)=\left(1-a^2\right)^{\frac{5}{2}}-\dfrac{5\pi}{32}, \quad f''(a)=-5a\left(1-a^2\right)^{\frac{3}{2}}.$$

利用变量代换 $x=\sin t$, 容易求得

$$f(1)=\int_0^1\left(1-x^2\right)^{\frac{5}{2}}\mathrm{d}x-\dfrac{5\pi}{32}=\int_0^{\frac{\pi}{2}}\cos^6 t\,\mathrm{d}t-\dfrac{5\pi}{32}=\dfrac{5}{6}\cdot\dfrac{3}{4}\cdot\dfrac{1}{2}\cdot\dfrac{\pi}{2}-\dfrac{5\pi}{32}=0.$$

若假设存在 $\xi\in[0,1]$, 使得 $f(\xi)<0$, 则由 $f(0)=f(1)=0$ 可知 $\xi\in(0,1)$. 故 $f(a)$ 在闭区间 $[0,1]$ 上的最小值 $f(a_0)$ 只能在 $(0,1)$ 内取得, 即 $a_0\in(0,1), f(a_0)$ 也是 $f(a)$ 的极小值, 从而 $f''(a_0)\geqslant 0$. 此与 $f''(a)<0$ $(0<a<1)$ 矛盾, 故假设不成立.

因此, 对于任意 $a\in[0,1], f(a)\geqslant 0$, 即 $\int_0^a\left(1-x^2\right)^{\frac{5}{2}}\mathrm{d}x\geqslant\dfrac{5a\pi}{32}$.

【例 3.69】 (第八届全国初赛题, 2016) 设函数 $f(x)$ 在区间 $[0,1]$ 上可导, $f(0)=0$, 且当 $x\in(0,1)$ 时, $0<f'(x)<1$. 试证: 当 $a\in(0,1)$ 时, $\left(\int_0^a f(x)\mathrm{d}x\right)^2>\int_0^a f^3(x)\mathrm{d}x$.

证 设 $F(x)=\left(\int_0^x f(t)\mathrm{d}t\right)^2-\int_0^x f^3(t)\mathrm{d}t$, 则 $F(x)$ 在 $[0,1]$ 上可导, $F(0)=0$, 且

$$F'(x)=2f(x)\int_0^x f(t)\mathrm{d}t-f^3(x)=f(x)G(x),$$

其中 $G(x)=2\int_0^x f(t)\mathrm{d}t-f^2(x)$.

因为 $f(x)$ 在 $[0,1]$ 上严格单增, 所以当 $x>0$ 时, $f(x)>f(0)=0$. 因此, 当 $x\in(0,1)$ 时, 有

$$G'(x)=2f(x)-2f(x)f'(x)=2f(x)\left[1-f'(x)\right]>0.$$

故 $G(x)$ 在 $[0,1]$ 上严格单增, 所以当 $x>0$ 时, $G(x)>G(0)=0$, 从而有 $F'(x)>0$.

于是, 当 $a\in(0,1)$ 时, $F(a)>F(0)=0$, 即 $\left(\int_0^a f(x)\mathrm{d}x\right)^2>\int_0^a f^3(x)\mathrm{d}x$.

【例 3.70】 设 $f(x)$ 在 $[0,1]$ 上有连续二阶导数, 且 $f''(x)<0, f(0)=f(1)=0$. 证明:

$$\int_0^1\left|\dfrac{f''(x)}{f(x)}\right|\mathrm{d}x>4.$$

证 因为 $f''(x) < 0$, 所以 $f(x)$ 在 $[0, 1]$ 上是凸函数, 即曲线 $y = f(x)$ 凸向上, 亦即该曲线上任一点的纵坐标都大于连接其端点 $A(0, f(0))$ 与 $B(1, f(1))$ 的线段上对应点的纵坐标. 由题设 $f(0) = f(1) = 0$ 可知, 线段 AB 位于 x 轴上, 其上任一点的纵坐标 $y = 0$. 故对于任意 $x \in (0,1), f(x) > 0$.

因为函数 $f(x)$ 在 $[0, 1]$ 上连续, 所以 $f(x)$ 在 $[0, 1]$ 上必存在最大值. 设 $f(a)$ 是 $f(x)$ 在 $[0, 1]$ 上的最大值, 则 $f(a) > 0$, 且 $a \in (0, 1)$. 在 $[0, a]$ 与 $[a, 1]$ 上分别利用 Lagrange 中值定理, 存在 $\xi \in (0, a)$ 以及 $\eta \in (a, 1)$, 使

$$f(a) - f(0) = f'(\xi)(a - 0), \quad f(1) - f(a) = f'(\eta)(1 - a),$$

即 $f'(\xi) = \dfrac{f(a)}{a}, f'(\eta) = -\dfrac{f(a)}{1-a}$. 故

$$\int_0^1 \left| \frac{f''(x)}{f(x)} \right| \mathrm{d}x > \frac{1}{f(a)} \int_\xi^\eta |f''(x)| \mathrm{d}x \geqslant -\frac{1}{f(a)} \int_\xi^\eta f''(x) \mathrm{d}x$$

$$= \frac{1}{f(a)} [f'(\xi) - f'(\eta)] = \frac{1}{f(a)} \left[\frac{f(a)}{a} + \frac{f(a)}{1-a} \right]$$

$$= \frac{1}{a} + \frac{1}{1-a} = \frac{1}{a(1-a)} \geqslant 4.$$

【注】 本例综合考察连续函数的性质、凸曲线的特征、Lagrange 中值定理以及定积分的性质等知识点, 并且还需确定二次函数 $x(1-x)$ 在区间 $[0, 1]$ 上的最大值.

【例 3.71】 设 $f(x)$ 二阶可导, 且 $f''(x) \geqslant 0, u(t)$ 为任一连续函数, $a > 0$. 证明

$$\frac{1}{a} \int_0^a f[u(t)] \mathrm{d}t \geqslant f \left[\frac{1}{a} \int_0^a u(t) \mathrm{d}t \right].$$

证 对任意 $x_0, x \in (-\infty, +\infty)$, 利用 Taylor 公式, 存在介于 x_0 与 x 之间的 ξ, 使得

$$f(x) = f(x_0) + f'(x_0)(x - x_0) + \frac{1}{2} f''(\xi)(x - x_0)^2.$$

根据题设条件 $f''(x) \geqslant 0$, 得

$$f(x) \geqslant f(x_0) + f'(x_0)(x - x_0).$$

取 $x_0 = \dfrac{1}{a} \int_0^a u(t) \mathrm{d}t, x = u(t)$, 代入上式, 则有

$$f[u(t)] \geqslant f \left[\frac{1}{a} \int_0^a u(t) \mathrm{d}t \right] + f'(x_0) [u(t) - x_0].$$

对上式两端从 0 到 a 积分, 得

$$\int_0^a f(u(t))\mathrm{d}t \geqslant af\left(\frac{1}{a}\int_0^a u(t)\mathrm{d}t\right) + f'(x_0)\left(\int_0^a u(t)\mathrm{d}t - ax_0\right)$$
$$= af\left(\frac{1}{a}\int_0^a u(t)\mathrm{d}t\right),$$

亦即 $\dfrac{1}{a}\int_0^a f(u(t))\mathrm{d}t \geqslant f\left(\dfrac{1}{a}\int_0^a u(t)\mathrm{d}t\right)$.

【注】 本例即**积分形式的 Jensen (詹森) 不等式**, 取 $f(x) = \ln x, a = 1$, 则是第十届 (2018 年) 全国初赛题 (详见例 3.90): 设 $u(x)$ 在 $[0, 1]$ 上连续, 且 $u(x) > 0$, 则

$$\ln\int_0^1 u(x)\mathrm{d}x \geqslant \int_0^1 \ln u(x)\mathrm{d}x.$$

2. 利用定积分的性质

这种方法是先找出被积函数满足的不等式, 再利用定积分的不等式性质: 比较定理、估值定理、函数绝对积分的不等式等, 即可得所证不等式, 于是定积分不等式的证明就归结为函数不等式的证明.

【例 3.72】 证明: $\dfrac{\sqrt{3}}{2}\pi < \int_0^1 \sqrt{\dfrac{x^2 - x + 1}{x - x^2}}\mathrm{d}x < \pi$.

证 当 $x \in [0, 1]$ 时, $\dfrac{3}{4} \leqslant x^2 - x + 1 = \left(x - \dfrac{1}{2}\right)^2 + \dfrac{3}{4} \leqslant 1$. 所以

$$\frac{\sqrt{3}}{2}\int_0^1 \frac{\mathrm{d}x}{\sqrt{x - x^2}} \leqslant \int_0^1 \sqrt{\frac{x^2 - x + 1}{x - x^2}}\mathrm{d}x \leqslant \int_0^1 \frac{\mathrm{d}x}{\sqrt{x - x^2}}.$$

作变量代换: $x - \dfrac{1}{2} = \dfrac{1}{2}\sin t$, 则 $\int_0^1 \dfrac{\mathrm{d}x}{\sqrt{x - x^2}} = \int_{-\frac{\pi}{2}}^{\frac{\pi}{2}} \dfrac{\frac{1}{2}\cos t\mathrm{d}t}{\frac{1}{2}\cos t} = \pi$. 代入上式, 即得所证不等式.

【例 3.73】 设 $f(x)$ 在区间 $[0, 1]$ 上连续, 且对任意 $x \in [0, 1]$, 有 $0 < m \leqslant f(x) \leqslant M$. 证明 Kantorovich (坎托罗维奇) 不等式:

$$1 \leqslant \int_0^1 f(x)\mathrm{d}x \int_0^1 \frac{\mathrm{d}x}{f(x)} \leqslant \frac{(M + m)^2}{4Mm}.$$

证 利用 Cauchy 积分不等式 (本章例 3.79), 得

$$\int_0^1 f(x)\mathrm{d}x \int_0^1 \frac{\mathrm{d}x}{f(x)} \geqslant \left(\int_0^1 \sqrt{f(x)}\sqrt{\frac{1}{f(x)}}\mathrm{d}x\right)^2 = 1.$$

另一方面, 由 $m \leqslant f(x) \leqslant M$ 得 $[f(x)-m][f(x)-M] \leqslant 0$, 即 $f(x) + \dfrac{Mm}{f(x)} \leqslant M+m$, 所以

$$\int_0^1 f(x)\mathrm{d}x + Mm \int_0^1 \dfrac{\mathrm{d}x}{f(x)} \leqslant M+m.$$

而 $\int_0^1 f(x)\mathrm{d}x + Mm \int_0^1 \dfrac{\mathrm{d}x}{f(x)} \geqslant 2\sqrt{Mm \int_0^1 f(x)\mathrm{d}x \int_0^1 \dfrac{\mathrm{d}x}{f(x)}}$, 代入上式, 即证得右边的不等式.

【注】 特别地, 考虑 $m=1, M=3$, 即第十届全国初赛题 (2018 年), 详见本章例 3.97.

3. 利用定积分的几何意义

【例 3.74】 设函数 f 在 $[a,b]$ 上连续, 且对任意的 $t \in [0,1]$ 以及任意的 $x_1, x_2 \in [a,b]$ 恒满足不等式 $f(tx_1 + (1-t)x_2) \leqslant tf(x_1) + (1-t)f(x_2)$. 证明:

$$f\left(\dfrac{a+b}{2}\right) \leqslant \dfrac{1}{b-a}\int_a^b f(x)\mathrm{d}x \leqslant \dfrac{f(a)+f(b)}{2}.$$

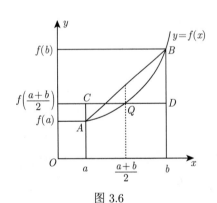

图 3.6

【分析】 从几何上看, 本题所设条件是: 连续曲线 $y=f(x)$ 是向下凸的, 如图 3.6, 因而右边的不等式比较容易证明. 而对于左边的不等式, 即矩形 $aCDb$ 的面积不超过曲边梯形 $aAQBb$ 的面积, 则需将定积分 $\int_a^b f(x)\mathrm{d}x$ 分成两部分 $\int_a^{\frac{a+b}{2}} f(x)\mathrm{d}x$ 与 $\int_{\frac{a+b}{2}}^b f(x)\mathrm{d}x$, 并设法 "叠加" 成一项, 以体现几何上的 "割补" 措施.

证 $x = ta + (1-t)b$, 则 $\mathrm{d}x = (a-b)\mathrm{d}t$, 且当 $x=a$ 时, $t=1$; $x=b$ 时, $t=0$. 故

$$\int_a^b f(x)\mathrm{d}x = (b-a)\int_0^1 f(ta+(1-t)b)\mathrm{d}t$$

$$\leqslant (b-a)\int_0^1 [tf(a)+(1-t)f(b)]\mathrm{d}t$$

$$= (b-a)\dfrac{f(a)+f(b)}{2}.$$

但另一方面, 因为

$$\int_a^b f(x)\mathrm{d}x = \int_a^{\frac{a+b}{2}} f(x)\mathrm{d}x + \int_{\frac{a+b}{2}}^b f(x)\mathrm{d}x,$$

对后一积分作变量代换: $x = a + b - t$, 得

$$\int_{\frac{a+b}{2}}^{b} f(x)\mathrm{d}x = -\int_{\frac{a+b}{2}}^{a} f(a+b-t)\mathrm{d}t$$

$$= \int_{a}^{\frac{a+b}{2}} f(a+b-t)\mathrm{d}t.$$

所以

$$\int_{a}^{b} f(x)\mathrm{d}x = \int_{a}^{\frac{a+b}{2}} [f(x) + f(a+b-x)]\mathrm{d}x$$

$$\geqslant 2\int_{a}^{\frac{a+b}{2}} f\left(\frac{x+(a+b-x)}{2}\right)\mathrm{d}x$$

$$= 2\int_{a}^{\frac{a+b}{2}} f\left(\frac{a+b}{2}\right)\mathrm{d}x = (b-a)f\left(\frac{a+b}{2}\right).$$

因此, 有 $f\left(\dfrac{a+b}{2}\right) \leqslant \dfrac{1}{b-a}\displaystyle\int_{a}^{b} f(x)\mathrm{d}x \leqslant \dfrac{f(a)+f(b)}{2}$.

利用定积分的几何意义也可证明代数不等式和函数不等式.

【**例 3.75**】 当 $a, b > 1$ 时, 证明: $ab \leqslant \mathrm{e}^{a-1} + b\ln b$, 并指出何时等号成立.

证 根据定积分的几何意义 (图 3.7), 有

$$S_1 = \int_{0}^{a-1} \mathrm{e}^y \mathrm{d}y = \mathrm{e}^{a-1} - 1,$$

$$S_2 = \int_{1}^{b} \ln x \mathrm{d}x = b(\ln b - 1) + 1.$$

故 $(a-1)b \leqslant S_1 + S_2 = \mathrm{e}^{a-1} + b\ln b - b$, 即

$$ab \leqslant \mathrm{e}^{a-1} + b\ln b.$$

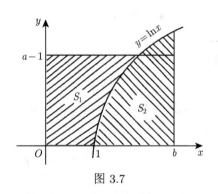

图 3.7

显然, 当且仅当 $a = \ln b + 1$ 时等号成立.

【**注**】 本题也可构造辅助函数 $f(x) = bx - \mathrm{e}^{x-1} - b\ln b$ $(b > 1)$, 证明 $f(\ln b + 1) = 0$ 是 $f(x)$ 在 $(1, +\infty)$ 上的最大值, 故当 $a > 1$ 时, $f(a) \leqslant 0$, 即 $ab \leqslant \mathrm{e}^{a-1} + b\ln b$.

【**例 3.76**】 证明: 对于任意正整数 n, 有 $\dfrac{2}{3}n\sqrt{n} < \displaystyle\sum_{k=1}^{n} \sqrt{k} < \left(\dfrac{2}{3}n + \dfrac{1}{2}\right)\sqrt{n}$.

证 对于正整数 k, 显然有 $\sqrt{k} > \displaystyle\int_{k-1}^{k} \sqrt{x}\mathrm{d}x$. 所以

$$\sum_{k=1}^{n} \sqrt{k} > \sum_{k=1}^{n} \int_{k-1}^{k} \sqrt{x}\mathrm{d}x = \int_{0}^{n} \sqrt{x}\mathrm{d}x = \frac{2}{3}n\sqrt{n}.$$

另一方面, 注意到 $\sqrt{x}$ 是上凸函数, 故根据定积分的几何意义得

$$\frac{1}{2}(\sqrt{k-1}+\sqrt{k}) < \int_{k-1}^{k} \sqrt{x} \mathrm{d}x,$$

即梯形面积小于曲边梯形面积. 因此有

$$\sum_{k=1}^{n} \sqrt{k} = \frac{1}{2}\sum_{k=1}^{n}(\sqrt{k-1}+\sqrt{k}) + \frac{1}{2}\sqrt{n} < \sum_{k=1}^{n}\int_{k-1}^{k}\sqrt{x}\mathrm{d}x + \frac{1}{2}\sqrt{n}$$

$$= \int_{0}^{n}\sqrt{x}\mathrm{d}x + \frac{1}{2}\sqrt{n} = \frac{2}{3}n\sqrt{n} + \frac{1}{2}\sqrt{n}.$$

4. 利用积分中值定理

【例 3.77】 设 $a > 0, f'(x)$ 在 $[0, a]$ 上连续, 则

$$|f(0)| \leqslant \frac{1}{a}\int_{0}^{a}|f(x)|\mathrm{d}x + \int_{0}^{a}|f'(x)|\,\mathrm{d}x.$$

证 根据积分中值定理, 存在 $\xi \in [0, a]$, 使 $\int_{0}^{a}|f(x)|\mathrm{d}x = a|f(\xi)|$. 而

$$f(\xi) - f(0) = \int_{0}^{\xi}f'(x)\mathrm{d}x,$$

所以 $|f(0)| \leqslant |f(\xi)| + \left|\int_{0}^{\xi}f'(x)\mathrm{d}x\right| \leqslant \frac{1}{a}\int_{0}^{a}|f(x)|\mathrm{d}x + \int_{0}^{a}|f'(x)|\,\mathrm{d}x.$

【例 3.78】 设 $f(x)$ 为 $[0, 1]$ 上的连续非负单调减函数, 证明: 对于 $0 < \alpha < \beta \leqslant 1$, 有

$$\int_{0}^{\alpha}f(x)\mathrm{d}x \geqslant \frac{\alpha}{\beta}\int_{\alpha}^{\beta}f(x)\mathrm{d}x.$$

证 由定积分中值定理, 有

$$\int_{0}^{\alpha}f(x)\mathrm{d}x = \alpha f(\xi_1), \quad \int_{\alpha}^{\beta}f(x)\mathrm{d}x = (\beta - \alpha)f(\xi_2) \quad (0 \leqslant \xi_1 \leqslant \alpha \leqslant \xi_2 \leqslant \beta).$$

因为 $f(x)$ 非负单调减, 故当 $\xi_1 \leqslant \xi_2$ 时, $f(\xi_1) \geqslant f(\xi_2) \geqslant 0$, 从而有

$$\beta\alpha f(\xi_1) \geqslant \alpha(\beta - \alpha)f(\xi_2), \quad \beta\int_{0}^{\alpha}f(x)\mathrm{d}x \geqslant \alpha\int_{a}^{\beta}f(x)\mathrm{d}x,$$

即 $\int_{0}^{\alpha}f(x)\mathrm{d}x \geqslant \frac{\alpha}{\beta}\int_{\alpha}^{\beta}f(x)\mathrm{d}x.$

5. 利用重积分法

【例 3.79】 证明 Cauchy 积分不等式:
$$\left[\int_a^b f(x)g(x)\mathrm{d}x\right]^2 \leqslant \int_a^b f^2(x)\mathrm{d}x \int_a^b g^2(x)\mathrm{d}x,$$
其中 $f(x), g(x)$ 均为 $[a,b]$ 上的连续函数.

证 设 $D: a \leqslant x \leqslant b, a \leqslant y \leqslant b$, 则
$$\left[\int_a^b f(x)g(x)\mathrm{d}x\right]^2 = \int_a^b f(x)g(x)\mathrm{d}x \int_a^b f(y)g(y)\mathrm{d}y$$
$$= \iint_D f(x)g(y) \cdot f(y)g(x)\mathrm{d}x\mathrm{d}y$$
$$\leqslant \iint_D \frac{1}{2}\left[f^2(x)g^2(y) + f^2(y)g^2(x)\right]\mathrm{d}x\mathrm{d}y$$
$$= \frac{1}{2}\iint_D f^2(x)g^2(y)\mathrm{d}x\mathrm{d}y + \frac{1}{2}\iint_D f^2(y)g^2(x)\mathrm{d}x\mathrm{d}y$$
$$= \frac{1}{2}\int_a^b f^2(x)\mathrm{d}x \int_a^b g^2(y)\mathrm{d}y + \frac{1}{2}\int_a^b f^2(y)\mathrm{d}y \int_a^b g^2(x)\mathrm{d}x$$
$$= \frac{1}{2}\int_a^b f^2(x)\mathrm{d}x \int_a^b g^2(x)\mathrm{d}x + \frac{1}{2}\int_a^b f^2(x)\mathrm{d}x \int_a^b g^2(x)\mathrm{d}x$$
$$= \int_a^b f^2(x)\mathrm{d}x \int_a^b g^2(x)\mathrm{d}x.$$

【注】 Cauchy 积分不等式在数学竞赛中往往被用来证明其他积分不等式.

【例 3.80】 证明: $\dfrac{\pi}{4}\left(1 - \dfrac{1}{\mathrm{e}}\right) < \left(\int_0^1 \mathrm{e}^{-x^2}\mathrm{d}x\right)^2 < \dfrac{\pi}{4}\left(1 - \mathrm{e}^{-\frac{4}{\pi}}\right)$.

证 记 $D = \{(x,y) \mid 0 \leqslant x \leqslant 1, 0 \leqslant y \leqslant 1\}$, 而 $D_1 = \{(x,y) \in D \mid x^2 + y^2 \leqslant 1, x \geqslant 0, y \geqslant 0\}$, 则
$$\left(\int_0^1 \mathrm{e}^{-x^2}\mathrm{d}x\right)^2 = \int_0^1 \mathrm{e}^{-x^2}\mathrm{d}x \int_0^1 \mathrm{e}^{-y^2}\mathrm{d}y = \iint_D \mathrm{e}^{-(x^2+y^2)}\mathrm{d}\sigma$$
$$> \iint_{D_1} \mathrm{e}^{-(x^2+y^2)}\mathrm{d}\sigma = \int_0^{\frac{\pi}{2}}\mathrm{d}\theta \int_0^1 \mathrm{e}^{-r^2} r\mathrm{d}r$$
$$= \frac{\pi}{4}\left(1 - \frac{1}{\mathrm{e}}\right).$$

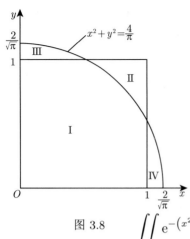

图 3.8

另一方面, 记 $D_\rho = \{(x,y) \mid x^2+y^2 \leqslant \rho^2, x \geqslant 0, y \geqslant 0\}$, 其中 $\rho > 0$, 则

$$\iint\limits_{D_\rho} e^{-(x^2+y^2)} d\sigma = \int_0^{\frac{\pi}{2}} d\theta \int_0^\rho e^{-r^2} r dr = \frac{\pi}{4}\left(1 - e^{-\rho^2}\right).$$

取 $\rho = \dfrac{2}{\sqrt{\pi}}$, 圆弧 $x^2+y^2 = \dfrac{4}{\pi}$ 将区域 D 划分成 I 与 II 两部分, D_ρ 与 D 的非重叠部分记为 III 与 IV (图 3.8), 注意到区域 II 与 III∪IV 的面积相等, 记这个面积为 A, 所以

$$\iint\limits_{II} e^{-(x^2+y^2)} d\sigma \leqslant A e^{-\rho^2} \leqslant \iint\limits_{III \cup IV} e^{-(x^2+y^2)} d\sigma.$$

于是, 有

$$\iint\limits_{D} e^{-(x^2+y^2)} d\sigma = \iint\limits_{I} e^{-(x^2+y^2)} d\sigma + \iint\limits_{II} e^{-(x^2+y^2)} d\sigma$$

$$< \iint\limits_{I} e^{-(x^2+y^2)} d\sigma + \iint\limits_{III \cup IV} e^{-(x^2+y^2)} d\sigma$$

$$= \iint\limits_{D_\rho} e^{-(x^2+y^2)} d\sigma = \frac{\pi}{4}\left(1 - e^{-\frac{4}{\pi}}\right).$$

6. 利用幂级数法

这种方法的主要特点是先利用幂级数得到相关的函数不等式, 再利用定积分性质证明积分不等式.

设函数 $f(x)$ 可以展开为 $x - x_0$ 的幂级数, 即 $f(x) = \sum\limits_{n=0}^{\infty} a_n (x-x_0)^n$, 又设 $S_n(x)$ 和 $R_n(x)$ 分别为级数的前 n 项和与余项:

$$S_n(x) = \sum_{k=0}^{n} a_k (x-x_0)^k, \quad R_n(x) = \sum_{k=n+1}^{\infty} a_n (x-x_0)^k,$$

则 $f(x) = S_n(x) + R_n(x)$.

如果 $R_n(x) < 0$, 那么 $f(x) < S_n(x)$; 如果 $R_n(x) > 0$, 那么 $f(x) > S_n(x)$.

特别, 如果 $\sum\limits_{n=0}^{\infty} a_n (x-x_0)^n$ 在其收敛域内是交错级数, $|a_n (x-x_0)^n| > |a_{n+1}(x-x_0)^{n+1}|$ 且 $\lim\limits_{n \to \infty} a_n (x-x_0)^n = 0$, 那么余项 $R_n(x)$ 与其第一项 $a_{n+1}(x-x_0)^{n+1}$ 具有相同的符号.

【例 3.81】 证明：$\dfrac{3}{5} < \displaystyle\int_0^1 e^{-x^2} dx < \dfrac{4}{5}$.

证 根据 e^{-x^2} 的幂级数展开式易知, 对于 $x \in [0,1]$, 有

$$1 - x^2 + \frac{x^4}{2!} - \frac{x^6}{3!} \leqslant e^{-x^2} \leqslant 1 - x^2 + \frac{x^4}{2!},$$

其中等号仅当 $x = 0$ 时成立. 根据定积分的性质, 得

$$\int_0^1 \left(1 - x^2 + \frac{x^4}{2!} - \frac{x^6}{3!}\right) dx < \int_0^1 e^{-x^2} dx < \int_0^1 \left(1 - x^2 + \frac{x^4}{2!}\right) dx.$$

因为

$$\int_0^1 \left(1 - x^2 + \frac{x^4}{2!} - \frac{x^6}{3!}\right) dx = 1 - \frac{1}{3} + \frac{1}{10} - \frac{1}{42} = \frac{26}{35} > \frac{3}{5},$$

$$\int_0^1 \left(1 - x^2 + \frac{x^4}{2!}\right) dx = 1 - \frac{1}{3} + \frac{1}{10} = \frac{23}{30} < \frac{4}{5},$$

所以 $\dfrac{3}{5} < \displaystyle\int_0^1 e^{-x^2} dx < \dfrac{4}{5}$.

【例 3.82】 证明：$\displaystyle\int_0^1 \frac{\sin x}{\sqrt{1-x^2}} dx < \int_0^1 \frac{\cos x}{\sqrt{1-x^2}} dx < \int_0^1 \frac{\tan x}{\sqrt{1-x^2}} dx$.

证 分别记 $I_1 = \displaystyle\int_0^1 \frac{\sin x}{\sqrt{1-x^2}} dx, I_2 = \int_0^1 \frac{\cos x}{\sqrt{1-x^2}} dx, I_3 = \int_0^1 \frac{\tan x}{\sqrt{1-x^2}} dx$.

首先, 对第一个积分作变量代换: $x = \sin t$, 再利用不等式: $\sin t < t \left(0 < t \leqslant \dfrac{\pi}{2}\right)$, 可得

$$I_1 = \int_0^{\frac{\pi}{2}} \sin(\sin t) dt < \int_0^{\frac{\pi}{2}} \sin t \, dt = 1.$$

其次, 利用幂级数 $\cos x = 1 - \dfrac{x^2}{2!} + \dfrac{x^4}{4!} - \cdots + (-1)^n \dfrac{x^{2n}}{(2n)!} + \cdots (-\infty < x < +\infty)$, 有

$$1 - \frac{x^2}{2!} < \cos x < 1 - \frac{x^2}{2!} + \frac{x^4}{4!},$$

于是, 有

$$\int_0^1 \frac{1 - \dfrac{x^2}{2!}}{\sqrt{1-x^2}} dx < I_2 < \int_0^1 \frac{1 - \dfrac{x^2}{2!} + \dfrac{x^4}{4!}}{\sqrt{1-x^2}} dx.$$

由于

$$\int_0^1 \frac{1 - \dfrac{x^2}{2!}}{\sqrt{1-x^2}} dx = \frac{1}{2} \int_0^1 \left(\frac{1}{\sqrt{1-x^2}} + \sqrt{1-x^2}\right) dx = \frac{1}{2}\left(\frac{\pi}{2} + \frac{\pi}{4}\right) = \frac{3\pi}{8},$$

$$\frac{1}{4!}\int_0^1 \frac{x^4}{\sqrt{1-x^2}}\mathrm{d}x \xlongequal{x=\sin t} \frac{1}{24}\int_0^{\frac{\pi}{2}}\sin^4 t\mathrm{d}t = \frac{\pi}{128},$$

所以

$$I_1 < 1 < \frac{3\pi}{8} < I_2 < \frac{3\pi}{8} + \frac{\pi}{128} = \frac{49\pi}{128} < 1.203.$$

最后,利用 $\tan x$ 的幂级数展开式,易知:当 $0 < x < 1$ 时, $\tan x > x + \dfrac{x^3}{3}$,所以

$$I_3 > \int_0^1 \frac{x+\dfrac{x^3}{3}}{\sqrt{1-x^2}}\mathrm{d}x \xlongequal{x=\sin t} \int_0^{\frac{\pi}{2}}\sin t\mathrm{d}t + \frac{1}{3}\int_0^{\frac{\pi}{2}}\sin^3 t\mathrm{d}t = \frac{11}{9} > 1.222 > I_2.$$

3.3 真题选讲与点评

【例 3.83】 (第九届全国初赛题,2017) 不定积分 $\displaystyle\int \frac{\mathrm{e}^{-\sin x}\sin 2x}{(1-\sin x)^2}\mathrm{d}x = $ _____.

【分析】 注意到 $\sin 2x = 2\sin x\cos x$,作变量代换:$t = \sin x$,原积分化为 $2\displaystyle\int \frac{t\mathrm{e}^{-t}}{(1-t)^2}\mathrm{d}t$,再利用分部积分法求解.

解 原式 $= 2\displaystyle\int \frac{\mathrm{e}^{-\sin x}\sin x}{(1-\sin x)^2}\mathrm{d}(\sin x) \xlongequal{\diamondsuit t=\sin x} 2\int \frac{t\mathrm{e}^{-t}}{(1-t)^2}\mathrm{d}t$. 下面用两种方法计算.

(**方法 1**) $\displaystyle\int \frac{t\mathrm{e}^{-t}}{(1-t)^2}\mathrm{d}t = \int t\mathrm{e}^{-t}\mathrm{d}\left(\frac{1}{1-t}\right) = t\mathrm{e}^{-t}\cdot\frac{1}{1-t} - \int \frac{1}{1-t}\mathrm{d}(t\mathrm{e}^{-t})$

$$= \frac{t\mathrm{e}^{-t}}{1-t} - \int \mathrm{e}^{-t}\mathrm{d}t = \frac{t\mathrm{e}^{-t}}{1-t} + \mathrm{e}^{-t} + C = \frac{\mathrm{e}^{-t}}{1-t} + C.$$

(**方法 2**) $\displaystyle\int \frac{t\mathrm{e}^{-t}}{(1-t)^2}\mathrm{d}t = \int \frac{(t-1+1)\mathrm{e}^{-t}}{(1-t)^2}\mathrm{d}t = -\int \frac{\mathrm{e}^{-t}}{1-t}\mathrm{d}t + \int \frac{\mathrm{e}^{-t}}{(1-t)^2}\mathrm{d}t$

$$= -\int \frac{\mathrm{e}^{-t}}{1-t}\mathrm{d}t + \int \mathrm{e}^{-t}\mathrm{d}\left(\frac{1}{1-t}\right)$$

$$= -\int \frac{\mathrm{e}^{-t}}{1-t}\mathrm{d}t + \left(\frac{\mathrm{e}^{-t}}{1-t} + \int \frac{\mathrm{e}^{-t}}{1-t}\mathrm{d}t\right)$$

$$= \frac{\mathrm{e}^{-t}}{1-t} + C.$$

因此,原式 $= \dfrac{2\mathrm{e}^{-t}}{1-t} + C_1 = \dfrac{2\mathrm{e}^{-\sin x}}{1-\sin x} + C_1$,其中 $C_1 = 2C$.

【例 3.84】 (第五届全国初赛题,2013) 设 $f(x)$ 在 $[a,b]$ 上具有连续导数, $|f(x)| \leqslant \pi$, 且 $f'(x) \geqslant m > 0$ $(a \leqslant x \leqslant b, m$ 为常数$)$,证明:

$$\left|\int_a^b \sin f(x)\mathrm{d}x\right| \leqslant \frac{2}{m}.$$

证 因为 $f'(x) \geqslant m > 0 \ (a \leqslant x \leqslant b)$，所以 $f(x)$ 在 $[a,b]$ 上存在严格单调增加的反函数，设为 $x = g(y)$，则 $0 < g'(y) = \dfrac{1}{f'(x)} \leqslant \dfrac{1}{m}$.

记 $A = f(a), B = f(b)$，则由 $|f(x)| \leqslant \pi$ 可知，$-\pi \leqslant A < B \leqslant \pi$. 作变量代换 $x = g(y)$，则

$$\left|\int_a^b \sin f(x)\mathrm{d}x\right| = \left|\int_A^B g'(y)\sin y\mathrm{d}y\right| \leqslant \frac{1}{m}\int_0^\pi \sin y\mathrm{d}y = \frac{2}{m}.$$

【例 3.85】（第八届全国决赛题，2017）$\displaystyle\sum_{n=1}^{100} n^{-\frac{1}{2}}$ 的整数部分为_____.

解 令 $S = \displaystyle\sum_{n=1}^{100} n^{-\frac{1}{2}}$，问题即求不超过 S 的最大整数 $[S]$. 因为

$$S = 1 + \sum_{n=2}^{100}\int_{n-1}^n n^{-\frac{1}{2}}\mathrm{d}x < 1 + \sum_{n=2}^{100}\int_{n-1}^n x^{-\frac{1}{2}}\mathrm{d}x = 1 + \int_1^{100} x^{-\frac{1}{2}}\mathrm{d}x = 19,$$

$$S = \sum_{n=1}^{100}\int_n^{n+1} n^{-\frac{1}{2}}\mathrm{d}x > \sum_{n=1}^{100}\int_n^{n+1} x^{-\frac{1}{2}}\mathrm{d}x = \int_1^{101} x^{-\frac{1}{2}}\mathrm{d}x = 2(\sqrt{101} - 1) > 18,$$

所以 $[S] = 18$.

【例 3.86】（第一届全国决赛题，2010）已知函数 $f(x)$ 在区间 $\left(\dfrac{1}{4}, \dfrac{1}{2}\right)$ 内满足 $f'(x) = \dfrac{1}{\sin^3 x + \cos^3 x}$，求 $f(x)$.

解
$$f(x) = \int \frac{1}{\sin^3 x + \cos^3 x}\mathrm{d}x = \int \frac{1}{(\sin x + \cos x)(\sin^2 x + \cos^2 x - \sin x \cos x)}\mathrm{d}x$$

$$= \int \frac{2\mathrm{d}x}{(\cos x + \sin x)[1 + (\cos x - \sin x)^2]}$$

$$= \frac{2}{3}\int \frac{\mathrm{d}x}{(\cos x + \sin x)} + \frac{2}{3}\int \frac{(\cos x + \sin x)\mathrm{d}x}{1 + (\cos x - \sin x)^2}$$

$$= \frac{\sqrt{2}}{3}\int \frac{\mathrm{d}x}{\sin\left(x + \dfrac{\pi}{4}\right)} + \frac{2}{3}\int \frac{\mathrm{d}(\sin x - \cos x)}{1 + (\sin x - \cos x)^2}$$

$$= \frac{\sqrt{2}}{3}\ln\tan\left(\frac{x}{2} + \frac{\pi}{8}\right) + \frac{2}{3}\arctan(\sin x - \cos x) + C.$$

【例 3.87】（第四届全国初赛题，2012）计算 $\displaystyle\int_0^{+\infty} \mathrm{e}^{-2x}|\sin x|\mathrm{d}x$.

【分析】 注意到 $|\sin x|$ 是周期为 π 的周期函数, 所以应考虑先计算有限个区间上的定积分, 再利用广义积分的定义求解.

【解】 对任意 $t > 0$, 必存在正整数 n, 使得 $n\pi < t \leqslant (n+1)\pi$, 从而有

$$\int_0^{n\pi} e^{-2x} |\sin x| dx \leqslant \int_0^t e^{-2x} |\sin x| dx \leqslant \int_0^{(n+1)\pi} e^{-2x} |\sin x| dx. \qquad ①$$

由于

$$\int_0^{n\pi} e^{-2x}|\sin x|dx = \sum_{k=1}^n \int_{(k-1)\pi}^{k\pi} e^{-2x}|\sin x|dx = \sum_{k=1}^n \int_{(k-1)\pi}^{k\pi} (-1)^{k-1} e^{-2x} \sin x dx$$

$$= \frac{1}{5}\sum_{k=1}^n (-1)^k e^{-2x}(\cos x + 2\sin x)\bigg|_{(k-1)\pi}^{k\pi}$$

$$= \frac{e^{2\pi}+1}{5}\sum_{k=1}^n e^{-2k\pi} = \frac{e^{2\pi}+1}{5(e^{2\pi}-1)}\left(1 - e^{-2n\pi}\right),$$

所以

$$\lim_{n\to\infty}\int_0^{n\pi} e^{-2x}|\sin x|dx = \lim_{n\to\infty}\int_0^{(n+1)\pi} e^{-2x}|\sin x|dx = \frac{1+e^{2\pi}}{5(e^{2\pi}-1)}.$$

注意到, 当 $t \to +\infty$ 时, $n \to \infty$, 因此由①式利用夹逼准则, 得

$$\int_0^{+\infty} e^{-2x}|\sin x|dx = \lim_{t\to+\infty}\int_0^t e^{-2x}|\sin x|dx = \frac{e^{2\pi}+1}{5(e^{2\pi}-1)}.$$

【例 3.88】(第二届全国决赛题, 2011) 问是否存在区间 $[0,2]$ 上的连续可微函数 $f(x)$, 且满足 $f(0) = f(2) = 1, |f'(x)| \leqslant 1, \left|\int_0^2 f(x)dx\right| \leqslant 1$? 请说明理由.

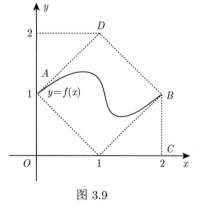

图 3.9

【分析】 本题给出的条件从几何上表明: 光滑曲线段 $y = f(x) (0 \leqslant x \leqslant 2)$ 应嵌在一正方形之中 (图 3.9). 显然, 折线段 $A1B$ 的方程为

$$y = g(x) = \begin{cases} 1-x, & 0 \leqslant x \leqslant 1, \\ x-1, & 1 < x \leqslant 2, \end{cases}$$

且曲边梯形 $OABC$ 的面积大于曲边梯形 $OA1BC$ 的面积, 即

$$\int_0^2 f(x)dx > \int_0^2 g(x)dx = 1.$$

因此, 从几何直观上分析, 这样的函数不存在.

解 这样的函数不存在. 假设存在这样的函数 $f(x)$, 则由 $|f'(x)| \leqslant 1$, 得 $-1 \leqslant f'(x) \leqslant 1$. 对 $f(x)$ 分别在区间 $[0,1]$ 与 $[1,2]$ 上应用 Lagrange 中值定理, 并利用 $f(0) = f(2) = 1$, 得

$$f(x) = f(0) + xf'(\xi_1) \geqslant 1 - x \quad (0 < \xi_1 < x \leqslant 1),$$

$$f(x) = f(2) + (x-2)f'(\xi_2) \geqslant x - 1 \quad (1 \leqslant x < \xi_2 < 2).$$

令 $g(x) = \begin{cases} 1-x, & 0 \leqslant x \leqslant 1, \\ x-1, & 1 < x \leqslant 2, \end{cases}$ 则 $f(x) \geqslant g(x), x \in [0,2]$. 所以

$$1 \geqslant \int_0^2 f(x)\mathrm{d}x \geqslant \int_0^2 g(x)\mathrm{d}x = \int_0^1 (1-x)\mathrm{d}x + \int_1^2 (x-1)\mathrm{d}x = 1,$$

由此得

$$\int_0^2 [f(x) - g(x)]\mathrm{d}x = 0,$$

从而有 $f(x) \equiv g(x)(0 \leqslant x \leqslant 2)$. 但在 $x = 1$ 处 $f(x)$ 可导而 $g(x)$ 不可导, 矛盾.

因此, 满足题设条件的函数不存在.

【注】 结合上述几何直观上分析, 类似地可证：设函数 $f(x)$ 在 $[0,2]$ 上连续, 在 $(0,2)$ 内可导, $f(0) = f(2) = 1$, 且 $|f'(x)| \leqslant 1$. 求证: $1 < \int_0^2 f(x)\mathrm{d}x < 3$.

【例 3.89】 (第十四届全国初赛补赛题, 2022) 设曲线 $C: x^3 + y^3 - \dfrac{3}{2}xy = 0$.

(1) 已知曲线 C 存在斜渐近线, 求其斜渐近线的方程;

(2) 求由曲线 C 所围成的平面图形的面积.

解 (1) 斜渐近线的方程为 $y = kx + b$, 其中 $k = \lim\limits_{x \to \infty} \dfrac{y}{x}$, $b = \lim\limits_{x \to \infty}(y - kx)$.

由方程 $x^3 + y^3 - \dfrac{3}{2}xy = 0$ 得 $1 + \left(\dfrac{y}{x}\right)^3 - \dfrac{3}{2x} \cdot \dfrac{y}{x} = 0$. 两边取极限 $x \to \infty$, 得 $k = \lim\limits_{x \to \infty} \dfrac{y}{x} = -1$.

令 $t = y + x$, 则 $y = t - x$, 代入 C 的方程并整理, 可得 $\dfrac{t^3}{3x^2} - \dfrac{t^2}{x} + t - \dfrac{t}{2x} = -\dfrac{1}{2}$. 两边取极限 $x \to \infty$, 注意到 $t \to b$, 得 $b = -\dfrac{1}{2}$. 因此, 曲线 C 的斜渐近线方程为 $x + y + \dfrac{1}{2} = 0$.

(2) 曲线 C 是 Descartes (笛卡儿) 叶形线 (图 3.10), 其极坐标方程为

$$r = \dfrac{3}{2} \cdot \dfrac{\cos\theta \sin\theta}{\cos^3\theta + \sin^3\theta} \quad \left(0 \leqslant \theta \leqslant \dfrac{\pi}{2}\right).$$

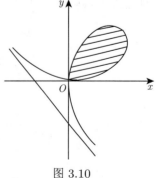

图 3.10

曲线 C 所围成的平面图形的面积为

$$A = \frac{1}{2}\int_0^{\frac{\pi}{2}} [r(\theta)]^2 \mathrm{d}\theta = \frac{9}{8}\int_0^{\frac{\pi}{2}} \frac{\cos^2\theta \sin^2\theta}{(\cos^3\theta + \sin^3\theta)^2} \mathrm{d}\theta$$

$$= \frac{9}{8}\int_0^{\frac{\pi}{2}} \frac{\tan^2\theta \mathrm{d}(\tan\theta)}{(1+\tan^3\theta)^2} = \frac{9}{8}\left(-\frac{1}{3} \cdot \frac{1}{1+\tan^3\theta}\right)_0^{\frac{\pi}{2}}$$

$$= \frac{3}{8}.$$

【注】 一般地，Descartes 叶形线的方程为

$$x^3 + y^3 - 3axy = 0 \quad (a > 0),$$

其参数方程为 $x = \dfrac{3at}{1+t^3}, y = \dfrac{3at^2}{1+t^3}$. 本题是 $a = \dfrac{1}{2}$ 的情形.

【例 3.90】(第十届全国初赛题, 2018) 证明：对于连续函数 $f(x) > 0$, 有

$$\ln \int_0^1 f(x)\mathrm{d}x \geqslant \int_0^1 \ln f(x)\mathrm{d}x.$$

证 (方法 1) 对 $\ln x$ 利用 Taylor 公式, 有

$$\ln x = \ln x_0 + \frac{1}{x_0}(x - x_0) - \frac{1}{2\xi^2}(x - x_0)^2 \quad (\text{其中 } \xi \text{ 介于 } x_0 \text{ 与 } x \text{ 之间})$$

$$\leqslant \ln x_0 + \frac{1}{x_0}(x - x_0).$$

取 $x_0 = \displaystyle\int_0^1 f(t)\mathrm{d}t, x = f(t)$, 则 $x_0 > 0, x > 0$. 代入上式, 得

$$\ln f(t) \leqslant \ln \int_0^1 f(t)\mathrm{d}t + \frac{1}{x_0}[f(t) - x_0].$$

对上式两端从 0 到 1 积分, 得

$$\int_0^1 \ln f(t)\mathrm{d}t \leqslant \ln \int_0^1 f(t)\mathrm{d}t + \frac{1}{x_0}\left[\int_0^1 f(t)\mathrm{d}t - x_0\right]$$

$$= \ln \int_0^1 f(t)\mathrm{d}t,$$

亦即 $\ln \displaystyle\int_0^1 f(x)\mathrm{d}x \geqslant \int_0^1 \ln f(x)\mathrm{d}x$.

(方法 2) 将区间 $[0, 1]$ 进行 n 等分, 分点为 $x_k = \dfrac{k}{n}$, 记 $f(x_k) = f_k (k = 1, 2, \cdots, n)$, 根据定积分的定义, 得

$$\int_0^1 f(x)\mathrm{d}x = \lim_{n\to\infty}\sum_{k=1}^n f(x_k)\frac{1}{n} = \lim_{n\to\infty}\frac{1}{n}(f_1+f_2+\cdots+f_n),\qquad ①$$

$$\int_0^1 \ln f(x)\mathrm{d}x = \lim_{n\to\infty}\sum_{k=1}^n \ln f(x_k)\frac{1}{n} = \lim_{n\to\infty}\frac{1}{n}(\ln f_1+\ln f_2+\cdots+\ln f_n).\qquad ②$$

利用 Cauchy 平均值不等式, 有

$$\frac{1}{n}(f_1+f_2+\cdots+f_n) \geqslant \sqrt[n]{f_1\cdot f_2\cdots f_n}.$$

对上式取对数, 并利用函数 $\ln x$ 的单调性, 得

$$\ln\left[\frac{1}{n}(f_1+f_2+\cdots+f_n)\right] \geqslant \frac{1}{n}(\ln f_1+\ln f_2+\cdots+\ln f_n).$$

两边取极限, 并结合①式和②式, 得

$$\ln\int_0^1 f(x)\mathrm{d}x = \ln\left(\lim_{n\to\infty}\frac{1}{n}\sum_{k=1}^n f_k\right) \geqslant \lim_{n\to\infty}\frac{1}{n}\sum_{k=1}^n \ln f_k = \int_0^1 \ln f(x)\mathrm{d}x.$$

【注】 本题的一般情形即**积分形式的 Jensen 不等式**, 详见本章例 3.71.

【例 3.91】(第八届全国决赛题, 2017) 曲线 $L_1: y = \frac{1}{3}x^3 + 2x\ (0\leqslant x\leqslant 1)$ 绕直线 $L_2: y = \frac{4}{3}x$ 旋转所生成的旋转曲面的面积为_____.

解 利用微元法. 在曲线 L_1 上任意点 (x,y) 到直线 L_2 的距离为

$$d(x) = \frac{|4x-3y|}{\sqrt{4^2+(-3)^2}} = \frac{1}{5}x(2+x^2),$$

曲线 L_1 上的弧长微元 $\mathrm{d}s = \sqrt{1+(y')^2}\mathrm{d}x = \sqrt{1+(2+x^2)^2}\mathrm{d}x$, 因此, 旋转曲面的面积为

$$A = 2\pi\int_0^1 d(x)\sqrt{1+(y')^2}\mathrm{d}x = \frac{2\pi}{5}\int_0^1 x(2+x^2)\sqrt{1+(2+x^2)^2}\mathrm{d}x.$$

作变量代换: $t = 2+x^2$, 则

$$A = \frac{\pi}{5}\int_2^3 t\sqrt{1+t^2}\mathrm{d}t = \frac{\pi}{15}(1+t^2)^{\frac{3}{2}}\Big|_2^3 = \frac{\sqrt{5}(2\sqrt{2}-1)}{3}\pi.$$

【例 3.92】(第十一届全国决赛题, 2021) 设函数 $f(x)$ 在区间 $[0,1]$ 上具有连续的一阶导数, $f(0) = f(1) = 0$, 且满足 $\int_0^1 [f'(x)]^2\mathrm{d}x - 8\int_0^1 f(x)\mathrm{d}x + \frac{4}{3} = 0$, 则 $f(x) =$ _____.

【分析】 注意到 $\int_0^1 f(x)\mathrm{d}x = -\int_0^1 xf'(x)\mathrm{d}x$, 所以可根据题设等式"凑"一个简单的函数 $g(x)$, 使得 $\int_0^1 [f'(x)-g(x)]^2 \mathrm{d}x = 0$, 从而有 $f'(x) = g(x)$. 再积分即可得 $f(x)$.

解 因为 $f'(x)$ 在 $[0,1]$ 上连续, 所以 $\int_0^1 f'(x)\mathrm{d}x = f(1) - f(0) = 0$. 又由于

$$\int_0^1 f(x)\mathrm{d}x = xf(x)\big|_0^1 - \int_0^1 xf'(x)\mathrm{d}x = -\int_0^1 xf'(x)\mathrm{d}x,$$

故对任意常数 a, 都有

$$\int_0^1 [f'(x)]^2 \mathrm{d}x - 8\int_0^1 f(x)\mathrm{d}x = \int_0^1 [f'(x)]^2 \mathrm{d}x + 8\int_0^1 xf'(x)\mathrm{d}x + a\int_0^1 f'(x)\mathrm{d}x$$

$$= \int_0^1 [f'(x)]^2 \mathrm{d}x - 2\int_0^1 \left(-4x + \frac{a}{2}\right) f'(x)\mathrm{d}x.$$

令 $g(x) = -4x + \dfrac{a}{2}$, 使得 $\int_0^1 [g(x)]^2 \mathrm{d}x = \dfrac{4}{3}$, 即 $(a-4)^2 = 0$. 这只需取 $a = 4$. 因此

$$\int_0^1 [f'(x)]^2 \mathrm{d}x - 8\int_0^1 f(x)\mathrm{d}x + \frac{4}{3} = \int_0^1 [f'(x) - g(x)]^2 \mathrm{d}x = 0,$$

从而有 $f'(x) = g(x) = -4x + 2$. 由此得

$$f(x) = f(0) + \int_0^x f'(t)\mathrm{d}t = \int_0^x (-4t + 2)\mathrm{d}t = 2x - 2x^2.$$

【例 3.93】(第八届全国决赛题, 2017) 设 $f(x)$ 为 $(-\infty, +\infty)$ 上连续的、周期为 1 的周期函数, 且满足 $0 \leqslant f(x) \leqslant 1$ 与 $\int_0^1 f(x)\mathrm{d}x = 1$. 证明: 当 $0 \leqslant x \leqslant 13$ 时, 有

$$\int_0^{\sqrt{x}} f(t)\mathrm{d}t + \int_0^{\sqrt{x+27}} f(t)\mathrm{d}t + \int_0^{\sqrt{13-x}} f(t)\mathrm{d}t \leqslant 11.$$

证 根据题设条件 $0 \leqslant f(x) \leqslant 1$, 可得

$$\int_0^{\sqrt{x}} f(t)\mathrm{d}t + \int_0^{\sqrt{x+27}} f(t)\mathrm{d}t + \int_0^{\sqrt{13-x}} f(t)\mathrm{d}t \leqslant \sqrt{x} + \sqrt{x+27} + \sqrt{13-x}.$$

利用 Cauchy 不等式: $\left(\sum\limits_{i=1}^n a_i b_i\right)^2 \leqslant \sum\limits_{i=1}^n a_i^2 \sum\limits_{i=1}^n b_i^2$, 等号当 a_i 与 b_i 对应成比例时成立, 有

$$\sqrt{x} + \sqrt{x+27} + \sqrt{13-x} = 1 \cdot \sqrt{x} + \sqrt{2} \cdot \sqrt{\frac{1}{2}(x+27)} + \sqrt{\frac{2}{3}} \cdot \sqrt{\frac{3}{2}(13-x)}$$

$$\leqslant \sqrt{1+2+\frac{2}{3}} \cdot \sqrt{x+\frac{1}{2}(x+27)+\frac{3}{2}(13-x)}$$
$$= 11,$$

且等号成立的充分必要条件是

$$\frac{\sqrt{x}}{1} = \frac{\sqrt{\frac{1}{2}(x+27)}}{\sqrt{2}} = \frac{\sqrt{\frac{3}{2}(13-x)}}{\sqrt{\frac{2}{3}}},$$

解得 $x=9$. 进一步, 当 $x=9$ 时, 根据 $f(x)$ 的周期性及 $\int_0^1 f(x)\mathrm{d}x=1$, 可得

$$\int_0^{\sqrt{x}} f(t)\mathrm{d}t + \int_0^{\sqrt{x+27}} f(t)\mathrm{d}t + \int_0^{\sqrt{13-x}} f(t)\mathrm{d}t$$
$$= \int_0^3 f(t)\mathrm{d}t + \int_0^6 f(t)\mathrm{d}t + \int_0^2 f(t)\mathrm{d}t$$
$$= 3\int_0^1 f(t)\mathrm{d}t + 6\int_0^1 f(t)\mathrm{d}t + 2\int_0^1 f(t)\mathrm{d}t = 11,$$

因此, 当且仅当 $x=9$ 时不等式取等号.

【例 3.94】(第六届全国初赛题, 2014) 设 $f(x)$ 在区间 $[a,b]$ 上非负连续、严格单调增加, 且对任意的 $n\in\mathbb{N}$, 存在 $x_n\in[a,b]$ 使得 $[f(x_n)]^n = \frac{1}{b-a}\int_a^b [f(x)]^n \mathrm{d}x$, 求极限 $\lim_{n\to\infty} x_n$.

解 根据题设条件及积分中值定理的几何意义, 可推断出 $\lim_{n\to\infty} x_n = b$, 下证之.

$\forall \varepsilon > 0$, 可要求 $\varepsilon < \frac{b-a}{2}$, 由于 $f(b-2\varepsilon) < f(b-\varepsilon)$, 故存在正整数 N, 当 $n>N$ 时, 有

$$0 < \left[\frac{f(b-2\varepsilon)}{f(b-\varepsilon)}\right]^n < \frac{\varepsilon}{b-a}.$$

从而有

$$f^n(b-2\varepsilon) < \frac{\varepsilon}{b-a}f^n(b-\varepsilon) = \frac{1}{b-a}\int_{b-\varepsilon}^b f^n(b-\varepsilon)\mathrm{d}x$$
$$\leqslant \frac{1}{b-a}\int_{b-\varepsilon}^b f^n(x)\mathrm{d}x \leqslant \frac{1}{b-a}\int_a^b f^n(x)\mathrm{d}x = f^n(x_n).$$

因为 $f(x)$ 严格单增, 所以 $b-2\varepsilon < x_n$. 又总有 $x_n < b+2\varepsilon$. 于是, 当 $n>N$ 时, 有 $|x_n - b| < 2\varepsilon$. 这就证得 $\lim_{n\to\infty} x_n = b$.

【例 3.95】(第七届全国初赛题, 2015) 设函数 $f(x)$ 在 $[0,1]$ 上连续, 且 $\int_0^1 f(x)\mathrm{d}x = 0$, $\int_0^1 xf(x)\mathrm{d}x = 1$. 试证:

(1) 存在 $x_0 \in [0,1]$, 使得 $|f(x_0)| > 4$;

(2) 存在 $x_1 \in [0,1]$, 使得 $|f(x_1)| = 4$.

证 (1) 用反证法. 假设在 $[0,1]$ 上恒有 $|f(x)| \leqslant 4$, 则由题设条件可得

$$1 = \left|\int_0^1 \left(x - \frac{1}{2}\right) f(x)\mathrm{d}x\right| \leqslant \int_0^1 \left|\left(x - \frac{1}{2}\right) f(x)\right|\mathrm{d}x \leqslant 4 \int_0^1 \left|x - \frac{1}{2}\right| \mathrm{d}x = 1.$$

所以

$$\int_0^1 \left|\left(x - \frac{1}{2}\right) f(x)\right| \mathrm{d}x = 4\int_0^1 \left|x - \frac{1}{2}\right| \mathrm{d}x = 1,$$

$$\int_0^1 \left|x - \frac{1}{2}\right|(4 - |f(x)|)\mathrm{d}x = 0.$$

由于被积函数非负连续, 且积分值为零, 所以被积函数恒为零, 从而有 $f(x) \equiv 4$ 或 $f(x) \equiv -4$, 此与条件 $\int_0^1 f(x)\mathrm{d}x = 0$ 矛盾. 因此, 存在 $x_0 \in [0,1]$ 使得 $|f(x_0)| > 4$.

(2) 根据题设, $f(x)$ 为连续函数, 且 $\int_0^1 f(x)\mathrm{d}x = 0$, 利用积分中值定理, 存在 $\xi \in (0,1)$, 使得 $f(\xi) = 0$. 结合 (1) 的结论, 有 $|f(x_0)| > 4 > |f(\xi)|$. 对连续函数 $|f(x)|$ 利用介值定理, 存在介于 x_0 与 ξ 之间的 x_1, 即 $x_1 \in [0,1]$, 使得 $|f(x_1)| = 4$.

【例 3.96】(第九届全国初赛题, 2017) 设 $f(x)$ 是 $(-\infty, +\infty)$ 上的连续正值函数, 且对任意 $t \in (-\infty, +\infty)$, 都有 $\int_{-\infty}^{+\infty} \mathrm{e}^{-|t-x|} f(x)\mathrm{d}x \leqslant 1$. 证明: 对任意 $a, b > 0$ 且 $a < b$, 有

$$\int_a^b f(x)\mathrm{d}x \leqslant \frac{b-a}{2} + 1.$$

证 对任意 $t \in (-\infty, +\infty)$ 及对任意 $a, b > 0$ 且 $a < b$, 根据题设条件, 得

$$\int_a^b \mathrm{e}^{-|t-x|} f(x)\mathrm{d}x \leqslant \int_{-\infty}^{+\infty} \mathrm{e}^{-|t-x|} f(x)\mathrm{d}x \leqslant 1. \qquad ①$$

对上式两端关于 t 作定积分, 得

$$\int_a^b \left(\int_a^b \mathrm{e}^{-|t-x|} f(x)\mathrm{d}x\right) \mathrm{d}t \leqslant b - a.$$

交换二次积分次序, 得

$$\int_a^b \left(\int_a^b e^{-|t-x|} dt \right) f(x) dx \leqslant b - a. \qquad ②$$

经直接计算, 有

$$\int_a^b e^{-|t-x|} dt = \int_a^x e^{t-x} dt + \int_x^b e^{x-t} dt = 2 - e^{a-x} - e^{x-b}.$$

代入②式并整理再利用①式, 得

$$\int_a^b f(x) dx \leqslant \frac{b-a}{2} + \frac{1}{2} \int_a^b e^{a-x} f(x) dx + \frac{1}{2} \int_a^b e^{x-b} f(x) dx$$

$$= \frac{b-a}{2} + \frac{1}{2} \int_a^b e^{-|a-x|} f(x) dx + \frac{1}{2} \int_a^b e^{-|b-x|} f(x) dx$$

$$\leqslant \frac{b-a}{2} + \frac{1}{2} + \frac{1}{2} = \frac{b-a}{2} + 1.$$

【例 3.97】(第十届全国初赛题, 2018) 设 $f(x)$ 在区间 $[0,1]$ 上连续, 且 $1 \leqslant f(x) \leqslant 3$. 证明:

$$1 \leqslant \int_0^1 f(x) dx \int_0^1 \frac{dx}{f(x)} \leqslant \frac{4}{3}.$$

证 利用 Cauchy 积分不等式, 得

$$\int_0^1 f(x) dx \int_0^1 \frac{dx}{f(x)} \geqslant \left(\int_0^1 \sqrt{f(x)} \sqrt{\frac{1}{f(x)}} dx \right)^2 = 1.$$

另一方面, 由 $1 \leqslant f(x) \leqslant 3$ 得 $[f(x) - 1][f(x) - 3] \leqslant 0$, 由此得 $f(x) + \frac{3}{f(x)} \leqslant 4$, 所以

$$\int_0^1 f(x) dx + \int_0^1 \frac{3}{f(x)} dx \leqslant 4.$$

利用平均值不等式, 得 $\int_0^1 f(x) dx \int_0^1 \frac{3}{f(x)} dx \leqslant \frac{1}{4} \left(\int_0^1 f(x) dx + \int_0^1 \frac{3}{f(x)} dx \right)^2 = 4$, 即

$$\int_0^1 f(x) dx \int_0^1 \frac{dx}{f(x)} \leqslant \frac{4}{3}.$$

【注】 这是 Kantorovich 不等式的特别情形 $(m = 1, M = 3)$, 详见本章例 3.73.

【例 3.98】(第十四届全国初赛题, 2022) 证明: 对任意正整数 n, 恒有

$$\int_0^{\frac{\pi}{2}} x \left(\frac{\sin nx}{\sin x} \right)^4 dx \leqslant \left(\frac{n^2}{4} - \frac{1}{8} \right) \pi^2.$$

证 首先, 利用归纳法易证: 当 $n \geq 1$ 时, $|\sin nx| \leq n \sin x \left(0 \leq x \leq \dfrac{\pi}{2}\right)$.

当 $n = 1$ 时, $\int_0^{\frac{\pi}{2}} x \mathrm{d}x = \dfrac{\pi^2}{8}$, 等号成立.

当 $n > 1$ 时, 因为 $|\sin nx| \leq 1$ 及 $\sin x \geq \dfrac{2}{\pi} x \left(0 \leq x \leq \dfrac{\pi}{2}\right)$, 所以

$$\int_0^{\frac{\pi}{2}} x \left(\dfrac{\sin nx}{\sin x}\right)^4 \mathrm{d}x = \int_0^{\frac{\pi}{2n}} x \left(\dfrac{\sin nx}{\sin x}\right)^4 \mathrm{d}x + \int_{\frac{\pi}{2n}}^{\frac{\pi}{2}} x \left(\dfrac{\sin nx}{\sin x}\right)^4 \mathrm{d}x$$

$$\leq n^4 \int_0^{\frac{\pi}{2n}} x \mathrm{d}x + \int_{\frac{\pi}{2n}}^{\frac{\pi}{2}} x \left(\dfrac{1}{2x/\pi}\right)^4 \mathrm{d}x = \dfrac{n^4}{2} \left(\dfrac{\pi}{2n}\right)^2 + \dfrac{\pi^4}{16} \int_{\frac{\pi}{2n}}^{\frac{\pi}{2}} \dfrac{\mathrm{d}x}{x^3}$$

$$= \dfrac{n^2 \pi^2}{8} + \dfrac{\pi^4}{16} \cdot \dfrac{1}{-2x^2} \bigg|_{\frac{\pi}{2n}}^{\frac{\pi}{2}} = \dfrac{n^2 \pi^2}{8} - \dfrac{\pi^4}{16} \left(\dfrac{2}{\pi^2} - \dfrac{2n^2}{\pi^2}\right)$$

$$= \left(\dfrac{n^2}{4} - \dfrac{1}{8}\right) \pi^2.$$

【例 3.99】(第十一届全国决赛题, 2021) 设函数 $f(x)$ 在区间 $[0, 1]$ 上具有连续导数, 且满足 $\int_0^1 f(x) \mathrm{d}x = \dfrac{5}{2}, \int_0^1 x f(x) \mathrm{d}x = \dfrac{3}{2}$, 证明: 存在 $\xi \in (0, 1)$, 使得 $f'(\xi) = 3$.

【分析】 先利用待定系数法, 确定一个函数 $g(x) = x^2 + ax + b$, 使得 $g(x)$ 在 $[0, 1]$ 上不变号, 且 $\int_0^1 g(x) [f'(x) - 3] \mathrm{d}x = 0$, 再根据积分中值定理即可证得结论.

解 令 $g(x) = x^2 + ax + b$, 使得 $\int_0^1 g(x) [f'(x) - 3] \mathrm{d}x = 0$, 其中 a, b 待定. 易知

$$\int_0^1 g(x) [f'(x) - 3] \mathrm{d}x = g(x)[f(x) - 3x] \bigg|_0^1 - \int_0^1 g'(x)[f(x) - 3x] \mathrm{d}x$$

$$= (a + b + 1)[f(1) - 3] - f(0)b - \int_0^1 (2x + a)[f(x) - 3x] \mathrm{d}x, \quad ①$$

根据题设条件 $\int_0^1 f(x) \mathrm{d}x = \dfrac{5}{2}, \int_0^1 x f(x) \mathrm{d}x = \dfrac{3}{2}$, 有

$$\int_0^1 (2x + a)[f(x) - 3x] \mathrm{d}x = 2 \int_0^1 x f(x) \mathrm{d}x + a \int_0^1 f(x) \mathrm{d}x - 3 \int_0^1 x(2x + a) \mathrm{d}x$$

$$= 3 + \dfrac{5a}{2} - \left(2 + \dfrac{3a}{2}\right) = 1 + a, \quad ②$$

把②式代入①式, 得

$$\int_0^1 g(x) [f'(x) - 3] \mathrm{d}x = (a + b + 1)[f(1) - 3] - f(0)b - (1 + a) = 0.$$

令 $a+b+1=0, b=0, 1+a=0$, 解得 $a=-1, b=0$. 所以 $g(x) = x(x-1)$, 从而有
$$\int_0^1 x(x-1)[f'(x)-3]\mathrm{d}x = 0.$$
根据积分中值定理, 存在 $\xi \in (0,1)$, 使得 $\xi(\xi-1)[f'(\xi)-3]$, 所以 $f'(\xi) = 3$.

【例 3.100】 (第十届全国决赛题, 2019) 设 $f(x)$ 在 $(-\infty, +\infty)$ 上具有连续导数, 且 $|f(x)| \leqslant 1, f'(x) > 0, x \in (-\infty, +\infty)$. 证明: 对于 $0 < \alpha < \beta$, 有
$$\lim_{n \to \infty} \int_\alpha^\beta f'\left(nx - \frac{1}{x}\right) \mathrm{d}x = 0.$$

证 令 $y(x) = x - \dfrac{1}{nx}$, 则 $y'(x) = 1 + \dfrac{1}{nx^2} > 0$, 所以函数 $y(x)$ 在 $[\alpha, \beta]$ 上严格单调增加. 记 $y(x)$ 的反函数为 $x(y)$, 则 $x(y)$ 定义在 $\left[\alpha - \dfrac{1}{n\alpha}, \beta - \dfrac{1}{n\beta}\right]$ 上, 且 $x'(y) = \dfrac{1}{y'(x)} = \dfrac{nx^2}{1+nx^2} > 0$. 因此
$$\int_\alpha^\beta f'\left(nx - \frac{1}{x}\right)\mathrm{d}x = \int_{\alpha - \frac{1}{n\alpha}}^{\beta - \frac{1}{n\beta}} f'(ny)x'(y)\mathrm{d}y.$$

根据积分中值定理, 存在 $\xi_n \in \left[\alpha - \dfrac{1}{n\alpha}, \beta - \dfrac{1}{n\beta}\right]$, 使得
$$\left|\int_{\alpha - \frac{1}{n\alpha}}^{\beta - \frac{1}{n\beta}} f'(ny)x'(y)\mathrm{d}y\right| = \left|x'(\xi_n) \int_{\alpha - \frac{1}{n\alpha}}^{\beta - \frac{1}{n\beta}} f'(ny)\mathrm{d}y\right|$$
$$= \frac{x'(\xi_n)}{n}\left|f\left(n\beta - \frac{1}{\beta}\right) - f\left(n\alpha - \frac{1}{\alpha}\right)\right| \leqslant \frac{2}{n} \cdot \frac{n\xi_n^2}{1+n\xi_n^2} \leqslant \frac{2}{n}.$$

因此
$$\left|\int_\alpha^\beta f'\left(nx - \frac{1}{x}\right)\mathrm{d}x\right| \leqslant \frac{2}{n}.$$

根据夹逼准则, 得 $\lim\limits_{n \to \infty} \int_\alpha^\beta f'\left(nx - \dfrac{1}{x}\right)\mathrm{d}x = 0$.

【例 3.101】 (第十二届全国决赛题, 2021) 设 $f(x), g(x)$ 是 $[0,1] \to [0,1]$ 的连续函数, 且 $f(x)$ 单调增加, 求证:
$$\int_0^1 f(g(x))\mathrm{d}x \leqslant \int_0^1 f(x)\mathrm{d}x + \int_0^1 g(x)\mathrm{d}x.$$

证 (**方法 1**) 设 $F(x) = f(x) - x$, 则 $F(x)$ 是 $[0,1]$ 上的连续函数, 因此问题转化为证明
$$\int_0^1 [F(g(x)) - F(x)]\mathrm{d}x \leqslant \int_0^1 x\mathrm{d}x = \frac{1}{2},$$

这只需证明 $\max\limits_{0\leqslant x\leqslant 1} F(x) - \int_0^1 F(x)\mathrm{d}x \leqslant \dfrac{1}{2}$, 即 $\int_0^1 F(x)\mathrm{d}x \geqslant \max\limits_{0\leqslant x\leqslant 1} F(x) - \dfrac{1}{2}$.

设 $\max\limits_{0\leqslant x\leqslant 1} F(x) = F(x_0) = A$, 由于 $0\leqslant f(x)\leqslant 1$, 所以 $-x \leqslant F(x) \leqslant 1-x$. 因为 $f(x)$ 单调增加, 当 $x\in [x_0, 1]$ 时, $f(x)\geqslant f(x_0)$, 即 $F(x) + x \geqslant F(x_0) + x_0 = A + x_0$, 所以

$$\int_0^1 F(x)\mathrm{d}x = \int_0^{x_0} F(x)\mathrm{d}x + \int_{x_0}^1 F(x)\mathrm{d}x \geqslant \int_0^{x_0}(-x)\mathrm{d}x + \int_{x_0}^1 (A + x_0 - x)\,\mathrm{d}x$$

$$= A - \dfrac{1}{2} + x_0[1 - f(x_0)] \geqslant A - \dfrac{1}{2} = \max\limits_{0\leqslant x\leqslant 1} F(x) - \dfrac{1}{2}.$$

(**方法 2**) 利用积分中值定理, 存在 $\xi\in [0,1]$, 使得

$$\int_0^1 [f(g(x)) - g(x)]\mathrm{d}x = f(g(\xi)) - g(\xi).$$

记 $\delta = g(\xi)$, 则 $0 \leqslant \delta \leqslant 1$. 注意到 $0 \leqslant f(x) \leqslant 1$, 且 $f(x)$ 单调增加, 所以

$$\int_0^1 f(g(x))\mathrm{d}x = f(\delta) - \delta + \int_0^1 g(x)\mathrm{d}x \leqslant f(\delta)(1-\delta) + \int_0^1 g(x)\mathrm{d}x$$

$$= \int_\delta^1 f(\delta)\mathrm{d}x + \int_0^1 g(x)\mathrm{d}x \leqslant \int_\delta^1 f(x)\mathrm{d}x + \int_0^1 g(x)\mathrm{d}x$$

$$\leqslant \int_0^1 f(x)\mathrm{d}x + \int_0^1 g(x)\mathrm{d}x.$$

【**例 3.102**】(第三届全国决赛题, 2012) 讨论 $\displaystyle\int_0^{+\infty} \dfrac{x}{\cos^2 x + x^\alpha \sin^2 x}\mathrm{d}x$ 的敛散性, 其中 α 是一个实常数.

解 令 $f(x) = \dfrac{x}{\cos^2 x + x^\alpha \sin^2 x}$, 因为 $f(x)$ 在 $[0, +\infty)$ 上连续, 所以定积分 $\displaystyle\int_0^1 f(x)\mathrm{d}x$ 存在, 故只需讨论 $\displaystyle\int_1^{+\infty} f(x)\mathrm{d}x$ 的敛散性.

(1) 若 $\alpha \leqslant 0$, 则 $f(x) \geqslant \dfrac{x}{2} \geqslant \dfrac{1}{2}$. 根据比较判别法可知, 积分 $\displaystyle\int_1^{+\infty} f(x)\mathrm{d}x$ 发散.

(2) 若 $\alpha > 0$, 记 $a_n = \displaystyle\int_{n\pi}^{(n+1)\pi} f(x)\mathrm{d}x$, 因为 $f(x) > 0$, 所以积分 $\displaystyle\int_1^{+\infty} f(x)\mathrm{d}x$ 与级数 $\displaystyle\sum_{n=1}^\infty a_n$ 具有相同的敛散性. 下面讨论 $\displaystyle\sum_{n=1}^\infty a_n$ 的敛散性. 对于 a_n, 显然有

$$\int_{n\pi}^{(n+1)\pi} \dfrac{n\pi}{\cos^2 x + ((n+1)\pi)^\alpha \sin^2 x}\mathrm{d}x \leqslant a_n \leqslant \int_{n\pi}^{(n+1)\pi} \dfrac{(n+1)\pi}{\cos^2 x + (n\pi)^\alpha \sin^2 x}\mathrm{d}x. \qquad ①$$

对任意 $b > 0$, $\dfrac{1}{\cos^2 x + b\sin^2 x}$ 是以 π 为周期的偶函数, 根据定积分的性质, 得

$$\int_{n\pi}^{(n+1)\pi} \dfrac{\mathrm{d}x}{\cos^2 x + b\sin^2 x} = \int_{-\frac{\pi}{2}}^{\frac{\pi}{2}} \dfrac{\mathrm{d}x}{\cos^2 x + b\sin^2 x} = 2\int_0^{\frac{\pi}{2}} \dfrac{\mathrm{d}x}{\cos^2 x + b\sin^2 x}$$

$$= 2\int_0^{\frac{\pi}{2}} \frac{\mathrm{d}(\tan x)}{1+(\sqrt{b}\tan x)^2} = \frac{2}{\sqrt{b}}\arctan(\sqrt{b}\tan x)\Big|_0^{\frac{\pi}{2}}$$

$$= \frac{2}{\sqrt{b}} \cdot \frac{\pi}{2} = \frac{\pi}{\sqrt{b}},$$

分别取 $b = [(n+1)\pi]^\alpha$ 和 $(n\pi)^\alpha$, 则由 ① 式得 $\dfrac{n\pi^2}{\sqrt{((n+1)\pi)^\alpha}} \leqslant a_n \leqslant \dfrac{(n+1)\pi^2}{\sqrt{(n\pi)^\alpha}}$, 即

$$\left(\frac{n}{n+1}\right)^{\frac{\alpha}{2}}\pi^{2-\frac{\alpha}{2}} \leqslant \frac{a_n}{n^{1-\frac{\alpha}{2}}} \leqslant \frac{n+1}{n}\pi^{2-\frac{\alpha}{2}}.$$

根据夹逼准则, 得 $\lim\limits_{n\to\infty}\dfrac{a_n}{n^{1-\frac{\alpha}{2}}} = \pi^{2-\frac{\alpha}{2}}$. 因此, 由级数 $\sum\limits_{n=1}^{\infty}\dfrac{1}{n^{\frac{\alpha}{2}-1}}$ 的收敛性及比较判别法可知, 当 $\alpha > 4$ 时, $\sum\limits_{n=1}^{\infty}a_n$ 收敛; 当 $\alpha \leqslant 4$ 时, $\sum\limits_{n=1}^{\infty}a_n$ 发散.

综上可知, 当 $\alpha > 4$ 时, $\int_0^{+\infty}f(x)\mathrm{d}x$ 收敛; 当 $\alpha \leqslant 4$ 时, $\int_0^{+\infty}f(x)\mathrm{d}x$ 发散.

3.4 能力拓展与训练

1. 求下列不定积分:

(1) $\displaystyle\int \frac{\tan x}{3\sin^2 x + 2\cos^2 x}\mathrm{d}x$;

(2) $\displaystyle\int \frac{x^2+1}{x\sqrt{x^4+1}}\mathrm{d}x$;

(3) $\displaystyle\int \frac{\mathrm{d}x}{x^2\sqrt{1+x^2}}$;

(4) $\displaystyle\int \frac{\ln x}{x\sqrt{1+\ln x}}\mathrm{d}x$;

(5) $\displaystyle\int \arctan\sqrt{x}\,\mathrm{d}x$;

(6) $\displaystyle\int x\tan x \sec^4 x\,\mathrm{d}x$;

(7) $\displaystyle\int \frac{x\mathrm{e}^x}{\sqrt{\mathrm{e}^x-2}}\mathrm{d}x$;

(8) $\displaystyle\int \frac{x^2+20}{(x\sin x + 5\cos x)^2}\mathrm{d}x$;

(9) $\displaystyle\int \frac{x+1}{\sqrt{x-x^2}}\mathrm{d}x$;

(10) $\displaystyle\int \frac{1+\sin x}{1+\cos x}\mathrm{e}^x\,\mathrm{d}x$;

(11) $\displaystyle\int \frac{\ln(1+\mathrm{e}^{-x})}{1+\mathrm{e}^x}\mathrm{d}x$;

(12) $\displaystyle\int \frac{\mathrm{d}x}{\sin 2x + 2\sin x}$;

(13) $\displaystyle\int \frac{\mathrm{d}x}{(1+\mathrm{e}^x)^2}$;

(14) $\displaystyle\int \frac{\mathrm{e}^{\arctan x}}{\sqrt{(1+x^2)^3}}\mathrm{d}x$;

(15) $\displaystyle\int \frac{\mathrm{d}x}{\sin x \cos^3 x}$;

(16) $\displaystyle\int \frac{\sqrt{x}}{1+\sqrt{1+x}}\mathrm{d}x$;

(17) $\displaystyle\int \frac{\mathrm{d}x}{(2x-1)\sqrt{x-x^2}}$;

(18) $\displaystyle\int \frac{x^4}{x^4+5x^2+4}\mathrm{d}x$;

(19) $\int \dfrac{\cos x + x\sin x}{(x+\cos x)^2}dx;$

(20) $\int \dfrac{(1+x^2)\arcsin x}{x^2\sqrt{1-x^2}}dx.$

2. 求下列定积分：

(1) $\int_0^3 x\sqrt{1+x}\,dx;$

(2) $\int_0^{\frac{\pi}{2}} \sqrt{1-\sin 4x}\,dx;$

(3) $\int_1^3 \dfrac{dx}{\sqrt{x}(1+x)};$

(4) $\int_{-2}^2 \min\left\{x^2, \dfrac{1}{|x|}\right\}dx;$

(5) $\int_0^{2a} x^3\sqrt{2ax-x^2}\,dx;$

(6) $\int_0^1 x^2 \ln\left(x+\sqrt{1+x^2}\right)dx;$

(7) $\int_0^\pi \dfrac{x\sin^3 x}{1+\cos^2 x}dx;$

(8) $\int_0^a \dfrac{dx}{x+\sqrt{a^2-x^2}}\,(a>0);$

(9) $\int_0^1 e^x \dfrac{(1-x)^2}{(1+x^2)^2}dx;$

(10) $\int_1^{\sqrt{2}} x^2 \arctan\sqrt{x^2-1}\,dx;$

(11) $\int_{-1}^1 \dfrac{\sqrt{1-x^2}}{a-x}dx\,(a>1);$

(12) $\int_0^{\frac{\pi}{4}} \dfrac{1-\sin 2x}{1+\sin 2x}dx;$

(13) $\int_0^{2\pi} \dfrac{dx}{1+\cos^2 x};$

(14) $\int_0^3 \arcsin\sqrt{\dfrac{x}{1+x}}\,dx;$

(15) $\int_{-1}^0 x^4 \sqrt{\dfrac{1+x}{1-x}}\,dx;$

(16) $\int_0^1 x(\arctan x)^2 dx;$

(17) $\int_0^1 \dfrac{\ln(1+x)}{(2-x)^2}dx;$

(18) $\int_0^1 \dfrac{\sqrt{2x+x^2}}{1+x}dx;$

(19) $\int_0^\pi \dfrac{\cos x}{(5-4\cos x)^2}dx;$

(20) $\int_{-\frac{1}{2}}^{\frac{1}{2}} \left[\dfrac{\sin x}{x^8+1} + \sqrt{\ln^2(1-x)}\right]dx.$

3. 设 $f(x) = \int_1^{\sqrt{x}} e^{-t^2}dt$, 求 $\int_0^1 \dfrac{f(x)}{\sqrt{x}}dx.$

4. 设函数 $f(x) = \begin{cases} x^2, & 0\leqslant x \leqslant 1, \\ 2-x, & 1 < x \leqslant 2, \end{cases}$ $F(x) = \int_0^x f(t)dt\,(0\leqslant x \leqslant 2),$ 求 $F(x).$

5. 设 $f(x) = \int_0^x \dfrac{\cos x}{1+\sin^2 x}dx,$ 求 $\int_0^{\frac{\pi}{2}} \dfrac{f'(x)}{1+f^2(x)}dx.$

6. 设 $f(x) = \int_1^x \dfrac{\ln t}{1+t}dt,$ 其中 $x > 0,$ 求 $f(x) + f\left(\dfrac{1}{x}\right).$

7. 求下列广义积分：

(1) $\int_1^{+\infty} \dfrac{dx}{x\sqrt{x-1}};$

(2) $\int_0^{+\infty} \dfrac{dx}{(1+x^2)(4+x^2)};$

(3) $\int_0^{+\infty} \dfrac{\arctan x}{(1+x^2)^{3/2}}dx;$

(4) $\int_0^{+\infty} \dfrac{xe^x}{(1+e^x)^2}dx;$

(5) $\int_0^1 \ln\dfrac{1}{1-x^2}dx;$

(6) $\int_0^1 \dfrac{\arcsin\sqrt{x}}{\sqrt{x(1-x)}}dx;$

(7) $\int_2^4 \dfrac{x\mathrm{d}x}{\sqrt{|x^2-9|}}$;

(8) $\int_0^{\frac{\pi}{6}} \dfrac{\mathrm{d}x}{\cos x\sqrt{\sin x}}$;

(9) $\int_0^{\pi} \dfrac{\mathrm{d}x}{2+\tan^2 x}$;

(10) $\int_0^1 x^2\ln^3\dfrac{1}{x}\mathrm{d}x$.

8. 设 $\int_x^{2\ln 2} \dfrac{\mathrm{d}t}{\sqrt{\mathrm{e}^t-1}} = \dfrac{\pi}{6}$, 求 x.

9. 设 $f(x) = \begin{cases} 1+x^2, & x<0, \\ \mathrm{e}^{-x}, & x\geqslant 0, \end{cases}$ 求 $I = \int_1^3 f(x-2)\mathrm{d}x$.

10. 设 $f(x) = x, x\geqslant 0$;

$$g(x) = \begin{cases} \sin x, & 0\leqslant x\leqslant \dfrac{\pi}{2}, \\ 0, & x>\dfrac{\pi}{2}. \end{cases}$$

分别求当 $0\leqslant x\leqslant \dfrac{\pi}{2}$ 与 $x>\dfrac{\pi}{2}$ 时积分 $\int_0^x f(t)g(x-t)\mathrm{d}t$ 的表达式.

11. 设 $0\leqslant x\leqslant \dfrac{\pi}{2}$, $f(x) = \int_0^{\sin^2 x} \arcsin\sqrt{t}\,\mathrm{d}t + \int_0^{\cos^2 x} \arccos\sqrt{t}\,\mathrm{d}t$, 求 $f(x)$.

12. 设 $f(2) = \dfrac{1}{2}, f'(2) = 0, \int_0^2 f(x)\mathrm{d}x = 1$, 求 $\int_0^1 x^2 f''(2x)\mathrm{d}x$.

13. 设 $f'(\ln x) = \begin{cases} 1, & 0<x\leqslant 1, \\ x, & x>1, \end{cases}$ 且 $f(0)=0$, 试求函数 $f(x)$.

14. 已知 $f'(\sin^2 x) = \cos 2x + \tan^2 x$, 当 $0<x<1$ 时, 求 $f(x)$.

15. 设 $f(x)$ 在 $[0,1]$ 上连续, 且满足 $f(x) = \mathrm{e}^x + x\int_0^1 f(\sqrt{x})\mathrm{d}x$, 求函数 $f(x)$.

16. 已知曲线 $y=f(x)$ 在任意点处的切线的斜率为 $3x^2-3x-6$, 且 $f(2)=-8$ 是 $f(x)$ 的极小值. 试确定 $f(x)$, 并求 $f(x)$ 的极大值.

17. 设 $f(x) = \int_x^{x+\frac{\pi}{2}} |\sin t|\mathrm{d}t$.

(1) 证明: $f(x+\pi) = f(x)$;

(2) 求 $f(x)$ 的最大值和最小值.

18. 设 $f(x^2-1) = \ln\dfrac{x^2}{x^2-2}$, 且 $f[\varphi(x)] = \ln x$, 求 $\int \varphi(x)\mathrm{d}x$.

19. 设 $f(x)$ 在 $(-\infty,+\infty)$ 上连续, 满足 $f(x) = (x+1)\int_0^{x^2} f(t)\mathrm{d}t + 2$. 试证: $f(x)$ 在 $x=0$ 处取极小值.

20. 设 $f(x) = \begin{cases} \dfrac{\lambda}{\sqrt{1-x^2}}, & |x|<1, \\ 0, & \text{其他}, \end{cases}$ $\int_{-\infty}^{+\infty} f(x)\mathrm{d}x = 1$, 求 λ.

21. 已知 $\int_0^{+\infty} \frac{\sin x}{x}dx = \frac{\pi}{2}$, 求 (1) $\int_0^{+\infty} \left(\frac{\sin x}{x}\right)^2 dx$; (2) $\int_0^{+\infty} \frac{\sin x \cos ax}{x}dx$.

22. 已知 $I(a) = \int_0^\pi \frac{\sin x}{\sqrt{1 - 2a\cos x + a^2}}dx$, 求 $I(a)$ 及 $\int_{-3}^2 I(a)da$.

23. 已知 $f(x)$ 的一个原函数为 $\frac{\sin x}{x}$, 求 $\int xf'(x)dx$.

24. 设 $\int_0^\pi [f(x) + f''(x)]\sin x dx = 5, f(\pi) = 2$, 求 $f(0)$.

25. 设对一切实数 $t, f(t)$ 连续, 且 $f(t) > 0, f(-t) = f(t)$. 对于函数

$$F(x) = \int_{-a}^a |x - t|f(t)dt, \quad -a \leqslant x \leqslant a,$$

试回答下列问题:

(1) 证明 $F'(x)$ 单调增加;

(2) 当 x 为何值时, $F(x)$ 取得最小值;

(3) 若 $F(x)$ 的最小值可表示为 $f(a) - a^2 - 1$, 试求 $f(t)$.

26. 设 $f(2x + a) = xe^{\frac{x}{b}}(a, b$ 是常数, $b \neq 0), f(x)$ 是连续函数.

(1) 求 $\int_{a+2b}^y f(t)dt$.

(2) 求常数 a 和 b 的值, 使对任何 y, 都有 $2a\int_{a+2b}^y f(t)dt = 2af(y) - e^{\frac{1}{2b}(y-a)}$.

27. 设 $f(x) = \int_1^x e^{-t^2}dt$, 求 $\int_0^1 x^2 f(x)dx$.

28. 设 $f(\ln x) = \frac{\ln(1+x)}{x}$, 计算 $\int f(x)dx$.

29. 设 $F(x)$ 为 $f(x)$ 的原函数, 且当 $x \geqslant 0$ 时, $f(x)F(x) = \frac{xe^x}{2(1+x)^2}$. 已知 $F(0) = 1, F(x) > 0$. 试求 $f(x)$.

30. 已知 $f(x)$ 在区间 $[0, \pi]$ 上非负连续, 且满足 $f(x)\int_0^x f(x-t)dt = x\sin^2 x$, 求 $\int_0^\pi f(x)dx$ 的值.

31. 求极限: $\lim\limits_{x \to +\infty} \frac{1}{x}\int_0^x (t - [t])^2 dt$, 其中 $[t]$ 为取整函数.

32. 求极限: $\lim\limits_{n \to \infty} \frac{1}{n}\sum\limits_{i=1}^n \left(\left[\frac{2n}{i}\right] - 2\left[\frac{n}{i}\right]\right)$.

33. 设 D 是由曲线 $y = \sqrt{1 - x^2}(0 \leqslant x \leqslant 1)$ 与 $\begin{cases} x = \cos^3 t \\ y = \sin^3 t \end{cases} \left(0 \leqslant t \leqslant \frac{\pi}{2}\right)$ 围成的平面区域, 求 D 绕 x 轴旋转一周所得旋转体的体积和表面积.

34. 设 D 是由曲线 $y = x^{\frac{1}{3}}$, 直线 $x = a(a > 0)$ 及 x 轴所围成的平面图形, V_x, V_y 分别是 D 绕 x 轴、y 轴旋转一周所得旋转体的体积, 满足 $V_x = 10V_y$, 求 a 的值.

35. 已知 $f(x)$ 在 $\left[0, \dfrac{3\pi}{2}\right]$ 上连续, 在 $\left(0, \dfrac{3\pi}{2}\right)$ 内是函数 $\dfrac{\cos x}{2x - 3\pi}$ 的一个原函数, $f(0) = 0$.

(1) 求 $f(x)$ 在区间 $\left[0, \dfrac{3\pi}{2}\right]$ 上的平均值;

(2) 证明 $f(x)$ 在区间 $\left(0, \dfrac{3\pi}{2}\right)$ 内存在唯一零点.

36. 设 $f(x)$ 是连续正值函数, 证明:
$$\int_0^1 \ln f(x+t) \mathrm{d}t = \int_0^x \ln \dfrac{f(u+1)}{f(u)} \mathrm{d}u + \int_0^1 \ln f(u) \mathrm{d}u.$$

37. 设 $f(x)$ 是连续函数, 试证:
$$\lim_{h \to 0} \dfrac{1}{h} \int_a^x [f(t+h) - f(t)] \mathrm{d}t = f(x) - f(a).$$

38. 证明: $\int_0^{\frac{\pi}{2}} \cos^n x \sin nx \mathrm{d}x = \dfrac{1}{2^{n+1}} \left(\dfrac{2}{1} + \dfrac{2^2}{2} + \cdots + \dfrac{2^n}{n} \right)$, 其中 n 为自然数.

39. 设 $f(x) = [2x] - 2[x], x \in [1, +\infty)$.

(1) 证明: $\int_1^{+\infty} \dfrac{f(x)}{x^2} \mathrm{d}x$ 收敛;

(2) 计算: $\int_1^{+\infty} \dfrac{f(x)}{x^2} \mathrm{d}x$.

40. 设函数 $f(x), g(x)$ 在区间 $[a, b]$ 上连续, 且 $f(x)$ 单调增加, $0 \leqslant g(x) \leqslant 1$. 证明:

(1) $0 \leqslant \int_a^x g(t) \mathrm{d}t \leqslant x - a, x \in [a, b]$;

(2) $\int_a^{a + \int_a^b g(t) \mathrm{d}t} f(x) \mathrm{d}x \leqslant \int_a^b f(x) g(x) \mathrm{d}x$.

41. 设函数 $\varphi(x)$ 具有二阶导数, 且满足 $\varphi(2) > \varphi(1), \varphi(2) > \int_2^3 \varphi(x) \mathrm{d}x$, 则至少存在一点 $\xi \in (1, 3)$, 使得 $\varphi''(\xi) < 0$.

42. 计算定积分: $\int_0^{\ln 2} \dfrac{x \mathrm{e}^x}{\mathrm{e}^x + 1} \mathrm{d}x + \int_{\ln 2}^{\ln 3} \dfrac{x \mathrm{e}^x}{\mathrm{e}^x - 1} \mathrm{d}x$.

43. 求由曲线 $|\ln x| + |\ln y| = 1$ 所围成的平面图形的面积.

44. 求由曲线 $y^2 = x^2 - x^4$ 所围成的平面图形的面积.

45. 设 $y = f(x)$ 是由方程 $\arctan \dfrac{x}{y} = \ln \sqrt{x^2 + y^2} - \dfrac{1}{2} \ln 2 + \dfrac{\pi}{4}$ 确定的函数, 且满足 $f(1) = 1$.

(1) 求曲线 $y = f(x)$ 在点 $(1, 1)$ 处的曲率;

(2) 求定积分：$\int_0^1 \dfrac{x-f(x)}{x+f(x)}\mathrm{d}x$.

46. 设抛物线 $y = ax^2 + bx + c$ 通过 $(0,0)$ 和 $(1,2)$ 两点，其中 $a < -2$. 试求 a, b, c 的值，使得该抛物线与曲线 $y = -x^2 + 2x$ 所围成区域的面积最小.

47. 设 $f(x)$ 是 $(-\infty, +\infty)$ 上以 $T > 0$ 为周期的连续函数，证明：$\lim\limits_{n \to \infty} n \int_n^{+\infty} \dfrac{f(x)}{x^2}\mathrm{d}x = \dfrac{1}{T}\int_0^T f(x)\mathrm{d}x$.

48. 设曲线 $y = \cos x \left(0 \leqslant x \leqslant \dfrac{\pi}{2}\right)$ 与 x 轴、y 轴所围成的平面区域被曲线 $y = a\sin x, y = b\sin x\ (a > b > 0)$ 分割成面积相等的三部分，试确定 a, b 之值.

49. 设点 A 位于半径为 a 的圆周内部，且离圆心的距离为 $b(0 \leqslant b < a)$，从点 A 向圆周上所有点的切线作垂线，求所有垂足所围成的图形的面积.

50. 设 $f(x), g(x)$ 在 $[0,1]$ 上具有连续的导数，且 $f(0) = 0, f'(x) \geqslant 0, g'(x) \geqslant 0$. 证明：对任何 $a \in [0,1]$，有

$$\int_0^a g(x)f'(x)\mathrm{d}x + \int_0^1 f(x)g'(x)\mathrm{d}x \geqslant f(a)g(1).$$

51. 设 $f(x)$ 在 $[0,1]$ 上连续可导，$f(0) = 0, 0 \leqslant f'(x) \leqslant 1$. 证明：

$$\left[\int_0^1 f(x)\mathrm{d}x\right]^2 \geqslant \int_0^1 f^3(x)\mathrm{d}x,$$

当且仅当 $f(x) = x$ 或者 0 时等号成立.

52. 设 $f(x)$ 在 $[a,b]$ 上有连续的导数，记 $A = \dfrac{1}{b-a}\int_a^b f(x)\mathrm{d}x$. 试证明：

$$\int_a^b [f(x) - A]^2 \mathrm{d}x \leqslant (a-b)^2 \int_a^b |f'(x)|^2 \mathrm{d}x.$$

53. 设 $f(x)$ 在 $[a,b]$ 上有连续的导数，且 $f(a) = 0$. 求证：

$$\int_a^b f^2(x)\mathrm{d}x \leqslant \dfrac{(a-b)^2}{2} \int_a^b [f'(x)]^2 \mathrm{d}x.$$

54. 设 A, B 是曲线 $L: y = \ln x$ 上的任意两点，过 AB 的中点且平行于 y 轴的直线交曲线 L 于 Q. 试证明：直线 AB 的斜率大于曲线 L 在 Q 点处的切线的斜率.

55. 证明：$\int_0^1 \sin x^a \mathrm{d}x > \int_0^1 \sin^a x \mathrm{d}x$，其中 $a > 1$.

56. 证明：$\int_0^{\frac{\pi}{2}} \left(e^{\sin x} + e^{-\sin x}\right)\mathrm{d}x > \dfrac{81}{64}\pi$.

57. 设 $f(x)$ 在 $[0,1]$ 上有连续的导数，$f(0) = f(1) = -\dfrac{1}{6}$. 证明：

$$\int_0^1 |f'(x)|^2 \mathrm{d}x \geqslant 2\int_0^1 f(x)\mathrm{d}x + \frac{1}{4}.$$

58. 设 $f(x)$ 在区间 $[a,b]$ 上具有一阶连续导数，证明：

$$\int_a^b \sqrt{1+[f'(x)]^2}\mathrm{d}x \geqslant \sqrt{(a-b)^2+(f(a)-f(b))^2},$$

并给出等号成立的条件.

59. 设 $f(x)$ 是区间 $[a,b]$ 上的连续函数，λ 是一实数，且对任意 $x \in (a,b)$，恒有

$$f(x) = \frac{3}{b-a} + \lambda \int_x^b f(t)f(a+t-x)\mathrm{d}t.$$

证明：$\lambda \leqslant \dfrac{1}{6}$.

60. 设 $f(x)$ 是 $[0,1]$ 上的单调减、正值连续函数. 证明：

$$\frac{\int_0^1 xf^2(x)\mathrm{d}x}{\int_0^1 xf(x)\mathrm{d}x} \leqslant \frac{\int_0^1 f^2(x)\mathrm{d}x}{\int_0^1 f(x)\mathrm{d}x}.$$

61. 设 $f(x)$ 在区间 $[0,1]$ 上有连续的二阶导数，且 $|f''(x)| \leqslant 1$. 又设 $\int_0^1 f(x)\mathrm{d}x = \int_0^1 xf(x)\mathrm{d}x = 0$，证明 $\left|\int_0^1 x^2 f(x)\mathrm{d}x\right| \leqslant \dfrac{1}{360}$，并给出一个使得等号成立的函数 $f(x)$.

62. 设 $f(x), g(x)$ 都是区间 $[a,b]$ 上的连续函数，且对任意 $x \in [a,b]$，有 $g(x) > 0$. 由积分第一中值定理可知，对任意 $x \in (a,b)$，有 $\int_a^x f(t)g(t)\mathrm{d}t = f(\xi)\int_a^x g(t)\mathrm{d}t$，其中 $a \leqslant \xi \leqslant x < b$. 已知 $f'_+(a)$ 存在且不等于零，求极限：$\lim\limits_{x \to a^+} \dfrac{\xi - a}{x - a}$.

63. 设 $f(x)$ 在区间 $[-1,1]$ 上有连续的二阶导数，证明：存在 $\xi \in [-1,1]$，使得

$$\int_{-1}^1 xf(x)\mathrm{d}x = \frac{1}{3}\left[2f'(\xi) + \xi f''(\xi)\right].$$

3.5 训练全解与分析

1. (1) $\dfrac{1}{6}\ln\left(3\tan^2 x + 2\right) + C$;　(2) $\dfrac{1}{2}\ln\left(x^2 + \sqrt{1+x^4}\right) + \dfrac{1}{2}\ln\left(\sqrt{1+x^4} - 1\right) - \ln x + C$;

(3) $-\dfrac{1}{x}\sqrt{1+x^2} + C$;　(4) $\dfrac{2}{3}\sqrt{1+\ln x}(\ln x - 2) + C$;

(5) $(x+1)\arctan\sqrt{x} - \sqrt{x} + C$;　(6) $\dfrac{1}{4}x\sec^4 x - \dfrac{1}{12}\tan^3 x - \dfrac{1}{4}\tan x + C$;

(7) $2(x-2)\sqrt{e^x-2}+4\sqrt{2}\arctan\sqrt{\dfrac{e^x}{2}-1}+C$; (8) $\dfrac{5\sin x - x\cos x}{x\sin x + 5\cos x}+C$;

(9) $\dfrac{3}{2}\arcsin(2x-1)-\sqrt{x-x^2}+C$; (10) $\dfrac{e^x \sin x}{1+\cos x}+C$;

(11) $-\dfrac{1}{2}\ln^2(1+e^{-x})+C$; (12) $\dfrac{1}{4}\left(\ln\left|\tan\dfrac{x}{2}\right|+\dfrac{1}{2}\tan^2\dfrac{x}{2}\right)+C$;

(13) $x-\ln(1+e^x)+\dfrac{1}{1+e^x}+C$; (14) $\dfrac{(x+1)e^{\arctan x}}{2\sqrt{1+x^2}}+C$;

(15) $\dfrac{1}{2}\tan^2 x + \ln|\tan x|+C$; (16) $\sqrt{x(x+1)}+\ln(\sqrt{x}+\sqrt{1+x})-2\sqrt{x}+C$;

(17) $\ln\left|\dfrac{\sqrt{1-x}-\sqrt{x}}{\sqrt{1-x}+\sqrt{x}}\right|+C$; (18) $x+\dfrac{1}{3}\arctan x - \dfrac{8}{3}\arctan\dfrac{x}{2}+C$;

(19) $\dfrac{x}{x+\cos x}+C$; (20) $-\dfrac{\sqrt{1-x^2}}{x}\arcsin x + \ln|x| + \dfrac{1}{2}(\arcsin x)^2 + C$.

2. (1) $\dfrac{116}{15}$; (2) $\sqrt{2}$; (3) $\dfrac{\pi}{6}$; (4) $2\left(\dfrac{1}{3}+\ln 2\right)$; (5) $\dfrac{7}{8}\pi a^5$;

(6) $\dfrac{1}{3}\ln(1+\sqrt{2})+\dfrac{1}{9}(\sqrt{2}-2)$; (7) $\left(\dfrac{\pi}{2}-1\right)\pi$; (8) $\dfrac{\pi}{4}$;

(9) $\dfrac{e}{2}-1$; (10) $\dfrac{1}{6}[\sqrt{2}(\pi-1)-\ln(1+\sqrt{2})]$; (11) $\pi\left(a-\sqrt{a^2-1}\right)$;

(12) $1-\dfrac{\pi}{4}$; (13) $\sqrt{2}\pi$; (14) $\dfrac{4\pi}{3}-\sqrt{3}$; (15) $\dfrac{3\pi}{16}-\dfrac{8}{15}$;

(16) $\dfrac{\pi}{4}\left(\dfrac{\pi}{4}-1\right)+\dfrac{1}{2}\ln 2$; (17) $\dfrac{1}{3}\ln 2$; (18) $\sqrt{3}-\dfrac{\pi}{3}$;

(19) $\dfrac{4\pi}{27}$; (20) $\dfrac{3}{2}\ln 3 - 2\ln 2$.

3. $\dfrac{1}{e}-1$. 4. 当 $0 \leqslant x \leqslant 1$ 时,$F(x)=\dfrac{x^3}{3}$;当 $1 < x \leqslant 2$ 时,$F(x)=-\dfrac{x^2}{2}+2x-\dfrac{7}{6}$.

5. $\arctan\dfrac{\pi}{4}$. 6. $\dfrac{1}{2}(\ln x)^2$.

7. (1) π; (2) $\dfrac{\pi}{12}$; (3) $\dfrac{\pi}{2}-1$; (4) $\ln 2$; (5) $2-2\ln 2$; (6) $\dfrac{\pi^2}{4}$;

(7) $\sqrt{5}+\sqrt{7}$; (8) $\ln(1+\sqrt{2})+\arctan\dfrac{\sqrt{2}}{2}$; (9) $\pi\left(1-\dfrac{1}{\sqrt{2}}\right)$; (10) $\dfrac{2}{27}$.

8. $\ln 2$. 9. $\dfrac{7}{3}-\dfrac{1}{e}$. 10. 当 $0 \leqslant x \leqslant \dfrac{\pi}{2}$ 时,$x-\sin x$;当 $x > \dfrac{\pi}{2}$ 时,$x-1$.

11. $\dfrac{\pi}{4}$. 12. 0. 13. $x(x \leqslant 0)$,$e^x - 1 (x > 0)$. 14. $-x^2 - \ln(1-x)+C$.

15. $f(x)=e^x + 6x$. 16. $f(x)=x^3-\dfrac{3}{2}x^2-6x+2$,$f(-1)=\dfrac{11}{2}$. 17. $\sqrt{2}, 2-\sqrt{2}$.

18. $2\ln|x-1|+x+C$. 19. 略. 20. $\dfrac{1}{e}$.

21. (1) $\dfrac{\pi}{2}$. (2) 当 $|a|<1$ 时,$\dfrac{\pi}{2}$;当 $|a|=1$ 时,$\dfrac{\pi}{4}$;当 $|a|>1$ 时,0.

22. 当 $a < -1$ 时, $I(a) = -\dfrac{2}{a}$; 当 $-1 \leqslant a \leqslant 1$ 时, $I(a) = 2$; 当 $a > 1$ 时, $I(a) = \dfrac{2}{a}$ (注意: 当 $a = \pm 1$ 时属广义积分); $2\ln 6 + 4$.

23. $\cos x - \dfrac{2}{x}\sin x + C$. 24. 3. 25. (1) 略; (2) $F(0)$ 是最小值; (3) $f(t) = 2\mathrm{e}^{t^2} - 1$.

26. (1) $b(y - a - 2b)\mathrm{e}^{\frac{y-a}{2b}}$; (2) $a = 1, b = \dfrac{1}{2}$. 27. $\dfrac{1}{6}\left(2\mathrm{e}^{-1} - 1\right)$.

28. $x - \left(1 + \mathrm{e}^{-x}\right)\ln\left(1 + \mathrm{e}^x\right) + C$. 29. $\dfrac{x\mathrm{e}^{\frac{x}{2}}}{2(1+x)^{\frac{3}{2}}}$.

30. 对题设等式两边同时在 $[0, \pi]$ 上积分, 得

$$\int_0^\pi f(x)\mathrm{d}x \int_0^x f(x-t)\mathrm{d}t = \int_0^\pi x\sin^2 x\,\mathrm{d}x. \qquad \text{①}$$

对①式左边, 令 $u = x - t$, 则 $\int_0^x f(x-t)\mathrm{d}t = \int_0^x f(u)\mathrm{d}u$. 再根据重积分的对称性, 得

$$\text{左边} = \int_0^\pi f(x)\mathrm{d}x \int_0^x f(u)\mathrm{d}u = \frac{1}{2}\int_0^\pi f(x)\mathrm{d}x \int_0^\pi f(u)\mathrm{d}u = \frac{1}{2}\left(\int_0^\pi f(x)\mathrm{d}x\right)^2.$$

对①式右边, 利用公式得

$$\int_0^\pi x\sin^2 x\,\mathrm{d}x = \frac{\pi}{2}\int_0^\pi \sin^2 x\,\mathrm{d}x = \frac{\pi}{2}\int_0^\pi \frac{1 - \cos 2x}{2}\mathrm{d}x = \frac{\pi^2}{4}.$$

代入①式, 得

$$\frac{1}{2}\left(\int_0^\pi f(x)\mathrm{d}x\right)^2 = \frac{\pi^2}{4}.$$

两边开平方, 并注意到 $f(x)$ 的非负性, 得 $\int_0^\pi f(x)\mathrm{d}x = \dfrac{\sqrt{2}\pi}{2}$.

31. 当 $n \leqslant x < n+1$ 时, 有

$$\int_0^x (t - [t])^2 \mathrm{d}t = \sum_{k=0}^{n-1} \int_k^{k+1} (t - [t])^2 \mathrm{d}t + \int_n^x (t - [t])^2 \mathrm{d}t$$

$$= \sum_{k=0}^{n-1} \int_k^{k+1} (t - k)^2 \mathrm{d}t + \int_n^x (t - n)^2 \mathrm{d}t$$

$$= \frac{1}{3}\left[n + (x-n)^2\right],$$

所以

$$\frac{n}{3(n+1)} \leqslant \frac{1}{x}\int_0^x (t - [t])^2 \mathrm{d}t \leqslant \frac{n+1}{3n}.$$

显然 $\lim\limits_{n\to\infty} \dfrac{n}{3(n+1)} = \lim\limits_{n\to\infty} \dfrac{n+1}{3n} = \dfrac{1}{3}$, 且 $x \to +\infty$ 等价于 $n \to \infty$. 利用夹逼准则, 得

$$\lim_{x\to+\infty}\frac{1}{x}\int_0^x (t-[t])^2 \mathrm{d}t = \frac{1}{3}.$$

32. 首先, 根据定积分的定义, 有
$$I = \lim_{n\to\infty}\frac{1}{n}\sum_{i=1}^n\left(\left[\frac{2n}{i}\right]-2\left[\frac{n}{i}\right]\right) = \int_0^1\left(\left[\frac{2}{x}\right]-2\left[\frac{1}{x}\right]\right)\mathrm{d}x$$
$$=\sum_{n=1}^\infty\int_{\frac{1}{n+1}}^{\frac{1}{n}}\left(\left[\frac{2}{x}\right]-2\left[\frac{1}{x}\right]\right)\mathrm{d}x.$$

当 $\frac{1}{n+1} < x \leqslant \frac{1}{n}$ 时, $n \leqslant \frac{1}{x} < n+1$, 所以 $2\left[\frac{1}{x}\right] = 2n$; 另一方面, 由于 $2n \leqslant \frac{2}{x} < 2n+2$, 再分为两种情形: $2n \leqslant \frac{2}{x} < 2n+1$ 和 $2n+1 \leqslant \frac{2}{x} < 2n+2$. 易知

$$\left[\frac{2}{x}\right] = \begin{cases} 2n+1, & \frac{1}{n+1} < x \leqslant \frac{2}{2n+1}, \\ 2n, & \frac{2}{2n+1} < x \leqslant \frac{1}{n}. \end{cases}$$

$$\int_{\frac{1}{n+1}}^{\frac{1}{n}}\left(\left[\frac{2}{x}\right]-2\left[\frac{1}{x}\right]\right)\mathrm{d}x = \int_{\frac{1}{n+1}}^{\frac{2}{2n+1}}\left(\left[\frac{2}{x}\right]-2\left[\frac{1}{x}\right]\right)\mathrm{d}x + \int_{\frac{2}{2n+1}}^{\frac{1}{n}}\left(\left[\frac{2}{x}\right]-2\left[\frac{1}{x}\right]\right)\mathrm{d}x$$
$$= \int_{\frac{1}{n+1}}^{\frac{2}{2n+1}}[(2n+1)-2n]\mathrm{d}x + \int_{\frac{2}{2n+1}}^{\frac{1}{n}}[2n-2n]\mathrm{d}x$$
$$= \frac{2}{2n+1} - \frac{1}{n+1}.$$

因此
$$I = \sum_{n=1}^\infty\left(\frac{2}{2n+1}-\frac{1}{n+1}\right) = 2\sum_{n=1}^\infty\left(\frac{1}{2n+1}-\frac{1}{2n+2}\right)$$
$$= 2\sum_{n=1}^\infty(-1)^{n-1}\frac{1}{n} - 2\left(1-\frac{1}{2}\right) = 2\ln 2 - 1.$$

33. $\frac{18\pi}{35}, \frac{16\pi}{5}$. 34. $a = 7\sqrt{7}$. 35. $\frac{1}{3\pi}$. 36–38. 略. 39. (1) 略; (2) $2\ln 2 - 1$. 40–41. 略.

42. 作变量代换: $\mathrm{e}^x = u$, 则 $I = \int_1^2 \frac{\ln u}{u+1}\mathrm{d}u + \int_2^3 \frac{\ln u}{u-1}\mathrm{d}u = I_1 + I_2$. 对后一积分再作变量代换: $u - 1 = t$, 并分部积分, 则
$$I_2 = \int_2^3 \frac{\ln u}{u-1}\mathrm{d}u = \int_1^2 \frac{\ln(t+1)}{t}\mathrm{d}t$$
$$= \ln t \ln(t+1)\Big|_1^2 - \int_1^2 \frac{\ln t}{t+1}\mathrm{d}u$$
$$= \ln 2\ln 3 - I_1.$$

所以 $I = I_1 + I_2 = \ln 2 \ln 3$.

43. 如图 3.11. 因为

$$\ln y = \pm(1 - |\ln x|) = \pm \begin{cases} 1 + \ln x, & 0 < x < 1, \\ 1 - \ln x, & x \geqslant 1, \end{cases}$$

所以 $y_1 = \begin{cases} \dfrac{1}{\mathrm{e}x}, & 0 < x < 1, \\ \dfrac{x}{\mathrm{e}}, & x \geqslant 1, \end{cases} \qquad y_2 = \begin{cases} \mathrm{e}x, & 0 < x < 1, \\ \dfrac{\mathrm{e}}{x}, & x \geqslant 1. \end{cases}$

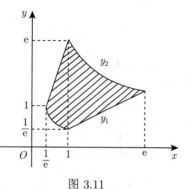

图 3.11

故所求面积为

$$A = \int_{\frac{1}{\mathrm{e}}}^{1} \left(\mathrm{e}x - \frac{1}{\mathrm{e}x}\right) \mathrm{d}x + \int_{1}^{\mathrm{e}} \left(\frac{\mathrm{e}}{x} - \frac{x}{\mathrm{e}}\right) \mathrm{d}x$$
$$= \frac{1}{2}\left(\mathrm{e} - \frac{3}{\mathrm{e}}\right) + \frac{1}{2}\left(\mathrm{e} + \frac{1}{\mathrm{e}}\right) = \mathrm{e} - \frac{1}{\mathrm{e}}.$$

44. 因为边界曲线方程的直角坐标式比较复杂, 所以应化为参数方程计算为宜.

考虑到边界曲线是关于两条坐标轴均对称的, 且经过坐标原点的封闭曲线, 故只需计算位于第一象限内的那部分图形的面积.

由 $y^2 = x^2 - x^4 = x^2(1 - x^2) \geqslant 0$ 知 $|x| \leqslant 1$, 可设 $x = \cos t$, 则 $y = \sqrt{\cos^2 t \sin^2 t} = \cos t \sin t \left(0 \leqslant t \leqslant \dfrac{\pi}{2}\right)$. 因此

$$A = 4\left|\int_0^{\frac{\pi}{2}} y(t) x'(t) \mathrm{d}t\right| = 4 \int_0^{\frac{\pi}{2}} \sin^2 t \cos t \, \mathrm{d}t = 4 \cdot \left.\frac{1}{3} \sin^3 t\right|_0^{\frac{\pi}{2}} = \frac{4}{3}.$$

【注】 如果平面图形的边界曲线方程能化为参数形式

$$\begin{cases} x = x(t), \\ y = y(t) \end{cases} \quad (\alpha \leqslant t \leqslant \beta),$$

则计算平面图形面积的公式为

$$A = \left|\int_\alpha^\beta x(t) y'(t) \mathrm{d}t\right| \quad \text{或} \quad A = \left|\int_\alpha^\beta y(t) x'(t) \mathrm{d}t\right|.$$

45. (1) 对方程 $\arctan \dfrac{x}{y} = \ln \sqrt{x^2 + y^2} - \dfrac{1}{2}\ln 2 + \dfrac{\pi}{4}$ 两端关于 x 求导, 得

$$\frac{1}{1 + \left(\dfrac{x}{y}\right)^2} \cdot \frac{y - xy'}{y^2} = \frac{1}{2} \cdot \frac{2x + 2yy'}{x^2 + y^2},$$

即 $(x + y)y' = -x + y$. 再关于 x 求导, 得 $(1 + y')y' + (x + y)y'' = -1 + y'$. 将 $x = 1, y = 1$ 代入, 得 $y'(1) = 0, y''(1) = -\dfrac{1}{2}$. 所以, 曲线 $y = f(x)$ 在点 $(1, 1)$ 处的曲率为

$$K = \frac{|y''|}{\sqrt{\left[1+(y')^2\right]^3}} = \frac{1}{2}.$$

(2) 因为 $y' = \dfrac{y-x}{x+y}$ 在区间 $[0,1]$ 上连续, 且 $y(0) = \sqrt{2}\mathrm{e}^{-\frac{\pi}{4}}$, 所以

$$\int_0^1 \frac{x-f(x)}{x+f(x)}\mathrm{d}x = -\int_0^1 f'(x)\mathrm{d}x = f(0) - f(1) = \sqrt{2}\mathrm{e}^{-\frac{\pi}{4}} - 1.$$

46. 根据题设条件知 $c = 0, a+b = 2$, 由此可解得两曲线异于原点的交点为 $\left(\dfrac{a}{a+1},\dfrac{a(a+2)}{(a+1)^2}\right)$. 因为 $1 < \dfrac{a}{a+1} < 2$, 所以两曲线围成区域的面积为

$$S = \int_0^{\frac{a}{a+1}} \left[ax^2 + bx - (-x^2 + 2x)\right]\mathrm{d}x$$

$$= \int_0^{\frac{a}{a+1}} \left[(a+1)x^2 - ax\right]\mathrm{d}x$$

$$= -\frac{a^3}{6(a+1)^2} \quad (a < -2).$$

经计算, 得 $\dfrac{\mathrm{d}S}{\mathrm{d}a} = -\dfrac{a^2(a+3)}{6(a+1)^3}$. 令 $\dfrac{\mathrm{d}S}{\mathrm{d}a} = 0$, 解得 $a = -3$. 可见, 面积函数 $S(a)$ 在 $(-\infty, -2)$ 有唯一的驻点, 且为极小值点, 因此, $S(-3)$ 是 $S(a)$ 在 $(-\infty, -2)$ 上的最小值. 此时, $b = 5$.

综上所述, 得 $a = -3, b = 5, c = 0$.

47. 令 $F(x) = \int_0^x f(t)\mathrm{d}t - kx$, 其中 $k = \dfrac{1}{T}\int_0^T f(x)\mathrm{d}x$, 则 $F(x)$ 在区间 $(-\infty, +\infty)$ 上具有连续的一阶导数, 且 $F'(x) = f(x) - k$. 注意到对任意 $x \in (-\infty, +\infty)$, 恒有

$$F(x+T) - F(x) = \int_x^{x+T} f(t)\mathrm{d}t - kT,$$

因为 $f(x)$ 是以 T 为周期的连续函数, 所以 $\int_x^{x+T} f(t)\mathrm{d}t = \int_0^T f(t)\mathrm{d}t$, 因此 $F(x+T) = F(x)$, 即 $F(x)$ 也是周期函数, 因而有界. 故存在 $M > 0$, 使得 $|F(x)| \leqslant M, x \in (-\infty, +\infty)$. 于是

$$n\int_n^{+\infty} \frac{f(x)}{x^2}\mathrm{d}x = n\int_n^{+\infty} \frac{k + F'(x)}{x^2}\mathrm{d}x = kn\int_n^{+\infty} \frac{\mathrm{d}x}{x^2} + n\int_n^{+\infty} \frac{F'(x)}{x^2}\mathrm{d}x.$$

对于上式右端的积分, 有 $\int_n^{+\infty} \dfrac{\mathrm{d}x}{x^2} = -\dfrac{1}{x}\bigg|_n^{+\infty} = \dfrac{1}{n}$, 且

$$\int_n^{+\infty} \frac{F'(x)}{x^2}\mathrm{d}x = \frac{F(x)}{x^2}\bigg|_n^{+\infty} + 2\int_n^{+\infty} \frac{F(x)}{x^3}\mathrm{d}x$$

$$= -\frac{F(n)}{n^2} + 2\int_n^{+\infty} \frac{F(x)}{x^3}dx.$$

又由 $F(x)$ 的有界性, 有

$$0 \leqslant n\left|\int_n^{+\infty} \frac{F(x)}{x^3}dx\right| \leqslant nM\int_n^{+\infty} \frac{dx}{x^3} = \frac{M}{2n} \to 0 \quad (n \to \infty),$$

故根据夹逼准则得 $\lim\limits_{n\to\infty} n\int_n^{+\infty} \frac{F(x)}{x^3}dx = 0$. 综合上述, 可得

$$\lim_{n\to\infty} n\int_n^{+\infty} \frac{f(x)}{x^2}dx = k + \lim_{n\to\infty} n\int_n^{+\infty} \frac{F'(x)}{x^2}dx$$

$$= k - \lim_{n\to\infty} \frac{F(n)}{n} + 2\lim_{n\to\infty} n\int_n^{+\infty} \frac{F(x)}{x^3}dx = k$$

$$= \frac{1}{T}\int_0^T f(x)dx.$$

48. 如图 3.12, 设曲线 $y = a\sin x, y = b\sin x$ 与曲线 $y = \cos x$ 分别交于 (x_1, y_1) 和 (x_2, y_2), 则

$$\begin{cases} \cos x_1 = a\sin x_1, \\ \cos x_2 = b\sin x_2, \end{cases} \text{即} \begin{cases} \cot x_1 = a, \\ \cot x_2 = b. \end{cases} \quad ①$$

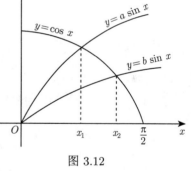

图 3.12

由 $a > b$ 及函数 $y = \cot x$ 的单调性知: $x_1 < x_2$. 依题意, 有

$$\int_0^{x_1} \cos x dx - \int_0^{x_1} a\sin x dx$$

$$= \int_0^{x_1} a\sin x dx + \int_{x_1}^{x_2} \cos x dx - \int_0^{x_2} b\sin x dx$$

$$= \int_0^{x_2} b\sin x dx + \int_{x_2}^{\frac{\pi}{2}} \cos x dx.$$

积分并整理, 得

$$\begin{cases} 2\sin x_1 + 2a\cos x_1 - 2a = \sin x_2 + b\cos x_2 - b, \\ \sin x_1 + a\cos x_1 - a = -b\cos x_2 + b + 1 - \sin x_2. \end{cases} \quad ②$$

由 ① 式得

$$\sin x_1 = \frac{1}{\sqrt{1+a^2}}, \quad \cos x_1 = \frac{a}{\sqrt{1+a^2}}, \quad \sin x_2 = \frac{1}{\sqrt{1+b^2}}, \quad \cos x_2 = \frac{b}{\sqrt{1+b^2}}.$$

将其代入 ② 式, 并化简, 得
$$\begin{cases} 2\sqrt{1+a^2} - 2a = \sqrt{1+b^2} - b, \\ \sqrt{1+a^2} - a = b + 1 - \sqrt{1+b^2}. \end{cases}$$

解之, 得 $a = \dfrac{4}{3}, b = \dfrac{5}{12}$.

49. 设圆的方程为 $x^2 + y^2 = a^2$, 点 A 位于 $(b, 0)$, 在圆周上任取点 $P(x_0, y_0)$, 过点 P 作圆的切线 L, 则 L 的方程为 $x_0 x + y_0 y = a^2$, 其中 (x, y) 为 L 上动点的坐标. 过点 A 作 L 的垂线 AQ, 则直线 AQ 的参数方程为 $\begin{cases} x = b + x_0 t, \\ y = y_0 t. \end{cases}$ 代入 L 的方程, 解得 Q 所对应的参数为 $t = 1 - \dfrac{b}{a^2} x_0$, 于是 Q 的坐标 (x, y) 为

$$x = b + x_0 \left(1 - \dfrac{b}{a^2} x_0 \right), \quad y = y_0 \left(1 - \dfrac{b}{a^2} x_0 \right).$$

令 $x_0 = a \cos t, y_0 = a \sin t$, 代入上式得 Q 的坐标 (x, y) 为

$$x = b + \left(1 - \dfrac{b}{a} \cos t \right) a \cos t = b + a \cos t - b \cos^2 t,$$
$$y = \left(1 - \dfrac{b}{a} \cos t \right) a \sin t = a \sin t - b \sin t \cos t.$$

显然, 垂足的轨迹关于 x 轴对称, 且交 x 轴于点 $(-a, 0)$ 与 $(a, 0)$, 因此所求面积为

$$S = 2 \int_{-a}^{a} y \mathrm{d}x = 2 \int_{\pi}^{0} (a \sin t - b \sin t \cos t) \mathrm{d}(b + a \cos t - b \cos^2 t)$$
$$= 2 \int_{0}^{\pi} (a^2 - 3ab \cos t + 2b^2 \cos^2 t) \sin^2 t \mathrm{d}t = \left(a^2 + \dfrac{b^2}{2}\right) \pi.$$

50. 利用积分中值定理, 存在 $\xi \in [a, 1]$, 使得

$$\int_{a}^{1} f(x) g'(x) \mathrm{d}x = f(\xi) \int_{a}^{1} g'(x) \mathrm{d}x = f(\xi)[g(1) - g(a)].$$

根据题设条件 $f'(x) \geqslant 0, g'(x) \geqslant 0$, 可知 $f(\xi) \geqslant f(a), g(1) \geqslant g(a)$. 因此

$$\text{左边} = \int_{0}^{a} [g(x) f'(x) + f(x) g'(x)] \mathrm{d}x + \int_{a}^{1} f(x) g'(x) \mathrm{d}x$$
$$= \int_{0}^{a} [f(x) g(x)]' \mathrm{d}x + \int_{a}^{1} f(x) g'(x) \mathrm{d}x$$
$$= f(a) g(a) - f(0) g(0) + f(\xi)[g(1) - g(a)]$$
$$\geqslant f(a) g(a) + f(a)[g(1) - g(a)] = f(a) g(1).$$

51. 设 $F(x) = \left(\int_0^x f(t)\mathrm{d}t\right)^2 - \int_0^x f^3(t)\mathrm{d}t$, 则 $F(x)$ 在 $[0,1]$ 上可导, $F(0) = 0$, 且
$$F'(x) = 2f(x)\int_0^x f(t)\mathrm{d}t - f^3(x) = f(x)G(x),$$
其中 $G(x) = 2\int_0^x f(t)\mathrm{d}t - f^2(x)$.

因为 $f(x)$ 在 $[0,1]$ 上单调增加, 所以当 $x > 0$ 时, $f(x) \geqslant f(0) = 0$. 因此, 当 $x \in (0,1)$ 时, 有
$$G'(x) = 2f(x) - 2f(x)f'(x) = 2f(x)[1 - f'(x)] \geqslant 0.$$
故 $G(x)$ 在 $[0,1]$ 上单调增加, 所以当 $x > 0$ 时, $G(x) \geqslant G(0) = 0$, 从而有 $F'(x) \geqslant 0$.

于是, $F(1) \geqslant F(0) = 0$, 即 $\left(\int_0^1 f(x)\mathrm{d}x\right)^2 \geqslant \int_0^1 f^3(x)\mathrm{d}x$.

显然, 等号成立 $\Leftrightarrow F'(x) \equiv 0 \Leftrightarrow f(x) \equiv 0$ 或 $f'(x) = 1$, 即 $f(x) = x$.

52–57. 略.

58. 令 $F(t) = \int_a^t \sqrt{1 + [f'(x)]^2}\mathrm{d}x - \sqrt{(t-a)^2 + (f(t) - f(a))^2}$, 则 $F(a) = 0, F(t)$ 在区间 (a,b) 内可导, 且

$$F'(t) = \sqrt{1 + [f'(t)]^2} - \frac{(t-a) + (f(t) - f(a))f'(t)}{\sqrt{(t-a)^2 + (f(t) - f(a))^2}}$$

$$= \frac{\sqrt{1 + [f'(t)]^2}\sqrt{(t-a)^2 + (f(t) - f(a))^2} - [(t-a) + (f(t) - f(a))f'(t)]}{\sqrt{(t-a)^2 + (f(t) - f(a))^2}}.$$

根据 Cauchy 不等式, 得
$$(t-a) \cdot 1 + (f(t) - f(a))f'(t) \leqslant \sqrt{1 + [f'(t)]^2}\sqrt{(t-a)^2 + (f(t) - f(a))^2},$$
可知 $F'(t) \geqslant 0$. 所以 $F(t)$ 在 $[a,b]$ 上单调增加, 故 $F(b) \geqslant F(a)$, 即得所证不等式.

进一步, 等号成立当且仅当 $f'(t) = \dfrac{f(t) - f(a)}{t - a} = k$ (实常数), 即 $f(t) = f(a) + k(t-a)$, 此时曲线 $y = f(x)$ 为直线.

【注】 不等式具有明显的几何意义: 光滑曲线 $y = f(x)$ 弧上点 $A(a, f(a))$ 与 $B(b, f(b))$ 之间的弧长不小于直线段 AB 之长.

59. 对所给等式两边关于 x 作区间 $[a,b]$ 上的定积分, 得
$$\int_a^b f(x)\mathrm{d}x = 3 + \lambda \int_a^b \mathrm{d}x \int_x^b f(t)f(a+t-x)\mathrm{d}t.$$

对右端的二次积分交换积分次序, 得
$$\int_a^b f(x)\mathrm{d}x = 3 + \lambda \int_a^b f(t)\mathrm{d}t \int_a^t f(a+t-x)\mathrm{d}x.$$

作变量代换：$u = a + t - x$，则有
$$\int_a^b f(x)\mathrm{d}x = 3 + \lambda \int_a^b f(t)\mathrm{d}t \int_a^t f(u)\mathrm{d}u.$$

根据对称性，可知 $\int_a^b f(t)\mathrm{d}t \int_a^t f(u)\mathrm{d}u = \dfrac{1}{2}\left(\int_a^b f(x)\mathrm{d}x\right)^2$，代入上式得
$$\int_a^b f(x)\mathrm{d}x = 3 + \frac{\lambda}{2}\left(\int_a^b f(x)\mathrm{d}x\right)^2.$$

由此可见，$I = \int_a^b f(x)\mathrm{d}x \neq 0$，因此
$$\lambda = -\frac{6}{I^2} + \frac{2}{I} = -6\left(\frac{1}{I} - \frac{1}{6}\right)^2 + \frac{1}{6} \leqslant \frac{1}{6}.$$

60. 略.

61. 根据题设条件，有 $\int_0^1 x^2 f(x)\mathrm{d}x = \int_0^1 \left(x^2 + ax + b\right)f(x)\mathrm{d}x$，其中 a, b 为任意实数. 利用分部积分，得
$$\int_0^1 \left(x^2 + ax + b\right) f(x)\mathrm{d}x = \left(\frac{1}{3} + \frac{a}{2} + b\right) f(1) - \left(\frac{1}{12} + \frac{a}{6} + \frac{b}{2}\right) f'(1)$$
$$+ \int_0^1 \left(\frac{x^4}{12} + \frac{a}{6}x^3 + \frac{b}{2}x^2\right) f''(x)\mathrm{d}x.$$

令 $\dfrac{1}{3} + \dfrac{a}{2} + b = 0, \dfrac{1}{12} + \dfrac{a}{6} + \dfrac{b}{2}$，解得 $a = -1, b = \dfrac{1}{6}$. 注意到 $|f''(x)| \leqslant 1$，因此
$$\left|\int_0^1 x^2 f(x)\mathrm{d}x\right| \leqslant \int_0^1 \left(\frac{1}{12}x^4 - \frac{1}{6}x^3 + \frac{1}{12}x^2\right)\mathrm{d}x = \frac{1}{12}\int_0^1 x^2(x-1)^2\mathrm{d}x = \frac{1}{360}.$$

另一方面，欲使等号成立，可要求 $f''(x) = 1$，故可设 $f(x) = \dfrac{1}{2}x^2 + ax + b$，因为
$$\int_0^1 x^2 f(x)\mathrm{d}x = \int_0^1 x^2 \left(\frac{1}{2}x^2 + ax + b\right)\mathrm{d}x = \frac{1}{10} + \frac{a}{4} + \frac{b}{3},$$

而 $\int_0^1 x^2 f(x)\mathrm{d}x = \dfrac{1}{360}$，即 $\dfrac{1}{10} + \dfrac{a}{4} + \dfrac{b}{3} = \dfrac{1}{360}$，所以 $\dfrac{a}{4} + \dfrac{b}{3} = -\dfrac{7}{72}$. 可取 $a = -\dfrac{1}{2}, b = \dfrac{1}{12}$. 因此 $f(x) = \dfrac{1}{2}x^2 - \dfrac{1}{2}x + \dfrac{1}{12}$.

62. 根据题设条件，对任意 $x \in (a, b]$，$\int_a^x g(t)\mathrm{d}t > 0$，有
$$\frac{\xi - a}{x - a} = \frac{\xi - a}{f(\xi) - f(a)} \cdot \frac{[f(\xi) - f(a)]\int_a^x g(t)\mathrm{d}t}{(x - a)\int_a^x g(t)\mathrm{d}t}$$

$$= \frac{\xi - a}{f(\xi) - f(a)} \cdot \frac{\int_a^x f(t)g(t)\mathrm{d}t - f(a)\int_a^x g(t)\mathrm{d}t}{(x-a)\int_a^x g(t)\mathrm{d}t}.$$

注意到 $a \leqslant \xi \leqslant x < b$ 及导数定义, 所以 $\lim\limits_{x \to a^+} \dfrac{\xi - a}{f(\xi) - f(a)} = \lim\limits_{\xi \to a^+} \dfrac{\xi - a}{f(\xi) - f(a)} = \dfrac{1}{f'_+(a)}$.
利用 L'Hospital 法则及导数定义, 得

$$\lim_{x \to a^+} \frac{\int_a^x f(t)g(t)\mathrm{d}t - f(a)\int_a^x g(t)\mathrm{d}t}{(x-a)\int_a^x g(t)\mathrm{d}t} = \lim_{x \to a^+} \frac{f(x)g(x) - f(a)g(x)}{\int_a^x g(t)\mathrm{d}t + (x-a)g(x)}$$

$$= \lim_{x \to a^+} \frac{f(x) - f(a)}{x - a} \lim_{x \to a^+} \frac{g(x)}{\dfrac{\int_a^x g(t)\mathrm{d}t}{x-a} + g(x)} = f'_+(a) \frac{g(a)}{g(a) + g(a)} = \frac{f'_+(a)}{2},$$

因此 $\lim\limits_{x \to a^+} \dfrac{\xi - a}{x - a} = \dfrac{1}{f'_+(a)} \cdot \dfrac{f'_+(a)}{2} = \dfrac{1}{2}$.

63. 令 $F(x) = xf(x)$, 则 $F(x)$ 在 $[-1, 1]$ 上有连续的二阶导数, $F'(x) = f(x) + xf'(x)$, 且 $F''(x) = 2f'(x) + xf''(x)$. 利用 Taylor 公式, 并利用 $F(0) = 0, F'(0) = f(0)$, 得

$$F(x) = F(0) + F'(0)x + \frac{F''(\theta x)}{2}x^2 = f(0)x + \frac{F''(\theta x)}{2}x^2,$$

其中 $\theta \in (0, 1)$. 所以

$$\int_{-1}^1 F(x)\mathrm{d}x = \int_{-1}^1 f(0)x\mathrm{d}x + \frac{1}{2}\int_{-1}^1 F''(\theta x)x^2\mathrm{d}x = \frac{1}{2}\int_{-1}^1 F''(\theta x)x^2\mathrm{d}x.$$

记 $m = \min\limits_{-1 \leqslant x \leqslant 1} F''(x), M = \max\limits_{-1 \leqslant x \leqslant 1} F''(x)$, 则

$$m\int_{-1}^1 x^2\mathrm{d}x \leqslant \int_{-1}^1 F''(\theta x)x^2\mathrm{d}x \leqslant M\int_{-1}^1 x^2\mathrm{d}x, \quad 即 \quad \frac{2m}{3} \leqslant \int_{-1}^1 F''(\theta x)x^2\mathrm{d}x \leqslant \frac{2M}{3},$$

因此, 有 $m \leqslant 3\int_{-1}^1 F(x)\mathrm{d}x \leqslant M$. 对 $F''(x)$ 利用连续函数的介值定理, 存在 $\xi \in [-1, 1]$, 使得 $3\int_{-1}^1 F(x)\mathrm{d}x = F''(\xi)$, 即 $\int_{-1}^1 xf(x)\mathrm{d}x = \dfrac{1}{3}[2f'(\xi) + \xi f''(\xi)]$.

第4章 常微分方程

微分方程以方程的形式描述了未知函数及其导数以及自变量之间的依赖关系. 常微分方程理论的基本问题是研究满足这个方程的函数, 即所谓的解. 在高等数学中, 作为微分方程初步, 主要研究几类特殊微分方程的解法. 因此从这个意义上说, 微分方程初步乃是微分学与积分学的一种应用.

4.1 竞赛要点与难点

(1) 常微分方程的基本概念: 微分方程及其解、阶、通解、初始条件和特解等;

(2) 变量可分离的微分方程、齐次微分方程、一阶线性微分方程、Bernoulli 方程、全微分方程;

(3) 可用简单的变量代换求解的某些微分方程、可降阶的高阶微分方程;

(4) 线性微分方程解的性质及解的结构定理;

(5) 二阶常系数齐次线性微分方程、高于二阶的某些常系数齐次线性微分方程;

(6) 简单的二阶常系数非齐次线性微分方程: 自由项为多项式、指数函数、正弦函数、余弦函数以及它们的和与积等;

(7) Euler 方程;

(8) 微分方程的简单应用.

4.2 范例解析与精讲

题型一、一阶微分方程的解法

这里主要讨论几种典型的一阶微分方程的解法. 其一般原则是, 根据方程的类型确定相应的解法. 对于有些竞赛题所涉及的方程往往不是典型方程, 那就必须根据方程的特点, 充分利用初等变形、变量代换、求积分因子等技巧, 把方程化为典型方程, 继而解之.

1. 可分离变量方程的解法

可分离变量方程的基本形式为

$$\varphi_1(x)\psi_1(y)\mathrm{d}x + \varphi_2(x)\psi_2(y)\mathrm{d}y = 0,$$

它是一阶方程中最重要而且最简单的类型. 求解这类方程的两个主要步骤如下.

(1) 分离变量. 将方程中自变量及其微分与函数及其微分分别置于等号两端, 即

$$\frac{\varphi_1(x)}{\varphi_2(x)}\mathrm{d}x = -\frac{\psi_2(y)}{\psi_1(y)}\mathrm{d}y.$$

(2) 两端积分. 将上述变量已分离的方程两端分别积分, 即得原方程的通解:
$$\int \frac{\varphi_1(x)}{\varphi_2(x)} \mathrm{d}x = -\int \frac{\psi_2(y)}{\psi_1(y)} \mathrm{d}y.$$

对于有些竞赛题, 往往需要先进行适当的变形或变量代换, 化为可分离变量的方程.

【例 4.1】 求微分方程 $y' + \sin \dfrac{x+y}{2} = \sin \dfrac{x-y}{2}$ 的通解.

解 本题看上去其变量似乎不可分离, 但只要利用三角公式
$$\sin \frac{x+y}{2} = \sin \frac{x}{2} \cos \frac{y}{2} + \cos \frac{x}{2} \sin \frac{y}{2}$$

与
$$\sin \frac{x-y}{2} = \sin \frac{x}{2} \cos \frac{y}{2} - \cos \frac{x}{2} \sin \frac{y}{2},$$

即可将方程化为可分离变量的方程
$$y' = -2\cos \frac{x}{2} \sin \frac{y}{2}.$$

分离变量之后再对两端同时积分, 得 $\displaystyle\int \frac{\mathrm{d}y}{2\sin\frac{y}{2}} = -\int \cos \frac{x}{2} \mathrm{d}x$, 即
$$\ln\left(\cot \frac{y}{2} - \csc \frac{y}{2}\right) + \ln C = -2\sin \frac{x}{2},$$

故所求通解为 $C\left(\cot \dfrac{y}{2} - \csc \dfrac{y}{2}\right) = \mathrm{e}^{-2\sin \frac{x}{2}}$.

【例 4.2】 求微分方程 $y' + \dfrac{y}{x} = y^2 - \dfrac{4}{x^2}$ 的通解.

解 方程两边同时除以 xy^2, 得
$$\frac{xy' + y}{x^2 y^2} = \frac{1}{x}\left(1 - \frac{4}{x^2 y^2}\right), \quad 即 \quad \frac{\mathrm{d}}{\mathrm{d}x}\left(\frac{1}{xy}\right) = \frac{1}{x}\left(\frac{4}{x^2 y^2} - 1\right).$$

令 $u = \dfrac{1}{xy}$, 则方程化为可分离变量的方程 $\dfrac{\mathrm{d}u}{\mathrm{d}x} = \dfrac{4u^2 - 1}{x}$. 先分离变量, 再两端积分, 得
$$\int \frac{\mathrm{d}u}{4u^2 - 1} = \int \frac{\mathrm{d}x}{x}, \quad 即 \quad \frac{1}{2}\int\left(\frac{1}{2u-1} - \frac{1}{2u+1}\right)\mathrm{d}u = \int \frac{\mathrm{d}x}{x},$$

由此得 $\ln\left|\dfrac{2u-1}{2u+1}\right| = 4\ln|x| + \ln|C_1|$, 即 $\dfrac{2u-1}{2u+1} = C_1 x^4$.

将 $u = \dfrac{1}{xy}$ 代入上式, 得 $\dfrac{2-xy}{2+xy} = C_1 x^4$, 因此原方程的通解为 $\dfrac{x^4(xy+2)}{xy-2} = C$, 其中 $C = -\dfrac{1}{C_1}$ 为任意常数. 此外, $xy = 2$, 即 $y = \dfrac{2}{x}$ 显然也是原方程的解.

【例 4.3】 求所有在区间 $(0,+\infty)$ 上满足 $f'\left(\dfrac{1}{x}\right)=\dfrac{x}{f(x)}$ 的正值可微函数.

解 根据题设条件, 对任意 $x\in(0,+\infty)$, 恒有 $f(x)>0$, 且满足
$$f(x)f'\left(\dfrac{1}{x}\right)=x,\quad f\left(\dfrac{1}{x}\right)f'(x)=\dfrac{1}{x}.$$

令 $F(x)=f(x)f\left(\dfrac{1}{x}\right)$, 则
$$F'(x)=f'(x)f\left(\dfrac{1}{x}\right)+f(x)f'\left(\dfrac{1}{x}\right)\left(-\dfrac{1}{x^2}\right)=\dfrac{1}{x}-\dfrac{1}{x}=0,$$

所以 $F(x)=C$(C 为任意正常数), 即 $f(x)f\left(\dfrac{1}{x}\right)=C$. 将 $f\left(\dfrac{1}{x}\right)f'(x)=\dfrac{1}{x}$ 的两边乘以 $f(x)$, 得
$$f'(x)=\dfrac{1}{Cx}f(x).$$

这是可分离变量的方程. 容易求得其通解为
$$f(x)=C_1 x^{\frac{1}{C}},\quad \text{其中}\quad C_1>0.$$

代入等式 $f(x)f\left(\dfrac{1}{x}\right)=C$, 得 $C_1=\sqrt{C}$. 因此所求函数为
$$f(x)=\sqrt{C}\,x^{\frac{1}{C}}\quad (0<x<+\infty).$$

2. 齐次方程的解法

形如 $y'=\varphi\left(\dfrac{y}{x}\right)$ 的方程及可化为这种形式的方程称为齐次方程. 可通过施行变量代换: $u=\dfrac{y}{x}$ 或 $y=ux$, 将其转化为可分离变量方程来求解.

【例 4.4】 求解 $xy'=\sqrt{x^2-y^2}+y$.

解 这是齐次方程, 令 $y=ux$, 则 $y'=u+xu'$, 代入原方程, 得可分离变量方程
$$x\dfrac{\mathrm{d}u}{\mathrm{d}x}=\sqrt{1-u^2}.$$

解得 $\arcsin u=\ln Cx$. 代回原变量, 得原方程的通解为 $y=x\sin\ln Cx$.

形如 $y'=f\left(\dfrac{a_1 x+b_1 y+c_1}{a_2 x+b_2 y+c_2}\right)$ 的方程, 可以化为齐次方程来解.

若 $c_1=c_2=0$, 则原方程就是齐次方程;

若 c_1,c_2 至少有一个不为零, 这时可分为两种情况:

(1) 当 $a_1b_2 \neq a_2b_1$ 时, 可设 $x = u + \alpha, y = v + \beta$, 将原方程化为齐次方程 $\dfrac{\mathrm{d}v}{\mathrm{d}u} = f\left(\dfrac{a_1u + b_1v}{a_2u + b_2v}\right)$, 其中 α, β 是方程组 $a_1x + b_1y + c_1 = 0, a_2x + b_2y + c_2 = 0$ 的解;

(2) 当 $a_1b_2 = a_2b_1$ 时, 则有 $a_1 = ka_2, b_1 = kb_2$, 可设 $u = a_2x + b_2y$, 将原方程化为可分离变量方程 $\dfrac{\mathrm{d}u}{\mathrm{d}x} = a_2 + b_2 f\left(\dfrac{ku + c_1}{u + c_2}\right)$.

【例 4.5】 求解: $(1-x)y' + y = x$.

解 原方程可写为 $\dfrac{\mathrm{d}y}{\mathrm{d}x} = \dfrac{x - y}{1 - x}$. 可按上述方法确定代换 $x = u + 1, y = v + 1$, 得到齐次方程
$$\frac{\mathrm{d}v}{\mathrm{d}u} = \frac{v}{u} - 1,$$
进一步可求得通解 $y = 1 - (x-1)\ln|x-1| + C(x-1)$.

【例 4.6】 求解: $(2x^3 + 3xy^2 - 7x)\,\mathrm{d}x - (3x^2y + 2y^3 - 8y)\,\mathrm{d}y = 0$.

解 原方程可变形为 $\dfrac{y}{x}\dfrac{\mathrm{d}y}{\mathrm{d}x} = \dfrac{2x^2 + 3y^2 - 7}{3x^2 + 2y^2 - 8}$, 即
$$\frac{\mathrm{d}y^2}{\mathrm{d}x^2} = \frac{2x^2 + 3y^2 - 7}{3x^2 + 2y^2 - 8}.$$

令 $x^2 = u + 2, y^2 = v + 1$, 则可化为齐次方程
$$\frac{\mathrm{d}v}{\mathrm{d}u} = \frac{2u + 3v}{3u + 2v}.$$

解得 $u + v = C(u - v)^5$. 代回原变量, 得所求通解为 $x^2 + y^2 - 3 = C\left(x^2 - y^2 - 1\right)^5$.

3. 一阶线性微分方程的解法

形如 $\dfrac{\mathrm{d}y}{\mathrm{d}x} + P(x)y = Q(x)$ 的方程称为一阶线性微分方程, 其通解可表示为

$$y = \mathrm{e}^{-\int P(x)\mathrm{d}x}\left[\int Q(x)\mathrm{e}^{\int P(x)\mathrm{d}x}\mathrm{d}x + C\right]. \quad ①$$

1) 关于变量 y 与导数 $\dfrac{\mathrm{d}y}{\mathrm{d}x}$ 为线性的方程

若一个一阶微分方程可写成关于变量 y 与导数 $\dfrac{\mathrm{d}y}{\mathrm{d}x}$ 的线性形式: $\dfrac{\mathrm{d}y}{\mathrm{d}x} + P(x)y = Q(x)$, 则直接利用公式 ① 求其通解.

【例 4.7】 设函数 $f(u)$ 具有连续导数, $z = f(\mathrm{e}^x \cos y)$ 满足
$$\cos y \frac{\partial z}{\partial x} - \sin y \frac{\partial z}{\partial y} = (4z + \mathrm{e}^x \cos y)\mathrm{e}^x.$$

已知 $f(0) = 0$, 求 $f(u)$ 的表达式.

解 先求偏导数, 有 $\dfrac{\partial z}{\partial x} = f'(e^x \cos y) e^x \cos y, \dfrac{\partial z}{\partial y} = -f'(e^x \cos y) e^x \sin y$. 代入所给方程, 得

$$f'(e^x \cos y) e^x = [4f(e^x \cos y) + e^x \cos y] e^x.$$

所以, 函数 $f(u)$ 满足方程

$$f'(u) - 4f(u) = u.$$

这是关于未知函数 $f(u)$ 及其导数 $f'(u)$ 的一阶线性微分方程, 其通解为

$$f(u) = e^{\int 4 du} \left[\int u e^{\int (-4) du} du + C \right] = C e^{4u} - \dfrac{u}{4} - \dfrac{1}{16}.$$

再由条件 $f(0) = 0$ 得 $C = \dfrac{1}{16}$. 于是有

$$f(u) = \dfrac{1}{16} \left(e^{4u} - 4u - 1 \right).$$

【例 4.8】 设可微函数 $f(x)$ 满足方程 $xy' - (2x^2 + 1) y = x^2 (x \geqslant 1)$. 试确定 $f(x)$ 在点 $x = 1$ 处的值使得极限 $\lim\limits_{x \to +\infty} f(x)$ 存在, 并求出此极限值.

解 先求 $f(x)$, 所给方程是关于未知函数 $f(x)$ 与导数 $f'(x)$ 的一阶线性微分方程

$$y' - \left(2x + \dfrac{1}{x} \right) y = x,$$

其中 $P(x) = -\left(2x + \dfrac{1}{x} \right), Q(x) = x$. 所以

$$f(x) = e^{\int \left(2x + \frac{1}{x} \right) dx} \left[\int x e^{-\int \left(2x + \frac{1}{x} \right) dx} dx + C \right] = x e^{x^2} \left(\int e^{-x^2} dx + C \right).$$

取 e^{-x^2} 的一个原函数 $\int_1^x e^{-t^2} dt$, 则上式可表示为

$$f(x) = x e^{x^2} \left(\int_1^x e^{-t^2} dt + C_1 \right) = x e^{x^2} \left(\int_1^x e^{-t^2} dt + \dfrac{f(1)}{e} \right)$$

$$= x e^{x^2} \left(\int_0^x e^{-t^2} dt + \dfrac{f(1)}{e} - \int_0^1 e^{-t^2} dt \right).$$

注意到 $\lim\limits_{x \to +\infty} x e^{x^2} = +\infty, \lim\limits_{x \to +\infty} \int_0^x e^{-t^2} dt = \dfrac{\sqrt{\pi}}{2}$, 欲使极限 $\lim\limits_{x \to +\infty} f(x)$ 存在, 必须有

$$\lim\limits_{x \to +\infty} \left(\int_0^x e^{-t^2} dt + \dfrac{f(1)}{e} - \int_0^1 e^{-t^2} dt \right) = 0,$$

这等价于 $f(1) = \mathrm{e}\left(\int_0^1 \mathrm{e}^{-t^2}\mathrm{d}t - \dfrac{\sqrt{\pi}}{2}\right)$. 此时, 利用 L'Hospital 法则, 可得

$$\lim_{x\to+\infty} f(x) = \lim_{x\to+\infty} \frac{\int_0^x \mathrm{e}^{-t^2}\mathrm{d}t - \dfrac{\sqrt{\pi}}{2}}{\dfrac{1}{x}\mathrm{e}^{-x^2}} = \lim_{x\to+\infty} \frac{\mathrm{e}^{-x^2}}{-\dfrac{1}{x^2}\mathrm{e}^{-x^2} - 2\mathrm{e}^{-x^2}} = -\frac{1}{2}.$$

2) 关于变量 x 与导数 $\dfrac{\mathrm{d}x}{\mathrm{d}y}$ 为线性的方程

有些一阶微分方程, 可视为关于变量 x 与导数 $\dfrac{\mathrm{d}x}{\mathrm{d}y}$ 的线性方程 $\dfrac{\mathrm{d}x}{\mathrm{d}y} + P(y)x = Q(y)$ 求解.

【例 4.9】 求微分方程 $y' = -\dfrac{1+y^2}{x - \arctan y}$ 的通解.

解 原方程关于变量 y 与导数 $\dfrac{\mathrm{d}y}{\mathrm{d}x}$ 显然不是线性方程, 但可变形为

$$\frac{\mathrm{d}x}{\mathrm{d}y} + \frac{1}{1+y^2}x = \frac{\arctan y}{1+y^2},$$

这是关于变量 x 与导数 $\dfrac{\mathrm{d}x}{\mathrm{d}y}$ 的线性微分方程, $P(y) = \dfrac{1}{1+y^2}, Q(y) = \dfrac{\arctan y}{1+y^2}$. 因此

$$\begin{aligned}
x &= \mathrm{e}^{-\int \frac{1}{1+y^2}\mathrm{d}y}\left[\int \frac{\arctan y}{1+y^2}\mathrm{e}^{\int \frac{1}{1+y^2}\mathrm{d}y}\mathrm{d}y + C\right]\\
&= \mathrm{e}^{-\arctan y}\left[\int \frac{\arctan y}{1+y^2}\mathrm{e}^{\arctan y}\mathrm{d}y + C\right]\\
&= \mathrm{e}^{-\arctan y}\left[\int \arctan y\,\mathrm{d}\left(\mathrm{e}^{\arctan y}\right) + C\right]\\
&= \mathrm{e}^{-\arctan y}\left[\arctan y\,\mathrm{e}^{\arctan y} - \int \frac{\mathrm{e}^{\arctan y}}{1+y^2}\mathrm{d}y + C\right]\\
&= \arctan y - 1 + C\mathrm{e}^{-\arctan y}.
\end{aligned}$$

3) 利用变量代换化为线性微分方程求解

有些一阶微分方程, 可考虑对自变量或因变量施行适当代换, 使之化为线性方程. 这类方程的典型例子是 Bernoulli 方程:

$$\frac{\mathrm{d}y}{\mathrm{d}x} + P(x)y = Q(x)y^n \quad (n \neq 0, 1),$$

通过代换 $u = y^{1-n}$, 便得到一阶线性微分方程

$$\frac{\mathrm{d}u}{\mathrm{d}x} + (1-n)P(x)u = (1-n)Q(x).$$

求出其通解后, 再以 y^{1-n} 代 u, 便得到 Bernoulli 方程的通解.

【例 4.10】 求解: $\dfrac{\mathrm{d}y}{\mathrm{d}x} + \dfrac{y}{x} = y^2 \ln x$.

解 这是 $n = 2$ 时的 Bernoulli 方程. 设 $u = y^{-1}$, 则原方程化为

$$u' - \frac{1}{x}u = -\ln x,$$

其通解为 $u = x\left[C - \dfrac{1}{2}(\ln x)^2\right]$. 再以 y^{-1} 代 u, 得所给方程的通解为

$$xy\left[C - \frac{1}{2}(\ln x)^2\right] = 1.$$

【例 4.11】 考虑一阶微分方程 $y' + x\sin 2y = x\mathrm{e}^{-x^2}\cos^2 y$.

(1) 求该方程的通解;

(2) 设 $y = y(x)$ 是方程满足条件 $y(0) = \dfrac{\pi}{4}$ 的解, 求定积分 $\displaystyle\int_0^1 x\tan y\,\mathrm{d}x$.

解 (1) 作变量代换: $u = \tan y$, 则 $\dfrac{\mathrm{d}u}{\mathrm{d}x} = \sec^2 y \dfrac{\mathrm{d}y}{\mathrm{d}x}$, 所以方程化为

$$\frac{\mathrm{d}u}{\mathrm{d}x} + 2xu = x\mathrm{e}^{-x^2}.$$

这是一阶线性微分方程, 故利用求解公式得

$$u = \mathrm{e}^{-2\int x\mathrm{d}x}\left(\int x\mathrm{e}^{-x^2}\mathrm{e}^{2\int x\mathrm{d}x} + C\right) = \mathrm{e}^{-x^2}\left(\int x\mathrm{d}x + C\right) = \mathrm{e}^{-x^2}\left(\frac{x^2}{2} + C\right).$$

所以原方程的通解为 $\tan y = \mathrm{e}^{-x^2}\left(\dfrac{x^2}{2} + C\right)$.

(2) 若 $y(0) = \dfrac{\pi}{4}$, 则由上述通解得 $C = 1$, 所以 $\tan y = \mathrm{e}^{-x^2}\left(\dfrac{x^2}{2} + 1\right)$. 因此

$$\int_0^1 x\tan y\,\mathrm{d}x = \int_0^1 x\mathrm{e}^{-x^2}\left(\frac{x^2}{2} + 1\right)\mathrm{d}x \xlongequal{t=x^2} \frac{1}{2}\int_0^1 \mathrm{e}^{-t}\left(\frac{t}{2} + 1\right)\mathrm{d}t$$

$$= -\left.\frac{\mathrm{e}^{-t}(t+2)}{4}\right|_0^1 + \frac{1}{4}\int_0^1 \mathrm{e}^{-t}\mathrm{d}t = \frac{1}{2} - \frac{3}{4\mathrm{e}} - \left.\frac{1}{4}\mathrm{e}^{-t}\right|_0^1$$

$$= \frac{3}{4} - \frac{1}{\mathrm{e}}.$$

【注】 本题的第 (1) 问也可以不作变量代换直接得到方程的通解. 这只需先将原方程作初等变形化为 $\mathrm{e}^{x^2}\left(y'\sec^2 y + 2x\tan y\right) = x$, 两边同时作不定积分, 得

$$\int \mathrm{e}^{x^2}\left(y'\sec^2 y + 2x\tan y\right)\mathrm{d}x = \int x\mathrm{d}x,$$

所以 $e^{x^2}\tan y = \dfrac{x^2}{2} + C$,即 $\tan y = e^{-x^2}\left(\dfrac{x^2}{2} + C\right)$.

【例 4.12】 设 $y(x)$ 满足 $y(x) = x^3 - x\displaystyle\int_1^x \dfrac{y(t)}{t^2}\mathrm{d}t + y'(x)(x>0)$,且极限 $\displaystyle\lim_{x\to+\infty}\dfrac{y(x)}{x^3}$ 存在,求 $y(x)$.

【分析】 本题中的等式不仅含有未知函数 $y(x)$ 及其导数,而且还包含变上限积分,称之为积分微分方程. 一般说来,需对等式求导数化为微分方程,有时还需利用适当的变量代换尽可能降低微分方程的阶数,或者使方程变得简捷,易于求解.

解 先将方程两边同时除以 x,再求导数,得

$$\dfrac{y(x)}{x} = x^2 - \int_1^x \dfrac{y(t)}{t^2}\mathrm{d}t + \dfrac{y'(x)}{x},$$

$$\dfrac{xy'(x) - y(x)}{x^2} = 2x - \dfrac{y(x)}{x^2} + \dfrac{\mathrm{d}}{\mathrm{d}x}\left(\dfrac{y'(x)}{x}\right).$$

令 $u(x) = \dfrac{y'(x)}{x}$,则上式化为

$$u'(x) - u(x) = -2x.$$

这是一阶线性微分方程,利用求解公式得

$$u(x) = e^{\int \mathrm{d}x}\left(-2\int xe^{-\int \mathrm{d}x}\mathrm{d}x + C\right) = e^x\left(-2\int xe^{-x}\mathrm{d}x + C\right) = e^x\left[2(x+1)e^{-x} + C\right],$$

$$y'(x) = 2(x^2 + x) + Cxe^x.$$

所以

$$y(x) = 2\int (x^2 + x)\mathrm{d}x + C\int xe^x\mathrm{d}x$$
$$= \dfrac{2}{3}x^3 + x^2 + C(x-1)e^x + C_1.$$

下面再确定常数 C, C_1. 首先,注意到

$$\lim_{x\to+\infty}\dfrac{y(x)}{x^3} = \dfrac{2}{3} + \lim_{x\to+\infty}\dfrac{C(x-1)e^x}{x^3} + \lim_{x\to+\infty}\dfrac{x^2 + C_1}{x^3},$$

所以 $\displaystyle\lim_{x\to+\infty}\dfrac{y(x)}{x^3}$ 存在 $\Leftrightarrow$ $\displaystyle\lim_{x\to+\infty}\dfrac{C(x-1)e^x}{x^3}$ 存在 $\Leftrightarrow C = 0$. 因此 $y(x) = \dfrac{2}{3}x^3 + x^2 + C_1$.

再由原方程得 $y(1) = 1 + y'(1) = 5$. 故 $C_1 = y(1) - \dfrac{5}{3} = \dfrac{10}{3}$. 于是,所求函数为

$$y(x) = \dfrac{2}{3}x^3 + x^2 + \dfrac{10}{3} \quad (x > 0).$$

4. 全微分方程的解法

1) 全微分方程的解法

如果存在二元函数 $\varphi(x,y)$, 使 $\mathrm{d}\varphi = P(x,y)\mathrm{d}x + Q(x,y)\mathrm{d}y$, 则称

$$P(x,y)\mathrm{d}x + Q(x,y)\mathrm{d}y = 0$$

为全微分方程.

当 $P(x,y), Q(x,y)$ 在单连通域 D 上具有一阶连续偏导数时, $P\mathrm{d}x + Q\mathrm{d}y = 0$ 为全微分方程的充分必要条件是恰当条件成立: $\dfrac{\partial P}{\partial y} = \dfrac{\partial Q}{\partial x}$.

对于全微分方程, 若能求出使 $\mathrm{d}\varphi = P\mathrm{d}x + Q\mathrm{d}y$ 成立的二元函数 $\varphi(x,y)$, 那么 $\varphi(x,y) = C$ (C 是任意常数) 即为通解.

求解 $\varphi(x,y)$ 通常有 3 种方法, 即凑全微分法、不定积分法以及曲线积分法.

【**例 4.13**】 求解: $\left(6x^2y + 4y^3\right)\mathrm{d}y + \left(12x^3 + 6xy^2\right)\mathrm{d}x = 0$.

解 这里 $P(x,y) = 12x^3 + 6xy^2, Q(x,y) = 6x^2y + 4y^3$. 因为 $\dfrac{\partial P}{\partial y} = 12xy = \dfrac{\partial Q}{\partial x}$, 故所给方程为全微分方程. 这时必存在 $\varphi(x,y)$, 使 $\mathrm{d}\varphi = P\mathrm{d}x + Q\mathrm{d}y$. 以下采用 3 种方法求 $\varphi(x,y)$.

(**方法 1**) 凑全微分法. 因为由原方程有

$$\mathrm{d}\left(y^4\right) + \mathrm{d}\left(3x^4\right) + \mathrm{d}\left(3x^2y^2\right) = 0,$$

即 $\mathrm{d}\left(y^4 + 3x^4 + 3x^2y^2\right) = 0$. 故 $\varphi(x,y) = y^4 + 3x^4 + 3x^2y^2$.

(**方法 2**) 不定积分法. 由于 $\mathrm{d}\varphi = P\mathrm{d}x + Q\mathrm{d}y$, 所以

$$\frac{\partial \varphi}{\partial x} = P = 12x^3 + 6xy^2, \qquad \text{①}$$

$$\frac{\partial \varphi}{\partial y} = Q = 6x^2y + 4y^3. \qquad \text{②}$$

由 ① 式积分得

$$\varphi(x,y) = 3x^4 + 3x^2y^2 + \psi(y). \qquad \text{③}$$

由 ③ 式得

$$\frac{\partial \varphi}{\partial y} = 6x^2y + \psi'(y). \qquad \text{④}$$

比较 ② 式与 ④ 式得 $\psi'(y) = 4y^3, \psi(y) = y^4 + C$. 所以 $\varphi(x,y) = 3x^4 + 3x^2y^2 + y^4$ (令 $C = 0$).

(**方法 3**) 曲线积分法. 因为恰当条件成立, 故曲线积分 $\int_A^B P(x,y)\mathrm{d}x + Q(x,y)\mathrm{d}y$ 与路径无关. 于是

$$\varphi(x,y) = \int_{(0,0)}^{(x,y)} \left(6x^2y + 4y^3\right)\mathrm{d}y + \left(12x^3 + 6xy^2\right)\mathrm{d}x$$

$$= \int_0^x 12x^3\mathrm{d}x + \int_0^y \left(6x^2y + 4y^3\right)\mathrm{d}y = 3x^4 + 3x^2y^2 + y^4.$$

因此, $3x^4 + 3x^2y^2 + y^4 = C$ 为所求通解.

由上述解法可以看出, 在已经确定一个方程为全微分方程时, 利用凑全微分法求通解较之不定积分法与曲线积分法更为简捷. 因为这种方法主要是凭经验观察进而凑出全微分, 所以遇到表达式稍微复杂一些的全微分方程, 往往要对它的项进行重新组合, 化繁为简.

以下一些简单函数的全微分公式, 将对我们较快地进行这种重新组合有所帮助:

(1) $x\mathrm{d}y + y\mathrm{d}x = \mathrm{d}(xy)$;

(2) $x\mathrm{d}x + y\mathrm{d}y = \dfrac{1}{2}\mathrm{d}\left(x^2 + y^2\right)$;

(3) $\dfrac{x\mathrm{d}x + y\mathrm{d}y}{x^2 + y^2} = \dfrac{1}{2}\mathrm{d}\left[\ln\left(x^2 + y^2\right)\right]$;

(4) $\dfrac{x\mathrm{d}y - y\mathrm{d}x}{x^2} = \mathrm{d}\left(\dfrac{y}{x}\right)$;

(5) $\dfrac{x\mathrm{d}y - y\mathrm{d}x}{y^2} = \mathrm{d}\left(-\dfrac{x}{y}\right)$;

(6) $\dfrac{x\mathrm{d}y - y\mathrm{d}x}{x^2 + y^2} = \mathrm{d}\left(\arctan\dfrac{y}{x}\right)$;

(7) $\dfrac{x\mathrm{d}y - y\mathrm{d}x}{x^2 - y^2} = \mathrm{d}\left(\dfrac{1}{2}\ln\dfrac{x+y}{x-y}\right)$;

(8) $\dfrac{x\mathrm{d}y - y\mathrm{d}x}{xy} = \mathrm{d}\left(\ln\dfrac{y}{x}\right)$;

(9) $\dfrac{2xy\mathrm{d}y - y^2\mathrm{d}x}{x^2} = \mathrm{d}\left(\dfrac{y^2}{x}\right)$;

(10) $\dfrac{2xy\mathrm{d}x - x^2\mathrm{d}y}{y^2} = \mathrm{d}\left(\dfrac{x^2}{y}\right)$.

【**例 4.14**】 求解: $\left(x^2y^2 + x\right)\mathrm{d}x + \left(x^3y + x + xy^2\right)\mathrm{d}y = 0$.

解 方程化为 $\left(xy^2 + 1\right)\mathrm{d}x + \left(x^2y + 1 + y^2\right)\mathrm{d}y = 0$, 这里

$$P(x,y) = xy^2 + 1, \quad Q(x,y) = x^2y + 1 + y^2.$$

因为 $\dfrac{\partial P}{\partial y} = 2xy = \dfrac{\partial Q}{\partial x}$, 故所给方程为全微分方程. 重新组合为

$$\left(xy^2\mathrm{d}x + x^2y\mathrm{d}y\right) + \left(\mathrm{d}x + \mathrm{d}y\right) + y^2\mathrm{d}y = 0,$$

即 $\mathrm{d}\left(\dfrac{x^2y^2}{2}\right) + \mathrm{d}(x+y) + \mathrm{d}\left(\dfrac{1}{3}y^3\right) = 0$. 故得通解为 $\dfrac{x^2y^2}{2} + x + y + \dfrac{1}{3}y^3 = C$.

2) 利用积分因子法解微分方程

对于微分方程 $P\mathrm{d}x + Q\mathrm{d}y = 0$, 若存在 $\mu = \mu(x,y)$, 使 $\mu P\mathrm{d}x + \mu Q\mathrm{d}y = 0$ 为全微分方程, 则称 $\mu = \mu(x,y)$ 为原方程的一个积分因子. 因此, 若能求得方程 $P\mathrm{d}x + Q\mathrm{d}y = 0$ 的一个积分因子, 则可将该方程化为全微分方程来求解.

求一个方程的积分因子没有一般性规律，但以下两种情形可利用公式求得.

如果 $\dfrac{1}{Q}\left(\dfrac{\partial P}{\partial y}-\dfrac{\partial Q}{\partial x}\right)$ 只依赖于 x，那么方程 $P\mathrm{d}x+Q\mathrm{d}y=0$ 有只依赖于 x 的积分因子 $\mu=\mu(x)$，且 $\ln\mu=\displaystyle\int\dfrac{1}{Q}\left(\dfrac{\partial P}{\partial y}-\dfrac{\partial Q}{\partial x}\right)\mathrm{d}x$.

如果 $\dfrac{1}{P}\left(\dfrac{\partial Q}{\partial x}-\dfrac{\partial P}{\partial y}\right)$ 只依赖于 y，那么方程 $P\mathrm{d}x+Q\mathrm{d}y=0$ 有只依赖于 y 的积分因子 $\mu=\mu(y)$，且 $\ln\mu=\displaystyle\int\dfrac{1}{P}\left(\dfrac{\partial Q}{\partial x}-\dfrac{\partial P}{\partial y}\right)\mathrm{d}y$.

【例 4.15】 求微分方程 $(xy+y+\sin y)\mathrm{d}x+(x+\cos y)\mathrm{d}y=0$ 的通解.

解 这里 $P(x,y)=xy+y+\sin y, Q(x,y)=x+\cos y$. 因为 $\dfrac{1}{Q}\left(\dfrac{\partial P}{\partial y}-\dfrac{\partial Q}{\partial x}\right)=1$ 可视为只依赖于 x，所以

$$\ln\mu=\int\mathrm{d}x=x,$$

即有积分因子 $\mu(x)=\mathrm{e}^x$. 用 $\mu(x)=\mathrm{e}^x$ 乘以原方程两端，并重新组合，得

$$[(xy+y)\mathrm{e}^x\mathrm{d}x+x\mathrm{e}^x\mathrm{d}y]+(\mathrm{e}^x\sin y\mathrm{d}x+\mathrm{e}^x\cos y\mathrm{d}y)=0,$$

即 $\mathrm{d}(xy\mathrm{e}^x)+\mathrm{d}(\mathrm{e}^x\sin y)=0$，故原方程通解为 $\mathrm{e}^x(xy+\sin y)=C$.

【注】 本题也可以如下求解：将原方程改写为

$$(y\mathrm{d}x+x\mathrm{d}y)+\cos y\mathrm{d}y+(xy+\sin y)\mathrm{d}x=0,$$

即 $\mathrm{d}(xy+\sin y)+(xy+\sin y)\mathrm{d}x=0$. 引入变量代换 $u=xy+\sin y$，则有

$$\mathrm{d}u+u\mathrm{d}x=0.$$

分离变量并两端同时积分，得 $u\mathrm{e}^x=C$，即 $(xy+\sin y)\mathrm{e}^x=C$.

【例 4.16】 求解：$y\mathrm{d}x-2x\mathrm{d}y-y^3\sin 3y\mathrm{d}y=0$.

解 这里 $P(x,y)=y, Q(x,y)=-(2x+y^3\sin 3y)$. 因为 $\dfrac{1}{P}\left(\dfrac{\partial Q}{\partial x}-\dfrac{\partial P}{\partial y}\right)=-\dfrac{3}{y}$ 只依赖于 y，所以 $\ln\mu=\displaystyle\int-\dfrac{3}{y}\mathrm{d}y=-3\ln y$，即有积分因子 $\mu(y)=\dfrac{1}{y^3}$. 用 $\mu(y)=\dfrac{1}{y^3}$ 乘以原方程两端，得

$$\dfrac{y\mathrm{d}x-2x\mathrm{d}y}{y^3}-\sin 3y\mathrm{d}y=0.$$

即 $\mathrm{d}\left(\dfrac{x}{y^2}\right)+\dfrac{1}{3}\mathrm{d}(\cos 3y)=0$. 故原方程通解为 $\dfrac{x}{y^2}+\dfrac{1}{3}\cos 3y=C$.

一般来说，直接能找出积分因子的情形并不多见，多数情况下是将方程中的项重新组合，通过找出每组的积分因子来获得原方程的积分因子. 对于某些方程，在考虑重新组合时，也可借助前面介绍的 10 个简单函数的全微分公式选择积分因子.

【例 4.17】 求解：$(2xy^2 - y)\mathrm{d}x + x\mathrm{d}y = 0$.

解 将方程重新组合，有

$$x\mathrm{d}y - y\mathrm{d}x + 2xy^2\mathrm{d}x = 0.$$

根据公式 (5)，并结合第二组 $2xy^2\mathrm{d}x$，可选择积分因子 $\mu = \dfrac{1}{y^2}$，乘以方程两端，得

$$\frac{x\mathrm{d}y - y\mathrm{d}x}{y^2} + 2x\mathrm{d}x = 0,$$

即 $\mathrm{d}\left(-\dfrac{x}{y}\right) + \mathrm{d}\left(x^2\right) = 0$. 故 $-\dfrac{x}{y} + x^2 = C$ 为所求通解．

【例 4.18】 求解：$2y\mathrm{d}x - 3xy^2\mathrm{d}x - x\mathrm{d}y = 0$.

解 将方程重新组合，有

$$(2y\mathrm{d}x - x\mathrm{d}y) - 3xy^2\mathrm{d}x = 0.$$

根据公式 (10)，并结合第二组 $3xy^2\mathrm{d}x$，可选择积分因子 $\mu = \dfrac{x}{y^2}$，乘以方程两端，得

$$\frac{2xy\mathrm{d}x - x^2\mathrm{d}y}{y^2} - 3x^2\mathrm{d}x = 0,$$

即 $\mathrm{d}\left(\dfrac{x^2}{y}\right) - \mathrm{d}\left(x^3\right) = 0$. 故 $\dfrac{x^2}{y} - x^3 = C$ 为所求通解．

题型二、高阶微分方程的解法

本段先讨论几种特殊类型的高阶微分方程的求解问题，然后再介绍高阶线性微分方程解的结构以及高阶常系数线性微分方程的解法．

1. 几种可降阶的高阶微分方程的解法

这里讨论的几种特殊类型的高阶微分方程，其求解思想相同，即利用变量代换将方程降阶．因此，也称这些高阶方程为可降阶方程．

(1) 形如 $y^{(n)} = f(x)$ 的方程．对于这种类型的 n 阶方程，只要积分 n 次就可求得通解．不过，每积分一次要加一个任意常数．

(2) 形如 $y'' = f(x, y')$ 的方程．这种方程的特点是不显含 y，变量代换方式为：令 $y' = p, y'' = \dfrac{\mathrm{d}p}{\mathrm{d}x}$，即可降为一阶方程 $\dfrac{\mathrm{d}p}{\mathrm{d}x} = f(x, p)$. 再按一阶方程的有关方法求解．类似地可处理 $y^{(n)} = f\left(x, y^{(n-1)}\right)$，只要令 $y^{(n-1)} = p$ 即可降为一阶方程．

(3) 形如 $y'' = f(y, y')$ 的方程．这种方程的特点是不显含 x，变量代换方式为：令 $y' = p, y'' = p\dfrac{\mathrm{d}p}{\mathrm{d}y}$ 即可降为一阶方程 $p\dfrac{\mathrm{d}p}{\mathrm{d}y} = f(y, p)$，再按一阶方程的有关方法求解，此法实际上是把 y 当作自变量处理．类似地可求方程 $y^{(n)} = f\left(y, y^{(n-1)}\right)$ 的通解．

【例 4.19】 求方程 $y''' = \dfrac{\ln x}{x^2}$ 满足初始条件 $y(1) = 0, y'(1) = 1, y''(1) = 2$ 的特解.

解 这是 $y^{(n)} = f(x)$ 型的三阶方程, 对所给方程两端连续积分三次即可.

$$y'' = \int \frac{\ln x}{x^2} \mathrm{d}x = -\frac{\ln x}{x} - \frac{1}{x} + C_1,$$

$$y' = \int \left(-\frac{\ln x}{x} - \frac{1}{x} + C_1\right) \mathrm{d}x = -\frac{1}{2}\ln^2 x - \ln x + C_1 x + C_2,$$

$$y = \int \left(-\frac{1}{2}\ln^2 x - \ln x + C_1 x + C_2\right) \mathrm{d}x$$

$$= -\frac{1}{2} x \ln^2 x + \frac{1}{2} C_1 x^2 + C_2 x + C_3.$$

将初始条件 $y(1) = 0, y'(1) = 1, y''(1) = 2$ 代入上述各式, 依次解得

$$C_1 = 3, \quad C_2 = -2, \quad C_3 = \frac{1}{2}.$$

故所求特解为 $y = -\dfrac{1}{2} x \ln^2 x + \dfrac{3}{2} x^2 - 2x + \dfrac{1}{2}$.

【例 4.20】 求 $(1 - x^2) y'' - xy' = 0$ 满足初始条件 $y(0) = 0, y'(0) = 1$ 的特解.

解 所给方程不显含 y, 故将 $y' = p, y'' = \dfrac{\mathrm{d}p}{\mathrm{d}x}$ 代入原方程, 化为

$$(1 - x^2) \frac{\mathrm{d}p}{\mathrm{d}x} - xp = 0.$$

分离变量后再积分, 得 $p = C_1 (1 - x^2)^{-\frac{1}{2}}$. 由 $y'(0) = 1$, 求得 $C_1 = 1$, 即

$$\frac{\mathrm{d}y}{\mathrm{d}x} = \frac{1}{\sqrt{1 - x^2}}.$$

进一步解得 $y = \arcsin x + C_2$. 再由 $y(0) = 0$, 求得 $C_2 = 0$. 故方程满足所给初始条件的特解为

$$y = \arcsin x.$$

有必要指出, 在求高阶方程的满足初始条件的特解时, 最好边求解边代入初始条件确定常数, 这往往能简化运算.

【例 4.21】 设 $y = \varphi(x)$ 是微分方程 $y'' + \dfrac{2}{1 - y} (y')^2 = 0$ 的解, 曲线 $y = \varphi(x)$ 经过原点和点 $(1, 2)$, 试问曲线 $y = \varphi(x)$ 与直线 $2x + 9y = 16$ 是否相切? 请阐述理由.

解 所给方程不显含 x, 故将 $y' = p, y'' = p\dfrac{\mathrm{d}p}{\mathrm{d}y}$ 代入原方程, 得 $p\dfrac{\mathrm{d}p}{\mathrm{d}y} + \dfrac{2}{1 - y} p^2 = 0$. 据题设条件知, $\varphi(x)$ 不为常数, 所以 $p \neq 0$. 分离变量并积分, 得

$$p = C_1 (y - 1)^2.$$

再次分离变量并积分，得 $-\dfrac{1}{y-1} = C_1 x + C_2$，即 $y = 1 - \dfrac{1}{C_1 x + C_2}$. 此即所给方程的通解.

再由题设条件 $\varphi(0) = 0, \varphi(1) = 2$ 得 $C_1 = -2, C_2 = 1$. 因此，得 $\varphi(x) = 1 + \dfrac{1}{2x-1}$.

最后，联立 $y = 1 + \dfrac{1}{2x-1}$ 与 $2x + 9y = 16$，解得唯一的交点 $\left(2, \dfrac{4}{3}\right)$. 因为曲线 $y = \varphi(x)$ 在此交点处的切线斜率为

$$\varphi'(2) = -\left.\dfrac{2}{(2x-1)^2}\right|_{x=2} = -\dfrac{2}{9},$$

与直线 $2x + 9y = 16$ 的斜率相同，所以曲线 $y = \varphi(x)$ 与直线 $2x + 9y = 16$ 在交点处相切.

2. 高阶线性微分方程解的结构及其应用

高阶线性微分方程的一般形式是

$$y^{(n)} + a_1(x) y^{(n-1)} + a_2(x) y^{(n-2)} + \cdots + a_{n-1}(x) y' + a_n(x) y = f(x),$$

其中 $a_i(x)(i = 1, 2, \cdots, n), f(x)$ 都是已知函数. 我们以二阶线性微分方程为例，介绍上述微分方程的解的结构.

定理 设有二阶非齐次线性微分方程

$$y'' + P(x) y' + Q(x) y = f(x), \tag{I}$$

以及与之对应的二阶齐次线性微分方程

$$y'' + P(x) y' + Q(x) y = 0. \tag{II}$$

(1) 若 y_1 和 y_2 都是方程 (I) 的解，则 $y_1 - y_2$ 是方程 (II) 的解;

(2) 若 y_1 和 y_2 都是方程 (II) 的解，则 $C_1 y_1 + C_2 y_2$ 也是方程 (II) 的解 (其中 C_1, C_2 是任意常数);

(3) 若 y_1 和 y_2 分别是方程 (I) 和 (II) 的解，则 $y_1 + C y_2$ 仍是方程 (I) 的解 (其中 C 是任意常数);

(4) 若 y_1 和 y_2 是方程 (II) 的两个线性无关的解，且 y^* 是方程 (I) 的一个特解，则

$$y = C_1 y_1 + C_2 y_2$$

是方程 (II) 的通解，而 $y = y^* + C_1 y_1 + C_2 y_2$ 是方程 (I) 的通解 (其中 C_1, C_2 是任意常数);

(5) 若方程 (I) 的右端 $f(x)$ 是两个函数之和: $f(x) = f_1(x) + f_2(x)$，且 y_1 与 y_2 分别是方程 $y'' + P(x) y' + Q(x) y = f_1(x)$ 与 $y'' + P(x) y' + Q(x) y = f_2(x)$ 的特解，则 $y_1 + y_2$ 就是方程 (I) 的特解.

这个定理不仅从理论上揭示了高阶线性微分方程的不同解之间的关系, 而且有助于我们深刻理解和切实掌握在下面两段将要介绍的二阶常系数线性微分方程的求解方法.

【例 4.22】 设函数 $y_1(x), y_2(x)$ 与 $y_3(x)$ 都是二阶线性非齐次方程

$$y'' + a(x)y' + b(x)y = f(x)$$

的特解 (其中 $a(x), b(x), f(x)$ 均为已知函数), 而且 $\dfrac{y_1(x) - y_2(x)}{y_2(x) - y_3(x)} \neq$ 常数, 求证:

$$y(x) = (1 + C_1)y_1(x) + (C_2 - C_1)y_2(x) - C_2 y_3(x)$$

是该方程的通解 (其中 C_1, C_2 为任意常数).

证 因为 $y_1(x), y_2(x)$ 与 $y_3(x)$ 都是所给非齐次方程的解, 所以函数 $y_1(x) - y_2(x)$ 与 $y_2(x) - y_3(x)$ 都是对应的齐次方程的解.

由于 $\dfrac{y_1(x) - y_2(x)}{y_2(x) - y_3(x)} \neq$ 常数, 所以函数 $y_1(x) - y_2(x)$ 与 $y_2(x) - y_3(x)$ 线性无关. 则 $C_1(y_1(x) - y_2(x)) + C_2(y_2(x) - y_3(x))$ 是对应的齐次方程的通解. 因此

$$y(x) = y_1(x) + C_1(y_1(x) - y_2(x)) + C_2(y_2(x) - y_3(x))$$
$$= (1 + C_1)y_1(x) + (C_2 - C_1)y_2(x) - C_2 y_3(x)$$

是所给非齐次方程的通解.

【例 4.23】 验证 $y_1(x) = \dfrac{\sin x}{x}$ 是方程 $y'' + \dfrac{2}{x}y' + y = 0$ $(x \neq 0)$ 的解, 并求其通解.

解 验证 $y_1(x)$ 是方程的解留给读者, 下面求方程的通解.

根据解的结构, 还需求一个与 $y_1(x)$ 线性无关的特解, 故可设 $y_2(x) = y_1(x)u(x)$, 而 $u(x)$ 不恒等于常数. 为了确定函数 $u(x)$, 将 $y_2(x)$ 代入方程, 得

$$y_1 u'' + 2\left(y_1' + \dfrac{y_1}{x}\right)u' + \left(y_1'' + \dfrac{2}{x}y_1' + y_1\right)u = 0,$$

注意到 $y_1'' + \dfrac{2}{x}y_1' + y_1 = 0$, 从而有

$$u'' + 2\left(\dfrac{y_1'}{y_1} + \dfrac{1}{x}\right)u' = 0.$$

这是二阶线性方程, 但可先视为 u' 的可分离变量的一阶方程求解:

$$u' = Ce^{-2\int\left(\frac{y_1'}{y_1} + \frac{1}{x}\right)dx} = C_1 e^{-2\ln(xy_1)} = \dfrac{C}{\sin^2 x}.$$

因此, 有 $u(x) = -C\cot x$. 取 $C = 1$, 则 $y_2(x) = y_1(x)u(x) = -\dfrac{\cos x}{x}$. 所以, 方程的通解为

$$y = C_1 y_1(x) + C_2 y_2(x) = \dfrac{1}{x}(C_1 \sin x - C_2 \cos x),$$

其中 C_1, C_2 为任意常数.

【注】 对于有些方程, 可先观察出一个特解, 再用上述的常数变易法求出其另一个特解. 例如, 方程 $x(x-1)y'' - xy' + y = 0$, 经观察易知, 函数 $y_1(x) = x$ 是方程的一个特解. 故可求得方程的通解为

$$y = C_1 y_1(x) + C_2 y_2(x) = C_1 x + C_2(1 + x\ln|x|).$$

【例 4.24】 设方程 $y'' - \dfrac{1}{x}y' + a(x)y = 0 (x \neq 0)$ 有使得 $y_1 y_2 = 1$ 的特解 y_1 和 y_2. 求 $y_1(x)$ 的表达式, 并求方程的通解.

解 分两种情形考虑.

(1) $y_1 = C$ (常数). 由 $y_1 y_2 = 1$ 可知 $C \neq 0$, 代入方程得 $a(x)C = 0$, 故 $a(x) = 0$, 此时方程为 $y'' - \dfrac{1}{x}y' = 0$. 由此可求得一个与 y_1 线性无关的解 x^2. 所以方程的通解为

$$y = c_1 \cdot C + c_2 x^2, \quad \text{其中 } c_1, c_2 \text{ 为任意常数}.$$

(2) y_1 不等于常数. 此时 $y_2 = \dfrac{1}{y_1}$ 与 y_1 线性无关, 可知方程的通解为 $c_1 \dfrac{1}{y_1} + c_2 y_1$. 下面计算 $y_1(x)$.

为此, 将 y_1 和 $y_2 = \dfrac{1}{y_1}$ 先后代入方程, 得 $y_1'' - \dfrac{1}{x}y_1' + a(x)y_1 = 0$ 和

$$-\dfrac{y_1'' y_1 - 2(y_1')^2}{y_1} + \dfrac{1}{x}\dfrac{y_1'}{y_1^2} + a(x)\dfrac{1}{y_1} = 0.$$

联立此两式, 化简得 $a(x) = -\dfrac{(y_1')^2}{y_1^2}$, 代入上述前一个式子得 $y_1'' - \dfrac{1}{x}y_1' - \dfrac{(y_1')^2}{y_1^2}y_1 = 0$, 即

$$\dfrac{y_1''}{y_1} - \left(\dfrac{y_1'}{y_1}\right)^2 - \dfrac{1}{x}\dfrac{y_1'}{y_1} = 0.$$

令 $z = \dfrac{y_1'}{y_1}$, 则上式可化为 $\dfrac{\mathrm{d}z}{\mathrm{d}x} - \dfrac{1}{x}z = 0$. 可求得一个特解 $z = 2x$. 故可取 $y_1(x) = \mathrm{e}^{x^2}, y_2(x) = \mathrm{e}^{-x^2}$. 因此, 原方程的通解为 $y = c_1 \mathrm{e}^{x^2} + c_2 \mathrm{e}^{-x^2}$, 其中 c_1, c_2 为任意常数.

3. 二阶常系数线性微分方程的解法

二阶常系数线性微分方程为

$$y'' + ay' + by = f(x),$$

其中 a, b 为常数, $f(x)$ 称为自由项.

1) 二阶常系数齐次线性微分方程的解法

二阶常系数线性齐次微分方程为

$$y'' + ay' + by = 0, \tag{III}$$

其求解方法多采用特征根法. 一般步骤为

(1) 求解对应的特征方程

$$\lambda^2 + a\lambda + b = 0; \tag{IV}$$

(2) 按照上述特征方程的根的不同情形, 得出齐次方程 (III) 的通解 $y(x)$:

若 λ_1, λ_2 是两个互异实根, 则通解 $y(x) = C_1 e^{\lambda_1 x} + C_2 e^{\lambda_2 x}$;

若 $\lambda_1 = \lambda_2$ 是重根, 则通解 $y(x) = (C_1 + C_2 x) e^{\lambda_1 x}$;

若 λ_1, λ_2 是一对共轭复根, 即 $\lambda_{1,2} = \alpha \pm i\beta$, 则通解 $y(x) = e^{\alpha x}(C_1 \cos \beta x + C_2 \sin \beta x)$.

2) 二阶常系数线性非齐次微分方程的解法

对于二阶常系数线性非齐次微分方程

$$y'' + ay' + by = f(x) \tag{V}$$

求解方程的一般步骤为:

(1) 求出对应的常系数线性齐次方程

$$y'' + ay' + by = 0 \tag{VI}$$

的通解 Y (也称辅函数);

(2) 求出方程 (V) 的一个特解 y^*;

(3) 写出方程 (V) 的通解 $y = Y + y^*$;

(4) 根据要求确定满足初始条件的特解 (如果题中要求的话).

其中第 (2) 步可采用待定系数法. 根据方程 (V) 中自由项 $f(x)$ 的不同形式, y^* 的形式也不同. 当自由项 $f(x)$ 为多项式、指数函数、正弦函数、余弦函数以及它们的和与积时, 可以统一成两种形式:

若 $f(x) = P_m(x)e^{\lambda x}$, 其中 $P_m(x)$ 为 m 次多项式, λ 为常数, 则

$$y^* = x^k Q_m(x) e^{\lambda x},$$

其中 $Q_m(x)$ 为与 $P_m(x)$ 同次幂的多项式, 而 k 视 λ 不是方程 (VI) 的特征根, 是 (VI) 的单特征根和重特征根 3 种情况而依次取 0, 1 和 2.

若 $f(x) = e^{\alpha x} P_m(x) \cos \beta x$ 或 $e^{\alpha x} P_m(x) \sin \beta x$ 或 $e^{\alpha x} [P_l(x) \cos \beta x + Q_n(x) \sin \beta x]$, 则

$$y^* = x^k e^{\alpha x} [R_m(x) \cos \beta x + T_m(x) \sin \beta x],$$

其中 $m = \max\{l, n\}$, $R_m(x)$ 与 $T_m(x)$ 为 m 次多项式, 而 k 视 $\alpha \pm \mathrm{i}\beta$ 不是 (VI) 的特征方程的根, 或者是 (VI) 的特征方程的单复根两种情况而依次取 0, 1.

【例 4.25】 求解: $y'' + y' = 2x^2 - 3$.

解 对应齐次方程 $y'' + y' = 0$ 的特征方程 $\lambda^2 + \lambda = 0$ 有两个根 $\lambda_1 = 0, \lambda_2 = -1$. 原方程的自由项 $f(x) = 2x^2 - 3$, 若写成 $P_m(x)\mathrm{e}^{\lambda x}$ 的形式就有 $P_2(x) = 2x^2 - 3, \lambda = 0$, 而 $\lambda = 0$ 是特征方程的单根. 故特解形式为

$$y^* = (ax^2 + bx + c)x.$$

代入原方程, 解得 $a = \dfrac{2}{3}, b = -2, c = 1$. 故 $y^* = \dfrac{2}{3}x^3 - 2x^2 + x$. 因为对应齐次方程的通解为

$$Y = C_1 + C_2 \mathrm{e}^{-x},$$

所以 $y = Y + y^* = C_1 + C_2 \mathrm{e}^{-x} + \dfrac{2}{3}x^3 - 2x^2 + x$, 即为所求通解.

【例 4.26】 设函数 $y = \varphi(x)$ 满足方程 $y'' + 2y' + y = 3x\mathrm{e}^{-x}$ 及条件 $y(0) = \dfrac{1}{3}, y'(0) = -2$, 求广义积分 $\displaystyle\int_0^{+\infty} \varphi(x) \mathrm{d}x$.

解 对应齐次方程的特征方程 $\lambda^2 + 2\lambda + 1 = 0$ 有二重根 $\lambda = -1$, 则对应齐次方程的通解为

$$Y = (C_1 + C_2 x)\mathrm{e}^{-x}.$$

原方程的自由项 $f(x) = 3x\mathrm{e}^{-x}$, 写成 $P_m(x)\mathrm{e}^{\lambda x}$ 形式, 就有 $P_1(x) = 3x, \lambda = -1$. 而 $\lambda = -1$ 是特征方程的二重根, 故应设特解为 $y^* = x^2(ax + b)\mathrm{e}^{-x}$. 代入原方程, 解得 $a = \dfrac{1}{2}, b = 0$, 则 $y^* = \dfrac{1}{2}x^3 \mathrm{e}^{-x}$. 因此, 方程的通解为 $\varphi(x) = Y + y^* = (C_1 + C_2 x)\mathrm{e}^{-x} + \dfrac{1}{2}x^3 \mathrm{e}^{-x}$.

再由 $y(0) = \dfrac{1}{3}, y'(0) = -2$ 解得 $C_1 = \dfrac{1}{3}, C_2 = -\dfrac{5}{3}$, 所以 $\varphi(x) = \left(\dfrac{1}{3} - \dfrac{5}{3}x + \dfrac{1}{2}x^3\right)\mathrm{e}^{-x}$. 最后, 利用分部积分, 得

$$\int_0^{+\infty} \varphi(x)\mathrm{d}x = \int_0^{+\infty} \left(\dfrac{1}{3} - \dfrac{5}{3}x + \dfrac{1}{2}x^3\right)\mathrm{e}^{-x}\mathrm{d}x = \dfrac{5}{3}.$$

【注】 本题具有特殊性. 只需确定通解 $\varphi(x)$ 的一般形式, 不必计算其中的各个参数即可求出广义积分 $\displaystyle\int_0^{+\infty} \varphi(x)\mathrm{d}x$ 的值. 这是因为, 根据所给方程可设

$$\varphi(x) = (C_1 + C_2 x)\mathrm{e}^{-x} + x^2(ax + b)\mathrm{e}^{-x}$$
$$= (C_1 + C_2 x + bx^2 + ax^3)\mathrm{e}^{-x},$$

易知 $\lim\limits_{x\to+\infty}\varphi(x)=\lim\limits_{x\to+\infty}\varphi'(x)=0$. 所以

$$\int_0^{+\infty}\varphi(x)\mathrm{d}x = 3\int_0^{+\infty} x\mathrm{e}^{-x}\mathrm{d}x - \int_0^{+\infty}\varphi''(x)\mathrm{d}x - 2\int_0^{+\infty}\varphi'(x)\mathrm{d}x$$
$$= 3 - \varphi'(x)\big|_0^{+\infty} - 2\varphi(x)\big|_0^{+\infty}$$
$$= 3 + \varphi'(0) + 2\varphi(0) = \frac{5}{3}.$$

在求二阶非齐次线性微分方程

$$y'' + ay' + by = \mathrm{e}^{\alpha x}P_m(x)\cos\beta x \qquad ①$$

或

$$y'' + ay' + by = \mathrm{e}^{\alpha x}P_m(x)\sin\beta x \qquad ②$$

的特解时, 可先求出具有复指数函数自由项的二阶线性方程

$$y'' + ay' + by = P_m(x)\mathrm{e}^{(\alpha+\mathrm{i}\beta)x} \qquad ③$$

的特解 y^*, 则 y^* 的实部 $\operatorname{Re} y^*$ 与虚部 $\operatorname{Im} y^*$ 就分别是方程 ① 与 ② 的特解. 相对说来, 这比直接求解方程 ① 或 ② 要简便得多.

【例 4.27】 求解: $y'' + 4y' + 5y = \mathrm{e}^{-2x}\sin x$.

解 易知, 对应齐次方程的通解为 $Y = \mathrm{e}^{-2x}(C_1\cos x + C_2\sin x)$.
设 $y^* = Ax\mathrm{e}^{(-2+\mathrm{i})x}$ 是方程 $y'' + 4y' + 5y = \mathrm{e}^{(-2+\mathrm{i})x}$ 的一个特解, 则

$$y^{*\prime} = A[1+(-2+\mathrm{i})x]\mathrm{e}^{(-2+\mathrm{i})x}, \quad y^{*\prime\prime} = A[2(-2+\mathrm{i})+(3-4\mathrm{i})x]\mathrm{e}^{(-2+\mathrm{i})x}.$$

代入方程 $y'' + 4y' + 5y = \mathrm{e}^{(-2+\mathrm{i})x}$, 并整理, 得

$$2A\mathrm{i}\mathrm{e}^{(-2+\mathrm{i})x} = \mathrm{e}^{(-2+\mathrm{i})x}.$$

由此得 $A = -\dfrac{\mathrm{i}}{2}$. 从而 $y^* = -\dfrac{\mathrm{i}}{2}x\mathrm{e}^{(-2+\mathrm{i})x}$. 取其虚部系数, 得原方程的一个特解为

$$\operatorname{Im} y^* = -\frac{1}{2}x\mathrm{e}^{-2x}\cos x.$$

因此, 所求通解为 $y = \mathrm{e}^{-2x}(C_1\cos x + C_2\sin x) - \dfrac{1}{2}x\mathrm{e}^{-2x}\cos x$.

值得注意的是, 并不是对于每一个非齐次方程, 都必须像上述三个例子那样使用待定系数法求其特解 y^*. 有些方程只需利用观察法即可得到其特解. 如

【例 4.28】 设函数 $f(u)$ 具有二阶连续导数, $z = f(\mathrm{e}^x\cos y)$ 满足 $\dfrac{\partial^2 z}{\partial x^2} + \dfrac{\partial^2 z}{\partial y^2} = (4z + \mathrm{e}^x\cos y)\mathrm{e}^{2x}$. 已知 $f(0) = 0, f'(0) = 0$. 求 $f(u)$ 的表达式.

解 先求偏导数,有

$$\frac{\partial z}{\partial x} = f'(e^x \cos y) e^x \cos y, \quad \frac{\partial^2 z}{\partial x^2} = f''(e^x \cos y) e^{2x} \cos^2 y + f'(e^x \cos y) e^x \cos y,$$

$$\frac{\partial z}{\partial y} = -f'(e^x \cos y) e^x \sin y, \quad \frac{\partial^2 z}{\partial y^2} = f''(e^x \cos y) e^{2x} \sin^2 y - f'(e^x \cos y) e^x \cos y.$$

代入所给方程,得

$$f''(e^x \cos y) e^{2x} = [4f(e^x \cos y) + e^x \cos y] e^{2x}.$$

所以,$f(u)$ 满足方程

$$f''(u) - 4f(u) = u.$$

经观察,可知方程的一个特解为 $-\dfrac{u}{4}$. 因此,方程的通解为

$$f(u) = C_1 e^{2u} + C_2 e^{-2u} - \frac{u}{4}.$$

再由条件 $f(0) = 0, f'(0) = 0$ 得 $\begin{cases} C_1 + C_2 = 0, \\ 2C_1 - 2C_2 - \dfrac{1}{4} = 0. \end{cases}$ 解得 $C_1 = \dfrac{1}{16}, C_2 = -\dfrac{1}{16}$. 于是有

$$f(u) = \frac{1}{16}\left(e^{2u} - e^{-2u} - 4u\right).$$

【例 4.29】 求方程 $y'' - y = e^x + 4\cos x$ 的一个解 $y(x)$,使得曲线 $y = y(x)$ 在点 $(0,1)$ 处与曲线 $y = x^2 - x + 1$ 相切.

解 先求方程的通解. 因为对应齐次方程的特征方程 $\lambda^2 - 1 = 0$ 的根为 $\lambda_1 = 1, \lambda_2 = -1$,所以对应齐次方程的通解为 $Y = C_1 e^x + C_2 e^{-x}$.

为了求原方程的特解,注意到它的自由项 $f(x) = e^x + 4\cos x$ 的特征,可考虑分别求

$$y'' - y = e^x \quad \text{与} \quad y'' - y = 4\cos x$$

的特解. 对于前者,可采用待定系数法求得其特解为 $y_1^* = \dfrac{1}{2}xe^x$;而后者的特解只需经过观察,即知 $y_2^* = -2\cos x$. 故原方程的特解为

$$y^* = y_1^* + y_2^* = \frac{1}{2}xe^x - 2\cos x.$$

因此,原方程的通解为 $y = Y + y^* = C_1 e^x + C_2 e^{-x} + \dfrac{1}{2}xe^x - 2\cos x.$

再确定所求特解 $y(x)$ 应满足的初始条件,并利用初始条件及通解求出该特解.

因为曲线 $y = x^2 - x + 1$ 在点 $(0,1)$ 处的切线斜率为

$$y'|_{x=0} = (2x-1)|_{x=0} = -1,$$

故所求特解 $y(x)$ 应满足的初始条件为 $y(0) = 1, y'(0) = -1$.

将上述初始条件代入所得通解, 有

$$\begin{cases} C_1 + C_2 - 2 = 1, \\ C_1 - C_2 + \dfrac{1}{2} = -1, \end{cases}$$

解得 $C_1 = \dfrac{3}{4}, C_2 = \dfrac{9}{4}$. 因此, 所求特解为 $y(x) = \dfrac{3}{4}e^x + \dfrac{9}{4}e^{-x} + \dfrac{1}{2}xe^x - 2\cos x$.

【例 4.30】 设 $y = y(x)$ 二阶可导, 且 $y' \neq 0$, 又设 $y(x)$ 的反函数 $x = x(y)$ 满足

$$\frac{d^2 x}{d y^2} + (y + \sin x)\left(\frac{d x}{d y}\right)^3 = 0.$$

已知 $y(0) = 0, y'(0) = \dfrac{3}{2}$, 求函数 $y(x)$.

解 因为 $\dfrac{dx}{dy} = \dfrac{1}{\dfrac{dy}{dx}}$, 所以

$$\frac{d^2 x}{d y^2} = \frac{d}{dy}\left(\frac{dx}{dy}\right) = -\frac{1}{\left(\dfrac{dy}{dx}\right)^2}\frac{d}{dy}\left(\frac{dy}{dx}\right) = -\frac{1}{\left(\dfrac{dy}{dx}\right)^2}\frac{d}{dx}\left(\frac{dy}{dx}\right)\frac{dx}{dy} = -\frac{d^2 y}{d x^2}\left(\frac{dx}{dy}\right)^3.$$

代入原方程并化简, 得

$$\frac{d^2 y}{d x^2} - y = \sin x,$$

这是关于未知函数 $y(x)$ 的非齐次线性方程, 对应的齐次方程的通解为 $Y = C_1 e^x + C_2 e^{-x}$.

另外, 经观察可知原方程的一个特解为 $y^* = -\dfrac{1}{2}\sin x$. 因此, 原方程的通解为

$$y = C_1 e^x + C_2 e^{-x} - \frac{1}{2}\sin x.$$

最后, 由 $y(0) = 0, y'(0) = \dfrac{3}{2}$ 可得 $C_1 = 1, C_2 = -1$. 所以 $y = e^x - e^{-x} - \dfrac{1}{2}\sin x$.

【例 4.31】 求微分方程 $\begin{cases} y'' + y = x, & x \leqslant \dfrac{\pi}{2}, \\ y'' + 4y = 0, & x > \dfrac{\pi}{2} \end{cases}$ 满足条件 $y|_{x=0} = 0, y'|_{x=0} = 0$ 且在 $x = \dfrac{\pi}{2}$ 处可导的解.

解 先求解当 $x \leqslant \dfrac{\pi}{2}$ 时的初值问题 $\begin{cases} y'' + y = x, \\ y(0) = y'(0) = 0. \end{cases}$

易知，方程 $y'' + y = x$ 的通解为 $y = C_1 \cos x + C_2 \sin x + x$. 根据条件 $y(0) = y'(0) = 0$ 可解得 $C_1 = 0, C_2 = -1$，所以相应的特解为

$$y = x - \sin x \quad \left(x \leqslant \dfrac{\pi}{2}\right).$$

此时，有 $y|_{x=\frac{\pi}{2}} = \dfrac{\pi}{2} - 1, y'|_{x=\frac{\pi}{2}} = 1$.

进一步，当 $x > \dfrac{\pi}{2}$ 时，欲使所求的解在 $x = \dfrac{\pi}{2}$ 处可导（因而必连续），这就归结为求解新的初值问题 $\begin{cases} y'' + 4y = 0, \\ y|_{x=\frac{\pi}{2}} = \dfrac{\pi}{2} - 1, y'|_{x=\frac{\pi}{2}} = 1. \end{cases}$ 易知，方程 $y'' + 4y = 0$ 的通解为 $y = C_3 \cos 2x + C_4 \sin 2x$. 再由初始条件 $y|_{x=\frac{\pi}{2}} = \dfrac{\pi}{2} - 1, y'|_{x=\frac{\pi}{2}} = 1$ 可解得 $C_3 = 1 - \dfrac{\pi}{2}, C_4 = -\dfrac{1}{2}$. 所以相应的特解为

$$y = \left(1 - \dfrac{\pi}{2}\right) \cos 2x - \dfrac{1}{2} \sin 2x \quad \left(x > \dfrac{\pi}{2}\right).$$

因此，原方程满足所给条件的解为

$$y = \begin{cases} x - \sin x, & x \leqslant \dfrac{\pi}{2}, \\ \left(1 - \dfrac{\pi}{2}\right) \cos 2x - \dfrac{1}{2} \sin 2x, & x > \dfrac{\pi}{2}. \end{cases}$$

4. Euler 方程的解法

形如

$$x^n y^{(n)} + a_1 x^{n-1} y^{(n-1)} + \cdots + a_{n-1} x y' + a_n y = f(x)$$

的方程（其中 $a_1, a_2, \cdots, a_n$ 为常数），称为 n 阶 Euler 方程. 这是一类十分特殊的高阶变系数线性微分方程，其解法是通过变量代换化为常系数线性微分方程来求解.

作变换 $x = e^t$ 或 $t = \ln x$ 将自变量 x 换成 t，并记 $D^n y \triangleq \dfrac{d^n y}{dt^n}$，则

$$x^k y^{(k)} = D(D-1)(D-2) \cdots (D-k+1) y.$$

代入原方程并化简，便得到一个以 t 为自变量的常系数线性微分方程. 在求出这个方程的解之后，把 t 换成 $\ln x$，即得原方程的解.

【例 4.32】 求解：$x^3 y''' + x^2 y'' - 4xy' = 3x^2$.

解 这是三阶 Euler 方程. 作变换 $x = e^t$ 或 $t = \ln x$，原方程化为

$$D(D-1)(D-2)y + D(D-1)y - 4Dy = 3e^{2t},$$

即 $D^3y - 2D^2y - 3Dy = 3e^{2t}$, 或

$$\frac{d^3y}{dt^3} - 2\frac{d^2y}{dt^2} - 3\frac{dy}{dt} = 3e^{2t}.$$

这是三阶常系数非齐次线性微分方程. 令 $p = \dfrac{dy}{dt}$, 则该方程可化为

$$\frac{d^2p}{dt^2} - 2\frac{dp}{dt} - 3p = 3e^{2t}.$$

按照二阶常系数非齐次线性方程的解法, 易知其通解为 $p = A_1 e^{-t} + A_2 e^{3t} - e^{2t}$. 再积分, 得

$$y = C_1 - A_1 e^{-t} + \frac{1}{3}A_2 e^{3t} - \frac{1}{2}e^{2t}$$
$$= C_1 + C_2 e^{-t} + C_3 e^{3t} - \frac{1}{2}e^{2t},$$

其中 $C_1, C_2 = -A_1, C_3 = \dfrac{A_2}{3}$ 为任意常数. 因此原方程的通解为 $y = C_1 + \dfrac{C_2}{x} + C_3 x^3 - \dfrac{1}{2}x^2$.

题型三、微分方程的应用

微分方程在工程技术、生产实践与科学研究等方面均有广泛应用. 这里仅举例说明微分方程应用于函数方程求解、几何与物理等问题的解题方法.

1. 利用微分方程求解函数方程

【例 4.33】 设 $f(x)$ 在区间 $(-\infty, +\infty)$ 上可导, 且存在反函数 $g(x)$, 满足方程

$$\int_0^x f(t)dt + \int_0^{f(x)} g(t)dt = (x-1)e^x + 1.$$

求函数 $f(x)$.

【分析】 所给方程为关于未知函数的积分方程, 其左端第一项是连续函数作被积函数的积分上限的函数, 是可微函数, 第二项用可导函数作积分上限, 因而也是可微函数.

解 方程两端同时对 x 求导, 得 $f(x) + g[f(x)]f'(x) = xe^x$, 即

$$f(x) + xf'(x) = xe^x.$$

显然 $f(0) = 0$. 当 $x \neq 0$ 时, 有

$$f'(x) + \frac{1}{x}f(x) = e^x.$$

这是一阶线性微分方程, 故可得

$$f(x) = \mathrm{e}^{-\int \frac{1}{x}\mathrm{d}x}\left[\int \mathrm{e}^x \cdot \mathrm{e}^{\int \frac{1}{x}\mathrm{d}x}\mathrm{d}x + C\right] = \left(1 - \frac{1}{x}\right)\mathrm{e}^x + \frac{C}{x}.$$

由 $f(0) = 0$, 以及 $f(x)$ 的连续性, 得

$$0 = \lim_{x \to 0} f(x) = \lim_{x \to 0} \mathrm{e}^x + \lim_{x \to 0} \frac{C - \mathrm{e}^x}{x},$$

即 $\lim\limits_{x \to 0} \dfrac{C - \mathrm{e}^x}{x} = -1$, 故 $\lim\limits_{x \to 0}(C - \mathrm{e}^x) = 0, C = 1$. 因此

$$f(x) = \begin{cases} \dfrac{(x-1)\mathrm{e}^x + 1}{x}, & x \neq 0, \\ 0, & x = 0. \end{cases}$$

【例 4.34】 设函数 $f(x)$ 在区间 $[1, +\infty)$ 上具有二阶连续导数, $f(1) = 0, f'(1) = 1$; 又设函数 $z = (x^2 + y^2)f(x^2 + y^2)$ 满足 $\dfrac{\partial^2 z}{\partial x^2} + \dfrac{\partial^2 z}{\partial y^2} = 0$, 求 $f(x)$ 在 $[1, +\infty)$ 上的最大值.

解 令 $u = x^2 + y^2$, 则 $z = uf(u)$. 根据复合函数求导法则, 得

$$\frac{\partial z}{\partial x} = u_x'f(u) + uf'(u)u_x' = 2x\left[f(u) + uf'(u)\right],$$

$$\frac{\partial^2 z}{\partial x^2} = 2\left[f(u) + uf'(u)\right] + 4x^2\left[2f'(u) + uf''(u)\right]$$

$$= 4x^2 uf''(u) + 2\left(5x^2 + y^2\right)f'(u) + 2f(u).$$

根据函数 z 中自变量 y 与 x 的对称性, 可得

$$\frac{\partial^2 z}{\partial y^2} = 4y^2 uf''(u) + 2\left(5y^2 + x^2\right)f'(u) + 2f(u).$$

将上述两式代入 $\dfrac{\partial^2 z}{\partial x^2} + \dfrac{\partial^2 z}{\partial y^2} = 0$ 中并整理, 得到如下二阶 Euler 方程:

$$u^2 f''(u) + 3uf'(u) + f(u) = 0.$$

令 $u = \mathrm{e}^t$, 则 $uf'(u) = \dfrac{\mathrm{d}f}{\mathrm{d}t}, u^2 f''(u) = \dfrac{\mathrm{d}^2 f}{\mathrm{d}t^2} - \dfrac{\mathrm{d}f}{\mathrm{d}t}$, 代入上述方程, 得

$$\frac{\mathrm{d}^2 f}{\mathrm{d}t^2} + 2\frac{\mathrm{d}f}{\mathrm{d}t} + f = 0.$$

这是二阶常系数齐次线性微分方程. 由此可解得方程的通解为

$$f = \mathrm{e}^{-t}\left(C_1 + C_2 t\right) = \frac{1}{u}\left(C_1 + C_2 \ln u\right).$$

由 $f(1) = 0, f'(1) = 1$ 得 $C_1 = 0, C_2 = 1$, 所以 $f(u) = \dfrac{\ln u}{u}$, 即 $f(x) = \dfrac{\ln x}{x}$.

易知 $f'(x) = \dfrac{1 - \ln x}{x^2}$, 令 $f'(x) = 0$, 得 $x = \mathrm{e}$, 这是 $f(x)$ 在 $[1, +\infty)$ 上的唯一驻点. 当 $1 \leqslant x < \mathrm{e}$ 时, $f'(x) > 0$; 当 $x > \mathrm{e}$ 时, $f'(x) < 0$. 因此 $f(\mathrm{e}) = \dfrac{1}{\mathrm{e}}$ 是 $f(x)$ 在 $[1, +\infty)$ 上的最大值.

【例 4.35】 设可微函数 $y = f(x)$ 对于任意 $x, h \in (-\infty, +\infty)$, 恒满足关系式:
$$f(x + h) = \dfrac{f(x) + f(h)}{1 + f(x)f(h)}.$$

已知 $f'(0) = 1$, 试求 $f(x)$.

解 在所给恒等式中, 令 $h = 0$, 得 $f(0)\left[1 - f^2(x)\right] = 0$, 则 $f(0) = 0$ 或 $f(x) = \pm 1$. 倘若 $f(x) = \pm 1$, 则由 $f(x)$ 的可微性知 $f(x) \equiv 1$ 或 $f(x) \equiv -1$, 从而 $f'(x) \equiv 0$, 此不合题意. 因此, 有 $f(0) = 0$. 由于
$$\dfrac{f(x+h) - f(x)}{h} = \dfrac{f(h) - f(0)}{h} \cdot \dfrac{1 - f^2(x)}{1 + f(x)f(h)},$$

令 $h \to 0$, 得
$$f'(x) = f'(0)\left[1 - f^2(x)\right] = 1 - f^2(x).$$

于是, 问题归结于求微分方程 $y' = 1 - y^2$ 满足初始条件 $y(0) = 0$ 的特解.

这是可分离变量方程, 不难求得其通解为 $\ln\left|\dfrac{1+y}{1-y}\right| = 2x + C$. 由 $y(0) = 0$ 可确定 $C = 0$. 故所求函数为 $y = \dfrac{\mathrm{e}^{2x} - 1}{\mathrm{e}^{2x} + 1}$.

【例 4.36】 求区间 $[0, 1]$ 上的连续函数 $f(x)$, 使之满足 $f(x) = \displaystyle\int_0^1 k(x,y)f(y)\mathrm{d}y + 1$, 这里 $k(x, y) = \begin{cases} x(1-y), & x \leqslant y, \\ (1-x)y, & x > y. \end{cases}$

解 根据题设条件可知, $f''(x)$ 在 $[0, 1]$ 上二阶可导. 又对任意 $x \in [0, 1]$, 由于
$$f(x) = (1-x)\int_0^x yf(y)\mathrm{d}y + x\int_x^1 (1-y)f(y)\mathrm{d}y + 1,$$

所以 $f(0) = f(1) = 1$. 对上式两边求导, 得
$$f'(x) = -\int_0^x yf(y)\mathrm{d}y + (1-x)xf(x) + \int_x^1 (1-y)f(y)\mathrm{d}y - x(1-x)f(x)$$
$$= -\int_0^x yf(y)\mathrm{d}y + \int_x^1 f(y)\mathrm{d}y,$$

$$f''(x) = -f(x), \quad \text{即} \quad f''(x) + f(x) = 0.$$

这是二阶常系数齐次线性微分方程,易知其通解为

$$f(x) = C_1 \cos x + C_2 \sin x.$$

分别取 $x = 0$ 和 $x = 1$ 代入上式, 得 $\begin{cases} C_1 = 1, \\ C_2 = \dfrac{1 - \cos 1}{\sin 1}, \end{cases}$ 即 $\begin{cases} C_1 = 1, \\ C_2 = \tan \dfrac{1}{2}. \end{cases}$ 因此, 所求函数为

$$f(x) = \cos x + \tan \frac{1}{2} \cdot \sin x \quad (0 \leqslant x \leqslant 1).$$

2. 利用微分方程求解几何问题

【例 4.37】 求微分方程 $(x-2y)\mathrm{d}x + x\mathrm{d}y = 0$ 的一个解 $y = y(x)$, 使得曲线 $y = y(x)$ 与直线 $x = 1, x = 2$ 以及 x 轴所围成的平面图形绕 x 轴旋转而成的旋转体体积最小.

解 方程可化为一阶线性微分方程

$$\frac{\mathrm{d}y}{\mathrm{d}x} - \frac{2}{x}y = -1,$$

根据求解公式, 方程的通解为

$$y(x) = \mathrm{e}^{\int \frac{2}{x}\mathrm{d}x} \left(-\int \mathrm{e}^{-\int \frac{2}{x}\mathrm{d}x} + C \right) = x^2 \left(\frac{1}{x} + C \right) = x + Cx^2.$$

根据题意, 旋转体体积为

$$V(C) = \pi \int_1^2 \left(x + Cx^2 \right)^2 \mathrm{d}x = \pi \left(\frac{7}{3} + \frac{15}{2}C + \frac{31}{5}C^2 \right).$$

令 $V'(C) = \pi \left(\dfrac{15}{2} + \dfrac{62}{5}C \right) = 0$, 解得 $V(C)$ 的唯一驻点 $C = -\dfrac{75}{124}$. 由于 $V''(C) = \dfrac{62\pi}{5} > 0$, 所以 $V(C)$ 在点 $C = -\dfrac{75}{124}$ 处取极小值, 因而取最小值. 因此满足题设条件的解为 $y(x) = x - \dfrac{75}{124}x^2$.

【例 4.38】 设平面上的光滑曲线 L 位于 x 轴上方且经过点 $(0,1)$. 就数值而言, 曲线 L 上任意两点之间的弧长都等于该弧段及以它在 x 轴上的投影为底边所构成的曲边梯形的面积, 求曲线 L 的方程.

解 设曲线 L 的方程为 $y = y(x)$, 则 $y(0) = 1$, 且 $y(x)$ 具有连续导数. 在曲线 L 上任取点 (x,y) 与 $(x+\Delta x, y+\Delta y)$, 不妨设 $\Delta x > 0$. 根据弧长公式与曲边梯形的面积公式, 得

$$\int_x^{x+\Delta x} \sqrt{1 + (y'(t))^2}\mathrm{d}t = \int_x^{x+\Delta x} y(t)\mathrm{d}t.$$

利用积分中值定理, 存在 $\xi, \eta \in [x, x+\Delta x]$, 使得

$$\sqrt{1+(y'(\xi))^2} = y(\eta).$$

令 $\Delta x \to 0$, 则 $\xi, \eta \to x$, 对上式取极限, 得 $\sqrt{1+(y'(x))^2} = y(x)$, 即 $y'(x) = \pm\sqrt{(y(x))^2-1}$. 这是可分离变量的一阶微分方程, 先分离变量再积分, 得

$$\int \frac{\mathrm{d}y}{\sqrt{y^2-1}} = \pm \int \mathrm{d}x,$$

由此得 $\ln\left(y+\sqrt{y^2-1}\right) = \pm x + \ln C$, 即 $y+\sqrt{y^2-1} = C\mathrm{e}^{\pm x}$. 由 $y(0)=1$, 解得 $C=1$. 所以

$$y+\sqrt{y^2-1} = \mathrm{e}^{\pm x}.$$

注意到 $\dfrac{1}{y+\sqrt{y^2-1}} = \mathrm{e}^{\mp x}$, 即 $y-\sqrt{y^2-1} = \mathrm{e}^{\mp x}$, 与上式联立求解, 即得曲线 L 的方程为

$$y = \frac{1}{2}\left(\mathrm{e}^x + \mathrm{e}^{-x}\right).$$

【例 4.39】 设函数 $y(x)$ 具有二阶导数, 且曲线 $l: y=y(x)$ 与直线 $y=x$ 相切于原点. 记 α 为曲线 l 在点 (x,y) 处切线的倾角, 已知 $\dfrac{\mathrm{d}\alpha}{\mathrm{d}x} = \dfrac{\mathrm{d}y}{\mathrm{d}x}$, 求 $y(x)$ 的表达式.

解 首先, 由题设知 $y(0)=0, y'(0)=1$.

又由导数的几何意义知, $\tan\alpha = \dfrac{\mathrm{d}y}{\mathrm{d}x}$. 两边对 x 求导, 得 $\sec^2\alpha \dfrac{\mathrm{d}\alpha}{\mathrm{d}x} = \dfrac{\mathrm{d}^2y}{\mathrm{d}x^2}$, 即

$$\left[1+\left(\frac{\mathrm{d}y}{\mathrm{d}x}\right)^2\right]\frac{\mathrm{d}y}{\mathrm{d}x} = \frac{\mathrm{d}^2y}{\mathrm{d}x^2}.$$

这是可降阶的二阶方程. 令 $p=\dfrac{\mathrm{d}y}{\mathrm{d}x}$, 则 $(1+p^2)p = \dfrac{\mathrm{d}p}{\mathrm{d}x}$. 分离变量, $\mathrm{d}x = \left(\dfrac{1}{p} - \dfrac{p}{1+p^2}\right)\mathrm{d}p$, 解得

$$x = \frac{1}{2}\ln\frac{p^2}{1+p^2} + C.$$

由 $p(0)=1$ 得 $C=\dfrac{1}{2}\ln 2$, 所以 $x = \dfrac{1}{2}\ln\dfrac{2p^2}{1+p^2}$. 由此解得

$$\frac{\mathrm{d}y}{\mathrm{d}x} = p = \frac{\mathrm{e}^x}{\sqrt{2-\mathrm{e}^{2x}}}.$$

于是, 由 $y(0)=0$ 再次积分得

$$y = \int_0^x \frac{\mathrm{e}^t}{\sqrt{2-\mathrm{e}^{2t}}}\mathrm{d}t = \arcsin\frac{\mathrm{e}^t}{\sqrt{2}}\bigg|_0^x = \arcsin\frac{\mathrm{e}^x}{\sqrt{2}} - \frac{\pi}{4}.$$

【例 4.40】 求一曲线, 使曲线在任意点处的切线、坐标轴以及过切点且平行于 x 轴的直线所围成的梯形的面积等于 4, 并且曲线过 $(2,2)$ 点.

解 设所求曲线为 $y = f(x)$, 由于过曲线 $y = f(x)$ 上点 (x, y) 处的切线方程为

$$Y - y = y'(X - x).$$

令 $Y = 0$, 得切线在 x 轴上的截距为 $X = x - \dfrac{y}{y'}$, 此为梯形下底长. 由于梯形上底长为 x, 高为 y, 故梯形面积为 $S = \dfrac{1}{2}(X + x)y = \dfrac{1}{2}\left(2x - \dfrac{y}{y'}\right)y = 4$, 即 $2(xy - 4)y' = y^2$. 视 x 为 y 的函数, 将方程化为

$$\frac{\mathrm{d}x}{\mathrm{d}y} - \frac{2}{y}x = -\frac{8}{y^2}.$$

这是一阶线性微分方程, 从而有通解为

$$x = \mathrm{e}^{\int \frac{2}{y}\mathrm{d}y}\left[\int \left(-\frac{8}{y^2}\right)\mathrm{e}^{-\int \frac{2}{y}\mathrm{d}y}\mathrm{d}y + C\right] = Cy^2 + \frac{8}{3y}.$$

由初始条件 $y(2) = 2$, 可得 $C = \dfrac{1}{6}$, 故 $x = \dfrac{1}{6}y^2 + \dfrac{8}{3y}$ 即为所求的曲线.

【注】 为求解方程 $2(xy - 4)y' = y^2$, 也可考虑利用积分因子法.

为此, 将方程改写为 $y^2\mathrm{d}x + (8 - 2xy)\mathrm{d}y = 0$, 这里 $P(x, y) = y^2, Q(x, y) = 8 - 2xy$. 因为 $\dfrac{1}{P}\left(\dfrac{\partial Q}{\partial x} - \dfrac{\partial P}{\partial y}\right) = -\dfrac{4}{y}$ 只依赖于 y, 所以 $\ln \mu = -\int \dfrac{4}{y}\mathrm{d}y = -4\ln y$, 即有积分因子 $\mu(y) = \dfrac{1}{y^4}$. 用 $\mu(y) = \dfrac{1}{y^4}$ 乘以原方程两端, 得 $\dfrac{y\mathrm{d}x - 2x\mathrm{d}y}{y^3} + \dfrac{8}{y^4}\mathrm{d}y = 0$, 即 $\mathrm{d}\left(\dfrac{x}{y^2}\right) - \dfrac{8}{3}\mathrm{d}\left(\dfrac{1}{y^3}\right) = 0$. 故所述方程的通解为 $\dfrac{x}{y^2} - \dfrac{8}{3y^3} = C$. 利用初始条件 $y(2) = 2$, 可得 $C = \dfrac{1}{6}$. 因此, 也有 $x = \dfrac{1}{6}y^2 + \dfrac{8}{3y}$.

3. 利用微分方程求解物理问题

一般说来, 用微分方程解决实际问题应包括以下几个步骤:

(1) 在确定坐标系之后, 建立反映实际问题的微分方程, 并且根据实际意义写出初始条件 (或者其他定解条件);

(2) 求出微分方程的通解, 并用初始条件 (或者其他定解条件) 确定出相应的特解;

(3) 分析所得结果, 对实际问题进行一定的解释 (或者预测该实际变化过程的一些特定性质).

【例 4.41】 位于坐标原点的巡逻艇向位于 Ox 轴上 A 点处的一 S 舰发射制导鱼雷, 使鱼雷始终对准 S 舰. 设 S 舰以速率 v_0 沿平行于 Oy 轴的直线行驶, 又设鱼雷的速

度大小是 $5v_0$，求鱼雷航行的轨迹方程，并求 S 舰航行多远时被鱼雷击中？（为计算方便，设 $OA = 1$）

解 设在时刻 t 鱼雷在其轨迹曲线上点 $P(x,y)$ 处，而 S 舰在其航线上点 $Q(1, v_0 t)$ 处．因为鱼雷速率为 $5v_0$，所以

$$\int_0^x \sqrt{1 + [y'(u)]^2}\,\mathrm{d}u = 5v_0 t. \qquad ①$$

又 $\dfrac{\mathrm{d}y}{\mathrm{d}x} = \dfrac{v_0 t - y}{1 - x}$，即 $v_0 t = y + (1-x)\dfrac{\mathrm{d}y}{\mathrm{d}x}$，代入 ① 式并两边求导，得

$$\sqrt{1 + [y'(x)]^2} = 5(1-x)y''(x). \qquad ②$$

当 $t = 0$ 时，$x = 0, y = 0$ 且 $y' = 0$，即

$$y(0) = 0, \quad y'(0) = 0. \qquad ③$$

方程 ② 是不显含 y 的可降阶方程，可求得其满足初始条件 ③ 的解为

$$y = \frac{5}{12}(1-x)^{\frac{6}{5}} - \frac{5}{8}(1-x)^{\frac{4}{5}} + \frac{5}{24}. \qquad ④$$

此即鱼雷航行的轨迹方程．

当鱼雷击中 S 舰时，点 P 的横坐标为 $x = 1$；这时 $y = \dfrac{5}{24}$，即在 S 舰驶离 A 点 $\dfrac{5}{24}$ 单位距离后即被巡逻艇发射的鱼雷击中．

【注】 上述方程 ② 的具体求解过程为：首先令 $y' = p$，则 $y'' = \dfrac{\mathrm{d}p}{\mathrm{d}x}$．方程 ② 化为

$$\sqrt{1 + p^2} = 5(1-x)\frac{\mathrm{d}p}{\mathrm{d}x} \quad \text{或} \quad \frac{\mathrm{d}x}{1-x} = 5\frac{\mathrm{d}p}{\sqrt{1+p^2}}.$$

方程两端分别积分，得 $(1-x)^{-\frac{1}{5}} = C\left(p + \sqrt{1+p^2}\right)$．由条件 $y'(0) = 0$ 解得 $C = 1$．故有

$$p + \sqrt{1+p^2} = (1-x)^{-\frac{1}{5}},$$

$$-p + \sqrt{1+p^2} = \frac{1}{p + \sqrt{1+p^2}} = (1-x)^{\frac{1}{5}}.$$

将上述两式相减，得 $2p = (1-x)^{-\frac{1}{5}} - (1-x)^{\frac{1}{5}}$，即

$$\frac{\mathrm{d}y}{\mathrm{d}x} = \frac{1}{2}\left[(1-x)^{-\frac{1}{5}} - (1-x)^{\frac{1}{5}}\right].$$

两端积分，得

$$y = \frac{1}{2}\left[-\frac{5}{4}(1-x)^{\frac{4}{5}} + \frac{5}{6}(1-x)^{\frac{6}{5}}\right] + C_1.$$

代入初始条件 $y(0)=0$ 可确定 $C_1 = \dfrac{5}{24}$. 于是得 ④.

【例 4.42】 某种飞机在机场降落时, 为了减小滑行距离, 在触地的瞬间, 飞机尾部张开减速伞, 以增大阻力, 使飞机迅速减速并停下.

现有一质量为 9000 kg 的飞机, 着陆时的水平速度为 700 km/h. 经测试, 减速伞打开后, 飞机所受的总阻力与飞机的速度成正比 (比例系数为 $k = 6.0 \times 10^6$). 问从着陆点算起, 飞机滑行的最长距离是多少?

解 由题设, 飞机的质量 $m = 9000$ kg, 着陆时的水平速度 $v_0 = 700$ km/h. 从飞机接触跑道开始计时, 设 t 时刻飞机的滑行距离为 $x(t)$, 速度为 $v(t)$.

(**方法 1**) 根据 Newton 第二定律, 得 $m\dfrac{\mathrm{d}v}{\mathrm{d}t} = -kv$. 又 $\dfrac{\mathrm{d}v}{\mathrm{d}t} = \dfrac{\mathrm{d}v}{\mathrm{d}x} \cdot \dfrac{\mathrm{d}x}{\mathrm{d}t} = v\dfrac{\mathrm{d}v}{\mathrm{d}x}$, 由此两式得

$$\mathrm{d}x = -\dfrac{m}{k}\mathrm{d}v.$$

积分得 $x(t) = -\dfrac{m}{k}v + C$. 由于 $x(0) = 0, v(0) = v_0$, 故得 $C = \dfrac{m}{k}v_0$, 从而

$$x(t) = \dfrac{m}{k}[v_0 - v(t)].$$

当 $v(t) \to 0$ 时, $x(t) \to \dfrac{mv_0}{k} = \dfrac{9000 \times 700}{6.0 \times 10^6} = 1.05 \text{(km)}$. 因此, 飞机滑行的最长距离为 1.05 km.

(**方法 2**) 根据 Newton 第二定律, 得 $m\dfrac{\mathrm{d}^2x}{\mathrm{d}t^2} = -k\dfrac{\mathrm{d}x}{\mathrm{d}t}$, 即

$$\dfrac{\mathrm{d}^2x}{\mathrm{d}t^2} + \dfrac{k}{m}\dfrac{\mathrm{d}x}{\mathrm{d}t} = 0.$$

这是二阶常系数齐次线性微分方程, 其通解为

$$x(t) = C_1 + C_2 \mathrm{e}^{-\frac{k}{m}t}.$$

由于 $x(0) = 0, v(0) = v_0$, 解得 $C_1 = -C_2 = \dfrac{mv_0}{k}$, 于是

$$x(t) = \dfrac{mv_0}{k}\left(1 - \mathrm{e}^{-\frac{k}{m}t}\right).$$

当 $t \to +\infty$ 时, $x(t) \to \dfrac{mv_0}{k} = 1.05 \text{(km)}$. 因此, 飞机滑行的最长距离为 1.05 km.

4.3 真题选讲与点评

【例 4.43】 (第二届全国决赛题, 2011) 求微分方程 $(2x+y-4)\mathrm{d}x + (x+y-1)\mathrm{d}y = 0$ 的通解.

解 利用凑全微分法. 因为 $(2x-4)dx + (ydx + xdy) + (y-1)dy = 0$, 即

$$d(x^2 - 4x) + d(xy) + d\left(\frac{y^2}{2} - y\right) = 0,$$

$$d\left(x^2 + xy + \frac{y^2}{2} - 4x - y\right) = 0,$$

所以原方程的通解为 $x^2 + xy + \frac{y^2}{2} - 4x - y = C$, 其中 C 为任意常数.

【例 4.44】(第六届全国初赛题, 2014) 已知 $y_1 = e^x$ 和 $y_2 = xe^x$ 是齐次二阶常系数线性微分方程的解, 则该方程为_____.

解 由解可知, 该方程的特征方程有二重根 $\lambda = 1$, 故特征方程为

$$\lambda^2 - 2\lambda + 1 = 0,$$

因此, 所求微分方程为

$$y'' - 2y' + y = 0.$$

【例 4.45】(第六届全国决赛题, 2015) 设实数 $a \neq 0$, 则微分方程 $\begin{cases} y'' - a(y')^2 = 0, \\ y(0) = 0, y'(0) = -1 \end{cases}$ 的解是_____.

解 这是二阶可降阶微分方程. 令 $p = y'$, 则 $p' - ap^2 = 0$, 分离变量再积分, 得

$$\int \frac{dp}{p^2} = a \int dx, \quad -\frac{1}{p} = ax + C_1.$$

由 $p(0) = y'(0) = -1$ 得 $C_1 = 1$, 所以 $-\frac{1}{p} = ax + 1$, 即 $\frac{dy}{dx} = -\frac{1}{ax+1}$. 所以 $y = -\frac{1}{a}\ln(ax+1) + C_2$. 再由 $y(0) = 0$ 得 $C_2 = 0$, 因此 $y = -\frac{\ln(ax+1)}{a}$.

【例 4.46】(第七届全国决赛题, 2016) 微分方程 $y'' - (y')^3 = 0$ 的通解为_____.

解 显然 $y = C$ (常数) 是方程的解. 一般地, 令 $p = y'$, 则原方程可化为 $p' - p^3 = 0$. 分离变量并积分, 得

$$\int \frac{dp}{p^3} = \int dx, \quad -\frac{1}{2p^2} = x - \frac{C_1}{2}, \quad 即 \quad y' = \pm \frac{1}{\sqrt{C_1 - 2x}}.$$

因此, 方程的通解为 $y = -\sqrt{C_1 - 2x} + C_2$ 或 $y = \sqrt{C_1 - 2x} + C_2$, 其中 C_1, C_2 为任意常数.

【例 4.47】(第八届全国初赛题, 2016) 设 $f(x)$ 有连续导数, 且 $f(1) = 2$. 记 $z = f(e^x y^2)$, 若 $\frac{\partial z}{\partial x} = z$, 则当 $x > 0$ 时, $f(x) = $_____.

解 由题设可得
$$\frac{\partial z}{\partial x} = f'(e^x y^2) e^x y^2 = f(e^x y^2).$$

令 $u = e^x y^2$, 则 $u > 0$, 且 $uf'(u) = f(u)$, 即 $\frac{f'(u)}{f(u)} = \frac{1}{u}$. 两边积分, 得
$$\int \frac{f'(u)}{f(u)} du = \int \frac{du}{u}.$$

所以有 $\ln f(u) = \ln u + \ln C$, 即 $f(u) = cu$. 由题设初始条件 $f(1) = 2$, 可得 $C = 2$. 因此 $f(u) = 2u$. 故当 $x > 0$ 时, $f(x) = 2x$.

【例 4.48】(第九届全国初赛题, 2017) 已知可导函数 $f(x)$ 满足
$$f(x)\cos x + 2\int_0^x f(t)\sin t dt = x + 1,$$
则 $f(x) = \underline{\qquad}$.

解 对方程两边求导, 得
$$f'(x)\cos x - f(x)\sin x + 2f(x)\sin x = 1,$$
整理得
$$f'(x) + f(x)\tan x = \sec x.$$

这是一阶线性微分方程, 利用求解公式得
$$\begin{aligned}
f(x) &= e^{-\int \tan x dx}\left(\int \sec x e^{\int \tan x dx} dx + C\right) \\
&= e^{\ln \cos x}\left(\int \sec x e^{-\ln \cos x} dx + C\right) \\
&= \cos x\left(\int \frac{dx}{\cos^2 x} + C\right) \\
&= \cos x(\tan x + C) = \sin x + C\cos x.
\end{aligned}$$

由原方程可知 $f(0) = 1$, 代入上式得 $C = 1$, 因此 $f(x) = \sin x + \cos x$.

【例 4.49】(第九届全国决赛题, 2018) 满足 $\frac{du(t)}{dt} = u(t) + \int_0^1 u(t) dt$ 及 $u(0) = 1$ 的可微函数 $u(t) = \underline{\qquad}$.

解 记 $k = \int_0^1 u(t) dt$, 则原方程可化为 $\frac{du(t)}{dt} - u(t) = k$. 这是一阶线性微分方程, 利用求解公式得
$$u(t) = e^{\int dt}\left(\int k e^{\int(-1)dt} dt + C\right) = e^t\left(-ke^{-t} + C\right) = -k + Ce^t.$$

由 $u(0) = 1$ 解得 $C = 1 + k$. 因此 $u(t) = -k + (1+k)\mathrm{e}^t$.

等式两边同时在 $[0,1]$ 上积分, 可得 $k = -k + (1+k)(\mathrm{e}-1)$, 由此解得 $k = \dfrac{\mathrm{e}-1}{3-\mathrm{e}}$. 所以

$$u(t) = -k + (1+k)\mathrm{e}^t = \frac{2\mathrm{e}^t - \mathrm{e} + 1}{3-\mathrm{e}}.$$

【例 4.50】(第四届全国决赛题, 2013) 设 $f(u,v)$ 具有连续偏导数, 且满足

$$f_u(u,v) + f_v(u,v) = uv.$$

求 $y(x) = \mathrm{e}^{-2x} f(x,x)$ 所满足的一阶微分方程, 并求其通解.

解 根据复合函数求导法则, 得

$$y' = -2\mathrm{e}^{-2x} f(x,x) + \mathrm{e}^{-2x}[f_u(x,x) + f_v(x,x)]$$

$$= -2y + x^2 \mathrm{e}^{-2x},$$

所以 $y(x) = \mathrm{e}^{-2x} f(x,x)$ 满足一阶线性微分方程

$$y' + 2y = x^2 \mathrm{e}^{-2x}.$$

利用求解公式, 方程的通解为

$$y(x) = \mathrm{e}^{-2\int \mathrm{d}x} \left(\int x^2 \mathrm{e}^{-2x} \mathrm{e}^{\int 2\mathrm{d}x} \mathrm{d}x + C \right)$$

$$= \mathrm{e}^{-2x} \left(\int x^2 \mathrm{d}x + C \right)$$

$$= \mathrm{e}^{-2x} \left(\frac{1}{3}x^3 + C \right),$$

其中 C 为任意常数.

【例 4.51】(第七届全国初赛题, 2015) 设 $f(x)$ 在 (a,b) 内二阶可导, 且存在常数 α, β, 使得对任意 $x \in (a,b)$, 有 $f'(x) = \alpha f(x) + \beta f''(x)$, 证明: $f(x)$ 在 (a,b) 内无穷次可导.

解 分为两种情形:

(1) 当 $\beta = 0$ 时, $f'(x) = \alpha f(x)$, 这是可分离变量的一阶微分方程, 易知其通解为

$$f(x) = C\mathrm{e}^{\alpha x}, \quad x \in (a,b);$$

(2) 当 $\beta \neq 0$ 时, 方程可化为

$$f''(x) - \frac{1}{\beta}f'(x) + \frac{\alpha}{\beta}f(x) = 0.$$

这是二阶常系数齐次线性微分方程,其通解 $f(x)$ 为指数函数或三角函数.

因此,无论哪种情形,$f(x)$ 在 (a,b) 内无穷次可导.

【例 4.52】(第五届全国决赛题, 2014) 设当 $x>-1$ 时,可微函数 $f(x)$ 满足条件

$$f'(x)+f(x)-\frac{1}{x+1}\int_0^x f(t)\mathrm{d}t=0,$$

且 $f(0)=1$. 试证: 当 $x\geqslant 0$ 时, 有 $\mathrm{e}^{-x}\leqslant f(x)\leqslant 1$ 成立.

解 首先, 将 $x=0$ 代入题设等式可得 $f'(0)+f(0)=0$, 即 $f'(0)=-f(0)=-1$.

仍由题设等式知, 当 $x>-1$ 时, $f(x)$ 存在二阶导数, 且

$$(x+1)\left[f'(x)+f(x)\right]=\int_0^x f(t)\mathrm{d}t.$$

将上式两端对 x 求导并整理, 得

$$(x+1)f''(x)+(x+2)f'(x)=0.$$

对 $f'(x)$ 而言, 上述方程是可分离变量的一阶微分方程, 故可求得其通解为

$$f'(x)=C\frac{\mathrm{e}^{-x}}{1+x}.$$

代入初始条件 $f'(0)=-1$, 得 $C=-1$. 所以 $f'(x)=-\dfrac{\mathrm{e}^{-x}}{1+x}(x>-1)$.

设 $x>0$. 因为 $f'(x)<0$, 所以 $f(x)$ 严格单调递减, 从而有 $f(x)<f(0)=1(x>0)$.

为了证明 $\mathrm{e}^{-x}<f(x)$, 考虑辅助函数 $F(x)=f(x)-\mathrm{e}^{-x}$. 因为

$$F'(x)=f'(x)+\mathrm{e}^{-x}=-\frac{\mathrm{e}^{-x}}{1+x}+\mathrm{e}^{-x}=\frac{x\mathrm{e}^{-x}}{1+x}>0\quad(x>0),$$

所以 $F(x)$ 在区间 $[0,+\infty)$ 上单调增加. 故当 $x>0$ 时, $F(x)>F(0)=0$, 即 $f(x)>\mathrm{e}^{-x}$.

综合上述, 当 $x>0$ 时, 有 $\mathrm{e}^{-x}<f(x)<1$. 此外, $x=0$ 时, 不等式中的等号显然成立.

【例 4.53】(第三届全国决赛题, 2012) (1) 求解微分方程 $\begin{cases}\dfrac{\mathrm{d}y}{\mathrm{d}x}-xy=x\mathrm{e}^{x^2},\\ y(0)=1;\end{cases}$

(2) 设 $y=f(x)$ 为上述方程的解, 证明: $\displaystyle\lim_{n\to\infty}\int_0^1\frac{n}{n^2x^2+1}f(x)\mathrm{d}x=\frac{\pi}{2}$.

解 (1) 这是一阶线性微分方程, 利用求解公式可得方程的通解为

$$y=\mathrm{e}^{\int x\mathrm{d}x}\left(\int x\mathrm{e}^{x^2}\mathrm{e}^{-\int x\mathrm{d}x}\mathrm{d}x+C\right)$$

$$= e^{\frac{x^2}{2}} \left(\int x e^{\frac{x^2}{2}} dx + C \right)$$
$$= e^{\frac{x^2}{2}} \left(e^{\frac{x^2}{2}} + C \right) = e^{x^2} + C e^{\frac{x^2}{2}}.$$

由 $y(0) = 1$ 解得 $C = 0$,所以 $y = e^{x^2}$.

(2) 注意到 $\lim\limits_{n\to\infty} \int_0^1 \dfrac{n}{n^2x^2+1} dx = \lim\limits_{n\to\infty} \arctan nx = \dfrac{\pi}{2}$,而 $f(x) = e^{x^2}$,考虑

$$\int_0^1 \dfrac{n}{n^2x^2+1} f(x) dx = \int_0^1 \dfrac{n}{n^2x^2+1} dx + \int_0^1 \dfrac{n\left(e^{x^2}-1\right)}{n^2x^2+1} dx. \qquad ①$$

当 $0 < x \leqslant 1$ 时,对 $f(x) = e^{x^2}$ 在区间 $[0,1]$ 上利用 Lagrange 中值定理,存在 $\xi \in (0,1)$,使得

$$e^{x^2} - 1 = f(x) - f(0) = f'(\xi)(x-0) = 2\xi e^{\xi^2} x \leqslant 2ex.$$

当 $x = 0$ 时,上式也成立. 因此,得

$$\left| \int_0^1 \dfrac{n\left(e^{x^2}-1\right)}{n^2x^2+1} dx \right| \leqslant 2e \int_0^1 \dfrac{nx}{n^2x^2+1} dx = e \dfrac{\ln(1+n^2)}{n} \to 0 \quad (n \to \infty).$$

令 $n \to \infty$,对 ① 式两边取极限,得 $\lim\limits_{n\to\infty} \int_0^1 \dfrac{n}{n^2x^2+1} f(x) dx = \dfrac{\pi}{2}$.

【注】 对于本题的第 (2) 小题,其难点在于把所证等式右端的 $\dfrac{\pi}{2}$ 用一个相关的定积分的极限表示出来, 这在极限证明题中是很有代表性的, 也是很典型的.

【例 4.54】(第一届全国初赛题, 2009) 已知

$$y_1 = xe^x + e^{2x}, \quad y_2 = xe^x + e^{-x}, \quad y_3 = xe^x + e^{2x} - e^{-x}$$

是某二阶常系数线性非齐次微分方程的三个解, 试求此微分方程.

解 根据二阶非齐次线性微分方程解的结构性质及题设条件, 可得对应齐次方程的两个线性无关的解为

$$Y_1 = y_1 - y_3 = e^{-x}, \quad Y_2 = (y_3 - y_2) + 2Y_1 = e^{2x}.$$

相应这两个解的齐次方程有特征根 $\lambda_1 = -1, \lambda_2 = 2$, 所以二阶常系数非齐次线性微分方程为

$$y'' - y' - 2y = f(x).$$

仍由解的结构性质, 原方程有一个特解 $y_0 = y_2 - Y_1 = xe^x$, 代入上述方程, 得 $f(x) = (1-2x)e^x$. 因此所求的微分方程为

$$y'' - y' - 2y = (1-2x)e^x.$$

【例 4.55】（第十二届全国初赛题, 2020） 已知 $z = xf\left(\dfrac{y}{x}\right) + 2y\varphi\left(\dfrac{x}{y}\right)$, 其中 f, φ 为二阶可导函数.

(1) 求 $\dfrac{\partial z}{\partial x}, \dfrac{\partial^2 z}{\partial x \partial y}$;

(2) 当 $f = \varphi$, 且 $\left.\dfrac{\partial^2 z}{\partial x \partial y}\right|_{x=a} = -by^2$ 时, 求 $f(y)$ (其中 $a \neq 0, b \neq 0$).

解 (1) 根据复合函数求导法则, 得

$$\frac{\partial z}{\partial x} = f\left(\frac{y}{x}\right) - \frac{y}{x}f'\left(\frac{y}{x}\right) + 2\varphi'\left(\frac{x}{y}\right)$$

$$\frac{\partial^2 z}{\partial x \partial y} = \frac{1}{x}f'\left(\frac{y}{x}\right) - \frac{1}{x}f'\left(\frac{y}{x}\right) - \frac{y}{x}f''\left(\frac{y}{x}\right)\frac{1}{x} + 2\varphi''\left(\frac{x}{y}\right)\left(-\frac{x}{y^2}\right)$$

$$= -\frac{y}{x^2}f''\left(\frac{y}{x}\right) - \frac{2x}{y^2}\varphi''\left(\frac{x}{y}\right).$$

(2) 根据上述结果, 并由题设条件 $f = \varphi$ 及 $\left.\dfrac{\partial^2 z}{\partial x \partial y}\right|_{x=a} = -by^2$, 得

$$\frac{y}{a^2}f''\left(\frac{y}{a}\right) + \frac{2a}{y^2}f''\left(\frac{a}{y}\right) = by^2.$$

令 $u = \dfrac{y}{a}$, 则有 $\dfrac{u}{a}f''(u) + \dfrac{2}{au^2}f''\left(\dfrac{1}{u}\right) = a^2bu^2$, 即

$$u^3 f''(u) + 2f''\left(\frac{1}{u}\right) = a^3 b u^4. \quad \text{①}$$

将 ① 式以 $\dfrac{1}{u}$ 换 u, 得 $\dfrac{1}{u^3}f''\left(\dfrac{1}{u}\right) + 2f''(u) = \dfrac{a^3 b}{u^4}$, 即

$$f''\left(\frac{1}{u}\right) + 2u^3 f''(u) = \frac{a^3 b}{u}. \quad \text{②}$$

联立 ① 式与 ② 式, 可解得 $f''(u) = \dfrac{a^3 b}{3}\left(\dfrac{2}{u^4} - u\right)$. 这是可降阶的二阶微分方程. 连续两次积分, 得

$$f'(u) = \int \frac{a^3 b}{3}\left(\frac{2}{u^4} - u\right) \mathrm{d}u = \frac{a^3 b}{3}\left(-\frac{2}{3u^3} - \frac{1}{2}u^2\right) + C_1,$$

$$f(u) = \frac{a^3 b}{3}\left(\frac{1}{3u^2} - \frac{1}{6}u^3\right) + C_1 u + C_2,$$

即 $f(y) = \dfrac{a^3 b}{3}\left(\dfrac{1}{3y^2} - \dfrac{1}{6}y^3\right) + C_1 y + C_2.$

【例 4.56】（第二届全国初赛题, 2010） 设函数 $y = f(x)$ 由参数方程 $\begin{cases} x = 2t + t^2, \\ y = \psi(t) \end{cases}$
($t > -1$) 所确定, 且 $\dfrac{\mathrm{d}^2 y}{\mathrm{d}x^2} = \dfrac{3}{4(1+t)}$, 其中 $\psi(t)$ 具有二阶导数; 又设曲线 $y = \psi(t)$ 与 $y = \displaystyle\int_1^{t^2} \mathrm{e}^{-u^2}\mathrm{d}u + \dfrac{3}{2\mathrm{e}}$ 在 $t = 1$ 处相切, 求函数 $\psi(t)$.

解 根据参数方程求导法则, 可知 $\dfrac{\mathrm{d}y}{\mathrm{d}x} = \dfrac{\dfrac{\mathrm{d}y}{\mathrm{d}t}}{\dfrac{\mathrm{d}x}{\mathrm{d}t}} = \dfrac{\psi'(t)}{2(1+t)}$, 且

$$\dfrac{\mathrm{d}^2 y}{\mathrm{d}x^2} = \dfrac{\mathrm{d}}{\mathrm{d}x}\left(\dfrac{\mathrm{d}y}{\mathrm{d}x}\right) = \dfrac{\mathrm{d}}{\mathrm{d}t}\left(\dfrac{\mathrm{d}y}{\mathrm{d}x}\right)\Big/\dfrac{\mathrm{d}x}{\mathrm{d}t} = \dfrac{\mathrm{d}}{\mathrm{d}t}\left(\dfrac{\psi'(t)}{2(1+t)}\right)\cdot \dfrac{1}{2(1+t)}$$
$$= \dfrac{(1+t)\psi''(t) - \psi'(t)}{4(1+t)^3}.$$

故由题设条件 $\dfrac{\mathrm{d}^2 y}{\mathrm{d}x^2} = \dfrac{3}{4(1+t)}$, 可得

$$(1+t)\psi''(t) - \psi'(t) = 3(1+t)^2.$$

这是不显含未知函数 $\psi(t)$ 的可降阶的二阶微分方程. 令 $p = \psi'(t)$, 则方程化为

$$p' - \dfrac{1}{1+t}p = 3(1+t).$$

利用一阶线性微分方程的通解公式, 得

$$p = \mathrm{e}^{\int \frac{\mathrm{d}t}{1+t}}\left(3\int(1+t)\mathrm{e}^{-\int \frac{\mathrm{d}t}{1+t}}\mathrm{d}t + C_1\right) = (1+t)\left(3\int \mathrm{d}t + C_1\right) = (1+t)(3t + C_1),$$

$$\psi(t) = \int p(t)\mathrm{d}t = \int (1+t)(3t + C_1)\mathrm{d}t = t^3 + \dfrac{3 + C_1}{2}t^2 + C_1 t + C_2,$$

其中 C_1, C_2 为任意常数.

因为曲线 $y = \psi(t)$ 与 $y = \displaystyle\int_1^{t^2} \mathrm{e}^{-u^2}\mathrm{d}u + \dfrac{3}{2\mathrm{e}}$ 在 $t = 1$ 处相切, 所以 $\psi(1) = \dfrac{3}{2\mathrm{e}}$, 且 $p(1) = \psi'(1) = \dfrac{2}{\mathrm{e}}$. 由此解得 $C_1 = \dfrac{1}{\mathrm{e}} - 3, C_2 = 2$. 因此, 所求函数为

$$\psi(t) = t^3 + \dfrac{1}{2\mathrm{e}}t^2 + \left(\dfrac{1}{\mathrm{e}} - 3\right)t + 2.$$

【例 4.57】(第十一届全国初赛题, 2019) 设函数 $f(x)$ 在 $[0,+\infty)$ 上具有连续导数, 满足
$$3\left[3+f^2(x)\right]f'(x) = 2\left[1+f^2(x)\right]^2 \mathrm{e}^{-x^2},$$
且 $f(0) \leqslant 1$. 证明: 存在常数 $M > 0$, 使得 $x \in [0,+\infty)$ 时, 恒有 $|f(x)| \leqslant M$.

证 由题设等式可知 $f'(x) > 0$, 所以 $f(x)$ 是 $[0,+\infty)$ 上的严格单调增函数, 故 $\lim\limits_{x \to +\infty} f(x) = L$ (有限或 $+\infty$). 下面证明 $L \neq +\infty$.

记 $y = f(x)$, 将所给等式分离变量并积分, 得 $\int \dfrac{3+y^2}{(1+y^2)^2}\mathrm{d}y = \dfrac{2}{3}\int \mathrm{e}^{-x^2}\mathrm{d}x$, 即
$$\frac{y}{1+y^2} + 2\arctan y = \frac{2}{3}\int_0^x \mathrm{e}^{-t^2}\mathrm{d}t + C,$$
其中 $C = \dfrac{f(0)}{1+f^2(0)} + 2\arctan f(0)$.

若 $L = +\infty$, 则对上式取极限 $x \to +\infty$, 并利用 $\int_0^{+\infty} \mathrm{e}^{-t^2}\mathrm{d}t = \dfrac{\sqrt{\pi}}{2}$, 得 $C = \pi - \dfrac{\sqrt{\pi}}{3}$. 由此可知, $C > \dfrac{2\pi - \sqrt{\pi}}{2} > \dfrac{1+\pi}{2}$.

另一方面, 令 $g(u) = \dfrac{u}{1+u^2} + 2\arctan u \ (-\infty < x < +\infty)$, 则 $g'(u) = \dfrac{3+u^2}{(1+u^2)^2} > 0$, 所以函数 $g(u)$ 在 $(-\infty,+\infty)$ 上严格单调增加. 因此, 当 $f(0) \leqslant 1$ 时, $C = g(f(0)) \leqslant g(1) = \dfrac{1+\pi}{2}$, 矛盾. 这就证明了 $\lim\limits_{x \to +\infty} f(x) = L$ 为有限数.

最后, 取 $M = \max\{|f(0)|, |L|\}$, 则 $|f(x)| \leqslant M$, 对任意 $x \in [0,+\infty)$.

【例 4.58】(第十三届全国初赛题, 2021) 设 $f(x)$ 是 $[0,+\infty)$ 上的有界连续函数, 证明: 方程 $y'' + 14y' + 13y = f(x)$ 的每一个解在 $[0,+\infty)$ 上都是有界函数.

证 首先, 易知对应的齐次方程 $y'' + 14y' + 13y = 0$ 的通解为
$$y = C_1 \mathrm{e}^{-x} + C_2 \mathrm{e}^{-13x}.$$
又由原方程 $y'' + 14y' + 13y = f(x)$ 可得
$$(y'' + y') + 13(y' + y) = f(x).$$
令 $y_1 = y' + y$, 则上式即 $y_1' + 13y_1 = f(x)$. 这是一阶线性微分方程, 利用求解公式得
$$y_1 = \mathrm{e}^{-13x}\left(\int_0^x f(t)\mathrm{e}^{13t}\mathrm{d}t + C_3\right).$$
同理, 仍由方程 $y'' + 14y' + 13y = f(x)$ 可得
$$(y'' + 13y') + (y' + 13y) = f(x).$$

令 $y_2 = y' + 13y$, 则上式即 $y_2' + y_2 = f(x)$. 解得

$$y_2 = \mathrm{e}^{-x}\left(\int_0^x f(t)\mathrm{e}^t \mathrm{d}t + C_4\right).$$

取 $C_3 = C_4 = 0$, 得

$$\begin{cases} y' + y = \mathrm{e}^{-13x}\int_0^x f(t)\mathrm{e}^{13t}\mathrm{d}t, \\ y' + 13y = \mathrm{e}^{-x}\int_0^x f(t)\mathrm{e}^t\mathrm{d}t. \end{cases}$$

由此联立消去 y', 解得原方程的一个特解为

$$y^* = \frac{1}{12}\mathrm{e}^{-x}\int_0^x f(t)\mathrm{e}^t\mathrm{d}t - \frac{1}{12}\mathrm{e}^{-13x}\int_0^x f(t)\mathrm{e}^{13t}\mathrm{d}t.$$

因此, 原方程的通解为

$$y = C_1\mathrm{e}^{-x} + C_2\mathrm{e}^{-13x} + \frac{1}{12}\mathrm{e}^{-x}\int_0^x f(t)\mathrm{e}^t\mathrm{d}t - \frac{1}{12}\mathrm{e}^{-13x}\int_0^x f(t)\mathrm{e}^{13t}\mathrm{d}t.$$

因为 $f(x)$ 在 $[0, +\infty)$ 上有界, 所以存在 $M > 0$ 使得对任意 $x \in [0, +\infty)$ 有

$$|f(x)| \leqslant M,$$

注意到当 $x \in [0, +\infty)$ 时, $0 < \mathrm{e}^{-x} < 1, 0 < \mathrm{e}^{-13x} < 1$, 所以

$$|y| \leqslant |C_1\mathrm{e}^{-x}| + |C_2\mathrm{e}^{-13x}| + \frac{1}{12}\mathrm{e}^{-x}\left|\int_0^x f(t)\mathrm{e}^t\mathrm{d}t\right| + \frac{1}{12}\mathrm{e}^{-13x}\left|\int_0^x f(t)\mathrm{e}^{13t}\mathrm{d}t\right|$$

$$\leqslant |C_1| + |C_2| + \frac{M}{12}\mathrm{e}^{-x}\left|\int_0^x \mathrm{e}^t\mathrm{d}t\right| + \frac{M}{12}\mathrm{e}^{-13x}\left|\int_0^x \mathrm{e}^{13t}\mathrm{d}t\right|$$

$$= |C_1| + |C_2| + \frac{M}{12}\left(1 - \mathrm{e}^{-x}\right) + \frac{M}{12 \times 13}\left(1 - \mathrm{e}^{-13x}\right)$$

$$\leqslant |C_1| + |C_2| + \frac{M}{12} + \frac{M}{12 \times 13} = |C_1| + |C_2| + \frac{7M}{78}.$$

对于方程的每一个确定的解, 常数 C_1, C_2 是固定的, 所以原方程的每一个解都是有界函数.

4.4 能力拓展与训练

1. 求下列微分方程的通解:

(1) $\dfrac{\mathrm{d}y}{\mathrm{d}x} = \cos(x - y)$;

(2) $\dfrac{\mathrm{d}y}{\mathrm{d}x} = \dfrac{3x^2 + y^2 - 6x + 3}{2xy - 2y}$;

(3) $e^y dx + (xe^y - 2y) dy = 0$; (4) $\dfrac{dy}{dx} = \dfrac{\sec y}{x + 2\sin y}$;

(5) $(x^2 - 1) y' - \cos x + 2xy = 0$; (6) $xy' - y \ln y = x^2 y$;

(7) $y dx + (2x^2 y - x) dy = 0$; (8) $(x - y^2) dx + 2xy dy = 0$;

(9) $x \dfrac{dy}{dx} - y = x^2 + y^2$; (10) $(e^x + 3y^2) dx + 2xy dy = 0$.

2. 求解下列问题：

(1) 设 $f(x)$ 为连续函数，且 $f(x) = \displaystyle\int_0^x e^{-f(t)} dt$，求 $f(x)$.

(2) 已知 $\dfrac{df(\cos x)}{d \cos x} = 1 + \sin^2 x$，求 $f(x)$.

(3) 已知 $\displaystyle\int_0^1 f(xt) dt = \dfrac{1}{2} f(x) + 1$，求 $f(x)$.

3. 已知方程 $(3y + 4xy^2) dx + (4x + 5x^2 y) dy = 0$ 具有形如 $x^2 f(y)$ 的积分因子，试求解此方程.

4. 设 $y = y_1(x)$ 与 $y = y_2(x)$ 是方程 $y' = p(x)y + Q(x)$ 的两个互异解，求证：存在常数 C，使得对于方程的任一解 $y(x)$，都有 $y(x) = y_1(x) + C[y_2(x) - y_1(x)]$.

5. 求解下列微分方程：

(1) $y'' + 2x(y')^2 = 0$, $y(0) = 1, y'(0) = -\dfrac{1}{2}$;

(2) $y'' - (y')^2 - 2y - 1 = 0$, $y(0) = 1, y'(0) = 0$.

6. 设 $y = y(x)$ 满足微分方程 $y'' - 3y' + 2y = 2e^x$，且其图形在点 $(0,1)$ 处的切线与曲线 $y = x^2 - x + 1$ 在该点的切线重合，求函数 $y = y(x)$.

7. 求下列微分方程的通解：

(1) $y'' - y' = e^{-x}$; (2) $y'' - 4y' + 3y = 2xe^{3x}$;

(3) $y'' + 4y = x \sin^2 x$; (4) $y'' + 4y' + 4y = e^{-2x}$;

(5) $y''' + y = e^x \sin 2x$; (6) $y'' - 2y' - 3y = e^{3x} + \cos x$;

(7) $y^{(4)} - 2y''' + y'' = x$; (8) $y''' + 6y'' + (9 + a^2) y' = 1 (a > 0)$.

8. 求解二阶微分方程的初值问题：

$$x^3 y'' - x^2 y' + xy = x^2 + 1 (x > 0), y(1) = \dfrac{1}{4}, y'(1) = 0.$$

9. 设函数 $y = y(x)$ 是方程 $y'' + 6y' + 9y = 0$ 满足条件 $y(0) = 0, y'(0) = 1$ 的解，求积分 $\displaystyle\int_0^{+\infty} y(x) dx$.

10. 求微分方程 $\cos^4 x \dfrac{d^2 y}{dx^2} + 2\cos^2 x (1 - \sin x \cos x) \dfrac{dy}{dx} + y = \tan x$ 的通解.

11. 设函数 $f(x)$ 在 $(-\infty, +\infty)$ 上可微，且满足 $x = \displaystyle\int_0^x f(t) dt + \displaystyle\int_0^x tf(t - x) dt$.

(1) 求函数 $f(x)$;

(2) 求积分 $\int_{-\frac{\pi}{4}}^{\frac{3\pi}{4}} |f(x)|^n dx$ (其中 $n = 2, 3, \cdots$).

12. 已知 $y_1(x) = e^x, y_2(x) = u(x)e^x$ 是二阶微分方程 $(2x-1)y'' - (2x+1)y' + 2y = 0$ 的解, 其中 $u(x)$ 满足 $u(-1) = e, u(0) = -1$. 求函数 $u(x)$, 并写出该微分方程的通解.

13. 求微分方程 $x\dfrac{d^2 y}{dx^2} - (2x+1)\dfrac{dy}{dx} + (x+1)y = (x^2 + x)e^x$ 的通解.

14. 求微分方程 $\dfrac{d^2 y}{dx^2} + (4x + e^{2y})\left(\dfrac{dy}{dx}\right)^3 = 0$ 的通解, 要求满足 $\dfrac{dy}{dx} \neq 0$.

15. 设函数 $y = y(x)$ 是微分方程 $y'' + 6y' + 5y = f(x)$ 的任一解, 其中 $f(x)$ 是区间 $[a, +\infty)$ 上的连续函数, 且 $\lim\limits_{x \to +\infty} f(x) = A$ (有限常数), 求极限: $\lim\limits_{x \to +\infty} y(x)$.

16. 一曲线通过点 $(e, 1)$, 且在曲线上任一点处的法线的斜率等于 $\dfrac{-x \ln x}{x + y \ln x}$. 求这曲线的方程.

17. 有连接两点 $A(0, 1)$ 与 $B(1, 0)$ 的一条曲线, 它位于弦 AB 的上方, $P(x, y)$ 是曲线上任意一点. 已知曲线与弦 AP 之间的面积为 x^3, 求曲线方程.

18. 求满足 $f'(x) + 2f(x) + 5\int_0^x f(x)dx + \cos 3x = 0$, 且 $f(0) = 0, f'(0) = -1$ 的函数 $f(x)$.

19. 设二阶可微函数 $f(x)$ 满足方程 $\int_0^x (t+1)f'(x-t)dt = x^2 + e^x - f(x)$, 求 $f(x)$.

20. 设 $f(x) = \sin x - \int_0^x (x-t)f(t)dt$, 其中 $f(x)$ 为连续函数, 试求 $f(x)$.

21. 求方程 $y'' - 5y' + 6y = 2e^x$ 在横坐标 $x = 0$ 的点处与曲线 $2\sin x - e^y + xy + 1 = 0$ 相切 (即有公共切线) 的积分曲线.

22. 设函数 $f(x)$ 在 $x = 0$ 处可导, $f'(0) = 2$, 且对一切实数 x, y, 恒有 $f(x+y) = e^x f(y) + e^y f(x)$, 试证明: $f(x)$ 在 $(-\infty, +\infty)$ 内可导, 并求 $f(x)$.

23. 设二阶常系数线性微分方程 $y'' + ay' + by = ce^x$ 的一个特解为 $y = (1 + x + e^x)e^x$. 试确定常数 a, b, c, 并求该方程的通解.

24. 设二阶线性微分方程 $y'' + p(x)y' + Q(x)y = f(x)$ 的 3 个特解为 $y_1 = x, y_2 = e^x, y_3 = e^{2x}$, 试求此方程满足条件 $y(0) = 1, y'(0) = 3$ 的特解.

25. 设 $f(x)$ 具有二阶连续导数, $f(0) = 0, f'(0) = 1$, 且

$$[xy(x+y) - f(x)y]dx + [f'(x) + x^2 y]dy = 0$$

为一全微分方程, 求 $f(x)$ 及此全微分方程的通解.

26. 设曲线上任意点 M 到坐标原点的距离等于曲线上 M 点处的切线在 y 轴上的截距, 且曲线经过点 $(1, 0)$, 求此曲线的方程.

27. 设 $f(x)$ 是以 2π 为周期的二阶连续可微函数，且满足 $f(x) + 3f'(x+\pi) = \sin x$，试求函数 $f(x)$.

28. 设过曲线上任一点 $M(x,y)$ 处的切线 MT 与该点到坐标原点的连线（向径）OM 相交成定角 α，求曲线方程.

29. 在上半平面求一条向上凹的曲线，其上任一点 $P(x,y)$ 处的曲率等于此曲线在该点的法线段 PQ 长度的倒数（Q 是法线与 x 轴的交点），且曲线在点 $(1,1)$ 处的切线与 x 轴平行.

30. 设曲线 L 的极坐标方程为 $r = r(\theta)$，$P(r,\theta)$ 是 L 上的任一点，$Q(2\sqrt{2},0)$ 是 L 上的一定点，已知极径 OP，OQ 与曲线 L 围成的曲边扇形的面积值恰等于 L 上 P，Q 两点间的弧长值，求曲线 L 的方程.

31. 设物体 A 从点 $(0,1)$ 出发，以速度大小为常数 v 沿 y 轴正向运动. 物体 B 从点 $(-1,0)$ 与 A 同时出发，其速度大小为 $2v$，方向始终指向 A. 试建立物体 B 的运动轨迹所满足的微分方程，并写出初始条件.

32. 设有长度为 l 的弹簧，其上端固定，用 5 个质量都为 m 的重物同时挂于弹簧下端，使弹簧伸长 $5a$. 今突然取去其中一重物，使弹簧由静止状态开始振动，若不计弹簧本身重量，求所挂重物的运动规律.

33. 质量为 m 的炮弹以初速 v_0 自地面垂直向上发射，设空气阻力始终与炮弹速度的平方成正比，比例系数为 k，重力加速度 g 为已知，求炮弹的最高射程和所需的时间.

34. 设函数 $y = y(x)$ 满足 $\begin{cases} x\dfrac{\mathrm{d}y}{\mathrm{d}x} - (2x^2-1)y = x^3, x \geqslant 1, \\ y(1) = y_0. \end{cases}$

(1) 求解 $y(x)$；

(2) 已知 $\lim\limits_{x \to +\infty} \dfrac{y(x)}{x}$ 存在有限极限，求 y_0 的值，并求极限 $\lim\limits_{x \to +\infty} \dfrac{y(x)}{x}$.

35. 一条缉毒犬在嗅到毒品散发的气味后始终朝着毒品味最浓烈的方向搜寻. 实验表明，如果以毒品所在位置为坐标原点建立平面直角坐标系，那么任意点 (x,y) 处毒品气味的浓烈程度可表示为 $f(x,y) = \mathrm{e}^{-\frac{x^2+2y^2}{10^5}}$. 求这条缉毒犬从点 $(1,1)$ 出发搜寻到毒品所走过的路径.

36. 设 $f(x)$ 是 $(-\infty,+\infty)$ 上的连续函数，$y(x) = \int_0^x \cos t \mathrm{d}t \int_0^{x-t} f(u) \mathrm{d}u (-\infty < x < +\infty)$.

(1) 证明：$y = y(x)$ 是微分方程 $y'' + y = f(x)$ 满足初始条件 $y(0) = 0$，$y'(0) = 0$ 的解；

(2) 求微分方程 $y'' + y = f(x)$ 的通解.

37. 设函数 $f(x)$ 和 $g(x)$ 都有连续的导数，满足 $f'(x) = g(x)$，$g'(x) = 2\mathrm{e}^x - f(x)$，且 $f(0) = 0$，$g(0) = 2$. 求定积分 $\int_0^\pi \left[\dfrac{g(x)}{1+x} - \dfrac{f(x)}{(1+x)^2} \right] \mathrm{d}x$.

38. 设函数 $y = f(x)$ 是微分方程 $y'' + 2y' - 3y = e^{-x}\sin x$ 满足初始条件 $y(0) = 0, y'(0) = -\dfrac{1}{5}$ 的特解, 函数 $g(x) = \dfrac{(-1)^{n+1}}{5(n+1)^2}$ $(n\pi \leqslant x \leqslant (n+1)\pi), n = 0, 1, 2, \cdots$. 求积分 $I = \displaystyle\int_0^{+\infty} \min\{f(x), g(x)\}\mathrm{d}x$.

39. 设函数 $y = f(x)$ 是微分方程 $(x+1)y'' = y'$ 满足初始条件 $y(0) = 3, y'(0) = -2$ 的解, 证明: 对任意正整数 $n > 1$ 及所有 $x \geqslant 0$, 恒有 $\displaystyle\int_0^x f(t)\sin^{2n-2} t\,\mathrm{d}t \leqslant \dfrac{4n+1}{n(4n^2-1)}$.

4.5 训练全解与分析

1. (1) $x + \cot\dfrac{x-y}{2} = C$; (2) $y^2 = 3(x-1)^2 + C(x-1)$; (3) $xe^y - y^2 = C$;
   (4) $x = Ce^{\sin y} - 2 - 2\sin y$; (5) $(x^2-1)y = \sin x + C$; (6) $\ln y = x(x+C)$;
   (7) $y(1-xy) = Cx$; (8) $y^2 + x\ln x = Cx$; (9) $y = x\tan(x+C)$;
   (10) $(x^2 - 2x + 2)e^x + x^3 y^2 = C$.

2. (1) $\ln(x+1)$; (2) $2x - \dfrac{x^3}{3} + C$; (3) $2 + Cx$. 3. $x^3 y^4(1+xy) = C$. 4. 略.

5. (1) $y = \dfrac{1}{2\sqrt{2}}\ln\left|\dfrac{x-\sqrt{2}}{x+\sqrt{2}}\right| + 1$; (2) $y = 1 - x - \ln|1-x|$. 6. $y = (1-2x)e^x$.

7. (1) $y = C_1 + C_2 e^x + \dfrac{1}{2}e^{-x}$;

   (2) $y = C_1 e^x + C_2 e^{3x} + \dfrac{1}{2}x(x-1)e^{3x}$;

   (3) $y = C_1\cos 2x + C_2\sin 2x + \dfrac{1}{8}x - \dfrac{1}{16}x^2\sin 2x - \dfrac{1}{32}x\cos 2x$;

   (4) $y = \left(C_1 + C_2 x + \dfrac{1}{2}x^2\right)e^{-2x}$;

   (5) $y = C_1 e^{-x} + e^{\frac{x}{2}}\left(C_2\cos\dfrac{\sqrt{3}}{2}x + C_3\sin\dfrac{\sqrt{3}}{2}x\right) + \dfrac{1}{52}e^x(\cos 2x - 5\sin 2x)$;

   (6) $y = C_1 e^{-x} + C_2 e^{3x} + \dfrac{1}{4}xe^{3x} - \dfrac{1}{10}(2\cos x + \sin x)$;

   (7) $y = C_1 + C_2 x + (C_3 + C_4 x)e^x + \dfrac{1}{6}x^3 + x^2$;

   (8) $y = C_1 + e^{-3x}(C_2\cos ax + C_3\sin ax) + \dfrac{x}{9+a^2}$.

8. 方程两边除以 x, 得 $x^2 y'' - xy' + y = x + \dfrac{1}{x}$, 这是二阶 Euler 方程. 作变换 $x = e^t$, 原方程化为

$$\dfrac{\mathrm{d}^2 y}{\mathrm{d}t^2} - 2\dfrac{\mathrm{d}y}{\mathrm{d}t} + y = e^t + e^{-t}.$$ ①

这是二阶常系数非齐次线性微分方程. 考虑方程 $\dfrac{d^2y}{dt^2} - 2\dfrac{dy}{dt} + y = e^t$ 和 $\dfrac{d^2y}{dt^2} - 2\dfrac{dy}{dt} + y = e^{-t}$, 易知它们的特解分别为 $y_1^* = \dfrac{1}{2}t^2 e^t, y_2^* = \dfrac{1}{4}e^{-t}$. 根据线性方程解的性质, $y^* = \dfrac{1}{2}t^2 e^t + \dfrac{1}{4}e^{-t}$ 是方程 ① 的一个特解. 此外, 对应于方程 ① 的齐次线性方程的通解为 $Y = (C_1 + C_2 t)e^t$. 因此方程 ① 的通解为 $y = (C_1 + C_2 t)e^t + \dfrac{1}{2}t^2 e^t + \dfrac{1}{4}e^{-t}$. 代回变量, 原方程的通解为

$$y = (C_1 + C_2 \ln x)x + \dfrac{x}{2}(\ln x)^2 + \dfrac{1}{4x}.$$

由 $y(1) = \dfrac{1}{4}, y'(1) = 0$ 解得 $C_1 = 0, C_2 = \dfrac{1}{4}$, 故原方程满足条件的解为

$$y = \dfrac{x}{4}\ln x + \dfrac{x}{2}(\ln x)^2 + \dfrac{1}{4x}.$$

9. 特征方程 $\lambda^2 + 6\lambda + 9 = 0$ 的根为 $\lambda = -3$ (重根), 所以方程的通解为 $y = e^{-3x}(C_1 x + C_2)$.

由初始条件 $y(0) = 0, y'(0) = 1$ 解得 $C_1 = 1, C_2 = 0$, 所以 $y(x) = x e^{-3x}$. 因此

$$\int_0^{+\infty} y(x)dx = \int_0^{+\infty} x e^{-3x} dx = -\dfrac{1}{3}\int_0^{+\infty} x de^{-3x} = -\dfrac{1}{3}x e^{-3x}\Big|_0^{+\infty} + \dfrac{1}{3}\int_0^{+\infty} e^{-3x} dx$$

$$= -\dfrac{1}{9}e^{-3x}\Big|_0^{+\infty} = \dfrac{1}{9}.$$

10. 令 $t = \tan x$, 则 $\dfrac{dy}{dx} = \sec^2 x \dfrac{dy}{dt}, \dfrac{d^2y}{dx^2} = \sec^4 x \dfrac{d^2y}{dt^2} + 2\sec^2 x \tan x \dfrac{dy}{dt}$, 代入原方程并化简, 得

$$\dfrac{d^2y}{dt^2} + 2\dfrac{dy}{dt} + y = t.$$

这是二阶常系数非齐次线性微分方程, 容易求得其通解为 $y = (C_1 + C_2 t)e^{-t} + t - 2$.

因此原方程的通解为

$$y = (C_1 + C_2 \tan x)e^{-\tan x} + \tan x - 2,$$

其中 C_1, C_2 为任意常数.

11. (1) 令 $u = t - x$, 得 $\int_0^x t f(t-x) dt = -\int_0^{-x}(x+u)f(u)du$. 代入原方程并求导, 得

$$x = \int_0^x f(t)dt - x\int_0^{-x} f(u)du - \int_0^{-x} u f(u)du,$$

$$1 = f(x) - \int_0^{-x} f(u)\mathrm{d}u + xf(-x) - xf(-x)$$
$$= f(x) - \int_0^{-x} f(u)\mathrm{d}u,$$
$$0 = f'(x) + f(-x).$$

由此可得 $f(0) = 1, f'(0) = -1$, 且 $\begin{cases} f'(-x) + f(x) = 0, \\ f''(x) - f'(-x) = 0 \end{cases} \Rightarrow f''(x) + f(x) = 0$. 这是二阶常系数齐次线性微分方程, 易求得其通解为 $f(x) = C_1 \cos x + C_2 \sin x$, 由 $f(0) = 1, f'(0) = -1$ 得 $C_1 = 1, C_2 = -1$. 因此 $f(x) = \cos x - \sin x \ (-\infty < x < +\infty)$.

(2) 因为 $f(x) = \sqrt{2} \cos\left(x + \dfrac{\pi}{4}\right)$, 所以 $|f(x)|$ 是以 π 为周期的周期函数. 根据定积分的周期性与对称性及 Wallis 公式, 得

$$\int_{-\frac{\pi}{4}}^{\frac{3\pi}{4}} |f(x)|^n \mathrm{d}x = \sqrt{2^n} \int_{-\frac{\pi}{4}}^{\frac{3\pi}{4}} \left|\cos\left(x + \frac{\pi}{4}\right)\right|^n \mathrm{d}x = \sqrt{2^n} \int_0^{\pi} |\cos x|^n \mathrm{d}x$$
$$= \sqrt{2^n} \int_{-\frac{\pi}{2}}^{\frac{\pi}{2}} |\cos x|^n \mathrm{d}x = 2\sqrt{2^n} \int_0^{\frac{\pi}{2}} \cos^n x \mathrm{d}x$$
$$= \begin{cases} 2^{\frac{n+2}{2}} \cdot \dfrac{(n-1)!!}{n!!}, & n = 3, 5, 7, \cdots, \\ 2^{\frac{n+2}{2}} \cdot \dfrac{(n-1)!!}{n!!} \cdot \dfrac{\pi}{2}, & n = 2, 4, 6, \cdots. \end{cases}$$

【注】 本题第 (2) 问虽然技巧性较强, 但都属定积分本身的典型方法, 适时利用这些相关性质可大大简化计算.

12. 因为 $y_2 = u(x)\mathrm{e}^x$, 所以 $y_2' = [u'(x) + u(x)]\mathrm{e}^x, y_2'' = [u''(x) + 2u'(x) + u(x)]\mathrm{e}^x$, 代入原方程并化简, 得

$$(2x-1)u'' + (2x-3)u' = 0.$$

这是二阶可降阶的微分方程. 令 $p = u'(x)$, 则上述方程化为 $(2x-1)p' + (2x-3)p = 0$. 分离变量再积分, 得 $\int \dfrac{\mathrm{d}p}{p} = -\int \dfrac{2x-3}{2x-1} \mathrm{d}x$, 所以

$$\ln p = -x + \int \dfrac{2}{2x-1} \mathrm{d}x = -x + \ln(2x-1) + \ln C_1,$$

从而有 $p = C_1 \mathrm{e}^{-x}(2x-1)$, 即 $u'(x) = C_1 \mathrm{e}^{-x}(2x-1)$. 再次积分, 得

$$u(x) = C_1 \int \mathrm{e}^{-x}(2x-1)\mathrm{d}x = -C_1 \mathrm{e}^{-x}(2x+1) + C_2.$$

由于 $\begin{cases} u(-1) = \mathrm{e}, \\ u(0) = -1, \end{cases}$ 得 $\begin{cases} C_1\mathrm{e} + C_2 = \mathrm{e}, \\ C_1 - C_2 = 1 \end{cases}$ 解得 $C_1 = 1, C_2 = 0$. 所以

$$u(x) = -\mathrm{e}^{-x}(2x+1).$$

进一步, 因为 $y_1(x) = \mathrm{e}^x$ 与 $y_2(x) = -(2x+1)$ 是原方程的两个线性无关的解, 所以该方程的通解为 $y = D_1\mathrm{e}^x + D_2(2x+1)$, 其中 D_1, D_2 为任意常数.

13. 这是变系数二阶非齐次线性微分方程. 注意到 $x - (2x+1) + (x+1) = 0$, 由此可知指数函数 $y = \mathrm{e}^x$ 是对应齐次方程的解. 下面采用常数变易法求原方程的通解.

令 $y = u(x)\mathrm{e}^x$, 代入原方程并化简, 得 $u'' - \dfrac{1}{x}u' = x+1$. 对 u' 利用一阶线性微分方程的通解公式, 得

$$u' = \mathrm{e}^{\int \frac{1}{x}\mathrm{d}x}\left(\int (x+1)\mathrm{e}^{-\int \frac{1}{x}\mathrm{d}x}\mathrm{d}x + C\right) = x\left(\int \frac{x+1}{x}\mathrm{d}x + C\right) = x(x + \ln x + C).$$

再次积分, 得

$$u(x) = \int x(x + \ln x + C)\mathrm{d}x = \frac{x^3}{3} + \frac{x^2}{2}\ln x + C_1 x^2 + C_2,$$

其中 $C_1 = \dfrac{2C-1}{4}, C_2$ 为任意常数. 因此原方程的通解为

$$y = \mathrm{e}^x\left(\frac{x^3}{3} + \frac{x^2}{2}\ln x + C_1 x^2 + C_2\right).$$

14. 采用因变量与自变量的转换法. 因为 $\dfrac{\mathrm{d}y}{\mathrm{d}x} = \dfrac{1}{\dfrac{\mathrm{d}x}{\mathrm{d}y}}$, 所以

$$\frac{\mathrm{d}^2 y}{\mathrm{d}x^2} = \frac{\mathrm{d}}{\mathrm{d}x}\left(\frac{\mathrm{d}y}{\mathrm{d}x}\right) = -\frac{1}{\left(\dfrac{\mathrm{d}x}{\mathrm{d}y}\right)^2}\frac{\mathrm{d}}{\mathrm{d}x}\left(\frac{\mathrm{d}x}{\mathrm{d}y}\right) = -\frac{1}{\left(\dfrac{\mathrm{d}x}{\mathrm{d}y}\right)^2}\frac{\mathrm{d}}{\mathrm{d}y}\left(\frac{\mathrm{d}x}{\mathrm{d}y}\right)\frac{\mathrm{d}y}{\mathrm{d}x} = -\frac{1}{\left(\dfrac{\mathrm{d}x}{\mathrm{d}y}\right)^3}\frac{\mathrm{d}^2 x}{\mathrm{d}y^2}.$$

代入原方程并化简, 则方程化为

$$\frac{\mathrm{d}^2 x}{\mathrm{d}y^2} - 4x = \mathrm{e}^{2y}, \qquad \text{①}$$

这是关于未知函数 $x(y)$ 的二阶常系数非齐次线性方程, 对应的齐次方程的通解为

$$X = C_1\mathrm{e}^{2y} + C_2\mathrm{e}^{-2y}.$$

另外, 方程 ① 的特解可设为 $x^* = Ay\mathrm{e}^{2y}$, 代入 ① 式解得 $A = \dfrac{1}{4}$. 因此, 方程 ① 的通解为

$$x = X + x^* = C_1\mathrm{e}^{2y} + C_2\mathrm{e}^{-2y} + \frac{1}{4}y\mathrm{e}^{2y}.$$

15. 首先, 易知对应的齐次方程 $y'' + 6y' + 5y = 0$ 的通解为

$$y = C_1 e^{-x} + C_2 e^{-5x}.$$

又由原方程 $y'' + 6y' + 5y = f(x)$ 可得

$$(y'' + y') + 5(y' + y) = f(x).$$

令 $u = y' + y$, 则上式即 $u' + 5u = f(x)$. 这是一阶线性微分方程, 利用通解公式得

$$u = e^{-5x} \left(\int_a^x e^{5t} f(t) dt + C_3 \right).$$

同理, 仍由方程 $y'' + 6y' + 5y = f(x)$ 可得

$$(y'' + 5y') + (y' + 5y) = f(x).$$

令 $v = y' + 5y$, 则上式即 $v' + v = f(x)$. 解得 $v = e^{-x} \left(\int_a^x e^t f(t) dt + C_4 \right)$. 取 $C_3 = C_4 = 0$, 得

$$\begin{cases} y' + y = e^{-5x} \int_a^x e^{5t} f(t) dt, \\ y' + 5y = e^{-x} \int_a^x e^t f(t) dt. \end{cases}$$

由此联立消去 y', 解得原方程的一个特解为

$$y^* = \frac{1}{4} e^{-x} \int_a^x e^t f(t) dt - \frac{1}{4} e^{-5x} \int_a^x e^{5t} f(t) dt.$$

因此, 原方程的通解为

$$y = C_1 e^{-x} + C_2 e^{-5x} + \frac{1}{4} e^{-x} \int_a^x e^t f(t) dt - \frac{1}{4} e^{-5x} \int_a^x e^{5t} f(t) dt. \qquad ①$$

当 $x \to +\infty$ 时, $\dfrac{\int_a^x e^t f(t) dt}{e^x}$ 是 $\dfrac{*}{\infty}$ 型的不定式. 利用 L'Hospital 法则, 得

$$\lim_{x \to +\infty} e^{-x} \int_a^x e^t f(t) dt = \lim_{x \to +\infty} \frac{\int_a^x e^t f(t) dt}{e^x} = \lim_{x \to +\infty} \frac{e^x f(x)}{e^x} = \lim_{x \to +\infty} f(x) = A.$$

同理, $\lim\limits_{x \to +\infty} e^{-5x} \int_a^x e^{5t} f(t) dt = \dfrac{A}{5}$.

因此，对于原方程的任一解 $y(x)$，根据 ① 式，有 $\lim\limits_{x\to+\infty} y(x) = \dfrac{A}{4} - \dfrac{A}{20} = \dfrac{A}{5}$.

16. $y = \dfrac{x}{\mathrm{e}} + x\ln(\ln x)$. 　　　　17. $f(x) = -6x^2 + 5x + 1$.

18. $f(x) = \dfrac{\mathrm{e}^{-x}}{52}(18\cos 2x + \sin 2x) - \dfrac{3}{26}(3\cos 3x + 2\sin 3x)$.

19. $f(x) = 2x - 3 + \dfrac{1}{3}\mathrm{e}^x\left(11\mathrm{e}^{-\frac{3}{2}x} + 1\right)$. 　20. $f(x) = \dfrac{1}{2}(x\cos x + \sin x)$.

21. $y = \mathrm{e}^x - 4\mathrm{e}^{2x} + 3\mathrm{e}^{3x}$. 　　　　22. $2x\mathrm{e}^x$.

23. $a = -3, b = 2, c = -1, y = C_1\mathrm{e}^{2x} + C_2\mathrm{e}^x + x\mathrm{e}^x$.

24. $y = 2\mathrm{e}^{2x} - \mathrm{e}^x$.

25. $f(x) = 2\cos x + \sin x + x^2 - 2$，通解是 $y\cos x - 2y\sin x + \dfrac{x^2 y^2}{2} + 2xy = C$.

26. $y = \dfrac{1}{2}(1 - x^2)$. 　　　　27. $f(x) = \dfrac{1}{10}(\sin x + 3\cos x)$.

28. $2\arctan\dfrac{y}{x} = \tan\alpha \ln\left(x^2 + y^2\right) + C$ 或 $x^2 + y^2 = C$. 　　29. $y = \mathrm{ch}(x - 1)$.

30. 根据题意，得 $\dfrac{1}{2}\int_0^\theta r^2(t)\mathrm{d}t = \int_0^\theta \sqrt{r^2(t) + [r'(t)]^2}\mathrm{d}t$. 两边对积分上限 θ 求导，得

$$\dfrac{1}{2}r^2(\theta) = \sqrt{r^2(\theta) + [r'(\theta)]^2}, \quad 即 \quad 2r' = \pm r\sqrt{r^2 - 4}.$$

分离变量并积分，得 $\displaystyle\int \dfrac{2\mathrm{d}r}{r\sqrt{r^2-4}} = \pm \int \mathrm{d}\theta$. 由此得 $\arccos\dfrac{2}{r} = C\pm\theta$，即 $\dfrac{2}{r} = \cos(C\pm\theta)$. 由于 $r(0) = 2\sqrt{2}$，代入上式，得 $C = \dfrac{\pi}{4}$，因此所求曲线方程为 $r = 2\sec\left(\dfrac{\pi}{4} \pm \theta\right)$.

31. $2xy'' + \sqrt{1 + (y')^2} = 0, y|_{x=-1} = 0, y'|_{x=-1} = 1$.

32. 取 x 轴的正向铅直向下，原点取在距固定端 $l + 4a$ 处. $x = a\cos\left(\dfrac{1}{2}\sqrt{\dfrac{g}{a}}t\right)$.

33. 炮弹在到达最高点之前满足初值问题: $m\dfrac{\mathrm{d}^2 x}{\mathrm{d}t^2} = -mg - k\left(\dfrac{\mathrm{d}x}{\mathrm{d}t}\right)^2, x(0) = 0, x'(0) = v_0$.

$$H_{\max} = \dfrac{m}{2k}\ln\left(1 + \dfrac{k}{mg}v_0^2\right), \quad T = \sqrt{\dfrac{m}{kg}}\arctan\left(\sqrt{\dfrac{k}{mg}}v_0\right).$$

34. (1) 所给方程为一阶线性微分方程: $y' - \left(2x - \dfrac{1}{x}\right)y = x^2$. 利用通解公式，得

$$y = \mathrm{e}^{\int\left(2x - \frac{1}{x}\right)\mathrm{d}x}\left[\int x^2 \mathrm{e}^{-\int\left(2x - \frac{1}{x}\right)\mathrm{d}x}\mathrm{d}x + C\right] = \dfrac{\mathrm{e}^{x^2}}{x}\left[\int x^3 \mathrm{e}^{-x^2}\mathrm{d}x + C\right]$$

$$= \dfrac{\mathrm{e}^{x^2}}{x}\left[-\dfrac{1}{2}x^2\mathrm{e}^{-x^2} - \dfrac{1}{2}\mathrm{e}^{-x^2} + C\right]$$

$$= -\frac{x}{2} - \frac{1}{2x} + C\frac{e^{x^2}}{x}.$$

由 $y(1) = y_0$, 得 $C = e^{-1}(y_0 + 1)$, 所以满足条件 $y(1) = y_0$ 的解为

$$y = -\frac{x}{2} - \frac{1}{2x} + e^{-1}(y_0 + 1)\frac{e^{x^2}}{x}.$$

(2) 因为 $\dfrac{y}{x} + \dfrac{1}{2} + \dfrac{1}{2x^2} = e^{-1}(y_0 + 1)\dfrac{e^{x^2}}{x^2}$, 所以

$$\lim_{x \to +\infty}\left[\frac{y}{x} + \frac{1}{2} + \frac{1}{2x^2}\right] = \lim_{x \to +\infty}\left[e^{-1}(y_0 + 1)\frac{e^{x^2}}{x^2}\right].$$

根据题设知, 上式左边存在有限的极限. 再观察右边, 注意到 $\lim\limits_{x \to +\infty}\dfrac{e^{x^2}}{x^2} = +\infty$, 若 $y_0 + 1 \neq 0$, 则上式右边趋于无穷, 故只能取 $y_0 = -1$ 时等式才有意义. 因此 $\lim\limits_{x \to +\infty}\dfrac{y}{x} = -\dfrac{1}{2}$.

35. 显然, 对任意 x, y, 都有 $f(x, y) > 0$. 易知

$$\frac{\partial f}{\partial x} = -\frac{2x}{10^5}f(x, y), \quad \frac{\partial f}{\partial y} = -\frac{4y}{10^5}f(x, y),$$

所以 $f(x, y)$ 在任意点 (x, y) 处的梯度为 $\left(-\dfrac{2xf(x,y)}{10^5}, -\dfrac{4yf(x,y)}{10^5}\right)$, 缉毒犬搜寻路径的切线方向为 $(-x, -2y)$, 因此切线斜率为 $\dfrac{dy}{dx} = \dfrac{2y}{x}$. 解此微分方程得 $y = Cx^2$, 其中 C 为任意常数. 因为搜寻路径经过点 $(1,1)$, 由此可解得 $C = 1$, 所以 $y = x^2$.

于是, 这条缉毒犬从点 $(1,1)$ 出发搜寻到毒品所走过的路径为抛物线 $y = x^2$.

36. (1) 记 $F(t) = \int_0^t f(u)du$, 则 $F'(t) = f(t)$, 且 $y(x) = \int_0^x F(x-t)\cos t\,dt$.

对积分作变量代换: $v = x - t$, 得

$$y(x) = \int_0^x F(v)\cos(x-v)dv = \cos x \int_0^x F(v)\cos v\,dv + \sin x \int_0^x F(v)\sin v\,dv,$$

$$y'(x) = -\sin x \int_0^x F(v)\cos v\,dv + \cos^2 x F(x) + \cos x \int_0^x F(v)\sin v\,dv + \sin^2 x F(x)$$

$$= -\sin x \int_0^x F(v)\cos v\,dv + \cos x \int_0^x F(v)\sin v\,dv + F(x),$$

$$y''(x) = -\cos x \int_0^x F(v)\cos v\,dv - F(x)\sin x \cos x$$

$$\quad - \sin x \int_0^x F(v)\sin v\,dv + F(x)\sin x \cos x + F'(x)$$

$$= -y(x) + f(x),$$

所以 $y''(x) + y(x) = f(x)$，且 $y(0) = 0, y'(0) = 0$.

(2) 根据上述结果，$y_0(x) = \int_0^x \cos t \mathrm{d}t \int_0^{x-t} f(u)\mathrm{d}u$ 是方程 $y'' + y = f(x)$ 的一个特解.

另一方面，特征方程 $\lambda^2 + 1 = 0$ 的根为 $\lambda_1 = \mathrm{i}, \lambda_2 = -\mathrm{i}$，所以齐次方程 $y'' + y = 0$ 的通解为 $y = C_1 \cos x + C_2 \sin x$. 根据二阶非齐次线性方程解的结构，可知 $y'' + y = f(x)$ 的通解为

$$y = C_1 \cos x + C_2 \sin x + y_0(x).$$

37. 利用分部积分，得

$$\int_0^\pi \frac{f(x)}{(1+x)^2}\mathrm{d}x = -\frac{f(x)}{1+x}\bigg|_0^\pi + \int_0^\pi \frac{f'(x)}{1+x}\mathrm{d}x = -\frac{f(\pi)}{1+\pi} + \int_0^\pi \frac{g(x)}{1+x}\mathrm{d}x,$$

所以 $\int_0^\pi \left[\frac{g(x)}{1+x} - \frac{f(x)}{(1+x)^2}\right]\mathrm{d}x = \frac{f(\pi)}{1+\pi}$，故只需求 $f(\pi)$ 的值. 下面先求函数 $f(x)$.

根据题设条件，得 $f''(x) = g'(x) = 2\mathrm{e}^x - f(x)$，所以 $f''(x) + f(x) = 2\mathrm{e}^x$. 这是二阶常系数线性微分方程，容易求得其通解为

$$f(x) = C_1 \cos x + C_2 \sin x + \mathrm{e}^x.$$

注意到 $f'(x) = -C_1 \sin x + C_2 \cos x + \mathrm{e}^x, f(0) = 0, f'(0) = g(0) = 2$，可得 $C_1 = -1, C_2 = 1$. 所以 $f(x) = -\cos x + \sin x + \mathrm{e}^x$. 因此 $f(\pi) = 1 + \mathrm{e}^\pi$. 于是有

$$\int_0^\pi \left[\frac{g(x)}{1+x} - \frac{f(x)}{(1+x)^2}\right]\mathrm{d}x = \frac{1+\mathrm{e}^\pi}{1+\pi}.$$

【注】 本题虽然从形式上看是计算两个未知函数的定积分，但根据已知的关系式，应考虑这两个积分之间的联系，无须计算两个定积分.

38. 先求齐次微分方程 $y'' + 2y' - 3y = 0$ 的通解. 因为特征方程 $\lambda^2 + 2\lambda - 3 = 0$ 的根为 $\lambda_1 = -3, \lambda_2 = 1$，所以齐次方程的通解为 $Y = C_1 \mathrm{e}^{-3x} + C_2 \mathrm{e}^x$.

对于非齐次方程 $y'' + 2y' - 3y = \mathrm{e}^{-x}\sin x$，设它的一个特解为 $y^* = \mathrm{e}^{-x}(A\cos x + B\sin x)$，代入方程可解得 $A = 0, B = -\frac{1}{5}$，所以 $y^* = -\frac{1}{5}\mathrm{e}^{-x}\sin x$. 因此，原方程的通解为

$$y = C_1 \mathrm{e}^{-3x} + C_2 \mathrm{e}^x - \frac{1}{5}\mathrm{e}^{-x}\sin x.$$

根据条件 $y(0)=0, y'(0)=-\dfrac{1}{5}$ 得 $\begin{cases} C_1+C_2=0, \\ -3C_1+C_2=0. \end{cases}$ 解得 $C_1=C_2=0$. 所以

$$f(x)=-\frac{1}{5}\mathrm{e}^{-x}\sin x.$$

当 $n\pi \leqslant x \leqslant (n+1)\pi$ 时, 因为 $\mathrm{e}^x>1+x+\dfrac{x^2}{2}>\left(\dfrac{x}{\pi}+1\right)^2\geqslant(n+1)^2$, 所以

$$|f(x)|=\left|-\frac{1}{5}\mathrm{e}^{-x}\sin x\right|\leqslant\frac{1}{5\mathrm{e}^x}<\frac{1}{5(n+1)^2}=|g(x)|.$$

因此得

$$\min\{f(x),g(x)\}=\begin{cases} f(x), & n=1,3,5, \\ g(x), & n=0,2,4. \end{cases}$$

于是, 所求积分

$$\begin{aligned}
I &= \sum_{k=0}^{\infty}\int_{2k\pi}^{(2k+1)\pi}g(x)\mathrm{d}x+\sum_{k=0}^{\infty}\int_{(2k+1)\pi}^{(2k+2)\pi}f(x)\mathrm{d}x \\
&= \frac{1}{5}\sum_{k=0}^{\infty}\int_{2k\pi}^{(2k+1)\pi}\frac{(-1)^{2k+1}}{(2k+1)^2}\mathrm{d}x-\frac{1}{5}\sum_{k=0}^{\infty}\int_{(2k+1)\pi}^{(2k+2)\pi}\mathrm{e}^{-x}\sin x\mathrm{d}x \\
&= -\frac{\pi}{5}\sum_{k=0}^{\infty}\frac{1}{(2k+1)^2}+\frac{1}{10}\sum_{k=0}^{\infty}\mathrm{e}^{-(2k+2)\pi}+\frac{1}{10}\sum_{k=0}^{\infty}\mathrm{e}^{-(2k+1)\pi} \\
&= -\frac{\pi}{5}\cdot\frac{\pi^2}{8}+\frac{1}{10}\frac{\mathrm{e}^{-\pi}}{1-\mathrm{e}^{-\pi}}=\frac{1}{10}\left(\frac{1}{\mathrm{e}^\pi-1}-\frac{\pi^3}{4}\right).
\end{aligned}$$

39. 这里, $(x+1)y''=y'$ 是可降阶的二阶微分方程, 可按常规方法求其通解. 但因其结构特殊, 可观察出方程的通解为 $y=C_1(x+1)^2+C_2$.

根据条件 $y(0)=3, y'(0)=-2$ 得 $\begin{cases} C_1+C_2=3, \\ 2C_1=-2, \end{cases}$ 解得 $\begin{cases} C_1=-1, \\ C_2=4. \end{cases}$ 因此

$$f(x)=4-(x+1)^2=(3+x)(1-x).$$

记 $F(x)=\displaystyle\int_0^x f(t)\sin^{2n-2}t\mathrm{d}t\ (x\geqslant 0)$, 则

$$F'(x)=f(x)\sin^{2n-2}x=(3+x)(1-x)\sin^{2n-2}x.$$

令 $F'(x)=0$, 解得 $F(x)$ 的驻点 $x_1=0, x_2=1, x_3=-3$ (舍去), $x_k'=k\pi\ (k=1,2,\cdots)$.

当 $0 < x < 1$ 时, $F'(x) > 0$, 当 $x > 1$ 时, $F'(x) \leqslant 0$, 且 $F'(x)$ 在其他驻点的左右两边不变号, 因此 $x = 1$ 是 $F(x)$ 在 $(0, +\infty)$ 内的唯一极大值点, 因而也是最大值点. 由于

$$F(1) = \int_0^1 \left(3 - 2x - x^2\right) \sin^{2n-2} x \mathrm{d}x \leqslant \int_0^1 \left(3 - 2x - x^2\right) x^{2n-2} \mathrm{d}x$$
$$= \frac{3}{2n-1} - \frac{1}{n} - \frac{1}{2n+1} = \frac{4n+1}{n\left(4n^2 - 1\right)},$$

于是, 当 $n > 1, x \geqslant 0$ 时, $F(x) \leqslant F(1)$, 即 $\int_0^x f(t) \sin^{2n-2} t \mathrm{d}t \leqslant \dfrac{4n+1}{n\left(4n^2 - 1\right)}$.

全国大学生数学竞赛丛书

全国大学生数学竞赛解析教程
(非数学专业类)
(下册)

佘志坤　主编

全国大学生数学竞赛命题组　编

科学出版社

北京

内 容 简 介

本书是"全国大学生数学竞赛丛书"中的一本,由佘志坤主编,全国大学生数学竞赛命题组编,是全国大学生数学竞赛工作组推荐用书. 全书分上、下两册,本书为下册,共 4 章,内容包括向量代数与空间解析几何、多元函数微分学、多元函数积分学、无穷级数. 每章内容由竞赛要点与难点、范例解析与精讲、真题选讲与点评、能力拓展与训练、训练全解与分析五部分组成. 全部内容均由命题组专家精心选材和编写,题型丰富,内容充实,充分体现了数学竞赛的综合性、新颖性与挑战性的特点.

本书可作为高等院校非数学专业类学生参加全国大学生数学竞赛的备考辅导教程,也可作为这些学生提升高等数学解题能力的课外进阶读物,还可作为广大考研学子的考前复习资料.

图书在版编目(CIP)数据

全国大学生数学竞赛解析教程: 非数学专业类: 全 2 册 /佘志坤主编; 全国大学生数学竞赛命题组编. —北京: 科学出版社, 2023.5
(全国大学生数学竞赛丛书)
ISBN 978-7-03-075465-3

Ⅰ. ① 全… Ⅱ. ① 佘… ② 全… Ⅲ. ① 高等数学–高等学校–教学参考资料 Ⅳ. ① O13

中国国家版本馆 CIP 数据核字(2023)第 071015 号

责任编辑: 胡海霞 李香叶 / 责任校对: 杨聪敏
责任印制: 霍 兵 / 封面设计: 无极书装

科学出版社 出版
北京东黄城根北街 16 号
邮政编码: 100717
http://www.sciencep.com

保定市中画美凯印刷有限公司印刷
科学出版社发行 各地新华书店经销

*

2023 年 5 月第 一 版 开本: 787×1092 1/16
2024 年 10 月第八次印刷 印张: 37 1/2
字数: 890 000
定价: 98.00 元(全 2 册)
(如有印装质量问题, 我社负责调换)

《全国大学生数学竞赛解析教程（非数学专业类）》
编委会

主　　编　佘志坤

副主编　樊启斌

编　　者　崔玉泉　樊启斌　李继成　佘志坤

目 录(下册)

第 5 章 向量代数与空间解析几何 1
    5.1 竞赛要点与难点 1
    5.2 范例解析与精讲 1
    5.3 真题选讲与点评 24
    5.4 能力拓展与训练 27
    5.5 训练全解与分析 29

第 6 章 多元函数微分学 35
    6.1 竞赛要点与难点 35
    6.2 范例解析与精讲 35
    6.3 真题选讲与点评 63
    6.4 能力拓展与训练 77
    6.5 训练全解与分析 80

第 7 章 多元函数积分学 95
    7.1 竞赛要点与难点 95
    7.2 范例解析与精讲 95
    7.3 真题选讲与点评 144
    7.4 能力拓展与训练 170
    7.5 训练全解与分析 177

第 8 章 无穷级数 211
    8.1 竞赛要点与难点 211
    8.2 范例解析与精讲 211
    8.3 真题选讲与点评 251
    8.4 能力拓展与训练 270
    8.5 训练全解与分析 277

第5章 向量代数与空间解析几何

空间解析几何是在建立空间直角坐标系的基础上,用代数方法来研究和解决空间几何问题的一门学科,主要包括向量代数、空间直线与平面,以及二次曲面等内容,为进一步研究多元函数及其微积分学做必要的准备.

本章着重讨论向量代数、空间直线与平面的解题方法,并简要讨论曲面及其方程.

5.1 竞赛要点与难点

(1) 向量的概念、向量的线性运算、向量的数量积和向量积、向量的混合积;
(2) 两个向量垂直、平行的条件,两个向量的夹角;
(3) 向量的坐标表达式及其运算、单位向量、方向数与方向余弦;
(4) 曲面方程和空间曲线方程的概念、平面方程、直线方程;
(5) 平面与平面、平面与直线、直线与直线的夹角以及平行、垂直的条件、点到平面和点到直线的距离;
(6) 球面、母线平行于坐标轴的柱面、旋转轴为坐标轴的旋转曲面的方程、常用的二次曲面方程及其图形;
(7) 空间曲线的参数方程和一般方程、空间曲线在坐标面上的投影曲线方程.

5.2 范例解析与精讲

题型一、向量代数

向量运算,包括向量的模、向量的投影、向量与数的乘法、向量的加减法、数量积、向量积以及混合积等,除了应熟悉各种运算的定义、运算律与坐标表达式之外,还要理解相应的几何意义.

常见的题型有三类:
(1) 向量的基本运算;
(2) 证明恒等式或简化算式;
(3) 利用向量方法求解几何问题.

1. 向量的基本运算

【例 5.1】 设单位向量 $\overrightarrow{OA}$ 和 $\overrightarrow{OB}$ 的夹角为 $\theta(0<\theta<2\pi)$,a,b 是正常数. 求

$$l = \lim_{\theta \to 0} \frac{1}{\theta^2}(|a\cdot\overrightarrow{OA}| + |b\cdot\overrightarrow{OB}| - |a\cdot\overrightarrow{OA} + b\cdot\overrightarrow{OB}|).$$

解 由题设以及向量加法的几何意义，有

$$|a\cdot\overrightarrow{OA}+b\cdot\overrightarrow{OB}|^2 = a^2+b^2-2ab\cos(\pi-\theta) = a^2+b^2+2ab\cos\theta.$$

故

$$l = \lim_{\theta\to 0}\frac{(a+b)^2-|a\cdot\overrightarrow{OA}+b\cdot\overrightarrow{OB}|^2}{\theta^2(a+b+|a\cdot\overrightarrow{OA}+b\cdot\overrightarrow{OB}|)}$$

$$= \lim_{\theta\to 0}\frac{1-\cos\theta}{\theta^2}\cdot\frac{2ab}{a+b+|a\cdot\overrightarrow{OA}+b\cdot\overrightarrow{OB}|} = \frac{ab}{2(a+b)}.$$

【例 5.2】 设向量 $a = 2i+3j-5k, b = 3i-4j+k$.

(1) 求向量 a 的方向余弦.

(2) 求向量 a 在向量 b 上的投影.

(3) 求向量 c，使得 $|c| = \sqrt{3}$，且由 a, b, c 三向量所张成的平行六面体的体积最大.

解 (1) 因为 $|a| = \sqrt{2^2+3^2+(-5)^2} = \sqrt{38}$，所以

$$a^0 = \frac{a}{|a|} = \left(\frac{2}{\sqrt{38}}, \frac{3}{\sqrt{38}}, -\frac{5}{\sqrt{38}}\right),$$

即向量 a 的方向余弦为 $\cos\alpha = \frac{2}{\sqrt{38}}, \cos\beta = \frac{3}{\sqrt{38}}, \cos\gamma = -\frac{5}{\sqrt{38}}$.

(2) 因为 $|b| = \sqrt{3^2+(-4)^2+1^2} = \sqrt{26}, a\cdot b = 2\times 3+3\times(-4)+(-5)\times 1 = -11$，所以

$$\mathrm{Prj}_b\, a = \frac{a\cdot b}{|b|} = -\frac{11}{\sqrt{26}}.$$

(3) 易知，当且仅当向量 c 垂直于向量 a, b 所在的平面时，由 a, b, c 三向量所张成的平行六面体的体积最大，此时有 c 平行于 $a\times b$. 故可设 $c = \lambda(a\times b)$. 而

$$a\times b = \begin{vmatrix} i & j & k \\ 2 & 3 & -5 \\ 3 & -4 & 1 \end{vmatrix} = \begin{vmatrix} 3 & -5 \\ -4 & 1 \end{vmatrix}i - \begin{vmatrix} 2 & -5 \\ 3 & 1 \end{vmatrix}j + \begin{vmatrix} 2 & 3 \\ 3 & -4 \end{vmatrix}k$$

$$= -17i - 17j - 17k.$$

所以

$$c = \lambda(-17i-17j-17k) = -17\lambda i - 17\lambda j - 17\lambda k.$$

由 $|c| = \sqrt{3}$，可解得 $\lambda = \pm\frac{1}{17}$. 故 $c = \pm\frac{1}{17}(-17i-17j-17k) = \mp(i+j+k)$.

2. 证明恒等式或简化算式

可采用的方法有

(1) 利用向量运算的定义;

(2) 利用向量的运算性质;

(3) 利用向量运算的坐标表达式.

【例 5.3】 证明: 对任意的向量 $\boldsymbol{a}, \boldsymbol{b}, \boldsymbol{c}$, 有

$$(\boldsymbol{a} \times \boldsymbol{b}) \times \boldsymbol{c} = (\boldsymbol{a} \cdot \boldsymbol{c})\boldsymbol{b} - (\boldsymbol{b} \cdot \boldsymbol{c})\boldsymbol{a},$$

$$\boldsymbol{a} \times (\boldsymbol{b} \times \boldsymbol{c}) = (\boldsymbol{a} \cdot \boldsymbol{c})\boldsymbol{b} - (\boldsymbol{a} \cdot \boldsymbol{b})\boldsymbol{c}.$$

证 先证第一个等式. 设 $\boldsymbol{a} = (a_1, a_2, a_3), \boldsymbol{b} = (b_1, b_2, b_3), \boldsymbol{c} = (c_1, c_2, c_3)$, 则

$$\boldsymbol{a} \times \boldsymbol{b} = (a_2 b_3 - a_3 b_2, a_3 b_1 - a_1 b_3, a_1 b_2 - a_2 b_1).$$

再设 $(\boldsymbol{a} \times \boldsymbol{b}) \times \boldsymbol{c} = (d_1, d_2, d_3)$, 则

$$d_1 = (a_3 b_1 - a_1 b_3) c_3 - (a_1 b_2 - a_2 b_1) c_2$$

$$= (a_2 c_2 + a_3 c_3) b_1 - (b_2 c_2 + b_3 c_3) a_1$$

$$= (\boldsymbol{a} \cdot \boldsymbol{c} - a_1 c_1) b_1 - (\boldsymbol{b} \cdot \boldsymbol{c} - b_1 c_1) a_1$$

$$= (\boldsymbol{a} \cdot \boldsymbol{c}) b_1 - (\boldsymbol{b} \cdot \boldsymbol{c}) a_1.$$

同理可得 $d_2 = (\boldsymbol{a} \cdot \boldsymbol{c}) b_2 - (\boldsymbol{b} \cdot \boldsymbol{c}) a_2, d_3 = (\boldsymbol{a} \cdot \boldsymbol{c}) b_3 - (\boldsymbol{b} \cdot \boldsymbol{c}) a_3$. 所以

$$(\boldsymbol{a} \times \boldsymbol{b}) \times \boldsymbol{c} = (\boldsymbol{a} \cdot \boldsymbol{c})\boldsymbol{b} - (\boldsymbol{b} \cdot \boldsymbol{c})\boldsymbol{a}.$$

利用已证得的等式, 以及数量积的反对称性, 即得到第二个等式:

$$\boldsymbol{a} \times (\boldsymbol{b} \times \boldsymbol{c}) = -(\boldsymbol{b} \times \boldsymbol{c}) \times \boldsymbol{a} = (\boldsymbol{a} \cdot \boldsymbol{c})\boldsymbol{b} - (\boldsymbol{a} \cdot \boldsymbol{b})\boldsymbol{c}.$$

【例 5.4】 (Lagrange 恒等式) 证明: 对任意四个向量 $\boldsymbol{a}, \boldsymbol{b}, \boldsymbol{c}, \boldsymbol{d}$, 有

$$(\boldsymbol{a} \times \boldsymbol{b}) \cdot (\boldsymbol{c} \times \boldsymbol{d}) = \begin{vmatrix} \boldsymbol{a} \cdot \boldsymbol{c} & \boldsymbol{a} \cdot \boldsymbol{d} \\ \boldsymbol{b} \cdot \boldsymbol{c} & \boldsymbol{b} \cdot \boldsymbol{d} \end{vmatrix}.$$

证 利用二重向量积公式 (例 5.3), 得

$$(\boldsymbol{a} \times \boldsymbol{b}) \cdot (\boldsymbol{c} \times \boldsymbol{d}) = (\boldsymbol{a}, \boldsymbol{b}, \boldsymbol{c} \times \boldsymbol{d}) = (\boldsymbol{c} \times \boldsymbol{d}, \boldsymbol{a}, \boldsymbol{b})$$

$$= [(\boldsymbol{c} \times \boldsymbol{d}) \times \boldsymbol{a}] \cdot \boldsymbol{b} = [(\boldsymbol{c} \cdot \boldsymbol{a})\boldsymbol{d} - (\boldsymbol{d} \cdot \boldsymbol{a})\boldsymbol{c}] \cdot \boldsymbol{b}$$

$$= (\boldsymbol{a} \cdot \boldsymbol{c})(\boldsymbol{b} \cdot \boldsymbol{d}) - (\boldsymbol{a} \cdot \boldsymbol{d})(\boldsymbol{b} \cdot \boldsymbol{c})$$

$$= \begin{vmatrix} \boldsymbol{a} \cdot \boldsymbol{c} & \boldsymbol{a} \cdot \boldsymbol{d} \\ \boldsymbol{b} \cdot \boldsymbol{c} & \boldsymbol{b} \cdot \boldsymbol{d} \end{vmatrix}.$$

【例 5.5】 已知 O 为正多边形 $A_1 A_2 \cdots A_n$ 的中心. 证明: $\overrightarrow{OA_1}+\overrightarrow{OA_2}+\cdots+\overrightarrow{OA_n}=\boldsymbol{0}$.

证 注意到 $n \geqslant 3$, 且 $\left|\overrightarrow{OA_i}\right| = \left|\overrightarrow{OA_j}\right|, i \neq j$, 所以存在常数 $\lambda \in \mathbf{R}$, 满足 $0 < |\lambda| < 2$, 使得对任意 $k = 1, 2, \cdots, n$, 有

$$\overrightarrow{OA}_{k-1} + \overrightarrow{OA}_{k+1} = \lambda \overrightarrow{OA}_k,$$

其中 $\overrightarrow{OA}_0 = \overrightarrow{OA}_n$. 因此, 有

$$2\sum_{k=1}^{n}\overrightarrow{OA}_k = \sum_{k=1}^{n}\left(\overrightarrow{OA}_{k-1}+\overrightarrow{OA}_{k+1}\right) = \lambda \sum_{k=1}^{n}\overrightarrow{OA}_k \Rightarrow (2-\lambda)\sum_{k=1}^{n}\overrightarrow{OA}_k = \boldsymbol{0},$$

即 $\sum_{k=1}^{n}\overrightarrow{OA}_k = \boldsymbol{0}$.

3. 利用向量方法求解几何问题

利用向量方法可以求解一部分几何问题:
(1) 计算面积、体积、角度;
(2) 证明直线之间的平行或者垂直关系;
(3) 证明点共线或者共面、线共点等问题;
(4) 确定线段之间的度量关系.

【例 5.6】 证明: 四边形 $ABCD$ 的对角线 AC, BD 相互垂直的充分必要条件为

$$AB^2 + CD^2 = BC^2 + DA^2.$$

证 设 A, B, C, D 的向径依次为 $\boldsymbol{r}_1, \boldsymbol{r}_2, \boldsymbol{r}_3, \boldsymbol{r}_4$. 于是

$$|\overrightarrow{AB}|^2 = \overrightarrow{AB} \cdot \overrightarrow{AB} = (\boldsymbol{r}_2 - \boldsymbol{r}_1)^2, \quad |\overrightarrow{BC}|^2 = \overrightarrow{BC} \cdot \overrightarrow{BC} = (\boldsymbol{r}_3 - \boldsymbol{r}_2)^2,$$

$$|\overrightarrow{CD}|^2 = \overrightarrow{CD} \cdot \overrightarrow{CD} = (\boldsymbol{r}_4 - \boldsymbol{r}_3)^2, \quad |\overrightarrow{DA}|^2 = \overrightarrow{DA} \cdot \overrightarrow{DA} = (\boldsymbol{r}_1 - \boldsymbol{r}_4)^2.$$

故

$$\left(|\overrightarrow{AB}|^2 + |\overrightarrow{CD}|^2\right) - \left(|\overrightarrow{BC}|^2 + |\overrightarrow{DA}|^2\right)$$
$$= (\boldsymbol{r}_2 - \boldsymbol{r}_1)^2 + (\boldsymbol{r}_4 - \boldsymbol{r}_3)^2 - (\boldsymbol{r}_3 - \boldsymbol{r}_2)^2 - (\boldsymbol{r}_1 - \boldsymbol{r}_4)^2$$
$$= 2(\boldsymbol{r}_1 - \boldsymbol{r}_3) \cdot (\boldsymbol{r}_4 - \boldsymbol{r}_2) = 2\overrightarrow{CA} \cdot \overrightarrow{BD}.$$

因此, AC 与 BD 相互垂直的充分必要条件是 $AB^2 + CD^2 = BC^2 + DA^2$.

【**例 5.7**】 已知等腰三角形两腰上的中线互相垂直. 试问该等腰三角形的顶角是多少?

解 设等腰三角形 ABC 的底边为 BC, E, F 分别为两腰 AC, AB 上的中点, 且 $BE \perp CF$, 则 $\overrightarrow{BE} = \overrightarrow{BC} + \frac{1}{2}\overrightarrow{CA}, \overrightarrow{CF} = -\overrightarrow{BC} + \frac{1}{2}\overrightarrow{BA}$. 因为

$$\overrightarrow{BE} \cdot \overrightarrow{CF} = \left(\overrightarrow{BC} + \frac{1}{2}\overrightarrow{CA}\right) \cdot \left(-\overrightarrow{BC} + \frac{1}{2}\overrightarrow{BA}\right)$$

$$= -|\overrightarrow{BC}|^2 + \frac{1}{2}\overrightarrow{BC} \cdot (\overrightarrow{BA} - \overrightarrow{CA}) + \frac{1}{4}\overrightarrow{CA} \cdot \overrightarrow{BA}$$

$$= -\frac{1}{2}|\overrightarrow{BC}|^2 + \frac{1}{4}\overrightarrow{CA} \cdot \overrightarrow{BA} = 0,$$

所以 $\overrightarrow{CA} \cdot \overrightarrow{BA} = 2|\overrightarrow{BC}|^2$, 或者 $|\overrightarrow{CA}|^2 \cos A = 2|\overrightarrow{BC}|^2$.

利用正弦定理, 并注意到 $\angle B = \angle C = \frac{1}{2}(\pi - \angle A)$, 得

$$\cos A = \frac{2|\overrightarrow{BC}|^2}{|\overrightarrow{CA}|^2} = \frac{2\sin^2 A}{\sin^2 B} = \frac{2\sin^2 A}{\cos^2 \frac{A}{2}}.$$

从而有 $5\cos^2 A + \cos A - 4 = 0$, 解得 $\cos A = \frac{4}{5}$, 故 $\angle A = \arccos \frac{4}{5}$.

【**例 5.8**】 设点 O 是二面角 P-MN-Q 的棱 MN 上的一点, OA, OB 分别在平面 P、平面 Q 内. 设 $\angle AON = \alpha, \angle BON = \beta, \angle AOB = \theta$, 二面角 P-MN-Q 为 φ (图 5.1), 求证:

$$\cos\theta = \cos\alpha\cos\beta + \sin\alpha\sin\beta\cos\varphi.$$

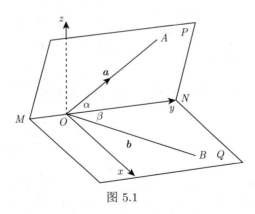

图 5.1

证 分别过 A, B 向 MN 作垂线 AC, BD, 垂足分别为点 C, D, 则 $\overrightarrow{OC} \perp \overrightarrow{CA}$, $\overrightarrow{OD} \perp \overrightarrow{DB}$, 且

$$\overrightarrow{OC} \cdot \overrightarrow{OD} - \overrightarrow{OC} \cdot \overrightarrow{OB} = \overrightarrow{OC} \cdot \overrightarrow{BD} = \mathbf{0}.$$

一方面，直接计算有

$$\vec{CA} \cdot \vec{DB} = |\vec{CA}||\vec{DB}|\cos\varphi$$
$$= |\vec{OA}||\vec{OB}|\sin\alpha\sin\beta\cos\varphi;$$

另一方面，有

$$\vec{CA} \cdot \vec{DB} = (\vec{OA} - \vec{OC})(\vec{OB} - \vec{OD})$$
$$= \vec{OA} \cdot \vec{OB} - \vec{OA} \cdot \vec{OD} + \vec{OC} \cdot \vec{OD} - \vec{OC} \cdot \vec{OB}$$
$$= |\vec{OA}||\vec{OB}|(\cos\theta - \cos\alpha\cos\beta),$$

所以 $\sin\alpha\sin\beta\cos\varphi = \cos\theta - \cos\alpha\cos\beta$，即

$$\cos\theta = \cos\alpha\cos\beta + \sin\alpha\sin\beta\cos\varphi.$$

【例 5.9】 已知空间中的 4 点 O, A, B, C 满足 $\angle AOB = \dfrac{\pi}{2}, \angle BOC = \dfrac{\pi}{3}, \angle COA = \dfrac{\pi}{4}$。试求平面 AOB 与平面 BOC 的二面角。

解 记 $\boldsymbol{a} = \vec{OA}, \boldsymbol{b} = \vec{OB}, \boldsymbol{c} = \vec{OC}$，则 $\boldsymbol{a} \times \boldsymbol{b}, \boldsymbol{b} \times \boldsymbol{c}$ 分别为平面 AOB 与平面 BOC 的法向量。显然，若记 α 为平面 AOB 与平面 BOC 的二面角，则 $\alpha = \pi - (\boldsymbol{a} \times \boldsymbol{b}, \boldsymbol{b} \times \boldsymbol{c})$。注意到

$$\cos(\boldsymbol{a} \times \boldsymbol{b}, \boldsymbol{b} \times \boldsymbol{c}) = \frac{(\boldsymbol{a} \times \boldsymbol{b}) \cdot (\boldsymbol{b} \times \boldsymbol{c})}{|\boldsymbol{a} \times \boldsymbol{b}||\boldsymbol{b} \times \boldsymbol{c}|},$$

利用 Lagrange 恒等式：对任意 4 个向量 $\boldsymbol{x}, \boldsymbol{y}, \boldsymbol{u}, \boldsymbol{v}$，有

$$(\boldsymbol{x} \times \boldsymbol{y}) \cdot (\boldsymbol{u} \times \boldsymbol{v}) = \begin{vmatrix} \boldsymbol{x} \cdot \boldsymbol{u} & \boldsymbol{x} \cdot \boldsymbol{v} \\ \boldsymbol{y} \cdot \boldsymbol{u} & \boldsymbol{y} \cdot \boldsymbol{v} \end{vmatrix},$$

以及 $|\boldsymbol{a} \times \boldsymbol{b}| = |\boldsymbol{a}||\boldsymbol{b}|, |\boldsymbol{b} \times \boldsymbol{c}| = |\boldsymbol{b}||\boldsymbol{c}|\sin\dfrac{\pi}{3} = \dfrac{\sqrt{3}}{2}|\boldsymbol{b}||\boldsymbol{c}|$，所以

$$\cos(\boldsymbol{a} \times \boldsymbol{b}, \boldsymbol{b} \times \boldsymbol{c}) = \frac{\begin{vmatrix} \boldsymbol{a} \cdot \boldsymbol{b} & \boldsymbol{a} \cdot \boldsymbol{c} \\ \boldsymbol{b} \cdot \boldsymbol{b} & \boldsymbol{b} \cdot \boldsymbol{c} \end{vmatrix}}{|\boldsymbol{a} \times \boldsymbol{b}||\boldsymbol{b} \times \boldsymbol{c}|} = \frac{\begin{vmatrix} 0 & \dfrac{\sqrt{2}}{2}|\boldsymbol{a}||\boldsymbol{c}| \\ |\boldsymbol{b}|^2 & \dfrac{1}{2}|\boldsymbol{b}||\boldsymbol{c}| \end{vmatrix}}{\dfrac{\sqrt{3}}{2}|\boldsymbol{a}||\boldsymbol{b}|^2|\boldsymbol{c}|} = -\frac{\sqrt{6}}{3}.$$

因此 $\cos\alpha = \dfrac{\sqrt{6}}{3}$，即 $\alpha = \arccos\dfrac{\sqrt{6}}{3}$。

【例 5.10】 已知 $ABCD$ 是平面内一个凸四边形，BC 平行于 AD，M 是 CD 的中点，P 是 AM 的中点，Q 是 BM 的中点，直线 DP 与 CQ 交于点 N. 求证：点 N 不在 $\triangle ABM$ 的外部的充分必要条件是 $\dfrac{1}{3} \leqslant \dfrac{AD}{BC} \leqslant 3$.

证 如图 5.2 所示. 设点 M 为坐标原点，与 AD 平行的直线为 x 轴，建立直角坐标系. 于是点 M 的坐标为 $(0,0)$. 设点 C 的坐标为 (a,b)，这里 $b < 0$，则点 D 的坐标为 $(-a,-b)$. 再记点 B 的坐标为 (c,b)，点 A 的坐标为 $(d,-b)$，则线段 AM 与 BM 的中点 P 和 Q 的坐标分别为 $\left(\dfrac{d}{2}, -\dfrac{b}{2}\right)$，$\left(\dfrac{c}{2}, \dfrac{b}{2}\right)$，由此可得直线 CQ 与 DP 的方程分别为

$$y - b = \frac{b}{2a - c}(x - a)$$

与

$$y + b = \frac{b}{2a + d}(x + a).$$

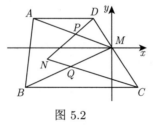

图 5.2

故可解得点 N 的坐标为

$$\left(\frac{2(c-a)(2a+d)}{c+d} - a,\ \frac{b(c-2a-d)}{c+d}\right).$$

现将向量 $\overrightarrow{MN}$ 用 $\overrightarrow{MA}, \overrightarrow{MB}$ 表示为 $\overrightarrow{MN} = \lambda \overrightarrow{MA} + \mu \overrightarrow{MB}$，比较等式两边，并注意到 M 为原点，得

$$\begin{cases} d\lambda + c\mu = \dfrac{2(c-a)(2a+d)}{c+d} - a, \\ -b\lambda + b\mu = \dfrac{b(c-2a-d)}{c+d}. \end{cases}$$

解得

$$\lambda = \frac{(a-c)(c-4a-3d)}{(c+d)^2},$$

$$\mu = \frac{(a+d)(3c-4a-d)}{(c+d)^2}.$$

令 $|\overrightarrow{BC}| = X, |\overrightarrow{AD}| = Y$，则 $X = a - c, Y = -a - d$，所以

$$\lambda = \frac{X(3Y-X)}{(X+Y)^2}, \quad \mu = \frac{Y(3X-Y)}{(X+Y)^2}.$$

注意到当 $X \geqslant 0, Y \geqslant 0$ 时，$X^2 + Y^2 \geqslant 2XY, (X+Y)^2 \geqslant 4XY$，所以

$$\lambda + \mu = \frac{6XY - (X^2 + Y^2)}{(X+Y)^2} \leqslant \frac{4XY}{(X+Y)^2} \leqslant 1.$$

因此，点 N 不在 $\triangle ABM$ 的外部当且仅当 $\lambda \geqslant 0$ 且 $\mu \geqslant 0$，即 $3X \geqslant Y$ 且 $3Y \geqslant X$，亦即

$$\frac{1}{3} \leqslant \frac{AD}{BC} \leqslant 3.$$

【**例 5.11**】 已知 $\triangle ABC$ 的面积为 1，点 E, F, G 分别在边 BC, CA, AB 上，并且 AE 于点 R 处平分 BF, BF 于点 S 处平分 CG, CG 于点 T 处平分 AE. 求 $\triangle RST$ 的面积 (图 5.3).

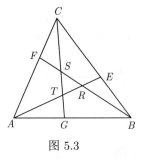

图 5.3

解 （**方法 1**） 设 $\overrightarrow{BE} = x\overrightarrow{BC}, \overrightarrow{CF} = y\overrightarrow{CA}, \overrightarrow{AG} = z\overrightarrow{AB}$，则

$$\overrightarrow{AE} = \overrightarrow{AB} + \overrightarrow{BE} = \overrightarrow{AB} + x\overrightarrow{BC}, \qquad ①$$

$$\begin{aligned}\overrightarrow{AR} &= \overrightarrow{AB} + \frac{1}{2}\overrightarrow{BF} = \overrightarrow{AB} + \frac{1}{2}(\overrightarrow{BC} + y\overrightarrow{CA}) \\ &= \overrightarrow{AB} + \frac{1}{2}\overrightarrow{BC} - \frac{y}{2}(\overrightarrow{AB} + \overrightarrow{BC}) \\ &= \frac{2-y}{2}\overrightarrow{AB} + \frac{1-y}{2}\overrightarrow{BC}.\end{aligned} \qquad ②$$

因为 $\overrightarrow{AE} // \overrightarrow{AR}$，所以 $\dfrac{1}{\frac{2-y}{2}} = \dfrac{x}{\frac{1-y}{2}}$，由此可得 $x = \dfrac{1-y}{2-y}$. 根据对称性，有 $y = \dfrac{1-z}{2-z}, z = \dfrac{1-x}{2-x}$. 联立此三式可解得 $x = y = z = \dfrac{3-\sqrt{5}}{2}$.

另一方面, 由①式与②式, 有

$$\overrightarrow{TR} = \overrightarrow{AR} - \frac{1}{2}\overrightarrow{AE} = \frac{2-x}{2}\overrightarrow{AB} + \frac{1-x}{2}\overrightarrow{BC} - \frac{1}{2}(\overrightarrow{AB} + x\overrightarrow{BC})$$
$$= \frac{1-x}{2}\overrightarrow{AB} + \frac{1-2x}{2}\overrightarrow{BC}.$$

根据对称性, 有 $\overrightarrow{RS} = \frac{1-x}{2}\overrightarrow{BC} + \frac{1-2x}{2}\overrightarrow{CA}$. 而 $\overrightarrow{CA} = -(\overrightarrow{AB} + \overrightarrow{BC})$, 所以

$$\overrightarrow{RS} = -\frac{1-2x}{2}\overrightarrow{AB} + \frac{x}{2}\overrightarrow{BC}.$$

于是, $\triangle RST$ 的面积为

$$S_{\triangle RST} = \frac{1}{2}|\overrightarrow{TR} \times \overrightarrow{RS}| = \frac{1}{4}(1 - 3x + 3x^2) \cdot \frac{1}{2}|\overrightarrow{AB} \times \overrightarrow{BC}|$$
$$= \frac{1}{4}(1 - 3x + 3x^2) \cdot S_{\triangle ABC} = \frac{7 - 3\sqrt{5}}{4}.$$

(**方法 2**) 设 $BE = xBC, CF = yCA, AG = zAB$, 则 $S_{\triangle ABE} = S_{\triangle ABE}/S_{\triangle ABC} = x$, 且

$$\frac{S_{\triangle AGT}}{S_{\triangle ABE}} = \frac{AG \cdot AT}{AB \cdot AE} = \frac{AG}{AB} \cdot \frac{AT}{AE} = \frac{z}{2},$$

所以 $S_{\triangle AGT} = \frac{xz}{2}$. 根据对称性, 得

$$S_{\triangle BCF} = y, \quad S_{\triangle CAG} = z,$$
$$S_{\triangle BER} = \frac{yx}{2}, \quad S_{\triangle CFS} = \frac{zy}{2}.$$

因为 $AT = TE$, 所以 $S_{\triangle ACT} = \frac{1}{2}S_{\triangle ACE}$, 即

$$S_{\triangle CAG} - S_{\triangle AGT} = \frac{1}{2}(S_{\triangle ABC} - S_{\triangle ABE}),$$

于是, 有

$$S_{\triangle ACT} = z - \frac{xz}{2} = \frac{1-x}{2}.$$

根据对称性, 得

$$S_{\triangle ABR} = x - \frac{yx}{2} = \frac{1-y}{2},$$
$$S_{\triangle BCS} = y - \frac{zy}{2} = \frac{1-z}{2}.$$

由上述三式联立解得 $x=y=z=\dfrac{3-\sqrt{5}}{2}$. 另一根 $\dfrac{3+\sqrt{5}}{2}>1$, 舍去. 于是, 有

$$S_{\triangle RST} = S_{\triangle ABC} - S_{\triangle ABR} - S_{\triangle BCS} - S_{\triangle CAT}$$
$$= 1 - 3 \cdot \dfrac{1-x}{2} = \dfrac{7-3\sqrt{5}}{4}.$$

题型二、空间直线与平面

这一部分可以归纳为如下三种题型.
(1) 讨论: 直线与直线、直线与平面、平面与平面的平行或者垂直关系;
(2) 计算: 两点之间的距离、点到直线的距离、点到平面的距离、异面直线的距离;
(3) 建立: 空间直线的方程与平面的方程.
前两类问题比较基本, 第三类问题的解法较为灵活. 这里着重研究第三类问题.

1. 基本方法

对于空间直线与平面的位置问题, 由于引进了直线的方向向量和平面的法向量之后, 使得直线和平面都与向量相关联, 所以在解这类问题时往往采用向量运算会更简便.

【例 5.12】 直线 L 平行于平面 $3x+2y-z+6=0$ 且垂直于直线 $\dfrac{x-3}{2}=\dfrac{y+2}{4}=z$. 求 L 的方向余弦.

【分析】 本题求 L 的方向余弦 $(\cos\alpha,\cos\beta,\cos\gamma)$ 有几种不同的解法, 但利用向量法求解较为直观简捷.

解 平面 $3x+2y-z+6=0$ 的法向量为 $\bm{n}=(3,2,-1)$, 直线 $\dfrac{x-3}{2}=\dfrac{y+2}{4}=z$ 的方向向量为 $\bm{\tau}_1=(2,4,1)$, 则 L 的方向向量为 $\bm{\tau}=\bm{n}\times\bm{\tau}_1=(6,-5,8)$, 故所求方向余弦为

$$\pm\dfrac{\bm{\tau}}{|\bm{\tau}|}=\pm\left(\dfrac{6}{5\sqrt{5}},-\dfrac{1}{\sqrt{5}},\dfrac{8}{5\sqrt{5}}\right).$$

【例 5.13】 在平面 $x+y+z=1$ 上求作一直线 L, 使它与直线 $L_1:\begin{cases}y=1,\\ z=-1\end{cases}$ 垂直相交.

解 直线 L_1 的方向向量为 $\bm{\tau}_1=(1,0,0)$, 且直线 L_1 与平面的交点为 $(1,1,-1)$, 直线 L 的方向向量 $\bm{\tau}$ 既垂直于向量 $\bm{\tau}_1$, 又垂直于平面的法向量 $\bm{n}=(1,1,1)$, 所以 $\bm{\tau}=\bm{n}\times\bm{\tau}_1=(0,1,-1)$. 故直线 L 的方程为 $\dfrac{x-1}{0}=\dfrac{y-1}{1}=\dfrac{z+1}{-1}$.

【例 5.14】 设与四条直线 $L_1:\begin{cases}x=1,\\ y=0,\end{cases}$ $L_2:\begin{cases}y=1,\\ z=0,\end{cases}$ $L_3:\begin{cases}z=1,\\ x=0\end{cases}$ 与 $L_4:x=y=-2z$ 都相交的直线 L 的方程.

解 (**方法 1**) 设直线 L 与已知直线 L_1, L_2, L_3, L_4 分别交于 $A(1, 0, a), B(b, 1, 0),$ $C(0, c, 1)$ 及 $D(2d, 2d, -d)$,则

$$\overrightarrow{AB} = (b-1, 1, -a), \quad \overrightarrow{AC} = (-1, c, 1-a), \quad \overrightarrow{AD} = (2d-1, 2d, -d-a).$$

因为向量 $\overrightarrow{AB}, \overrightarrow{AC}, \overrightarrow{AD}$ 平行,所以它们的分量对应成比例,即

$$\frac{b-1}{-1} = \frac{1}{c} = \frac{-a}{1-a}, \quad \frac{b-1}{2d-1} = \frac{1}{2d} = \frac{-a}{-d-a}.$$

由此可得关于 a, d 的方程组: $\begin{cases} \dfrac{a}{1-a} = \dfrac{2d-1}{2d}, \\ \dfrac{1}{2d} = \dfrac{a}{a+d}, \end{cases}$ 解得 $a = -1, d = \dfrac{1}{3}$,进而得 $b = \dfrac{1}{2}, c = 2$.

此时,直线 L 经过点 $A(1, 0, -1)$,其方向向量 $\overrightarrow{AC} = (-1, 2, 2)$,因此直线 L 的方程为

$$\frac{x-1}{-1} = \frac{y}{2} = \frac{z+1}{2}.$$

(**方法 2**) 设直线 L 与已知直线 L_1, L_2, L_3 分别交于 $A(1, 0, a), B(b, 1, 0), C(0, c, 1)$,则此三点共线,所以存在实数 λ,使得 $\overrightarrow{OA} = \lambda \overrightarrow{OB} + (1-\lambda)\overrightarrow{OC}$,即

$$(1, 0, a) = \lambda(b, 1, 0) + (1-\lambda)(0, c, 1),$$

解得 $a = 1-\lambda, b = \dfrac{1}{\lambda}, c = \dfrac{\lambda}{\lambda-1}$.

因为直线 L 过点 $A(1, 0, 1-\lambda)$,方向向量 $\overrightarrow{AB} = \left(\dfrac{1}{\lambda}-1, 1, \lambda-1\right)$,直线 L_4 过点 $O(0, 0, 0)$,方向向量 $\boldsymbol{\tau} = (2, 2, -1)$,所以向量 $\overrightarrow{OA}, \overrightarrow{AB}, \boldsymbol{\tau}$ 共面,从而有

$$(\overrightarrow{OA} \times \overrightarrow{AB}) \cdot \boldsymbol{\tau} = \begin{vmatrix} 1 & 0 & 1-\lambda \\ \dfrac{1}{\lambda}-1 & 1 & \lambda-1 \\ 2 & 2 & -1 \end{vmatrix} = 0,$$

即 $2\lambda^2 - 5\lambda + 2 = 0$,由此解得 $\lambda = 2$ 或 $\dfrac{1}{2}$.

显然 $\lambda = \dfrac{1}{2}$ 不符合题意,应舍去,这是由于此时直线 L 与 L_4 平行,矛盾. 当 $\lambda = 2$ 时,直线 L 经过点 $A(1, 0, -1)$,其方向向量 $\overrightarrow{AB} = \dfrac{1}{2}(-1, 2, 2)$. 因此,直线 L 的方程为

$$\frac{x-1}{-1} = \frac{y}{2} = \frac{z+1}{2}.$$

2. 待定参数法

这种方法是把待求量（如点的坐标、向量的坐标等）作为未知参数，通过建立相应的代数方程来求解.

【例 5.15】 试在平面 $x+y+z=1$ 与 3 个坐标面所构成的四面体内求一点，使它与四面体的各侧面之间的距离相等，并求内切于四面体的球面方程.

解 设所求点为 $M(x,y,z)$，由题意得

$$\frac{|x+y+z-1|}{\sqrt{1^2+1^2+1^2}}=|x|=|y|=|z|.$$

因为 $x \geqslant 0, y \geqslant 0, z \geqslant 0$，所以 $x=y=z$. 又因为 $x+y+z \leqslant 1$，所以 $1-3x \geqslant 0$. 于是 $1-3x=\sqrt{3}x$，从而 $x=y=z=\dfrac{1}{3+\sqrt{3}}=\dfrac{3-\sqrt{3}}{6}$. 故所求点为 $M\left(\dfrac{3-\sqrt{3}}{6},\dfrac{3-\sqrt{3}}{6},\dfrac{3-\sqrt{3}}{6}\right)$.

因为内切球的半径 $R=\dfrac{3-\sqrt{3}}{6}$，中心为点 M，故所求球面方程为

$$\left(x-\frac{3-\sqrt{3}}{6}\right)^2+\left(y-\frac{3-\sqrt{3}}{6}\right)^2+\left(z-\frac{3-\sqrt{3}}{6}\right)^2=\left(\frac{3-\sqrt{3}}{6}\right)^2.$$

【例 5.16】 求与平面 $2x+3y-5=0$ 及 $y+z=0$ 平行，与直线 $L_1: \dfrac{x-6}{3}=\dfrac{y}{2}=z-1$ 及 $L_2: \dfrac{x}{3}=\dfrac{y-8}{2}=\dfrac{z+4}{-2}$ 相交的直线 L.

【分析】 因为直线 L 与两个已知平面平行，所以 L 的方向向量容易求出. 为了确定直线 L，还需找出 L 上一已知点.

解 平面 $2x+3y-5=0$ 及 $y+z=0$ 的法向量分别 $\boldsymbol{n}_1=(2,3,0)$ 和 $\boldsymbol{n}_2=(0,1,1)$，因为直线 L 同时垂直于 $\boldsymbol{n}_1$ 和 $\boldsymbol{n}_2$，所以 L 的方向向量 $\boldsymbol{\tau}=\boldsymbol{n}_1\times\boldsymbol{n}_2=(3,-2,2)$.

现设直线 L 与 L_1 相交于 $(\bar{x},\bar{y},\bar{z})$，则可写出 L 的参数方程：

$$x=\bar{x}+3t,\quad y=\bar{y}-2t,\quad z=\bar{z}+2t.$$

代入 L_2 的方程消去参数 t 得 $\bar{y}+\bar{z}=4$. 将 $\bar{x},\bar{y},\bar{z}$ 代入 L_1 的方程得

$$\frac{\bar{x}-6}{3}=\frac{\bar{y}}{2}=\bar{z}-1,$$

由此与 $\bar{y}+\bar{z}=4$ 可联立解得 $\bar{x}=9,\bar{y}=\bar{z}=2$. 故 L 的方程为 $\dfrac{x-9}{3}=\dfrac{y-2}{-2}=\dfrac{z-2}{2}$.

采用待定参数法解题时，应正确估计未知参数的个数. 一般而言，未知点或向量的坐标有 3 个，即 3 个未知参数，但是若能根据题设条件减少未知参数的个数，则给解题带来方便.

【例 5.17】 求与原点关于平面 $6x + 2y - 9z + 121 = 0$ 对称的对称点.

【分析】 所求点有两个约束条件, 一是与已知平面的距离固定, 即等于原点到平面的距离; 二是位于经过原点且垂直于平面的直线上, 故只需考虑引进一个未知数.

解 平面的法向量为 $\boldsymbol{n} = (6, 2, -9)$, 过原点作平面的垂线, 其参数方程为

$$x = 6t, \quad y = 2t, \quad z = -9t.$$

因为所要求的点 $P(x, y, z)$ 在此垂线上, 且它与原点到平面的距离相等, 故有

$$\frac{|6 \times 6t + 2 \times 2t - 9(-9t) + 121|}{\sqrt{6^2 + (-9)^2 + 2^2}} = \frac{|6 \times 0 + 2 \times 0 - 9 \times 0 + 121|}{\sqrt{6^2 + (-9)^2 + 2^2}},$$

即 $|t + 1| = 1$, 故 $t = 0$ 或 $t = -2$. 而 $t = 0$ 对应于原点, 则 $t = -2$ 对应于 P 点. 因此 P 点的坐标为 $(-12, -4, 18)$.

3. 平面束法

设直线 L 的方程为

$$\begin{cases} A_1 x + B_1 y + C_1 z + D_1 = 0, \\ A_2 x + B_2 y + C_2 z + D_2 = 0, \end{cases}$$

则过直线 L 的平面束方程是 $\mu(A_1 x + B_1 y + C_1 z + D_1) + \lambda(A_2 x + B_2 y + C_2 z + D_2) = 0$, 即

$$(\mu A_1 + \lambda A_2) x + (\mu B_1 + \lambda B_2) y + (\mu C_1 + \lambda C_2) z + (\mu D_1 + \lambda D_2) = 0,$$

其中 μ, λ 为任意常数.

有些空间直线与平面问题, 用平面束方程求解较为方便. 这种方法称为平面束法.

【例 5.18】 一平面通过平面 $x + 5y + z = 0$ 和 $x - z + 4 = 0$ 的交线, 且与平面 $x - 4y - 8z + 12 = 0$ 成 $45°$ 角. 试求其方程.

解 经过已知直线的平面束方程为 $\mu(x + 5y + z) + \lambda(x - z + 4) = 0$, 即

$$(\mu + \lambda)x + 5\mu y + (\mu - \lambda)z + 4\lambda = 0.$$

由题设, 有

$$\frac{|1 \cdot (\mu + \lambda) + 5\mu(-4) + (-8)(\mu - \lambda)|}{\sqrt{1^2 + (-4)^2 + (-8)^2} \cdot \sqrt{(\mu + \lambda)^2 + (5\mu)^2 + (\mu - \lambda)^2}} = \cos\frac{\pi}{4},$$

解得 $\mu = 0$ 或者 $\mu = -\dfrac{4}{3}\lambda$.

当 $\mu = 0$ 时, 所求平面方程为 $x - z + 4 = 0$;

当 $\mu = -\dfrac{4}{3}\lambda$ 时,所求平面方程为 $x + 20y + 7z - 12 = 0$.

【例 5.19】 求直线 $\dfrac{x-1}{1} = \dfrac{y+1}{2} = \dfrac{z}{3}$ 在平面 $x + y + 2z - 5 = 0$ 上的投影方程.

【分析】 一直线在已知平面上的投影即过该直线且垂直于已知平面的平面与已知平面的交线.

解 将已知直线的标准式化为一般式,即

$$\begin{cases} 2x - y - 3 = 0, \\ 3x - z - 3 = 0, \end{cases}$$

则有平面束方程 $\mu(2x - y - 3) + \lambda(3x - z - 3) = 0$,或

$$(2\mu + 3\lambda)x - \mu y - \lambda z - 3(\mu + \lambda) = 0.$$

由垂直条件,有 $1 \cdot (2\mu + 3\lambda) + 1 \cdot (-\mu) + 2 \cdot (-\lambda) = 0$,解得 $\mu = -\lambda$. 故得投影平面的方程为 $x + y - z = 0$,从而得投影直线:$\begin{cases} x + y - z = 0, \\ x + y + 2z - 5 = 0. \end{cases}$

4. 向量投影法

在求解某些几何量时,如点到直线的距离、异面直线的距离等,可采用投影法.

【例 5.20】 直线 L 通过点 $A(-2,1,3)$ 和点 $B(0,-1,2)$. 求点 $M(10,5,10)$ 到直线 L 的距离.

解 $\overrightarrow{AB} = (2,-2,-1), \overrightarrow{AM} = (12,4,7), |\overrightarrow{AB}| = 3, |\overrightarrow{AM}| = \sqrt{209}$. 因为

$$\mathrm{Prj}_{\overrightarrow{AB}} \overrightarrow{AM} = \dfrac{\overrightarrow{AM} \cdot \overrightarrow{AB}}{|\overrightarrow{AB}|} = \dfrac{12 \cdot 2 + 4 \cdot (-2) + 7 \cdot (-1)}{3} = 3,$$

所以点 M 到直线 L 的距离为

$$d = \sqrt{|\overrightarrow{AM}|^2 - \left|\mathrm{Prj}_{\overrightarrow{AB}} \overrightarrow{AM}\right|^2} = \sqrt{209 - 9} = 10\sqrt{2}.$$

【例 5.21】 已知直线 $L: \dfrac{x-1}{1} = \dfrac{y}{-2} = \dfrac{z+1}{1}$ 和它之外的一点 $M(0,1,-1)$. 求点 M 到直线 L 的距离.

解 在直线 L 上选取点 $A(1,0,-1)$,则 $\overrightarrow{AM} = (-1,1,0), |\overrightarrow{AM}| = \sqrt{2}$. 因为 L 的方向向量 $\boldsymbol{\tau} = (1,-2,1)$,而 $\boldsymbol{\tau} \cdot \overrightarrow{AM} = -1 - 2 = -3, |\boldsymbol{\tau}| = \sqrt{1^2 + (-2)^2 + 1^2} = \sqrt{6}$,所以

$$\left|\mathrm{Prj}_{\boldsymbol{\tau}} \overrightarrow{AM}\right| = \dfrac{|\boldsymbol{\tau} \cdot \overrightarrow{AM}|}{|\boldsymbol{\tau}|} = \dfrac{3}{\sqrt{6}}.$$

故所求距离为 $d = \sqrt{|\overrightarrow{AM}|^2 - \left(\mathrm{Prj}_{\tau} \overrightarrow{AM}\right)^2} = \sqrt{2 - \left(\dfrac{3}{\sqrt{6}}\right)^2} = \dfrac{\sqrt{2}}{2}$.

在上述解题过程中，我们适当选取了一已知点，这种技巧给解题带来了方便，在使用投影法时尤其如此．下面我们再看一例．

【例 5.22】 求两条异面直线 $L_1: \dfrac{x-9}{4} = \dfrac{y+2}{-3} = \dfrac{z}{1}$ 和 $L_2: \dfrac{x}{-2} = \dfrac{y+7}{9} = \dfrac{z-2}{2}$ 之间的距离．

【分析】 两直线间的距离是指它们之间的最短距离．若设最短距离是 L_1 上的 A_1 与 L_2 上的 A_2 之间的距离 $|A_1A_2|$，则直线 A_1A_2 必同时垂直于 L_1 和 L_2，即是 L_1 和 L_2 的公垂线．因为 $L_1 \perp A_1A_2$ 且交于 A_1，故 L_1 上任一点 P_1 在 A_1A_2 上的投影是 A_1（垂足）．同理，L_2 上任一点 P_2 在 A_1A_2 上的投影是 A_2．连接 P_1P_2，则所求最短距离为向量 $\overrightarrow{P_1P_2}$ 在 A_1A_2 上的投影的绝对值．

解 分别在 L_1 和 L_2 上取点 $P_1(9,-2,0)$ 和 $P_2(0,-7,2)$，则 $\overrightarrow{P_1P_2} = (-9,-5,2)$，而 L_1 和 L_2 的方向向量分别为 $\boldsymbol{\tau}_1 = (4,-3,1)$ 和 $\boldsymbol{\tau}_2 = (-2,9,2)$，$\boldsymbol{\tau}_1 \times \boldsymbol{\tau}_2 = (-15,-10,30)$，$|\boldsymbol{\tau}_1 \times \boldsymbol{\tau}_2| = 35$，故所求距离为

$$d = \left|\mathrm{Prj}_{\boldsymbol{\tau}_1 \times \boldsymbol{\tau}_2} \overrightarrow{P_1P_2}\right| = \dfrac{\left|\overrightarrow{P_1P_2} \cdot (\boldsymbol{\tau}_1 \times \boldsymbol{\tau}_2)\right|}{|\boldsymbol{\tau}_1 \times \boldsymbol{\tau}_2|}$$

$$= \dfrac{|(-9)(-15) + (-5)(-10) + 2 \times 30|}{35} = 7.$$

5. 辅助平面法

正如在证平面几何题时添辅助线、解微积分学中的证明题时构造辅助函数一样，在解空间解析几何题时往往需要构造辅助平面．其作用在于创造过渡性条件，为解题"排忧解难"．

【例 5.23】 设平面 π 垂直于平面 $z = 0$，且通过由点 $A(1,-1,1)$ 向直线 $L: \begin{cases} y - z + 1 = 0, \\ x = 0 \end{cases}$ 所引的垂线．求平面 π 的方程．

解 引入经过点 A 且与直线 L 垂直的辅助平面 M，即图 5.4 中的 ABO 平面．

因为直线 L 的方向向量 $\boldsymbol{\tau} = (0,1,1)$，所以平面 M 的方程为

$$0 \times (x-1) + 1 \times (y+1) + 1 \times (z-1) = 0,$$

即 $y + z = 0$．易知，平面 M 与直线 L 的交点为 $B\left(0, -\dfrac{1}{2}, \dfrac{1}{2}\right)$，而 $\overrightarrow{BA} = \left(1, -\dfrac{1}{2}, \dfrac{1}{2}\right)$，故所求平面的法向量

$$\boldsymbol{n} = (0,0,1) \times \overrightarrow{BA} = \left(\dfrac{1}{2}, 1, 0\right).$$

从而所求平面 π 的方程为 $\frac{1}{2}(x-1)+(y+1)=0$, 即 $x+2y+1=0$.

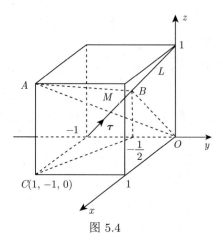

图 5.4

【例 5.24】 求直线 $L_1: \dfrac{x-9}{4}=\dfrac{y+2}{-3}=\dfrac{z}{1}$ 和 $L_2: \dfrac{x}{-2}=\dfrac{y+7}{9}=\dfrac{z-2}{2}$ 的公垂线方程.

解 直线 L_1 和 L_2 的方向向量分别为 $\boldsymbol{\tau}_1=(4,-3,1)$ 和 $\boldsymbol{\tau}_2=(-2,9,2)$, 则 $\boldsymbol{\tau}_1\times\boldsymbol{\tau}_2=(-15,-10,30)$ 即为所求公垂线 L 的方向向量. 故只需在直线 L 上确定一点即可利用对称式写出直线 L 的方程.

现在引入经过直线 L_1 和 L 的辅助平面 P, 因为平面 P 的法向量为 $\boldsymbol{n}=\boldsymbol{\tau}_1\times(\boldsymbol{\tau}_1\times\boldsymbol{\tau}_2)=(16,27,17)$, 且点 $(9,-2,0)$ 在平面 P 上, 故平面 P 的方程为

$$16(x-9)+27(y+2)+17(z-0)=0,$$

即 $16x+27y+17z-90=0$.

因为直线 L_2 与平面 P 的交点 $(-2,2,4)$ 同时又在直线 L 上, 所以直线 L 的方程为

$$\frac{x+2}{3}=\frac{y-2}{2}=\frac{z-4}{-6}.$$

题型三、曲面与方程

曲面可以分为典型二次曲面与一般旋转曲面.

1. **典型二次曲面**

对于典型二次曲面, 应重点掌握下列曲面的方程及其图形的特点:

(1) 球面
$$x^2 + y^2 + z^2 = R^2;$$
$$x^2 + y^2 + z^2 = 2Rx;$$
$$x^2 + y^2 + z^2 = 2Rz;$$
$$(x-x_0)^2 + (y-y_0)^2 + (z-z_0)^2 = R^2.$$

(2) 椭球面
$$\frac{x^2}{a^2} + \frac{y^2}{b^2} + \frac{z^2}{c^2} = 1.$$

(3) 锥面 $z^2 = x^2 + y^2$; 或 $z = \sqrt{x^2+y^2}$.

(4) 旋转抛物面 $z = x^2 + y^2$; $z = z_0 - x^2 - y^2$; $y = x^2 + z^2$.

(5) 母线平行于坐标轴的柱面:

(i) 圆柱面 $x^2 + y^2 = R^2$; 或 $x^2 + y^2 = 2Rx$.

(ii) 抛物柱面 $z = x^2$; 或 $y = \sqrt{x}$.

(6) 双曲抛物面 $x^2 - y^2 = 2pz$; 或 $z = xy$.

【例 5.25】 在一个以点 O 为球心的球体内有一定点 P, 球面上有 3 个动点 A, B, C, 始终满足 $\angle APB = \angle BPC = \angle CPA = \dfrac{\pi}{2}$, 以 PA, PB, PC 为棱作平行六面体, 点 Q 是该六面体上与点 P 相对的一个顶点. 求证: 当 A, B, C 在球面上移动时, 点 Q 在以点 O 为球心的一个球面上.

解 证明 $\overrightarrow{OQ}$ 的长度等于常数即可. 根据题设条件可知
$$\overrightarrow{PA} \cdot \overrightarrow{PB} = 0, \quad \overrightarrow{PB} \cdot \overrightarrow{PC} = 0, \quad \overrightarrow{PA} \cdot \overrightarrow{PC} = 0$$

及
$$\overrightarrow{OQ} = \overrightarrow{OP} + \overrightarrow{PQ} = \overrightarrow{OP} + \overrightarrow{PA} + \overrightarrow{PB} + \overrightarrow{PC}.$$

于是, 有
$$|\overrightarrow{OQ}|^2 = \overrightarrow{OQ} \cdot \overrightarrow{OQ} = (\overrightarrow{OP} + \overrightarrow{PA} + \overrightarrow{PB} + \overrightarrow{PC})^2$$
$$= \overrightarrow{OP}^2 + 2\overrightarrow{OP}(\overrightarrow{PA} + \overrightarrow{PB} + \overrightarrow{PC}) + (\overrightarrow{PA} + \overrightarrow{PB} + \overrightarrow{PC})^2$$
$$= \overrightarrow{OP}^2 + 2\overrightarrow{OP}[(\overrightarrow{OA} - \overrightarrow{OP}) + (\overrightarrow{OB} - \overrightarrow{OP}) + (\overrightarrow{OC} - \overrightarrow{OP})]$$
$$\quad + \left(\overrightarrow{PA}^2 + \overrightarrow{PB}^2 + \overrightarrow{PC}^2\right)$$
$$= \overrightarrow{OP}^2 + 2\overrightarrow{OP}[(\overrightarrow{OA} + \overrightarrow{OB} + \overrightarrow{OC}) - 3\overrightarrow{OP}]$$
$$\quad + (\overrightarrow{OA} - \overrightarrow{OP})^2 + (\overrightarrow{OB} - \overrightarrow{OP})^2 + (\overrightarrow{OC} - \overrightarrow{OP})^2$$

$$= -5\overrightarrow{OP}^2 + 2\overrightarrow{OP}(\overrightarrow{OA} + \overrightarrow{OB} + \overrightarrow{OC}) + (\overrightarrow{OA}^2 - 2\overrightarrow{OA} \cdot \overrightarrow{OP} + \overrightarrow{OP}^2)$$
$$+ (\overrightarrow{OB}^2 - 2\overrightarrow{OB} \cdot \overrightarrow{OP} + \overrightarrow{OP}^2) + (\overrightarrow{OC}^2 - 2\overrightarrow{OC} \cdot \overrightarrow{OP} + \overrightarrow{OP}^2)$$
$$= -2\overrightarrow{OP}^2 + \overrightarrow{OA}^2 + \overrightarrow{OB}^2 + \overrightarrow{OC}^2$$
$$= 3R^2 - 2\overrightarrow{OP}^2.$$

因此, $|\overrightarrow{OQ}|$ 是一个定值, 说明点 Q 在以点 O 为球心的一个球面上.

【例 5.26】 设平面 π 经过原点且与椭球面 $S: 4x^2 + 5y^2 + 6z^2 = 1$ 的交线为圆周. 求平面 π 的方程, 并求相应的圆周半径.

解 注意到经过原点的平面与椭球面 S 的交线 Γ 为圆周, 则交线 Γ 也一定位于以原点为球心的某个半径为 r 的球面上 $\left(\dfrac{1}{6} < r^2 < \dfrac{1}{4}\right)$, 所以交线 Γ 的方程可表示为

$$\Gamma: \begin{cases} 4x^2 + 5y^2 + 6z^2 = 1, \\ x^2 + y^2 + z^2 = r^2. \end{cases}$$

消去变量 y, 得 $x^2 - z^2 = 5r^2 - 1$, 这表明圆周 Γ 也位于曲面 $x^2 - z^2 = 5r^2 - 1$ 上. 若 $r^2 \neq \dfrac{1}{5}$, 则该曲面是母线平行于坐标轴的双曲柱面, 但双曲柱面不可能包含整个圆周, 所以 $r^2 = \dfrac{1}{5}$. 此时, 曲面 $x^2 - z^2 = 5r^2 - 1$ 表示一对平面 $x = z$ 或 $x = -z$.

因此, 平面 π 的方程为 $x = z$ 或 $x = -z$. 相应的, 圆周 Γ 位于球面 $x^2 + y^2 + z^2 = \dfrac{1}{5}$ 上, Γ 的半径为 $\dfrac{1}{\sqrt{5}}$.

【例 5.27】 由椭球面 $S: \dfrac{x^2}{a^2} + \dfrac{y^2}{b^2} + \dfrac{z^2}{c^2} = 1$ 的中心 O 任意引三条相互垂直的射线, 与 S 分别交于点 P_1, P_2, P_3, 设 $\left|\overrightarrow{OP_i}\right| = r_i, i = 1, 2, 3$. 证明: $\dfrac{1}{r_1^2} + \dfrac{1}{r_2^2} + \dfrac{1}{r_3^2} = \dfrac{1}{a^2} + \dfrac{1}{b^2} + \dfrac{1}{c^2}$.

解 设 (u_i, v_i, w_i) 是 $\overrightarrow{OP_i}$ 的单位化向量, 则 $\overrightarrow{OP_i} = (r_i u_i, r_i v_i, r_i w_i)$. 因为 P_i 在椭球面上, 所以

$$\dfrac{(r_i u_i)^2}{a^2} + \dfrac{(r_i v_i)^2}{b^2} + \dfrac{(r_i w_i)^2}{c^2} = 1, \quad 即 \quad \dfrac{1}{r_i^2} = \dfrac{u_i^2}{a^2} + \dfrac{v_i^2}{b^2} + \dfrac{w_i^2}{c^2}, i = 1, 2, 3.$$

将上述三式相加, 并注意到 $\begin{pmatrix} u_1 & v_1 & w_1 \\ u_2 & v_2 & w_2 \\ u_3 & v_3 & w_3 \end{pmatrix}$ 是正交矩阵, 其列向量也都是单位向量, 于

是

$$\frac{1}{r_1^2}+\frac{1}{r_2^2}+\frac{1}{r_3^2}=\left(\frac{u_1^2}{a^2}+\frac{v_1^2}{b^2}+\frac{w_1^2}{c^2}\right)+\left(\frac{u_2^2}{a^2}+\frac{v_2^2}{b^2}+\frac{w_2^2}{c^2}\right)+\left(\frac{u_3^2}{a^2}+\frac{v_3^2}{b^2}+\frac{w_3^2}{c^2}\right)$$

$$=\frac{u_1^2+u_2^2+u_3^2}{a^2}+\frac{v_1^2+v_2^2+v_3^2}{b^2}+\frac{w_1^2+w_2^2+w_3^2}{c^2}$$

$$=\frac{1}{a^2}+\frac{1}{b^2}+\frac{1}{c^2}.$$

【例 5.28】 设曲面 $z=x^2+y^2-2x-y-\dfrac{5}{4}$ 在区域 $D:x\geqslant 0,y\geqslant 0,2x+y\leqslant 3$ 上的最低点 P 处的切平面为 Π, 曲线 $\begin{cases}x^2+y^2+z^2=6,\\ x+y+z=0\end{cases}$ 在点 $M(1,1,-2)$ 处的切线为 L; 又设 L 在平面 Π 上的投影为 L_1. 求点 P 到投影 L_1 的距离.

解 将曲面 $z=x^2+y^2-2x-y-\dfrac{5}{4}$ 化为标准方程即 $z+\dfrac{5}{2}=(x-1)^2+\left(y-\dfrac{1}{2}\right)^2$, 这是顶点为 $\left(1,\dfrac{1}{2},-\dfrac{5}{2}\right)$ 且开口向上的旋转抛物面. 注意到顶点在 xOy 平面上的投影为点 $\left(1,\dfrac{1}{2},0\right)$, 而 $\left(1,\dfrac{1}{2}\right)\in D$, 所以曲面在区域 D 上的最低点 P 就是该曲面的顶点 $\left(1,\dfrac{1}{2},-\dfrac{5}{2}\right)$, 因而在点 P 处的切平面 Π 的方程为 $z=-\dfrac{5}{2}$.

记曲线 $\begin{cases}x^2+y^2+z^2=6\\ x+y+z=0\end{cases}$ 为 Γ, 由于曲面 $x^2+y^2+z^2=6$ 在点 $M(1,1,-2)$ 处的法向量为 $\boldsymbol{n}_1=2(1,1,-2)$, 平面 $x+y+z=0$ 的法向量为 $\boldsymbol{n}_2=(1,1,1)$, 所以曲线 Γ 在点 M 处的切向量为

$$\boldsymbol{n}_1\times\boldsymbol{n}_2=2(1,1,-2)\times(1,1,1)=6(1,-1,0).$$

于是, 切线 L 的方程为

$$\frac{x-1}{1}=\frac{y-1}{-1}=\frac{z+2}{0},\quad\text{即}\begin{cases}x+y-2=0,\\ z+2=0.\end{cases}$$

显然, 切线 L 位于平面 $x+y-2=0$ 上, 而该平面与切平面 $\Pi:z=-\dfrac{5}{2}$ 垂直, 所以直线 L 在平面 Π 上的投影 L_1 为这两个平面的交线, 其方程为 $\begin{cases}x+y-2=0,\\ z=-\dfrac{5}{2}.\end{cases}$

因此, 点 $P\left(1,\dfrac{1}{2},-\dfrac{5}{2}\right)$ 到投影 L_1 的距离也即点 P 到平面 $x+y-2=0$ 的距离 d,

所以
$$d = \frac{\left|1 \times 1 + 1 \times \frac{1}{2} - 0 \times \frac{5}{2} - 2\right|}{\sqrt{1^2 + 1^2 + 0^2}} = \frac{\sqrt{2}}{4}.$$

【注】 这道几何题综合性较强，其求解过程主要有两个核心点，一是确定曲面在区域 D 上最低点 P 的坐标，这也可通过求函数 $z = x^2 + y^2 - 2x - y$ 在有界闭区域 D 上的最小值来确定，二是求投影直线 L_1 的方程，这也可用通常的平面束方法求解，我们留给读者作为练习。

【例 5.29】 已知锥面 $4x^2 + ay^2 = 3z^2$ 与平面 $x - y + z = 0$ 的交线 L 是一条直线。
(1) 求常数 a 的值，并求直线 L 的标准方程；
(2) 求通过直线 L 且与球面 $x^2 + y^2 + z^2 + 6x - 2y - 2z + 10 = 0$ 相切的平面 Π 的方程。

解 (1) 锥面 $4x^2 + ay^2 = 3z^2$ 与平面 $x - y + z = 0$ 都经过坐标原点，它们相交有三种可能：一条直线或两条直线或一点。

把交线 L 投影到平面 $y = 1$ 上，得 $\begin{cases} 4x^2 + a = 3z^2, \\ x + z = 1. \end{cases}$ 消去变量 z，得 $x^2 + 6x + (a - 3) = 0$。交线 L 是一条直线的充分必要条件是该二次方程仅有唯一解。因此
$$\Delta = 36 - 4(a - 3) = 0 \Rightarrow a = 12.$$
所以当 $a = 12$ 时交线 L 是一条直线。

进一步，当 $a = 12$ 时，解方程组 $\begin{cases} 4x^2 + 12 = 3z^2, \\ x + z = 1, \end{cases}$ 得 $x = -3, z = 4$，所以直线 L 经过点 $P(-3, 1, 4)$。又 L 通过坐标原点 O，$\overrightarrow{OP}$ 是 L 的方向向量，所以直线 L 的标准方程为
$$\frac{x}{-3} = \frac{y}{1} = \frac{z}{4}.$$

(2) 注意到平面 Π 过原点，故可设 Π 的方程为 $Ax + By + Cz = 0$，其法向量为 $\boldsymbol{n} = (A, B, C)$。由于 $\overrightarrow{OP} \perp \boldsymbol{n}$，所以 $-3A + B + 4C = 0$。

另一方面，球面方程化成标准方程为 $(x + 3)^2 + (y - 1)^2 + (z - 1)^2 = 1$，可知球面的球心为 $(-3, 1, 1)$，球面半径为 1。平面 Π 与球面相切时球心到平面 Π 的距离为 1，所以
$$\frac{|-3A + B + C|}{\sqrt{A^2 + B^2 + C^2}} = 1, \quad 即 \quad 4A^2 - 3AB - 3AC + BC = 0.$$

显然，$A \neq 0$。令 $b = \frac{B}{A}, c = \frac{C}{A}$，则由 $\begin{cases} 4A^2 - 3AB - 3AC + BC = 0, \\ -3A + B + 4C = 0, \end{cases}$ 得 $\begin{cases} bc - 3b - 3c + 4 = 0, \\ b + 4c - 3 = 0, \end{cases}$

解得 $\begin{cases} b = 1, \\ c = \frac{1}{2}, \end{cases}$ 或 $\begin{cases} b = -7, \\ c = \frac{5}{2}, \end{cases}$ 所以 $(A, B, C) = \frac{A}{2}(2, 2, 1)$ 或 $\frac{A}{2}(2, -14, 5)$。因此，平面

Π 的方程为
$$2x + 2y + z = 0 \quad \text{或} \quad 2x - 14y + 5z = 0.$$

2. 一般旋转曲面

本段我们讨论如何利用轨迹法建立一般 (旋转) 曲面的方程. 所谓"轨迹法", 就是把所给曲面 (或平面) 视为动点的轨迹来处理. 通常, 在曲面上任取一点 $P(x,y,z)$, 根据描述该曲面的条件, 建立起动点 P 的坐标应满足的方程 $F(x,y,z) = 0$, 则此方程即为所求曲面的方程.

【例 5.30】 求直线 $\dfrac{x-1}{1} = \dfrac{y}{2} = \dfrac{z}{2}$ 绕直线 $x = y = z$ 旋转所得的旋转曲面的方程.

解 设 $P(x,y,z)$ 是旋转曲面上的任一点, 过 P 作直线 $x = y = z$ 的垂直平面 M, 交母线 $\dfrac{x-1}{1} = \dfrac{y}{2} = \dfrac{z}{2}$ 于一点 $Q(x_1, y_1, z_1)$, 则平面 M 的方程为
$$1 \cdot (x - x_1) + 1 \cdot (y - y_1) + 1 \cdot (z - z_1) = 0,$$
即
$$x + y + z = x_1 + y_1 + z_1. \qquad ①$$
而 Q 在直线 $\dfrac{x-1}{1} = \dfrac{y}{2} = \dfrac{z}{2}$ 上, 有
$$\begin{cases} y_1 = 2x_1 - 2, \\ z_1 = 2x_1 - 2. \end{cases} \qquad ②$$
将 ② 式代入 ① 式得 $x + y + z = 5x_1 - 4$, 从而有
$$\begin{cases} x_1 = \dfrac{1}{5}(x + y + z + 4), \\ y_1 = \dfrac{2}{5}(x + y + z - 1), \\ z_1 = \dfrac{2}{5}(x + y + z - 1). \end{cases} \qquad ③$$
而
$$x^2 + y^2 + z^2 = x_1^2 + y_1^2 + z_1^2, \qquad ④$$
将 ③ 式代入 ④ 式得
$$x^2 + y^2 + z^2 = \frac{1}{25}(x + y + z + 4)^2 + \frac{8}{25}(x + y + z - 1)^2,$$
即为所求旋转曲面的方程.

【例 5.31】 求与直线 $L_1: \dfrac{x-6}{3} = \dfrac{y}{2} = \dfrac{z-1}{1}$ 和 $L_2: \dfrac{x}{3} = \dfrac{y-8}{2} = \dfrac{z+4}{-2}$ 都相交且与平面 $2x+3y-5=0$ 平行的动直线产生的曲面方程.

解 (**方法 1**) 将两直线的方程化为参数式,得

$$L_1: \begin{cases} x = 6+3t_1, \\ y = 2t_1, \\ z = 1+t_1, \end{cases} \qquad L_2: \begin{cases} x = 3t_2, \\ y = 8+2t_2, \\ z = -4-2t_2, \end{cases}$$

其中 t_1, t_2 为参数. 任取直线 L_1 上的点 $P_1(6+3t_1, 2t_1, 1+t_1)$,及直线 L_2 上的点 $P_2(3t_2, 8+2t_2, -4-2t_2)$,则 $\overrightarrow{P_1P_2} = (3(t_2-t_1)-6, 2(t_2-t_1)+8, -2t_2-t_1-5)$. 因为 $\overrightarrow{P_1P_2}$ 平行于平面 $2x+3y-5=0$,所以

$$2[3(t_2-t_1)-6] + 3[2(t_2-t_1)+8] = 0, \text{ 即 } t_2-t_1 = -1.$$

从而有 $\overrightarrow{P_1P_2} = -3(3, -2, 1+t_1)$. 动直线过点 P_1,以 $\overrightarrow{P_1P_2}$ 为方向向量,其方程可表示为

$$\frac{x-3(2+t_1)}{3} = \frac{y-2t_1}{-2} = \frac{z-(1+t_1)}{1+t_1}.$$

由此消去参数 t_1,得动直线产生的曲面方程为

$$\frac{x^2}{9} - \frac{y^2}{4} = 4z,$$

这是一双曲抛物面.

(**方法 2**) 将两直线的方程化为一般式,得

$$L_1: \begin{cases} 2x-3y-12 = 0, \\ y-2z+2 = 0, \end{cases} \qquad L_2: \begin{cases} 2x-3y+24 = 0, \\ y+z-4 = 0, \end{cases}$$

过两直线的平面束相交即为动直线,因此动直线的一般式方程为

$$\begin{cases} 2x-3y-12+\lambda(y-2z+2) = 0, \\ 2x-3y+24+\mu(y+z-4) = 0, \end{cases} \qquad ①$$

即

$$\begin{cases} 2x+(\lambda-3)y-2\lambda z-12+2\lambda = 0, \\ 2x+(\mu-3)y+\mu z+24-4\mu = 0, \end{cases}$$

其方向向量可取为

$$(X, Y, Z) = \left(\begin{vmatrix} \lambda-3 & -2\lambda \\ \mu-3 & \mu \end{vmatrix}, \begin{vmatrix} -2\lambda & 2 \\ \mu & 2 \end{vmatrix}, \begin{vmatrix} 2 & \lambda-3 \\ 2 & \mu-3 \end{vmatrix} \right)$$

$$= (3\lambda\mu-6\lambda-3\mu, -4\lambda-2\mu, -2\lambda+2\mu).$$

因为动直线与平面 $2x + 3y - 5 = 0$ 平行,所以

$$2(3\lambda\mu - 6\lambda - 3\mu) + 3(-4\lambda - 2\mu) = 0, \quad 即 \lambda\mu - 4\lambda - 2\mu = 0.$$

由此与 ① 式联立消去参数 λ, μ,即得所求曲面的方程为 $\dfrac{x^2}{9} - \dfrac{y^2}{4} = 4z$,这是一**双曲抛物面**.

【**例 5.32**】 求与三直线

$$L_1 : \begin{cases} y - 1 = 0, \\ x + 2z = 0, \end{cases} \quad L_2 : \begin{cases} y - z = 0, \\ x - 2 = 0, \end{cases} \quad L_3 : \dfrac{x}{2} = \dfrac{y+1}{0} = \dfrac{z}{1}$$

都相交的动直线产生的曲面方程.

解 在曲面上任取点 $P(x, y, z)$,记点 P 所在的动直线为 L_P,设 L_P 的方向向量为 $\boldsymbol{\xi}_P = (a_P, b_P, c_P)$,则 $\boldsymbol{\xi}_P \neq \boldsymbol{0}$. 据题设,直线 L_1, L_2, L_3 分别经过已知点 $M_1(0, 1, 0), M_2(2, 0, 0), M_3(0, -1, 0)$,方向向量分别为

$$\boldsymbol{\xi}_1 = (2, 0, -1), \quad \boldsymbol{\xi}_2 = (0, 1, 1), \quad \boldsymbol{\xi}_3 = (2, 0, 1).$$

因为 L_P 与 L_i 相交的充分必要条件是向量 $\boldsymbol{\xi}_P, \boldsymbol{\xi}_i, \overrightarrow{M_iP}$ 共面,这等价于 $\left|\boldsymbol{\xi}_P, \boldsymbol{\xi}_i, \overrightarrow{M_iP}\right| = 0 \, (i = 1, 2, 3)$,所以

$$\begin{vmatrix} a_P & 2 & x \\ b_P & 0 & y-1 \\ c_P & -1 & z \end{vmatrix} = \begin{vmatrix} a_P & 0 & x-2 \\ b_P & 1 & y \\ c_P & 1 & z \end{vmatrix} = \begin{vmatrix} a_P & 2 & x \\ b_P & 0 & y+1 \\ c_P & 1 & z \end{vmatrix} = 0.$$

把这些行列式展开,得

$$\begin{cases} (y-1)a_P - (x+2z)b_P + 2(y-1)c_P = 0, \\ (y-z)a_P - (x-2)b_P + (x-2)c_P = 0, \\ (y+1)a_P - (x-2z)b_P - 2(y+1)c_P = 0. \end{cases}$$

这表明 (a_P, b_P, c_P) 是相应的齐次线性方程组的非零解,因此其系数行列式等于零,即

$$\begin{vmatrix} y-1 & -x-2z & 2y-2 \\ y-z & -x+2 & x-2 \\ y+1 & -x+2z & -2y-2 \end{vmatrix} = 0.$$

展开行列式即得所求曲面方程为

$$\dfrac{x^2}{4} + y^2 - z^2 = 1.$$

5.3 真题选讲与点评

【例 5.33】(第二届全国初赛题, 2010) 求直线 $l_1 : \begin{cases} x - y = 0, \\ z = 0 \end{cases}$ 与直线 $l_2 : \dfrac{x-2}{4} = \dfrac{y-1}{-2} = \dfrac{z-3}{-1}$ 的距离.

解 直线 l_1 的对称式方程为

$$l_1 : \frac{x}{1} = \frac{y}{1} = \frac{z}{0}.$$

两直线的方向向量分别为

$$\boldsymbol{l}_1 = (1, 1, 0), \quad \boldsymbol{l}_2 = (4, -2, -1).$$

两直线上的定点分别为

$$P_1(0, 0, 0), \quad P_2(2, 1, 3),$$

并记

$$\boldsymbol{a} = \overrightarrow{P_1 P_2} = (2, 1, 3), \quad \boldsymbol{l}_1 \times \boldsymbol{l}_2 = (-1, 1, -6),$$

于是两直线间的距离为

$$d = \frac{|\boldsymbol{a} \cdot (\boldsymbol{l}_1 \times \boldsymbol{l}_2)|}{|\boldsymbol{l}_1 \times \boldsymbol{l}_2|} = \frac{|-2 + 1 - 18|}{\sqrt{38}} = \frac{\sqrt{38}}{2}.$$

【例 5.34】(第四届全国初赛题, 2012) 求通过直线 $L : \begin{cases} 2x + y - 3z + 2 = 0, \\ 5x + 5y - 4z + 3 = 0 \end{cases}$ 的两个相互垂直的平面 π_1 和 π_2, 使其中一个平面过点 $(4, -3, 1)$.

解 过 L 的平面束方程为

$$\lambda(2x + y - 3z + 2) + \mu(5x + 5y - 4z + 3) = 0,$$

即

$$(2\lambda + 5\mu)x + (\lambda + 5\mu)y - (3\lambda + 4\mu)z + (2\lambda + 3\mu) = 0.$$

若平面 π_1 过点 $(4, -3, 1)$, 代入得 $\lambda + \mu = 0$, 即 $\mu = -\lambda$, 从而 π_1 的方程为

$$3x + 4y - z + 1 = 0.$$

若平面束中的平面 π_2 与 π_1 垂直, 则

$$3 \cdot (2\lambda + 5\mu) + 4 \cdot (\lambda + 5\mu) + (3\lambda + 4\mu) = 0,$$

解得 $\lambda = -3\mu$, 从而平面 π_2 的方程为
$$x - 2y - 5z + 3 = 0.$$

【例 5.35】 (第七届全国初赛题, 2015) 设 M 是以三个正半轴为母线的半圆锥面, 求其方程.

解 准线的方程 $L: \begin{cases} x + y + z = 1, \\ x^2 + y^2 + z^2 = 1. \end{cases}$ 设 M 上任意一点坐标为 (x, y, z), 在 L 上对应的点坐标为 (x_0, y_0, z_0), 则有
$$x = tx_0, \quad y = ty_0, \quad z = tz_0,$$
代入准线方程消去参数 t, 有
$$xy + yz + xz = 0.$$

【例 5.36】 (第八届全国决赛题, 2017) 过单叶双曲面 $\dfrac{x^2}{4} + \dfrac{y^2}{2} - 2z^2 = 1$ 与球面 $x^2 + y^2 + z^2 = 4$ 的交线且与直线 $\begin{cases} x = 0, \\ 3y + z = 0 \end{cases}$ 垂直的平面方程为 _____.

解 直线 $\begin{cases} x = 0, \\ 3y + z = 0 \end{cases}$ 的方向向量为 $(1, 0, 0) \times (0, 3, 1) = (0, -1, 3)$, 即所求平面的法向量. 另一方面, 由 $\dfrac{x^2}{4} + \dfrac{y^2}{2} - 2z^2 = 1$ 与 $x^2 + y^2 + z^2 = 4$ 消去变量 z, 得 $9x^2 + 10y^2 = 36$, 可知交线过点 $(2, 0, 0)$, 也即所求平面上的一点, 因此平面方程为
$$0 \times (x - 2) - (y - 0) + 3(z - 0) = 0, \quad 即 \quad y - 3z = 0.$$

【例 5.37】 (第九届全国决赛题, 2018) 设一平面过原点和点 $(6, -3, 2)$, 且与平面 $4x - y + 2z = 8$ 垂直, 则此平面方程为 _____.

解 根据题设条件, 所求平面可设为 $Ax + By + Cz = 0$, 且 $6A - 3B + 2C = 0$.

因为两平面垂直, 相应的法向量 (A, B, C) 与 $(4, -1, 2)$ 垂直, 所以 $4A - B + 2C = 0$, 从而有 $(A, B, C) = -\dfrac{C}{3}(2, 2, -3)$. 因此, 所求平面为 $2x + 2y - 3z = 0$.

【例 5.38】 (第十三届全国初赛题, 2021) 过三条直线 $L_1: \begin{cases} x = 0, \\ y - z = 2, \end{cases}$ $L_2: \begin{cases} x = 0, \\ x + y - z + 2 = 0 \end{cases}$ 与 $L_3: \begin{cases} x = \sqrt{2}, \\ y - z = 0 \end{cases}$ 的圆柱面方程为 _____.

解 三条直线的对称式方程分别为
$$L_1: \frac{x}{0} = \frac{y - 1}{1} = \frac{z + 1}{1}, \quad L_2: \frac{x}{0} = \frac{y - 0}{1} = \frac{z - 2}{1}, \quad L_3: \frac{x - \sqrt{2}}{0} = \frac{y - 1}{1} = \frac{z - 1}{1},$$

所以三条直线平行.

在 L_1 上取点 $P_1(0,1,-1)$, 过该点作与三直线都垂直的平面 $y+z=0$, 分别交 L_2, L_3 于点 $P_2(0,-1,1)$, $P_3(\sqrt{2},0,0)$. 易知经过这三点的圆的圆心为 $O(0,0,0)$. 这样, 所求圆柱面的中心轴线方程为 $\dfrac{x}{0}=\dfrac{y}{1}=\dfrac{z}{1}$.

设圆柱面上任意点的坐标为 $Q(x,y,z)$, 因为点 Q 到轴线的距离均为 $\sqrt{2}$, 所以有 $\dfrac{|(x,y,z)\times(0,1,1)|}{\sqrt{0^2+1^2+1^2}}=\sqrt{2}$, 化简即得所求圆柱面的方程为 $2x^2+y^2+z^2-2yz=4$.

【例 5.39】(第十一届全国决赛题, 2021) 设平面曲线 L 的方程为 $Ax^2+By^2+Cxy+Dx+Ey+F=0$, 且通过五个点 $P_1(-1,0), P_2(0,-1), P_3(0,1), P_4(2,-1)$ 和 $P_5(2,1)$, 则 L 上任意两点之间的直线距离最大值为_____.

解 将所给点的坐标代入方程得

$$\begin{cases} A-D+F=0, \\ B-E+F=0, \\ B+E+F=0, \\ 4A+B-2C+2D-E+F=0, \\ 4A+B+2C+2D+E+F=0, \end{cases}$$

解得曲线 L 的方程为 $x^2+3y^2-2x-3=0$, 其标准形为 $\dfrac{(x-1)^2}{4}+\dfrac{y^2}{4/3}=1$, 因此曲线 L 上两点间的最长直线距离为 4.

【例 5.40】(第十四届全国初赛题, 2022) 记向量 $\overrightarrow{OA}$ 与 $\overrightarrow{OB}$ 的夹角为 α, $|\overrightarrow{OA}|=1$, $|\overrightarrow{OB}|=2$, $\overrightarrow{OP}=(1-\lambda)\overrightarrow{OA}$, $\overrightarrow{OQ}=\lambda\overrightarrow{OB}$, 其中 $0\leqslant\lambda\leqslant 1$.

(1) 问当 λ 为何值时, $|\overrightarrow{PQ}|$ 取得最小值;

(2) 设 (1) 中的 λ 满足 $0<\lambda<\dfrac{1}{5}$, 求夹角 α 的取值范围.

解 (1) 根据余弦定理, 并注意到 $0\leqslant\alpha\leqslant\pi$, 得

$$f(\lambda)=\left|\overrightarrow{PQ}\right|^2=(1-\lambda)^2+4\lambda^2-4\lambda(1-\lambda)\cos\alpha$$

$$=(5+4\cos\alpha)\lambda^2-2(1+2\cos\alpha)\lambda+1$$

$$=(5+4\cos\alpha)\left(\lambda-\dfrac{1+2\cos\alpha}{5+4\cos\alpha}\right)^2+1-\dfrac{(1+2\cos\alpha)^2}{5+4\cos\alpha},$$

因此, 当 $\lambda=\dfrac{1+2\cos\alpha}{5+4\cos\alpha}\left(0\leqslant\alpha\leqslant\dfrac{2\pi}{3}\right)$ 时, $0\leqslant\lambda\leqslant 1$, $\left|\overrightarrow{PQ}\right|$ 取得最小值.

对于 $\dfrac{2\pi}{3}<\alpha\leqslant\pi$ 的情形: 令 $\lambda_0=\dfrac{1+2\cos\alpha}{5+4\cos\alpha}$, 则 $\lambda_0<0$, 且 $f(\lambda)$ 在 $[\lambda_0,1]$ 上严格

单调递增,所以当 $\lambda = 0$ 时,$\left|\overrightarrow{PQ}\right|$ 取得最小值.

综上所述,当 $0 \leqslant \alpha \leqslant \dfrac{2\pi}{3}$ 时,$\left|\overrightarrow{PQ}\right|$ 在 $\lambda = \dfrac{1+2\cos\alpha}{5+4\cos\alpha}$ 处取得最小值;当 $\dfrac{2\pi}{3} < \alpha \leqslant \pi$ 时,$\left|\overrightarrow{PQ}\right|$ 在 $\lambda = 0$ 处取得最小值.

(2) 令 $y = \cos\alpha$,则 $\lambda = \dfrac{1+2y}{5+4y}$ 的反函数为 $g(\lambda) = -\dfrac{1}{2} \times \dfrac{5\lambda - 1}{2\lambda - 1}$. 易知 $g(\lambda)$ 在 $\left(0, \dfrac{1}{5}\right)$ 上单调增加,其值域为 $\left(-\dfrac{1}{2}, 0\right)$,所以 $-\dfrac{1}{2} < \cos\alpha < 0$,注意到 $\cos\alpha$ 在 $[0, \pi]$ 上单调递减,解得 $\dfrac{\pi}{2} < \alpha < \dfrac{2\pi}{3}$,即夹角 α 的取值范围为 $\left(\dfrac{\pi}{2}, \dfrac{2\pi}{3}\right)$.

5.4 能力拓展与训练

1. 设向量 $\boldsymbol{a} + 3\boldsymbol{b}$ 与 $\boldsymbol{a} - 4\boldsymbol{b}$ 分别垂直于向量 $7\boldsymbol{a} - 5\boldsymbol{b}$ 与 $7\boldsymbol{a} - 2\boldsymbol{b}$. 试求 $\boldsymbol{a}$ 与 $\boldsymbol{b}$ 间的夹角.

2. 设向量 $\boldsymbol{a} = (1, -1, 1), \boldsymbol{b} = (3, -4, 5), \boldsymbol{x} = \boldsymbol{a} + \lambda\boldsymbol{b}$,$\lambda$ 为实数. 试证: 使模 $|\boldsymbol{x}|$ 最小的向量 $\boldsymbol{x}$ 必垂直于向量 $\boldsymbol{b}$.

3. 设 $\boldsymbol{a}, \boldsymbol{b}, \boldsymbol{c}$ 均为非零向量, 且 $\boldsymbol{a} = \boldsymbol{b} \times \boldsymbol{c}, \boldsymbol{b} = \boldsymbol{c} \times \boldsymbol{a}, \boldsymbol{c} = \boldsymbol{a} \times \boldsymbol{b}$. 试证: $|\boldsymbol{a}| + |\boldsymbol{b}| + |\boldsymbol{c}| = 3$.

4. 设 $\boldsymbol{a}, \boldsymbol{b}, \boldsymbol{c}$ 均为非零向量, 且两两不共线, 但 $\boldsymbol{a} + \boldsymbol{b}$ 与 $\boldsymbol{c}$ 共线, $\boldsymbol{b} + \boldsymbol{c}$ 与 $\boldsymbol{a}$ 共线. 试证: $\boldsymbol{a} + \boldsymbol{b} + \boldsymbol{c} = \boldsymbol{0}$.

5. 设向量 $\boldsymbol{a} = \overrightarrow{OA}, \boldsymbol{b} = \overrightarrow{OB}, \boldsymbol{c} = \overrightarrow{OC}$, 证明: 如果 $\boldsymbol{a}, \boldsymbol{b}, \boldsymbol{c}$ 不共面, 那么向量 $\boldsymbol{a} \times \boldsymbol{b} + \boldsymbol{b} \times \boldsymbol{c} + \boldsymbol{c} \times \boldsymbol{a}$ 垂直于点 A, B, C 确定的平面.

6. 设四边形 $A_1 A_2 A_3 A_4$ 为圆 O 的内接四边形, H_1, H_2, H_3, H_4 依次是 $\triangle A_2 A_3 A_4, \triangle A_3 A_4 A_1, \triangle A_4 A_1 A_2, \triangle A_1 A_2 A_3$ 的垂心. 求证: H_1, H_2, H_3, H_4 四点共圆.

7. 设一直线与三坐标面的夹角依次为 u, v, w, 证明: $\cos^2 u + \cos^2 v + \cos^2 w = 2$.

8. 设 M_1 与 M_2 是关于直线 $L: \begin{cases} x + y = 1, \\ 2x - z = 3 \end{cases}$ 对称的两点. 已知点 $M_1(2, -1, 3)$, 求 M_2 的坐标.

9. 试求过直线 $\dfrac{x-1}{2} = \dfrac{y+2}{-3} = \dfrac{z-2}{3}$ 且垂直于平面 $3x + 2y - z - 5 = 0$ 的平面方程.

10. 求平行于平面 $2x + y + 2z + 5 = 0$ 且与三坐标面构成的四面体体积为 1(立方单位) 的平面方程.

11. 过点 $A(7, 3, 5)$ 引方向余弦等于 $\dfrac{1}{3}, \dfrac{2}{3}, \dfrac{2}{3}$ 的直线 L_1. 设直线 L 过点 $B(2, -3, -1)$ 与直线 L_1 相交, 且和 x 轴成 $\dfrac{\pi}{3}$ 角. 求直线 L 的方程.

12. 设直线过点 $P(-3,5,-9)$ 且与两直线 $L_1: \begin{cases} y = 3x + 5, \\ z = 2x - 3, \end{cases} L_2: \begin{cases} y = 4x - 7, \\ z = 5x + 10 \end{cases}$ 相交. 求这直线方程.

13. 求过点 $P(2,1,-1)$ 且垂直于直线 $\begin{cases} 2x + y - z = 3, \\ x + 2y + z = 2 \end{cases}$ 的平面方程.

14. 试确定 λ, 使直线 $\dfrac{x-1}{1} - \dfrac{y+1}{2} = \dfrac{z-1}{\lambda}$ 和直线 $\dfrac{x+1}{1} = \dfrac{y-1}{1} = \dfrac{z}{1}$ 相交.

15. 一平面与 xOy 平面的交线为 $\begin{cases} 2x + y - 2 = 0, \\ z = 0, \end{cases}$ 且与三坐标平面构成一个体积为 2 的四面体. 求这平面的方程.

16. 设一球面与平面 $x+y+z=3$ 和 $x+y+z=9$ 相切, 且中心在直线 $\begin{cases} 2x - y = 0, \\ 3x - z = 0 \end{cases}$ 上. 求该球面的方程.

17. 求过点 $(2,1,3)$ 且与直线 $\dfrac{x+1}{3} = \dfrac{y-1}{2} = \dfrac{z}{-1}$ 垂直相交的直线的方程.

18. 求过点 $A(-1,0,4)$ 且平行于平面 $\pi: 3x - 4y + z + 10 = 0$, 又与直线 $L: \dfrac{x+1}{1} = \dfrac{y-3}{1} = \dfrac{z}{2}$ 相交的直线方程.

19. 已知直线 $L_1: x + 3 = \dfrac{y-4}{-1} = z - 1$ 和 $L_2: \dfrac{x-2}{-1} = y + 1 = \dfrac{z}{2}$.

(1) 证明: 直线 L_1 与直线 L_2 相交.

(2) 写出由直线 L_1 与 L_2 所确定的平面方程.

20. 已知直线 $L_1: x - 1 = \dfrac{y+2}{2} = z - 5$ 和 $L_2: x = \dfrac{y+3}{3} = \dfrac{z+1}{2}$. 求经过直线 L_1 与 L_2 的公垂线且平行于向量 $\boldsymbol{a} = (1,0,-1)$ 的平面方程.

21. 试求通过点 $(1,0,0)$ 和 $(0,-1,0)$ 且与锥面 $x^2 + y^2 = z^2$ 相交成抛物线的平面方程.

22. 将直线 $\begin{cases} y = z, \\ x = 1 \end{cases}$ 绕 z 轴旋转一周, 求旋转曲面的方程.

23. 设柱面的准线是 $\begin{cases} x^2 + y^2 = 1, \\ z = 0, \end{cases}$ 母线平行于向量 $\boldsymbol{a} = (1,1,1)$. 求此柱面方程.

24. 试求与两条直线 $\begin{cases} x = 0, \\ y = 0 \end{cases}$ 和 $\begin{cases} x = 1, \\ z = 0 \end{cases}$ 相交, 且与平面 $x + y + z = 0$ 平行的直线的轨迹方程.

25. 已知锥面的准线方程为 $\begin{cases} x^2 + y^2 + (z-5)^2 = 9, \\ z = 4, \end{cases}$ 顶点为坐标原点. 求锥面的

方程.

26. 已知一球面 $x^2+y^2+z^2-2x+4y-6z=0$ 与一通过球心且与直线 $\begin{cases} x=0, \\ y=z \end{cases}$ 垂直的平面相交. 试求它们的交线在 xOy 平面上的投影.

27. 一只蚂蚁在圆柱面 $x^2+y^2=1$ 上从点 $A(1,0,0)$ 爬到点 $B(-1,0,1)$, 问这只蚂蚁沿圆柱面上的何种路径才能使得爬行路程最短, 并求最短路程.

28. 证明空间曲线 $\begin{cases} x^2+y^2+z^2=8, \\ xy+yz+zx=x+y+z \end{cases}$ 是两个圆, 并求出它们各自的半径.

29. 已知曲面 $z=2x^2+y^2$ 与平面 $4x+2y+z=1$ 相交成一椭圆, 试求该椭圆的面积.

30. 已知平面 π 过 x 轴且与椭球面 $\dfrac{x^2}{9}+\dfrac{y^2}{16}+\dfrac{z^2}{4}=1$ 的交线为一圆, 试求平面 π 的方程及圆的半径.

31. 在空间直角坐标系中, 过 x 轴与 y 轴的动平面分别为 Π_1 与 Π_2, 且 Π_1 与 Π_2 的夹角为 $\dfrac{\pi}{6}$, 求 Π_1 与 Π_2 的交线所形成的曲面方程.

32. 设平面 $Ax+By+Cz+D=0$ 与单叶双曲面 $x^2+y^2-z^2=1$ 的交线是两条直线, 求证: $A^2+B^2=C^2+D^2$.

33. 设平面 $Ax+By+Cz+D=0$ 与双曲抛物面 $x^2-y^2=2z$ 的交线是两条直线, 求证: $A^2-B^2-2CD=0$.

34. 在直角坐标系中, 球面 S 与直线 $L_1: \dfrac{x-1}{3}=\dfrac{y+4}{6}=\dfrac{z-6}{4}$ 相切于点 $A(1,-4,6)$, 与直线 $L_2: \dfrac{x-4}{2}=\dfrac{y+3}{1}=\dfrac{z-2}{-6}$ 相切于点 $B(4,-3,2)$.

(1) 求球面 S 的方程;

(2) 设点 P 为球面 S 上的动点, 过点 P 任作三条两两垂直的弦, 记它们的长度分别为 a,b,c, 求证: $a^2+b^2+c^2$ 为定值.

5.5 训练全解与分析

1. 因为 $\boldsymbol{a}+3\boldsymbol{b}$ 垂直于 $7\boldsymbol{a}-5\boldsymbol{b}$, 所以 $(\boldsymbol{a}+3\boldsymbol{b})(7\boldsymbol{a}-5\boldsymbol{b})=0$, 即 $7\boldsymbol{a}^2-15\boldsymbol{b}^2=-16\boldsymbol{a}\cdot\boldsymbol{b}$. 同理, 由 $\boldsymbol{a}-4\boldsymbol{b}$ 垂直于 $7\boldsymbol{a}-2\boldsymbol{b}$ 可得 $7\boldsymbol{a}^2+8\boldsymbol{b}^2=30\boldsymbol{a}\cdot\boldsymbol{b}$. 联立两式, 消去 $\boldsymbol{a}^2$, 得 $\boldsymbol{b}^2=2\boldsymbol{a}\cdot\boldsymbol{b}$, 进而可得 $\boldsymbol{a}^2=\boldsymbol{b}^2$. 所以 $\cos(\boldsymbol{a},\boldsymbol{b})=\dfrac{\boldsymbol{a}\cdot\boldsymbol{b}}{|\boldsymbol{a}||\boldsymbol{b}|}=\dfrac{\boldsymbol{a}\cdot\boldsymbol{b}}{\boldsymbol{b}^2}=\dfrac{1}{2}$, 即 $(\boldsymbol{a},\boldsymbol{b})=\dfrac{\pi}{3}$. 因此, $\boldsymbol{a}$ 与 $\boldsymbol{b}$ 间的夹角为 $\dfrac{\pi}{3}$.

2. 易知 $|\boldsymbol{a}|=\sqrt{3}, |\boldsymbol{b}|=5\sqrt{2}$, 且 $\boldsymbol{a}\cdot\boldsymbol{b}=12$, 所以

$$|\boldsymbol{x}|^2=(\boldsymbol{a}+\lambda\boldsymbol{b})^2=\boldsymbol{b}^2\lambda^2+2\lambda\boldsymbol{a}\cdot\boldsymbol{b}+\boldsymbol{a}^2=50\lambda^2+24\lambda+3.$$

利用极值方法可知,当 $\lambda = -\dfrac{6}{25}$ 时, $|x|^2$ 最小,从而模 $|x|$ 最小. 此时 $x = \left(\dfrac{7}{25}, -\dfrac{1}{25}, -\dfrac{1}{5}\right)$. 因为 $b \cdot x = 3 \times \dfrac{7}{25} + (-4) \times \left(-\dfrac{1}{25}\right) + 5 \times \left(-\dfrac{1}{5}\right) = 0$, 所以向量 x 与 b 垂直.

3. 记 $x = |a|, y = |b|, z = |c|$. 根据向量积的定义及题设条件可知,向量 a, b, c 两两垂直. 将 $a = b \times c, b = c \times a, c = a \times b$ 分别两边取模, 得 $x = yz, y = xz, z = xy$. 所以 $z = xy = (yz)(xz) = z^2(xy)$. 注意到 $x, y, z > 0$, 所以 $x = y = z = 1$. 因此 $x + y + z = 3$, 即 $|a| + |b| + |c| = 3$.

4. 由 $a + b$ 与 c 共线, $b + c$ 与 a 共线, 故存在常数 λ, μ, 使得 $a + b = \lambda c, b + c = \mu a$, 从而有 $a + b + c = (1 + \lambda)c, \quad a + b + c = (1 + \mu)a$. 若 $a + b + c \neq \mathbf{0}$, 则上述两式表明 a 与 c 共线, 矛盾. 因此 $a + b + c = \mathbf{0}$.

5. 注意到 $\overrightarrow{AB}, \overrightarrow{AC}$ 不共线, 故只需证明 $\overrightarrow{AB}$ 与 $\overrightarrow{AC}$ 均垂直于 $a \times b + b \times c + c \times a$ 即可. 事实上, 由于

$$\overrightarrow{AB} \cdot (a \times b + b \times c + c \times a) = (b - a) \cdot (a \times b + b \times c + c \times a)$$

$$= b \cdot (a \times b + b \times c + c \times a) - a \cdot (a \times b + b \times c + c \times a)$$

$$= b \cdot (a \times b) + b \cdot (b \times c) + b \cdot (c \times a)$$

$$\quad - a \cdot (a \times b) - a \cdot (b \times c) - a \cdot (c \times a)$$

$$= b \cdot (c \times a) - a \cdot (b \times c)$$

$$= 0,$$

$$\overrightarrow{AC} \cdot (a \times b + b \times c + c \times a) = (c - a) \cdot (a \times b + b \times c + c \times a)$$

$$= c \cdot (a \times b + b \times c + c \times a) - a \cdot (a \times b + b \times c + c \times a)$$

$$= c \cdot (a \times b) + c \cdot (b \times c) + c \cdot (c \times a)$$

$$\quad - a \cdot (a \times b) - a \cdot (b \times c) - a \cdot (c \times a)$$

$$= c \cdot (a \times b) - a \cdot (b \times c)$$

$$= 0,$$

所以向量 $\overrightarrow{AB}$ 与 $\overrightarrow{AC}$ 均垂直于向量 $a \times b + b \times c + c \times a$.

6. 设点 G, H_1 分别是 $\triangle A_2 A_3 A_4$ 的重心、垂心, 注意到 O 是其外心, 所以此三点共线 (Euler 线), 如图 5.5 所示. 易知

$$\overrightarrow{OH_1} = 3\overrightarrow{OG} = \overrightarrow{OA_2} + \overrightarrow{OA_3} + \overrightarrow{OA_4}.$$

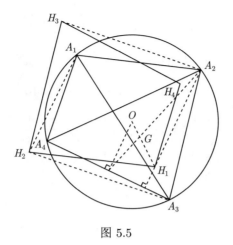

图 5.5

同理, 有
$$\overrightarrow{OH_2} = \overrightarrow{OA_1} + \overrightarrow{OA_3} + \overrightarrow{OA_4},$$
$$\overrightarrow{OH_3} = \overrightarrow{OA_1} + \overrightarrow{OA_2} + \overrightarrow{OA_4},$$
$$\overrightarrow{OH_4} = \overrightarrow{OA_1} + \overrightarrow{OA_2} + \overrightarrow{OA_3}.$$

因为
$$\overrightarrow{H_2H_3} = \overrightarrow{OH_3} - \overrightarrow{OH_2} = \overrightarrow{OA_2} - \overrightarrow{OA_3} = \overrightarrow{A_3A_2},$$
$$\overrightarrow{H_3H_4} = \overrightarrow{OH_4} - \overrightarrow{OH_3} = \overrightarrow{OA_3} - \overrightarrow{OA_4} = \overrightarrow{A_4A_3},$$

所以 $H_2H_3 // A_2A_3, H_3H_4 // A_3A_4$. 故
$$\angle H_2H_3H_4 = \angle A_2A_3A_4.$$

又因为
$$\overrightarrow{H_1H_4} = \overrightarrow{OH_4} - \overrightarrow{OH_1} = \overrightarrow{OA_1} - \overrightarrow{OA_4} = \overrightarrow{A_4A_1},$$
$$\overrightarrow{H_1H_2} = \overrightarrow{OH_2} - \overrightarrow{OH_1} = \overrightarrow{OA_1} - \overrightarrow{OA_2} = \overrightarrow{A_2A_1},$$

所以 $H_1H_4 // A_1A_4, H_1H_2 // A_1A_2$. 故 $\angle H_2H_1H_4 = \angle A_2A_1A_4$. 于是, 有
$$\angle H_2H_3H_4 + \angle H_2H_1H_4 = \angle A_2A_3A_4 + \angle A_2A_1A_4 = 180°,$$

这就证明了, H_1, H_2, H_3, H_4 四点共圆.

7. 设直线与 x 轴、y 轴、z 轴的夹角分别为 α, β, γ, 而直线与 yOz 平面、zOx 平面、xOy 平面的夹角分别为 u, v, w, 则 $\alpha = \dfrac{\pi}{2} - u, \beta = \dfrac{\pi}{2} - v, \gamma = \dfrac{\pi}{2} - w$. 因为 $\cos^2\alpha + \cos^2\beta + \cos^2\gamma = 1$, 所以

$$\cos^2\left(\frac{\pi}{2}-u\right)+\cos^2\left(\frac{\pi}{2}-v\right)+\cos^2\left(\frac{\pi}{2}-w\right)=1,$$

即 $\sin^2 u+\sin^2 v+\sin^2 w=1$，从而有 $\cos^2 u+\cos^2 v+\cos^2 w=2$.

8. $M_2\left(\dfrac{10}{3},-\dfrac{7}{3},\dfrac{5}{3}\right)$. 9. $3x-11y-13z+1=0$. 10. $2x+y+2z\pm 2\sqrt[3]{3}=0$.

11. $\dfrac{x-2}{\sqrt{2}}=\dfrac{y+3}{\sqrt{3}}=\dfrac{z+1}{\sqrt{3}}$ 或 $\dfrac{x-2}{\sqrt{2}}=\dfrac{y+3}{-\sqrt{3}}=\dfrac{z+1}{-\sqrt{3}}$.

12. $\dfrac{x+3}{1}=\dfrac{y-5}{22}=\dfrac{z+9}{2}$.

13. $x-y+z=0$. 14. $\lambda=\dfrac{5}{4}$. 15. $6x+3y\pm z-6=0$.

16. $(x-1)^2+(y-2)^2+(z-3)^2=3$. 17. $\dfrac{x-2}{2}=\dfrac{y-1}{-1}=\dfrac{z-3}{4}$. 18. $\dfrac{x+1}{16}=\dfrac{y}{19}=\dfrac{z-4}{28}$.

19. $x+y-1=0$. 20. $x+2y+z-38=0$. 21. $x-y\pm\sqrt{2}z-1=0$.

22. $x^2+y^2-z^2=1$. 23. $(x-z)^2+(y-z)^2=1$. 24. $x^2+xy+xz-x-y=0$.

25. $2(x^2+y^2)=z^2$. 26. $(x-1)^2+2(y+2)^2=14$. 27. $\sqrt{1+\pi^2}$.

28. $\sqrt{\dfrac{8}{3}},\sqrt{\dfrac{20}{3}}$. 29. $2\pi\sqrt{42}$.

30. 注意到平面 π 与椭球面的交线 Γ 为圆时，圆心必为坐标原点，因而 Γ 也必为平面 π 与某个球面 $x^2+y^2+z^2=r^2$ 的交线，Γ 的半径就是球面的半径 r. 据题设条件，可设平面 π 的方程为 $z=ky$，则 Γ 的方程可为 $\begin{cases}\dfrac{x^2}{9}+\dfrac{y^2}{16}+\dfrac{z^2}{4}=1,\\ z=ky,\end{cases}$ 也可为

$\begin{cases}x^2+y^2+z^2=r^2,\\ z=ky.\end{cases}$ 分别得 $\dfrac{x^2}{9}+\dfrac{4k^2+1}{16}y^2=1$ 和 $x^2+(k^2+1)y^2=r^2$. 联立此二式消去 x，得 $\dfrac{20k^2-7}{144}y^2=1-\dfrac{r^2}{9}$. 由于存在无穷多个 y 使得等式成立 (因为交线 Γ 上的点有无穷多个)，故只能 $\dfrac{20k^2-7}{144}=0$，且 $1-\dfrac{r^2}{9}=0$. 解得 $k=\pm\sqrt{\dfrac{7}{20}}, r=3$. 因此，平面 π 的方程为 $z=\pm\sqrt{\dfrac{7}{20}}y$，圆的半径 $r=3$.

31. 两动平面 Π_1 与 Π_2 的方程为 $\Pi_1:\lambda y+\mu z=0, \Pi_2:ax+bz=0$. 不妨设 $\mu\neq 0, b\neq 0$. 易知，Π_1 与 Π_2 的法向量分别为 $\boldsymbol{n}_1=(0,\lambda,\mu), \boldsymbol{n}_2=(a,0,b)$. 据题设可知

$$\cos^2\frac{\pi}{6}=\frac{(\boldsymbol{n}_1,\boldsymbol{n}_2)^2}{|\boldsymbol{n}_1|^2|\boldsymbol{n}_2|^2}, \quad 即 \quad \frac{3}{4}=\frac{b^2\mu^2}{(\lambda^2+\mu^2)(a^2+b^2)}.$$

将 $\dfrac{\lambda}{\mu}=-\dfrac{z}{y},\dfrac{a}{b}=-\dfrac{z}{x}$ 代入上式并整理，得 $(x^2+z^2)(y^2+z^2)=\dfrac{4}{3}x^2y^2$.

32. 任取平面与曲面的公共点 $P(x_0, y_0, z_0)$ 及过点 P 的交线 L, 则 $Ax_0 + By_0 + Cz_0 + D = 0$, 且 $x_0^2 + y_0^2 - z_0^2 = 1$. 将交线 L 用参数方程表示为 $\begin{cases} x = x_0 + ut, \\ y = y_0 + vt, \\ z = z_0 + wt, \end{cases}$ 其中 t 为参数, $(u, v, w) \neq \mathbf{0}$ 为 L 的方向向量. 因为 L 在曲面上, 所以 $(x_0 + ut)^2 + (y_0 + vt)^2 - (z_0 + wt)^2 = 1$, 化简得 $(u^2 + v^2 - w^2) t^2 + 2(ux_0 + vy_0 - wz_0) t = 0$. 这是关于 t 的恒等式, 所以 $u^2 + v^2 - w^2 = 0$, 且 $ux_0 + vy_0 - wz_0 = 0$. 又因为 L 在平面上, 所以 $Au + Bv + Cw = 0$. 由 $\begin{cases} Au + Bv + Cw = 0, \\ ux_0 + vy_0 - wz_0 = 0, \end{cases}$ 得 $(u, v, w) = k(-Bz_0 - Cy_0, Az_0 + Cx_0, Ay_0 - Bx_0)$, 其中 $k \neq 0$, 代入 $u^2 + v^2 - w^2 = 0$ 并结合 $Ax_0 + By_0 + Cz_0 + D = 0$ 及 $x_0^2 + y_0^2 - z_0^2 = 1$ 化简, 即得 $A^2 + B^2 = C^2 + D^2$.

33. 任取平面与抛物面的公共点 $P(x_0, y_0, z_0)$ 及过点 P 的交线 L, 则 $Ax_0 + By_0 + Cz_0 + D = 0$, 且 $x_0^2 - y_0^2 = 2z_0$. 将交线 L 用参数方程表示为 $\begin{cases} x = x_0 + ut, \\ y = y_0 + vt, \\ z = z_0 + wt, \end{cases}$ 其中 t 为参数, $(u, v, w) \neq \mathbf{0}$ 为 L 的方向向量. 因为 L 在曲面上, 所以 $(x_0 + ut)^2 - (y_0 + vt)^2 = 2(z_0 + wt)$, 化简得 $(u^2 - v^2) t^2 + 2(ux_0 - vy_0 - w) t = 0$. 这是关于 t 的恒等式, 所以 $u^2 = v^2$, 且 $ux_0 - vy_0 = w$. 又因为 L 在平面上, 所以 $Au + Bv + Cw = 0$. 由 $\begin{cases} Au + Bv + Cw = 0, \\ ux_0 - vy_0 = w, \end{cases}$ 得 $(u, v, w) = k(-B + Cy_0, A + Cx_0, -Ay_0 - Bx_0)$, 其中 $k \neq 0$, 代入 $u^2 = v^2$, 并结合 $Ax_0 + By_0 + Cz_0 + D = 0$ 及 $x_0^2 - y_0^2 = 2z_0$ 化简, 即得 $A^2 - B^2 - 2CD = 0$.

34. (1) 设球心为点 Q. 根据题意可知, 过 A 点且垂直于 L_1 的平面为

$$\Pi_1: \quad 3(x-1) + 6(y+4) + 4(z-6) = 0,$$

过 B 点且垂直于 L_2 的平面为

$$\Pi_2: \quad 2(x-4) + (y+3) - 6(z-2) = 0.$$

显然, 球心 $Q(x, y, z)$ 必在平面 Π_1 与 Π_2 的交线上, 且 $|QA|^2 = |QB|^2$, 即

$$(x-1)^2 + (y+4)^2 + (z-6)^2 = (x-4)^2 + (y+3)^2 + (z-2)^2.$$

联立上式可解得球心 Q 的坐标为 $(-5, 3, 0)$. 易知, 球面半径为 $|QB| = 11$, 所以球面 S 的方程为

$$(x+5)^2 + (y-3)^2 + z^2 = 121.$$

(2) 通过平移, 可将球心平移至坐标原点, 其他参数保持不变. 再通过旋转, 可将三条两两垂直的弦旋转到与三条两两垂直的坐标轴平行, 设点 P 的坐标为 (x,y,z), 则三条弦线与球面 S 交于点 $E(-x,y,z), G(x,-y,z), H(x,y,-z)$, 因此

$$a^2+b^2+c^2 = |PE|^2+|PG|^2+|PH|^2 = 4\left(x^2+y^2+z^2\right) = 484$$

为定值, 结论得证.

第6章 多元函数微分学

多元函数与一元函数有着密切的联系,一元函数微分学的许多概念和公式都能相应地推广到多元函数,而且有些概念和公式还可得到进一步拓展. 然而,多元函数与一元函数之间也有某些本质上的差异.

本章着重讨论二元函数微分法及其应用,有关理论和方法可以很容易地推广到更多元的函数中去.

6.1 竞赛要点与难点

(1) 多元函数的概念、二元函数的几何意义;
(2) 二元函数的极限和连续的概念、有界闭区域上多元连续函数的性质;
(3) 多元函数的偏导数和全微分、全微分存在的必要条件和充分条件;
(4) 多元复合函数、隐函数的求导法;
(5) 二阶偏导数、方向导数和梯度;
(6) 空间曲线的切线和法平面、曲面的切平面和法线;
(7) 二元函数的二阶 Taylor(泰勒) 公式;
(8) 多元函数的极值和条件极值、Lagrange 乘数法、多元函数的最大值、最小值及其简单应用.

6.2 范例解析与精讲

题型一、二元函数的极限

二元函数极限的题型可分为两类,一类是讨论二重极限的存在性;另一类是求二重极限.

1. 讨论二重极限的存在性

若要证明二重极限存在,一般是用定义去证. 若要证明二重极限不存在,则只要能找出两条不同的路线,沿这些路线的极限值不相同就行了. 较有效的方法是沿直线 $y=kx$ 取极限,或者是沿含参数 k 的其他曲线 (如二次抛物线等) 取极限,所得结果与 k 值有关,由此说明极限不存在.

【例 6.1】 试证明: $\lim\limits_{\substack{x\to 0 \\ y\to 0}} \dfrac{x^3+y^3}{x^2+y^2} = 0.$

证 采用极限的定义进行证明. 由于当 $(x,y) \neq (0,0)$ 时,

$$\left| \frac{x^3+y^3}{x^2+y^2} \right| \leqslant \frac{x^2}{x^2+y^2}|x| + \frac{y^2}{x^2+y^2}|y| \leqslant |x|+|y|,$$

故对于任意 $\varepsilon > 0$, 取 $\delta = \dfrac{\varepsilon}{2}$, 则当 $|x| < \delta, |y| < \delta, (x,y) \neq (0,0)$ 时,

$$\left| \frac{x^3 + y^3}{x^2 + y^2} \right| \leqslant |x| + |y| < \frac{\varepsilon}{2} + \frac{\varepsilon}{2} = \varepsilon.$$

因此 $\lim\limits_{\substack{x \to 0 \\ y \to 0}} \dfrac{x^3 + y^3}{x^2 + y^2} = 0.$

【例 6.2】 证明: 极限 $\lim\limits_{\substack{x \to 0 \\ y \to 0}} \dfrac{xy}{\sqrt{x+y+1}-1}$ 不存在.

证 因为 $\dfrac{xy}{\sqrt{x+y+1}-1} = \dfrac{xy}{x+y}(\sqrt{x+y+1}+1)$, 而 $\lim\limits_{\substack{x \to 0 \\ y \to 0}} (\sqrt{x+y+1}+1) = 2$ 存在, 故只需证明极限 $\lim\limits_{\substack{x \to 0 \\ y \to 0}} \dfrac{xy}{x+y}$ 不存在即可.

当 (x,y) 沿曲线 $y = kx^2 - x (k \neq 0)$ 趋于 $(0,0)$ 时, 有 $\lim\limits_{\substack{x \to 0 \\ y \to 0}} \dfrac{xy}{x+y} = \lim\limits_{x \to 0} \dfrac{kx-1}{k} = -\dfrac{1}{k}.$

由于此结果随着 k 取不同数值而改变, 所以 $\lim\limits_{\substack{x \to 0 \\ y \to 0}} \dfrac{xy}{x+y}$ 不存在.

于是, 极限 $\lim\limits_{\substack{x \to 0 \\ y \to 0}} \dfrac{xy}{\sqrt{x+y+1}-1}$ 不存在.

2. 求二重极限

求二重极限时, 通常使用极坐标代换法和夹逼法则, 而对于函数的连续点, 则可用直接代入法.

1) 利用夹逼法则

【例 6.3】 求极限 $\lim\limits_{\substack{x \to \infty \\ y \to \infty}} \dfrac{x^2 + xy + y^2}{x^4 + y^4} \left(\dfrac{xy}{x^2+y^2} \right)^{x^2}.$

解 利用平均值不等式, 易知

$$0 \leqslant \left| \frac{x^2 + xy + y^2}{x^4 + y^4} \left(\frac{xy}{x^2+y^2} \right)^{x^2} \right| \leqslant \frac{\frac{3}{2}(x^2+y^2)}{2x^2 y^2} \left(\frac{1}{2} \right)^{x^2} \leqslant \left(\frac{1}{x^2} + \frac{1}{y^2} \right) \left(\frac{1}{2} \right)^{x^2},$$

而 $\lim\limits_{\substack{x \to \infty \\ y \to \infty}} \left(\dfrac{1}{x^2} + \dfrac{1}{y^2} \right) = 0, \lim\limits_{x \to \infty} \left(\dfrac{1}{2} \right)^{x^2} = 0,$ 所以 $\lim\limits_{\substack{x \to \infty \\ y \to \infty}} \dfrac{x^2 + xy + y^2}{x^4 + y^4} \left(\dfrac{xy}{x+y} \right)^{x^2} = 0.$

2) 利用极坐标代换法

对于某些二元函数 $f(x,y)$, 可以通过引入极坐标变换 $x - x_0 = \rho \cos\theta, y - y_0 = \rho \sin\theta$, 使之成为仅是变量 ρ 的函数 $\varphi(\rho)$, 或者虽然含有 θ, 但通过对它的研究容易化成仅含 ρ 的情形. 于是二重极限 $\lim\limits_{\substack{x \to x_0 \\ y \to y_0}} f(x,y) \left(\lim\limits_{\substack{x \to \infty \\ y \to \infty}} f(x,y) \right)$ 就变为一元函数极限

$\lim\limits_{\rho \to 0^+} \varphi(\rho) \left(\lim\limits_{\rho \to +\infty} \varphi(\rho) \right)$, 其中

$$\rho = \sqrt{(x-x_0)^2 + (y-y_0)^2}.$$

【例 6.4】 求极限: $\lim\limits_{\substack{x \to \infty \\ y \to \infty}} \dfrac{(x^2 + y^2)\sin(x^4 + y^4)}{x^4 + y^4}$.

解 令 $x = \rho\cos\theta, y = \rho\sin\theta$, 则

$$0 \leqslant \frac{(x^2+y^2)\sin(x^4+y^4)}{x^4+y^4} \leqslant \frac{x^2+y^2}{x^4+y^4} = \frac{1}{\rho^2\left(1 - \dfrac{1}{2}\sin^2 2\theta\right)} \leqslant \frac{2}{\rho^2},$$

而当 $x \to \infty, y \to \infty$ 时, $\rho \to \infty$, 故 $\lim\limits_{\substack{x \to \infty \\ y \to \infty}} \dfrac{(x^2+y^2)\sin(x^4+y^4)}{x^4+y^4} = 0$.

【例 6.5】 求极限: $\lim\limits_{\substack{x \to 0 \\ y \to 0}} \dfrac{(y-x)x}{\sqrt{x^2+y^2}}$.

解 令 $x = \rho\cos\theta, y = \rho\sin\theta$, 则当 $(x,y) \to (0,0)$ 时, $\rho \to 0$. 因为

$$0 \leqslant \frac{|(y-x)x|}{\sqrt{x^2+y^2}} \leqslant \rho|(\sin\theta - \cos\theta)\cos\theta| \leqslant 2\rho,$$

故 $\lim\limits_{\substack{x \to 0 \\ y \to 0}} \dfrac{(y-x)x}{\sqrt{x^2+y^2}} = 0$.

3) 直接代入法

如果 $f(x,y)$ 在 (x_0, y_0) 处连续, 则 $\lim\limits_{\substack{x \to x_0 \\ y \to y_0}} f(x,y) = f(x_0, y_0)$. 这就是说, 对于二元函数的连续点, 在求二重极限时, 可用直接代入法. 此时, 代数方法用来作恒等变形往往也是必需的.

【例 6.6】 求极限: $I = \lim\limits_{\substack{x \to 1 \\ y \to 0}} \dfrac{x^3 + \mathrm{e}^y}{x^2 + y^2}$.

解 因为 $f(x,y) = \dfrac{x^3 + \mathrm{e}^y}{x^2 + y^2}$ 在点 $(1,0)$ 处连续, 故 $I = f(1,0) = \dfrac{1^3 + \mathrm{e}^0}{1^2 + 0^2} = 2$.

【例 6.7】 求极限: $I = \lim\limits_{\substack{x \to 0 \\ y \to 0}} \dfrac{x^2 + y^2}{\sqrt{x^2+y^2+1} - 1}$.

解 $I = \lim\limits_{\substack{x \to 0 \\ y \to 0}} \left(\sqrt{x^2+y^2+1} + 1\right) = 2$.

【例 6.8】 求极限: $I = \lim\limits_{\substack{x \to \infty \\ y \to a}} \left(1 + \dfrac{1}{xy}\right)^{\frac{x^2}{x+y}}$, 其中 $a \neq 0$.

解 因为当 $x \to \infty, y \to a$ 时, $xy \to \infty$, 所以

$$I = \lim_{\substack{x\to\infty \\ y\to a}} \left[\left(1+\frac{1}{xy}\right)^{xy}\right]^{\frac{x}{(x+y)y}} = \lim_{\substack{x\to\infty \\ y\to a}} \left[\left(1+\frac{1}{xy}\right)^{xy}\right]^{\frac{1}{\left(1+\frac{y}{x}\right)y}} = e^{\frac{1}{a}}.$$

题型二、多元函数微分法

1. 二元函数的连续性、可导性与可微性的关系

二元函数的连续性、可导性 (即偏导数的存在性) 与可微性之间的关系比较复杂, 这里举例说明, 并归纳出相应的结论.

【例 6.9】 设函数 $f(x,y) = \begin{cases} 1, & xy \neq 0, \\ 0, & xy = 0. \end{cases}$ 求 $f_x(0,0), f_y(0,0)$.

解 因为 $f(x,0) = f(0,y) = f(0,0) = 0$, 所以

$$f_x(0,0) = \lim_{\Delta x \to 0} \frac{f(0+\Delta x, 0) - f(0,0)}{\Delta x} = 0,$$

$$f_y(0,0) = \lim_{\Delta y \to 0} \frac{f(0, 0+\Delta y) - f(0,0)}{\Delta y} = 0.$$

此外, 当 $x \to 0, y \to 0$ 时, $f(x,y)$ 的极限不存在, 从而 $f(x,y)$ 在 $(0,0)$ 处不连续. 由此说明: $f(x,y)$ 在点 $(0,0)$ 处存在偏导数, 但不连续.

【例 6.10】 试证: $f(x,y) = \begin{cases} \dfrac{xy}{\sqrt{x^2+y^2}}, & (x,y) \neq (0,0), \\ 0, & (x,y) = (0,0) \end{cases}$ 在点 $(0,0)$ 处存在偏导数但不可微.

证 因为

$$f_x(0,0) = \lim_{\Delta x \to 0} \frac{f(0+\Delta x, 0) - f(0,0)}{\Delta x} = 0,$$

$$f_y(0,0) = \lim_{\Delta y \to 0} \frac{f(0, 0+\Delta y) - f(0,0)}{\Delta y} = 0,$$

所以 $f(x,y)$ 在点 $(0,0)$ 处两个偏导数都存在.

若 $f(x,y)$ 在点 $(0,0)$ 处可微, 则 $df = \dfrac{\partial f}{\partial x} dx + \dfrac{\partial f}{\partial y} dy = 0, \Delta f = df + o(\rho) = o(\rho)$, 这里 $\rho = \sqrt{(\Delta x)^2 + (\Delta y)^2}$, 于是 $o(\rho) = \dfrac{\Delta x \Delta y}{\sqrt{(\Delta x)^2 + (\Delta y)^2}}$, 从而

$$\frac{o(\rho)}{\rho} = \frac{\Delta x \Delta y}{(\Delta x)^2 + (\Delta y)^2} \to 0 \quad (\Delta x \to 0, \Delta y \to 0).$$

但这与二重极限 $\lim\limits_{\substack{\Delta x \to 0 \\ \Delta y \to 0}} \dfrac{\Delta x \Delta y}{(\Delta x)^2 + (\Delta y)^2}$ 不存在相矛盾. 因此, $f(x,y)$ 在点 $(0,0)$ 处不可微.

【例 6.11】 已知函数 $f(x,y) = \begin{cases} (x^2+y^2)\sin\dfrac{1}{x^2+y^2}, & x^2+y^2 \neq 0, \\ 0, & x^2+y^2 = 0. \end{cases}$ 试证: $f(x,y)$ 在 $(0,0)$ 处偏导数不连续, 但 $f(x,y)$ 在 $(0,0)$ 处可微.

证 (1) 易知
$$f_x(0,0) = \lim_{\Delta x \to 0} \Delta x \cdot \sin\frac{1}{(\Delta x)^2} = 0,$$
$$f_y(0,0) = \lim_{\Delta y \to 0} \Delta y \cdot \sin\frac{1}{(\Delta y)^2} = 0,$$

故 $f(x,y)$ 在点 $(0,0)$ 处偏导数存在, 从而

$$f_x(x,y) = \begin{cases} 2x\sin\dfrac{1}{x^2+y^2} - \dfrac{2x}{x^2+y^2}\cos\dfrac{1}{x^2+y^2}, & x^2+y^2 \neq 0, \\ 0, & x^2+y^2 = 0, \end{cases}$$

$$f_y(x,y) = \begin{cases} 2y\sin\dfrac{1}{x^2+y^2} - \dfrac{2y}{x^2+y^2}\cos\dfrac{1}{x^2+y^2}, & x^2+y^2 \neq 0, \\ 0, & x^2+y^2 = 0. \end{cases}$$

因 $\lim\limits_{\substack{y=x \\ x \to 0}} f_x(x,y)$ 和 $\lim\limits_{\substack{y=x \\ x \to 0}} f_y(x,y)$ 都不存在, 故 $f(x,y)$ 的两个偏导数在 $(0,0)$ 处均不连续.

(2) 因 $\Delta f = [(\Delta x)^2 + (\Delta y)^2] \cdot \sin\dfrac{1}{(\Delta x)^2 + (\Delta y)^2}, f'_x(0,0) = f'_y(0,0) = 0$, 故在点 $(0,0)$ 处, 当 $\rho = \sqrt{(\Delta x)^2 + (\Delta y)^2} \to 0$ 时,

$$\frac{\Delta f - [f'_x(0,0) \cdot \Delta x + f'_y(0,0) \cdot \Delta y]}{\rho} = \rho \sin\frac{1}{\rho^2} \to 0,$$

所以, $f(x,y)$ 在点 $(0,0)$ 处可微, 且 $\mathrm{d}f = 0$.

关于二元函数的连续性、可导性 (即偏导数存在) 与可微性之间的关系可总结如下:

(1) 二元函数 $f(x,y)$ 可微则必连续, 反之不然. 如 $f(x,y) = \sqrt{|xy|}$ 在点 $(0,0)$ 处连续但不可微.

(2) 二元函数 $f(x,y)$ 可导不能推出 $f(x,y)$ 连续 (如例 6.9); 若 $f(x,y)$ 的偏导数存在且有界, 则 $f(x,y)$ 必连续.

(3) 二元函数 $f(x,y)$ 可微则必可导, 但可导不一定可微 (如例 6.10); 若偏导数连续 (或其中一个连续, 另一个存在) 则一定可微; 偏导数不连续也有可能可微 (如例 6.11).

2. 求复合函数的偏导数

设函数 $u = u(x,y), v = v(x,y)$ 在点 (x,y) 处可微, 而函数 $z = f(u,v)$ 在对应点 (u,v) 处可微, 则

$$\frac{\partial z}{\partial x} = \frac{\partial f}{\partial u} \cdot \frac{\partial u}{\partial x} + \frac{\partial f}{\partial v} \cdot \frac{\partial v}{\partial x},$$

$$\frac{\partial z}{\partial y} = \frac{\partial f}{\partial u} \cdot \frac{\partial u}{\partial y} + \frac{\partial f}{\partial v} \cdot \frac{\partial v}{\partial y}.$$

在求复合函数的偏导数时，务必弄清函数的复合结构，区分中间变量与自变量．对某个自变量求偏导数时，应注意必须经过所有的中间变量而后归结到该自变量．

【例 6.12】 设 $z = f(x^2 - y^2, \cos xy), x - r\cos\theta = 0, y - r\sin\theta = 0$．求 $\dfrac{\partial z}{\partial r}, \dfrac{\partial z}{\partial \theta}$．

解 令 $u = x^2 - y^2, v = \cos xy$，而 $x = r\cos\theta, y = r\sin\theta$，则 $z = f(u,v)$ 经过中间变量 u, v 而后中间变量 x, y 成为自变量 r, θ 的函数，故

$$\begin{aligned}
\frac{\partial z}{\partial r} &= \frac{\partial z}{\partial x} \cdot \frac{\partial x}{\partial r} + \frac{\partial z}{\partial y} \cdot \frac{\partial y}{\partial r} \\
&= \left(\frac{\partial z}{\partial u} \cdot \frac{\partial u}{\partial x} + \frac{\partial z}{\partial v} \cdot \frac{\partial v}{\partial x}\right)\frac{\partial x}{\partial r} + \left(\frac{\partial z}{\partial u} \cdot \frac{\partial u}{\partial y} + \frac{\partial z}{\partial v} \cdot \frac{\partial v}{\partial y}\right)\frac{\partial y}{\partial r} \\
&= 2\frac{\partial z}{\partial u}(x\cos\theta - y\sin\theta) - \frac{\partial z}{\partial v}\sin xy(y\cos\theta + x\sin\theta),
\end{aligned}$$

$$\begin{aligned}
\frac{\partial z}{\partial \theta} &= \frac{\partial z}{\partial x} \cdot \frac{\partial x}{\partial \theta} + \frac{\partial z}{\partial y} \cdot \frac{\partial y}{\partial \theta} \\
&= \left(\frac{\partial z}{\partial u} \cdot \frac{\partial u}{\partial x} + \frac{\partial z}{\partial v} \cdot \frac{\partial v}{\partial x}\right)\frac{\partial x}{\partial \theta} + \left(\frac{\partial z}{\partial u} \cdot \frac{\partial u}{\partial y} + \frac{\partial z}{\partial v} \cdot \frac{\partial v}{\partial y}\right)\frac{\partial y}{\partial \theta} \\
&= -2r\frac{\partial z}{\partial u}(x\sin\theta + y\cos\theta) + r\frac{\partial z}{\partial v}\sin xy(y\sin\theta - x\cos\theta).
\end{aligned}$$

【例 6.13】 设函数 $f(x,y)$ 具有连续偏导数，且对任意 x, y，满足 $\left(\dfrac{\partial f}{\partial x}\right)^2 + \left(\dfrac{\partial f}{\partial y}\right)^2 = 4$．又设 $g(u,v) = f\left(uv, \dfrac{1}{2}(u^2 - v^2)\right)$，且对任意 u, v，满足 $a\left(\dfrac{\partial g}{\partial u}\right)^2 - b\left(\dfrac{\partial g}{\partial v}\right)^2 = u^2 + v^2$，求常数 a, b 的值．

解 记 $x = uv, y = \dfrac{1}{2}(u^2 - v^2)$，则 $g(u,v)$ 是以 x, y 为中间变量，以 u, v 为自变量的复合函数．利用复合函数求偏导数法则，得

$$\frac{\partial g}{\partial u} = v\frac{\partial f}{\partial x} + u\frac{\partial f}{\partial y}, \quad \frac{\partial g}{\partial v} = u\frac{\partial f}{\partial x} - v\frac{\partial f}{\partial y}.$$

代入等式 $a\left(\dfrac{\partial g}{\partial u}\right)^2 - b\left(\dfrac{\partial g}{\partial v}\right)^2 = u^2 + v^2$ 并整理，得

$$(av^2 - bu^2)\left(\frac{\partial f}{\partial x}\right)^2 + 2(a+b)uv\frac{\partial f}{\partial x} \cdot \frac{\partial f}{\partial y} + (au^2 - bv^2)\left(\frac{\partial f}{\partial y}\right)^2 = u^2 + v^2.$$

再将 $\left(\dfrac{\partial f}{\partial y}\right)^2 = 4 - \left(\dfrac{\partial f}{\partial x}\right)^2$ 代入上式并整理，得

$$(a+b)\left(v^2-u^2\right)\left(\frac{\partial f}{\partial x}\right)^2 + 2(a+b)uv\frac{\partial f}{\partial x}\cdot\frac{\partial f}{\partial y} = (1-4a)u^2 + (1+4b)v^2.$$

比较恒等式两端的系数, 得 $\begin{cases} a+b=0, \\ 1-4a=0, \\ 1+4b=0. \end{cases}$ 解得 $a=\dfrac{1}{4}, b=-\dfrac{1}{4}$.

【例 6.14】 设 $u=F(x,y,z)$, 其中 $y=\varphi(x), z=f(x,y)$, 求 $\dfrac{\mathrm{d}u}{\mathrm{d}x}$.

【分析】 函数 u 是经过两次复合而成的. 第一次复合是 $z=f[x,\varphi(x)]$, 其中 x,y 是中间变量, 且 x 又是自变量; 第二次复合是 $u=F(x,\varphi(x),f[x,\varphi(x)])$, 这里 x,y,z 是中间变量, 且 x 还是自变量. 于是

$$\frac{\mathrm{d}u}{\mathrm{d}x} = \frac{\partial F}{\partial x} + \frac{\partial F}{\partial y}\cdot\frac{\mathrm{d}y}{\mathrm{d}x} + \frac{\partial F}{\partial z}\cdot\frac{\mathrm{d}z}{\mathrm{d}x} \quad \text{(称为全导数)}.$$

解 因为 $\dfrac{\mathrm{d}y}{\mathrm{d}x}=\varphi'(x), \dfrac{\mathrm{d}z}{\mathrm{d}x}=\dfrac{\partial f}{\partial x}+\dfrac{\partial f}{\partial y}\cdot\dfrac{\mathrm{d}y}{\mathrm{d}x}=\dfrac{\partial f}{\partial x}+\dfrac{\partial f}{\partial y}\cdot\varphi'(x)$, 所以

$$\begin{aligned}\frac{\mathrm{d}u}{\mathrm{d}x} &= \frac{\partial F}{\partial x} + \frac{\partial F}{\partial y}\cdot\frac{\mathrm{d}y}{\mathrm{d}x} + \frac{\partial F}{\partial z}\cdot\frac{\mathrm{d}z}{\mathrm{d}x} \\ &= \frac{\partial F}{\partial x} + \frac{\partial F}{\partial y}\cdot\varphi'(x) + \frac{\partial F}{\partial z}\left[\frac{\partial f}{\partial x}+\frac{\partial f}{\partial y}\cdot\varphi'(x)\right].\end{aligned}$$

【例 6.15】 若函数 $f(x,y,z)$ 对任意 $t>0$ 恒满足关系式:

$$f(tx,ty,tz) = t^k f(x,y,z), \quad \text{①}$$

则称之为 k 次齐次函数. 试证: k 次齐次可微函数 $f(x,y,z)$ 满足关系式:

$$x\frac{\partial f}{\partial x} + y\frac{\partial f}{\partial y} + z\frac{\partial f}{\partial z} = kf(x,y,z). \quad \text{②}$$

证 设 $u=tx, v=ty, w=tz$, 将恒等式①两边对 t 求导, 得

$$xf_u + yf_v + zf_w = kt^{k-1}f(x,y,z).$$

两边同时乘以 t, 得 $txf_u + tyf_v + tzf_w = kt^k f(x,y,z)$, 即

$$uf_u + vf_v + wf_w = kf(u,v,w).$$

把 u,v,w 依次改写成 x,y,z, 即得恒等式②.

【注】 例 6.15 的结论是说: ②式是①式成立的必要条件. 事实上还可证明: ②式也是①式成立的充分条件. 因此, ①式与②式是用于描述三元 k 次齐次函数的两个等价性条件.

【例 6.16】 设函数 $f(x,y)$ 在平面区域 D 上可微, 点 $P(a,b)$ 和 $Q(x,y) \in D$, 且线段 PQ 位于 D 内, 求证: 在线段 PQ 上存在点 (ξ, η), 使得

$$f(x,y) = f(a,b) + f_x(\xi,\eta)(x-a) + f_y(\xi,\eta)(y-b).$$

证 考虑辅助函数 $F(t) = f(a+t(x-a), b+t(y-b))$, 则 $F(t)$ 在区间 $[0,1]$ 上连续, 在 $(0,1)$ 内可导. 利用复合函数求导法则, 得

$$\begin{aligned}F'(t) = &\, f_x(a+t(x-a), b+t(y-b))(x-a) \\ &+ f_y(a+t(x-a), b+t(y-b))(y-b).\end{aligned}$$

根据 Lagrange 中值定理, 存在 $\theta \in (0,1)$, 使得

$$F(1) - F(0) = F'(\theta)(1-0) = F'(\theta). \qquad ①$$

令 $\xi = a + \theta(x-a), \eta = b + \theta(y-b)$, 则点 (ξ, η) 显然位于线段 PQ 上, 且

$$F'(\theta) = f_x(\xi,\eta)(x-a) + f_y(\xi,\eta)(y-b).$$

又 $F(1) = f(x,y), F(0) = f(a,b)$, 故由①式得

$$f(x,y) = f(a,b) + f_x(\xi,\eta)(x-a) + f_y(\xi,\eta)(y-b).$$

3. 求隐函数的偏导数

1) 由一个方程确定一个隐函数的情形

设由方程 $F(x,y) = 0$ 确定一个一元隐函数 $y = y(x)$, 则有

$$\frac{\mathrm{d}y}{\mathrm{d}x} = -\frac{F_x}{F_y} \quad (F_y \neq 0).$$

设由方程 $F(x,y,z) = 0$ 确定一个二元隐函数 $z = z(x,y)$, 则通常求这函数的偏导数有如下三种方法:

(1) **直接法** 把 x, y 看作独立变量, z 是 x, y 的函数, 将方程 $F(x,y,z) = 0$ 的两边分别对 x, y 求导, 得到含 $\dfrac{\partial z}{\partial x}, \dfrac{\partial z}{\partial y}$ 的两个方程, 联立解得 $\dfrac{\partial z}{\partial x}, \dfrac{\partial z}{\partial y}$.

(2) **公式法** 将 x, y, z 都看作独立变量, 使用公式

$$\frac{\partial z}{\partial x} = -\frac{F_x}{F_z}, \quad \frac{\partial z}{\partial y} = -\frac{F_y}{F_z} \quad (F_z \neq 0).$$

(3) **全微分法** 这种方法基于全微分形式不变性原理, 即: 函数对于某个变量 (不管是自变量还是中间变量) 的偏微分, 就等于函数对于这个变量的偏导数与其微分之积.

由 $F(x,y,z) = 0$, 有 $\mathrm{d}F = \dfrac{\partial F}{\partial x}\,\mathrm{d}x + \dfrac{\partial F}{\partial y}\,\mathrm{d}y + \dfrac{\partial F}{\partial z}\,\mathrm{d}z = 0$, 从而

$$\mathrm{d}z = -\frac{F_x}{F_z}\mathrm{d}x - \frac{F_y}{F_z}\mathrm{d}y \quad (F_z \neq 0),$$

又 $\mathrm{d}z = \dfrac{\partial z}{\partial x}\,\mathrm{d}x + \dfrac{\partial z}{\partial y}\,\mathrm{d}y$, 于是有

$$\frac{\partial z}{\partial x} = -\frac{F_x}{F_z}, \quad \frac{\partial z}{\partial y} = -\frac{F_y}{F_z} \quad (F_z \neq 0).$$

这就是说, 由 $F(x,y,z) = 0$ 求出函数 z 的全微分的表达式, 其中微分 $\mathrm{d}x$, $\mathrm{d}y$ 前面的系数即为所求偏导数 $\dfrac{\partial z}{\partial x}$ 和 $\dfrac{\partial z}{\partial y}$.

【例 6.17】 设 $x\cos y + y\cos z + z\cos x = 1$, 求 $\dfrac{\partial z}{\partial x}, \dfrac{\partial z}{\partial y}$.

解 (方法 1) **直接法** 将方程两边分别对 x,y 求导 (记住 z 是关于 x,y 的函数), 得

$$\begin{cases} \cos y - (y\sin z)\dfrac{\partial z}{\partial x} - z\sin x + \dfrac{\partial z}{\partial x}\cos x = 0, \\ -x\sin y + \cos z - (y\sin z)\dfrac{\partial z}{\partial y} + \dfrac{\partial z}{\partial y}\cos x = 0. \end{cases}$$

由此联立解之, 得

$$\frac{\partial z}{\partial x} = \frac{\cos y - z\sin x}{y\sin z - \cos x}, \quad \frac{\partial z}{\partial y} = \frac{\cos z - x\sin y}{y\sin z - \cos x}.$$

(方法 2) **公式法** 令 $F(x,y,z) = x\cos y + y\cos z + z\cos x - 1$, 则

$$F_x = \cos y - z\sin x, \quad F_y = \cos z - x\sin y, \quad F_z = \cos x - y\sin z.$$

于是

$$\frac{\partial z}{\partial x} = -\frac{F_x}{F_z} = \frac{\cos y - z\sin x}{y\sin z - \cos x}, \quad \frac{\partial z}{\partial y} = -\frac{F_y}{F_z} = \frac{\cos z - x\sin y}{y\sin z - \cos x}.$$

(方法 3) **全微分法** 令 $F(x,y,z) = x\cos y + y\cos z + z\cos x - 1$, 则 $F(x,y,z) = 0$, 且

$$\mathrm{d}F = (\cos y - z\sin x)\mathrm{d}x + (\cos z - x\sin y)\mathrm{d}y + (\cos x - y\sin z)\mathrm{d}z = 0,$$

即 $\mathrm{d}z = \dfrac{\cos y - z\sin x}{y\sin z - \cos x} \cdot \mathrm{d}x + \dfrac{\cos z - x\sin y}{y\sin z - \cos x} \cdot \mathrm{d}y$, 故

$$\frac{\partial z}{\partial x} = \frac{\cos y - z\sin x}{y\sin z - \cos x}, \quad \frac{\partial z}{\partial y} = \frac{\cos z - x\sin y}{y\sin z - \cos x}.$$

全微分法用于处理那些变量之间的关系比较复杂的函数时尤为方便. 如

【例 6.18】 设 $y = f(x,t)$, 而 t 是由方程 $F(x,y,t) = 0$ 所确定的 x,y 的函数, 其中 f,F 都具有一阶连续偏导数. 试证明:

$$\frac{dy}{dx} = \frac{\frac{\partial f}{\partial x}\frac{\partial F}{\partial t} - \frac{\partial f}{\partial t}\frac{\partial F}{\partial x}}{\frac{\partial f}{\partial t}\frac{\partial F}{\partial y} + \frac{\partial F}{\partial t}}.$$

证 分别对 $y = f(x,t)$ 与 $F(x,y,t) = 0$ 两边求微分, 得

$$dy = \frac{\partial f}{\partial x} dx + \frac{\partial f}{\partial t} dt, \qquad ①$$

$$\frac{\partial F}{\partial x} dx + \frac{\partial F}{\partial y} dy + \frac{\partial F}{\partial t} dt = 0. \qquad ②$$

由②式得 $dt = \dfrac{\frac{\partial F}{\partial x} dx + \frac{\partial F}{\partial y} dy}{-\frac{\partial F}{\partial t}}$, 代入①式得 $dy = \dfrac{\partial f}{\partial x} dx + \dfrac{\partial f}{\partial t} \dfrac{\frac{\partial F}{\partial x} dx + \frac{\partial F}{\partial y} dy}{-\frac{\partial F}{\partial t}}$, 即

$$\left(\frac{\partial f}{\partial t}\frac{\partial F}{\partial y} + \frac{\partial F}{\partial t}\right) dy = \left(\frac{\partial f}{\partial x}\frac{\partial F}{\partial t} - \frac{\partial f}{\partial t}\frac{\partial F}{\partial x}\right) dx.$$

故 $\dfrac{dy}{dx} = \left(\dfrac{\partial f}{\partial x}\dfrac{\partial F}{\partial t} - \dfrac{\partial f}{\partial t}\dfrac{\partial F}{\partial x}\right) \Big/ \left(\dfrac{\partial f}{\partial t}\dfrac{\partial F}{\partial y} + \dfrac{\partial F}{\partial t}\right).$

2) 由方程组确定隐函数组的情形

上面讨论的是由一个方程所确定的一个隐函数的求导问题, 下面将讨论由方程组

$$\begin{cases} F(x,y,u,v) = 0, \\ G(x,y,u,v) = 0 \end{cases}$$

所确定的隐函数组的求导方法.

在隐函数组求导时, 应首先确定哪些变量是自变量, 哪些变量是因变量, 以及在隐式中的复合关系. 其次看由给定的方程组能否解出函数的显式来, 如果能, 那么接下来就可直接求偏导; 如果不能, 那么可对方程组中的各方程两边同时关于某变量求偏导, 然后再解方程组求出偏导数. 或者利用全微分法求解.

【例 6.19】 设 $x = e^u \cos v, y = e^u \sin v, z = uv$. 试求 $\dfrac{\partial z}{\partial x}$ 和 $\dfrac{\partial z}{\partial y}$.

解 (方法 1) 把 u 和 v 看成中间变量, x 和 y 看成自变量. 因为

$$\frac{\partial z}{\partial x} = \frac{\partial z}{\partial u} \cdot \frac{\partial u}{\partial x} + \frac{\partial z}{\partial v} \cdot \frac{\partial v}{\partial x} = v\frac{\partial u}{\partial x} + u\frac{\partial v}{\partial x},$$

$$\frac{\partial z}{\partial y} = \frac{\partial z}{\partial u} \cdot \frac{\partial u}{\partial y} + \frac{\partial z}{\partial v} \cdot \frac{\partial v}{\partial y} = v\frac{\partial u}{\partial y} + u\frac{\partial v}{\partial y},$$

所以关键是求偏导数 $\dfrac{\partial u}{\partial x}, \dfrac{\partial u}{\partial y}, \dfrac{\partial v}{\partial x}, \dfrac{\partial v}{\partial y}$. 上述的三种方法均可使用. 下面我们采用第一种方法即把函数显化的方法求解. 因为

$$u = \frac{1}{2}\ln(x^2+y^2), \quad v = \arctan\frac{y}{x},$$

所以

$$\frac{\partial u}{\partial x} = \frac{x}{x^2+y^2} = \frac{\cos v}{\mathrm{e}^u}, \qquad \frac{\partial u}{\partial y} = \frac{y}{x^2+y^2} = \frac{\sin v}{\mathrm{e}^u},$$

$$\frac{\partial v}{\partial x} = -\frac{y}{x^2+y^2} = -\frac{\sin v}{\mathrm{e}^u}, \qquad \frac{\partial v}{\partial y} = \frac{x}{x^2+y^2} = \frac{\cos v}{\mathrm{e}^u}.$$

故有

$$\frac{\partial z}{\partial x} = v\frac{\cos v}{\mathrm{e}^u} - u\frac{\sin v}{\mathrm{e}^u} = \mathrm{e}^{-u}(v\cos v - u\sin v),$$

$$\frac{\partial z}{\partial y} = v\frac{\sin v}{\mathrm{e}^u} + u\frac{\cos v}{\mathrm{e}^u} = \mathrm{e}^{-u}(u\cos v + v\sin v).$$

(**方法 2**) 把 x 和 y 看成中间变量, u 和 v 看成自变量, 则

$$\frac{\partial z}{\partial u} = \frac{\partial z}{\partial x}\cdot\frac{\partial x}{\partial u} + \frac{\partial z}{\partial y}\cdot\frac{\partial y}{\partial u}, \quad \frac{\partial z}{\partial v} = \frac{\partial z}{\partial x}\cdot\frac{\partial x}{\partial v} + \frac{\partial z}{\partial y}\cdot\frac{\partial y}{\partial v},$$

即

$$v = \mathrm{e}^u(\cos v)\frac{\partial z}{\partial x} + \mathrm{e}^u(\sin v)\frac{\partial z}{\partial y},$$

$$u = -\mathrm{e}^u(\sin v)\frac{\partial z}{\partial x} + \mathrm{e}^u(\cos v)\frac{\partial z}{\partial y}.$$

联立解之, 即得 $\dfrac{\partial z}{\partial x}$ 和 $\dfrac{\partial z}{\partial y}$.

(**方法 3**) 采用全微分法. 由给定方程组, 得

$$\begin{cases} \mathrm{d}x = \mathrm{e}^u(\cos v)\mathrm{d}u - \mathrm{e}^u(\sin v)\mathrm{d}v, & \text{①} \\ \mathrm{d}y = \mathrm{e}^u(\sin v)\mathrm{d}u + \mathrm{e}^u(\cos v)\mathrm{d}v, & \text{②} \\ \mathrm{d}z = v\,\mathrm{d}u + u\,\mathrm{d}v. & \text{③} \end{cases}$$

联立①式和②式可解得

$$\begin{cases} \mathrm{d}u = \mathrm{e}^{-u}(\cos v\mathrm{d}x + \sin v\mathrm{d}y), \\ \mathrm{d}v = \mathrm{e}^{-u}(-\sin v\mathrm{d}x + \cos v\mathrm{d}y). \end{cases} \qquad \text{④}$$

将④式代入③式, 得

$$\mathrm{d}z = v\mathrm{e}^{-u}(\cos v\mathrm{d}x + \sin v\mathrm{d}y) + u\mathrm{e}^{-u}(-\sin v\mathrm{d}x + \cos v\mathrm{d}y)$$

$$= \mathrm{e}^{-u}(v\cos v - u\sin v)\mathrm{d}x + \mathrm{e}^{-u}(v\sin v + u\cos v)\mathrm{d}y.$$

故 $\dfrac{\partial z}{\partial x} = e^{-u}(v\cos v - u\sin v), \dfrac{\partial z}{\partial y} = e^{-u}(v\sin v + u\cos v).$

4. 求高阶偏导数

我们知道，二元函数 $z = f(x, y)$ 的偏导数通常仍是 x, y 的二元函数，如果这两个偏导数还存在关于 x 与 y 的偏导数：

$$\frac{\partial}{\partial x}\left(\frac{\partial z}{\partial x}\right) = \frac{\partial^2 z}{\partial x^2} = f_{xx}(x,y), \quad \frac{\partial}{\partial y}\left(\frac{\partial z}{\partial x}\right) = \frac{\partial^2 z}{\partial x \partial y} = f_{xy}(x,y),$$

$$\frac{\partial}{\partial x}\left(\frac{\partial z}{\partial y}\right) = \frac{\partial^2 z}{\partial y \partial x} = f_{yx}(x,y), \quad \frac{\partial}{\partial y}\left(\frac{\partial z}{\partial y}\right) = \frac{\partial^2 z}{\partial y^2} = f_{yy}(x,y),$$

则称之为函数 $z = f(x, y)$ 的二阶偏导数.

类似地，还可定义更高阶的偏导数. 例如，函数 $z = f(x, y)$ 关于 x 的三阶偏导数是

$$\frac{\partial}{\partial x}\left(\frac{\partial^2 z}{\partial x^2}\right) = \frac{\partial^3 z}{\partial x^3}.$$

命题 如果偏导数 $f_{xy}(x,y)$ 与 $f_{yx}(x,y)$ 连续，则 $f_{xy}(x,y) = f_{yx}(x,y)$.

这部分主要有 4 种题型：

(1) 求复合函数的高阶偏导数 (例 6.20)；

(2) 证明关于偏导数的等式 (例 6.21)；

(3) 根据给定的变量代换简化偏微分方程或表达式 (例 6.22)；

(4) 求隐函数的高阶偏导数 (例 6.23、例 6.24).

【例 6.20】 设 $z = z(x, y)$ 具有二阶连续偏导数，满足方程 $3\dfrac{\partial^2 z}{\partial x^2} - 2\dfrac{\partial^2 z}{\partial x \partial y} - \dfrac{\partial^2 z}{\partial y^2} = 0$，已知变换 $\begin{cases} u = x + ay, \\ v = x - 3y \end{cases}$ 可将该方程化为 $\dfrac{\partial^2 z}{\partial u \partial v} = 0$，求常数 a.

解 根据复合函数求偏导法则，得 $\dfrac{\partial z}{\partial x} = \dfrac{\partial z}{\partial u} + \dfrac{\partial z}{\partial v}, \dfrac{\partial z}{\partial y} = a\dfrac{\partial z}{\partial u} - 3\dfrac{\partial z}{\partial v}$. 进一步，有

$$\frac{\partial^2 z}{\partial x^2} = \frac{\partial^2 z}{\partial u^2} + 2\frac{\partial^2 z}{\partial u \partial v} + \frac{\partial^2 z}{\partial v^2},$$

$$\frac{\partial^2 z}{\partial x \partial y} = a\frac{\partial^2 z}{\partial u^2} + (a-3)\frac{\partial^2 z}{\partial u \partial v} - 3\frac{\partial^2 z}{\partial v^2},$$

$$\frac{\partial^2 z}{\partial y^2} = a^2\frac{\partial^2 z}{\partial u^2} - 6a\frac{\partial^2 z}{\partial u \partial v} + 9\frac{\partial^2 z}{\partial v^2}.$$

代入原方程，得

$$(3 - 2a - a^2)\frac{\partial^2 z}{\partial u^2} + 4(a+3)\frac{\partial^2 z}{\partial u \partial v} = 0.$$

与 $\dfrac{\partial^2 z}{\partial u \partial v} = 0$ 比较，得 $3 - 2a - a^2 = 0, a + 3 \neq 0$. 所以 $a = 1$.

【例 6.21】 设 $f(x,y)$ 存在二阶偏导数. 证明：$f(x,y) = g(x)h(y)$ 的充分必要条件是
$$f\dfrac{\partial^2 f}{\partial x \partial y} = \dfrac{\partial f}{\partial x} \cdot \dfrac{\partial f}{\partial y}.$$

证 （**必要性**）设 $f(x,y) = g(x)h(y)$，则 $\dfrac{\partial f}{\partial x} = g'(x)h(y), \dfrac{\partial f}{\partial y} = g(x)h'(y)$，于是
$$f\dfrac{\partial^2 f}{\partial x \partial y} = g(x)h(y)g'(x)h'(y) = \dfrac{\partial f}{\partial x} \cdot \dfrac{\partial f}{\partial y}.$$

（**充分性**）设 $f\dfrac{\partial^2 f}{\partial x \partial y} = \dfrac{\partial f}{\partial x} \cdot \dfrac{\partial f}{\partial y}$，令 $\dfrac{\partial f}{\partial x} = u$，则 $f\dfrac{\partial u}{\partial y} = u\dfrac{\partial f}{\partial y}$. 从而
$$\dfrac{\partial}{\partial y}\left(\dfrac{u}{f}\right) = \dfrac{1}{f^2}\left(f\dfrac{\partial u}{\partial y} - u\dfrac{\partial f}{\partial y}\right) = 0,$$
$\dfrac{u}{f} = \varphi(x)$ 或 $\dfrac{1}{f} \cdot \dfrac{\partial f}{\partial x} = \varphi(x), \dfrac{\partial(\ln|f|)}{\partial x} = \varphi(x), \ln|f| = \int \varphi(x)\mathrm{d}x + \psi(y)$，于是
$$f = \pm \mathrm{e}^{\int \varphi(x)\mathrm{d}x} \cdot \mathrm{e}^{\psi(y)} \triangleq g(x)h(y).$$

【例 6.22】 设 $x = \mathrm{e}^{u+v}, y = \mathrm{e}^{u-v}$，且满足方程：
$$x^2\dfrac{\partial^2 z}{\partial x^2} + y^2\dfrac{\partial^2 z}{\partial y^2} + x\dfrac{\partial z}{\partial x} + y\dfrac{\partial z}{\partial y} = 0.$$

证明
$$\dfrac{\partial^2 z}{\partial u^2} + \dfrac{\partial^2 z}{\partial v^2} = 0.$$

证 将 z 看作通过中间变量 x, y 而成为 u, v 的复合函数，于是有
$$\dfrac{\partial z}{\partial u} = \dfrac{\partial z}{\partial x} \cdot \dfrac{\partial x}{\partial u} + \dfrac{\partial z}{\partial y} \cdot \dfrac{\partial y}{\partial u} = \dfrac{\partial z}{\partial x}\mathrm{e}^{u+v} + \dfrac{\partial z}{\partial y}\mathrm{e}^{u-v},$$
$$\dfrac{\partial z}{\partial v} = \dfrac{\partial z}{\partial x} \cdot \dfrac{\partial x}{\partial v} + \dfrac{\partial z}{\partial y} \cdot \dfrac{\partial y}{\partial v} = \dfrac{\partial z}{\partial x}\mathrm{e}^{u+v} - \dfrac{\partial z}{\partial y}\mathrm{e}^{u-v},$$
$$\dfrac{\partial^2 z}{\partial u^2} = x^2 \cdot \dfrac{\partial^2 z}{\partial x^2} + 2xy\dfrac{\partial^2 z}{\partial x \partial y} + y^2 \cdot \dfrac{\partial^2 z}{\partial y^2} + x\dfrac{\partial z}{\partial x} + y\dfrac{\partial z}{\partial y},$$
$$\dfrac{\partial^2 z}{\partial v^2} = x^2 \cdot \dfrac{\partial^2 z}{\partial x^2} - 2xy\dfrac{\partial^2 z}{\partial x \partial y} + y^2 \cdot \dfrac{\partial^2 z}{\partial y^2} + x\dfrac{\partial z}{\partial x} + y\dfrac{\partial z}{\partial y},$$
因此，有 $\dfrac{\partial^2 z}{\partial u^2} + \dfrac{\partial^2 z}{\partial v^2} = 2\left(x^2\dfrac{\partial^2 z}{\partial x^2} + y^2\dfrac{\partial^2 z}{\partial y^2} + x\dfrac{\partial z}{\partial x} + y\dfrac{\partial z}{\partial y}\right) = 0.$

【例 6.23】 设 $u = u(x,y)$ 是由方程 $u + \mathrm{e}^u = xy$ 所确定的二元函数. 求 $\dfrac{\partial^2 u}{\partial x \partial y}$.

解 对等式 $u + e^u = xy$ 两端求微分, 得

$$du = \frac{y}{1+e^u} dx + \frac{x}{1+e^u} dy.$$

由此推出 $\dfrac{\partial u}{\partial x} = \dfrac{y}{1+e^u}, \dfrac{\partial u}{\partial y} = \dfrac{x}{1+e^u}$. 于是

$$\frac{\partial^2 u}{\partial x \partial y} = \frac{\partial}{\partial y}\left(\frac{\partial u}{\partial x}\right) = \frac{1+e^u - ye^u \dfrac{\partial u}{\partial y}}{(1+e^u)^2} = \frac{1}{1+e^u} - \frac{xye^u}{(1+e^u)^3}.$$

【例 6.24】 设 $z = z(x,y)$ 是由方程 $f(2x, y, z-x) = 0$ 所确定的二元函数, 其中函数 f 具有二阶连续偏导数. 求 $\dfrac{\partial z}{\partial x}, \dfrac{\partial^2 z}{\partial x^2}$.

解 令 $u = 2x, v = y, w = z-x$, 则 $f(u,v,w) = 0$. 两边对 x 求偏导数, 得

$$2f_u + f_w\left(\frac{\partial z}{\partial x} - 1\right) = 0, \quad \frac{\partial z}{\partial x} = 1 - 2\frac{f_u}{f_w}.$$

因为

$$\frac{\partial}{\partial x}(f_u) = 2f_{uu} + f_{uw}\left(\frac{\partial z}{\partial x} - 1\right) = 2f_{uu} - 2f_{uw}\frac{f_u}{f_w},$$

$$\frac{\partial}{\partial x}(f_w) = 2f_{uw} + f_{ww}\left(\frac{\partial z}{\partial x} - 1\right) = 2f_{uw} - 2f_{ww}\frac{f_u}{f_w},$$

所以

$$\frac{\partial^2 z}{\partial x^2} = -\frac{2}{(f_w)^2}\left[f_w \frac{\partial}{\partial x}(f_u) - f_u \frac{\partial}{\partial x}(f_w)\right]$$

$$= -\frac{4}{(f_w)^3}\left[f_{uu}(f_w)^2 - 2f_u f_w f_{uw} + f_{ww}(f_u)^2\right].$$

5. 求方向导数的方法

偏导数是反映沿平行于坐标轴方向的函数变化率, 而方向导数则是研究沿某一特定方向的函数变化率. 其定义为

设函数 $f(x,y,z)$ 在点 $P_0(x_0, y_0, z_0)$ 的某一邻域内有定义, 在从点 P_0 出发的一条射线 l 上任取一点 $P(x_0 + \Delta x, y_0 + \Delta y, z_0 + \Delta z)$, 令 $\rho = |P - P_0| = \sqrt{(\Delta x)^2 + (\Delta y)^2 + (\Delta z)^2}$, 如果极限

$$\lim_{\rho \to 0^+} \frac{f(P) - f(P_0)}{\rho} = \lim_{\rho \to 0^+} \frac{f(x_0 + \Delta x, y_0 + \Delta y, z_0 + \Delta z) - f(x_0, y_0, z_0)}{\sqrt{(\Delta x)^2 + (\Delta y)^2 + (\Delta z)^2}}$$

存在, 则称此极限值为函数 $f(x,y,z)$ 在点 P_0 处沿着方向 $\boldsymbol{l}$ 的方向导数, 记为 $\left.\dfrac{\partial f}{\partial \boldsymbol{l}}\right|_{P_0}$.

命题 若函数 $f(x,y,z)$ 在点 $P(x,y,z)$ 可微, 则函数在点 P 处沿任一方向 $\boldsymbol{l}$ 的方向导数都存在, 且

$$\left.\frac{\partial f}{\partial \boldsymbol{l}}\right|_P = \left.\frac{\partial f}{\partial x}\right|_P \cdot \cos\alpha + \left.\frac{\partial f}{\partial y}\right|_P \cdot \cos\beta + \left.\frac{\partial f}{\partial z}\right|_P \cdot \cos\gamma,$$

其中 $\cos\alpha, \cos\beta, \cos\gamma$ 为方向 $\boldsymbol{l}$ 的方向余弦.

对于二元函数, 其方向导数的定义与三元函数基本相同, 也有与上述命题类似的结论.

【例 6.25】 已知二元函数

$$f(x,y) = \begin{cases} x+y+\dfrac{x^3 y}{x^4+y^2}, & (x,y) \neq (0,0), \\ 0, & (x,y) = (0,0). \end{cases}$$

求 $f(x,y)$ 在点 $(0,0)$ 处沿着方向 $(\cos\alpha, \cos\beta)$ 的方向导数.

【分析】 可以证明 $f(x,y)$ 在 $(0,0)$ 处不可微, 故需用定义求方向导数.

解 令 $\Delta x = \rho\cos\alpha, \Delta y = \rho\cos\beta$, 则 $\rho = \sqrt{(\Delta x)^2+(\Delta y)^2}$, 从而

$$\begin{aligned}
\left.\frac{\partial f}{\partial \boldsymbol{l}}\right|_P &= \lim_{\rho\to 0^+}\frac{f(\Delta x,\Delta y)-f(0,0)}{\rho}\\
&= \lim_{\rho\to 0^+}\frac{1}{\rho}\left(\rho\cos\alpha+\rho\cos\beta+\frac{\rho^4\cos^3\alpha\cos\beta}{\rho^4\cos^4\alpha+\rho^2\cos^2\beta}\right)\\
&= \cos\alpha+\cos\beta.
\end{aligned}$$

【例 6.26】 设直线 L 是直线 $\begin{cases} 2x-z-3=0, \\ y-2z+4=0 \end{cases}$ 在平面 $x+y-z=5$ 上的投影. 求函数 $f(x,y,z) = \cos^2 xy + \dfrac{y}{z^2}$ 在点 $P(0,-1,1)$ 处沿直线 L 的方向导数.

【分析】 这里, 函数 $f(x,y,z)$ 在点 $P(0,-1,1)$ 处可微, 故可用上述命题中的公式求解.

解 易知, 直线 L 的方向向量 $\boldsymbol{\tau} = (0,1,1)$. 其方向余弦

$$(\cos\alpha,\cos\beta,\cos\gamma) = \pm\frac{\boldsymbol{\tau}}{|\boldsymbol{\tau}|} = \pm\left(0,\frac{1}{\sqrt{2}},\frac{1}{\sqrt{2}}\right).$$

在点 $P(0,-1,1)$ 处, $f_x = 0, f_y = 1, f_z = 2$, 从而得

$$\left.\frac{\partial f}{\partial L}\right|_P = \pm\left(0\times 0 + 1\times\frac{1}{\sqrt{2}} + 2\times\frac{1}{\sqrt{2}}\right) = \pm\frac{3}{\sqrt{2}}.$$

【例 6.27】 设函数 $f(x,y)$ 处处可微, 已知向量 $\boldsymbol{l}_1$ 与 $\boldsymbol{l}_2$ 的夹角为 $\theta\in(0,\pi)$, 证明:

$$|\operatorname{grad} f(x,y)|^2 \leqslant \frac{2}{\sin^2\theta}\left[\left(\frac{\partial f}{\partial \boldsymbol{l}_1}\right)^2 + \left(\frac{\partial f}{\partial \boldsymbol{l}_2}\right)^2\right].$$

证 设向量 l_1 与 x 轴正向的夹角为 α, 则 l_1 的方向余弦为 $(\cos\alpha, \sin\alpha)$, 向量 l_2 的方向余弦为 $(\cos(\alpha+\theta), \sin(\alpha+\theta))$. 因为 $f(x,y)$ 为可微函数, 所以

$$\frac{\partial f}{\partial l_1} = \frac{\partial f}{\partial x}\cos\alpha + \frac{\partial f}{\partial y}\sin\alpha, \quad \frac{\partial f}{\partial l_2} = \frac{\partial f}{\partial x}\cos(\alpha+\theta) + \frac{\partial f}{\partial y}\sin(\alpha+\theta),$$

由此解得

$$\frac{\partial f}{\partial x} = \frac{1}{\sin\theta}\left[\frac{\partial f}{\partial l_1}\sin(\alpha+\theta) - \frac{\partial f}{\partial l_2}\sin\alpha\right],$$

$$\frac{\partial f}{\partial y} = \frac{1}{\sin\theta}\left[-\frac{\partial f}{\partial l_1}\cos(\alpha+\theta) + \frac{\partial f}{\partial l_2}\cos\alpha\right].$$

所以

$$|\operatorname{grad} f(x,y)|^2 = \left(\frac{\partial f}{\partial x}\right)^2 + \left(\frac{\partial f}{\partial y}\right)^2 = \frac{1}{\sin^2\theta}\left[\left(\frac{\partial f}{\partial l_1}\right)^2 + \left(\frac{\partial f}{\partial l_2}\right)^2 - 2\frac{\partial f}{\partial l_1}\frac{\partial f}{\partial l_2}\cos\theta\right]$$

$$\leqslant \frac{1}{\sin^2\theta}\left[\left(\frac{\partial f}{\partial l_1}\right)^2 + \left(\frac{\partial f}{\partial l_2}\right)^2 + 2\left|\frac{\partial f}{\partial l_1}\right|\left|\frac{\partial f}{\partial l_2}\right|\right]$$

$$\leqslant \frac{2}{\sin^2\theta}\left[\left(\frac{\partial f}{\partial l_1}\right)^2 + \left(\frac{\partial f}{\partial l_2}\right)^2\right].$$

值得注意的是, 方向导数与偏导数是互不依赖的两个概念, 任何一种导数存在都不能推出另一种导数存在. 例如: 函数 $f(x,y) = \sqrt{x^2+y^2}$ 在 $(0,0)$ 处沿任一方向的方向导数都存在但偏导数不存在; 又如例 6.9, $f(x,y)$ 在 $(0,0)$ 处偏导数存在但方向导数不存在.

题型三、多元函数微分法的应用

多元函数微分法的应用主要有两个方面:
(1) 几何应用, 包括建立空间曲线的切线与法平面方程、曲面的切平面与法线方程;
(2) 极值问题, 包括无条件极值、条件极值、函数的最大值与最小值.

1. 求曲面的切平面方程与法线方程

根据曲面的类型: $F(x,y,z) = 0$ 或 $z = f(x,y)$, 选择相应的公式求解.

【例 6.28】 设直线 $L: \begin{cases} x+y+b = 0, \\ x+ay-z-3 = 0 \end{cases}$ 在平面 π 上, 而平面 π 与曲面 $z = x^2+y^2$ 相切于点 $(1,-2,5)$. 求 a, b 的值.

解 易知, 曲面在点 $(1,-2,5)$ 处的法向量为 $(2,-4,-1)$, 于是切平面 π 的方程为 $2(x-1) - 4(y+2) - (z-5) = 0$, 即

$$2x - 4y - z - 5 = 0. \qquad ①$$

依题设, 直线 L 在平面 π 上, 直线 L 上任一点 (x,y,z) 的坐标恒满足平面 π 的方程. 由直线 L 的方程有
$$y=-x-b, \quad z=x-3+a(-x-b).$$
代入方程①, 得 $2x+4x+4b-x+3+ax+ab-5=0$, 即
$$(5+a)x+(4b+ab-2)=0.$$
因而有 $5+a=0, 4b+ab-2=0$. 由此解得 $a=-5, b=-2$.

【例 6.29】 设 f 为可微函数. 试证: 曲面 $z=xf\left(\dfrac{y}{x}\right)$ 上任一点 $(x,y,z)(x\neq 0)$ 处的切平面都过某一固定点.

证 $\dfrac{\partial z}{\partial x}=f\left(\dfrac{y}{x}\right)+xf'\left(\dfrac{y}{x}\right)\left(-\dfrac{y}{x^2}\right)=f\left(\dfrac{y}{x}\right)-\dfrac{y}{x}f'\left(\dfrac{y}{x}\right), \dfrac{\partial z}{\partial y}=xf'\left(\dfrac{y}{x}\right)\dfrac{1}{x}=f'\left(\dfrac{y}{x}\right).$

在曲面 $z=xf\left(\dfrac{y}{x}\right)$ 上任取一点 $M(a,b,c)$, 其中 $a\neq 0$, 则 $c=af\left(\dfrac{b}{a}\right)$.

曲面在点 M 处的法向量为 $\left(f\left(\dfrac{b}{a}\right)-\dfrac{b}{a}f'\left(\dfrac{b}{a}\right), f'\left(\dfrac{b}{a}\right), -1\right)$, 切平面方程为
$$\left[f\left(\dfrac{b}{a}\right)-\dfrac{b}{a}f'\left(\dfrac{b}{a}\right)\right](x-a)+f'\left(\dfrac{b}{a}\right)(y-b)-(z-c)=0,$$
化简得
$$\left[f\left(\dfrac{b}{a}\right)-\dfrac{b}{a}f'\left(\dfrac{b}{a}\right)\right]x+f'\left(\dfrac{b}{a}\right)y-z=0.$$

可见, 曲面在任一点处的切平面都过坐标原点.

【例 6.30】 证明: 曲面 $x^{\frac{2}{3}}+y^{\frac{2}{3}}+z^{\frac{2}{3}}=\pi^{\frac{2}{3}}$ 上任意点处的切平面在坐标轴上的截距的平方和为常数.

证 令 $F(x,y,z)=x^{\frac{2}{3}}+y^{\frac{2}{3}}+z^{\frac{2}{3}}-\pi^{\frac{2}{3}}$, 则
$$\dfrac{\partial F}{\partial x}=\dfrac{2}{3}x^{-\frac{1}{3}}, \quad \dfrac{\partial F}{\partial y}=\dfrac{2}{3}y^{-\frac{1}{3}}, \quad \dfrac{\partial F}{\partial z}=\dfrac{2}{3}z^{-\frac{1}{3}}.$$

故曲面 $F(x,y,z)=0$ 上任一点 $M(a,b,c)$(由对称性, 不妨设 $a>0, b>0, c>0$) 处的切平面方程为
$$\dfrac{1}{\sqrt[3]{a}}(x-a)+\dfrac{1}{\sqrt[3]{b}}(y-b)+\dfrac{1}{\sqrt[3]{c}}(z-c)=0.$$

该平面在 3 个坐标轴上的截距分别为
$$X=a+\sqrt[3]{a}\left(\sqrt[3]{b^2}+\sqrt[3]{c^2}\right)=a+\sqrt[3]{a}\left(\sqrt[3]{\pi^2}-\sqrt[3]{a^2}\right)=\sqrt[3]{\pi^2}\cdot\sqrt[3]{a},$$
$$Y=b+\sqrt[3]{b}\left(\sqrt[3]{a^2}+\sqrt[3]{c^2}\right)=b+\sqrt[3]{b}\left(\sqrt[3]{\pi^2}-\sqrt[3]{b^2}\right)=\sqrt[3]{\pi^2}\cdot\sqrt[3]{b},$$
$$Z=c+\sqrt[3]{c}\left(\sqrt[3]{a^2}+\sqrt[3]{b^2}\right)=c+\sqrt[3]{c}\left(\sqrt[3]{\pi^2}-\sqrt[3]{c^2}\right)=\sqrt[3]{\pi^2}\cdot\sqrt[3]{c}.$$

因此, 三截距的平方之和为
$$X^2 + Y^2 + Z^2 = \sqrt[3]{\pi^4}\left(\sqrt[3]{a^2} + \sqrt[3]{b^2} + \sqrt[3]{c^2}\right) = \pi^2.$$

2. 求空间曲线的切线方程与法平面方程

空间曲线有参数式与交面式 (即一般式) 两种类型, 都可采用相应的公式求解. 但对于交面式曲线而言, 宜选择的方法有: 一是求切线的交面式方程, 这只需求出用来描述该曲线的两曲面在给定点处的切平面方程即可 (例 6.31); 二是化为参数式求解 (例 6.32).

【**例 6.31**】 求曲线 $\begin{cases} \dfrac{x^2}{4} + \dfrac{y^2}{4} + \dfrac{z^2}{2} = 1, \\ x - 2y + z = 0 \end{cases}$ 在点 $M(1,1,1)$ 处的切线方程和法平面方程.

解 设 $F(x,y,z) = \dfrac{x^2}{4} + \dfrac{y^2}{4} + \dfrac{z^2}{2} - 1$, 则 $F'_x = \dfrac{x}{2}, F'_y = \dfrac{y}{2}, F'_z = z$, 曲面 $F(x,y,z) = 0$ 在 $M(1,1,1)$ 处的法向量为 $\left(\dfrac{1}{2}, \dfrac{1}{2}, 1\right)$, 切平面方程是 $\dfrac{1}{2}(x-1) + \dfrac{1}{2}(y-1) + (z-1) = 0$, 即
$$x + y + 2z - 4 = 0.$$
由于所求切线既在已知平面 $x - 2y + z = 0$ 上, 又在已知曲面的切平面 $x + y + 2z - 4 = 0$ 上, 因此, 所求切线方程是
$$\begin{cases} x + y + 2z - 4 = 0, \\ x - 2y + z = 0. \end{cases}$$
上述两个平面的法向量分别是 $\boldsymbol{n}_1 = (1,1,2), \boldsymbol{n}_2 = (1,-2,1)$, 于是它们的向量积
$$\boldsymbol{\tau} = \boldsymbol{n}_1 \times \boldsymbol{n}_2 = \begin{vmatrix} \boldsymbol{i} & \boldsymbol{j} & \boldsymbol{k} \\ 1 & 1 & 2 \\ 1 & -2 & 1 \end{vmatrix} = (5, 1, -3)$$
就是切线的方向向量. 这样, 所求切线的点向式 (即对称式) 方程为
$$\frac{x-1}{5} = \frac{y-1}{1} = \frac{z-1}{-3}.$$
所求法平面方程为 $5(x-1) + (y-1) - 3(z-1) = 0$, 即
$$5x + y - 3z - 3 = 0.$$

【**例 6.32**】 求曲线 $\begin{cases} x^2 - z = 0, \\ x + y + 4 = 0 \end{cases}$ 上点 $P(1, -5, 1)$ 处的法平面与直线 $\begin{cases} 4x - 3y - 2z = 0, \\ x - y - z + 1 = 0 \end{cases}$ 之间的夹角.

解 以变量 x 作为参数, 则所给曲线的参数方程为
$$\begin{cases} x = x, \\ y = -x - 4, \\ z = x^2. \end{cases}$$

由于 $\left.\dfrac{\mathrm{d}x}{\mathrm{d}x}\right|_P = 1, \left.\dfrac{\mathrm{d}y}{\mathrm{d}x}\right|_P = -1, \left.\dfrac{\mathrm{d}z}{\mathrm{d}x}\right|_P = 2$, 故曲线在点 P 处的法平面的法向量 (亦即曲线在点 P 处的切向量) 为 $\boldsymbol{n} = (1, -1, 2)$. 又所给直线的方向向量为

$$\boldsymbol{\tau} = (4, -3, -2) \times (1, -1, -1) = (1, 2, -1),$$

若设所求夹角为 φ, 则由空间解析几何的有关理论可知

$$\cos\varphi = \frac{\boldsymbol{n} \cdot \boldsymbol{\tau}}{|\boldsymbol{n}| \cdot |\boldsymbol{\tau}|} = \frac{1 \times 1 + (-1) \times 2 + 2 \times (-1)}{\sqrt{1^2 + (-1)^2 + 2^2} \cdot \sqrt{1^2 + 2^2 + (-1)^2}} = -\frac{1}{2}.$$

于是, $\varphi = \dfrac{2}{3}\pi$, 即曲线在点 P 处的法平面与所给直线的夹角为 $\dfrac{2}{3}\pi$.

【例 6.33】 试求旋转曲面 $x^2 + y^2 = 2z$ 的切平面, 使之经过曲线 $\varGamma: \begin{cases} 3x^2 + y^2 + z^2 = 5, \\ 2x^5 + y^2 - 4z = 7 \end{cases}$ 在点 $M(1, -1, -1)$ 处的切线.

解 设 $F(x, y, z) = x^2 + y^2 - 2z$, 则曲面 $x^2 + y^2 = 2z$ 在点 (a, b, c) 处的法向量为

$$\boldsymbol{n} = (F_x, F_y, F_z) = 2(a, b, -1),$$

切平面 π 的方程为 $a(x-a) + b(y-b) - (z-c) = 0$, 即

$$ax + by - z = c.$$

因为曲线 $\varGamma$ 在 M 点处的切向量为

$$\boldsymbol{\tau} = (3, -1, -1) \times (5, -1, -2) = (1, 1, 2),$$

欲使平面 π 经过曲线 $\varGamma$ 在 M 点处的切线, 则 $\boldsymbol{n} \cdot \boldsymbol{\tau} = 0$, 并且 M 点位于平面 π 上, 故有

$$a + b - 2 = 0 \quad \text{与} \quad a - b + 1 = c.$$

再与 $a^2 + b^2 = 2c$ 联立解得切点为 $(a, b, c) = (1, 1, 1)$ 或 $(3, -1, 5)$. 因此, 切平面 π 的方程为

$$x + y - z = 1 \quad \text{或} \quad 3x - y - z = 5.$$

【例 6.34】 设锥面 $x^2 + y^2 = z^2$ 上的曲线 $\varGamma$ 可用参数方程表示为 $x = ae^t \cos t$, $y = ae^t \sin t$, $z = ae^t$, 其中 t 为参数, $a > 0$ 为常数. 证明: 曲线 $\varGamma$ 与锥面的任一母线都交成定角.

证 任取锥面 $x^2+y^2=z^2$ 的母线 L，设 L 的方向余弦为 $\boldsymbol{\tau}_1=(\cos\alpha,\cos\beta,\cos\gamma)$，则 $\gamma=\dfrac{\pi}{4}$，从而有 $\cos^2\alpha+\cos^2\beta=1-\cos^2\gamma=\dfrac{1}{2}$. 注意到 L 经过坐标原点，所以 L 的参数方程为

$$x=s\cos\alpha,\quad y=s\cos\beta,\quad z=\frac{1}{\sqrt{2}}s,\quad \text{其中 } s \text{ 为参数}.$$

因此，曲线 Γ 与 L 相交当且仅当

$$s\cos\alpha=a\mathrm{e}^t\cos t,\quad s\cos\beta=a\mathrm{e}^t\sin t,\quad \frac{1}{\sqrt{2}}s=a\mathrm{e}^t,$$

这又等价于 $\cos\alpha=\dfrac{\sqrt{2}}{2}\cos t, \cos\beta=\dfrac{\sqrt{2}}{2}\sin t, \dfrac{1}{\sqrt{2}}s=a\mathrm{e}^t$，即参数对 (s,t) 有唯一解.

另一方面，在 Γ 与 L 的交点处，Γ 的切向量为

$$\boldsymbol{\tau}_2=(a\mathrm{e}^t(\cos t-\sin t),a\mathrm{e}^t(\cos t+\sin t),a\mathrm{e}^t)$$
$$=a\mathrm{e}^t(\cos t-\sin t,\cos t+\sin t,1).$$

因为

$$\cos(\boldsymbol{\tau}_1,\boldsymbol{\tau}_2)=\frac{\boldsymbol{\tau}_1\cdot\boldsymbol{\tau}_2}{|\boldsymbol{\tau}_1|\cdot|\boldsymbol{\tau}_2|}=\frac{(\cos t-\sin t)\cos\alpha+(\cos t+\sin t)\cos\beta+\dfrac{\sqrt{2}}{2}}{\sqrt{(\cos t-\sin t)^2+(\cos t+\sin t)^2+1}}$$
$$=\frac{\sqrt{6}}{3},$$

所以曲线 Γ 与锥面的母线 L 必相交且交成定角 $(\boldsymbol{\tau}_1,\boldsymbol{\tau}_2)=\arccos\dfrac{\sqrt{6}}{3}$.

3. 求二元函数的极值

求解二元函数的极值问题，通常分为两步：先根据必要条件求出函数的所有驻点，再运用充分条件判定驻点是否为极值点.

【**例 6.35**】 求函数 $z=3axy-x^3-y^3$ 的极值 (其中 $a\ne 0$).

解 根据极值存在的必要条件，首先求出函数的所有驻点. 解方程组

$$\begin{cases}\dfrac{\partial z}{\partial x}=3ay-3x^2=0,\\ \dfrac{\partial z}{\partial y}=3ax-3y^2=0,\end{cases}$$

得驻点 $(0,0)$ 和 (a,a). 下面应用极值存在的充分条件判断这两个驻点是否为极值点. 由于

$$B^2-AC=\left(\frac{\partial^2 z}{\partial x\partial y}\right)^2-\left(\frac{\partial^2 z}{\partial x^2}\right)\left(\frac{\partial^2 z}{\partial y^2}\right)=9a^2-36xy,$$

于是当 $x = y = 0$ 时, $B^2 - AC = 9a^2 > 0$, 故函数在点 $(0,0)$ 处没有极值; 当 $x = y = a$ 时, $B^2 - AC = -27a^2 < 0$, 故函数在点 (a,a) 处取得极值. 从而

当 $a > 0$ 时, $A = -6a < 0, z|_{(a,a)} = a^3$ 是极大值;

当 $a < 0$ 时, $A = -6a > 0, z|_{(a,a)} = a^3$ 是极小值.

【例 6.36】 已知函数 $f(x,y)$ 具有二阶连续偏导数, 且满足 $f_{xy}(x,y) = 2(y+1)\mathrm{e}^x, f_x(x,0) = (x+1)\mathrm{e}^x, f(0,y) = y^2 + 2y$, 求 $f(x,y)$ 的极值.

解 对 $f_{xy}(x,y) = 2(y+1)\mathrm{e}^x$ 的两边关于 y 积分, 得

$$f_x(x,y) = (y+1)^2 \mathrm{e}^x + \varphi(x).$$

令 $y = 0$, 并与题设条件比较, 可得 $\varphi(x) = x\mathrm{e}^x$. 所以

$$f_x(x,y) = (y+1)^2 \mathrm{e}^x + x\mathrm{e}^x.$$

两边关于 x 积分, 得

$$f(x,y) = (y+1)^2 \mathrm{e}^x + (x-1)\mathrm{e}^x + \psi(y).$$

再由 $f(0,y) = y^2 + 2y$ 得 $\psi(y) = 0$. 因此 $f(x,y) = (y+1)^2 \mathrm{e}^x + (x-1)\mathrm{e}^x$.

进一步, 由 $\begin{cases} f_x(x,y) = (y+1)^2 \mathrm{e}^x + x\mathrm{e}^x = 0, \\ f_y(x,y) = 2(y+1)\mathrm{e}^x = 0, \end{cases}$ 解得 $x = 0, y = -1$.

因为 $f_{xx}(x,y) = (y+1)^2 \mathrm{e}^x + (x+1)\mathrm{e}^x, f_{yy}(x,y) = 2\mathrm{e}^x$, 所以在驻点 $(0,-1)$ 处, 有

$$\Delta = B^2 - AC = 0^2 - 1 \times 2 = -2 < 0,$$

而 $A = 1 > 0$. 由此可知, $f(x,y)$ 在点 $(0,-1)$ 处取得极小值 $f(0,-1) = -1$.

【例 6.37】 证明: 函数 $z = (1+\mathrm{e}^y)\cos x - y\mathrm{e}^y$ 有无穷多个极大值而无一极小值.

证 $\dfrac{\partial z}{\partial x} = -(1+\mathrm{e}^y)\sin x, \quad \dfrac{\partial z}{\partial y} = (\cos x - y - 1)\mathrm{e}^y.$

$$\dfrac{\partial^2 z}{\partial x^2} = -(1+\mathrm{e}^y)\cos x, \quad \dfrac{\partial^2 z}{\partial x \partial y} = -\mathrm{e}^y \sin x, \quad \dfrac{\partial^2 z}{\partial y^2} = (\cos x - y - 2)\mathrm{e}^y.$$

由 $\dfrac{\partial z}{\partial x} = 0$ 与 $\dfrac{\partial z}{\partial y} = 0$ 可得无穷多个驻点: $(n\pi, (-1)^n - 1)\ (n = 0, \pm 1, \pm 2, \pm 3, \cdots)$.

当 $n = 2k\ (k$ 为整数$)$ 时, 对应的驻点为 $(2k\pi, 0)$, 此时 $A = -2, B = 0, C = -1$. 由于 $B^2 - AC = -2 < 0, A = -2 < 0$, 故 $(2k\pi, 0)$ 是极大值点, 极大值为 2.

当 $n = 2k+1\ (k$ 为整数$)$ 时, 对应的驻点为 $((2k+1)\pi, -2)$, 此时 $A = 1 + \mathrm{e}^{-2}, B = 0, C = -\mathrm{e}^{-2}$. 因为 $B^2 - AC = \mathrm{e}^{-2}(1+\mathrm{e}^{-2}) > 0$, 所以 $((2k+1)\pi, -2)$ 不是极值点.

由此可知, 函数有无穷多个极大值点 $(2k\pi, 0)(k$ 为整数$)$, 而无极小点.

4. 求二元函数在有界闭区域上的最大值与最小值

求二元函数 $f(x,y)$ 在有界闭区域 D 上的最大值和最小值的一般方法.

将 $f(x,y)$ 在区域 D 内的所有驻点处的函数值与 $f(x,y)$ 在 D 的边界上的最大值与最小值相互比较, 其中最大者即为最大值, 最小者为最小值.

【例 6.38】 求函数 $f(x,y) = 3x^2 + 3y^2 - 2x^3$ 在区域 $D: x^2 + y^2 \leqslant 2$ 上的最大值与最小值.

解 令 $\dfrac{\partial f}{\partial x} = 0$, $\dfrac{\partial f}{\partial y} = 0$, 解得 $x_1 = 0, x_2 = 1$; $y = 0$. 故函数 $f(x,y)$ 的驻点为 $M_1(0,0)$ 与 $M_2(1,0)$, 且均在 D 内, $f(M_1) = 0$, $f(M_2) = 1$. 在 D 的边界上, 因为 $x^2 + y^2 = 2$, 所以

$$f(x,y) = 3\left(x^2 + y^2\right) - 2x^3 = 6 - 2x^3 \quad (-\sqrt{2} \leqslant x \leqslant \sqrt{2}).$$

这是一个关于 x 的一元函数, 容易求出它在 $x = -\sqrt{2}$ 处取得最大值 $6 + 4\sqrt{2}$, 在 $x = \sqrt{2}$ 处取得最小值 $6 - 4\sqrt{2}$, 即二元函数 $f(x,y)$ 在 D 的边界上点 $M_3(-\sqrt{2},0)$ 处取得最大值 $6 + 4\sqrt{2}$, 在点 $M_4(\sqrt{2},0)$ 处取得最小值 $6 - 4\sqrt{2}$. 比较函数 $f(x,y)$ 在 M_1, M_2, M_3, M_4 各点的值, 可知 $f(M_3) = 6 + 4\sqrt{2}$ 与 $f(M_1) = 0$ 分别为 $f(x,y)$ 在区域 D 上的最大值与最小值.

【注】 有时, 可能会遇到函数的驻点不在区域 D 的内部. 例如, 函数

$$f(x,y) = x^2 + y^2 - 12x + 16y$$

的唯一驻点 $(6,-8)$ 不在区域 $D: x^2 + y^2 \leqslant 25$ 的内部, 所以 $f(x,y)$ 的最大值和最小值都在 D 的边界上取得. 利用 Lagrange 乘数法, 易知

$$\max f(x,y) = f(-3,4) = 125,$$

$$\min f(x,y) = f(3,-4) = -75.$$

如果忽略了驻点的位置, 就会有 $\min f(x,y) = f(6,-8) = -100$, 导致错误.

【例 6.39】 设函数 $u(x,y)$ 在有界闭区域 D 上连续, 在 D 的内部具有二阶连续偏导数, 且满足 $\dfrac{\partial^2 u}{\partial x \partial y} \neq 0$ 及 $\dfrac{\partial^2 u}{\partial x^2} + \dfrac{\partial^2 u}{\partial y^2} = 0$, 则下列四个命题中唯一正确的选项是 ( ).

(A) $u(x,y)$ 的最大值和最小值都在 D 的边界上取得;
(B) $u(x,y)$ 的最大值和最小值都在 D 的内部取得;
(C) $u(x,y)$ 的最大值在 D 的内部取得, 最小值在 D 的边界上取得;
(D) $u(x,y)$ 的最小值在 D 的内部取得, 最大值在 D 的边界上取得.

解 因为 $u(x,y)$ 在有界闭区域 D 上连续, 所以 $u(x,y)$ 在 D 上必然有最大值和最小值. 如果在 D 的内部存在驻点 $P_0(x_0, y_0)$, 即在 P_0 处 $u_x = 0, u_y = 0$, 因为在点 P_0 处有

$$B^2 - AC = \left(\frac{\partial^2 u}{\partial x \partial y}\right)^2 - \left(\frac{\partial^2 u}{\partial x^2}\right)\left(\frac{\partial^2 u}{\partial y^2}\right) = \left(\frac{\partial^2 u}{\partial x \partial y}\right)^2 + \left(\frac{\partial^2 u}{\partial x^2}\right)^2 > 0,$$

可见 P_0 不是极值点, 当然也不是最大值和最小值点, 所以 $u(x,y)$ 的最大值和最小值必定都在 D 的边界上取得. 因此应选 (A), 其余 3 个选项都是错误的.

【例 6.40】 设 $f(x,y)$ 在闭区域 $D: x^2+y^2 \leqslant 1$ 上具有二阶连续偏导数, 满足 $f(x,y)>0$, 且 $\Delta \ln f(x,y) \geqslant f^2(x,y)$, 其中 Δ 为 Laplace (拉普拉斯) 算子, 证明: 对任意 $(x,y) \in D$, 有 $f(x,y) \leqslant \dfrac{2}{1-x^2-y^2}$.

【分析】 对于二元函数 $u(x,y)$, Laplace 算子 Δu 即二阶微分算子 $\Delta u = \dfrac{\partial^2 u}{\partial x^2} + \dfrac{\partial^2 u}{\partial y^2}$.

证 根据题设条件可知, $f(x,y)$ 是闭区域 D 上的连续正值函数, 所以只需证不等式在区域 D 内的点 (不包含 D 的边界 ∂D 上的点) 处处成立. 下面, 记 $D^0 = D - \partial D$.

设 $g(x,y) = \dfrac{2}{1-x^2-y^2}$, 则 $\Delta \ln g(x,y) = \dfrac{4}{(1-x^2-y^2)^2} = g^2(x,y)$, 所以

$$\Delta[\ln g(x,y) - \ln f(x,y)] \leqslant g^2(x,y) - f^2(x,y). \qquad ①$$

记 $F(x,y) = \ln g(x,y) - \ln f(x,y) = \ln \dfrac{g(x,y)}{f(x,y)}$, 则 $\lim\limits_{(x,y) \to \partial D} F(x,y) = +\infty$, 因此 $F(x,y)$ 在 D 内某点 (x_0, y_0) 取得最小值, 即对任意 $(x,y) \in D^0$, 有 $F(x,y) \geqslant F(x_0, y_0)$, 从而有

$$\frac{g(x,y)}{f(x,y)} \geqslant \frac{g(x_0,y_0)}{f(x_0,y_0)}. \qquad ②$$

此时, 根据二元函数取极值的充分性条件, 有 $F_{xx}(x_0, y_0) \geqslant 0$, $F_{yy}(x_0, y_0) \geqslant 0$, 所以

$$\Delta F(x,y)|_{(x_0,y_0)} = F_{xx}(x_0,y_0) + F_{yy}(x_0,y_0) \geqslant 0.$$

根据①式, 得 $g^2(x_0,y_0) - f^2(x_0,y_0) \geqslant 0$, 由此得 $g(x_0,y_0) \geqslant f(x_0,y_0)$.

最后由②式得, 对任意 $(x,y) \in D^0$, 有

$$f(x,y) \leqslant g(x,y) = \frac{2}{1-x^2-y^2}.$$

5. 多元函数条件极值的应用

条件极值的应用十分广泛, 其求解方法是: 首先利用 Lagrange 乘数法求出可能的极值点, 然后根据具体问题的实际意义判定该点是否为极值点.

【例 6.41】 在椭圆 $x^2+4y^2=4$ 上求一点, 使其到直线 $2x+3y-6=0$ 的距离最短.

解 设 $P(x,y)$ 为椭圆 $x^2+4y^2=4$ 上任意一点, 则点 P 到直线 $2x+3y-6=0$ 的距离为

$$d = \frac{|2x+3y-6|}{\sqrt{13}}.$$

因为求函数 d 的最小值点即求 d^2 的最小值点,所以,问题可抽象为如下数学模型:求目标函数 $d^2 = \dfrac{1}{13}(2x+3y-6)^2$ 在约束条件 $x^2+4y^2=4$ 下的最小值.

构造辅助函数 (即 Lagrange 函数):

$$F(x,y,\lambda) = \frac{1}{13}(2x+3y-6)^2 + \lambda\left(x^2+4y^2-4\right).$$

由 Lagrange 乘数法,有 $\dfrac{\partial F}{\partial x}=0, \dfrac{\partial F}{\partial y}=0, \dfrac{\partial F}{\partial \lambda}=0$,即

$$\begin{cases} \dfrac{4}{13}(2x+3y-6)+2\lambda x = 0, \\ \dfrac{6}{13}(2x+3y-6)+8\lambda y = 0, \\ x^2+4y^2 = 4. \end{cases}$$

解之得 $x_1 = \dfrac{8}{5}, y_1 = \dfrac{3}{5}; x_2 = -\dfrac{8}{5}, y_2 = -\dfrac{3}{5}$,并且有

$$d|_{(x_1,y_1)} = \frac{1}{\sqrt{13}}, \quad d|_{(x_2,y_2)} = \frac{11}{\sqrt{13}}.$$

根据问题的实际意义可知,最短距离一定存在,因此 $\left(\dfrac{8}{5}, \dfrac{3}{5}\right)$ 即为所求的点.

【**例 6.42**】 求椭球面 $\dfrac{x^2}{a^2}+\dfrac{y^2}{b^2}+\dfrac{z^2}{c^2}=1$ 在第一卦限内的切平面,使之与三坐标面所围成的四面体体积最小.

解 设切点为 $M(u,v,w)$,则椭球面在 M 点处的切平面方程为

$$\frac{u}{a^2}x + \frac{v}{b^2}y + \frac{w}{c^2}z = 1.$$

因为点 M 位于第一卦限内,所以 $u>0, v>0, w>0$,所述问题即可抽象为如下数学模型:求目标函数 $V = \dfrac{a^2b^2c^2}{6uvw}(u>0,v>0,w>0)$ 在约束条件

$$\frac{u^2}{a^2}+\frac{v^2}{b^2}+\frac{w^2}{c^2}=1 \qquad \text{①}$$

下的最小值.

构造辅助函数 (即 Lagrange 函数):

$$f(u,v,w,\lambda) = \frac{1}{uvw} + \lambda\left(\frac{u^2}{a^2}+\frac{v^2}{b^2}+\frac{w^2}{c^2}-1\right).$$

由 Lagrange 乘数法, 有 $f_u = 0, f_v = 0, f_w = 0$, 即

$$\begin{cases} -\dfrac{1}{u^2 vw} + \dfrac{2\lambda u}{a^2} = 0, \\ -\dfrac{1}{uv^2 w} + \dfrac{2\lambda v}{b^2} = 0, \\ -\dfrac{1}{uvw^2} + \dfrac{2\lambda w}{c^2} = 0. \end{cases} \qquad ②$$

联立①与②式解得 $u = \dfrac{a}{\sqrt{3}}, v = \dfrac{b}{\sqrt{3}}, w = \dfrac{c}{\sqrt{3}}$, 这是唯一可能的极值点. 因为由问题本身可知最小值一定存在, 所以最小值就在这个可能的极值点处取得.

因此, 所求切平面方程为 $\dfrac{x}{a} + \dfrac{y}{b} + \dfrac{z}{c} = \sqrt{3}$.

【**例 6.43**】 求函数 $f(x, y, z) = \ln x + 2\ln y + 4\ln z$ 在球面 $x^2 + y^2 + z^2 = 7R^2 (x > 0, y > 0, z > 0)$ 上的最大值, 其中 $R > 0$ 为常数, 并由此证明: 当 $a > 0, b > 0, c > 0$ 时, 恒有

$$ab^2 c^4 \leqslant 1024 \left(\dfrac{a+b+c}{7} \right)^7.$$

解 令 $F = \ln x + 2\ln y + 4\ln z + \lambda (x^2 + y^2 + z^2 - 7R^2)$, 由 $F_x' = 0, F_y' = 0, F_z' = 0$, 得

$$\dfrac{1}{x} + 2\lambda x = 0, \quad \dfrac{2}{y} + 2\lambda y = 0, \quad \dfrac{4}{z} + 2\lambda z = 0.$$

与 $x^2 + y^2 + z^2 = 7R^2$ 联立解得 $\lambda = -\dfrac{1}{2R^2}, x = R, y = \sqrt{2}R, z = 2R$.

因为在第一卦限内球面的三条边界曲线上, 函数 $f(x, y, z)$ 均趋于负无穷大, 所以最大值必然在曲面内部取得. 因此, $f(x, y, z)$ 在唯一可能的极值点 $(R, \sqrt{2}R, 2R)$ 处取得最大值

$$f(R, \sqrt{2}R, 2R) = \ln R + 2\ln(\sqrt{2}R) + 4\ln(2R) = \ln(32R^7).$$

进一步, 由上述结论可得 $\ln x + 2\ln y + 4\ln z \leqslant \ln(32R^7)$, 亦即

$$\ln(xy^2 z^4) \leqslant \ln 32 \left(\dfrac{x^2 + y^2 + z^2}{7} \right)^{7/2}, \quad x^2 y^4 z^8 \leqslant 32^2 \left(\dfrac{x^2 + y^2 + z^2}{7} \right)^7.$$

对任意 $a > 0, b > 0, c > 0$, 令 $x^2 = a, y^2 = b, z^2 = c$, 代入上式, 得

$$ab^2 c^4 \leqslant 1024 \left(\dfrac{a+b+c}{7} \right)^7.$$

【**例 6.44**】 将长为 2m 的铁丝分成三段, 分别围成圆、正方形与正三角形. 问这三个图形的面积之和是否存在最小值? 如果存在, 求出最小值.

解 设圆的半径为 x, 正方形的边长为 y, 正三角形的边长为 z, 则 $2\pi x+4y+3z=2$, 且这三个图形的面积之和为

$$S = \pi x^2 + y^2 + \frac{1}{2}z \cdot z \sin\frac{\pi}{3} = \pi x^2 + y^2 + \frac{\sqrt{3}}{4}z^2.$$

根据 Lagrange 乘数法, 构造 Lagrange 函数如下:

$$L(x,y,z;\lambda) = \pi x^2 + y^2 + \frac{\sqrt{3}}{4}z^2 + \lambda(2\pi x + 4y + 3z - 2).$$

令其梯度等于 0: $\nabla L(x,y,z,\lambda)=0$, 即 $\frac{\partial L}{\partial x}=0, \frac{\partial L}{\partial y}=0, \frac{\partial L}{\partial z}=0, \frac{\partial L}{\partial \lambda}=0$, 可得

$$\begin{cases} 2\pi x + 2\pi\lambda = 0, \\ 2y + 4\lambda = 0, \\ \frac{\sqrt{3}}{2}z + 3\lambda = 0, \\ 2\pi x + 4y + 3z = 2. \end{cases} \quad \text{由此得} \quad \begin{cases} x = -\lambda, \\ y = -2\lambda, \\ z = -2\sqrt{3}\lambda. \end{cases}$$

代入第四个式子, 解得 $\lambda = \dfrac{1}{-\pi-4-3\sqrt{3}}$, $(x_0,y_0,z_0) = \dfrac{1}{\pi+4+3\sqrt{3}}(1,2,2\sqrt{3})$, 相应地有

$$S|_{(x_0,y_0,z_0)} = \frac{\pi\cdot 1^2 + 2^2 + \frac{\sqrt{3}}{4}(2\sqrt{3})^2}{(\pi+4+3\sqrt{3})^2} = \frac{1}{\pi+4+3\sqrt{3}}.$$

根据问题的实际意义可知, 最小面积之和一定存在, 因此 $\dfrac{1}{\pi+4+3\sqrt{3}}$ 即为所求的最小值.

【例 6.45】 在曲面 $\Sigma: 2x^2+2y^2+z^2=1$ 上求点 P, 使得函数 $f(x,y,z)=x^2+y^2+z^2$ 沿方向 $\boldsymbol{\tau}=(1,-1,0)$ 的方向导数在点 P 处取最大值.

解 向量 $\boldsymbol{\tau}$ 的方向余弦为 $(\cos\alpha,\cos\beta,\cos\gamma) = \left(\dfrac{1}{\sqrt{2}}, -\dfrac{1}{\sqrt{2}}, 0\right)$, 所以函数 $f(x,y,z)$ 在空间任一点 (x,y,z) 处沿方向 $\boldsymbol{\tau}$ 的方向导数为

$$\frac{\partial f}{\partial \boldsymbol{\tau}} = \frac{\partial f}{\partial x}\cdot\cos\alpha + \frac{\partial f}{\partial y}\cdot\cos\beta + \frac{\partial f}{\partial z}\cdot\cos\gamma = \sqrt{2}(x-y).$$

欲使 $\left.\dfrac{\partial f}{\partial \boldsymbol{\tau}}\right|_{P\in\Sigma}$ 最大, 即归结为求函数 $\sqrt{2}(x-y)$ 在约束条件 $2x^2+2y^2+z^2=1$ 下的最大值. 令

$$L(x,y,z;\lambda) = x - y + \lambda\left(2x^2+2y^2+z^2-1\right),$$

由 $\dfrac{\partial L}{\partial x} = 0, \dfrac{\partial L}{\partial y} = 0, \dfrac{\partial L}{\partial z} = 0, \dfrac{\partial L}{\partial \lambda} = 0$, 得 $1 + 4\lambda x = 0, -1 + 4\lambda y = 0, \lambda z = 0, 2x^2 + 2y^2 + z^2 = 1$, 由此可解得 $(x, y, z) = \left(\dfrac{1}{2}, -\dfrac{1}{2}, 0\right)$ 及 $\left(-\dfrac{1}{2}, \dfrac{1}{2}, 0\right)$. 记 $P_1\left(\dfrac{1}{2}, -\dfrac{1}{2}, 0\right)$, $P_2\left(-\dfrac{1}{2}, \dfrac{1}{2}, 0\right)$, 则

$$\left.\dfrac{\partial f}{\partial \boldsymbol{\tau}}\right|_{P_1} = \sqrt{2}\left(\dfrac{1}{2} + \dfrac{1}{2}\right) = \sqrt{2}, \quad \left.\dfrac{\partial f}{\partial \boldsymbol{\tau}}\right|_{P_2} = \sqrt{2}\left(-\dfrac{1}{2} - \dfrac{1}{2}\right) = -\sqrt{2}.$$

因此, 在点 P_1 处方向导数 $\dfrac{\partial f}{\partial \boldsymbol{\tau}}$ 取最大值, 且 $\max\limits_{P \in \Sigma}\left.\dfrac{\partial f}{\partial \boldsymbol{\tau}}\right|_{P \in \Sigma} = \left.\dfrac{\partial f}{\partial \boldsymbol{\tau}}\right|_{P_1} = \sqrt{2}$.

【例 6.46】 已知椭球面 $\dfrac{x^2}{a^2} + \dfrac{y^2}{b^2} + \dfrac{z^2}{c^2} = 1(a > b > c > 0)$ 被平面 $lx + my + nz = 0(lmn \neq 0)$ 所截得的曲线是椭圆, 求此椭圆围成的平面区域的面积.

【分析】 这是一个条件极值问题. 因为题中参数较多, 常规的求解方法势必会导致复杂的运算过程, 所以应注意分析特点, 发现规律, 寻求解题捷径, 并且尽可能将所得结果整理成结构紧凑的形式.

解 只需求出所述椭圆的长、短半轴即可. 此椭圆中心位于坐标原点, 于是问题即为求函数 $f(x, y, z) = \sqrt{x^2 + y^2 + z^2}$ 在条件

$$\dfrac{x^2}{a^2} + \dfrac{y^2}{b^2} + \dfrac{z^2}{c^2} = 1, \qquad ①$$

$$lx + my + nz = 0 \qquad ②$$

下的条件极值. 故可设 Lagrange 函数为

$$L = x^2 + y^2 + z^2 - \lambda\left(\dfrac{x^2}{a^2} + \dfrac{y^2}{b^2} + \dfrac{z^2}{c^2} - 1\right) - \mu(lx + my + nz).$$

根据 Lagrange 乘数法, 极值点的坐标应满足方程组

$$\begin{cases} L'_x = 2x - \dfrac{2\lambda x}{a^2} - \mu l = 0, & ③ \\ L'_y = 2y - \dfrac{2\lambda y}{b^2} - \mu m = 0, & ④ \\ L'_z = 2z - \dfrac{2\lambda z}{c^2} - \mu n = 0. & ⑤ \end{cases}$$

将③$\times x$+④$\times y$+⑤$\times z$, 得 $\lambda = x^2 + y^2 + z^2$. 可见, 椭圆的长半轴与短半轴即分别对应于 $\sqrt{\lambda}$ 的最大值与最小值, 故只需求解 λ 即可.

由方程组③~⑤容易解得

$$x = \frac{\mu l}{2\left(1 - \dfrac{\lambda}{a^2}\right)}, \quad y = \frac{\mu m}{2\left(1 - \dfrac{\lambda}{b^2}\right)}, \quad z = \frac{\mu n}{2\left(1 - \dfrac{\lambda}{c^2}\right)}.$$

代入②式并整理, 得

$$a^2 l^2 (b^2 - \lambda)(c^2 - \lambda) + b^2 m^2 (a^2 - \lambda)(c^2 - \lambda) + c^2 n^2 (a^2 - \lambda)(b^2 - \lambda) = 0. \qquad ⑥$$

这是关于 λ 的一元二次方程. 注意到我们欲求的是椭圆面积, 即 $\pi\sqrt{\lambda_1 \lambda_2}$ (λ_i, $i = 1, 2$, 为⑥式的解). 而利用关于方程的根与系数关系的韦达定理, 有

$$\lambda_1 \lambda_2 = a^2 b^2 c^2 \frac{l^2 + m^2 + n^2}{a^2 l^2 + b^2 m^2 + c^2 n^2},$$

因此, 所求椭圆面积 $= \pi\sqrt{\lambda_1 \lambda_2} = \pi abc \sqrt{\dfrac{l^2 + m^2 + n^2}{a^2 l^2 + b^2 m^2 + c^2 n^2}}.$

【例 6.47】 已知曲面 $\dfrac{x^2}{8} + \dfrac{y^2}{4} + \dfrac{z^2}{2} = 1$ 与平面 $x + 2y + 2z = 0$ 的交线 Γ 是椭圆, 且 Γ 在 xOy 平面上的投影 Γ_1 也是椭圆.

(1) 求椭圆 Γ_1 的四个顶点 A_1, A_2, A_3, A_4 的坐标, 其中 A_k 位于第 k 象限, $k = 1, 2, 3, 4$;

(2) 问椭圆 Γ 的四个顶点在 xOy 平面上的投影是否也是 A_1, A_2, A_3, A_4? 请阐述理由.

解 (1) 易知, 椭圆 Γ 在 xOy 平面上的投影 Γ_1 的方程为 $\begin{cases} x^2 + 3y^2 + 2xy = 4, \\ z = 0. \end{cases}$

因为 Γ_1 关于坐标原点 O 中心对称, 所以椭圆 Γ_1 的中心为 $O(0,0)$, 这表明 Γ_1 的四个顶点就是 Γ_1 上的点 $M(x,y)$ 到其中心 O 的最远点与最近点. 因此问题归结为求函数 $|\overrightarrow{OM}|^2 = x^2 + y^2$ 在约束条件 $x^2 + 3y^2 + 2xy = 4$ 下的极大值和极小值. 为此, 构造 Lagrange 函数:

$$L(x, y, \lambda) = x^2 + y^2 + \lambda(x^2 + 3y^2 + 2xy - 4),$$

由 $L'_x = 0, L'_y = 0, L'_\lambda = 0$, 解得可能的极值点 $(x, y) = (-1 \pm \sqrt{2}, 1), (1 \pm \sqrt{2}, -1)$.

由于椭圆 Γ_1 的四个顶点 A_1, A_2, A_3, A_4 存在, 故上述可能的极值点即为四个顶点的坐标, 因此得 $A_1(-1 + \sqrt{2}, 1), A_2(-1 - \sqrt{2}, 1), A_3(1 - \sqrt{2}, -1), A_4(1 + \sqrt{2}, -1)$.

(2) 结论: 椭圆 Γ 的四个顶点在 xOy 平面上的投影不是 A_1, A_2, A_3, A_4. 下面给予证明.

首先, 根据例 6.46 的结论直接计算, 可知椭圆 Γ 所围平面图形的面积为 $S = 3\sqrt{2}\pi$.

另一方面, 若假设椭圆 Γ 的四个顶点 P_1, P_2, P_3, P_4 在 xOy 平面上的投影是 A_1, A_2, A_3, A_4, 则由 $A_k(x_k, y_k)$ 的坐标及方程 $x + 2y + 2z = 0$ 可求得顶点 $P_k(x_k, y_k, z_k)$ 的坐标分别为

$$P_1\left(-1+\sqrt{2}, 1, \frac{-1-\sqrt{2}}{2}\right), \quad P_2\left(-1-\sqrt{2}, 1, \frac{-1+\sqrt{2}}{2}\right),$$

$$P_3\left(1-\sqrt{2}, -1, \frac{1+\sqrt{2}}{2}\right), \quad P_4\left(1+\sqrt{2}, -1, \frac{1-\sqrt{2}}{2}\right).$$

注意到椭圆 Γ 的中心为坐标原点 $O(0,0,0)$, 所以 Γ 的短半轴与长半轴分别为

$$\left|\overrightarrow{OP_1}\right| = \left|\overrightarrow{OP_3}\right| = \frac{1}{2}\sqrt{19-6\sqrt{2}}, \quad \left|\overrightarrow{OP_2}\right| = \left|\overrightarrow{OP_4}\right| = \frac{1}{2}\sqrt{19+6\sqrt{2}},$$

因此椭圆 Γ 所围图形的面积为 $S = \frac{\pi}{4}\sqrt{19^2 - 72} = \frac{17\pi}{4}$, 导致矛盾. 故假设不成立.

【注】 对于椭圆 Γ 所围平面图形的面积 S, 直接用几何方法计算也比较简捷.

首先, 易知椭圆 Γ_1 的短半轴与长半轴分别为

$$\left|\overrightarrow{OA_1}\right| = \left|\overrightarrow{OA_3}\right| = \sqrt{4-2\sqrt{2}}, \quad \left|\overrightarrow{OA_2}\right| = \left|\overrightarrow{OA_4}\right| = \sqrt{4+2\sqrt{2}},$$

因此椭圆 Γ_1 所围图形的面积为 $S_1 = \pi \left|\overrightarrow{OA_1}\right| \left|\overrightarrow{OA_2}\right| = \pi\sqrt{(4-2\sqrt{2})(4+2\sqrt{2})} = 2\sqrt{2}\pi$.

其次, 因为平面 $x+2y+2z=0$ 的单位法向量为 $\left(\frac{1}{3}, \frac{2}{3}, \frac{2}{3}\right)$, 所以该平面法线方向的方向余弦 $\cos\gamma = \frac{2}{3}$, 从而有 $S = \frac{S_1}{\cos\gamma} = 3\sqrt{2}\pi$.

6.3 真题选讲与点评

【例 6.48】(第六届全国初赛题, 2014) 设有曲面 $S: z = x^2 + 2y^2$ 和平面 $\pi: 2x+2y+z=0$, 则与 π 平行的 S 的切平面方程是 _____.

解 设 $P_0(x_0, y_0, z_0)$ 为 S 上的一点, 则 S 在点 P_0 的切平面方程为

$$2x_0(x-x_0) + 4y_0(y-y_0) - (z-z_0) = 0.$$

由于切平面与已知平面 π 平行, 则 $(2x_0, 4y_0, -1)$ 平行于 $(2,2,1)$, 故存在常数 $k \neq 0$, 使得

$$(2x_0, 4y_0, -1) = k(2,2,1).$$

由此得 $2x_0 = 2k, 4y_0 = 2k, k = -1$. 所以 $x_0 = -1, y_0 = -\frac{1}{2}$, 从而有 $z_0 = \frac{3}{2}$. 所求切平面方程为

$$-2(x+1) - 2\left(y+\frac{1}{2}\right) - \left(z-\frac{3}{2}\right) = 0, \quad \text{即} \quad 2x+2y+z+\frac{3}{2} = 0.$$

【例 6.49】(第八届全国决赛题, 2017) 设可微函数 $f(x,y)$ 满足 $\dfrac{\partial f}{\partial x} = -f(x,y)$, $f\left(0, \dfrac{\pi}{2}\right) = 1$, 且 $\lim\limits_{n\to\infty} \left(\dfrac{f\left(0, y+\dfrac{1}{n}\right)}{f(0,y)}\right)^n = e^{\cot y}$, 则 $f(x,y) = $ _____.

解 因为 $f(x,y)$ 可微, 所以偏导数 $f_y(0,y)$ 存在. 根据 $f_y(0,y)$ 的定义可得

$$\lim_{n\to\infty} \left(\dfrac{f\left(0, y+\dfrac{1}{n}\right)}{f(0,y)}\right)^n = \lim_{n\to\infty}\left(1 + \dfrac{f\left(0, y+\dfrac{1}{n}\right) - f(0,y)}{f(0,y)}\right)^n$$
$$= e^{\frac{1}{f(0,y)} \lim\limits_{n\to\infty} \frac{f\left(0, y+\frac{1}{n}\right) - f(0,y)}{\frac{1}{n}}} = e^{\frac{f_y(0,y)}{f(0,y)}}.$$

因此题设等式化为 $\dfrac{f_y(0,y)}{f(0,y)} = \cot y$. 两边对变量 y 积分, 得 $\ln f(0,y) = \ln\sin y + \ln C$, 即 $f(0,y) = C\sin y$. 由 $f\left(0, \dfrac{\pi}{2}\right) = 1$ 得 $C=1$, 所以 $f(0,y) = \sin y$.

再对 $\dfrac{\partial f}{\partial x} = -f(x,y)$ 作积分, 得 $\int \dfrac{\mathrm{d}f(x,y)}{f(x,y)} = -\int \mathrm{d}x \Rightarrow \ln f(x,y) = -x + \ln\varphi(y)$, 即 $f(x,y) = \varphi(y)e^{-x}$. 与 $f(0,y) = \sin y$ 比较, 得 $\varphi(y) = \sin y$. 因此 $f(x,y) = e^{-x}\sin y$.

【例 6.50】(第十届全国决赛题, 2019) 设函数 $z = z(x,y)$ 由方程 $F(x-y, z) = 0$ 确定, 其中 $F(u,v)$ 具有连续二阶偏导数, 则 $\dfrac{\partial^2 z}{\partial x \partial y} = $ _____.

解 对方程 $F(x-y, z) = 0$ 两边分别关于 x 和 y 求偏导, 得

$$F_1' + F_2'\dfrac{\partial z}{\partial x} = 0, \quad -F_1' + F_2'\dfrac{\partial z}{\partial y} = 0,$$

解得 $\dfrac{\partial z}{\partial x} = -\dfrac{F_1'}{F_2'}, \dfrac{\partial z}{\partial y} = \dfrac{F_1'}{F_2'}$. 因此

$$\dfrac{\partial^2 z}{\partial x \partial y} = -\dfrac{F_2'\left(-F_{11}'' + \dfrac{\partial z}{\partial y}F_{12}''\right) - F_1'\left(-F_{21}'' + \dfrac{\partial z}{\partial y}F_{22}''\right)}{(F_2')^2}$$
$$= \dfrac{F_2'F_{11}'' - F_1'F_{21}'' + (-F_2'F_{12}'' + F_1'F_{22}'')\dfrac{\partial z}{\partial y}}{(F_2')^2}.$$

将 $\dfrac{\partial z}{\partial y} = \dfrac{F_1'}{F_2'}$ 代入上式, 并注意到 $F_{21}'' = F_{12}''$, 整理可得

$$\dfrac{\partial^2 z}{\partial x \partial y} = \dfrac{(F_2')^2 F_{11}'' - 2F_1'F_2'F_{12}'' + (F_1')^2 F_{22}''}{(F_2')^3}.$$

【例 6.51】(第十三届全国初赛题, 2021) 设 $z = z(x,y)$ 是由方程 $2\sin(x+2y-3z) = x+2y-3z$ 所确定的二元隐函数, 则 $\dfrac{\partial z}{\partial x} + \dfrac{\partial z}{\partial y} = $ _____.

解 将方程两边分别关于 x 和 y 求偏导, 得

$$\begin{cases} 2\cos(x+2y-3z)\left(1 - 3\dfrac{\partial z}{\partial x}\right) = 1 - 3\dfrac{\partial z}{\partial x}, \\ 2\cos(x+2y-3z)\left(2 - 3\dfrac{\partial z}{\partial y}\right) = 2 - 3\dfrac{\partial z}{\partial y}. \end{cases}$$

按 $\cos(x+2y-3z) = \dfrac{1}{2}$ 和 $\neq \dfrac{1}{2}$ 两种情形, 都可解得 $\begin{cases} \dfrac{\partial z}{\partial x} = \dfrac{1}{3}, \\ \dfrac{\partial z}{\partial y} = \dfrac{2}{3}. \end{cases}$ 因此 $\dfrac{\partial z}{\partial x} + \dfrac{\partial z}{\partial y} = 1$.

【例 6.52】(第十四届全国初赛 (补赛) 题, 2022) 设可微函数 $f(x,y)$ 对任意 u,v,t 满足

$$f(tu, tv) = t^2 f(u, v),$$

点 $P(1, -1, 2)$ 位于曲面 $z = f(x,y)$ 上, 又设 $f_x(1, -1) = 3$, 则该曲面在点 P 处的切平面方程为 _____.

解 因为点 $P(1, -1, 2)$ 在切平面上, 所以切平面方程为

$$A(x-1) + B(y+1) - (z-2) = 0,$$

其中系数 $A = f_x(1, -1) = 3$, $B = f_y(1, -1)$. 下面求系数 B.

对等式 $f(tu, tv) = t^2 f(u, v)$ 两边关于 t 求导, 得 $uf_x(tu, tv) + vf_y(tu, tv) = 2tf(u, v)$, 两边同乘以 t, 得

$$xf_x(x, y) + yf_y(x, y) = 2f(x, y).$$

将 $x = 1, y = -1$ 代入上式, 并注意到 $f_x(1, -1) = 3, f(1, -1) = 2$, 解得 $f_y(1, -1) = -1$, 即 $B = -1$.

因此切平面方程为 $3(x-1) - (y+1) - (z-2) = 0$, 即 $3x - y - z - 2 = 0$.

【例 6.53】(第十二届全国决赛题, 2021) 函数 $u = x_1 + \dfrac{x_2}{x_1} + \dfrac{x_3}{x_2} + \dfrac{2}{x_3} (x_i > 0, i = 1, 2, 3)$ 的所有极值点为 _____.

解 利用均值不等式, 可知 $u(x_1, x_2, x_3) \geqslant 4\sqrt[4]{2}$. 另一方面, 有

$$\dfrac{\partial u}{\partial x_1} = 1 - \dfrac{x_2}{x_1^2}, \quad \dfrac{\partial u}{\partial x_2} = \dfrac{1}{x_1} - \dfrac{x_3}{x_2^2}, \quad \dfrac{\partial u}{\partial x_3} = \dfrac{1}{x_2} - \dfrac{2}{x_3^2},$$

令 $\dfrac{\partial u}{\partial x_k} = 0 \, (k = 1, 2, 3)$, 即 $1 - \dfrac{x_2}{x_1^2} = 0, \dfrac{1}{x_1} - \dfrac{x_3}{x_2^2} = 0, \dfrac{1}{x_2} - \dfrac{2}{x_3^2} = 0$. 由此解得 u 在定义

域内的唯一驻点 $P_0\left(2^{\frac{1}{4}}, 2^{\frac{1}{2}}, 2^{\frac{3}{4}}\right)$, 且 u 在该点取得最小值 $u(P_0) = 4\sqrt[4]{2}$, 这是函数唯一的极值. 因此 u 的唯一极值点为 $\left(2^{\frac{1}{4}}, 2^{\frac{1}{2}}, 2^{\frac{3}{4}}\right)$.

【例 6.54】(第八届全国初赛题, 2016) 曲面 $z = \dfrac{x^2}{2} + y^2$ 平行于平面 $2x + 2y - z = 0$ 的切平面方程为 _____.

解 该曲面在点 (x_0, y_0, z_0) 的切平面的法向量为 $(x_0, 2y_0, -1)$, 切平面方程为
$$x_0(x - x_0) + 2y_0(y - y_0) - (z - z_0) = 0.$$

由于切平面与已知平面 $2x + 2y - z = 0$ 平行, 所以两平面的法向量平行, 故 $\dfrac{x_0}{2} = \dfrac{2y_0}{2} = \dfrac{-1}{-1}$. 从而 $x_0 = 2, y_0 = 1$, 由此得 $z_0 = \dfrac{x_0^2}{2} + y_0^2 = 3$. 因此, 所求切平面方程为
$$2(x - 2) + 2(y - 1) - (z - 3) = 0, \quad \text{即} \quad 2x + 2y - z - 3 = 0.$$

【例 6.55】(第十一届全国初赛题, 2019) 设 $a, b, c, \mu > 0$, 曲面 $xyz = \mu$ 与曲面 $\dfrac{x^2}{a^2} + \dfrac{y^2}{b^2} + \dfrac{z^2}{c^2} = 1$ 相切, 则 $\mu =$ _____.

解 两个曲面在点 (x, y, z) 处的法向量分别为 $\boldsymbol{n}_1 = (yz, xz, xy)$ 和 $\boldsymbol{n}_2 = \left(\dfrac{2x}{a^2}, \dfrac{2y}{b^2}, \dfrac{2z}{c^2}\right)$. 根据题意, 可设 $\boldsymbol{n}_1 = k\boldsymbol{n}_2$, 其中 $k \neq 0$, 所以 $yz = \dfrac{2x}{a^2}k, xz = \dfrac{2y}{b^2}k, xy = \dfrac{2z}{c^2}k$. 再由 $xyz = \mu$, 可得 $\mu = 2k\dfrac{x^2}{a^2} = 2k\dfrac{y^2}{b^2} = 2k\dfrac{z^2}{c^2}$. 因此
$$3\mu = 2k\dfrac{x^2}{a^2} + 2k\dfrac{y^2}{b^2} + 2k\dfrac{z^2}{c^2} = 2k\left(\dfrac{x^2}{a^2} + \dfrac{y^2}{b^2} + \dfrac{z^2}{c^2}\right) = 2k,$$
且 $\mu^3 = 8k^3\dfrac{x^2y^2z^2}{a^2b^2c^2} = \dfrac{8k^3\mu^2}{a^2b^2c^2}$, 从而可得 $\mu = \dfrac{8k^3}{a^2b^2c^2} = \dfrac{27\mu^3}{a^2b^2c^2}$. 由此解得 $\mu = \dfrac{abc}{3\sqrt{3}}$.

【例 6.56】(第七届全国初赛题, 2015) 设函数 $z = z(x, y)$ 由方程 $F\left(x + \dfrac{z}{y}, y + \dfrac{z}{x}\right) = 0$ 所确定, 其中 $F(u, v)$ 具有连续偏导数, 且 $xF_u + yF_v \neq 0$, 则 $x\dfrac{\partial z}{\partial x} + y\dfrac{\partial z}{\partial y} =$ _____ (本题结果要求不显含 F 及其偏导数).

解 对方程 $F\left(x + \dfrac{z}{y}, y + \dfrac{z}{x}\right) = 0$ 两边分别关于 x 和 y 求偏导, 得
$$\left(1 + \dfrac{1}{y}\dfrac{\partial z}{\partial x}\right)F_u + \left(\dfrac{1}{x}\dfrac{\partial z}{\partial x} - \dfrac{z}{x^2}\right)F_v = 0,$$
$$\left(\dfrac{1}{y}\dfrac{\partial z}{\partial y} - \dfrac{z}{y^2}\right)F_u + \left(1 + \dfrac{1}{x}\dfrac{\partial z}{\partial y}\right)F_v = 0,$$

分别解得 $x\dfrac{\partial z}{\partial x} = \dfrac{y(zF_v - x^2F_u)}{xF_u + yF_v}$ 和 $y\dfrac{\partial z}{\partial y} = \dfrac{x(zF_u - y^2F_v)}{xF_u + yF_v}$. 于是有

$$x\dfrac{\partial z}{\partial x} + y\dfrac{\partial z}{\partial y} = \dfrac{z(xF_u + yF_v) - xy(xF_u + yF_v)}{xF_u + yF_v} = z - xy.$$

【**例 6.57**】(第九届全国初赛题, 2017) 设 $w = f(u,v)$ 具有二阶连续偏导数, 且 $u = x - cy, v = x + cy$, 其中 c 为非零常数, 则 $w_{xx} - \dfrac{1}{c^2}w_{yy} =$ _____.

解 由复合函数求偏导法则, 并注意到 $f_{uv} = f_{vu}$, 得 $w_x = f_u + f_v$, $w_{xx} = f_{uu} + 2f_{uv} + f_{vv}$, $w_y = c(f_v - f_u)$, 且

$$w_{yy} = c\dfrac{\partial}{\partial y}(f_v - f_u) = c(cf_{uu} - cf_{uv} - cf_{vu} + cf_{vv}) = c^2(f_{uu} - 2f_{uv} + f_{vv}).$$

所以 $w_{xx} - \dfrac{1}{c^2}w_{yy} = 4f_{uv}$.

【**例 6.58**】(第九届全国决赛题, 2018) 设函数 $f(x,y)$ 具有一阶连续偏导数, 且满足

$$\mathrm{d}f(x,y) = y\mathrm{e}^y\mathrm{d}x + x(1+y)\mathrm{e}^y\mathrm{d}y$$

及 $f(0,0) = 0$, 则 $f(x,y) =$ _____.

解 (**方法 1**) 由 $\mathrm{d}f(x,y) = y\mathrm{e}^y\mathrm{d}x + x(1+y)\mathrm{e}^y\mathrm{d}y$ 凑微分, 得 $\mathrm{d}f(x,y) = \mathrm{d}(xy\mathrm{e}^y)$, 所以 $f(x,y) = xy\mathrm{e}^y + C$. 又由 $f(0,0) = 0$, 解得 $C = 0$, 所以 $f(x,y) = xy\mathrm{e}^y$.

(**方法 2**) 由条件 $\mathrm{d}f(x,y) = y\mathrm{e}^y\mathrm{d}x + x(1+y)\mathrm{e}^y\mathrm{d}y$ 知, $f_x(x,y) = y\mathrm{e}^y$, $f_y(x,y) = x(1+y)\mathrm{e}^y$. 对 $f_x(x,y) = y\mathrm{e}^y$ 作积分, 得 $f(x,y) = \displaystyle\int y\mathrm{e}^y\mathrm{d}x = xy\mathrm{e}^y + \varphi(y)$. 两边对 y 求偏导, 得 $f_y(x,y) = x(1+y)\mathrm{e}^y + \varphi'(y)$, 所以 $\varphi'(y) = 0$, 故 $\varphi(y) = C$. 因此得 $f(x,y) = xy\mathrm{e}^y + C$. 又由 $f(0,0) = 0$ 解得 $C = 0$, 所以 $f(x,y) = xy\mathrm{e}^y$.

【**例 6.59**】(第十二届全国决赛题, 2021) 设 $P_0(1,1,-1), P_1(2,-1,0)$ 为空间的两点, 则函数 $u = xyz + \mathrm{e}^{xyz}$ 在点 P_0 处沿 $\overrightarrow{P_0P_1}$ 方向的方向导数为 _____.

解 因为 $\overrightarrow{P_0P_1}$ 方向的单位向量为 $\boldsymbol{l} = (\cos\alpha, \cos\beta, \cos\gamma) = \dfrac{1}{\sqrt{6}}(1,-2,1)$, 且偏导数为

$$\left.\dfrac{\partial u}{\partial x}\right|_{P_0} = yz(1+\mathrm{e}^{xyz})|_{P_0} = -(1+\mathrm{e}^{-1}),$$

$$\left.\dfrac{\partial u}{\partial y}\right|_{P_0} = xz(1+\mathrm{e}^{xyz})|_{P_0} = -(1+\mathrm{e}^{-1}),$$

$$\left.\dfrac{\partial u}{\partial z}\right|_{P_0} = xy(1+\mathrm{e}^{xyz})|_{P_0} = 1+\mathrm{e}^{-1},$$

因此, 所求方向导数为 $\left.\dfrac{\partial u}{\partial l}\right|_{P_0} = \left.\dfrac{\partial u}{\partial l}\right|_{P_0}\cos\alpha + \left.\dfrac{\partial u}{\partial l}\right|_{P_0}\cos\beta + \left.\dfrac{\partial u}{\partial l}\right|_{P_0}\cos\gamma = \dfrac{2}{\sqrt{6}}(1+\mathrm{e}^{-1})$.

【例 6.60】(第三届全国初赛题, 2011) 设 $z=z(x,y)$ 是由方程 $F\left(z+\dfrac{1}{x}, z-\dfrac{1}{y}\right)=0$ 确定的隐函数, 且具有连续的二阶偏导数. 求证: $x^2\dfrac{\partial z}{\partial x} - y^2\dfrac{\partial z}{\partial y} = 1$ 和 $x^3\dfrac{\partial^2 z}{\partial x^2} + xy(x-y)\dfrac{\partial^2 z}{\partial x \partial y} - y^3\dfrac{\partial^2 z}{\partial y^2} = -2$.

证 对方程 $F\left(z+\dfrac{1}{x}, z-\dfrac{1}{y}\right)=0$ 两边同时求微分, 得 $F_1\left(\mathrm{d}z - \dfrac{1}{x^2}\mathrm{d}x\right) + F_2\left(\mathrm{d}z + \dfrac{1}{y^2}\mathrm{d}y\right) = 0$, 所以

$$\mathrm{d}z = \dfrac{1}{x^2}\cdot\dfrac{F_1}{F_1+F_2}\mathrm{d}x - \dfrac{1}{y^2}\cdot\dfrac{F_2}{F_1+F_2}\mathrm{d}y.$$

由此得 $\dfrac{\partial z}{\partial x} = \dfrac{1}{x^2}\cdot\dfrac{F_1}{F_1+F_2}$, $\dfrac{\partial z}{\partial y} = -\dfrac{1}{y^2}\cdot\dfrac{F_2}{F_1+F_2}$. 因此

$$x^2\dfrac{\partial z}{\partial x} - y^2\dfrac{\partial z}{\partial y} = 1.$$

再对此式两边分别关于 x 和 y 求偏导数, 得

$$\left(2x\dfrac{\partial z}{\partial x} + x^2\dfrac{\partial^2 z}{\partial x^2}\right) - y^2\dfrac{\partial^2 z}{\partial y \partial x} = 0,$$

$$x^2\dfrac{\partial^2 z}{\partial x \partial y} - \left(2y\dfrac{\partial z}{\partial y} + y^2\dfrac{\partial^2 z}{\partial y^2}\right) = 0,$$

将上述两式分别乘 x 和 y, 再相加, 并注意到 $\dfrac{\partial^2 z}{\partial y \partial x} = \dfrac{\partial^2 z}{\partial x \partial y}$ 及已证得的 $x^2\dfrac{\partial z}{\partial x} - y^2\dfrac{\partial z}{\partial y} = 1$, 最后可得

$$x^3\dfrac{\partial^2 z}{\partial x^2} + xy(x-y)\dfrac{\partial^2 z}{\partial x \partial y} - y^3\dfrac{\partial^2 z}{\partial y^2} = -2.$$

【例 6.61】(第九届全国初赛题, 2017) 设二元函数 $f(x,y)$ 在平面上有连续的二阶偏导数. 对任何角 α, 定义一元函数

$$g_\alpha(t) = f(t\cos\alpha, t\sin\alpha),$$

若对任何 α 都有 $\left.\dfrac{\mathrm{d}g_\alpha(t)}{\mathrm{d}t}\right|_{t=0} = 0$ 且 $\left.\dfrac{\mathrm{d}^2 g_\alpha(t)}{\mathrm{d}t^2}\right|_{t=0} > 0$, 证明 $f(0,0)$ 是 $f(x,y)$ 的极小值.

证 令 $x = t\cos\alpha$, $y = t\sin\alpha$, 根据复合函数求导法则, 得 $\dfrac{\mathrm{d}g_\alpha(t)}{\mathrm{d}t} = f_x\cos\alpha + f_y\sin\alpha$, 所以

$$\left.\dfrac{\mathrm{d}g_\alpha(t)}{\mathrm{d}t}\right|_{t=0} = f_x(0,0)\cos\alpha + f_y(0,0)\sin\alpha = 0$$

对一切 α 成立, 由此可得 $f_x(0,0) = 0, f_y(0,0) = 0$, 故 $(0,0)$ 是 $f(x,y)$ 的驻点.

记 $A = f_{xx}(0,0), B = f_{xy}(0,0), C = f_{yy}(0,0)$, 因为

$$\frac{\mathrm{d}^2 g_\alpha(t)}{\mathrm{d}t^2} = (f_{xx}\cos\alpha + f_{xy}(x,y)\sin\alpha)\cos\alpha + (f_{xy}(x,y)\cos\alpha + f_{yy}(x,y)\sin\alpha)\sin\alpha$$

$$= f_{xx}(x,y)\cos^2\alpha + 2f_{xy}(x,y)\cos\alpha\sin\alpha + f_{yy}(x,y)\sin^2\alpha,$$

所以 $\left.\dfrac{\mathrm{d}^2 g_\alpha(t)}{\mathrm{d}t^2}\right|_{t=0} = A\cos^2\alpha + 2B\cos\alpha\sin\alpha + C\sin^2\alpha > 0$ 对一切 α 成立.

特别地, 取 $\alpha = 0$, 可知 $A > 0$. 当 $\alpha \neq k\pi$ 时, 令 $t = \dfrac{\cos\alpha}{\sin\alpha}$, 则 $At^2 + 2Bt + C = A\left(t + \dfrac{B}{A}\right)^2 + \dfrac{AC - B^2}{A} > 0$. 取 $\alpha = -\operatorname{arccot}\dfrac{B}{A}$, 即 $t = -\dfrac{B}{A}$, 可知 $AC - B^2 > 0$, 因此 $f(0,0)$ 是 $f(x,y)$ 的极小值.

【注】 本题的另一个有效方法是利用 Hesse 矩阵的正定性判断: 令 $\boldsymbol{H}_f(x,y) = \begin{pmatrix} f_{xx} & f_{xy} \\ f_{yx} & f_{yy} \end{pmatrix}$, 则

$$\frac{\mathrm{d}^2 g_\alpha(t)}{\mathrm{d}t^2} = (\cos\alpha, \sin\alpha)\begin{pmatrix} f_{xx} & f_{xy} \\ f_{yx} & f_{yy} \end{pmatrix}\begin{pmatrix} \cos\alpha \\ \sin\alpha \end{pmatrix} = (\cos\alpha, \sin\alpha)\boldsymbol{H}_f(x,y)\begin{pmatrix} \cos\alpha \\ \sin\alpha \end{pmatrix}.$$

由 $\left.\dfrac{\mathrm{d}^2 g_\alpha(t)}{\mathrm{d}t^2}\right|_{t=0} > 0$ 得 $(\cos\alpha, \sin\alpha)\boldsymbol{H}_f(0,0)\begin{pmatrix} \cos\alpha \\ \sin\alpha \end{pmatrix} > 0$. 这对任何单位向量 $(\cos\alpha, \sin\alpha)$ 成立, 故 $\boldsymbol{H}_f(0,0)$ 是二阶实对称正定矩阵, 因此 $f(0,0)$ 是 $f(x,y)$ 的极小值.

【例 6.62】(第十一届全国决赛题, 2021) 设 $F(x_1, x_2, x_3) = \int_0^{2\pi} f(x_1 + x_3\cos\varphi, x_2 + x_3\sin\varphi)\mathrm{d}\varphi$, 其中 $f(u,v)$ 具有二阶连续偏导数. 已知

$$\frac{\partial F}{\partial x_i} = \int_0^{2\pi} \frac{\partial^2}{\partial x_i^2}[f(x_1 + x_3\cos\varphi, x_2 + x_3\sin\varphi)]\mathrm{d}\varphi,$$

$$\frac{\partial^2 F}{\partial x_i^2} = \int_0^{2\pi} \frac{\partial^2}{\partial x_i^2}[f(x_1 + x_3\cos\varphi, x_2 + x_3\sin\varphi)]\mathrm{d}\varphi, \quad i = 1, 2, 3.$$

试求 $x_3\left(\dfrac{\partial^2 F}{\partial x_1^2} + \dfrac{\partial^2 F}{\partial x_2^2} + \dfrac{\partial^2 F}{\partial x_3^2}\right) - \dfrac{\partial F}{\partial x_3}$ 并化简.

解 令 $u = x_1 + x_3\cos\varphi, v = x_2 + x_3\sin\varphi$, 利用复合函数求偏导法则易知

$$\frac{\partial f}{\partial x_1} = \frac{\partial f}{\partial u}, \quad \frac{\partial f}{\partial x_2} = \frac{\partial f}{\partial v}, \quad \frac{\partial f}{\partial x_3} = \cos\varphi\frac{\partial f}{\partial u} + \sin\varphi\frac{\partial f}{\partial v},$$

$$\frac{\partial^2 f}{\partial x_1^2} = \frac{\partial^2 f}{\partial u^2}, \quad \frac{\partial^2 f}{\partial x_2^2} = \frac{\partial^2 f}{\partial v^2}, \quad \frac{\partial^2 f}{\partial x_3^2} = \frac{\partial^2 f}{\partial u^2}\cos^2\varphi + \frac{\partial^2 f}{\partial u \partial v}\sin 2\varphi + \frac{\partial^2 f}{\partial v^2}\sin^2\varphi,$$

所以

$$x_3\left(\frac{\partial^2 F}{\partial x_1^2} + \frac{\partial^2 F}{\partial x_2^2} - \frac{\partial^2 F}{\partial x_3^2}\right)$$

$$= x_3\left[\int_0^{2\pi}\frac{\partial^2 f}{\partial u^2}\mathrm{d}\varphi + \int_0^{2\pi}\frac{\partial^2 f}{\partial v^2}\mathrm{d}\varphi - \int_0^{2\pi}\left(\frac{\partial^2 f}{\partial u^2}\cos^2\varphi + \frac{\partial^2 f}{\partial u \partial v}\sin 2\varphi + \frac{\partial^2 f}{\partial v^2}\sin^2\varphi\right)\mathrm{d}\varphi\right]$$

$$= x_3\int_0^{2\pi}\left(\frac{\partial^2 f}{\partial u^2}\sin^2\varphi - \frac{\partial^2 f}{\partial u \partial v}\sin 2\varphi + \frac{\partial^2 f}{\partial v^2}\cos^2\varphi\right)\mathrm{d}\varphi.$$

又由于 $\dfrac{\partial F}{\partial x_3} = \displaystyle\int_0^{2\pi}\left(\cos\varphi \dfrac{\partial f}{\partial u} + \sin\varphi \dfrac{\partial f}{\partial v}\right)\mathrm{d}\varphi$, 利用分部积分, 可得

$$\frac{\partial F}{\partial x_3} = -\int_0^{2\pi}\sin\varphi\left(\frac{\partial^2 f}{\partial u^2}\frac{\partial u}{\partial \varphi} + \frac{\partial^2 f}{\partial u \partial v}\frac{\partial v}{\partial \varphi}\right)\mathrm{d}\varphi + \int_0^{2\pi}\cos\varphi\left(\frac{\partial^2 f}{\partial u \partial v}\frac{\partial u}{\partial \varphi} + \frac{\partial^2 f}{\partial v^2}\frac{\partial v}{\partial \varphi}\right)\mathrm{d}\varphi$$

$$= x_3\int_0^{2\pi}\left(\frac{\partial^2 f}{\partial u^2}\sin^2\varphi - \frac{1}{2}\sin 2\varphi \frac{\partial^2 f}{\partial u \partial v}\right)\mathrm{d}\varphi - x_3\int_0^{2\pi}\left(\frac{1}{2}\sin 2\varphi \frac{\partial^2 f}{\partial u \partial v} - \cos^2\varphi \frac{\partial^2 f}{\partial v^2}\right)\mathrm{d}\varphi$$

$$= x_3\int_0^{2\pi}\left(\frac{\partial^2 f}{\partial u^2}\sin^2\varphi - \frac{\partial^2 f}{\partial u \partial v}\sin 2\varphi + \frac{\partial^2 f}{\partial v^2}\cos^2\varphi\right)\mathrm{d}\varphi,$$

所以 $x_3\left(\dfrac{\partial^2 F}{\partial x_1^2} + \dfrac{\partial^2 F}{\partial x_2^2} - \dfrac{\partial^2 F}{\partial x_3^2}\right) - \dfrac{\partial F}{\partial x_3} = 0$.

【例6.63】(第十届全国初赛题, 2018) 设 $f(x,y)$ 在区域 D 内可微, 且 $\sqrt{\left(\dfrac{\partial f}{\partial x}\right)^2 + \left(\dfrac{\partial f}{\partial y}\right)^2}$ $\leqslant M$, $A(x_1,y_1)$ 和 $B(x_2,y_2)$ 是 D 内两点, 线段 AB 包含在 D 内. 证明: $|f(x_1,y_1) - f(x_2,y_2)| \leqslant M|AB|$, 其中 $|AB|$ 表示线段 AB 的长度.

证 作辅助函数

$$\varphi(t) = f(x_1 + t(x_2 - x_1), y_1 + t(y_2 - y_1)),$$

显然 $\varphi(t)$ 在 $[0,1]$ 上可导. 根据 Lagrange 中值定理, 存在 $c \in (0,1)$, 使得

$$\varphi(1) - \varphi(0) = \varphi'(c) = \frac{\partial f}{\partial u}\bigg|_{(u_0,v_0)}(x_2 - x_1) + \frac{\partial f}{\partial v}\bigg|_{(u_0,v_0)}(y_2 - y_1),$$

其中 $(u_0, v_0) = (x_1 + c(x_2 - x_1), y_1 + c(y_2 - y_1))$, 所以

$$|f(x_1,y_1)-f(x_2,y_2)|=|\varphi(1)-\varphi(0)|$$
$$=\left|\left.\frac{\partial f}{\partial u}\right|_{(u_0,v_0)}(x_2-x_1)+\left.\frac{\partial f}{\partial v}\right|_{(u_0,v_0)}(y_2-y_1)\right|$$
$$\leqslant\sqrt{\left(\left.\frac{\partial f}{\partial u}\right|_{(u_0,v_0)}\right)^2+\left(\left.\frac{\partial f}{\partial v}\right|_{(u_0,v_0)}\right)^2}\cdot\sqrt{(x_2-x_1)^2+(y_2-y_1)^2}$$
$$\leqslant M|AB|.$$

【例 6.64】(第二届全国初赛题, 2010) 设函数 $f(t)$ 有二阶连续导数, $r=\sqrt{x^2+y^2}$, $g(x,y)=f\left(\dfrac{1}{r}\right)$, 求 $\dfrac{\partial^2 g}{\partial x^2}+\dfrac{\partial^2 g}{\partial y^2}$.

解 利用复合函数求导法则. 因为 $\dfrac{\partial r}{\partial x}=\dfrac{x}{r}$, 所以 $\dfrac{\partial g}{\partial x}=-\dfrac{1}{r^2}f'\left(\dfrac{1}{r}\right)\dfrac{\partial r}{\partial x}=-\dfrac{x}{r^3}f'\left(\dfrac{1}{r}\right)$, 从而有

$$\frac{\partial^2 g}{\partial x^2}=-\frac{1}{r^3}f'\left(\frac{1}{r}\right)+\frac{3x}{r^4}\frac{\partial r}{\partial x}f'\left(\frac{1}{r}\right)-\frac{x}{r^3}\left(-\frac{1}{r^2}\right)\frac{\partial r}{\partial x}f''\left(\frac{1}{r}\right)$$
$$=\frac{x^2}{r^6}f''\left(\frac{1}{r}\right)+\frac{2x^2-y^2}{r^5}f'\left(\frac{1}{r}\right).$$

再利用 x 和 y 的对称性, 直接可得 $\dfrac{\partial^2 g}{\partial y^2}=\dfrac{y^2}{r^6}f''\left(\dfrac{1}{r}\right)+\dfrac{2y^2-x^2}{r^5}f'\left(\dfrac{1}{r}\right)$. 将二式相加, 得

$$\frac{\partial^2 g}{\partial x^2}+\frac{\partial^2 g}{\partial y^2}=\frac{1}{r^4}f''\left(\frac{1}{r}\right)+\frac{1}{r^3}f'\left(\frac{1}{r}\right).$$

【例 6.65】(第四届全国初赛题, 2012) 已知函数 $z=u(x,y)\mathrm{e}^{ax+by}$, 其中 $u(x,y)$ 具有二阶偏导数, 且 $\dfrac{\partial^2 u}{\partial x\partial y}=0$, 确定常数 a 和 b, 使得函数 $z=z(x,y)$ 满足方程 $\dfrac{\partial^2 z}{\partial x\partial y}-\dfrac{\partial z}{\partial x}-\dfrac{\partial z}{\partial y}+z=0$.

解 直接计算得 $\dfrac{\partial z}{\partial x}=\mathrm{e}^{ax+by}\left[\dfrac{\partial u}{\partial x}+au(x,y)\right]$, $\dfrac{\partial z}{\partial y}=\mathrm{e}^{ax+by}\left[\dfrac{\partial u}{\partial y}+bu(x,y)\right]$, 且

$$\frac{\partial^2 z}{\partial x\partial y}=b\mathrm{e}^{ax+by}\left[\frac{\partial u}{\partial x}+au(x,y)\right]+\mathrm{e}^{ax+by}\left[\frac{\partial^2 u}{\partial x\partial y}+a\frac{\partial u}{\partial y}\right]$$
$$=\mathrm{e}^{ax+by}\left[b\frac{\partial u}{\partial x}+a\frac{\partial u}{\partial y}+abu(x,y)\right],$$

所以

$$\frac{\partial^2 z}{\partial x\partial y}-\frac{\partial z}{\partial x}-\frac{\partial z}{\partial y}+z=\mathrm{e}^{ax+by}\left[(b-1)\frac{\partial u}{\partial x}+(a-1)\frac{\partial u}{\partial y}+(ab-a-b+1)u(x,y)\right].$$

由于 $\dfrac{\partial^2 z}{\partial x \partial y} - \dfrac{\partial z}{\partial x} - \dfrac{\partial z}{\partial y} + z = 0$, 得恒等式 $(b-1)\dfrac{\partial u}{\partial x} + (a-1)\dfrac{\partial u}{\partial y} + (ab-a-b+1)u(x,y) = 0$, 因此 $a = b = 1$.

【例 6.66】(第十二届全国初赛题, 2020) 已知 $z = xf\left(\dfrac{y}{x}\right) + 2y\varphi\left(\dfrac{x}{y}\right)$, 其中 f, φ 均有二阶连续导数.

(1) 求 $\dfrac{\partial z}{\partial x}, \dfrac{\partial^2 z}{\partial x \partial y}$;

(2) 当 $f = \varphi$, 且 $\left.\dfrac{\partial^2 z}{\partial x \partial y}\right|_{x=a} = -by^2$ 时, 求 $f(y)$.

解 (1) 利用复合函数求导法则, 得 $\dfrac{\partial z}{\partial x} = f\left(\dfrac{y}{x}\right) - \dfrac{y}{x}f'\left(\dfrac{y}{x}\right) + 2\varphi'\left(\dfrac{x}{y}\right)$, $\dfrac{\partial^2 z}{\partial x \partial y} = -\dfrac{y}{x^2}f''\left(\dfrac{y}{x}\right) - \dfrac{2x}{y^2}\varphi''\left(\dfrac{x}{y}\right)$.

(2) 根据题设条件, 得 $\left.\dfrac{\partial^2 z}{\partial x \partial y}\right|_{x=a} = -\dfrac{y}{a^2}f''\left(\dfrac{y}{a}\right) - \dfrac{2a}{y^2}\varphi''\left(\dfrac{a}{y}\right) = -by^2$. 因为 $f = \varphi$, 所以
$$\dfrac{y}{a^2}f''\left(\dfrac{y}{a}\right) + \dfrac{2a}{y^2}f''\left(\dfrac{a}{y}\right) = by^2.$$

令 $y = au$, 则 $\dfrac{u}{a}f''(u) + \dfrac{2}{au^2}f''\left(\dfrac{1}{u}\right) = a^2bu^2$, 即 $u^3f''(u) + 2f''\left(\dfrac{1}{u}\right) = a^3bu^4$.

将上式中的 $\dfrac{1}{u}$ 用 u 替换, 得
$$f''\left(\dfrac{1}{u}\right) + 2u^3f''(u) = a^3b\dfrac{1}{u}.$$

联立二式, 解得 $-3u^3f''(u) = a^3b\left(u^4 - \dfrac{2}{u}\right)$, 所以 $f''(u) = \dfrac{a^3b}{3}\left(\dfrac{2}{u^4} - u\right)$, 从而有
$$f(u) = \dfrac{a^3b}{3}\left(\dfrac{1}{3u^2} - \dfrac{u^3}{6}\right) + C_1u + C_2.$$

因此 $f(y) = \dfrac{a^3b}{3}\left(\dfrac{1}{3y^2} - \dfrac{y^3}{6}\right) + C_1y + C_2$. 其中 C_1, C_2 为任意常数.

【例 6.67】(第三届全国决赛题, 2012) 设函数 $f(x,y)$ 有二阶连续偏导数, 满足 $f_y \neq 0$, 且
$$f_x^2 f_{yy} - 2f_x f_y f_{xy} + f_y^2 f_{xx} = 0.$$

又设 $y = y(x,z)$ 是由方程 $z = f(x,y)$ 所确定的函数, 求 $\dfrac{\partial^2 y}{\partial x^2}$.

解 对方程 $z = f(x,y)$ 两端关于 x 求偏导, 得
$$f_x(x,y) + f_y(x,y)\dfrac{\partial y}{\partial x} = 0,$$

所以 $\frac{\partial y}{\partial x} = -\frac{f_x}{f_y}$. 再对上式两端关于 x 求偏导, 并注意到 $f_{xy}(x,y) = f_{yx}(x,y)$, 得

$$f_{xx} + 2f_{xy}\frac{\partial y}{\partial x} + f_{yy}\left(\frac{\partial y}{\partial x}\right)^2 + f_y\frac{\partial^2 y}{\partial x^2} = 0.$$

将 $\frac{\partial y}{\partial x} = -\frac{f_x}{f_y}$ 代入上式并整理, 得

$$\frac{1}{f_y^2}(f_y^2 f_{xx} - 2f_x f_y f_{xy} + f_x^2 f_{yy}) + f_y\frac{\partial^2 y}{\partial x^2} = 0.$$

因为 $f_x^2 f_{yy} - 2f_x f_y f_{xy} + f_y^2 f_{xx} = 0$, 所以 $\frac{\partial^2 y}{\partial x^2} = 0$.

【例 6.68】(第四届全国决赛题, 2013) 过直线 $\begin{cases} 10x + 2y - 2z = 27, \\ x + y - z = 0 \end{cases}$ 作曲面 $3x^2 + y^2 - z^2 = 27$ 的切平面, 求此切平面的方程.

解 设 $F(x) = 3x^2 + y^2 - z^2 - 27$, 切点 $P(x_0, y_0, z_0)$, 则 $3x_0^2 + y_0^2 - z_0^2 = 27$, 且曲面在切点 P 处的法向量为

$$\boldsymbol{n}_1 = \{F_x, F_y, F_z\}|_P = 2(3x_0, y_0, -z_0).$$

过已知直线的平面束方程为 $10x + 2y - 2z - 27 + \lambda(x + y - z) = 0$, 即

$$(10 + \lambda)x + (2 + \lambda)y + (-2 - \lambda)z - 27 = 0,$$

其法向量为 $\boldsymbol{n}_2 = (10 + \lambda, 2 + \lambda, -2 - \lambda)$. 因为 $\boldsymbol{n}_1 // \boldsymbol{n}_2$, 所以 $\frac{10 + \lambda}{3x_0} = \frac{2 + \lambda}{y_0} = \frac{-2 - \lambda}{-z_0}$. 由此与 $3x_0^2 + y_0^2 - z_0^2 = 27$ 联立解得 $x_0 = \pm 3, y_0 = z_0$.

在直线上取点 $Q\left(\frac{27}{8}, 0, \frac{27}{8}\right)$, 则 $\overrightarrow{PQ} = \left(\frac{27}{8} - x_0, -y_0, \frac{27}{8} - z_0\right)$. 由于 $\boldsymbol{n}_1 \perp \overrightarrow{PQ}$, 所以

$$\left(\frac{27}{8} - x_0\right)(3x_0) + (-y_0)y_0 + \left(\frac{27}{8} - z_0\right)(-z_0) = 0,$$

可得 $z_0 = 3x_0 - 8$. 因此切点坐标为 $(3, 1, 1)$ 或 $(-3, -17, -17)$, 相应地 $\lambda = -1$ 或 -19, 所求切平面方程为

$$9x + y - z - 27 = 0 \quad \text{或} \quad 9x + 17y - 17z + 27 = 0.$$

【例 6.69】(第五届全国决赛题, 2014) 设 $F(x, y, z)$ 和 $G(x, y, z)$ 有连续偏导数, 满足 $\frac{\partial(F, G)}{\partial(x, z)} \neq 0$, 曲线 $\Gamma: \begin{cases} F(x, y, z) = 0, \\ G(x, y, z) = 0 \end{cases}$ 过点 $P_0(x_0, y_0, z_0)$. 记 Γ 在 xOy 平面上的投影曲线为 S, 求 S 上过点 (x_0, y_0) 的切线方程.

【分析】 这里, 符号 $\dfrac{\partial(F,G)}{\partial(x,z)}$ 表示 Jacobi 行列式: $\dfrac{\partial(F,G)}{\partial(x,z)} = \begin{vmatrix} F_x & F_z \\ G_x & G_z \end{vmatrix} = F_x G_z - F_z G_x$.

解 两曲面在 P_0 处的切平面的交线, 即为 Γ 在 P_0 处的切线:

$$\begin{cases} (x-x_0)F_x(P_0) + (y-y_0)F_y(P_0) + (z-z_0)F_z(P_0) = 0 \\ (x-x_0)G_x(P_0) + (y-y_0)G_y(P_0) + (z-z_0)G_z(P_0) = 0 \end{cases}$$

消去 $z-z_0$, 即得该切线在 xOy 平面上的投影为

$$(F_x G_z - F_z G_x)_{P_0}(x-x_0) + (F_y G_z - F_z G_y)_{P_0}(y-y_0) = 0,$$

这里 $x-x_0$ 的系数 $(F_x G_z - F_z G_x)_{P_0} = \left.\dfrac{\partial(F,G)}{\partial(x,z)}\right|_{P_0} \neq 0$, 因此上式表示 xOy 平面上的一直线, 即为所求切线方程.

【例 6.70】(第六届全国决赛题, 2015) 设 $\boldsymbol{l}_j, j=1,2,\cdots,n$ 是 xOy 平面上点 P_0 处的 $n \geqslant 2$ 个方向向量, 相邻两个向量之间的夹角为 $\dfrac{2\pi}{n}$. 又设函数 $f(x,y)$ 在点 P_0 处有连续偏导数, 证明 $\sum\limits_{j=1}^{n} \dfrac{\partial f(P_0)}{\partial \boldsymbol{l}_j} = 0$.

证 不妨设 $\boldsymbol{l}_j = (\cos(j\alpha+\theta), \sin(j\alpha+\theta))$, 其中 $\alpha = \dfrac{2\pi}{n}, \theta \in [0, 2\pi)$, 函数 $f(x,y)$ 在点 P_0 处的梯度记为 $\nabla f(P_0) = (f_x(P_0), f_y(P_0))$, 则方向导数 $\dfrac{\partial f(P_0)}{\partial \boldsymbol{l}_j} = \nabla f(P_0) \cdot \boldsymbol{l}_j, j=1,2,\cdots,n.$ 因此

$$\sum_{j=1}^{n} \frac{\partial f(P_0)}{\partial \boldsymbol{l}_j} = \nabla f(P_0) \cdot \sum_{j=1}^{n} \boldsymbol{l}_j = \nabla f(P_0) \cdot \left(\sum_{j=1}^{n} \cos(j\alpha+\theta), \sum_{j=1}^{n} \sin(j\alpha+\theta)\right).$$

利用三角公式, 易知

$$\sum_{j=1}^{n} \cos(j\alpha) = \frac{1}{2\sin\frac{\alpha}{2}} \sum_{j=1}^{n} 2\cos(j\alpha)\sin\frac{\alpha}{2} = \frac{1}{2\sin\frac{\alpha}{2}} \sum_{j=1}^{n} \left[\sin\left(j+\frac{1}{2}\right)\alpha - \sin\left(j-\frac{1}{2}\right)\alpha\right]$$

$$= \frac{1}{2\sin\frac{\alpha}{2}}\left[\sin\left(n+\frac{1}{2}\right)\alpha - \sin\frac{1}{2}\alpha\right] = \frac{1}{2\sin\frac{\alpha}{2}}\left[\sin\left(2\pi+\frac{\pi}{n}\right) - \sin\frac{\pi}{n}\right] = 0,$$

$$\sum_{j=1}^{n} \sin(j\alpha) = \frac{1}{2\sin\frac{\alpha}{2}} \sum_{j=1}^{n} 2\sin(j\alpha)\sin\frac{\alpha}{2} = \frac{1}{2\sin\frac{\alpha}{2}} \sum_{j=1}^{n} \left[\cos\left(j-\frac{1}{2}\right)\alpha - \cos\left(j+\frac{1}{2}\right)\alpha\right]$$

$$= \frac{1}{2\sin\frac{\alpha}{2}}\left[\cos\frac{1}{2}\alpha - \cos\left(n+\frac{1}{2}\right)\alpha\right] = \frac{1}{2\sin\frac{\alpha}{2}}\left[\cos\frac{\pi}{n} - \cos\left(2\pi+\frac{\pi}{n}\right)\right] = 0,$$

所以
$$\sum_{j=1}^{n}\cos(j\alpha+\theta)=\cos\theta\sum_{j=1}^{n}\cos(j\alpha)-\sin\theta\sum_{j=1}^{n}\sin(j\alpha)=0,$$
$$\sum_{j=1}^{n}\sin(j\alpha+\theta)=\cos\theta\sum_{j=1}^{n}\sin(j\alpha)+\sin\theta\sum_{j=1}^{n}\cos(j\alpha)=0,$$

因此, $\sum_{j=1}^{n}\dfrac{\partial f(P_0)}{\partial \boldsymbol{l}_j}=\nabla f(P_0)\cdot \sum_{j=1}^{n}\boldsymbol{l}_j=0.$

【注】 这里, 若利用例 5.5 的结论, 则可直接得 $\sum_{j=1}^{n}\boldsymbol{l}_j=\boldsymbol{0}.$

【例 6.71】(第七届全国决赛题, 2016) 设函数 $f(u,v)$ 在全平面上有连续的偏导数, 曲面 S 由方程 $f\left(\dfrac{x-a}{z-c},\dfrac{y-b}{z-c}\right)=0$ 确定, 证明: 该曲面上的所有切平面都经过点 (a,b,c).

证 记 $F(x,y,z)=f\left(\dfrac{x-a}{z-c},\dfrac{y-b}{z-c}\right)$, 则 S 在其上任意点 $P(x,y,z)$ 处的法向量为
$$(F_x,F_y,F_z)=\left(\frac{f_1}{z-c},\frac{f_2}{z-c},\frac{-(x-a)f_1-(y-b)f_2}{(z-c)^2}\right).$$

若用 (X,Y,Z) 表示切平面上的动点, 则 S 在点 $P(x,y,z)$ 处的切平面方程为
$$\frac{f_1}{z-c}(X-x)+\frac{f_2}{z-c}(Y-y)-\frac{(x-a)f_1+(y-b)f_2}{(z-c)^2}(Z-z)=0.$$

容易验证, 当 $(X,Y,Z)=(a,b,c)$ 时, 上式恒成立, 因此 S 上的所有切平面都经过点 (a,b,c).

【例 6.72】(第二届全国决赛题, 2011) 设 $\Sigma_1:\dfrac{x^2}{a^2}+\dfrac{y^2}{b^2}+\dfrac{z^2}{c^2}=1$, 其中 $a>b>c>0$, $\Sigma_2:z^2=x^2+y^2$, Γ 为 Σ_1 和 Σ_2 的交线. 求椭球面 Σ_1 在 Γ 上各点的切平面到原点距离的最大值和最小值.

解 (**方法 1**) 根据对称性, 只需考虑交线 Γ 的第一卦限部分即可, 此时显然有 $z\neq 0$. 设切点坐标为 (x,y,z), 则切平面方程为 $\dfrac{x}{a^2}X+\dfrac{y}{b^2}Y+\dfrac{z}{c^2}Z=1$. 经计算可知原点到切平面的距离 $d=\left(\dfrac{x^2}{a^4}+\dfrac{y^2}{b^4}+\dfrac{z^2}{c^4}\right)^{-\frac{1}{2}}$, 记
$$\rho=\frac{1}{d^2}=\frac{x^2}{a^4}+\frac{y^2}{b^4}+\frac{z^2}{c^4},$$

因为切点在 Γ 上, 所以问题转化为求 ρ 满足 $z^2=x^2+y^2$ 与 $\dfrac{x^2}{a^2}+\dfrac{y^2}{b^2}+\dfrac{z^2}{c^2}=1$ 的条件极值, 利用 Lagrange 乘数法. 设

$$F(x,y,z) = \frac{x^2}{a^4} + \frac{y^2}{b^4} + \frac{z^2}{c^4} - \lambda(x^2+y^2-z^2) - \mu\left(\frac{x^2}{a^2} + \frac{y^2}{b^2} + \frac{z^2}{c^2} - 1\right),$$

则驻点坐标 (x,y,z) 满足以下方程组

$$\begin{cases} F_x = 2x\left(\dfrac{1}{a^4} - \lambda - \mu\dfrac{1}{a^2}\right) = 0, \\ F_y = 2y\left(\dfrac{1}{b^4} - \lambda - \mu\dfrac{1}{b^2}\right) = 0, \\ F_z = 2z\left(\dfrac{1}{c^4} + \lambda - \mu\dfrac{1}{c^2}\right) = 0 \end{cases} \quad \text{与} \quad \begin{cases} F_\lambda = -(x^2+y^2-z^2) = 0, \\ F_\mu = -\left(\dfrac{x^2}{a^2} + \dfrac{y^2}{b^2} + \dfrac{z^2}{c^2} - 1\right) = 0. \end{cases}$$

若 x,y,z 都不为 0, 则 $\lambda = -\dfrac{1}{a^2b^2}, \mu = \dfrac{a^2+b^2}{a^2b^2}$. 此时 $\rho = \dfrac{a^2+b^2}{a^2b^2}$, 所以原点到所有切平面的距离为常值

$$d = \frac{ab}{\sqrt{a^2+b^2}}.$$

若 $x=0, y=z \ne 0$, 则 $y = z = \dfrac{bc}{\sqrt{b^2+c^2}}$, 所以 $\rho_1 = \dfrac{y^2}{b^4} + \dfrac{z^2}{c^4} = \dfrac{b^4+c^4}{b^2c^2(b^2+c^2)}.$

若 $y=0, x=z \ne 0$, 则 $x = z = \dfrac{ac}{\sqrt{a^2+c^2}}$, 所以 $\rho_2 = \dfrac{x^2}{a^4} + \dfrac{z^2}{c^4} = \dfrac{a^4+c^4}{a^2c^2(a^2+c^2)}.$

因为

$$\rho_2 - \rho_1 = \frac{a^4+c^4}{a^2c^2(a^2+c^2)} - \frac{b^4+c^4}{b^2c^2(b^2+c^2)} = \frac{(a^2-b^2)(a^2b^2 - (a^2+b^2+c^2)c^2)}{a^2b^2(a^2+c^2)(b^2+c^2)},$$

所以关于最大距离 $d_{\max}$ 与最小距离 $d_{\min}$ 有如下结论:

当 $a^2b^2 = (a^2+b^2+c^2)c^2$ 时, $\rho_2 = \rho_1$, $d \equiv \dfrac{ab}{\sqrt{a^2+b^2}}$ 为常数;

当 $a^2b^2 > (a^2+b^2+c^2)c^2$ 时, $\rho_2 > \rho_1$, $d_{\max} = bc\sqrt{\dfrac{b^2+c^2}{b^4+c^4}}$, $d_{\min} = ac\sqrt{\dfrac{a^2+c^2}{a^4+c^4}}$;

当 $a^2b^2 < (a^2+b^2+c^2)c^2$ 时, $\rho_2 < \rho_1$, $d_{\max} = ac\sqrt{\dfrac{a^2+c^2}{a^4+c^4}}$, $d_{\min} = bc\sqrt{\dfrac{b^2+c^2}{b^4+c^4}}$.

(**方法 2**) 根据方法 1, 问题归结为求函数 $\dfrac{1}{d^2} = \dfrac{x^2}{a^4} + \dfrac{y^2}{b^4} + \dfrac{z^2}{c^4}$ 满足 $z^2 = x^2+y^2$ 与 $\dfrac{x^2}{a^2} + \dfrac{y^2}{b^2} + \dfrac{z^2}{c^2} = 1$ 的条件极值. 下面再进一步化为无条件极值问题求解. 为此, 利用 Γ 的方程解出 x^2, y^2 (均表示为 z^2 的函数), 再代入 $\dfrac{1}{d^2}$ 的表达式并整理, 得

$$\frac{1}{d^2} = \frac{1}{c^2}\left(\frac{1}{c^2} - \frac{a^2+b^2+c^2}{a^2b^2}\right)z^2 + \frac{1}{a^2} + \frac{1}{b^2}. \qquad ①$$

仍由 Γ 的方程，令 $\begin{cases} x = z\cos\theta, \\ y = z\sin\theta, \end{cases}$ 代入 Γ 的第二个方程，得 $z^2 = \left(\dfrac{\cos^2\theta}{a^2} + \dfrac{\sin^2\theta}{b^2} + \dfrac{1}{c^2}\right)^{-1}$.

因为当 $0 < \theta < \dfrac{\pi}{2}$ 时，$\dfrac{\mathrm{d}(z^2)}{\mathrm{d}\theta} = \left(\dfrac{\cos^2\theta}{a^2} + \dfrac{\sin^2\theta}{b^2} + \dfrac{1}{c^2}\right)^{-2}\left(\dfrac{1}{a^2} - \dfrac{1}{b^2}\right)\sin 2\theta < 0$，所以 z^2 在区间 $\left[0, \dfrac{\pi}{2}\right]$ 上是严格单减函数，故 $z^2\left(\dfrac{\pi}{2}\right) \leqslant z^2 \leqslant z^2(0)$，即 $\dfrac{b^2c^2}{b^2+c^2} \leqslant z^2 \leqslant \dfrac{a^2c^2}{a^2+c^2}$. 再结合①式可知，函数 d 的最大值与最小值如下：

(1) 若 $\dfrac{1}{c^2} = \dfrac{a^2+b^2+c^2}{a^2b^2}$，则 $\dfrac{1}{d^2} = \dfrac{1}{a^2} + \dfrac{1}{b^2}$，所以 $d \equiv \dfrac{ab}{\sqrt{a^2+b^2}}$ 为常数；

(2) 若 $\dfrac{1}{c^2} > \dfrac{a^2+b^2+c^2}{a^2b^2}$，则 $\dfrac{b^4+c^4}{b^2c^2(b^2+c^2)} \leqslant \dfrac{1}{d^2} \leqslant \dfrac{a^4+c^4}{a^2c^2(a^2+c^2)}$，相应的最大值和最小值分别为

$$d_{\max} = bc\sqrt{\dfrac{b^2+c^2}{b^4+c^4}}, \quad d_{\min} = ac\sqrt{\dfrac{a^2+c^2}{a^4+c^4}};$$

(3) 若 $\dfrac{1}{c^2} < \dfrac{a^2+b^2+c^2}{a^2b^2}$，则 $\dfrac{a^4+c^4}{a^2c^2(a^2+c^2)} \leqslant \dfrac{1}{d^2} \leqslant \dfrac{b^4+c^4}{b^2c^2(b^2+c^2)}$，相应的最大值和最小值分别为

$$d_{\max} = ac\sqrt{\dfrac{a^2+c^2}{a^4+c^4}}, \quad d_{\min} = bc\sqrt{\dfrac{b^2+c^2}{b^4+c^4}}.$$

【注】 本题采用了求多元函数条件极值的两种典型方法，即 Lagrange 乘数法与化为无条件极值法. 前者可操作性强，但计算较为复杂；后者通过引入新的变量将问题转化为求单调函数的极值，方法新颖，技巧性强.

6.4 能力拓展与训练

1. 设 $z = x^2\mathrm{e}^y + (x-1)\arctan\dfrac{y}{x}$，则 $\left.\left(\dfrac{\partial z}{\partial x} + \dfrac{\partial z}{\partial y}\right)\right|_{(1,0)} = $ _____.

2. 设 $z = z(x,y)$ 是由方程 $\cos^2 x + \cos^2 y + \cos^2 z = 1$ 确定的二元隐函数，则 $\mathrm{d}z = $ _____.

3. 设 $z = f\left(xy, \dfrac{x}{y}\right) + g\left(\dfrac{y}{x}\right)$，其中 f 具有二阶连续偏导数，g 具有二阶连续导数，求 $\dfrac{\partial^2 z}{\partial x \partial y}$.

4. 设 $u = (y-z)\mathrm{e}^{\pi x}$，而 $y = \pi \sin x, z = \cos x$，则 $\dfrac{\mathrm{d}u}{\mathrm{d}x} = $ _____.

5. 设 $f(x,y) = \dfrac{\sin xy \cos\sqrt{y+2} - (y-1)\cos x}{1 + \sin x + \sin(y-1)}$，则 $\left.\dfrac{\partial f}{\partial y}\right|_{(0,1)} = $ _____.

6. 设 $z = f(x,y)$ 满足 $\dfrac{\partial^2 z}{\partial x \partial y} = x + y$, 且 $f(x,0) = x^2$, $f(0,y) = y$, 则 $f(x,y) =$ _____.

7. 设 $z = z(x,y)$ 满足方程 $6\dfrac{\partial^2 z}{\partial x^2} + \dfrac{\partial^2 z}{\partial x \partial y} - \dfrac{\partial^2 z}{\partial y^2} = 0$, 已知变换 $\begin{cases} u = x - 2y, \\ v = x + 3y, \end{cases}$ 则 $\dfrac{\partial^2 z}{\partial u \partial v} =$ _____.

8. 函数 $u = \ln(x + \sqrt{y^2 + z^2})$ 在点 $A(1,0,1)$ 处沿 A 指向点 $B(3,-2,2)$ 方向的方向导数为 _____.

9. 已知方程 $(6y + x^2 y^2)\,dx + (8x + x^3 y)\,dy = 0$ 的两边乘以 $y^3 f(x)$ 便成为全微分方程, 试求出可导函数 $f(x)$, 并解此微分方程.

10. 已知 $\displaystyle\int_{(0,0)}^{(t,t^2)} f(x,y)\,dx + x\cos y\,dy = t^2$, 其中 $f(x,y)$ 有一阶连续偏导数, $f_y(x,y) = \cos y$, 求 $f(x,y)$.

11. 设函数 $f(x,y)$ 具有连续二阶偏导数, $\dfrac{\partial^2 f}{\partial x \partial y} = 0$, 且在极坐标 (r, θ) 下可表示成 $f(x,y) = h(r)$, 求函数 $f(x,y)$.

12. 设函数 $u = f\left(\ln\sqrt{x^2 + y^2}\right)$, 满足 $\dfrac{\partial^2 u}{\partial x^2} + \dfrac{\partial^2 u}{\partial y^2} = (x^2 + y^2)^{\frac{1}{2}}$, 试求函数 f 的表达式.

13. 函数 $\dfrac{x^3 y}{x^6 + y^2}$ 在 $(x,y) \to (0,0)$ 时的极限是否存在?

14. 设二元函数 $f(x,y) = |x - y|\varphi(x,y)$, 其中 $\varphi(x,y)$ 在点 $(0,0)$ 的一个邻域内连续, 试证明函数 $f(x,y)$ 在点 $(0,0)$ 处可微的充分必要条件是 $\varphi(0,0) = 0$.

15. 设二元函数 $f(x,y)$ 具有一阶连续偏导数, 且 $f(0,1) = f(1,0)$, 证明在单位圆周 $x^2 + y^2 = 1$ 上至少存在两个不同的点满足方程 $y\dfrac{\partial f}{\partial x} = x\dfrac{\partial f}{\partial y}$.

16. 设 $f(x,y) = \begin{cases} y \cdot \arctan \dfrac{1}{\sqrt{x^2 + y^2}}, & (x,y) \neq (0,0), \\ 0, & (x,y) = (0,0), \end{cases}$ 试讨论 $f(x,y)$ 在点 $(0,0)$ 处的连续性、可导性与可微性.

17. 已知函数 $z = z(x,y)$ 满足 $x^2 \dfrac{\partial z}{\partial x} + y^2 \dfrac{\partial z}{\partial y} = z^2$. 设 $u = x, v = \dfrac{1}{y} - \dfrac{1}{x}, \varphi = \dfrac{1}{z} - \dfrac{1}{x}$, 对函数 $\varphi = \varphi(u,v)$, 求证: $\dfrac{\partial \varphi}{\partial u} = 0$.

18. 设 $u = f(xyz)$, $f(0) = 0$, $f'(1) = 1$, 且 $\dfrac{\partial^3 u}{\partial x \partial y \partial z} = x^2 y^2 z^2 f'''(xyz)$, 求 u.

19. 设函数 $u = f(r)$ 在 $(0, +\infty)$ 上有连续的二阶导数, 且 $f(1) = 0$, $f'(1) = 1$, 又

$u = f\left(\sqrt{x^2 + y^2 + z^2}\right)$ 满足方程 $\dfrac{\partial^2 u}{\partial x^2} + \dfrac{\partial^2 u}{\partial y^2} + \dfrac{\partial^2 u}{\partial z^2} = 0$, 试求 $f(r)$ 的表达式.

20. 设函数 $z = z(x,y)$ 由方程 $x^2 + y^2 + z^2 = xyf(z^2)$ 所确定, 其中 f 为可微函数, 试计算 $x\dfrac{\partial z}{\partial x} + y\dfrac{\partial z}{\partial y}$ 并化成最简形式.

21. 设函数 $z = f(x,y)$ 具有二阶连续偏导数, 且 $\dfrac{\partial f}{\partial y} \neq 0$, 证明: 对任意常数 C, $f(x,y) = C$ 为一直线的充分必要条件是 $(f_y)^2 f_{xx} - 2f_x f_y f_{xy} + f_{yy}(f_x)^2 = 0$.

22. 设向量 $\boldsymbol{u} = 3\boldsymbol{i} - 4\boldsymbol{j}$, $\boldsymbol{v} = 4\boldsymbol{i} + 3\boldsymbol{j}$, 且二元可微函数 $f(x,y)$ 在点 P 处有 $\left.\dfrac{\partial f}{\partial \boldsymbol{u}}\right|_P = -6$, $\left.\dfrac{\partial f}{\partial \boldsymbol{v}}\right|_P = 17$, 则 $\mathrm{d}f|_P = $ _____.

23. 设 $f(t), g(t)$ 为连续可微函数, 且 $w = yf(xy)\mathrm{d}x + xg(xy)\mathrm{d}y$.
(1) 若存在 u, 使得 $\mathrm{d}u = w$, 求 $f(t) - g(t)$;
(2) 若 $f(x) = \varphi'(x)$, 求 u 使得 $\mathrm{d}u = w$.

24. 设函数 $u = f(x,y,z)$ 是可微函数, 满足 $\dfrac{f_x}{x} = \dfrac{f_y}{y} = \dfrac{f_z}{z}$, 证明: u 仅为 $r = \sqrt{x^2 + y^2 + z^2}$ 的函数.

25. 设函数 $z = f(x,y)$ 在点 $(0,1)$ 的某邻域内可微, 且 $f(x, y+1) = 1 + 2x + 3y + o(\rho)$, 其中 $\rho = \sqrt{x^2 + y^2}$, 则曲面 $z = f(x,y)$ 在点 $(0,1)$ 处的切平面方程为 _____.

26. 求通过直线 $L: \begin{cases} 2x + y = 0, \\ 4x + 2y + 3z - 6 = 0 \end{cases}$ 且与球面 $x^2 + y^2 + z^2 = 4$ 相切的平面方程.

27. 证明: 曲面 $z + \sqrt{x^2 + y^2 + z^2} = x^3 f\left(\dfrac{y}{x}\right)$ 上任意点处的切平面在 Oz 轴上的截距与切点到坐标原点的距离之比为常数, 并求出此常数.

28. 已知锐角 $\triangle ABC$ 位于 xOy 平面上, 任取点 $P(x,y)$, 令 $f(x,y) = |\overrightarrow{AP}| + |\overrightarrow{BP}| + |\overrightarrow{CP}|$. 证明: 若 $f(x,y)$ 在点 P_0 处取得极值, 则向量 $\overrightarrow{P_0A}, \overrightarrow{P_0B}, \overrightarrow{P_0C}$ 所夹的角相等.

29. 已知可微函数 $f(u,v)$ 满足 $\dfrac{\partial f(u,v)}{\partial u} - \dfrac{\partial f(u,v)}{\partial v} = 2(u-v)\mathrm{e}^{-(u+v)}$, 且 $f(u,0) = u^2 \mathrm{e}^{-u}$, 记 $g(x,y) = f(x, y-x)$. (1) 求 $\dfrac{\partial g(x,y)}{\partial x}$; (2) 求 $f(u,v)$ 的表达式和极值.

30. 给定一个半径为 R 的圆, 问是否存在该圆的一个外切三角形, 其面积为圆面积的 $\dfrac{3}{2}$ 倍? 请阐述理由或给予证明.

31. 设 $u = u\left(\sqrt{x^2 + y^2}\right)$ 具有连续二阶偏导数, 且满足 $\dfrac{\partial^2 u}{\partial x^2} + \dfrac{\partial^2 u}{\partial y^2} - \dfrac{1}{x}\dfrac{\partial u}{\partial x} + u = x^2 + y^2$, 试求函数 u 的表达式.

32. 设 $f(t)$ 在 $[1, +\infty)$ 上有连续的二阶导数, $f(1) = 0$, $f'(1) = 1$, 又设函数 $z = $

$(x^2+y^2)f(x^2+y^2)$ 满足方程 $\dfrac{\partial^2 z}{\partial x^2}+\dfrac{\partial^2 z}{\partial y^2}=0$,求 $f(t)$ 在 $[1,+\infty)$ 上的最大值.

33. 求使函数 $f(x,y)=\dfrac{1}{y^2}\mathrm{e}^{-\frac{1}{2y^2}\left[(x-a)^2+(y-b)^2\right]}$ $(y>0, b>0)$ 达到最大值的 (x_0,y_0) 以及相应的 $f(x_0,y_0)$.

34. 在椭球面 $\dfrac{x^2}{4}+y^2+z^2=1$ 内,求一表面积为最大的内接长方体,并求出其最大表面积.

35. 从已知 $\triangle ABC$ 的内部的点 P 向三边作三条垂线,求使此三条垂线长的乘积为最大的点 P 的位置.

36. 设某工厂生产甲、乙两种产品,产量分别为 x 件和 y 件,利润函数为
$$L(x,y)=6x-x^2+16y-4y^2-2\ (\text{万元}).$$
已知生产这两种产品时,每件产品均需消耗某种原料 2000 千克,现有该原料 12000 千克,问两种产品各生产多少件时总利润最大? 最大利润为多少?

37. 设 $f(x,y)$ 有二阶连续偏导数, $g(x,y)=f\left(\mathrm{e}^{xy},x^2+y^2\right)$, 且 $f(x,y)=1-x-y+o\left(\sqrt{(x-1)^2+y^2}\right)$,证明 $g(x,y)$ 在 $(0,0)$ 取得极值,判断此极值是极大值还是极小值,并求出此极值.

38. 试求函数 $f(x,y)=\left(x^2+y^2\right)^{xy}$, $x>0$, $y>0$ 的极值.

39. 求函数 $f(x,y)=x+y+xy$ 在曲线 $C:x^2+y^2+xy=3$ 上的最大方向导数.

40. 设 Π 是椭球面 $\Sigma:x^2+3y^2+z^2=1$ 在第一卦限内的切平面,求使得切平面 Π 被三个坐标面截出的三角形的面积最小的切点坐标,并求相应的三角形面积.

6.5 训练全解与分析

1. $\dfrac{\partial z}{\partial x}=2x\mathrm{e}^y+\arctan\dfrac{y}{x}-\dfrac{(x-1)y}{x^2+y^2}$, $\dfrac{\partial z}{\partial y}=x^2\mathrm{e}^y+\dfrac{x(x-1)}{x^2+y^2}$,所以
$$\left(\dfrac{\partial z}{\partial x}+\dfrac{\partial z}{\partial y}\right)\bigg|_{(1,0)}=\dfrac{\partial z}{\partial x}\bigg|_{(1,0)}+\dfrac{\partial z}{\partial y}\bigg|_{(1,0)}=2+1=3.$$

2. 对方程 $\cos^2 x+\cos^2 y+\cos^2 z=1$ 两边关于 x 求偏导,得 $2\cos x(-\sin x)+2\cos z(-\sin z)\cdot\dfrac{\partial z}{\partial x}=0$,所以 $\dfrac{\partial z}{\partial x}=-\dfrac{\sin 2x}{\sin 2z}$.根据变量 x 和 y 的对称性,可得 $\dfrac{\partial z}{\partial y}=-\dfrac{\sin 2y}{\sin 2z}$.所以 $\mathrm{d}z=-\dfrac{1}{\sin 2z}(\sin 2x\mathrm{d}x+\sin 2y\mathrm{d}y)$.

3. $\dfrac{\partial z}{\partial x}=yf'_1+\dfrac{1}{y}f'_2+g'\left(-\dfrac{y}{x^2}\right)$,

$\dfrac{\partial^2 z}{\partial x\partial y}=f'_1+y\left(xf''_{11}-\dfrac{x}{y^2}f''_{12}\right)-\dfrac{1}{y^2}f'_2+\dfrac{1}{y}\left(xf''_{21}-\dfrac{x}{y^2}f''_{22}\right)-\dfrac{1}{x^2}g'-\dfrac{y}{x^2}g''\dfrac{1}{x}.$

由于 f 具有二阶连续偏导数, 故 $f''_{21} = f''_{12}$, 因此

$$\frac{\partial^2 z}{\partial x \partial y} = f'_1 - \frac{1}{y^2}f'_2 + xyf''_{11} - \frac{x}{y^3}f''_{22} - \frac{1}{x^2}g' - \frac{y}{x^3}g''.$$

4. $\dfrac{\mathrm{d}u}{\mathrm{d}x} = \dfrac{\partial u}{\partial y} \cdot \dfrac{\mathrm{d}y}{\mathrm{d}x} + \dfrac{\partial u}{\partial z}\dfrac{\mathrm{d}z}{\mathrm{d}x} + \dfrac{\partial u}{\partial x} = \mathrm{e}^{\pi x}\pi\cos x - \mathrm{e}^{\pi x}(-\sin x) + (y-z)\mathrm{e}^{\pi x}\pi = (1+\pi^2)\mathrm{e}^{\pi x}\sin x.$

5. 利用偏导数的定义, 得

$$\left.\frac{\partial f}{\partial y}\right|_{(0,1)} = \lim_{y \to 1} \frac{f(0,y) - f(0,1)}{y-1} = \lim_{y \to 1} \frac{-(y-1)}{(y-1)(1+\sin(y-1))} = -1.$$

6. 对 $\dfrac{\partial^2 z}{\partial x \partial y} = x + y$ 先后关于 y 和 x 作积分, 得 $\dfrac{\partial z}{\partial x} = xy + \dfrac{y^2}{2} + C_1(x)$ 及

$$f(x,y) = \frac{1}{2}x^2 y + \frac{1}{2}xy^2 + \int_0^x C_1(x)\mathrm{d}x + C_2(y).$$

由 $f(0,y) = y$, 得 $C_2(y) = y$, 再由 $f(x,0) = x^2$, 得 $\int_0^x C_1(x)\mathrm{d}x = x^2$, 因此

$$f(x,y) = \frac{1}{2}xy(x+y) + x^2 + y.$$

7. 在所给变换 $\begin{cases} u = x - 2y, \\ v = x + 3y \end{cases}$ 下, 原方程化为 $\dfrac{\partial^2 z}{\partial u \partial v} = 0$.

8. 由于 $\overrightarrow{AB} = (2, -2, 1)$, 所以 $\overrightarrow{AB}$ 方向的方向余弦为 $\cos\alpha = \dfrac{2}{3}$, $\cos\beta = -\dfrac{2}{3}$, $\cos\gamma = \dfrac{1}{3}$. 因为

$$\left.\frac{\partial u}{\partial x}\right|_{(1,0,1)} = \left.\frac{1}{x + \sqrt{y^2 + z^2}}\right|_{(1,0,1)} = \frac{1}{2},$$

$$\left.\frac{\partial u}{\partial y}\right|_{(1,0,1)} = \left.\frac{1}{x + \sqrt{y^2 + z^2}}(y^2 + z^2)^{-\frac{1}{2}} \cdot y\right|_{(1,0,1)} = 0,$$

$$\left.\frac{\partial u}{\partial z}\right|_{(1,0,1)} = \left.\frac{1}{x + \sqrt{y^2 + z^2}}(y^2 + z^2)^{-\frac{1}{2}} \cdot z\right|_{(1,0,1)} = \frac{1}{2},$$

所以方向导数为 $\dfrac{\partial u}{\partial \overrightarrow{AB}} = \dfrac{1}{2} \cdot \dfrac{2}{3} + 0 \cdot \left(-\dfrac{2}{3}\right) + \dfrac{1}{2} \cdot \dfrac{1}{3} = \dfrac{1}{2}.$

9. 设 $P(x,y) = (6y + x^2 y^2) y^3 f(x)$, $Q(x,y) = (8x + x^3 y) y^3 f(x)$, 则 $\dfrac{\partial Q}{\partial x} = \dfrac{\partial P}{\partial y}$, 所以

$$(8y^3 + 3x^2 y^4) f(x) + (8xy^3 + x^3 y^4) f'(x) = (24y^3 + 5x^2 y^4) f(x).$$

两边消去公因子 y^3 再整理, 可得 $xf'(x) = 2f(x)$. 这是可分离变量的一阶微分方程, 解得 $f(x) = C_1 x^2$, 其中 C_1 为任意常数. 由此可得全微分方程为

$$(6y^4 + x^2 y^5) C_1 x^2 dx + (8xy^3 + x^3 y^4) C_1 x^2 dy = 0.$$

约去常数因子 C_1, 再积分, 得

$$u(x,y) = \int_{(0,0)}^{(x,y)} (6y^4 + x^2 y^5) x^2 dx + (8xy^3 + x^3 y^4) x^2 dy$$

$$= \int_0^y (8xy^3 + x^3 y^4) x^2 dy = 2x^3 y^4 + \frac{1}{5} x^5 y^5,$$

因此原方程的通解为 $10x^3 y^4 + x^5 y^5 = C$, 其中 C 为任意常数.

10. 由 $f_y(x,y) = \cos y$ 作积分, 得 $f(x,y) = \sin y + C(x)$, 从而有

$$\int_{(0,0)}^{(t,t^2)} [\sin y + C(x)] dx + x \cos y dy = t^2,$$

即 $\int_0^t C(x) dx + \int_0^{t^2} t \cos y dy = t^2$, 得 $\int_0^t C(x) dx + t \sin t^2 = t^2$. 两边求导得 $C(t) = 2t - \sin t^2 - 2t^2 \cos t^2$, 于是

$$f(x,y) = \sin y + 2x - \sin x^2 - 2x^2 \cos x^2.$$

11. 因为 $\begin{cases} x = r\cos\theta, \\ y = r\sin\theta, \end{cases}$ $r = \sqrt{x^2 + y^2}$, 所以 $\dfrac{\partial r}{\partial x} = \dfrac{x}{r}$, $\dfrac{\partial r}{\partial y} = \dfrac{y}{r}$. 利用复合函数求偏导法则, 得

$$\frac{\partial f}{\partial x} = \frac{\partial f}{\partial r} \cdot \frac{\partial r}{\partial x} + \frac{\partial f}{\partial \theta} \cdot \frac{\partial \theta}{\partial x} = h'(r) \frac{x}{r},$$

于是

$$0 = \frac{\partial^2 f}{\partial x \partial y} = \frac{\partial}{\partial y} \left(\frac{\partial f}{\partial x} \right) = x \frac{d}{dr} \left(h'(r) \frac{1}{r} \right) \frac{\partial r}{\partial y}$$

$$= \frac{xy}{r} \left(\frac{1}{r} h''(r) - h'(r) \frac{1}{r^2} \right) = \frac{xy}{r^2} \left(h''(r) - \frac{1}{r} h'(r) \right),$$

故 $h''(r) - \dfrac{1}{r} h'(r) = 0$. 这是可降阶的二阶微分方程, 易知其通解为 $h(r) = C_1 r^2 + C_2$, 因此

$$f(x,y) = C_1(x^2 + y^2) + C_2, \quad \text{其中 } C_1, C_2 \text{ 为任意常数}.$$

12. 令 $t = \ln\sqrt{x^2+y^2}$, 则 $u = f(t)$, 且 $x^2+y^2 = e^{2t}$. 因为 $\dfrac{\partial t}{\partial x} = \dfrac{x}{x^2+y^2}$, $\dfrac{\partial^2 t}{\partial x^2} = \dfrac{y^2-x^2}{(x^2+y^2)^2}$, 以及

$$\frac{\partial u}{\partial x} = f'(t)\frac{\partial t}{\partial x}, \quad \frac{\partial^2 u}{\partial x^2} = f''(t)\left(\frac{\partial t}{\partial x}\right)^2 + f'(t)\frac{\partial^2 t}{\partial x^2},$$

所以 $\dfrac{\partial^2 u}{\partial x^2} = f''(t)\dfrac{x^2}{(x^2+y^2)^2} + f'(t)\dfrac{y^2-x^2}{(x^2+y^2)^2}$. 根据变量 x 和 y 的对称性, 得

$$\frac{\partial^2 u}{\partial y^2} = f''(t)\frac{y^2}{(x^2+y^2)^2} + f'(t)\frac{x^2-y^2}{(x^2+y^2)^2},$$

代入所给方程 $\dfrac{\partial^2 u}{\partial x^2} + \dfrac{\partial^2 u}{\partial y^2} = (x^2+y^2)^{\frac{1}{2}}$ 并化简, 得 $f''(t) = e^{3t}$. 连续两次积分, 得

$$f(t) = \frac{1}{9}e^{3t} + C_1 t + C_2, \quad \text{其中 } C_1, C_2 \text{ 为任意常数}.$$

13. 由于 $\lim\limits_{(x,y)\to(0,0)} \dfrac{x^3 y}{x^6+y^2} \xlongequal{y=kx^3} \lim\limits_{x\to 0}\dfrac{kx^6}{x^6+k^2 x^6} = \dfrac{k}{1+k^2}$, 所以函数 $\dfrac{x^3 y}{x^6+y^2}$ 在 $(x,y)\to(0,0)$ 时的极限不存在.

14. (**必要性**) 设 $f(x,y)$ 在 $(0,0)$ 点处可微, 则偏导数 $f_x(0,0)$, $f_y(0,0)$ 存在, 由于

$$f_x(0,0) = \lim_{x\to 0}\frac{f(x,0)-f(0,0)}{x} = \lim_{x\to 0}\frac{|x|\varphi(x,0)}{x},$$

且 $\lim\limits_{x\to 0^+}\dfrac{|x|\varphi(x,0)}{x} = \varphi(0,0)$, $\lim\limits_{x\to 0^-}\dfrac{|x|\varphi(x,0)}{x} = -\varphi(0,0)$, 所以 $\varphi(0,0) = 0$.

(**充分性**) 若 $\varphi(0,0) = 0$, 则可知 $f_x(0,0) = 0$, $f_y(0,0) = 0$. 因为

$$\frac{f(x,y)-f(0,0)-f'_x(0,0)x-f'_y(0,0)y}{\sqrt{x^2+y^2}} = \frac{|x-y|\varphi(x,y)}{\sqrt{x^2+y^2}},$$

又 $\dfrac{|x-y|}{\sqrt{x^2+y^2}} \leqslant \dfrac{|x|}{\sqrt{x^2+y^2}} + \dfrac{|y|}{\sqrt{x^2+y^2}} \leqslant 2$, 所以 $\lim\limits_{\substack{x\to 0\\ y\to 0}}\dfrac{|x-y|\varphi(x,y)}{\sqrt{x^2+y^2}} = 0$. 根据二元函数可微分的定义, $f(x,y)$ 在 $(0,0)$ 点处可微.

15. 令 $F(\theta) = f(\cos\theta, \sin\theta)$, 则 $F(\theta)$ 在区间 $[0, 2\pi]$ 上可导, 且 $F(0) = F\left(\dfrac{\pi}{2}\right) = F(2\pi)$. 在区间 $\left[0, \dfrac{\pi}{2}\right]$, $\left[\dfrac{\pi}{2}, 2\pi\right]$ 上分别利用 Rolle 定理, 存在 $\theta_1 \in \left(0, \dfrac{\pi}{2}\right)$, $\theta_2 \in \left(\dfrac{\pi}{2}, 2\pi\right)$, 使得 $F'(\theta_1) = F'(\theta_2) = 0$. 因为

$$F'(\theta) = -f_x(\cos\theta, \sin\theta)\sin\theta + f_y(\cos\theta, \sin\theta)\cos\theta,$$

所以
$$\sin\theta_k f_x(\cos\theta_k, \sin\theta_k) = \cos\theta_k f_y(\cos\theta_k, \sin\theta_k), \quad k = 1, 2,$$

取点 $(\xi_k, \eta_k) = (\cos\theta_k, \sin\theta_k)$, $k = 1, 2$, 则 (ξ_1, η_1) 和 (ξ_2, η_2) 是单位圆周 $x^2 + y^2 = 1$ 上两个不同的点, 且 $\eta_k f_x(\xi_k, \eta_k) = \eta_k f_y(\xi_k, \eta_k)$, $k = 1, 2$, 即两个不同的点 (ξ_1, η_1) 和 (ξ_2, η_2) 满足方程 $y\dfrac{\partial f}{\partial x} = x\dfrac{\partial f}{\partial y}$.

16. 由于 $\arctan\dfrac{1}{\sqrt{x^2+y^2}}$ 有界, 所以
$$\lim_{(x,y)\to(0,0)} f(x,y) = \lim_{(x,y)\to(0,0)} y\cdot\arctan\dfrac{1}{\sqrt{x^2+y^2}} = 0 = f(0,0),$$

故 $f(x,y)$ 在 $(0,0)$ 处连续.

又由于 $f_x(0,0) = \lim\limits_{x\to 0}\dfrac{f(x,0)-f(0,0)}{x} = \lim\limits_{x\to 0}\dfrac{0}{x} = 0$, 且
$$f_y(0,0) = \lim_{y\to 0}\dfrac{f(0,y)-f(0,0)}{y} = \lim_{y\to 0}\arctan\dfrac{1}{|y|} = \dfrac{\pi}{2},$$

所以 $f(x,y)$ 在点 $(0,0)$ 处存在偏导数.

令 $\Delta f(0,0) = f(x,y) - f(0,0) = f_x(0,0)x + f_y(0,0)y + \omega$, 则当 $\rho = \sqrt{x^2+y^2} \to 0^+$ 时,
$$\dfrac{\omega}{\rho} = \dfrac{y}{\sqrt{x^2+y^2}}\left(\arctan\dfrac{1}{\rho} - \dfrac{\pi}{2}\right) \to 0 \quad \left(\left|\dfrac{y}{\sqrt{x^2+y^2}}\right| \leqslant 1\right),$$

故 $\omega = o(\rho)$, 所以 $f(x,y)$ 在点 $(0,0)$ 处可微.

17. 由 $\begin{cases} u = x, \\ v = \dfrac{1}{y} - \dfrac{1}{x}, \end{cases}$ 解得 $\begin{cases} x = u, \\ y = \dfrac{u}{1+uv}. \end{cases}$ 这样 $\varphi = \dfrac{1}{z} - \dfrac{1}{x}$ 便是 u, v 的复合函数, 对 u 求偏导数得
$$\dfrac{\partial\varphi}{\partial u} = -\dfrac{1}{z^2}\left(\dfrac{\partial z}{\partial x}\dfrac{\partial x}{\partial u} + \dfrac{\partial z}{\partial y}\dfrac{\partial y}{\partial u}\right) + \dfrac{1}{u^2} = -\dfrac{1}{z^2}\left(\dfrac{\partial z}{\partial x} + \dfrac{\partial z}{\partial y}\cdot\dfrac{1}{(1+uv)^2}\right) + \dfrac{1}{u^2}.$$

利用 $\dfrac{1}{1+uv} = \dfrac{y}{x}$ 和 $z(x,y)$ 满足的等式, 有
$$\dfrac{\partial\varphi}{\partial u} = -\dfrac{1}{z^2 x^2}\left(x^2\dfrac{\partial z}{\partial x} + y^2\dfrac{\partial z}{\partial y}\right) + \dfrac{1}{u^2} = -\dfrac{1}{x^2} + \dfrac{1}{u^2} = 0.$$

18. 因为 $u_x = yzf'(xyz)$, $u_{xy} = zf'(xyz) + xyz^2 f''(xyz)$, 且
$$u_{xyz} = f'(xyz) + xyzf''(xyz) + 2xyzf''(xyz) + x^2 y^2 z^2 f'''(xyz),$$

所以 $3xyzf''(xyz) + f'(xyz) = 0$. 令 $xyz = t$, 则 $3tf''(t) + f'(t) = 0$. 这是可降阶的二阶微分方程.

设 $p = f'(t)$, 得 $3tp' + p = 0$. 解得 $p = \dfrac{C_1}{\sqrt[3]{t}}$. 由 $f'(1) = 1$, 即 $p(1) = 1$ 得 $C_1 = 1$, 所以 $p = \dfrac{1}{\sqrt[3]{t}}$, 从而 $f(t) = \dfrac{3}{2}t^{\frac{2}{3}} + C$. 再由 $f(0) = 0$, 得 $C = 0$. 因此 $f(t) = \dfrac{3}{2}t^{\frac{2}{3}}$, 即 $u = \dfrac{3}{2}(xyz)^{\frac{2}{3}}$.

19. 记 $r = \sqrt{x^2 + y^2 + z^2}$, 由于 $\dfrac{\partial u}{\partial x} = f'(r)\dfrac{\partial r}{\partial x} = f'(r)\dfrac{x}{r}$, 所以 $\dfrac{\partial^2 u}{\partial x^2} = f''(r)\dfrac{x^2}{r^2} + f'(r)\dfrac{r^2 - x^2}{r^3}$. 根据变量 x, y 和 z 的对称性可得 $\dfrac{\partial^2 u}{\partial y^2} = f''(r)\dfrac{y^2}{r^2} + f'(r)\dfrac{r^2 - y^2}{r^3}$, $\dfrac{\partial^2 u}{\partial z^2} = f''(r)\dfrac{z^2}{r^2} + f'(r)\dfrac{r^2 - z^2}{r^3}$. 代入所给方程, 得 $f''(r) + \dfrac{2}{r}f'(r) = 0$. 这是可降阶的二阶微分方程, 令 $p = f'(r)$, 得 $p' + \dfrac{2}{r}p = 0$. 解得 $p = \dfrac{C_1}{r^2}$, 则 $f'(r) = \dfrac{C_1}{r^2}$, 积分得 $f(r) = C_2 - \dfrac{C_1}{r}$, 代入初始条件得 $C_1 = 1, C_2 = 1$, 因此 $f(r) = 1 - \dfrac{1}{r}$ $(0 < r < +\infty)$.

20. 对方程 $x^2 + y^2 + z^2 = xyf(z^2)$ 两边分别关于 x, y 求偏导, 得

$$2x + 2z\dfrac{\partial z}{\partial x} = yf(z^2) + xyf'(z^2)\cdot 2z\dfrac{\partial z}{\partial x}, \quad 2y + 2z\dfrac{\partial z}{\partial y} = xf(z^2) + xyf'(z^2)\cdot 2z\dfrac{\partial z}{\partial y}.$$

由此解得

$$\dfrac{\partial z}{\partial x} = \dfrac{yf(z^2) - 2x}{2z[1 - xyf'(z^2)]}, \quad \dfrac{\partial z}{\partial y} = \dfrac{xf(z^2) - 2y}{2z[1 - xyf'(z^2)]}.$$

所以

$$x\dfrac{\partial z}{\partial x} + y\dfrac{\partial z}{\partial y} = \dfrac{xyf(z^2) - 2x^2 + xyf(z^2) - 2y^2}{2z[1 - xyf'(z^2)]} = \dfrac{xyf(z^2) - x^2 - y^2}{z[1 - xyf'(z^2)]}$$
$$= \dfrac{(x^2 + y^2 + z^2) - x^2 - y^2}{z[1 - xyf'(z^2)]} = \dfrac{z}{1 - xyf'(z^2)}.$$

21. (**必要性**) 当 $f(x, y) = C$ 为一直线时, 则 $f(x, y) = ax + by$, 其中 a, b 是不全为零的常数, 所以 $f_{xx} = f_{yy} = f_{xy} = 0$, 故所证等式成立.

(**充分性**) 因为 $f_y \neq 0$, 故由隐函数求导公式得 $f_x + f_y\dfrac{\mathrm{d}y}{\mathrm{d}x} = 0$, 两边再对 x 求导, 得

$$f_{xx} + f_{xy}\dfrac{\mathrm{d}y}{\mathrm{d}x} + \left(f_{yx} + f_{yy}\dfrac{\mathrm{d}y}{\mathrm{d}x}\right)\dfrac{\mathrm{d}y}{\mathrm{d}x} + f_y\dfrac{\mathrm{d}^2 y}{\mathrm{d}x^2} = 0,$$

将 $\dfrac{\mathrm{d}y}{\mathrm{d}x} = -\dfrac{f_x}{f_y}$ 代入上式, 并注意到 $f_{xy} = f_{yx}$, 可得 $\dfrac{(f_y)^2 f_{xx} - 2f_x f_y f_{xy} + f_{yy}(f_x)^2}{(f_y)^2} +$

$f_y \dfrac{\mathrm{d}^2 y}{\mathrm{d} x^2} = 0$. 根据题设条件可知 $\dfrac{\mathrm{d}^2 y}{\mathrm{d} x^2} = 0$, 即 $y = y(x)$ 为线性函数, 因此方程 $f(x,y) = C$ 表示一直线.

22. 由于 $f(x,y)$ 是可微函数, 故可利用计算方向导数的公式, 得

$$\left.\dfrac{\partial f}{\partial u}\right|_P = \dfrac{3}{5}\left.\dfrac{\partial f}{\partial x}\right|_P - \dfrac{4}{5}\left.\dfrac{\partial f}{\partial y}\right|_P = -6, \quad \left.\dfrac{\partial f}{\partial v}\right|_P = \dfrac{4}{5}\left.\dfrac{\partial f}{\partial x}\right|_P + \dfrac{3}{5}\left.\dfrac{\partial f}{\partial y}\right|_P = 17,$$

由此解得 $\left.\dfrac{\partial f}{\partial x}\right|_P = 10$, $\left.\dfrac{\partial f}{\partial y}\right|_P = 15$. 所以 $\mathrm{d}f|_P = 10\mathrm{d}x + 15\mathrm{d}y$.

23. (1) 由于 $w = \mathrm{d}u$, 且 $f(t), g(t)$ 均为连续可微函数, 所以 $\dfrac{\partial}{\partial y}[yf(xy)] = \dfrac{\partial}{\partial x}[xg(xy)]$. 令 $t = xy$, 得 $f(t) + t\dfrac{\mathrm{d}f(t)}{\mathrm{d}t} = g(t) + t\dfrac{\mathrm{d}g(t)}{\mathrm{d}t}$, 即 $t\dfrac{\mathrm{d}(f-g)}{\mathrm{d}t} = -(f-g)$. 由此解得 $f(t) - g(t) = \dfrac{C}{t}$, 其中 C 为任意常数.

(2) 欲使 $\mathrm{d}u = w$, 可令 $\mathrm{d}u = yf(xy)\mathrm{d}x + xg(xy)\mathrm{d}y$. 当 $f(x) = \varphi'(x)$ 时, 利用 (1) 的结果, 得

$$\mathrm{d}u = y\varphi'(xy)\mathrm{d}x + x\left[\varphi'(xy) - \dfrac{C}{xy}\right]\mathrm{d}y.$$

因此

$$u = \int_{(x_0,y_0)}^{(x,y)} y\varphi'(xy)\mathrm{d}x + x\left[\varphi'(xy) - \dfrac{C}{xy}\right]\mathrm{d}y + C_1$$

$$= \int_{(x_0,y_0)}^{(x,y)} [y\varphi'(xy)\mathrm{d}x + x\varphi'(xy)\mathrm{d}y] - \dfrac{C}{y}\mathrm{d}y + C_1$$

$$= \varphi(xy) - C\ln y + C_0, \quad \text{其中 } C, C_0, C_1 \text{ 为任意常数.}$$

24. 利用球坐标, 则 $u = f(x,y,z) = f(r\sin\varphi\cos\theta, r\sin\varphi\sin\theta, r\cos\varphi)$, $r = \sqrt{x^2+y^2+z^2}$. 因为

$$\dfrac{\partial u}{\partial \theta} = f_x \cdot r(-\sin\theta)\sin\varphi + f_y r\cos\theta\sin\varphi = -xy\left(\dfrac{f_x}{x} - \dfrac{f_y}{y}\right) = 0,$$

$$\dfrac{\partial u}{\partial \varphi} = f_x \cdot r\cos\theta\cos\varphi + f_y \cdot r\sin\theta\cos\varphi + f_z(-r\sin\varphi)$$

$$= r^2\sin\varphi\cos\varphi\left(\dfrac{f_x}{x}\cos^2\theta + \dfrac{f_y}{y}\sin^2\theta\right) - \dfrac{f_z}{z}r^2\sin\varphi\cos\varphi = 0,$$

所以 u 与 θ, φ 都无关, 这表明 u 仅为 r 的函数.

25. 注意到 $z = f(0,1) = 1$, $f_x(0,1) = 2$, $f_y(0,1) = 3$, 因为切平面方程为 $2(x-0) + 3(y-1) - (z-1) = 0$, 即 $2x + 3y - z - 2 = 0$.

26. 设所求平面为 π: $Ax + By + Cz + D = 0$, 则 π 的法向量是 $\boldsymbol{n} = (A, B, C)$, 又已知直线的方向向量为 $\boldsymbol{\tau} = \begin{vmatrix} \boldsymbol{i} & \boldsymbol{j} & \boldsymbol{k} \\ 2 & 1 & 0 \\ 4 & 2 & 3 \end{vmatrix} = 3(1, -2, 0)$, 因为 $\boldsymbol{\tau} \perp \boldsymbol{n}$, 所以

$$\boldsymbol{\tau} \cdot \boldsymbol{n} = 3(A - 2B) = 0. \qquad ①$$

在直线上任取一点, 如 $(0, 0, 2)$, 它在平面 π 上, 于是有

$$2C + D = 0. \qquad ②$$

又因为平面与球面 $x^2 + y^2 + z^2 = 4$ 相切, 故原点到平面的距离为 2, 即

$$\frac{|D|}{\sqrt{A^2 + B^2 + C^2}} = 2, \qquad ③$$

联立方程①~③可解得 $A = B = 0, D = -2C$, 代入平面 π 的方程中, 即可得所求方程为 $Cz - 2C = 0$, 即 $z - 2 = 0$.

27. 记 $u = \dfrac{y}{x}$, 点 (x, y, z) 到坐标原点的距离为 $r = \sqrt{x^2 + y^2 + z^2}$, 又设

$$F(x, y, z) = z + r - x^3 f(u),$$

则 $F_x = \dfrac{x}{r} - 3x^2 f(u) + xyf(u)$, $F_y = \dfrac{y}{r} - x^2 f'(u)$, $F_z = \dfrac{z}{r} + 1$. 所以曲面在其上任意点 $P(x, y, z)$ 处切平面的法向量为 (F_x, F_y, F_z). 设切平面的动点坐标为 (X, Y, Z), 则切平面方程为

$$F_x(X - x) + F_y(Y - y) + F_z(Z - z) = 0,$$

化简得 $F_x X + F_y Y + F_z Z = -2(r + z)$. 因此, 该切平面在 Oz 上的截距为

$$c = \frac{-2(r + z)}{F_z} = -\frac{2(r + z)}{\dfrac{z}{r} + 1} = -2r,$$

从而有 $\dfrac{c}{r} = -2$, 即截距与 r 之比为常数 -2.

28. 设 A, B, C 三点的坐标分别为 (x_i, y_i) $(i = 1, 2, 3)$, 极值点 P_0 的坐标为 (x_0, y_0), 则

$$\overrightarrow{P_0 A} = (x_1 - x_0, y_1 - y_0), \quad \overrightarrow{P_0 B} = (x_2 - x_0, y_2 - y_0), \quad \overrightarrow{P_0 C} = (x_3 - x_0, y_3 - y_0),$$

所以

$$f(x, y) = \sum_{i=1}^{3} \left((x - x_i)^2 + (y - y_i)^2\right)^{\frac{1}{2}},$$

$$\frac{\partial f}{\partial x} = \sum_{i=1}^{3} \frac{x - x_i}{\left((x-x_i)^2 + (y-y_i)^2\right)^{\frac{1}{2}}}, \quad \frac{\partial f}{\partial y} = \sum_{i=1}^{3} \frac{y - y_i}{\left((x-x_i)^2 + (y-y_i)^2\right)^{\frac{1}{2}}},$$

故在极值点 $P_0 = (x_0, y_0)$ 处应满足 $\left.\dfrac{\partial f}{\partial x}\right|_{P_0} = \left.\dfrac{\partial f}{\partial y}\right|_{P_0} = 0$, 即

$$\begin{cases} \displaystyle\sum_{i=2}^{3} \frac{x_0 - x_i}{\left((x_0-x_i)^2 + (y_0-y_i)^2\right)^{\frac{1}{2}}} = -\frac{x_0 - x_1}{\left((x_0-x_1)^2 + (y_0-y_1)^2\right)^{\frac{1}{2}}}, \\ \displaystyle\sum_{i=2}^{3} \frac{y_0 - y_i}{\left((x_0-x_i)^2 + (y_0-y_i)^2\right)^{\frac{1}{2}}} = -\frac{y_0 - y_1}{\left((x_0-x_1)^2 + (y_0-y_1)^2\right)^{\frac{1}{2}}}. \end{cases}$$

将上述两式的两边平方后再相加, 得

$$\cos\left(\overrightarrow{P_0 B}, \overrightarrow{P_0 C}\right) = \frac{(x_0-x_2)(x_0-x_3) + (y_0-y_2)(y_0-y_3)}{\sqrt{(x_0-x_2)^2 + (y_0-y_2)^2}\sqrt{(x_0-x_3)^2 + (y_0-x_3)^2}} = -\frac{1}{2}.$$

同理, 有 $\cos\left(\overrightarrow{P_0 A}, \overrightarrow{P_0 B}\right) = \cos\left(\overrightarrow{P_0 A}, \overrightarrow{P_0 C}\right) = -\dfrac{1}{2}$. 因此 $\angle AP_0 B = \angle BP_0 C = \angle CP_0 A = \dfrac{2\pi}{3}$.

29. (1) 由于 $g(x,y) = f(x, y-x)$, $\dfrac{\partial f(u,v)}{\partial u} - \dfrac{\partial f(u,v)}{\partial v} = 2(u-v)\mathrm{e}^{-(u+v)}$, 所以

$$\frac{\partial g(x,y)}{\partial x} = \frac{\partial f}{\partial x} - \frac{\partial f}{\partial v} = (4x - 2y)\mathrm{e}^{-y}.$$

(2) 对上述结果作积分, 得 $g(x,y) = 2\mathrm{e}^{-y}\displaystyle\int (2x-y)\mathrm{d}x = (2x^2 - 2xy)\mathrm{e}^{-y} + h(y)$. 因为 $g(x,y) = f(x, y-x)$, 且 $f(u,0) = u^2 \mathrm{e}^{-u}$, 所以 $g(y,y) = y^2 \mathrm{e}^{-y}$, 由此得 $h(y) = y^2 \mathrm{e}^{-y}$. 因此 $f(x, y-x) = (2x^2 - 2xy)\mathrm{e}^{-y} + y^2 \mathrm{e}^{-y}$, 从而有 $f(u,v) = (u^2 + v^2)\mathrm{e}^{-(u+v)}$.

进一步, 再由 $\dfrac{\partial f}{\partial u} = (2u - u^2 - v^2)\mathrm{e}^{-(u+v)} = 0$, $\dfrac{\partial f}{\partial v} = (2v - u^2 - v^2)\mathrm{e}^{-(u+v)} = 0$, 解得 $f(u,v)$ 的驻点: $(0,0)$ 和 $(1,1)$.

令 $A = \dfrac{\partial^2 f}{\partial u^2}$, $B = \dfrac{\partial^2 f}{\partial u \partial v}$, $C = \dfrac{\partial^2 f}{\partial v^2}$. 在点 $(0,0)$ 处, 由于 $AC - B^2 > 0$, 且 $A > 0$, 所以 $f(0,0) = 0$ 为函数 $f(u,v)$ 的极小值; 在点 $(1,1)$ 处, 由于 $AC - B^2 < 0$, 所以 $f(1,1)$ 不是函数的极值.

30. 作该圆的任一外切三角形, 连接圆心与三个切点, 设三个圆心角分别为 x, y, $2\pi - (x+y)$, 则外切三角形的面积为

$$A(x,y) = R^2 \left(\tan\frac{x}{2} + \tan\frac{y}{2} + \tan\frac{2\pi - x - y}{2}\right)$$

$$= R^2 \left(\tan \frac{x}{2} + \tan \frac{y}{2} - \tan \frac{x+y}{2} \right),$$

其中 $0 < x, y < \pi; x + y > \pi$. 令

$$\frac{\partial A}{\partial x} = \frac{R^2}{2} \left(\sec^2 \frac{x}{2} - \sec^2 \frac{x+y}{2} \right) = 0,$$

$$\frac{\partial A}{\partial y} = \frac{R^2}{2} \left(\sec^2 \frac{y}{2} - \sec^2 \frac{x+y}{2} \right) = 0.$$

解得函数 $A(x,y)$ 的驻点 $(x_0, y_0) = \left(\frac{2\pi}{3}, \frac{2\pi}{3} \right)$. 经计算得 $A(x_0, y_0) = 3\sqrt{3} R^2$.

下面证明 $A(x_0, y_0)$ 是函数 $A(x,y)$ 在区域 $D = \{(x,y) \mid 0 < x < \pi, 0 < y < \pi, x+y > \pi\}$ 上的最小值.

因为 $\lim_{\theta \to \pi^-} \tan \frac{\theta}{2} = +\infty$, $\lim_{\theta \to \pi^+} \tan \frac{\theta}{2} = -\infty$, 所以 $A(x,y)$ 在 D 上的最小值只能在 D 的内部取得, 因而只能在唯一的驻点 (x_0, y_0) 处取得, 故 $A(x_0, y_0) = 3\sqrt{3} R^2$ 是 $A(x,y)$ 在 D 上的最小值. 由于 $3\sqrt{3} R^2 > \frac{3}{2} \pi R^2$, 因此不存在面积等于圆面积 $\frac{3}{2}$ 倍的外切三角形.

31. 令 $r = \sqrt{x^2 + y^2}$, 则 $\frac{\partial r}{\partial x} = \frac{x}{r}$. 利用复合函数求偏导法则, 得

$$\frac{\partial u}{\partial x} = \frac{\mathrm{d} u}{\mathrm{d} r} \cdot \frac{\partial r}{\partial x} = \frac{x}{r} \cdot \frac{\mathrm{d} u}{\mathrm{d} r}, \quad \frac{\partial^2 u}{\partial x^2} = \frac{x^2}{r^2} \cdot \frac{\mathrm{d}^2 u}{\mathrm{d} r^2} + \frac{1}{r} \cdot \frac{\mathrm{d} u}{\mathrm{d} r} - \frac{x^2}{r^3} \cdot \frac{\mathrm{d} u}{\mathrm{d} r}.$$

根据对称性, 得 $\frac{\partial^2 u}{\partial y^2} = \frac{y^2}{r^2} \cdot \frac{\mathrm{d}^2 u}{\mathrm{d} r^2} + \frac{1}{r} \cdot \frac{\mathrm{d} u}{\mathrm{d} r} - \frac{y^2}{r^3} \cdot \frac{\mathrm{d} u}{\mathrm{d} r}$. 一并代入原方程, 得 $\frac{\mathrm{d}^2 u}{\mathrm{d} r^2} + u = r^2$. 这是二阶线性常系数非齐次微分方程, 求解此方程, 得其通解为

$$u = C_1 \cos r + C_2 \sin r + r^2 - 2,$$

因此, 函数 u 的表达式为 $u = C_1 \cos \sqrt{x^2 + y^2} + C_2 \sin \sqrt{x^2 + y^2} + x^2 + y^2 - 2$, 其中 C_1, C_2 为任意常数.

32. 先求函数 $f(t)$ 的表达式.

令 $r = \sqrt{x^2 + y^2}$, 则 $\frac{\partial r}{\partial x} = \frac{x}{r}$, $z = r^2 f(r^2)$. 利用复合函数求偏导法则, 得

$$\frac{\partial z}{\partial x} = \frac{\partial z}{\partial r} \cdot \frac{\partial r}{\partial x} = \left[2r f(r^2) + 2r^3 f'(r^2) \right] \cdot \frac{x}{r} = 2x \left[f(r^2) + r^2 f'(r^2) \right],$$

$$\frac{\partial^2 z}{\partial x^2} = 2 \left[f(r^2) + r^2 f'(r^2) \right] + 2x \left[2r f'(r^2) + 2r f'(r^2) + 2r^3 f''(r^2) \right] \frac{x}{r}$$

$$= 2 f(r^2) + 2(r^2 + 4x^2) f'(r^2) + 4x^2 r^2 f''(r^2),$$

根据对称性, 得 $\dfrac{\partial^2 z}{\partial y^2} = 2f\left(r^2\right) + 2\left(r^2 + 4y^2\right)f'\left(r^2\right) + 4y^2 r^2 f''\left(r^2\right)$. 代入方程 $\dfrac{\partial^2 z}{\partial x^2} + \dfrac{\partial^2 z}{\partial y^2} = 0$ 并化简, 得

$$r^4 f''\left(r^2\right) + 3r^2 f'\left(r^2\right) + f\left(r^2\right) = 0.$$

令 $t = r^2$, 上述方程化为 Euler 方程: $t^2 f''(t) + 3tf'(t) + f(t) = 0$. 令 $t = \mathrm{e}^u$ 或 $u = \ln t$, 并记 $F(u) = f(\mathrm{e}^u)$, 可将 Euler 方程化为二阶常系数齐次线性微分方程: $\dfrac{\mathrm{d}^2 F}{\mathrm{d}u^2} + 2\dfrac{\mathrm{d}F}{\mathrm{d}u} + F = 0$, 可解得 $F(u) = (C_1 + C_2 u)\mathrm{e}^{-u}$, 亦即 $f(t) = \dfrac{1}{t}(C_1 + C_2 \ln t)$, 其中 C_1, C_2 为任意常数. 由 $f(1) = 0, f'(1) = 1$, 得 $C_1 = 0, C_2 = 1$. 所以

$$f(t) = \dfrac{\ln t}{t} \quad (1 \leqslant t < +\infty).$$

再求 $f(t)$ 在 $[1, +\infty)$ 上的最大值. 因为 $f'(t) = \dfrac{1 - \ln t}{t^2}$, 所以 $t = \mathrm{e}$ 是 $f(t)$ 在 $(1, +\infty)$ 上唯一的驻点.

又当 $1 \leqslant t < \mathrm{e}$ 时, $f'(t) > 0$; 当 $t > \mathrm{e}$ 时, $f'(t) < 0$, 所以 $f(\mathrm{e}) = \dfrac{1}{\mathrm{e}}$ 是 $f(t)$ 在 $(1, +\infty)$ 上的极大值.

又 $f(1) = 0$, 且 $\lim\limits_{t \to +\infty} f(t) = \lim\limits_{t \to +\infty} \dfrac{\ln t}{t} = 0$, 因此 $f(t)$ 在 $[1, +\infty)$ 上取得最大值 $f(\mathrm{e}) = \dfrac{1}{\mathrm{e}}$.

33. 考虑 $\ln f(x, y) = -2\ln y - \dfrac{1}{2y^2}\left[(x-a)^2 + (y-b)^2\right]$, 则 $f(x, y)$ 与 $\ln f(x, y)$ 有相同的极大值点.

易知 $\dfrac{\partial \ln f}{\partial x} = -\dfrac{1}{y^2}(x - a)$, 且

$$\dfrac{\partial \ln f}{\partial y} = -\dfrac{2}{y} + \dfrac{1}{y^3}\left[(x-a)^2 + (y-b)^2\right] - \dfrac{1}{y^2}(y - b).$$

令 $\dfrac{\partial \ln f}{\partial x} = 0, \dfrac{\partial \ln f}{\partial y} = 0$, 解得 $x_0 = a, y_0 = \dfrac{1}{2}b > 0$. 又因

$$A = \left.\dfrac{\partial^2 \ln f}{\partial x^2}\right|_{(x_0, y_0)} = -\dfrac{1}{y_0^2} = -\dfrac{4}{b^2} < 0, \quad B = \left.\dfrac{\partial^2 \ln f}{\partial x \partial y}\right|_{(x_0, y_0)} = \dfrac{2}{y_0^3}(x_0 - a) = 0,$$

$$C = \left.\dfrac{\partial^2 \ln f}{\partial y^2}\right|_{(x_0, y_0)} = \dfrac{1}{y_0^4}\left[y_0^2 - 3(y_0 - b)^2 + 4y_0(y_0 - b)\right] = -\dfrac{24}{b^2} < 0,$$

所以 $AC - B^2 = \dfrac{96}{b^4} > 0$. 因此 $f(x, y)$ 在点 $\left(a, \dfrac{b}{2}\right)$ 处取得极大值, 也是 $f(x, y)$ 在上半

xOy 平面上的唯一极大值, 从而 $\left(a, \dfrac{b}{2}\right)$ 也是 $f(x,y)$ 的最大值点, 且相应的最大值

$$f(x_0, y_0) = \dfrac{4}{b^2} e^{-\frac{1}{2}} = \dfrac{4}{b^2 \sqrt{e}}.$$

【注】 对于 $y < 0$, 则 $\ln f(x, y) = -2\ln |y| - \dfrac{1}{2y^2}\left[(x-a)^2 + (y-b)^2\right]$, 可解得驻点 $(a, -b)$, 仍可根据取极值的充分性条件判断 $f(x,y)$ 在点 $(a, -b)$ 处取得极大值, 也是 $f(x,y)$ 在下半 xOy 平面上的唯一极大值, 从而 $(a, -b)$ 是 $f(x,y)$ 的最大值点, 且相应的最大值 $f(a, -b) = \dfrac{1}{b^2 e^2}$.

34. 设内接长方体的长、宽、高分别为 $2a$, $2b$, $2c$, 则该长方体的表面积为 $S = 8(ab + bc + ca)$. 因此问题即求满足条件 $\dfrac{a^2}{4} + b^2 + c^2 = 1$ 的 a, b, c, 使得 S 达到最大值. 构造 Lagrange 函数

$$F(a, b, c) = 8(ab + bc + ca) + \lambda\left(\dfrac{a^2}{4} + b^2 + c^2 - 1\right),$$

则由 $\dfrac{\partial F}{\partial a} = 8(b+c) + \dfrac{1}{2}\lambda a = 0$, $\dfrac{\partial F}{\partial b} = 8(c+a) + 2\lambda b = 0$, $\dfrac{\partial F}{\partial c} = 8(a+b) + 2\lambda c = 0$, 解得 $b = c = \dfrac{-4a}{4+\lambda}$. 代入第一个等式, 得 $\dfrac{-64a}{4+\lambda} + \dfrac{1}{2}\lambda a = 0$, 即 $\lambda^2 + 4\lambda - 128 = 0$, 故 $\lambda = -2(1 \pm \sqrt{33})$. 所以 $b = c = \dfrac{2a}{\sqrt{33}-1}$.

再代入 $\dfrac{a^2}{4} + b^2 + c^2 = 1$ 得 $\dfrac{a^2}{4} + 2\left(\dfrac{2a}{\sqrt{33}-1}\right)^2 = 1$, 解得 $a = \dfrac{2(\sqrt{33}-1)}{\sqrt{66-2\sqrt{33}}}$, $b = c = \dfrac{4}{\sqrt{66-2\sqrt{33}}}$. 因此

$$S_{\max} = 8\left[\dfrac{16(\sqrt{33}-1)}{66-2\sqrt{33}} + \dfrac{16}{66-2\sqrt{33}}\right] = 2(1+\sqrt{33}).$$

35. 设 $\triangle ABC$ 三边的长分别为 a, b, c, 面积为 S, 从点 P 向三边所作的垂线分别为 x, y, z, 于是所给问题即求函数 $f(x, y, z) = xyz$ 在约束条件 $ax + by + cz = 2S$ 下的极大值. 构造 Lagrange 函数

$$F(x, y, z) = xyz + \lambda(ax + by + cz - 2S),$$

令 $\begin{cases} F'_x = yz + \lambda a = 0, \\ F'_y = xz + \lambda b = 0, \\ F'_z = xy + \lambda c = 0, \\ ax + by + cz = 2S, \end{cases}$ 解得 $x = \dfrac{2S}{3a}, y = \dfrac{2S}{3b}, z = \dfrac{2S}{3c}$. 根据问题的实际意义, f 确有

最大值, 因此当点 P 到三边的垂线长分别为 $x = \dfrac{2S}{3a}, y = \dfrac{2S}{3b}, z = \dfrac{2S}{3c}$ 时, 三垂线长的乘积取得最大值.

36. 问题即求函数 $L(x,y) = 6x - x^2 + 16y - 4y^2 - 2$ 在区域 $D: x+y \leqslant 6, x \geqslant 0, y \geqslant 0$ 上的最大值.

首先, 由 $\dfrac{\partial L}{\partial x} = 6 - 2x = 0$, $\dfrac{\partial L}{\partial y} = 16 - 8y = 0$, 解得 $L(x,y)$ 在 D 内的驻点 $(x_1, y_1) = (3, 2)$.

其次, 考虑 $L(x,y)$ 在条件 $x + y = 6$ 下的极值. 设 $F(x, y, \lambda) = 6x - x^2 + 16y - 4y^2 - 2 + \lambda(x + y - 6)$, 则由 $F_x = F_y = F_\lambda = 0$, 解得唯一可能的极值点为 $\left(\dfrac{19}{5}, \dfrac{11}{5}\right)$. 根据题意, x 和 y 都只能取正整数, 故可考察与之接近的正整数点 $(x_2, y_2) = (4, 2)$ 及 $(x_3, y_3) = (3, 3)$. 经计算, 得

$$L(x_1, y_1) = 23 \text{ (万元)}, \quad L(x_2, y_2) = 22 \text{ (万元)}, \quad L(x_3, y_3) = 19 \text{ (万元)},$$

因此甲、乙两种产品分别生产 3 件、2 件时总利润最大, 最大利润为 23 万元.

37. 根据题设条件 $f(x, y) = -(x-1) - y + o\left(\sqrt{(x-1)^2 + y^2}\right)$ 及全微分的定义可知

$$f(1, 0) = 0, \quad f_x(1, 0) = f_y(1, 0) = -1.$$

由 $g(x, y) = f(e^{xy}, x^2 + y^2)$, 并利用复合函数求偏导法则, 得 $\dfrac{\partial g}{\partial x} = ye^{xy} f_1' + 2x f_2'$, $\dfrac{\partial g}{\partial y} = xe^{xy} f_1' + 2y f_2'$. 因为 $\left.\dfrac{\partial g}{\partial x}\right|_{(0,0)} = 0$, $\left.\dfrac{\partial g}{\partial y}\right|_{(0,0)} = 0$, 所以 $(0, 0)$ 是函数 $g(x, y)$ 的驻点. 又因为

$$\dfrac{\partial^2 g}{\partial x^2} = y^2 e^{xy} f_1' + ye^{xy}(ye^{xy} f_{11}'' + 2x f_{12}'') + 2f_2' + 2x(ye^{xy} f_{21}'' + 2x f_{22}''),$$

$$\dfrac{\partial^2 g}{\partial x \partial y} = (e^{xy} + xye^{xy}) f_1' + ye^{xy}(xe^{xy} f_{11}'' + 2y f_{12}'') + 2x(xe^{xy} f_{21}'' + 2y f_{22}''),$$

$$\dfrac{\partial^2 g}{\partial y^2} = x^2 e^{xy} f_1' + xe^{xy}(xe^{xy} f_{11}'' + 2y f_{12}'') + 2f_2' + 2y(xe^{xy} f_{21}'' + 2y f_{22}''),$$

所以在驻点 $(0, 0)$ 处, 有

$$A = \left.\dfrac{\partial^2 g}{\partial x^2}\right|_{(0,0)} = 2f_2'(1, 0) = -2, \quad B = \left.\dfrac{\partial^2 g}{\partial x \partial y}\right|_{(0,0)} = f_1'(1, 0) = -1,$$

$$C = \left.\dfrac{\partial^2 g}{\partial y^2}\right|_{(0,0)} = 2f_2'(1, 0) = -2.$$

因为 $AC - B^2 = 3 > 0$, 且 $A < 0$, 所以 $g(0, 0) = f(1, 0) = 0$ 是函数 $g(x, y)$ 的极大值.

38. 令 $g(x,y) = \ln f(x,y) = xy\ln(x^2+y^2)$, $x > 0$, $y > 0$, 则 $f(x,y)$ 与 $g(x,y)$ 具有相同的极值点.

为此, 先求函数 $g(x,y) = xy\ln(x^2+y^2)$, $x > 0$, $y > 0$ 的极值. 易知

$$\frac{\partial g}{\partial x} = y\ln(x^2+y^2) + \frac{2x^2y}{x^2+y^2}, \quad \frac{\partial g}{\partial y} = x\ln(x^2+y^2) + \frac{2xy^2}{x^2+y^2}.$$

令 $\dfrac{\partial g}{\partial x} = \dfrac{\partial g}{\partial y} = 0$, 解得 $g(x,y)$ 的驻点 $(x_0, y_0) = \left(\dfrac{1}{\sqrt{2\mathrm{e}}}, \dfrac{1}{\sqrt{2\mathrm{e}}}\right)$. 再求函数 $g(x,y)$ 的二阶偏导数, 得

$$\frac{\partial^2 g}{\partial x^2} = \frac{2xy(x^2+3y^2)}{(x^2+y^2)^2}, \quad \frac{\partial^2 g}{\partial x \partial y} = \ln(x^2+y^2) + \frac{2(x^4+y^4)}{(x^2+y^2)^2}, \quad \frac{\partial^2 g}{\partial y^2} = \frac{2xy(3x^2+y^2)}{(x^2+y^2)^2},$$

所以在 $g(x,y)$ 的驻点 (x_0, y_0) 处, 有

$$A = \left.\frac{\partial^2 g}{\partial x^2}\right|_{(x_0,y_0)} = 2, \quad B = \left.\frac{\partial^2 g}{\partial x \partial y}\right|_{(x_0,y_0)} = 0, \quad C = \left.\frac{\partial^2 g}{\partial y^2}\right|_{(x_0,y_0)} = 2.$$

由于 $A > 0$, 且 $AC - B^2 = 4 > 0$, 所以 $g(x,y)$ 在点 (x_0, y_0) 处取得极小值, 且极小值为 $g(x_0, y_0) = -\dfrac{1}{2\mathrm{e}}$.

因此, $f(x,y)$ 在点 $(x_0, y_0) = \left(\dfrac{1}{\sqrt{2\mathrm{e}}}, \dfrac{1}{\sqrt{2\mathrm{e}}}\right)$ 处取得极小值, 且极小值为 $f(x_0, y_0) = \mathrm{e}^{-\frac{1}{2\mathrm{e}}}$.

39. 【分析】 注意到函数在曲线 C 上的点 (x,y) 处沿梯度方向 $\mathbf{grad}\, f(x,y) = \left(\dfrac{\partial f}{\partial x}, \dfrac{\partial f}{\partial y}\right)$ 的方向导数最大, 且最大方向导数为梯度的模 $|\mathbf{grad}\, f(x,y)|$, 故可归结为条件极值问题.

解 函数 $f(x,y) = x + y + xy$ 在点 $(x,y) \in C$ 处的最大方向导数为

$$g(x,y) = \sqrt{\left(\frac{\partial f}{\partial x}\right)^2 + \left(\frac{\partial f}{\partial y}\right)^2} = \sqrt{(1+y)^2 + (1+x)^2},$$

构造 Lagrange 函数

$$L(x,y,\lambda) = (1+y)^2 + (1+x)^2 + \lambda(x^2+y^2+xy-3),$$

则

$$L_x = 2(1+x) + \lambda(2x+y), \quad L_y = 2(1+y) + \lambda(2y+x), \quad L_\lambda = x^2+y^2+xy-3.$$

令 $L_x = 0, L_y = 0, L_\lambda = 0$, 由此解得 $(x_1, y_1) = (2, -1), (x_2, y_2) = (-1, 2)$. 相应地, 有

$$g(x_1, y_1) = \sqrt{(1+x_1)^2 + (1+y_1)^2} = 3, \quad g(x_2, y_2) = \sqrt{(1+x_2)^2 + (1+y_2)^2} = 3,$$

因此 $f(x,y)$ 在曲线 C 上的最大方向导数为 3.

40. 设切点为 $(x,y,z) \in \Sigma$, 则 $x^2 + 3y^2 + z^2 = 1$, 切平面 Π 的法向量为 $2(x, 3y, z)$, 平面 Π 的方程为

$$x(X-x) + 3y(Y-y) + z(Z-z) = 0, \quad \text{即} \quad xX + 3yY + zZ = 1.$$

注意到 $x > 0, y > 0, z > 0$, 故可解得平面 Π 与三个坐标轴的交点为 $A\left(\dfrac{1}{x}, 0, 0\right)$, $B\left(0, \dfrac{1}{3y}, 0\right)$, $C\left(0, 0, \dfrac{1}{z}\right)$, 由于 $\overrightarrow{AB} \times \overrightarrow{AC} = \left(\dfrac{1}{3yz}, \dfrac{1}{xz}, \dfrac{1}{3xy}\right)$, 于是平面 Π 被三个坐标面截出的三角形的面积为

$$S(x,y,z) = \frac{1}{2}\left|\overrightarrow{AB} \times \overrightarrow{AC}\right| = \frac{1}{2}\sqrt{\frac{1}{9y^2z^2} + \frac{1}{x^2z^2} + \frac{1}{9x^2y^2}}$$

$$= \frac{1}{6}\sqrt{\frac{x^2 + 9y^2 + z^2}{x^2y^2z^2}} = \frac{1}{6}\sqrt{\frac{1 + 6y^2}{x^2y^2z^2}}.$$

问题即求函数 $\dfrac{1+6y^2}{x^2y^2z^2}$ 在约束条件 $x^2 + 3y^2 + z^2 = 1$ 下的最小值点.

注意到目标函数与约束条件关于变量 x 和 z 都是对称的, 故可化为求二元函数 $\dfrac{1+6y^2}{x^4y^2}$ 在约束条件 $2x^2 + 3y^2 = 1$ 下的最小值点. 这显然又可化为无约束条件的最小值问题, 即求函数

$$f(x) = 3\frac{1 + 2(1-2x^2)}{x^4(1-2x^2)} = \frac{3(3-4x^2)}{x^4(1-2x^2)}, \quad 0 < x < \frac{1}{\sqrt{2}}$$

的最小值点. 易知

$$f'(x) = -\frac{12(8x^4 - 11x^2 + 3)}{x^5(1-2x^2)^2} = -\frac{12(8x^2-3)(x^2-1)}{x^5(1-2x^2)^2},$$

令 $f'(x) = 0$, 解得 $f(x)$ 在 $\left(0, \dfrac{1}{\sqrt{2}}\right)$ 内的唯一驻点 $x_0 = \dfrac{\sqrt{6}}{4}$. 因为, 当 $0 < x < \dfrac{\sqrt{6}}{4}$ 时, $f'(x) < 0$; 而当 $\dfrac{\sqrt{6}}{4} < x < \dfrac{1}{\sqrt{2}}$ 时, $f'(x) > 0$, 所以 $f(x)$ 在驻点 $x_0 = \dfrac{\sqrt{6}}{4}$ 处取极小值, 因而取得最小值. 由此可得 $z_0 = \dfrac{\sqrt{6}}{4}$, 代入 $2x^2 + 3y^2 = 1$ 中, 解得 $y_0 = \dfrac{\sqrt{3}}{6}$. 因此椭球面 $\Sigma: x^2 + 3y^2 + z^2 = 1$ 上使得三角形面积 $S(x,y,z)$ 取最小值的点为 $\left(\dfrac{\sqrt{6}}{4}, \dfrac{\sqrt{3}}{6}, \dfrac{\sqrt{6}}{4}\right)$, 相应的三角形面积 $S(x_0, y_0, z_0) = \dfrac{\sqrt{1+3y_0^2}}{6x_0y_0z_0} = \dfrac{4\sqrt{2}}{3}$.

第7章 多元函数积分学

多元函数积分学包括重积分、曲线积分、曲面积分, 都具有广泛的用途, 都是定积分中"分割、作和、取极限"的基本分析方法在二维和三维空间中的推广, 它们的计算最后都要归结为定积分的计算.

本章主要介绍二重积分、三重积分、两类曲线积分、两类曲面积分的计算方法和技巧, 三个重要公式 (即 Green (格林) 公式、Gauss (高斯) 公式、Stokes (斯托克斯) 公式) 的应用.

7.1 竞赛要点与难点

(1) 二重积分和三重积分的概念及性质、二重积分的计算 (直角坐标、极坐标)、三重积分的计算 (直角坐标、柱面坐标、球面坐标);

(2) 两类曲线积分的概念、性质及计算、两类曲线积分的关系;

(3) Green 公式、平面曲线积分与路径无关的条件、已知二元函数全微分求原函数;

(4) 两类曲面积分的概念、性质及计算、两类曲面积分的关系;

(5) Gauss 公式、Stokes 公式、散度和旋度的概念及计算;

(6) 重积分、曲线积分和曲面积分的应用 (平面图形的面积、立体图形的体积、曲面面积、弧长、质量、质心、转动惯量、引力、功及流量等).

7.2 范例解析与精讲

题型一、二重积分的基本计算方法

计算二重积分的基本方法有

(1) 利用直角坐标计算;

(2) 利用极坐标计算.

1. 利用直角坐标计算二重积分

在直角坐标系下, 面积元素 $d\sigma = dxdy$.

若积分区域 D 可用不等式表示为 $D: \varphi_1(x) \leqslant y \leqslant \varphi_2(x), a \leqslant x \leqslant b$, 则

$$\iint\limits_D f(x,y)d\sigma = \int_a^b dx \int_{\varphi_1(x)}^{\varphi_2(x)} f(x,y)dy.$$

若积分区域 D 可用不等式表示为 $D: \psi_1(y) \leqslant x \leqslant \psi_2(y), c \leqslant y \leqslant d$, 则

$$\iint\limits_D f(x,y)d\sigma = \int_c^d dy \int_{\psi_1(y)}^{\psi_2(y)} f(x,y)dx.$$

【例 7.1】 计算: $I = \iint\limits_{D}(x-1)y\mathrm{d}x\mathrm{d}y$, D 由直线 $y = 1-x, y = 1$ 与抛物线 $y = (x-1)^2$ 围成.

解 积分区域可表示为 $D: 1-y \leqslant x \leqslant 1+\sqrt{y}, 0 \leqslant y \leqslant 1$, 故

$$I = \int_0^1 \mathrm{d}y \int_{1-y}^{1+\sqrt{y}}(x-1)y\mathrm{d}x = \frac{1}{2}\int_0^1 \left(y^2 - y^3\right)\mathrm{d}y = \frac{1}{24}.$$

积分次序的选择, 直接影响重积分计算的繁简. 有些积分, 不同的积分次序其计算的难易程度相差很大, 甚至对一种次序可"积出来", 而对另一种次序却"积不出来". 因此, 在将重积分化为逐次积分时, 应适当选择积分次序. 有时需要视积分区域的特征选择积分次序 (例 7.2), 有时需要视被积函数的特征选择积分次序 (例 7.3).

【例 7.2】 计算: $I = \iint\limits_{D}(1+x)\sqrt{1-\cos^2 y}\mathrm{d}x\mathrm{d}y$, 其中 D 是由直线 $y = x+3, y = \frac{x}{2} - \frac{5}{2}, y = \frac{\pi}{2}$ 及 $y = -\frac{\pi}{2}$ 所围成的区域.

解 根据积分区域 D 的特征, 应选择先 x 后 y 的积分次序为宜. 故

$$I = \int_{-\frac{\pi}{2}}^{\frac{\pi}{2}}\mathrm{d}y \int_{y-3}^{2y+5}(1+x)\sqrt{1-\cos^2 y}\mathrm{d}x = \int_{-\frac{\pi}{2}}^{\frac{\pi}{2}}\sqrt{1-\cos^2 y}\left(x + \frac{x^2}{2}\right)\bigg|_{y-3}^{2y+5}\mathrm{d}y$$

$$= \int_{-\frac{\pi}{2}}^{\frac{\pi}{2}}\left(\frac{3}{2}y^2 + 14y + 16\right)\sqrt{1-\cos^2 y}\mathrm{d}y \quad (\text{利用定积分的对称性})$$

$$= \int_0^{\frac{\pi}{2}}\left(3y^2 + 32\right)\sin y\mathrm{d}y = 3\pi + 26.$$

【例 7.3】 计算: $I = \iint\limits_{D}\frac{\sin y}{y}\mathrm{d}x\mathrm{d}y$, 其中 D 是由直线 $y = x$ 及抛物线 $y^2 = x$ 所围成的区域.

解 这里, 积分区域 D 的特征对积分次序的选择没有什么影响, 而由于被积函数 $\frac{\sin y}{y}$ 的原函数不能用初等函数表示, 故只能选择先 x 后 y 的积分次序.

$$I = \int_0^1 \mathrm{d}y \int_{y^2}^{y}\frac{\sin y}{y}\mathrm{d}x = \int_0^1 (1-y)\sin y\mathrm{d}y = 1 - \sin 1.$$

2. 利用极坐标计算二重积分

在极坐标系下, $x = r\cos\theta, y = r\sin\theta$, 面积元素 $\mathrm{d}\sigma = r\mathrm{d}r\mathrm{d}\theta$. 根据极点 O 位于积分区域 D 的外部、边界曲线上或内部, 可依次按下述公式将二重积分化为逐次积分.

(1) 若积分区域 D 可用不等式表示为 $D: \varphi_1(\theta) \leqslant r \leqslant \varphi_2(\theta), \alpha \leqslant \theta \leqslant \beta$, 则

$$\iint\limits_D f(x,y)\mathrm{d}\sigma = \int_\alpha^\beta \mathrm{d}\theta \int_{\varphi_1(\theta)}^{\varphi_2(\theta)} f(r\cos\theta, r\sin\theta) r \mathrm{d}r.$$

(2) 若积分区域 D 可用不等式表示为 $D: 0 \leqslant r \leqslant \varphi(\theta), \alpha \leqslant \theta \leqslant \beta$, 则

$$\iint\limits_D f(x,y)\mathrm{d}\sigma = \int_\alpha^\beta \mathrm{d}\theta \int_0^{\varphi(\theta)} f(r\cos\theta, r\sin\theta) r \mathrm{d}r.$$

(3) 若积分区域 D 可用不等式表示为 $D: 0 \leqslant r \leqslant \varphi(\theta), 0 \leqslant \theta \leqslant 2\pi$, 则

$$\iint\limits_D f(x,y)\mathrm{d}\sigma = \int_0^{2\pi} \mathrm{d}\theta \int_0^{\varphi(\theta)} f(r\cos\theta, r\sin\theta) r \mathrm{d}r.$$

一般说来, 若二重积分具有以下 3 种特征之一, 应考虑采用极坐标计算:
(1) 积分区域是圆域或者圆域的一部分;
(2) 积分区域的边界曲线由极坐标方程表示时比较简单;
(3) 被积函数的形式为 $f(x^2+y^2)$ 或 $f\left(\dfrac{y}{x}\right)$.

【例 7.4】 设平面区域 $D = \{(x,y) \mid 1 \leqslant x^2+y^2 \leqslant 4, x \geqslant 0, y \geqslant 0\}$, 计算

$$\iint\limits_D \frac{x \sin\left(\pi\sqrt{x^2+y^2}\right)}{x+y} \mathrm{d}x\mathrm{d}y.$$

解 这里, 被积函数含有 $f(x^2+y^2)$ 的形式, 可采用极坐标计算.

$$I = \int_0^{\frac{\pi}{2}} \frac{\cos\theta}{\cos\theta + \sin\theta} \mathrm{d}\theta \int_1^2 r\sin(\pi r) \mathrm{d}r.$$

由于

$$\int_0^{\frac{\pi}{2}} \frac{\cos\theta}{\cos\theta + \sin\theta} \mathrm{d}\theta = \int_0^{\frac{\pi}{2}} \frac{\sin\theta}{\cos\theta + \sin\theta} \mathrm{d}\theta = \frac{1}{2}\int_0^{\frac{\pi}{2}} \frac{\cos\theta + \sin\theta}{\cos\theta + \sin\theta} \mathrm{d}\theta = \frac{\pi}{4},$$

$$\int_1^2 r\sin(\pi r) \mathrm{d}r = \frac{1}{\pi}\left(-r\cos(\pi r) + \frac{1}{\pi}\sin(\pi r)\right)\bigg|_1^2 = -\frac{3}{\pi},$$

所以

$$I = \frac{\pi}{4}\left(-\frac{3}{\pi}\right) = -\frac{3}{4}.$$

【例 7.5】（第一届全国初赛题, 2009） 设 D 是由直线 $x+y=1$ 与两坐标轴围成的三角形区域, 则 $\iint\limits_{D} \dfrac{(x+y)\ln\left(1+\dfrac{y}{x}\right)}{\sqrt{1-x-y}} \mathrm{d}x\mathrm{d}y = \underline{\qquad}$.

解 这里, 被积函数可视为 $f\left(\dfrac{y}{x}\right)$ 的形式, 故可采用极坐标计算.

$$I = \int_0^{\frac{\pi}{2}} (\cos\theta + \sin\theta)\ln(1+\tan\theta)\mathrm{d}\theta \int_0^{\frac{1}{\cos\theta+\sin\theta}} \dfrac{r^2 \mathrm{d}r}{\sqrt{1-r(\cos\theta+\sin\theta)}}.$$

对内层积分作变量代换: $t=\sqrt{1-r(\cos\theta+\sin\theta)}$, 即 $r=\dfrac{1-t^2}{\cos\theta+\sin\theta}$, 则

$$I = 2\int_0^{\frac{\pi}{2}} \dfrac{\ln(1+\tan\theta)}{(\cos\theta+\sin\theta)^2}\mathrm{d}\theta \int_0^1 (1-t^2)^2 \mathrm{d}t = \dfrac{16}{15}\int_0^{\frac{\pi}{2}} \dfrac{\ln(1+\tan\theta)}{(\cos\theta+\sin\theta)^2}\mathrm{d}\theta$$

$$= \dfrac{16}{15}\int_0^{\frac{\pi}{2}} \dfrac{\ln(1+\tan\theta)}{(1+\tan\theta)^2}\mathrm{d}(\tan\theta) \xlongequal{t=\tan\theta} \dfrac{16}{15}\int_0^{+\infty} \dfrac{\ln(1+t)}{(1+t)^2}\mathrm{d}t$$

$$= \dfrac{16}{15}\left[-\dfrac{\ln(1+t)+1}{1+t}\right]_0^{+\infty} = \dfrac{16}{15}.$$

【例 7.6】 计算由闭曲线 $\left(\dfrac{x}{a}+\dfrac{y}{b}\right)^3 = xy$ 所围区域 D 的面积, 其中 $a>0, b>0$.

解 这里, 曲线的方程可视为 $f\left(\dfrac{y}{x}\right)$ 的形式, 故可采用极坐标计算 D 的面积.

曲线的方程用极坐标表示为 $r=r(\theta)$, 其中 $r(\theta) = \dfrac{a^3 b^3 \sin\theta\cos\theta}{(a\sin\theta+b\cos\theta)^3}, 0\leqslant\theta\leqslant\dfrac{\pi}{2}$, 所以

$$S = \iint\limits_{D} \mathrm{d}x\mathrm{d}y = \int_0^{\frac{\pi}{2}} \mathrm{d}\theta \int_0^{r(\theta)} r\mathrm{d}r = \dfrac{a^6 b^6}{2}\int_0^{\frac{\pi}{2}} \dfrac{\sin^2\theta\cos^2\theta}{(a\sin\theta+b\cos\theta)^6}\mathrm{d}\theta$$

$$= \dfrac{a^6 b^6}{2}\int_0^{\frac{\pi}{2}} \dfrac{\tan^2\theta}{(a\tan\theta+b)^6}\mathrm{d}(\tan\theta) \quad (\text{以下令 } t=a\tan\theta+b)$$

$$= \dfrac{a^3 b^6}{2}\int_b^{+\infty} \dfrac{(t-b)^2}{t^6}\mathrm{d}t$$

$$= \dfrac{a^3 b^6}{2}\left(-\dfrac{1}{3t^3} + \dfrac{b}{2t^4} - \dfrac{b^2}{5t^5}\right)\bigg|_b^{+\infty} = \dfrac{a^3 b^3}{60}.$$

题型二、三重积分的基本计算方法

计算三重积分的基本方法有

(1) 利用直角坐标计算;

(2) 利用柱面坐标计算;

(3) 利用球面坐标计算.

1. 利用直角坐标计算三重积分

在直角坐标系下, 体积元素 $\mathrm{d}v = \mathrm{d}x\mathrm{d}y\mathrm{d}z$.

若积分区域 Ω 可用不等式表示为

$$\Omega: \varphi_1(x,y) \leqslant z \leqslant \varphi_2(x,y), \quad \psi_1(x) \leqslant y \leqslant \psi_2(x), \quad a \leqslant x \leqslant b,$$

则

$$\iiint\limits_{\Omega} f(x,y,z)\mathrm{d}v = \int_a^b \mathrm{d}x \int_{\psi_1(x)}^{\psi_2(x)} \mathrm{d}y \int_{\varphi_1(x,y)}^{\varphi_2(x,y)} f(x,y,z)\mathrm{d}z.$$

类似地, 三重积分还可按另外 5 种积分次序化为逐次积分, 这里不一一列举.

【例 7.7】 计算: $I = \iiint\limits_{\Omega} \dfrac{y\sin x}{x}\mathrm{d}v$, Ω 由抛物柱面 $y = \sqrt{x}$, 平面 $x + z = \dfrac{\pi}{2}, y = 0, z = 0$ 围成.

解 根据 Ω 的特点应采用直角坐标计算, 且按 "$z \to y \to x$" 积分次序化为逐次积分, 故

$$I = \int_0^{\frac{\pi}{2}} \mathrm{d}x \int_0^{\sqrt{x}} \mathrm{d}y \int_0^{\frac{\pi}{2}-x} \frac{y\sin x}{x}\mathrm{d}z = \int_0^{\frac{\pi}{2}} \left(\frac{\pi}{2} - x\right)\frac{\sin x}{x}\mathrm{d}x \int_0^{\sqrt{x}} y\mathrm{d}y$$

$$= \frac{1}{2}\int_0^{\frac{\pi}{2}} \left(\frac{\pi}{2} - x\right)\sin x\mathrm{d}x = \frac{\pi}{4} - \frac{1}{2}.$$

在将三重积分化为逐次积分时, 能画出积分区域 Ω 的图形, 对我们确定积分限是有帮助的. 但往往有些立体图形却不一定很好画, 此时如能想象出区域 Ω 的大致样子也就可以了.

【例 7.8】 计算: $I = \iiint\limits_{\Omega} xy\mathrm{d}v$, 其中 Ω 由双曲抛物面 $z = xy$, 平面 $x + y = 1, z = 0$ 所围成.

解 这里, $z = xy$ 是一鞍形曲面, 直线 $x = 0$ 与 $y = 0$ 都在曲面上, 而 $x + y = 1$ 是平行于 z 轴的平面. 由此可知, 区域 Ω 以平面 $z = 0$ 为底, 曲面 $z = xy$ 为顶, 且在 xOy 平面上的投影是以 $(0,0), (1,0)$ 及 $(0,1)$ 为顶点的三角形区域. 故

$$I = \int_0^1 \mathrm{d}x \int_0^{1-x} \mathrm{d}y \int_0^{xy} xy\mathrm{d}z = \int_0^1 \mathrm{d}x \int_0^{1-x} x^2 y^2 \mathrm{d}y$$

$$= \frac{1}{3}\int_0^1 x^2(1-x)^3 \mathrm{d}x = \frac{1}{3}\int_0^1 \left(x^2 - 3x^3 + 3x^4 - x^5\right)\mathrm{d}x$$

$$= \frac{1}{3}\left(\frac{1}{3} - \frac{3}{4} + \frac{3}{5} - \frac{1}{6}\right) = \frac{1}{180}.$$

2. 利用柱面坐标计算三重积分

在柱面坐标系下，$x = r\cos\theta, y = r\sin\theta, z = z$，体积元素 $dv = rdrd\theta dz$。

若积分区域 Ω 可用不等式表示为 $\Omega: \varphi_1(r,\theta) \leqslant z \leqslant \varphi_2(r,\theta), \psi_1(\theta) \leqslant r \leqslant \psi_2(\theta), \alpha \leqslant \theta \leqslant \beta$，则

$$\iiint\limits_{\Omega} f(x,y,z)dv = \int_\alpha^\beta d\theta \int_{\psi_1(\theta)}^{\psi_2(\theta)} rdr \int_{\varphi_1(r,\theta)}^{\varphi_2(r,\theta)} f(r\cos\theta, r\sin\theta, z)dz.$$

一般说来，若三重积分具有以下三种特征之一，应考虑采用柱面坐标计算。
(1) 积分区域为圆柱形区域，或者积分区域的投影是圆域；
(2) 积分区域的边界曲面的方程含 $x^2 + y^2$；
(3) 被积函数的形式为 $f(x^2 + y^2)$ 或者具有性质 $f(-x,-y,z) = f(x,y,z)$。

【例 7.9】 计算：$I = \iiint\limits_{\Omega} zdxdydz$，其中 Ω 是由锥面 $a^2z^2 = b^2(x^2+y^2)$ 与平面 $z = b$ 所围成的锥体 $(a > 0, b > 0)$。

解 因为区域 Ω 在 xOy 平面上的投影是圆域 $D: x^2 + y^2 \leqslant a^2$，故采用柱面坐标计算。此时，积分区域可用不等式表示为 $\Omega: 0 \leqslant \theta \leqslant 2\pi, 0 \leqslant r \leqslant a, \dfrac{b}{a}r \leqslant z \leqslant b$。故

$$I = \int_0^{2\pi} d\theta \int_0^a rdr \int_{\frac{b}{a}r}^b zdz = 2\pi \int_0^a \frac{b^2}{2a^2}(a^2 - r^2)rdr = \frac{\pi}{4}a^2 b^2.$$

【例 7.10】 计算：$I = \iiint\limits_{\Omega} \sqrt{x^2+y^2}dv$，其中 Ω 是由圆柱面 $x^2 + (y-1)^2 = 1$，旋转抛物面 $8z = x^2 + y^2$ 以及平面 $z = 0$ 所围成的区域。

解 这里，被积函数 $f(x,y) = \sqrt{x^2+y^2}$，故采用柱面坐标计算。

$$I = \int_0^\pi d\theta \int_0^{2\sin\theta} rdr \int_0^{\frac{r^2}{8}} rdz = \frac{1}{8}\int_0^\pi d\theta \int_0^{2\sin\theta} r^4 dr$$

$$= \frac{4}{5}\int_0^\pi \sin^5\theta d\theta = \frac{4}{5}\int_0^\pi (-1 + 2\cos^2\theta - \cos^4\theta)d(\cos\theta)$$

$$= \frac{4}{5}\left(-\cos\theta + \frac{2}{3}\cos^3\theta - \frac{1}{5}\cos^5\theta\right)\bigg|_0^\pi = \frac{64}{75}.$$

3. 利用球面坐标计算三重积分

在球面坐标系下，$x = \rho\sin\varphi\cos\theta, y = \rho\sin\varphi\sin\theta, z = \rho\cos\varphi$，体积元素

$$dv = \rho^2 \sin\varphi d\theta d\varphi d\rho.$$

若积分区域 Ω 可用不等式表示为
$$\Omega: \eta_1(\theta,\varphi) \leqslant \rho \leqslant \eta_2(\theta,\varphi),\ \xi_1(\theta) \leqslant \varphi \leqslant \xi_2(\theta),\ \alpha \leqslant \theta \leqslant \beta,$$
则
$$\iiint_\Omega f(x,y,z)\mathrm{d}v$$
$$= \int_\alpha^\beta \mathrm{d}\theta \int_{\xi_1(\theta)}^{\xi_2(\theta)} \mathrm{d}\varphi \int_{\eta_1(\theta,\varphi)}^{\eta_2(\theta,\varphi)} f(\rho\sin\varphi\cos\theta, \rho\sin\varphi\sin\theta, \rho\cos\varphi)\rho^2\sin\varphi\mathrm{d}\rho.$$

一般说来,若三重积分具有以下三种特征之一,应考虑采用球面坐标计算:

(1) 积分区域为球形区域或球形域的一部分;
(2) 积分区域的边界曲面的方程含 $x^2 + y^2 + z^2$;
(3) 被积函数具有 $f\left(x^2 + y^2 + z^2\right)$ 的形式.

【例 7.11】 计算:$I = \iiint_\Omega \sqrt{x^2+y^2+z^2}\mathrm{d}x\mathrm{d}y\mathrm{d}z$,其中 Ω 是由球面 $x^2+y^2+z^2 = z$ 所围成的区域.

解 这里被积函数是 $x^2+y^2+z^2$ 的函数,且积分区域是球形域,故采用球面坐标计算. 此时,积分区域可表示为 $\Omega: 0 \leqslant \theta \leqslant 2\pi, 0 \leqslant \varphi \leqslant \dfrac{\pi}{2}, 0 \leqslant \rho \leqslant \cos\varphi$. 故
$$I = \int_0^{2\pi} \mathrm{d}\theta \int_0^{\frac{\pi}{2}} \mathrm{d}\varphi \int_0^{\cos\varphi} \rho^3\sin\varphi\mathrm{d}\rho = \frac{\pi}{2}\int_0^{\frac{\pi}{2}} \cos^4\varphi\sin\varphi\mathrm{d}\varphi$$
$$= \frac{\pi}{2}\left(-\frac{1}{5}\cos^5\varphi\right)\Big|_0^{\frac{\pi}{2}} = \frac{\pi}{10}.$$

【例 7.12】 计算:$I = \iiint_\Omega z^2\mathrm{d}x\mathrm{d}y\mathrm{d}z$,其中 Ω 是两个球 $x^2+y^2+z^2 \leqslant R^2$ 和 $x^2+y^2+z^2 \leqslant 2Rz\ (R>0)$ 的公共部分.

解 若将区域 Ω 位于锥面 $x^2+y^2 = 3z^2(z \geqslant 0)$ 以上和以下的部分分别记为 Ω_1 与 Ω_2,则
$$I = \iiint_{\Omega_1} z^2\mathrm{d}x\mathrm{d}y\mathrm{d}z + \iiint_{\Omega_2} z^2\mathrm{d}x\mathrm{d}y\mathrm{d}z.$$
这里,积分区域的边界曲面的方程含 $x^2 + y^2 + z^2$,故采用球面坐标计算.
$$I = \int_0^{2\pi}\mathrm{d}\theta\int_0^{\frac{\pi}{3}}\mathrm{d}\varphi\int_0^R \rho^2\cos^2\varphi\rho^2\sin\varphi\mathrm{d}\rho + \int_0^{2\pi}\mathrm{d}\theta\int_{\frac{\pi}{3}}^{\frac{\pi}{2}}\mathrm{d}\varphi\int_0^{2R\cos\varphi} \rho^2\cos^2\varphi\rho^2\sin\varphi\mathrm{d}\rho$$
$$= 2\pi\left(-\frac{1}{3}\cos^3\varphi\Big|_0^{\frac{\pi}{3}}\right)\cdot\frac{1}{5}R^5 + 2\pi\int_{\frac{\pi}{3}}^{\frac{\pi}{2}}\left(\cos^2\varphi\sin\varphi\right)\frac{32}{5}R^5\cos^5\varphi\mathrm{d}\varphi$$

$$= \frac{2\pi R^5}{15}\left(1 - \frac{1}{8}\right) + \frac{64\pi R^5}{5}\left(-\frac{1}{8}\cos^8\varphi\Big|_{\frac{\pi}{3}}^{\frac{\pi}{2}}\right)$$

$$= \frac{14}{120}\pi R^5 + \frac{1}{160}\pi R^5 = \frac{59}{480}\pi R^5.$$

题型三、计算重积分的几种典型技巧

本节介绍计算重积分的三种典型技巧:

(1) 利用"先二后一"法计算三重积分;

(2) 利用重积分的对称性简化计算;

(3) 重积分的积分区域的剖分.

1. 利用"先二后一"法计算三重积分

如果积分区域 Ω 被夹在 $z = c$ 和 $z = d$ 两平面之间 $(c < d)$, 那么, 可先将 z 看作常数, 计算一个二重积分, 再计算一个定积分, 即

$$\iiint\limits_{\Omega} f(x, y, z)\mathrm{d}x\mathrm{d}y\mathrm{d}z = \int_c^d \mathrm{d}z \iint\limits_{D_z} f(x, y, z)\mathrm{d}x\mathrm{d}y,$$

这里, D_z 是垂直于 z 轴且竖坐标为 z 的平面截空间区域 Ω 所得到的平面区域.

【**例 7.13**】 计算: $I = \iiint\limits_{\Omega} z\mathrm{d}x\mathrm{d}y\mathrm{d}z, \Omega : \dfrac{x^2}{a^2} + \dfrac{y^2}{b^2} + \dfrac{z^2}{c^2} \leqslant 1, z \geqslant 0.$

解 积分区域 Ω 夹在两平面 $z = 0$ 和 $z = c$ 之间, 而垂直于 z 轴且竖坐标为 z 的平面截 Ω 所得到的平面区域为一椭圆域 $D_z : \dfrac{x^2}{a^2} + \dfrac{y^2}{b^2} \leqslant 1 - \dfrac{z^2}{c^2}$, 其面积为 $\pi ab\left(1 - \dfrac{z^2}{c^2}\right)$, 故

$$I = \int_0^c z\mathrm{d}z \iint\limits_{D_z} \mathrm{d}x\mathrm{d}y = \pi ab \int_0^c z\left(1 - \frac{z^2}{c^2}\right)\mathrm{d}z = \frac{\pi}{4}abc^2.$$

【**例 7.14**】 试求由球面 $z = \sqrt{4 - x^2 - y^2}$ 与平面 $z = 1$ 所围成的密度为 1 的均匀体 Ω 对原点处单位质点的引力.

解 由对称性可知: $F_x = F_y = 0$, 利用元素法可得

$$F_z = G \iiint\limits_{\Omega} z\left(x^2 + y^2 + z^2\right)^{-\frac{3}{2}} \mathrm{d}x\mathrm{d}y\mathrm{d}z,$$

其中 G 为引力常数. 因为积分区域 Ω 在 z 轴上的投影区间为 $[1, 2]$, 垂直于 z 轴且竖坐标为 z 的平面截 Ω 所得到的平面区域为 $D_z : x^2 + y^2 \leqslant 4 - z^2$, 故

$$F_z = G \int_1^2 \mathrm{d}z \iint\limits_{D_z} z\left(x^2 + y^2 + z^2\right)^{-\frac{3}{2}} \mathrm{d}x\mathrm{d}y$$

$$= G\int_1^2 \mathrm{d}z \int_0^{2\pi}\mathrm{d}\theta \int_0^{\sqrt{4-z^2}} z\left(r^2+z^2\right)^{-\frac{3}{2}} r\mathrm{d}r$$

$$= G\pi \int_1^2 (2-z)\mathrm{d}z = \frac{\pi}{2}G.$$

因此, 所求引力 $\boldsymbol{F} = (F_x, F_y, F_z) = \left(0, 0, \dfrac{\pi G}{2}\right)$.

【例 7.15】 计算: $I = \iiint\limits_{\Omega} \dfrac{z}{\sqrt{x^2+y^2}}\mathrm{d}v$, 其中 Ω 是由 yOz 平面上的区域 D: $y^2+z^2 \leqslant 5, z \geqslant y-1, y \geqslant 0, z \geqslant 0$ 绕 z 轴旋转一周所得的空间区域.

解 因为 yOz 平面上的圆 $y^2+z^2 = 5$ 绕 z 轴旋转得球面 $x^2+y^2+z^2 = 5$, 而 yOz 平面上的直线段 $z = y-1$ 绕 z 轴旋转得锥面 $z = \sqrt{x^2+y^2}-1$, 所以区域 Ω 是由上半球面 $x^2+y^2+z^2 = 5\ (z \geqslant 0)$ 与锥面 $z = \sqrt{x^2+y^2}-1$ 以及平面 $z = 0$ 所围成的. 下面给出三种解法.

(**方法 1**) 利用 "先二后一" 法计算.

令 D'_z 与 D''_z 分别表示垂直于 z 轴且竖坐标为 z 的平面在平面 $z = 1$ 以下和以上截 Ω 所得到的平面区域, 则

$$I = \int_0^1 \mathrm{d}z \iint\limits_{D'_z} \frac{z}{\sqrt{x^2+y^2}}\mathrm{d}x\mathrm{d}y + \int_1^{\sqrt{5}} \mathrm{d}z \iint\limits_{D''_z} \frac{z}{\sqrt{x^2+y^2}}\mathrm{d}x\mathrm{d}y$$

$$= \int_0^1 z\mathrm{d}z \int_0^{2\pi}\mathrm{d}\theta \int_0^{z+1} \frac{1}{r}\cdot r\mathrm{d}r + \int_1^{\sqrt{5}} z\mathrm{d}z \int_0^{2\pi}\mathrm{d}\theta \int_0^{\sqrt{5-z^2}} \frac{1}{r}\cdot r\mathrm{d}r$$

$$= 2\pi \int_0^1 z(1+z)\mathrm{d}z + 2\pi \int_1^{\sqrt{5}} z\sqrt{5-z^2}\mathrm{d}z = \frac{5}{3}\pi + \frac{16}{3}\pi = 7\pi.$$

(**方法 2**) 利用柱面坐标计算.

记 Ω_1, Ω_2 分别表示区域 Ω 位于柱面 $x^2+y^2 = 1$ 以内和以外的部分, 故

$$I = \iiint\limits_{\Omega_1} \frac{z}{\sqrt{x^2+y^2}}\mathrm{d}v + \iiint\limits_{\Omega_2} \frac{z}{\sqrt{x^2+y^2}}\mathrm{d}v$$

$$= \int_0^{2\pi}\mathrm{d}\theta \int_0^1 r\mathrm{d}r \int_0^{\sqrt{5-r^2}} \frac{z}{r}\mathrm{d}z + \int_0^{2\pi}\mathrm{d}\theta \int_1^2 r\mathrm{d}r \int_{r-1}^{\sqrt{5-r^2}} \frac{z}{r}\mathrm{d}z$$

$$= \pi \int_0^1 \left(5-r^2\right)\mathrm{d}r + \pi \int_1^2 \left[5-r^2-(r-1)^2\right]\mathrm{d}r$$

$$= \frac{14}{3}\pi + \frac{7}{3}\pi = 7\pi.$$

(**方法 3**) 利用球面坐标计算.

记 Ω_1, Ω_2 分别为 Ω 中位于锥面 $2z = \sqrt{x^2+y^2}$ 以上和以下的部分, 则 ($\alpha = \arctan 2$)

$$\begin{aligned}
I &= \iiint\limits_{\Omega_1} \frac{z}{\sqrt{x^2+y^2}} dv + \iiint\limits_{\Omega_2} \frac{z}{\sqrt{x^2+y^2}} dv \\
&= \int_0^{2\pi} d\theta \int_0^{\alpha} d\varphi \int_0^{\sqrt{5}} \rho^2 \cos\varphi d\rho + \int_0^{2\pi} d\theta \int_{\alpha}^{\frac{\pi}{2}} d\varphi \int_0^{\frac{1}{\sin\varphi - \cos\varphi}} \rho^2 \cos\varphi d\rho \\
&= (2\pi \sin\varphi)\Big|_0^{\arctan 2} \cdot \frac{\rho^3}{3}\Big|_0^{\sqrt{5}} + \frac{2\pi}{3} \int_{\alpha}^{\frac{\pi}{2}} \frac{\cos\varphi}{(\sin\varphi - \cos\varphi)^3} d\varphi \\
&= \frac{20\pi}{3} + \frac{2\pi}{3} \int_{\alpha}^{\frac{\pi}{2}} \frac{d(\tan\varphi)}{(\tan\varphi - 1)^3} = \frac{20\pi}{3} + \frac{\pi}{3} = 7\pi.
\end{aligned}$$

2. 利用重积分的对称性简化计算

在计算重积分时, 利用被积函数的奇偶性和积分区域的对称性, 往往能简化计算.

A. 利用被积函数的奇偶性和积分区域的对称性

1) 二重积分情形

(1) 若积分区域 D 关于 x 轴对称, 而 D_1 是 D 中对应于 $y \geqslant 0$ 的部分, 则

$$\iint\limits_D f(x,y) dxdy = \begin{cases} 2\iint\limits_{D_1} f(x,y) dxdy, & f(x,-y) = f(x,y), \\ 0, & f(x,-y) = -f(x,y). \end{cases}$$

(2) 若积分区域 D 关于 y 轴对称, 而 D_1 是 D 中对应于 $x \geqslant 0$ 的部分, 则

$$\iint\limits_D f(x,y) dxdy = \begin{cases} 2\iint\limits_{D_1} f(x,y) dxdy, & f(-x,y) = f(x,y), \\ 0, & f(-x,y) = -f(x,y). \end{cases}$$

(3) 若积分区域 D 关于 x 轴和 y 轴均对称, 而 D_1 是 D 中对应于 $x \geqslant 0, y \geqslant 0$ 的部分, 则

$$\iint\limits_D f(x,y) dxdy = \begin{cases} 4\iint\limits_{D_1} f(x,y) dxdy, & f(-x,y) = f(x,-y) = f(x,y), \\ 0, & f(-x,y) \text{ 或 } f(x,-y) = -f(x,y). \end{cases}$$

【例 7.16】 计算: $I = \iint\limits_D (x+y)^2 dxdy$, 其中 $D: ay \leqslant x^2 + y^2 \leqslant 2ay \ (a > 0)$.

解 这里, 积分区域 D 关于 y 轴对称, 被积函数 $f(x,y) = (x+y)^2 = (x^2+y^2)+2xy$ 的第一项关于 x 是偶函数, 第二项关于 x 是奇函数. 故根据对称性可得

$$I = \iint_D (x^2+y^2)\,dxdy + 2\iint_D xy\,dxdy = 2\iint_{D_1}(x^2+y^2)\,dxdy$$

$$= 2\int_0^{\frac{\pi}{2}} d\theta \int_{a\sin\theta}^{2a\sin\theta} r^3\,dr = 2\int_0^{\frac{\pi}{2}} \left(\frac{r^4}{4}\right)\Bigg|_{a\sin\theta}^{2a\sin\theta} d\theta$$

$$= \frac{15a^4}{2}\int_0^{\frac{\pi}{2}} \sin^4\theta\,d\theta = \frac{15a^4}{2}\cdot\frac{3}{4}\cdot\frac{1}{2}\cdot\frac{\pi}{2} = \frac{45\pi}{32}a^4.$$

【例 7.17】 计算: $I = \iint_D x\left[1+yf\left(x^2+y^2\right)\right]dxdy$, 其中 D 是由 $y = x^3, y = 1$, $x = -1$ 所围成的区域, f 是一连续函数.

解 利用曲线 $y = -x^3$ 将区域 D 分为上下两部分, 依次记为 D_1, D_2, 则 D_1 与 D_2 分别关于 y 轴与 x 轴对称, 而函数 $xyf\left(x^2+y^2\right)$ 分别关于 x, y 均为奇函数, 故

$$I = \iint_D x\,dxdy + \iint_D xyf\left(x^2+y^2\right)dxdy$$

$$= \iint_D x\,dxdy = 2\int_{-1}^0 x\,dx\int_{x^3}^0 dy = -\frac{2}{5}.$$

【例 7.18】 设函数 $f(x,y)$ 在点 $(0,0)$ 的某个邻域内具有二阶连续偏导数, 求极限

$$\lim_{\rho\to 0^+}\frac{1}{\rho^4}\iint_{x^2+y^2\leqslant\rho^2}[f(x,y)-f(0,0)]dxdy.$$

解 根据二元函数的 Taylor 公式, 得

$$f(x,y) = f(0,0) + \sum_{i=1}^2 \frac{1}{i!}\left(x\frac{\partial}{\partial x}+y\frac{\partial}{\partial y}\right)^i f(0,0) + o\left(r^2\right),$$

其中 $r = \sqrt{x^2+y^2}$, 满足 $\lim_{r\to 0^+}\dfrac{o(r^2)}{r^2} = 0$.

因为 $\left(x\dfrac{\partial}{\partial x}+y\dfrac{\partial}{\partial y}\right)f(0,0) = xf_x(0,0)+yf_y(0,0)$, 而

$$\left(x\frac{\partial}{\partial x}+y\frac{\partial}{\partial y}\right)^2 f(0,0) = x^2 f_{xx}(0,0)+2xyf_{xy}(0,0)+y^2 f_{yy}(0,0),$$

并注意到重积分的对称性, 所以

$$\iint\limits_{x^2+y^2\leqslant\rho^2}[f(x,y)-f(0,0)]\mathrm{d}x\mathrm{d}y$$

$$=\frac{1}{2}\iint\limits_{x^2+y^2\leqslant\rho^2}\left[x^2f_{xx}(0,0)+y^2f_{yy}(0,0)\right]\mathrm{d}x\mathrm{d}y+o\left(\rho^4\right)$$

$$=\frac{1}{4}\left[f_{xx}(0,0)+f_{yy}(0,0)\right]\iint\limits_{x^2+y^2\leqslant\rho^2}\left(x^2+y^2\right)\mathrm{d}x\mathrm{d}y+o\left(\rho^4\right)$$

$$=\frac{1}{4}\left[f_{xx}(0,0)+f_{yy}(0,0)\right]\cdot\frac{\pi}{2}\rho^4+o\left(\rho^4\right),$$

因此

$$\lim_{\rho\to 0^+}\frac{1}{\rho^4}\iint\limits_{x^2+y^2\leqslant\rho^2}[f(x,y)-f(0,0)]\mathrm{d}x\mathrm{d}y=\frac{\pi}{8}\left[f_{xx}(0,0)+f_{yy}(0,0)\right].$$

2) 三重积分情形

(1) 若积分区域 Ω 关于 xOy 平面对称, 而 Ω_1 是 Ω 中对应于 $z\geqslant 0$ 的部分, 则

$$\iiint\limits_{\Omega}f(x,y,z)\mathrm{d}v=\begin{cases}2\iiint\limits_{\Omega_1}f(x,y,z)\mathrm{d}v, & f\text{ 关于 }z\text{ 为偶函数},\\ 0, & f\text{ 关于 }z\text{ 为奇函数}.\end{cases}$$

如果积分区域 Ω 关于 xOz 或 yOz 平面对称, 那么也有类似的结果.

(2) 若积分区域 Ω 关于 xOy 平面和 xOz 平面均对称, 而 Ω_1 是 Ω 中对应于 $z\geqslant 0$, $y\geqslant 0$ 的部分, 则

$$\iiint\limits_{\Omega}f(x,y,z)\mathrm{d}v=\begin{cases}4\iiint\limits_{\Omega_1}f(x,y,z)\mathrm{d}v, & f\text{ 关于 }y,z\text{ 均为偶函数},\\ 0, & f\text{ 关于 }y\text{ 或 }z\text{ 为奇函数}.\end{cases}$$

如果积分区域 Ω 关于 xOz 平面和 yOz 平面均对称, 或者关于 xOy 平面和 yOz 平面均对称, 那么也有类似的结果.

(3) 如果积分区域 Ω 关于 3 个坐标平面均对称, 而 Ω_1 是 Ω 中位于第一卦限的部分, 则

$$\iiint\limits_{\Omega}f(x,y,z)\mathrm{d}v=\begin{cases}8\iiint\limits_{\Omega_1}f(x,y,z)\mathrm{d}v, & f\text{ 关于 }x,y,z\text{ 均为偶函数},\\ 0, & f\text{ 关于 }x\text{ 或 }y\text{ 或 }z\text{ 为奇函数}.\end{cases}$$

【例 7.19】 计算：$I = \iiint\limits_{\Omega}(x+z)\mathrm{d}v$，其中 Ω 是由曲面 $z = \sqrt{x^2+y^2}$ 与 $z = \sqrt{1-x^2-y^2}$ 所围成的区域.

解
$$I = \iiint\limits_{\Omega} x\mathrm{d}v + \iiint\limits_{\Omega} z\mathrm{d}v \triangleq I_1 + I_2,$$

对于前一个积分 I_1，被积函数 $f(x,y,z) = x$ 是关于 x 的奇函数，积分区域关于 yOz 平面对称. 根据重积分的对称性，可知 $I_1 = 0$. 对第 2 个积分 I_2 采用球面坐标计算，故

$$I = I_2 = \int_0^{2\pi} \mathrm{d}\theta \int_0^{\frac{\pi}{4}} \mathrm{d}\varphi \int_0^1 \rho\cos\varphi \rho^2 \sin\varphi \mathrm{d}\rho = 2\pi \cdot \frac{1}{2}\sin^2\varphi \Big|_0^{\frac{\pi}{4}} \cdot \frac{1}{4} = \frac{\pi}{8}.$$

【例 7.20】（第十届全国初赛题，2018） 计算三重积分：$I = \iiint\limits_{\Omega}(x^2+y^2)\mathrm{d}v$，其中 Ω 是由 $x^2+y^2+(z-2)^2 \geqslant 4, x^2+y^2+(z-1)^2 \leqslant 9, z \geqslant 0$ 所围成的空心立体.

解 利用"先二后一"法计算，注意结合重积分的对称性.
令 D_z 表示垂直于 z 轴且竖坐标为 z $(0 \leqslant z \leqslant 4)$ 的平面截 Ω 所得到的平面区域，则

$$I = \int_0^4 \mathrm{d}z \iint\limits_{D_z}(x^2+y^2)\mathrm{d}x\mathrm{d}y = 4\int_0^4 \mathrm{d}z \int_0^{\frac{\pi}{2}} \mathrm{d}\theta \int_{\sqrt{4z-z^2}}^{\sqrt{8+2z-z^2}} r^2 \cdot r\mathrm{d}r$$

$$= \frac{\pi}{2}\int_0^4 \left[(8+2z-z^2)^2 - (4z-z^2)^2\right]\mathrm{d}z$$

$$= 2\pi \int_0^4 (z^3 - 7z^2 + 8z + 16)\mathrm{d}z$$

$$= \frac{256}{3}\pi.$$

【注】 本题的另一有效方法详见本章例 7.116.

B. 重积分的轮换对称性

重积分的轮换对称性是利用积分区域和被积函数关于变量的对称性，下面举例说明.
考虑积分：$I_1 = \iint\limits_{D} x\cos xy \mathrm{d}x\mathrm{d}y, I_2 = \iint\limits_{D} y\cos xy \mathrm{d}x\mathrm{d}y, D: x \geqslant 0, y \geqslant 0, x+y \leqslant 1$.

若将 I_1 中的变量 x 换为 y, y 换为 x，则由于积分区域 D 的表示方式未变，从而有 $I_1 = I_2$. 同理，若将 I_2 中的变量 y 换为 x, x 换为 y，亦有 $I_2 = I_1$.

这是由于积分区域 D 与被积函数中变量 x 与 y 之间具有对称性，两个积分 I_1 与 I_2 之间的差别仅在于变量记号不同，而积分值不依赖于变量采用什么符号. 我们称这种对称性为重积分的轮换对称性.

【例 7.21】 计算：$I = \iint\limits_{D} \left(\dfrac{x^2}{a^2} + \dfrac{y^2}{b^2}\right) \mathrm{d}x\mathrm{d}y$，其中 $D: x^2 + y^2 \leqslant R^2$.

解 根据轮换对称性，得

$$I = \iint\limits_{D} \left(\dfrac{x^2}{a^2} + \dfrac{y^2}{b^2}\right) \mathrm{d}x\mathrm{d}y = \iint\limits_{D} \left(\dfrac{y^2}{a^2} + \dfrac{x^2}{b^2}\right) \mathrm{d}x\mathrm{d}y$$

$$= \dfrac{1}{2}\left(\dfrac{1}{a^2} + \dfrac{1}{b^2}\right) \iint\limits_{D} (x^2 + y^2) \mathrm{d}x\mathrm{d}y \quad (\text{以下采用极坐标计算})$$

$$= \dfrac{1}{2}\left(\dfrac{1}{a^2} + \dfrac{1}{b^2}\right) \int_0^{2\pi} \mathrm{d}\theta \int_0^R r^2 \cdot r \mathrm{d}r = \dfrac{\pi R^4}{4}\left(\dfrac{1}{a^2} + \dfrac{1}{b^2}\right).$$

【例 7.22】 证明：曲面 $(z-a)\varphi(x) + (z-b)\varphi(y) = 0, x^2 + y^2 = c^2$ 和 $z = 0$ 所围成的形体的体积为 $V = \dfrac{1}{2}\pi(a+b)c^2$，其中 φ 为任意正的连续函数，a, b, c 为正常数.

证 由 $(z-a)\varphi(x) + (z-b)\varphi(y) = 0$，解得 $z = \dfrac{a\varphi(x) + b\varphi(y)}{\varphi(x) + \varphi(y)}$，记 $D: x^2 + y^2 \leqslant c^2$. 于是

$$V = \iint\limits_{D} \dfrac{a\varphi(x) + b\varphi(y)}{\varphi(x) + \varphi(y)} \mathrm{d}x\mathrm{d}y = \iint\limits_{D} \dfrac{a\varphi(y) + b\varphi(x)}{\varphi(y) + \varphi(x)} \mathrm{d}x\mathrm{d}y$$

$$= \dfrac{1}{2} \iint\limits_{D} \left[\dfrac{a\varphi(x) + b\varphi(y)}{\varphi(x) + \varphi(y)} + \dfrac{a\varphi(y) + b\varphi(x)}{\varphi(y) + \varphi(x)}\right] \mathrm{d}x\mathrm{d}y$$

$$= \dfrac{1}{2}(a+b) \iint\limits_{D} \mathrm{d}x\mathrm{d}y = \dfrac{1}{2}\pi(a+b)c^2.$$

【例 7.23】 设 $D = \{(x,y) \mid 4 \leqslant x^2 + y^2 \leqslant 9, x \geqslant 0, y \geqslant 0\}$，函数 $f(x,y)$ 在 D 上连续，满足

$$f(x,y) = \sin\left(\pi\sqrt{x^2+y^2}\right) + \dfrac{1}{\pi} \iint\limits_{D} \dfrac{xf(x,y)}{x+y} \mathrm{d}x\mathrm{d}y,$$

求二重积分 $\iint\limits_{D} f(x,y) \mathrm{d}x\mathrm{d}y$ 的值.

解 注意到 $\iint\limits_{D} \dfrac{xf(x,y)}{x+y} \mathrm{d}x\mathrm{d}y$ 是常数，可令 $A = \iint\limits_{D} \dfrac{xf(x,y)}{x+y} \mathrm{d}x\mathrm{d}y$，则由所给恒等式，得

$$\dfrac{xf(x,y)}{x+y} = \dfrac{x}{x+y} \sin\left(\pi\sqrt{x^2+y^2}\right) + \dfrac{A}{\pi} \cdot \dfrac{x}{x+y},$$

对上式两边在 D 上积分, 并利用轮换对称性, 得

$$A = \iint_D \frac{x}{x+y} \sin\left(\pi\sqrt{x^2+y^2}\right) dxdy + \frac{A}{\pi} \iint_D \frac{x}{x+y} dxdy$$

$$= \iint_D \frac{y}{x+y} \sin\left(\pi\sqrt{x^2+y^2}\right) dxdy + \frac{A}{\pi} \iint_D \frac{y}{x+y} dxdy$$

$$= \frac{1}{2} \iint_D \sin\left(\pi\sqrt{x^2+y^2}\right) dxdy + \frac{A}{2\pi} \iint_D dxdy$$

$$= \frac{1}{2} \int_0^{\frac{\pi}{2}} d\theta \int_2^3 \sin(\pi r) r dr + \frac{A}{2\pi} \cdot \frac{5\pi}{4}$$

$$= \frac{5}{4} + \frac{5A}{8},$$

解得 $A = \dfrac{10}{3}$. 最后, 再由所给恒等式得

$$\iint_D f(x,y) dxdy = \iint_D \sin\left(\pi\sqrt{x^2+y^2}\right) dxdy + \frac{A}{\pi} \iint_D dxdy$$

$$= \frac{5}{2} + \frac{10}{3\pi} \cdot \frac{5\pi}{4} = \frac{20}{3}.$$

【例 7.24】 证明: $\displaystyle\int_0^1 \frac{\arctan\sqrt{2+x^2}}{(1+x^2)\sqrt{2+x^2}} dx = \frac{5\pi^2}{96}$.

【分析】 这里需要利用一元微积分学中的两个重要事实: 一是反正切函数的恒等式

$$\arctan x + \arctan \frac{1}{x} = \frac{\pi}{2} \quad (x > 0);$$

二是基本积分公式 $\displaystyle\int \frac{dx}{a^2+x^2} = \frac{1}{a} \arctan \frac{x}{a} + C \ (a > 0)$.

证 分别记

$$I = \int_0^1 \frac{\arctan\sqrt{2+x^2}}{(1+x^2)\sqrt{2+x^2}} dx, \quad J = \int_0^1 \frac{\arctan\dfrac{1}{\sqrt{2+x^2}}}{(1+x^2)\sqrt{2+x^2}} dx,$$

则由反正切函数的恒等式, 可得

$$I + J = \int_0^1 \frac{\arctan\sqrt{2+x^2} + \arctan\dfrac{1}{\sqrt{2+x^2}}}{(1+x^2)\sqrt{2+x^2}} dx = \frac{\pi}{2} \int_0^1 \frac{dx}{(1+x^2)\sqrt{2+x^2}}$$

$$= \frac{\pi}{2} \cdot \frac{1}{2} \int_1^2 \frac{dt}{t\sqrt{t+1}\sqrt{t-1}} \quad (\text{作代换, 令 } t = 1+x^2)$$

$$= \frac{\pi}{4} \int_1^2 \frac{\mathrm{d}t}{t\sqrt{t^2-1}} = \frac{\pi}{4} \int_0^{\frac{\pi}{3}} \frac{\sec\theta\tan\theta\mathrm{d}\theta}{\sec\theta\tan\theta} = \frac{\pi^2}{12} \quad (\text{作代换, 令 } t = \sec\theta).$$

下面再计算定积分 J. 注意到 $\dfrac{1}{\sqrt{2+x^2}}\arctan\dfrac{1}{\sqrt{2+x^2}} = \int_0^1 \dfrac{\mathrm{d}y}{2+x^2+y^2}$, 所以

$$J = \int_0^1 \int_0^1 \frac{1}{(1+x^2)(2+x^2+y^2)} \mathrm{d}x\mathrm{d}y.$$

根据重积分的轮换对称性, 得

$$J = \int_0^1 \int_0^1 \frac{1}{(1+y^2)(2+x^2+y^2)} \mathrm{d}x\mathrm{d}y$$

$$= \frac{1}{2} \int_0^1 \int_0^1 \left(\frac{1}{1+x^2} + \frac{1}{1+y^2}\right) \frac{1}{2+x^2+y^2} \mathrm{d}x\mathrm{d}y$$

$$= \frac{1}{2} \int_0^1 \int_0^1 \frac{1}{(1+x^2)(1+y^2)} \mathrm{d}x\mathrm{d}y$$

$$= \frac{1}{2} \int_0^1 \frac{\mathrm{d}x}{1+x^2} \int_0^1 \frac{\mathrm{d}y}{1+y^2} = \frac{\pi^2}{32}.$$

因此 $I = \dfrac{\pi^2}{12} - \dfrac{\pi^2}{32} = \dfrac{5\pi^2}{96}$.

【例 7.25】 计算: $I = \iiint\limits_{\Omega}(x+3y+5z)\mathrm{d}x\mathrm{d}y\mathrm{d}z, \Omega: x^2+y^2+z^2 \leqslant R^2, x \geqslant 0, y \geqslant 0, z \geqslant 0$.

解 根据三重积分的轮换对称性可知

$$\iiint\limits_{\Omega} x\mathrm{d}x\mathrm{d}y\mathrm{d}z = \iiint\limits_{\Omega} y\mathrm{d}x\mathrm{d}y\mathrm{d}z = \iiint\limits_{\Omega} z\mathrm{d}x\mathrm{d}y\mathrm{d}z.$$

所以

$$I = 9 \iiint\limits_{\Omega} z\mathrm{d}x\mathrm{d}y\mathrm{d}z \text{ (以下采用球面坐标计算)}$$

$$= 9 \int_0^{\frac{\pi}{2}} \mathrm{d}\theta \int_0^{\frac{\pi}{2}} \mathrm{d}\varphi \int_0^R r\cos\varphi \cdot r^2 \sin\varphi \, \mathrm{d}r$$

$$= \frac{9\pi}{2} \int_0^{\frac{\pi}{2}} \sin\varphi\cos\varphi \, \mathrm{d}\varphi \int_0^R r^3 \mathrm{d}r = \frac{9}{16}\pi R^4.$$

【例 7.26】 (第十届全国决赛题, 2019) 计算三重积分: $I = \iiint\limits_{\Omega} \dfrac{\mathrm{d}x\mathrm{d}y\mathrm{d}z}{(1+x^2+y^2+z^2)^2}$,

其中 $\Omega: 0 \leqslant x \leqslant 1, 0 \leqslant y \leqslant 1, 0 \leqslant z \leqslant 1$.

解 采用"先二后一"法计算, 并利用重积分的轮换对称性.

$$I = 2\int_0^1 dz \iint_D \frac{dxdy}{(1+x^2+y^2+z^2)^2} \quad (\text{其中 } D: 0 \leqslant x \leqslant 1, 0 \leqslant y \leqslant x)$$

$$= 2\int_0^1 dz \int_0^{\frac{\pi}{4}} d\theta \int_0^{\sec\theta} \frac{rdr}{(1+r^2+z^2)^2} = \int_0^1 dz \int_0^{\frac{\pi}{4}} \left(\frac{1}{1+z^2} - \frac{1}{1+\sec^2\theta+z^2}\right) d\theta$$

$$= \frac{\pi}{4}\int_0^1 \frac{dz}{1+z^2} - \int_0^{\frac{\pi}{4}} d\theta \int_0^1 \frac{dz}{1+\sec^2\theta+z^2} = \frac{\pi^2}{16} - I_1.$$

下面计算 I_1. 作变量代换: $z = \tan t$, 并利用对称性, 得

$$I_1 = \int_0^{\frac{\pi}{4}} d\theta \int_0^1 \frac{dz}{1+\sec^2\theta+z^2}$$

$$= \int_0^{\frac{\pi}{4}} d\theta \int_0^{\frac{\pi}{4}} \frac{\sec^2 t}{\sec^2\theta+\sec^2 t} dt = \int_0^{\frac{\pi}{4}} dt \int_0^{\frac{\pi}{4}} \frac{\sec^2 \theta}{\sec^2\theta+\sec^2 t} d\theta$$

$$= \frac{1}{2}\int_0^{\frac{\pi}{4}} d\theta \int_0^{\frac{\pi}{4}} \frac{\sec^2 t + \sec^2 \theta}{\sec^2\theta+\sec^2 t} dt = \frac{\pi^2}{32}.$$

因此 $I = \dfrac{\pi^2}{16} - \dfrac{\pi^2}{32} = \dfrac{\pi^2}{32}$.

3. 重积分的积分区域的剖分

从前面几节我们已经看到, 在将重积分化为逐次积分的过程中, 有时需要把积分区域剖分成若干个便于确定积分限的小区域. 这一节所讨论的则是另一种情形, 即当被积函数带有绝对值符号时, 需剖分积分区域, 使得被积函数在每个小区域上保持确定的符号.

【例 7.27】 计算: $I = \displaystyle\iint_D |\sin(x+y)| dxdy$, 其中 $D: 0 \leqslant x \leqslant \pi, 0 \leqslant y \leqslant \pi$.

解 将积分区域剖分为两部分 D_1 和 D_2:

$$D_1: x \geqslant 0,\ y \geqslant 0,\ x+y \leqslant \pi; \quad D_2: x+y \geqslant \pi,\ x \leqslant \pi,\ y \leqslant \pi,$$

则当 $(x,y) \in D_1$ 时, $\sin(x+y) \geqslant 0$; 当 $(x,y) \in D_2$ 时, $\sin(x+y) \leqslant 0$. 故

$$I = \iint_{D_1} \sin(x+y) dxdy - \iint_{D_2} \sin(x+y) dxdy$$

$$= \int_0^{\pi} dx \int_0^{\pi-x} \sin(x+y) dy - \int_0^{\pi} dx \int_{\pi-x}^{\pi} \sin(x+y) dy$$

$$= \pi + \pi = 2\pi.$$

【例 7.28】 计算: $I = \iint\limits_{D} \mathrm{sgn}(x+y)\mathrm{e}^{x^2+y^2}\mathrm{d}x\mathrm{d}y, D : x^2 \leqslant y \leqslant \sqrt{1-x^2}$，其中 $\mathrm{sgn}(x)$ 为符号函数.

解 根据符号函数的定义，有

$$\mathrm{sgn}(x+y) = \begin{cases} -1, & y < -x, \\ 0, & y = -x, \\ 1, & y > -x. \end{cases}$$

将直线 $y = -x$ 与抛物线 $y = x^2$ 围成的区域记为 D_1，直线 $y = -x, y = x$ 与圆弧 $y = \sqrt{1-x^2}$ 围成的区域记为 D_2，直线 $y = x$ 与抛物线 $y = x^2$ 围成的区域记为 D_3，则

$$\iint\limits_{D_1} \mathrm{sgn}(x+y)\mathrm{e}^{x^2+y^2}\mathrm{d}x\mathrm{d}y = -\iint\limits_{D_1} \mathrm{e}^{x^2+y^2}\mathrm{d}x\mathrm{d}y,$$

$$\iint\limits_{D_2} \mathrm{sgn}(x+y)\mathrm{e}^{x^2+y^2}\mathrm{d}x\mathrm{d}y = \iint\limits_{D_2} \mathrm{e}^{x^2+y^2}\mathrm{d}x\mathrm{d}y,$$

$$\iint\limits_{D_3} \mathrm{sgn}(x+y)\mathrm{e}^{x^2+y^2}\mathrm{d}x\mathrm{d}y = \iint\limits_{D_3} \mathrm{e}^{x^2+y^2}\mathrm{d}x\mathrm{d}y.$$

根据重积分的对称性可知，$\iint\limits_{D_1} \mathrm{e}^{x^2+y^2}\mathrm{d}x\mathrm{d}y = \iint\limits_{D_3} \mathrm{e}^{x^2+y^2}\mathrm{d}x\mathrm{d}y$. 于是

$$I = -\iint\limits_{D_1} \mathrm{e}^{x^2+y^2}\mathrm{d}x\mathrm{d}y + \iint\limits_{D_2} \mathrm{e}^{x^2+y^2}\mathrm{d}x\mathrm{d}y + \iint\limits_{D_3} \mathrm{e}^{x^2+y^2}\mathrm{d}x\mathrm{d}y$$

$$= \iint\limits_{D_2} \mathrm{e}^{x^2+y^2}\mathrm{d}x\mathrm{d}y = 2\int_{\frac{\pi}{4}}^{\frac{\pi}{2}} \mathrm{d}\theta \int_0^1 r\mathrm{e}^{r^2}\mathrm{d}r = \frac{\pi}{4}\mathrm{e}^{r^2}\Big|_0^1 = \frac{\pi}{4}(\mathrm{e}-1).$$

【例 7.29】 计算: $I = \iiint\limits_{\Omega} \left|\sqrt{x^2+y^2+z^2} - 1\right|\mathrm{d}x\mathrm{d}y\mathrm{d}z, \Omega : \sqrt{x^2+y^2} \leqslant z \leqslant 1$.

解 积分区域 Ω 被球面 $x^2+y^2+z^2 = 1$ 剖分成上下两部分，依次为 Ω_1, Ω_2，故

$$I = \iiint\limits_{\Omega_1} \left(\sqrt{x^2+y^2+z^2} - 1\right)\mathrm{d}x\mathrm{d}y\mathrm{d}z + \iiint\limits_{\Omega_2} \left(1 - \sqrt{x^2+y^2+z^2}\right)\mathrm{d}x\mathrm{d}y\mathrm{d}z \triangleq I_1 + I_2.$$

对于 I_1 和 I_2 均采用球面坐标计算，有

$$I_1 = \int_0^{2\pi} d\theta \int_0^{\frac{\pi}{4}} d\varphi \int_0^1 (1-r)r^2 \sin\varphi dr = 2\pi \int_0^{\frac{\pi}{4}} \sin\varphi d\varphi \int_0^1 (1-r)r^2 dr$$
$$= \frac{\pi}{12}(2-\sqrt{2}),$$
$$I_2 = \int_0^{2\pi} d\theta \int_0^{\frac{\pi}{4}} d\varphi \int_1^{\frac{1}{\cos\varphi}} (r-1)r^2 \sin\varphi dr = 2\pi \int_0^{\frac{\pi}{4}} \sin\varphi d\varphi \int_1^{\frac{1}{\cos\varphi}} (r-1)r^2 dr$$
$$= 2\pi \int_0^{\frac{\pi}{4}} \left(\frac{1}{4\cos^4\varphi} - \frac{1}{3\cos^3\varphi} + \frac{1}{12}\right) \sin\varphi d\varphi = \frac{\pi}{12}(3\sqrt{2}-4).$$

因此 $I = I_1 + I_2 = \frac{\pi}{12}(2-\sqrt{2}) + \frac{\pi}{12}(3\sqrt{2}-4) = \frac{\pi}{6}(\sqrt{2}-1).$

【例 7.30】 计算: $I = \iint\limits_{D} |3x+4y| dxdy$, 其中 $D: x^2+y^2 \leqslant 1.$

【分析】 显然, 用直线 $3x+4y=0$ 将区域 D 剖分成两部分后即可去掉绝对值符号, 但后续计算仍比较复杂. 若采用如下处理技巧, 则整个计算过程就显得简捷明快.

解 利用极坐标计算.

$$I = \int_0^{2\pi} d\theta \int_0^1 |3r\cos\theta + 4r\sin\theta| r dr = \int_0^{2\pi} |3\cos\theta + 4\sin\theta| d\theta \int_0^1 r^2 dr$$
$$= \frac{5}{3} \int_0^{2\pi} \left|\frac{3}{5}\cos\theta + \frac{4}{5}\sin\theta\right| d\theta = \frac{5}{3} \int_0^{2\pi} |\sin(\theta+\varphi)| d\theta \quad \left(\text{其中 } \varphi = \arctan\frac{3}{4}\right)$$
$$= \frac{5}{3} \int_\varphi^{2\pi+\varphi} |\sin\theta| d\theta = \frac{10}{3} \int_0^\pi \sin\theta d\theta = \frac{20}{3}.$$

【注】 这里, 主要利用了三角函数公式 $\sin(\alpha+\beta) = \sin\alpha\cos\beta + \cos\alpha\sin\beta$, 以及周期函数的定积分性质 (详见第 3 章). 读者可利用这一处理技巧计算:

$$\iint\limits_{D} \left|\frac{x+y}{\sqrt{2}} - x^2 - y^2\right| dxdy,$$

其中 $D: x^2+y^2 \leqslant 1.$ $\left(\text{答案}: \frac{9\pi}{16}\right)$

题型四、逐次积分的计算技巧

逐次积分的计算, 不仅是完成重积分计算的必要手段, 而且也繁衍出许多与交换积分次序有关的新题型. 归纳起来大致有三类:

(1) 主观型交换积分次序;
(2) 客观型交换积分次序;
(3) 应用型交换积分次序.

1. 主观型交换积分次序

交换积分次序的一般方法是：首先由所给逐次积分的上下限，确定几个双边不等式。其次根据这几个双边不等式，把积分区域确定下来，并作出草图。最后应用计算重积分的方法即可得出与原来积分次序不同的逐次积分。必要时，还需剖分积分区域成若干个小区域，再将在每个小区域上的重积分化为逐次积分。

【例 7.31】 试交换二次积分的积分次序：$I = \int_0^{2a} dx \int_{\sqrt{2ax-x^2}}^{\sqrt{2ax}} f(x,y) dy \ (a > 0)$.

解 由原式知积分区域为 $D: 0 \leqslant x \leqslant 2a, \sqrt{2ax-x^2} \leqslant y \leqslant \sqrt{2ax}$，即 D 是由圆 $(x-a)^2 + y^2 = a^2$ 的上半部分、抛物线 $y^2 = 2ax$ 的上半部分以及直线 $x = 2a$ 所围成的。利用半圆顶点的切线 $y = a$ 将 D 分成三部分：

$$D_1: \frac{y^2}{2a} \leqslant x \leqslant a - \sqrt{a^2-y^2},\ 0 \leqslant y \leqslant a;$$
$$D_2: a + \sqrt{a^2-y^2} \leqslant x \leqslant 2a,\ 0 \leqslant y \leqslant a;$$
$$D_3: \frac{y^2}{2a} \leqslant x \leqslant 2a,\ a \leqslant y \leqslant 2a.$$

故

$$I = \iint_{D_1} f(x,y) dxdy + \iint_{D_2} f(x,y) dxdy + \iint_{D_3} f(x,y) dxdy$$

$$= \int_0^a dy \int_{\frac{y^2}{2a}}^{a-\sqrt{a^2-y^2}} f(x,y) dx + \int_0^a dy \int_{a+\sqrt{a^2-y^2}}^{2a} f(x,y) dx$$
$$+ \int_a^{2a} dy \int_{\frac{y^2}{2a}}^{2a} f(x,y) dx.$$

【例 7.32】 试交换二次积分的积分次序：

$$I = \int_0^2 dy \int_0^{\frac{y^2}{2}} f(x,y) dx + \int_2^{2\sqrt{2}} dy \int_0^{\sqrt{8-y^2}} f(x,y) dx.$$

解 由第一部分的积分限所确定的积分区域为 $D_1: 0 \leqslant x \leqslant \frac{y^2}{2}, 0 \leqslant y \leqslant 2$.

由第二部分的积分限所确定的积分区域为 $D_2: 0 \leqslant x \leqslant \sqrt{8-y^2}, 2 \leqslant y \leqslant 2\sqrt{2}$.

区域 D_1 与 D_2 可以合成一区域 $D: \sqrt{2x} \leqslant y \leqslant \sqrt{8-x^2}, 0 \leqslant x \leqslant 2$. 因此，交换积分次序后的二次积分为 $I = \int_0^2 dx \int_{\sqrt{2x}}^{\sqrt{8-x^2}} f(x,y) dy$.

2. 客观型交换积分次序

有些逐次积分的计算，按问题本身给定的积分次序往往难以求解，需要交换积分次序之后才能计算。

【例 7.33】 计算: $I = \int_1^2 \mathrm{d}x \int_{\sqrt{x}}^{x} \sin\dfrac{\pi x}{2y}\mathrm{d}y + \int_2^4 \mathrm{d}x \int_{\sqrt{x}}^{2} \sin\dfrac{\pi x}{2y}\mathrm{d}y$.

【分析】 本题的二次积分是先对 y 后对 x 积分, 由于 $\sin\dfrac{\pi x}{2y}$ 的原函数不能用初等函数表示, 所以需交换积分次序, 改为先对 x 后对 y 积分.

解 所给二次积分交换次序后, 积分区域 D 可表示为 $D: y \leqslant x \leqslant y^2, 1 \leqslant y \leqslant 2$. 故

$$I = \int_1^2 \mathrm{d}y \int_y^{y^2} \sin\dfrac{\pi x}{2y} \mathrm{d}x = -\dfrac{2}{\pi}\int_1^2 y\cos\dfrac{\pi y}{2}\mathrm{d}y = \dfrac{4}{\pi^3}(2+\pi).$$

【例 7.34】 计算: $I = \int_0^1 \mathrm{d}y \int_y^1 \dfrac{y}{1+x^2+y^2}\mathrm{d}x$.

【分析】 若直接按所给的先 x 后 y 的积分次序计算, 有

$$I = \int_0^1 \dfrac{y}{\sqrt{1+y^2}}\left(\arctan\dfrac{x}{\sqrt{1+y^2}}\right)\bigg|_y^1 \mathrm{d}y$$

$$= \int_0^1 \dfrac{y}{\sqrt{1+y^2}}\left(\arctan\dfrac{1}{\sqrt{1+y^2}} - \arctan\dfrac{y}{\sqrt{1+y^2}}\right)\mathrm{d}y.$$

显然, 后续求解过程将是十分烦琐的. 若先交换积分次序再计算, 就简单多了.

解

$$I = \int_0^1 \mathrm{d}x \int_0^x \dfrac{y}{1+x^2+y^2}\mathrm{d}y = \dfrac{1}{2}\int_0^1 \ln\left(1+x^2+y^2\right)\bigg|_0^x \mathrm{d}x$$

$$= \dfrac{1}{2}\int_0^1 \left[\ln\left(1+2x^2\right) - \ln\left(1+x^2\right)\right]\mathrm{d}x = \dfrac{1}{2}\int_0^1 \ln\dfrac{1+2x^2}{1+x^2}\mathrm{d}x$$

$$= \dfrac{x}{2}\ln\dfrac{1+2x^2}{1+x^2}\bigg|_0^1 - \int_0^1 \dfrac{x^2}{(1+2x^2)(1+x^2)}\mathrm{d}x$$

$$= \dfrac{1}{2}\ln\dfrac{3}{2} + \int_0^1 \dfrac{\mathrm{d}x}{1+2x^2} - \int_0^1 \dfrac{\mathrm{d}x}{1+x^2}$$

$$= \dfrac{1}{2}\ln\dfrac{3}{2} + \dfrac{1}{\sqrt{2}}\arctan\sqrt{2} - \dfrac{\pi}{4}.$$

【例 7.35】 计算: $I = \int_0^1 \mathrm{d}x \int_0^{1-x} \mathrm{d}z \int_0^{1-x-z} (1-y)\mathrm{e}^{-(1-y-z)^2}\mathrm{d}y$.

解 交换积分次序, 化为按 "$x \to z \to y$" 积分次序的逐次积分.

$$I = \int_0^1 \mathrm{d}y \int_0^{1-y} \mathrm{d}z \int_0^{1-y-z} (1-y)\mathrm{e}^{-(1-y-z)^2}\mathrm{d}x$$

$$= \int_0^1 \mathrm{d}y \int_0^{1-y} (1-y)(1-y-z)\mathrm{e}^{-(1-y-z)^2}\mathrm{d}z$$

$$= \frac{1}{2}\int_0^1 (1-y)\left[e^{-(1-y-z)^2}\right]\Big|_0^{1-y} dy = \frac{1}{2}\int_0^1 (1-y)\left[1-e^{-(1-y)^2}\right] dy$$

$$= \frac{1}{2}\int_0^1 (1-y)dy - \frac{1}{2}\int_0^1 (1-y)e^{-(1-y)^2} dy$$

$$= \frac{1}{4} - \left(\frac{1}{4} - \frac{1}{4e}\right) = \frac{1}{4e}.$$

有些逐次积分，如果在交换积分次序后，其计算的难易程度并无多大变化，那么可考虑改变坐标系进行计算．

【例 7.36】 计算：$I = \int_{-\sqrt{2}}^0 dx \int_{-x}^{\sqrt{4-x^2}} (x^2+y^2) dy + \int_0^2 dx \int_{\sqrt{2x-x^2}}^{\sqrt{4-x^2}} (x^2+y^2) dy.$

【分析】 由于被积函数 $f(x,y) = x^2+y^2$，且由积分限所确定的积分区域的边界曲线为直线 $y = -x$ 与圆弧 $y = \sqrt{2x-x^2}$ 及 $y = \sqrt{4-x^2}$，故采用极坐标计算比较方便．

解 这里，应首先恢复积分区域，然后在极坐标系下化为逐次积分，再进行计算．

$$I = \int_0^{\frac{\pi}{2}} d\theta \int_{2\cos\theta}^2 r^2 \cdot r dr + \int_{\frac{\pi}{2}}^{\frac{3\pi}{4}} d\theta \int_0^2 r^2 \cdot r dr$$

$$= 4\int_0^{\frac{\pi}{2}} \left(1-\cos^4\theta\right) d\theta + \frac{\pi}{4} \cdot \frac{1}{4} \cdot 2^4$$

$$= 4\left(\frac{\pi}{2} - \frac{3}{4} \cdot \frac{1}{2} \cdot \frac{\pi}{2}\right) + \pi = \frac{9\pi}{4}.$$

3. 应用型交换积分次序

本段介绍应用交换积分次序的方法求解三种典型问题：

(1) 计算定积分;

(2) 求极限;

(3) 证明等式．

【例 7.37】 设 $f(x) = \int_0^x \frac{\sin t}{\pi - t} dt$，计算：$I = \int_0^\pi f(x)dx.$

解 因为 $f(x)$ 是积分上限的函数，故所求定积分实际上是计算逐次积分．

$$I = \int_0^\pi f(x)dx = \int_0^\pi \left(\int_0^x \frac{\sin t}{\pi-t} dt\right) dx \quad \text{(以下交换积分次序)}$$

$$= \int_0^\pi dt \int_t^\pi \frac{\sin t}{\pi-t} dx = \int_0^\pi \frac{\sin t}{\pi-t} \cdot (\pi-t) dt = \int_0^\pi \sin t dt = 2.$$

【例 7.38】 求极限：$I = \lim_{x \to 0} \dfrac{\int_0^{\frac{x}{2}} dt \int_{\frac{x}{2}}^t e^{-(t-u)^2} du}{1 - e^{-\frac{x^2}{4}}}.$

解 式中的逐次积分经过交换积分次序后，为 $-\int_0^{\frac{x}{2}} du \int_0^u e^{-(t-u)^2} dt$，再对内层的定积分作变量代换: $t-u=v$，则 $\int_0^u e^{-(t-u)^2} dt = \int_{-u}^0 e^{-v^2} dv$，故

$$\int_0^{\frac{x}{2}} dt \int_{\frac{x}{2}}^t e^{-(t-u)^2} du = \int_0^{\frac{x}{2}} du \int_0^{-u} e^{-v^2} dv.$$

于是，利用 L'Hospital (洛必达) 法则可得

$$I = \lim_{x\to 0} \frac{\frac{1}{2}\int_0^{-\frac{x}{2}} e^{-v^2} dv}{\frac{x}{2} e^{-\frac{x^2}{4}}} = \lim_{x\to 0} \frac{-\frac{1}{2}e^{-\frac{x^2}{4}}}{e^{-\frac{x^2}{4}} - \frac{x^2}{2}e^{-\frac{x^2}{4}}} = -\frac{1}{2}\lim_{x\to 0}\frac{2}{2-x^2} = -\frac{1}{2}.$$

下面一例代表的是另一类与逐次积分有关的求极限问题，其中无须交换积分次序.

【例 7.39】 设 $f(u)$ 具有连续的导数，$f(0)=0$. 求

$$I = \lim_{t\to 0^+} \frac{1}{\pi t^4} \iiint_\Omega f\left(\sqrt{x^2+y^2+z^2}\right) dv,$$

其中 $\Omega: x^2+y^2+z^2 \leqslant t^2$.

解 采用球面坐标，将三重积分化为逐次积分:

$$\iiint_\Omega f\left(\sqrt{x^2+y^2+z^2}\right) dv = \int_0^{2\pi} d\theta \int_0^\pi d\varphi \int_0^t f(\rho)\rho^2 \sin\varphi d\rho = 4\pi \int_0^t \rho^2 f(\rho) d\rho.$$

于是，连续两次利用 L'Hospital 法则，有

$$I = \lim_{t\to 0^+} \frac{4\pi \int_0^t \rho^2 f(\rho) d\rho}{\pi t^4} = \lim_{t\to 0^+} \frac{f(t)}{t} = f'(0).$$

【例 7.40】 设函数 $f(x)$ 在区间 $[a,b]$ 上连续，n 为大于 1 的自然数. 试证明:

$$\int_a^b dx \int_a^x (x-y)^{n-2} f(y) dy = \frac{1}{n-1} \int_a^b (b-y)^{n-1} f(y) dy.$$

证 注意到等式右端定积分的被积函数是多项式 $(b-y)^{n-1}$ 与 $f(y)$ 的乘积，可见应将左端的二次积分先对 x 作一次积分 (这就需要交换积分次序). 故

$$\text{原式左端} = \int_a^b dy \int_y^b (x-y)^{n-2} f(y) dx = \int_a^b f(y) \left.\frac{(x-y)^{n-1}}{n-1}\right|_y^b dy$$

$$= \frac{1}{n-1} \int_a^b (b-y)^{n-1} f(y) dy = \text{右端}.$$

【例 7.41】 设 $f(x)$ 在 $[0,a]$ 上连续，证明：

$$\iint\limits_{D} f(x+y)\mathrm{d}x\mathrm{d}y = \int_0^a xf(x)\mathrm{d}x,$$

其中 $D: x \geqslant 0, y \geqslant 0, x+y \leqslant a$.

证 首先将等式左端的二重积分化为先 x 后 y 的二次积分，其次对内层的定积分作变量替换：$t = x+y$，最后再交换二次积分的积分次序，即得等式右端.

$$\iint\limits_{D} f(x+y)\mathrm{d}x\mathrm{d}y = \int_0^a \mathrm{d}y \int_0^{a-y} f(x+y)\mathrm{d}x = \int_0^a \mathrm{d}y \int_y^a f(t)\mathrm{d}t$$

$$= \int_0^a f(t)\mathrm{d}t \int_0^t \mathrm{d}y = \int_0^a tf(t)\mathrm{d}t = \int_0^a xf(x)\mathrm{d}x.$$

【例 7.42】 已知函数 $f(x,y)$ 具有二阶连续偏导数，且 $f(1,y)=0, f(x,1)=0$，$\iint\limits_{D} f(x,y)\mathrm{d}x\mathrm{d}y = a$，其中 $D = \{(x,y) \mid 0 \leqslant x \leqslant 1, 0 \leqslant y \leqslant 1\}$. 计算二重积分

$$I = \iint\limits_{D} xy f''_{xy}(x,y)\mathrm{d}x\mathrm{d}y.$$

解 由题设条件 $f(x,1)=0$，易知 $f'_x(x,1)=0$. 由于

$$I = \int_0^1 x \left[\int_0^1 y f''_{xy}(x,y)\mathrm{d}y \right] \mathrm{d}x, \qquad ①$$

对内层积分作分部积分，得

$$\int_0^1 y f''_{xy}(x,y)\mathrm{d}y = y f'_x(x,y) \Big|_{y=0}^{y=1} - \int_0^1 f'_x(x,y)\mathrm{d}y = -\int_0^1 f'_x(x,y)\mathrm{d}y,$$

代入 ① 式，并交换积分次序，得

$$I = -\int_0^1 x \left[\int_0^1 f'_x(x,y)\mathrm{d}y \right] \mathrm{d}x = -\int_0^1 \left[\int_0^1 x f'_x(x,y)\mathrm{d}x \right] \mathrm{d}y$$

$$= -\int_0^1 \left[xf(x,y) \Big|_{x=0}^{x=1} - \int_0^1 f(x,y)\mathrm{d}x \right] \mathrm{d}y = \int_0^1 \mathrm{d}y \int_0^1 f(x,y)\mathrm{d}x$$

$$= \iint\limits_{D} f(x,y)\mathrm{d}x\mathrm{d}y = a.$$

最后，我们给出一个直接利用 Newton-Leibniz 公式处理逐次积分的例子. 这种方法无须交换积分次序，其优点则是显而易见的.

【例 7.43】 设函数 $f(x)$ 在闭区间 $[0,1]$ 上连续,试证明:

$$\int_0^1 \mathrm{d}x \int_x^1 \mathrm{d}y \int_x^y f(x)f(y)f(z)\mathrm{d}z = \frac{1}{3!}\left(\int_0^1 f(t)\mathrm{d}t\right)^3.$$

证 设 $F(u) = \int_0^u f(t)\mathrm{d}t$, 则 $F(0) = 0, F'(u) = f(u)$. 反复利用 Newton-Leibniz 公式, 得

$$\begin{aligned}
原式左边 &= \int_0^1 f(x)\mathrm{d}x \int_x^1 f(y)\mathrm{d}y \int_x^y f(z)\mathrm{d}z = \int_0^1 f(x)\mathrm{d}x \int_x^1 f(y)[F(y) - F(x)]\mathrm{d}y \\
&= \int_0^1 f(x)\mathrm{d}x \int_x^1 [F(y) - F(x)]\mathrm{d}[F(y) - F(x)] \\
&= \frac{1}{2}\int_0^1 f(x)[F(y) - F(x)]^2 \Big|_x^1 \mathrm{d}x \\
&= -\frac{1}{2}\int_0^1 [F(1) - F(x)]^2 \mathrm{d}[F(1) - F(x)] \\
&= \frac{1}{3!}[F(1)]^3 = \frac{1}{3!}\left(\int_0^1 f(t)\mathrm{d}t\right)^3.
\end{aligned}$$

【注】 本题的另一有效方法详见本章练习第 47 题的解答.

题型五、第一类曲线积分与第一类曲面积分

1. 第一类曲线积分的基本计算方法

第一类曲线积分亦即对弧长的曲线积分: $\int_L f(x,y)\mathrm{d}s$, 其中 $f(x,y)$ 在 L 上连续, 其基本计算方法是根据曲线 L 的表示式化为定积分计算. 必须注意, 定积分的上限一定要大于下限.

(1) $L: x = \varphi(t), y = \psi(t)(\alpha \leqslant t \leqslant \beta), \varphi(t), \psi(t)$ 在 $[\alpha, \beta]$ 上连续可导, 则

$$I = \int_\alpha^\beta f[\varphi(t), \psi(t)]\sqrt{[\varphi'(t)]^2 + [\psi'(t)]^2}\mathrm{d}t \quad (\alpha < \beta).$$

(2) $L: y = \varphi(x)(a \leqslant x \leqslant b), \varphi(x)$ 在 $[a,b]$ 上连续可导, 则

$$I = \int_a^b f[x, \varphi(x)]\sqrt{1 + \left(\frac{\mathrm{d}y}{\mathrm{d}x}\right)^2}\mathrm{d}x \quad (a < b).$$

(3) $L: x = \psi(y)(c \leqslant y \leqslant d), \psi(y)$ 在 $[c,d]$ 上连续可导, 则

$$I = \int_c^d f[\psi(y), y]\sqrt{1 + \left(\frac{\mathrm{d}x}{\mathrm{d}y}\right)^2}\mathrm{d}y \quad (c < d).$$

(4) $L: r = r(\theta)(\alpha \leqslant \theta \leqslant \beta), r(\theta)$ 在 $[\alpha, \beta]$ 上连续可导，则

$$I = \int_\alpha^\beta f(r\cos\theta, r\sin\theta)\sqrt{[r(\theta)]^2 + [r'(\theta)]^2}\,\mathrm{d}\theta \quad (\alpha < \beta).$$

推广至空间曲线的情形: $I = \int_\Gamma f(x,y,z)\mathrm{d}s$，其中 $f(x,y,z)$ 在 Γ 上连续，有

(5) $\Gamma: x = \varphi(t), y = \psi(t), z = \omega(t)(\alpha \leqslant t \leqslant \beta)$，且 $\varphi(t), \psi(t), \omega(t)$ 在 $[\alpha, \beta]$ 上连续可导，则

$$I = \int_\alpha^\beta f[\varphi(t),\psi(t),\omega(t)]\sqrt{[\varphi'(t)]^2 + [\psi'(t)]^2 + [\omega'(t)]^2}\,\mathrm{d}t \quad (\alpha < \beta).$$

【例 7.44】 计算: $I = \int_L xy\,\mathrm{d}s, L: \dfrac{x^2}{a^2} + \dfrac{y^2}{b^2} = 1, x \geqslant 0, y \geqslant 0$.

解 因为 $L: x = a\cos t, y = b\sin t, 0 \leqslant t \leqslant \dfrac{\pi}{2}$，所以 $\mathrm{d}s = \sqrt{a^2\sin^2 t + b^2\cos^2 t}\,\mathrm{d}t$，从而

$$I = \int_0^{\frac{\pi}{2}} ab\sin t\cos t\sqrt{a^2\sin^2 t + b^2\cos^2 t}\,\mathrm{d}t = \frac{ab}{3(a+b)}\left(a^2 + ab + b^2\right).$$

【例 7.45】 计算: $I = \int_L (x+y)\mathrm{d}s$，其中 L 是圆 $x^2 + y^2 = a^2$ 上点 $A(0,a)$ 与 $B\left(\dfrac{a}{\sqrt{2}}, -\dfrac{a}{\sqrt{2}}\right)$ 之间的一段劣弧.

解 以变量 y 作参数，则 $L: x = \sqrt{a^2 - y^2}, \mathrm{d}s = \dfrac{a}{\sqrt{a^2 - y^2}}\,\mathrm{d}y$，故

$$I = \int_{-\frac{a}{\sqrt{2}}}^a \left(\sqrt{a^2 - y^2} + y\right)\frac{a}{\sqrt{a^2 - y^2}}\,\mathrm{d}y = a\left(a + \frac{a}{\sqrt{2}}\right) + \frac{a^2}{\sqrt{2}} = (1+\sqrt{2})a^2.$$

【例 7.46】 计算: $I = \int_L \sqrt{x^2+y^2}\,\mathrm{d}s, L: x^2 + y^2 = -2y$.

解 本题不宜用直角坐标直接计算.

将曲线方程用极坐标表示: $r = -2\sin\theta\ (-\pi \leqslant \theta \leqslant 0)$，则

$$x = r\cos\theta, \quad y = r\sin\theta, \quad \mathrm{d}s = \sqrt{[r(\theta)]^2 + [r'(\theta)]^2}\,\mathrm{d}\theta = 2\mathrm{d}\theta.$$

故

$$I = \int_{-\pi}^0 (-2\sin\theta)\cdot 2\mathrm{d}\theta = -4\int_{-\pi}^0 \sin\theta\,\mathrm{d}\theta = 8.$$

【例 7.47】 计算: $I = \int_\Gamma \left(x^2 + y^2 + z^2\right)\mathrm{d}s$，其中 Γ 是

(1) 螺线 $x = a\cos t, y = a\sin t, z = bt$ $(0 \leqslant t \leqslant 2\pi)$;

(2) 曲面 $x^2 + y^2 + z^2 = \dfrac{9}{2}$ 与平面 $x + z = 1$ 的交线.

解 (1) 由于 $ds = \sqrt{[x'(t)]^2 + [y'(t)]^2 + [z'(t)]^2}dt = \sqrt{a^2 + b^2}dt$, 则

$$I = \int_0^{2\pi} \left(a^2\cos^2 t + a^2\sin^2 t + b^2 t^2\right)\sqrt{a^2 + b^2}dt$$

$$= \frac{2\pi}{3}\left(3a^2 + 4\pi^2 b^2\right)\sqrt{a^2 + b^2}.$$

(2) 不难知道, 所给曲线 Γ 是一半径为 2 的圆周, 其周长为 4π. 故

$$I = \frac{9}{2}\int_\Gamma ds = \frac{9}{2} \cdot 4\pi = 18\pi.$$

2. 第一类曲面积分的基本计算方法

第一类曲面积分亦即对面积的曲面积分, 其基本计算方法是转化为二重积分来计算. 对于 $\iint\limits_{\Sigma} f(x,y,z)dS$, 其中 $f(x,y,z)$ 在 Σ 上连续, 有以下公式:

(1) 设曲面 Σ 的方程可表示为 $z = z(x,y)$, 且 Σ 在 xOy 平面上的投影区域为 D_{xy}, 则

$$\iint\limits_{\Sigma} f(x,y,z)dS = \iint\limits_{D_{xy}} f[x,y,z(x,y)]\sqrt{1 + \left(\frac{\partial z}{\partial x}\right)^2 + \left(\frac{\partial z}{\partial y}\right)^2}dxdy;$$

(2) 设曲面 Σ 的方程可表示为 $x = x(y,z)$, 且 Σ 在 yOz 平面上的投影区域为 D_{yz}, 则

$$\iint\limits_{\Sigma} f(x,y,z)dS = \iint\limits_{D_{yz}} f[x(y,z),y,z]\sqrt{1 + \left(\frac{\partial x}{\partial y}\right)^2 + \left(\frac{\partial x}{\partial z}\right)^2}dydz;$$

(3) 设曲面 Σ 的方程可表示为 $y = y(x,z)$, 且 Σ 在 xOz 平面上的投影区域为 D_{xz}, 则

$$\iint\limits_{\Sigma} f(x,y,z)dS = \iint\limits_{D_{xz}} f[x,y(x,z),z]\sqrt{1 + \left(\frac{\partial y}{\partial x}\right)^2 + \left(\frac{\partial y}{\partial z}\right)^2}dxdz.$$

(4) 设曲面 Σ 可用参数方程表示为 $x = x(u,v), y = y(u,v), z = z(u,v)$, 且 Σ 在参数平面 uOv 上的投影区域为 D_{uv}, 则

$$\iint\limits_{\Sigma} f(x,y,z)dS = \iint\limits_{D_{uv}} f[x(u,v),y(u,v),z(u,v)]\sqrt{EF - G^2}dudv,$$

其中 $E = x_u^2 + y_u^2 + z_u^2, F = x_v^2 + y_v^2 + z_v^2, G = x_u x_v + y_u y_v + z_u z_v$.

【例 7.48】 计算：$I = \iint\limits_{\Sigma} (x+y+z) \mathrm{d}S$，其中 Σ 是平面 $y+z=5$ 被柱面 $x^2+y^2=25$ 所截得的部分.

解 因为曲面 Σ 的方程为 $z = 5 - y$，所以

$$\mathrm{d}S = \sqrt{1 + \left(\frac{\partial z}{\partial x}\right)^2 + \left(\frac{\partial z}{\partial y}\right)^2} \mathrm{d}x \mathrm{d}y = \sqrt{2} \mathrm{d}x \mathrm{d}y.$$

又曲面 Σ 在 xOy 平面上的投影区域为 $D_{xy} : x^2 + y^2 \leqslant 25$，故（注意利用重积分的对称性）

$$I = \sqrt{2} \iint\limits_{D_{xy}} (x+5) \mathrm{d}x \mathrm{d}y = 5\sqrt{2} \iint\limits_{D_{xy}} \mathrm{d}x \mathrm{d}y = 125\sqrt{2}\pi.$$

【例 7.49】 计算：$I = \iint\limits_{\Sigma} \left(x^2 + y^2\right) \mathrm{d}S$，其中 Σ 是空间区域 $\sqrt{x^2+y^2} \leqslant z \leqslant 1$ 的边界曲面.

解 曲面 Σ 在锥面 $z = \sqrt{x^2+y^2}$ 与平面 $z=1$ 上的部分分别记为 Σ_1 与 Σ_2，即

$$\Sigma = \Sigma_1 + \Sigma_2.$$

在 Σ_1 上，因为 $z = \sqrt{x^2+y^2}$，所以 $\mathrm{d}S = \sqrt{1 + z_x'^2 + z_y'^2} \mathrm{d}x\mathrm{d}y = \sqrt{2} \mathrm{d}x\mathrm{d}y$；

在 Σ_2 上，因为 $z=1$，所以 $\mathrm{d}S = \sqrt{1 + z_x'^2 + z_y'^2}\mathrm{d}x\mathrm{d}y = \mathrm{d}x\mathrm{d}y$.

由于 Σ_1 与 Σ_2 在 xOy 平面上的投影区域均为 $D_{xy} : x^2 + y^2 \leqslant 1$，故

$$I = \iint\limits_{\Sigma_1} \left(x^2+y^2\right) \mathrm{d}S + \iint\limits_{\Sigma_2} \left(x^2+y^2\right) \mathrm{d}S$$

$$= \iint\limits_{D_{xy}} \sqrt{2} \left(x^2+y^2\right) \mathrm{d}x\mathrm{d}y + \iint\limits_{D_{xy}} \left(x^2+y^2\right) \mathrm{d}x\mathrm{d}y$$

$$= (\sqrt{2}+1) \iint\limits_{D_{xy}} \left(x^2+y^2\right) \mathrm{d}x\mathrm{d}y = \frac{\pi}{2}(\sqrt{2}+1).$$

【例 7.50】 计算：$I = \iint\limits_{\Sigma} z \mathrm{d}S$，其中 Σ 是柱面 $x^2 + z^2 = 2az$ $(a>0)$ 被圆锥面 $z = \sqrt{x^2+y^2}$ 所割下的部分曲面.

解 利用柱面坐标 $x = a\sin\theta, y = y, z = a(1+\cos\theta)$. 此时 Σ 在参数平面上的投影区域为

$$D : -\sqrt{2a^2(1+\cos\theta)\cos\theta} \leqslant y \leqslant \sqrt{2a^2(1+\cos\theta)\cos\theta}, \quad -\frac{\pi}{2} \leqslant \theta \leqslant \frac{\pi}{2},$$

且 $dS = \sqrt{EF - G^2}d\theta dy = a d\theta dy$. 记 $y(\theta) = \sqrt{2a^2(1+\cos\theta)\cos\theta}$, 注意到对称性, 则

$$I = \iint_D a^2(1+\cos\theta)d\theta dy = 2a^2 \int_0^{\frac{\pi}{2}} d\theta \int_{-y(\theta)}^{y(\theta)} (1+\cos\theta)dy$$

$$= 4\sqrt{2}a^3 \int_0^{\frac{\pi}{2}} (1+\cos\theta)^{\frac{3}{2}} \sqrt{\cos\theta} d\theta \quad (\text{以下令 } \sin t = \sqrt{\cos\theta} \text{ 并化简})$$

$$= 8\sqrt{2}a^3 \int_0^{\frac{\pi}{2}} \left(\sin^2 t + \sin^4 t\right) dt \quad (\text{以下直接利用 Wallis (沃利斯) 公式})$$

$$= 8\sqrt{2}a^3 \left(\frac{\pi}{4} + \frac{3\pi}{16}\right) = \frac{7\pi a^3}{\sqrt{2}}.$$

3. 曲线积分与曲面积分的对称性

第一类曲线积分与第一类曲面积分同重积分一样, 都可以利用积分曲线 (区域) 关于坐标轴 (面) 的对称性或者关于积分变量的轮换对称性等特征来简化计算.

【例 7.51】 计算: $I = \int_L \left(x^{\frac{4}{3}} + y^{\frac{4}{3}}\right) ds$, 其中 L 为内摆线 $x^{\frac{2}{3}} + y^{\frac{2}{3}} = a^{\frac{2}{3}}$.

解 记 $L_1: x^{\frac{2}{3}} + y^{\frac{2}{3}} = a^{\frac{2}{3}}, x \geqslant 0, y \geqslant 0$. 利用对称性, 有 $I = 4\int_{L_1} \left(x^{\frac{4}{3}} + y^{\frac{4}{3}}\right) ds$.

由隐函数求导法则, 得 $\frac{2}{3}\left(x^{-\frac{1}{3}} + y^{-\frac{1}{3}}\frac{dy}{dx}\right) = 0$, 从而

$$\frac{dy}{dx} = -\sqrt[3]{\frac{y}{x}}, \quad ds = \sqrt{1+\left(\frac{dy}{dx}\right)^2}dx = a^{\frac{1}{3}}x^{-\frac{1}{3}}dx,$$

故 $I = 4\int_0^a \left[x^{\frac{4}{3}} + \left(a^{\frac{2}{3}} - x^{\frac{2}{3}}\right)^2\right] a^{\frac{1}{3}} x^{-\frac{1}{3}} dx = 4a^{\frac{7}{3}}.$

【例 7.52】 计算: $I = \int_L \left(x^2 + e^x \sin^3 y\right) ds$, 其中 $L: x^2 + y^2 = R^2$.

解 利用对称性, 后一项积分为零. 再根据轮换对称性, 得

$$I = \int_L x^2 ds = \int_L y^2 ds = \frac{1}{2}\int_L \left(x^2 + y^2\right) ds = \frac{R^2}{2}\int_L ds = \pi R^3.$$

【例 7.53】 计算: $I = \iint_\Sigma (xy + yz + zx) dS$, Σ: 圆锥面 $z = \sqrt{x^2 + y^2}$ 被柱面 $x^2 + y^2 = 2ax$ 所割下的部分.

解 曲面 Σ 关于 xOz 平面对称, 被积函数的前两项都是关于 y 的奇函数. 根据对称性, 得

$$I = \iint_\Sigma (xy + yz + zx) dS = \iint_\Sigma xz dS.$$

由于 $dS = \sqrt{2}dxdy$, 且曲面 Σ 在 xOy 平面上的投影区域为 $D_{xy}: x^2+y^2 \leqslant 2ax$, 故

$$I = \sqrt{2}\iint\limits_{D_{xy}} x\sqrt{x^2+y^2}dxdy = \sqrt{2}\int_{-\frac{\pi}{2}}^{\frac{\pi}{2}}\cos\theta d\theta\int_0^{2a\cos\theta}r^3dr = \frac{64}{15}\sqrt{2}a^4.$$

【例 7.54】 计算: $I = \iint\limits_{\Sigma} xyzdS, \Sigma: z = x^2+y^2, 0 \leqslant z \leqslant 1$.

解 $dS = \sqrt{1+4x^2+4y^2}dxdy$, 记 $\Sigma_1: z = x^2+y^2, 0 \leqslant z \leqslant 1, x, y \geqslant 0; D: x^2+y^2 \leqslant 1, x, y \geqslant 0$. 利用对称性, 有

$$I = 4\iint\limits_{\Sigma_1} xyzdS = 4\iint\limits_{D} xy(x^2+y^2)\sqrt{1+4x^2+4y^2}dxdy$$

$$= 4\int_0^{\frac{\pi}{2}}\cos\theta\sin\theta d\theta\int_0^1 r^5\sqrt{1+4r^2}dr = \frac{125\sqrt{5}-1}{420}.$$

【例 7.55】 计算: $I = \iint\limits_{\Sigma} x^2 dS, \Sigma: x^2+y^2+z^2 = a^2$.

解 根据轮换对称性, 有

$$I = \iint\limits_{\Sigma} x^2 dS = \iint\limits_{\Sigma} y^2 dS = \iint\limits_{\Sigma} z^2 dS = \frac{1}{3}\iint\limits_{\Sigma}(x^2+y^2+z^2)dS$$

$$= \frac{a^2}{3}\iint\limits_{\Sigma} dS = \frac{a^2}{3}4\pi a^2 = \frac{4}{3}\pi a^4.$$

题型六、第二类曲线积分

第二类曲线积分亦即对坐标的曲线积分: $\int_L P(x,y)dx$ 或 $\int_L Q(x,y)dy$. 与第一类曲线积分具有如下联系:

$$\int_L P(x,y)dx + Q(x,y)dy = \int_L [P(x,y)\cos\alpha + Q(x,y)\cos\beta]ds,$$

其中 $\cos\alpha, \cos\beta$ 是有向曲线弧 L 上点 (x,y) 处切向量的方向余弦.

空间曲线上的两类曲线积分亦有类似的联系.

对于平面曲线上的第二类曲线积分, 其计算方法通常有

(1) 利用基本公式化为定积分;

(2) 利用 Green 公式;

(3) 选择适当路径法.

1. 利用基本公式化为定积分计算

计算第二类曲线积分 $I = \int_L P(x,y)\mathrm{d}x + Q(x,y)\mathrm{d}y$ 的基本方法是根据曲线 L 的表达式化为定积分计算. 必须注意, 定积分的下限是有向曲线弧 L 的起点所对应的参数值, 而上限则是 L 的终点所对应的参数值 (这里, 上限不一定大于下限).

(1) $L: x = \varphi(t), y = \psi(t)$ (t 由 α 变到 β), $\varphi(t), \psi(t)$ 在 $[\alpha, \beta]$ (或 $[\beta, \alpha]$) 上连续可导, 则

$$I = \int_\alpha^\beta \{P[\varphi(t), \psi(t)]\varphi'(t) + Q[\varphi(t), \psi(t)]\psi'(t)\}\mathrm{d}t.$$

(2) $L: y = \varphi(x)$ (x 由 a 变到 b), $\varphi(x)$ 在 $[a, b]$ (或 $[b, a]$) 上连续可导, 则

$$I = \int_a^b \{P[x, \varphi(x)] + Q[x, \varphi(x)]\varphi'(x)\}\mathrm{d}x.$$

(3) $L: x = \psi(y)$ (y 由 c 变到 d), $\psi(y)$ 在 $[c, d]$ (或 $[d, c]$) 上连续可导, 则

$$I = \int_c^d \{P[\psi(y), y]\psi'(y) + Q[\psi(y), y]\}\mathrm{d}y.$$

【例 7.56】 计算: $I = \int_L -y\mathrm{d}x + x\mathrm{d}y$, L: 沿曲线 $y = \sqrt{2x - x^2}$ 从 $A(2,0)$ 到 $O(0,0)$.

解 曲线 L 的方程已给出, 即 $y = \sqrt{2x - x^2}$, 且 $x = 2$ 与 $x = 0$ 分别对应于曲线 L 的起点与终点. 由于 $\mathrm{d}y = \dfrac{1-x}{\sqrt{2x-x^2}}\mathrm{d}x$, 故

$$I = \int_2^0 \left(-\sqrt{2x-x^2} + x\frac{1-x}{\sqrt{2x-x^2}}\right)\mathrm{d}x = \pi.$$

【例 7.57】 计算: $I = \oint_L |y|\mathrm{d}x + |x|\mathrm{d}y$, L 为以 $A(1,0), B(0,1)$ 及 $C(-1,0)$ 为顶点的三角形的正向边界曲线. (注意正向闭曲线的规定见下一段)

解 由于被积表达式含有绝对值符号, 应设法去掉绝对值符号.

对于分段光滑的闭曲线 $L = AB + BC + CA$, 每一光滑曲线段的方程依次为

$AB: y = 1 - x, x = 1$ 与 $x = 0$ 分别对应于 AB 段的起点与终点;

$BC: y = 1 + x, x = 0$ 与 $x = -1$ 分别对应于 BC 段的起点与终点;

$CA: y = 0, x = -1$ 与 $x = 1$ 分别对应于 CA 段的起点与终点.

故所求积分为

$$I = \oint_{AB} |y|dx + |x|dy + \oint_{BC} |y|dx + |x|dy + \oint_{CA} |y|dx + |x|dy$$

$$= \int_1^0 [(1-x) + x(-1)]dx + \int_0^{-1} [(1+x) + (-x)]dx$$

$$= (x - x^2)\big|_1^0 + x\big|_0^{-1} = -1.$$

2. 利用 Green 公式计算

定理 设闭区域 D 由分段光滑的曲线 L 围成, 函数 $P(x,y)$ 及 $Q(x,y)$ 在 D 上具有一阶连续偏导数, 则有 Green 公式

$$\oint_L Pdx + Qdy = \iint_D \left(\frac{\partial Q}{\partial x} - \frac{\partial P}{\partial y}\right)dxdy,$$

其中 L 是 D 的取正向的边界曲线.

所谓平面上的正向闭曲线 L 是这样规定的: 当观察者沿 L 的这个方向行走时, 其左手总是指向由 L 所围成的区域的内部.

Green 公式建立了平面区域 D 的边界曲线 L 上的曲线积分与 D 上的二重积分之间的联系, 提供了计算沿闭曲线上的曲线积分的一种有效方法.

【例 7.58】 计算: $I = \oint_L xy^2 dy - x^2 y dx$, L: 沿曲线 $x^2 + y^2 = a^2$ 顺时针方向 ($a > 0$).

解 这里 $P(x,y) = -x^2 y, Q(x,y) = xy^2$, 记 $D : x^2 + y^2 \leqslant a^2$, 则

$$I = -\iint_D \left(\frac{\partial Q}{\partial x} - \frac{\partial P}{\partial y}\right)dxdy = -\iint_D (x^2 + y^2)dxdy = -\int_0^{2\pi} d\theta \int_0^a r^3 dr = -\frac{\pi}{2}a^4.$$

【例 7.59】 计算: $I = \int_L (x+y)^2 dx - (x^2 + y^2 \sin y)dy$, L: 沿 $y = x^2$ 从点 $(-1, 1)$ 到点 $(1, 1)$.

解 补入有向线段 $y = 1$ (x 从 1 变到 -1) 与 L 围成区域 D, 则由 Green 公式得

$$I = \iint_D (-4x - 2y)dxdy - \int_1^{-1}(x+1)^2 dx$$

$$= -2\iint_D y dxdy + 8 = \frac{16}{15} \quad \left(\text{注意} \iint_D x dxdy = 0\right).$$

【例 7.60】 计算: $I = \oint_L \frac{(x-y)dx + (x+y)dy}{x^2 + y^2}$, L: 沿曲线 $x^{\frac{2}{3}} + y^{\frac{2}{3}} = \left(\frac{1}{\pi}\right)^{\frac{2}{3}}$ 逆时针方向.

解 曲线 L 为星形线, 包含原点 $O(0,0)$ 在内, 取以 O 为中心、充分小的 δ 为半径作圆周 $l: x = \delta\cos\theta, y = \delta\sin\theta$, 使其全部包含在 L 内, l 的方向取顺时针方向. 设 D 是由 L 与 l 所围成的区域. 在 D 内, $\dfrac{\partial Q}{\partial x} = \dfrac{y^2 - x^2 - 2xy}{(x^2 + y^2)^2} = \dfrac{\partial P}{\partial y}\ (x^2 + y^2 \neq 0)$. 由 Green 公式, 有

$$I = \iint_D \left(\frac{\partial Q}{\partial x} - \frac{\partial P}{\partial y}\right) \mathrm{d}x\mathrm{d}y - \int_l \frac{(x-y)\mathrm{d}x + (x+y)\mathrm{d}y}{x^2 + y^2}$$

$$= \int_0^{2\pi} [(\cos\theta - \sin\theta)(-\sin\theta) + (\cos\theta + \sin\theta)\cos\theta]\mathrm{d}\theta = 2\pi.$$

【例 7.61】 设函数 $u(x, y)$ 在光滑闭曲线 L 所包围的区域 D 上具有二阶连续偏导数. 证明:

$$\iint_D \left(\frac{\partial^2 u}{\partial x^2} + \frac{\partial^2 u}{\partial y^2}\right) \mathrm{d}x\mathrm{d}y = \oint_L \frac{\partial u}{\partial \boldsymbol{n}} \mathrm{d}s,$$

其中 $\dfrac{\partial u}{\partial \boldsymbol{n}}$ 是 $u(x, y)$ 沿 L 的外法线方向 $\boldsymbol{n}$ 的方向导数.

证 设 θ, φ 与 α, β 分别表示有向曲线 L 在点 (x, y) 处的外法向量与切向量对于 x, y 轴的方向角, 则 $\cos\theta = \cos\beta, \cos\varphi = -\cos\alpha$,

$$\frac{\partial u}{\partial \boldsymbol{n}} = \frac{\partial u}{\partial x}\cos\theta + \frac{\partial u}{\partial y}\cos\varphi = \frac{\partial u}{\partial x}\cos\beta - \frac{\partial u}{\partial y}\cos\alpha.$$

利用 Green 公式, 得

$$\oint_L \frac{\partial u}{\partial \boldsymbol{n}}\mathrm{d}s = \oint_L \left(\frac{\partial u}{\partial x}\cos\beta - \frac{\partial u}{\partial y}\cos\alpha\right)\mathrm{d}s = \oint_L \frac{\partial u}{\partial x}\mathrm{d}y - \frac{\partial u}{\partial y}\mathrm{d}x$$

$$= \iint_D \left(\frac{\partial^2 u}{\partial x^2} + \frac{\partial^2 u}{\partial y^2}\right)\mathrm{d}x\mathrm{d}y.$$

3. 利用选择适当路径法计算

Green 定理 设 D 是单连通闭区域, $P(x, y)$ 与 $Q(x, y)$ 在 D 上连续可微, 则下述 4 个命题等价:

(1) 存在某一单值连续可微函数 $\varphi(x, y)$, 使 $\mathrm{d}\varphi = P\mathrm{d}x + Q\mathrm{d}y$;

(2) 满足恰当条件 $\dfrac{\partial P}{\partial y} = \dfrac{\partial Q}{\partial x}$;

(3) 闭路积分 $\oint_L P\mathrm{d}x + Q\mathrm{d}y = 0\ (L \subset D)$;

(4) 积分 $\displaystyle\int_A^B P\mathrm{d}x + Q\mathrm{d}y$ 与从 A 到 B 的路径无关 $(A, B \in D)$.

由此定理可知, 为了计算 $I = \int_L P\mathrm{d}x + Q\mathrm{d}y$, 可先考察恰当条件 $\dfrac{\partial P}{\partial y} = \dfrac{\partial Q}{\partial x}$ 是否成立. 如能成立, 则可选择适当路径进行计算.

【例 7.62】 计算: $I = \int_L (2x + \sin y)\mathrm{d}x + x\cos y\mathrm{d}y$, L 为从 $(0,0)$ 到 $\left(2, \dfrac{\pi}{2}\right)$ 的任意连续曲线.

解 这里 $P(x,y) = 2x + \sin y, Q(x,y) = x\cos y$. 由于 $\dfrac{\partial P}{\partial y} = \cos y = \dfrac{\partial Q}{\partial x}$, 恰当条件成立, 故可选择积分路径 $(0,0) \to (2,0) \to \left(2, \dfrac{\pi}{2}\right)$, 从而有

$$I = \int_0^2 2x\mathrm{d}x + \int_0^{\frac{\pi}{2}} 2\cos y\mathrm{d}y = x^2\Big|_0^2 + 2\sin y\Big|_0^{\frac{\pi}{2}} = 6.$$

【例 7.63】 设 $f(\pi) = 1$. 试求 $f(x)$, 使曲线积分 $\int_{\widehat{AB}} [\sin x - f(x)]\dfrac{y}{x}\mathrm{d}x + f(x)\mathrm{d}y$ 与路径无关, 并计算当 A, B 两点坐标分别为 $(1,0), (\pi, \pi)$ 时的曲线积分的值.

解 这里 $P(x,y) = [\sin x - f(x)]\dfrac{y}{x}, Q(x,y) = f(x)$, 则由 $\dfrac{\partial P}{\partial y} = \dfrac{\partial Q}{\partial x}$, 得

$$f'(x) + \dfrac{1}{x}f(x) = \dfrac{1}{x}\sin x.$$

解这个关于未知函数 $f(x)$ 的一阶线性微分方程, 并利用条件 $f(\pi) = 1$, 得

$$f(x) = \dfrac{1}{x}(\pi - 1 - \cos x).$$

选择积分路径 $(1,0) \to (\pi, 0) \to (\pi, \pi)$, 有

$$I = \int_{(1,0)}^{(\pi,\pi)} [\sin x - f(x)]\dfrac{y}{x}\mathrm{d}x + f(x)\mathrm{d}y = \int_0^\pi f(\pi)\mathrm{d}y = \pi.$$

在恰当条件不满足时, 可析出使得恰当条件满足的那些项 (析出方式不唯一), 余下部分的处理难度就大为降低了.

【例 7.64】 计算: $I = \int_L \left(\mathrm{e}^{-x^2}\sin x + 3y - \cos y\right)\mathrm{d}x + \left(x\sin y - y^4\right)\mathrm{d}y$, 其中 L 是从点 $A(-\pi, 0)$ 沿曲线 $y = \sin x$ 到点 $B(\pi, 0)$ 的弧段.

解 这里 $P(x,y) = \mathrm{e}^{-x^2}\sin x + 3y - \cos y, Q(x,y) = x\sin y - y^4$. 由于

$$\dfrac{\partial P}{\partial y} = 3 + \sin y, \quad \dfrac{\partial Q}{\partial x} = \sin y,$$

可见恰当条件不成立. 究其原因仅仅是因为 $P(x,y)$ 中多了一个 $3y$ 项. 析出该项, 记 $P_1(x,y) = \mathrm{e}^{-x^2}\sin x - \cos y$, 则

$$I = \int_L P_1\mathrm{d}x + Q\mathrm{d}y + \int_L 3y\mathrm{d}x \triangleq I_1 + I_2 \quad \left(\text{其中}I_2 = \int_L 3y\mathrm{d}x\right).$$

对上述右端第一个积分 I_1, 恰当条件成立, 积分与路径无关, 故可选择与 L 具有相同始点和终点的直线 $y=0\ (-\pi\leqslant x\leqslant\pi)$ 作为积分路径, 有

$$I_1=\int_{-\pi}^{\pi}\left(\mathrm{e}^{-x^2}\sin x-1\right)\mathrm{d}x=-2\pi \quad (\text{注意利用定积分的对称性!}),$$

而 $I_2=\int_{-\pi}^{\pi}3\sin x\mathrm{d}x=-3\cos x\big|_{-\pi}^{\pi}=0.$ 因此, 所求积分为 $I=I_1+I_2=-2\pi.$

【例 7.65】 计算: $I=\int_L\dfrac{x\mathrm{d}y-y\mathrm{d}x}{4x^2+y^2}$, 其中 L 取由点 $A(-1,0)$ 沿曲线 $y=-\sqrt{1-x^2}$ 至点 $B(1,0)$ 再沿曲线 $y^2=2(1-x)$ 至点 $C(-1,2)$ 的路径.

解 这里 $P(x,y)=\dfrac{-y}{4x^2+y^2}, Q(x,y)=\dfrac{x}{4x^2+y^2}$, 易证恰当条件成立:

$$\frac{\partial P}{\partial y}=\frac{y^2-4x^2}{(4x^2+y^2)^2}=\frac{\partial Q}{\partial x}.$$

这时, 可选择路径: $A(-1,0)\to D(-1,-2)\to E(1,-2)\to F(1,2)\to C(-1,2)$, 有

$$I=\int_0^{-2}\frac{(-1)\mathrm{d}y}{4+y^2}+\int_{-1}^{1}\frac{2\mathrm{d}x}{4x^2+4}+\int_{-2}^{2}\frac{\mathrm{d}y}{4+y^2}+\int_1^{-1}\frac{(-2)\mathrm{d}x}{4x^2+4}$$

$$=-\frac{1}{2}\arctan\frac{y}{2}\bigg|_0^{-2}+\frac{1}{2}\arctan x\bigg|_{-1}^{1}+\frac{1}{2}\arctan\frac{y}{2}\bigg|_{-2}^{2}-\frac{1}{2}\arctan x\bigg|_1^{-1}$$

$$=\frac{\pi}{8}+\frac{\pi}{4}+\frac{\pi}{4}+\frac{\pi}{4}=\frac{7}{8}\pi.$$

【注】 若选择路径: 沿直线 $x=-1$ 由 $A(-1,0)$ 到 $C(-1,2)$, 直接写成

$$\int_L\frac{x\mathrm{d}y-y\mathrm{d}x}{4x^2+y^2}=\int_{AC}\frac{x\mathrm{d}y-y\mathrm{d}x}{4x^2+y^2}=\int_0^2\frac{(-1)\mathrm{d}y}{4+y^2}=-\frac{1}{2}\arctan\frac{y}{2}\bigg|_0^2=-\frac{\pi}{8}$$

就错了. 因为在由闭曲线 $L+\overline{CA}$ 所围成的区域 D 内包含点 $(0,0)$, 而函数 $P(x,y)$ 与 $Q(x,y)$ 在点 $(0,0)$ 处无定义, 所以不满足曲线积分 $\int_L P(x,y)\mathrm{d}x+Q(x,y)\mathrm{d}y$ 与积分路径无关的条件.

4. 曲线积分中的不等式

前面我们介绍了计算第二类曲线积分的三种方法, 现在介绍与曲线积分有关的不等式的证明方法.

【例 7.66】 设 $P(x,y),Q(x,y)$ 在曲线 L 上连续, l 为 L 的长度, $M=\max\limits_{(x,y)\in L}\sqrt{P^2+Q^2}$. 证明: $\left|\int_L P(x,y)\mathrm{d}x+Q(x,y)\mathrm{d}y\right|\leqslant lM.$ 再利用此不等式估计积分:

$$I_R=\oint_{L_R}\frac{(y-1)\mathrm{d}x+(x+1)\mathrm{d}y}{(x^2+y^2+2x-2y+2)^2},$$

其中 L_R：沿曲线 $(x+1)^2+(y-1)^2=R^2$ 逆时针方向，并求 $\lim\limits_{R\to+\infty}|I_R|$.

证 $\int_L P\mathrm{d}x+Q\mathrm{d}y=\int_L(P\cos\alpha+Q\cos\beta)\mathrm{d}s$，其中 $\cos\alpha,\cos\beta$ 为 L 上点 (x,y) 处的切线的方向余弦，且有 $\cos^2\alpha+\cos^2\beta=1$. 由曲线积分性质有

$$\left|\int_L P\mathrm{d}x+Q\mathrm{d}y\right|\leqslant\int_L|P\cos\alpha+Q\cos\beta|\mathrm{d}s.$$

又

$$(P\cos\alpha+Q\cos\beta)^2=P^2\cos^2\alpha+Q^2\cos^2\beta+2PQ\cos\alpha\cos\beta,$$
$$0\leqslant(P\cos\beta-Q\cos\alpha)^2=P^2\cos^2\beta+Q^2\cos^2\alpha-2PQ\cos\alpha\cos\beta,$$

因此，有 $(P\cos\alpha+Q\cos\beta)^2\leqslant P^2+Q^2$，从而 $|P\cos\alpha+Q\cos\beta|\leqslant\sqrt{P^2+Q^2}\leqslant M$. 故

$$\left|\int_L P\mathrm{d}x+Q\mathrm{d}y\right|\leqslant M\int_L\mathrm{d}s=lM.$$

又在 I_R 中，$P^2+Q^2=\dfrac{(x+1)^2+(y-2)^2}{(x^2+y^2+2x-2y+2)^4}=\dfrac{R^2}{R^8}=\dfrac{1}{R^6}$，即 $M=\dfrac{1}{R^3}$. 故

$$|I_R|=\left|\oint_{L_R}\dfrac{(y-1)\mathrm{d}x+(x+1)\mathrm{d}y}{(x^2+y^2+2x-2y+2)^2}\right|\leqslant\dfrac{1}{R^3}2\pi R=\dfrac{2\pi}{R^2}.$$

而 $\lim\limits_{R\to+\infty}|I_R|\leqslant\lim\limits_{R\to+\infty}\dfrac{2\pi}{R^2}=0$，故 $\lim\limits_{R\to+\infty}|I_R|=0$.

【例 7.67】 设曲线 L 为 $y=\sin x, x\in[0,\pi]$. 试证：$\dfrac{3\sqrt{2}}{8}\pi^2\leqslant\int_L x\mathrm{d}s\leqslant\dfrac{\sqrt{2}}{2}\pi^2$.

证

$$\int_L x\mathrm{d}s=\int_0^\pi x\sqrt{1+\cos^2 x}\mathrm{d}x=\dfrac{\pi}{2}\int_0^\pi\sqrt{1+\cos^2 x}\mathrm{d}x$$
$$=\dfrac{\pi}{2}\int_0^\pi\sqrt{(\sqrt{2}-\sin x)(\sqrt{2}+\sin x)}\mathrm{d}x.$$

若令 $a=\sqrt{2}-\sin x, b=\sqrt{2}+\sin x$，则 $a>0,b>0$. 利用基本不等式

$$\dfrac{2ab}{a+b}\leqslant\sqrt{ab}\leqslant\dfrac{a+b}{2},$$

可得 $\dfrac{\sqrt{2}}{2}(1+\cos^2 x)\leqslant\sqrt{1+\cos^2 x}\leqslant\sqrt{2}$，所以

$$\int_0^{\sqrt{2}}\dfrac{\sqrt{2}}{2}(1+\cos^2 x)\mathrm{d}x\leqslant\int_0^\pi\sqrt{1+\cos^2 x}\mathrm{d}x\leqslant\int_0^\pi\sqrt{2}\mathrm{d}x,$$

即 $\frac{3\sqrt{2}}{4}\pi \leqslant \int_0^\pi \sqrt{1+\cos^2 x}\,\mathrm{d}x \leqslant \sqrt{2}\pi$, 故有

$$\frac{3\sqrt{2}}{8}\pi^2 \leqslant \int_L x\,\mathrm{d}s = \frac{\pi}{2}\int_0^\pi \sqrt{1+\cos^2 x}\,\mathrm{d}x \leqslant \frac{\sqrt{2}}{2}\pi^2.$$

【例 7.68】(第一届全国初赛题, 2009) 设 L 为平面区域 $D = \{(x,y) \mid 0 \leqslant x \leqslant \pi, 0 \leqslant y \leqslant \pi\}$ 的正向边界曲线, 试证明:

(1) $\oint_L x\mathrm{e}^{\sin y}\mathrm{d}y - y\mathrm{e}^{-\sin x}\mathrm{d}x = \oint_L x\mathrm{e}^{-\sin y}\mathrm{d}y - y\mathrm{e}^{\sin x}\,\mathrm{d}x$;

(2) $\oint_L x\mathrm{e}^{\sin y}\,\mathrm{d}y - y\mathrm{e}^{-\sin x}\mathrm{d}x \geqslant \frac{5}{2}\pi^2$.

解 (1) 设正方形曲线 L 的 4 个顶点按逆时针方向排依次为 O, A, B, C, 则

$$\text{左边} = \oint_L x\mathrm{e}^{\sin y}\,\mathrm{d}y - y\mathrm{e}^{-\sin x}\,\mathrm{d}x = \int_{\overline{OA}} + \int_{\overline{AB}} + \int_{\overline{BC}} + \int_{\overline{CO}}$$

$$= 0 + \int_0^\pi \pi\mathrm{e}^{\sin y}\,\mathrm{d}y - \int_\pi^0 \pi\mathrm{e}^{-\sin x}\,\mathrm{d}x + 0$$

$$= \pi\int_0^\pi \left(\mathrm{e}^{\sin x} + \mathrm{e}^{-\sin x}\right)\mathrm{d}x,$$

$$\text{右边} = \oint_L x\mathrm{e}^{-\sin y}\,\mathrm{d}y - y\mathrm{e}^{\sin x}\,\mathrm{d}x = \int_{\overline{OA}} + \int_{\overline{AB}} + \int_{\overline{BC}} + \int_{\overline{CO}}$$

$$= 0 + \int_0^\pi \pi\mathrm{e}^{-\sin y}\,\mathrm{d}y - \int_\pi^0 \pi\mathrm{e}^{\sin x}\,\mathrm{d}x + 0$$

$$= \pi\int_0^\pi \left(\mathrm{e}^{-\sin x} + \mathrm{e}^{\sin x}\right)\mathrm{d}x,$$

上述两式右端相等, 因此所证等式成立.

(2) 利用函数 e^x 的幂级数展开式, 得

$$\mathrm{e}^x + \mathrm{e}^{-x} = \sum_{n=0}^\infty \frac{x^n}{n!} + \sum_{n=0}^\infty \frac{(-x)^n}{n!} = 2\sum_{n=0}^\infty \frac{x^{2n}}{(2n)!} \geqslant 2 + x^2.$$

故对任意实数 $x \in \mathbb{R}$, 恒有 $\mathrm{e}^{\sin x} + \mathrm{e}^{-\sin x} \geqslant 2 + \sin^2 x$, 所以

$$\oint_L x\mathrm{e}^{\sin y}\,\mathrm{d}y - y\mathrm{e}^{-\sin x}\,\mathrm{d}x = \pi\int_0^\pi \left(\mathrm{e}^{\sin x} + \mathrm{e}^{-\sin x}\right)\mathrm{d}x \geqslant \pi\int_0^\pi \left(2 + \sin^2 x\right)\mathrm{d}x = \frac{5}{2}\pi^2.$$

题型七、第二类曲面积分

第二类曲面积分亦即对坐标的曲面积分, 其计算方法有

(1) 基本计算方法;

(2) 利用 Gauss 公式;
(3) 利用类型转化法;
(4) 利用投影转化法.

1. 基本计算方法

计算第二类曲面积分的基本方法是通过投影转化为二重积分的计算; 转化过程可概括为 "一代二投三定向". 现以形如 $\iint\limits_{\Sigma} R(x,y,z)\mathrm{d}x\mathrm{d}y$ 的曲面积分为例, 具体阐述如下:

(1) **一代** 选择 "$\mathrm{d}x\mathrm{d}y$" 中所含的两个变量 x,y 作自变量, 将积分曲面 Σ 的方程表为函数: $z = z(x,y)$, 再将函数 $z(x,y)$ 代替 $R(x,y,z)$ 中的变量 z, 则复合二元函数 $R(x,y,z(x,y))$ 就是二重积分的被积函数.

(2) **二投** 将曲面 Σ 投影到与 "$\mathrm{d}x\mathrm{d}y$" 的两个变量同名的 xOy 坐标面上, 得投影区域 D_{xy}, 这就是二重积分的积分区域. 这样就把对坐标的曲面积分化为二重积分:

$$\iint\limits_{\Sigma} R(x,y,z)\mathrm{d}x\mathrm{d}y = \pm \iint\limits_{D_{xy}} R(x,y,z(x,y))\mathrm{d}x\mathrm{d}y.$$

(3) **三定向** 根据题中给定的曲面 Σ 的方向决定上述等式右端的符号. 如果 Σ 取上侧, 应取正号; 如果 Σ 取下侧, 应取负号. 此外, 如果曲面 Σ 上的法向量始终垂直于 z 轴方向 (即曲面的法向量垂直于投影方向), 则曲面积分的值为零.

值得注意的是: 曲面 Σ 的表达式 $z = z(x,y)$ 必须是单值函数, 否则, 应先将 Σ 分成两部分 Σ_1 与 Σ_2 之和: $\Sigma = \Sigma_1 + \Sigma_2$, 使得 Σ_1 与 Σ_2 的表达式 $z = z(x,y)$ 都是单值函数. 再按上述方法分别计算 $\iint\limits_{\Sigma_1} R(x,y,z)\mathrm{d}x\mathrm{d}y$ 与 $\iint\limits_{\Sigma_2} R(x,y,z)\mathrm{d}x\mathrm{d}y$, 则

$$\iint\limits_{\Sigma} R(x,y,z)\mathrm{d}x\mathrm{d}y = \iint\limits_{\Sigma_1} R(x,y,z)\mathrm{d}x\mathrm{d}y + \iint\limits_{\Sigma_2} R(x,y,z)\mathrm{d}x\mathrm{d}y.$$

类似地, 将上述转化方法用于另外两种坐标形式的第二类曲面积分, 有

若计算 $\iint\limits_{\Sigma} P(x,y,z)\mathrm{d}y\mathrm{d}z$, 则 Σ 表为 $x = x(y,z)$, Σ 在 yOz 平面上的投影区域记为 D_{yz}, 故

$$\iint\limits_{\Sigma} P(x,y,z)\mathrm{d}y\mathrm{d}z = \pm \iint\limits_{D_{yz}} P(x(y,z),y,z)\mathrm{d}y\mathrm{d}z.$$

等式右端的符号这样决定: 如果 Σ 取前侧, 应取正号; 如果 Σ 取后侧, 应取负号. 此外, 如果曲面 Σ 上的法向量始终垂直于 x 轴方向, 则曲面积分的值为零.

若计算 $\iint\limits_{\Sigma} Q(x,y,z)\mathrm{d}z\mathrm{d}x$, 则 Σ 表为 $y = y(z,x)$, Σ 在 xOz 平面上的投影区域记为 D_{zx}, 故

$$\iint\limits_{\Sigma} Q(x,y,z)\mathrm{d}z\mathrm{d}x = \pm \iint\limits_{D_{zx}} Q(x,y(x,z),z)\mathrm{d}z\mathrm{d}x.$$

等式右端的符号这样决定：如果 Σ 取右侧，应取正号；如果 Σ 取左侧，应取负号. 此外，如果曲面 Σ 上的法向量始终垂直于 y 轴方向，则曲面积分的值为零.

【例 7.69】 计算：$I = \iint\limits_{\Sigma} xyz\mathrm{d}x\mathrm{d}y$，$\Sigma$：取球面 $x^2+y^2+z^2=1 (x \geqslant 0, y \geqslant 0)$ 的外侧.

解 xOy 平面将 Σ 分为上、下两部分，分别记为 Σ_1 与 Σ_2，则

$$\iint\limits_{\Sigma} xyz\mathrm{d}x\mathrm{d}y = \iint\limits_{\Sigma_1} xyz\mathrm{d}x\mathrm{d}y + \iint\limits_{\Sigma_2} xyz\mathrm{d}x\mathrm{d}y.$$

因为 Σ_1 的方程为 $z = \sqrt{1-x^2-y^2}$，取上侧，而 Σ_2 的方程为 $z = -\sqrt{1-x^2-y^2}$，取下侧，且由于 Σ_1 与 Σ_2 在 xOy 平面上的投影区域均为 $D_{xy}: x^2+y^2 \leqslant 1\ (x \geqslant 0, y \geqslant 0)$，所以

$$I = \iint\limits_{D_{xy}} xy\sqrt{1-x^2-y^2}\mathrm{d}x\mathrm{d}y - \iint\limits_{D_{xy}} xy\left(-\sqrt{1-x^2-y^2}\right)\mathrm{d}x\mathrm{d}y$$

$$= 2\iint\limits_{D_{xy}} xy\sqrt{1-x^2-y^2}\mathrm{d}x\mathrm{d}y \quad \text{(以下采用极坐标计算二重积分)}$$

$$= 2\int_0^{\frac{\pi}{2}} \sin\theta\cos\theta\mathrm{d}\theta \int_0^1 r^3\sqrt{1-r^2}\mathrm{d}r = \frac{2}{15}.$$

【例 7.70】 计算：$I = \iint\limits_{\Sigma} x\mathrm{d}y\mathrm{d}z + y\mathrm{d}z\mathrm{d}x + z\mathrm{d}x\mathrm{d}y$，其中 Σ 取曲面 $z = x^2+y^2$ 在第一卦限对应于 $0 \leqslant z \leqslant 1$ 部分的下侧.

解 曲面 Σ 在 yOz 平面和 xOy 平面上的投影区域分别为

$$D_{yz}: 0 \leqslant y \leqslant 1, y^2 \leqslant z \leqslant 1 \quad \text{与} \quad D_{xy}: x^2+y^2 \leqslant 1, x \geqslant 0, y \geqslant 0.$$

则

$$\iint\limits_{\Sigma} x\mathrm{d}y\mathrm{d}z = \iint\limits_{D_{yz}} \sqrt{z-y^2}\mathrm{d}y\mathrm{d}z = \int_0^1 \mathrm{d}y \int_{y^2}^1 \sqrt{z-y^2}\mathrm{d}z$$

$$= \frac{2}{3}\int_0^1 (1-y^2)^{\frac{3}{2}}\mathrm{d}y = \frac{\pi}{8},$$

$$\iint\limits_{\Sigma} z\mathrm{d}x\mathrm{d}y = -\iint\limits_{D_{xy}} (x^2+y^2)\mathrm{d}x\mathrm{d}y = -\int_0^{\frac{\pi}{2}} \mathrm{d}\theta \int_0^1 r^3\mathrm{d}r = -\frac{\pi}{8},$$

故 $I = \iint\limits_{\Sigma} 2x\mathrm{d}y\mathrm{d}z + z\mathrm{d}x\mathrm{d}y = 2 \cdot \dfrac{\pi}{8} - \dfrac{\pi}{8} = \dfrac{\pi}{8}$.

2. 利用 Gauss 公式计算

定理 设空间有界区域 Ω 由光滑闭曲面 Σ 围成，函数 $P(x,y,z), Q(x,y,z), R(x,y,z)$ 在 $\Omega + \Sigma$ 上有一阶连续偏导数，则有 Gauss 公式

$$\oiint\limits_{\Sigma} P\mathrm{d}y\mathrm{d}z + Q\mathrm{d}z\mathrm{d}x + R\mathrm{d}x\mathrm{d}y = \iiint\limits_{\Omega}\left(\dfrac{\partial P}{\partial x} + \dfrac{\partial Q}{\partial y} + \dfrac{\partial R}{\partial z}\right)\mathrm{d}x\mathrm{d}y\mathrm{d}z,$$

其中 Σ 取外侧.

Gauss 公式建立了沿空间区域 Ω 的边界曲面 Σ 上的曲面积分与 Ω 上的三重积分之间的联系，提供了计算沿封闭曲面上的曲面积分的一种有效方法.

【例 7.71】 计算：$I = \oiint\limits_{\Sigma} xy\mathrm{d}y\mathrm{d}z + y\sqrt{x^2+z^2}\mathrm{d}z\mathrm{d}x + yz\mathrm{d}x\mathrm{d}y$，其中 Σ 是两球面 $x^2+y^2+z^2 = a^2, x^2+y^2+z^2 = 4a^2$ 及锥面 $x^2 - y^2 + z^2 = 0$ $(y \geqslant 0)$ 所围空间区域 Ω 的边界曲面的外侧.

解 这里 $P(x,y,z) = xy, Q(x,y,z) = y\sqrt{x^2+z^2}, R(x,y,z) = yz$，则

$$\dfrac{\partial P}{\partial x} = y, \quad \dfrac{\partial Q}{\partial y} = \sqrt{x^2+z^2}, \quad \dfrac{\partial R}{\partial z} = y.$$

利用 Gauss 公式，再采用球面坐标计算所得的三重积分，有

$$I = \iiint\limits_{\Omega}\left(2y + \sqrt{x^2+z^2}\right)\mathrm{d}x\mathrm{d}y\mathrm{d}z$$

$$= \int_0^{2\pi}\mathrm{d}\theta \int_0^{\frac{\pi}{4}}\mathrm{d}\varphi \int_a^{2a} (2\rho\cos\varphi + \rho\sin\varphi)\rho^2\sin\varphi\mathrm{d}\rho$$

$$= \dfrac{15}{16}\pi a^4(2+\pi).$$

【例 7.72】 设 φ 为简单闭曲面 Σ 上任一点处的向径 $\boldsymbol{r}$ 与外法向量的夹角，V 为 Σ 所包围的空间区域的体积. 试证：$V = \dfrac{1}{3}\oiint\limits_{\Sigma}|\boldsymbol{r}|\cos\varphi\mathrm{d}S$.

证 设 Σ 在点 (x,y,z) 处的外法向量为 $\boldsymbol{n}, \dfrac{\boldsymbol{n}}{|\boldsymbol{n}|} = (\cos\alpha, \cos\beta, \cos\gamma)$. 由于 $\boldsymbol{r} = (x,y,z)$，则

$$|\boldsymbol{r}|\cos\varphi = |\boldsymbol{r}|\dfrac{\boldsymbol{r}\cdot\boldsymbol{n}}{|\boldsymbol{r}|\cdot|\boldsymbol{n}|} = \boldsymbol{r}\cdot\dfrac{\boldsymbol{n}}{|\boldsymbol{n}|} = x\cos\alpha + y\cos\beta + z\cos\gamma,$$

从而

$$\oiint_{\Sigma} |\boldsymbol{r}| \cos\varphi \mathrm{d}S = \oiint_{\Sigma} (x\cos\alpha + y\cos\beta + z\cos\gamma)\mathrm{d}S$$

$$= \iiint_{\Omega} 3\mathrm{d}v = 3V \quad (\text{利用 Gauss 公式}).$$

因此 $V = \dfrac{1}{3} \oiint_{\Sigma} |\boldsymbol{r}| \cos\varphi \mathrm{d}S.$

同利用 Green 公式计算曲线积分时一样, 在利用 Gauss 公式计算曲面积分时, 往往也需要添加辅助曲面构成封闭曲面或者需要处理奇点问题.

【例 7.73】 计算: $I = \iint_{\Sigma} \left(x^3\cos\alpha + y^3\cos\beta + y^3\cos\gamma \right) \mathrm{d}S$, 其中 Σ 为曲面 $x^2 + y^2 = z^2 \ (0 \leqslant z \leqslant h)$ 的下侧, $\cos\alpha, \cos\beta, \cos\gamma$ 为该曲面的外法线的方向余弦.

解 设 Σ_1 为平面圆域 $z = h, x^2 + y^2 \leqslant h^2$ 的上侧, 则 $\Sigma + \Sigma_1$ 成为封闭曲面. 若记 $\Omega: x^2 + y^2 \leqslant z^2, 0 \leqslant z \leqslant h; D: x^2 + y^2 \leqslant h^2$, 则

$$I = \left(\iint_{\Sigma+\Sigma_1} - \iint_{\Sigma_1} \right) \left(x^3\cos\alpha + y^3\cos\beta + y^3\cos\gamma \right) \mathrm{d}S$$

$$= 3\iiint_{\Omega} \left(x^2 + y^2 + z^2 \right) \mathrm{d}x\mathrm{d}y\mathrm{d}z - \iint_{D} h^3 \mathrm{d}x\mathrm{d}y$$

$$= 3\int_0^{2\pi} \mathrm{d}\theta \int_0^h r\mathrm{d}r \int_r^h \left(r^2 + z^2 \right) \mathrm{d}z - \pi h^5 = -\dfrac{1}{10}\pi h^5.$$

【例 7.74】 计算: $I = \iint_{\Sigma} x\mathrm{d}y\mathrm{d}z + y\mathrm{d}z\mathrm{d}x + z\mathrm{d}x\mathrm{d}y$, 其中 Σ 为曲面 $z = x^2 + y^2 (0 \leqslant z \leqslant 1)$ 在第一卦限部分的上侧.

解 设 Σ_1 为平面 $z = 1 \ (x \geqslant 0, \ y \geqslant 0, \ x^2 + y^2 \leqslant 1)$ 的下侧; Σ_2 为平面 $x = 0 \ (0 \leqslant z \leqslant 1, 0 \leqslant y \leqslant \sqrt{z})$ 的前侧; Σ_3 为平面 $y = 0 \ (0 \leqslant z \leqslant 1, 0 \leqslant x \leqslant \sqrt{z})$ 的右侧, 由 Σ 及 $\Sigma_1, \Sigma_2, \Sigma_3$ 所围成的区域记为 $\Omega: x^2 + y^2 \leqslant z \leqslant 1, x \geqslant 0, y \geqslant 0$. 根据 Gauss 公式, 得

$$I = -\iiint_{\Omega} 3\mathrm{d}x\mathrm{d}y\mathrm{d}z - \left(\iint_{\Sigma_1} + \iint_{\Sigma_2} + \iint_{\Sigma_3} \right) x\mathrm{d}y\mathrm{d}z + y\mathrm{d}z\mathrm{d}x + z\mathrm{d}x\mathrm{d}y$$

$$= -3\int_0^{\frac{\pi}{2}} \mathrm{d}\theta \int_0^1 r\mathrm{d}r \int_{r^2}^1 \mathrm{d}z + \iint_{D} \mathrm{d}x\mathrm{d}y \quad (D: x^2 + y^2 \leqslant 1, x, y \geqslant 0)$$

$$= -\dfrac{3\pi}{8} + \dfrac{\pi}{4} = -\dfrac{\pi}{8}.$$

【例 7.75】 设 Σ 为一光滑曲面, $\boldsymbol{n}$ 为 Σ 上点 (x, y, z) 处的外法向量, $\boldsymbol{r} = (x, y, z)$.

就下列两种情况: (1) Σ 不含原点; (2) Σ 包含原点, 计算

$$I = \oiint_{\Sigma} \frac{\cos(\widehat{r,n})}{r^2} \mathrm{d}S \quad (其中\ r = |r|).$$

解 设 $n = (\cos\alpha, \cos\beta, \cos\gamma)$, 则 $\cos(\widehat{r,n}) = \frac{x}{r}\cos\alpha + \frac{y}{r}\cos\beta + \frac{z}{r}\cos\gamma$. 故

$$I = \oiint_{\Sigma} \frac{1}{r^3}(x\cos\alpha + y\cos\beta + z\cos\gamma)\mathrm{d}S.$$

(1) Σ 不含原点时, 由 Gauss 公式, 有

$$I = \iiint_{\Omega} \left[\frac{\partial}{\partial x}\left(\frac{x}{r^3}\right) + \frac{\partial}{\partial y}\left(\frac{y}{r^3}\right) + \frac{\partial}{\partial z}\left(\frac{z}{r^3}\right)\right] \mathrm{d}x\mathrm{d}y\mathrm{d}z$$

$$= \iiint_{\Omega} \frac{1}{r^5}\left[(r^2 - 3x^2) + (r^2 - 3y^2) + (r^2 - 3z^2)\right] \mathrm{d}x\mathrm{d}y\mathrm{d}z = 0.$$

(2) Σ 包含原点时, 在 Σ 内作一球面 $\Sigma_1 : x^2 + y^2 + z^2 = \delta^2$, 则

$$I = \oiint_{\Sigma_1} \frac{\cos(\widehat{r,n})}{r^2} \mathrm{d}S = \frac{1}{\delta^2} \oiint_{\Sigma_1} \mathrm{d}S = \frac{1}{\delta^2} \cdot 4\pi\delta^2 = 4\pi.$$

3. 利用类型转化法计算

计算第二类曲面积分, 有时利用基本计算方法时, 若投影工作量较大, 则可根据两类曲面积分之间的联系转换为第一类曲面积分计算:

$$\iint_{\Sigma} P\mathrm{d}y\mathrm{d}z + Q\mathrm{d}z\mathrm{d}x + R\mathrm{d}x\mathrm{d}y = \iint_{\Sigma} (P\cos\alpha + Q\cos\beta + R\cos\gamma)\mathrm{d}S = \iint_{\Sigma} \boldsymbol{a} \cdot \boldsymbol{n}\mathrm{d}S,$$

其中 $\boldsymbol{n} = (\cos\alpha, \cos\beta, \cos\gamma), \boldsymbol{a} = (P, Q, R)$, 而 $\cos\alpha, \cos\beta, \cos\gamma$ 为有向曲面 Σ 的法向量的方向余弦.

【例 7.76】 计算: $I = \iint_{\Sigma} xy\mathrm{d}y\mathrm{d}z + y^2\mathrm{d}z\mathrm{d}x + z^2\mathrm{d}x\mathrm{d}y$, Σ 为上半球面 $(x-1)^2 + y^2 + z^2 = 1, z \geqslant 0$ 被锥面 $z^2 = x^2 + y^2$ 所截得的部分, Σ 的法线方向向上.

解 对于所给曲面, $\mathrm{d}S = \sqrt{1 + z_x^2 + z_y^2}\mathrm{d}x\mathrm{d}y = \frac{1}{z}\mathrm{d}x\mathrm{d}y$, 且其上任意点 (x, y, z) 处的单位法向量为

$$\boldsymbol{n} = (\cos\alpha, \cos\beta, \cos\gamma) = \frac{1}{\sqrt{1 + z_x^2 + z_y^2}}(-z_x, -z_y, 1) = (x-1, y, z),$$

联立 $(x-1)^2 + y^2 + z^2 = 1$ 与 $z^2 = x^2 + y^2$ 消去 z, 得到 Σ 的边界在 xOy 平面上的投影曲线为 $x^2 + y^2 = x$, 于是 Σ 在 xOy 平面上的投影区域为 $D : x^2 + y^2 \leqslant x$. 故

$$I = \iint\limits_{D} (xy, y^2, z^2) \cdot \boldsymbol{n} \mathrm{d}S = \iint\limits_{D} [xy(x-1) + y^3 + z^3] \, \mathrm{d}S$$

$$= \iint\limits_{D} \left[\frac{xy(x-1) + y^3}{\sqrt{1-(x-1)^2 - y^2}} + 1 - (x-1)^2 - y^2 \right] \mathrm{d}x\mathrm{d}y$$

$$= \iint\limits_{D} \left[1 - (x-1)^2 - y^2 \right] \mathrm{d}x\mathrm{d}y \quad \text{(这里利用了重积分的对称性)}$$

$$= \frac{\pi}{4} - \int_0^{2\pi} \mathrm{d}\theta \int_0^{\frac{1}{2}} r \left(r^2 + \frac{1}{4} - r\cos\theta \right) \mathrm{d}r$$

$$= \frac{\pi}{4} - \frac{3\pi}{32} = \frac{5\pi}{32}.$$

【例 7.77】 计算: $I = \oiint\limits_{\Sigma} \dfrac{\mathrm{d}y\mathrm{d}z}{\cos^2 x} + \dfrac{\mathrm{d}z\mathrm{d}x}{\cos^2 y} + \dfrac{\mathrm{d}x\mathrm{d}y}{\cos^2 z}$, 其中 Σ 取曲面 $z = \sqrt{1-x^2-y^2}$ 的上侧.

解 所给球面上任意点 (x,y,z) 处的单位外法向量 $(\cos\alpha, \cos\beta, \cos\gamma) = (x,y,z)$, $\mathrm{d}S = \sqrt{1+z_x^2+z_y^2}\mathrm{d}x\mathrm{d}y = \dfrac{1}{z}\mathrm{d}x\mathrm{d}y$, Σ 在 xOy 平面上的投影区域为 $D: x^2+y^2 \leqslant 1$, 所以

$$I = \oiint\limits_{\Sigma} \left(\frac{1}{\cos^2 x}\cos\alpha + \frac{1}{\cos^2 y}\cos\beta + \frac{1}{\cos^2 z}\cos\gamma \right) \mathrm{d}S$$

$$= \oiint\limits_{\Sigma} \left(\frac{x}{\cos^2 x} + \frac{y}{\cos^2 y} + \frac{z}{\cos^2 z} \right) \mathrm{d}S = \oiint\limits_{\Sigma} \frac{z}{\cos^2 z} \mathrm{d}S \quad \text{(这里利用了积分的对称性)}$$

$$= \iint\limits_{D} \frac{1}{\cos^2 \sqrt{1-x^2-y^2}} \mathrm{d}x\mathrm{d}y = \int_0^{2\pi} \mathrm{d}\theta \int_0^1 \frac{r}{\cos^2 \sqrt{1-r^2}} \mathrm{d}r$$

$$= 2\pi \int_0^1 \frac{r}{\cos^2 \sqrt{1-r^2}} \mathrm{d}r \xrightarrow{\diamondsuit t=\sqrt{1-r^2}} 2\pi \int_0^1 \frac{t}{\cos^2 t} \mathrm{d}t$$

$$= 2\pi(t\tan t + \ln\cos t)\big|_0^1 = 2\pi(\tan 1 + \ln\cos 1).$$

4. 利用投影转化法

如果有向曲面 Σ 的方程可表示为 $z = z(x,y)$, 则

$$\mathrm{d}y\mathrm{d}z = \cos\alpha \, \mathrm{d}S, \quad \mathrm{d}z\mathrm{d}x = \cos\beta \, \mathrm{d}S, \quad \mathrm{d}x\mathrm{d}y = \cos\gamma \, \mathrm{d}S;$$

$$(\cos\alpha, \cos\beta, \cos\gamma) = \pm \frac{1}{\sqrt{1+z_x^2+z_y^2}}(z_x, z_y, -1).$$

通过这些关系式, 可得到投影之间的相互转换关系式为

$$\mathrm{d}y\mathrm{d}z = \frac{\cos\alpha}{\cos\gamma}\mathrm{d}x\mathrm{d}y = -z_x\mathrm{d}x\mathrm{d}y, \quad \mathrm{d}x\mathrm{d}z = \frac{\cos\beta}{\cos\gamma}\mathrm{d}x\mathrm{d}y = -z_y\mathrm{d}x\mathrm{d}y.$$

于是可把关于对 xOz, yOz 坐标面的曲面积分转化为对 xOy 坐标面的曲面积分.

【例 7.78】 计算: $I = \iint\limits_{\Sigma} x^3\mathrm{d}y\mathrm{d}z$, 其中 Σ 取锥面 $z^2 = x^2 + y^2 (0 \leqslant z \leqslant 1)$ 的下侧.

解 曲面 Σ 的方程可表示为 $z = \sqrt{x^2 + y^2}$, 则 $z_x = \dfrac{x}{\sqrt{x^2 + y^2}}$. 因为曲面 Σ 在 xOy 平面上的投影区域为 $D : x^2 + y^2 \leqslant 1$, 故根据投影转换法, 得

$$I = \iint\limits_{\Sigma} x^3\mathrm{d}y\mathrm{d}z = \iint\limits_{\Sigma} \frac{-x^4}{\sqrt{x^2+y^2}}\mathrm{d}x\mathrm{d}y = \iint\limits_{D} \frac{x^4}{\sqrt{x^2+y^2}}\mathrm{d}x\mathrm{d}y$$

$$= \int_0^{2\pi}\mathrm{d}\theta\int_0^1 r^4\cos^4\theta\mathrm{d}r = \frac{4}{5}\int_0^{\frac{\pi}{2}}\cos^4\theta\mathrm{d}\theta = \frac{3\pi}{20}.$$

【例 7.79】 计算: $I = \iint\limits_{\Sigma} yz\mathrm{d}x\mathrm{d}y + zx\mathrm{d}y\mathrm{d}z + xy\mathrm{d}z\mathrm{d}x$, 其中 Σ 为旋转抛物面 $z = 2 - x^2 - y^2 \ (x \geqslant 0, y \geqslant 0)$ 被柱面 $x^2 + y^2 = 1$ 所截出部分的上侧.

解 曲面 Σ 在 xOy 平面的投影区域记为 $D : x^2 + y^2 \leqslant 1, x \geqslant 0, y \geqslant 0$. 根据投影转换法, 得

$$I = \iint\limits_{\Sigma} \left(yz + 2x^2z + 2xy^2\right)\mathrm{d}x\mathrm{d}y$$

$$= \iint\limits_{D} \left[y\left(2 - x^2 - y^2\right) + 2x^2\left(2 - x^2 - y^2\right) + 2xy^2\right]\mathrm{d}x\mathrm{d}y$$

$$= 2\iint\limits_{D} x^2\left(2 - x^2 - y^2\right)\mathrm{d}x\mathrm{d}y + \iint\limits_{D}\left(2y - x^2y - y^3 + 2xy^2\right)\mathrm{d}x\mathrm{d}y \triangleq I_1 + I_2.$$

利用重积分的轮换对称性, 得

$$I_1 = 4\iint\limits_{D} x^2\mathrm{d}x\mathrm{d}y - 2\iint\limits_{D} x^2\left(x^2 + y^2\right)\mathrm{d}x\mathrm{d}y$$

$$= 2\iint\limits_{D}\left(x^2 + y^2\right)\mathrm{d}x\mathrm{d}y - \iint\limits_{D}\left(x^2 + y^2\right)^2\mathrm{d}x\mathrm{d}y$$

$$= 2\int_0^{\frac{\pi}{2}}\mathrm{d}\theta\int_0^1 r^3\mathrm{d}r - \int_0^{\frac{\pi}{2}}\mathrm{d}\theta\int_0^1 r^5\mathrm{d}r = \frac{\pi}{4} - \frac{\pi}{12} = \frac{\pi}{6},$$

$$I_2 = \iint\limits_{D} (2y - y^3 + xy^2)\,\mathrm{d}x\mathrm{d}y$$
$$= 2\int_0^{\frac{\pi}{2}}\mathrm{d}\theta\int_0^1 r^2\sin\theta\,\mathrm{d}r - \int_0^{\frac{\pi}{2}}\mathrm{d}\theta\int_0^1 r^4\sin^3\theta\,\mathrm{d}r + \int_0^{\frac{\pi}{2}}\mathrm{d}\theta\int_0^1 r^4\sin^2\theta\cos\theta\,\mathrm{d}r$$
$$= \frac{2}{3} - \frac{2}{15} + \frac{1}{15} = \frac{3}{5},$$

因此 $I = I_1 + I_2 = \dfrac{\pi}{6} + \dfrac{3}{5}$.

题型八、空间曲线上的第二类曲线积分的计算

计算沿空间曲线上的第二类曲线积分, 通常有 3 种方法:

(1) 基本计算方法, 即直接化为定积分计算;

(2) 利用 Stokes 公式;

(3) 利用积分曲线投影法.

1. 基本计算方法

设曲线 Γ 的参数方程为: $x = \varphi(t), y = \psi(t), z = \omega(t)$, 且 $t = \alpha$ 与 $t = \beta$ 分别对应于 Γ 的起点与终点, $\varphi(t), \psi(t)$ 及 $\omega(t)$ 在以 α 及 β 为端点的闭区间上具有连续偏导数, 则

$$\int_{\Gamma} P(x,y,z)\mathrm{d}x + Q(x,y,z)\mathrm{d}y + R(x,y,z)\mathrm{d}z$$
$$= \int_{\alpha}^{\beta} \{P[\varphi(t),\psi(t),\omega(t)]\varphi'(t) + Q[\varphi(t),\psi(t),\omega(t)]\psi'(t)$$
$$+ R[\varphi(t),\psi(t),\omega(t)]\omega'(t)\}\,\mathrm{d}t.$$

若利用上述公式计算封闭曲线 Γ 上的第二类曲线积分, 则可在 Γ 上任取一点作为起点, 同时也作为终点, 并确定相应的参数值 α 与 β, 使得参数 t 由 α 变到 β 恰好对应于曲线 Γ 的正向.

【例 7.80】 计算: $I = \displaystyle\int_{\Gamma}(y-z)\mathrm{d}x + (z-x)\mathrm{d}y + (x-y)\mathrm{d}z$, 其中 $\Gamma: \begin{cases} x^2 + y^2 = 1, \\ x + z = 1 \end{cases}$ (椭圆), 若从 x 轴正向看去, Γ 的方向沿顺时针方向.

解 用柱面坐标中的 θ 作参数, 则空间椭圆 Γ 的参数方程为

$$x = \cos\theta, \quad y = \sin\theta, \quad z = 1 - \cos\theta.$$

如果选取 $(0,1,1)$ 作为曲线 Γ 的起点和终点, 那么对应的参数值分别是 $\theta = 2\pi$ 和 $\theta = 0$,

并且 θ 从 2π 变到 0 恰好对应于 Γ 的正向. 故

$$I = \int_{2\pi}^{0} [(\sin\theta - 1 + \cos\theta)(-\sin\theta) + (1 - \cos\theta - \cos\theta)\cos\theta + (\cos\theta - \sin\theta)\sin\theta] d\theta$$

$$= \int_{0}^{2\pi} (2 - \sin\theta - \cos\theta) d\theta = 4\pi.$$

【例 7.81】(第十四届全国初赛 (补赛) 题, 2022) 计算曲线积分

$$I = \oint_{\Gamma} (y^2 + z^2) dx + (z^2 + x^2) dy + (x^2 + y^2) dz,$$

其中 $\Gamma: \begin{cases} x^2 + y^2 + z^2 = 2Rx, \\ x^2 + y^2 = 2ax \end{cases}$ $(0 < a < R, z \geqslant 0)$, Γ 的方向与 z 轴的正向符合右手螺旋法则.

解 先将曲线 Γ 的方程化为参数方程. 这里, 我们介绍 Γ 的三种参数方程的表示法.

(**方法 1**) 用柱面坐标中的 θ 作参数.

由 $x^2 + y^2 + z^2 = 2Rx, x^2 + y^2 = 2ax$ 消去 y 得 $z = \sqrt{2(R-a)x}$. 再由 $x = r\cos\theta, y = r\sin\theta$, 以及 $x^2 + y^2 = 2ax$, 得 $r = 2a\cos\theta$. 故在曲线 Γ 上有

$$x = 2a\cos^2\theta, \quad y = a\sin 2\theta, \quad z = 2\sqrt{a(R-a)}\cos\theta \quad \left(\theta \text{ 由 } -\frac{\pi}{2} \text{ 变到 } \frac{\pi}{2}\right).$$

(**方法 2**) 用曲线 Γ 在 xOy 平面上的投影圆的圆心角 φ 作参数.

由 $(x-a)^2 + y^2 = a^2, z = \sqrt{2(R-a)x}$, 以及 $x - a = a\cos\varphi, y = a\sin\varphi$, 得

$$x = a(1 + \cos\varphi), \quad y = a\sin\varphi, \quad z = 2\sqrt{a(R-a)}\left|\cos\frac{\varphi}{2}\right| \quad (0 \leqslant \varphi \leqslant 2\pi).$$

(**方法 3**) 用变量 x 作参数. xOz 平面将曲线 Γ 分成左右两部分: Γ_1 与 Γ_2, 则

在 Γ_1 上, $x = x, y = -\sqrt{2ax - x^2}, z = \sqrt{2(R-a)x}$ (x 由 0 变到 $2a$),

在 Γ_2 上, $x = x, y = \sqrt{2ax - x^2}, z = \sqrt{2(R-a)x}$ (x 由 $2a$ 变到 0).

下面我们采用第一种参数方程表示法进行计算.

$$I = \int_{-\frac{\pi}{2}}^{\frac{\pi}{2}} \left[a^2\sin^2 2\theta + 4(R-a)a\cos^2\theta\right](-4a\cos\theta\sin\theta) d\theta \qquad ①$$

$$+ \int_{-\frac{\pi}{2}}^{\frac{\pi}{2}} \left[4a(R-a)\cos^2\theta + 4a^2\cos^4\theta\right] 2a\cos 2\theta d\theta \qquad ②$$

$$+ \int_{-\frac{\pi}{2}}^{\frac{\pi}{2}} \left[4a^2\cos^4\theta + a^2\sin^2 2\theta\right]\left[-2\sqrt{a(R-a)}\sin\theta\right] d\theta. \qquad ③$$

由定积分的对称性, 知①和③为零, 所以

$$I = 16a^2 \int_0^{\frac{\pi}{2}} \left[(R-a)\cos^2\theta + a\cos^4\theta\right]\left(2\cos^2\theta - 1\right)\mathrm{d}\theta = 2\pi Ra^2.$$

【注】 本题也可用 Stokes 公式计算. 记 Σ 是球面 $x^2 + y^2 + z^2 = 2Rx\ (z \geqslant 0)$ 上由曲线 Γ 围成的部分曲面, 其单位法向量为 $\boldsymbol{n} = \left(\dfrac{x-R}{R}, \dfrac{y}{R}, \dfrac{z}{R}\right)$, 则

$$I = \iint_{\Sigma} \left[(2y - 2z)\frac{x-R}{R} + (2z - 2x)\frac{y}{R} + (2x - 2y)\frac{z}{R}\right]\mathrm{d}S$$

$$= 2\iint_{\Sigma}(y - z)\mathrm{d}S.$$

将 Σ 往 xOy 平面上投影, 记 $D: x^2 + y^2 \leqslant 2ax$, 并利用对称性, 得

$$I = 2\iint_{\Sigma} z\mathrm{d}S = 2\iint_{D} z\sqrt{1 + \left(\frac{\partial z}{\partial x}\right)^2 + \left(\frac{\partial z}{\partial x}\right)^2}\mathrm{d}x\mathrm{d}y = 2\iint_{D} z \cdot \frac{R}{z}\mathrm{d}x\mathrm{d}y = 2\pi Ra^2.$$

2. 利用 Stokes 公式计算

定理 设光滑曲面 Σ 的边界 Γ 是逐段光滑的连续曲线, $P(x,y,z), Q(x,y,z), R(x,y,z)$ 在 $\Sigma + \Gamma$ 上有一阶连续偏导数, 则有 Stokes 公式

$$\oint_{\Gamma} P\mathrm{d}x + Q\mathrm{d}y + R\mathrm{d}z$$
$$= \iint_{\Sigma} \left(\frac{\partial R}{\partial y} - \frac{\partial Q}{\partial z}\right)\mathrm{d}y\mathrm{d}z + \left(\frac{\partial P}{\partial z} - \frac{\partial R}{\partial x}\right)\mathrm{d}z\mathrm{d}x + \left(\frac{\partial Q}{\partial x} - \frac{\partial P}{\partial y}\right)\mathrm{d}x\mathrm{d}y,$$

其中 Σ 的外侧与 Γ 的方向按右手法则确定.

Stokes 公式建立了沿空间曲面 Σ 的曲面积分与沿 Σ 的边界曲线 Γ 的曲线积分之间的联系. 它与 Green 公式和 Gauss 公式一起, 是多元函数积分学的三个重要公式.

利用 Stokes 公式, 既可将曲线积分转化为曲面积分来计算, 也可将曲面积分转化为曲线积分来计算. 这里只讨论前一种情形.

【例 7.82】 计算: $I = \oint_{\Gamma}(y-z)\mathrm{d}x + (z-x)\mathrm{d}y + (x-y)\mathrm{d}z$, Γ 为椭圆: $x^2 + y^2 = a^2$, $\dfrac{x}{a} + \dfrac{z}{h} = 1\ (a > 0, h > 0)$, 从 x 轴正向看去, 这个椭圆的方向为逆时针方向.

解 这里 $P = y - z, Q = z - x, R = x - y$, 则

$$\frac{\partial R}{\partial y} - \frac{\partial Q}{\partial z} = \frac{\partial P}{\partial z} - \frac{\partial R}{\partial x} = \frac{\partial Q}{\partial x} - \frac{\partial P}{\partial y} = -2.$$

利用 Stokes 公式, 得

$$I = -2\iint_{\Sigma} \mathrm{d}y\mathrm{d}z + \mathrm{d}z\mathrm{d}x + \mathrm{d}x\mathrm{d}y.$$

因为曲面 Σ 上的法向量与 y 轴始终垂直,故 $\iint\limits_{\Sigma} \mathrm{d}z\mathrm{d}x = 0$. 而 Σ 在 xOy, yOz 平面上的投影分别为圆域 $D_{xy}: x^2+y^2 \leqslant a^2$ 和椭圆域 $D_{yz}: \dfrac{y^2}{a^2}+\dfrac{(z-h)^2}{h^2} \leqslant 1$, 所以

$$I = -2\iint\limits_{D_{xy}} \mathrm{d}x\mathrm{d}y - 2\iint\limits_{D_{yz}} \mathrm{d}y\mathrm{d}z = -2\pi a^2 - 2\pi ah = -2\pi a(a+h).$$

【例 7.83】 计算: $I = \oint_{\Gamma}(y+1)\mathrm{d}x+(z+2)\mathrm{d}y+(x+3)\mathrm{d}z$, 其中 Γ 为圆周 $x^2+y^2+z^2 = R^2, x+y+z = 0$, 若从 x 轴正向看过去,该圆周的方向沿逆时针方向.

解 由 Stokes 公式,得

$$I = -\iint\limits_{\Sigma} \mathrm{d}y\mathrm{d}z + \mathrm{d}z\mathrm{d}x + \mathrm{d}x\mathrm{d}y = -\iint\limits_{\Sigma}(\cos\alpha+\cos\beta+\cos\gamma)\mathrm{d}S,$$

其中 $\cos\alpha, \cos\beta, \cos\gamma$ 为 Σ 上的法向量的方向余弦. 由于 Σ 在 $x+y+z = 0$ 上, 所以 $\cos\alpha = \cos\beta = \cos\gamma = \dfrac{1}{\sqrt{3}}$, 故 $I = -\sqrt{3}\iint\limits_{\Sigma} \mathrm{d}S = -\sqrt{3}\pi R^2$.

顺便指出: 在上述解法中, 积分曲面 Σ 取的是平面 $x+y+z = 0$ 被球面 $x^2+y^2+z^2 = R^2$ 所截的那部分. 但从理论上讲, Σ 取球面被平面割下的那部分也可以. 只不过是在球面上, $\cos\alpha, \cos\beta, \cos\gamma$ 不等于常数, 计算要烦琐一些.

如果曲线 Γ 为非封闭曲线, 那么亦可添加辅助曲线, 使之成为封闭曲线, 进而能够利用 Stokes 公式.

【例 7.84】 计算: $I = \int_{\Gamma} y\mathrm{d}x+z\mathrm{d}y+x\mathrm{d}z$, Γ 是起点为 $A(a,0,0)$、终点为 $C(0,0,c)$ 的曲线

$$\dfrac{x^2}{a^2}+\dfrac{y^2}{b^2}+\dfrac{z^2}{c^2} = 1, \quad \dfrac{x}{a}+\dfrac{z}{c} = 1, \quad x \geqslant 0, y \geqslant 0, z \geqslant 0.$$

解 添加辅助线 $CA: \dfrac{x}{a}+\dfrac{z}{c} = 1, y = 0, 0 \leqslant z \leqslant c$, 则 Γ 与 CA 组成封闭曲线, 它所围的平面图形 Σ 是平面 $\dfrac{x}{a}+\dfrac{z}{c} = 1$ 上的半椭圆, 容易求出 Σ 的两个半轴长分别为 $\dfrac{b}{\sqrt{2}}$ 和 $\dfrac{\sqrt{a^2+c^2}}{2}$, 面积为 $\dfrac{\pi b}{4\sqrt{2}}\sqrt{a^2+c^2}$. 根据 Stokes 公式, 得

$$I = \int_{\Gamma+CA} y\mathrm{d}x+z\mathrm{d}y+x\mathrm{d}z - \int_{CA} y\mathrm{d}x+z\mathrm{d}y+x\mathrm{d}z$$

$$= -\iint\limits_{\Sigma} \dfrac{a+c}{\sqrt{a^2+c^2}}\mathrm{d}S - \int_{CA} y\mathrm{d}x+z\mathrm{d}y+x\mathrm{d}z$$

$$= -\frac{\pi b(a+c)}{4\sqrt{2}} - \int_c^0 a\left(1 - \frac{z}{c}\right)\mathrm{d}z$$

$$= \frac{1}{4\sqrt{2}}[2\sqrt{2}ac - \pi b(a+c)].$$

3. 利用积分曲线投影法

所谓积分曲线投影法, 是借助于积分曲线 Γ 在某个坐标平面上的投影 L, 将空间曲线 Γ 上的曲线积分转化为平面曲线 L 上的曲线积分.

【例 7.85】 计算: $I = \oint_\Gamma yz\mathrm{d}x + 3zx\mathrm{d}y - xy\mathrm{d}z$, 其中 Γ 为曲线 $\begin{cases} x^2 + y^2 = 4y, \\ 3y - z + 1 = 0, \end{cases}$ 从 z 轴正向看过去, Γ 的方向沿逆时针方向.

解 这里曲线 Γ 在 xOy 平面上的投影为 $L: x^2 + y^2 = 4y$, 且在 Γ 上恒有 $z = 3y + 1$, 故

$$I = \oint_L y(3y+1)\mathrm{d}x + 3x(3y+1)\mathrm{d}y - 3xy\mathrm{d}y$$

$$= \oint_L y(3y+1)\mathrm{d}x + 3x(2y+1)\mathrm{d}y.$$

若记 L 所围成的区域为 D, 则区域 D 的面积为 4π. 利用 Green 公式, 得

$$I = \iint_D [(6y+3) - (6y+1)]\mathrm{d}x\mathrm{d}y = 2\iint_D \mathrm{d}x\mathrm{d}y = 8\pi.$$

【例 7.86】 计算: $I = \oint_\Gamma y^2\mathrm{d}x + z^2\mathrm{d}y + x^2\mathrm{d}z$, 其中 Γ 是曲面 $y^2 + z^2 = x$ 与 $y^2 + z^2 = 2z$ 的交线, 从 x 轴正向看过去, Γ 的方向沿逆时针方向.

解 这里曲线 Γ 在 yOz 平面上的投影为 $L: y^2 + z^2 = 2z$, 且在 Γ 上恒有 $x = 2z$, 故

$$I = \oint_L 2y^2\mathrm{d}z + z^2\mathrm{d}y + 4z^2\mathrm{d}z = \oint_L z^2\mathrm{d}y + 2\left(y^2 + 2z^2\right)\mathrm{d}z.$$

记 L 所围成的区域为 $D: y^2 + z^2 \leqslant 2z$, 利用 Green 公式, 得

$$I = \iint_D (4y - 2z)\mathrm{d}y\mathrm{d}z = -2\iint_D z\mathrm{d}y\mathrm{d}z \quad \text{(利用重积分的对称性)}$$

$$= -2\int_0^\pi \mathrm{d}\theta \int_0^{2\sin\theta} r^2 \sin\theta \mathrm{d}r = -\frac{16}{3}\int_0^\pi \sin^4\theta \mathrm{d}\theta$$

$$= -\frac{32}{3}\int_0^{\frac{\pi}{2}} \sin^4\theta \mathrm{d}\theta = -2\pi.$$

7.3 真题选讲与点评

【例 7.87】(第五届全国决赛题, 2014)　计算积分 $\int_0^{2\pi} x \int_x^{2\pi} \dfrac{\sin^2 t}{t^2} \mathrm{d}t \mathrm{d}x$.

解　(**方法 1**) 交换二次积分次序, 得

$$\text{原式} = \int_0^{2\pi} \dfrac{\sin^2 t}{t^2} \mathrm{d}t \int_0^t x \mathrm{d}x = \dfrac{1}{2} \int_0^{2\pi} \sin^2 t \mathrm{d}t = 2\int_0^{\frac{\pi}{2}} \sin^2 t \mathrm{d}t = \dfrac{\pi}{2}.$$

(**方法 2**) 设 $f(x) = \int_x^{2\pi} \dfrac{\sin^2 t}{t^2} \mathrm{d}t$, 利用分部积分, 得

$$\text{原式} = \int_0^{2\pi} x f(x) \mathrm{d}x = \dfrac{x^2}{2} f(x) \bigg|_0^{2\pi} - \dfrac{1}{2} \int_0^{2\pi} x^2 f'(x) \mathrm{d}x = \dfrac{1}{2} \int_0^{2\pi} \sin^2 x \mathrm{d}x = \dfrac{\pi}{2}.$$

【例 7.88】(第十二届全国初赛题, 2020)　已知 $\int_0^{+\infty} \dfrac{\sin x}{x} \mathrm{d}x = \dfrac{\pi}{2}$, 则

$$\int_0^{+\infty} \int_0^{+\infty} \dfrac{\sin x \sin(x+y)}{x(x+y)} \mathrm{d}x \mathrm{d}y = \underline{\qquad}.$$

解　对内层的积分作变量代换: $u = x + y$, 得

$$I = \int_0^{+\infty} \dfrac{\sin x}{x} \mathrm{d}x \int_0^{+\infty} \dfrac{\sin(x+y)}{x+y} \mathrm{d}y = \int_0^{+\infty} \dfrac{\sin x}{x} \mathrm{d}x \int_x^{+\infty} \dfrac{\sin u}{u} \mathrm{d}u$$

$$= \int_0^{+\infty} \dfrac{\sin x}{x} \mathrm{d}x \left(\int_0^{+\infty} \dfrac{\sin u}{u} \mathrm{d}u - \int_0^x \dfrac{\sin u}{u} \mathrm{d}u \right)$$

$$= \left(\int_0^{+\infty} \dfrac{\sin x}{x} \mathrm{d}x \right)^2 - \int_0^{+\infty} \dfrac{\sin x}{x} \mathrm{d}x \int_0^x \dfrac{\sin u}{u} \mathrm{d}u.$$

令 $F(x) = \int_0^x \dfrac{\sin u}{u} \mathrm{d}u$, 则 $F'(x) = \dfrac{\sin x}{x}$, 且 $\lim\limits_{x \to +\infty} F(x) = \dfrac{\pi}{2}$. 代入上式, 得

$$I = \dfrac{\pi^2}{4} - \int_0^{+\infty} F(x) F'(x) \mathrm{d}x = \dfrac{\pi^2}{4} - \dfrac{1}{2} [F(x)]^2 \bigg|_0^{+\infty} = \dfrac{\pi^2}{4} - \dfrac{1}{2} \left(\dfrac{\pi}{2} \right)^2 = \dfrac{\pi^2}{8}.$$

【例 7.89】(第七届全国初赛题, 2015)　曲面 $z = x^2 + y^2 + 1$ 在点 $M(1, -1, 3)$ 处的切平面与曲面 $z = x^2 + y^2$ 所围区域的体积为 _____.

解　曲面 $z = x^2 + y^2 + 1$ 在点 $M(1, -1, 3)$ 处的切平面为

$$2(x - 1) - 2(y + 1) - (z - 3) = 0, \quad 即 \quad z = 2x - 2y - 1.$$

由 $\begin{cases} z = x^2 + y^2, \\ z = 2x - 2y - 1, \end{cases}$ 消去变量 z, 得到所围空间区域在 xOy 平面上的投影 $D: (x-1)^2 + (y+1)^2 \leqslant 1$. 故所求体积为

$$V = \iint\limits_{D} [(2x - 2y - 1) - (x^2 + y^2)]\mathrm{d}x\mathrm{d}y = \iint\limits_{D} [1 - (x-1)^2 - (y+1)^2]\mathrm{d}x\mathrm{d}y.$$

作广义极坐标变换 $\begin{cases} x - 1 = r\cos\theta, \\ y + 1 = r\sin\theta, \end{cases}$ 得

$$V = \int_0^{2\pi} \mathrm{d}\theta \int_0^1 (1 - r^2) r \mathrm{d}r = 2\pi \int_0^1 (r - r^3)\mathrm{d}r = \frac{\pi}{2}.$$

【例 7.90】(第一届全国决赛题, 2010) 计算 $\iint\limits_{\Sigma} \dfrac{ax\mathrm{d}y\mathrm{d}z + (z+a)^2 \mathrm{d}x\mathrm{d}y}{\sqrt{x^2 + y^2 + z^2}}$, 其中 Σ 为下半球面 $z = -\sqrt{a^2 - x^2 - y^2}$ 的上侧, a 为大于 0 的常数.

解 将曲面 Σ 向 xOy 平面的投影记为 D_{xy}, 向 yOz 平面的投影记为 D_{yz}, 原积分可化为如下二重积分:

$$I = -2\iint\limits_{D_{yz}} \sqrt{a^2 - y^2 - z^2}\mathrm{d}y\mathrm{d}z + \frac{1}{a}\iint\limits_{D_{xy}} \left(a - \sqrt{a^2 - x^2 - y^2}\right)^2 \mathrm{d}x\mathrm{d}y.$$

利用极坐标计算, 得

$$I = -2\int_\pi^{2\pi} \mathrm{d}\theta \int_0^a \sqrt{a^2 - r^2} r \mathrm{d}r + \frac{1}{a}\int_0^{2\pi} \mathrm{d}\theta \int_0^a \left(a - \sqrt{a^2 - r^2}\right)^2 r \mathrm{d}r$$

$$= -6\pi \int_0^a \sqrt{a^2 - r^2} r \mathrm{d}r + 4a\pi \int_0^a r \mathrm{d}r - \frac{2\pi}{a}\int_0^a r^3 \mathrm{d}r$$

$$= -2\pi a^3 + 2\pi a^3 - \frac{\pi a^3}{2} = -\frac{\pi a^3}{2}.$$

【例 7.91】(第三届全国初赛题, 2011) 求 $\iint\limits_{D} \mathrm{sgn}(xy - 1)\mathrm{d}x\mathrm{d}y$, 其中 $D = \{(x,y) | 0 \leqslant x \leqslant 2, 0 \leqslant y \leqslant 2\}$.

【分析】 符号函数的定义为 $\mathrm{sgn}\, t = \begin{cases} 1, & t > 0, \\ 0, & t = 0, \\ -1, & t < 0. \end{cases}$ 因此需根据被积函数的特征将积分区域进行分割.

解 将积分区域 D 分割成三部分, 分别记

$$D_1 = \left\{(x,y) : 0 \leqslant x \leqslant \frac{1}{2}, 0 \leqslant y \leqslant 2\right\},$$

$$D_2 = \left\{(x,y): \frac{1}{2} \leqslant x \leqslant 2, 0 \leqslant y \leqslant \frac{1}{x}\right\},$$

$$D_3 = \left\{(x,y): \frac{1}{2} \leqslant x \leqslant 2, \frac{1}{x} \leqslant y \leqslant 2\right\},$$

则 $\operatorname{sgn}(xy-1) = \begin{cases} 1, & (x,y) \in D_3, \\ 0, & xy = 1, \\ -1, & (x,y) \in D_1 \cup D_2. \end{cases}$ 因为

$$\iint_{D_3} dxdy = \int_{\frac{1}{2}}^{2} \left(2 - \frac{1}{x}\right) dx = 3 - 2\ln 2, \text{ 而} \iint_{D_1 \cup D_2} dxdy = 4 - \iint_{D_3} dxdy = 1 + 2\ln 2,$$

所以

$$\iint_D \operatorname{sgn}(xy-1) dxdy = \iint_{D_3} dxdy - \iint_{D_1 \cup D_2} dxdy = (3 - 2\ln 2) - (1 + 2\ln 2) = 2 - 4\ln 2.$$

【例 7.92】(第四届全国初赛题,2012) 设 $f(x)$ 为连续函数,$t > 0$,区域 Ω 是由抛物面 $z = x^2 + y^2$ 和球面 $x^2 + y^2 + z^2 = t^2$ 所围起来的部分. 定义 $F(t) = \iiint_\Omega f(x^2+y^2+z^2) dv$,求 $F(t)$ 的导数 $F'(t)$.

解 利用球坐标变换 $x = \rho \sin\varphi \cos\theta, y = \rho \sin\varphi \sin\theta, z = \rho \cos\varphi$,将三重积分化为三次积分.

记 $\alpha(t) = \arccos \dfrac{-1 + \sqrt{1+4t^2}}{2t}$,则 $\cos\alpha(t) = \dfrac{-1+\sqrt{1+4t^2}}{2t}$,且 $\dfrac{\cos\alpha(t)}{\sin^2\alpha(t)} = \cot\alpha(t)\csc\alpha(t) = t$,所以

$$F(t) = \int_0^{2\pi} d\theta \int_0^{\alpha(t)} d\varphi \int_0^t f(\rho^2)\rho^2 \sin\varphi d\rho + \int_0^{2\pi} d\theta \int_{\alpha(t)}^{\frac{\pi}{2}} d\varphi \int_0^{\frac{\cos\varphi}{\sin^2\varphi}} f(\rho^2)\rho^2 \sin\varphi d\rho$$

$$= 2\pi \int_0^{\alpha(t)} \sin\varphi d\varphi \int_0^t f(\rho^2)\rho^2 d\rho + 2\pi \int_{\alpha(t)}^{\frac{\pi}{2}} \sin\varphi d\varphi \int_0^{\frac{\cos\varphi}{\sin^2\varphi}} f(\rho^2)\rho^2 d\rho$$

$$= 2\pi(1 - \cos\alpha(t)) \int_0^t f(\rho^2)\rho^2 d\rho - 2\pi \int_{\frac{\pi}{2}}^{\alpha(t)} \left[\sin\varphi \int_0^{\frac{\cos\varphi}{\sin^2\varphi}} f(\rho^2)\rho^2 d\rho\right] d\varphi.$$

从而有

$$F'(t) = 2\pi \sin\alpha(t) \frac{d\alpha(t)}{dt} \int_0^t f(\rho^2)\rho^2 d\rho + 2\pi(1 - \cos\alpha(t))f(t^2)t^2$$

$$- 2\pi \sin\alpha(t) \int_0^t f(\rho^2)\rho^2 d\rho \frac{d\alpha(t)}{dt}$$

$$= 2\pi \left(1 + \frac{1-\sqrt{1+4t^2}}{2t}\right) f(t^2)t^2 = \pi t f(t^2)\left(2t + 1 - \sqrt{1+4t^2}\right).$$

【例 7.93】 (第七届全国初赛题, 2015) 设 $f(x,y)$ 在区域 $D: x^2 + y^2 \leqslant 1$ 上有连续的二阶偏导数, 且满足 $f_{xx}^2 + 2f_{xy}^2 + f_{yy}^2 \leqslant M$ 及 $f(0,0) = 0, f_x(0,0) = 0, f_y(0,0) = 0$, 证明: $\left|\iint\limits_D f(x,y)\mathrm{d}x\mathrm{d}y\right| \leqslant \frac{\pi\sqrt{M}}{4}.$

证 (**方法 1**) 注意到 $f(x,y) = [f(x,y) - f(x,0)] + [f(x,0) - f(0,0)]$, 利用一元函数的 Taylor 公式, 得

$$f(x,y) = \left[f_y(x,0)y + \frac{1}{2}f_{yy}(x,\xi)y^2\right] + \left[f_x(0,0)x + \frac{1}{2}f_{xx}(\eta,0)x^2\right],$$

其中 ξ 介于 0 与 y 之间, η 介于 0 与 x 之间. 由题设可知, 在 D 上有 $|f_{xx}(x,y)| \leqslant \sqrt{M}$, $|f_{yy}(x,y)| \leqslant \sqrt{M}$. 所以

$$f(x,y) = f_y(x,0)y + \frac{1}{2}f_{yy}(x,\xi)y^2 + \frac{1}{2}f_{xx}(\eta,0)x^2 \leqslant f_y(x,0)y + \frac{\sqrt{M}}{2}(x^2 + y^2).$$

根据二重积分的对称性, 得 $\iint\limits_D f_y(x,0)y\mathrm{d}x\mathrm{d}y = 0$, 因此

$$\left|\iint\limits_D f(x,y)\mathrm{d}x\mathrm{d}y\right| \leqslant \frac{\sqrt{M}}{2}\iint\limits_D (x^2 + y^2)\mathrm{d}x\mathrm{d}y = \frac{\sqrt{M}}{2}\int_0^{2\pi}\mathrm{d}\theta\int_0^1 r^3\mathrm{d}r = \frac{\pi\sqrt{M}}{4}.$$

(**方法 2**) 由二元函数的 Taylor 公式, 存在 $\theta \in (0,1)$, 使得

$$f(x,y) = f(0,0) + \left(x\frac{\partial}{\partial x} + y\frac{\partial}{\partial y}\right)f\bigg|_{(0,0)} + \frac{1}{2}\left(x\frac{\partial}{\partial x} + y\frac{\partial}{\partial y}\right)^2 f\bigg|_{(\theta x, \theta y)}$$

$$= \frac{1}{2}\left[x^2 f_{xx}(\theta x, \theta y) + 2xy f_{xy}(\theta x, \theta y) + y^2 f_{yy}(\theta x, \theta y)\right].$$

利用 Cauchy 不等式, 得 $\left|(x^2, \sqrt{2}xy, y^2) \cdot (f_{xx}(\theta x, \theta y), \sqrt{2}f_{xy}(\theta x, \theta y), f_{yy}(\theta x, \theta y))\right| \leqslant \sqrt{M}(x^2 + y^2)$, 所以

$$\left|\iint\limits_D f(x,y)\mathrm{d}x\mathrm{d}y\right| \leqslant \frac{\sqrt{M}}{2}\iint\limits_D (x^2 + y^2)\mathrm{d}x\mathrm{d}y = \frac{\sqrt{M}}{2}\int_0^{2\pi}\mathrm{d}\theta\int_0^1 r^3\mathrm{d}r = \frac{\pi\sqrt{M}}{4}.$$

【注】 这里, 方法 1 虽然具有一定的技巧性, 但只需在区域 D 上满足条件 $f(0,0) = 0, f_x(0,0) = 0$ 及 $|f_{xx}(x,y)| \leqslant \sqrt{M}, |f_{yy}(x,y)| \leqslant \sqrt{M}$. 显然相比原题的条件要弱化了很多.

【例 7.94】(第四届全国决赛题, 2013) 求二重积分 $I = \iint\limits_{x^2+y^2 \leqslant 1} |x^2 + y^2 - x - y| \mathrm{d}x \mathrm{d}y$.

解 利用极坐标计算. 用圆 $x^2 + y^2 - x - y = 0$ 把积分区域 $D : x^2 + y^2 \leqslant 1$ 分割成 D_1 与 D_2 两部分, 其中

$$D_1 = \{x^2 + y^2 \leqslant 1\} \cap \{x^2 + y^2 \leqslant x + y\}, \quad D_2 = \{x^2 + y^2 \leqslant 1\} \cap \{x^2 + y^2 \geqslant x + y\},$$

根据重积分对积分区域的可加性, 得

$$I = -\iint\limits_{D_1} (x^2 + y^2 - x - y) \mathrm{d}\sigma + \iint\limits_{D_2} (x^2 + y^2 - x - y) \mathrm{d}\sigma$$

$$= \iint\limits_{D} (x^2 + y^2 - x - y) \mathrm{d}\sigma - 2 \iint\limits_{D_1} (x^2 + y^2 - x - y) \mathrm{d}\sigma.$$

利用重积分的对称性, 得

$$I_0 = \iint\limits_{D} (x^2 + y^2 - x - y) \mathrm{d}\sigma = \iint\limits_{D} (x^2 + y^2) \mathrm{d}\sigma = \int_0^{2\pi} \mathrm{d}\theta \int_0^1 r^3 \mathrm{d}r = \frac{\pi}{2}.$$

对于 I_1, 由 D_1 及被积函数的特征, 只需考虑 $y \leqslant x$ 的情形: $D_1' = D_1 \cap \{(x,y) \big| |y| \leqslant x\}$, 所以

$$I_1 = \iint\limits_{D_1} (x^2 + y^2 - x - y) \mathrm{d}\sigma = 2 \iint\limits_{D_1'} (x^2 + y^2 - x - y) \mathrm{d}\sigma$$

$$= 2 \int_{-\frac{\pi}{4}}^{0} \mathrm{d}\theta \int_0^{\cos\theta + \sin\theta} (r - \cos\theta - \sin\theta) r^2 \mathrm{d}r + 2 \int_0^{\frac{\pi}{4}} \mathrm{d}\theta \int_0^1 (r - \cos\theta - \sin\theta) r^2 \mathrm{d}r$$

$$= -\frac{2}{3} \int_{-\frac{\pi}{4}}^{0} \sin^4\left(\theta + \frac{\pi}{4}\right) \mathrm{d}\theta + \frac{\pi}{8} - \frac{2}{3} \int_0^{\frac{\pi}{4}} (\cos\theta + \sin\theta) \mathrm{d}\theta$$

$$= -\frac{2}{3} \int_0^{\frac{\pi}{4}} \sin^4 t \mathrm{d}t + \frac{\pi}{8} - \frac{2}{3}$$

$$= \frac{\pi}{8} - \frac{2}{3} - \frac{2}{3} \int_0^{\frac{\pi}{4}} \sin^4 t \mathrm{d}t = \frac{\pi}{8} - \frac{2}{3} - \frac{2}{3} \left(\frac{3\pi}{32} - \frac{1}{4}\right) = \frac{\pi}{16} - \frac{1}{2},$$

因此所求积分 $I = I_0 - 2I_1 = \frac{\pi}{2} - 2\left(\frac{\pi}{16} - \frac{1}{2}\right) = 1 + \frac{3\pi}{8}.$

【例 7.95】(第五届全国决赛题, 2014) 设 $D = \{(x,y) | 0 \leqslant x \leqslant 1, 0 \leqslant y \leqslant 1\}$, $I = \iint\limits_{D} f(x,y) \mathrm{d}x \mathrm{d}y$, 其中函数 $f(x,y)$ 在 D 上有连续二阶偏导数, $\frac{\partial^2 f}{\partial x \partial y} \leqslant A$, 且 $f(0,y) = f(x,0) = 0$. 证明: $I \leqslant \frac{A}{4}$.

证 将二重积分化为二次积分, 再分部积分并交换积分次序, 得

$$I = \int_0^1 dy \int_0^1 f(x,y)dx = -\int_0^1 dy \int_0^1 f(x,y)d(1-x) = \int_0^1 dy \int_0^1 (1-x)f_x(x,y)dx$$

$$= -\int_0^1 (1-x)dx \int_0^1 f_x(x,y)d(1-y) = \int_0^1 (1-x)dx \int_0^1 (1-y)f_{xy}(x,y)dy$$

$$= \iint_D (1-x)(1-y)f_{xy}(x,y)dxdy \leqslant A \int_0^1 (1-x)dx \int_0^1 (1-y)dy = \frac{A}{4}.$$

【例 7.96】 (第六届全国决赛题, 2015) 设 $f(x,y)$ 为 $\mathbb{R}^2$ 上的非负连续函数, 若极限 $I = \lim\limits_{t \to +\infty} \iint\limits_{x^2+y^2 \leqslant t^2} f(x,y)d\sigma$ 存在且有限, 则称广义积分 $\iint\limits_{\mathbb{R}^2} f(x,y)d\sigma$ 收敛于 I.

(1) 设 $\iint\limits_{\mathbb{R}^2} f(x,y)d\sigma$ 收敛于 I, 证明极限 $\lim\limits_{t \to +\infty} \iint\limits_{-t \leqslant x,y \leqslant t} f(x,y)d\sigma$ 存在且等于 I;

(2) 设 $\iint\limits_{\mathbb{R}^2} e^{ax^2+2bxy+cy^2}d\sigma$ 收敛于 I, 其中实二次型 $ax^2+2bxy+cy^2$ 在正交变换下的标准形为 $\lambda_1 u^2 + \lambda_2 v^2$. 证明 λ_1 和 λ_2 都小于 0.

解 (1) 当 $t > 0$ 时, $-t \leqslant x,y \leqslant t$ 表示 xOy 平面上边长为 $2t$ 的正方形区域, 其内切圆与外接圆围成的区域分别为 $x^2+y^2 \leqslant t^2$ 与 $x^2+y^2 \leqslant 2t^2$. 由于 $f(x,y) \geqslant 0$, 所以

$$\iint\limits_{x^2+y^2 \leqslant t^2} f(x,y)d\sigma \leqslant \iint\limits_{-t \leqslant x,y \leqslant t} f(x,y)d\sigma \leqslant \iint\limits_{x^2+y^2 \leqslant 2t^2} f(x,y)d\sigma.$$

根据题设条件, $\lim\limits_{t \to +\infty} \iint\limits_{x^2+y^2 \leqslant t^2} f(x,y)d\sigma = I$, 且 $\lim\limits_{t \to +\infty} \iint\limits_{x^2+y^2 \leqslant 2t^2} f(x,y)d\sigma = I$, 故由夹逼准则, 得

$$\lim\limits_{t \to +\infty} \iint\limits_{-t \leqslant x,y \leqslant t} f(x,y)d\sigma = I.$$

(2) 令 $I(t) = \iint\limits_{x^2+y^2 \leqslant t^2} e^{ax^2+2bxy+cy^2}d\sigma$, 因为 $\iint\limits_{\mathbb{R}^2} e^{ax^2+2bxy+cy^2}d\sigma$ 收敛于 I, 所以 $\lim\limits_{t \to +\infty} I(t) = I$.

记实对称矩阵 $\boldsymbol{A} = \begin{pmatrix} a & b \\ b & c \end{pmatrix}$, 则存在正交矩阵 $\boldsymbol{P}$, 使得 $\boldsymbol{P}^{\mathrm{T}}\boldsymbol{A}\boldsymbol{P} = \begin{pmatrix} \lambda_1 & 0 \\ 0 & \lambda_2 \end{pmatrix}$, 其中 λ_1, λ_2 为 $\boldsymbol{A}$ 的特征值, 且均为实数. 相应地, 正交变换 $\begin{pmatrix} x \\ y \end{pmatrix} = \boldsymbol{P} \begin{pmatrix} u \\ v \end{pmatrix}$, 使得

$$ax^2+2bxy+cy^2=(x,y)\boldsymbol{A}\begin{pmatrix}x\\y\end{pmatrix}=(u,v)\boldsymbol{P}^{\mathrm{T}}\boldsymbol{A}\boldsymbol{P}\begin{pmatrix}u\\v\end{pmatrix}=\lambda_1 u^2+\lambda_2 v^2,\text{且}$$

$$x^2+y^2=(x,y)\begin{pmatrix}x\\y\end{pmatrix}=(u,v)\boldsymbol{P}^{\mathrm{T}}\boldsymbol{P}\begin{pmatrix}u\\v\end{pmatrix}=(u,v)\begin{pmatrix}u\\v\end{pmatrix}=u^2+v^2.$$

易知 Jacobi(雅可比) 行列式 $J=\dfrac{\partial(x,y)}{\partial(u,v)}=\det\boldsymbol{P}=\pm 1$，则 $\mathrm{d}\sigma=|J|\mathrm{d}u\mathrm{d}v=\mathrm{d}u\mathrm{d}v$，所以

$$I(t)=\iint\limits_{x^2+y^2\leqslant t^2}\mathrm{e}^{ax^2+2bxy+cy^2}\mathrm{d}\sigma=\iint\limits_{u^2+v^2\leqslant t^2}\mathrm{e}^{\lambda_1 u^2+\lambda_2 v^2}\mathrm{d}u\mathrm{d}v.$$

因此，$\lim\limits_{t\to+\infty}\iint\limits_{u^2+v^2\leqslant t^2}\mathrm{e}^{\lambda_1 u^2+\lambda_2 v^2}\mathrm{d}u\mathrm{d}v=\lim\limits_{t\to+\infty}I(t)=I$. 根据 (1) 的结论，得

$$\lim_{t\to+\infty}\iint\limits_{-t\leqslant u,v\leqslant t}\mathrm{e}^{\lambda_1 u^2+\lambda_2 v^2}\mathrm{d}u\mathrm{d}v=I.$$

注意到

$$\iint\limits_{-t\leqslant u,v\leqslant t}\mathrm{e}^{\lambda_1 u^2+\lambda_2 v^2}\mathrm{d}u\mathrm{d}v=\int_{-t}^{t}\mathrm{e}^{\lambda_1 u^2}\mathrm{d}u\int_{-t}^{t}\mathrm{e}^{\lambda_1 v^2}\mathrm{d}v,$$

且 $\int_{-t}^{t}\mathrm{e}^{\lambda_1 u^2}\mathrm{d}u$ 和 $\int_{-t}^{t}\mathrm{e}^{\lambda_1 v^2}\mathrm{d}v$ 在 $(0,+\infty)$ 上都是严格单调递增的，所以 $\int_{-\infty}^{+\infty}\mathrm{e}^{\lambda_1 u^2}\mathrm{d}u$ 与 $\int_{-\infty}^{+\infty}\mathrm{e}^{\lambda_1 v^2}\mathrm{d}v$ 都收敛，这等价于 $\lambda_1<0$ 和 $\lambda_2<0$.

【例 7.97】（第十一届全国决赛题，2021） 设 $B_1,B_2,\cdots,B_{2021}$ 为空间 $\mathbb{R}^3$ 中半径不为零的 2021 个球，$\boldsymbol{A}=(a_{ij})$ 为 2021 阶方阵，其 (i,j) 元 a_{ij} 为球 B_i 与 B_j 相交部分的体积. 证明：行列式 $|\boldsymbol{E}+\boldsymbol{A}|>1$，其中 $\boldsymbol{E}$ 为单位矩阵.

证 记 Ω 为以原点 O 为球心且包含 $B_1,B_2,\cdots,B_{2021}$ 在内的球，考察二次型 $f=\sum\limits_{i=1}^{2021}\sum\limits_{j=1}^{2021}a_{ij}z_iz_j$，注意到 $a_{ij}=\iiint\limits_{\Omega}\chi_i(t,u,v)\chi_j(t,u,v)\mathrm{d}t\mathrm{d}u\mathrm{d}v$，其中 $\chi_i(t,u,v)$ 的定义为

$$\chi_i(t,u,v)=\begin{cases}1, & (t,u,v)\in B_i,\\ 0, & (t,u,v)\in \Omega\backslash B_i,\end{cases}\quad\text{于是有}$$

$$f=\sum_{i=1}^{2021}\sum_{j=1}^{2021}a_{ij}z_iz_j=\sum_{i=1}^{2021}\sum_{j=1}^{2021}\iiint\limits_{\Omega}[\chi_i(t,u,v)z_i][\chi_j(t,u,v)z_j]\mathrm{d}t\mathrm{d}u\mathrm{d}v$$

$$= \iiint_\Omega \sum_{i=1}^{2021} [\chi_i(t,u,v)z_i]^2 \mathrm{d}t\mathrm{d}u\mathrm{d}v \geqslant 0.$$

另一方面，存在正交变换 $Z = PY$ 使得 f 化为 $f = \lambda_1 y_1^2 + \lambda_2 y_2^2 + \cdots + \lambda_{2021} y_{2021}^2$，其中 $\lambda_1, \lambda_2, \cdots, \lambda_{2021}$ 为 A 的全部特征值。因为二次型 $f \geqslant 0$，所以 A 的特征值 $\lambda_i \geqslant 0$ ($i = 1, 2, \cdots, 2021$). 于是

$$|E + A| = |P^{-1}(E + A)P| = (1 + \lambda_1)(1 + \lambda_2) \cdots (1 + \lambda_{2021}) \geqslant 1.$$

注意到 A 不是零矩阵，所以至少有一个特征值 $\lambda_i > 0$, 故 $|E + A| > 1$.

【例 7.98】(第十二届全国初赛题, 2020) 计算积分: $I = \oint_\Gamma \left|\sqrt{3}y - x\right| \mathrm{d}x - 5z\mathrm{d}z$, 曲线 $\Gamma: \begin{cases} x^2 + y^2 + z^2 = 8, \\ x^2 + y^2 = 2z, \end{cases}$ 其方向为从 z 轴正向往坐标原点看去取逆时针方向.

解 曲线 Γ 也可表示为 $\begin{cases} z = 2, \\ x^2 + y^2 = 4, \end{cases}$ 所以 Γ 的参数方程为 $\begin{cases} x = 2\cos\theta, \\ y = 2\sin\theta, \\ z = 2, \end{cases}$ $0 \leqslant \theta \leqslant 2\pi$.

注意到在曲线 Γ 上 $\mathrm{d}z = 0$, 所以

$$I = -\int_0^{2\pi} \left|2\sqrt{3}\sin\theta - 2\cos\theta\right| 2\sin\theta\mathrm{d}\theta = -8\int_0^{2\pi} \left|\frac{\sqrt{3}}{2}\sin\theta - \frac{1}{2}\cos\theta\right| \sin\theta\mathrm{d}\theta$$

$$= -8\int_0^{2\pi} \left|\cos\left(\theta + \frac{\pi}{3}\right)\right| \sin\theta\mathrm{d}\theta = -8\int_{\frac{\pi}{3}}^{2\pi+\frac{\pi}{3}} |\cos t| \sin\left(t - \frac{\pi}{3}\right) \mathrm{d}t \quad \left(\text{代换}: t = \theta + \frac{\pi}{3}\right).$$

根据周期函数的积分性质, 得

$$I = -8\int_{-\pi}^{\pi} |\cos t| \sin\left(t - \frac{\pi}{3}\right) \mathrm{d}t = -4\int_{-\pi}^{\pi} |\cos t| \left(\sin t - \sqrt{3}\cos t\right) \mathrm{d}t$$

$$= 8\sqrt{3} \int_0^{\pi} |\cos t| \cos t\mathrm{d}t.$$

令 $u = t - \frac{\pi}{2}$, 则 $I = -8\sqrt{3} \int_{-\frac{\pi}{2}}^{\frac{\pi}{2}} |\sin u| \sin u\mathrm{d}u = 0$.

【例 7.99】(第五届全国初赛题, 2013) 设 $I_a(r) = \int_C \frac{y\mathrm{d}x - x\mathrm{d}y}{(x^2 + y^2)^a}$, 其中 a 为常数, 曲线 C 为椭圆 $x^2 + xy + y^2 = r^2$, 取正向, 求极限 $\lim_{r \to +\infty} I_a(r)$.

解 当 $a=1$ 时, 易知当 $(x,y) \neq (0,0)$ 时, $\dfrac{\partial}{\partial y}\left(\dfrac{y}{x^2+y^2}\right) = \dfrac{x^2-y^2}{(x^2+y^2)^2} = \dfrac{\partial}{\partial x}\left(\dfrac{-x}{x^2+y^2}\right)$. 在 C 内作小圆 $C_1: x^2+y^2=\varepsilon^2$, 取正向, 其中 $\varepsilon > 0$ 且充分小, 将 C_1 用参数方程表示为 $x=\varepsilon\cos\theta, y=\varepsilon\sin\theta$, 则

$$I_1(r) = \int_{C_1} \frac{y\mathrm{d}x - x\mathrm{d}y}{x^2+y^2} = \frac{1}{\varepsilon^2}\int_{C_1} y\mathrm{d}x - x\mathrm{d}y = -\int_0^{2\pi} \mathrm{d}\theta = -2\pi.$$

当 $a \neq 1$ 时, 令 $x = \rho\cos\theta, y = \rho\sin\theta$, 则 $\rho = \dfrac{r}{\sqrt{1+\cos\theta\sin\theta}}$, 因此

$$I_a(r) = -\int_0^{2\pi} \frac{\mathrm{d}\theta}{\rho^{2a-2}} = -\frac{1}{r^{a-1}}\int_0^{2\pi} (1+\cos\theta\sin\theta)^{a-1}\mathrm{d}\theta,$$

注意到上式右端的积分中被积函数是正的连续函数, 积分值为有限正常数, 与 r 无关, 因此

$$\lim_{r \to +\infty} I_a(r) = \begin{cases} 0, & a > 1, \\ -2\pi, & a = 1, \\ -\infty, & a < 1. \end{cases}$$

【例 7.100】(第十届全国初赛题, 2018) 设函数 $f(t)$ 在 $t \neq 0$ 时一阶连续可导, 且 $f(1) = 0$, 求函数 $f(x^2 - y^2)$, 使得曲线积分

$$\int_L y[2 - f(x^2-y^2)]\mathrm{d}x + xf(x^2-y^2)\mathrm{d}y$$

与路径无关, 其中 L 为任一不与直线 $y = \pm x$ 相交的分段光滑曲线.

解 设 $P(x,y) = y[2 - f(x^2-y^2)]$, $Q(x,y) = xf(x^2-y^2)$, $t = x^2 - y^2$, 则 $\dfrac{\partial Q}{\partial x} = f(t) + 2x^2 f'(t)$, 且

$$\frac{\partial P}{\partial y} = 2 - f(t) + y[-(-2y)f'(t)] = 2 - f(t) + 2y^2 f'(t).$$

因为积分与路径无关, 所以 $\dfrac{\partial Q}{\partial x} = \dfrac{\partial P}{\partial y}$, 即 $f(t) + 2x^2 f'(t) = 2 - f(t) + 2y^2 f'(t)$, 由此可得 $tf'(t) + f(t) = 1$, 即 $(tf(t))' = 1$, 所以 $tf(t) = t + C$. 又由 $f(1) = 0$, 得 $C = -1$, 故 $f(t) = 1 - \dfrac{1}{t}$, 因此

$$f(x^2 - y^2) = 1 - \frac{1}{x^2 - y^2}.$$

【例 7.101】(第三届全国决赛题, 2012) 设连续可微函数 $z = z(x,y)$ 由方程 $F(xz - y, x - yz) = 0$ 唯一确定, 其中 $F(u,v)$ 具有连续偏导数, 试求: $I = \oint_L (xz^2 + 2yz)\mathrm{d}y - (2xz + yz^2)\mathrm{d}x$, 其中 L 为正向单位圆周.

解 对方程 $F(xz - y, x - yz) = 0$ 的两端求微分, 得
$$F_u(z\mathrm{d}x + x\mathrm{d}z - \mathrm{d}y) + F_v(\mathrm{d}x - z\mathrm{d}y - y\mathrm{d}z) = 0,$$

所以 $\mathrm{d}z = -\dfrac{zF_u + F_v}{xF_u - yF_v}\mathrm{d}x + \dfrac{F_u + zF_v}{xF_u - yF_v}\mathrm{d}y$, 从而有

$$\frac{\partial z}{\partial x} = -\frac{zF_u + F_v}{xF_u - yF_v}, \quad \frac{\partial z}{\partial y} = \frac{F_u + zF_v}{xF_u - yF_v}.$$

记 $P = -(2xz + yz^2)$, $Q = xz^2 + 2yz$, D 是由曲线 L 所围成的区域, 根据 Green 公式得

$$I = \iint_D \left(\frac{\partial Q}{\partial x} - \frac{\partial P}{\partial y}\right)\mathrm{d}\sigma = 2\iint_D \left(z^2 + (xz + y)\frac{\partial z}{\partial x} + (x + yz)\frac{\partial z}{\partial y}\right)\mathrm{d}\sigma.$$

将 $\dfrac{\partial z}{\partial x}, \dfrac{\partial z}{\partial y}$ 的表达式代入被积函数得 $z^2 + (xz + y)\dfrac{\partial z}{\partial x} + (x + yz)\dfrac{\partial z}{\partial y} = 1$, 所以 $I = 2\iint_D \mathrm{d}\sigma = 2\pi$.

【例 7.102】(第九届全国决赛题, 2018) 设函数 $f(x,y)$ 在区域 $D = \{(x,y)|x^2 + y^2 \leqslant a^2\}$ 上具有一阶连续偏导数, 且满足 $f(x,y)|_{x^2+y^2=a^2} = a^2$ 及 $\max\limits_{(x,y)\in D}\left[\left(\dfrac{\partial f}{\partial x}\right)^2 + \left(\dfrac{\partial f}{\partial y}\right)^2\right] = a^2$, 其中 $a > 0$. 证明: $\left|\iint_D f(x,y)\mathrm{d}x\mathrm{d}y\right| \leqslant \dfrac{4}{3}\pi a^4$.

解 设 C 表示区域 D 的正向边界, 在 Green 公式

$$\oint_C P(x,y)\mathrm{d}x + Q(x,y)\mathrm{d}y = \iint_D \left(\frac{\partial Q}{\partial x} - \frac{\partial P}{\partial y}\right)\mathrm{d}x\mathrm{d}y$$

中, 先取 $P = yf(x,y), Q = 0$, 再取 $P = 0, Q = xf(x,y)$, 分别可得

$$\iint_D f(x,y)\mathrm{d}x\mathrm{d}y = -\oint_C yf(x,y)\mathrm{d}x - \iint_D y\frac{\partial f}{\partial y}\mathrm{d}x\mathrm{d}y,$$

$$\iint_D f(x,y)\mathrm{d}x\mathrm{d}y = \oint_C xf(x,y)\mathrm{d}y - \iint_D x\frac{\partial f}{\partial x}\mathrm{d}x\mathrm{d}y,$$

两式相加, 得
$$\iint_D f(x,y)\mathrm{d}x\mathrm{d}y = \frac{a^2}{2}\oint_C -y\mathrm{d}x + x\mathrm{d}y - \frac{1}{2}\iint_D \left(x\frac{\partial f}{\partial x} + y\frac{\partial f}{\partial y}\right)\mathrm{d}x\mathrm{d}y = I_1 + I_2.$$

对 I_1 再次利用 Green 公式, 得 $I_1 = \frac{a^2}{2}\oint_C -y\mathrm{d}x + x\mathrm{d}y = a^2\iint_D \mathrm{d}x\mathrm{d}y = \pi a^4$, 对 I_2 的被积函数利用 Cauchy 不等式, 得

$$|I_2| \leqslant \frac{1}{2}\iint_D \left|x\frac{\partial f}{\partial x} + y\frac{\partial f}{\partial y}\right|\mathrm{d}x\mathrm{d}y \leqslant \frac{1}{2}\iint_D \sqrt{x^2+y^2}\sqrt{\left(\frac{\partial f}{\partial x}\right)^2 + \left(\frac{\partial f}{\partial y}\right)^2}\mathrm{d}x\mathrm{d}y$$

$$\leqslant \frac{a^2}{2}\iint_D \sqrt{x^2+y^2}\mathrm{d}x\mathrm{d}y = \frac{a^2}{2}\int_0^{2\pi}\mathrm{d}\theta\int_0^a r^2\mathrm{d}r = \frac{1}{3}\pi a^4.$$

因此, 有 $\left|\iint_D f(x,y)\mathrm{d}x\mathrm{d}y\right| \leqslant \pi a^4 + \frac{1}{3}\pi a^4 = \frac{4}{3}\pi a^4.$

【例 7.103】 (第十一届全国初赛题, 2019) 计算三重积分 $\iiint_\Omega \frac{xyz}{x^2+y^2}\mathrm{d}x\mathrm{d}y\mathrm{d}z$, 其中 Ω 是由曲面 $(x^2+y^2+z^2)^2 = 2xy$ 围成的区域在第一卦限的部分.

解 采用 "球面坐标" 计算, 并利用对称性, 得

$$I = 2\int_0^{\pi/4}\mathrm{d}\theta\int_0^{\pi/2}\mathrm{d}\varphi\int_0^{\sqrt{2}\sin\varphi\sqrt{\sin\theta\cos\theta}}\frac{\rho^3\sin^2\varphi\cos\theta\sin\theta\cos\varphi}{\rho^2\sin^2\varphi}\rho^2\sin\varphi\mathrm{d}\rho$$

$$= 2\int_0^{\pi/4}\sin\theta\cos\theta\mathrm{d}\theta\int_0^{\pi/2}\sin\varphi\cos\varphi\mathrm{d}\varphi\int_0^{\sqrt{2}\sin\varphi\sqrt{\sin\theta\cos\theta}}\rho^3\mathrm{d}\rho$$

$$= 2\int_0^{\pi/4}\sin^3\theta\cos^3\theta\mathrm{d}\theta\int_0^{\pi/2}\sin^5\varphi\cos\varphi\mathrm{d}\varphi = \frac{1}{4}\int_0^{\pi/4}\sin^3 2\theta\mathrm{d}\theta\left.\frac{1}{6}\sin^6\varphi\right|_0^{\pi/2}$$

$$= \frac{1}{24}\int_0^{\pi/4}\sin^3 2\theta\mathrm{d}\theta = \frac{1}{48}\int_0^{\pi/2}\sin^3 t\mathrm{d}t = \frac{1}{48}\cdot\frac{2}{3} = \frac{1}{72}.$$

【例 7.104】 (第十四届全国初赛题, 2022) 设 $z = f(x,y)$ 是区域 $D = \{(x,y)|0 \leqslant x \leqslant 1, 0 \leqslant y \leqslant 1\}$ 上的可微函数, $f(0,0) = 0$, 且 $\mathrm{d}z|_{(0,0)} = 3\mathrm{d}x + 2\mathrm{d}y$, 求极限

$$\lim_{x\to 0^+}\frac{\int_0^{x^2}\mathrm{d}t\int_x^{\sqrt{t}}f(t,u)\mathrm{d}u}{1-\sqrt[4]{1-x^4}}.$$

【分析】 先交换二次积分次序, 利用 L'Hospital 法则去掉一个积分符号, 再利用积分中值定理去掉第二个积分符号, 最后利用二元 Taylor 公式即可求出极限.

解 交换二次积分的次序, 得 $\int_0^{x^2} dt \int_x^{\sqrt{t}} f(t,u)du = -\int_0^x du \int_0^{u^2} f(t,u)dt.$

由于 $f(x,y)$ 在 D 上可微, 所以 $f(x,y)$ 在点 $(0,0)$ 的半径为 1 的扇形区域内连续, 从而 $\varphi(u) = \int_0^{u^2} f(t,u)dt$ 在 $u=0$ 的某邻域内连续, 因此

$$L = \lim_{x \to 0^+} \frac{\int_0^{x^2} dt \int_x^{\sqrt{t}} f(t,u)du}{1 - \sqrt[4]{1-x^4}} = \lim_{x \to 0^+} \frac{-\int_0^x \varphi(u)du}{\dfrac{x^4}{4}}$$

$$= -\lim_{x \to 0^+} \frac{\varphi(x)}{x^3} = -\lim_{x \to 0^+} \frac{\int_0^{x^2} f(t,x)dt}{x^3}$$

$$= -\lim_{x \to 0^+} \frac{f(\xi,x)x^2}{x^3} = -\lim_{x \to 0^+} \frac{f(\xi,x)}{x}, \quad 0 < \xi < x^2.$$

因为 $dz|_{(0,0)} = 3dx + 2dy$, 所以 $f_x(0,0) = 3, f_y(0,0) = 2.$ 又 $f(0,0) = 0,$ 利用二元 Taylor 公式, 得

$$f(\xi,x) = f(0,0) + f_x(0,0)\xi + f_y(0,0)x + o\left(\sqrt{\xi^2 + x^2}\right) = 3\xi + 2x + o\left(\sqrt{\xi^2 + x^2}\right).$$

注意到 $0 < \dfrac{\xi}{x} < x$, 故由夹逼准则知 $\lim\limits_{x\to 0^+} \dfrac{\xi}{x} = 0$, 从而

$$\lim_{x \to 0^+} \frac{o(\sqrt{\xi^2 + x^2})}{x} = \lim_{x \to 0^+} \frac{o(\sqrt{\xi^2+x^2})}{\sqrt{\xi^2+x^2}} \cdot \sqrt{1 + \left(\frac{\xi}{x}\right)^2} = 0.$$

所以

$$L = -\lim_{x \to 0^+} \frac{f(\xi,x)}{x} = -\lim_{x \to 0^+} \frac{3\xi + 2x + o(\sqrt{\xi^2+x^2})}{x} = -2.$$

【例 7.105】(第二届全国决赛题, 2011) 已知 Σ 是空间曲线 $\begin{cases} x^2 + 3y^2 = 1, \\ z = 0 \end{cases}$ 绕 y 轴旋转而成的椭球面, S 表示曲面 Σ 的上半部分 $(z \geqslant 0)$, Π 是椭球面 S 上点 $P(x,y,z)$ 处的切平面, $\rho(x,y,z)$ 是原点到切平面 Π 的距离, λ, μ, ν 表示 S 取上侧时点 P 处的外法线的方向余弦.

(1) 计算 $\iint\limits_S \dfrac{z}{\rho(x,y,z)} dS$;

(2) 计算 $\iint\limits_S z(\lambda x + 3\mu y + \nu z)dS$, 其中 S 取上侧.

解 (1) 椭球面 Σ 的方程为 $x^2 + 3y^2 + z^2 = 1$. 记 $F(x, y, z) = x^2 + 3y^2 + z^2 - 1$, 则曲面 Σ 在点 $P(x, y, z)$ 处的法向量为 $(x, 3y, z)$, 切平面 Π 的方程为 $xX + 3yY + zZ = 1$. 因此 $\rho(x, y, z) = \dfrac{1}{\sqrt{x^2 + 9y^2 + z^2}}$.

在曲面 S 上, $\rho(x, y, z) = \dfrac{1}{\sqrt{1 + 6y^2}}$, $\mathrm{d}S = \sqrt{1 + z_x^2 + z_y^2}\,\mathrm{d}x\mathrm{d}y = \dfrac{\sqrt{1 + 6y^2}}{z}\mathrm{d}x\mathrm{d}y$, 所以

$$I_1 = \iint\limits_{S} \frac{z}{\rho(x, y, z)}\mathrm{d}S = \iint\limits_{x^2 + 3y^2 \leqslant 1} (1 + 6y^2)\mathrm{d}x\mathrm{d}y = \frac{\sqrt{3}\pi}{3} + \iint\limits_{x^2 + 3y^2 \leqslant 1} 6y^2\mathrm{d}x\mathrm{d}y.$$

利用广义极坐标 $x = r\cos\theta, y = \dfrac{1}{\sqrt{3}}r\sin\theta$, 椭圆 $x^2 + 3y^2 = 1$ 的方程为 $r = 1$, 所以

$$\iint\limits_{x^2 + 3y^2 \leqslant 1} 6y^2\mathrm{d}x\mathrm{d}y = 6\int_0^{2\pi}\mathrm{d}\theta\int_0^1 \left(\frac{1}{\sqrt{3}}r\sin\theta\right)^2 \frac{1}{\sqrt{3}}r\mathrm{d}r = \frac{\sqrt{3}}{6}\int_0^{2\pi}\sin^2\theta\,\mathrm{d}\theta = \frac{\sqrt{3}\pi}{6},$$

因此 $I_1 = \dfrac{\sqrt{3}\pi}{3} + \dfrac{\sqrt{3}\pi}{6} = \dfrac{\sqrt{3}\pi}{2}$.

(2) (**方法 1**) 将 S 补上 xOy 平面上的区域 $S_1 : x^2 + 3y^2 \leqslant 1$(取下侧) 构成一封闭曲面的外侧, 记所围成的区域为 $\Omega : x^2 + 3y^2 + z^2 \leqslant 1$. 利用 Gauss 公式, 得

$$I_2 = \oiint\limits_{S + S_1} (\lambda xz + 3\mu yz + \nu z^2)\mathrm{d}S - \iint\limits_{S_1} z(\lambda x + 3\mu y + \nu z)\mathrm{d}S$$

$$= \oiint\limits_{S + S_1} (\lambda xz + 3\mu yz + \nu z^2)\mathrm{d}S = \iiint\limits_{\Omega} 6z\,\mathrm{d}x\mathrm{d}y\mathrm{d}z.$$

再利用 "先二后一" 法, 得

$$I_2 = 6\iiint\limits_{\Omega} z\,\mathrm{d}x\mathrm{d}y\mathrm{d}z = 6\int_0^1 \frac{\sqrt{3}\pi}{3}z(1 - z^2)\mathrm{d}z = 2\sqrt{3}\pi\int_0^1 (z - z^3)\mathrm{d}z = \frac{\sqrt{3}\pi}{2}.$$

(**方法 2**) 直接利用 (1) 的结果. 在 S 上任意点 (x, y, z) 处的法向量为 $(x, 3y, z)$, 则

$$\lambda = \frac{x}{\sqrt{x^2 + 9y^2 + z^2}},\quad \mu = \frac{3y}{\sqrt{x^2 + 9y^2 + z^2}},\quad \nu = \frac{z}{\sqrt{x^2 + 9y^2 + z^2}},$$

从而有 $\lambda x + 3\mu y + \nu z = \sqrt{x^2 + 9y^2 + z^2}$, 因此

$$I_2 = \iint\limits_{S} z\sqrt{x^2 + 9y^2 + z^2}\,\mathrm{d}S = \iint\limits_{S} \frac{z}{\rho(x, y, z)}\mathrm{d}S = I_1 = \frac{\sqrt{3}\pi}{2}.$$

【例 7.106】（第三届全国决赛题，2012） 求曲面 $x^2+y^2=az$ 和 $z=2a-\sqrt{x^2+y^2}$ ($a>0$) 所围立体的表面积.

解 联立 $x^2+y^2=az$ 和 $z=2a-\sqrt{x^2+y^2}$，解得 $z=a$（舍去 $z=4a$），所以两曲面所围立体在 xOy 平面上的投影区域为 $D:x^2+y^2\leqslant a^2$. 分别对平面 $z=a$ 的上、下两部分曲面利用曲面面积公式, 得

$$S_1 = \iint\limits_{D} \sqrt{1+z_x^2+z_y^2}\mathrm{d}\sigma = \iint\limits_{D} \sqrt{1+\left(-\frac{x}{\sqrt{x^2+y^2}}\right)^2+\left(-\frac{y}{\sqrt{x^2+y^2}}\right)^2}\mathrm{d}\sigma$$

$$= \sqrt{2}\iint\limits_{D} \mathrm{d}\sigma = \sqrt{2}\pi a^2,$$

$$S_2 = \iint\limits_{D} \sqrt{1+z_x^2+z_y^2}\mathrm{d}\sigma = \iint\limits_{D} \sqrt{1+\frac{4x^2}{a^2}+\frac{4y^2}{a^2}}\mathrm{d}\sigma = \frac{1}{a}\iint\limits_{D}\sqrt{a^2+4(x^2+y^2)}\mathrm{d}\sigma$$

$$= \frac{1}{a}\int_0^{2\pi}\mathrm{d}\theta\int_0^a \sqrt{a^2+4r^2}r\mathrm{d}r = \frac{\pi}{4a}\cdot\frac{2}{3}(a^2+4r^2)^{3/2}\Big|_0^a = \frac{5\sqrt{5}-1}{6}\pi a^2.$$

因此所求表面积为

$$S = S_1+S_2 = \sqrt{2}\pi a^2 + \frac{5\sqrt{5}-1}{6}\pi a^2 = \left(\sqrt{2}+\frac{5\sqrt{5}-1}{6}\right)\pi a^2.$$

【例 7.107】（第五届全国初赛题，2013） 设 Σ 是一个光滑封闭曲面，方向朝外，给定第二型曲面积分

$$I = \iint\limits_{\Sigma} (x^3-x)\mathrm{d}y\mathrm{d}z + (2y^3-y)\mathrm{d}z\mathrm{d}x + (3z^3-z)\mathrm{d}x\mathrm{d}y,$$

试确定曲面 Σ，使得积分 I 的值最小，并求该最小值.

解 设 Σ 所包围的空间区域为 Ω. 利用 Gauss 公式, 得

$$I = 3\iiint\limits_{\Omega}(x^2+2y^2+3z^2-1)\mathrm{d}V.$$

欲使得积分值最小，就需被积函数在 Ω 内为负，因此 Ω 内的点 (x,y,z) 要满足不等式 $x^2+2y^2+3z^2\leqslant 1$，即

$$\Omega = \left\{(x,y,z)\mid x^2+2y^2+3z^2\leqslant 1\right\},$$

即 Ω 的表面为 $\Sigma: x^2+2y^2+3z^2=1$ 时积分值 I 最小. 利用广义球面坐标变换

$$x = \rho\cos\theta\sin\varphi, \quad y = \frac{1}{\sqrt{2}}\rho\sin\theta\sin\varphi, \quad z = \frac{1}{\sqrt{3}}\rho\cos\varphi,$$

由于 $J = \dfrac{\partial(x,y,z)}{\partial(\rho,\varphi,\theta)} = \dfrac{1}{\sqrt{6}}\rho^2\sin\varphi$, 所以

$$I_{\min} = \frac{3}{\sqrt{6}}\int_0^{2\pi}\mathrm{d}\theta\int_0^{\pi}\mathrm{d}\varphi\int_0^1(\rho^2-1)\rho^2\sin\varphi\mathrm{d}\rho = \sqrt{6}\pi\cdot 2\cdot\left(\frac{1}{5}-\frac{1}{3}\right) = -\frac{4\sqrt{6}\pi}{15}.$$

【例 7.108】(第六届全国初赛题, 2014) (1) 设一球缺高为 h, 所在球半径为 R, 证明该球缺的体积为 $\dfrac{\pi}{3}(3R-h)h^2$, 对应球冠的面积为 $2\pi Rh$;

(2) 设球体 $(x-1)^2 + (y-1)^2 + (z-1)^2 \leqslant 12$ 被平面 $P: x+y+z=6$ 所截的小球缺为 Ω. 对应于小球缺的球冠记为 Σ, 方向指向球外, 求第二型曲面积分 $I = \iint\limits_{\Sigma} x\mathrm{d}y\mathrm{d}z + y\mathrm{d}z\mathrm{d}x + z\mathrm{d}x\mathrm{d}y$.

解 (1) 设在直角坐标系中, 球面方程为 $x^2+y^2+z^2=R^2$, 球缺由平面 $z=R-h$ 所截得. 利用 "先二后一" 法计算球缺的体积, 得

$$V = \iiint\limits_{\Omega}\mathrm{d}V = \int_{R-h}^{R}\mathrm{d}z\iint\limits_{D}\mathrm{d}\sigma = \int_{R-h}^{R}\pi(R^2-z^2)\mathrm{d}z = \frac{\pi}{3}(3R-h)h^2.$$

再利用第一型曲面积分计算球冠的面积, 因为 $\mathrm{d}S = \sqrt{1+z_x^2+z_y^2}\mathrm{d}x\mathrm{d}y = \dfrac{R}{\sqrt{R^2-x^2-y^2}}\mathrm{d}x\mathrm{d}y$, 所以

$$S = \iint\limits_{\Sigma}\mathrm{d}S = \iint\limits_{x^2+y^2\leqslant 2Rh-h^2}\frac{R}{\sqrt{R^2-x^2-y^2}}\mathrm{d}x\mathrm{d}y = \int_0^{2\pi}\mathrm{d}\theta\int_0^{\sqrt{2Rh-h^2}}\frac{R}{\sqrt{R^2-r^2}}r\mathrm{d}r$$

$$= 2\pi R\int_0^{\sqrt{2Rh-h^2}}\frac{r}{\sqrt{R^2-r^2}}\mathrm{d}r = -2\pi R\sqrt{R^2-r^2}\Big|_0^{\sqrt{2Rh-h^2}} = 2\pi Rh.$$

(2) 将 Σ 补上平面 P 上的圆域 Σ_1(由 Σ 与平面 P 的交线围成), 构成闭曲面的外侧. 利用 Gauss 公式, 得

$$\oiint\limits_{\Sigma+\Sigma_1} x\mathrm{d}y\mathrm{d}z + y\mathrm{d}z\mathrm{d}x + z\mathrm{d}x\mathrm{d}y = 3\iiint\limits_{\Omega}\mathrm{d}V = 3|\Omega|,$$

这里 $|\Omega|$ 表示 Ω 的体积. 又 Σ_1 的法线方向的方向余弦为 $(\cos\alpha,\cos\beta,\cos\gamma) = \left(-\dfrac{1}{\sqrt{3}},-\dfrac{1}{\sqrt{3}},-\dfrac{1}{\sqrt{3}}\right)$, 所以

$$\iint\limits_{\Sigma_1} x\mathrm{d}y\mathrm{d}z + y\mathrm{d}z\mathrm{d}x + z\mathrm{d}x\mathrm{d}y = -\frac{1}{\sqrt{3}}\iint\limits_{\Sigma_1}(x+y+z)\mathrm{d}S = -\frac{6}{\sqrt{3}}|\Sigma_1| = -2\sqrt{3}|\Sigma_1|,$$

其中 $|\Sigma_1|$ 表示 Σ_1 的面积.

利用 (1) 的结论, 这里 Σ 的半径为 $R = 2\sqrt{3}$, 中心 $(1,1,1)$ 到平面 P 的距离为 $d = \dfrac{|3-6|}{\sqrt{3}} = \sqrt{3}$, 而 $h = R - d = \sqrt{3}$, 所以 $|\Omega| = \dfrac{\pi}{3}(3R-h)h^2 = \dfrac{\pi}{3} \cdot 5\sqrt{3} \cdot 3 = 5\sqrt{3}\pi$. 又易知 $|\Sigma_1| = \pi(R^2 - d^2) = 9\pi$, 因此

$$I = \left(\oiint_{\Sigma+\Sigma_1} - \iint_{\Sigma_1}\right) x\mathrm{d}y\mathrm{d}z + y\mathrm{d}z\mathrm{d}x + z\mathrm{d}x\mathrm{d}y = 3|\Omega| + 2\sqrt{3}|\Sigma_1| = 33\sqrt{3}\pi.$$

【例 7.109】(第九届全国初赛题, 2017) 设曲线 Γ 为 $x^2 + y^2 + z^2 = 1, x + z = 1, x \geqslant 0, y \geqslant 0, z \geqslant 0$ 上从点 $A(1,0,0)$ 到点 $B(0,0,1)$ 的一段. 求曲线积分 $I = \int_\Gamma y\mathrm{d}x + z\mathrm{d}y + x\mathrm{d}z$.

解 记 Γ_1 为从点 B 到点 A 的直线段, 则 $x = t, y = 0, z = 1-t, 0 \leqslant t \leqslant 1$, 所以

$$\int_{\Gamma_1} y\mathrm{d}x + z\mathrm{d}y + x\mathrm{d}z = \int_0^1 t\mathrm{d}(1-t) = -\dfrac{1}{2}.$$

设 Γ 和 Γ_1 围成的平面区域为 Σ, 方向按右手法则. 利用 Stokes 公式, 得

$$\left(\int_\Gamma + \int_{\Gamma_1}\right) y\mathrm{d}x + z\mathrm{d}y + x\mathrm{d}z = \iint_\Sigma \begin{vmatrix} \mathrm{d}y\mathrm{d}z & \mathrm{d}z\mathrm{d}x & \mathrm{d}x\mathrm{d}y \\ \dfrac{\partial}{\partial x} & \dfrac{\partial}{\partial y} & \dfrac{\partial}{\partial z} \\ y & z & x \end{vmatrix}$$

$$= -\iint_\Sigma \mathrm{d}y\mathrm{d}z + \mathrm{d}z\mathrm{d}x + \mathrm{d}x\mathrm{d}y,$$

上式右边三个积分都是 Σ 在各个坐标面上投影区域的面积, 而 Σ 在 zOx 面上投影面积为零, 所以

$$I + \int_{\Gamma_1} y\mathrm{d}x + z\mathrm{d}y + x\mathrm{d}z = -\iint_\Sigma \mathrm{d}y\mathrm{d}z + \mathrm{d}x\mathrm{d}y.$$

易知, 曲线 Γ 在 xOy 面上投影 (半个椭圆) 的方程为 $\dfrac{(x-1/2)^2}{(1/2)^2} + \dfrac{y^2}{(1/\sqrt{2})^2} = 1$, 故 Σ 在 xOy 面上投影区域的面积为 $\dfrac{1}{2} \cdot \dfrac{\pi}{2\sqrt{2}}$. 所以 $\iint_\Sigma \mathrm{d}x\mathrm{d}y = \dfrac{\pi}{4\sqrt{2}}$. 同理 $\iint_\Sigma \mathrm{d}y\mathrm{d}z = \dfrac{\pi}{4\sqrt{2}}$.

于是, 有 $I = \dfrac{1}{2} - \dfrac{\pi}{2\sqrt{2}}$.

【例 7.110】(第五届全国决赛题, 2014) 设函数 $f(x)$ 具有连续导数, $P = Q = R = f((x^2+y^2)z)$, 有向曲面 Σ_t 是圆柱体 $x^2 + y^2 \leqslant t^2$ $(t > 0), 0 \leqslant z \leqslant 1$ 表面的外侧. 记第

二型曲面积分 $I_t = \iint\limits_{\Sigma_t} Pdydz + Qdzdx + Rdxdy$, 求极限 $\lim\limits_{t \to 0^+} \dfrac{I_t}{t^4}$.

解 利用 Gauss 公式, 再利用柱面坐标计算. 记 $\Omega: x^2 + y^2 \leqslant t^2, 0 \leqslant z \leqslant 1$, 则

$$I_t = \iiint\limits_{\Omega} (2xz + 2yz + x^2 + y^2) f'((x^2 + y^2)z) dV$$

$$= \iiint\limits_{\Omega} (x^2 + y^2) f'((x^2 + y^2)z) dV$$

$$= \int_0^{2\pi} d\theta \int_0^t r dr \int_0^1 r^2 f'(r^2 z) dz$$

$$= 2\pi \int_0^t [f(r^2) - f(0)] r dr.$$

由 L'Hospital 法则得

$$\lim_{t \to 0^+} \frac{I_t}{t^4} = \lim_{t \to 0^+} \frac{2\pi \int_0^t [f(r^2) - f(0)] r dr}{t^4} = \frac{\pi}{2} \lim_{t \to 0^+} \frac{f(t^2) - f(0)}{t^2} = \frac{\pi}{2} f'(0).$$

【例 7.111】(第七届全国决赛题, 2016) 设 $P(x,y,z)$ 和 $R(x,y,z)$ 在空间上有连续偏导数, 记上半球面 $S: z = z_0 + \sqrt{r^2 - (x - x_0)^2 - (y - y_0)^2}$, 且方向向上. 若对任何点 (x_0, y_0, z_0) 和 $r > 0$, 第二型曲面积分 $\iint\limits_S Pdydz + Rdxdy = 0$, 证明: $\dfrac{\partial P}{\partial x} \equiv 0$.

证 记 $S_1 = \{(x, y, z_0) | (x - x_0)^2 + (y - y_0)^2 \leqslant r^2\}$, 取下侧, 则 $S + S_1$ 构成一封闭曲面的外侧. 根据题设条件 $\iint\limits_S Pdydz + Rdxdy = 0$, 得

$$\oiint\limits_{S+S_1} Pdydz + Rdxdy = \iint\limits_{S_1} Pdydz + Rdxdy.$$

又记 $S + S_1$ 所包围的空间区域为 Ω, 利用 Gauss 公式得

$$\oiint\limits_{S+S_1} Pdydz + Rdxdy = \iiint\limits_{\Omega} \left(\frac{\partial P}{\partial x} + \frac{\partial R}{\partial z} \right) dxdydz.$$

而 $\iint\limits_{S_1} Pdydz + Rdxdy = -\iint\limits_D R(x, y, z_0) dxdy$, 其中 $D = \{(x, y) | (x - x_0)^2 + (y - y_0)^2 \leqslant r^2\}$ 是 S_1 在 xOy 平面上的投影, 所以

$$\iiint\limits_{\Omega} \left(\frac{\partial P}{\partial x} + \frac{\partial R}{\partial z} \right) dxdydz = -\iint\limits_D R(x, y, z_0) dxdy,$$

对上式两边分别利用三重积分与二重积分的中值定理, 存在点 $(\xi,\eta,\zeta) \in \Omega$ 及 $(x',y') \in D$, 使得

$$\frac{2\pi r^3}{3}\left(\frac{\partial P}{\partial x} + \frac{\partial R}{\partial z}\right)\bigg|_{(\xi,\eta,\zeta)} = -\pi r^2 R(x',y',z_0),$$

即

$$\frac{2r}{3}\left(\frac{\partial P}{\partial x} + \frac{\partial R}{\partial z}\right)\bigg|_{(\xi,\eta,\zeta)} = -R(x',y',z_0). \qquad ①$$

令 $r \to 0^+$, 则 $(\xi,\eta,\zeta) \to (x_0,y_0,z_0), (x',y') \to (x_0,y_0)$, 故由上式可得 $R(x_0,y_0,z_0) = 0$. 由于点 (x_0,y_0,z_0) 的任意性, 所以 $R(x,y,z) \equiv 0$, 从而有 $\dfrac{\partial R}{\partial z} \equiv 0$. 代入①式, 得

$$\frac{\partial P}{\partial x}\bigg|_{(\xi,\eta,\zeta)} = 0.$$

令 $(\xi,\eta,\zeta) \to (x_0,y_0,z_0)$, 得 $\dfrac{\partial P}{\partial x}\bigg|_{(x_0,y_0,z_0)} = 0$. 由于点 (x_0,y_0,z_0) 的任意性, 因此 $\dfrac{\partial P}{\partial x} \equiv 0$.

【例 7.112】(第八届全国决赛题, 2017) 设函数 $f(x,y,z)$ 在区域 $\Omega = \{(x,y,z)|x^2+y^2+z^2 \leqslant 1\}$ 上具有连续的二阶偏导数, 且满足 $\dfrac{\partial^2 f}{\partial x^2} + \dfrac{\partial^2 f}{\partial y^2} + \dfrac{\partial^2 f}{\partial z^2} = \sqrt{x^2+y^2+z^2}$. 计算 $I = \iiint\limits_{\Omega}\left(x\dfrac{\partial f}{\partial x} + y\dfrac{\partial f}{\partial y} + z\dfrac{\partial f}{\partial z}\right)\mathrm{d}x\mathrm{d}y\mathrm{d}z$.

解 记球面 $\Sigma: x^2+y^2+z^2 = 1$ 外侧的单位法向量为 $\boldsymbol{n} = (\cos\alpha,\cos\beta,\cos\gamma)$, 则

$$\frac{\partial f}{\partial \boldsymbol{n}} = \frac{\partial f}{\partial x}\cos\alpha + \frac{\partial f}{\partial y}\cos\beta + \frac{\partial f}{\partial z}\cos\gamma.$$

考虑曲面积分等式:

$$\oiint\limits_{\Sigma}\frac{\partial f}{\partial \boldsymbol{n}}\mathrm{d}S = \oiint\limits_{\Sigma}(x^2+y^2+z^2)\frac{\partial f}{\partial \boldsymbol{n}}\mathrm{d}S. \qquad ①$$

对两边都利用 Gauss 公式, 得

$$\oiint\limits_{\Sigma}\frac{\partial f}{\partial \boldsymbol{n}}\mathrm{d}S = \oiint\limits_{\Sigma}\left(\frac{\partial f}{\partial x}\cos\alpha + \frac{\partial f}{\partial y}\cos\beta + \frac{\partial f}{\partial z}\cos\gamma\right)\mathrm{d}S = \iiint\limits_{\Omega}\left(\frac{\partial^2 f}{\partial x^2} + \frac{\partial^2 f}{\partial y^2} + \frac{\partial^2 f}{\partial z^2}\right)\mathrm{d}v, \qquad ②$$

$$\oiint\limits_{\Sigma}(x^2+y^2+z^2)\frac{\partial f}{\partial \boldsymbol{n}}\mathrm{d}S$$
$$= \oiint\limits_{\Sigma}(x^2+y^2+z^2)\left(\frac{\partial f}{\partial x}\cos\alpha + \frac{\partial f}{\partial y}\cos\beta + \frac{\partial f}{\partial z}\cos\gamma\right)\mathrm{d}S$$

$$= 2\iiint\limits_{\Omega} \left(x\frac{\partial f}{\partial x} + y\frac{\partial f}{\partial y} + z\frac{\partial f}{\partial z}\right)\mathrm{d}v + \iiint\limits_{\Omega} (x^2+y^2+z^2)\left(\frac{\partial^2 f}{\partial x^2} + \frac{\partial^2 f}{\partial y^2} + \frac{\partial^2 f}{\partial z^2}\right)\mathrm{d}v. \quad \text{③}$$

将式②、式③代入式①并整理得

$$I = \frac{1}{2}\iiint\limits_{\Omega} \left(1 - (x^2+y^2+z^2)\right)\sqrt{x^2+y^2+z^2}\,\mathrm{d}v$$

$$= \frac{1}{2}\int_0^{2\pi}\mathrm{d}\theta \int_0^{\pi} \sin\varphi \int_0^1 (1-\rho^2)\rho^3\mathrm{d}\rho = \frac{\pi}{6}.$$

【例 7.113】(第十届全国决赛题, 2019) 设曲线 L 是空间区域 $0 \leqslant x \leqslant 1, 0 \leqslant y \leqslant 1, 0 \leqslant z \leqslant 1$ 的表面与平面 $x+y+z = \frac{3}{2}$ 的交线,则 $\left|\oint_L (z^2-y^2)\mathrm{d}x + (x^2-z^2)\mathrm{d}y + (y^2-x^2)\mathrm{d}z\right| = $ _____.

解 (**方法 1**) 利用 Stokes 公式计算. 为确定起见, 取 L 的正向为: 从 z 轴正向往坐标原点看去取逆时针方向.

选取平面 $x+y+z = \frac{3}{2}$ 上被曲线 L 所包围的部分 Σ 的上侧, 法向量为 $\boldsymbol{n} = (1,1,1)$, 相应的方向余弦为 $\cos\alpha = \frac{1}{\sqrt{3}}, \cos\beta = \frac{1}{\sqrt{3}}, \cos\gamma = \frac{1}{\sqrt{3}}$, 记 Σ 在 xOy 平面上的投影区域为 D_{xy}, 所以

$$I = \left|\oint_L (z^2-y^2)\mathrm{d}x + (x^2-z^2)\mathrm{d}y + (y^2-x^2)\mathrm{d}z\right| = \left|\iint\limits_{\Sigma} \begin{vmatrix} \cos\alpha & \cos\beta & \cos\gamma \\ \frac{\partial}{\partial x} & \frac{\partial}{\partial y} & \frac{\partial}{\partial z} \\ P & Q & R \end{vmatrix} \mathrm{d}S\right|$$

$$= \frac{4}{\sqrt{3}}\iint\limits_{\Sigma}(x+y+z)\mathrm{d}S = \frac{4}{\sqrt{3}}\iint\limits_{\Sigma}\frac{3}{2}\mathrm{d}S = 2\sqrt{3}\iint\limits_{D_{xy}}\sqrt{3}\mathrm{d}x\mathrm{d}y = 6\iint\limits_{D_{xy}}\mathrm{d}x\mathrm{d}y = \frac{9}{2}.$$

(**方法 2**) 直接计算, 将所给曲线积分分段计算, 注意到对称性特征, 只需计算 $\overline{AB}$ 与 $\overline{DE}$ 上的曲线积分即可.

对于 $\overline{AB}$ 上的积分 (图 7.1), 因为 $\overline{AB}$: $y = \frac{3}{2} - x\ (z=0)$, 点 A, B 分别对应 $x=1, x=\frac{1}{2}$, 所以

$$I_1 = \oint_{\overline{AB}} (z^2-y^2)\mathrm{d}x + (x^2-z^2)\mathrm{d}y + (y^2-x^2)\mathrm{d}z$$

$$= \int_1^{\frac{1}{2}} \left[0 - \left(\frac{3}{2}-x\right)^2\right]\mathrm{d}x + (x^2-0)\,\mathrm{d}\left(\frac{3}{2}-x\right)$$

$$= \int_{\frac{1}{2}}^{1} \left(\frac{9}{4} - 3x + 2x^2 \right) \mathrm{d}x = \frac{7}{12}.$$

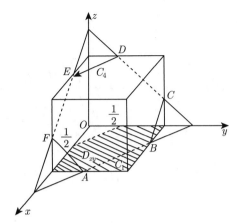

图 7.1

对于 $\overline{DE}$ 上的积分，因为 $\overline{DE}$: $y = \frac{1}{2} - x$ $(z = 1)$，点 D, E 分别对应 $x = 0$, $x = \frac{1}{2}$，所以

$$I_2 = \oint_{\overline{DE}} (z^2 - y^2)\mathrm{d}x + (x^2 - z^2)\mathrm{d}y + (y^2 - x^2)\mathrm{d}z$$

$$= \int_0^{\frac{1}{2}} \left[1 - \left(\frac{1}{2} - x \right)^2 \right] \mathrm{d}x + (x^2 - 1)\, \mathrm{d}\left(\frac{1}{2} - x \right)$$

$$= \int_0^{\frac{1}{2}} \left(\frac{7}{4} + x - 2x^2 \right) \mathrm{d}x = \frac{11}{12}.$$

因此，所求曲线积分为

$$\left| \oint_L (z^2 - y^2)\mathrm{d}x + (x^2 - z^2)\mathrm{d}y + (y^2 - x^2)\mathrm{d}z \right| = 3|I_1 + I_2| = 3\left(\frac{7}{12} + \frac{11}{12} \right) = \frac{9}{2}.$$

【例 7.114】（第十一届全国决赛题, 2021） 设 Ω 是由光滑的简单封闭曲面 Σ 围成的有界闭区域，函数 $f(x, y, z)$ 在 Ω 上具有连续二阶偏导数，且 $f(x, y, z)|_{(x,y,z) \in \Sigma} = 0$. 记 ∇f 为 $f(x, y, z)$ 的梯度，并令 $\Delta f = \frac{\partial^2 f}{\partial x^2} + \frac{\partial^2 f}{\partial y^2} + \frac{\partial^2 f}{\partial z^2}$. 证明：对任意常数 $C > 0$，恒有

$$C \iiint_\Omega f^2 \mathrm{d}x\mathrm{d}y\mathrm{d}z + \frac{1}{C} \iiint_\Omega (\Delta f)^2 \mathrm{d}x\mathrm{d}y\mathrm{d}z \geqslant 2 \iiint_\Omega |\nabla f|^2 \mathrm{d}x\mathrm{d}y\mathrm{d}z.$$

证 首先利用 Gauss 公式，可得

$$\iint_\Sigma f\frac{\partial f}{\partial x}\mathrm{d}y\mathrm{d}z + f\frac{\partial f}{\partial y}\mathrm{d}z\mathrm{d}x + f\frac{\partial f}{\partial z}\mathrm{d}x\mathrm{d}y = \iiint_\Omega (f\Delta f + |\nabla f|^2)\mathrm{d}x\mathrm{d}y\mathrm{d}z,$$

其中 Σ 取外侧. 因为 $f(x,y,z)|_{(x,y,z)\in\Sigma} = 0$, 所以上式左端等于零. 利用 Cauchy 不等式, 得

$$\iiint\limits_{\Omega} |\nabla f|^2 \mathrm{d}x\mathrm{d}y\mathrm{d}z$$

$$= -\iiint\limits_{\Omega} (f\Delta f)\mathrm{d}x\mathrm{d}y\mathrm{d}z \leqslant \left(\iiint\limits_{\Omega} f^2 \mathrm{d}x\mathrm{d}y\mathrm{d}z\right)^{1/2} \left(\iiint\limits_{\Omega} (\Delta f)^2 \mathrm{d}x\mathrm{d}y\mathrm{d}z\right)^{1/2}.$$

故对任意常数 $C > 0$, 恒有 (利用均值不等式)

$$C\iiint\limits_{\Omega} f^2 \mathrm{d}x\mathrm{d}y\mathrm{d}z + \frac{1}{C}\iiint\limits_{\Omega} (\Delta f)^2 \mathrm{d}x\mathrm{d}y\mathrm{d}z$$

$$\geqslant 2\left(\iiint\limits_{\Omega} f^2 \mathrm{d}x\mathrm{d}y\mathrm{d}z\right)^{1/2} \left(\iiint\limits_{\Omega} (\Delta f)^2 \mathrm{d}x\mathrm{d}y\mathrm{d}z\right)^{1/2}$$

$$\geqslant 2\iiint\limits_{\Omega} |\nabla f|^2 \mathrm{d}x\mathrm{d}y\mathrm{d}z.$$

【例 7.115】(第二届全国初赛题, 2010) 设 l 是过原点、方向为 (α, β, γ) 的直线 (其中 $\alpha^2 + \beta^2 + \gamma^2 = 1$), 密度函数为 1 的均匀椭球 $\frac{x^2}{a^2} + \frac{y^2}{b^2} + \frac{z^2}{c^2} \leqslant 1$ 绕直线 l 旋转, 其中 $0 < c < b < a$.

(1) 求其转动惯量;

(2) 求其转动惯量关于方向 (α, β, γ) 的最大值和最小值.

解 (1) 记椭球体为 Ω, 旋转轴 l 的方向为 $\boldsymbol{\tau} = (\alpha, \beta, \gamma)$, 椭球内任一点 $P(x, y, z)$ 到旋转轴 l 的距离的平方为

$$d^2 = \left|\overrightarrow{OP}\right|^2 - \left(\overrightarrow{OP} \cdot \boldsymbol{\tau}\right)^2 = x^2 + y^2 + z^2 - (\alpha x + \beta y + \gamma z)^2$$

$$= (1-\alpha^2)x^2 + (1-\beta^2)y^2 + (1-\gamma^2)z^2 - 2\alpha\beta xy - 2\beta\gamma yz - 2\gamma\alpha zx.$$

根据转动惯量公式, 所求的转动惯量为

$$I = \iiint\limits_{\Omega} [(1-\alpha^2)x^2 + (1-\beta^2)y^2 + (1-\gamma^2)z^2 - 2\alpha\beta xy - 2\beta\gamma yz - 2\gamma\alpha zx]\mathrm{d}V.$$

根据三重积分的对称性, $\iiint\limits_{\Omega} (\alpha\beta xy + \beta\gamma yz + \gamma\alpha zx)\mathrm{d}V = 0$, 所以

$$I = \iiint\limits_{\Omega} [(1-\alpha^2)x^2 + (1-\beta^2)y^2 + (1-\gamma^2)z^2]\mathrm{d}V.$$

作广义球面坐标变换

$$\begin{cases} x = a\rho\cos\theta\sin\varphi, \\ y = b\rho\sin\theta\sin\varphi, \\ z = c\rho\cos\varphi, \end{cases} \quad 0 < \rho < 1, \quad 0 < \theta < 2\pi, \quad 0 < \varphi < \pi.$$

则有

$$\begin{aligned} I &= abc \int_0^{2\pi} \mathrm{d}\theta \int_0^\pi \mathrm{d}\varphi \int_0^1 \left[\left(1-\alpha^2\right) a^2 \cos^2\theta \sin^3\varphi + \left(1-\beta^2\right) b^2 \sin^2\theta \sin^3\varphi \right. \\ &\quad \left. + \left(1-\gamma^2\right) c^2 \cos^2\varphi \sin\varphi \right] \rho^4 \mathrm{d}\rho \\ &= \frac{4\pi abc}{15} \left[\left(1-\alpha^2\right) a^2 + \left(1-\beta^2\right) b^2 + \left(1-\gamma^2\right) c^2 \right]. \end{aligned}$$

(2) 欲求转动惯量 I 关于方向 (α, β, γ) 满足条件 $\alpha^2 + \beta^2 + \gamma^2 = 1$ 的最大值与最小值, 构造 Lagrange 函数

$$L(\alpha, \beta, \gamma; \lambda) = (1-\alpha^2)a^2 + (1-\beta^2)b^2 + (1-\gamma^2)c^2 + \lambda(\alpha^2 + \beta^2 + \gamma^2 - 1),$$

令 $\dfrac{\partial L}{\partial \alpha} = 0, \ \dfrac{\partial L}{\partial \beta} = 0, \ \dfrac{\partial L}{\partial \gamma} = 0, \ \dfrac{\partial L}{\partial \lambda} = 0$, 解得 $(\alpha, \beta, \gamma) = (0, 0, \pm 1)$ 或 $(0, \pm 1, 0)$ 或 $(\pm 1, 0, 0)$.

因此, 当 $(\alpha, \beta, \gamma) = (0, 0, \pm 1)$ 时, 即椭球绕 z 轴 (短轴) 转动时转动惯量 I 取最大值, 且 $I_{\max} = \dfrac{4\pi abc}{15}(a^2 + b^2)$; 当 $(\alpha, \beta, \gamma) = (\pm 1, 0, 0)$ 时, 即椭球绕 x 轴 (长轴) 转动时转动惯量 I 取最小值, 且 $I_{\min} = \dfrac{4\pi abc}{15}(b^2 + c^2)$.

【例 7.116】(第八届全国初赛题, 2016) 某物体所在的空间区域为 $\Omega: x^2 + y^2 + 2z^2 \leqslant x + y + 2z$, 密度函数为 $x^2 + y^2 + z^2$, 求质量 $M = \iiint\limits_\Omega (x^2 + y^2 + z^2)\mathrm{d}x\mathrm{d}y\mathrm{d}z$.

解 由于 $\Omega: \left(x - \dfrac{1}{2}\right)^2 + \left(y - \dfrac{1}{2}\right)^2 + 2\left(z - \dfrac{1}{2}\right)^2 \leqslant 1$, 作变换 $u = x - \dfrac{1}{2}, v = y - \dfrac{1}{2}, w = \sqrt{2}\left(z - \dfrac{1}{2}\right)$, 将 Ω 变为单位球 $\Sigma: u^2 + v^2 + w^2 \leqslant 1$, 其体积为 $V = \dfrac{4\pi}{3}$. 而 $J = \dfrac{\partial(u, v, w)}{\partial(x, y, z)} = \sqrt{2}$, 所以 $\mathrm{d}u\mathrm{d}v\mathrm{d}w = \sqrt{2}\mathrm{d}x\mathrm{d}y\mathrm{d}z$, 故

$$M = \frac{1}{\sqrt{2}} \iiint\limits_\Sigma \left[\left(u + \frac{1}{2}\right)^2 + \left(v + \frac{1}{2}\right)^2 + \left(\frac{w}{\sqrt{2}} + \frac{1}{2}\right)^2 \right] \mathrm{d}u\mathrm{d}v\mathrm{d}w.$$

根据三重积分的对称性, 得

$$M = \frac{1}{\sqrt{2}} \iiint\limits_\Sigma \left(u^2 + v^2 + \frac{w^2}{2} \right) \mathrm{d}u\mathrm{d}v\mathrm{d}w + A,$$

其中 $A = \dfrac{1}{\sqrt{2}}\left(\dfrac{1}{4}+\dfrac{1}{4}+\dfrac{1}{4}\right)V = \dfrac{1}{\sqrt{2}}\cdot\dfrac{3}{4}\cdot\dfrac{4\pi}{3} = \dfrac{\pi}{\sqrt{2}}$. 记

$$I = \iiint\limits_{\Sigma}(u^2+v^2+w^2)\mathrm{d}u\mathrm{d}v\mathrm{d}w = \int_0^{2\pi}\mathrm{d}\phi\int_0^{\pi}\mathrm{d}\theta\int_0^1 r^2\cdot r^2\sin\theta\mathrm{d}r = \dfrac{4\pi}{5},$$

由于 u^2, v^2, w^2 在 Σ 上积分都等于 $\dfrac{I}{3}$, 故

$$M = \dfrac{1}{\sqrt{2}}\left(\dfrac{1}{3}+\dfrac{1}{3}+\dfrac{1}{6}\right)I + A = \dfrac{1}{\sqrt{2}}\cdot\dfrac{5}{6}\cdot\dfrac{4\pi}{5}+\dfrac{\pi}{\sqrt{2}} = \dfrac{5\sqrt{2}}{6}\pi.$$

【例 7.117】(第十届全国初赛题, 2018) 计算三重积分 $\iiint\limits_{V}(x^2+y^2)\mathrm{d}V$, 其中 V 是由 $x^2+y^2+(z-2)^2 \geqslant 4$, $x^2+y^2+(z-1)^2 \leqslant 9, z \geqslant 0$ 所围成的空心立体.

【分析】 可采用两种方法: 一是利用"先二后一"法直接计算 (详见例 7.20), 二是采用割补法, 使得在每一部分区域上将三重积分化为三次积分时既容易确定积分限也易于计算. 这里只介绍第二种方法.

解 采用割补法, 将 V 上的积分转化为三个球形区域上的三重积分的代数和.

先考虑整个球体 $\Omega : x^2+y^2+(z-1)^2 \leqslant 9$, 设球面坐标 $x = r\sin\varphi\cos\theta, y = r\sin\varphi\sin\theta$, $z-1 = r\cos\varphi$, 则 $\Omega : 0 \leqslant r \leqslant 3, 0 \leqslant \varphi \leqslant \pi, 0 \leqslant \theta \leqslant 2\pi$, 所以

$$\iiint\limits_{\Omega}(x^2+y^2)\mathrm{d}V = \int_0^{2\pi}\mathrm{d}\theta\int_0^{\pi}\mathrm{d}\varphi\int_0^3 r^2\sin^2\varphi r^2\sin\varphi\mathrm{d}r = 2\pi\int_0^{\pi}\sin^3\varphi\mathrm{d}\varphi\int_0^3 r^4\mathrm{d}r$$

$$= -2\pi\int_0^{\pi}(1-\cos^2\varphi)\mathrm{d}(\cos\varphi)\cdot\dfrac{3^5}{5} = 2\pi\cdot\dfrac{4}{3}\cdot\dfrac{3^5}{5} = \dfrac{648}{5}\pi.$$

再考虑 Ω_1: $x^2+y^2+(z-2)^2 \leqslant 4$, 利用球面坐标 $x = r\sin\varphi\cos\theta$, $y = r\sin\varphi\sin\theta$, $z-2 = r\cos\varphi$, 则

$$\iiint\limits_{\Omega_1}(x^2+y^2)\mathrm{d}V = \int_0^{2\pi}\mathrm{d}\theta\int_0^{\pi}\mathrm{d}\varphi\int_0^2 r^2\sin^2\varphi r^2\sin\varphi\mathrm{d}r$$

$$= 2\pi\int_0^{\pi}\sin^3\varphi\mathrm{d}\varphi\int_0^2 r^4\mathrm{d}r = \dfrac{256\pi}{15}.$$

最后考虑 Ω_2: $x^2+y^2+(z-1)^2 \leqslant 9$, $z \leqslant 0$, 易知 Ω_2 在 xOy 平面上的投影区域为 $\{(x,y)|x^2+y^2 \leqslant 8\}$, 利用柱面坐标 $x = r\cos\theta$, $y = r\sin\theta$, $z = z$, 则 Ω_2: $0 \leqslant r \leqslant 2\sqrt{2}$, $0 \leqslant \theta \leqslant 2\pi, 1-\sqrt{9-r^2} \leqslant z \leqslant 0$, 所以

$$\iiint\limits_{\Omega_2}(x^2+y^2)\mathrm{d}V = \int_0^{2\pi}\mathrm{d}\theta\int_0^{2\sqrt{2}}r\mathrm{d}r\int_{1-\sqrt{9-r^2}}^0 r^2\mathrm{d}z = 2\pi\int_0^{2\sqrt{2}}r^3\left(\sqrt{9-r^2}-1\right)\mathrm{d}r$$

$$= \pi \int_0^8 t\sqrt{9-t}\,\mathrm{d}t - 32\pi = \frac{136\pi}{5}.$$

综上所述, 得

$$\iiint\limits_{V}(x^2+y^2)\mathrm{d}V = \iiint\limits_{\Omega}(x^2+y^2)\mathrm{d}V - \iiint\limits_{\Omega_1}(x^2+y^2)\mathrm{d}V - \iiint\limits_{\Omega_2}(x^2+y^2)\mathrm{d}V$$

$$= \frac{648}{5}\pi - \frac{256}{15}\pi - \frac{136}{5}\pi = \frac{256}{3}\pi.$$

【例 7.118】(第三届全国决赛题, 2012) 设 D 为椭圆形 $\dfrac{x^2}{a^2}+\dfrac{y^2}{b^2} \leqslant 1 (a>b>0)$ 且面密度为 ρ 的均质薄板, l 为通过椭圆焦点 $(-c,0)$ 且垂直于薄板的直线, 其中 $c=\sqrt{a^2-b^2}$.

(1) 求薄板 D 绕直线 l 旋转的转动惯量 J;

(2) 对于固定的转动惯量, 讨论椭圆形薄板的面积是否有最大值和最小值.

解 (1) 根据转动惯量的公式, 得 $J = \iint\limits_{D}\rho[(x+c)^2+y^2]\mathrm{d}x\mathrm{d}y.$

利用二重积分的对称性及广义极坐标 $\begin{cases} x = ar\cos\theta, \\ y = br\sin\theta, \end{cases}$ 此时 $\mathrm{d}x\mathrm{d}y = abr\mathrm{d}r\mathrm{d}\theta$, 所以

$$J = \rho\iint\limits_{D}(c^2+x^2+y^2)\mathrm{d}x\mathrm{d}y = 4\rho\int_0^{\frac{\pi}{2}}\mathrm{d}\theta\int_0^1[c^2+(a^2\cos^2\theta+b^2\sin^2\theta)r^2]abr\mathrm{d}r$$

$$= abc^2\rho\pi + 4ab\rho\int_0^{\frac{\pi}{2}}\mathrm{d}\theta\int_0^1(a^2\cos^2\theta+b^2\sin^2\theta)r^3\mathrm{d}r$$

$$= abc^2\rho\pi + a^3b\rho\int_0^{\frac{\pi}{2}}\cos^2\theta\mathrm{d}\theta + a b^3\rho\int_0^{\frac{\pi}{2}}\sin^2\theta\mathrm{d}\theta$$

$$= abc^2\rho\pi + \frac{a^3b\rho\pi}{4} + \frac{ab^3\rho\pi}{4} = \frac{ab\rho\pi}{4}(5a^2-3b^2).$$

(2) 椭圆面积为 πab. 若转动惯量 J 固定, 则可设 $ab(5a^2-3b^2) = k$, 其中 k 是常数, 因此问题要求讨论函数 πab 在约束条件 $ab(5a^2-3b^2) = k$ 下是否存在最大值与最小值. 这是条件极值问题, 构造 Lagrange 函数:

$$L(a,b) = ab - \lambda(ab(5a^2-3b^2) - k),$$

令 $\dfrac{\partial L}{\partial a} = b - \lambda(15a^2b-3b^3) = 0, \dfrac{\partial L}{\partial b} = a - \lambda(5a^3-9ab^2) = 0$, 可得 $5a^2+3b^2 = 0$, 此与 $a>b>0$ 矛盾. 因此该条件极值问题无解, 即在转动惯量固定时, 椭圆形薄板的面积不存在最大值和最小值.

【例 7.119】(第四届全国决赛题, 2013) 设曲面 $\Sigma: z^2 = x^2 + y^2, 1 \leq z \leq 2$, 其面密度为常数 ρ. 求在原点处的质量为 1 的质点和 Σ 之间的引力 (记引力常数为 G).

解 根据对称性, 可设引力 $\boldsymbol{F} = (0, 0, F_z)$, 我们采用微元法计算引力分量 F_z. 设质点与曲面上任意点 $P(x, y, z)$ 处的曲面微元之间的引力大小为 $\mathrm{d}\boldsymbol{F}$, 微元面积为 $\mathrm{d}S$, 根据万有引力定律知, $\mathrm{d}\boldsymbol{F} = G\dfrac{\rho \mathrm{d}S}{|\overrightarrow{OP}|^2} = G\dfrac{\rho \mathrm{d}S}{x^2 + y^2 + z^2}$, 其中 $|\overrightarrow{OP}|$ 为质点与 P 的距离. 又设 $\overrightarrow{OP}$ 与 z 轴正向的夹角为 φ, 则

$$\mathrm{d}F_z = \cos\varphi \mathrm{d}\boldsymbol{F} = \dfrac{z}{\sqrt{x^2 + y^2 + z^2}}\mathrm{d}\boldsymbol{F} = G\rho\dfrac{z \mathrm{d}S}{(x^2 + y^2 + z^2)^{3/2}},$$

于是 $F_z = G\rho \iint\limits_{\Sigma} \dfrac{z \mathrm{d}S}{(x^2 + y^2 + z^2)^{3/2}}$. 下面计算曲面积分.

注意到 Σ 在 xOy 面上的投影 $D: 1 \leq r \leq 2, 0 \leq \theta \leq 2\pi$, $\mathrm{d}S = \sqrt{1 + z_x^2 + z_y^2}\mathrm{d}x\mathrm{d}y = \dfrac{\sqrt{x^2 + y^2 + z^2}}{z}\mathrm{d}x\mathrm{d}y$, 所以

$$F_z = G\rho \iint\limits_{D} \dfrac{\mathrm{d}x\mathrm{d}y}{2(x^2 + y^2)} = G\rho \int_0^{2\pi} \mathrm{d}\theta \int_1^2 \dfrac{r\mathrm{d}r}{2r^2} = G\rho\pi\ln 2.$$

因此, 质点和 Σ 之间的引力为 $\boldsymbol{F} = (0, 0, G\rho\pi\ln 2)$.

【例 7.120】(第二届全国初赛题, 2010) 设函数 $\varphi(x)$ 具有连续的导数, 在围绕原点的任意光滑的简单闭曲线 C 上, 曲线积分 $\oint_C \dfrac{2xy\mathrm{d}x + \varphi(x)\mathrm{d}y}{x^4 + y^2}$ 的值恒为同一常数.

(1) 设 L 为正向闭曲线 $(x - 2)^2 + y^2 = 1$, 证明 $\oint_L \dfrac{2xy\mathrm{d}x + \varphi(x)\mathrm{d}y}{x^4 + y^2} = 0$;

(2) 求函数 $\varphi(x)$ 的表达式;

(3) 设 C 是围绕原点的光滑简单正向闭曲线, 求 $\oint_C \dfrac{2xy\mathrm{d}x + \varphi(x)\mathrm{d}y}{x^4 + y^2}$.

解 (1) 将曲线 L 分割成两段: $L = L_1 + L_2$, 其中 L_1 是 L 的右半圆弧, 任取 L_0 是不经过原点的光滑曲线, 并且使得 $C_1 = L_0 + L_1$ 和 $C_2 = L_0 + L_2^-$ 均构成围绕原点的分段光滑闭曲线, 则由题设条件可知 $\oint_{C_1} \dfrac{2xy\mathrm{d}x + \varphi(x)\mathrm{d}y}{x^4 + y^2} = \oint_{C_2} \dfrac{2xy\mathrm{d}x + \varphi(x)\mathrm{d}y}{x^4 + y^2}$, 所以

$$\oint_L \dfrac{2xy\mathrm{d}x + \varphi(x)\mathrm{d}y}{x^4 + y^2} = \left(\oint_{C_1} - \oint_{C_2}\right)\dfrac{2xy\mathrm{d}x + \varphi(x)\mathrm{d}y}{x^4 + y^2} = 0.$$

(2) 进一步, 令 $P(x,y) = \dfrac{2xy}{x^4+y^2}$, $Q(x,y) = \dfrac{\varphi(x)}{x^4+y^2}$, 由于曲线积分与路径无关, 所以 $\dfrac{\partial P}{\partial y} = \dfrac{\partial Q}{\partial x}$, 于是有

$$\frac{2x^5 - 2xy^2}{(x^4+y^2)^2} = \frac{(x^4+y^2)\varphi'(x) - 4x^3\varphi(x)}{(x^4+y^2)^2},$$

比较等式两边, 可得 $[\varphi'(x) + 2x]y^2 = x^3[4\varphi(x) - x\varphi'(x) + 2x^2]$. 这里 x 与 y 是独立变量, 可视为 y 的二次多项式, 所以 $\varphi'(x) + 2x = 0$, $4\varphi(x) - x\varphi'(x) + 2x^2 = 0$. 解得 $\varphi(x) = -x^2$.

(3) 设 D 是由正向闭曲线 $C_a : x^4 + y^2 = 1$ 围成的区域, 利用 Green 公式, 并注意到对称性, 得

$$\oint_C \frac{2xy\mathrm{d}x + \varphi(x)\mathrm{d}y}{x^4+y^2} = \oint_{C_a} \frac{2xy\mathrm{d}x - x^2\mathrm{d}y}{x^4+y^2} = \oint_{C_a} 2xy\mathrm{d}x - x^2\mathrm{d}y = \iint_D (-4x)\mathrm{d}x\mathrm{d}y = 0.$$

【例 7.121】(第三届全国初赛题, 2011) 设函数 $f(x)$ 连续, a,b,c 为常数, Σ 为单位球面 $x^2 + y^2 + z^2 = 1$. 求证: $\iint_\Sigma f(ax+by+cz)\mathrm{d}S = 2\pi \int_{-1}^1 f(\sqrt{a^2+b^2+c^2}\,u)\mathrm{d}u$.

【分析】 本题即著名的 Poisson(泊松) 公式. 这里采用两种方法证明: 一是元素法; 二是坐标变换法.

证 若 $a = b = c = 0$, 则等式两边都等于 $4\pi f(0)$, 所以结论成立. 当 a,b,c 不全零时, 下面给出两种方法.

(**方法 1**) 元素法. 对任意固定的 u, 记平面 P_u 为 $\dfrac{ax+by+cz}{\sqrt{a^2+b^2+c^2}} = u$, 则 $|u|$ 是坐标原点到平面 P_u 的距离, 所以 $-1 \leqslant u \leqslant 1$. 球面 Σ 在平面 P_u 与 $P_{u+\mathrm{d}u}$ 之间的细长条近似为圆柱, 其底面周长为 $2\pi\sqrt{1-u^2}$, 高度为 $\dfrac{\mathrm{d}u}{\sqrt{1-u^2}}$, 因此细长条面积为 $\mathrm{d}S = 2\pi\mathrm{d}u$. 又由于 $f(ax+by+cz) = f\left(\sqrt{a^2+b^2+c^2}\,u\right)$, 所以

$$\iint_\Sigma f(ax+by+cz)\mathrm{d}S = 2\pi \int_{-1}^1 f\left(\sqrt{a^2+b^2+c^2}\,u\right)\mathrm{d}u.$$

(**方法 2**) 坐标变换法. 令 $k = \sqrt{a^2+b^2+c^2}$, 则 $k > 0$. 把单位向量 $\left(\dfrac{a}{k}, \dfrac{b}{k}, \dfrac{c}{k}\right)$ 记为 (a_{11}, a_{12}, a_{13}), 再扩充成正交矩阵 $\boldsymbol{A} = \begin{pmatrix} a_{11} & a_{12} & a_{13} \\ a_{21} & a_{22} & a_{23} \\ a_{31} & a_{32} & a_{33} \end{pmatrix}$, 并要求行列式 $\det(\boldsymbol{A}) = 1$,

则正交变换 $\begin{pmatrix} u \\ v \\ w \end{pmatrix} = \boldsymbol{A} \begin{pmatrix} x \\ y \\ z \end{pmatrix}$ 是旋转变换，把球面 Σ 变换成球面 $\Sigma': u^2+v^2+w^2=1$，

且满足 $ax+by+cz=ku$. 由于变换的 Jacobi 行列式 $J = \dfrac{\partial(x,y,z)}{\partial(u,v,w)} = \det(\boldsymbol{A}^{\mathrm{T}}) = 1$，所以

$$\iint\limits_{\Sigma} f(ax+by+cz)\mathrm{d}S = \iint\limits_{\Sigma'} f(ku)\mathrm{d}S'.$$

下证 $\iint\limits_{\Sigma'} f(ku)\mathrm{d}S' = 2\pi \int_{-1}^{1} f\left(\sqrt{a^2+b^2+c^2}\,u\right)\mathrm{d}u$. 为此，把球面 $\Sigma': u^2+v^2+w^2=1$ 用参数方程表示为

$$u=u, \quad v=\sqrt{1-u^2}\cos\theta, \quad w=\sqrt{1-u^2}\sin\theta, \quad -1\leqslant u\leqslant 1,\ 0\leqslant \theta\leqslant 2\pi,$$

易知 $\mathrm{d}S' = \sqrt{EF-G^2}\,\mathrm{d}\theta\mathrm{d}u = \mathrm{d}\theta\mathrm{d}u$，因此

$$\iint\limits_{\Sigma'} f(ku)\mathrm{d}S' = \int_{0}^{2\pi} \mathrm{d}\theta \int_{-1}^{1} f(ku)\mathrm{d}u = 2\pi \int_{-1}^{1} f\left(\sqrt{a^2+b^2+c^2}\,u\right)\mathrm{d}u.$$

7.4 能力拓展与训练

1. 设 $D=\{(x,y)\,|\,|x|+|y|\leqslant 1\}$，则积分 $\iint\limits_{D}(x+|y|)\mathrm{d}x\mathrm{d}y = \underline{\qquad}$.

2. 已知平面区域 $D=\left\{(x,y)\,\big|\,y-2\leqslant x\leqslant \sqrt{4-y^2}, 0\leqslant y\leqslant 2\right\}$，计算 $I = \iint\limits_{D} \dfrac{(x-y)^2}{x^2+y^2}\mathrm{d}x\mathrm{d}y$.

3. 曲面 $z=\sqrt{4-x^2-y^2}$ 和 $x^2+y^2=3z$ 所围成的立体体积 $V = \underline{\qquad}$.

4. 计算 $\int_{0}^{1}\int_{0}^{1}[2x+2y]\mathrm{d}x\mathrm{d}y$，其中 $[x]$ 为不超过 x 的最大整数.

5. 求积分 $I = \int_{0}^{\frac{\pi}{2}} \dfrac{1}{\sqrt{x}}\mathrm{d}x \int_{\sqrt{x}}^{\sqrt{\frac{\pi}{2}}} \dfrac{\mathrm{d}y}{1+(\tan y^2)^{\sqrt{2}}}$.

6. 积分 $\int_{0}^{1}\mathrm{d}y\int_{0}^{1}\sqrt{\mathrm{e}^{2x}-y^2}\,\mathrm{d}x + \int_{1}^{\mathrm{e}}\mathrm{d}y\int_{\ln y}^{1}\sqrt{\mathrm{e}^{2x}-y^2}\,\mathrm{d}x = \underline{\qquad}$.

7. 设 $f(x)=\begin{cases} a, & 0\leqslant x\leqslant 2 \\ 0, & \text{其他} \end{cases}$ $(a>0, a$ 是常数$)$，D 是全平面，求二重积分 $\iint\limits_{D} f(x)f(y-x)\mathrm{d}x\mathrm{d}y$.

8. 计算二重积分 $I = \iint\limits_{D} (|x| + |y|)\mathrm{d}x\mathrm{d}y$, 其中 D 是由曲线 $xy = 2$, 直线 $y = x - 1$ 和 $y = x + 1$ 所围成的区域.

9. 计算 $\iint\limits_{D} \sqrt{|y - x^2|}\mathrm{d}x\mathrm{d}y$, 其中 $D = \{(x,y)| -1 \leqslant x \leqslant 1, 0 \leqslant y \leqslant 2\}$.

10. 设 $N(x,y)$ 表示平面上满足不等式 $m^2 + n^2 \leqslant x^2 + y^2$ 的整点 (m,n) 的数目, 令 $c = \sum\limits_{k=0}^{+\infty} \mathrm{e}^{-k^2}$, 求积分 $I = \int_{-\infty}^{+\infty} \int_{-\infty}^{+\infty} N(x,y)\mathrm{e}^{-x^2-y^2}\mathrm{d}x\mathrm{d}y$.

11. 设 $D_r : x^2 + y^2 \leqslant r^2$, 则 $\lim\limits_{r \to 0^+} \dfrac{1}{r^2} \iint\limits_{D_r} \mathrm{e}^{x^2-y^2} \cos(x+y)\mathrm{d}x\mathrm{d}y = $ _____.

12. (第七届全国决赛题, 2016) 设 $D : 1 \leqslant x^2 + y^2 \leqslant 4$, 则积分 $I = \iint\limits_{D} (x + y^2) \cdot \mathrm{e}^{-(x^2+y^2-4)}\mathrm{d}x\mathrm{d}y$ 的值是 _____.

13. (第十一届全国初赛题, 2019) 已知 $\mathrm{d}u(x,y) = \dfrac{y\mathrm{d}x - x\mathrm{d}y}{3x^2 - 2xy + 3y^2}$, 则 $u(x,y) = $ _____.

14. 设函数 $f(x,y)$ 在区域 $D : x^2 + y^2 \leqslant 1$ 上有连续的一阶偏导数, 在 D 的边界上的值恒为零, 证明:

$$\lim\limits_{\varepsilon \to 0^+} \dfrac{1}{2\pi} \iint\limits_{\varepsilon^2 \leqslant x^2 + y^2 \leqslant 1} \dfrac{x\dfrac{\partial f}{\partial x} + y\dfrac{\partial f}{\partial y}}{x^2 + y^2} = -f(0,0).$$

15. 计算曲面积分: $I = \iint\limits_{\Sigma} \dfrac{x\mathrm{d}y\mathrm{d}z + y\mathrm{d}z\mathrm{d}x + z\mathrm{d}x\mathrm{d}y}{\sqrt{x^2 + (y-1)^2 + z^2}}$, 其中 $\Sigma : x^2 + y^2 + z^2 = 4\ (z \geqslant 0)$, 取上侧.

16. 证明: $\dfrac{61}{165}\pi \leqslant \iint\limits_{x^2+y^2 \leqslant 1} \sin\sqrt{(x^2+y^2)^3}\mathrm{d}x\mathrm{d}y \leqslant \dfrac{2}{5}\pi$.

17. 设函数 $f(t)$ 连续, 区域 $D = \{(x,y)|x^2 + y^2 \leqslant 1\}$, 证明:

$$\iint\limits_{D} f(x+y)\mathrm{d}x\mathrm{d}y = \int_{-\sqrt{2}}^{\sqrt{2}} \sqrt{2-t^2}f(t)\mathrm{d}t.$$

18. (第四届全国初赛题, 2012) 设函数 $u = u(x)$ 连续可微, $u(2) = 1$, 且 $\int_L (x + 2y)u\mathrm{d}x + (x + u^3)u\mathrm{d}y$ 在右半平面上与路径无关, 求 $u(x)$.

19. 设 $f(x) = \begin{cases} e^x, & x \geqslant 0, \\ e^{-x}, & x < 0, \end{cases}$ $g(x) = \begin{cases} 1, & 0 \leqslant x \leqslant 2, \\ 0, & \text{其他}, \end{cases}$ 求曲线积分

$$\oint_L f(x)g(y-x)\mathrm{d}s,$$

其中 $L: |x| + |y| = 1$.

20. 设函数 $\varphi(x), \psi(x)$ 具有连续的一阶导数，$\varphi(0) = -2, \psi(0) = 1$，且对平面上任意一条分段光滑的曲线 L，积分 $I = \int_L 2(x\varphi(y) + \psi(y))\mathrm{d}x + \left(x^2\psi(y) + 2xy^2 - 2x\varphi(y)\right)\mathrm{d}y$ 与路径无关.

(1) 求函数 $\varphi(x)$ 和 $\psi(x)$；

(2) 设 L 是从 $O(0,0)$ 到 $A\left(\pi, \dfrac{\pi}{2}\right)$ 的分段光滑曲线，计算 I.

21. 设函数 $f(x)$ 在 $(-\infty, +\infty)$ 内具有连续导数，求积分

$$\int_C \frac{1}{y}\left[1 + y^2 f(xy)\right]\mathrm{d}x + \frac{x}{y^2}\left[y^2 f(xy) - 1\right]\mathrm{d}y,$$

其中 C 是从点 $A\left(4, \dfrac{1}{2}\right)$ 到点 $B\left(3, \dfrac{2}{3}\right)$ 的直线段.

22. 设函数 $f(x), g(x)$ 具有连续的二阶导数，对 xOy 平面上任一简单闭曲线 L，曲线积分

$$\oint_L \left[y^2 f(x) + 2y e^x + 2y g(x)\right]\mathrm{d}x + 2[y g(x) + f(x)]\mathrm{d}y = 0.$$

(1) 求使得 $f(0) = g(0) = 0$ 的函数 $f(x), g(x)$ 的表达式；

(2) 设 C 是从点 $(0,0)$ 到点 $(1,1)$ 的任一光滑曲线，$f(x), g(x)$ 是 (1) 中求得的函数，计算曲线积分

$$\int_C \left[y^2 f(x) + 2y e^x + 2y g(x)\right]\mathrm{d}x + 2[y g(x) + f(x)]\mathrm{d}y.$$

23. 向量场 $\boldsymbol{A} = 2x^3 yz\boldsymbol{i} - x^2 y^2 z\boldsymbol{j} - x^2 yz^2\boldsymbol{k}$ 的散度 $\mathrm{div}\boldsymbol{A}$ 在点 $M(1,1,2)$ 处沿方向 $\boldsymbol{l} = (2,2,-1)$ 的方向导数 $\left.\dfrac{\partial}{\partial l}(\mathrm{div}\boldsymbol{A})\right|_M = $ _____.

24. 设 Γ 为不自交的光滑闭曲线，$\mathrm{d}\boldsymbol{r} = \boldsymbol{i}\mathrm{d}x + \boldsymbol{j}\mathrm{d}y + \boldsymbol{k}\mathrm{d}z$，则曲线积分 $\oint_\Gamma \mathbf{grad}[\sin(x+y+z)] \cdot \mathrm{d}\boldsymbol{r} = $ _____.

25. 设曲面 $\Sigma: \dfrac{x^2}{a^2} + \dfrac{y^2}{b^2} + \dfrac{z^2}{c^2} = 1(a > 0, b > 0, c > 0)$ 上任意一点 (x, y, z) 处的切平面为 Π，$\varphi(x, y, z)$ 是坐标原点到平面 Π 的距离，计算曲面积分 $\iint_\Sigma \dfrac{\mathrm{d}S}{\varphi(x, y, z)}$.

26. 求曲面 $z = xy$ 与平面 $x + y + z = 1$ 及 $z = 0$ 所围成空间区域 Ω 的体积.

27. 已知 Σ 为曲面 $4x^2 + y^2 + z^2 = 1(x \geqslant 0, y \geqslant 0, z \geqslant 0)$ 的上侧, Γ 为 Σ 的边界曲线, 其正向与 Σ 的法向量符合右手螺旋法则, 计算曲线积分 $I = \int_{\Gamma} (yz^2 - \cos z)\mathrm{d}x + 2xz^2\mathrm{d}y + (2xyz + x\sin z)\mathrm{d}z$.

28. 计算曲面积分: $I = \iint\limits_{\Sigma} \dfrac{2\mathrm{d}y\mathrm{d}z}{x\cos^2 x} + \dfrac{\mathrm{d}z\mathrm{d}x}{\cos^2 y} - \dfrac{\mathrm{d}x\mathrm{d}y}{z\cos^2 z}$, 其中 Σ 是单位球面 $x^2 + y^2 + z^2 = 1$ 的外侧.

29. 设函数 $f(x)$ 具有连续导数, 在围绕原点的任意光滑简单闭曲面 S 上, 积分

$$\oiint\limits_{S} xf(x)\mathrm{d}y\mathrm{d}z - xyf(x)\mathrm{d}z\mathrm{d}x - \mathrm{e}^{2x}z\mathrm{d}x\mathrm{d}y$$

的值恒为常数 A.

(1) 证明: 对空间区域 $x > 0$ 内的任意光滑简单闭曲面 Σ, 恒有 $\oiint\limits_{\Sigma} xf(x)\mathrm{d}y\mathrm{d}z - xyf(x)\mathrm{d}z\mathrm{d}x - \mathrm{e}^{2x}z\mathrm{d}x\mathrm{d}y = 0$;

(2) 求函数 $f(x)(x > 0)$ 满足 $\lim\limits_{x \to 0^+} f(x) = 1$ 的表达式.

30. 设 $f(u)$ 具有连续导数, 计算: $I = \iint\limits_{\Sigma} \dfrac{1}{y}f\left(\dfrac{x}{y}\right)\mathrm{d}y\mathrm{d}z + \dfrac{1}{x}f\left(\dfrac{x}{y}\right)\mathrm{d}z\mathrm{d}x + z\mathrm{d}x\mathrm{d}y$, 其中 Σ 是由 $y = x^2 + z^2 + 6$ 与 $y = 8 - x^2 - z^2$ 所围立体的外侧表面.

31. 证明: $\dfrac{45}{2}\sqrt{3}\pi \leqslant \iiint\limits_{x^2+y^2+z^2 \leqslant 3} (6x^3 + 23y - 4z^5 + 7)\mathrm{d}x\mathrm{d}y\mathrm{d}z \leqslant \dfrac{59}{2}\sqrt{3}\pi$.

32. 计算曲面积分 $I = \iint\limits_{\Sigma} 2\left(1 - x^2\right)\mathrm{d}y\mathrm{d}z + 8xy\mathrm{d}z\mathrm{d}x - 4xz\mathrm{d}x\mathrm{d}y$, 其中 Σ 是由曲线 $x = \mathrm{e}^y (0 \leqslant y \leqslant a)$ 绕 x 轴旋转成的旋转曲面, 取外侧.

33. 证明: $\dfrac{\pi}{2} \leqslant \oint_{L} -y\sin x^2 \mathrm{d}x + x\cos y^2 \mathrm{d}y \leqslant \dfrac{\pi}{\sqrt{2}}$, 其中曲线 $L: x^2 + y^2 + x + y = 0$, 取逆时针方向.

34. 计算 $\lim\limits_{a \to +\infty} \iint\limits_{D} \min\{x, y\}\mathrm{e}^{-(x^2+y^2)}\mathrm{d}x\mathrm{d}y$, 其中 D 为正方形区域 $[-a, a] \times [-a, a]$.

35. 设函数 $f(u)$ 在 $[-1, 1]$ 上连续, 区域 $D = \{(x, y) | |x| + |y| \leqslant 1\}$, 证明:

$$\iint\limits_{D} f(x + y)\mathrm{d}x\mathrm{d}y = \int_{-1}^{1} f(u)\mathrm{d}u.$$

36. 设函数 $f(x)$ 在区间 $[0, 1]$ 上连续, 并设 $\int_0^1 f(x)\mathrm{d}x = A$, 求 $\int_0^1 \mathrm{d}x \int_x^1 f(x)f(y)\mathrm{d}y$.

37. 设 $f(x)$ 在区间 $[-1,1]$ 上连续且为奇函数, 区域 D 由曲线 $y = 4-x^2$ 与 $y = -3x$, $x = 1$ 所围成, 求二重积分 $I = \iint\limits_{D} \left[1 + f(x)\ln\left(y + \sqrt{1+y^2}\right)\right] \mathrm{d}x\mathrm{d}y$.

38. 设 D 是由 $y = x^2 (0 \leqslant x \leqslant 1)$, $y = -x^2 (-1 \leqslant x \leqslant 0)$, $y = 1$ 以及 $x = -1$ 所围成的平面区域, 试求二重积分

$$I = \iint\limits_{D} x \left[1 + \ln\left(y + \sqrt{1+y^2}\right) \sin\left(x^2 + y^2\right)\right] \mathrm{d}x\mathrm{d}y.$$

39. 计算 $\iint\limits_{D} \dfrac{xy}{x^2 + y^2} \mathrm{d}x\mathrm{d}y$, 其中 D: $1 \leqslant \dfrac{x}{x^2+y^2} \leqslant 2, 1 \leqslant \dfrac{y}{x^2+y^2} \leqslant 2$.

40. 设 $f(x)$ 为连续的偶函数, 试证明: $\iint\limits_{D} f(x-y) \mathrm{d}x\mathrm{d}y = 2\int_0^{2a} (2a-u) f(u) \mathrm{d}u$, 其中 D 为正方形区域 $|x| \leqslant a, \ |y| \leqslant a \ (a > 0)$.

41. 证明: $\dfrac{\pi(R^2 - r^2)}{R + k} \leqslant \iint\limits_{D} \dfrac{\mathrm{d}\sigma}{\sqrt{(x-a)^2 + (y-b)^2}} \leqslant \dfrac{\pi(R^2 - r^2)}{r - k}$, 其中 $0 < k = \sqrt{a^2 + b^2} < r < R$, $D: r^2 \leqslant x^2 + y^2 \leqslant k^2$.

42. 证明: $\iint\limits_{\Sigma} (1 - x^2 - y^2) \mathrm{d}S \leqslant \dfrac{2\pi}{15}(8\sqrt{2} - 7)$, 其中 Σ 为抛物面 $z = \dfrac{1}{2}(x^2 + y^2)$ 夹在平面 $z = 0$ 和 $z = \dfrac{t}{2}(t > 0)$ 之间的部分.

43. 求二重积分: $\iint\limits_{D} (|x - |y||)^{\frac{1}{2}} \mathrm{d}x\mathrm{d}y$, 其中 $D: 0 \leqslant x \leqslant 2, |y| \leqslant 1$.

44. 求曲面 $(z-1)^2 = (x+z-1)^2 + y^2$ 与平面 $z = 0$ 所围成立体的体积.

45. 设函数 $f(x)$ 在区间 $[-1, \ 1]$ 上连续, $f(1) = 0$, 且满足

$$f(x) = x^2 + x\int_0^{x^2} f(x^2 - t) \mathrm{d}t + \iint\limits_{D} f(xy) \mathrm{d}x\mathrm{d}y,$$

其中区域 $D = \{(x,y) | -1 \leqslant x \leqslant 1, -1 \leqslant y \leqslant x\}$. 计算 $\int_0^1 f(x) \mathrm{d}x$.

46. 设函数 $f(x)$ 在 $(-\infty, +\infty)$ 上有连续导数, 满足

$$f(t) = 2 \iint\limits_{x^2 + y^2 \leqslant t^2} (x^2 + y^2) f\left(\sqrt{x^2 + y^2}\right) \mathrm{d}x\mathrm{d}y + t^4,$$

求 $f(x)$.

47. 设 $f(x)$ 在闭区间 $[0,1]$ 上连续, 且 $\int_0^1 f(x) \mathrm{d}x = a$, 试求:

$$\int_0^1 \int_x^1 \int_x^y f(x)f(y) \cdot f(z) \mathrm{d}x \mathrm{d}y \mathrm{d}z.$$

48. 设 $f(x), g(x)$ 均为 $[a,b]$ 上的连续递增函数 $(a, b > 0)$. 证明:

$$\int_a^b f(x)\mathrm{d}x \int_a^b g(x)\mathrm{d}x \leqslant (b-a) \int_a^b f(x)g(x)\mathrm{d}x.$$

49. 设函数 $f(x)$ 连续, $f(0) = 1$, 令 $F(t) = \iint\limits_{x^2+y^2 \leqslant t^2} f(x^2+y^2)\mathrm{d}x\mathrm{d}y (t \geqslant 0)$, 求 $F''(0)$.

50. 设 L 是不经过点 $(2,0), (-2,0)$ 的分段光滑的简单正向闭曲线, 试计算曲线积分:

$$I = \oint_L \left[\frac{y}{(2-x)^2+y^2} + \frac{y}{(2+x)^2+y^2} \right] \mathrm{d}x + \left[\frac{2-x}{(2-x)^2+y^2} - \frac{2+x}{(2+x)^2+y^2} \right] \mathrm{d}y.$$

51. 设函数 $f(x,y)$ 在区域 $D: x^2+y^2 \leqslant 1$ 上具有二阶连续偏导数, 且 $\dfrac{\partial^2 f}{\partial x^2} + \dfrac{\partial^2 f}{\partial y^2} = \mathrm{e}^{-(x^2+y^2)}$, 证明:

$$\iint\limits_D \left(x\frac{\partial f}{\partial x} + y\frac{\partial f}{\partial y} \right) \mathrm{d}x\mathrm{d}y = \frac{\pi}{2\mathrm{e}}.$$

52. 设函数 $P(x,y), Q(x,y)$ 在全平面上具有连续的一阶偏导数, 沿任意曲线 $L: y = y_0 + \sqrt{R^2 - (x-x_0)^2}$ 的积分 $\int_L P(x,y)\mathrm{d}x + Q(x,y)\mathrm{d}y = 0$, 其中 x_0, y_0, R 是任意实数, 且 $R > 0$, 求证: $P(x,y) \equiv 0$ 与 $\dfrac{\partial Q}{\partial x} \equiv 0$ 在全平面上成立.

53. 已知曲线积分 $\int_L \dfrac{x\mathrm{d}y - y\mathrm{d}x}{\varphi(x) + y^2} \equiv A$(常数), 其中 $\varphi(x)$ 是可导函数且 $\varphi(1) = 1$, 曲线 L 是绕原点 $(0,0)$ 一周的任意正向闭曲线, 试求函数 $\varphi(x)$ 及常数 A.

54. 设曲面 Σ 为 $\dfrac{x^2}{2} + \dfrac{y^2}{2} + z^2 = 1 (z \geqslant 0)$, 点 $P(x,y,z) \in \Sigma, \Pi$ 为 Σ 在点 P 处的切平面, $\rho(x,y,z)$ 为坐标原点到平面 Π 的距离.

(1) 求 $I_1 = \iint\limits_\Sigma z^2 \rho(x,y,z) \mathrm{d}S$;

(2) 又设 Σ 取上侧, 求 $I_2 = \iint\limits_\Sigma \dfrac{z^2}{\rho(x,y,z)} (\mathrm{d}y\mathrm{d}z + \mathrm{d}z\mathrm{d}x + \mathrm{d}x\mathrm{d}y)$.

55. 设函数 $u(x,y), v(x,y)$ 在区域 $D: x^2+y^2 \leqslant 1$ 上有一阶连续偏导数, 且在 D 的边界上 $u(x,y) \equiv 1, v(x,y) \equiv y$, 又设 $\boldsymbol{f}(x,y) = v(x,y)\boldsymbol{i} + u(x,y)\boldsymbol{j}, \boldsymbol{g}(x,y) = \left(\dfrac{\partial u}{\partial x} - \dfrac{\partial u}{\partial y} \right)\boldsymbol{i} + \left(\dfrac{\partial v}{\partial x} - \dfrac{\partial v}{\partial y} \right)\boldsymbol{j}$, 求二重积分 $\iint\limits_D \boldsymbol{f} \cdot \boldsymbol{g} \mathrm{d}\sigma$.

56. 计算曲面积分 $I = \iint\limits_{\Sigma} \dfrac{x\mathrm{d}y\mathrm{d}z + y\mathrm{d}z\mathrm{d}x + z\mathrm{d}x\mathrm{d}y}{(x^2+y^2+z^2)^{3/2}}$，其中 Σ 是 $1 - \dfrac{z}{3} = \dfrac{(x-1)^2}{16} + \dfrac{(y-2)^2}{25}(z \geqslant 0)$ 的上侧.

57. 计算曲面积分 $\iint\limits_{\Sigma} x^2\mathrm{d}y\mathrm{d}z + y^2\mathrm{d}z\mathrm{d}x + z^2\mathrm{d}x\mathrm{d}y$，其中 $\Sigma : (x-1)^2 + (y-1)^2 + \dfrac{z^2}{4} = 1(y \geqslant 1)$，取外侧.

58. 求由曲面 $z = x^2 + y^2$ 和 $z = 2 - \sqrt{x^2+y^2}$ 所围成立体的体积 V 和表面积 S.

59. 求由曲面 $1 - z = \sqrt{x^2+y^2}$, $x = z$, $x = 0$ 所围成立体的体积.

60. 设有一半径为 R 的球形物体，其内任意一点 P 处的体密度 $\rho = \dfrac{1}{|PP_0|}$，其中 P_0 为一定点，且 P_0 到球心的距离 r_0 大于 R，求该物体的质量.

61. 设 $\Omega : x^2 + y^2 + z^2 \leqslant 1$，证明：$\dfrac{4\sqrt[3]{2}\pi}{3} \leqslant \iiint\limits_{\Omega} \sqrt[3]{x + 2y - 2z + 5}\mathrm{d}v \leqslant \dfrac{8\pi}{3}$.

62. 求抛物面 $z = x^2 + y^2 + 1$ 上任一点 $P_0(x_0, y_0, z_0)$ 处的切平面与抛物面 $z = x^2 + y^2$ 所围成立体的体积.

63. 如图 7.2，一平面均匀薄片是由抛物线 $y = a(1-x^2)(a>0)$ 及 x 轴所围成的，现要求当此薄片以 $(1,0)$ 为支点向右方倾斜时，只要 θ 角不超过 $45°$，则该薄片便不会向右翻倒，问参数 a 最大不能超过多少？

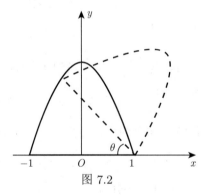

图 7.2

64. 计算二次积分 $I = \int_0^{\frac{\pi}{2}} \mathrm{d}\theta \int_0^{\frac{\pi}{2}} \dfrac{\sin\varphi \ln(2 - \sin\varphi\cos\theta)}{2 - 2\sin\varphi\cos\theta + \sin^2\varphi\cos^2\theta}\mathrm{d}\varphi$.

65. 设 Ω 是由曲面 $\Sigma : \dfrac{x^2}{9} + \dfrac{y^2}{16} + \dfrac{(z-3)^2}{4} = 1$ 围成的有界区域，$\boldsymbol{r} = (x,y,z)$，$\boldsymbol{n}$ 是 Σ 的外法向量. 证明
$$\oiint\limits_{\Sigma} \cos(\boldsymbol{r}, \boldsymbol{n})\mathrm{d}S = \iiint\limits_{\Omega} \dfrac{2}{|\boldsymbol{r}|}\mathrm{d}x\mathrm{d}y\mathrm{d}z.$$

66. 设 Ω 是由光滑的简单闭曲面 Σ 围成的有界闭区域，函数 $u(x,y,z)$ 和 $v(x,y,z)$ 在 Ω 上具有二阶连续偏导数，$\dfrac{\partial u}{\partial \boldsymbol{n}}$ 和 $\dfrac{\partial v}{\partial \boldsymbol{n}}$ 分别表示 u 与 v 沿 Σ 的外法线方向 $\boldsymbol{n}$ 的方向

导数, $\Delta u = \dfrac{\partial^2 u}{\partial x^2} + \dfrac{\partial^2 u}{\partial y^2} + \dfrac{\partial^2 u}{\partial z^2}$. 试证明:

$$\oiint\limits_{\Sigma}\left(v\dfrac{\partial u}{\partial \boldsymbol{n}} - u\dfrac{\partial v}{\partial \boldsymbol{n}}\right)\mathrm{d}S = \iiint\limits_{\Omega}(v\Delta u - u\Delta v)\mathrm{d}x\mathrm{d}y\mathrm{d}z.$$

7.5 训练全解与分析

1. 积分区域 D 关于 x 轴、y 轴及原点对称, 而 $|y|$ 在 D 上是关于 y 且关于 x 为偶函数, x 在 D 上是关于 x 的奇函数, 设为积分区域第一象限部分, 则

$$\iint\limits_{D}\left(x + |y|\right)\mathrm{d}x\mathrm{d}y = \iint\limits_{D}x\mathrm{d}x\mathrm{d}y + \iint\limits_{D}|y|\mathrm{d}x\mathrm{d}y = 4\iint\limits_{D_1}y\mathrm{d}x\mathrm{d}y$$

$$= 4\int_0^1 \mathrm{d}x\int_0^{1-x} y\mathrm{d}y = 2\int_0^1 (1-x)^2 \mathrm{d}x = \dfrac{2}{3}.$$

2. 利用极坐标计算. 将区域 D 分割成两部分 $D = D_1 + D_2$, 其中

$$D_1 = \left\{(r,\theta)\,\Big|\, 0\leqslant r \leqslant 2, 0\leqslant \theta \leqslant \dfrac{\pi}{2}\right\},$$

$$D_2 = \left\{(r,\theta)\,\Big|\, 0 \leqslant r \leqslant \dfrac{2}{\sin\theta - \cos\theta}, \dfrac{\pi}{2}\leqslant \theta \leqslant \pi\right\}.$$

所以

$$I = \iint\limits_{D_1}\dfrac{(x-y)^2}{x^2+y^2}\mathrm{d}x\mathrm{d}y + \iint\limits_{D_2}\dfrac{(x-y)^2}{x^2+y^2}\mathrm{d}x\mathrm{d}y$$

$$= \int_0^{\frac{\pi}{2}} \mathrm{d}\theta\int_0^2 (\cos\theta - \sin\theta)^2 r\mathrm{d}r + \int_{\frac{\pi}{2}}^{\pi}\mathrm{d}\theta\int_0^{\frac{2}{\sin\theta-\cos\theta}}(\cos\theta - \sin\theta)^2 r\mathrm{d}r$$

$$= 2\int_0^{\frac{\pi}{2}}(\cos\theta - \sin\theta)^2\mathrm{d}\theta + 2\int_{\frac{\pi}{2}}^{\pi}\mathrm{d}\theta$$

$$= 4\int_0^{\frac{\pi}{2}}\sin^2\left(\theta - \dfrac{\pi}{4}\right)\mathrm{d}\theta + \pi = 8\int_0^{\frac{\pi}{4}}\sin^2\theta\mathrm{d}\theta + \pi$$

$$= 2\pi - 2.$$

3. 两曲面所围成的立体在 xOy 平面上的投影为 $D: x^2 + y^2 \leqslant 3$, 所以

$$V = \iint\limits_{D}\left[\sqrt{4 - x^2 - y^2} - \dfrac{1}{3}(x^2 + y^2)\right]\mathrm{d}x\mathrm{d}y = \int_0^{2\pi}\mathrm{d}\theta\int_0^{\sqrt{3}}\left(\sqrt{4-r^2} - \dfrac{1}{3}r^2\right)r\mathrm{d}r$$

$$= 2\pi \int_0^{\sqrt{3}} \left(\sqrt{4-r^2} - \frac{1}{3}r^2 \right) r \mathrm{d}r = 2\pi \left(-\frac{1}{3}(4-r^2)^{\frac{3}{2}} - \frac{1}{12}r^4 \right) \Big|_0^{\sqrt{3}} = \frac{19\pi}{6}.$$

4. 记 $D = \{(x,y) | \ 0 \leqslant x \leqslant 1, 0 \leqslant y \leqslant 1\}$, 且 $D_k = \left\{ (x,y) \in D \Big| \frac{k-1}{2} \leqslant x+y < \frac{k}{2} \right\}$, $k = 1,2,3,4$, 因为

$$2x + 2y = [2(x+y)] = k-1, \quad (x,y) \in D_k, \quad 1 \leqslant k \leqslant 4,$$

又易知区域 D_1 和 D_4 的面积均为 $\frac{1}{8}$, D_2 和 D_3 的面积均为 $\frac{3}{8}$, 所以

$$\int_0^1 \int_0^1 [2x+2y] \mathrm{d}x \mathrm{d}y = \sum_{k=1}^4 \iint_{D_k} [2x+2y] \, \mathrm{d}x\mathrm{d}y = \sum_{k=1}^4 \iint_{D_k} (k-1)\mathrm{d}x\mathrm{d}y$$

$$= 1 \times \frac{3}{8} + 2 \times \frac{3}{8} + 3 \times \frac{1}{8} = \frac{3}{2}.$$

5. 交换积分次序, 得

$$I = \int_0^{\sqrt{\frac{\pi}{2}}} \frac{\mathrm{d}y}{1+(\tan y^2)^{\sqrt{2}}} \int_0^{y^2} \frac{\mathrm{d}x}{\sqrt{x}} = 2 \int_0^{\sqrt{\frac{\pi}{2}}} \frac{y}{1+(\tan y^2)^{\sqrt{2}}} \mathrm{d}y.$$

先后作变量代换: $u = y^2$ 及 $t = \frac{\pi}{2} - u$, 得

$$I = \int_0^{\frac{\pi}{2}} \frac{1}{1+(\tan u)^{\sqrt{2}}} \mathrm{d}u = \int_0^{\frac{\pi}{2}} \frac{1}{1+(\cot t)^{\sqrt{2}}} \mathrm{d}t = \int_0^{\frac{\pi}{2}} \frac{(\tan t)^{\sqrt{2}}}{1+(\tan t)^{\sqrt{2}}} \mathrm{d}t = \frac{1}{2} \int_0^{\frac{\pi}{2}} \mathrm{d}u = \frac{\pi}{4}.$$

6. 交换积分次序, 先将二次积分恢复为二重积分的形式, 积分区域分别为

$$D_1 = \{(x,y) | 0 \leqslant x \leqslant 1, 0 \leqslant y \leqslant 1\} = \{(x,y) | 0 \leqslant y \leqslant 1, 0 \leqslant x \leqslant 1\},$$

$$D_2 = \{(x,y) | \ln y \leqslant x \leqslant 1, 0 \leqslant y \leqslant \mathrm{e}\} = \{(x,y) | 1 \leqslant y \leqslant \mathrm{e}^x, 0 \leqslant x \leqslant 1\},$$

恰好可合并成一个区域, 即 $D = \{(x,y) | 0 \leqslant y \leqslant \mathrm{e}^x, 0 \leqslant x \leqslant 1\}$, 故所求积分

$$I = \iint_D \sqrt{\mathrm{e}^{2x} - y^2} \mathrm{d}x\mathrm{d}y = \int_0^1 \mathrm{d}x \int_0^{\mathrm{e}^x} \sqrt{\mathrm{e}^{2x} - y^2} \mathrm{d}y.$$

对内层积分 $\int_0^{\mathrm{e}^x} \sqrt{\mathrm{e}^{2x} - y^2} \mathrm{d}y$ 作变量代换 (注意到此时将 x 视为常数), 令 $y = \mathrm{e}^x \sin\theta$, 则

$$\int_0^{\mathrm{e}^x} \sqrt{\mathrm{e}^{2x} - y^2} \mathrm{d}y = \mathrm{e}^{2x} \int_0^{\frac{\pi}{2}} \cos^2\theta \mathrm{d}\theta = \mathrm{e}^{2x} \cdot \frac{1}{2} \cdot \frac{\pi}{2} = \frac{\pi}{4} \mathrm{e}^{2x},$$

所以 $I = \dfrac{\pi}{4}\displaystyle\int_0^1 \mathrm{e}^{2x}\mathrm{d}x = \dfrac{\pi}{8}(\mathrm{e}^2-1)$.

【注】 根据定积分的几何意义,若 $a>0$,则 $\displaystyle\int_0^a \sqrt{a^2-x^2}\mathrm{d}x$ 表示半径为 a 的圆与两坐标轴在第一象限围成的曲边梯形的面积,从而有 $\displaystyle\int_0^a \sqrt{a^2-x^2}\mathrm{d}x = \dfrac{1}{4}\pi a^2$,因此可直接得 $\displaystyle\int_0^{\mathrm{e}^x}\sqrt{\mathrm{e}^{2x}-y^2}\mathrm{d}y = \dfrac{\pi}{4}\mathrm{e}^{2x}$.

7. 易知,被积函数 $f(x)f(y-x) = \begin{cases} a^2, & (x,y)\in D_1, \\ 0, & D\backslash D_1, \end{cases}$ 其中 $D_1: x\leqslant y\leqslant x+2$, $0\leqslant x\leqslant 2$,所以

$$\iint_D f(x)f(y-x)\mathrm{d}x\mathrm{d}y = a^2\iint_{D_1}\mathrm{d}x\mathrm{d}y = a^2\int_0^2\mathrm{d}x\int_x^{x+2}\mathrm{d}y = 4a^2.$$

8. 积分区域 D 在正方形 $|x|+|y|=1$ 内的部分关于 x 轴和 y 轴都对称,在正方形 $|x|+|y|=1$ 外的部分关于直线 $y=-x$ 对称,可利用重积分的对称性.

记 $D_1: x+y\leqslant 1, x\geqslant 0, y\geqslant 0$, $D_2: 1-x\leqslant y\leqslant 1+x, 0\leqslant x\leqslant 1$, $D_3: x-1\leqslant y\leqslant \dfrac{2}{x}, 1\leqslant x\leqslant 2$,所以

$$I = 4\iint_{D_1}(|x|+|y|)\mathrm{d}x\mathrm{d}y + 2\iint_{D_2}(|x|+|y|)\mathrm{d}x\mathrm{d}y + 2\iint_{D_3}(|x|+|y|)\mathrm{d}x\mathrm{d}y$$

$$= 8\iint_{D_1}|x|\mathrm{d}x\mathrm{d}y + 2\iint_{D_2}(x+y)\mathrm{d}x\mathrm{d}y + 2\iint_{D_3}(x+y)\mathrm{d}x\mathrm{d}y$$

$$= 8\int_0^1 x(1-x)\mathrm{d}x + 2\int_0^1\mathrm{d}x\int_{1-x}^{1+x}(x+y)\mathrm{d}y + 2\int_1^2\mathrm{d}x\int_{x-1}^{\frac{2}{x}}(x+y)\mathrm{d}y$$

$$= \dfrac{4}{3} + 4\int_0^1(x^2+x)\mathrm{d}x + 2\int_1^2\left(\dfrac{3}{2}+2x-\dfrac{3}{2}x^2+\dfrac{2}{x^2}\right)\mathrm{d}x$$

$$= \dfrac{4}{3} + \dfrac{10}{3} + 4 = \dfrac{26}{3}.$$

9. 用抛物线 $y=x^2$ 将区域 D 分割成两部分 $D=D_1+D_2$,其中

$$D_1: \{-1\leqslant x\leqslant 1, x^2\leqslant y\leqslant 2\}, \quad D_2: \{-1\leqslant x\leqslant 1, 0\leqslant y\leqslant x^2\}.$$

所以

$$\iint_D \sqrt{|y-x^2|}\mathrm{d}x\mathrm{d}y = \iint_{D_1}\sqrt{y-x^2}\mathrm{d}x\mathrm{d}y + \iint_{D_2}\sqrt{x^2-y}\mathrm{d}x\mathrm{d}y$$

$$= \int_{-1}^{1} dx \int_{x^2}^{2} (y-x^2)^{\frac{1}{2}} dy + \int_{-1}^{1} dx \int_{0}^{x^2} (x^2-y)^{\frac{1}{2}} dy$$

$$= \frac{2}{3} \int_{-1}^{1} (y-x^2)^{\frac{3}{2}} \Big|_{x^2}^{2} dx - \frac{2}{3} \int_{-1}^{1} (x^2-y)^{\frac{3}{2}} \Big|_{0}^{x^2} dx$$

$$= \frac{4}{3} \int_{0}^{1} (2-x^2)^{\frac{3}{2}} dx + \frac{4}{3} \int_{0}^{1} x^3 dx = \frac{16}{3} \int_{0}^{\frac{\pi}{4}} \cos^4 t dt + \frac{1}{3}$$

$$= \frac{\pi}{2} + \frac{5}{3}.$$

10. 设 $r = \sqrt{x^2 + y^2}$, $R(m,n) = \{(x,y) | m^2 + n^2 \leqslant x^2 + y^2\}$, 则

$$I = \int_{-\infty}^{+\infty} \int_{-\infty}^{+\infty} N(x,y) e^{-x^2-y^2} dxdy = \sum_{m=-\infty}^{+\infty} \sum_{n=-\infty}^{+\infty} \iint_{R(m,n)} e^{-x^2-y^2} dxdy$$

$$= \sum_{m=-\infty}^{+\infty} \sum_{n=-\infty}^{+\infty} \int_{0}^{2\pi} d\theta \int_{\sqrt{m^2+n^2}}^{+\infty} e^{-\rho^2} \rho d\rho$$

$$= \sum_{m=-\infty}^{+\infty} \sum_{n=-\infty}^{+\infty} \int_{0}^{2\pi} d\theta \int_{\sqrt{m^2+n^2}}^{+\infty} e^{-\rho^2} \rho d\rho = \pi \sum_{m=-\infty}^{+\infty} \sum_{n=-\infty}^{+\infty} e^{-m^2-n^2} = \pi(2c-1)^2.$$

11. 利用积分中值定理, 存在 $(\xi, \eta) \in D_r$, 使得

$$\iint_{D_r} e^{x^2-y^2} \cos(x+y) dxdy = e^{\xi^2-\eta^2} \cos(\xi+\eta) \iint_{D_r} dxdy = e^{\xi^2-\eta^2} \cos(\xi+\eta) \cdot \pi r^2.$$

注意到 $r \to 0^+$ 时, $(\xi, \eta) \to (0,0)$, 因此, 原式 $= \pi \lim_{r \to 0^+} e^{\xi^2-\eta^2} \cos(\xi+\eta) = \pi.$

12. 利用极坐标计算, 并结合对称性, 可得

$$I = \iint_{D} (x+y^2) e^{-(x^2+y^2-4)} dxdy = 4e^4 \int_{0}^{\frac{\pi}{2}} d\theta \int_{1}^{2} r^2 \sin^2 \theta e^{-r^2} r dr$$

$$= 4e^4 \int_{0}^{\frac{\pi}{2}} \sin^2 \theta d\theta \int_{1}^{2} r^2 e^{-r^2} r dr.$$

作变量代换: $t = r^2$, 则

$$I = \frac{\pi e^4}{2} \int_{1}^{4} t e^{-t} dt = \frac{\pi e^4}{2} \left[(-t e^{-t}) \Big|_{1}^{4} + \int_{1}^{4} e^{-t} dt \right] = \frac{\pi}{2} (2e^3 - 5).$$

13. 因为

$$du(x,y) = \frac{ydx - xdy}{3x^2 - 2xy + 3y^2} = \frac{d\left(\frac{x}{y}\right)}{3\left(\frac{x}{y}\right)^2 - \frac{2x}{y} + 3} = \frac{1}{2\sqrt{2}} d\left[\arctan \frac{3}{2\sqrt{2}} \left(\frac{x}{y} - \frac{1}{3} \right) \right],$$

所以
$$u(x,y) = \frac{1}{2\sqrt{2}}\arctan\frac{3}{2\sqrt{2}}\left(\frac{x}{y}-\frac{1}{3}\right)+C.$$

14. 利用极坐标变换: $x = r\cos\theta$; $y = r\sin\theta$, 因为 $\dfrac{\partial f}{\partial r} = \cos\theta\dfrac{\partial f}{\partial x} + \sin\theta\dfrac{\partial f}{\partial y}$, 所以

$$r\frac{\partial f}{\partial r} = r\cos\theta\frac{\partial f}{\partial x} + r\sin\theta\frac{\partial f}{\partial y} = x\frac{\partial f}{\partial x} + y\frac{\partial f}{\partial y},$$

$$\iint\limits_{\varepsilon^2 \leqslant x^2+y^2 \leqslant 1} \frac{x\dfrac{\partial f}{\partial x} + y\dfrac{\partial f}{\partial y}}{x^2+y^2} = \int_0^{2\pi}\mathrm{d}\theta\int_\varepsilon^1 \frac{\partial f}{\partial r}\mathrm{d}r = \int_0^{2\pi}\left[f(r\cos\theta,r\sin\theta)\Big|_\varepsilon^1\right]\mathrm{d}\theta$$

$$= \int_0^{2\pi}[f(\cos\theta,\sin\theta) - f(\varepsilon\cos\theta,\varepsilon\sin\theta)]\mathrm{d}\theta.$$

因为 $f(x,y)$ 在 D 的边界上的值恒为零, 所以 $f(\cos\theta,\sin\theta) = 0$. 利用积分中值定理, 存在 $\theta_1 \in (0, 2\pi)$, 使得

$$\int_0^{2\pi} f(\varepsilon\cos\theta,\varepsilon\sin\theta)\mathrm{d}\theta = 2\pi f(\varepsilon\cos\theta_1, \varepsilon\sin\theta_1),$$

因此, 有

$$\lim_{\varepsilon\to 0^+}\frac{1}{2\pi}\iint\limits_{\varepsilon^2\leqslant x^2+y^2\leqslant 1}\frac{x\dfrac{\partial f}{\partial x}+y\dfrac{\partial f}{\partial y}}{x^2+y^2}\mathrm{d}x\mathrm{d}y = -\lim_{\varepsilon\to 0^+}f(\varepsilon\cos\theta_1,\varepsilon\sin\theta_1) = -f(0,0).$$

15. 注意到在曲面 Σ 上, $x^2+(y-1)^2+z^2 = 5-2y$, 故可取 $P = \dfrac{x}{\sqrt{5-2y}}$, $Q = \dfrac{y}{\sqrt{5-2y}}$, $R = \dfrac{z}{\sqrt{5-2y}}$, 并记 Σ_1: $z = 0(x^2+y^2 \leqslant 4)$, 取下侧, 则

$$I = \oiint\limits_{\Sigma+\Sigma_1} P\mathrm{d}y\mathrm{d}z + Q\mathrm{d}z\mathrm{d}x + R\mathrm{d}x\mathrm{d}y - \iint\limits_{\Sigma_1}P\mathrm{d}y\mathrm{d}z + Q\mathrm{d}z\mathrm{d}x + R\mathrm{d}x\mathrm{d}y$$

$$= \oiint\limits_{\Sigma+\Sigma_1} P\mathrm{d}y\mathrm{d}z + Q\mathrm{d}z\mathrm{d}x + R\mathrm{d}x\mathrm{d}y.$$

设 Ω 是 Σ 与 Σ_1 围成的区域, 利用 Gauss 公式, 得

$$I = \iiint\limits_\Omega \left(\frac{\partial P}{\partial x} + \frac{\partial Q}{\partial y} + \frac{\partial R}{\partial z}\right)\mathrm{d}x\mathrm{d}y\mathrm{d}z = 5\iiint\limits_\Omega \frac{3-y}{(5-2y)^{3/2}}\mathrm{d}x\mathrm{d}y\mathrm{d}z$$

$$= 5\int_{-2}^{2} \frac{3-y}{(5-2y)^{3/2}} dy \iint_{D_y} dxdz = 5\int_{-2}^{2} \frac{3-y}{(5-2y)^{3/2}} \frac{\pi}{2}(4-y^2) dy.$$

令 $t = \sqrt{5-2y}$, 则

$$I = \frac{5\pi}{16}\int_{1}^{3}\left(-\frac{9}{t^2} + 1 + 9t^2 - t^4\right)dt = \frac{5\pi}{16}\left(\frac{9}{t} + t + 3t^3 - \frac{t^5}{5}\right)\bigg|_{1}^{3} = 8\pi.$$

16. 利用极坐标变换, $I = \int_{0}^{2\pi} d\theta \int_{0}^{1} r\sin(r^3)dr$. 利用不等式: 当 $x>0$ 时, $x - \frac{x^3}{6} \leqslant \sin x \leqslant x$. 因此

$$I = 2\pi \int_{0}^{1} r\sin(r^3)dr \leqslant 2\pi \int_{0}^{1} r^4 dr = \frac{2\pi}{5},$$

$$I = 2\pi \int_{0}^{1} r\sin(r^3)dr \geqslant 2\pi \int_{0}^{1} r\left(r^3 - \frac{r^9}{6}\right)dr = 2\pi \int_{0}^{1}\left(r^4 - \frac{r^{10}}{6}\right)dr$$

$$= 2\pi\left(\frac{1}{5} - \frac{1}{66}\right) = \frac{61\pi}{165}.$$

这就证得所给不等式.

17. 先将二重积分化为二次积分, 再对内层积分作变换 $u = x+y$, 得

$$\iint_{D} f(x+y)dxdy = \int_{-1}^{1} dx \int_{-\sqrt{1-x^2}}^{\sqrt{1-x^2}} f(x+y)dy = \int_{-1}^{1} dx \int_{x-\sqrt{1-x^2}}^{x+\sqrt{1-x^2}} f(u)du.$$

记 $F(x) = \int_{x-\sqrt{1-x^2}}^{x+\sqrt{1-x^2}} f(u)du$, 则 $F(1) = F(-1) = 0$, 代入上式, 并作分部积分, 得

$$\iint_{D} f(x+y)dxdy = \int_{-1}^{1} F(x)dx = xF(x)\bigg|_{-1}^{1} - \int_{-1}^{1} xF'(x)dx = -\int_{-1}^{1} xF'(x)dx$$

$$= -\int_{-1}^{1} xf\left(x+\sqrt{1-x^2}\right)d\left(x+\sqrt{1-x^2}\right)$$

$$+ \int_{-1}^{1} xf\left(x-\sqrt{1-x^2}\right)d\left(x-\sqrt{1-x^2}\right).$$

对上述两个积分分别作变量代换: $t = x+\sqrt{1-x^2}$, $u = x-\sqrt{1-x^2}$, 得

$$\iint_{D} f(x+y)dxdy = -\int_{-1}^{\sqrt{2}}\left(\frac{t}{2} - \frac{1}{2}\sqrt{2-t^2}\right)f(t)dt - \int_{\sqrt{2}}^{1}\left(\frac{t}{2} + \frac{1}{2}\sqrt{2-t^2}\right)f(t)dt$$

$$+ \int_{-\sqrt{2}}^{1} \left(\frac{u}{2} + \frac{1}{2}\sqrt{2-u^2}\right) f(u) \mathrm{d}u + \int_{-1}^{-\sqrt{2}} \left(\frac{u}{2} - \frac{1}{2}\sqrt{2-u^2}\right) f(u) \mathrm{d}u$$

$$= \int_{-\sqrt{2}}^{\sqrt{2}} \left(\frac{t}{2} + \frac{1}{2}\sqrt{2-t^2}\right) f(t) \mathrm{d}t - \int_{-\sqrt{2}}^{\sqrt{2}} \left(\frac{t}{2} - \frac{1}{2}\sqrt{2-t^2}\right) f(t) \mathrm{d}t$$

$$= \int_{-\sqrt{2}}^{\sqrt{2}} \sqrt{2-t^2} f(t) \mathrm{d}t.$$

【注】 这里，求 $F'(x)$ 时利用了关于积分上限求导数的一般性结论: 设 $f(t,x)$ 与 $\frac{\partial}{\partial x} f(t,x)$ 为二元连续函数, $\alpha(x)$ 和 $\beta(x)$ 均为一元可导函数, 则

$$\frac{\mathrm{d}}{\mathrm{d}x} \int_{\beta(x)}^{\alpha(x)} f(t,x) \mathrm{d}t = f(\alpha(x),x)\alpha'(x) - f(\beta(x),x)\beta'(x) + \int_{\beta(x)}^{\alpha(x)} \frac{\partial}{\partial x} f(t,x) \mathrm{d}t.$$

特别地, 若 $f(t,x)$ 不显含 x, 则 $\frac{\partial}{\partial x} f(t,x) \equiv 0$. 所以上式就不含最后一项, 即

$$\frac{\mathrm{d}}{\mathrm{d}x} \int_{\beta(x)}^{\alpha(x)} f(t,x) \mathrm{d}t = f(\alpha(x),x)\alpha'(x) - f(\beta(x),x)\beta'(x).$$

18. 根据曲线积分与路径无关的等价条件, 有 $\frac{\partial((x+2y)u)}{\partial y} = \frac{\partial((x+u^3)u)}{\partial x}$, 整理后, 得

$$\frac{\mathrm{d}x}{\mathrm{d}u} - \frac{x}{u} = 4u^2.$$

这是关于未知函数 x 的一阶线性微分方程. 利用通解公式, 解得

$$x = \mathrm{e}^{\int \frac{\mathrm{d}u}{u}} \left(\int 4u^2 \mathrm{e}^{-\int \frac{\mathrm{d}u}{u}} \mathrm{d}u + C\right) = u\left(\int 4u \mathrm{d}u + C\right) = 2u^3 + Cu.$$

因为当 $x = 2$ 时 $u = 1$, 所以 $C = 0$. 因此 $u(x) = \sqrt[3]{\frac{x}{2}}$.

19. 易知, 被积函数

$$f(x)g(y-x) = \begin{cases} \mathrm{e}^x, & x \geqslant 0, \ x \leqslant y \leqslant x+2, \\ \mathrm{e}^{-x}, & x < 0, \ x \leqslant y \leqslant x+2, \\ 0, & \text{其他}, \end{cases}$$

记点 $A\left(\frac{1}{2}, \frac{1}{2}\right)$, $B(0,1)$, $C(-1,0)$, $D\left(-\frac{1}{2}, -\frac{1}{2}\right)$, 因此所求积分

$$I = \oint_L f(x)g(y-x) \mathrm{d}s = \left(\int_{\overline{AB}} + \int_{\overline{BC}} + \int_{\overline{CD}}\right) f(x)g(y-x) \mathrm{d}s$$

$$= \int_{\overline{AB}} e^x ds + \int_{\overline{BC}} e^{-x} ds + \int_{\overline{CD}} e^{-x} ds.$$

下面逐一计算这三个积分. 由于 $\overline{AB}$ 的方程为 $y = 1 - x$, 其中点 A, B 对应于 $x = \frac{1}{2}$ 和 $x = 0$, 所以

$$\int_{\overline{AB}} e^x ds = \int_0^{\frac{1}{2}} e^x \sqrt{1 + (y')^2} dx = \sqrt{2} \int_0^{\frac{1}{2}} e^x dx = \sqrt{2}(\sqrt{e} - 1).$$

又由于 $\overline{BC}$ 的方程为 $y = x + 1$, 其中点 B, C 对应于 $x = 0$ 和 $x = -1$, 所以

$$\int_{\overline{BC}} e^{-x} ds = \int_{-1}^{0} e^{-x} \sqrt{1 + (y')^2} dx = \sqrt{2} \int_{-1}^{0} e^{-x} dx = \sqrt{2}(e - 1).$$

又由于 $\overline{CD}$ 的方程为 $y = -x - 1$, 其中点 C, D 对应于 $x = -1$ 和 $x = -\frac{1}{2}$, 所以

$$\int_{\overline{CD}} e^{-x} ds = \int_{-1}^{-\frac{1}{2}} e^{-x} \sqrt{1 + (y')^2} dx = \sqrt{2} \int_{-1}^{-\frac{1}{2}} e^{-x} dx = \sqrt{2}(e - \sqrt{e}).$$

因此 $I = \sqrt{2}(\sqrt{e} - 1) + \sqrt{2}(e - 1) + \sqrt{2}(e - \sqrt{e}) = 2\sqrt{2}(e - 1)$.

20. (1) 对任意 $(x, y) \in \mathbb{R}^2$, 据题设条件得 $\frac{\partial}{\partial x}\left(x^2 \psi(y) + 2xy^2 - 2x\varphi(y)\right) = \frac{\partial}{\partial y}(2(x\varphi(y) + \psi(y)))$, 即

$$x\psi(y) + y^2 - \varphi(y) = x\varphi'(y) + \psi'(y).$$

令 $x = 0$, 有 $\varphi(y) + \psi'(y) = y^2$, 代入上式得 $\psi(y) = \varphi'(y)$, 所以 $\varphi''(y) + \varphi(y) = y^2$. 这是关于 $\varphi(y)$ 的二阶常系数非齐次线性微分方程, 可求得其通解为

$$\varphi(y) = C_1 \cos y + C_2 \sin y + y^2 - 2.$$

由 $\varphi(0) = -2, \psi(0) = \varphi'(0) = 1$, 解得 $C_1 = 0, C_2 = 1$. 所以 $\varphi(x) = \sin x + x^2 - 2$, $\psi(x) = \varphi'(x) = \cos x + 2x$.

(2) 取折线 OAB 为积分路径 L, 其中点 $B\left(0, \frac{\pi}{2}\right)$, 则

$$I = \int_{OAB} 2(x\varphi(y) + \psi(y)) dx + \left(x^2 \psi(y) + 2xy^2 - 2x\varphi(y)\right) dy$$

$$= 0 + \int_0^{\pi} \left(2x\varphi\left(\frac{\pi}{2}\right) + 2\psi\left(\frac{\pi}{2}\right)\right) dx$$

$$= \int_0^{\pi} \left(\left(\frac{\pi^2}{2} - 2\right)x + 2\pi\right) dx = \pi^2\left(1 + \frac{\pi^2}{4}\right).$$

21. 设 $P = \dfrac{1}{y}\left[1 + y^2 f(xy)\right]$, $Q = \dfrac{x}{y^2}\left[y^2 f(xy) - 1\right]$. 因为

$$\frac{\partial P}{\partial y} = \frac{[xyf'(xy) + f(xy)]y^2 - 1}{y^2} = \frac{\partial Q}{\partial x},$$

所以积分与路径无关. 故可选取易于计算的积分路径: 由点 $A\left(4, \dfrac{1}{2}\right)$ 到点 $\left(3, \dfrac{1}{2}\right)$ 再到点 $B\left(3, \dfrac{2}{3}\right)$ 的折线段, 因此所求积分为

$$I = 2\int_4^3 \left[1 + \frac{1}{4}f\left(\frac{1}{2}x\right)\right]dx + 3\int_{\frac{1}{2}}^{\frac{2}{3}} \left[f(3y) - \frac{1}{y^2}\right]dy$$

$$= -2 + \frac{1}{2}\int_4^3 f\left(\frac{1}{2}x\right)dx + 3\int_{\frac{1}{2}}^{\frac{2}{3}} f(3y)dy - 3\int_{\frac{1}{2}}^{\frac{2}{3}} \frac{dy}{y^2}.$$

对上式第一个积分作变量代换: 令 $x = 6u$, 则

$$I = -2 + 3\int_{\frac{2}{3}}^{\frac{1}{2}} f(3u)du + 3\int_{\frac{1}{2}}^{\frac{2}{3}} f(3y)dy - 3\int_{\frac{1}{2}}^{\frac{2}{3}} \frac{dy}{y^2}$$

$$= -2 - 3\int_{\frac{1}{2}}^{\frac{2}{3}} f(3u)du + 3\int_{\frac{1}{2}}^{\frac{2}{3}} f(3y)dy - \frac{3}{2} = -\frac{7}{2}.$$

22. (1) 设 $P(x,y) = y^2 f(x) + 2ye^x + 2yg(x)$, $Q(x,y) = 2[yg(x) + f(x)]$. 因为

$$\oint_L P(x,y)dx + Q(x,y)dy = 0$$

对任一简单闭曲线 L 恒成立, 所以 $\dfrac{\partial Q}{\partial x} = \dfrac{\partial P}{\partial y}$, 由此得

$$2\left[yg'(x) + f'(x)\right] = 2yf(x) + 2e^x + 2g(x),$$

即

$$y\left[g'(x) - f(x)\right] + f'(x) - g(x) - e^x = 0.$$

这里 x 与 y 是独立变量, 可视为 y 的一次多项式, 比较系数得

$$\begin{cases} g'(x) - f(x) = 0, \\ f'(x) - g(x) = e^x, \end{cases}$$

将 $f'(x) = g''(x)$ 代入第二个方程得 $g''(x) - g(x) = e^x$. 这是关于 $g(x)$ 的二阶常系数非齐次线性微分方程, 可求得通解为 $g(x) = C_1 e^x + C_2 e^{-x} + \dfrac{1}{2}xe^x$, 且 $f(x) = \left(C_1 + \dfrac{1}{2}\right)e^x - C_2 e^{-x} + \dfrac{1}{2}xe^x$.

因为 $f(0) = g(0) = 0$, 所以

$$\begin{cases} C_1 + C_2 = 0, \\ C_1 + \dfrac{1}{2} - C_2 = 0, \end{cases}$$

解得 $C_1 = -\dfrac{1}{4}, C_2 = \dfrac{1}{4}$, 于是有

$$f(x) = \frac{1}{4}\left(e^x - e^{-x}\right) + \frac{1}{2}xe^x, \quad g(x) = -\frac{1}{4}\left(e^x - e^{-x}\right) + \frac{1}{2}xe^x.$$

(2) 由于曲线积分与路径无关, 故可选取积分路径: 由点 $(0,0)$ 到点 $(1,0)$ 再到 $(1,1)$ 的折线段. 因此

$$I = \int_{(0,0)}^{(1,1)} \left[y^2 f(x) + 2ye^x + 2yg(x)\right]dx + 2[yg(x) + f(x)]dy$$

$$= 2\int_0^1 [yg(1) + f(1)]dy = g(1) + 2f(1) = \frac{7e}{4} - \frac{1}{4e}.$$

23. 设 $P = 2x^3 yz, Q = -x^2 y^2 z, R = -x^2 yz^2$, 则由散度的定义得 $\text{div}\boldsymbol{A} = \dfrac{\partial P}{\partial x} + \dfrac{\partial Q}{\partial y} + \dfrac{\partial R}{\partial z} = 2x^2 yz$.

又向量 $\boldsymbol{l}$ 的方向余弦为 $\boldsymbol{l}^0 = \dfrac{\boldsymbol{l}}{|\boldsymbol{l}|} = \left(\dfrac{2}{3}, \dfrac{2}{3}, -\dfrac{1}{3}\right)$, 因此所求方向导数为

$$\left.\frac{\partial}{\partial \boldsymbol{l}}(\text{div}\boldsymbol{A})\right|_M = \textbf{grad}(\text{div}\boldsymbol{A})|_M \cdot \boldsymbol{l}^0 = (8, 4, 2) \cdot \left(\frac{2}{3}, \frac{2}{3}, -\frac{1}{3}\right) = \frac{22}{3}.$$

24. 根据梯度的定义, 可知 $\textbf{grad}[\sin(x+y+z)] = \cos(x+y+z) \cdot (1,1,1)$, 所以

$$\textbf{grad}[\sin(x+y+z)] \cdot d\boldsymbol{r} = \cos(x+y+z)(dx + dy + dz).$$

利用 Stokes 公式, 即得 $\oint_\Gamma \textbf{grad}[\sin(x+y+z)] \cdot d\boldsymbol{r} = \oint_\Gamma \cos(x+y+z)(dx + dy + dz) = 0$.

25. (**方法 1**) 曲面 Σ 上任一点 (x, y, z) 处的法向量为 $\boldsymbol{n} = \left(\dfrac{x}{a^2}, \dfrac{y}{b^2}, \dfrac{z}{c^2}\right)$, Σ 在点 (x, y, z) 处的切平面 Π 的方程为 $\dfrac{x}{a^2}(X - x) + \dfrac{y}{b^2}(Y - y) + \dfrac{z}{c^2}(Z - z) = 0$, 即 $\dfrac{x}{a^2}X + \dfrac{y}{b^2}Y + \dfrac{z}{c^2}Z = 1$, 因此原点到 Π 的距离为

$$\varphi(x, y, z) = \frac{\left|\dfrac{x}{a^2} \cdot 0 + \dfrac{y}{b^2} \cdot 0 + \dfrac{z}{c^2} \cdot 0 - 1\right|}{\sqrt{\dfrac{x^2}{a^4} + \dfrac{y^2}{b^4} + \dfrac{z^2}{c^4}}} = \frac{1}{\sqrt{\dfrac{x^2}{a^4} + \dfrac{y^2}{b^4} + \dfrac{z^2}{c^4}}}.$$

因为 Σ 上任一点 (x,y,z) 处的法向量 $\boldsymbol{n} = \left(\dfrac{x}{a^2}, \dfrac{y}{b^2}, \dfrac{z}{c^2}\right)$ 的方向余弦为

$$(\cos\alpha, \cos\beta, \cos\gamma) = \frac{\boldsymbol{n}}{|\boldsymbol{n}|} = \frac{1}{\sqrt{\dfrac{x^2}{a^4} + \dfrac{y^2}{b^4} + \dfrac{z^2}{c^4}}} \left(\frac{x}{a^2}, \frac{y}{b^2}, \frac{z}{c^2}\right) = \varphi(x,y,z)\left(\frac{x}{a^2}, \frac{y}{b^2}, \frac{z}{c^2}\right),$$

所以 $\displaystyle\oiint\limits_{\Sigma} \frac{\mathrm{d}S}{\varphi(x,y,z)} = \oiint\limits_{\Sigma} \frac{x}{a^2}\mathrm{d}y\mathrm{d}z + \frac{y}{b^2}\mathrm{d}z\mathrm{d}x + \frac{z}{c^2}\mathrm{d}x\mathrm{d}y$. 设曲面 Σ 所围的区域为 Ω, 利用 Gauss 公式, 得

$$\oiint\limits_{\Sigma} \frac{\mathrm{d}S}{\varphi(x,y,z)} = \left(\frac{1}{a^2} + \frac{1}{b^2} + \frac{1}{c^2}\right) \iiint\limits_{\Omega} \mathrm{d}x\mathrm{d}y\mathrm{d}z = \frac{4abc\pi}{3}\left(\frac{1}{a^2} + \frac{1}{b^2} + \frac{1}{c^2}\right).$$

(**方法 2**) 直接计算第一类曲面积分. 设 $\Sigma_1 : z = c\sqrt{1 - \dfrac{x^2}{a^2} - \dfrac{y^2}{b^2}}$, 即 Σ 的上半部分, D 为 Σ_1 在 xOy 平面上的投影, 注意到

$$\mathrm{d}S = \sqrt{1 + \left(\frac{\partial z}{\partial x}\right)^2 + \left(\frac{\partial z}{\partial y}\right)^2}\,\mathrm{d}x\mathrm{d}y = \sqrt{1 + \left(-\frac{c^2 x}{a^2 z}\right)^2 + \left(-\frac{c^2 y}{b^2 z}\right)^2}\,\mathrm{d}x\mathrm{d}y$$

$$= \frac{c^2}{z}\sqrt{\frac{x^2}{a^4} + \frac{y^2}{b^4} + \frac{z^2}{c^4}}\,\mathrm{d}x\mathrm{d}y,$$

故根据对称性得

$$\oiint\limits_{\Sigma} \frac{\mathrm{d}S}{\varphi(x,y,z)} = 2\iint\limits_{\Sigma_1} \sqrt{\frac{x^2}{a^4} + \frac{y^2}{b^4} + \frac{z^2}{c^4}}\,\mathrm{d}S = 2c\iint\limits_{D} \frac{\dfrac{x^2}{a^4} + \dfrac{y^2}{b^4} + \dfrac{1}{c^2}\left(1 - \dfrac{x^2}{a^2} - \dfrac{y^2}{b^2}\right)}{\sqrt{1 - \dfrac{x^2}{a^2} - \dfrac{y^2}{b^2}}}\,\mathrm{d}x\mathrm{d}y.$$

①

令 $x = ar\cos\theta, y = br\sin\theta$, 则 $\mathrm{d}x\mathrm{d}y = abr\mathrm{d}r\mathrm{d}\theta$, 所以

$$\iint\limits_{D} \frac{\dfrac{x^2}{a^4}}{\sqrt{1 - \dfrac{x^2}{a^2} - \dfrac{y^2}{b^2}}}\,\mathrm{d}x\mathrm{d}y = \frac{b}{a}\int_0^{2\pi}\cos^2\theta\mathrm{d}\theta\int_0^1 \frac{r^3}{\sqrt{1-r^2}}\,\mathrm{d}r = \frac{2b\pi}{3a},$$

$$\iint\limits_{D} \frac{\dfrac{y^2}{b^4}}{\sqrt{1 - \dfrac{x^2}{a^2} - \dfrac{y^2}{b^2}}}\,\mathrm{d}x\mathrm{d}y = \frac{a}{b}\int_0^{2\pi}\sin^2\theta\mathrm{d}\theta\int_0^1 \frac{r^3}{\sqrt{1-r^2}}\,\mathrm{d}r = \frac{2a\pi}{3b},$$

$$\iint\limits_{D} \sqrt{1 - \frac{x^2}{a^2} - \frac{y^2}{b^2}}\,\mathrm{d}x\mathrm{d}y = ab\int_0^{2\pi}\mathrm{d}\theta\int_0^1 \sqrt{1-r^2}\,r\mathrm{d}r = \frac{2ab\pi}{3}.$$

一并代入①式, 得

$$\oiint_{\Sigma} \frac{\mathrm{d}S}{\varphi(x,y,z)} = 2c\left(\frac{2b\pi}{3a} + \frac{2a\pi}{3b}\right) + \frac{4ab\pi}{3c} = \frac{4abc\pi}{3}\left(\frac{1}{a^2} + \frac{1}{b^2} + \frac{1}{c^2}\right).$$

26. 区域 Ω 是一曲顶柱体, 其底面是 xOy 平面上的区域 $D = \{(x,y) \mid x + y \leqslant 1, x \geqslant 0, y \geqslant 0\}$, 曲顶由曲面 $z = xy$ 与平面 $x + y + z = 1$ 构成, 它们的交线在 xOy 平面上的投影为 $x + y + xy = 1$ 即 $y = \dfrac{1-x}{1+x}$, 它将区域 D 分为两部分, 即 $D_1 = \left\{(x,y) \;\middle|\; 0 \leqslant y \leqslant \dfrac{1-x}{1+x}, x \geqslant 0\right\}$, $D_2 = \left\{(x,y) \;\middle|\; \dfrac{1-x}{1+x} \leqslant y \leqslant 1-x\right\}$, 其中 D_1 上的曲顶为曲面 $z = xy$, D_2 上的曲顶为平面 $x + y + z = 1$. 因此区域 Ω 的体积为

$$V = \iint_{D_1} xy \mathrm{d}x\mathrm{d}y + \iint_{D_2} (1-x-y)\mathrm{d}x\mathrm{d}y = \int_0^1 \mathrm{d}x \int_0^{\frac{1-x}{1+x}} xy \mathrm{d}y + \int_0^1 \mathrm{d}x \int_{\frac{1-x}{1+x}}^{1-x} (1-x-y)\mathrm{d}y$$

$$= \frac{1}{2}\int_0^1 x\left(\frac{1-x}{1+x}\right)^2 \mathrm{d}x + \frac{1}{2}\int_0^1 \left(\frac{x-x^2}{1+x}\right)^2 \mathrm{d}x = \frac{1}{2}\int_0^1 \frac{x(1-x)^2}{1+x}\mathrm{d}x = \frac{17}{12} - 2\ln 2.$$

27. 记 $P = yz^2 - \cos z$, $Q = 2xz^2$, $R = 2xyz + x\sin z$, 利用 Stokes 公式, 得

$$I = \iint_{\Sigma} \left(\frac{\partial R}{\partial y} - \frac{\partial Q}{\partial z}\right)\mathrm{d}y\mathrm{d}z + \left(\frac{\partial P}{\partial z} - \frac{\partial R}{\partial x}\right)\mathrm{d}z\mathrm{d}x + \left(\frac{\partial Q}{\partial x} - \frac{\partial P}{\partial y}\right)\mathrm{d}x\mathrm{d}y$$

$$= \iint_{\Sigma} (-2xz)\mathrm{d}y\mathrm{d}z + z^2\mathrm{d}x\mathrm{d}y.$$

注意到在 Σ 上, $\mathrm{d}y\mathrm{d}z = \dfrac{\cos\alpha}{\cos\gamma}\mathrm{d}x\mathrm{d}y = \dfrac{4x}{z}\mathrm{d}x\mathrm{d}y$, 所以

$$I = \iint_{\Sigma} (-2xz)\mathrm{d}y\mathrm{d}z + z^2\mathrm{d}x\mathrm{d}y = \iint_{\Sigma} (-8x^2 + z^2)\mathrm{d}x\mathrm{d}y.$$

记 $D = \{(x,y) | 4x^2 + y^2 \leqslant 1, x \geqslant 0, y \geqslant 0\}$, 令 $x = \dfrac{1}{2}r\cos\theta$, $y = r\sin\theta$, 则

$$I = \iint_{D} (1 - 12x^2 - y^2)\mathrm{d}x\mathrm{d}y = \int_0^{\frac{\pi}{2}} \mathrm{d}\theta \int_0^1 (1 - r^2 - 2r^2\cos^2\theta)\frac{r}{2}\mathrm{d}r$$

$$= \frac{\pi}{4}\int_0^1 (r - r^3)\mathrm{d}r - \int_0^{\frac{\pi}{2}} \cos^2\theta \mathrm{d}\theta \int_0^1 r^3 \mathrm{d}r = \frac{\pi}{16} - \frac{\pi}{16} = 0.$$

28. 先化为第一类曲面积分. 因为 $(\cos\alpha, \cos\beta, \cos\gamma) = (x, y, z)$ 是球面上任一点 (x, y, z) 处的方向余弦, 所以

$$I = \iint_{\Sigma} \frac{2\mathrm{d}y\mathrm{d}z}{x\cos^2 x} + \frac{\mathrm{d}z\mathrm{d}x}{\cos^2 y} - \frac{\mathrm{d}x\mathrm{d}y}{z\cos^2 z} = \iint_{\Sigma} \left(\frac{2x}{x\cos^2 x} + \frac{y}{\cos^2 y} - \frac{z}{z\cos^2 z}\right)\mathrm{d}S.$$

根据对称性可知，$\iint\limits_{\Sigma} \dfrac{y}{\cos^2 y} dS = 0$，且 $\iint\limits_{\Sigma} \dfrac{1}{\cos^2 x} dS = \iint\limits_{\Sigma} \dfrac{1}{\cos^2 z} dS$，所以 $I = 2\iint\limits_{\Sigma(z \geqslant 0)} \dfrac{dS}{\cos^2 z}$. 于是

$$I = 2\iint\limits_{x^2+y^2 \leqslant 1} \dfrac{dxdy}{\sqrt{1-x^2-y^2}\cos^2\sqrt{1-x^2-y^2}} = 2\int_0^{2\pi} d\theta \int_0^1 \dfrac{rdr}{\sqrt{1-r^2}\cos^2\sqrt{1-r^2}}$$

$$= -4\pi \int_0^1 \dfrac{d\sqrt{1-r^2}}{\cos^2\sqrt{1-r^2}} = -4\pi \tan\sqrt{1-r^2}\Big|_0^1 = 4\pi \tan 1.$$

29. (1) 如图 7.3，将 Σ 分解为 $\Sigma = S_1 + S_2$，另作曲面 S_3 围绕原点且与 Σ 相接，则

$$\oiint\limits_{\Sigma} xf(x)dydz - xyf(x)dzdx - e^{2x}zdxdy$$

$$= \oiint\limits_{S_1+S_3} xf(x)dydz - xyf(x)dzdx - e^{2x}zdxdy - \oiint\limits_{-S_2+S_3} xf(x)dydz$$

$$\quad - xyf(x)dzdx - e^{2x}zdxdy$$

$$= A - A = 0.$$

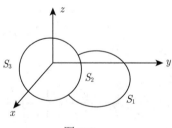

图 7.3

(2) 由 (1) 可知，$xf'(x) + f(x) - xf(x) - e^{2x} \equiv 0$，即 $[xf(x)]' - xf(x) = e^{2x}$，这是关于 $xf(x)$ 的一阶线性微分方程，利用通解公式得 $xf(x) = e^{\int dx}\left(\int e^{2x} e^{-\int dx}dx + C\right) = e^{2x} + Ce^x$，所以 $f(x) = \dfrac{e^{2x} + Ce^x}{x}$.

由题设 $\lim\limits_{x \to 0^+} f(x) = \lim\limits_{x \to 0^+} \dfrac{e^{2x} + Ce^x}{x} = 1$，得 $C = -1$，故 $f(x) = \dfrac{e^{2x} - e^x}{x}$ $(x > 0)$.

30. 设 Ω 是 Σ 所围的空间区域，它在 xOz 平面上的投影为 $x^2 + z^2 \leqslant 1$，由 Gauss 公式得

$$I = \iiint\limits_{\Omega} \left\{\dfrac{\partial}{\partial x}\left[\dfrac{1}{y}f\left(\dfrac{x}{y}\right)\right] + \dfrac{\partial}{\partial y}\left[\dfrac{1}{x}f\left(\dfrac{x}{y}\right)\right] + \dfrac{\partial}{\partial z}(z)\right\}dxdydz$$

$$= \iiint_\Omega \left[\frac{1}{y^2}f'\left(\frac{x}{y}\right) - \frac{1}{y^2}f'\left(\frac{x}{y}\right) + 1\right]dxdydz = \iiint_\Omega dxdydz.$$

利用柱面坐标计算, 得

$$I = \int_0^{2\pi} d\theta \int_0^1 r dr \int_{r^2+6}^{8-r^2} dy = 2\pi \int_0^1 r(2-2r^2)dr = -\pi(1-r^2)^2\Big|_0^1 = \pi.$$

31. 由于 $x^3, 6y, 4z^5$ 分别关于 x, y, z 都是奇函数, 积分区域 $\Omega : x^2 + y^2 + z^2 \leqslant 3$ 分别关于坐标平面 $x = 0, y = 0, z = 0$ 都对称, 所以 $\iiint_\Omega x^3 dv = \iiint_\Omega y dv = \iiint_\Omega z^5 dv = 0$, 于是

$$\iiint_\Omega (6x^3 + 23y - 4z^5 + 7)dxdydz = 7\iiint_\Omega dxdydz = 7 \cdot \frac{4}{3}\pi(\sqrt{3})^3 = 28\sqrt{3}\pi.$$

因此, 所证不等式成立.

32. 曲面 Σ 的方程为 $\ln x = \sqrt{y^2 + z^2}$, 取平面 $\Sigma_1 : x = e^a (y^2 + z^2 \leqslant a^2)$ 的右侧 (图 7.4) 与曲面 Σ 围成闭区域 Ω, 由 Gauss 公式可得

$$\oiint_{\Sigma+\Sigma_1} 2(1-x^2)dydz + 8xydzdx - 4xzdxdy = \iiint_\Omega (-4x + 8x - 4x)dxdydz,$$

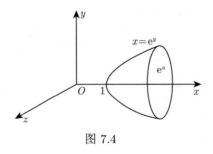

图 7.4

而

$$\iint_{\Sigma_1} 2(1-x^2)dydz + 8xydzdx - 4xzdxdy = \iint_{y^2+z^2\leqslant a^2} 2(1-e^{2a})dydz = 2\pi a^2(1-e^{2a}),$$

所以 $I + 2\pi a^2(1 - e^{2a}) = \iiint_\Omega 0 dV = 0$, 因此 $I = -2\pi a^2 (1 - e^{2a}) = 2\pi a^2 (e^{2a} - 1)$.

33. 设 $D = \left\{(x,y) \Big| \left(x+\frac{1}{2}\right)^2 + \left(y+\frac{1}{2}\right)^2 \leqslant \frac{1}{2}\right\}$, 则 L 为区域 D 的正向边界, 利用 Green 公式, 得

$$I = \oint_L -y\sin x^2 \mathrm{d}x + x\cos y^2 \mathrm{d}y = \iint_D (\cos y^2 + \sin x^2) \mathrm{d}x \mathrm{d}y.$$

注意到区域 D 关于直线 $y = x$ 对称, 根据轮换对称性, $\iint_D \cos y^2 \mathrm{d}x \mathrm{d}y = \iint_D \cos x^2 \mathrm{d}x \mathrm{d}y$, 所以

$$I = \iint_D (\cos x^2 + \sin x^2) \mathrm{d}x \mathrm{d}y = \sqrt{2} \iint_D \sin\left(x^2 + \frac{\pi}{4}\right) \mathrm{d}x \mathrm{d}y.$$

因为在区域 D 上, $-\frac{1}{2}(1+\sqrt{2}) \leqslant x \leqslant \frac{1}{2}(\sqrt{2}-1)$, 所以 $\frac{\pi}{4} \leqslant x^2 + \frac{\pi}{4} \leqslant \left[-\frac{1}{2}(\sqrt{2}+1)\right]^2 + \frac{\pi}{4} < \frac{3\pi}{4}$. 所以

$$\frac{\pi}{2} = \sqrt{2} \iint_D \sin\frac{\pi}{4} \mathrm{d}x \mathrm{d}y \leqslant I = \sqrt{2} \iint_D \sin\left(x^2 + \frac{\pi}{4}\right) \mathrm{d}x \mathrm{d}y \leqslant \sqrt{2} \iint_D \mathrm{d}x \mathrm{d}y = \frac{\pi}{\sqrt{2}}.$$

34. 用直线 $y = x$ 将 D 划分为左上部分 D_1 和右下部分 D_2, 在 D_1 上, $y \geqslant x$, 在 D_2 上, $y \leqslant x$, 且 D_1 和 D_2 关于直线 $y = x$ 对称, 根据轮换对称性, $\iint_{D_1} x\mathrm{e}^{-(x^2+y^2)} \mathrm{d}x\mathrm{d}y = \iint_{D_2} y\mathrm{e}^{-(x^2+y^2)} \mathrm{d}x\mathrm{d}y$, 所以

$$\begin{aligned}
&\iint_D \min\{x,y\}\mathrm{e}^{-(x^2+y^2)} \mathrm{d}x\mathrm{d}y \\
&= \iint_{D_1} x\mathrm{e}^{-(x^2+y^2)} \mathrm{d}x\mathrm{d}y + \iint_{D_2} y\mathrm{e}^{-(x^2+y^2)} \mathrm{d}x\mathrm{d}y = 2\iint_{D_1} x\mathrm{e}^{-(x^2+y^2)} \mathrm{d}x\mathrm{d}y \\
&= 2\int_{-a}^{a} \mathrm{e}^{-y^2} \mathrm{d}y \int_{-a}^{y} x\mathrm{e}^{-x^2} \mathrm{d}x = \int_{-a}^{a} \mathrm{e}^{-y^2}(\mathrm{e}^{-a^2} - \mathrm{e}^{-y^2}) \mathrm{d}y \\
&= 2\mathrm{e}^{-a^2} \int_{0}^{a} \mathrm{e}^{-y^2} \mathrm{d}y - 2\int_{0}^{a} \mathrm{e}^{-2y^2} \mathrm{d}y.
\end{aligned}$$

由于 $\lim_{a\to+\infty} \int_0^a \mathrm{e}^{-x^2} \mathrm{d}x = \int_0^{+\infty} \mathrm{e}^{-x^2} \mathrm{d}x = \frac{\sqrt{\pi}}{2}$, 所以 $\lim_{a\to+\infty} \mathrm{e}^{-a^2} \int_0^a \mathrm{e}^{-y^2} \mathrm{d}y = 0$, 且 $\lim_{a\to+\infty} \int_0^a \mathrm{e}^{-2y^2} \mathrm{d}y = \frac{\sqrt{\pi}}{2\sqrt{2}}$. 于是

$$\lim_{a\to+\infty} \iint_D \min\{x,y\}\mathrm{e}^{-(x^2+y^2)} \mathrm{d}x\mathrm{d}y = -2\lim_{a\to+\infty} \int_0^a \mathrm{e}^{-2y^2} \mathrm{d}y = -\sqrt{\frac{\pi}{2}}.$$

35. 将等式左边化为二次积分, 得 $\iint\limits_{D} f(x+y)\mathrm{d}x\mathrm{d}y = \int_{-1}^{0}\mathrm{d}x\int_{-1-x}^{1+x} f(x+y)\mathrm{d}y +$
$\int_{0}^{1}\mathrm{d}x\int_{x-1}^{1-x} f(x+y)\mathrm{d}y$. 内层的积分都作变量代换: $u = x+y$, 然后再交换积分次序, 得

$$\iint\limits_{D} f(x+y)\mathrm{d}x\mathrm{d}y = \int_{-1}^{0}\mathrm{d}x\int_{-1}^{1+2x} f(u)\mathrm{d}u + \int_{0}^{1}\mathrm{d}x\int_{2x-1}^{1} f(u)\mathrm{d}u$$

$$= \int_{-1}^{1} f(u)\mathrm{d}u \int_{\frac{u-1}{2}}^{\frac{u+1}{2}} \mathrm{d}x = \int_{-1}^{1} f(u)\mathrm{d}u.$$

36. 一方面, 由对称性得 $\int_{0}^{1}\mathrm{d}x\int_{x}^{1} f(x)f(y)\mathrm{d}y = \int_{0}^{1}\mathrm{d}x\int_{0}^{x} f(x)f(y)\mathrm{d}y$. 另一方面, 交换积分次序得

$$\int_{0}^{1}\mathrm{d}x\int_{x}^{1} f(x)f(y)\mathrm{d}y = \int_{0}^{1}\mathrm{d}y\int_{0}^{y} f(x)f(y)\mathrm{d}x.$$

将上述二式左、右两边分别相加, 并将右边还原为二重积分后再化为二次积分, 得

$$2\int_{0}^{1}\mathrm{d}x\int_{x}^{1} f(x)f(y)\mathrm{d}y = \int_{0}^{1}\mathrm{d}x\int_{0}^{x} f(x)f(y)\mathrm{d}y + \int_{0}^{1}\mathrm{d}x\int_{x}^{1} f(x)f(y)\mathrm{d}y$$

$$= \int_{0}^{1}\int_{0}^{1} f(x)f(y)\mathrm{d}x\mathrm{d}y$$

$$= \int_{0}^{1} f(x)\mathrm{d}x \int_{0}^{1} f(y)\mathrm{d}y = A^2.$$

因此 $\int_{0}^{1}\mathrm{d}x\int_{x}^{1} f(x)f(y)\mathrm{d}y = \dfrac{1}{2}A^2$.

37. 将区域 D 用直线 $y = 3x$ 分为两部分: $D = D_1 + D_2$, 如图 7.5 所示.

令 $F(x,y) = f(x)\ln(y+\sqrt{1+y^2})$, 注意到 $\ln(y+\sqrt{1+y^2})$ 是奇函数, 则在 D_1 上 $F(-x,y) = -F(x,y)$, 在 D_2 上 $F(x,-y) = -F(x,y)$, 根据对称性, 得 $\iint\limits_{D_1} F(x,y)\mathrm{d}x\mathrm{d}y = 0, \iint\limits_{D_2} F(x,y)\mathrm{d}x\mathrm{d}y$

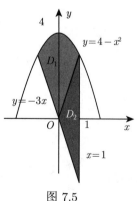

图 7.5

$= 0$, 所以

$$I = \iint\limits_{D_1}[1+F(x,y)]\mathrm{d}x\mathrm{d}y + \iint\limits_{D_2}[1+F(x,y)]\mathrm{d}x\mathrm{d}y = \iint\limits_{D_1}\mathrm{d}x\mathrm{d}y + \iint\limits_{D_2}\mathrm{d}x\mathrm{d}y$$

$$= 2\int_{0}^{1}\mathrm{d}x\int_{3x}^{4-x^2}\mathrm{d}y + 2\int_{0}^{1}\mathrm{d}x\int_{0}^{3x}\mathrm{d}y = 2\int_{0}^{1}(4-x^2)\mathrm{d}x = \frac{22}{3}.$$

38. 引入如图 7.6 所示的辅助线,将区域 D 分为两个区域: $D_1 : \begin{cases} -x^2 \leqslant y \leqslant x^2, \\ -1 \leqslant x \leqslant 0, \end{cases}$
$D_2 : \begin{cases} -\sqrt{y} \leqslant x \leqslant \sqrt{y}, \\ 0 \leqslant y \leqslant 1. \end{cases}$

注意到 $\ln\left(y+\sqrt{1+y^2}\right)$ 是奇函数,所以函数 $f(x,y) = x\ln\left(y+\sqrt{1+y^2}\right)\sin(x^2+y^2)$ 既是关于 x 的奇函数,也是关于 y 的奇函数,且区域 D_1 和 D_2 分别关于 x 轴和 y 轴对称,所以

$$I = \iint\limits_{D} [x+f(x,y)]\mathrm{d}x\mathrm{d}y$$
$$= \iint\limits_{D_1} [x+f(x,y)]\mathrm{d}x\mathrm{d}y + \iint\limits_{D_2} [x+f(x,y)]\mathrm{d}x\mathrm{d}y = \iint\limits_{D_1} x\mathrm{d}x\mathrm{d}y$$
$$= \iint\limits_{D_1} x\mathrm{d}x\mathrm{d}y = 2\int_{-1}^{0}\left(\int_{0}^{x^2} x\mathrm{d}y\right)\mathrm{d}x = 2\int_{-1}^{0} x^3 \mathrm{d}x = -\frac{1}{2}.$$

39. 采用极坐标计算. 在极坐标系下,积分区域 D 的边界曲线可表示为 $r = \frac{1}{2}\cos\theta$, $r = \cos\theta$, $r = \frac{1}{2}\sin\theta$, $r = \sin\theta$, 如图 7.7 所示.

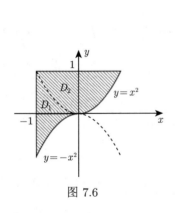

图 7.6

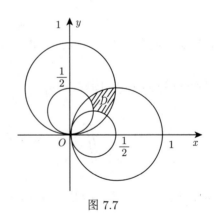

图 7.7

进一步,可解得交点的极坐标分别为 $\left(\frac{\sqrt{2}}{4}, \frac{\pi}{4}\right)$, $\left(\frac{\sqrt{5}}{5}, \arctan\frac{1}{2}\right)$, $\left(\frac{\sqrt{2}}{2}, \frac{\pi}{4}\right)$, $\left(\frac{\sqrt{5}}{5}, \arctan 2\right)$. 注意到积分区域关于直线 $y = x$ 对称,故根据重积分的对称性,得

$$\iint\limits_{D} \frac{xy}{x^2+y^2}\mathrm{d}x\mathrm{d}y = 2\int_{\arctan\frac{1}{2}}^{\frac{\pi}{4}} \cos\theta\sin\theta \mathrm{d}\theta \int_{\frac{\cos\theta}{2}}^{\sin\theta} r\mathrm{d}r$$

$$= \int_{\arctan \frac{1}{2}}^{\frac{\pi}{4}} \left(\sin^3\theta \cos\theta - \frac{1}{4}\cos^3\theta \sin\theta \right) d\theta$$

$$= \frac{1}{4}\left(\sin^4\theta + \frac{1}{4}\cos^4\theta \right)\bigg|_{\arctan\frac{1}{2}}^{\frac{\pi}{4}}$$

$$= \frac{1}{16} \cdot \frac{1+4\tan^4\theta}{(1+\tan^2\theta)^2}\bigg|_{\arctan\frac{1}{2}}^{\frac{\pi}{4}} = \frac{9}{320}.$$

40. 把等式左边的二重积分化为二次积分, 得

$$\iint_D f(x-y)dxdy = \int_{-a}^{a} dx \int_{-a}^{a} f(x-y)dy.$$

设 $u = x - y$, 则 $\int_{-a}^{a} dx \int_{-a}^{a} f(x-y)dy = \int_{-a}^{a} dx \int_{x-a}^{x+a} f(u)du.$ 交换积分次序, 得

$$\int_{-a}^{a} dx \int_{x-a}^{x+a} f(u)du$$

$$= \int_{-2a}^{0} du \int_{-a}^{u+a} f(u)dx + \int_{0}^{2a} du \int_{u-a}^{a} f(u)dx$$

$$= \int_{-2a}^{0} (u+2a)f(u)du + \int_{0}^{2a} (2a-u)f(u)du.$$

再右端第一项令 $u = -v$, 并注意到 $f(u)$ 是偶函数, 得 $\int_{-2a}^{0} (u+2a)f(u)du = \int_{0}^{2a} (2a-v) \cdot f(v)dv$, 因此

$$\iint_D f(x-y)dxdy = 2\int_{0}^{2a} (2a-u)f(u)du.$$

41. 记点 $P_1(a,b)$, 函数 $f(x,y) = \dfrac{1}{\sqrt{(x-a)^2+(y-b)^2}}$, 因为 $f(x,y)$ 在环形闭域 $D: r^2 \leqslant x^2 + y^2 \leqslant R^2$ 上连续, 故由积分中值定理, 存在点 $P_0(\xi,\eta) \in D$ (图 7.8), 使得

$$\iint_D \frac{d\sigma}{\sqrt{(x-a)^2+(y-b)^2}} = \frac{1}{\sqrt{(\xi-a)^2+(\eta-b)^2}} \iint_D d\sigma = \frac{1}{|P_0P_1|}\pi(R^2-r^2),$$

其中 $|P_0P_1|$ 为点 $P_0(\xi,\eta), P_1(a,b)$ 之间的距离, 且 $r \leqslant |OP_0| \leqslant R$. 易知

$$r - k \leqslant |OP_0| - k = |OP_0| - |OP_1| \leqslant |P_0P_1| \leqslant |OP_0| + |OP_1| \leqslant R + k,$$

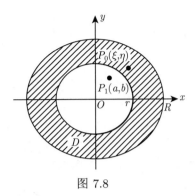

图 7.8

所以
$$\frac{\pi(R^2-r^2)}{R+k} \leqslant \frac{1}{|P_0P_1|}\pi(R^2-r^2) \leqslant \frac{\pi(R^2-r^2)}{r-k},$$

即 $\dfrac{\pi(R^2-r^2)}{R+k} \leqslant \iint\limits_{D} \dfrac{\mathrm{d}\sigma}{\sqrt{(x-a)^2+(y-b)^2}} \leqslant \dfrac{\pi(R^2-r^2)}{r-k}.$

42. 利用单调性. 令 $I(t) = \iint\limits_{\Sigma}(1-x^2-y^2)\mathrm{d}S$, 因为 $\mathrm{d}S = \sqrt{1+x^2+y^2}\mathrm{d}x\mathrm{d}y$,

所以
$$I(t) = \iint\limits_{x^2+y^2\leqslant t}\left(1-x^2-y^2\right)\sqrt{1+x^2+y^2}\mathrm{d}x\mathrm{d}y$$
$$= 2\pi\int_0^{\sqrt{t}} r\left(1-r^2\right)\sqrt{1+r^2}\mathrm{d}r, \quad t \in (0,+\infty).$$

令 $I'(t) = \pi(1-t)\sqrt{1+t} = 0$, 解得 $I(t)$ 在区间 $(0,+\infty)$ 内唯一的驻点 $t=1$. 由于 $I''(1) = -\pi\sqrt{2} < 0$, 所以 $I(1)$ 是 $I(t)$ 的极大值, 也是 $I(t)$ 在 $(0,+\infty)$ 上的最大值.

经计算, 知 $I(1) = 2\pi\int_0^1 r(1-r^2)\sqrt{1+r^2}\mathrm{d}r = \dfrac{2\pi(8\sqrt{2}-7)}{15}$, 因此当 $t \in (0,+\infty)$ 时, $I(t) \leqslant \dfrac{2\pi(8\sqrt{2}-7)}{15}.$

43. 记 $D_1: 0 \leqslant x \leqslant 2, 0 \leqslant y \leqslant 1$, 注意到被积函数是关于变量 y 的偶函数, 利用对称性, 得

$$\iint\limits_{D}\sqrt{|x-|y||}\mathrm{d}x\mathrm{d}y$$
$$= 2\iint\limits_{D_1}\sqrt{|x-y|}\mathrm{d}x\mathrm{d}y = 2\int_0^1 \mathrm{d}y\int_0^y \sqrt{y-x}\mathrm{d}x + 2\int_0^1 \mathrm{d}y\int_y^2 \sqrt{x-y}\mathrm{d}x$$

$$= 2\int_0^1 \left[-\frac{2}{3}(y-x)^{\frac{3}{2}}\right]\Big|_0^y \mathrm{d}y + 2\int_0^1 \left[\frac{2}{3}(x-y)^{\frac{3}{2}}\right]\Big|_y^2 \mathrm{d}y = \frac{4}{3}\int_0^1 \left[y^{\frac{3}{2}} + (2-y)^{\frac{3}{2}}\right]\mathrm{d}y$$

$$= \frac{4}{3}\cdot\frac{2}{5}y^{\frac{5}{2}}\Big|_0^1 - \frac{4}{3}\cdot\frac{2}{5}(2-y)^{\frac{5}{2}}\Big|_0^1 = \frac{8}{15} - \frac{8}{15} + \frac{8}{15}\cdot 2^{\frac{5}{2}} = \frac{32\sqrt{2}}{15}.$$

44. 曲面方程可简化为 $z = 1 - \dfrac{x^2 + y^2}{2x}$，与平面 $z = 0$ 所围成的立体在 xOy 平面上的投影为 $D: (x-1)^2 + y^2 \leqslant 1$. 因此，所求体积为

$$V = \iint\limits_D \left(1 - \frac{x^2+y^2}{2x}\right)\mathrm{d}x\mathrm{d}y = 2\int_0^{\frac{\pi}{2}}\mathrm{d}\theta\int_0^{2\cos\theta}\left(1 - \frac{r}{2\cos\theta}\right)r\mathrm{d}r$$

$$= \frac{4}{3}\int_0^{\frac{\pi}{2}}\cos^2\theta\,\mathrm{d}\theta = \frac{4}{3}\cdot\frac{1}{2}\cdot\frac{\pi}{2} = \frac{\pi}{3}.$$

45. 记 $C = \iint\limits_D f(xy)\mathrm{d}x\mathrm{d}y$，将题设等式中的变量 x 替换为 xy，再对两边在区域 D 上积分，得

$$C = \iint\limits_D x^2y^2\mathrm{d}x\mathrm{d}y + \iint\limits_D \left[xy\int_0^{x^2y^2}f(x^2y^2 - t)\mathrm{d}t\right]\mathrm{d}x\mathrm{d}y + C\iint\limits_D \mathrm{d}x\mathrm{d}y. \qquad ①$$

考虑①式右边第二项的积分，被积函数 $g(x,y) = xy\int_0^{x^2y^2}f(x^2y^2-t)\mathrm{d}t$ 关于变量 x,y 都是奇函数，将积分区域 D 分为 $D = D_1 + D_2$，其中 $D_1: 0 \leqslant x \leqslant 1, -x \leqslant y \leqslant x$，$D_2: -1 \leqslant y \leqslant 0, -y \leqslant x \leqslant y$，根据对称性可知，积分 $\iint\limits_{D_1} g(x,y)\mathrm{d}x\mathrm{d}y = 0$，$\iint\limits_{D_2} g(x,y)\mathrm{d}x\mathrm{d}y = 0$，因此 $\iint\limits_D g(x,y)\mathrm{d}x\mathrm{d}y = \iint\limits_{D_1} g(x,y)\mathrm{d}x\mathrm{d}y + \iint\limits_{D_2} g(x,y)\mathrm{d}x\mathrm{d}y = 0$.

又易知 $\iint\limits_D x^2y^2\mathrm{d}x\mathrm{d}y = \dfrac{2}{9}$，代入 ① 式得 $C = \dfrac{2}{9} + 2C$. 所以 $C = -\dfrac{2}{9}$.

再对题设等式取 $x = 1$，并由题设 $f(1) = 0$，得 $\int_0^1 f(1-t)\mathrm{d}t = -1 - C = -\dfrac{7}{9}$. 最后，令 $x = 1 - t$，得

$$\int_0^1 f(x)\mathrm{d}x = \int_0^1 f(1-t)\mathrm{d}t = -\frac{7}{9}.$$

46. 【分析】 易知 $f(t)$ 是偶函数. 根据被积函数和积分区域的特点，可将二重积分用极坐标系化为二次积分，再对积分上限求导，可得关于 $f(t)$ 的微分方程.

注意到 $f(0) = 0$, 且 $f(t)$ 是偶函数, 故只需讨论 $t > 0$ 的情形. 此时, 有

$$f(t) = 2\int_0^{2\pi} d\theta \int_0^t r^3 f(r) dr + t^4 = 4\pi \int_0^t r^3 f(r) dr + t^4.$$

等式两边求导, 得 $f'(t) = 4\pi t^3 f(t) + 4t^3$, 这是关于 $f(t)$ 的一阶线性微分方程, 且满足 $f(0) = 0$. 因此

$$f(t) = e^{\int 4\pi t^3 dt} \left(\int 4t^3 e^{-\int 4\pi t^3 dt} dt + C \right) = C e^{\pi t^4} - \frac{1}{\pi}.$$

由 $f(0) = 0$ 解得 $C = \frac{1}{\pi}$, 所以 $f(t) = \frac{1}{\pi}\left(e^{\pi t^4} - 1\right) (-\infty < t < +\infty)$.

47. 积分区域是如图 7.9 所示的四面体 $DOAC$, 它在 yOz 平面上的投影为

$$\triangle OAC = \{(y, z) | 0 \leqslant z \leqslant 1, z \leqslant y \leqslant 1\}.$$

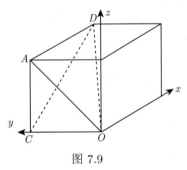

图 7.9

令 $F(u) = \int_0^u f(t) dt$, 则 $F'(u) = f(u)$, $F(0) = 0$, $F(1) = a$. 于是

$$\int_0^1 \int_x^1 \int_x^y f(x) f(y) f(z) dx dy dz = \iint\limits_{\triangle OAC} f(y) f(z) dy dz \int_0^z f(x) dx$$

$$= \iint\limits_{\triangle OAC} f(y) f(z) F(z) dy dz = \int_0^1 f(z) F(z) dz \int_z^1 f(y) dy$$

$$= \int_0^1 f(z) F(z) [F(1) - F(z)] dz = \int_0^1 F(z) [a - F(z)] dF(z)$$

$$= \left[\frac{a}{2} F^2(z) - \frac{1}{3} F^3(z) \right] \Big|_0^1 = \frac{a^3}{6}.$$

48. 因为 $f(x), g(x)$ 都是 $[a, b]$ 上的单调递增函数, 所以对任意 $x, y \in [a, b]$, 恒有

$$[f(x) - f(y)][g(x) - g(y)] \geqslant 0.$$

利用二重积分性质,得 $I = \iint\limits_{D} [f(x) - f(y)][g(x) - g(y)] \mathrm{d}x\mathrm{d}y \geqslant 0$. 再利用轮换对称性, 得

$$I = \iint\limits_{D} f(x)g(x)\mathrm{d}x\mathrm{d}y - \iint\limits_{D} f(x)g(y)\mathrm{d}x\mathrm{d}y - \iint\limits_{D} f(y)g(x)\mathrm{d}x\mathrm{d}y + \iint\limits_{D} f(y)g(y)\mathrm{d}x\mathrm{d}y$$

$$= 2\iint\limits_{D} f(x)g(x)\mathrm{d}x\mathrm{d}y - 2\iint\limits_{D} f(x)g(y)\mathrm{d}x\mathrm{d}y \geqslant 0,$$

所以 $\int_a^b \mathrm{d}y \int_a^b f(x)g(x)\mathrm{d}x \geqslant \int_a^b f(x)\mathrm{d}x \int_a^b g(y)\mathrm{d}y$, 即 $\int_a^b f(x)\mathrm{d}x \int_a^b g(y)\mathrm{d}y \leqslant (b-a)\int_a^b f(x)g(x)\mathrm{d}x$, 于是得

$$\int_a^b f(x)\mathrm{d}x \int_a^b g(x)\mathrm{d}x \leqslant (b-a)\int_a^b f(x)g(x)\mathrm{d}x.$$

49. 对二重积分作极坐标变换,令 $x = r\cos\theta, y = r\sin\theta$, 则

$$F(t) = \int_0^{2\pi} \mathrm{d}\theta \int_0^t f(r^2) r \mathrm{d}r = 2\pi \int_0^t f(r^2) r \mathrm{d}r.$$

因为 $f(x)$ 连续,所以 $F'(t) = 2\pi t f(t^2) (t \geqslant 0)$, 且 $F'(0) = 0$. 利用二阶导数的定义,得

$$F''(0) = \lim_{t \to 0^+} \frac{F'(t) - F'(0)}{t - 0} = \lim_{t \to 0^+} \frac{2\pi t f(t^2)}{t} = 2\pi \lim_{t \to 0^+} f(t^2) = 2\pi f(0) = 2\pi.$$

【注】 根据题设,$F(t)$ 的定义域为 $[0, +\infty)$, 所以 $F''(0)$ 应为右导数.

50. 根据被积函数的特点,考虑将积分拆分成两项,并分别记为 I_1 和 I_2, 得

$$I = \oint_L \frac{y}{(2-x)^2 + y^2} \mathrm{d}x + \frac{2-x}{(2-x)^2 + y^2} \mathrm{d}y + \oint_L \frac{y}{(2+x)^2 + y^2} \mathrm{d}x - \frac{2+x}{(2+x)^2 + y^2} \mathrm{d}y$$

$$= I_1 + I_2.$$

对于积分 I_1, 有

$$\frac{\partial}{\partial y}\left[\frac{y}{(2-x)^2 + y^2}\right] = \frac{\partial}{\partial x}\left[\frac{2-x}{(2-x)^2 + y^2}\right] = \frac{(2-x)^2 - y^2}{[(2-x)^2 + y^2]^2};$$

对于积分 I_2, 有

$$\frac{\partial}{\partial y}\left[\frac{y}{(2+x)^2 + y^2}\right] = \frac{\partial}{\partial x}\left[\frac{-(2+x)}{(2+x)^2 + y^2}\right] = \frac{(2+x)^2 - y^2}{[(2+x)^2 + y^2]^2},$$

所以 I_1 和 I_2 都分别满足曲线积分与路径无关的条件: $\dfrac{\partial P}{\partial y} = \dfrac{\partial Q}{\partial x}$.

以下对 L 的三种可能情形分别计算:

(1) 若点 $(2,0), (-2,0)$ 均在曲线 L 所围区域 D 的外部, 则 $I_1 = I_2 = 0$, 所以 $I = I_1 + I_2 = 0$.

(2) 若点 $(2,0), (-2,0)$ 均在 L 所围区域 D 的内部, 则分别以这两个点为圆心, 以 ε_1, ε_2 为半径的作正向圆周 C_1, C_2, 并且使得它们都在区域 D 的内部, 记 D_1 是 C_1 所围区域, 于是

$$I_1 = \oint_L \frac{y\mathrm{d}x + (2-x)\mathrm{d}y}{(x-2)^2 + y^2} = \frac{1}{\varepsilon_1^2} \oint_{C_1} y\mathrm{d}x + (2-x)\mathrm{d}y = -\frac{2}{\varepsilon_1^2} \iint_{D_1} \mathrm{d}x\mathrm{d}y = -2\pi.$$

同理可得 $I_2 = -2\pi$, 所以 $I = I_1 + I_2 = -4\pi$.

(3) 若点 $(2,0), (-2,0)$ 有一个在 D 的外部一个在 D 的内部, 则由上述计算可知 $I = I_1 + I_2 = -2\pi$.

51. (**方法 1**) 利用极坐标计算, 并写成先 θ 后 r 的二次积分形式, 得

$$\iint_D \left(x\frac{\partial f}{\partial x} + y\frac{\partial f}{\partial y} \right) \mathrm{d}x\mathrm{d}y = \int_0^1 r\mathrm{d}r \int_0^{2\pi} \left(r\cos\theta \cdot \frac{\partial f}{\partial x} + r\sin\theta \cdot \frac{\partial f}{\partial y} \right) \mathrm{d}\theta. \quad \text{①}$$

记 L_r 为半径是 r 的圆周, D_r 为 L_r 包围的区域, $r\cos\theta\mathrm{d}\theta = \mathrm{d}y$, $r\sin\theta\mathrm{d}\theta = -\mathrm{d}x$, 于是上式的内层积分可看作是沿闭曲线 L_r (逆时针方向) 的曲线积分, 即

$$\int_0^{2\pi} \left(r\cos\theta \cdot \frac{\partial f}{\partial x} + r\sin\theta \cdot \frac{\partial f}{\partial y} \right) \mathrm{d}\theta = \oint_{L_r} -\frac{\partial f}{\partial y}\mathrm{d}x + \frac{\partial f}{\partial x}\mathrm{d}y, \quad \text{②}$$

利用 Green 公式, 并结合题设条件, 得

$$\oint_{L_r} -\frac{\partial f}{\partial y}\mathrm{d}x + \frac{\partial f}{\partial x}\mathrm{d}y = \iint_{D_r} \left(\frac{\partial^2 f}{\partial x^2} + \frac{\partial^2 f}{\partial y^2} \right) \mathrm{d}x\mathrm{d}y = \iint_{D_r} \mathrm{e}^{-(x^2+y^2)} \mathrm{d}x\mathrm{d}y$$

$$= \int_0^{2\pi} \mathrm{d}\theta \int_0^r \mathrm{e}^{-\rho^2} \rho \mathrm{d}\rho = 2\pi \int_0^r \mathrm{e}^{-\rho^2} \rho \mathrm{d}\rho = \pi(1 - \mathrm{e}^{-r^2}).$$

于是, 综合①式和②式可得

$$\iint_D \left(x\frac{\partial f}{\partial x} + y\frac{\partial f}{\partial y} \right) \mathrm{d}x\mathrm{d}y = \pi \int_0^1 (1 - \mathrm{e}^{-r^2}) r\mathrm{d}r = \frac{\pi}{2\mathrm{e}}.$$

(**方法 2**) 利用 Green 公式, 可导出二重积分的分部积分公式:

$$\iint_D u\frac{\partial v}{\partial x}\mathrm{d}x\mathrm{d}y = \oint_{\partial D} uv\mathrm{d}y - \iint_D v\frac{\partial u}{\partial x}\mathrm{d}x\mathrm{d}y,$$

$$\iint\limits_{D} p\frac{\partial q}{\partial y}\mathrm{d}x\mathrm{d}y = -\oint_{\partial D} pq\,\mathrm{d}x - \iint\limits_{D} q\frac{\partial p}{\partial y}\mathrm{d}x\mathrm{d}y,$$

其中 ∂D 为区域 D 的正向边界.

取 $D: x^2+y^2 \leqslant 1$, $u=\dfrac{\partial f}{\partial x}$, $v=\dfrac{x^2+y^2}{2}$ 及 $p=\dfrac{\partial f}{\partial y}$, $q=\dfrac{x^2+y^2}{2}$, 代入上述两式并相加得

$$\iint\limits_{D}\left(x\frac{\partial f}{\partial x}+y\frac{\partial f}{\partial y}\right)\mathrm{d}x\mathrm{d}y$$

$$=\iint\limits_{D}\left[\frac{\partial}{\partial x}\left(\frac{x^2+y^2}{2}\right)\cdot\frac{\partial f}{\partial x}+\frac{\partial}{\partial y}\left(\frac{x^2+y^2}{2}\right)\cdot\frac{\partial f}{\partial y}\right]\mathrm{d}x\mathrm{d}y$$

$$=\oint_{\partial D}\frac{x^2+y^2}{2}\cdot\frac{\partial f}{\partial x}\mathrm{d}y-\frac{x^2+y^2}{2}\cdot\frac{\partial f}{\partial y}\mathrm{d}x-\iint\limits_{D}\frac{x^2+y^2}{2}\left(\frac{\partial^2 f}{\partial x^2}+\frac{\partial^2 f}{\partial y^2}\right)\mathrm{d}x\mathrm{d}y$$

$$=\frac{1}{2}\oint_{\partial D}\frac{\partial f}{\partial x}\mathrm{d}y-\frac{\partial f}{\partial y}\mathrm{d}x-\frac{1}{2}\iint\limits_{D}(x^2+y^2)\mathrm{e}^{-(x^2+y^2)}\mathrm{d}x\mathrm{d}y.$$

对上式第一项的曲线积分利用 Green 公式, 得

$$\oint_{\partial D}\frac{\partial f}{\partial x}\mathrm{d}y-\frac{\partial f}{\partial y}\mathrm{d}x=\iint\limits_{D}\left(\frac{\partial^2 f}{\partial x^2}+\frac{\partial^2 f}{\partial y^2}\right)\mathrm{d}x\mathrm{d}y=\iint\limits_{D}\mathrm{e}^{-(x^2+y^2)}\mathrm{d}x\mathrm{d}y.$$

因此

$$\iint\limits_{D}\left(x\frac{\partial f}{\partial x}+y\frac{\partial f}{\partial y}\right)\mathrm{d}x\mathrm{d}y=\frac{1}{2}\iint\limits_{D}(1-x^2-y^2)\mathrm{e}^{-(x^2+y^2)}\mathrm{d}x\mathrm{d}y$$

$$=\pi\int_0^1(1-r^2)\mathrm{e}^{-r^2}r\,\mathrm{d}r=\frac{\pi}{2\mathrm{e}}.$$

52. 设 $(x_0,y_0)\in\mathbb{R}^2$ 是平面上任一点, 只需证明 $P(x_0,y_0)=0$ 及 $\left.\dfrac{\partial Q}{\partial x}\right|_{(x_0,y_0)}=0$.

现任取 $R>0$, 作半圆周 $L: y=y_0+\sqrt{R^2-(x-x_0)^2}$, 取逆时针方向, 又设 L 的两个端点分别为 $A(x_0+R,y_0)$, $B(x_0-R,y_0)$, 则 $L+\overline{BA}$ 构成一正向封闭曲线. 根据题设可知 $\displaystyle\int_L P\mathrm{d}x+Q\mathrm{d}y=0$, 所以

$$\oint_{L+\overline{BA}}P\mathrm{d}x+Q\mathrm{d}y=\left(\int_L+\int_{\overline{BA}}\right)P\mathrm{d}x+Q\mathrm{d}y=\int_{\overline{BA}}P\mathrm{d}x+Q\mathrm{d}y=\int_{x_0-R}^{x_0+R}P(x,y_0)\mathrm{d}x.$$

利用 Green 公式, 得 $\oint_{L+\overline{BA}} P\mathrm{d}x + Q\mathrm{d}y = \iint_D \left(\dfrac{\partial Q}{\partial x} - \dfrac{\partial P}{\partial y}\right)\mathrm{d}x\mathrm{d}y$, 所以

$$\iint_D \left(\frac{\partial Q}{\partial x} - \frac{\partial P}{\partial y}\right)\mathrm{d}x\mathrm{d}y = \int_{x_0-R}^{x_0+R} P(x, y_0)\mathrm{d}x,$$

其中 D 是闭曲线 $L+\overline{BA}$ 所围成的区域. 另一方面, 对上式两端分别利用积分中值定理, 可得

$$\left(\frac{\partial Q}{\partial x} - \frac{\partial P}{\partial y}\right)\bigg|_{(\xi,\eta)} \cdot \frac{\pi}{2}R^2 = P(\xi_1, y_0) \cdot 2R, \qquad ①$$

其中 $(\xi, \eta) \in D$, $\xi_1 \in [x_0-R, x_0+R]$. 约去因子 R, 再令 $R \to 0^+$, 得 $P(x_0, y_0) = 0$, 即 $P(x, y) \equiv 0$.

进一步, 由①式得 $\left(\dfrac{\partial Q}{\partial x} - \dfrac{\partial P}{\partial y}\right)\bigg|_{(\xi,\eta)} = 0$, 所以 $\dfrac{\partial Q}{\partial x}\bigg|_{(\xi,\eta)} = 0$. 令 $R \to 0^+$, 得 $\dfrac{\partial Q}{\partial x}\bigg|_{(x_0,y_0)} = 0$, 即 $\dfrac{\partial Q}{\partial x} \equiv 0$.

53. 设 $l_1 + l_2$ 为平面上任意一条不经过原点也不包围原点的正向闭曲线, 取辅助路径 l_3 如图 7.10 所示使得 $-l_2 + l_3$ ($-l_2$ 表示 l_2 的负向曲线) 及 $l_1 + l_3$ 构成闭曲线且都包围原点. 记 $P = \dfrac{-y}{\varphi(x) + y^2}$, $Q = \dfrac{x}{\varphi(x) + y^2}$, 则由已知条件得

$$\oint_{l_1+l_3} P\mathrm{d}x + Q\mathrm{d}y = A,$$

$$\oint_{-l_2+l_3} P\mathrm{d}x + Q\mathrm{d}y = A,$$

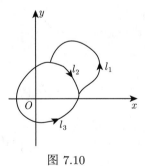

图 7.10

故由上述两式相减, 可得

$$\oint_{l_1+l_3} - \oint_{-l_2+l_3} = \int_{l_1} + \int_{l_3} - \int_{-l_2} - \int_{l_3} = \int_{l_1} - \int_{-l_2} = \int_{l_1} + \int_{l_2} = \oint_{l_1+l_2} = 0,$$

即
$$\oint_{l_1+l_2} P\mathrm{d}x + Q\mathrm{d}y \equiv 0.$$

注意到 $l_1 + l_2$ 是不包围原点的闭曲线, 且围成单连通区域, 所以 $\dfrac{\partial Q}{\partial x} = \dfrac{\partial P}{\partial y}$. 由于

$$\frac{\partial P}{\partial y} = \frac{-(\varphi(x)+y^2) - 2y(-y)}{(\varphi(x)+y^2)^2} = \frac{-\varphi(x)+y^2}{(\varphi(x)+y^2)^2},$$

$$\frac{\partial Q}{\partial x} = \frac{\varphi(x)+y^2 - x\varphi'(x)}{(\varphi(x)+y^2)^2},$$

所以当 $(x,y) \neq (0,0)$ 时, 可得 $-\varphi(x)+y^2 = \varphi(x)+y^2 - x\varphi'(x)$, 即 $x\varphi'(x) = 2\varphi(x)$, 解得 $\varphi(x) = Cx^2$. 又由 $\varphi(1) = 1$, 得 $C = 1$, 所以 $\varphi(x) = x^2$.

欲求常数 A, 考虑取 L 为正向单位圆周 $x^2+y^2 = 1$, 并用参数表示为 $x = \cos\theta$, $y = \sin\theta$, 则

$$A = \int_L \frac{x\mathrm{d}y - y\mathrm{d}x}{x^2+y^2} = \int_L x\mathrm{d}y - y\mathrm{d}x = \int_0^{2\pi}(\cos^2\theta + \sin^2\theta)\mathrm{d}\theta = 2\pi.$$

54. (1) 易知, 曲面 Σ 在点 $P(x,y,z)$ 处的法向量为 $(x,y,2z)$, 所以曲面 Σ 在点 P 处的切平面 Π 的方程为 $x(X-x)+y(Y-y)+2z(Z-z) = 1$, 化简即 $xX+yY+2zZ-2 = 0$. 因此原点到 Π 的距离为

$$\rho(x,y,z) = \frac{|x\cdot 0 + y\cdot 0 + 2z\cdot 0 - 2|}{\sqrt{x^2+y^2+4z^2}} = \frac{2}{\sqrt{4-x^2-y^2}}.$$

进一步, 由 Σ 的方程 $\dfrac{x^2}{2} + \dfrac{y^2}{2} + z^2 = 1 (z \geqslant 0)$ 可得 $\dfrac{\partial z}{\partial x} = -\dfrac{x}{2z}$, $\dfrac{\partial z}{\partial y} = -\dfrac{y}{2z}$, 所以

$$\mathrm{d}S = \sqrt{1+\left(\frac{\partial z}{\partial x}\right)^2 + \left(\frac{\partial z}{\partial y}\right)^2}\mathrm{d}x\mathrm{d}y = \sqrt{1+\frac{x^2+y^2}{4z^2}}\mathrm{d}x\mathrm{d}y = \frac{\sqrt{4-x^2-y^2}}{2\sqrt{1-\dfrac{x^2}{2}-\dfrac{y^2}{2}}}\mathrm{d}x\mathrm{d}y.$$

最后, 由于 Σ 在 xOy 平面上的投影为 $D: x^2+y^2 \leqslant 2$, 因此

$$I_1 = \iint_D \sqrt{1-\frac{x^2+y^2}{2}}\mathrm{d}x\mathrm{d}y = \int_0^{2\pi}\mathrm{d}\theta\int_0^{\sqrt{2}}\sqrt{1-\frac{r^2}{2}}r\mathrm{d}r = -\frac{4\pi}{3}\left(1-\frac{r^2}{2}\right)^{\frac{3}{2}}\bigg|_0^{\sqrt{2}} = \frac{4\pi}{3}.$$

(2) 因为 Σ 在点 $P(x,y,z)$ 处的法向量为 $(x,y,2z)$, 所以相应于 Σ 上侧的方向余弦为

$$(\cos\alpha, \cos\beta, \cos\gamma) = \frac{1}{\sqrt{x^2+y^2+4z^2}}(x,y,2z) = \rho(x,y,z)\left(\frac{x}{2}, \frac{y}{2}, z\right).$$

根据上述计算结果, 得

$$I_2 = \iint\limits_{\Sigma} \frac{z^2}{\rho(x,y,z)}(\mathrm{d}y\mathrm{d}z + \mathrm{d}z\mathrm{d}x + \mathrm{d}x\mathrm{d}y) = \iint\limits_{\Sigma} z^2 \left(\frac{x}{2} + \frac{y}{2} + z\right)\mathrm{d}S.$$

注意到 Σ 关于坐标平面 xOz, yOz 的对称性, 所以

$$I_2 = \iint\limits_{\Sigma} z^3 \mathrm{d}S = \frac{1}{4}\iint\limits_{D}(2-x^2-y^2)\sqrt{4-x^2-y^2}\mathrm{d}x\mathrm{d}y$$

$$= \frac{1}{4}\int_0^{2\pi}\mathrm{d}\theta\int_0^{\sqrt{2}}(2-r^2)\sqrt{4-r^2}r\mathrm{d}r.$$

作变换: $\sqrt{4-r^2} = t$, 则

$$I_2 = \frac{\pi}{2}\int_{\sqrt{2}}^{2}(t^2-2)t^2\mathrm{d}t = \frac{\pi}{2}\left(\frac{t^5}{5} - \frac{2t^3}{3}\right)\bigg|_{\sqrt{2}}^{2} = \frac{4(2-\sqrt{2})\pi}{15}.$$

55. 易知

$$\boldsymbol{f}\cdot\boldsymbol{g} = v\left(\frac{\partial u}{\partial x} - \frac{\partial u}{\partial y}\right) + u\left(\frac{\partial v}{\partial x} - \frac{\partial v}{\partial y}\right) = v\frac{\partial u}{\partial x} + u\frac{\partial v}{\partial x} - \left(v\frac{\partial u}{\partial y} + u\frac{\partial v}{\partial y}\right) = \frac{\partial(uv)}{\partial x} - \frac{\partial(uv)}{\partial y}.$$

利用 Green 公式, 并设 ∂D 是 D 的正向边界, 得

$$\iint\limits_{D}\boldsymbol{f}\cdot\boldsymbol{g}\mathrm{d}\sigma = \iint\limits_{D}\left(\frac{\partial(uv)}{\partial x} - \frac{\partial(uv)}{\partial y}\right)\mathrm{d}\sigma = \oint_{\partial D} uv\mathrm{d}x + uv\mathrm{d}y = \oint_{\partial D} y\mathrm{d}x + y\mathrm{d}y$$

$$= \int_0^{2\pi}\left(-\sin^2\theta + \sin\theta\cos\theta\right)\mathrm{d}\theta = -\pi.$$

56. 设 $P = \dfrac{x}{(x^2+y^2+z^2)^{3/2}}$, $Q = \dfrac{y}{(x^2+y^2+z^2)^{3/2}}$, $R = \dfrac{z}{(x^2+y^2+z^2)^{3/2}}$, 则 $\dfrac{\partial P}{\partial x} + \dfrac{\partial Q}{\partial y} + \dfrac{\partial R}{\partial z} = 0$.

设 Σ_1 表示以原点为中心的上半单位球面, Σ_2 为平面 $z = 0$ 上满足 $\dfrac{(x-1)^2}{16} + \dfrac{(y-2)^2}{25} \leqslant 1$ 及 $x^2 + y^2 \geqslant 1$ 的部分, Σ_1 和 Σ_2 都取下侧, 则 Σ_1 被包围在 Σ 的内部, $\Sigma + \Sigma_1 + \Sigma_2$ 构成既不经过原点也不包围原点的封闭曲面的外侧, 且

$$I = \iint\limits_{\Sigma} P\mathrm{d}y\mathrm{d}z + Q\mathrm{d}z\mathrm{d}x + R\mathrm{d}x\mathrm{d}y = \left(\oiint\limits_{\Sigma+\Sigma_1+\Sigma_2} - \iint\limits_{\Sigma_1} - \iint\limits_{\Sigma_2}\right) P\mathrm{d}y\mathrm{d}z + Q\mathrm{d}z\mathrm{d}x + R\mathrm{d}x\mathrm{d}y.$$

记 Ω 是以 $\Sigma + \Sigma_1 + \Sigma_2$ 为边界曲面的有界区域, 则 P, Q, R 在 Ω 上具有连续偏导数, 利用 Gauss 公式得

$$\oiint_{\Sigma+\Sigma_1+\Sigma_2} P\mathrm{d}y\mathrm{d}z + Q\mathrm{d}z\mathrm{d}x + R\mathrm{d}x\mathrm{d}y = \iiint_{\Omega}\left(\frac{\partial P}{\partial x} + \frac{\partial Q}{\partial y} + \frac{\partial R}{\partial z}\right)\mathrm{d}x\mathrm{d}y\mathrm{d}z = 0.$$

又易知 $\iint_{\Sigma_2} P\mathrm{d}y\mathrm{d}z + Q\mathrm{d}z\mathrm{d}x + R\mathrm{d}x\mathrm{d}y = 0$, 所以

$$I = -\iint_{\Sigma_1}\frac{x\mathrm{d}y\mathrm{d}z + y\mathrm{d}z\mathrm{d}x + z\mathrm{d}x\mathrm{d}y}{(x^2+y^2+z^2)^{3/2}} = -\iint_{\Sigma_1} x\mathrm{d}y\mathrm{d}z + y\mathrm{d}z\mathrm{d}x + z\mathrm{d}x\mathrm{d}y$$

$$= -\left(\oiint_{\Sigma_1+\Sigma_3} - \iint_{\Sigma_3}\right) x\mathrm{d}y\mathrm{d}z + y\mathrm{d}z\mathrm{d}x + z\mathrm{d}x\mathrm{d}y,$$

其中 Σ_3 为平面 $z = 0$ 上满足条件 $x^2 + y^2 \leqslant 1$ 的部分的上侧. 显然, $\iint_{\Sigma_3} x\mathrm{d}y\mathrm{d}z + y\mathrm{d}z\mathrm{d}x + z\mathrm{d}x\mathrm{d}y = 0$.

再次利用 Gauss 公式, 并注意到 $\Sigma_1 + \Sigma_3$ 是封闭曲面的内侧, 得

$$\oiint_{\Sigma_1+\Sigma_3} x\mathrm{d}y\mathrm{d}z + y\mathrm{d}z\mathrm{d}x + z\mathrm{d}x\mathrm{d}y = -3\iiint_{\Omega_1}\mathrm{d}v = -3 \cdot \frac{2\pi}{3} = -2\pi,$$

其中 Ω_1 是 $\Sigma_1 + \Sigma_3$ 包围的有界区域. 因此

$$I = -\left(\oiint_{\Sigma_1+\Sigma_3} - \iint_{\Sigma_3}\right) x\mathrm{d}y\mathrm{d}z + y\mathrm{d}z\mathrm{d}x + z\mathrm{d}x\mathrm{d}y = -(-2\pi - 0) = 2\pi.$$

【注】 这里, 曲面 Σ 的方程无须具体给出, 只需 Σ 是不经过原点的分片光滑曲面 $(z \geqslant 0)$; 此外, 上半单位球面 Σ_1 也可取为以原点为球心、以 ε 为半径的上半球面, 只要 Σ_1 被包含于 Σ 内即可.

57. 记 $D = \left\{(x,z)\middle| (x-1)^2 + \frac{z^2}{4} \leqslant 1\right\}$, 补上平面 $\Sigma_0 : y = 1, (x,z) \in D$ 的左侧, 则所求积分

$$I = \left(\oiint_{\Sigma+\Sigma_0} - \iint_{\Sigma_0}\right) x^2\mathrm{d}y\mathrm{d}z + y^2\mathrm{d}z\mathrm{d}x + z^2\mathrm{d}x\mathrm{d}y.$$

记 $\Sigma + \Sigma_0$ 所包围的区域为 Ω, 利用 Gauss 公式及对称性, 得

$$\oiint_{\Sigma+\Sigma_0} x^2\mathrm{d}y\mathrm{d}z + y^2\mathrm{d}z\mathrm{d}x + z^2\mathrm{d}x\mathrm{d}y$$

$$= 2 \iiint\limits_{\Omega} (x+y+z) \mathrm{d}v$$

$$= 2 \iiint\limits_{\Omega} [(x-1)+(y-1)+2] \mathrm{d}v$$

$$= 2 \int_0^\pi \mathrm{d}\theta \int_0^\pi \mathrm{d}\varphi \int_0^1 (\rho\cos\theta\sin\varphi + \rho\sin\theta\sin\varphi + 2) 2\rho^2 \sin\varphi \mathrm{d}\rho$$

$$= 4 \int_0^\pi (\cos\theta+\sin\theta)\mathrm{d}\theta \int_0^\pi \sin^2\varphi \mathrm{d}\varphi \int_0^1 \rho^3 \mathrm{d}\rho + 8\pi \int_0^\pi \sin\varphi \mathrm{d}\varphi \int_0^1 \rho^2 \mathrm{d}\rho$$

$$= 8 \cdot \frac{\pi}{2} \cdot \frac{1}{4} + \frac{16\pi}{3} = \frac{19\pi}{3}.$$

另一方面, 易知 $\iint\limits_{\Sigma_0} x^2 \mathrm{d}y\mathrm{d}z + y^2 \mathrm{d}z\mathrm{d}x + z^2 \mathrm{d}x\mathrm{d}y = -\iint\limits_{D} \mathrm{d}z\mathrm{d}x = -2\pi$, 因此 $I = \frac{19}{3}\pi + 2\pi = \frac{25}{3}\pi.$

【注】 对于上述的三重积分 $\iiint\limits_{\Omega}(x+y)\mathrm{d}v$, 也可拆成两项分别利用 "先二后一" 法计算.

$$\iiint\limits_{\Omega} x \mathrm{d}v = \int_0^2 x \mathrm{d}x \iint\limits_{D_x} \mathrm{d}y\mathrm{d}z = \pi \int_0^2 x(2x-x^2)\mathrm{d}x = \frac{4}{3}\pi,$$

$$D_x : (y-1)^2 + \frac{z^2}{4} \leqslant 2x - x^2, \quad y \geqslant 1,$$

$$\iiint\limits_{\Omega} y \mathrm{d}v = \int_1^2 y \mathrm{d}y \iint\limits_{D_y} \mathrm{d}z\mathrm{d}x = 2\pi \int_1^2 y(2y-y^2)\mathrm{d}y = \frac{11}{6}\pi,$$

$$D_y : (x-1)^2 + \frac{z^2}{4} \leqslant 2y - y^2,$$

所以 $I = 2\left(\dfrac{4}{3}\pi + \dfrac{11}{6}\pi\right) + 2\pi = \dfrac{25}{3}\pi.$

58. 易知, 两曲面所围成的立体在平面上的投影区域为 $D: x^2+y^2 \leqslant 1$. 因此, 所求体积

$$V = \iint\limits_{D} \left[2 - \sqrt{x^2+y^2} - (x^2+y^2)\right] \mathrm{d}x\mathrm{d}y = \int_0^{2\pi} \mathrm{d}\theta \int_0^1 (2-r-r^2) r \mathrm{d}r$$

$$= 2\pi \int_0^1 (2-r-r^2) r \mathrm{d}r = 2\pi \left(r^2 - \frac{r^3}{3} - \frac{r^4}{4}\right)\bigg|_0^1 = \frac{5}{6}\pi.$$

所求表面积为

$$S = \iint_D \sqrt{1+(2x)^2+(2y)^2}\mathrm{d}x\mathrm{d}y + \iint_D \sqrt{1+\left(-\frac{x}{\sqrt{x^2+y^2}}\right)^2 + \left(-\frac{y}{\sqrt{x^2+y^2}}\right)^2}\mathrm{d}x\mathrm{d}y$$

$$= \iint_D \sqrt{1+4(x^2+y^2)}\mathrm{d}x\mathrm{d}y + \sqrt{2}\iint_D \mathrm{d}x\mathrm{d}y$$

$$= \int_0^{2\pi}\mathrm{d}\theta \int_0^1 \sqrt{1+4r^2}r\mathrm{d}r + \sqrt{2}\pi = 2\pi\int_0^1 \sqrt{1+4r^2}r\mathrm{d}r + \sqrt{2}\pi$$

$$= \left[\frac{1}{6}(5\sqrt{5}-1)+\sqrt{2}\right]\pi.$$

59. 曲面 $1-z=\sqrt{x^2+y^2}$ 与平面 $x=z$ 的交线在 xOy 平面上的投影为抛物线 $1-y^2=2x$, 因此, 所围成的立体在 xOy 平面上的投影区域为 $D = \left\{(x,y)\Big| 0 \leqslant x \leqslant \frac{1-y^2}{2}, -1 \leqslant y \leqslant 1\right\}$ (图 7.11), 所求体积

$$V = \iint_D \left(1-\sqrt{x^2+y^2}-x\right)\mathrm{d}x\mathrm{d}y.$$

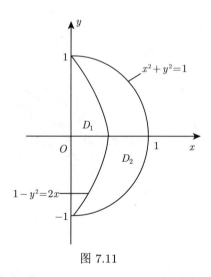

图 7.11

下面采用两种方法计算二重积分.

(**方法 1**) 利用直角坐标计算. 根据重积分的对称性, 得

$$V = 2\int_0^1 \mathrm{d}y \int_0^{\frac{1-y^2}{2}} \left(1-\sqrt{x^2+y^2}-x\right)\mathrm{d}x = \int_0^1 \left(\frac{1-y^2}{2}+y^2\ln y\right)\mathrm{d}y$$

$$= \left(\frac{y}{2}-\frac{y^3}{6}+\frac{y^3}{3}\ln y - \frac{y^3}{9}\right)\Bigg|_0^1 = \frac{2}{9}.$$

(**方法 2**) 利用极坐标计算. 根据重积分的对称性, 得

$$V = 2\int_0^{\frac{\pi}{2}} d\theta \int_0^{\frac{1}{1+\cos\theta}} [1 - r(1+\cos\theta)]r dr = \frac{1}{3}\int_0^{\frac{\pi}{2}} \frac{d\theta}{(1+\cos\theta)^2} = \frac{1}{12}\int_0^{\frac{\pi}{2}} \sec^4\frac{\theta}{2} d\theta$$

$$= \frac{1}{6}\int_0^{\frac{\pi}{2}} \left(1 + \tan^2\frac{\theta}{2}\right) d\left(\tan\frac{\theta}{2}\right) = \frac{1}{6}\left(\tan\frac{\theta}{2} + \frac{1}{3}\tan^3\frac{\theta}{2}\right)\Big|_0^{\frac{\pi}{2}} = \frac{2}{9}.$$

【注】 这里的方法 1 中, 利用了不定积分的基本公式:

$$\int \sqrt{a^2 + x^2} dx = \frac{a^2}{2}\ln(x + \sqrt{a^2 + x^2}) + \frac{x}{2}\sqrt{a^2 + x^2} + C.$$

60. 以球心为原点建立空间直角坐标系, 使点 P_0 位于 z 轴的 $P_0(0,0,r_0)$ 处. 利用球面坐标及余弦定理, 球体内任一点 $P(r,\varphi,\theta)$ 到 P_0 的距离 $|PP_0| = \sqrt{r^2 + r_0^2 - 2rr_0\cos\varphi}$, 则该物质的质量

$$M = \iiint\limits_{x^2+y^2+z^2 \leqslant R^2} \frac{1}{|PP_0|} dv = \int_0^{2\pi} d\theta \int_0^R r^2 dr \int_0^\pi \frac{\sin\varphi d\varphi}{\sqrt{r^2 + r_0^2 - 2rr_0\cos\varphi}}$$

$$= \frac{4\pi}{r_0}\int_0^R r\sqrt{r^2 + r_0^2 - 2rr_0\cos\varphi}\Big|_0^\pi dr = \frac{4\pi}{r_0}\int_0^R r^2 dr = \frac{4\pi R^3}{3r_0}.$$

61. 设 $f(x,y,z) = x + 2y - 2z + 5$, 因为函数 $f(x,y,z)$ 在区域 Ω 的内部无驻点, 所以必在 Ω 的边界上取得最大值与最小值. 为此, 构造 Lagrange 函数 $L(x,y,z) = x + 2y - 2z + 5 + \lambda\left(x^2 + y^2 + z^2 - 1\right)$, 则由

$$L'_x = 1 + 2\lambda x = 0, \quad L'_y = 2 + 2\lambda x = 0, \quad L'_z = -2 + 2\lambda x = 0, \quad L'_\lambda = x^2 + y^2 + z^2 - 1 = 0,$$

解得驻点 $P_1\left(\frac{1}{3}, \frac{2}{3}, -\frac{2}{3}\right)$, $P_2\left(-\frac{1}{3}, -\frac{2}{3}, \frac{2}{3}\right)$.

经计算可知 $f(P_1) = 8$, $f(P_2) = 2$, 所以函数 $f(x,y,z)$ 在区域 Ω 上的最大值为 8, 最小值为 2.

由于 $f(x,y,z)$ 与 $\sqrt[3]{f(x,y,z)}$ 有相同的极值点, 所以函数 $\sqrt[3]{f(x,y,z)}$ 在区域 Ω 上的最大值为 2, 最小值为 $\sqrt[3]{2}$. 所以有

$$\frac{4\sqrt[3]{2}\pi}{3} = \iiint\limits_\Omega \sqrt[3]{2} dv \leqslant \iiint\limits_\Omega \sqrt[3]{x + 2y - 2z + 5} dv \leqslant \iiint\limits_\Omega 2 dv = \frac{8\pi}{3}.$$

62. 抛物面 $z = x^2 + y^2 + 1$ 上任意一点 $P_0(x_0, y_0, z_0)$ 处的切平面方程为 $z = 2x_0 x + 2y_0 y - x_0^2 - y_0^2 + 1$, 由此 $\begin{cases} z = x^2 + y^2, \\ z = 2x_0 x + 2y_0 y - x_0^2 - y_0^2 + 1, \end{cases}$ 可求得投影区域为

$D:(x-x_0)^2+(y-y_0)^2\leqslant 1$, 所围成的立体的体积为

$$V=\iint\limits_{D}(2x_0x+2y_0y-x_0^2-y_0^2+1-x^2-y^2)\mathrm{d}x\mathrm{d}y$$

$$=\iint\limits_{D}\left[1-(x-x_0)^2-(y-y_0)^2\right]\mathrm{d}x\mathrm{d}y=\frac{\pi}{2}.$$

63. 由对称性, 知 $\bar{x}=0$. 而 $\bar{y}=\dfrac{\iint\limits_{D}y\mathrm{d}x\mathrm{d}y}{\iint\limits_{D}\mathrm{d}x\mathrm{d}y}=\dfrac{2\int_0^1\mathrm{d}x\int_0^{a(1-x^2)}y\mathrm{d}y}{2\int_0^1\mathrm{d}x\int_0^{a(1-x^2)}\mathrm{d}y}=\dfrac{2a}{5}$. 倾斜前薄片的质心在 $P\left(0,\dfrac{2a}{5}\right)$, 点 P 与点 $(1,0)$ 的距离为 $\sqrt{1+\left(\dfrac{2a}{5}\right)^2}$, 薄片不翻倒的临界位置的质心在点 $M\left(1,\sqrt{1+\left(\dfrac{2a}{5}\right)^2}\right)$, 此时薄片底边中心在点 $N\left(1-\dfrac{\sqrt{2}}{2},\dfrac{\sqrt{2}}{2}\right)$ 处 (图 7.12), 有 $k_{MN}=\dfrac{\sqrt{1+\left(\dfrac{2a}{5}\right)^2}-\dfrac{\sqrt{2}}{2}}{1-\left(1-\dfrac{\sqrt{2}}{2}\right)}=\tan 45°=1$, 解得 $a=\dfrac{5}{2}$, 故 a 最大不能超过 $\dfrac{5}{2}$.

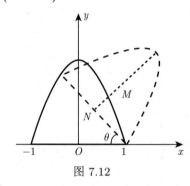

图 7.12

64. 先将二次积分化为第一型曲面积分. 为此, 考虑球面 $\Sigma:x^2+y^2+z^2=1$ 的参数方程 $\begin{cases}x=\sin\varphi\cos\theta,\\ y=\sin\varphi\sin\theta,\\ z=\cos\varphi,\end{cases}$ $0\leqslant\theta\leqslant\dfrac{\pi}{2},0\leqslant\varphi\leqslant\dfrac{\pi}{2}$, 因为

$$\frac{\partial x}{\partial\varphi}=\cos\varphi\cos\theta,\quad \frac{\partial y}{\partial\varphi}=\cos\varphi\sin\theta,\quad \frac{\partial z}{\partial\varphi}=-\sin\varphi,$$

$$\frac{\partial x}{\partial\theta}=-\sin\varphi\sin\theta,\quad \frac{\partial y}{\partial\theta}=\sin\varphi\cos\theta,\quad \frac{\partial z}{\partial\theta}=0,$$

所以
$$E = \left(\frac{\partial x}{\partial \varphi}\right)^2 + \left(\frac{\partial y}{\partial \varphi}\right)^2 + \left(\frac{\partial z}{\partial \varphi}\right)^2 = 1,$$
$$F = \left(\frac{\partial x}{\partial \theta}\right)^2 + \left(\frac{\partial y}{\partial \theta}\right)^2 + \left(\frac{\partial z}{\partial \theta}\right)^2 = \sin^2 \varphi,$$
$$G = \frac{\partial x}{\partial \varphi} \cdot \frac{\partial x}{\partial \theta} + \frac{\partial y}{\partial \varphi} \cdot \frac{\partial y}{\partial \theta} + \frac{\partial z}{\partial \varphi} \cdot \frac{\partial z}{\partial \theta} = 0,$$

由此可得曲面面积元素 $\mathrm{d}S = \sqrt{EF - G^2}\mathrm{d}\varphi \mathrm{d}\theta = \sin\varphi \mathrm{d}\varphi \mathrm{d}\theta$. 因此 $I = \iint\limits_{\Sigma} \frac{\ln(2-x)}{2-2x+x^2}\mathrm{d}S$.

根据轮换对称性,$\iint\limits_{\Sigma} \frac{\ln(2-x)}{2-2x+x^2}\mathrm{d}S = \iint\limits_{\Sigma} \frac{\ln(2-z)}{2-2z+z^2}\mathrm{d}S$, 再化为二次积分得

$$I = \iint\limits_{\Sigma} \frac{\ln(2-z)}{2-2z+z^2}\mathrm{d}S = \int_0^{\frac{\pi}{2}} \mathrm{d}\theta \int_0^{\frac{\pi}{2}} \frac{\sin\varphi \ln(2-\cos\varphi)}{2-2\cos\varphi+\cos^2\varphi}\mathrm{d}\varphi.$$

令 $\tan u = 1 - \cos\varphi$, 则上述内层积分化为

$$J = \int_0^{\frac{\pi}{2}} \frac{\sin\varphi \ln(2-\cos\varphi)}{2-2\cos\varphi+\cos^2\varphi}\mathrm{d}\varphi = \int_0^{\frac{\pi}{4}} \ln(1+\tan u)\mathrm{d}u = \int_0^{\frac{\pi}{4}} \ln\left(1+\tan\left(\frac{\pi}{4}-u\right)\right)\mathrm{d}u$$
$$= \int_0^{\frac{\pi}{4}} \ln\frac{2}{1+\tan u}\mathrm{d}u = \frac{\pi}{4}\ln 2 - \int_0^{\frac{\pi}{4}} \ln(1+\tan u)\mathrm{d}u = \frac{\pi}{8}\ln 2,$$

因此 $I = \frac{\pi}{2}J = \frac{\pi}{2} \cdot \frac{\pi}{8}\ln 2 = \frac{\pi^2}{16}\ln 2$.

65. 设 $\boldsymbol{n}$ 的方向余弦为 $(\cos\alpha, \cos\beta, \cos\gamma)$, $r = |\boldsymbol{r}| = \sqrt{x^2+y^2+z^2}$, 则

$$\cos(\widehat{\boldsymbol{r},\boldsymbol{n}}) = \frac{\boldsymbol{r}\cdot\boldsymbol{n}}{|\boldsymbol{r}||\boldsymbol{n}|} = \frac{x}{r}\cos\alpha + \frac{x}{r}\cos\beta + \frac{x}{r}\cos\gamma,$$

所以 $\oiint\limits_{\Sigma} \cos(\widehat{\boldsymbol{r},\boldsymbol{n}})\mathrm{d}S = \oiint\limits_{\Sigma} \left(\frac{x}{r}\cos\alpha + \frac{x}{r}\cos\beta + \frac{x}{r}\cos\gamma\right)\mathrm{d}S$. 利用 Gauss 公式, 可得

$$\oiint\limits_{\Sigma} \cos(\widehat{\boldsymbol{r},\boldsymbol{n}})\mathrm{d}S = \iiint\limits_{\Omega} \left(\frac{\partial}{\partial x}\left(\frac{x}{r}\right) + \frac{\partial}{\partial y}\left(\frac{y}{r}\right) + \frac{\partial}{\partial z}\left(\frac{z}{r}\right)\right)\mathrm{d}x\mathrm{d}y\mathrm{d}z.$$

因为 $\frac{\partial}{\partial x}\left(\frac{x}{r}\right) = \frac{r - x\cdot\frac{x}{r}}{r^2} = \frac{r^2 - x^2}{r^3}$, 同理 $\frac{\partial}{\partial y}\left(\frac{y}{r}\right) = \frac{r^2-y^2}{r^3}$, $\frac{\partial}{\partial z}\left(\frac{z}{r}\right) = \frac{r^2-z^2}{r^3}$, 所以

$$\oiint\limits_{\Sigma} \cos(\widehat{\boldsymbol{r},\boldsymbol{n}})\mathrm{d}S = \iiint\limits_{\Omega} \left(\frac{\partial}{\partial x}\left(\frac{x}{r}\right) + \frac{\partial}{\partial y}\left(\frac{y}{r}\right) + \frac{\partial}{\partial z}\left(\frac{z}{r}\right)\right)\mathrm{d}x\mathrm{d}y\mathrm{d}z = \iiint\limits_{\Omega} \frac{2}{r}\mathrm{d}x\mathrm{d}y\mathrm{d}z.$$

66. 设 $\dfrac{\boldsymbol{n}}{|\boldsymbol{n}|} = (\cos\alpha,\ \cos\beta,\ \cos\gamma)$,则 $\dfrac{\partial u}{\partial n} = \dfrac{\partial u}{\partial x}\cos\alpha + \dfrac{\partial u}{\partial y}\cos\beta + \dfrac{\partial u}{\partial z}\cos\gamma$. 利用 Gauss 公式,得

$$\oiint_{\Sigma} v\dfrac{\partial u}{\partial \boldsymbol{n}}\mathrm{d}S = \oiint_{\Sigma}\left(v\dfrac{\partial u}{\partial x}\cos\alpha + v\dfrac{\partial u}{\partial y}\cos\beta + v\dfrac{\partial u}{\partial z}\cos\gamma\right)\mathrm{d}S$$
$$-\iiint_{\Omega}\left(\dfrac{\partial}{\partial x}\left(v\dfrac{\partial u}{\partial x}\right) + \dfrac{\partial}{\partial y}\left(v\dfrac{\partial u}{\partial y}\right) + \dfrac{\partial}{\partial z}\left(v\dfrac{\partial u}{\partial z}\right)\right)\mathrm{d}x\mathrm{d}y\mathrm{d}z.$$

而

$$\dfrac{\partial}{\partial x}\left(v\dfrac{\partial u}{\partial x}\right) + \dfrac{\partial}{\partial y}\left(v\dfrac{\partial u}{\partial y}\right) + \dfrac{\partial}{\partial z}\left(v\dfrac{\partial u}{\partial z}\right)$$
$$= v\Delta u + \dfrac{\partial u}{\partial x}\cdot\dfrac{\partial v}{\partial x} + \dfrac{\partial u}{\partial y}\cdot\dfrac{\partial v}{\partial y} + \dfrac{\partial u}{\partial z}\cdot\dfrac{\partial v}{\partial z} = v\Delta u + \mathbf{grad}\ u\cdot\mathbf{grad}\ v,$$

所以

$$\oiint_{\Sigma} v\dfrac{\partial u}{\partial \boldsymbol{n}}\mathrm{d}S = \iiint_{\Omega}(v\Delta u + \mathbf{grad}\ u\cdot\mathbf{grad}\ v)\mathrm{d}x\mathrm{d}y\mathrm{d}z.$$

同理,得 $\oiint_{\Sigma} u\dfrac{\partial v}{\partial \boldsymbol{n}}\mathrm{d}S = \iiint_{\Omega}(u\Delta v + \mathbf{grad}\ v\cdot\mathbf{grad}\ u)\mathrm{d}x\mathrm{d}y\mathrm{d}z.$ 两式相减,即得

$$\oiint_{\Sigma}\left(v\dfrac{\partial u}{\partial \boldsymbol{n}} - u\dfrac{\partial v}{\partial \boldsymbol{n}}\right)\mathrm{d}S = \iiint_{\Omega}(v\Delta u - u\Delta v)\mathrm{d}x\mathrm{d}y\mathrm{d}z.$$

第8章 无穷级数

无穷级数是大学生数学竞赛的重要内容,是研究函数所不可缺少的一个重要工具. 它不仅在现代数学方法中占有重要的地位,而且在微分方程、数值计算等大量应用科学中都有着广泛的应用.

无穷级数的基本问题是它的收敛性问题以及在收敛的前提下讨论它的求和问题. 此外, 求幂级数的收敛域与和函数、将函数展开为幂级数与 Fourier(傅里叶) 级数也是无穷级数的基本问题.

8.1 竞赛要点与难点

(1) 常数项级数的收敛与发散、收敛级数的和、级数的基本性质与收敛的必要条件.

(2) 几何级数与 p-级数及其收敛性、正项级数收敛性的判别法、交错级数与 Leibniz 判别法.

(3) 任意项级数的绝对收敛与条件收敛.

(4) 函数项级数的收敛域与和函数的概念.

(5) 幂级数及其收敛半径、收敛区间 (指开区间)、收敛域与和函数.

(6) 幂级数在其收敛区间内的基本性质 (和函数的连续性、逐项求导和逐项积分)、简单幂级数的和函数的求法.

(7) 初等函数的幂级数展开式.

(8) 函数的 Fourier 系数与 Fourier 级数、Dirichlet (狄利克雷) 定理、函数在 $[-l,l]$ 上的 Fourier 级数、函数在 $[0,l]$ 上的正弦级数和余弦级数.

8.2 范例解析与精讲

 题型一、常数项级数的敛散性及判别法

在高等数学中, 常数项级数是指由实数列 $\{a_n\}$ 所构成的表达式:

$$a_1 + a_2 + \cdots + a_n + \cdots = \sum_{n=1}^{\infty} a_n,$$

其中 a_n 称为级数的一般项. 令 $S_n = a_1 + a_2 + \cdots + a_n$, 则称 S_n 为级数的部分和, 而称 $\{S_n\}$ 为级数的部分和数列. 若 $S_n \to S(n \to \infty)$, 则称级数收敛, 并称其收敛于和 S, 而称 $r_n = S - S_n$ 为级数的余项, 否则就称级数为发散. 研究一个级数是收敛还是发散, 称为级数的审敛.

(一) 级数收敛的必要条件

若级数 $\sum\limits_{n=1}^{\infty} a_n$ 收敛, 则 $\lim\limits_{n \to \infty} a_n = 0$.

(二) 级数的 4 个基本性质

(1) 去掉级数前面有限项或在级数前面添加有限项, 不影响级数的敛散性.

(2) 对于任意非零常数 c, 级数 $\sum\limits_{n=1}^{\infty} a_n$ 与 $\sum\limits_{n=1}^{\infty} ca_n$ 具有相同的敛散性.

(3) 若级数 $\sum\limits_{n=1}^{\infty} a_n$ 与 $\sum\limits_{n=1}^{\infty} b_n$ 都收敛, 它们的和分别为 s 与 t, 则 $\sum\limits_{n=1}^{\infty} (a_n \pm b_n)$ 收敛且和为 $s \pm t$.

(4) 收敛级数任意加括号后所成的级数仍然收敛, 且其和不变.

(三) 几个常用级数

为了迅速而又准确地判定一个级数的敛散性, 掌握以下几个已知其敛散性的级数往往是有益的.

(1) 几何级数 $\sum\limits_{n=0}^{\infty} ar^n$ 当 $|r| < 1$ 时收敛, 且其和为 $\dfrac{a}{1-r}$; 当 $|r| \geqslant 1$ 时发散.

(2) 调和级数 $\sum\limits_{n=1}^{\infty} \dfrac{1}{n}$ 发散.

(3) **p-级数** $\sum\limits_{n=1}^{\infty} \dfrac{1}{n^p}$ 当 $p > 1$ 时收敛, $p \leqslant 1$ 时发散.

1. 利用级数的基本性质判定级数的敛散性

常数项级数的审敛, 最基本的方法有: ① 利用级数收敛的必要条件; ② 利用级数收敛的定义; ③ 利用级数的基本性质.

【例 8.1】 判别下列级数的敛散性:

(1) $\sum\limits_{n=1}^{\infty} \ln(1+2^n) \ln \dfrac{n+1}{n}$; (2) $\sum\limits_{n=2}^{\infty} \dfrac{1}{n(\ln n)^2}$;

(3) $\dfrac{1}{\sqrt{2}-1} - \dfrac{1}{\sqrt{2}+1} + \dfrac{1}{\sqrt{3}-1} - \dfrac{1}{\sqrt{3}+1} + \cdots$; (4) $\sum\limits_{n=0}^{\infty} \arctan \dfrac{1}{n^2+n+1}$.

解 (1) 将所给级数的一般项适当变形, 有

$$a_n = \left[n \ln 2 + \ln\left(1 + \dfrac{1}{2^n}\right) \right] \ln\left(1 + \dfrac{1}{n}\right)$$

$$= \ln 2 \ln\left(1 + \dfrac{1}{n}\right)^n + \ln\left(1 + \dfrac{1}{2^n}\right) \ln\left(1 + \dfrac{1}{n}\right).$$

可见 $\lim\limits_{n\to\infty} a_n = \ln 2$. 表明当 $n \to \infty$ 时, a_n 不趋于零, 不满足级数收敛的必要条件. 故级数发散.

(2) 考察级数的前 n 项部分和: $S_n = \sum\limits_{k=2}^{n+1} \dfrac{1}{k(\ln k)^2}$. 显然, 数列 $\{S_n\}$ 单调增加. 而且

$$S_n = \frac{1}{2(\ln 2)^2} + \sum_{k=3}^{n+1} \frac{1}{k(\ln k)^2} = \frac{1}{2(\ln 2)^2} + \sum_{k=3}^{n+1} \int_{k-1}^{k} \frac{1}{k(\ln k)^2} \, \mathrm{d}x$$

$$\leqslant \frac{1}{2(\ln 2)^2} + \sum_{k=3}^{n+1} \int_{k-1}^{k} \frac{\mathrm{d}x}{x(\ln x)^2} = \frac{1}{2(\ln 2)^2} + \int_{2}^{n+1} \frac{\mathrm{d}x}{x(\ln x)^2}$$

$$\leqslant \frac{1}{2(\ln 2)^2} + \int_{2}^{+\infty} \frac{\mathrm{d}x}{x(\ln x)^2} = \frac{1}{2(\ln 2)^2} + \frac{1}{\ln 2},$$

即数列 $\{S_n\}$ 有上界. 根据数列收敛的单调有界准则可知, 当 $n \to \infty$ 时, S_n 的极限存在. 因此, 所给级数收敛.

(3) 所给级数为交错级数, 显然条件 $a_n > a_{n+1}$ 不成立, 因而可能发散. 为此, 考虑把原级数加括号成为新的级数:

$$\left(\frac{1}{\sqrt{2}-1} - \frac{1}{\sqrt{2}+1} \right) + \left(\frac{1}{\sqrt{3}-1} - \frac{1}{\sqrt{3}+1} \right) + \cdots,$$

由于其一般项 $b_n = \dfrac{1}{\sqrt{n}-1} - \dfrac{1}{\sqrt{n}+1} = \dfrac{2}{n-1}$, 而级数 $\sum\limits_{n=2}^{\infty} b_n = 2\sum\limits_{n=2}^{\infty} \dfrac{1}{n-1}$ 发散, 故由级数的基本性质知, 原级数发散.

(4) 根据三角公式 $\arctan \dfrac{\alpha - \beta}{1 + \alpha\beta} = \arctan \alpha - \arctan \beta$, 得

$$\arctan \frac{1}{n^2 + n + 1} = \arctan \frac{(n+1) - n}{1 + (n+1)n} = \arctan(n+1) - \arctan n,$$

级数的部分和为

$$S_n = \sum_{k=0}^{n} \arctan \frac{1}{k^2 + k + 1} = \sum_{k=0}^{n} [\arctan(k+1) - \arctan k] = \arctan(n+1).$$

所以 $\lim\limits_{n\to\infty} S_n = \lim\limits_{n\to\infty} \arctan(n+1) = \dfrac{\pi}{2}$. 因此级数收敛, 且其和为 $\dfrac{\pi}{2}$.

【例 8.2】 设 $a_n > 0$, 证明: 级数 $\sum\limits_{n=1}^{\infty} \dfrac{a_n}{(1+a_1)(1+a_2)\cdots(1+a_n)}$ 收敛.

证 这里, 级数的一般项 $u_n = \dfrac{a_n}{(1+a_1)(1+a_2)\cdots(1+a_n)} > 0$, 且

$$u_n = \frac{1}{(1+a_1)(1+a_2)\cdots(1+a_{n-1})} - \frac{1}{(1+a_1)(1+a_2)\cdots(1+a_n)}.$$

所以, 级数的部分和 $S_n = \sum_{k=1}^{n} u_k = 1 - \dfrac{1}{(1+a_1)(1+a_2)\cdots(1+a_n)} < 1$. 因此, $\{S_n\}$ 单调增加且有上界, 从而 $\lim\limits_{n\to\infty} S_n$ 存在, 故原级数收敛.

2. 正项级数的审敛法

研究正项级数的敛散性, 主要采用比较判别法、比值判别法 (D'Alembert (达朗贝尔) 判别法)、根值判别法 (Cauchy 判别法)、积分判别法.

1) 比较判别法

比较判别法用于判定正项级数的敛散性, 它有两种比较方式, 即不等式比较 (命题 1) 和极限式比较 (命题 2).

命题 1 设正项级数的一般项满足 $c_n \leqslant a_n \leqslant b_n$, 则当级数 $\sum\limits_{n=1}^{\infty} b_n$ 收敛时, 级数 $\sum\limits_{n=1}^{\infty} a_n$ 也收敛; 当级数 $\sum\limits_{n=1}^{\infty} c_n$ 发散时, 级数 $\sum\limits_{n=1}^{\infty} a_n$ 也发散.

命题 2 设正项级数的一般项 a_n 和 b_n 满足 $\lim\limits_{n\to\infty} \dfrac{a_n}{b_n} = \rho$, 则当 $0 < \rho < +\infty$ 时, 级数 $\sum\limits_{n=1}^{\infty} a_n$ 和 $\sum\limits_{n=1}^{\infty} b_n$ 敛散性一致; 当 $\rho = 0$ 时, 若级数 $\sum\limits_{n=1}^{\infty} b_n$ 收敛, 则级数 $\sum\limits_{n=1}^{\infty} a_n$ 也收敛; 而当 $\rho = +\infty$ 时, 若级数 $\sum\limits_{n=1}^{\infty} b_n$ 发散, 则级数 $\sum\limits_{n=1}^{\infty} a_n$ 也发散.

【例 8.3】 判别下列级数的敛散性:

(1) $\sum\limits_{n=1}^{\infty} \dfrac{2+(-1)^n}{3^n}$;

(2) $\sum\limits_{n=1}^{\infty} \dfrac{\ln(1+n)}{n}$;

(3) $\sum\limits_{n=1}^{\infty} \int_0^{\frac{\pi}{n}} \dfrac{\sin x}{1+x} \, \mathrm{d}x$;

(4) $\sum\limits_{n=1}^{\infty} \dfrac{2n - 9\cos n}{n\sqrt{5n+3}}$.

解 (1) 因为 $0 < \dfrac{2+(-1)^n}{3^n} \leqslant \dfrac{1}{3^{n-1}}$, 而 $\sum\limits_{n=1}^{\infty} \dfrac{1}{3^{n-1}}$ 是公比为 $\dfrac{1}{3}$ 的几何级数, 因而收敛. 故根据比较判别法, 知 $\sum\limits_{n=1}^{\infty} \dfrac{2+(-1)^n}{3^n}$ 收敛.

(2) 利用不等式: 当 $x > 0$ 时, $\dfrac{x}{1+x} < \ln(1+x) < x$, 有 $\dfrac{1}{n}\ln(1+n) > \dfrac{1}{n} \cdot \dfrac{n}{1+n} = \dfrac{1}{n+1}$; 而调和级数 $\sum\limits_{n=1}^{\infty} \dfrac{1}{n+1}$ 发散, 故根据比较判别法, 知 $\sum\limits_{n=1}^{\infty} \dfrac{\ln(1+n)}{n}$ 发散.

(3) 因为当 $x \in \left[0, \dfrac{\pi}{n}\right]$ 时, $\sin x \leqslant x \leqslant \dfrac{\pi}{n}$, 所以

$$\int_0^{\frac{\pi}{n}} \dfrac{\sin x}{1+x} \, \mathrm{d}x \leqslant \dfrac{\pi}{n} \int_0^{\frac{\pi}{n}} \dfrac{\mathrm{d}x}{1+x} = \dfrac{\pi}{n} \ln\left(1 + \dfrac{\pi}{n}\right) < \dfrac{\pi^2}{n^2}.$$

由于 $\sum_{n=1}^{\infty}\dfrac{1}{n^2}$ 为收敛的 p-级数, 从而 $\sum_{n=1}^{\infty}\dfrac{\pi^2}{n^2}$ 亦收敛. 根据比较判别法知, $\sum_{n=1}^{\infty}\int_0^{\frac{\pi}{n}}\dfrac{\sin x}{1+x}\,\mathrm{d}x$ 收敛.

(4) 这里 $a_n = \dfrac{2n-9\cos n}{n\sqrt{5n+3}}$, 当 $n > 5$ 时, $a_n > 0$, 故级数可视为正项级数. 并且当 $n > 9$ 时,
$$\frac{2n-9\cos n}{n\sqrt{5n+3}} > \frac{n+(n-9\cos n)}{n\sqrt{5(n+1)}} > \frac{1}{\sqrt{5(n+1)}}.$$
因为级数 $\sum_{n=9}^{\infty}\dfrac{1}{\sqrt{n+1}}$ 发散, 所以原级数发散.

【例 8.4】 已知正项级数 $\sum_{n=1}^{\infty}a_n$ 收敛, 试证明级数 $\sum_{n=1}^{\infty}\sqrt[n]{a_1 a_2\cdots a_n}$ 收敛.

证 设正项级数 $\sum_{n=1}^{\infty}a_n$ 与 $\sum_{n=1}^{\infty}\sqrt[n]{a_1 a_2\cdots a_n}$ 的部分和分别为 S_n, σ_n, 由 Stirling 公式可知 $n! \sim \sqrt{2n\pi}\left(\dfrac{n}{\mathrm{e}}\right)^n$, 则
$$\lim_{n\to\infty}\frac{n!}{\left(\dfrac{n}{3}\right)^n} = \lim_{n\to\infty}\frac{\sqrt{2n\pi}\left(\dfrac{n}{\mathrm{e}}\right)^n}{\left(\dfrac{n}{3}\right)^n} > \frac{3}{\mathrm{e}} > 1,$$
因此, 存在 N, 当 $n > N$ 时, 有 $n! > \left(\dfrac{n}{3}\right)^n$ 成立. 故由均值不等式得
$$\sigma_n = \sum_{k=1}^{n}\sqrt[k]{a_1 a_2\cdots a_k} = \sum_{k=1}^{n}\sqrt[k]{\frac{a_1\cdot 2a_2\cdot 3a_3\cdots ka_k}{k!}} \leqslant \sum_{k=1}^{n}\frac{3}{k}\sum_{i=1}^{k}\frac{ia_i}{k} = 3\sum_{i=1}^{n}a_i\left(i\sum_{k=i}^{n}\frac{1}{k^2}\right).$$
又由于当 $i \geqslant 1$ 时有
$$i\sum_{k=i}^{n}\frac{1}{k^2} < i\left(\frac{1}{i^2} + \frac{1}{i(i+1)} + \frac{1}{(i+1)(i+2)} + \cdots + \frac{1}{(n-1)n}\right)$$
$$= i\left(\frac{1}{i^2} + \frac{1}{i} - \frac{1}{n}\right) < i\left(\frac{1}{i^2} + \frac{1}{i}\right) \leqslant 2,$$
所以 $\sigma_n \leqslant 6\sum_{i=1}^{n}a_i = 6S_n$. 由于 $\sum_{n=1}^{\infty}a_n$ 收敛, 其部分和 S_n 有界, 可知级数 $\sum_{n=1}^{\infty}\sqrt[n]{a_1 a_2\cdots a_n}$ 的部分和 σ_n 也有界, 因此该级数收敛.

【例 8.5】 设 $a_n > 0, b_{n+1} = b_n + \dfrac{a_n}{b_n}(n=1,2,\cdots)$. 证明: 若 $b_1 = 1$, 则级数 $\sum_{n=1}^{\infty}a_n$ 收敛的充分必要条件是数列 $\{b_n\}$ 收敛.

证 $b_{n+1} = b_n + \dfrac{a_n}{b_n}, b_n(b_{n+1} - b_n) = a_n$. 由 $b_1 = 1, a_n > 0$ 知 $\{b_n\}$ 单调增加且大于 1, 从而
$$0 < b_{n+1} - b_n < a_n < b_{n+1}^2 - b_n^2 \quad (\text{注意: 此不等式是关键}).$$

(**必要性**) 因为级数 $\sum\limits_{n=1}^{\infty} a_n$ 收敛, 故由比较判别法知, 级数 $\sum\limits_{n=1}^{\infty} (b_{n+1} - b_n)$ 也收敛. 若记后者的和为 S, 其部分和为 S_n, 则 $\lim\limits_{n\to\infty} S_n = \lim\limits_{n\to\infty} (b_{n+1} - b_1) = S$, 即 $\lim\limits_{n\to\infty} b_n = S + 1$, 数列 $\{b_n\}$ 收敛.

(**充分性**) 因为数列 $\{b_n\}$ 收敛, 故可设 $\lim\limits_{n\to\infty} b_n = b$, 从而有 $\lim\limits_{n\to\infty} b_n^2 = b^2$.

对于级数 $\sum\limits_{n=1}^{\infty} (b_{n+1}^2 - b_n^2)$, 易知其部分和 $T_n = b_{n+1}^2 - b_1^2$, 则

$$\lim_{n\to\infty} T_n = \lim_{n\to\infty} (b_{n+1}^2 - b_1^2) = b^2 - 1.$$

由此可知级数 $\sum\limits_{n=1}^{\infty} (b_{n+1}^2 - b_n^2)$ 收敛. 于是, 由比较判别法知: 级数 $\sum\limits_{n=1}^{\infty} a_n$ 也收敛.

利用不等式形式的比较判别法判断级数是否收敛时, 为了对两个级数的一般项进行比较, 往往要使用不等式的缩放技巧, 用起来不够方便, 使用极限形式的比较判别法可以避免这一麻烦. 利用本书第 1 章介绍的那些常用的等价无穷小以及初等函数的 Taylor 公式, 来分析和估计级数的一般项, 将有助于确定级数的敛散性.

【**例 8.6**】 判别下列级数的敛散性:

(1) $\sum\limits_{n=1}^{\infty} \left(1 - \cos\dfrac{\pi}{n}\right)$; (2) $\sum\limits_{n=1}^{\infty} \left(n^{\frac{1}{n^2+1}} - 1\right)$; (3) $\sum\limits_{n=1}^{\infty} \left(\dfrac{1}{n} - \ln\dfrac{n+1}{n}\right)$.

解 (1) 易知, 当 $n \to \infty$ 时, $1 - \cos\dfrac{\pi}{n} \sim \dfrac{1}{2}\left(\dfrac{\pi}{n}\right)^2 = \dfrac{\pi^2}{2} \cdot \dfrac{1}{n^2}$. 因为级数 $\sum\limits_{n=1}^{\infty} \dfrac{1}{n^2}$ 收敛, 所以 $\sum\limits_{n=1}^{\infty} \left(1 - \cos\dfrac{\pi}{n}\right)$ 收敛.

(2) 当 $n \to \infty$ 时, $n^{\frac{1}{n^2+1}} - 1 = \mathrm{e}^{\frac{\ln n}{n^2+1}} - 1 \sim \dfrac{\ln n}{n^2 + 1}$. 因为

$$\lim_{n\to\infty} n^{\frac{3}{2}} \dfrac{\ln n}{n^2 + 1} = \lim_{n\to\infty} \dfrac{n^2}{n^2 + 1} \cdot \dfrac{\ln n}{\sqrt{n}} = \lim_{n\to\infty} \dfrac{\ln n}{\sqrt{n}} = 0,$$

而级数 $\sum\limits_{n=1}^{\infty} \dfrac{1}{n^{\frac{3}{2}}}$ 收敛, 所以 $\sum\limits_{n=1}^{\infty} \dfrac{\ln n}{n^2 + 1}$ 收敛. 由此可知 $\sum\limits_{n=1}^{\infty} \left(n^{\frac{1}{n^2+1}} - 1\right)$ 收敛.

(3) 由函数 $\ln(1+x)$ 的 Taylor 公式可知, 当 $x \to 0$ 时, $x - \ln(1+x)$ 与 x^2 是同阶无穷小. 由此启发我们将所给级数与 $\sum\limits_{n=1}^{\infty} \dfrac{1}{n^2}$ 进行比较. 利用 L'Hospital 法则易得

$$\lim_{n\to\infty} \left[\dfrac{1}{n} - \ln\left(1 + \dfrac{1}{n}\right)\right] \Big/ \dfrac{1}{n^2} = \lim_{x\to 0^+} \dfrac{x - \ln(1+x)}{x^2} = \dfrac{1}{2}.$$

因为级数 $\sum_{n=1}^{\infty} \dfrac{1}{n^2}$ 收敛, 所以 $\sum_{n=1}^{\infty} \left(\dfrac{1}{n} - \ln \dfrac{n+1}{n} \right)$ 收敛.

【注】 本例第 (3) 题的解法很有特色, 对于一些较复杂的级数, 可利用函数的 Taylor 公式, 估计出级数的一般项关于无穷小 $\dfrac{1}{n}$ 的阶数, 来确定级数的敛散性.

【例 8.7】 设函数 $\varphi(x)$ 在 $(-\infty, +\infty)$ 上连续, 周期为 1, 且 $\int_0^1 \varphi(x) \mathrm{d}x = 0$, 函数 $f(x)$ 在 $[0, 1]$ 上有连续导数. 又设 $a_n = \int_0^1 f(x) \varphi(nx) \mathrm{d}x$. 证明: 级数 $\sum_{n=1}^{\infty} a_n^2$ 收敛.

【分析】 欲证 $\sum_{n=1}^{\infty} a_n^2$ 收敛, 需从题设条件 $a_n = \int_0^1 f(x) \varphi(nx) \mathrm{d}x$ 出发, 寻找 a_n 与 $\dfrac{1}{n}$ 的某一表达式之间的联系, 再利用正项级数判别法.

证 首先, 由于 $\varphi(x)$ 的周期为 1, $\int_0^1 \varphi(x) \mathrm{d}x = 0$ 以及周期函数的积分特性, 可得

$$\int_0^1 \varphi(x) \mathrm{d}x = \int_1^2 \varphi(x) \mathrm{d}x = \cdots = \int_{n-1}^n \varphi(x) \mathrm{d}x = 0.$$

设 $F(x) = \int_0^x \varphi(nt) \mathrm{d}t$, 则 $F'(x) = \varphi(nx), F(0) = 0$, 则 $F(x) = \dfrac{1}{n} \int_0^{nx} \varphi(u) \mathrm{d}u$ (令 $nt = u$), 且 $F(1) = \dfrac{1}{n} \sum_{k=1}^n \int_{k-1}^k \varphi(u) \mathrm{d}u = 0$. 所以

$$\begin{aligned} a_n &= \int_0^1 f(x) F'(x) \mathrm{d}x = [f(x) F(x)] \Big|_0^1 - \int_0^1 f'(x) F(x) \mathrm{d}x \\ &= f(1) F(1) - f(0) F(0) - \int_0^1 f'(x) F(x) \mathrm{d}x \\ &= -\int_0^1 f'(x) F(x) \mathrm{d}x. \end{aligned}$$

注意到

$$\begin{aligned} F(x) &= \dfrac{1}{n} \left(\int_0^1 \varphi(u) \mathrm{d}u + \int_1^2 \varphi(u) \mathrm{d}u + \cdots + \int_{[nx]-1}^{[nx]} \varphi(u) \mathrm{d}u + \int_{[nx]}^{nx} \varphi(u) \mathrm{d}u \right) \\ &= \dfrac{1}{n} \int_{[nx]}^{nx} \varphi(u) \mathrm{d}u. \end{aligned}$$

因为 $\varphi(x)$ 是连续的周期函数, 所以 $\varphi(x)$ 在 $(-\infty, +\infty)$ 上有界, 故存在 $M_1 > 0$, 使得对

任意 $x \in (-\infty, +\infty)$ 有 $|\varphi(x)| \leqslant M_1$, 从而有

$$|F(x)| = \left|\frac{1}{n}\int_{[nx]}^{nx} \varphi(u)\mathrm{d}u\right| \leqslant \frac{1}{n}\int_{[nx]}^{nx} |\varphi(u)|\mathrm{d}u \leqslant \frac{M_1}{n}(nx - [nx]) \leqslant \frac{M_1}{n}.$$

又注意到 $f'(x)$ 在 $[0,1]$ 上连续, 由闭区间上连续函数的性质, 存在 $M_2 > 0$, 使得对任意 $x \in [0,1]$, 都有 $|f'(x)| \leqslant M_2$. 因此

$$a_n^2 = \left|\int_0^1 f'(x)F(x)\mathrm{d}x\right|^2 \leqslant \left(\int_0^1 \left|f'(x)F(x)\right|\mathrm{d}x\right)^2 \leqslant \frac{1}{n^2}(M_1 M_2)^2.$$

根据比较判别法, 由级数 $\sum_{n=1}^{\infty} \frac{1}{n^2}$ 收敛, 可知 $\sum_{n=1}^{\infty} a_n^2$ 收敛.

2) 比值判别法 (D'Alembert 判别法)

对于正项级数 $\sum_{n=1}^{\infty} a_n$, 若 $\lim_{n \to \infty} \frac{a_{n+1}}{a_n} = \rho$, 则当 $\rho < 1$ 时, 级数收敛; 当 $\rho > 1$ 时, 级数发散.

这种方法通常用于一般项含 $n!$ 的级数, 有些一般项含 a^n (或 n^n) 的级数亦可使用. 当 $\rho = 1$ 时, 级数可能收敛, 也可能发散. 此时, 需要利用其他方法确定级数的敛散性.

【例 8.8】 判别级数的敛散性:

(1) $\sum_{n=1}^{\infty} \frac{6^n}{7^n - 5^n}$;

(2) $\sum_{n=1}^{\infty} \frac{3^n}{n^2}$;

(3) $\sum_{n=1}^{\infty} \frac{a^n n!}{n^n} (a > 0)$;

(4) $\sum_{n=1}^{\infty} n^{\alpha} \beta^n (\alpha, \beta$ 为常数, $\beta \geqslant 0)$.

解 (1) 记 $a_n = \frac{6^n}{7^n - 5^n}$, 由于 $\lim_{n \to \infty} \frac{a_{n+1}}{a_n} = \lim_{n \to \infty} 6 \cdot \frac{1 - \left(\frac{5}{7}\right)^n}{7 - 5\left(\frac{5}{7}\right)^n} = \frac{6}{7} < 1$, 故

$\sum_{n=1}^{\infty} \frac{6^n}{7^n - 5^n}$ 收敛.

(2) 记 $a_n = \frac{3^n}{n^2}$, 由于 $\lim_{n \to \infty} \frac{a_{n+1}}{a_n} = \lim_{n \to \infty} 3 \cdot \left(\frac{n}{n+1}\right)^2 = 3 > 1$, 故 $\sum_{n=1}^{\infty} \frac{3^n}{n^2}$ 发散.

(3) 记 $b_n = \frac{a^n n!}{n^n}$, 由于 $\lim_{n \to \infty} \frac{b_{n+1}}{b_n} = \lim_{n \to \infty} \frac{a}{\left(1 + \frac{1}{n}\right)^n} = \frac{a}{\mathrm{e}}$, 故级数 $\sum_{n=1}^{\infty} \frac{a^n n!}{n^n}$, 当 $0 < a < \mathrm{e}$ 时收敛; 当 $a > \mathrm{e}$ 时发散.

当 $a = \mathrm{e}$ 时, 比值判别法失效. 但是, 因为 $\frac{b_{n+1}}{b_n} = \frac{\mathrm{e}}{\left(1 + \frac{1}{n}\right)^n} > 1$, 即数列 $\{b_n\}$ 严

格单调递增，而 $b_1 = \mathrm{e} > 0$，所以当 $n \to \infty$ 时，级数 $\sum\limits_{n=1}^{\infty} b_n$ 的一般项 b_n 不趋于零，故所给级数发散.

(4) 若记 $u_n = n^\alpha \beta^n$，则

$$\lim_{n\to\infty} \frac{u_{n+1}}{u_n} = \lim_{n\to\infty} \frac{(n+1)^\alpha \beta^{n+1}}{n^\alpha \beta^n} = \lim_{n\to\infty} \beta \left(1 + \frac{1}{n}\right)^\alpha = \beta.$$

因此，当 $0 \leqslant \beta < 1, \alpha$ 为任意实数时，级数收敛；当 $\beta > 1, \alpha$ 为任意实数时，级数发散.

当 $\beta = 1$ 时，比值判别法失效. 这时，$u_n = n^\alpha = \dfrac{1}{n^{-\alpha}}$. 故由 p-级数的敛散性知：当 $\alpha < -1$ 时，级数收敛；当 $\alpha \geqslant -1$ 时，级数发散.

3) 根值判别法 (Cauchy 判别法)

对于正项级数 $\sum\limits_{n=1}^{\infty} a_n$，若 $\lim\limits_{n\to\infty} \sqrt[n]{a_n} = \rho$，则当 $\rho < 1$ 时级数收敛；当 $\rho > 1$ 时，级数发散.

这种方法通常用于一般项含 a^n (或 n^n) 的级数. 当 $\rho = 1$ 时，级数可能收敛，也可能发散. 此时，需要利用其他方法确定级数的敛散性.

【例 8.9】 判别级数的敛散性：

(1) $\sum\limits_{n=1}^{\infty} \dfrac{3^n + (-2)^n}{n^2}$； (2) $\sum\limits_{n=1}^{\infty} \dfrac{n^{\ln n}}{(\ln n)^n}$.

解 (1) 由于 $\lim\limits_{n\to\infty} \sqrt[n]{a_n} = \lim\limits_{n\to\infty} \dfrac{3}{(\sqrt[n]{n})^2} \left[1 + \left(-\dfrac{2}{3}\right)^n\right]^{\frac{1}{n}} = 3 > 1$，所以 $\sum\limits_{n=1}^{\infty} \dfrac{3^n + (-2)^n}{n^2}$ 发散.

(2) 记 $a_n = \dfrac{n^{\ln n}}{(\ln n)^n}$. 易知 $\lim\limits_{n\to\infty} \dfrac{\ln^2 n}{n} = 0$. 由于

$$\lim_{n\to\infty} \sqrt[n]{a_n} = \lim_{n\to\infty} \frac{n^{\frac{\ln n}{n}}}{\ln n} = \lim_{n\to\infty} \frac{1}{\ln n} \mathrm{e}^{\frac{\ln^2 n}{n}} = 0 < 1,$$

故由根值判别法可知，级数 $\sum\limits_{n=1}^{\infty} \dfrac{n^{\ln n}}{(\ln n)^n}$ 收敛.

4) 积分判别法

对于正项级数 $\sum\limits_{n=1}^{\infty} a_n$，如果 $a_n = f(n), n = 1, 2, \cdots$，且函数 $f(x)$ 在区间 $[1, +\infty)$ 上连续、非负、单调减少，那么级数 $\sum\limits_{n=1}^{\infty} a_n$ 与广义积分 $\int_1^{+\infty} f(x) \mathrm{d}x$ 具有相同的敛散性.

【例 8.10】 判别级数的敛散性：

(1) $\sum\limits_{n=2}^{\infty} \dfrac{1}{n \ln^\lambda n}$； (2) $\sum\limits_{n=2}^{\infty} \dfrac{1}{\sqrt{n^2 - 1} \ln^2(n^2 + 1)}$.

解 (1) 当 $\lambda \neq 1$ 时,有

$$\int_2^{+\infty} \frac{1}{x \ln^\lambda x} \, dx = \frac{1}{1-\lambda} \ln^{1-\lambda} x \Big|_2^{+\infty} = \begin{cases} \dfrac{\ln^{1-\lambda} 2}{\lambda - 1}, & \lambda > 1, \\ +\infty, & \lambda < 1. \end{cases}$$

当 $\lambda = 1$ 时,有

$$\int_2^{+\infty} \frac{1}{x \ln x} \, dx = \ln \ln x \Big|_2^{+\infty} = +\infty.$$

根据积分判别法可知,当 $\lambda > 1$ 时级数 $\sum_{n=1}^{\infty} \dfrac{1}{n \ln^\lambda n}$ 收敛; 当 $\lambda \leqslant 1$ 时, 级数 $\sum_{n=1}^{\infty} \dfrac{1}{n \ln^\lambda n}$ 发散.

(2) 考虑利用 (1) 的结果, 与级数 $\sum_{n=2}^{\infty} \dfrac{1}{n \ln^2 n}$ 比较. 因为

$$\lim_{n \to \infty} \frac{n \ln^2 n}{\sqrt{n^2 - 1} \ln^2 (n^2 + 1)} = \left(\lim_{n \to \infty} \frac{\ln n}{\ln (n^2 + 1)} \right)^2 = \frac{1}{4},$$

而 $\sum_{n=2}^{\infty} \dfrac{1}{n \ln^2 n}$ 收敛, 所以 $\sum_{n=2}^{\infty} \dfrac{1}{\sqrt{n^2 - 1} \ln^2 (n^2 + 1)}$ 也收敛.

3. 一般数项级数的判别法

对于一般数项 (常称任意项) 级数 $\sum_{n=1}^{\infty} a_n$, 往往是首先考虑是否绝对收敛, 即考察 $\sum_{n=1}^{\infty} |a_n|$ 的敛散性. 这时, 前面介绍的正项级数的各种判别法均可直接利用. 如果 $\sum_{n=1}^{\infty} |a_n|$ 收敛, 那么 $\sum_{n=1}^{\infty} a_n$ 绝对收敛; 如果 $\sum_{n=1}^{\infty} |a_n|$ 发散, 但 $\sum_{n=1}^{\infty} a_n$ 收敛, 那么 $\sum_{n=1}^{\infty} a_n$ 条件收敛.

尽管没有统一的方法能判定 $\sum_{n=1}^{\infty} a_n$ 的敛散性, 但对于交错级数, 常用 Leibniz 判别法:

设交错级数 $\sum_{n=1}^{\infty} (-1)^{n-1} a_n \, (a_n > 0)$ 满足条件: $a_n \geqslant a_{n+1} (n = 1, 2, \cdots)$, 且 $\lim_{n \to \infty} a_n = 0$, 则该级数收敛, 且其和 $S \leqslant a_1$, 其余项 r_n 的绝对值 $|r_n| \leqslant a_{n+1}$.

【例 8.11】 判别级数的敛散性:

(1) $\sum_{n=1}^{\infty} (-1)^{n-1} \dfrac{(n!)^2}{(2n)!}$; (2) $\sum_{n=1}^{\infty} (-1)^{n-1} \dfrac{\ln n}{\sqrt{n}}$;

(3) $\sum_{n=1}^{\infty} \sin \left(\pi \sqrt{n^2 + a^2} \right)$; (4) $\sum_{n=1}^{\infty} (-1)^{n-1} (1 - \sqrt[n]{a}) \, (a > 0)$.

解 (1) 级数的一般项为 $u_n = (-1)^{n-1} \dfrac{(n!)^2}{(2n)!}$, 因为

$$\lim_{n\to\infty} \left|\dfrac{u_{n+1}}{u_n}\right| = \lim_{n\to\infty} \dfrac{[(n+1)!]^2}{(2n+2)!} \bigg/ \dfrac{(n!)^2}{(2n)!} = \dfrac{1}{4} < 1,$$

故由正项级数的比值判别法知, 级数 $\sum\limits_{n=1}^{\infty} |u_n|$ 收敛, 从而原级数 $\sum\limits_{n=1}^{\infty} u_n$ 绝对收敛.

(2) 因为当 $n > 2$ 时, 显然有 $\dfrac{\ln n}{\sqrt{n}} > \dfrac{1}{\sqrt{n}}$, 而级数 $\sum\limits_{n=1}^{\infty} \dfrac{1}{\sqrt{n}}$ 发散, 所以 $\sum\limits_{n=1}^{\infty} \dfrac{\ln n}{\sqrt{n}}$ 发散, 即 $\sum\limits_{n=1}^{\infty} (-1)^{n-1} \dfrac{\ln n}{\sqrt{n}}$ 不绝对收敛.

另一方面, 令 $f(x) = \dfrac{\ln x}{\sqrt{x}}$, 对于 $a_n = \dfrac{\ln n}{\sqrt{n}}$, 利用 L'Hospital 法则易知

$$\lim_{n\to\infty} a_n = \lim_{x\to+\infty} f(x) = \lim_{x\to+\infty} \dfrac{2}{\sqrt{x}} = 0,$$

且由于

$$f'(x) = \dfrac{2 - \ln x}{2x\sqrt{x}} < 0 \quad (x > \mathrm{e}^2),$$

即 $f(x)$ 在区间 $[\mathrm{e}^2, +\infty)$ 上严格单调减少. 于是, 当 $n > 8$ 时, $f(n+1) < f(n)$, 即 $a_{n+1} < a_n$. 故根据交错级数的 Leibniz 判别法可知级数 $\sum\limits_{n=1}^{\infty} (-1)^{n-1} \dfrac{\ln n}{\sqrt{n}}$ 收敛. 因此, 所给级数条件收敛.

(3) 因为

$$\sin\left(\pi\sqrt{n^2+a^2}\right) = \sin\left[n\pi + \left(\sqrt{n^2+a^2} - n\right)\pi\right] = (-1)^n \sin\dfrac{\pi a^2}{\sqrt{n^2+a^2}+n},$$

故所给级数是交错级数. 这里, $a_n = \sin\dfrac{\pi a^2}{\sqrt{n^2+a^2}+n}$. 容易验证: $a_n \geqslant a_{n+1}(n = 1, 2, \cdots)$, 且 $\lim\limits_{n\to\infty} a_n = 0$. 故根据 Leibniz 判别法可知级数收敛. 但另一方面, 由于

$$\lim_{n\to\infty} n\left|\sin\left(\pi\sqrt{n^2+a^2}\right)\right| = \lim_{n\to\infty} na_n = \dfrac{\pi a^2}{2},$$

故由比较判别法可知级数 $\sum\limits_{n=1}^{\infty} \left|\sin\left(\pi\sqrt{n^2+a^2}\right)\right|$ 发散. 因此, 所给级数条件收敛.

(4) 所给级数是交错级数. 这里, $a_n = |1 - \sqrt[n]{a}|$.

显然, 当 $a=1$ 时级数绝对收敛. 但当 $a \neq 1$ 时, 由于 $a_n = \left|1 - e^{\frac{\ln a}{n}}\right| \sim \frac{1}{n}|\ln a|(n \to \infty)$, 而级数 $\sum_{n=1}^{\infty} \frac{1}{n}$ 发散, 所以 $\sum_{n=1}^{\infty} \left|(-1)^{n-1}(1-\sqrt[n]{a})\right| = \sum_{n=1}^{\infty} a_n$ 发散. 另一方面, 由于 $\lim_{n\to\infty} a_n = 0$, 且利用指数函数 $y=a^x$ 的单调性容易验证: 无论 $a>1$ 还是 $0<a<1$, 都有 $a_n \geqslant a_{n+1}$ $(n=1,2,\cdots)$. 故由 Leibniz 判别法可知原级数收敛.

综合上述, 所给级数仅当 $a=1$ 时绝对收敛, 而当 $0<a<1$ 或 $a>1$ 时条件收敛.

【例 8.12】 试研究级数 $\sum_{n=2}^{\infty} \frac{(-1)^n}{\sqrt{n}+(-1)^n}$ 的敛散性.

解 这是交错级数, 其中 $a_n = \frac{1}{\sqrt{n}+(-1)^n}$, 显然不满足条件 $a_n \geqslant a_{n+1}$, 故不能直接利用 Leibniz 判别法. 但由于

$$\frac{(-1)^n}{\sqrt{n}+(-1)^n} = \frac{(-1)^n[\sqrt{n}-(-1)^n]}{n-1} = (-1)^n \frac{\sqrt{n}}{n-1} - \frac{1}{n-1},$$

可知原级数可表示为一个交错级数 $\sum_{n=2}^{\infty} (-1)^n \frac{\sqrt{n}}{n-1}$ 与一个发散的调和级数 $\sum_{n=2}^{\infty} \frac{1}{n-1}$ 之差. 利用 Leibniz 判别法容易验证: 级数 $\sum_{n=2}^{\infty} (-1)^n \frac{\sqrt{n}}{n-1}$ 收敛. 因此, 原级数发散.

【例 8.13】 研究下述级数的敛散性 (其中 $a \neq 0$):

$$\frac{1}{a} + \frac{1}{a+1} - \frac{1}{a+2} + \frac{1}{a+3} + \frac{1}{a+4} - \frac{1}{a+5} + \frac{1}{a+6} + \frac{1}{a+7} - \frac{1}{a+8} + \cdots.$$

解 将级数依次每三项加一括号, 组成新的级数

$$\sum_{n=1}^{\infty} \left(\frac{1}{a+3n-3} + \frac{1}{a+3n-2} - \frac{1}{a+3n-1}\right)$$
$$= \sum_{n=1}^{\infty} \frac{9n^2 + 6n(a-1) + a^2 - 2a - 1}{(a+3n-3)(a+3n-2)(a+3n-1)}.$$

此级数的一般项是 n 的有理分式, 且分子的次数仅比分母低一次, 考虑与调和级数 $\sum_{n=1}^{\infty} \frac{1}{n}$ 相比较, 由比较判别法易知该级数发散. 于是, 根据级数的基本性质可知, 去括号之后而成的级数亦即原级数也发散.

【例 8.14】 设级数 $\sum_{n=1}^{\infty} (a_n - a_{n-1})$ 收敛, 而 $\sum_{n=1}^{\infty} b_n$ 是收敛的正项级数. 证明: 级数 $\sum_{n=1}^{\infty} a_n b_n$ 绝对收敛.

证 设级数 $\sum_{n=1}^{\infty}(a_n - a_{n-1})$ 的前 n 项部分和为 S_n, 则

$$S_n = \sum_{k=1}^{n}(a_k - a_{k-1}) = a_n - a_0.$$

由于 $\sum_{n=1}^{\infty}(a_n - a_{n-1})$ 收敛, 故极限 $\lim_{n\to\infty} S_n$ 存在. 若令 $\lim_{n\to\infty} S_n = S$, 则 $\lim_{n\to\infty} a_n = S + a_0$. 因为收敛数列必有界, 所以存在 $M > 0$, 使得对于任意自然数 n 都有 $|a_n| \leqslant M$, 从而 $|a_n b_n| \leqslant M b_n$. 由于已知 $\sum_{n=1}^{\infty} b_n$ 收敛, 故由比较判别法知, $\sum_{n=1}^{\infty} |a_n b_n|$ 收敛, 即 $\sum_{n=1}^{\infty} a_n b_n$ 绝对收敛.

【例 8.15】 设 $a_n = 1 - \dfrac{1}{2} + \dfrac{1}{3} - \dfrac{1}{4} + \cdots + \dfrac{(-1)^{n-1}}{n} - \ln 2$, 证明级数 $\sum_{n=1}^{\infty} a_n$ 是条件收敛的, 并求该级数之和.

解 首先, 由 $\ln 2 = 1 - \dfrac{1}{2} + \dfrac{1}{3} - \cdots + \dfrac{(-1)^{n-1}}{n} + \cdots$, 知 $a_n = \sum_{k=n+1}^{\infty} \dfrac{(-1)^k}{k}$. 而收敛级数的余项趋于 0, 所以 $\lim_{n\to\infty} a_n = 0$. 注意到

$$a_n = -\sum_{k=n+1}^{\infty} \int_0^1 (-x)^{k-1} \, \mathrm{d}x = -\int_0^1 \sum_{k=n+1}^{\infty} (-x)^{k-1} \, \mathrm{d}x$$

$$= (-1)^{n-1} \int_0^1 \frac{x^n}{1+x} \, \mathrm{d}x = (-1)^{n-1} b_n,$$

其中 $b_n = \int_0^1 \dfrac{x^n}{1+x} \, \mathrm{d}x > 0 \ (n \geqslant 1)$, 所以 $\sum_{n=1}^{\infty} a_n = \sum_{n=1}^{\infty} (-1)^{n-1} b_n$ 是交错级数. 因为

$$|a_n| = b_n \geqslant \frac{1}{2} \int_0^1 x^n \, \mathrm{d}x = \frac{1}{2(n+1)},$$

所以 $\sum_{n=1}^{\infty} |a_n|$ 发散, 即 $\sum_{n=1}^{\infty} a_n$ 不绝对收敛. 另一方面, 显然有 $b_n > b_{n+1}$, 根据 Leibniz 判别法, 可知 $\sum_{n=1}^{\infty} (-1)^n b_n$ 收敛. 因此, 级数 $\sum_{n=1}^{\infty} a_n$ 是条件收敛的. 最后, 有

$$\sum_{n=1}^{\infty} a_n = -\sum_{n=1}^{\infty} \int_0^1 \frac{(-x)^n}{1+x} \, \mathrm{d}x = -\int_0^1 \sum_{n=1}^{\infty} \frac{(-x)^n}{1+x} \, \mathrm{d}x = \int_0^1 \frac{x}{(1+x)^2} \, \mathrm{d}x = \ln 2 - \frac{1}{2}.$$

对于含有参数的常数项级数, 其敛散性的确定, 往往与这些参数的变化范围有关, 因而研究起来也相对复杂一些. 下面我们集中讨论几个例子, 所述方法都具有一定的代表性.

【例 8.16】 试研究级数 $\dfrac{a}{1} - \dfrac{b}{2} + \dfrac{a}{3} - \dfrac{b}{4} + \cdots$ 的敛散性,其中 a, b 是两个任意实数.

解 (1) 当 $a = b$ 时,级数成为交错级数

$$\dfrac{a}{1} - \dfrac{a}{2} + \dfrac{a}{3} - \dfrac{a}{4} + \cdots, \qquad ①$$

由 Leibniz 判别法易知其收敛. 由于其绝对值级数为发散的调和级数. 因此, 级数①条件收敛.

(2) 当 $a \neq b$ 时, 因为级数①收敛, 故加括号后所成的级数

$$\left(\dfrac{a}{1} - \dfrac{a}{2}\right) + \left(\dfrac{a}{3} - \dfrac{a}{4}\right) + \left(\dfrac{a}{5} - \dfrac{a}{6}\right) + \cdots \qquad ②$$

也收敛. 由于

$$\dfrac{a-b}{2} + \dfrac{a-b}{4} + \dfrac{a-b}{6} + \cdots \qquad ③$$

发散, 故级数②与③逐项相加所得级数

$$\left(\dfrac{a}{1} - \dfrac{b}{2}\right) + \left(\dfrac{a}{3} - \dfrac{b}{4}\right) + \cdots \qquad ④$$

仍然发散. 由级数的基本性质知, 级数④去括号后所得级数即原级数也发散.

总之, 所给级数当 $a = b$ 时条件收敛, $a \neq b$ 时发散.

【例 8.17】 设 $a_n = \dfrac{4n + \sqrt{4n^2 - 1}}{\sqrt{2n+1} + \sqrt{2n-1}}, n \geqslant 1$, 用 S_n 表示级数 $\sum\limits_{n=1}^{\infty} a_n$ 的前 n 项部分和. 判断级数 $\sum\limits_{n=1}^{\infty} \dfrac{(-1)^n}{\sqrt{n+1} S_n^p}$ 的绝对收敛性和条件收敛性, 其中 $p > 0$ 为实常数, 要求阐述理由.

解 令 $b_n = \sqrt{2n - 1}$, 则 $b_{n+1}^2 + b_n^2 = 4n$, 所以

$$a_n = \dfrac{b_{n+1}^2 + b_n^2 + b_{n+1} b_n}{b_{n+1} + b_n} = \dfrac{b_{n+1}^3 - b_n^3}{b_{n+1}^2 - b_n^2} = \dfrac{1}{2}\left(b_{n+1}^3 - b_n^3\right).$$

于是有

$$S_n = \sum_{k=1}^{n} a_k = \dfrac{1}{2}\sum_{k=1}^{n}\left(b_{k+1}^3 - b_k^3\right) = \dfrac{1}{2}\left(b_{n+1}^3 - 1\right) = \dfrac{1}{2}\left(\sqrt{(2n+1)^3} - 1\right) > 0,$$

$$\lim_{n \to \infty} \dfrac{1}{\sqrt{n+1} S_n^p} n^{\frac{3p+1}{2}} = \left(\lim_{n \to \infty} \dfrac{2}{\sqrt{\left(2 + \dfrac{1}{n}\right)^3 - \dfrac{1}{\sqrt{n^3}}}}\right)^p = \dfrac{1}{\sqrt{2^p}},$$

因此，级数 $\sum_{n=1}^{\infty} \dfrac{1}{\sqrt{n+1}S_n^p}$ 当 $\dfrac{3p+1}{2} > 1$ 即 $p > \dfrac{1}{6}$ 时收敛，当 $\dfrac{3p+1}{2} \leqslant 1$，即 $0 < p \leqslant \dfrac{1}{6}$ 时发散.

另一方面，当 $0 < p \leqslant \dfrac{1}{6}$ 时，利用 Leibniz 判别法，可知级数 $\sum_{n=1}^{\infty} \dfrac{(-1)^n}{\sqrt{n+1}S_n^p}$ 收敛.

综上所述，级数 $\sum_{n=1}^{\infty} \dfrac{(-1)^n}{\sqrt{n+1}S_n^p}$ 当 $p > \dfrac{1}{6}$ 时绝对收敛；当 $0 < p \leqslant \dfrac{1}{6}$ 时条件收敛.

【例 8.18】 设 $a > 0, b > 0, c > 0$，试研究级数 $\sum_{n=1}^{\infty} \left(\sqrt[n]{a} - \dfrac{\sqrt[n]{b} + \sqrt[n]{c}}{2} \right)$ 的收敛性.

解 注意到 $\lim\limits_{n \to \infty} \sqrt[n]{a} = 1 (a > 0)$，$\lim\limits_{n \to \infty} n(\sqrt[n]{a} - 1) = \ln a$. 为此可将级数的一般项 u_n 变形为

$$u_n = \sqrt[n]{a} - \dfrac{\sqrt[n]{b} + \sqrt[n]{c}}{2} = \dfrac{1}{2}\left[2\sqrt[n]{a} - \sqrt[n]{b} - \sqrt[n]{c} \right]$$
$$= \dfrac{1}{2}\left[2(\sqrt[n]{a} - 1) - (\sqrt[n]{b} - 1) - (\sqrt[n]{c} - 1) \right],$$

所以

$$\lim_{n \to \infty} \dfrac{u_n}{1/n} = \lim_{n \to \infty} \dfrac{1}{2}\left(2\dfrac{\sqrt[n]{a} - 1}{1/n} - \dfrac{\sqrt[n]{b} - 1}{1/n} - \dfrac{\sqrt[n]{c} - 1}{1/n} \right)$$
$$= \dfrac{1}{2}[2\ln a - \ln b - \ln c] = \ln\sqrt{\dfrac{a^2}{bc}}.$$

当 $\dfrac{a^2}{bc} > 1$ 时，$\sum_{n=1}^{\infty} u_n$ 为正项级数，由比较判别法知，该级数与 $\sum_{n=1}^{\infty} \dfrac{1}{n}$ 同发散；

当 $\dfrac{a^2}{bc} < 1$ 时，$\sum_{n=1}^{\infty} u_n$ 为负项级数，同理，可知该级数也发散；

当 $\dfrac{a^2}{bc} = 1$ 时，有

$$u_n = (bc)^{\frac{1}{2n}} - \dfrac{1}{2}\left(b^{\frac{1}{n}} + c^{\frac{1}{n}} \right) = -\dfrac{1}{2}(\sqrt[2n]{b} - \sqrt[2n]{c})^2$$
$$= -\dfrac{1}{2}\sqrt[n]{c}\left[\left(\dfrac{b}{c}\right)^{\frac{1}{2n}} - 1 \right]^2 \leqslant 0,$$

可见 $\sum_{n=1}^{\infty} (-u_n)$ 为正项级数，且由上式易得

$$\lim_{n \to \infty} \dfrac{-u_n}{[1/(2n)]^2} = \dfrac{1}{2}\left(\ln\dfrac{b}{c} \right)^2.$$

因为 $\sum_{n=1}^{\infty} \frac{1}{4n^2}$ 收敛, 故由比较判别法知, $\sum_{n=1}^{\infty} (-u_n)$ 收敛, 从而原级数 $\sum_{n=1}^{\infty} u_n$ 也收敛.

综上所述, 所给级数当 $a = \sqrt{bc}$ 时收敛, 而当 $a \neq \sqrt{bc}$ 时发散.

【例 8.19】 试研究级数 $\sum_{n=1}^{\infty} (-1)^{n-1} \left[\frac{(2n-1)!!}{(2n)!!}\right]^p$ 的收敛性.

解 当 $p \leqslant 0$ 时, 由于 $\left[\frac{(2n-1)!!}{(2n)!!}\right]^p$ 不趋于零 $(n \to \infty)$, 所以级数发散.

当 $p > 0$ 时, 因为

$$\left[\frac{(2n-1)!!}{(2n)!!}\right]^2 = \frac{1^2}{2(2n)} \cdot \frac{3^2}{2 \cdot 4} \cdot \frac{5^2}{4 \cdot 6} \cdot \cdots \cdot \frac{(2n-1)^2}{(2n-2)(2n)} > \frac{1}{4n},$$

$$\left[\frac{(2n-1)!!}{(2n)!!}\right]^2 = \frac{1 \cdot 3}{2^2} \cdot \frac{3 \cdot 5}{4^2} \cdot \cdots \cdot \frac{(2n-1) \cdot (2n+1)}{(2n)^2} \cdot \frac{1}{2n+1} < \frac{1}{2n+1} < \frac{1}{n},$$

所以

$$\frac{1}{2^p} \cdot \frac{1}{n^{p/2}} < \left[\frac{(2n-1)!!}{(2n)!!}\right]^p < \frac{1}{n^{p/2}}.$$

故由正项级数的比较判别法知, 当 $p > 2$ 时, $\sum_{n=1}^{\infty} \left[\frac{(2n-1)!!}{(2n)!!}\right]^p$ 收敛, 因而原级数绝对收敛; 当 $0 < p \leqslant 2$ 时, $\sum_{n=1}^{\infty} \left[\frac{(2n-1)!!}{(2n)!!}\right]^p$ 发散.

但另一方面, 当 $p > 0$ 时, 利用交错级数的 Leibniz 判别法则易知, 原级数收敛.

综上所述, 所给级数当 $p \leqslant 0$ 时发散, 当 $0 < p \leqslant 2$ 时条件收敛, 当 $p > 2$ 时绝对收敛.

【例 8.20】 研究级数 $1 - \frac{1}{2^p} + \frac{1}{3} - \frac{1}{4^p} + \cdots + \frac{1}{2n-1} - \frac{1}{(2n)^p} + \cdots$ 的敛散性.

解 当 $p = 1$ 时, 级数是交错级数:

$$1 - \frac{1}{2} + \frac{1}{3} - \frac{1}{4} + \cdots + \frac{1}{2n-1} - \frac{1}{2n} + \cdots,$$

根据 Leibniz 判别法, 可知级数收敛. 但各项取绝对值后成为调和级数 $\sum_{n=1}^{\infty} \frac{1}{n}$, 因而发散.

当 $p > 1$ 时, 对级数加括号, 成为

$$\left(1 - \frac{1}{2^p}\right) + \left(\frac{1}{3} - \frac{1}{4^p}\right) + \cdots + \left(\frac{1}{2n-1} - \frac{1}{(2n)^p}\right) + \cdots, \qquad ①$$

这是由发散级数 $\sum_{n=1}^{\infty} \frac{1}{2n-1}$ 与收敛级数 $\sum_{n=1}^{\infty} \frac{1}{(2n)^p}$ 逐项相减得到的, 因而发散, 去括号后即原级数发散.

当 $p<1$ 时, 把级数①的各项添上负号后成为正项级数再与 p-级数 $\sum_{n=1}^{\infty}\dfrac{1}{n^p}$ 比较, 因为

$$\lim_{n\to\infty}\dfrac{\dfrac{1}{(2n)^p}-\dfrac{1}{2n-1}}{\dfrac{1}{n^p}}=\dfrac{1}{2^p}-\lim_{n\to\infty}\dfrac{n^p}{2n-1}=\dfrac{1}{2^p}-0=\dfrac{1}{2^p},$$

所以级数①发散, 去括号后即原级数发散.

综上所述, 所给级数仅当 $p=1$ 时条件收敛, 其他情形都发散.

【例 8.21】 研究级数 $\sum_{n=1}^{\infty}(-1)^{n+1}\left(\tan\dfrac{1}{n^p}-\dfrac{1}{n^p}\right)$ 的敛散性 (其中 $p>0$).

解 利用极限 $\lim\limits_{x\to 0}\dfrac{\tan x-x}{x^3}=\dfrac{1}{3}$, 有 $\lim\limits_{n\to\infty}n^{3p}\left(\tan\dfrac{1}{n^p}-\dfrac{1}{n^p}\right)=\dfrac{1}{3}$. 由此可知, 正项级数 $\sum_{n=1}^{\infty}\left(\tan\dfrac{1}{n^p}-\dfrac{1}{n^p}\right)$ 与 $\sum_{n=1}^{\infty}\dfrac{1}{n^{3p}}$ 具有相同的敛散性, 因此, 当 $p>\dfrac{1}{3}$ 时, $\sum_{n=1}^{\infty}\left(\tan\dfrac{1}{n^p}-\dfrac{1}{n^p}\right)$ 收敛, 所给级数绝对收敛; 当 $0<p\leqslant\dfrac{1}{3}$ 时, $\sum_{n=1}^{\infty}\left(\tan\dfrac{1}{n^p}-\dfrac{1}{n^p}\right)$ 发散, 所给级数的敛散性尚需另外确定.

令 $a_n=\tan\dfrac{1}{n^p}-\dfrac{1}{n^p}$, 则 $a_n\geqslant 0$, 所给级数 $\sum_{n=1}^{\infty}(-1)^{n+1}a_n$ 是一交错级数. 当 $0<p\leqslant\dfrac{1}{3}$ 时, 易知 $\lim\limits_{n\to\infty}a_n=0$. 再由函数 $\tan x-x$ 的单调性 (易证), 有 $a_n\geqslant a_{n+1}$, 故由 Leibniz 判别法可知, 级数 $\sum_{n=1}^{\infty}(-1)^{n+1}a_n$ 收敛, 因而条件收敛.

综上所述, 所给级数当 $0<p\leqslant\dfrac{1}{3}$ 时条件收敛, 当 $p>\dfrac{1}{3}$ 时绝对收敛.

【注】 在本例的求解过程中, 利用了极限 $\lim\limits_{x\to 0}\dfrac{\tan x-x}{x^3}=\dfrac{1}{3}$. 事实上, 也可利用函数 $\tan x$ 的带有 Peano 型余项的 Taylor 公式

$$\tan x=x+\dfrac{1}{3}x^3+o\left(x^3\right)$$

来估计级数 $\sum_{n=1}^{\infty}\left(\tan\dfrac{1}{n^p}-\dfrac{1}{n^p}\right)$ 的一般项. 毋庸置疑, 这种方法更具有一般性, 也容易操作.

【例 8.22】 已知级数 $\sum_{n=2}^{\infty}(-1)^n\left(\sqrt{n^2+1}-\sqrt{n^2-1}\right)n^\lambda\ln n$, 其中实数 $\lambda\in[0,1]$, 试对 λ 讨论该级数的绝对收敛、条件收敛与发散性.

解 记 $a_n = \left(\sqrt{n^2+1} - \sqrt{n^2-1}\right)n^\lambda \ln n$, 则 $a_n > 0$, 且

$$a_n = \frac{2}{\sqrt{1+\frac{1}{n^2}} + \sqrt{1-\frac{1}{n^2}}} \cdot \frac{\ln n}{n^{1-\lambda}}.$$

当 $\lambda = 1$ 时, 显然有 $\lim_{n \to \infty} a_n = +\infty$, 所以原级数 $\sum_{n=2}^{\infty}(-1)^n a_n$ 发散.

当 $\lambda \in [0,1)$ 时, 注意到 $n \to \infty$ 时有 $a_n \to 0$, 且 $a_n \sim \frac{\ln n}{n^{1-\lambda}}$, 而 $\frac{\ln n}{n^{1-\lambda}} \geqslant \frac{1}{n} (n \geqslant 3)$, 故由比较判别法, 知 $\sum_{n=2}^{\infty} \frac{\ln n}{n^{1-\lambda}}$ 发散, 所以 $\sum_{n=2}^{\infty} a_n$ 发散, 说明原级数 $\sum_{n=2}^{\infty}(-1)^n a_n$ 不是绝对收敛的.

进一步, 为讨论 $\{a_n\}$ 的单调性, 考虑函数 $f(x) = \left(\sqrt{x^2+1} - \sqrt{x^2-1}\right)x^\lambda \ln x$. 因为

$$f'(x) = \left(\frac{x}{\sqrt{x^2+1}} - \frac{x}{\sqrt{x^2-1}}\right)x^\lambda \ln x + \left(\sqrt{x^2+1} - \sqrt{x^2-1}\right)x^{\lambda-1}(\lambda \ln x + 1)$$

$$= \frac{-2x^2 \ln x + 2(\lambda \ln x + 1)\sqrt{x^4-1}}{\sqrt{x^4-1}\left(\sqrt{x^2+1} + \sqrt{x^2-1}\right)x^{1-\lambda}} < \frac{-2x^2 \ln x + 2x^2(\lambda \ln x + 1)}{\sqrt{x^4-1}\left(\sqrt{x^2+1} + \sqrt{x^2-1}\right)x^{1-\lambda}}$$

$$= \frac{2(1 - (1-\lambda)\ln x)}{\sqrt{x^4-1}\left(\sqrt{x^2+1} + \sqrt{x^2-1}\right)x^{-1-\lambda}} < 0 \quad (\text{当 } x > e^{\frac{1}{1-\lambda}} \text{ 时}),$$

所以 $f(x)$ 在 $\left[e^{\frac{1}{1-\lambda}}, +\infty\right)$ 上单调递减, 故当 n 充分大时数列 $\{a_n\}$ 单调递减.

根据 Leibniz 判别法, $\sum_{n=2}^{\infty}(-1)^n a_n$ 收敛. 因此, 当 $\lambda \in [0,1)$ 时, 该级数条件收敛.

题型二、幂级数的收敛域与和函数

在函数项级数中, 形如

$$\sum_{n=0}^{\infty} a_n(x-x_0)^n = a_0 + a_1(x-x_0) + a_2(x-x_0)^2 + \cdots + a_n(x-x_0)^n + \cdots$$

的级数称为幂级数. 当 $x_0 = 0$ 时, 它具有更简单的形式

$$\sum_{n=0}^{\infty} a_n x^n = a_0 + a_1 x + a_2 x^2 + \cdots + a_n x^n + \cdots. \qquad ①$$

(一) Abel (阿贝尔) 定理

若幂级数①当 $x = x_0\,(x_0 \neq 0)$ 时收敛, 则适合不等式 $|x| < |x_0|$ 的一切 x 使幂级数 ① 绝对收敛; 如果幂级数①当 $x = x_0$ 时发散, 则适合不等式 $|x| > |x_0|$ 的一切 x 使幂级数 ① 发散.

(二) 幂级数的运算

设幂级数 $\sum_{n=0}^{\infty} a_n x^n$ 与 $\sum_{n=0}^{\infty} b_n x^n$ 的和函数分别为 $S(x), T(x)$, 收敛半径分别为 R_a, R_b, 令 $R = \min\{R_a, R_b\}$, 则

(1) **加法** $\sum_{n=0}^{\infty} a_n x^n \pm \sum_{n=0}^{\infty} b_n x^n = \sum_{n=0}^{\infty} (a_n \pm b_n) x^n = S(x) \pm T(x),\ x \in (-R, R).$

(2) **乘法** $\sum_{n=0}^{\infty} a_n x^n \cdot \sum_{n=0}^{\infty} b_n x^n = \sum_{n=0}^{\infty} c_n x^n = S(x) \cdot T(x), x \in (-R, R)$, 其中

$$c_n = a_0 b_n + a_1 b_{n-1} + \cdots + a_{n-1} b_1 + a_n b_0.$$

(3) 幂级数 $\sum_{n=0}^{\infty} a_n x^n$ 的和函数 $S(x)$ 在收敛区间 $(-R, R)$ 内连续. 如果级数在收敛区间的端点 $x = R$ (或 $x = -R$) 也收敛, 则 $S(x)$ 在 $x = R$ 处左连续 (或在 $x = -R$ 处右连续).

(4) 幂级数 $\sum_{n=0}^{\infty} a_n x^n$ 的和函数 $S(x)$ 在收敛区间 $(-R, R)$ 内可导, 且有逐项求导公式

$$S'(x) = \left(\sum_{n=0}^{\infty} a_n x^n\right)' = \sum_{n=0}^{\infty} (a_n x^n)' = \sum_{n=1}^{\infty} n a_n x^{n-1},$$

其中 $|x| < R$, 逐项求导后所得到的幂级数和原级数有相同的收敛半径 R.

(5) 幂级数 $\sum_{n=0}^{\infty} a_n x^n$ 的和函数 $S(x)$ 在收敛区间 $(-R, R)$ 内可积, 且有逐项积分公式

$$\int_0^x S(x)\mathrm{d}x = \int_0^x \left(\sum_{n=0}^{\infty} a_n x^n\right) \mathrm{d}x = \sum_{n=0}^{\infty} \int_0^x (a_n x^n) \mathrm{d}x = \sum_{n=0}^{\infty} \frac{a_n}{n+1} x^{n+1},$$

其中 $|x| < R$, 逐项积分后所得到的幂级数和原级数有相同的收敛半径 R.

(三) 5 个初等函数的 Maclaurin 展开式

(1) $\mathrm{e}^x = 1 + x + \dfrac{x^2}{2!} + \cdots + \dfrac{x^n}{n!} + \cdots \quad (-\infty < x < +\infty);$

(2) $\sin x = x - \dfrac{x^3}{3!} + \dfrac{x^5}{5!} - \cdots + (-1)^{n-1} \dfrac{x^{2n-1}}{(2n-1)!} + \cdots \quad (-\infty < x < +\infty);$

(3) $\cos x = 1 - \dfrac{x^2}{2!} + \dfrac{x^4}{4!} - \cdots + (-1)^n \dfrac{x^{2n}}{(2n)!} + \cdots$ $(-\infty < x < +\infty)$;

(4) $\ln(1+x) = x - \dfrac{x^2}{2} + \dfrac{x^3}{3} - \cdots + (-1)^{n-1} \dfrac{x^n}{n} + \cdots$ $(-1 < x \leqslant 1)$;

(5) $(1+x)^\alpha = 1 + \alpha x + \dfrac{\alpha(\alpha-1)}{2!} x^2 + \cdots + \dfrac{\alpha(\alpha-1)\cdots(\alpha-n+1)}{n!} x^n + \cdots$ $(-1 < x < 1)$, 其中 α 为任意实数. 在收敛区间的端点 $x = \pm 1$ 处, 展开式是否成立要依 α 的值而定. 例如.

若 $\alpha = -1$, 则 $\dfrac{1}{1+x} = \sum\limits_{n=0}^{\infty} (-1)^n x^n$ $(-1 < x < 1)$;

若 $\alpha = -\dfrac{1}{2}$, 则 $\dfrac{1}{\sqrt{1+x}} = 1 + \sum\limits_{n=1}^{\infty} (-1)^n \dfrac{(2n-1)!!}{(2n)!!} x^n$ $(-1 < x \leqslant 1)$.

幂级数是一类最简单的函数项级数, 在实际问题中以及对数学本身, 都有着广泛的应用. 本节考虑幂级数的 3 个主要问题:

(1) 给定一个幂级数, 如何求其收敛域?

(2) 给定一个幂级数, 如何求其和函数?

(3) 给定一已知函数, 如何将其表示成幂级数?

1. 求幂级数的收敛域

求幂级数 $\sum\limits_{n=0}^{\infty} a_n x^n$ 的收敛域的一般方法是, 先由公式 $R = \lim\limits_{n\to\infty} \left|\dfrac{a_n}{a_{n+1}}\right|$ 求出收敛半径. 若 $R = 0$, 则幂级数仅在 $x = 0$ 处收敛; 若 $R = +\infty$, 则幂级数的收敛域为 $(-\infty, +\infty)$; 若 $0 < R < +\infty$, 则再考察幂级数在 $x = -R$ 和 $x = R$ 处的敛散性, 进而确定幂级数的收敛域是 $(-R, R), [-R, R), (-R, R]$ 或 $[-R, R]$ 之中的某一区间.

【例 8.23】 求幂级数 $\sum\limits_{n=1}^{\infty} \dfrac{n^2}{n^3+1} x^n$ 的收敛域.

解 令 $a_n = \dfrac{n^2}{n^3+1}$, 则收敛半径 $R = \lim\limits_{n\to\infty} \left|\dfrac{a_n}{a_{n+1}}\right| = \lim\limits_{n\to\infty} \dfrac{n^2}{n^3+1} \cdot \dfrac{(n+1)^3+1}{(n+1)^2} = 1$.

在 $x = -1$ 处, 级数成为 $\sum\limits_{n=1}^{\infty} (-1)^n \dfrac{n^2}{n^3+1}$, 这是交错级数, 由 Leibniz 判别法可知级数收敛.

在 $x = 1$ 处, 级数成为 $\sum\limits_{n=1}^{\infty} \dfrac{n^2}{n^3+1}$. 因为 $\dfrac{n^2}{n^3+1} \geqslant \dfrac{1}{n+1}$, 而 $\sum\limits_{n=1}^{\infty} \dfrac{1}{n+1}$ 发散, 故由比较判别法知级数发散.

因此, 级数的收敛域为 $[-1, 1)$.

求幂级数 $\sum\limits_{n=0}^{\infty} a_n (x-x_0)^n$ 的收敛域的方法有两种: 一种是作变量代换: $y = x - x_0$,

得到级数 $\sum\limits_{n=0}^{\infty} a_n y^n$，可按前述方法求得其收敛域，进而可求得原级数的收敛域. 另一种是使用比值法.

【例 8.24】 求级数 $\sum\limits_{n=1}^{\infty} n! \dfrac{(x-5)^n}{n^n}$ 的收敛域.

解 （**方法 1**）令 $y = x - 5$，得级数 $\sum\limits_{n=1}^{\infty} n! \left(\dfrac{y}{n}\right)^n$，其收敛半径

$$R = \lim_{n\to\infty} \left|\dfrac{a_n}{a_{n+1}}\right| = \lim_{n\to\infty} \dfrac{n!}{n^n} \cdot \dfrac{(n+1)^{n+1}}{(n+1)!} = \lim_{n\to\infty} \left(1 + \dfrac{1}{n}\right)^n = e.$$

当 $y = -e$ 时，级数成为 $\sum\limits_{n=1}^{\infty}(-1)^n \dfrac{n!\,e^n}{n^n}$，这是交错级数，可以证明（参见本章例 8.8 的第 (3) 题的解法）：$\dfrac{n!e^n}{n^n}$ 不趋于零 $(n \to \infty)$，级数发散.

当 $y = e$ 时，级数成为 $\sum\limits_{n=1}^{\infty} \dfrac{n!e^n}{n^n}$，显然也发散.

故级数 $\sum\limits_{n=1}^{\infty} n! \left(\dfrac{y}{n}\right)^n$ 的收敛域为 $(-e, e)$，从而可知原级数的收敛域为 $(5-e, 5+e)$.

（**方法 2**）因为

$$\rho = \lim_{n\to\infty} \left| \dfrac{(n+1)! \dfrac{(x-5)^{n+1}}{(n+1)^{n+1}}}{n! \dfrac{(x-5)^n}{n^n}} \right| = \lim_{n\to\infty} \left(\dfrac{1}{n+1}\right)^n |x-5| = \dfrac{|x-5|}{e},$$

根据正项级数的比值判别法，当 $\rho < 1$，即 $|x-5| < e, 5-e < x < 5+e$ 时，所给级数绝对收敛.

当 $\rho \geqslant 1$，即 $x \geqslant 5+e$ 或 $x \leqslant 5-e$ 时，由于级数的一般项不趋于零，故级数发散.

因此，级数的收敛域为 $(5-e, 5+e)$.

由上述解法可知，方法 1 简单、规律性强，故多用此方法. 不仅如此，如果级数的一般项不是 $(x-x_0)$ 的幂，而是某个函数的幂，那么也可采用这一方法求出该级数的收敛域.

【例 8.25】 求级数 $\sum\limits_{n=1}^{\infty} n 2^{2n} (1-x)^n x^n$ 的收敛域.

解 令 $y = 4x(1-x)$，则级数成为 $\sum\limits_{n=1}^{\infty} n y^n$，不难求得它的收敛域为 $(-1, 1)$.

由 $|y| < 1$ 得 $|4x(1-x)| < 1$，解得 $\dfrac{1-\sqrt{2}}{2} < x < \dfrac{1+\sqrt{2}}{2}, x \neq \dfrac{1}{2}$.

因此, 原级数的收敛域为 $\left(\dfrac{1-\sqrt{2}}{2}, \dfrac{1}{2}\right)$ 与 $\left(\dfrac{1}{2}, \dfrac{1+\sqrt{2}}{2}\right)$.

如果幂级数中幂次不是按照自然数的顺序依次递增的 (比如缺奇次幂或缺偶次幂的项等), 那么必须使用比值判别法求出幂级数的收敛半径, 进而求得收敛域.

【例 8.26】 求级数 $\sum\limits_{n=1}^{\infty} \dfrac{(-1)^n 8^n}{n \ln(n^2+n)} x^{3n-2}$ 的收敛域.

解 此级数缺项, 先用比值判别法求出其收敛半径. 令 $u_n(x) = \dfrac{(-1)^n 8^n}{n \ln(n^3+n)}$, 因为

$$\lim_{n\to\infty} \left|\dfrac{u_{n+1}(x)}{u_n(x)}\right| = \lim_{n\to\infty} \left|\dfrac{8^{n+1} n \ln(n^3+n) x^{3n+1}}{8^n (n+1) \ln[(n+1)^3+(n+1)] x^{3n-2}}\right| = 8\left|x^3\right|,$$

所以当 $8|x^3| < 1$ 即 $|x| < \dfrac{1}{2}$ 时, 级数绝对收敛; 当 $8|x^3| > 1$ 即 $|x| > \dfrac{1}{2}$ 时, 级数发散. 故级数的收敛半径为 $R = \dfrac{1}{2}$.

当 $x = \dfrac{1}{2}$ 时, 级数成为 $\sum\limits_{n=1}^{\infty} \dfrac{(-1)^n 4}{n \ln(n^3+n)}$, 根据 Leibniz 判别法可知级数收敛.

当 $x = -\dfrac{1}{2}$ 时, 级数成为 $\sum\limits_{n=1}^{\infty} \dfrac{4}{n \ln(n^3+n)}$. 注意到

$$\dfrac{4}{n \ln(n^3+n)} > \dfrac{4}{n \ln(n^4)} = \dfrac{1}{n \ln n} \quad (n \geqslant 2),$$

而级数 $\sum\limits_{n=2}^{\infty} \dfrac{1}{n \ln n}$ 发散 (详见本章例 8.10), 故由比较判别法知级数 $\sum\limits_{n=1}^{\infty} \dfrac{4}{n \ln(n^3+n)}$ 发散.

因此, 所给级数的收敛域为 $\left(-\dfrac{1}{2}, \dfrac{1}{2}\right]$.

2. 求幂级数的和函数

求幂级数在其收敛域内的和函数的基本方法是: 利用幂级数的四则运算 (通常是加减运算)、幂级数在其收敛域内可以逐项微分、逐项积分的性质以及幂级数的和函数在其收敛区间端点处的单侧连续性等. 此外, 掌握一些已知幂级数在其收敛域内的和函数也是必要的, 最为常用的自然是几何级数:

$$\sum_{n=0}^{\infty} ax^n = a + ax + ax^2 + \cdots + ax^n + \cdots = \dfrac{a}{1-x} \quad (-1 < x < 1).$$

【例 8.27】 求幂级数 $\sum_{n=1}^{\infty} \frac{1}{n}(3+x)^{2n}$ 的和函数.

解 因为 $\sum_{n=1}^{\infty}(-1)^{n-1}\frac{x^n}{n} = \ln(1+x), x \in (-1,1]$，所以

$$\ln(1-x) = -\sum_{n=1}^{\infty} \frac{x^n}{n}, \quad x \in [-1, 1).$$

故 $\sum_{n=1}^{\infty} \frac{1}{n}(3+x)^{2n} = \sum_{n=1}^{\infty} \frac{[(3+x)^2]^n}{n} = -\ln\left[1-(3+x)^2\right] \ (-4 < x < -2).$

【例 8.28】 求幂级数 $\frac{x}{1\cdot 2} + \frac{x^2}{2\cdot 3} + \frac{x^3}{3\cdot 4} + \cdots + \frac{x^n}{n(n+1)} + \cdots$ 的和函数.

解 因为 $xS(x) = \frac{x^2}{1\cdot 2} + \frac{x^3}{2\cdot 3} + \cdots + \frac{x^{n+1}}{n(n+1)} + \cdots$，所以

$$(xS(x))' = x + \frac{x^2}{2} + \frac{x^3}{3} + \cdots + \frac{x^n}{n} + \cdots = -\ln(1-x) \quad (-1 \leqslant x < 1),$$

$$xS(x) = -\int_0^x \ln(1-x)\mathrm{d}x = x + (1-x)\ln(1-x),$$

$$S(x) = 1 + \frac{1-x}{x}\ln(1-x) \quad (-1 \leqslant x < 0, 0 < x < 1).$$

注意到所给幂级数在 $x=1$ 处收敛，利用幂级数的和函数在收敛区间端点的连续性，有

$$S(1) = \lim_{x \to 1^-} S(x) = \lim_{x \to 1^-} \left[1 + \frac{1-x}{x}\ln(1-x)\right] = 1.$$

又 $S(0) = 0$，因此所给幂级数的和函数为

$$S(x) = \begin{cases} 1 + \frac{1-x}{x}\ln(1-x), & -1 \leqslant x < 0, 0 < x < 1, \\ 0, & x = 0, \\ 1, & x = 1. \end{cases}$$

【例 8.29】 求幂级数 $\sum_{n=1}^{\infty}(-1)^{n-1}\frac{n^2-n+1}{n2^{2n+1}}(x-1)^n$ 的收敛区间与和函数.

解 利用上面所介绍的方法，容易求得幂级数的收敛区间为 $(-3, 5)$.

若令 $y = \frac{x-1}{4}$，则所给幂级数成为 $\frac{1}{2}\sum_{n=1}^{\infty}(-1)^{n-1}\frac{n^2-n+1}{n}y^n$. 下面，先求此幂级数的和函数 $S(y)$. 注意到

$$S(y) = \frac{1}{2}y^2 \sum_{n=1}^{\infty}(-1)^{n-1}(n-1)y^{n-2} + \frac{1}{2}\sum_{n=1}^{\infty} \frac{(-1)^{n-1}}{n}y^n \triangleq \frac{y^2}{2}S_1(y) + \frac{1}{2}S_2(y).$$

因为 $\int_0^y S_1(y)\mathrm{d}y = \sum_{n=1}^\infty (-1)^{n-1}(n-1)\int_0^y y^{n-2}\,\mathrm{d}y = \sum_{n=1}^\infty (-1)^{n-1} y^{n-1} = \dfrac{1}{1+y}$, 所以

$$S_1(y) = -\dfrac{1}{(1+y)^2} \quad (-1 < y < 1).$$

又 $S_2(y) = \sum_{n=1}^\infty \dfrac{(-1)^{n-1}}{n} y^n = \ln(1+y)(-1 < y \leqslant 1)$. 故

$$S(y) = \dfrac{y^2}{2}S_1(y) + \dfrac{1}{2}S_2(y) = -\dfrac{1}{2}\left(\dfrac{y}{1+y}\right)^2 + \dfrac{1}{2}\ln(1+y) \quad (-1 < y < 1).$$

于是, 所求幂级数的和函数为

$$\sum_{n=1}^\infty (-1)^{n-1} \dfrac{n^2-n+1}{n2^{2n+1}}(x-1)^n = S\left(\dfrac{x-1}{4}\right)$$

$$= \dfrac{1}{2}\ln\dfrac{x+3}{4} - \dfrac{1}{2}\left(\dfrac{x-1}{x+3}\right)^2 \quad (-3 < x < 5).$$

对于有些系数含有阶乘符号的幂级数, 求其和函数的一种行之有效的方法是: 首先设法建立关于和函数的微分方程, 然后求解微分方程, 即得所求和函数.

【例 8.30】 求幂级数 $1 + \dfrac{1}{2}x + \dfrac{1\cdot 3}{2\cdot 4}x^2 + \dfrac{1\cdot 3\cdot 5}{2\cdot 4\cdot 6}x^3 + \cdots + \dfrac{(2n-1)!!}{(2n)!!}x^n + \cdots$ 的和函数.

解 容易求出幂级数的收敛区间为 $[-1, 1)$. 设幂级数的和函数为 $S(x)$, 则

$$S(x) = 1 + \dfrac{1}{2}x + \dfrac{1\cdot 3}{2\cdot 4}x^2 + \dfrac{1\cdot 3\cdot 5}{2\cdot 4\cdot 6}x^3 + \cdots + \dfrac{(2n-1)!!}{(2n)!!}x^n + \cdots,$$

$$S'(x) = \dfrac{1}{2} + \dfrac{1\cdot 3}{2\cdot 4}2x + \dfrac{1\cdot 3\cdot 5}{2\cdot 4\cdot 6}3x^2 + \cdots + \dfrac{(2n-1)!!}{(2n)!!}nx^{n-1} + \cdots,$$

$$xS'(x) = \dfrac{1}{2}x + \dfrac{1\cdot 3}{2\cdot 4}2x^2 + \dfrac{1\cdot 3\cdot 5}{2\cdot 4\cdot 6}3x^3 + \cdots + \dfrac{(2n-1)!!}{(2n)!!}nx^n + \cdots,$$

将以上两式相减, 并注意到 $\dfrac{(2n+1)!!}{(2n+2)!!}(n+1) - \dfrac{(2n-1)!!}{(2n)!!}n = \dfrac{1}{2}\cdot\dfrac{(2n-1)!!}{(2n)!!}$, 即得

$$S'(x) - xS'(x) = \dfrac{1}{2} + \dfrac{1}{2}\cdot\dfrac{1}{2}x + \dfrac{1}{2}\cdot\dfrac{1\cdot 3}{2\cdot 4}x^2 + \cdots + \dfrac{1}{2}\cdot\dfrac{(2n-1)!!}{(2n)!!}x^n + \cdots$$

$$= \dfrac{1}{2}S(x),$$

即和函数 $S(x)$ 满足可分离变量的微分方程:

$$2(1-x)S'(x) = S(x), \quad S(0) = 1.$$

解此微分方程, 即得所求幂级数的和函数 $S(x) = \dfrac{1}{\sqrt{1-x}}(-1 \leqslant x < 1)$.

【例 8.31】 设数列 $\{a_n\}$ 满足 $a_0 = 0, a_1 = 1, a_{n+1} = 3a_n + 4a_{n-1}, n = 1, 2, \cdots$. 求 $\sum\limits_{n=1}^{\infty} \dfrac{a_n}{n!} x^n$ 的收敛域与和函数.

【分析】 幂级数的系数由递推式定义, 欲求收敛半径, 需结合递推式求极限 $\lim\limits_{n \to \infty} \dfrac{a_{n+1}}{a_n}$. 欲求和函数, 应考虑适当拆项变形等转化技巧.

解 令 $b_{n+1} = \dfrac{a_{n+1}}{a_n}$, 则由 $a_{n+1} = 3a_n + 4a_{n-1}$ 得 $b_{n+1} = 3 + \dfrac{4}{b_n}$, 易知 $b_n \geqslant 3, n = 2, 3, \cdots$.

若 $\lim\limits_{n \to \infty} b_n$ 存在, 记为 b, 则 $b \geqslant 3$. 由上式两边取极限, 得 $b = 3 + \dfrac{4}{b}$, 解得 $b = 4$. 下面证明确有 $\lim\limits_{n \to \infty} b_n = 4$. 事实上, 易知

$$|b_{n+1} - 4| = \left|3 + \frac{4}{b_n} - 4\right| \leqslant \frac{1}{3}|b_n - 4| \leqslant \frac{1}{3^2}|b_{n-1} - 4| \leqslant \cdots \leqslant \frac{1}{3^{n-1}}|b_2 - 4|,$$

利用比较判别法, 级数 $\sum\limits_{n=1}^{\infty}|b_{n+1} - 4|$ 收敛, 故由级数收敛的必要条件知 $\lim\limits_{n \to \infty} b_n = 4$.

因此, 幂级数的收敛半径为

$$R = \lim_{n \to \infty} \frac{a_n/n!}{a_{n+1}/(n+1)!} = \lim_{n \to \infty} \frac{n+1}{b_{n+1}} = +\infty,$$

收敛域为 $(-\infty, +\infty)$.

另一方面, 设幂级数的和函数为 $S(x)$, 即 $S(x) = \sum\limits_{n=1}^{\infty} \dfrac{a_n}{n!} x^n$, 则

$$S'(x) = \sum_{n=1}^{\infty} \frac{a_n}{(n-1)!} x^{n-1} = \sum_{n=0}^{\infty} \frac{a_{n+1}}{n!} x^n,$$

$$S''(x) = \sum_{n=1}^{\infty} \frac{a_{n+1}}{(n-1)!} x^{n-1} = \sum_{n=1}^{\infty} \frac{3a_n + 4a_{n-1}}{(n-1)!} x^{n-1}$$

$$= 3S'(x) + 4S(x).$$

解此微分方程并结合初值条件 $S(0) = 0, S'(0) = 1$, 得 $S(x) = \dfrac{1}{5}\mathrm{e}^{4x} - \dfrac{1}{5}\mathrm{e}^{-x}$.

3. 求函数的幂级数展开式

求函数的幂级数展开式通常有直接展开法与间接展开法两种方法.

1) 直接展开法

用直接法将函数 $f(x)$ 展开成 $x-x_0$ 的幂级数的步骤是：

(1) 按公式 $a_n = \dfrac{f^{(n)}(x_0)}{n!}(n=0,1,2,\cdots)$ 计算出幂级数的系数 a_n；

(2) 求出 $f(x)$ 的泰勒级数 $\displaystyle\sum_{n=0}^{\infty}\dfrac{f^{(n)}(x_0)}{n!}(x-x_0)^n$ 的收敛域；

(3) 在收敛域内考察极限

$$\lim_{n\to\infty}R_n(x)=\lim_{n\to\infty}\dfrac{f^{(n+1)}(\xi)}{(n+1)!}(x-x_0)^{n+1}\quad(\xi\text{ 位于 }x\text{ 与 }x_0\text{ 之间}),$$

如果此极限等于零，则函数 $f(x)$ 可展为 $x-x_0$ 的幂级数

$$f(x)=\sum_{n=0}^{\infty}\dfrac{f^{(n)}(x_0)}{n!}(x-x_0)^n\quad(x\text{ 为收敛域内的点}).$$

不难看出，直接展开法有两个困难：一个是求 $f(x)$ 的高阶导数 $f^{(n)}(x)$，另一个是验证余项 $R_n(x)$ 是否趋于零。因此，通常多采用间接法。

2) 间接展开法

所谓间接展开法就是利用某些已知函数（如 $e^x,\sin x,\cos x,\ln(1+x)$ 与 $(1+x)^\alpha$ 等）的幂级数展开式及幂级数的四则运算法则、分析运算性质以及拆项、变量代换等技巧将函数展开成幂级数的方法。

【例 8.32】 将函数 $f(x)=\ln\dfrac{x}{1+x}$ 展为 $x-1$ 的幂级数。

解 $f(x)=\ln x-\ln(1+x)$。因为

$$\ln x=\ln[1+(x-1)]=\sum_{n=1}^{\infty}\dfrac{(-1)^{n-1}}{n}(x-1)^n\quad(0<x\leqslant 2),$$

$$\ln(1+x)=\ln 2+\ln\left(1+\dfrac{x-1}{2}\right)=\ln 2+\sum_{n=1}^{\infty}\dfrac{(-1)^{n-1}}{n2^n}(x-1)^n\quad(-1<x\leqslant 3).$$

两个展开式收敛区间的公共部分是 $(0,2]$，所以

$$f(x)=-\ln 2+\sum_{n=1}^{\infty}\dfrac{(-1)^{n-1}}{n}\left(1-\dfrac{1}{2^n}\right)(x-1)^n\quad(0<x\leqslant 2).$$

【例 8.33】 将函数 $f(x)=\arctan\dfrac{1+x}{1-x}$ 展为 x 的幂级数。

解 由 $f'(x)=\dfrac{1}{1+x^2}=\displaystyle\sum_{n=0}^{\infty}(-1)^n x^{2n},-1<x<1$，得

$$f(x)-f(0)=\int_0^x f'(t)\mathrm{d}t=\int_0^x\sum_{n=0}^{\infty}(-1)^n x^{2n}\,\mathrm{d}x=\sum_{n=0}^{\infty}\dfrac{(-1)^n}{2n+1}x^{2n+1}.$$

而 $f(0) = \arctan 1 = \dfrac{\pi}{4}$, 所以

$$\arctan \frac{1+x}{1-x} = \frac{\pi}{4} + \sum_{n=0}^{\infty} \frac{(-1)^n}{2n+1} x^{2n+1} \quad (-1 < x < 1).$$

当 $x = -1$ 时, 级数成为 $-\sum_{n=0}^{\infty} \dfrac{(-1)^n}{2n+1}$, 这是收敛的交错级数, 且 $\sum_{n=0}^{\infty} \dfrac{(-1)^n}{2n+1} = \dfrac{\pi}{4}$, 因此有

$$\arctan \frac{1+x}{1-x} = \frac{\pi}{4} + \sum_{n=0}^{\infty} \frac{(-1)^n}{2n+1} x^{2n+1} \quad (-1 \leqslant x < 1).$$

【例 8.34】 将函数 $f(x) = \dfrac{\arcsin x}{\sqrt{1-x^2}} (-1 < x < 1)$ 展为 Maclaurin 级数.

解 因为 $f(x) = \dfrac{1}{\sqrt{1-x^2}} \cdot \arcsin x$, 而

$$\frac{1}{\sqrt{1-x^2}} = 1 + \sum_{n=1}^{\infty} \frac{(2n-1)!!}{(2n)!!} x^{2n} \quad (-1 < x < 1),$$

$$\arcsin x = \int_0^x \frac{1}{\sqrt{1-x^2}} \, \mathrm{d}x = x + \sum_{n=1}^{\infty} \frac{(2n-1)!!}{(2n)!!} \cdot \frac{x^{2n+1}}{2n+1} \quad (-1 \leqslant x \leqslant 1),$$

两个展开式收敛区间的公共部分是 $(-1, 1)$, 故根据两级数的乘法规则, 可得

$$f(x) = \sum_{n=1}^{\infty} \frac{(2n)!!}{(2n-1)!!} x^{2n-1} \quad (-1 < x < 1).$$

【例 8.35】 求函数 $f(x) = \dfrac{x^2(x-3)}{(x-1)^3(1-3x)}$ 关于 x 的幂级数展开式, 并指出其收敛域.

解 易知

$$f(x) = \frac{x^2(x-3) + 3x - 1 + (1-3x)}{(x-1)^3(1-3x)} = \frac{1}{1-3x} - \frac{1}{(1-x)^3}.$$

因为

$$\frac{1}{1-3x} = \sum_{n=0}^{\infty} 3^n x^n \quad \left(-\frac{1}{3} < x < \frac{1}{3}\right),$$

$$\frac{1}{(1-x)^3} = \frac{1}{2} \cdot \frac{\mathrm{d}^2}{\mathrm{d}x^2} \left(\frac{1}{1-x}\right) = \frac{1}{2} \cdot \frac{\mathrm{d}^2}{\mathrm{d}x^2} \left(\sum_{n=0}^{\infty} x^n\right)$$

$$= \frac{1}{2}\sum_{n=0}^{\infty}(n+1)(n+2)x^n \quad (-1<x<1),$$

所以, $f(x)$ 关于 x 的幂级数展开式为

$$f(x) = \sum_{n=0}^{\infty}\left[3^n - \frac{1}{2}(n+1)(n+2)\right]x^n \quad \left(-\frac{1}{3}<x<\frac{1}{3}\right).$$

【例 8.36】 设函数 $f(x) = \begin{cases} \dfrac{1+x^2}{x}\arctan x, & x \neq 0, \\ 1, & x = 0 \end{cases}$ 的 Maclaurin 展开式的系数为 $a_n, n = 0, 1, 2, \cdots$, 求幂级数 $\displaystyle\sum_{n=1}^{\infty}|a_{2n}|x^n$ $(0 < x < 1)$ 的和函数.

解 当 $x \in (-1,1)$ 时, 由于 $(\arctan x)' = \dfrac{1}{1+x^2} = \displaystyle\sum_{n=0}^{\infty}(-x^2)^n$, 所以

$$\arctan x = \sum_{n=0}^{\infty}\int_0^x \left(-t^2\right)^n \, \mathrm{d}t = \sum_{n=0}^{\infty}\frac{(-1)^n}{2n+1}x^{2n+1},$$

故当 $0 < |x| < 1$ 时, $f(x)$ 的 Maclaurin 展开式为

$$f(x) = \left(\frac{1}{x}+x\right)\sum_{n=0}^{\infty}\frac{(-1)^n}{2n+1}x^{2n+1} = \sum_{n=0}^{\infty}\frac{(-1)^n}{2n+1}\left(\frac{1}{x}+x\right)x^{2n+1}$$

$$= \sum_{n=0}^{\infty}\frac{(-1)^n}{2n+1}x^{2n} + \sum_{n=0}^{\infty}\frac{(-1)^n}{2n+1}x^{2n+2}$$

$$= 1 + \sum_{n=1}^{\infty}\frac{(-1)^n}{2n+1}x^{2n} + \sum_{n=1}^{\infty}\frac{(-1)^{n-1}}{2n-1}x^{2n}$$

$$= 1 + \sum_{n=1}^{\infty}(-1)^{n-1}\frac{2}{4n^2-1}x^{2n}.$$

显然, 上式在 $x = 0$ 处也成立, 因此 $a_0 = 1$, 且

$$a_{2n} = (-1)^{n-1}\frac{2}{4n^2-1} \quad (n = 1, 2, \cdots).$$

进一步, 设 $S(x)$ 是幂级数 $\displaystyle\sum_{n=1}^{\infty}|a_{2n}|x^n (0 < x < 1)$ 的和函数, 则

$$S(x) = \sum_{n=1}^{\infty}\frac{2}{4n^2-1}x^n = \sum_{n=1}^{\infty}\frac{1}{2n-1}x^n - \sum_{n=1}^{\infty}\frac{1}{2n+1}x^n$$

$$= x + \left(1 - \frac{1}{x}\right)\sum_{n=1}^{\infty}\frac{1}{2n+1}x^{n+1}.$$

根据 $\ln(1+x) = \sum\limits_{n=1}^{\infty} \dfrac{(-1)^{n-1}}{n} x^n (-1 < x \leqslant 1)$ 易得 $\sqrt{x} \ln \dfrac{1+\sqrt{x}}{1-\sqrt{x}} = 2\sum\limits_{n=0}^{\infty} \dfrac{1}{2n+1} x^{n+1}$,
所以
$$S(x) = x + \left(1 - \dfrac{1}{x}\right)\left(-x + \dfrac{1}{2}\sqrt{x}\ln\dfrac{1+\sqrt{x}}{1-\sqrt{x}}\right)$$
$$= 1 + \dfrac{1}{2}\left(1 - \dfrac{1}{x}\right)\sqrt{x}\ln\dfrac{1+\sqrt{x}}{1-\sqrt{x}} \quad (0 < x < 1).$$

题型三、Fourier 级数及其收敛性

在函数项级数中, 除幂级数外, 还有一类常见的重要级数——三角级数, 即除常数项外, 每一项都是正弦函数与余弦函数的级数, 形如

$$\dfrac{a_0}{2} + \sum_{n=1}^{\infty}(a_n \cos nx + b_n \sin nx), \qquad ①$$

其中

$$\begin{cases} a_n = \dfrac{1}{\pi}\displaystyle\int_{-\pi}^{\pi} f(x)\cos nx\,\mathrm{d}x & (n = 0, 1, 2, \cdots), \\ b_n = \dfrac{1}{\pi}\displaystyle\int_{-\pi}^{\pi} f(x)\sin nx\,\mathrm{d}x & (n = 1, 2, 3, \cdots). \end{cases} \qquad ②$$

由公式②所确定的 a_n, b_n 称之为 $f(x)$ 的 Fourier 系数, 级数①称之为 $f(x)$ 的 Fourier 级数, 它与已知函数 $f(x)$ 的关系, 通常记为

$$f(x) \sim \dfrac{a_0}{2} + \sum_{n=1}^{\infty}(a_n\cos nx + b_n\sin nx),$$

在这里, 用"~"而不用"=", 理由在于右边的级数可能不收敛, 即使收敛也未必收敛于 $f(x)$.

1. Fourier 级数的收敛定理及其应用

收敛定理 (Dirichlet 充分条件) 设 $f(x)$ 是周期为 2π 的周期函数. 如果它满足: 在一个周期内连续或只有有限个第一类间断点, 且至多只有有限个极值点, 则 $f(x)$ 的 Fourier 级数①在 $(-\infty, +\infty)$ 上处处收敛, 且有

$$\dfrac{a_0}{2} + \sum_{n=1}^{\infty}(a_n\cos nx + b_n\sin nx)$$
$$= \begin{cases} f(x), & x\text{ 为 }f(x)\text{ 的连续点}, \\ \dfrac{1}{2}[f(x-0) + f(x+0)], & x\text{ 为 }f(x)\text{ 的间断点}. \end{cases}$$

如果 $f(x)$ 是周期为 $2l$ 的周期函数, 那么 $f(x)$ 的 Fourier 级数为

$$\frac{a_0}{2} + \sum_{n=1}^{\infty}\left(a_n \cos \frac{n\pi x}{l} + b_n \sin \frac{n\pi x}{l}\right),$$ ③

其中

$$\begin{cases} a_n = \dfrac{1}{l}\displaystyle\int_{-l}^{l} f(x) \cos \dfrac{n\pi x}{l} \, \mathrm{d}x & (n=0,1,2,\cdots), \\ b_n = \dfrac{1}{l}\displaystyle\int_{-l}^{l} f(x) \sin \dfrac{n\pi x}{l} \, \mathrm{d}x & (n=1,2,3,\cdots). \end{cases}$$ ④

并且也有相应的收敛定理, 此处从略.

【例 8.37】 设 $f(x) = 2 - x \,(0 \leqslant x < 2)$, 而 $S(x) = \displaystyle\sum_{n=1}^{\infty} b_n \sin \dfrac{n\pi x}{2} \,(-\infty < x < +\infty)$, 其中

$$b_n = \int_0^2 f(x) \sin \frac{n\pi x}{2} \, \mathrm{d}x \quad (n=1,2,3,\cdots).$$

求 $S(-1)$ 和 $S(0), S(3)$.

解 由题设知, $S(x)$ 是 $f(x)$ 在 $[0,2]$ 上的 Fourier 正弦级数的和函数, 也是奇函数

$$F(x) = \begin{cases} -f(-x), & -2 \leqslant x < 0, \\ f(x), & 0 \leqslant x < 2 \end{cases} = \begin{cases} -2-x, & -2 \leqslant x < 0, \\ 2-x, & 0 \leqslant x < 2 \end{cases}$$

在 $[-2,2]$ 上的 Fourier 级数的和函数. 由收敛定理, 在 $F(x)$ 的连续点 $x=-1$ 处, $S(-1) = F(-1) = -1$; 在 $F(x)$ 的间断点 $x=0$ 处, $S(0) = \dfrac{1}{2}[F(0-0) + F(0+0)] = \dfrac{1}{2}(-2+2) = 0$; 而由函数 $S(x)$ 的周期性, $S(3) = S(-1) = -1$.

2. 将周期为 $2l$ 的函数展成 Fourier 级数的方法

若 $f(x)$ 是以 $2l$ 为周期的周期函数, 要将它展成 Fourier 级数. 一般步骤是

(1) 利用公式④计算 $f(x)$ 的 Fourier 系数 a_n, b_n;

(2) 写出 $f(x)$ 的 Fourier 级数③;

(3) 若 $f(x)$ 满足收敛定理的条件, 则它以 $2l$ 为周期的 Fourier 级数展开式为

$$f(x) = \frac{a_0}{2} + \sum_{n=1}^{\infty}\left(a_n \cos \frac{n\pi x}{l} + b_n \sin \frac{n\pi x}{l}\right) \quad (x \text{ 是 } f(x) \text{ 的连续点}).$$

【例 8.38】 设 $f(x)$ 是周期为 2π 的周期函数, 它在 $[-\pi, \pi)$ 上的表达式为

$$f(x) = \begin{cases} -1, & -\pi \leqslant x < 0, \\ 1, & 0 \leqslant x < \pi. \end{cases}$$

将 $f(x)$ 展开成 Fourier 级数.

解 所给函数满足收敛定理的条件, 它在点 $x = k\pi (k = 0, \pm 1, \pm 2, \cdots)$ 处不连续, 在其他点处连续, 从而由收敛定理知 $f(x)$ 的 Fourier 级数收敛, 并且当 $x \neq k\pi$ 时级数收敛于 $f(x)$, 当 $x = k\pi$ 时级数收敛于 $\dfrac{-1+1}{2} = \dfrac{1+(-1)}{2} = 0$. 因为

$$a_n = \frac{1}{\pi} \int_{-\pi}^{\pi} f(x) \cos nx \, dx$$
$$= \frac{1}{\pi} \int_{-\pi}^{0} (-1) \cos nx \, dx + \frac{1}{\pi} \int_{0}^{\pi} 1 \cdot \cos nx \, dx$$
$$= 0 \quad (n = 0, 1, 2, \cdots);$$

$$b_n = \frac{1}{\pi} \int_{-\pi}^{\pi} f(x) \sin nx \, dx$$
$$= \frac{1}{\pi} \int_{-\pi}^{0} (-1) \sin nx \, dx + \frac{1}{\pi} \int_{0}^{1} 1 \cdot \sin nx \, dx$$
$$= \frac{2}{n\pi} [1 - (-1)^n] = \begin{cases} \dfrac{4}{n\pi} & (n = 1, 3, 5, \cdots), \\ 0 & (n = 2, 4, 6, \cdots), \end{cases}$$

故

$$f(x) = \frac{4}{\pi} \left[\sin x + \frac{1}{3} \sin 3x + \cdots + \frac{1}{2k-1} \sin(2k-1)x + \cdots \right]$$

$$(-\infty < x < +\infty; x \neq 0, \pm \pi, \pm 2\pi, \cdots).$$

3. 将函数在 $[-l, l]$ 上展成 Fourier 级数的方法

若函数 $f(x)$ 只在区间 $[-l, l]$ 上有定义, 要将它展成 Fourier 级数. 首先将函数 $f(x)$ 周期延拓成 $F(x)$, 即通过在 $[-l, l)$ 或 $(-l, l]$ 外补充 $f(x)$ 的定义, 使之拓广成周期为 $2l$ 的周期函数 $F(x)$, 再将 $F(x)$ 展成 Fourier 级数, 最后限制 x 在 $[-l, l]$ 上, 此时 $F(x) = f(x)$, 这样便得到函数 $f(x)$ 的 Fourier 级数展开式.

【例 8.39】 将函数 $f(x) = x(-1 < x \leqslant 1)$ 展成以 2 为周期的 Fourier 级数, 并由此求常数项级数 $\sum\limits_{n=1}^{\infty} \dfrac{(-1)^{n-1}}{2n-1}$ 之和.

解 所给函数在 $(-1, 1]$ 上满足收敛定理的条件, 并且拓广为周期函数时, 它在区间 $(2k-1, 2k+1)$ 内每一点处都连续 (k 取整数). 因此对于拓广的周期函数, 其 Fourier 级数在 $(-1, 1)$ 上收敛于 $f(x)$.

因为 $f(x)$ 在 $(-1,1)$ 上为奇函数，所以 $a_n = 0$ $(n = 0, 1, 2, \cdots)$. 而

$$b_n = \frac{1}{l} \int_{-l}^{l} f(x) \sin \frac{n\pi x}{l} \, dx = 2 \int_0^1 x \sin n\pi x \, dx = \frac{2(-1)^{n-1}}{n\pi} \quad (n = 1, 2, \cdots),$$

故 $x = \dfrac{2}{\pi} \sum\limits_{n=1}^{\infty} \dfrac{(-1)^{n-1}}{n} \sin n\pi x \ (-1 < x < 1)$.

取 $x = \dfrac{1}{2}$，因为 $\sin \dfrac{n\pi}{2} = (-1)^{k+1} (n = 2k-1, k = 1, 2, 3, \cdots)$，故

$$\frac{1}{2} = \frac{2}{\pi} \sum_{n=1}^{\infty} \frac{(-1)^{n-1}}{n} \sin \frac{n\pi}{2} = \frac{2}{\pi} \sum_{k=1}^{\infty} \frac{(-1)^{k-1}}{2k-1},$$

即 $\sum\limits_{n=1}^{\infty} \dfrac{(-1)^{n-1}}{2n-1} = \dfrac{\pi}{4}$.

4. 将函数在 $[0, l]$ 上展成正弦级数或余弦级数的方法

若函数 $f(x)$ 只在区间 $[0, l]$ 上有定义，要将它展成正弦级数或余弦级数. 首先在 $[-l, 0]$ 上补充 $f(x)$ 的定义，使得在 $[-l, l]$ 上定义的函数 $F(x)$ 为奇函数或偶函数，然后将函数 $F(x)$ 在 $[-l, l]$ 上作周期延拓，并展成以 $2l$ 为周期的 Fourier 级数，再限制 x 在 $[0, l]$ 上，便得到 $f(x)$ 在 $[0, l]$ 上的正弦级数或余弦级数展开式.

【例 8.40】 将函数 $f(x) = \begin{cases} 1, & 0 \leqslant x \leqslant a, \\ 0, & a < x \leqslant \pi \end{cases}$ 分别展成正弦级数和余弦级数.

解 将 $f(x)$ 作奇延拓，则 $a_n = 0$ $(n = 0, 1, 2, \cdots)$，且

$$b_n = \frac{2}{\pi} \int_0^{\pi} f(x) \sin nx \, dx = \frac{2}{\pi} \int_0^a \sin nx \, dx = \frac{2}{n\pi}(1 - \cos na) \quad (n = 1, 2, 3, \cdots).$$

因为 $x = a$ 是 $f(x)$ 的第一类间断点，故根据收敛定理，得

$$f(x) = \frac{2}{\pi} \sum_{n=1}^{\infty} \frac{1 - \cos na}{n} \sin nx \quad (0 < x \leqslant \pi, x \neq a).$$

再将 $f(x)$ 作偶延拓，则 $b_n = 0$ $(n = 1, 2, \cdots)$，且 $a_0 = \dfrac{2}{\pi} \int_0^{\pi} f(x) dx = \dfrac{2}{\pi} \int_0^a dx = \dfrac{2a}{\pi}$,

$$a_n = \frac{2}{\pi} \int_0^{x} f(x) \cos nx \, dx = \frac{2}{\pi} \int_0^a \cos nx \, dx = \frac{2}{n\pi} \sin na \quad (n = 1, 2, 3, \cdots).$$

因为 $x = a$ 是 $f(x)$ 的第一类间断点，故根据收敛定理，得

$$f(x) = \frac{2}{\pi} \left(\frac{a}{2} + \sum_{n=1}^{\infty} \frac{\sin na}{n} \cos nx \right) \quad (0 \leqslant x \leqslant \pi, x \neq a).$$

题型四 求常数项级数之和

求收敛的常数项级数之和通常有 3 种方法:

(1) 利用级数收敛的定义;

(2) 利用幂级数的和函数 (或函数的幂级数展开式);

(3) 利用函数的 Fourier 级数.

1. 利用级数收敛的定义

利用级数收敛的定义求常数项级数之和, 其关键在于应先求出级数的前 n 项部分和 S_n (往往需要运用适当的方法或技巧). 若 $S_n \to S\ (n \to \infty)$, 则级数收敛, 且其和就是 S.

【例 8.41】 求级数 $\sum\limits_{n=1}^{\infty} \dfrac{3n+5}{3^n}$ 之和 S.

解 设 $S_n = \sum\limits_{k=1}^{n} \dfrac{3k+5}{3^k}$, 则 $\dfrac{1}{3} S_n = \sum\limits_{k=1}^{n} \dfrac{3k+5}{3^{k+1}} = \sum\limits_{k=1}^{n} \dfrac{3(k+1)+2}{3^{k+1}}$. 两式相减, 得

$$\dfrac{2}{3} S_n = \dfrac{8}{3} + \sum_{k=1}^{n-1} \dfrac{1}{3^k} - \dfrac{3n+5}{3^{n+1}}.$$

从而 $S_n = 4 + \dfrac{3}{4} \left(1 - \dfrac{1}{3^{n-1}}\right) - \dfrac{3n+5}{2 \cdot 3^n}$. 故 $S = \lim\limits_{n \to \infty} S_n = 4 + \dfrac{3}{4} = \dfrac{19}{4}$.

【例 8.42】 证明级数 $\sum\limits_{n=1}^{\infty} \dfrac{20^n}{(5^{n+1} - 4^{n+1})(5^n - 4^n)}$ 收敛, 并求其和.

解 令 $a_n = \dfrac{20^n}{(5^{n+1} - 4^{n+1})(5^n - 4^n)}$, 易知

$$\lim_{n \to \infty} \dfrac{a_{n+1}}{a_n} = \lim_{n \to \infty} \dfrac{4}{5} \cdot \dfrac{1 - \left(\dfrac{4}{5}\right)^n}{1 - \left(\dfrac{4}{5}\right)^{n+2}} = \dfrac{4}{5} < 1,$$

根据比值判别法, 所给级数 $\sum\limits_{n=1}^{\infty} a_n$ 收敛.

另一方面, 设级数的前 n 项部分和为 S_n, 即 $S_n = \sum\limits_{k=1}^{n} a_k$, 因为

$$a_k = \dfrac{1}{5} \cdot \dfrac{\left(\dfrac{4}{5}\right)^k}{\left[1 - \left(\dfrac{4}{5}\right)^{k+1}\right] \left[1 - \left(\dfrac{4}{5}\right)^k\right]} = \dfrac{1}{1 - \left(\dfrac{4}{5}\right)^k} - \dfrac{1}{1 - \left(\dfrac{4}{5}\right)^{k+1}},$$

所以级数 $\sum_{n=1}^{\infty} a_n$ 的和等于

$$S = \lim_{n \to \infty} S_n = \lim_{n \to \infty} \sum_{k=1}^{n} \left(\frac{1}{1 - \left(\frac{4}{5}\right)^k} - \frac{1}{1 - \left(\frac{4}{5}\right)^{k+1}} \right)$$

$$= \lim_{n \to \infty} \left(\frac{1}{1 - \frac{4}{5}} - \frac{1}{1 - \left(\frac{4}{5}\right)^{n+1}} \right) = 4.$$

【例 8.43】 设曲线 $y = \frac{1}{x^3}(x > 0), y = \frac{x}{n^4}$ 及 $y = \frac{x}{(n+1)^4}$ 所围成区域的面积为 $a_n \ (n = 1, 2, \cdots)$，求级数 $\sum_{n=1}^{\infty} a_n$ 的和.

解 两曲线在第一象限围成一扇形区域，记为 D，则所围成的面积为 $a_n = \iint\limits_{D} \mathrm{d}x\mathrm{d}y$.

利用极坐标计算此二重积分，并记 $\alpha = \arctan \frac{1}{(n+1)^4}, \beta = \arctan \frac{1}{n^4}$，则

$$a_n = \int_{\alpha}^{\beta} \mathrm{d}\theta \int_{0}^{\frac{1}{\sqrt[4]{\sin\theta \cos^3\theta}}} r \, \mathrm{d}r = \frac{1}{2} \int_{\alpha}^{\beta} \frac{1}{\sqrt{\sin\theta \cos^3\theta}} \mathrm{d}\theta$$

$$= \frac{1}{2} \int_{\alpha}^{\beta} \frac{\mathrm{d}(\tan\theta)}{\sqrt{\tan\theta}} = \sqrt{\tan\theta} \Big|_{\alpha}^{\beta} = \sqrt{\tan\beta} - \sqrt{\tan\alpha}$$

$$= \frac{1}{n^2} - \frac{1}{(n+1)^2} \quad (n = 1, 2, \cdots),$$

所以

$$\sum_{n=1}^{\infty} a_n = \lim_{n \to \infty} \sum_{k=1}^{n} a_k = \lim_{n \to \infty} \sum_{k=1}^{n} \left(\frac{1}{k^2} - \frac{1}{(k+1)^2} \right) = \lim_{n \to \infty} \left(1 - \frac{1}{(n+1)^2} \right) = 1.$$

【例 8.44】 设 $f(x) = \frac{1}{1 - x - x^2}, a_n = \frac{f^{(n)}(0)}{n!}, n = 0, 1, 2, \cdots$. 证明级数 $\sum_{n=0}^{\infty} \frac{a_{n+1}}{a_n a_{n+2}}$ 收敛，并求其和.

解 对 $(1 - x - x^2) f(x) = 1$ 的两边求 $n + 2$ 阶导数，并利用 Leibniz 公式，得

$$(1 - x - x^2) f^{(n+2)}(x) - (n+2)(1 + 2x) f^{(n+1)}(x) - (n+2)(n+1) f^{(n)}(x) = 0,$$

取 $x=0$, 代入上式, 并结合 $a_n = \dfrac{f^{(n)}(0)}{n!}$, 得
$$a_{n+2} = a_{n+1} + a_n \quad (n=0,1,2,\cdots).$$

易知 $a_0 = a_1 = 1$, 利用归纳法可证 $a_n \geqslant n(n \geqslant 1)$, 故 $\lim\limits_{n\to\infty} a_n = +\infty$, 因此级数的部分和
$$S_n = \sum_{k=0}^{n} \frac{a_{k+1}}{a_k a_{k+2}} = \sum_{k=0}^{n} \frac{a_{k+2} - a_k}{a_k a_{k+2}} = \sum_{k=0}^{n} \left(\frac{1}{a_k} - \frac{1}{a_{k+2}} \right)$$
$$= \frac{1}{a_0} + \frac{1}{a_1} - \frac{1}{a_{n+1}} - \frac{1}{a_{n+2}} \to 2 \quad (n\to\infty).$$

因此, 级数 $\sum\limits_{n=0}^{\infty} \dfrac{a_{n+1}}{a_n a_{n+2}}$ 收敛, 且其和为 2.

【例 8.45】 证明级数 $\sum\limits_{n=1}^{\infty} \ln\left(1+\dfrac{1}{n}\right) \ln\left(1+\dfrac{1}{2n}\right) \ln\left(1+\dfrac{1}{2n+1}\right)$ 收敛, 并求其和.

解 令 $a_n = \ln\left(1+\dfrac{1}{n}\right), n=1,2,\cdots$. 注意到当 $x\to 0$ 时, $\ln(1+x) \sim x$, 所以
$$a_n a_{2n} a_{2n+1} \sim \frac{1}{n} \cdot \frac{1}{2n} \cdot \frac{1}{2n+1} \sim \frac{1}{4n^3} \quad (n\to\infty).$$

显然 $\sum\limits_{n=1}^{\infty} \dfrac{1}{4n^3}$ 收敛, 故由比较判别法可知, 原级数 $\sum\limits_{n=1}^{\infty} a_n a_{2n} a_{2n+1}$ 收敛.

为了求 $\sum\limits_{n=1}^{\infty} a_n a_{2n} a_{2n+1}$ 的和, 注意到 $a_{2n} + a_{2n+1} = a_n$, 令 $b_n = \sum\limits_{k=n}^{2n-1} a_k^3, n=1,2,\cdots$, 由于
$$b_n - b_{n+1} = \sum_{k=n}^{2n-1} a_k^3 - \sum_{k=n+1}^{2n+1} a_k^3 = a_n^3 - a_{2n}^3 - a_{2n+1}^3$$
$$= (a_{2n} + a_{2n+1})^3 - a_{2n}^3 - a_{2n+1}^3 = 3 a_n a_{2n} a_{2n+1},$$
所以级数的部分和 $S_n = \sum\limits_{k=1}^{n} a_k a_{2k} a_{2k+1} = \dfrac{1}{3} \sum\limits_{k=1}^{n} (b_k - b_{k+1}) = \dfrac{1}{3}(b_1 - b_{n+1})$.

利用不等式: 当 $x < 0$ 时, $\ln(1+x) < x$, 得
$$0 < b_n = \sum_{k=n}^{2n-1} a_k^3 < \sum_{k=n}^{2n-1} \ln^3\left(1+\frac{1}{k}\right) < \sum_{k=n}^{2n-1} \frac{1}{k^3} < \sum_{k=n}^{2n-1} \frac{1}{n^3} = \frac{1}{n^2},$$

根据夹逼准则, 得 $b_n \to 0 (n\to\infty)$. 因此, 级数的和等于
$$\sum_{n=1}^{\infty} a_n a_{2n} a_{2n+1} = \lim_{n\to\infty} S_n = \lim_{n\to\infty} \frac{1}{3}(b_1 - b_{n+1}) = \frac{b_1}{3} = \frac{1}{3} \ln^3 2.$$

2. 利用幂级数的和函数

利用幂级数求收敛的常数项级数的和，一般是将给定的常数项级数视为某个幂级数 $\sum_{n=0}^{\infty} a_n x^n$ 在其收敛域内取 $x = x_0$ 时所得到的级数，然后求该幂级数的和函数 $S(x)$，则 $S(x_0)$ 为所给常数项级数的和.

【例 8.46】 求 $S = \sum_{n=0}^{\infty} \dfrac{1}{(4n+1)(4n+3)}$.

解 因为 $\arctan x = x - \dfrac{x^3}{3} + \dfrac{x^5}{5} - \dfrac{x^7}{7} + \cdots (-1 \leqslant x \leqslant 1)$，所以

$$1 - \frac{1}{3} + \frac{1}{5} - \frac{1}{7} + \cdots + (-1)^{n-1}\frac{1}{2n-1} + \cdots = \arctan 1 = \frac{\pi}{4}.$$

从而

$$S = \sum_{n=0}^{\infty} \frac{1}{2}\left(\frac{1}{4n+1} - \frac{1}{4n+3}\right)$$

$$= \frac{1}{2}\left[\left(1 - \frac{1}{3}\right) + \left(\frac{1}{5} - \frac{1}{7}\right) + \cdots + \left(\frac{1}{4n+1} - \frac{1}{4n+3}\right) + \cdots\right]$$

$$= \frac{1}{2}\left[1 - \frac{1}{3} + \frac{1}{5} - \frac{1}{7} + \cdots + (-1)^{n-1}\frac{1}{2n-1} + \cdots\right] = \frac{1}{2} \cdot \frac{\pi}{4} = \frac{\pi}{8}.$$

【例 8.47】 求 $S = \sum_{n=1}^{\infty} \dfrac{1}{4(n+1)(n+2)2^n}$.

解 设 $S(x) = \sum_{n=1}^{\infty} \dfrac{x^{n+2}}{(n+1)(n+2)}$，则 $S\left(\dfrac{1}{2}\right) = S, S(0) = 0$.

$$S'(x) = \sum_{n=1}^{\infty} \frac{x^{n+1}}{n+1}, \quad S'(0) = 0.$$

$$S''(x) = \sum_{n=1}^{\infty} x^n = \frac{x}{1-x} \quad (-1 < x < 1),$$

$$S'(x) = S'(0) + \int_0^x \frac{x}{1-x}\,\mathrm{d}x = -x - \ln(1-x) \quad (-1 < x < 1),$$

$$S(x) = S(0) + \int_0^x S'(x)\mathrm{d}x = -\int_0^x [x + \ln(1-x)]\mathrm{d}x$$

$$= x - \frac{x^2}{2} + (1-x)\ln(1-x) \quad (-1 < x < 1).$$

因此 $S = S\left(\dfrac{1}{2}\right) = \dfrac{1}{2} - \dfrac{1}{2}\left(\dfrac{1}{2}\right)^2 + \left(1 - \dfrac{1}{2}\right)\ln\left(1 - \dfrac{1}{2}\right) = \dfrac{3}{8} - \dfrac{1}{2}\ln 2$.

【例 8.48】 求 $S = \sum_{n=1}^{\infty} \frac{(-1)^{n-1}}{n(2n-1)}$.

解 考虑幂级数 $S(x) = \sum_{n=1}^{\infty} \frac{(-1)^{n-1}}{n(2n-1)} x^{2n}$，则容易求得其收敛域为 $[-1, 1]$. 可见，所给常数项级数 $\sum_{n=1}^{\infty} \frac{(-1)^{n-1}}{n(2n-1)}$ 是幂级数 $\sum_{n=1}^{\infty} \frac{(-1)^{n-1}}{n(2n-1)} x^{2n}$ 在其收敛区间的右端点 $x = 1$ 处的值. 为此，我们先求出幂级数的和函数 $S(x)$，再利用幂级数的和函数在其收敛区间端点处的单侧连续性计算出 $\lim_{x \to 1^-} S(x)$ 即可. 因为

$$S(x) = 2x \sum_{n=1}^{\infty} \frac{(-1)^{n-1}}{(2n-1)} x^{2n-1} - \sum_{n=1}^{\infty} \frac{(-1)^{n-1}}{n} x^{2n}$$
$$= 2x \cdot \arctan x - \ln(1 + x^2),$$

所以 $S = \sum_{n=1}^{\infty} \frac{(-1)^{n-1}}{n(2n-1)} = \lim_{x \to 1^-} S(x) = \lim_{x \to 1^-} \left[2x \arctan x - \ln(1 + x^2) \right] = \frac{\pi}{2} - \ln 2$.

【例 8.49】 设球面为 $\Sigma : (x-1)^2 + (y+1)^2 + (z-2)^2 = 9$，曲面 S 是以 $A(5, -3, -2)$ 为顶点且与球面 Σ 相切的圆锥面，Ω 是由球面 Σ 与锥面 S 所围成的空间区域.

(1) 求空间区域 Ω 的体积；

(2) 在空间区域 Ω 内，与球面 Σ 和锥面 S 都相切的球面记为 $S_1, \cdots$，与球面 S_{n-1} 和锥面 S 都相切的球面记为 S_n. 设球面 S_n 的半径为 r_n，求级数 $\sum_{n=1}^{\infty} r_n \left(1 + \frac{1}{2} + \cdots + \frac{1}{n} \right)$ 之和.

解 易知，球心 $(1, -1, 2)$ 与锥面顶点 A 之间的距离为

$$d = \sqrt{(5-1)^2 + (-3+1)^2 + (-2-2)^2} = 6.$$

因此，问题可化为球面 $\Sigma : x^2 + y^2 + z^2 = 9$ 与锥面 $S : (x-6)^2 = y^2 + z^2$ 相切，二者所围成的空间区域仍记为 Ω，其他记号也保持不变.

(1) 在 xOy 平面上，过点 $(6, 0)$ 与圆 $x = \sqrt{9 - y^2}$ 相切的直线与该圆围成的平面图形绕 x 轴旋转而成的旋转体即空间区域 Ω，故所求体积为

$$V = \frac{\pi}{3} \left(\frac{3}{2} \sqrt{3} \right)^2 \cdot \frac{9}{2} - \pi \int_{\frac{3}{2}}^{3} (9 - x^2) \, \mathrm{d}x = \frac{9\pi}{2}.$$

(2) 据题设知：$\frac{r_1}{3} = \frac{3 - r_1}{6}$，解得 $r_1 = 1$. 一般地，有

$$\frac{r_n}{3} = \frac{3 - 2r_1 - 2r_2 - \cdots - 2r_{n-1} - r_n}{6},$$

即
$$r_n = \frac{1}{3}(3 - 2r_1 - 2r_2 - \cdots - 2r_{n-1}).$$

利用归纳法可证：当 $n \geqslant 1$ 时，$r_n = \frac{1}{3^{n-1}}$.

记 $H_n = 1 + \frac{1}{2} + \cdots + \frac{1}{n}$，考虑幂级数 $S(x) = \sum_{n=1}^{\infty} H_n x^n$，因为 $\lim_{n \to \infty} H_n = +\infty$，且 $\lim_{n \to \infty} \frac{H_{n+1}}{H_n} = 1$，所以级数 $\sum_{n=1}^{\infty} H_n x^n$ 的收敛域为 $(-1, 1)$. 当 $|x| < 1$ 时，有

$$S(x) = x\sum_{n=1}^{\infty} H_n x^n + \sum_{n=1}^{\infty} \frac{1}{n} x^n = xS(x) - \ln(1-x),$$

所以 $S(x) = -\frac{\ln(1-x)}{1-x}$. 取 $x = \frac{1}{3}$，则所求级数之和为

$$\sum_{n=1}^{\infty} r_n H_n = 3S\left(\frac{1}{3}\right) = -3\frac{\ln\left(1 - \frac{1}{3}\right)}{1 - \frac{1}{3}} = \frac{9}{2}\ln\frac{3}{2}.$$

3. 利用函数的 Fourier 级数

利用函数的 Fourier 级数展开式求收敛的常数项级数的和，是将给定的常数项级数视为某个函数的 Fourier 级数展开式在某个收敛点 (函数的连续点) 处所得到的级数.

【例 8.50】 求下列常数项级数的和：

(1) $S_1 = \sum_{n=1}^{\infty} \frac{1}{n^2}$;   (2) $S_2 = \sum_{n=1}^{\infty} \frac{(-1)^{n-1}}{n^2}$;   (3) $S_3 = \sum_{n=1}^{\infty} \frac{1}{(2n-1)^2}$.

解 将 $f(x) = x^2$ 在 $[-\pi, \pi]$ 上展成 Fourier 级数，得

$$x^2 = \frac{\pi^2}{3} + 4\sum_{n=1}^{\infty} \frac{(-1)^n}{n^2} \cos nx, \quad x \in [-\pi, \pi].$$

取 $x = \pi$，得 $\pi^2 = \frac{\pi^2}{3} + 4\sum_{n=1}^{\infty} \frac{1}{n^2}$，即 $S_1 = \sum_{n=1}^{\infty} \frac{1}{n^2} = \frac{\pi^2}{6}$.

取 $x = 0$，得 $0 = \frac{\pi^2}{3} + 4\sum_{n=1}^{\infty} \frac{(-1)^n}{n^2}$，即 $S_2 = \sum_{n=1}^{\infty} \frac{(-1)^{n-1}}{n^2} = \frac{\pi^2}{12}$.

将级数 (1) 与级数 (2) 相加，得

$$S_1 + S_2 = \sum_{n=1}^{\infty} \frac{1}{n^2} + \sum_{n=1}^{\infty} (-1)^{n-1} \frac{1}{n^2} = \sum_{n=1}^{\infty} \left[1 + (-1)^{n-1}\right] \frac{1}{n^2}$$

$$= \sum_{n=1}^{\infty} \frac{2}{(2n-1)^2} = 2S_3,$$

因此 $S_3 = \dfrac{1}{2}(S_1 + S_2) = \dfrac{1}{2}\left(\dfrac{\pi^2}{6} + \dfrac{\pi^2}{12}\right) = \dfrac{\pi^2}{8}$.

利用 Fourier 级数求数项级数之和的困难在于, 选择适当的函数展开成 Fourier 级数. 常见的题型往往是把这两个问题放在一起: 首先要求将给定的已知函数展开成 Fourier 级数, 然后利用所得结果求常数项级数之和.

【**例 8.51**】 设 $f(x)$ 是周期为 2π 的周期函数, 且 $f(x) = \mathrm{e}^x (0 \leqslant x < 2\pi)$, 将函数 $f(x)$ 展开成 Fourier 级数, 并求级数 $\sum\limits_{n=1}^{\infty} \dfrac{1}{1+n^2}$ 之和.

解 先根据公式计算 Fourier 系数如下:

$$a_0 = \frac{1}{\pi}\int_0^{2\pi} \mathrm{e}^x\,\mathrm{d}x = \frac{1}{\pi}\left(\mathrm{e}^{2\pi} - 1\right),$$

$$a_n = \frac{1}{\pi}\int_0^{2\pi} \mathrm{e}^x \cos nx\,\mathrm{d}x = \frac{\mathrm{e}^{2\pi}-1}{\pi}\cdot\frac{1}{1+n^2} \quad (n=1,2,\cdots),$$

$$b_n = \frac{1}{\pi}\int_0^{2\pi} \mathrm{e}^x \sin nx\,\mathrm{d}x = -\frac{\mathrm{e}^{2\pi}-1}{\pi}\cdot\frac{n}{1+n^2} \quad (n=1,2,3,\cdots),$$

所以, 函数 $f(x)$ 的 Fourier 级数为

$$\frac{a_0}{2} + \sum_{n=1}^{\infty}(a_n\cos nx + b_n \sin nx) = \frac{\mathrm{e}^{2\pi}-1}{2\pi} + \sum_{n=1}^{\infty}\frac{\mathrm{e}^{2\pi}-1}{\pi(1+n^2)}(\cos nx - n\sin nx).$$

根据收敛定理, 上述级数在 $f(x)$ 的间断点 $x = 2n\pi\ (n=0,\pm 1,\pm 2,\cdots)$ 处的和等于

$$\frac{1}{2}[f(0+0) + f(2\pi-0)] = \frac{1}{2}\left(1+\mathrm{e}^{2\pi}\right),$$

在 $f(x)$ 的所有连续点处的和为 $f(x) = \mathrm{e}^x$. 因此, $f(x)$ 的 Fourier 级数展开式为

$$f(x) = \frac{\mathrm{e}^{2\pi}-1}{2\pi} + \sum_{n=1}^{\infty}\frac{\mathrm{e}^{2\pi}-1}{\pi(1+n^2)}(\cos nx - n\sin nx) \quad (x\neq 2n\pi, n=0,\pm1,\pm2,\cdots).$$

此外, 因为在 $f(x)$ 的间断点 $x=0$ 处上述级数的和等于 $\dfrac{1}{2}(1+\mathrm{e}^{2\pi})$, 所以

$$\frac{\mathrm{e}^{2x}-1}{2\pi} + \sum_{n=1}^{\infty}\frac{\mathrm{e}^{2\pi}-1}{\pi(1+n^2)} = \frac{1}{2}\left(1+\mathrm{e}^{2\pi}\right),$$

由此可解得

$$\sum_{n=1}^{\infty}\frac{1}{1+n^2} = \frac{\pi}{\mathrm{e}^{2\pi}-1}\left[\frac{1}{2}\left(1+\mathrm{e}^{2\pi}\right) - \frac{\mathrm{e}^{2\pi}-1}{2\pi}\right] = \frac{\pi}{2}\cdot\frac{\mathrm{e}^{2\pi}+1}{\mathrm{e}^{2\pi}-1} - \frac{1}{2}.$$

【例 8.52】 证明恒等式：$\sum_{n=1}^{\infty} \frac{\cos nx}{n^2} = \frac{1}{12}\left(3x^2 - 6\pi x + 2\pi^2\right)$ $(0 \leqslant x \leqslant \pi)$，并由此求数项级数 $\sum_{n=1}^{\infty} \frac{1}{(2n-1)^2}$ 与 $\sum_{n=1}^{\infty} \frac{(-1)^{n-1}}{(2n-1)^3}$ 之和.

【分析】 本题的前半部分要求证明一个三角级数在指定的区间上收敛于一已知函数，这是 Fourier 级数的反问题. 证明的一般方法是：将等式右端的函数在指定的区间上展成 Fourier 级数，看它是否等于等式左端所给出的级数.

证 先将函数 $f(x) = 3x^2 - 6\pi x$ $(0 \leqslant x \leqslant \pi)$ 展成余弦级数.

$$b_n = 0 \quad (n = 1, 2, 3, \cdots),$$

$$a_0 = \frac{2}{\pi}\int_0^\pi \left(3x^2 - 6\pi x\right) \mathrm{d}x = -4\pi^2,$$

$$a_n = \frac{2}{\pi}\int_0^x \left(3x^2 - 6\pi x\right) \cos nx \, \mathrm{d}x = \frac{12}{n^2} \quad (n = 1, 2, \cdots).$$

故 $3x^2 - 6\pi x = -2\pi^2 + \sum_{n=1}^{\infty} \frac{12}{n^2} \cos nx$，即

$$\sum_{n=1}^{\infty} \frac{\cos nx}{n^2} = \frac{1}{12}\left(3x^2 - 6\pi x + 2\pi^2\right) \quad (0 \leqslant x \leqslant \pi). \qquad ①$$

将上式两端同时在区间 $[0, x]$ 上积分，得

$$\sum_{n=1}^{\infty} \frac{\sin nx}{n^3} = \frac{x}{12}\left(x^2 - 3\pi x + 2\pi^2\right) \quad (0 \leqslant x \leqslant \pi). \qquad ②$$

取 $x = \frac{\pi}{2}$，代入②式，即得 $\sum_{n=1}^{\infty} \frac{(-1)^{n-1}}{(2n-1)^3} = \frac{\pi^3}{32}$.

再分别取 $x = 0$ 和 $x = \pi$ 代入①式，得 $S_1 = \sum_{n=1}^{\infty} \frac{1}{n^2} = \frac{\pi^2}{6}$ 与 $S_2 = \sum_{n=1}^{\infty} \frac{(-1)^{n-1}}{n^2} = \frac{\pi^2}{12}$. 故

$$\sum_{n=1}^{\infty} \frac{1}{(2n-1)^2} = \frac{1}{2}\left(S_1 + S_2\right) = \frac{1}{2}\left(\frac{\pi^2}{6} + \frac{\pi^2}{12}\right) = \frac{\pi^2}{8}.$$

8.3 真题选讲与点评

【例 8.53】(第六届全国初赛题, 2014) 设 $x_n = \sum_{k=1}^{n} \frac{k}{(k+1)!}$, 则 $\lim_{n\to\infty} x_n = $ _____.

解 因为 $x_n = \sum_{k=1}^{n} \frac{k}{(k+1)!} = \sum_{k=1}^{n} \left(\frac{1}{k!} - \frac{1}{(k+1)!} \right) = 1 - \frac{1}{(n+1)!}$, 所以 $\lim_{n\to\infty} x_n = 1$.

【注】 本题亦即: 级数 $\sum_{n=1}^{\infty} \frac{n}{(n+1)!}$ 的和等于 _____.

【例 8.54】(第一届全国初赛题, 2009) 已知 $u_n(x)$ 满足 $u_n'(x) = u_n(x) + x^{n-1}\mathrm{e}^x$ (n 为正整数), 且 $u_n(1) = \frac{\mathrm{e}}{n}$, 求函数项级数 $\sum_{n=1}^{\infty} u_n(x)$ 之和.

解 这里, $u_n(x)$ 满足一阶线性微分方程 $u_n'(x) - u_n(x) = x^{n-1}\mathrm{e}^x$, 利用通解公式, 得

$$u_n(x) = \mathrm{e}^{\int \mathrm{d}x} \left(\int x^{n-1}\mathrm{e}^x \mathrm{e}^{-\int \mathrm{d}x} \mathrm{d}x + C \right) = \mathrm{e}^x \left(\frac{x^n}{n} + C \right).$$

根据条件 $u_n(1) = \frac{\mathrm{e}}{n}$, 得 $C = 0$. 所以 $u_n(x) = \frac{x^n \mathrm{e}^x}{n}$.

最后, 直接利用公式 $\sum_{n=1}^{\infty} \frac{x^n}{n} = -\ln(1-x)$ $(-1 \leqslant x < 1)$, 得

$$\sum_{n=1}^{\infty} u_n(x) = \sum_{n=1}^{\infty} \frac{\mathrm{e}^x x^n}{n} = \mathrm{e}^x \sum_{n=1}^{\infty} \frac{x^n}{n} = -\mathrm{e}^x \ln(1-x) \quad (-1 \leqslant x < 1).$$

【例 8.55】(第二届全国初赛题, 2010) 设 $a_n > 0, S_n = \sum_{k=1}^{n} a_k$, 证明:

(1) 当 $\alpha > 1$ 时, 级数 $\sum_{n=1}^{\infty} \frac{a_n}{S_n^\alpha}$ 收敛;

(2) 当 $\alpha \leqslant 1$ 且 $S_n \to \infty (n \to \infty)$ 时, 级数 $\sum_{n=1}^{\infty} \frac{a_n}{S_n^\alpha}$ 发散.

证 (1) 若 $\alpha > 1$, 由于 S_n 单调增加, 由 Lagrange 中值定理, 得

$$\frac{1}{\alpha - 1}(S_{n-1}^{1-\alpha} - S_n^{1-\alpha}) = \frac{S_n - S_{n-1}}{\xi^\alpha} = \frac{a_n}{\xi^\alpha} > \frac{a_n}{S_n^\alpha},$$

这里 $S_{n-1} < \xi < S_n$. 因此

$$\sum_{n=1}^{\infty} \frac{a_n}{S_n^\alpha} \leqslant \frac{1}{\alpha - 1} \sum_{n=1}^{\infty} \left(S_{n-1}^{1-\alpha} - S_n^{1-\alpha} \right),$$

若 $S_n \to \infty$, 则
$$\sum_{n=1}^{\infty} \frac{a_n}{S_n^\alpha} \leqslant \frac{1}{\alpha-1}(a_1^{1-\alpha} - S^{1-\alpha}),$$

无论哪种情况, $\sum_{n=1}^{\infty} \frac{a_n}{S_n^\alpha}$ 都收敛.

(2) 若 $\alpha \leqslant 1$, 则当 $S_n > 1$ 时, 我们有 $S_n^\alpha \leqslant S_n$. 由于 S_n 单调趋于正无穷, 因此存在 $N > 0$, 当 $m, n > N$ 时, $S_{m+n} > 2S_n$ (取 m 充分大), 由于

$$\frac{a_{n+1}}{S_{n+1}^\alpha} + \frac{a_{n+2}}{S_{n+2}^\alpha} + \cdots + \frac{a_{n+m}}{S_{n+m}^\alpha} > \frac{a_{n+1} + a_{n+2} + \cdots + a_{n+m}}{S_{n+m}^\alpha} = \frac{S_{n+m} - S_n}{S_{n+m}^\alpha} > \frac{S_{n+m} - S_n}{S_{n+m}} > \frac{1}{2},$$

根据 Cauchy 收敛准则知 $\sum_{n=1}^{\infty} \frac{a_n}{S_n^\alpha}$ 发散.

【例 8.56】 (第四届全国初赛题, 2012) 设 $\sum_{n=1}^{\infty} a_n$ 与 $\sum_{n=1}^{\infty} b_n$ 为正项级数, 证明:

(1) 若 $\lim_{n \to \infty} \left(\frac{a_n}{a_{n+1} b_n} - \frac{1}{b_{n+1}} \right) > 0$, 则 $\sum_{n=1}^{\infty} a_n$ 收敛;

(2) 若 $\lim_{n \to \infty} \left(\frac{a_n}{a_{n+1} b_n} - \frac{1}{b_{n+1}} \right) < 0$, 且 $\sum_{n=1}^{\infty} b_n$ 发散, 则 $\sum_{n=1}^{\infty} a_n$ 发散.

证明 (1) 不妨假设 $\lim_{n \to \infty} \left(\frac{a_n}{a_{n+1} b_n} - \frac{1}{b_{n+1}} \right) = 2\delta > 0$, 于是 $\forall \varepsilon > 0, \exists N > 0, \forall n > N, \frac{a_n}{a_{n+1} b_n} - \frac{1}{b_{n+1}} > \delta$ 或者等价地有

$$a_{n+1} < \frac{1}{\delta} \left(\frac{a_n}{b_n} - \frac{a_{n+1}}{b_{n+1}} \right),$$

于是

$$\sum_{n=N+1}^{\infty} a_n < \frac{1}{\delta} \frac{a_N}{b_N},$$

从而

$$\sum_{n=1}^{\infty} a_n < a_1 + a_2 + \cdots + a_N + \frac{1}{\delta} \frac{a_N}{b_N},$$

由正项级数和有界, 可以得到级数收敛.

(2) 同上一问的分析, 我们有 $\exists N > 0, \forall n > N, a_{n+1} > \frac{b_{n+1}}{b_n} a_n$ 对此不等式进行迭代, 有

$$a_{n+1} > \frac{a_N}{b_N} b_{n+1},$$

于是
$$\sum_{n=N+1}^{\infty} a_n > \frac{a_N}{b_N} \sum_{n=N+1}^{\infty} b_n \to \infty.$$

【例 8.57】(第五届全国初赛题, 2013) 判断级数 $\sum_{n=1}^{\infty} \dfrac{1+\dfrac{1}{2}+\cdots+\dfrac{1}{n}}{(n+1)(n+2)}$ 的敛散性, 若收敛, 则求其和.

解 (**方法 1**) 记 $H_n = 1 + \dfrac{1}{2} + \cdots + \dfrac{1}{n}$, $a_n = \dfrac{H_n}{(n+1)(n+2)}$, $n = 1, 2, \cdots$, 则
$$H_n = \ln n + C + \gamma_n,$$
其中 C 为 Euler 常数, 而 $\gamma_n \to 0$ $(n \to \infty)$. 对级数的部分和利用裂项叠加法, 得
$$S_n = \sum_{k=1}^{n} \frac{H_k}{(k+1)(k+2)} = \sum_{k=1}^{n} H_k \left(\frac{1}{k+1} - \frac{1}{k+2} \right) = \frac{H_1}{2} + \sum_{k=2}^{n-1} \frac{H_k - H_{k-1}}{k+1} - \frac{H_n}{n+2}$$
$$= \sum_{k=1}^{n-1} \left(\frac{1}{k} - \frac{1}{k+1} \right) - \frac{H_n}{n+2} = 1 - \frac{1}{n+1} - \frac{H_n}{n+2}.$$

因为 $\lim\limits_{n \to \infty} \dfrac{H_n}{n+2} = \lim\limits_{n \to \infty} \dfrac{\ln n + C + \gamma_n}{n+2} = \lim\limits_{n \to \infty} \dfrac{\ln n}{n+2} = 0$, 所以 $\lim\limits_{n \to \infty} S_n = 1$. 因此级数收敛, 且其和等于 1.

(**方法 2**) 先证级数 $\sum\limits_{n=1}^{\infty} a_n$ 收敛. 因为
$$\lim_{n \to \infty} \frac{a_n}{\dfrac{1}{n^{\frac{3}{2}}}} = \lim_{n \to \infty} \frac{H_n}{n^{\frac{1}{2}} \left(1 + \dfrac{1}{n}\right)\left(1 + \dfrac{2}{n}\right)} = \lim_{n \to \infty} \frac{\ln n + C + \gamma_n}{n^{\frac{1}{2}} \left(1 + \dfrac{1}{n}\right)\left(1 + \dfrac{2}{n}\right)} = \lim_{n \to \infty} \frac{\ln n}{n^{\frac{1}{2}}} = 0.$$

根据比较判别法, 由 $\sum\limits_{n=1}^{\infty} \dfrac{1}{n^{\frac{3}{2}}}$ 收敛, 可知级数 $\sum\limits_{n=1}^{\infty} a_n$ 收敛.

再求级数 $\sum\limits_{n=1}^{\infty} a_n$ 的和. 为此, 利用展开式
$$\frac{1}{1-x} = \sum_{n=1}^{\infty} x^n = 1 + x + x^2 + \cdots + x^n + \cdots, \quad |x| < 1;$$
$$\ln \frac{1}{1-x} = \sum_{n=1}^{\infty} \frac{x^n}{n} = x + \frac{x^2}{2} + \cdots + \frac{x^n}{n} + \cdots, \quad |x| < 1.$$

作 Cauchy 乘积, 得

$$\frac{1}{1-x}\ln\frac{1}{1-x} = \sum_{n=1}^{\infty}\left(1+\frac{1}{2}+\cdots+\frac{1}{n}\right)x^n = \sum_{n=1}^{\infty}a_n x^n, \quad |x| < 1.$$

由幂级数性质, 当 $|x| < 1$ 时, 对上式两边连续作两次定积分, 得

$$\int_0^x \frac{1}{1-t}\ln\frac{1}{1-t}\mathrm{d}t = \frac{1}{2}[\ln(1-x)]^2 = \sum_{n=1}^{\infty}\int_0^x a_n t^n \mathrm{d}t = \sum_{n=1}^{\infty}\frac{a_n}{n+1}x^{n+1},$$

$$\frac{1}{2}\int_0^x [\ln(1-t)]^2\mathrm{d}t = \sum_{n=1}^{\infty}\int_0^x \frac{a_n}{n+1}t^{n+1}\mathrm{d}t = \sum_{n=1}^{\infty}\frac{a_n}{(n+1)(n+2)}x^{n+2}.$$

易知 $\frac{1}{2}\int_0^x [\ln(1-t)]^2 \mathrm{d}t = -\frac{1}{2}(1-x)[\ln(1-x)]^2 + (1-x)\ln(1-x) + x$, 所以

$$-\frac{1}{2}(1-x)[\ln(1-x)]^2 + (1-x)\ln(1-x) + x = \sum_{n=1}^{\infty}\frac{a_n}{(n+1)(n+2)}x^{n+2}.$$

又已证 $\sum_{n=1}^{\infty}\frac{a_n}{(n+1)(n+2)}x^{n+2}$ 在 $x = 1$ 时收敛, 故可对上式两边取极限 $x \to 1^-$, 得
$\sum_{n=1}^{\infty}\frac{a_n}{(n+1)(n+2)} = 1.$

【例 8.58】(第十届全国初赛题, 2018) 已知 $\{a_k\}, \{b_k\}$ 是正项数列, 且 $b_{k+1} - b_k \geq \delta > 0\ (k = 1, 2, \cdots)(\delta$ 为一常数). 证明: 若级数 $\sum_{k=1}^{\infty} a_k$ 收敛, 则级数

$$\sum_{k=1}^{\infty}\frac{k\sqrt[k]{(a_1 a_2 \cdots a_k)(b_1 b_2 \cdots b_k)}}{b_k b_{k+1}}$$

收敛.

证 令 $S_k = \sum_{i=1}^{k} a_i b_i$, 则

$$a_k b_k = S_k - S_{k-1}, \quad S_0 = 0, \quad a_k = \frac{S_k - S_{k-1}}{b_k}, \quad k = 1, 2, \cdots,$$

则

$$\sum_{k=1}^{N} a_k = \sum_{k=1}^{N} \frac{S_k - S_{k-1}}{b_k} = \sum_{k=1}^{N-1}\left(\frac{S_k}{b_k} - \frac{S_k}{b_{k+1}}\right) + \frac{S_N}{b_N} \geq \sum_{k=1}^{N-1}\frac{\delta}{b_k b_{k+1}} S_k,$$

所以 $\sum_{k=1}^{\infty} \dfrac{S_k}{b_k b_{k+1}}$ 收敛.

由不等式
$$\sqrt[k]{(a_1 a_2 \cdots a_k)(b_1 b_2 \cdots b_k)} \leqslant \dfrac{a_1 b_1 + a_2 b_2 + \cdots + a_k b_k}{k} = \dfrac{S_k}{k}$$

知
$$\sum_{k=1}^{\infty} \dfrac{k \sqrt[k]{(a_1 a_2 \cdots a_k)(b_1 b_2 \cdots b_k)}}{b_k b_{k+1}} \leqslant \sum_{k=1}^{\infty} \dfrac{S_k}{b_k b_{k+1}},$$

故结论成立.

【例 8.59】(第二届全国决赛题, 2011) 设 $f(x)$ 是在 $(-\infty, +\infty)$ 上可微的正值函数, 且满足 $|f'(x)| < m f(x)$, 其中 $0 < m < 1$. 任取实数 a_0, 定义 $a_n = \ln f(a_{n-1})$, $n = 1, 2, \cdots$, 证明: 级数 $\sum_{n=1}^{\infty} (a_n - a_{n-1})$ 绝对收敛.

证 注意到 $\dfrac{\mathrm{d}}{\mathrm{d}x}[\ln f(x)] = \dfrac{f'(x)}{f(x)}$, 利用 Lagrange 中值定理, 得

$$|a_n - a_{n-1}| = |\ln f(a_n) - \ln f(a_{n-1})| = \left|\dfrac{f'(\xi)}{f(\xi)}\right| \cdot |a_{n-1} - a_{n-2}| \leqslant m|a_{n-1} - a_{n-2}|,$$

这里 ξ 介于 a_{n-1} 与 a_{n-2} 之间. 根据归纳可知

$$|a_n - a_{n-1}| \leqslant m|a_{n-1} - a_{n-2}| \leqslant m^2 |a_{n-2} - a_{n-3}| \leqslant \cdots \leqslant m^{n-1} |a_1 - a_0|,$$

因为 $\sum_{n=1}^{\infty} m^{n-1}$ 收敛, 由比较判别法知 $\sum_{n=1}^{\infty} |a_n - a_{n-1}|$ 收敛, 所以级数 $\sum_{n=1}^{\infty} (a_n - a_{n-1})$ 绝对收敛.

【例 8.60】(第四届全国决赛题, 2013) 设对于任何收敛于零的序列 $\{x_n\}$, 级数 $\sum_{n=1}^{\infty} a_n x_n$ 都是收敛的, 试证明级数 $\sum_{n=1}^{\infty} |a_n|$ 收敛.

证 用反证法. 假设 $\sum_{n=1}^{\infty} |a_n|$ 发散, 则 $\sum_{n=1}^{\infty} |a_n| = +\infty$, 故对任意正整数 n, k, 都存在正整数 $m(m > n)$, 使得 $\sum_{i=n}^{m} |a_i| \geqslant k$. 特别地, 有

对 $n = 1$, $k = 1$, 存在 $m_1 \in M$, 使 $\sum_{i=1}^{m_1} |a_i| \geqslant 1$;

对 $n = m_1 + 1, k = 2$, 存在 $m_2 \geqslant m_1 + 1$, 使 $\sum_{i=m_1+1}^{m_2} |a_i| \geqslant 2$;

对 $n = m_2 + 1, k = 3$, 存在 $m_3 \geqslant m_2 + 1$, 使 $\sum_{i=m_2+1}^{m_3} |a_i| \geqslant 3$;

……

于是存在正整数数列 $\{m_k\}$, 满足 $1 < m_1 < m_2 < \cdots < m_k < \cdots$, 使得 $\sum_{i=1}^{m_1} |a_i| \geqslant 1$ 及 $\sum_{i=m_{k-1}+1}^{m_k} |a_i| \geqslant k \quad (k = 2, 3, \cdots)$.

取 $x_i = \frac{1}{k} \operatorname{sgn} a_i (m_{k-1} \leqslant i \leqslant m_k, m_0 = 0)$, 则 $\lim_{n \to \infty} x_n = 0$, 且 $\sum_{i=m_{k-1}+1}^{m_k} a_i x_i = \frac{1}{k} \sum_{i=m_{k-1}+1}^{m_k} |a_i| \geqslant 1$.

记 $S_n = \sum_{i=1}^{n} a_i x_i$, 则无论正整数 N 多么大, 总存在 $m_k > k > N$, 这时有

$$S_{m_k} = \sum_{i=1}^{m_k} a_i x_i = \sum_{i=1}^{m_1} a_i x_i + \sum_{i=m_1+1}^{m_2} a_i x_i + \cdots + \sum_{i=m_{k-1}+1}^{m_k} a_i x_i \geqslant k > N,$$

所以 $\lim_{n \to \infty} S_n = +\infty$, 级数 $\sum_{n=1}^{\infty} a_n x_n$ 发散. 这与题设条件矛盾. 因此 $\sum_{n=1}^{\infty} |a_n|$ 收敛.

【例 8.61】 (第七届全国决赛题, 2016)   设 $I_n = \int_0^{\frac{\pi}{4}} \tan^n x \mathrm{d}x$, 其中 n 为正整数.

(1) 对于 $n \geqslant 2$, 计算: $I_n + I_{n-2}$;

(2) 设 p 为实数, 讨论级数 $\sum_{n=1}^{\infty} (-1)^n I_n^p$ 的绝对收敛性和条件收敛性.

解   (1) 当 $n \geqslant 2$ 时, $I_n + I_{n-2} = \int_0^{\frac{\pi}{4}} \tan^{n-2} x (1 + \tan^2 x) \mathrm{d}x = \int_0^{\frac{\pi}{4}} \tan^{n-2} x \mathrm{d}(\tan x)$

$= \left. \frac{\tan^{n-1} x}{n-1} \right|_0^{\frac{\pi}{4}} = \frac{1}{n-1}$.

(2) 当 $0 \leqslant x \leqslant \frac{\pi}{4}$ 时, $0 \leqslant \tan x \leqslant 1$, 所以 $I_{n+2} \leqslant I_n \leqslant I_{n-2}$, 从而有

$$I_{n+2} + I_n \leqslant 2 I_n \leqslant I_n + I_{n-2}, \quad 即 \quad \frac{1}{2(n+1)} \leqslant I_n \leqslant \frac{1}{2(n-1)}.$$

当 $p > 1$ 时, $0 < I_n^p \leqslant \frac{1}{2^p (n-1)^p}$, 且 $\sum_{n=2}^{\infty} \frac{1}{(n-1)^p}$ 收敛, 由比较判别法知 $\sum_{n=1}^{\infty} I_n^p$ 收敛, 所

以 $\sum_{n=1}^{\infty}(-1)^n I_n^p$ 绝对收敛;

当 $0 < p \leqslant 1$ 时, $\dfrac{1}{2^p(n+1)^p} \leqslant I_n^p$, 且 $\sum_{n=2}^{\infty} \dfrac{1}{(n+1)^p}$ 发散, 根据比较判别法知 $\sum_{n=1}^{\infty} I_n^p$ 发散;

另外, 根据夹逼准则, $\lim\limits_{n\to\infty} I_n^p = 0$. 又 $I_n > I_{n+1} > 0$, 故由 Leibniz 判别法知 $\sum_{n=1}^{\infty}(-1)^n I_n^p$ 收敛, 所以 $\sum_{n=1}^{\infty}(-1)^n I_n^p$ 条件收敛.

当 $p \leqslant 0$ 时, 由于 $I_n^p \geqslant 2^{-p}(n-1)^{-p} \geqslant 1$, 所以 $\lim\limits_{n\to\infty} I_n^p \neq 0$, 故由级数收敛的必要条件可知, $\sum_{n=1}^{\infty}(-1)^n I_n^p$ 发散.

【例 8.62】 (第八届全国决赛题, 2017) 设 $a_n = \sum_{k=1}^{n} \dfrac{1}{k} - \ln n$.

(1) 证明: 极限 $\lim\limits_{n\to\infty} a_n$ 存在;

(2) 记 $\lim\limits_{n\to\infty} a_n = C$, 讨论级数 $\sum_{n=1}^{\infty}(a_n - C)$ 的敛散性.

解 (1) 利用不等式: 当 $x > 0$ 时, $\dfrac{x}{1+x} < \ln(1+x) < x$, 有

$$a_n - a_{n-1} = \frac{1}{n} - \ln\frac{n}{n-1} = \frac{1}{n} - \ln\left(1 + \frac{1}{n-1}\right) \leqslant \frac{1}{n} - \frac{\frac{1}{n-1}}{1 + \frac{1}{n-1}} = 0.$$

$$a_n = \sum_{k=1}^{n} \frac{1}{k} - \sum_{k=2}^{n} \ln\frac{k}{k-1} = 1 + \sum_{k=2}^{n}\left(\frac{1}{k} - \ln\frac{k}{k-1}\right)$$
$$= 1 + \sum_{k=2}^{n}\left(\frac{1}{k} - \ln\left(1 + \frac{1}{k-1}\right)\right) \geqslant 1 + \sum_{k=2}^{n}\left(\frac{1}{k} - \frac{1}{k-1}\right) = \frac{1}{n} > 0,$$

所以 $\{a_n\}$ 单调减少有下界, 故 $\lim\limits_{n\to\infty} a_n$ 存在.

(2) 显然, 以 a_n 为部分和的级数为 $1 + \sum_{n=2}^{\infty}\left(\dfrac{1}{n} - \ln n + \ln(n-1)\right)$, 则该级数收敛于 C, 且 $a_n - C > 0$. 用 r_n 记该级数的余项, 则

$$a_n - C = -r_n = -\sum_{k=n+1}^{\infty}\left(\frac{1}{k} - \ln k + \ln(k-1)\right) = \sum_{k=n+1}^{\infty}\left(\ln\left(1 + \frac{1}{k-1}\right) - \frac{1}{k}\right),$$

根据 Taylor 公式, 当 $x > 0$ 时, $\ln(1+x) > x - \dfrac{x^2}{2}$, 所以

$$a_n - C > \sum_{k=n+1}^{\infty}\left(\frac{1}{k-1} - \frac{1}{2(k-1)^2} - \frac{1}{k}\right).$$

记 $b_n = \sum_{k=n+1}^{\infty}\left(\dfrac{1}{k-1} - \dfrac{1}{2(k-1)^2} - \dfrac{1}{k}\right)$, 下面证明正项级数 $\sum_{n=1}^{\infty} b_n$ 发散. 因为

$$c_n \triangleq \sum_{k=n+1}^{\infty}\left(\frac{1}{k-1} - \frac{1}{2(k-1)^2} - \frac{1}{k}\right) < nb_n < n\sum_{k=n+1}^{\infty}\left(\frac{1}{k-1} - \frac{1}{k} - \frac{1}{2k(k-1)}\right) = \frac{1}{2},$$

而当 $n \to \infty$ 时, $c_n = \dfrac{n-2}{2(n-1)} \to \dfrac{1}{2}$, 所以 $\lim\limits_{n \to \infty} nb_n = \dfrac{1}{2}$.

根据比较判别法可知, 级数 $\sum_{n=1}^{\infty} b_n$ 发散. 因此, 级数 $\sum_{n=1}^{\infty} (a_n - C)$ 发散.

【例 8.63】(第十四届全国初赛题, 2022) 极限 $\lim\limits_{x \to 1^{-}} (1-x)^3 \sum_{n=1}^{\infty} n^2 x^n = $ _____.

解 易知, 级数 $\sum_{n=1}^{\infty} n^2 x^n$ 的和函数为 $\sum_{n=1}^{\infty} n^2 x^n = \dfrac{x^2 + x}{(1-x)^3},\ |x| < 1$, 所以

$$\lim_{x \to 1^{-}} (1-x)^3 \sum_{n=1}^{\infty} n^2 x^n = \lim_{x \to 1^{-}} (x^2 + x) = 2.$$

【例 8.64】(第九届全国决赛题, 2018) 设 $0 < a_n < 1, n = 1, 2, \cdots$, 且 $\lim\limits_{n \to \infty} \dfrac{\ln \dfrac{1}{a_n}}{\ln n} = q$ (有限或 $+\infty$).

(1) 证明: 当 $q > 1$ 时级数 $\sum_{n=1}^{\infty} a_n$ 收敛; 当 $q < 1$ 时级数 $\sum_{n=1}^{\infty} a_n$ 发散.

(2) 讨论 $q = 1$ 时级数 $\sum_{n=1}^{\infty} a_n$ 的收敛性并阐述理由.

证 (1) 若 $q > 1$, 则 $\exists p \in \mathbb{R}$, 使得 $q > p > 1$. 根据极限性质, $\exists N \in \mathbb{Z}^{+}$, 使得 $\forall n > N$ 有 $\dfrac{\ln \dfrac{1}{a_n}}{\ln n} > p$, 即 $a_n < \dfrac{1}{n^p}$, 而 $p > 1$ 时 $\sum_{n=1}^{\infty} \dfrac{1}{n^p}$ 收敛, 所以 $\sum_{n=1}^{\infty} a_n$ 收敛.

若 $q < 1$, 则 $\exists p \in \mathbb{R}$, 使得 $q < p < 1$. 根据极限性质, $\exists N \in \mathbb{Z}^{+}$, 使得 $\forall n > N$ 有 $\dfrac{\ln \dfrac{1}{a_n}}{\ln n} < p$, 即 $a_n > \dfrac{1}{n^p}$, 而 $p > 1$ 时 $\sum_{n=1}^{\infty} \dfrac{1}{n^p}$ 发散, 所以 $\sum_{n=1}^{\infty} a_n$ 发散.

(2) $q=1$ 时, 级数 $\sum\limits_{n=1}^{\infty} a_n$ 可能收敛, 也可能发散. 例如: $a_n=\dfrac{1}{n}$ 满足条件, 但级数 $\sum\limits_{n=1}^{\infty} a_n$ 发散; 又如: $a_n=\dfrac{1}{n\ln^2 n}$ 满足条件, 但级数 $\sum\limits_{n=1}^{\infty} a_n$ 收敛.

【例 8.65】(第十届全国决赛题, 2019) 设 $\{u_n\}_{n=1}^{\infty}$ 为单调递减的正实数列, $\lim\limits_{n\to\infty} u_n=0$, $\{a_n\}_{n=1}^{\infty}$ 为一实数列, 级数 $\sum\limits_{n=1}^{\infty} a_n u_n$ 收敛, 证明: $\lim\limits_{n\to\infty}(a_1+a_2+\cdots+a_n)u_n=0$.

证 由于 $\sum\limits_{n=1}^{\infty} a_n u_n$ 收敛, 所以对任意给定 $\varepsilon>0$, 存在自然数 N_1, 使得当 $n>N_1$ 时, 有

$$-\frac{\varepsilon}{2}<\sum_{k=N_1}^{n} a_k u_k<\frac{\varepsilon}{2}, \qquad ①$$

因为 $\{u_n\}_{n=1}^{\infty}$ 为单调递减的正实数列, 所以

$$0<\frac{1}{u_{N_1}}\leqslant\frac{1}{u_{N_1+1}}\leqslant\cdots\leqslant\frac{1}{u_n}, \qquad ②$$

注意到当 $m<n$ 时, 有

$$\sum_{k=m}^{n}(A_k-A_{k-1})b_k=A_n b_n-A_{m-1}b_m+\sum_{k=m}^{n-1}(b_k-b_{k+1})A_k,$$

令 $A_0=0, A_k=\sum\limits_{i=1}^{k} a_i(k=1,2,\cdots,n)$, 得到

$$\sum_{k=1}^{n} a_k b_k=A_n b_n+\sum_{k=1}^{n-1}(b_k-b_{k+1})A_k.$$

下面证明: 对于任意自然数 n, 如果 $\{a_n\},\{b_n\}$ 满足

$$b_1\geqslant b_2\geqslant\cdots\geqslant b_n\geqslant 0, \quad m\leqslant a_1+a_2+\cdots+a_n\leqslant M,$$

则有

$$b_1 m\leqslant\sum_{k=1}^{n} a_k b_k=b_1 M,$$

事实上, $m\leqslant A_k\leqslant M, b_k-b_{k+1}\geqslant 0$, 即得到

$$mb_1=mb_n+\sum_{k=1}^{n-1}(b_k-b_{k+1})m\leqslant\sum_{k=1}^{n} a_k b_k\leqslant Mb_n+\sum_{k=1}^{n-1}(b_k-b_{k+1})M=Mb_1.$$

利用式 ②, 令 $b_1 = \dfrac{1}{u_n}, b_2 = \dfrac{1}{u_{n-1}}, \cdots$, 可以得到 $-\dfrac{\varepsilon}{2}u_n^{-1} < \displaystyle\sum_{k=N_1}^{n} a_k < \dfrac{\varepsilon}{2}u_n^{-1}$, 即

$$\left|\sum_{k=N_1}^{n} a_k u_k\right| < \frac{\varepsilon}{2}.$$

又由 $\displaystyle\lim_{n\to\infty} u_n = 0$ 知, 存在自然数 N_2, 使得 $n > N_2$ 时, 有

$$|(a_1 + a_2 + \cdots + a_{N_1-1})u_n| < \frac{\varepsilon}{2},$$

取 $N = \max\{N_1, N_2\}$, 则当 $n > N$ 时, 有

$$|(a_1 + a_2 + \cdots + a_n)u_n| < \frac{\varepsilon}{2} + \frac{\varepsilon}{2} = \varepsilon,$$

因此 $\displaystyle\lim_{n\to\infty}(a_1 + a_2 + \cdots + a_n)u_n = 0$.

【例 8.66】 (第十一届全国决赛题, 2021) 设 $\{u_n\}$ 是正数列, 满足 $\dfrac{u_{n+1}}{u_n} = 1 - \dfrac{\alpha}{n} + O\left(\dfrac{1}{n^\beta}\right)$, 其中常数 $\alpha > 0, \beta > 1$.

(1) 对于 $v_n = n^\alpha u_n$, 判断级数 $\displaystyle\sum_{n=1}^{\infty} \ln\dfrac{v_{n+1}}{v_n}$ 的敛散性;

(2) 讨论级数 $\displaystyle\sum_{n=1}^{\infty} u_n$ 的敛散性.

【注】 设数列 $\{a_n\}, \{b_n\}$ 满足 $\displaystyle\lim_{n\to\infty} a_n = 0, \lim_{n\to\infty} b_n = 0$, 则 $a_n = O(b_n) \Leftrightarrow$ 存在常数 $M > 0$ 及正整数 N, 使得 $|a_n| \leqslant M|b_n|$ 对任意 $n > N$ 成立.

解 (1) 注意到

$$\ln\frac{v_{n+1}}{v_n} = \alpha\ln\left(1 + \frac{1}{n}\right) + \ln\frac{u_{n+1}}{u_n}$$

$$= \left(\frac{\alpha}{n} + O\left(\frac{1}{n^2}\right)\right) + \left(-\frac{\alpha}{n} + \frac{\alpha^2}{n^2} + O\left(\frac{1}{n^\beta}\right)\right) = O\left(\frac{1}{n^\gamma}\right),$$

其中 $\gamma = \min\{2, \beta\} > 1$, 故存在常数 $C > 0$ 及正整数 N, 使得 $\left|\ln\dfrac{v_{n+1}}{v_n}\right| \leqslant C\left|\dfrac{1}{n^\gamma}\right|$ 对任意 $n > N$ 成立, 所以级数 $\displaystyle\sum_{n=1}^{\infty} \ln\dfrac{v_{n+1}}{v_n}$ 收敛.

(2) 因为 $\displaystyle\sum_{k=1}^{n} \ln\dfrac{v_{k+1}}{v_k} = \ln v_{n+1} - \ln v_1$, 所以由 (1) 的结论可知, 极限 $\displaystyle\lim_{n\to\infty} \ln v_n$ 存在, 令 $\displaystyle\lim_{n\to\infty} \ln v_n = a$, 则 $\displaystyle\lim_{n\to\infty} v_n = e^a > 0$, 即 $\displaystyle\lim_{n\to\infty} \dfrac{u_n}{1/n^\alpha} = e^a > 0$. 根据正项级数的比较判

别法, 级数 $\sum_{n=1}^{\infty} u_n$ 当 $\alpha > 1$ 时收敛, 当 $\alpha \leqslant 1$ 时发散.

【例 8.67】 (第一届全国初赛题, 2009) 求当 $x \to 1^-$ 时, 与 $\sum_{n=0}^{\infty} x^{n^2}$ 等价的无穷大量.

解 由单调性, 当 $0 < x < 1$ 时, 我们有
$$x^{n^2} < \int_{n-1}^{n} x^{t^2} \mathrm{d}t < x^{(n-1)^2} \ (n \geqslant 1),$$
因此
$$\int_0^{\infty} x^{t^2} \mathrm{d}t \leqslant \sum_{n=0}^{\infty} x^{n^2} \leqslant 1 + \int_0^{\infty} x^{t^2} \mathrm{d}t,$$
从而
$$\int_0^{\infty} x^{t^2} \mathrm{d}t = \int_0^{\infty} \mathrm{e}^{-t^2 \ln \frac{1}{x}} \mathrm{d}t = \frac{1}{\sqrt{\ln \frac{1}{x}}} \int_0^{\infty} \mathrm{e}^{-t^2} \mathrm{d}t = \frac{1}{2} \sqrt{\frac{\pi}{\ln \frac{1}{x}}},$$
当 $x \to 1^-$ 时, $\ln x$ 与 $x - 1$ 是等价无穷小, 因此 $\sum_{n=0}^{\infty} x^{n^2} \approx \frac{1}{2} \sqrt{\frac{\pi}{1-x}}$.

【例 8.68】 (第三届全国初赛题, 2011) 求幂级数 $\sum_{n=1}^{\infty} \frac{2n-1}{2^n} x^{2n-2}$ 的和函数, 并求级数 $\sum_{n=1}^{\infty} \frac{2n-1}{2^{2n-1}}$ 的和.

解 令
$$S(x) = \frac{1}{2} \sum_{n=1}^{\infty} (2n-1) \left(\frac{x}{\sqrt{2}}\right)^{2n-2}.$$
易知幂级数的收敛区间为 $\left(-\sqrt{2}, \sqrt{2}\right)$, $\forall x \in \left(-\sqrt{2}, \sqrt{2}\right)$, 有
$$\int_0^x S(t) \mathrm{d}t = \sum_{n=1}^{\infty} \int_0^x \frac{2n-1}{2^n} t^{2n-2} \mathrm{d}t = \sum_{n=1}^{\infty} \frac{x^{2n-1}}{2^n} = \frac{x}{2} \sum_{n=1}^{\infty} \left(\frac{x^2}{2}\right)^{n-1} = \frac{x}{2-x^2},$$
所以
$$S(x) = \left(\frac{x}{2-x^2}\right)' = \frac{2+x^2}{(2-x^2)^2}, \quad \forall x \in \left(-\sqrt{2}, \sqrt{2}\right).$$
令 $x = \frac{1}{\sqrt{2}}$, 则所求级数的和为
$$\sum_{n=1}^{\infty} \frac{2n-1}{2^{2n-1}} = S\left(\frac{1}{\sqrt{2}}\right) = \frac{10}{9}.$$

【例 8.69】(第五届全国初赛题, 2013) 设 $f(x)$ 在 $x=0$ 处存在二阶导数, 且 $\lim\limits_{x\to 0}\dfrac{f(x)}{x}=0$. 证明: 级数 $\sum\limits_{n=1}^{\infty}\left|f\left(\dfrac{1}{n}\right)\right|$ 收敛.

证 由条件 $\lim\limits_{x\to 0}\dfrac{f(x)}{x}=0$, 有 $f(0)=f'(0)=0$. 又由于 $f(x)$ 在 $x=0$ 处存在二阶导数, 因此在 $x\to 0$ 时二阶导数有界, 即存在 $C_1>C_2>0$, 使得 $C_2<|f''(x)|<C_1$, 由 Taylor 公式

$$f(x)=f(0)+f'(0)x+\dfrac{1}{2}f''(\xi)x^2=\dfrac{1}{2}f''(\xi)x^2,$$

其中 $\xi\in(0,x)$. 取 $x=\dfrac{1}{n}$, 则 n 充分大时有

$$\dfrac{C_2}{2n^2}\leqslant\left|f\left(\dfrac{1}{n}\right)\right|\leqslant\dfrac{C_1}{2n^2},$$

由比较判别法知, 级数 $\sum\limits_{n=1}^{\infty}\left|f\left(\dfrac{1}{n}\right)\right|$ 收敛.

【例 8.70】(第七届全国初赛题, 2015) 求幂级数 $\sum\limits_{n=0}^{\infty}\dfrac{n^3+2}{(n+1)!}(x-1)^n$ 的收敛域与和函数.

解 令 $S(x)=\sum\limits_{n=0}^{\infty}\dfrac{n^3+2}{(n+1)!}(x-1)^n$, 由于 $\dfrac{n^3+2}{(n+1)!}=\dfrac{1}{(n+1)!}+\dfrac{1}{n!}+\dfrac{1}{(n-2)!}(n\geqslant 2)$, 所以

$$S(x)=\sum_{n=0}^{\infty}\dfrac{(x-1)^n}{(n+1)!}+\sum_{n=0}^{\infty}\dfrac{(x-1)^n}{n!}+\sum_{n=2}^{\infty}\dfrac{(x-1)^n}{(n-2)!}.$$

利用公式 $\mathrm{e}^x=\sum\limits_{n=0}^{\infty}\dfrac{x^n}{n!}(-\infty<x<+\infty)$, 当 $x\neq 1$ 时, $S(x)=\mathrm{e}^{x-1}\left((x-1)^2+\dfrac{1}{x-1}+1\right)-\dfrac{1}{x-1}$; 当 $x=1$ 时, 和为 2.

因此, 幂级数的收敛域为 $(-\infty,+\infty)$, 和函数为

$$S(x)=\begin{cases}(x^2-2x+2)\mathrm{e}^{x-1}+\dfrac{\mathrm{e}^{x-1}-1}{x-1}, & x\neq 1,\\ 2, & x=1.\end{cases}$$

【例 8.71】(第十二届全国初赛题, 2020) 设 $u_n=\int_0^1\dfrac{\mathrm{d}t}{(1+t^4)^n}\ (n\geqslant 1)$. 证明:

(1) 数列 $\{u_n\}$ 收敛, 并求极限 $\lim\limits_{n\to\infty}u_n$;

(2) 级数 $\sum\limits_{n=1}^{\infty}(-1)^n u_n$ 条件收敛;

(3) 当 $p \geqslant 1$ 时级数 $\sum_{n=1}^{\infty} \dfrac{u_n}{n^p}$ 收敛, 并求级数 $\sum_{n=1}^{\infty} \dfrac{u_n}{n}$ 的和.

解 (1) 对任意 $\varepsilon > 0$, 取 $0 < a < \dfrac{\varepsilon}{2}$, 将积分区间分成两段, 得

$$u_n = \int_0^1 \frac{\mathrm{d}t}{(1+t^4)^n} = \int_0^a \frac{\mathrm{d}t}{(1+t^4)^n} + \int_a^1 \frac{\mathrm{d}t}{(1+t^4)^n},$$

因为

$$\int_a^1 \frac{\mathrm{d}t}{(1+t^4)^n} \leqslant \frac{1-a}{(1+a^4)^n} < \frac{1}{(1+a^4)^n} \to 0 \quad (n \to \infty),$$

所以存在正整数 N, 当 $n > N$ 时, $0 \leqslant u_n < a + \displaystyle\int_a^1 \frac{\mathrm{d}t}{(1+t^4)^n} < \frac{\varepsilon}{2} + \frac{\varepsilon}{2} = \varepsilon$, 所以 $\lim\limits_{n \to \infty} u_n = 0$.

(2) 显然 $0 < u_{n+1} = \displaystyle\int_0^1 \frac{\mathrm{d}t}{(1+t^4)^{n+1}} \leqslant \int_0^1 \frac{\mathrm{d}t}{(1+t^4)^n} = u_n$, 即 $\{u_n\}$ 单调递减, 又 $\lim\limits_{n \to \infty} u_n = 0$, 故由 Leibniz 判别法知, $\sum\limits_{n=1}^{\infty} (-1)^n u_n$ 收敛.

另一方面, 当 $n \geqslant 2$ 时, 有

$$u_n = \int_0^1 \frac{\mathrm{d}t}{(1+t^4)^n} \geqslant \int_0^1 \frac{\mathrm{d}t}{(1+t)^n} = \frac{1}{n-1}(1 - 2^{1-n}),$$

由于 $\sum\limits_{n=2}^{\infty} \dfrac{1}{n-1}$ 发散, $\sum\limits_{n=2}^{\infty} \dfrac{1}{n-1} \dfrac{1}{2^{n-1}}$ 收敛, 所以 $\sum\limits_{n=2}^{\infty} \dfrac{1}{n-1}(1-2^{1-n})$ 发散, 从而 $\sum\limits_{n=1}^{\infty} u_n$ 发散. 因此 $\sum\limits_{n=1}^{\infty} (-1)^n u_n$ 条件收敛.

(3) 先求级数 $\sum\limits_{n=1}^{\infty} \dfrac{u_n}{n}$ 的和. 因为

$$u_n = \int_0^1 \frac{\mathrm{d}t}{(1+t^4)^n} = \frac{t}{(1+t^4)^n}\bigg|_0^1 + n\int_0^1 \frac{4t^4}{(1+t^4)^{n+1}}\mathrm{d}t = \frac{1}{2^n} + 4n\int_0^1 \frac{t^4}{(1+t^4)^{n+1}}\mathrm{d}t$$

$$= \frac{1}{2^n} + 4n\int_0^1 \frac{1+t^4-1}{(1+t^4)^{n+1}}\mathrm{d}t = \frac{1}{2^n} + 4n(u_n - u_{n+1}),$$

所以

$$\sum_{n=1}^{\infty} \frac{u_n}{n} = \sum_{n=1}^{\infty} \frac{1}{n2^n} + 4\sum_{n=1}^{\infty}(u_n - u_{n+1}) = \sum_{n=1}^{\infty} \frac{1}{n2^n} + 4u_1.$$

利用展开式 $\ln(1+x) = \sum_{n=1}^{\infty} (-1)^{n-1} \dfrac{x^n}{n}$, 取 $x = -\dfrac{1}{2}$ 得 $\sum_{n=1}^{\infty} \dfrac{1}{n 2^n} = \ln 2$, 而

$$u_1 = \int_0^1 \dfrac{\mathrm{d}t}{1+t^4} = \dfrac{\sqrt{2}}{8} \left[\pi + 2\ln(2+\sqrt{2}) \right],$$

因此 $\sum_{n=1}^{\infty} \dfrac{u_n}{n} = \ln 2 + \dfrac{\sqrt{2}}{2} \left[\pi + 2\ln(2+\sqrt{2}) \right]$.

最后, 当 $p \geqslant 1$ 时, 因为 $\dfrac{u_n}{n^p} \leqslant \dfrac{u_n}{n}$, 且 $\sum_{n=1}^{\infty} \dfrac{u_n}{n}$ 收敛, 所以 $\sum_{n=1}^{\infty} \dfrac{u_n}{n^p}$ 收敛.

【例 8.72】(第五届全国决赛题, 2014) 设 $\sum_{n=0}^{\infty} a_n x^n$ 的收敛半径为 1, $\lim\limits_{n \to \infty} n a_n = 0$, 且 $\lim\limits_{x \to 1^-} \sum_{n=0}^{\infty} a_n x^n = A$. 证明: $\sum_{n=0}^{\infty} a_n$ 收敛且 $\sum_{n=0}^{\infty} a_n = A$.

证 记 $\sum_{n=0}^{\infty} a_n x^n = S(x), -1 < x < 1$, 则 $\lim\limits_{x \to 1^-} S(x) = A$, 所以 $\lim\limits_{n \to \infty} S\left(1 - \dfrac{1}{n}\right) = A$.

由 $\lim\limits_{n \to \infty} n a_n = 0$ 及 Cauchy 收敛准则, 得 $\lim\limits_{n \to \infty} \dfrac{|a_1| + 2|a_2| + \cdots + n|a_n|}{n} = 0$. 故对任意 $\varepsilon > 0$, 必存在正整数 N, 当 $n > N$ 时, 有

$$\left| S\left(1 - \dfrac{1}{n}\right) - A \right| < \dfrac{\varepsilon}{3}, \quad n|a_n| < \dfrac{\varepsilon}{3}, \dfrac{|a_1| + 2|a_2| + \cdots + n|a_n|}{n} < \dfrac{\varepsilon}{3}.$$

考虑如下不等式:

$$\left| \sum_{k=0}^{n} a_k - A \right| \leqslant \left| \sum_{k=0}^{n} a_k(1 - x^k) \right| + \left| \sum_{k=n+1}^{\infty} a_k x^k \right| + \left| \sum_{k=0}^{\infty} a_k x^k - A \right|, \quad ①$$

取 $x = 1 - \dfrac{1}{n}$, 对①式右端三项分别作如下估计. 首先对第一项, 有

$$\left| \sum_{k=0}^{n} a_k(1 - x^k) \right| = \left| \sum_{k=0}^{n} a_k(1-x)(1 + x + \cdots + x^{k-1}) \right| \leqslant \dfrac{1}{n} \sum_{k=0}^{n} k|a_k| < \dfrac{\varepsilon}{3},$$

对于①式第二项, 有

$$\left| \sum_{k=n+1}^{\infty} a_k x^k \right| \leqslant \dfrac{1}{n} \sum_{k=n+1}^{\infty} k|a_k| x^k \leqslant \dfrac{\varepsilon}{3n} \cdot \dfrac{1}{1-x} = \dfrac{\varepsilon}{3};$$

对于①式第三项, 有

$$\left| \sum_{k=0}^{\infty} a_k x^k - A \right| = \left| S\left(1 - \dfrac{1}{n}\right) - A \right| < \dfrac{\varepsilon}{3},$$

故当 $n > N$ 时,有 $\left|\sum_{k=0}^{n} a_k - A\right| < \dfrac{\varepsilon}{3} + \dfrac{\varepsilon}{3} + \dfrac{\varepsilon}{3} = \varepsilon$,因此级数 $\sum_{n=0}^{\infty} a_n$ 收敛且 $\sum_{n=0}^{\infty} a_n = A$.

【例 8.73】(第六届全国初赛题, 2015) 设 $p > 0, x_1 = \dfrac{1}{4}, x_{n+1}^p = x_n^p + x_n^{2p}(n = 1, 2, \cdots)$,证明 $\sum_{n=1}^{\infty} \dfrac{1}{1+x_n^p}$ 收敛并求其和.

解 记 $y_n = x_n^p$,则由题设可知 $y_n > 0$,且 $y_{n+1} = y_n + y_n^2 = y_n(1+y_n) > y_n$,所以 $\{y_n\}$ 为严格单调增加的正数列,且 $\lim_{n \to \infty} y_n = +\infty$.

设级数 $\sum_{n=1}^{\infty} \dfrac{1}{1+x_n^p}$ 的部分和为 S_n,则

$$S_n = \sum_{k=1}^{n} \dfrac{1}{1+y_k} = \sum_{k=1}^{n} \dfrac{y_k}{y_{k+1}} = \sum_{k=1}^{n} \dfrac{y_{k+1}-y_k}{y_k y_{k+1}} = \sum_{k=1}^{n} \left(\dfrac{1}{y_k} - \dfrac{1}{y_{k+1}}\right) = \dfrac{1}{y_1} - \dfrac{1}{y_{n+1}}.$$

因此 $\lim_{n \to \infty} S_n = \dfrac{1}{y_1} = 4^p$,这表明级数 $\sum_{n=1}^{\infty} \dfrac{1}{1+x_n^p}$ 收敛,且其和等于 4^p.

【例 8.74】(第十届全国决赛题, 2019) 求级数 $\sum_{n=1}^{\infty} \dfrac{1}{3} \cdot \dfrac{2}{5} \cdot \dfrac{3}{7} \cdots \cdots \dfrac{n}{2n+1} \cdot \dfrac{1}{n+1}$ 之和.

解 级数通项 $a_n = \dfrac{1}{3} \cdot \dfrac{2}{5} \cdot \dfrac{3}{7} \cdots \cdots \dfrac{n}{2n+1} \cdot \dfrac{1}{n+1} = \dfrac{2(2n)!!}{(2n+1)!!(n+1)} \left(\dfrac{1}{\sqrt{2}}\right)^{2n+2}$,令

$$f(x) = \sum_{n=0}^{\infty} \dfrac{(2n)!!}{(2n+1)!!(n+1)} x^{2n+2},$$

则收敛区间为 $(-1,1)$,$\sum_{n=1}^{\infty} a_n = 2\left[f\left(\dfrac{1}{\sqrt{2}}\right) - \dfrac{1}{2}\right]$,$f'(x) = 2\sum_{n=0}^{\infty} \dfrac{(2n)!!}{(2n+1)!!} x^{2n+1} = 2g(x)$,其中 $g(x) = \sum_{n=0}^{\infty} \dfrac{(2n)!!}{(2n+1)!!} x^{2n+1}$. 因为

$$g'(x) = 1 + \sum_{n=1}^{\infty} \dfrac{(2n)!!}{(2n-1)!!} x^{2n} = 1 + x \sum_{n=1}^{\infty} \dfrac{(2n-2)!!}{(2n-1)!!} 2n x^{2n-1}$$
$$= 1 + x \dfrac{\mathrm{d}}{\mathrm{d}x}\left(\sum_{n=1}^{\infty} \dfrac{(2n-2)!!}{(2n-1)!!} x^{2n}\right) = 1 + x \dfrac{\mathrm{d}}{\mathrm{d}x}[xg(x)],$$

所以 $g(x)$ 满足 $g(0) = 0$,$g'(x) - \dfrac{x}{1-x^2} g(x) = \dfrac{1}{1-x^2}$.

解这个一阶线性方程,得

$$g(x) = \mathrm{e}^{\int \frac{x}{1-x^2} \mathrm{d}x} \left(\int \dfrac{1}{1-x^2} \mathrm{e}^{-\int \frac{x}{1-x^2} \mathrm{d}x} \mathrm{d}x + C\right) = \dfrac{\arcsin x}{\sqrt{1-x^2}} + \dfrac{C}{\sqrt{1-x^2}},$$

由 $g(0) = 0$ 得 $C = 0$, 故 $g(x) = \dfrac{\arcsin x}{\sqrt{1-x^2}}$, 所以 $f(x) = (\arcsin x)^2$, $f\left(\dfrac{1}{\sqrt{2}}\right) = \dfrac{\pi^2}{16}$, 且

$$\sum_{n=1}^{\infty} a_n = 2\left(\dfrac{\pi^2}{16} - \dfrac{1}{2}\right) = \dfrac{\pi^2 - 8}{8}.$$

【例 8.75】(第十二届全国决赛题, 2021) 求幂级数 $\sum\limits_{n=1}^{\infty}\left[1 - n\ln\left(1 + \dfrac{1}{n}\right)\right]x^n$ 的收敛域.

解 记 $a_n = 1 - n\ln\left(1 + \dfrac{1}{n}\right)$. 当 $n \to \infty$ 时, $a_n \sim \dfrac{1}{2n}$. 所以

$$R = \lim_{n \to \infty} \dfrac{a_n}{a_{n+1}} = \lim_{n \to \infty} \dfrac{n+1}{n} = 1.$$

显然, 级数 $\sum\limits_{n=1}^{\infty} a_n$ 发散.

为了证明 $\{a_n\}$ 是单调递减数列, 考虑函数 $f(x) = x\ln\left(1 + \dfrac{1}{x}\right), x \geqslant 1$. 利用不等式: 当 $a > 0$ 时, $\ln(1+a) > \dfrac{a}{1+a}$, 得

$$f'(x) = \ln\left(1 + \dfrac{1}{x}\right) - \dfrac{1}{1+x} > 0,$$

即 $f(x)$ 是 $[1, +\infty)$ 上的增函数, 所以 $a_n - a_{n+1} = (n+1)\ln\left(1 + \dfrac{1}{n+1}\right) - n\ln\left(1 + \dfrac{1}{n}\right) > 0$. 根据 Leibniz 判别法, 级数 $\sum\limits_{n=1}^{\infty} (-1)^n a_n$ 收敛.

因此 $\sum\limits_{n=1}^{\infty} a_n x^n$ 的收敛域为 $[-1, 1)$.

【例 8.76】(第六届全国决赛题, 2015) (1) 将 $[-\pi, \pi)$ 上的函数 $f(x) = |x|$ 展开成 Fourier 级数, 并证明 $\sum\limits_{k=1}^{\infty} \dfrac{1}{k^2} = \dfrac{\pi^2}{6}$; (2) 求积分 $I = \int_0^{+\infty} \dfrac{u}{1+e^u} du$.

解 (1) 由于 $f(x) = |x|$ 在区间 $[-\pi, \pi)$ 上为偶函数且连续, 所以 $f(x)$ 的 Fourier 级数为余弦级数:

$$f(x) = \dfrac{a_0}{2} + \sum_{n=1}^{\infty} a_n \cos nx, \, x \in [-\pi, \pi).$$

经计算, 得 $a_0 = \dfrac{2}{\pi} \int_0^{\pi} x dx = \pi$, 且

$$a_n = \frac{2}{\pi}\int_0^\pi x\cos nx\,\mathrm{d}x = \frac{2}{\pi n^2}(\cos n\pi - 1) = \begin{cases} -\dfrac{4}{\pi n^2}, & n=1,3,\cdots, \\ 0, & n=2,4,\cdots, \end{cases}$$

所以当 $x \in [-\pi, \pi)$ 时，$|x| = \dfrac{\pi}{2} - \dfrac{4}{\pi}\sum_{k=1}^\infty \dfrac{1}{(2k-1)^2}\cos(2k-1)x$.

取 $x = 0$，得 $\sum_{k=1}^\infty \dfrac{1}{(2k-1)^2} = \dfrac{\pi^2}{8}$. 所以 $\sum_{k=1}^\infty \dfrac{1}{k^2} = \sum_{k=1}^\infty \dfrac{1}{(2k-1)^2} + \sum_{k=1}^\infty \dfrac{1}{(2k)^2} = \dfrac{\pi^2}{8} + \dfrac{1}{4}\sum_{k=1}^\infty \dfrac{1}{k^2}$，由此解得 $\sum_{k=1}^\infty \dfrac{1}{k^2} = \dfrac{\pi^2}{6}$.

(2) 当 $u \geqslant 0$ 时，$0 < \mathrm{e}^{-u} \leqslant 1$，所以

$$\begin{aligned}
I &= \int_0^{+\infty} \frac{u\mathrm{e}^{-u}}{1+\mathrm{e}^{-u}}\mathrm{d}u = \int_0^{+\infty} u\mathrm{e}^{-u}\sum_{k=0}^\infty (-\mathrm{e}^{-u})^k\mathrm{d}u \\
&= \sum_{k=0}^\infty (-1)^k \int_0^{+\infty} u\mathrm{e}^{-(k+1)u}\mathrm{d}u = \sum_{k=1}^\infty \frac{(-1)^{k-1}}{k^2} \\
&= \sum_{k=1}^\infty \frac{1}{(2k-1)^2} - \frac{1}{4}\sum_{k=1}^\infty \frac{1}{k^2} = \frac{\pi^2}{8} - \frac{1}{4}\cdot\frac{\pi^2}{6} = \frac{\pi^2}{12}.
\end{aligned}$$

【例 8.77】(第十三届全国初赛题, 2021) 设 $\{a_n\}$ 与 $\{b_n\}$ 均为正实数列，满足 $a_1 = b_1 = 1$，且 $b_n = a_n b_{n-1} - 2$，$n = 2, 3, \cdots$. 又设 $\{b_n\}$ 为有界数列，证明级数 $\sum_{n=1}^\infty \dfrac{1}{a_1 a_2 \cdots a_n}$ 收敛，并求该级数的和.

解 首先，注意到 $a_1 = b_1 = 1$，且 $a_n = \left(1 + \dfrac{2}{b_n}\right)\dfrac{b_n}{b_{n-1}}$，所以当 $n \geqslant 2$ 时，有

$$a_1 a_2 \cdots a_n = \left(1 + \frac{2}{b_2}\right)\left(1 + \frac{2}{b_3}\right)\cdots\left(1 + \frac{2}{b_n}\right) b_n.$$

由于 $\{b_n\}$ 有界，故存在 $M > 0$，使得当 $n \geqslant 1$ 时，恒有 $0 < b_n \leqslant M$. 因此

$$\begin{aligned}
0 < \frac{b_n}{a_1 a_2 \cdots a_n} &= \left(1 + \frac{2}{b_2}\right)^{-1}\left(1 + \frac{2}{b_3}\right)^{-1}\cdots\left(1 + \frac{2}{b_n}\right)^{-1} \\
&\leqslant \left(1 + \frac{2}{M}\right)^{-n+1} \to 0 \quad (n \to \infty).
\end{aligned}$$

根据夹逼准则，$\lim_{n\to\infty} \dfrac{b_n}{a_1 a_2 \cdots a_n} = 0$.

考虑级数 $\sum_{n=1}^{\infty} \dfrac{1}{a_1 a_2 \cdots a_n}$ 的部分和 S_n, 当 $n \geqslant 2$ 时, 有

$$S_n = \sum_{k=1}^{n} \frac{1}{a_1 a_2 \cdots a_k} = \frac{1}{a_1} + \sum_{k=2}^{n} \frac{1}{a_1 a_2 \cdots a_k} \cdot \frac{a_k b_{k-1} - b_k}{2}$$

$$= 1 + \frac{1}{2} \sum_{k=2}^{n} \left(\frac{b_{k-1}}{a_1 a_2 \cdots a_{k-1}} - \frac{b_k}{a_1 a_2 \cdots a_k} \right)$$

$$= \frac{3}{2} - \frac{b_n}{2 a_1 a_2 \cdots a_n},$$

所以 $\lim\limits_{n \to \infty} S_n = \dfrac{3}{2}$, 这就证明了级数 $\sum_{n=1}^{\infty} \dfrac{1}{a_1 a_2 \cdots a_n}$ 收敛, 且其和为 $\dfrac{3}{2}$.

【例 8.78】(第十四届全国初赛题, 2022) 设正项级数 $\sum_{n=1}^{\infty} a_n$ 收敛, 证明存在收敛的正项级数 $\sum_{n=1}^{\infty} b_n$, 使得 $\lim\limits_{n \to \infty} \dfrac{a_n}{b_n} = 0$.

证 (方法 1) 设 $R_n = \sum_{k=n+1}^{\infty} a_k$ 是正项级数 $\sum_{n=1}^{\infty} a_n$ 的余项, 则 $R_n > 0$. 因为 $\sum_{n=1}^{\infty} a_n$ 收敛, 所以 R_n 严格单调减少趋于 0.

令 $b_n = \sqrt{R_n} - \sqrt{R_{n+1}}$, $n = 1, 2, \cdots$, 则 $\sum_{n=1}^{\infty} b_n$ 是正项级数, 其部分和

$$\sum_{k=1}^{n} b_k = \sum_{k=1}^{n} \left(\sqrt{R_k} - \sqrt{R_{k+1}} \right) = \sqrt{R_1} - \sqrt{R_{n+1}} < \sqrt{R_1}$$

有界, 因此 $\sum_{n=1}^{\infty} b_n$ 收敛, 且

$$\lim_{n \to \infty} \frac{a_n}{b_n} = \lim_{n \to \infty} \frac{R_n - R_{n+1}}{\sqrt{R_n} - \sqrt{R_{n+1}}} = \lim_{n \to \infty} \left(\sqrt{R_n} + \sqrt{R_{n+1}} \right) = 0.$$

(方法 2) 因为 $\sum_{n=1}^{\infty} a_n$ 收敛, 所以 $\forall \varepsilon > 0$, 存在 $n \in \mathbb{N}$, 使得当 $n > N$ 时, $\sum_{k=n}^{\infty} a_k < \varepsilon$. 特别地, 对 $k = 1, 2, \cdots$, 取 $\varepsilon = \dfrac{1}{3^k}$, 则存在 $1 < n_1 < n_2 < \cdots < n_{k-1} < n_k$, 使得 $\sum_{l=n_k}^{\infty} a_l < \dfrac{1}{3^k}$.

构造 $\{b_n\}$ 如下: 当 $1 \leqslant n < n_1$ 时, $b_n = a_n$; 当 $n_k \leqslant n < n_{k+1}$ 时, $b_n = 2^k a_n$, $k = 1, 2, \cdots$.

显然, 当 $n \to \infty$ 时, $k \to \infty$, 且 $\lim\limits_{n\to\infty} \dfrac{a_n}{b_n} = \lim\limits_{k\to\infty} \dfrac{a_n}{2^k a_n} = \lim\limits_{k\to\infty} \dfrac{1}{2^k} = 0$. 此时, 有

$$\sum_{n=1}^{\infty} b_n = \sum_{n=1}^{n_1-1} a_n + \sum_{l=n_1}^{n_2-1} 2a_l + \sum_{l=n_2}^{n_3-1} 2^2 a_l + \cdots$$

$$\leqslant \sum_{n=1}^{n_1-1} a_n + 2 \cdot \frac{1}{3} + 2^2 \cdot \left(\frac{1}{3}\right)^2 + \cdots$$

$$= \sum_{n=1}^{n_1-1} a_n + \sum_{k=1}^{\infty} \frac{2^k}{3^k} = \sum_{n=1}^{n_1-1} a_n + 2 < +\infty,$$

因此, 正项级数 $\sum\limits_{n=1}^{\infty} b_n$ 收敛.

【例 8.79】 (第十四届全国初赛 (补赛) 题, 2022) 证明方程 $x = \tan\sqrt{x}$ 有无穷多个正根, 且所有正根 $\{r_n\}$ 可以按递增顺序排列为 $0 < r_1 < r_2 < \cdots < r_n < \cdots$, 并讨论级数 $\sum\limits_{n=1}^{\infty} (\cot\sqrt{r_n})^\lambda$ 的收敛性, 其中 λ 是正常数.

解 令 $f(x) = \tan\sqrt{x} - x$, 记 $a_n = \left(n\pi - \dfrac{\pi}{2}\right)^2$, $b_n = \left(n\pi + \dfrac{\pi}{2}\right)^2$, $n = 1, 2, \cdots$, 则 $f(x)$ 在区间 (a_n, b_n) 内连续, 且 $\lim\limits_{x\to a_n^+} f(x) = -\infty$, $\lim\limits_{x\to b_n^-} f(x) = +\infty$, 所以 $f(x) = 0$ 在区间 (a_n, b_n) 内至少有一实根 r_n.

又由于 $f(x)$ 在 (a_n, b_n) 内可导, 并注意到 $\tan x \geqslant x (x > 0)$, 可得

$$f'(x) = \frac{1}{2\sqrt{x}} \sec^2 \sqrt{x} - 1 = \frac{\tan^2 \sqrt{x} + 1 - 2\sqrt{x}}{2\sqrt{x}} \geqslant \frac{x + 1 - 2\sqrt{x}}{2\sqrt{x}} \geqslant \frac{(\sqrt{x} - 1)^2}{2\sqrt{x}} > 0,$$

所以 $f(x)$ 在区间 (a_n, b_n) 上严格单调递增. 因此 $f(x) = 0$ 在 (a_n, b_n) 内有唯一的实根 r_n.

此外, 在区间 $(0, a_1)$ 上, $f(x)$ 严格单调递增, $f(x) > f(0) = 0$, 因而 $f(x)$ 在区间 $(0, a_1)$ 内没有根. 所以 $\{r_n\}$ 是方程 $f(x) = 0$ 即 $x = \tan\sqrt{x}$ 的所有正根, 并且可按递增顺序排列为 $0 < r_1 < r_2 < \cdots < r_n < \cdots$.

进一步, 根据上述证明可知, $a_n < r_n < b_n$, $n = 1, 2, \cdots$, 所以

$$\frac{1}{\left(n\pi - \dfrac{\pi}{2}\right)^2} > \frac{1}{r_n} > \frac{1}{\left(n\pi + \dfrac{\pi}{2}\right)^2},$$

$$\frac{1}{\left(n\pi - \dfrac{\pi}{2}\right)^{2\lambda}} > (\cot\sqrt{r_n})^\lambda = \frac{1}{r_n^\lambda} > \frac{1}{\left(n\pi + \dfrac{\pi}{2}\right)^{2\lambda}}.$$

根据比较判别法知, 级数 $\sum_{n=1}^{\infty} (\cot \sqrt{r_n})^\lambda$ 当 $\lambda > \frac{1}{2}$ 时收敛, 当 $0 < \lambda \leqslant \frac{1}{2}$ 时发散.

【例 8.80】 (第八届全国初赛题, 2016) 设 $f(x)$ 在 $(-\infty, +\infty)$ 可导, 且满足 $f(x) = f(x+2) = f\left(x + \sqrt{3}\right)$, 用 Fourier 级数理论证明 $f(x)$ 为常数.

证 由 $f(x) = f(x+2)$ 知 $f(x)$ 为以 2 为周期的周期函数, 其 Fourier 系数分别为

$$a_n = \int_{-1}^{1} f(x) \cos n\pi x \mathrm{d}x, \quad b_n = \int_{-1}^{1} f(x) \sin n\pi x \mathrm{d}x, \quad n = 1, 2, \cdots.$$

又由 $f(x) = f\left(x + \sqrt{3}\right)$, 得

$$\begin{aligned} a_n &= \int_{-1}^{1} f\left(x + \sqrt{3}\right) \cos n\pi x \mathrm{d}x = \int_{-1+\sqrt{3}}^{1+\sqrt{3}} f(t) \cos n\pi \left(t - \sqrt{3}\right) \mathrm{d}t \\ &= \int_{-1+\sqrt{3}}^{1+\sqrt{3}} f(t) \left(\cos n\pi t \cos \sqrt{3} n\pi + \sin n\pi t \sin \sqrt{3} n\pi\right) \mathrm{d}t \\ &= \cos \sqrt{3} n\pi \int_{-1+\sqrt{3}}^{1+\sqrt{3}} f(t) \cos n\pi t \mathrm{d}t + \sin \sqrt{3} n\pi \int_{-1+\sqrt{3}}^{1+\sqrt{3}} f(t) \sin n\pi t \mathrm{d}t \\ &= \cos \sqrt{3} n\pi \int_{-1}^{1} f(t) \cos n\pi t \mathrm{d}t + \sin \sqrt{3} n\pi \int_{-1}^{1} f(t) \sin n\pi t \mathrm{d}t. \end{aligned}$$

所以

$$a_n = a_n \cos \sqrt{3} n\pi + b_n \sin \sqrt{3} n\pi,$$

同理

$$b_n = b_n \cos \sqrt{3} n\pi - a_n \sin \sqrt{3} n\pi,$$

解得 $a_n = b_n = 0 \ (n = 1, 2, \cdots)$, 而 $f(x)$ 在 $(-\infty, +\infty)$ 上可导, 因而连续. 根据收敛定理, 其 Fourier 级数处处收敛于 $f(x)$, 所以

$$f(x) = \frac{a_0}{2} + \sum_{n=1}^{\infty} (a_n \cos nx + b_n \sin nx) = \frac{a_0}{2},$$

其中 $a_0 = \int_{-1}^{1} f(x) \mathrm{d}x$ 为常数.

8.4 能力拓展与训练

1. $\sum_{k=1}^{\infty} \dfrac{k+2}{k! + (k+1)! + (k+2)!} = $ _____.

2. 设常数 $\alpha > 0$, 级数 $\sum\limits_{n=1}^{\infty} \left(\dfrac{1}{n} - \sin\dfrac{1}{n}\right)^{\alpha}$ 收敛, 而 $\sum\limits_{k=1}^{\infty} \dfrac{1}{(n^2 + 2n + 3)^{\alpha}}$ 发散, 则 α 的取值范围为_____.

3. 设 $a_n > 0, p > 1$, 且 $\lim\limits_{n \to \infty} n^p \left(e^{\frac{1}{n}} - 1\right) a_n = 1$, 若 $\sum\limits_{n=1}^{\infty} a_n$ 收敛, 则 p 的取值范围为_____.

4. 请举例说明: (1) 存在通项趋于零但发散的交错级数;

(2) 存在收敛的正项级数 $\sum\limits_{n=1}^{\infty} a_n$, 但 $a_n \neq o\left(\dfrac{1}{n}\right)$, 此处 $o\left(\dfrac{1}{n}\right)$ 是当 $n \to \infty$ 时比 $\dfrac{1}{n}$ 高阶的无穷小.

5. 数项级数 $\sum\limits_{n=1}^{\infty} (-1)^n \dfrac{n - (2n)!}{n(2n)!}$ 的和 $S =$ _____.

6. 级数 $\sum\limits_{n=0}^{\infty} \dfrac{(-1)^n n}{(2n+1)!}$ 的和为_____.

7. 设 $u_n \neq 0 \, (n = 1, 2, \cdots)$ 且 $\lim\limits_{n \to \infty} u_n = \infty$, 则级数 $\sum\limits_{n=1}^{\infty} (-1)^n \left(\dfrac{1}{u_n} + \dfrac{1}{u_{n+1}}\right) =$ _____.

8. 级数 $\sum\limits_{n=1}^{\infty} \dfrac{1}{(1 + x^2)(1 + x^4)(1 + x^8) \cdots (1 + x^{2^n})}$ 的收敛域为_____.

9. 设 $x > 0$ 或 $x < -1$, 则级数 $\sum\limits_{n=1}^{\infty} \ln \dfrac{[1 + (n-1)x](1 + 2nx)}{(1 + nx)[1 + 2(n-1)x]}$ 的和为_____.

10. 设 $0 < \alpha < 1$, 讨论级数 $\sum\limits_{n=0}^{\infty} \int_0^{\alpha} x^n \sin(\pi x) \mathrm{d}x$ 的收敛性.

11. 设 x 是正实数, $B_n(x) = 1^x + 2^x + \cdots + n^x$, 判别级数 $\sum\limits_{n=2}^{\infty} \dfrac{B_n(\log_n 2)}{(n \log_2 n)^2}$ 的收敛性.

12. 对于每个正整数 n, 设 $a(n)$ 表示 n 的三进制数中 0 的个数, 对哪些正实数 x, 级数 $\sum\limits_{n=1}^{\infty} \dfrac{x^{a(n)}}{n^3}$ 收敛?

13. 设 $a_n = \int_0^{\frac{\pi}{4}} \tan^n x \mathrm{d}x \, (n = 1, 2, \cdots, r)$.

(1) 求 $\sum\limits_{n=1}^{\infty} \dfrac{1}{n}(a_n + a_{n+2})$;

(2) 试证对于任意的常数 $\lambda > 0$, 级数 $\sum\limits_{n=1}^{\infty} \dfrac{a_n}{n^{\lambda}}$ 收敛.

14. 已知两个正项级数 $\sum\limits_{n=1}^{\infty} a_n$ 和 $\sum\limits_{n=1}^{\infty} b_n$ 满足 $\dfrac{a_n}{a_{n+1}} \geqslant \dfrac{b_n}{b_{n+1}} \, (n = 1, 2, \cdots)$, 试讨论这

两个级数收敛性之间的关系，并证明你的结论.

15. 设函数 $z(k) = \sum\limits_{n=0}^{\infty} \dfrac{n^k}{n!} \mathrm{e}^{-1}$.

(1) 求 $z(0), z(1)$ 和 $z(2)$ 的值；

(2) 试证当 k 取正整数时，$z(k)$ 亦为正整数.

16. 对 p 讨论幂级数 $\sum\limits_{n=2}^{\infty} \dfrac{x^n}{n^p \ln n}$ 的收敛区间.

17. 已知 $a_0 = 1, a_1 = \dfrac{1}{2}$，且当 $n \geqslant 2$，有 $na_n = \left[\dfrac{1}{2} + (n-1)\right] a_{n-1}$，证明当 $|x| < 1$ 时，幂级数 $\sum\limits_{n=1}^{\infty} a_n x^n$ 收敛，并求其和函数.

18. 求幂级数 $\sum\limits_{n=1}^{\infty} \dfrac{(-4)^n + 1}{4^n (2n+1)} x^{2n}$ 的收敛域及和函数 $S(x)$.

19. 证明方程 $x = \tan x$ 有无穷多个正根，且所有正根 $\{x_n\}$ 可按递增顺序排列为 $0 < x_1 < x_2 < \cdots < x_n < \cdots$，并证明级数 $\sum\limits_{n=1}^{\infty} \cot^2 x_n$ 收敛.

20. (1) 构造一正项级数，使得可用根值判别法判定其敛散性，但不能用比值判别法判定其敛散性.

(2) 构造两个级数 $\sum\limits_{n=1}^{\infty} u_n$ 和 $\sum\limits_{n=1}^{\infty} v_n$，使得 $\lim\limits_{n \to \infty} \dfrac{u_n}{v_n} = l$ 存在，且 $0 < |l| < +\infty$，但两个级数的敛散性却不同.

21. 设 $a_n = \int_0^{\frac{\pi}{2}} x \left(\dfrac{\sin nx}{\sin x}\right)^3 \mathrm{d}x, n = 1, 2, \cdots$，问级数 $\sum\limits_{n=1}^{\infty} \dfrac{1}{a_n}$ 是否收敛？请阐述理由.

22. 设级数 $\sum\limits_{n=1}^{\infty} u_n$ 的各项 $u_n > 0, n = 1, 2, \cdots, \{v_n\}$ 为一正实数列，记 $a_n = \dfrac{u_n v_n}{u_{n+1}} - v_{n+1}$，已知 $\lim\limits_{n \to \infty} a_n = a$，且 a 为有限正数或正无穷，证明级数 $\sum\limits_{n=1}^{\infty} u_n$ 收敛.

23. 设正项级数 $\sum\limits_{n=1}^{\infty} a_n$ 收敛，且其和为 S.

(1) 求极限 $\lim\limits_{n \to \infty} \dfrac{a_1 + 2a_2 + \cdots + na_n}{n}$；

(2) 求级数 $\sum\limits_{n=1}^{\infty} \dfrac{a_1 + 2a_2 + \cdots + na_n}{n(n+1)}$ 之和.

24. 令 $a_k = \int_{-\infty}^{+\infty} x^{2k} \mathrm{e}^{-kx^2} \mathrm{d}x, k = 1, 2, \cdots$，讨论 $\sum\limits_{k=1}^{\infty} a_k$ 的收敛性.

25. 判断级数 $\displaystyle\sum_{n=1}^{\infty} \frac{x^n}{(1+x)(1+x^2)\cdots(1+x^n)}$ 的收敛性, 其中 $x>0$.

26. 设 $a>0$, 判别级数 $\displaystyle\sum_{n=1}^{\infty} \frac{a^{\frac{n(n+1)}{2}}}{(1+a)(1+a^2)\cdots(1+a^n)}$ 的敛散性.

27. 求极限 $\displaystyle\lim_{\substack{m\to+\infty \\ n\to+\infty}} \sum_{i=1}^{m}\sum_{j=1}^{n} \frac{(-1)^{i+j}}{i+j}$.

28. 设 $\{u_n\}, \{c_n\}$ 为正实数列, 试证明:

(1) 若对所有的正整数 n, 满足 $c_n u_n - c_{n+1} u_{n+1} \leqslant 0$, 且 $\displaystyle\sum_{n=1}^{\infty} \frac{1}{c_n}$ 发散, 则 $\displaystyle\sum_{n=1}^{\infty} u_n$ 也发散.

(2) 若对所有的正整数 n, 满足 $c_n \dfrac{u_n}{u_{n+1}} - c_{n+1} \geqslant a$ (常数 $a>0$), 且 $\displaystyle\sum_{n=1}^{\infty} \frac{1}{c_n}$ 收敛, 则 $\displaystyle\sum_{n=1}^{\infty} u_n$ 也收敛.

29. 判定级数 $\displaystyle\sum_{n=1}^{\infty} \sin \pi \left(3+\sqrt{5}\right)^n$ 的收敛性.

30. 设 $\{u_n\}$ 是单调增加的正数列, 证明级数 $\displaystyle\sum_{k=1}^{\infty}\left(1-\frac{u_k}{u_{k+1}}\right)$ 收敛的充分必要条件是 $\{u_n\}$ 有上界.

31. 设级数 $\displaystyle\sum_{n=1}^{\infty} u_n \ (u_n>0)$ 发散, 又设 $S_n = u_1+u_2+\cdots+u_n$, 证明:

(1) $\displaystyle\sum_{n=1}^{\infty} \frac{u_n}{S_n}$ 发散;

(2) $\displaystyle\sum_{n=1}^{\infty} \frac{u_n}{S_n^2}$ 收敛.

32. 设数列 $\{F_n\}$ 满足 $F_0=1, F_1=1, F_n = F_{n-1}+F_{n-2}(n\geqslant 2)$.

(1) 证明: 当 $n\geqslant 1$ 时, $\left(\dfrac{3}{2}\right)^{n-1} \leqslant F_n \leqslant 2^{n-1}$;

(2) 问级数 $\displaystyle\sum_{n=0}^{\infty} \frac{1}{F_n}$ 和 $\displaystyle\sum_{n=2}^{\infty} \frac{1}{\ln F_n}$ 是否收敛? 为什么?

33. 设函数 $f(x)$ 在区间 $(-\infty,+\infty)$ 上有定义, 在点 $x=0$ 的某个邻域内具有一阶连续导数, 且 $\displaystyle\lim_{x\to 0} \frac{f(x)}{x} = a > 0$, 证明 $\displaystyle\sum_{n=1}^{\infty} (-1)^n f\left(\frac{1}{n}\right)$ 收敛, 而 $\displaystyle\sum_{n=1}^{\infty} f\left(\frac{1}{n}\right)$ 发散.

34. 设函数 $f(x), g(x)$ 在 $[0,+\infty)$ 上具有连续导数, 当 $x>0$ 时, 满足 $g'(x)=f(x)$, 且
$$(1+x^2)f'(x) + (1+x)f(x) = 1.$$

已知 $f(0) = g(0) = 0$, 证明: 级数 $\sum_{n=1}^{\infty} g\left(\dfrac{1}{n}\right)$ 收敛, 且其和 $S \leqslant \dfrac{\pi^2}{12}$.

35. 设 $a_0 = 1, a_1 = -2, a_2 = \dfrac{7}{2}, a_{n+1} = -\left(1 + \dfrac{1}{n+1}\right) a_n (n \geqslant 2)$, 证明当 $|x| < 1$ 时幂级数 $\sum_{n=0}^{\infty} a_n x^n$ 收敛, 并求其和函数 $S(x)$.

36. 求幂级数 $\sum_{n=1}^{\infty} \dfrac{(-1)^n n^3}{(n+1)!} x^n$ 的收敛区间及和函数.

37. 设 a, b 均为正数, 函数 $\dfrac{1}{(1-ax)(1-bx)}$ 的 Maclaurin 展开式记为 $\sum_{n=0}^{\infty} u_n x^n$, 求幂级数 $\sum_{n=0}^{\infty} u_n^2 x^n$ 的和函数.

38. 设函数 $f(x) = \sum_{n=1}^{\infty} \dfrac{x^n}{n^2}, 0 \leqslant x \leqslant 1$.

(1) 证明: $f(x) + f(1-x) + \ln x \ln(1-x) = \dfrac{\pi^2}{6}$, 对于 $x \in [0, 1]$.

(2) 计算: $\int_0^1 \dfrac{1}{2-x} \ln \dfrac{1}{x} dx$.

39. 求级数 $\sum_{n=1}^{\infty} \arctan \dfrac{2}{8n^2 - 4n - 1}$ 之和.

40. 设 $u_0 = 0, u_1 = 1, u_{n+1} = a u_n + b u_{n-1}, n = 1, 2, \cdots$, 其中 a, b 为实常数, 又设
$$f(x) = \sum_{n=1}^{\infty} \dfrac{u_n}{n!} x^n.$$

(1) 试导出 $f(x)$ 满足的微分方程;

(2) 求证: $f(x) = -e^{ax} f(-x)$.

41. 求级数 $\sum_{n=1}^{\infty} \left(1 + \dfrac{1}{2} + \cdots + \dfrac{1}{n}\right) x^n$ 的收敛半径及和函数.

42. 求幂级数 $\sum_{n=1}^{\infty} \dfrac{x^{2n-1}}{1 \cdot 3 \cdot 5 \cdots (2n-1)}$ 的和函数.

43. 试求幂级数 $\sum_{n=1}^{\infty} \dfrac{1}{n 3^n + n^2 2^n} x^n$ 的收敛域.

44. 试求幂级数 $\sum_{n=1}^{\infty} \dfrac{(-1)^n 8^n}{n \ln(n^3 + n)} x^{3n-2}$ 的收敛域.

45. 已知 $a_1 = 1, a_2 = 1, a_{n+1} = a_n + a_{n-1} (n = 2, 3, \cdots)$, 试求级数 $\sum_{n=1}^{\infty} a_n x^n$ 的收敛

半径与和函数.

46. 设年利率为 $\alpha(0<\alpha<1)$, 依复利计算 (所谓复利, 是指过一定时间, 将存款所产生的利息自动转为本金再产生利息, 并逐期滚动), 欲在第 n 年末提取 n^2 元 ($n=1,2,\cdots$), 并且永远能如此提取, 问开始至少需要存入本金多少元 (最后需算出与 n 无关的结果)?

47. 设函数 $f(x)=\dfrac{1}{1-2x-x^2}$ 的 Maclaurin 展开式为 $\sum\limits_{n=0}^{\infty}a_nx^n$, 证明级数 $\sum\limits_{n=0}^{\infty}\dfrac{1}{a_n}$ 收敛.

48. 设数列 $\{a_n\}$ 满足 $a_0=1, a_1=0$, 且 $a_{n+1}=\dfrac{1}{n+1}(na_n+a_{n-1})\,(n=1,2,\cdots)$. 求幂级数 $\sum\limits_{n=0}^{\infty}a_nx^n$ 的收敛半径与和函数.

49. 设数列 $\{a_n\}$ 满足 $a_1=5$, 且 $3a_{n+1}=(1+a_n)^3-5\,(n=1,2,\cdots)$. 求级数 $\sum\limits_{n=1}^{\infty}\dfrac{a_n-1}{a_n^2+a_n+1}$ 之和.

50. 证明: $\dfrac{1}{p-1}+\dfrac{1}{2}\leqslant\sum\limits_{n=1}^{\infty}\dfrac{1}{n^p}\leqslant\dfrac{1}{p-1}+1\quad(p>1)$.

51. 设 $x_n=\displaystyle\int_0^{\frac{\pi}{2}}\cos^n t\,dt\,(n=0,1,2,\cdots)$. 证明:

(1) $\lim\limits_{n\to\infty}\dfrac{x_{n+1}}{x_n}=1$;

(2) 级数 $\sum\limits_{n=0}^{\infty}x_n^a$ 收敛 (其中 $a>2$).

52. 已知 $\sum\limits_{n=1}^{\infty}\dfrac{1}{(2n-1)^2}=\dfrac{\pi^2}{8}$, 求积分 $\displaystyle\int_0^2\dfrac{1}{x}\ln\dfrac{2+x}{2-x}\,dx$.

53. 已知 $\sum\limits_{n=1}^{\infty}\dfrac{(-1)^{n-1}}{n^2}=\dfrac{\pi^2}{12}$, 求积分 $\displaystyle\int_0^{+\infty}\dfrac{x}{e^x+1}\,dx$.

54. 求函数 $G(x)=\dfrac{d}{dx}\left(\dfrac{\cos x-1}{x}\right)$ 关于 x 的幂级数展开式, 指出该幂级数的收敛范围, 并利用此展开式求出级数 $\sum\limits_{n=1}^{\infty}(-1)^n\dfrac{2n-1}{(2n)!}\left(\dfrac{\pi}{2}\right)^{2n}$ 的和.

55. 设函数 $f(x)$ 在 $(-\infty,+\infty)$ 上连续, $F(x)$ 是 $f(x)$ 的一个原函数, 满足 $f(x)F(x)=\cos 2x$, 且 $F(0)=1$, 又设 $a_n=\displaystyle\int_0^{n\pi}|f(x)|dx, n=1,2,\cdots$. 求幂级数 $\sum\limits_{n=2}^{\infty}\dfrac{a_n}{n^2-1}x^n$ 的收敛域与和函数.

56. 证明级数 $\sum_{n=1}^{\infty} \dfrac{1 - \frac{1}{2} + \frac{1}{3} - \cdots + (-1)^{n-1}\frac{1}{n}}{n(n+1)}$ 收敛, 并求其和.

57. 证明级数 $1 + \sum_{n=1}^{\infty}(-1)^n \dfrac{2 \cdot 4 \cdot 6 \cdot \cdots \cdot (2n)}{3 \cdot 5 \cdot 7 \cdot \cdots \cdot (2n+1)}$ 收敛, 并求其和.

58. 设函数 $f(x) = \begin{cases} x^2, & 0 \leqslant x \leqslant \frac{1}{2} \\ 1-x, & \frac{1}{2} < x \leqslant 1 \end{cases}$, 的余弦级数 $\dfrac{a_0}{2} + \sum_{n=1}^{\infty} a_n \cos n\pi x$ $(-\infty < x < +\infty)$ 的和函数为 $S(x)$, 其中 $a_n = 2\int_0^1 f(x)\cos n\pi x \, dx$ $(n=1,2,\cdots)$. 求 $S(x)$ 在 $x = -\dfrac{9}{2}$ 处的函数值.

59. 将函数 $f(x) = \begin{cases} 2-x, & 0 \leqslant x \leqslant 4, \\ x-6, & 4 < x \leqslant 8 \end{cases}$ 展成以 8 为周期的 Fourier 级数.

60. 将函数 $f(x) = x^3$ 在 $[0,\pi]$ 上展成余弦级数, 并利用所得结果求级数 $\sum_{n=1}^{\infty} \dfrac{1}{n^4}$ 之和.

61. 将函数 $f(x) = x(\pi - x)$ 在 $[0,\pi]$ 上展成正弦级数, 并利用所得结果求积分 $\int_0^1 \dfrac{\ln^2 x}{1+x^2} dx$.

62. 设 $f(x)$ 是以 2π 为周期的连续函数, 其 Fourier 系数为 a_n, b_n. 求函数 $f(x+l)$ 的 Fourier 系数 A_n, B_n (其中 l 为常数).

63. 设 $f(x)$ 是以 2π 为周期的连续函数, 已知 $f(x)$ 的 Fourier 系数为 a_n, b_n. 令
$$F(x) = \dfrac{1}{\pi} \int_{-\pi}^{\pi} f(t)f(x+t) dt,$$
求函数 $F(x)$ 的 Fourier 系数, 并利用所得结果推出
$$\dfrac{1}{\pi} \int_{-\pi}^{\pi} f^2(x) dx = \dfrac{a_0^2}{2} + \sum_{n=1}^{\infty} (a_n^2 + b_n^2).$$

64. 设 $f(x)$ 是 $[0,\pi]$ 上的一阶连续可导函数, $f(0) = f(\pi) = 0$. 又令
$$b_n = \dfrac{2}{\pi} \int_0^{\pi} f(x)\sin nx \, dx \quad (n=1,2,\cdots).$$
试证明级数 $\sum_{n=1}^{\infty} n^2 b_n^2$ 收敛.

65. 证明 $\sum_{n=0}^{\infty} \dfrac{\cos(2n+1)\pi x}{(2n+1)^2} = \dfrac{\pi^2}{8} - \dfrac{\pi^2}{4}|x|$ $(-1 \leqslant x \leqslant 1)$, 并求级数 $\sum_{n=1}^{\infty} \dfrac{1}{n^2}$ 与 $\sum_{n=1}^{\infty} \dfrac{1}{n^4}$ 之和.

8.5 训练全解与分析

1. 因为 $\dfrac{n+2}{n!+(n+1)!+(n+2)!} = \dfrac{1}{n!(n+2)}$，考虑幂级数 $S(x) = \sum\limits_{n=0}^{\infty} \dfrac{x^{n+2}}{n!(n+2)}$，则 $S'(x) = \sum\limits_{n=0}^{\infty} \dfrac{x^{n+1}}{n!} = xe^x$，所以

$$S(x) = S(0) + \int_0^x S'(t)\mathrm{d}t = \int_0^x te^t \mathrm{d}t = (t-1)e^t \big|_0^x = (x-1)e^x + 1.$$

取 $x=1$，则 $\sum\limits_{n=1}^{\infty} \dfrac{n+2}{n!+(n+1)!+(n+2)!} = S(1) - \dfrac{1}{2} = \dfrac{1}{2}$.

2. $\alpha > \dfrac{1}{3}$. 由于 $\dfrac{1}{n} - \sin\dfrac{1}{n} \sim \dfrac{1}{6n^3}\ (n \to \infty)$，故由 $\sum\limits_{n=1}^{\infty} \left(\dfrac{1}{n} - \sin\dfrac{1}{n}\right)^{\alpha}$ 收敛可知 $\sum\limits_{n=1}^{\infty} \dfrac{1}{n^{3\alpha}}$ 收敛. 所以 $\alpha > \dfrac{1}{3}$.

另一方面，$\dfrac{1}{(n^2+2n+3)^{\alpha}} \sim \dfrac{1}{n^{2\alpha}}\ (n \to \infty)$，故由 $\sum\limits_{k=1}^{\infty} \dfrac{1}{(n^2+2n+3)^{\alpha}}$ 发散可知 $\sum\limits_{n=1}^{\infty} \dfrac{1}{n^{2\alpha}}$ 发散. 所以 $0 < \alpha \leqslant \dfrac{1}{2}$.

因此，α 的取值范围为 $\left(\dfrac{1}{3}, \dfrac{1}{2}\right]$.

3. $(2, +\infty)$. 因为 $e^{\frac{1}{n}} - 1 \sim \dfrac{1}{n}\ (n \to \infty)$，所以 $\lim\limits_{n \to \infty} n^p \left(e^{\frac{1}{n}} - 1\right) a_n = \lim\limits_{n \to \infty} n^{p-1} a_n = 1$. 由正项级数的比较判别法知，若 $\sum\limits_{n=1}^{\infty} a_n$ 收敛，则 $p - 1 > 1$，所以 p 的取值范围为 $(2, +\infty)$.

4. (1) 考虑级数 $\sum\limits_{n=2}^{\infty} \dfrac{(-1)^n}{\sqrt{n} + (-1)^n}$，显然通项趋于零，但因为 $\sum\limits_{n=2}^{\infty} \dfrac{(-1)^n}{\sqrt{n} + (-1)^n} = \sum\limits_{n=2}^{\infty} \left[\dfrac{(-1)^n \sqrt{n}}{n-1} - \dfrac{1}{n-1}\right]$，而 $\sum\limits_{n=2}^{\infty} \dfrac{(-1)^n \sqrt{n}}{n-1}$ 收敛，$\sum\limits_{n=2}^{\infty} \dfrac{1}{n-1}$ 发散，所以 $\sum\limits_{n=2}^{\infty} \dfrac{(-1)^n}{\sqrt{n} + (-1)^n} = \sum\limits_{n=2}^{\infty} \left[\dfrac{(-1)^n \sqrt{n}}{n-1} - \dfrac{1}{n-1}\right]$ 发散.

(2) 定义 a_n：当 n 是整数的平方时，$a_n = \dfrac{1}{n}$；当 n 不是整数的平方时，$a_n = \dfrac{1}{n^2}$，所以 $a_n \neq o\left(\dfrac{1}{n}\right)$，而 $\sum\limits_{n=1}^{\infty} a_n$ 的部分和 $S_n \leqslant 2 \sum\limits_{k=1}^{n} \dfrac{1}{k^2}$，所以 $\sum\limits_{n=1}^{\infty} a_n$ 收敛.

5. $S = \sum_{n=1}^{\infty} (-1)^n \dfrac{n-(2n)!}{n(2n)!} = \sum_{n=1}^{\infty} \dfrac{(-1)^n}{(2n)!} + \sum_{n=1}^{\infty} \dfrac{(-1)^{n-1}}{n} = -1 + \cos 1 + \ln 2.$

6. $\sum_{n=0}^{\infty} \dfrac{(-1)^n n}{(2n+1)!} = \dfrac{1}{2} \sum_{n=0}^{\infty} \dfrac{(-1)^n[(2n+1)-1]}{(2n+1)!} = \dfrac{1}{2} \sum_{n=0}^{\infty} \dfrac{(-1)^n}{(2n)!} - \dfrac{1}{2} \sum_{n=0}^{\infty} \dfrac{(-1)^n}{(2n+1)!} = \dfrac{1}{2}(\cos 1 - \sin 1).$

7. 记级数的部分和为 $S_n = \sum_{k=1}^{n} (-1)^k \left(\dfrac{1}{u_k} + \dfrac{1}{u_{k+1}} \right)$, 则 $S_n = -\dfrac{1}{u_1} + (-1)^n \dfrac{1}{u_{n+1}}.$ 所以

$$\sum_{n=1}^{\infty} (-1)^n \left(\dfrac{1}{u_n} + \dfrac{1}{u_{n+1}} \right) = \lim_{n \to \infty} S_n = -\dfrac{1}{u_1}.$$

8. 记 $a_n = \dfrac{1}{(1+x^2)(1+x^4)(1+x^8)\cdots(1+x^{2^n})}$, 因为

$$\rho = \lim_{n \to \infty} \dfrac{a_{n+1}}{a_n} = \lim_{n \to \infty} \dfrac{1}{1+x^{2^{n+1}}} = \begin{cases} \dfrac{1}{2}, & |x| = 1, \\ 0, & |x| > 1, \\ 1, & |x| < 1, \end{cases}$$

当 $|x| \geqslant 1$ 时, 总有 $\rho < 1$, 根据正项级数的比值判别法, 级数 $\sum_{n=1}^{\infty} a_n$ 收敛. 当 $|x| < 1$ 时, 由于

$$\lim_{n \to \infty} a_n = \lim_{n \to \infty} \dfrac{1-x^2}{1-x^{2^{n+1}}} = 1 - x^2 \neq 0,$$

所以级数 $\sum_{n=1}^{\infty} a_n$ 发散. 因此, 所给级数的收敛域为 $(-\infty, -1] \cup [1, +\infty)$.

9. 直接利用级数的前 n 项部分和, 裂项并迭代相加, 再求极限, 得

$$\sum_{n=1}^{\infty} \ln \dfrac{[1+(n-1)x](1+2nx)}{(1+nx)[1+2(n-1)x]} = \lim_{n \to \infty} \sum_{k=1}^{n} \left[\ln \dfrac{1+(k-1)x}{1+2(k-1)x} - \ln \dfrac{1+kx}{1+2kx} \right]$$
$$= -\lim_{n \to \infty} \ln \dfrac{1+nx}{1+2nx} = \ln 2.$$

10. 对任意 $0 \leqslant x \leqslant \alpha < 1$, 利用 Lagrange 中值定理, 存在 $\xi \in (\pi x, \pi)$, 使得

$$|\sin(\pi x)| = |\sin(\pi x) - \sin \pi| = |(\pi x - \pi) \cos \xi| \leqslant \pi(1-x).$$

所以

$$0 \leqslant \int_0^\alpha x^n \sin(\pi x)\mathrm{d}x \leqslant \pi \int_0^\alpha x^n(1-x)\mathrm{d}x \leqslant \pi \int_0^1 x^n(1-x)\mathrm{d}x = \frac{\pi}{(n+1)(n+2)} \leqslant \frac{\pi}{n^2},$$

根据比较判别法，由于 $\sum_{n=1}^\infty \frac{\pi}{n^2}$ 收敛，所以 $\sum_{n=0}^\infty \int_0^\alpha x^n \sin(\pi x)\mathrm{d}x$ 收敛.

11. 由于 $B_n(x) = 1^x + 2^x + \cdots + n^x \leqslant n \cdot n^x$，所以 $0 \leqslant \frac{B_n(\log_n 2)}{(n\log_2 n)^2} \leqslant \frac{n \cdot n^{\log_n 2}}{(n\log_2 n)^2} = \frac{2}{n(\log_2 n)^2}$.

利用积分判别法，可知 $\sum_{n=2}^\infty \frac{2}{n(\log_2 n)^2}$ 收敛，故由比较判别法知，级数 $\sum_{n=2}^\infty \frac{B_n(\log_n 2)}{(n\log_2 n)^2}$ 收敛.

12. 对于每个正整数 $k \geqslant 0$，当且仅当 $3^k \leqslant n < 3^{k+1} - 1$ 时，n 的三进制数有 $k+1$ 位数字. 在这个区间的整数中有 $\binom{k}{i} 2^{k+1-i}$ 个使得 $a(n) = i$，因此，

$$\sum_{n=3^k}^{n=3^{k+1}-1} x^{a(n)} = \sum_{i=0}^k \binom{k}{i} x^i 2^{k+1-i} = 2(x+2)^k,$$

$$\frac{2(x+2)^k}{3^{3k+3}} < \sum_{n=3^k}^{n=3^{k+1}-1} \frac{x^{a(n)}}{n^3} < \frac{2(x+2)^k}{3^{3k}},$$

$$\frac{2}{27}\sum_{k=0}^m \left(\frac{x+2}{27}\right)^k < \sum_{k=0}^m \sum_{n=3^k}^{3^{k+1}-1} \frac{x^{a(n)}}{n^3} < 2\sum_{k=0}^m \left(\frac{x+2}{27}\right)^k.$$

由此，当且仅当 $\frac{x+2}{27} < 1$，即 $0 < x < 25$ 时，级数收敛.

13. (1) 因为 $\frac{1}{n}(a_n + a_{n+2}) = \frac{1}{n}\int_0^{\frac{\pi}{4}} \tan^n x \sec^2 x \mathrm{d}x = \frac{1}{n}\int_0^{\frac{\pi}{4}} \tan^n x \mathrm{d}(\tan x) = \frac{1}{n} - \frac{1}{n+1}$，所以级数的部分为

$$S_n = \sum_{k=1}^n \frac{1}{k}(a_k + a_{k+2}) = \sum_{k=1}^n \frac{1}{k(k+1)} = 1 - \frac{1}{n+1},$$

于是 $\sum_{n=1}^\infty \frac{1}{n}(a_n + a_{n+2}) = \lim_{n\to\infty} S_n = \lim_{n\to\infty}\left(1 - \frac{1}{n+1}\right) = 1.$

(2) 令 $\tan x = t$，则 $a_n = \int_0^{\frac{\pi}{4}} \tan^n x \mathrm{d}x = \int_0^1 \frac{t^n}{1+t^2}\mathrm{d}t < \int_0^1 t^n \mathrm{d}t = \frac{1}{n+1}$，所以对于

任意 $\lambda > 0$, 有 $\dfrac{a_n}{n^\lambda} < \dfrac{1}{n^\lambda(n+1)} < \dfrac{1}{n^{\lambda+1}}$, 而级数 $\sum\limits_{n=1}^\infty \dfrac{1}{n^{\lambda+1}}$ 收敛, 故由比较判别法, 知级数 $\sum\limits_{n=1}^\infty \dfrac{a_n}{n^\lambda}$ 收敛.

14. 级数 $\sum\limits_{n=1}^\infty a_n$ 与 $\sum\limits_{n=1}^\infty b_n$ 的收敛性之间的关系是: 当 $\sum\limits_{n=1}^\infty a_n$ 发散时, $\sum\limits_{n=1}^\infty b_n$ 必发散; 当 $\sum\limits_{n=1}^\infty b_n$ 收敛时, $\sum\limits_{n=1}^\infty a_n$ 必收敛.

首先, 由题设条件可知
$$\frac{a_1}{a_2} \cdot \frac{a_2}{a_3} \cdots \frac{a_n}{a_{n+1}} \geqslant \frac{b_1}{b_2} \cdot \frac{b_2}{b_3} \cdots \frac{b_n}{b_{n+1}}, \quad 即 \quad \frac{a_1}{a_{n+1}} \geqslant \frac{b_1}{b_{n+1}} \quad (n=1,2,\cdots),$$
所以 $b_{n+1} \geqslant \dfrac{b_1}{a_1} \cdot a_{n+1}, n=1,2,\cdots$. 根据正项级数的比较判别法, 上述结论成立.

其次, 若取 $a_n = \dfrac{1}{2^n}, b_n = 1$, 则仍有不等式 $\dfrac{a_n}{a_{n+1}} \geqslant \dfrac{b_n}{b_{n+1}}$ 成立, 但级数 $\sum\limits_{n=1}^\infty a_n$ 收敛, 级数 $\sum\limits_{n=1}^\infty b_n$ 发散.

15. (1) 根据展开式 $\mathrm{e}^x = \sum\limits_{n=0}^\infty \dfrac{x^n}{n!}$, 易得
$$z(1) = \mathrm{e}^{-1} \sum_{n=0}^\infty \frac{nx^n}{n!} \bigg|_{x=1} = \mathrm{e}^{-1} x(\mathrm{e}^x)' \big|_{x=1} = \mathrm{e}^{-1} \cdot \mathrm{e} = 1,$$
且
$$z(2) = \mathrm{e}^{-1} \sum_{n=0}^\infty \frac{n^2 x^n}{n!} \bigg|_{x=1} = \mathrm{e}^{-1} x(x\mathrm{e}^x)' \big|_{x=1} = \mathrm{e}^{-1} (x(x+1)\mathrm{e}^x) \big|_{x=1} = \mathrm{e}^{-1}(2\mathrm{e}) = 2.$$

(2) 记多项式 $P_0(x) \equiv 1, P_1(x) \equiv x, P_2(x) = x(1+x) = x(P_1'(x) + P_1(x))$, 一般地有
$$P_k(x) \equiv x\left[P_{k-1}'(x) + P_{k-1}(x)\right].$$
显然, 对任意正整数 k, 多项式 $P_k(x)$ 的系数都是正整数, 所以 $P_k(1)$ 是正整数.

用数学归纳法可证: $z(k) = \dfrac{1}{\mathrm{e}} \sum\limits_{n=0}^\infty \dfrac{n^k x^n}{n!} \bigg|_{x=1} = \dfrac{1}{\mathrm{e}} x(P_{k-1}(x)\mathrm{e}^x)' \bigg|_{x=1} = \dfrac{1}{\mathrm{e}} P_k(x)\mathrm{e}^x \bigg|_{x=1} = \dfrac{1}{\mathrm{e}} P_k(1)\mathrm{e} = P_k(1)$.

16. 记 $\sum\limits_{n=2}^\infty \dfrac{x^n}{n^p \ln n} = \sum\limits_{n=2}^\infty a_n x^n$, 其中 $a_n = \dfrac{1}{n^p \ln n}$, 因为
$$\lim_{n\to\infty} \frac{a_{n+1}}{a_n} = \lim_{n\to\infty} \frac{\dfrac{1}{(n+1)^p \ln(n+1)}}{\dfrac{1}{n^p \ln n}} = \lim_{n\to\alpha} \frac{n^p \ln n}{(n+1)^p \ln(n+1)}$$

$$= \lim_{n \to \alpha} \left(\frac{n}{n+1}\right)^p \frac{\ln n}{\ln(n+1)} = 1,$$

所以级数的收敛半径 $R = 1$.

(1) 当 $p < 0$ 时, 因为 $\lim\limits_{n \to \infty} a_n = \lim\limits_{n \to \infty} \frac{1}{n^p \ln n} = +\infty$, 所以当 $x = \pm 1$ 时级数发散. 故当 $p < 0$ 时, 幂级数的收敛区间为 $(-1, 1)$.

(2) 当 $0 < p < 1$ 时, 若 $x = 1$, 级数 $\sum\limits_{n=2}^{\infty} \frac{1}{n^p \ln n}$ 为正项级数. 因为

$$\lim_{n \to \infty} \frac{\frac{1}{n^p \ln n}}{\frac{1}{n}} = \lim_{n \to \infty} \frac{n}{n^p \ln n} = \lim_{n \to \infty} \frac{n^{1-p}}{\ln n} = +\infty,$$

所以此时级数发散. 若 $x = -1$, 则级数 $\sum\limits_{n=2}^{\infty} \frac{(-1)^n}{n^p \ln n}$ 为交错级数. 因为

$$\frac{1}{(n+1)^p \ln(n+1)} < \frac{1}{n^p \ln n} \quad \text{且} \quad \lim_{n \to \infty} \frac{1}{n^p \ln n} = 0 \quad (0 < p < 1),$$

所以由 Leibniz 判别法可知, 此时级数收敛. 因此, $0 < p < 1$ 时, 原级数收敛区间为 $[-1, 1)$.

(3) 对于 $p > 1$. 若 $x = 1$, 级数 $\sum\limits_{n=2}^{\infty} \frac{1}{n^p \ln n}$ 为正项级数. 因为 $\frac{1}{n^p \ln n} \leqslant \frac{1}{n^p \ln 2}$, 而 $\sum\limits_{n=2}^{\infty} \frac{1}{n^p \ln 2} = \frac{1}{\ln 2} \sum\limits_{n=2}^{\infty} \frac{1}{n^p}$ 收敛, 所以此时级数收敛.

若 $x = -1$, 级数 $\sum\limits_{n=2}^{\infty} \frac{(-1)^n}{n^p \ln n}$ 显然绝对收敛, 所以此时级数也收敛. 因此当 $p > 1$ 时, 幂级数的收敛区间为 $[-1, 1]$.

综上所述, 幂级数 $\sum\limits_{n=2}^{\infty} \frac{x^n}{n^p \ln n}$, 当 $p < 0$ 时, 收敛区间为 $(-1, 1)$; 当 $0 < p < 1$ 时, 收敛区间为 $[-1, 1)$; 当 $p > 1$ 时, 收敛区间为 $[-1, 1]$.

17. 由于 $\lim\limits_{n \to \infty} \left|\frac{a_{n+1}}{a_n}\right| = \lim\limits_{n \to \infty} \frac{2n+1}{2(n+1)} = 1$, 所以当 $|x| < 1$, 幂级数 $\sum\limits_{n=1}^{\infty} a_n x^n$ 收敛.

令 $S(x) = \sum\limits_{n=1}^{\infty} a_n x^n$, 则

$$S'(x) = a_1 + \sum_{n=2}^{\infty} n a_n x^{n-1} = \frac{1}{2} + \sum_{n=2}^{\infty} \left[\frac{1}{2} + (n-1)\right] a_{n-1} x^{n-1}$$

$$= \frac{1}{2} + \frac{1}{2}\sum_{n=2}^{\infty} a_{n-1}x^{n-1} + \sum_{n=2}^{\infty}(n-1)a_{n-1}x^{n-1}$$

$$= \frac{1}{2} + \frac{1}{2}\left[\sum_{n=1}^{\infty} a_{n-1}x^{n-1} - a_0\right] + \sum_{n=1}^{\infty} na_n x^n$$

$$= \frac{1}{2}S(x) + xS'(x),$$

解微分方程 $\dfrac{S'(x)}{S(x)} = \dfrac{1}{2(1-x)}, S(0) = 1 \Rightarrow S(x) = \dfrac{1}{\sqrt{1-x}}.$

因此，幂级数 $\displaystyle\sum_{n=1}^{\infty} a_n x^n$ 的和函数为 $S(x) = \dfrac{1}{\sqrt{1-x}}.$

18. 令 $u_n(x) = \dfrac{(-4)^n + 1}{4^n(2n+1)}x^{2n}$，因为 $\displaystyle\lim_{n\to\infty}\sqrt[n]{|u_n(x)|} = \lim_{n\to\infty}\sqrt[n]{\dfrac{|(-4)^n+1|}{4^n(2n+1)}x^{2n}} = x^2,$
所以，当 $|x| < 1$ 时，幂级数绝对收敛；当 $|x| > 1$ 时，幂级数发散，故收敛半径为 $R=1.$

又 $\displaystyle\sum_{n=0}^{\infty}\left[\dfrac{(-1)^n}{(2n+1)} + \dfrac{1}{4^n(2n+1)}\right]$ 收敛，所以，幂级数在 $x = \pm 1$ 处收敛. 故幂级数的收敛域为 $[-1,1].$

记 $S_1(x) = \displaystyle\sum_{n=0}^{\infty}\dfrac{(-1)^n}{(2n+1)}x^{2n+1}, S_2(x) = \displaystyle\sum_{n=0}^{\infty}\dfrac{1}{4^n(2n+1)}x^{2n+1},$ 则

$$S(x) = \begin{cases} \dfrac{S_1(x) + S_2(x)}{x}, & x \neq 0, \\ 0, & x = 0. \end{cases}$$

而

$$S_1'(x) = \sum_{n=0}^{\infty}(-1)^n x^{2n} = \frac{1}{1+x^2}, \quad S_1(0) = 0, \quad S_1(x) = \arctan x;$$

$$S_2'(x) = \sum_{n=0}^{\infty}\frac{x^{2n}}{4^n} = \frac{4}{4-x^2}, \quad S_2(0) = 0, \quad S_2(x) = \ln\frac{2+x}{2-x};$$

所以，$S(x) = \begin{cases} \dfrac{\arctan x}{x} + \dfrac{1}{x}\ln\dfrac{2+x}{2-x}, & 0 < |x| \leqslant 1, \\ 0, & x = 0. \end{cases}$

19. 设 $f(x) = \tan x - x$，而 $a_n = n\pi - \dfrac{\pi}{2}, b_n = n\pi + \dfrac{\pi}{2}, n = 1, 2, \cdots,$ 因为 $\displaystyle\lim_{x\to a_n^+} f(x) = -\infty, \lim_{x\to b_n^-} f(x) = +\infty,$ 所以方程 $f(x) = 0$ 在 (a_n, b_n) 内至少有一实根 $x_n.$

又由于 $f'(x) = \sec^2 x - 1 = \tan^2 x > 0, x \in (a_n, b_n),$ 所以 $f(x)$ 在 (a_n, b_n) 上严格单调递增，因此 $f(x) = 0$ 在区间 (a_n, b_n) 内有唯一的实根 $x_n.$

此外, 在区间 $(0, a_1)$ 上, $f(x)$ 严格单调递增, $f(x) > f(0) = 0$, 因而 $f(x) = 0$ 在区间 $(0, a_1)$ 内没有根.

因此 $\{x_n\}$ 是方程 $f(x) = 0$ 即 $x = \tan x$ 的所有正根, 并且可按递增顺序排列为 $0 < x_1 < x_2 < \cdots < x_n < \cdots$.

进一步, 对于 $n = 1, 2, \cdots$, 由于 $n\pi - \frac{\pi}{2} < x_n < n\pi + \frac{\pi}{2}$, 所以

$$\frac{1}{\left(n\pi - \frac{\pi}{2}\right)^2} > \cot^2 x_n = \frac{1}{x_n^2} > \frac{1}{\left(n\pi + \frac{\pi}{2}\right)^2},$$

根据比较判别法知, 级数 $\sum_{n=1}^{\infty} \cot^2 x_n$ 收敛.

20. (1) 例如, 正项级数 $\sum_{n=1}^{\infty} \frac{3 + (-1)^n}{2^{n+1}}$, 显然 $\lim_{n \to \infty} \sqrt[n]{\frac{3 + (-1)^n}{2^{n+1}}} = \frac{1}{2} < 1$, 故可用根值判别法判定级数收敛, 但由于 $\lim_{n \to \infty} \frac{u_{n+1}}{u_n} = \lim_{n \to \infty} \frac{1}{2} \cdot \frac{3 + (-1)^{n+1}}{3 + (-1)^n}$ 不存在, 所以不能用比值判别法判定其收敛或发散.

(2) 例如, 级数 $\sum_{n=2}^{\infty} \frac{(-1)^n}{\sqrt{n}}$ 和 $\sum_{n=2}^{\infty} \frac{(-1)^n}{\sqrt{n} + (-1)^n}$, 这里 $u_n = \frac{(-1)^n}{\sqrt{n}}$, $v_n = \frac{(-1)^n}{\sqrt{n} + (-1)^n}$. 易知

$$\lim_{n \to \infty} \frac{u_n}{v_n} = \lim_{n \to \infty} \frac{\sqrt{n} + (-1)^n}{\sqrt{n}} = 1 + \lim_{n \to \infty} \frac{(-1)^n}{\sqrt{n}} = 1,$$

且级数 $\sum_{n=2}^{\infty} u_n$ 收敛, 而 $\sum_{n=2}^{\infty} v_n = \sum_{n=2}^{\infty} \frac{(-1)^n(\sqrt{n} + (-1)^n)}{n-1} = \sum_{n=2}^{\infty} \frac{(-1)^n \sqrt{n}}{n-1} - \sum_{n=2}^{\infty} \frac{1}{n-1}$ 发散.

21. 首先, 利用归纳法易证: 对 $n \geqslant 1$, $|\sin nx| \leqslant n \sin x$ $\left(0 \leqslant x \leqslant \frac{\pi}{2}\right)$.

又显然有 $|\sin nx| \leqslant 1$ 及 Jordan(若尔当) 不等式: $\sin x \geqslant \frac{2}{\pi} x$ $\left(0 \leqslant x \leqslant \frac{\pi}{2}\right)$.

当 $n = 1$ 时, $a_1 = \int_0^{\frac{\pi}{2}} x \mathrm{d}x = \frac{\pi^2}{8} < \frac{\pi^2}{2}$; 当 $n > 1$ 时, 得

$$a_n = \int_0^{\frac{\pi}{2n}} x \left(\frac{\sin nx}{\sin x}\right)^3 \mathrm{d}x + \int_{\frac{\pi}{2n}}^{\frac{\pi}{2}} x \left(\frac{\sin nx}{\sin x}\right)^3 \mathrm{d}x \leqslant n^3 \int_0^{\frac{\pi}{2n}} x \mathrm{d}x + \int_{\frac{\pi}{2n}}^{\frac{\pi}{2}} x \left(\frac{\pi}{2x}\right)^3 \mathrm{d}x$$

$$= \frac{n\pi^2}{8} + \frac{\pi^3}{8} \int_{\frac{\pi}{2n}}^{\frac{\pi}{2}} \frac{\mathrm{d}x}{x^2} = \frac{n\pi^2}{8} + \frac{\pi^3}{8} \left(\frac{2n}{\pi} - \frac{2}{\pi}\right) \leqslant \frac{n\pi^2}{8} + \frac{n\pi^2}{4} < \frac{n\pi^2}{2},$$

所以 $\frac{1}{a_n} \geqslant \frac{2}{\pi^2} \cdot \frac{1}{n}$, $n = 1, 2, \cdots$. 利用比较判别法, 由调和级数 $\sum_{n=1}^{\infty} \frac{1}{n}$ 发散, 可知 $\sum_{n=1}^{\infty} \frac{1}{a_n}$ 发散.

【注】 类似地可证明：设 $a_n = \int_0^{\frac{\pi}{2}} x^2 \left(\dfrac{\sin nx}{\sin x}\right)^4 dx$, $n = 1, 2, \cdots$, 则级数 $\sum\limits_{n=1}^{\infty} \dfrac{1}{a_n}$ 发散.

22. 根据题设条件 $\lim\limits_{n\to\infty} a_n = a$, 无论 a 为有限正数还是正无穷, 必存在 $\delta > 0$ 和正整数 N, 使得当 $n > N$ 时, $a_n = \dfrac{u_n v_n}{u_{n+1}} - v_{n+1} > \delta$, 即 $u_n v_n - u_{n+1} v_{n+1} > \delta u_{n+1} > 0$.

所以, 当 $n > N$ 时, $u_n v_n > u_{n+1} v_{n+1}$, 即当 $n > N$ 时, 数列 $\{u_n v_n\}$ 单调递减, 又由于 $u_n v_n > 0$, 所以 $\{u_n v_n\}$ 单调递减有下界. 根据单调有界准则, 当 $n \to \infty$ 时, $u_n v_n$ 的极限存在且有限.

又由于正项级数 $\sum\limits_{n=1}^{\infty} (u_{N+n} v_{N+n} - u_{N+n+1} v_{N+n+1})$ 的部分和

$$\sum_{k=1}^{p} (u_{N+k} v_{N+k} - u_{N+k+1} v_{N+k+1}) = u_{N+1} v_{N+1} - u_{N+p+1} v_{N+p+1}$$

的极限存在, 所以级数 $\sum\limits_{n=1}^{\infty} (u_{N+n} v_{N+n} - u_{N+n+1} v_{N+n+1})$ 收敛. 但当 $n > N$ 时, $u_n v_n - u_{n+1} v_{n+1} > \delta u_{n+1}$, 故由比较判别法可知, 级数 $\sum\limits_{n=1}^{\infty} \delta u_{N+n}$ 收敛. 因此 $\sum\limits_{n=1}^{\infty} u_n$ 收敛.

23. (1) 设级数 $\sum\limits_{n=1}^{\infty} a_n$ 的部分和为 $S_n = \sum\limits_{k=1}^{n} a_k$, 则 $\lim\limits_{n\to\infty} S_n = S$, 且

$$\dfrac{a_1 + 2a_2 + \cdots + na_n}{n} = \dfrac{S_n + (S_n - S_1) + (S_n - S_2) + \cdots + (S_n - S_{n-1})}{n}$$

$$= S_n - \dfrac{S_1 + S_2 + \cdots + S_{n-1}}{n} = S_n - \dfrac{S_1 + S_2 + \cdots + S_{n-1}}{n-1} \cdot \dfrac{n-1}{n},$$

根据 Cauchy 收敛准则, 得 $\lim\limits_{n\to\infty} \dfrac{S_1 + S_2 + \cdots + S_{n-1}}{n-1} = \lim\limits_{n\to\infty} S_{n-1} = S$, 所以

$$\lim_{n\to\infty} \dfrac{a_1 + 2a_2 + \cdots + na_n}{n} = \lim_{n\to\infty} S_n - \lim_{n\to\infty} \dfrac{S_1 + S_2 + \cdots + S_{n-1}}{n-1} \cdot \dfrac{n-1}{n} = S - S = 0.$$

(2) 记 $b_n = \dfrac{a_1 + 2a_2 + \cdots + na_n}{n}$, 则 $\lim\limits_{n\to\infty} b_n = 0$. 又由 $\sum\limits_{n=1}^{\infty} a_n$ 收敛, 可知 $\lim\limits_{n\to\infty} a_n = 0$. 因为

$$\dfrac{a_1 + 2a_2 + \cdots + na_n}{n(n+1)} = \dfrac{a_1 + 2a_2 + \cdots + na_n}{n} - \dfrac{a_1 + 2a_2 + \cdots + na_n}{n+1}$$

$$= b_n - \dfrac{a_1 + 2a_2 + \cdots + na_n + (n+1)a_{n+1}}{n+1} + a_{n+1}$$

$$= b_n - b_{n+1} + a_{n+1},$$

且 $b_1 = a_1$, 所以

$$\sum_{n=1}^{\infty} \frac{a_1 + 2a_2 + \cdots + na_n}{n(n+1)} = \sum_{n=1}^{\infty} (b_n - b_{n+1}) + \sum_{n=1}^{\infty} a_{n+1} = b_1 + \sum_{n=2}^{\infty} a_n = S.$$

24. 利用分部积分, 得

$$a_k = \int_{-\infty}^{+\infty} x^{2k} e^{-kx^2} dx = -\frac{1}{2k} x^{2k-1} e^{-kx^2} \bigg|_{-\infty}^{+\infty} + \frac{2k-1}{2k} \int_{-\infty}^{+\infty} x^{2k-2} e^{-kx^2} dx$$

$$= \frac{2k-1}{2k} \int_{-\infty}^{+\infty} x^{2k-2} e^{-kx^2} dx$$

$$= -\frac{2k-1}{(2k)^2} x^{2k-3} e^{-kx^2} \bigg|_{-\infty}^{+\infty} + \frac{(2k-1)(2k-3)}{(2k)^2} \int_{-\infty}^{+\infty} x^{2k-4} e^{-kx^2} dx$$

$$= \frac{(2k-1)(2k-3)}{(2k)^2} \int_{-\infty}^{+\infty} x^{2k-4} e^{-kx^2} dx,$$

由此递推, 并利用 Gauss 积分, 可得

$$a_k = \frac{(2k-1)(2k-3)\cdots 3 \cdot 1}{(2k)^k} \int_{-\infty}^{+\infty} e^{-kx^2} dx = \frac{(2k-1)!!}{(2k)^k} \frac{\sqrt{\pi}}{\sqrt{k}}.$$

对于正项级数 $\sum\limits_{k=1}^{\infty} a_k$, 易知

$$\lim_{k \to \infty} \frac{a_{k+1}}{a_k} = \lim_{k \to \infty} \frac{(2k+1)!!}{(2k-1)!!} \cdot \frac{(2k)^k}{(2k+2)^{k+1}} \cdot \frac{\sqrt{k}}{\sqrt{k+1}}$$

$$= \lim_{k \to \infty} \frac{2k+1}{2k+2} \cdot \left(\frac{k}{k+1}\right)^k \cdot \sqrt{\frac{k}{k+1}} = \frac{1}{e} < 1,$$

根据比值判别法可知, 级数 $\sum\limits_{k=1}^{\infty} a_k$ 收敛.

25. (**方法 1**) 利用比值判别法. 令 $u_n = \dfrac{x^n}{(1+x)(1+x^2)\cdots(1+x^n)}$, 因为

$$\rho = \lim_{n \to \infty} \frac{u_{n+1}}{u_n} = \lim_{n \to \infty} \frac{x}{1+x^{n+1}} = \begin{cases} x, & 0 < x < 1, \\ \dfrac{1}{2}, & x = 1, \\ 0, & x > 1, \end{cases}$$

总有 $0 \leqslant \rho < 1$, 所以级数收敛.

(**方法 2**) 令 $a_n(x) = \dfrac{x^n}{(1+x)(1+x^2)\cdots(1+x^n)}$,当 $x \geqslant 1$ 时,将 $a_n(x)$ 拆项为

$$a_n(x) = \dfrac{1}{(1+x)(1+x^2)\cdots(1+x^{n-1})} - \dfrac{1}{(1+x)(1+x^2)\cdots(1+x^n)},$$

所以级数的部分和 $S_n(x)$ 为

$$S_n(x) = \sum_{k=1}^{n} a_k(x) = 1 - \dfrac{1}{(1+x)(1+x^2)\cdots(1+x^n)}.$$

注意到 $0 \leqslant \prod\limits_{k=1}^{n} \dfrac{1}{1+x^k} \leqslant \dfrac{1}{2^n}$,由夹逼准则知,$\lim\limits_{n\to\infty} \prod\limits_{k=1}^{n} \dfrac{1}{1+x^k} = 0$,所以 $\lim\limits_{n\to\infty} S_n(x) = 1$,级数收敛.

当 $0 < x < 1$ 时,由于

$$0 \leqslant a_n(x) = \dfrac{x^n}{(1+x)(1+x^2)\cdots(1+x^n)} \leqslant \left(\dfrac{x}{1+x^n}\right)^n,$$

且 $\lim\limits_{n\to\infty} \sqrt[n]{\left(\dfrac{x}{1+x^n}\right)^n} = \lim\limits_{n\to\infty} \dfrac{x}{1+x^n} = x$,根据根值判别法,$\sum\limits_{n=1}^{\infty} \left(\dfrac{x}{1+x^n}\right)^n$ 收敛,故由比较判别法,原级数收敛.

综上所述,当 $x > 0$ 时,原级数 $\sum\limits_{n=1}^{\infty} a_n(x)$ 收敛.

26. 设级数的一般项为 b_n,即 $b_n = \dfrac{a^{\frac{n(n+1)}{2}}}{(1+a)(1+a^2)\cdots(1+a^n)}$,由于

$$\lim_{n\to\infty} \dfrac{b_{n+1}}{b_n} = \lim_{n\to\infty} \dfrac{a^{n+1}}{1+a^{n+1}} = \begin{cases} 0, & 0 < a < 1, \\ \dfrac{1}{2}, & a = 1, \\ 1, & a > 1, \end{cases}$$

故由比值判别法可知,当 $0 < a \leqslant 1$ 时级数收敛.

当 $a > 1$ 时,令 $a_1 = \dfrac{1}{a}$,则 $0 < a_1 = \dfrac{1}{a} < 1$,且 $b_n = \dfrac{1}{(1+a_1)(1+a_1^2)\cdots(1+a_1^n)}$.

再令 $c_n = (1+a_1)(1+a_1^2)\cdots(1+a_1^n)$,则 $b_n = \dfrac{1}{c_n}$. 利用已知不等式:当 $x > 0$ 时,$\mathrm{e}^x > 1 + x$,得

$$1 < c_n = (1+a_1)(1+a_1^2)\cdots(1+a_1^n) < \mathrm{e}^{a_1}\mathrm{e}^{a_1^2}\cdots\mathrm{e}^{a_1^n} = \mathrm{e}^{\frac{a_1 - a_1^{n+1}}{1-a_1}} < \mathrm{e}^{\frac{a_1}{1-a_1}} = \mathrm{e}^{\frac{1}{a-1}},$$

所以 $\{c_n\}$ 单调递增有上界. 根据单调有界准则可知 $\{c_n\}$ 收敛, 且其极限介于 1 与 $\mathrm{e}^{\frac{1}{a-1}}$ 之间, 从而 $\lim\limits_{n\to\infty} b_n$ 存在, 且 $0 < \mathrm{e}^{\frac{1}{1-a}} \leqslant \lim\limits_{n\to\infty} b_n < 1$, 故由级数收敛的必要条件可知, 原级数 $\sum\limits_{n=1}^{\infty} b_n$ 发散.

综上所述, 级数 $\sum\limits_{n=1}^{\infty} \dfrac{a^{\frac{n(n+1)}{2}}}{(1+a)(1+a^2)\cdots(1+a^n)}$ 当 $0 < a \leqslant 1$ 时收敛, 当 $a > 1$ 时发散.

27. 【分析】 可将 $\dfrac{(-1)^{i+j}}{i+j}$ 表示为定积分 $\int_{-1}^{0} x^{i+j-1} \mathrm{d}x$ 的形式, 考虑级数的部分和, 利用积分性质和几何级数求和, 注意对双重和式依次进行化简、计算.

因为 $\int_{-1}^{0} x^{i+j-1} \mathrm{d}x = \dfrac{1}{i+j} x^{i+j} \bigg|_{-1}^{0} = -\dfrac{(-1)^{i+j}}{i+j}$, 所以部分和

$$\begin{aligned}
S_{m,n} &= \sum_{i=1}^{m} \sum_{j=1}^{n} \dfrac{(-1)^{i+j}}{i+j} = -\sum_{i=1}^{m} \sum_{j=1}^{n} \int_{-1}^{0} x^{i+j-1} \mathrm{d}x \\
&= -\sum_{i=1}^{m} \int_{-1}^{0} (x^i + x^{i+1} + x^{i+2} + \cdots + x^{i+n-1}) \mathrm{d}x \\
&= -\sum_{i=1}^{m} \int_{-1}^{0} \dfrac{x^i(1-x^n)}{1-x} \mathrm{d}x \\
&= -\int_{-1}^{0} \dfrac{(x^1 - x^{1+n}) + (x^2 - x^{2+n}) + \cdots + (x^m - x^{m+n})}{1-x} \mathrm{d}x \\
&= -\int_{-1}^{0} \dfrac{x^1 + x^2 + x^3 + \cdots + x^m}{1-x} \mathrm{d}x + \int_{-1}^{0} \dfrac{x^{n+1} + x^{n+2} + x^{n+3} + \cdots + x^{n+m}}{1-x} \mathrm{d}x \\
&= -\int_{-1}^{0} \dfrac{\frac{x(1-x^m)}{1-x}}{1-x} \mathrm{d}x + \int_{-1}^{0} \dfrac{\frac{x^{n+1}(1-x^m)}{1-x}}{1-x} \mathrm{d}x \\
&= -\int_{-1}^{0} \dfrac{x - x^{m+1}}{(1-x)^2} \mathrm{d}x + \int_{-1}^{0} \dfrac{x^{n+1} - x^{n+m+1}}{(1-x)^2} \mathrm{d}x.
\end{aligned}$$

可以证明 $\lim\limits_{l\to +\infty} \int_{-1}^{0} \dfrac{x^l}{(1-x)^2} \mathrm{d}x = 0$ (见本题注), 于是

$$\text{原式} = \lim_{\substack{m\to +\infty \\ n\to +\infty}} S_{m,n} = -\int_{-1}^{0} \dfrac{x}{(1-x)^2} \mathrm{d}x = -\int_{-1}^{0} \left(\dfrac{1}{(1-x)^2} - \dfrac{1}{1-x} \right) \mathrm{d}x = \ln 2 - \dfrac{1}{2}.$$

【注】 这里补充证明: $\lim\limits_{l\to +\infty} \int_{-1}^{0} \dfrac{x^l}{(1-x)^2} \mathrm{d}x = 0$. 事实上, 因为 $x \in [-1, 0]$ 时,

$(1-x)^2 \geqslant 1$, 所以

$$0 \leqslant \int_{-1}^{0} \frac{x^l}{(1-x)^2} \mathrm{d}x \leqslant \int_{-1}^{0} x^l \mathrm{d}x = \frac{1}{l+1} x^{l+1} \bigg|_{-1}^{0} = \frac{(-1)^{l+2}}{l+1} \to 0 \text{ (当 } l \to +\infty \text{ 时)}.$$

根据夹逼准则,可得 $\displaystyle\lim_{l \to +\infty} \int_{-1}^{0} \frac{x^l}{(1-x)^2} \mathrm{d}x = 0.$

28. 因为 $\{u_n\}, \{c_n\}$ 为正实数列,所以 $\displaystyle\sum_{n=1}^{\infty} u_n, \sum_{n=1}^{\infty} c_n$ 为正项级数.

(1) 因为对所有的正整数 n, 满足 $c_n u_n \geqslant c_{n-1} u_{n-1}$, 由此递推,得

$$c_n u_n \geqslant c_{n-1} u_{n-1} \geqslant c_{n-2} u_{n-2} \geqslant \cdots \geqslant c_1 u_1 > 0,$$

所以 $u_n \geqslant c_1 u_1 \cdot \dfrac{1}{c_n}.$

据题设条件,$\displaystyle\sum_{n=1}^{\infty} c_1 u_1 \frac{1}{c_n} = c_1 u_1 \sum_{n=1}^{\infty} \frac{1}{c_n}$ 发散,故由比较判别法知 $\displaystyle\sum_{n=1}^{\infty} u_n$ 也发散.

(2) 对所有的正整数 n, 有 $c_n \dfrac{u_n}{u_{n+1}} - c_{n+1} \geqslant a$, 由此得 $0 < u_{n+1} \leqslant \dfrac{c_n}{c_{n+1}+a} u_n < \dfrac{c_n}{c_{n+1}} u_n.$ 递推可得

$$0 < u_{n+1} < \frac{c_n}{c_{n+1}} u_n < \frac{c_n}{c_{n+1}} \cdot \frac{c_{n-1}}{c_n} u_{n-1} = \frac{c_{n-1}}{c_{n+1}} u_{n-1} < \frac{c_{n-2}}{c_{n+1}} u_{n-2} < \cdots < \frac{c_1}{c_{n+1}} u_1.$$

据题设条件,$\displaystyle\sum_{n=1}^{\infty} \frac{c_1 u_1}{c_n} = c_1 u_1 \sum_{n=1}^{\infty} \frac{1}{c_n}$ 收敛,故由比较判别法知 $\displaystyle\sum_{n=1}^{\infty} u_n$ 也收敛.

29. 记 $M_n = \left(3+\sqrt{5}\right)^n + \left(3-\sqrt{5}\right)^n$, 则

$$M_n = \sum_{k=0}^{n} \mathrm{C}_n^k 3^{n-k} \left(\sqrt{5}\right)^k + \sum_{k=0}^{n} \mathrm{C}_n^k (-1)^k 3^{n-k} \left(\sqrt{5}\right)^k$$

$$= \sum_{k=0}^{n} \left[1+(-1)^k\right] \mathrm{C}_n^k 3^{n-k} \left(\sqrt{5}\right)^k.$$

由此可见 M_n 是偶数 $(n=1,2,\cdots)$. 因而

$$\sin \pi \left(3+\sqrt{5}\right)^n = \sin \pi \left[M_n - \left(3-\sqrt{5}\right)^n\right]$$
$$= -\sin \pi \left(3-\sqrt{5}\right)^n.$$

由于 $0 < 3-\sqrt{5} < 1$ 及 $\left|\sin \pi \left(3+\sqrt{5}\right)^n\right| = \left|\sin \pi \left(3-\sqrt{5}\right)^n\right| \leqslant \pi \left(3-\sqrt{5}\right)^n$, 可知级数 $\displaystyle\sum_{n=1}^{\infty} \pi \left(3-\sqrt{5}\right)^n$ 收敛,因此原级数 $\displaystyle\sum_{n=1}^{\infty} \sin \pi \left(3+\sqrt{5}\right)^n$ 绝对收敛.

30. **【分析】** 根据所给级数一般项的形式,可通过分析级数的部分和序列的特性来证明结论成立.

考虑级数 $\sum_{k=1}^{\infty}\left(1-\dfrac{u_k}{u_{k+1}}\right)$ 的部分和 $S_n = \sum_{k=1}^{n}\left(1-\dfrac{u_k}{u_{k+1}}\right)$. 由于 $\{u_n\}$ 是单调增加的正数列, 所以对任意 $k = 1, 2, \cdots$, 总有 $1 - \dfrac{u_k}{u_{k+1}} > 0$, 因此 $\{S_n\}$ 亦是单调增加的正数列.

(**充分性**) 若 $\{u_n\}$ 有上界, 则存在 $M > 0$, 使得 $0 < u_n \leqslant M$ 对任意 n 成立. 于是

$$S_n = \sum_{k=1}^{n} \dfrac{u_{k+1}-u_k}{u_{k+1}} \leqslant \dfrac{1}{u_2}\sum_{k=1}^{n}(u_{k+1}-u_k) \leqslant \dfrac{1}{u_2}(u_{n+1}-u_1) \leqslant \dfrac{1}{u_2}(M - u_1),$$

即数列 $\{S_n\}$ 有上界. 根据单调有界准则, 可知 $\{S_n\}$ 收敛, 所以级数 $\sum_{k=1}^{\infty}\left(1-\dfrac{u_k}{u_{k+1}}\right)$ 收敛.

(**必要性**) 用反证法: 假设数列 $\{u_n\}$ 无上界, 则对任意固定的正整数 n_0, 必存在正整数 $n > n_0$, 使得 $u_n > 2u_{n_0}$, 即 $\dfrac{u_{n_0}}{u_n} < \dfrac{1}{2}$, 于是

$$S_{n-1} - S_{n_0} = \sum_{k=n_0}^{n-1}\left(1-\dfrac{u_k}{u_{k+1}}\right) \geqslant \dfrac{1}{u_n}\sum_{k=n_0}^{n-1}(u_{k+1}-u_k) = \dfrac{1}{u_n}(u_n - u_{n_0}) > \dfrac{1}{2},$$

故由 Cauchy 收敛准则知数列 $\{S_n\}$ 发散, 即原级数发散, 矛盾. 所以数列 $\{u_n\}$ 有界.

31. (1) 对于发散的正项级数 $\sum_{n=1}^{\infty} u_n$, 部分和序列 $\{S_n\}$ 严格单调增加, 且 $S_n \to +\infty \ (n \to \infty)$, 所以

$$\sum_{k=n+1}^{n+p} \dfrac{u_k}{S_k} \geqslant \dfrac{1}{S_{n+p}} \sum_{k=n+1}^{n+p} u_k = \dfrac{S_{n+p}-S_n}{S_{n+p}} = 1 - \dfrac{S_n}{S_{n+p}}.$$

故对任意的 n, 当 p 充分大时, 有 $\dfrac{S_n}{S_{n+p}} < \dfrac{1}{2}$, 于是 $\sum_{k=2}^{n} \dfrac{u_k}{S_k} > 1 - \dfrac{1}{2} = \dfrac{1}{2}$, 因此级数 $\sum_{n=1}^{\infty} \dfrac{u_n}{S_n}$ 发散.

(2) 注意到 $\{S_n\}$ 是单调增加的正数列, 且 $\sum_{n=1}^{\infty} \dfrac{u_n}{S_n^2}$ 也是正项级数, 所以部分和

$$\sum_{k=2}^{n} \dfrac{u_k}{S_k^2} \leqslant \sum_{k=2}^{n} \dfrac{S_k - S_{k-1}}{S_k S_{k-1}} = \sum_{k=2}^{n}\left(\dfrac{1}{S_{k-1}} - \dfrac{1}{S_k}\right) = \dfrac{1}{S_1} - \dfrac{1}{S_n} < \dfrac{1}{u_1},$$

这就表明, 正项级数 $\sum_{n=1}^{\infty} \dfrac{u_n}{S_n^2}$ 的部分和有上界, 因而收敛.

32. (1) 显然 $F_n > 0$, 且 $\{F_n\}$ 单调增加, 所以 $F_n = F_{n-1} + F_{n-2} \leqslant 2F_{n-1}$. 由此递推, 得
$$F_n \leqslant 2F_{n-1} \leqslant 2^2 F_{n-2} \leqslant \cdots \leqslant 2^{n-1} F_1 = 2^{n-1} \quad (n \geqslant 1).$$
另一方面, 由 $F_{n-1} \leqslant 2F_{n-2}$, 得 $F_{n-2} \geqslant \frac{1}{2} F_{n-1}$, 所以 $F_n \geqslant F_{n-1} + \frac{1}{2} F_{n-1} = \frac{3}{2} F_{n-1}$. 由此递推, 得
$$F_n \geqslant \frac{3}{2} F_{n-1} \geqslant \left(\frac{3}{2}\right)^2 F_{n-2} \geqslant \cdots \geqslant \left(\frac{3}{2}\right)^{n-1} F_1 = \left(\frac{3}{2}\right)^{n-1}.$$
因此 $\left(\frac{3}{2}\right)^{n-1} \leqslant F_n \leqslant 2^{n-1} \ (n \geqslant 1)$.

(2) 由 (1) 知 $\frac{1}{F_n} \leqslant \left(\frac{2}{3}\right)^{n-1}$, 所以 $\sum_{n=0}^{\infty} \frac{1}{F_n}$ 收敛; 而 $\frac{1}{\ln F_n} \geqslant \frac{1}{(n-1)\ln 2}$, 所以 $\sum_{n=0}^{\infty} \frac{1}{\ln F_n}$ 发散.

33. 由 $\lim\limits_{x \to 0} \frac{f(x)}{x} = a$, 可知 $f(0) = 0$, $f'(0) = a$. 又 $f(x)$ 在 $x = 0$ 的某个邻域内具有一阶连续导数及 $f'(0) = a > 0$, 可知存在 $\delta > 0$, 使得在 $(0, \delta)$ 上 $f'(x) > 0$. 于是存在正整数 N, 使得当 $n > N$ 时, $f\left(\frac{1}{n}\right) > 0$, $f\left(\frac{1}{n+1}\right) < f\left(\frac{1}{n}\right)$, 且 $\lim\limits_{n \to \infty} f\left(\frac{1}{n}\right) = 0$, 可见交错级数 $\sum_{n=N}^{\infty} (-1)^n f\left(\frac{1}{n}\right)$ 收敛, 因而 $\sum_{n=1}^{\infty} (-1)^n f\left(\frac{1}{n}\right)$ 收敛.

另一方面, 由 Lagrange 中值定理, 当 $n > N$ 时, $f\left(\frac{1}{n}\right) = f\left(\frac{1}{n}\right) - f(0) = f'(\xi) \frac{1}{n}$, $0 \leqslant \xi \leqslant \frac{1}{n}$. 所以 $\lim\limits_{n \to \infty} \frac{f\left(\frac{1}{n}\right)}{\frac{1}{n}} = f'(0) = a > 0$. 利用比较判别法, 级数 $\sum_{n=1}^{\infty} f\left(\frac{1}{n}\right)$ 发散.

34. 当 $x > 0$ 时, 由题设等式 $(1+x^2)f'(x) + (1+x)f(x) = 1$, 得
$$f'(x) + \frac{1+x}{1+x^2} f(x) = \frac{1}{1+x^2}.$$
这是关于 $f(x)$ 的一阶线性微分方程. 利用求解公式及条件 $f(0) = 0$, 得
$$f(x) = \mathrm{e}^{-\int_0^x \frac{1+t}{1+t^2} \mathrm{d}t} \left(f(0) + \int_0^x \frac{1}{1+t^2} \mathrm{e}^{\int_0^t \frac{1+u}{1+u^2} \mathrm{d}u} \mathrm{d}t \right) = \frac{\mathrm{e}^{-\arctan x}}{\sqrt{1+x^2}} \int_0^x \frac{\mathrm{e}^{\arctan t}}{\sqrt{1+t^2}} \mathrm{d}t.$$
因为 $g'(x)$ 在 $[0, +\infty)$ 上连续, 且 $g'(x) = f(x)$, 所以
$$g\left(\frac{1}{n}\right) = g(0) + \int_0^{\frac{1}{n}} f(x) \mathrm{d}x = \int_0^{\frac{1}{n}} \frac{\mathrm{e}^{-\arctan x}}{\sqrt{1+x^2}} \mathrm{d}x \int_0^x \frac{\mathrm{e}^{\arctan t}}{\sqrt{1+t^2}} \mathrm{d}t$$

$$= \iint_D \frac{e^{\arctan t - \arctan x}}{\sqrt{1+x^2}\sqrt{1+t^2}} dxdt,$$

其中 $D = \left\{(x,t) \middle| 0 \leqslant x \leqslant \frac{1}{n}, 0 \leqslant t \leqslant x\right\}$. 注意到在 D 上有 $\arctan t - \arctan x < 0$, $\frac{1}{\sqrt{1+x^2}\sqrt{1+t^2}} \leqslant 1$, 所以

$$0 \leqslant g\left(\frac{1}{n}\right) \leqslant \iint_D dxdt = \int_0^{\frac{1}{n}} dx \int_0^x dt = \int_0^{\frac{1}{n}} xdx = \frac{1}{2n^2}.$$

根据比较判别法可知, 级数 $\sum_{n=1}^{\infty} g\left(\frac{1}{n}\right)$ 收敛, 且其和 $S = \sum_{n=1}^{\infty} g\left(\frac{1}{n}\right) \leqslant \frac{1}{2} \sum_{n=1}^{\infty} \frac{1}{n^2} = \frac{1}{2} \cdot \frac{\pi^2}{6} = \frac{\pi^2}{12}$.

35. $\lim_{n\to\infty} \left|\frac{a_{n+1}}{a_n}\right| = \lim_{n\to\infty} \frac{n+2}{n+1} = 1$, $r = 1$, 所以当 $|x| < 1$ 时幂级数 $\sum_{n=0}^{\infty} a_n x^n$ 收敛.

由 $a_{n+1} = -\left(1 + \frac{1}{n+1}\right) a_n$ 可推出 $a_n = \frac{7}{6}(-1)^n(n+1)$ $(n \geqslant 3)$. 所以

$$S(x) = 1 - 2x + \frac{7}{2}x^2 + \sum_{n=3}^{\infty} \frac{7}{6}(-1)^n(n+1)x^n$$

$$= 1 - 2x + \frac{7}{2}x^2 + \frac{7}{6}\left(\sum_{n=2}^{\infty}(-1)^n \int_0^x (n+1)x^n dx\right)' = 1 - 2x + \frac{7}{2}x^2 + \frac{7}{6}\left(\frac{x^4}{1+x}\right)'$$

$$= 1 - 2x + \frac{7}{2}x^2 + \frac{7}{6}\frac{4x^3 + 3x^4}{(1+x)^2} = \frac{1}{(1+x)^2}\left(\frac{x^3}{3} + \frac{x^2}{2} + 1\right).$$

36. 记 $a_n = \frac{(-1)^n n^3}{(n+1)!}$, $n = 1, 2, \cdots$, 因为 $\lim_{n\to\infty} \left|\frac{a_{n+1}}{a_n}\right| = \lim_{n\to\infty} \frac{(n+1)^3(n+1)!}{n^3(n+2)!}$

$= \lim_{n\to\infty} \frac{(n+1)^3}{n^3(n+2)} = 0$, 所以 $R = +\infty$, 幂级数的收敛区间为 $(-\infty, +\infty)$.

设幂级数 $\sum_{n=1}^{\infty} \frac{(-1)^n n^3}{(n+1)!} x^n$ 的和函数为 $S(x)$, 由于 $\frac{n^3}{(n+1)!} = \frac{1}{(n-2)!} + \frac{1}{n!} - \frac{1}{(n+1)!}$,

所以

$$S(x) = \sum_{n=1}^{\infty} \frac{n^3}{(n+1)!}(-x)^n = -\frac{x}{2} + \sum_{n=2}^{\infty} \frac{(-x)^n}{(n-2)!} + \sum_{n=2}^{\infty} \frac{(-x)^n}{n!} - \sum_{n=2}^{\infty} \frac{(-x)^n}{(n+1)!}$$

$$= -\frac{x}{2} + x^2 \sum_{n=2}^{\infty} \frac{(-x)^{n-2}}{(n-2)!} + \sum_{n=2}^{\infty} \frac{(-x)^n}{n!} - \frac{1}{x} \sum_{n=2}^{\infty} \frac{(-x)^{n+1}}{(n+1)!}$$

$$= -\frac{x}{2} + x^2 e^{-x} + (e^{-x} - 1 + x) + \frac{1}{x}\left(e^{-x} - 1 + x - \frac{x^2}{2}\right)$$

$$= e^{-x}\left(x^2 + 1 + \frac{1}{x}\right) - \frac{1}{x} \quad (x \neq 0).$$

显然, 当 $S(0) = 0$ 时, 因此

$$S(x) = \begin{cases} e^{-x}\left(x^2 + 1 + \frac{1}{x}\right) - \frac{1}{x}, & x \neq 0, \\ 0, & x = 0. \end{cases}$$

37. 对于 $a \neq b$, 利用展开式 $\dfrac{1}{1-x} = \sum\limits_{n=0}^{\infty} x^n$, 当 $x \neq 0$ 时, 有

$$\frac{1}{(1-ax)(1-bx)} = \frac{1}{(a-b)x}\left[\frac{1}{1-ax} - \frac{1}{1-bx}\right] = \sum_{n=0}^{\infty} \frac{a^{n+1} - b^{n+1}}{a-b} x^n.$$

显然, 当 $x = 0$ 时, 也有 $\dfrac{1}{(1-ax)(1-bx)} = \sum\limits_{n=0}^{\infty} \dfrac{a^{n+1} - b^{n+1}}{a-b} x^n$, 所以

$$\sum_{n=0}^{\infty} u_n x^n = \sum_{n=0}^{\infty} \frac{a^{n+1} - b^{n+1}}{a-b} x^n, \quad \text{其中 } |x| < \min\{a, b\},$$

从而有 $u_n = \dfrac{a^{n+1} - b^{n+1}}{a-b}, n = 0, 1, 2, \cdots$. 因此

$$\sum_{n=0}^{\infty} u_n^2 x^n = \sum_{n=0}^{\infty} \frac{a^{2n+2} - 2a^{n+1}b^{n+1} - b^{2n+2}}{(a-b)^2} x^n$$

$$= \frac{1}{(a-b)^2}\left[a^2 \sum_{n=0}^{\infty} a^{2n} x^n - 2ab \sum_{n=0}^{\infty} a^n b^n x^n + b^2 \sum_{n=0}^{\infty} b^{2n} x^n\right]$$

$$= \frac{1}{(a-b)^2}\left[\frac{a^2}{1-a^2 x} - \frac{2ab}{1-abx} + \frac{b^2}{1-b^2 x}\right]$$

$$= \frac{1 + abx}{(1-abx)(1-a^2 x)(1-b^2 x)}, \quad |x| < \min\{a, b\}.$$

对于 $a = b$, 由于 $\dfrac{1}{(1-ax)^2} = \dfrac{1}{a}\left(\dfrac{1}{1-ax}\right)' = \dfrac{1}{a}\left(\sum\limits_{n=0}^{\infty} a^n x^n\right)' = \sum\limits_{n=0}^{\infty}(n+1)a^n x^n$, 此时, 有 $u_n = (n+1)a^n, n = 0, 1, 2, \cdots$. 再次两边求导, 得 $\dfrac{2}{(1-ax)^3} = \sum\limits_{n=0}^{\infty}(n+1)(n+2)a^n x^n$,

因此

$$\sum_{n=0}^{\infty} u_n^2 x^n = \sum_{n=0}^{\infty} (n+2)(n+1)a^{2n}x^n - \sum_{n=0}^{\infty} (n+1)a^{2n}x^n = \frac{2}{(1-a^2x)^3} - \frac{1}{(1-a^2x)^2}$$

$$= \frac{1+a^2x}{(1-a^2x)^3}, \quad |x| < \min\{a, b\}.$$

38. (1) 注意到 $f(0) = 0$, $f(1) = \sum_{n=1}^{\infty} \frac{1}{n^2} = \frac{\pi^2}{6}$, 另外, 利用 L'Hospital 法则, 得

$$\lim_{x \to 1^-} \ln x \ln(1-x) = \lim_{x \to 1^-} \frac{\ln(1-x)}{\frac{1}{\ln x}} = \lim_{x \to 1^-} \frac{-\frac{1}{1-x}}{-\frac{\frac{1}{x}}{(\ln x)^2}}$$

$$= \lim_{x \to 1^-} \frac{(\ln x)^2}{1-x} = \lim_{x \to 1^-} \frac{2\ln x \cdot \frac{1}{x}}{-1} = 0,$$

再令 $t = 1 - x$, 则当 $x \to 0^+$ 时, $t \to 1^-$, 利用上述结果, 得 $\lim_{x \to 0^+} \ln x \ln(1-x) = \lim_{x \to 1^-} \ln t \ln(1-t) = 0$.

令 $F(x) = \begin{cases} f(x) + f(1-x) + \ln x \ln(1-x), & 0 < x < 1, \\ \dfrac{\pi^2}{6}, & x = 0, 1, \end{cases}$ 则 $F(x)$ 在 $[0, 1]$ 上连续, 在 $(0, 1)$ 内可导, 且

$$\frac{\mathrm{d}}{\mathrm{d}x} F(x) = f'(x) - f'(1-x) + \frac{\ln(1-x)}{x} - \frac{\ln x}{1-x}.$$

因为 $f'(x) = \sum_{n=1}^{\infty} \frac{x^{n-1}}{n}$, $\ln(1+x) = \sum_{n=1}^{\infty} (-1)^{n-1} \frac{x^n}{n}$, 所以 $f'(x) = -\frac{\ln(1-x)}{x}$, $f'(1-x) = -\frac{\ln x}{1-x}$, 从而有

$$\frac{\mathrm{d}}{\mathrm{d}x} F(x) = 0 \quad (0 < x < 1),$$

因此在 $[0, 1]$ 上 $F(x) = C$ (C 为常数). 由 $F(1) = \dfrac{\pi^2}{6}$ 知 $C = \dfrac{\pi^2}{6}$, 所以 $F(x) = \dfrac{\pi^2}{6}$, 即

$$f(x) + f(1-x) + \ln x \ln(1-x) = \frac{\pi^2}{6}, \quad x \in [0, 1].$$

(2) $I = \int_0^1 \dfrac{1}{2-x} \ln \dfrac{1}{x} dx = -\int_0^1 \dfrac{1}{2-x} \ln x \, dx \xrightarrow{\text{令 } 2-x=y} -\int_1^2 \dfrac{\ln(2-y)}{y} dy$

$= -\int_1^2 \dfrac{\ln\left[2\left(1-\dfrac{y}{2}\right)\right]}{y} dy = -\int_1^2 \dfrac{\ln 2}{y} dy - \int_1^2 \dfrac{\ln\left(1-\dfrac{y}{2}\right)}{y} dy$

$= -(\ln 2)^2 + \int_1^2 \sum_{n=1}^{\infty} \dfrac{y^{n-1}}{2^n \cdot n} dy$

$= -(\ln 2)^2 + \sum_{n=1}^{\infty} \int_1^2 \dfrac{y^{n-1}}{2^n n} dy = -(\ln 2)^2 + \sum_{n=1}^{\infty} \dfrac{1}{n^2} - \sum_{n=1}^{\infty} \dfrac{1}{2^n n^2}$

$= -(\ln 2)^2 + \sum_{n=1}^{\infty} \dfrac{1}{n^2} - f\left(\dfrac{1}{2}\right).$

利用 (1) 已证得的结论: $f(x) + f(1-x) + \ln x \ln(1-x) = \dfrac{\pi^2}{6}$, 取 $x = \dfrac{1}{2}$, 得 $2f\left(\dfrac{1}{2}\right) + (-\ln 2)^2 = \dfrac{\pi^2}{6}$, 即 $f\left(\dfrac{1}{2}\right) = \dfrac{\pi^2}{12} - \dfrac{(\ln 2)^2}{2}$. 因此, $I = -(\ln 2)^2 + \dfrac{\pi^2}{6} - \left(\dfrac{\pi^2}{12} - \dfrac{(\ln 2)^2}{2}\right)$, 也即 $I = \dfrac{\pi^2}{12} - \dfrac{(\ln 2)^2}{2}$.

39. 利用三角公式 $\arctan \dfrac{\alpha - \beta}{1 + \alpha\beta} = \arctan \alpha - \arctan \beta$, 得

$\arctan \dfrac{2}{8n^2 - 4n - 1} = \arctan \dfrac{(4n+1) - (4n-3)}{1 + (4n+1)(4n-3)} = \arctan(4n+1) - \arctan(4n-3),$

所以级数的部分和为

$S_n = \sum_{k=1}^{n} \arctan \dfrac{2}{8k^2 - 4k - 1} = \sum_{k=1}^{n} [\arctan(4k+1) - \arctan(4k-3)]$

$= \arctan(4n+1) - \dfrac{\pi}{4}.$

因此所求级数的和为

$\sum_{n=1}^{\infty} \arctan \dfrac{2}{8n^2 - 4n - 1} = \lim_{n \to \infty} S_n = \lim_{n \to \infty} \left[\arctan(4n+1) - \dfrac{\pi}{4}\right] = \dfrac{\pi}{2} - \dfrac{\pi}{4} = \dfrac{\pi}{4}.$

40. (1) 因为 $f'(x) = \sum_{n=1}^{\infty} \dfrac{u_n}{(n-1)!} x^{n-1} = \sum_{n=0}^{\infty} \dfrac{u_{n+1}}{n!} x^n$, $f''(x) = \sum_{n=1}^{\infty} \dfrac{u_{n+1}}{(n-1)!} x^{n-1}$

$= \sum_{n=0}^{\infty} \dfrac{u_{n+2}}{n!} x^n$, 所以

$$f''(x) = a \sum_{n=0}^{\infty} \dfrac{u_{n+1}}{n!} x^n + b \sum_{n=0}^{\infty} \dfrac{u_n}{n!} x^n = af'(x) + bf(x).$$

因此, $f(x)$ 满足二阶微分方程 $f''(x) - af'(x) - bf(x) = 0$ 及初值条件 $f(0) = 0, f'(0) = 1$, 即 $y = f(x)$ 是微分方程初值问题 $y'' - ay' - by = 0, y(0) = 0, y'(0) = 1$ 的解.

(2) 令 $f_1(x) = -\mathrm{e}^{ax} f(-x)$, 则 $f_1'(x) = -a\mathrm{e}^{ax} f(-x) + \mathrm{e}^{ax} f'(-x)$, 且

$$f_1''(x) = -a^2 \mathrm{e}^{ax} f(-x) + a\mathrm{e}^{ax} f'(-x) + a\mathrm{e}^{ax} f'(-x) - \mathrm{e}^{ax} f''(-x)$$
$$= -\mathrm{e}^{ax} \left[a^2 f(-x) + f''(-x) \right].$$

注意到 $f''(-x) + af'(-x) - bf(-x) = 0$, 所以 $f_1(0) = 0, f_1'(0) = 1$, 且

$$f_1''(x) - af_1'(x) - bf_1(x)$$
$$= -\mathrm{e}^{ax} \left[a^2 f(-x) + f''(-x) \right] - a \left[-a\mathrm{e}^{ax} f(-x) + \mathrm{e}^{ax} f'(-x) \right] - b \left[-\mathrm{e}^{ax} f(-x) \right]$$
$$= -\mathrm{e}^{ax} \left[f''(-x) + af'(-x) - bf(-x) \right] = 0,$$

因此, $f_1(x)$ 也是微分方程初值问题 $y'' - ay' - by = 0, y(0) = 0, y'(0) = 1$ 的解.

根据微分方程初值问题解的唯一性, 可知 $f(x) = f_1(x) = -\mathrm{e}^{ax} f(-x)$.

41. 记 $a_n = 1 + \dfrac{1}{2} + \cdots + \dfrac{1}{n}, n \geqslant 1$, 则 $1 \leqslant \sqrt[n]{a_n} \leqslant \sqrt[n]{n}$. 利用夹逼准则, 可知 $\lim\limits_{n \to \infty} \sqrt[n]{a_n} = 1$, 所以级数的收敛半径 $R = 1$.

记级数在 $(-1, 1)$ 内的和函数为 $S(x)$, 即 $S(x) = \sum\limits_{n=1}^{\infty} \left(1 + \dfrac{1}{2} + \cdots + \dfrac{1}{n} \right) x^n$, 则

$$S(x) = x \sum_{n=1}^{\infty} \left(1 + \dfrac{1}{2} + \cdots + \dfrac{1}{n-1} \right) x^{n-1} + \sum_{n=1}^{\infty} \dfrac{x^n}{n} = xS(x) + \sum_{n=1}^{\infty} \dfrac{x^n}{n}.$$

注意到 $\ln(1-x) = -\sum\limits_{n=1}^{\infty} \dfrac{x^n}{n}, |x| < 1$, 所以上式即 $S(x) = xS(x) - \ln(1-x)$, 解得

$$S(x) = -\dfrac{\ln(1-x)}{1-x}, \quad |x| < 1.$$

42. 【分析】 记幂级数的和函数为 $S(x)$, 根据级数的特点, 考虑逐项求导, 得到一个关于 $S(x)$ 与 $S'(x)$ 的微分方程及初值条件, 再解微分方程求出 $S(x)$.

设幂级数的和函数为 $S(x)$, 则 $S(x) = x + \dfrac{x^3}{1 \cdot 3} + \dfrac{x^5}{1 \cdot 3 \cdot 5} + \dfrac{x^7}{1 \cdot 3 \cdot 5 \cdot 7} + \cdots$, 所以 $S(0) = 0$, 且

$$S'(x) = 1 + x^2 + \dfrac{x^4}{1 \cdot 3} + \dfrac{x^6}{1 \cdot 3 \cdot 5} + \dfrac{x^8}{1 \cdot 3 \cdot 5 \cdot 7} + \cdots$$
$$= 1 + x \left(x + \dfrac{x^3}{1 \cdot 3} + \dfrac{x^5}{1 \cdot 3 \cdot 5} + \dfrac{x^7}{1 \cdot 3 \cdot 5 \cdot 7} + \cdots \right)$$

$$= 1 + xS(x),$$

即和函数 $S(x)$ 满足 $S'(x) - xS(x) = 1$, 且 $S(0) = 0$. 解此微分方程, 得

$$S(x) = e^{\int_0^x t dt} \int_0^x e^{-\int_0^x t dt} dx = e^{\frac{x^2}{2}} \int_0^x e^{-\frac{x^2}{2}} dx.$$

43. 记 $a_n = \dfrac{1}{n3^n + n^2 2^n}$, 因为

$$\rho = \lim_{n \to \infty} \left| \frac{a_{n+1}}{a_n} \right| = \lim_{n \to \infty} \frac{n3^n + n^2 2^n}{(n+1)3^{n+1} + (n+1)^2 2^{n+1}}$$

$$= \frac{1}{3} \lim_{n \to \infty} \frac{n}{n+1} \cdot \frac{1 + n\left(\dfrac{2}{3}\right)^n}{1 + (n+1)\left(\dfrac{2}{3}\right)^{n+1}} = \frac{1}{3},$$

所以级数的收敛半径为 $R = \dfrac{1}{\rho} = 3$.

当 $x = 3$ 时, 幂级数成为 $\displaystyle\sum_{n=1}^{\infty} \frac{3^n}{n3^n + n^2 2^n}$, 即 $\displaystyle\sum_{n=1}^{\infty} \frac{1}{n\left[1 + n\left(\dfrac{2}{3}\right)^n\right]}$, 与 $\displaystyle\sum_{n=1}^{\infty} \frac{1}{n}$ 比较, 可知级数发散.

当 $x = -3$ 时, 幂级数成为 $\displaystyle\sum_{n=1}^{\infty} \frac{(-3)^n}{n3^n + n^2 2^n}$, 即 $\displaystyle\sum_{n=1}^{\infty} (-1)^n \frac{3^n}{n3^n + n^2 2^n}$, 考虑拆分为

$$\sum_{n=1}^{\infty} (-1)^n \frac{3^n}{n3^n + n^2 2^n} = \sum_{n=1}^{\infty} (-1)^n \frac{1}{n} + \sum_{n=1}^{\infty} (-1)^{n-1} \frac{2^n}{3^n + n2^n},$$

易知 $\displaystyle\sum_{n=1}^{\infty} (-1)^n \frac{1}{n}$ 条件收敛, 利用根值判别法可知 $\displaystyle\sum_{n=1}^{\infty} (-1)^{n-1} \frac{2^n}{3^n + n2^n}$ 绝对收敛, 所以 $\displaystyle\sum_{n=1}^{\infty} \frac{(-3)^n}{n3^n + n^2 2^n}$ 收敛.

因此, 所给幂级数的收敛域为 $[-3, 3)$.

【注】 本题的解答用到了 $\displaystyle\lim_{n \to \infty} n\left(\frac{2}{3}\right)^n = 0$, 这可利用正项级数的比值判别法, 证明 $\displaystyle\sum_{n=1}^{\infty} n\left(\frac{2}{3}\right)^n$ 收敛, 再由级数收敛的必要条件可知, $\displaystyle\lim_{n \to \infty} n\left(\frac{2}{3}\right)^n = 0$.

44.【分析】 由于幂级数缺项, 可利用比值法直接求解. 另外, 也可考虑先作变量代换: $t = -8x^3$, 以降低方幂的复杂性, 按通常的幂级数处理.

(**方法 1**) 记 $u_n(x) = \dfrac{(-8)^n}{n\ln(n^3+n)}x^{3n-2}$, 由于

$$\lim_{n\to\infty}\left|\dfrac{u_{n+1}(x)}{u_n(x)}\right| = \lim_{n\to\infty}\left|\dfrac{(-1)^{n+1}8^{n+1}\cdot n\ln(n^3+n)\cdot x^{3n+1}}{(-1)^n 8^n(n+1)\ln[(n+1)^3+(n+1)]\cdot x^{3n-2}}\right| = 8\left|x^3\right|,$$

故当 $8\left|x^3\right| < 1$ 即 $|x| < \dfrac{1}{2}$ 时, 级数收敛; $|x| > \dfrac{1}{2}$ 时, 级数发散. 又当 $x = \dfrac{1}{2}$ 时, 级数化为 $\sum\limits_{n=1}^{\infty}\dfrac{(-1)^n 4}{n\ln(n^3+n)}$, 这是交错级数, 根据 Leibniz 判别法可知级数收敛; 而当 $x = -\dfrac{1}{2}$ 时, 级数化为 $\sum\limits_{n=1}^{\infty}\dfrac{4}{n\ln(n^3+n)}$, 与 $\sum\limits_{n=1}^{\infty}\dfrac{1}{n\ln n}$ 比较可知, 级数发散. 因此, 原级数的收敛域为 $\left(-\dfrac{1}{2}, \dfrac{1}{2}\right]$.

(**方法 2**) 作变量代换: $t = -8x^3$, 幂级数化为 $\dfrac{1}{x^2}\sum\limits_{n=1}^{\infty}\dfrac{1}{n\ln(n^3+n)}t^n$. 记 $a_n = \dfrac{1}{n\ln(n^3+n)}$, 因为

$$\rho = \lim_{n\to\infty}\left|\dfrac{a_{n+1}}{a_n}\right| = \lim_{n\to\infty}\dfrac{n\ln(n^3+n)}{(n+1)\ln[(n+1)^3+(n+1)]}$$
$$= \lim_{n\to\infty}\dfrac{n}{n+1}\cdot\dfrac{\ln(n^3+n)}{\ln(n^3+3n^2+4n+2)} = 1,$$

所以级数 $\sum\limits_{n=1}^{\infty}\dfrac{1}{n\ln(n^3+n)}t^n$ 的收敛半径为 $R = \dfrac{1}{\rho} = 1$.

当 $t = 1$ 时, 幂级数成为 $\sum\limits_{n=1}^{\infty}\dfrac{1}{n\ln(n^3+n)}$, 由于 $\dfrac{1}{n\ln(n^3+n)} \geqslant \dfrac{1}{n\ln n^4} = \dfrac{1}{4n\ln n}(n \geqslant 2)$, 因为

$$\int_2^{+\infty}\dfrac{\mathrm{d}x}{4x\ln x} = \dfrac{1}{4}\ln\ln x\Big|_2^{+\infty} = +\infty,$$

故由积分判别法可知, $\sum\limits_{n=1}^{\infty}\dfrac{1}{4n\ln n}$ 发散, 再由比较判别法可知, 级数 $\sum\limits_{n=1}^{\infty}\dfrac{1}{n\ln(n^3+n)}$ 发散.

当 $t = -1$ 时, 幂级数成为 $\sum\limits_{n=1}^{\infty}\dfrac{(-1)^n}{n\ln(n^3+n)}$, 利用 Leibniz 判别法, $\sum\limits_{n=1}^{\infty}\dfrac{(-1)^n}{n\ln(n^3+n)}$ 收敛.

因此, $\sum\limits_{n=1}^{\infty}\dfrac{1}{n\ln(n^3+n)}t^n$ 的收敛域为 $[-1, 1)$. 又由 $-1 \leqslant t < 1$ 即 $-1 \leqslant -8x^3 < 1$,

解得 $-\frac{1}{2} < x \leqslant \frac{1}{2}$,所给幂级数 $\sum_{n=1}^{\infty} \frac{(-1)^n 8^n}{n \ln(n^3+n)} x^{3n-2}$ 的收敛域为 $\left(-\frac{1}{2}, \frac{1}{2}\right]$.

45. **【分析】** 根据求幂级数收敛半径的一般方法,应求极限 $\lim\limits_{n \to \infty} \frac{a_n}{a_{n+1}}$,其关键是证明数列 $\left\{\frac{a_n}{a_{n+1}}\right\}$ 收敛. 由于该幂级数的系数是 Fibonacci(斐波那契) 数,故也可利用 Fibonacci 数列的通项公式求解该题.

(**方法 1**) 先证明数列 $\left\{\frac{a_n}{a_{n+1}}\right\}$ 收敛,考察

$$\left|\frac{a_{n+1}}{a_{n+2}} - \frac{a_n}{a_{n+1}}\right| = \left|\frac{a_{n+1}^2 - a_{n+2} a_n}{a_{n+2} a_{n+1}}\right| = \left|\frac{a_{n+1}^2 - (a_{n+1}+a_n) a_n}{a_{n+2} a_{n+1}}\right| = \left|\frac{a_n^2 - a_{n+1}(a_{n+1}-a_n)}{a_{n+2} a_{n+1}}\right|$$

$$= \left|\frac{a_n^2 - a_{n+1} a_{n-1}}{a_{n+2} a_{n+1}}\right| = \cdots = \left|\frac{a_2^2 - a_3 a_1}{a_{n+2} a_{n+1}}\right| = \frac{1}{a_{n+2} a_{n+1}},$$

容易证明,当 $n \geqslant 1$ 时,$a_n \geqslant n-1$,所以级数 $\sum_{k=1}^{\infty} \frac{1}{a_{k+2} a_{k+1}}$ 是收敛的,从而级数 $\frac{a_1}{a_2} + \sum_{k=1}^{\infty} \left(\frac{a_{k+1}}{a_{k+2}} - \frac{a_k}{a_{k+1}}\right)$ 绝对收敛. 因为级数的部分和 $S_n = \frac{a_1}{a_2} + \sum_{k=1}^{n} \left(\frac{a_{k+1}}{a_{k+2}} - \frac{a_k}{a_{k+1}}\right) = \frac{a_{n+1}}{a_{n+2}}$,故由级数收敛的定义知,数列 $\left\{\frac{a_n}{a_{n+1}}\right\}$ 收敛,设其收敛于 R,则 $R > 0$. 将等式 $a_{n+1} = a_n + a_{n-1}$ 两边同除以 a_{n+1},得

$$1 = \frac{a_n}{a_{n+1}} + \frac{a_{n-1}}{a_{n+1}} = \frac{a_n}{a_{n+1}} + \frac{a_n}{a_{n+1}} \cdot \frac{a_{n-1}}{a_n},$$

两边取极限 $n \to \infty$,得 $1 = R + R^2$,解得 $R = \frac{\sqrt{5}-1}{2}$. 于是,级数 $\sum_{n=1}^{\infty} a_n x^n$ 的收敛半径为 $R = \frac{\sqrt{5}-1}{2}$.

记级数的和函数为 $S(x)$,则

$$S(x) = x + x^2 + \sum_{n=2}^{\infty} a_{n+1} x^{n+1} = x + x^2 + \sum_{n=2}^{\infty} a_n x^{n+1} + \sum_{n=2}^{\infty} a_{n-1} x^{n+1}$$

$$= x + x^2 + x[S(x) - x] + x^2 S(x),$$

因此 $S(x) = \frac{x}{1-x-x^2} \left(|x| < \frac{\sqrt{5}-1}{2}\right)$.

(**方法 2**) 利用 Fibonacci 数列的通项公式

$$a_n = \frac{1}{\sqrt{5}} \left[\left(\frac{1+\sqrt{5}}{2}\right)^n - \left(\frac{1-\sqrt{5}}{2}\right)^n\right] \quad n = 1, 2, \cdots,$$

可得
$$\frac{a_{n+1}}{a_n} = \frac{\left(\frac{1+\sqrt{5}}{2}\right)^{n+1} - \left(\frac{1-\sqrt{5}}{2}\right)^{n+1}}{\left(\frac{1+\sqrt{5}}{2}\right)^n - \left(\frac{1-\sqrt{5}}{2}\right)^n} = \frac{1+\sqrt{5}}{2} \cdot \frac{1-r^{n+1}}{1-r^n},$$

其中 $r = \frac{1-\sqrt{5}}{1+\sqrt{5}} = \frac{\sqrt{5}-3}{2}$, 显然 $|r| < 1$. 所以

$$\lim_{n\to\infty} \frac{a_{n+1}}{a_n} = \lim_{n\to\infty} \left(\frac{1+\sqrt{5}}{2} \cdot \frac{1-r^{n+1}}{1-r^n}\right) = \frac{1+\sqrt{5}}{2}.$$

从而级数的收敛半径 $R = \frac{1}{(1+\sqrt{5})/2} = \frac{2}{1+\sqrt{5}} = \frac{\sqrt{5}-1}{2}$. 下面与方法 1 相同: 记和函数为 $S(x)$, 则

$$S(x) = x + x^2 + \sum_{n=2}^{\infty} a_{n+1}x^{n+1} = x + x^2 + \sum_{n=2}^{\infty} a_n x^{n+1} + \sum_{n=2}^{\infty} a_{n-1} x^{n+1}$$
$$= x + x^2 + x[S(x) - x] + x^2 S(x),$$

因此 $S(x) = \frac{x}{1-x-x^2} \left(|x| < \frac{\sqrt{5}-1}{2}\right)$.

【注】 利用本题的和函数 $S(x) = \frac{x}{1-x-x^2} \left(|x| < \frac{\sqrt{5}-1}{2}\right)$ 可求解如下问题: 设 $a_1 = a_2 = 1, a_{n+2} = a_{n+1} + a_n, n \geqslant 1$, 则 $\sum_{n=1}^{\infty} \frac{a_n}{2^n} = $ _____. 这只需取 $x = \frac{1}{2}$, 即得 $\sum_{n=1}^{\infty} \frac{a_n}{2^n} = 2$.

当然, 另一个简捷的解法. 记 $S = \sum_{n=1}^{\infty} \frac{a_n}{2^n}$, 利用递推式 $a_{n+2} = a_{n+1} + a_n$, 可得

$$S + \frac{1}{2}S = \frac{1}{2} + \sum_{n=1}^{\infty} \frac{a_{n+1}}{2^{n+1}} + \sum_{n=1}^{\infty} \frac{a_n}{2^{n+1}} = \frac{1}{2} + \sum_{n=1}^{\infty} \frac{a_{n+2}}{2^{n+1}} = \frac{1}{2} + 2\sum_{n=1}^{\infty} \frac{a_{n+2}}{2^{n+2}} = \frac{1}{2} + 2\left(S - \frac{1}{2} - \frac{1}{4}\right),$$

由此解得 $S = 2$.

46. 设初始存入本金为 A_0, 根据复利定义, 则第 n 年末本金及利息和为 $A_0(1+\alpha)^n$. 所以 $A_0(1+\alpha)^n = n^2$, $A_0 = n^2(1+\alpha)^{-n}$. 由于要永远能如此提取, 因此所需本金总数为 $A = \sum_{n=1}^{\infty} n^2 (1+\alpha)^{-n}$.

令 $x = \dfrac{1}{1+\alpha}$, 则 $0 < x < 1$, $A = \sum\limits_{n=1}^{\infty} n^2 x^n$, 所以本金总数 A 即为级数 $\sum\limits_{n=1}^{\infty} n^2 x^n$ 的和.

由 $n^2 = (n+1)n - (n+1) + 1$, 可得

$$A = \sum_{n=1}^{\infty} (n+1)n x^n - \sum_{n=1}^{\infty} (n+1) x^n + \sum_{n=1}^{\infty} x^n$$

$$= x \left(\sum_{n=1}^{\infty} x^{n+1} \right)'' - \left(\sum_{n=1}^{\infty} x^{n+1} \right)' + \frac{x}{1-x}$$

$$= \frac{2x}{(1-x)^3} - \frac{2x - x^2}{(1-x)^2} + \frac{x}{1-x} = \frac{x(x+1)}{(1-x)^3}.$$

最后, 将 $x = \dfrac{1}{1+\alpha}$ 代入上式并整理, 得 $A = \dfrac{(1+\alpha)(2+\alpha)}{\alpha^3}$.

47. (**方法 1**) 对 $(1 - 2x - x^2) f(x) = 1$ 的两边求 $n+2$ 阶导数, 并利用 Leibniz 公式, 得

$$(1 - 2x - x^2) f^{(n+2)}(x) - 2(n+2)(1+x) f^{(n+1)}(x) - (n+2)(n+1) f^{(n)}(x) = 0,$$

取 $x = 0$, 代入上式, 并结合 $a_n = \dfrac{f^{(n)}(0)}{n!}$, 得

$$a_{n+2} = 2 a_{n+1} + a_n \quad (n = 0, 1, 2, \cdots).$$

易知 $a_0 = 1, a_1 = 2$, 利用归纳法可证 $a_n \geqslant 2^n (n \geqslant 1)$, 故 $0 < \dfrac{1}{a_n} \leqslant \dfrac{1}{2^n}$. 因为 $\sum\limits_{n=0}^{\infty} \dfrac{1}{2^n}$ 收敛, 故由比较判别法可知, 级数 $\sum\limits_{n=0}^{\infty} \dfrac{1}{a_n}$ 收敛.

(**方法 2**) 由于 $1 - 2x - x^2 = (\sqrt{2} + 1 + x)(\sqrt{2} - 1 - x)$, 令 $\lambda = \sqrt{2} + 1, \mu = \sqrt{2} - 1$, 则

$$f(x) = \frac{1}{(\lambda + x)(\mu - x)} = \frac{1}{2\sqrt{2}} \left(\frac{1}{\lambda + x} + \frac{1}{\mu - x} \right)$$

$$= \frac{1}{2\sqrt{2}} \left[\frac{1}{\lambda} \sum_{n=0}^{\infty} \left(-\frac{x}{\lambda} \right)^n + \frac{1}{\mu} \sum_{n=0}^{\infty} \left(\frac{x}{\mu} \right)^n \right]$$

$$= \sum_{n=0}^{\infty} \left[\frac{\lambda^{n+1} + (-1)^n \mu^{n+1}}{2\sqrt{2}} \right] x^n, \quad |x| < \mu,$$

所以 $a_n = \dfrac{1}{2\sqrt{2}} \left[\lambda^{n+1} + (-1)^n \mu^{n+1} \right], n = 0, 1, 2, \cdots$. 由于

$$\lim_{n \to \infty} \frac{\dfrac{1}{a_n}}{\dfrac{1}{\lambda^{n+1}}} = \lim_{n \to \infty} \frac{2\sqrt{2}}{1 + (-1)^n \left(\dfrac{\mu}{\lambda} \right)^{n+1}} = 2\sqrt{2} > 0,$$

而 $\sum_{n=0}^{\infty} \frac{1}{\lambda^{n+1}}$ 收敛, 故由比较判别法可知, 级数 $\sum_{n=0}^{\infty} \frac{1}{a_n}$ 收敛.

48. 先求幂级数 $\sum_{n=0}^{\infty} a_n x^n$ 的收敛半径. 当 $n \geqslant 2$ 时, 利用题设等式得

$$a_{n+1} - a_n = \frac{-1}{n+1}(a_n - a_{n-1}) = \frac{-1}{n+1}(a_n - a_{n-1}) \cdot \frac{-1}{n}(a_{n-1} - a_{n-2})$$

$$= \cdots = \frac{(-1)^n}{(n+1)!}(a_1 - a_0) = \frac{(-1)^{n+1}}{(n+1)!},$$

$$a_n = a_{n-1} + \frac{(-1)^n}{n!} = a_{n-2} + \frac{(-1)^{n-1}}{(n-1)!} + \frac{(-1)^n}{n!} = \cdots = \sum_{k=2}^{n} \frac{(-1)^k}{k!}.$$

所以 $\lim_{n\to\infty} a_n = \sum_{n=2}^{\infty} \frac{(-1)^k}{k!} = \mathrm{e}^{-1}$, 从而有 $\rho = \lim_{n\to\infty} \sqrt[n]{|a_n|} = \left(\frac{1}{\mathrm{e}}\right)^0 = 1$.

因此, 幂级数 $\sum_{n=0}^{\infty} a_n x^n$ 的收敛半径为 $R = \frac{1}{\rho} = 1$, 且收敛区间为 $(-1, 1)$. 再求幂级数的和函数 $S(x)$. 由于 $S'(x) = \sum_{n=2}^{\infty} n a_n x^{n-1} = \sum_{n=1}^{\infty} (n+1) a_{n+1} x^n$, 所以

$$(1-x)S'(x) = \sum_{n=1}^{\infty} (n+1) a_{n+1} x^n - \sum_{n=2}^{\infty} n a_n x^n$$

$$= \sum_{n=1}^{\infty} (n a_n + a_{n-1}) x^n - \sum_{n=2}^{\infty} n a_n x^n$$

$$= \sum_{n=1}^{\infty} a_{n-1} x^n = \sum_{n=0}^{\infty} a_n x^{n+1} = x S(x).$$

这是关于 $S(x)$ 的可分离变量的微分方程. 先分离变量再积分, 得 $\int \frac{S'(x)}{S(x)} \mathrm{d}x = \int \frac{x}{1-x} \mathrm{d}x$, 解得 $S(x) = \frac{C \mathrm{e}^{-x}}{1-x}$. 由 $S(0) = 1$, 得 $C = 1$. 因此 $S(x) = \frac{\mathrm{e}^{-x}}{1-x}, x \in (-1, 1)$.

49. 利用归纳法易证: $a_n \geqslant 5^n \ (n = 1, 2, \cdots)$. 因此 $\lim_{n\to\infty} a_n = +\infty$. 利用待定系数法可得

$$\frac{x-1}{x^2+x+1} = \frac{1}{x+2} - \frac{1}{\frac{(x+1)^3 - 5}{3} + 2},$$

令 $x = a_n$，得 $\dfrac{a_n - 1}{a_n^2 + a_n + 1} = \dfrac{1}{a_n + 2} - \dfrac{1}{a_{n+1} + 2}$，因此

$$\sum_{n=1}^{\infty} \frac{a_n - 1}{a_n^2 + a_n + 1} = \lim_{n \to \infty} \sum_{k=1}^{n} \frac{a_k - 1}{a_k^2 + a_k + 1} = \lim_{n \to \infty} \sum_{k=1}^{n} \left(\frac{1}{a_k + 2} - \frac{1}{a_{k+1} + 2} \right)$$

$$= \lim_{n \to \infty} \left(\frac{1}{a_1 + 2} - \frac{1}{a_{n+1} + 2} \right) = \frac{1}{a_1 + 2} = \frac{1}{7}.$$

50. 由于 $\dfrac{1}{p-1} = \displaystyle\int_1^{+\infty} \dfrac{\mathrm{d}x}{x^p} = \sum_{n=1}^{\infty} \int_n^{n+1} \dfrac{\mathrm{d}x}{x^p}$，所以不等式等价于

$$\frac{1}{2} \leqslant \sum_{n=1}^{\infty} \int_n^{n+1} \left(\frac{1}{n^p} - \frac{1}{x^p} \right) \mathrm{d}x \leqslant 1. \qquad ①$$

先证右边的不等式. 显然有

$$\sum_{n=1}^{\infty} \int_n^{n+1} \left(\frac{1}{n^p} - \frac{1}{x^p} \right) \mathrm{d}x \leqslant \sum_{n=1}^{\infty} \int_n^{n+1} \left(\frac{1}{n^p} - \frac{1}{(n+1)^p} \right) \mathrm{d}x = \sum_{n=1}^{\infty} \left(\frac{1}{n^p} - \frac{1}{(n+1)^p} \right)$$

$$= \lim_{n \to \infty} \sum_{k=1}^{n} \left(\frac{1}{k^p} - \frac{1}{(k+1)^p} \right) = \lim_{x \to \infty} \left(1 - \frac{1}{(n+1)^p} \right) = 1.$$

为了证①式左边的不等式，这只需利用一个几何上显而易见的结论：

$$\int_n^{n+1} \left(\frac{1}{n^p} - \frac{1}{x^p} \right) \mathrm{d}x \geqslant \frac{1}{2} \int_n^{n+1} \left(\frac{1}{n^p} - \frac{1}{(n+1)^p} \right) \mathrm{d}x,$$

其中右边表示一个三角形面积，而左边表示一个比该三角形多出一个弓形的曲边三角形面积，因此

$$\sum_{n=1}^{\infty} \int_n^{n+1} \left(\frac{1}{n^p} - \frac{1}{x^p} \right) \mathrm{d}x \geqslant \frac{1}{2} \sum_{n=1}^{\infty} \int_n^{n+1} \left(\frac{1}{n^p} - \frac{1}{(n+1)^p} \right) \mathrm{d}x = \frac{1}{2}.$$

51. (1) 显然，数列 $\{x_n\}$ 单调递减. 当 $n \geqslant 2$ 时，利用分部积分，得

$$x_{n+1} = \int_0^{\frac{\pi}{2}} \cos^n t \, \mathrm{d}(\sin t) = \cos^n t \sin t \Big|_0^{\frac{\pi}{2}} + n \int_0^{\frac{\pi}{2}} \cos^{n-1} t \sin^2 t \, \mathrm{d}t$$

$$= n \int_0^{\frac{\pi}{2}} \cos^{n-1} t \left(1 - \cos^2 t \right) \mathrm{d}t = n \left(x_{n-1} - x_{n+1} \right),$$

所以 $(n+1)x_{n+1} = nx_{n-1} \geqslant nx_n$，从而有 $\dfrac{n}{n+1} \leqslant \dfrac{x_{n+1}}{x_n} \leqslant 1$. 利用夹逼准则，得 $\displaystyle\lim_{n \to \infty} \dfrac{x_{n+1}}{x_n} = 1$.

(2) 由 $(n+1)x_{n+1}x_n = nx_nx_{n-1}$, 以及 $x_0 = \dfrac{\pi}{2}, x_1 = 1$, 递推得 $(n+1)x_{n+1}x_n = \cdots = x_1x_0 = \dfrac{\pi}{2}$, 所以 $x_n^2 \leqslant x_nx_{n-1} = \dfrac{\pi}{2n}(n \geqslant 0)$, 从而有

$$0 < x_n^a \leqslant \left(\dfrac{\pi}{2}\right)^{\frac{a}{2}} \cdot \dfrac{1}{n^{\frac{a}{2}}} \quad (n \geqslant 0).$$

因为 $a > 2$, 所以 $\sum\limits_{n=0}^{\infty} \dfrac{1}{n^{\frac{a}{2}}}$ 收敛. 利用比较判别法可知, 级数 $\sum\limits_{n=0}^{\infty} x_n^a$ 收敛.

【注】 本题也可直接利用 Wallis 公式求解, 请读者自行完成.

52. 对定积分作变量代换: $t = \dfrac{x}{2}$, 再利用展开式 $\ln(1+x) = \sum\limits_{n=1}^{\infty}(-1)^{n-1}\dfrac{x^n}{n}(-1 < x \leqslant 1)$, 得

$$\int_0^2 \dfrac{1}{x}\ln\dfrac{2+x}{2-x}\,\mathrm{d}x = \int_0^1 \dfrac{1}{t}\ln\dfrac{1+t}{1-t}\,\mathrm{d}t = 2\int_0^1 \sum_{n=1}^{\infty}\dfrac{t^{2n-2}}{2n-1}\,\mathrm{d}t$$
$$= 2\sum_{n=1}^{\infty}\int_0^1 \dfrac{t^{2n-2}}{2n-1}\,\mathrm{d}t = 2\sum_{n=1}^{\infty}\dfrac{1}{(2n-1)^2}.$$

利用题设条件 $\sum\limits_{n=1}^{\infty}\dfrac{1}{(2n-1)^2} = \dfrac{\pi^2}{8}$, 即得 $\int_0^2 \dfrac{1}{x}\ln\dfrac{2+x}{2-x}\,\mathrm{d}x = \dfrac{\pi^2}{4}$.

53. 注意到 $0 < \mathrm{e}^{-x} \leqslant 1\,(0 \leqslant x < +\infty)$, 所以

$$\int_0^{+\infty} \dfrac{x}{\mathrm{e}^x+1}\,\mathrm{d}x = \int_0^{+\infty} \dfrac{x\mathrm{e}^{-x}}{1+\mathrm{e}^{-x}}\,\mathrm{d}x = \int_0^{+\infty} x\mathrm{e}^{-x}\sum_{n=0}^{\infty}\left(-\mathrm{e}^{-x}\right)^n\,\mathrm{d}x$$
$$= \sum_{n=0}^{\infty}(-1)^n\int_0^{+\infty} x\mathrm{e}^{-(n+1)x}\,\mathrm{d}x.$$

利用分部积分, 得

$$\int_0^{+\infty} x\mathrm{e}^{-(n+1)x}\,\mathrm{d}x = -\dfrac{x\mathrm{e}^{-(n+1)x}}{n+1}\bigg|_0^{+\infty} + \int_0^{+\infty}\dfrac{\mathrm{e}^{-(n+1)x}}{n+1}\,\mathrm{d}x = -\dfrac{\mathrm{e}^{-(n+1)x}}{(n+1)^2}\bigg|_0^{+\infty} = \dfrac{1}{(n+1)^2}.$$

代入上式, 并利用题设条件, 得

$$\int_0^{+\infty} \dfrac{x}{\mathrm{e}^x+1}\,\mathrm{d}x = \sum_{n=0}^{\infty}\dfrac{(-1)^n}{(n+1)^2} = \sum_{n=1}^{\infty}\dfrac{(-1)^{n-1}}{n^2} = \dfrac{\pi^2}{12}.$$

54. $G(x) = \sum\limits_{n=1}^{\infty}(-1)^n\dfrac{2n-1}{(2n)!}x^{2n-2}(-\infty < x < +\infty)$; $1 - \dfrac{\pi}{2}$.

55. 对题设等式两边积分, 得 $\int f(x)F(x)\mathrm{d}x = \int \cos 2x\,\mathrm{d}x$, 即 $\int F(x)\mathrm{d}[F(x)] = \int \cos 2x\,\mathrm{d}x$, 解得 $F^2(x) = \sin 2x + C$. 由 $F(0) = 1 > 0$, 得 $C = 1$, 所以 $F(x) = \sqrt{\sin 2x + 1}$. 从而有

$$\begin{aligned}a_n &= \int_0^{n\pi} |F'(x)|\,\mathrm{d}x = \int_0^{n\pi} \frac{|\cos 2x|}{\sqrt{\sin 2x + 1}}\,\mathrm{d}x = n\int_0^{\pi} \frac{|\cos 2x|}{\sqrt{\sin 2x + 1}}\,\mathrm{d}x \\ &= n\left(\int_0^{\frac{\pi}{4}} \frac{\cos 2x}{\sqrt{\sin 2x + 1}}\,\mathrm{d}x - \int_{\frac{\pi}{4}}^{\frac{3\pi}{4}} \frac{\cos 2x}{\sqrt{\sin 2x + 1}}\,\mathrm{d}x + \int_{\frac{3\pi}{4}}^{x} \frac{\cos 2x}{\sqrt{\sin 2x + 1}}\,\mathrm{d}x\right) \\ &= n[(\sqrt{2} - 1) - (-\sqrt{2}) + 1] = 2\sqrt{2}n.\end{aligned}$$

所以幂级数的收敛半径为

$$R = \lim_{n\to\infty} \frac{\frac{a_n}{n^2 - 1}}{\frac{a_{n+1}}{(n+1)^2 - 1}} = \lim_{n\to\infty} \frac{2\sqrt{2}n}{n^2 - 1} \cdot \frac{(n+1)^2 - 1}{2\sqrt{2}(n+1)} = 1.$$

当 $x = -1$ 时, 幂级数成为 $\sum_{n=2}^{\infty} \frac{2\sqrt{2}n(-1)^n}{n^2 - 1}$, 根据 Leibniz 判别法, 易知级数收敛. 当 $x = 1$ 时, 幂级数成为 $\sum_{n=2}^{\infty} \frac{2\sqrt{2}n}{n^2 - 1}$, 易知级数发散. 所以幂级数的收敛域为 $[-1, 1)$.

设幂级数的和函数为 $S(x)$, 则

$$S(x) = \sum_{n=2}^{\infty} \frac{2\sqrt{2}n}{n^2 - 1}x^n = \sqrt{2}\sum_{n=2}^{\infty}\left(\frac{1}{n-1} + \frac{1}{n+1}\right)x^n = \sqrt{2}x\sum_{n=1}^{\infty}\frac{x^n}{n} + \sqrt{2}\sum_{n=2}^{\infty}\frac{x^n}{n+1}.$$

利用展开式 $\ln(1-x) = -\sum_{n=1}^{\infty}\frac{x^n}{n}(-1 \leqslant x < 1)$, 当 $x \neq 0$ 时, 可得

$$\begin{aligned}S(x) &= -\sqrt{2}x\ln(1-x) + \sqrt{2}\frac{1}{x}\left[-x - \frac{x^2}{2} - \ln(1-x)\right] \\ &= -\sqrt{2}\left(1 + \frac{x}{2}\right) - \sqrt{2}\left(x + \frac{1}{x}\right)\ln(1-x).\end{aligned}$$

又, 显然有 $S(0) = 0$, 因此

$$S(x) = \begin{cases} -\sqrt{2}\left(1 + \dfrac{x}{2}\right) - \sqrt{2}\left(x + \dfrac{1}{x}\right)\ln(1-x), & -1 \leqslant x < 1, x \neq 0, \\ 0, & x = 0. \end{cases}$$

56. 记 $a_n = 1 - \dfrac{1}{2} + \dfrac{1}{3} - \cdots + (-1)^{n-1}\dfrac{1}{n}$, 考虑级数的部分和 S_n, 有

$$S_n = \sum_{k=1}^{n} \dfrac{1 - \dfrac{1}{2} + \dfrac{1}{3} - \cdots + (-1)^{k-1}\dfrac{1}{k}}{k(k+1)} = \sum_{k=1}^{n}\left[\dfrac{a_k}{k} - \dfrac{a_{k+1}}{k+1} + \dfrac{(-1)^k}{(k+1)^2}\right]$$

$$= 1 - \dfrac{a_{n+1}}{n+1} + \sum_{k=1}^{n}\dfrac{(-1)^k}{(k+1)^2} = -\dfrac{a_{n+1}}{n+1} + \sum_{k=0}^{n}\dfrac{(-1)^k}{(k+1)^2}.$$

记 $H_n = \sum\limits_{k=1}^{n}\dfrac{1}{k}$, 则 $0 \leqslant \dfrac{|a_n|}{n} \leqslant \dfrac{H_n}{n}$, 注意到 $H_n = C + \ln n + \gamma_n$, 其中 $\lim\limits_{n\to\infty}\gamma_n = 0$, 而 C 为 Euler 常数, 所以 $\lim\limits_{n\to\infty}\dfrac{H_n}{n} = \lim\limits_{n\to\infty}\dfrac{\ln n}{n} = 0$, 根据夹逼准则可知 $\lim\limits_{n\to\infty}\dfrac{a_{n+1}}{n+1} = 0$. 因此

$$\lim_{n\to\infty} S_n = \sum_{k=0}^{\infty}\dfrac{(-1)^k}{(k+1)^2} = \sum_{n=0}^{\infty}\dfrac{(-1)^n}{(n+1)^2} = \sum_{n=1}^{\infty}\dfrac{1}{n^2} - \dfrac{1}{2}\sum_{n=1}^{\infty}\dfrac{1}{n^2} = \dfrac{1}{2}\cdot\dfrac{\pi^2}{6} = \dfrac{\pi^2}{12}.$$

由此可知原级数收敛, 且其和等于 $\dfrac{\pi^2}{12}$.

57. 记级数的通项为 $a_n = (-1)^n\dfrac{(2n)!!}{(2n+1)!!}$, 则 $\lim\limits_{n\to\infty}\left|\dfrac{a_{n+1}}{a_n}\right| = \lim\limits_{n\to\infty}\dfrac{2n+2}{2n+3} = 1$, 利用比值判别法, 可知级数绝对收敛. 欲求级数的和, 考虑幂级数 $\sum\limits_{n=0}^{\infty}(-1)^n\dfrac{(2n)!!}{(2n+1)!!}x^{2n+1}$, 易知其收敛域为 $[-1, 1]$. 设幂级数的和函数为 $S(x)$, 则当 $x \in [-1, 1]$ 时, 有

$$S'(x) = 1 + \sum_{n=1}^{\infty}(-1)^n\dfrac{(2n)!!}{(2n-1)!!}x^{2n} = 1 + x\sum_{n=1}^{\infty}(-1)^n\dfrac{(2n-2)!!}{(2n-1)!!}2nx^{2n-1}$$

$$= 1 + x\dfrac{\mathrm{d}}{\mathrm{d}x}\left(\sum_{n=1}^{\infty}(-1)^n\dfrac{(2n-2)!!}{(2n-1)!!}x^{2n}\right) = 1 + x\dfrac{\mathrm{d}}{\mathrm{d}x}[-xS(x)],$$

所以 $S(x)$ 满足一阶线性微分方程 $S'(x) + \dfrac{x}{1+x^2}S(x) = \dfrac{1}{1+x^2}$ 及初值条件 $S(0) = 0$. 利用求解公式, 得

$$S(x) = \mathrm{e}^{-\int\frac{x}{1+x^2}\mathrm{d}x}\left(\int\dfrac{1}{1+x^2}\mathrm{e}^{\int\frac{x}{1+x^2}\mathrm{d}x}\mathrm{d}x + C\right) = \dfrac{1}{\sqrt{1+x^2}}\left(\int\dfrac{1}{\sqrt{1+x^2}}\mathrm{d}x + C\right)$$

$$= \dfrac{1}{\sqrt{1+x^2}}\left[\ln\left(x + \sqrt{1+x^2}\right) + C\right].$$

由 $S(0) = 0$ 得 $C = 0$, 所以

$$S(x) = \dfrac{\ln\left(x + \sqrt{1+x^2}\right)}{\sqrt{1+x^2}}, \quad x \in [-1, 1].$$

因此, 得 $\sum_{n=0}^{\infty}(-1)^n \dfrac{(2n)!!}{(2n+1)!!} = S(1) = \dfrac{\sqrt{2}}{2}\ln(1+\sqrt{2})$.

58. 注意到 $S(x) = \dfrac{a_0}{2} + \sum_{n=1}^{\infty} a_n \cos n\pi x \ (-\infty < x < +\infty)$ 是 $f(x)$ 经偶延拓后得到的余弦级数, 其周期为 2, 因此 $S\left(-\dfrac{9}{2}\right) = S\left(\dfrac{1}{2}\right)$. 由于 $x = \dfrac{1}{2}$ 是 $f(x)$ 的间断点, 根据收敛定理, 得

$$S\left(\dfrac{1}{2}\right) = \dfrac{1}{2}\left[f\left(\dfrac{1}{2}-0\right) + f\left(\dfrac{1}{2}+0\right)\right] = \dfrac{1}{2}\left(\dfrac{1}{4} + \dfrac{1}{2}\right) = \dfrac{3}{8},$$

所以 $S\left(-\dfrac{9}{2}\right) = \dfrac{3}{8}$.

59. $f(x) = \dfrac{8}{\pi^2}\sum_{n=1}^{\infty}\dfrac{1-(-1)^n}{n^2}\cos\dfrac{n\pi x}{4} \ (0 \leqslant x \leqslant 8)$.

60. 将 $f(x)$ 作偶延拓得 $f(x) = \begin{cases} -x^3, & -\pi \leqslant x < 0, \\ x^3, & 0 \leqslant x \leqslant \pi, \end{cases}$ 再作周期延拓, 并展开成余弦级数, 得

$$x^3 = \dfrac{a_0}{2} + \sum_{n=1}^{\infty} a_n \cos nx \quad (0 \leqslant x \leqslant \pi).$$

易知, $a_0 = \dfrac{2}{\pi}\int_0^{\pi} x^3 \,\mathrm{d}x = \dfrac{\pi^3}{2}$, 且

$$a_n = \dfrac{2}{\pi}\int_0^{\pi} x^3 \cos nx \,\mathrm{d}x = \dfrac{6(\pi^2 n^2 - 2)(-1)^n + 12}{\pi n^4}, \quad n = 1, 2, \cdots.$$

因此, 得

$$x^3 = \dfrac{\pi^3}{4} + \sum_{n=1}^{\infty} \dfrac{6(\pi^2 n^2 - 2)(-1)^n + 12}{\pi n^4} \cos nx \quad (0 \leqslant x \leqslant \pi).$$

取 $x = \pi$, 得

$$\pi^3 = \dfrac{\pi^3}{4} + \sum_{n=1}^{\infty} \dfrac{6(\pi^2 n^2 - 2)(-1)^n + 12}{\pi n^4} \cos n\pi,$$

$$\dfrac{\pi^4}{8} = \pi^2 \sum_{n=1}^{\infty} \dfrac{1}{n^2} - 2\sum_{n=1}^{\infty}\dfrac{1}{n^4} + 2\sum_{n=1}^{\infty}\dfrac{(-1)^n}{n^4}.$$

注意到 $\sum_{n=1}^{\infty}\dfrac{1}{n^2} = \dfrac{\pi^2}{6}$, 而 $\sum_{n=1}^{\infty}\dfrac{(-1)^n}{n^4} = \sum_{n=1}^{\infty}\dfrac{1}{n^4} - 2\sum_{n=1}^{\infty}\dfrac{1}{(2n)^4} = -\dfrac{7}{8}\sum_{n=1}^{\infty}\dfrac{1}{n^4}$, 代入上式, 得

$$\frac{\pi^4}{8} = \frac{\pi^4}{6} - 2\sum_{n=1}^{\infty} \frac{1}{n^4} - \frac{7}{4}\sum_{n=1}^{\infty} \frac{1}{n^4} \Rightarrow \sum_{n=1}^{\infty} \frac{1}{n^4} = \frac{\pi^4}{90}.$$

61. 将 $f(x)$ 奇延拓到 $[-\pi, 0]$ 上, 得 $f(x) = \begin{cases} x(\pi+x), & -\pi \leqslant x < 0, \\ x(\pi-x), & 0 \leqslant x \leqslant \pi, \end{cases}$ 再作周期延拓, 并展开成正弦级数, 得 $\sum_{n=1}^{\infty} b_n \sin nx$, 其中 $b_n = \frac{2}{\pi}\int_0^{\pi} f(x)\sin nx\, \mathrm{d}x\ (n=1,2,\cdots)$. 直接计算, 得

$$b_n = \frac{2}{\pi}\int_0^{\pi} x(\pi-x)\sin nx\, \mathrm{d}x = \frac{4}{n^3\pi}[1-(-1)^n],$$

即 $b_{2n} = 0, b_{2n-1} = \dfrac{8}{\pi(2n-1)^3}, n=1,2,\cdots$. 根据收敛定理, 得

$$x(\pi-x) = \sum_{n=1}^{\infty} b_n \sin nx = \frac{8}{\pi}\sum_{n=1}^{\infty} \frac{\sin(2n-1)x}{(2n-1)^3} \quad (0\leqslant x \leqslant \pi).$$

下面计算积分 $I = \int_0^1 \dfrac{\ln^2 x}{1+x^2}\, \mathrm{d}x$. 为此, 取 $x = \dfrac{\pi}{2}$, 代入上式可得 $\sum_{n=1}^{\infty} \dfrac{(-1)^{n-1}}{(2n-1)^3} = \dfrac{\pi^3}{32}$. 注意到 $\ln^2 x = -2\int_x^1 \dfrac{\ln y}{y}\, \mathrm{d}y$. 故所给积分可化为二次积分, 再交换积分次序, 得

$$I = \int_0^1 \frac{\ln^2 x}{1+x^2}\, \mathrm{d}x = -2\int_0^1 \frac{1}{1+x^2}\, \mathrm{d}x \int_x^1 \frac{\ln y}{y}\, \mathrm{d}y = -2\int_0^1 \frac{\ln y}{y}\, \mathrm{d}y \int_0^y \frac{\mathrm{d}x}{1+x^2}$$

$$= -2\int_0^1 \frac{\ln y}{y}\arctan y\, \mathrm{d}y = 2\int_0^1 \frac{\arctan y}{y}\, \mathrm{d}y \int_y^1 \frac{\mathrm{d}x}{x}$$

$$= 2\int_0^1 \frac{\mathrm{d}x}{x}\int_0^x \frac{\arctan y}{y}\, \mathrm{d}y = 2\int_0^1 \sum_{n=0}^{\infty}(-1)^n \frac{x^{2n}}{(2n+1)^2}\, \mathrm{d}x$$

$$= 2\sum_{n=0}^{\infty} \frac{(-1)^n}{(2n+1)^3} = 2\cdot\frac{\pi^3}{32} = \frac{\pi^2}{16}.$$

62. $A_n = a_n\cos nl + b_n\sin nl\ (n=0,1,2,\cdots), B_n = b_n\cos nl - a_n\sin nl\ (n=1,2,\cdots)$.

63. 显然, $F(x)$ 也是以 2π 为周期的连续函数. 又对任意 $x \in (-\infty, +\infty)$, 有

$$F(-x) = \frac{1}{\pi}\int_{-\pi}^{\pi} f(t)f(-x+t)\mathrm{d}t = \frac{1}{\pi}\int_{-\pi-x}^{\pi-x} f(x+u)f(u)\mathrm{d}u$$

$$= \frac{1}{\pi}\int_{-\pi}^{\pi} f(u)f(x+u)\mathrm{d}u = F(x),$$

所以 $F(x)$ 为偶函数，其 Fourier 系数 $B_n = \dfrac{1}{\pi}\int_{-\pi}^{\pi} F(x)\sin nx\,\mathrm{d}x = 0\ (n=1,2,\cdots)$，且

$$A_n = \frac{1}{\pi}\int_{-\pi}^{\pi} F(x)\cos nx\,\mathrm{d}x = \frac{1}{\pi^2}\int_{-\pi}^{\pi}\left[\int_{-\pi}^{\pi} f(t)f(x+t)\mathrm{d}t\right]\cos nx\,\mathrm{d}x.$$

先交换二次积分的次序，再对内层的积分作变量代换：$u = t + x$，并利用 $f(x)$ 的周期性，得

$$A_n = \frac{1}{\pi^2}\int_{-\pi}^{\pi} f(t)\left[\int_{-\pi}^{\pi} f(x+t)\cos nx\,\mathrm{d}x\right]\mathrm{d}t = \frac{1}{\pi^2}\int_{-\pi}^{\pi} f(t)\left[\int_{-\pi}^{\pi} f(u)\cos n(u-t)\mathrm{d}u\right]\mathrm{d}t$$

$$= \frac{1}{\pi^2}\int_{-\pi}^{\pi} f(t)\left[\cos nt \int_{-\pi}^{\pi} f(u)\cos nu\,\mathrm{d}u + \sin nt \int_{-\pi}^{\pi} f(u)\sin nu\,\mathrm{d}u\right]\mathrm{d}t$$

$$= a_n \cdot \frac{1}{\pi}\int_{-\pi}^{\pi} f(t)\cos nt\,\mathrm{d}t + b_n \cdot \frac{1}{\pi}\int_{-\pi}^{\pi} f(t)\sin nt\,\mathrm{d}t$$

$$= a_n^2 + b_n^2 \quad (n=1,2,\cdots).$$

特别地，易知 $A_0 = a_0^2$. 根据收敛定理，对任意 $x \in (-\infty, +\infty)$，有

$$F(x) = \frac{1}{\pi}\int_{-\pi}^{\pi} f(t)f(x+t)\mathrm{d}t = \frac{A_0}{2} + \sum_{n=1}^{\infty} A_n \cos nx = \frac{a_0^2}{2} + \sum_{n=1}^{\infty}\left(a_n^2 + b_n^2\right)\cos nx.$$

在上式中，取 $x = 0$，可得

$$\frac{1}{\pi}\int_{-\pi}^{\pi} f^2(t)\mathrm{d}t = \frac{a_0^2}{2} + \sum_{n=1}^{\infty}\left(a_n^2 + b_n^2\right).$$

【注】 上述公式称为 Parseval（帕塞瓦尔）等式，在工程数学与信号处理中具有重要应用.

64. 将 $f(x)$ 奇延拓到 $[-\pi, 0]$ 上，则 $f'(x)$ 是 $[-\pi, \pi]$ 上的连续函数，且为偶函数，所以 $f'(x)$ 的 Fourier 系数 $B_n = \dfrac{1}{\pi}\int_{-\pi}^{\pi} f'(x)\sin nx\,\mathrm{d}x = 0\ (n=1,2,\cdots)$. 记

$$A_n = \frac{2}{\pi}\int_0^{\pi} f'(x)\cos nx\,\mathrm{d}x \quad (n=0,1,2,\cdots),$$

显然，其中 $A_0 = 0$. 利用分部积分，得

$$b_n = \frac{2}{\pi}\int_0^{\pi} f(x)\sin nx\,\mathrm{d}x = -\frac{2}{n\pi}f(x)\cos nx\Big|_0^{\pi} + \frac{2}{n\pi}\int_0^{\pi} f'(x)\cos nx\,\mathrm{d}x = \frac{A_n}{n},$$

所以 $A_n = nb_n$ $(n = 1, 2, \cdots)$. 对 $f'(x)$ 利用 Parseval 等式 (参见 63 题的结论), 得

$$\frac{2}{\pi}\int_0^{\pi} [f'(x)]^2 \, \mathrm{d}x = \sum_{n=1}^{\infty} A_n^2 = \sum_{n=1}^{\infty} n^2 b_n^2,$$

因此, 级数 $\sum_{n=1}^{\infty} n^2 b_n^2$ 收敛, 且其和为 $\frac{2}{\pi}\int_0^{\pi} [f'(x)]^2 \, \mathrm{d}x$.

65. 令 $f(x) = \frac{\pi^2}{8} - \frac{\pi^2}{4}|x|(-1 \leqslant x \leqslant 1)$, 因为 $f(x)$ 为 $[-1,1]$ 上的偶函数, 其 Fourier 系数 $b_n = 0$ $(n = 1, 2, \cdots)$, 所以 $f(x)$ 的周期为 2 的 Fourier 级数为

$$f(x) = \frac{a_0}{2} + \sum_{n=1}^{\infty} a_n \cos n\pi x \quad (-1 \leqslant x \leqslant 1),$$

其中 $a_0 = 2\int_0^1 f(x)\mathrm{d}x = 2\int_0^1 \left(\frac{\pi^2}{8} - \frac{\pi^2}{4}x\right)\mathrm{d}x = \frac{\pi^2}{4} - \frac{\pi^2}{4} = 0$, 而当 $n \geqslant 1$ 时, 有

$$a_n = 2\int_0^1 f(x) \cos n\pi x \, \mathrm{d}x = 2\int_0^1 \left(\frac{\pi^2}{8} - \frac{\pi^2}{4}x\right) \cos n\pi x \, \mathrm{d}x$$

$$= 2\left(\frac{\pi^2}{8} - \frac{\pi^2}{4}x\right)\frac{\sin n\pi x}{n\pi}\bigg|_0^1 + \frac{\pi}{2n}\int_0^1 \sin n\pi x \, \mathrm{d}x$$

$$= -\frac{1}{2n^2}\cos n\pi x\bigg|_0^1 = \frac{1}{2n^2}[1 - (-1)^n],$$

因此 $f(x) = \sum_{n=1}^{\infty} \frac{1-(-1)^n}{2n^2} \cos n\pi x = \sum_{n=0}^{\infty} \frac{\cos(2n+1)\pi x}{(2n+1)^2}$ $(-1 \leqslant x \leqslant 1)$, 即

$$\sum_{n=0}^{\infty} \frac{\cos(2n+1)\pi x}{(2n+1)^2} = \frac{\pi^2}{8} - \frac{\pi^2}{4}|x| \quad (-1 \leqslant x \leqslant 1).$$

进一步, 记 $S = \sum_{n=1}^{\infty} \frac{1}{n^2}, S_1 = \sum_{n=1}^{\infty} \frac{1}{n^4}$, 取 $x = 0$, 代入上式得 $\sum_{n=0}^{\infty} \frac{1}{(2n+1)^2} = \frac{\pi^2}{8}$. 则

$$\frac{\pi^2}{8} + \frac{1}{4}S = \sum_{n=0}^{\infty} \frac{1}{(2n+1)^2} + \sum_{n=1}^{\infty} \frac{1}{(2n)^2} = \sum_{n=1}^{\infty} \frac{1}{n^2} = S,$$

所以 $S = \frac{\pi^2}{6}$. 再对 $f(x)$ 利用 Parseval 等式: $2\int_0^1 f^2(x)\mathrm{d}x = \frac{a_0^2}{2} + \sum_{n=1}^{\infty}(a_n^2 + b_n^2)$, 得

$$S_2 = \sum_{n=1}^{\infty} \frac{1}{(2n-1)^4} = \sum_{n=1}^{\infty} a_n^2 = 2\int_0^1 \left(\frac{\pi^2}{8} - \frac{\pi^2}{4}x\right)^2 \mathrm{d}x = \frac{\pi^4}{32}\int_0^1 (1-2x)^2 \mathrm{d}x = \frac{\pi^4}{96},$$

所以

$$S_1 = \sum_{n=1}^{\infty} \frac{1}{n^4} = \sum_{n=1}^{\infty} \frac{1}{(2n-1)^4} + \sum_{n=1}^{\infty} \frac{1}{(2n)^4} = S_2 + \frac{1}{16}\sum_{n=1}^{\infty} \frac{1}{n^4} = \frac{\pi^4}{96} + \frac{1}{16}S_1,$$

解得 $S_1 = \dfrac{\pi^4}{90}$.